U0212122

建筑装饰装修工程施工技术手册

第二版

李继业　郗忠梅　蔺菊玲　主编

化学工业出版社

·北京·

内 容 简 介

本书以建筑装饰装修工程施工为主线，主要介绍了抹灰工程施工工艺、吊顶工程施工工艺、轻质隔墙工程施工工艺、楼地面装饰工程施工工艺、门窗工程施工工艺、饰面装饰工程施工工艺、涂饰工程施工工艺、裱糊与软包工程施工工艺、建筑幕墙工程施工工艺、细部工程施工工艺等内容。

本书具有较强的系统性和可操作性，可供建筑装饰装修领域的科研人员、技术人员、管理人员及技术操作工人等参考，也可供高等学校建筑装饰装修工程及相关专业师生参阅。

图书在版编目（CIP）数据

建筑装饰装修工程施工技术手册/李继业，郗忠梅，蔺菊玲主编. —2版. —北京：化学工业出版社，2021.7
ISBN 978-7-122-38952-7

Ⅰ. ①建…　Ⅱ. ①李…　②郗…　③蔺…　Ⅲ. ①建筑装饰-工程施工-技术手册　Ⅳ. ①TU767-62

中国版本图书馆CIP数据核字（2021）第066495号

责任编辑：刘兴春，刘　婧　　　　　　　　　　　　装帧设计：刘丽华
责任校对：杜杏然

出版发行：化学工业出版社（北京市东城区青年湖南街13号　邮政编码100011）
印　　装：北京建宏印刷有限公司
787mm×1092mm　1/16　印张41¼　字数1086千字　2023年1月北京第2版第1次印刷

购书咨询：010-64518888　　　　　　　　　　　　售后服务：010-64518899
网　　址：http：//www.cip.com.cn
凡购买本书，如有缺损质量问题，本社销售中心负责调换。

定　　价：198.00元　　　　　　　　　　　　　　　　版权所有　违者必究

　　伴随着建筑市场的规范化和法制化进程，建筑装饰装修行业已进入一个新时代，多年来已经习惯遵循和参照的装饰工程施工规范、装饰工程验收标准及装饰工程质量检验评定标准等均已开始发生重要变化，因此按照国家新的质量标准、施工规范，科学合理地选用建筑装饰材料和施工方法，努力提高建筑装饰业的技术水平，对于创造一个舒适、绿色环保型环境，促进建筑装饰业的健康发展，具有非常重要的意义。

　　建筑装饰装修工程是对建筑工程主体结构及其环境的再创造，不是单纯的美化处理，而是一种必须依靠合格的材料与构配件等，通过科学合理的构造做法并对建筑主体结构予以稳定支承的工程。因此，一切工艺操作和工艺处理均应遵照国家颁发的有关施工和验收规范；所用材料及其应用技术应符合国家及行业颁布的相关标准。对于建筑装饰装修工程，不能为追求表面美化及视觉效果，没有任何制约地进行构造造型或简化饰面处理，以免造成工程质量问题。

　　建筑装饰装修是工程与艺术、美学的完美结合，不仅要求表面的造型和色彩等媒介所创造的视觉效果，而且还要求包括美学表现、平面构成及其装饰表现等综合内容而构成的整体效果。由此可以看出，对建筑装饰装修工程施工质量的要求主要包括以下几个方面。

　　（1）耐久性的要求　　建筑装饰装修工程的耐久性，主要是指外墙装饰装修的耐久性，其包含两个方面的含义：一是使用上的耐久性，指抵御使用中的损伤、性能减退等；二是装饰装修质量的耐久性，包括黏结牢固和材质特性等。

　　（2）牢固性的要求　　牢固性包括外墙装饰装修的面层与基层连接方法的牢固性、装饰装修材料本身应具有的足够强度及力学性能。只有选择恰当的黏结材料，按合理的施工程序进行操作，才能保证装饰装修工程的安全牢固。

　　（3）经济性的要求　　装饰装修工程的造价往往占土建工程总造价的30%左右，个别要求较高的工程可达50%以上，因此其经济性要求是非常重要的一个方面。除了通过简化施工、缩短工期取得经济效益外，装饰装修材料的选择是取得经济效益的关键。

　　建筑装饰工程的施工工序繁多，每道工序都需要具有专门知识和技能的专业人员担当技术骨干。此外，施工操作人员中的工种也十分复杂，这些工种包括水、电、暖、卫、木、玻璃、涂料、金属等几十个工种。对于较大规模的装饰装修工程，加上消防系统、音响系统、安保系统、通信系统等，往往有几十道工序。这些工种和工序交叉或配合作业，容易造成施工现场的拥挤和混乱，不仅影响工程的进度和质量，而且还会造成工程事故。

　　为保证建筑装饰装修工程质量、施工进度和施工安全，必须依靠具备专门知识和经验的施工组织管理人员，以施工组织设计为指导，实行科学管理，使各工序和各工种之间衔接紧凑，人工、材料和施工机具调度协调；熟悉各工种的施工操作规程及质量检验标准和施工验收规范，及时监督和指导施工操作人员的施工操作；同时还应具备及时发现问题和解决问题的能力，随时解决施工中的技术问题。但是，我国在装饰装修工程的实际施工中仍然存在着"凭着经验施工、根据感觉验收"的错误做法，多数企业的工人既是操作者又是管理者，真正高层次的技术管理人员极其匮乏。对质量问题缺乏控制，对工程质量缺乏重视，给装饰装修留下许多隐患，甚至潜藏着对人体健康的危害，这些都必须引起高度重视。

为加强建筑装饰装修工程的施工质量控制，国家颁布了《建筑装饰装修工程质量验收标准》（GB 50210—2018），对建筑装饰装修工程的分类、施工工艺和验收标准提出了更高、更具体的要求。我们在《建筑装饰装修工程施工技术手册》（第一版）的基础上，根据《建筑装饰装修工程质量验收标准》（GB 50210—2018）中的要求，编写了本书，以期提高建筑装饰装修工程的施工质量。

本书由李继业、郗忠梅、蔺菊玲主编，陆梅、张艺璘、修振刚参加了编写，具体分工为：李继业编写第一章；郗忠梅编写第三章、第六章；蔺菊玲编写第二章、第七章；陆梅编写第九章、第十章；张艺璘编写第四章、第五章；修振刚编写第八章。全书最后由李继业统稿并定稿。

编者在编写本书过程中参考了建筑装饰装修领域部分技术文献和书籍，在此向这些作者深表谢意；同时得到有关单位的大力支持，在此也表示衷心感谢。

由于编者水平有限，加之资料不全等原因，书中的不足和疏漏在所难免，敬请有关专家、同行和广大读者提出宝贵意见。

编　者
2021 年 3 月

目──录

第四章　楼地面装饰工程施工工艺

第五章 门窗工程施工工艺

第六章 饰面装饰工程施工工艺

第七章　涂饰工程施工工艺

第八章　裱糊与软包工程施工工艺

第九章　建筑幕墙工程施工工艺

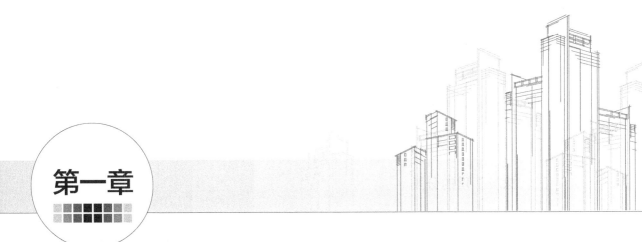

第一章

抹灰工程施工工艺

抹灰工程是建筑装饰装修工程中不可缺少的项目，也是房屋建筑工程和其他建筑工程中的重要组成部分。抹灰工程是用灰浆涂抹在建筑工程的墙体、地面、顶棚和其他表面上的一种传统做法的装饰工程，即将水泥、砂子、石灰膏、膨胀珍珠岩等各种材料按照一定的比例配制成砂浆或素浆，采用适宜的施工工艺，直接涂抹在建筑物的表面，从而形成连续、均匀抹灰层的做法。

第一节　装饰抹灰工程概述

抹灰工程施工是把抹面砂浆涂抹在基底材料的表面，起到保护基层和增加美观的作用，为建筑物提供特殊功能的系统施工过程。抹灰工程使建筑物的结构表面形成一个连续均匀的硬质保护膜，不仅可以保护建筑主体结构，而且为进一步建筑装饰提供良好的基础条件，有的抹灰工程还可以直接作为装饰层。

一、抹灰工程的作用

抹灰类装饰是建筑装饰工程中最常用、最基本的做法，根据建筑抹灰的部位的不同分为内抹灰和外抹灰。内抹灰主要是保护墙体和改善室内卫生、光线、环境条件，增强光线反射，美化居住环境。外抹灰主要是保护外墙体不受风雨和气候的侵蚀，提高墙面的防水、防冻、防风化、防紫外线、保温隔热能力，提高墙身的耐久性，也是建筑物表面的艺术处理措施之一。由此可见，抹灰工程主要有以下作用。

（1）满足多种功能要求　根据工程实际和设计的要求，抹灰层能起到保温、隔热、防潮、防风化、防腐蚀、防辐射、隔声等多功能的作用，还能使建筑物或构筑物的结构部分不受周围环境中的风、雨、霜、雪、日晒、潮湿和有害气体等不利因素的侵蚀，提高建筑物的耐久性，延长建筑物的使用寿命。

（2）满足装饰美观要求　根据工程实际和设计的要求，抹灰层能使建筑物的界面平整、光洁、美观、舒适、色彩艳丽，具有良好的装饰性。

二、抹灰工程的特点

抹灰工程所装饰的部位，主要包括内墙、外墙、地面和顶棚等，是建筑装饰工程中的一个重要组成部分，具有包括范围广、工程量较大、施工工期长、高空作业多、用工比较多、造价比较高等特点。因此，应当认真对待抹灰工程设计和施工，正确确定设计方案，科学选择抹灰材料，制订优良的施工计划。

三、抹灰工程的分类

建筑基层的装饰抹灰工程，通常是按照建筑工程中一般抹灰的施工方法及质量要求进行施工。根据使用要求及装饰效果的不同，装饰抹灰工程可分为一般抹灰、装饰抹灰和特种抹灰。

1. 一般抹灰

一般抹灰通常是指用石灰砂浆、水泥砂浆、水泥混合砂浆、聚合物水泥砂浆、膨胀珍珠岩水泥砂浆和麻刀灰、纸筋灰、石灰膏等材料的抹灰。根据质量要求和主要工序不同，一般抹灰又分为高级抹灰、中级抹灰和普通抹灰3个级别。一般抹灰的适用范围、主要工序及外观质量要求，如表1-1所列。

表1-1 一般抹灰的适用范围、主要工序及外观质量要求

级别	适用范围	主要工序	外观质量要求
高级抹灰	适用于大型公共建筑、纪念性建筑物（如影剧院、礼堂、宾馆、展览馆和高级住宅等）以及有特殊要求的高级建筑等	一层底层、数层中层和一层面层。阴阳角找方，设置标筋，分层赶平，表面压光	表面光滑、洁净，颜色均匀，无明显抹灰纹，灰线平直方正，清晰美观
中级抹灰	适用于一般居住、公共和工业建筑（如住宅、宿舍、办公楼、教学楼等）以及高级建筑物中的附属用房等	一层底层、一层中层和一层面层（或一层底层和一层面层）。阴阳角找方，设置标筋，分层赶平、修整，表面压光	表面光滑、洁净，接搓平整，灰线清晰顺直
普通抹灰	适用于简易住宅、大型设施和非居住性的房屋（如汽车库、仓库、锅炉房等）以及建筑物中的地下室、储藏室等	一层底层和一层面层（或者不进行分层一遍成活）。分层赶平、修整，表面压光	表面光滑、洁净，接搓平整，装饰抹灰

2. 装饰抹灰

装饰抹灰是指按照不同施工方法和不同面层材料形成不同装饰效果的抹灰。装饰抹灰通过操作工艺及材料等方面的改进，使抹灰更富有装饰效果。装饰抹灰可分为水泥石灰装饰抹灰、水泥石粒装饰抹灰和聚合物水泥砂浆装饰抹灰3种。

（1）水泥石灰装饰抹灰 主要包括拉毛灰、洒毛灰、搓毛灰、扒拉灰、扒拉石、拉条灰、仿石抹灰和假面砖等。

（2）水泥石粒装饰抹灰 主要包括水刷石、干粘石、斩假石等。

（3）聚合物水泥砂浆装饰抹灰 主要包括喷涂抹灰和滚涂抹灰等。

根据建筑装饰抹灰部位的不同，装饰抹灰工程主要可分为室内装饰抹灰和室外装饰抹灰两种类型。室内抹灰一般包括内墙、顶棚、楼地面、墙裙、踢脚板、楼梯、柱子等处的抹灰；室外抹灰一般包括外墙面、屋檐、女儿墙、压顶、窗台、屋檐、腰线、阳台、雨棚、勒脚等处的抹灰。

3. 特种抹灰

特种抹灰是指特种功能要求的抹灰，即在普通砂浆中添加特种性能材料的抹灰。根据建筑物的特殊功能要求的不同，特种砂浆可分为保温隔热砂浆抹灰、耐酸砂浆抹灰和防水砂浆抹灰等。

四、抹灰工程的组成

为了使装饰抹灰层与基层黏结牢固，防止产生起鼓、开裂、脱落等质量问题，并且使抹灰层的表面平整、美观，抹灰层应当分层按照现行施工规范的要求进行涂抹。

抹灰一般分为底层抹灰、中层抹灰和面层抹灰，如图1-1所示。底层抹灰为黏结层，主要起到与墙体表面黏结和初步找平的作用，不同的墙体底层抹灰所用材料及配比也不相同；中层抹灰主要起到进一步找平的作用和减小由于材料干缩而引起的龟裂缝，它是保证装饰面层质量的关键层，其用料配比与底层抹灰用料基本相同；面层抹灰首先要满足防水和抗冻的功能要求，同时也起到室内美化装饰的作用。

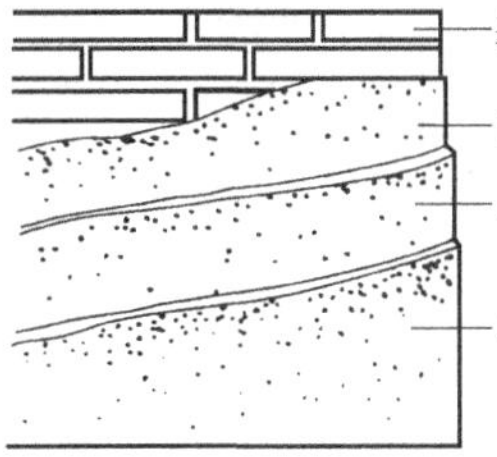

图1-1　抹灰饰面的构造（单位：mm）

有的抹灰工程也可根据工程实际，也可以省去中层抹灰，只设置底层抹灰和面层抹灰。当饰面用其他装饰材料时（如瓷砖、金属板等），抹灰工程只有底层抹灰和中层抹灰。

抹灰的组成、作用、基层材料和一般做法，如表1-2所列。

表1-2　抹灰的组成、作用、基层材料和一般做法

层次	作用	基层材料	一般做法
底层	主要起与基层牢固黏结的作用，兼起到初步找平的作用。砂浆稠度为10~12cm	砖墙基层	室内墙面一般采用石灰砂浆、混合砂浆；室外墙面、门窗洞口的外侧壁、屋檐、勒脚、压檐墙等及湿度较大的房间和车间，宜采用水泥砂浆或水泥混合砂浆
		混凝土基层	宜先刷一道素水泥浆，采用水泥砂浆或水泥混合砂浆打底；高级装饰顶板宜采用乳胶水泥砂浆打底
		加气混凝土基层	宜用水泥混合砂浆或聚合物水泥砂浆打底。打底前须先刷一道界面剂
		硅酸盐砌块基层	宜用水泥混合砂浆打底
中层	主要起找平作用，砂浆稠度为7~8cm		基本与底层相同；根据施工质量要求可以一次抹灰，也可以分多遍进行
面层	主要起装饰作用砂浆的稠度为10cm左右		要求大面平整、无裂纹、颜色均匀；室内一般采用麻刀灰、纸筋灰、玻璃丝灰；高级墙面用石膏灰浆；装饰抹灰采用拉毛灰、拉条灰、扫毛灰等；保温、隔热墙面用膨胀珍珠岩灰；室外常用水泥砂浆、水刷石、干粘石等

抹灰施工应采用分层分多遍涂抹，同时应特别注意控制每遍的厚度。如果一次涂抹太厚，则会因为灰浆的自重和内外收缩快慢不同而使抹灰面出现干裂、起鼓和脱落等质量缺陷。水泥砂浆和水泥混合砂浆的抹灰层，应在第一层抹灰层凝结后方可涂抹下一层；石灰砂浆抹灰层，应等上层抹灰达到七至八成干后方可涂抹下一层。

五、抹灰施工常用机具

抹灰机具是抹灰施工所用的工具，关系到施工速度、施工质量和工程造价。抹灰中所用的机具包括手工工具和机械设备两类，施工前应根据建筑类型、抹灰位置、抹灰种类、工程特点、施工工艺、工程特点和人员组成等，准备好抹灰所用的相应抹灰工具和机械设备。

抹灰工程常用的手工工具主要包括各种抹子、辅助工具和其他工具。

1. 各种抹子

一般抹灰工程施工中用的各种抹子主要有方头铁抹子（用于抹灰）、圆头铁抹子（用于压光罩面灰）、木抹子（用于找平底灰和搓粗糙砂浆表面）、阴角抹子（用于压光阴角）、圆弧阴角抹子（用于有圆弧阴角部位的抹灰面压光）、阳角抹子（用于压光阳角）等。抹灰工程所用的各种抹子如图1-2所示。

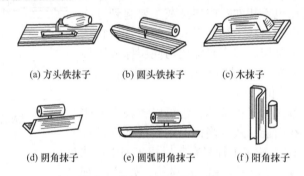

(a) 方头铁抹子　　(b) 圆头铁抹子　　(c) 木抹子

(d) 阴角抹子　　(e) 圆弧阴角抹子　　(f) 阳角抹子

图1-2　抹灰工程所用的各种抹子

2. 辅助工具

建筑抹灰工程所用的辅助工具很多，常用的主要有托灰板、木杠、八字靠尺、钢筋卡子、靠尺板、托线板和线锤等。抹灰工程用的辅助工具如图1-3所示。

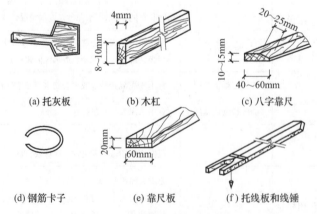

(a) 托灰板　　(b) 木杠　　(c) 八字靠尺

(d) 钢筋卡子　　(e) 靠尺板　　(f) 托线板和线锤

图1-3　抹灰工程用的辅助工具

3. 其他工具

抹灰工程所用的其他工具种类更多，常用到的有长毛刷、猪鬃刷、鸡腿刷、钢丝刷、茅草帚、小水桶、喷壶、水壶、粉线包、墨斗等。抹灰工程常用的其他工具如图1-4所示。

(a) 长毛刷　　(b) 猪鬃刷　　(c) 鸡腿刷　　(d) 钢丝刷

(e) 茅草帚　　(f) 小水桶　　(g) 喷壶

(h) 水壶　　(i) 粉线包　　(j) 墨斗

图1-4　抹灰工程常用的其他工具

第二节　一般抹灰饰面施工工艺

一般抹灰是抹灰饰面工程常见的抹灰，主要是指采用石灰砂浆、水泥砂浆、水泥混合砂浆、聚合物水泥砂浆、麻刀石灰、纸筋石灰和石膏灰等为材料的抹灰工程。

根据一般抹灰的质量要求不同，可分为普通抹灰、中级抹灰和高级抹灰；根据抹灰的部位不同，可分为内墙抹灰、顶棚抹灰和外墙抹灰等。不同的等级有不同的质量要求，而不同的质量要求又需要采用不同的施工方法。

一、一般抹灰基体及基层处理

为了确保抹灰工程的施工质量，在抹灰工程正式施工之前，要切实做好为抹灰工程顺利进行的准备工作，其中关键的准备工作是基体及基层处理，它主要包括作业条件、基层处理和浇水湿润等方面。

1. 作业条件

抹灰工程的作业条件，主要是指在进行抹灰工程施工时必须具备的条件，也就是抹灰工程前期的一些工程完成情况，一般包括以下几个方面。

（1）需要抹灰的建筑主体工程已经过质量检查和验收，并且达到了现行相应的工程质量标准的要求。对于不符合质量要求的应提出修改意见，并由施工单位立即改正。

（2）建筑屋面防水工程或上层楼面面层工程已经完工，经过规定的有关试验方法进行检验，完全符合现行国家标准《屋面工程质量验收规范》（GB 50207—2012）中的规定，确实无渗漏质量问题。

（3）门窗框安装位置正确，与墙体连接牢固，连接处的缝隙填嵌密实。连接处的缝隙可采用配合比为1∶3水泥砂浆或1∶1∶6水泥石灰混合砂浆分层嵌塞密实。如果连接处的缝隙较大，窗口的填塞砂浆中应掺加少量麻刀，门口则应设铁皮进行保护。

（4）建筑室内外的各种管线应安装完毕，并经检查验收合格。管线穿越的墙洞和楼板洞已填塞密实，散热器和密集管线等背后的墙面抹灰，宜在散热器和管线安装前进行。

（5）如果一般抹灰工程确实需要在冬季进行施工时，如果不采取任何防冻措施，施工的环境温度不宜低于5℃，抹灰后还应采取可靠的防冻结措施。

2. 基层处理

为确保抹灰材料与基层很好地结合在一起，在底面抹灰施工之前应对墙体进行基层的表面处理，清扫干净基层表面上的浮灰、砂浆残渣和其他杂质，清洗干净油污及模板隔离剂。抹灰工程基层处理的质量如何关系到整个抹灰工程的质量。根据基层表面（如墙体）材料的不同可以采用不同的处理方法，在具体处理施工中应当注意以下几个方面。

（1）砖石墙体的基层处理 砖石墙体由于是手工砌筑，一般其平整度比较差，灰缝中砂浆的饱满程度不同，也会造成墙面凹凸不平。所以一般情况下，在底层抹灰前要重点清理基层的浮灰、砂浆等杂物，然后洒水加以湿润。这种传统的砖石墙体的基层施工方法，必须用清水湿润墙体基面，既费工、费水又容易造成墙体污染，同时也不利于文明施工。目前有很多工程采用直接刮聚合物胶浆处理基层的施工方法，不需要再用水润湿墙体基面。

（2）混凝土墙体的基层处理 混凝土墙体的表面一般都比较光滑，其平整度也比较高，但有的会在基层面留下多余的脱模剂，尤其是因这种基层表面光滑，对抹灰与混凝土基层的黏结力有较大的影响，所以在抹灰前应对墙体的基层进行特殊处理。混凝土墙体基层处理方法有以下三种：一是将混凝土表面进行"凿毛"粗糙洒水湿润处理，然后再刷一道聚合物水泥砂浆；二是将质量比为1∶1的水泥细砂浆喷或甩在混凝土基层表面上进行"毛化"粗糙处理；三是采用混凝土界面处理剂对混凝土表面进行处理。

（3）加气混凝土的基层处理 加气混凝土墙体表观密度小，孔隙率大，吸水性极强，所以在抹灰时砂浆很容易产生失水，从而导致无法与墙体表面很好黏结。加气混凝土基层的处理方法是：在正式抹灰前用聚合物水泥砂浆对基层进行封闭处理，然后再抹底层。也可以在加气混凝土墙面上满钉镀锌钢丝网并绷紧，然后再进行底层抹灰，效果比较好，整体刚度也会大大增强。

（4）纸面石膏板或其他轻质墙体的基层处理 首先应将板缝按照具体产品及设计要求做好嵌填密实处理，然后在表面用接缝带（穿孔纸带或玻璃纤维网格布等防裂带）进行补强处理，使之形成稳固的墙面整体，最后再进行抹灰层的施工。

（5）木结构与砖石结构、混凝土结构等相接处基体表面的抹灰，应按照有关规定先铺钉镀锌钢丝网，并将其绷紧钉牢、钉平，金属网与各基体的搭接宽度应不小于100mm，然后再进行抹灰层的施工。

（6）预制钢筋混凝土楼板顶棚，在抹灰成片施工之前应剔除灌缝混凝土凸出部分及杂物，然后用刷子蘸水把表面残渣和浮灰等清理干净，再涂刷掺水10%的108胶水泥浆一道，再用配合比为1∶0.3∶3的水泥混合砂浆将顶部缝隙抹平，过厚部分应分层进行勾抹，每遍厚度宜控制在5~7mm。

3. 浇水湿润

为了确保抹灰砂浆与基体表面黏结牢固，防止干燥的抹灰基体吸水过快而造成抹灰砂浆脱水形成干裂，影响底层砂浆与墙面的黏结力，致使抹灰层出现空鼓、裂缝、脱落等质量问题，在正式抹灰之前，除对抹灰基层进行必要的处理外，还需要进行浇水湿润。

对抹灰基层浇水湿润的方法是：将水管对着砖墙上部缓缓左右移动，使水沿着砖墙的表面从上部缓缓流下，渗水深度以8~10cm为宜，厚度12cm以上的砖墙应在抹灰的前一天进行浇水。在一般湿度要求的情况下，12cm厚的砖墙浇水一遍，24cm以上厚的砖墙浇水两遍，6cm厚砖墙用喷壶喷水湿润即可，但一律不能使墙体吸水达到饱和状态。

轻质普通混凝土墙体吸水率较高，浇水量可以稍多一些；普通混凝土墙体吸水率较低，浇水量可以稍少一些。此外，各种材料基层的浇水量大小和次数，还与施工季节、环境温度、气候条件和室内操作环境等有关，因此应根据施工环境条件酌情掌握。

二、一般抹灰所用材料的要求

一般抹灰工程所用的抹灰材料主要有胶凝材料、细骨料、纤维材料和界面剂等。抹灰材料的质量对抹灰工程质量起着决定性的作用。因此，对抹灰材料的质量应严格进行控制，必须使各种材料符合现行国家或行业的标准。

1. 抹灰工程胶凝材料的要求

用于一般抹灰工程的胶凝材料，主要有石灰膏、磨细生石灰粉、建筑石膏、粉刷石膏、水泥、粉煤灰等。

（1）石灰膏　石灰膏是一般抹灰工程中最常用的胶凝材料。在工程中石灰膏可以采用块状生石灰进行淋制，生产石灰膏前应先用孔径不大于3mm×3mm的筛选过滤，然后贮存在沉淀池中进行熟化。石灰膏的熟化时间，在常温下一般不得少于15d；当用于罩面灰时，熟化时间不得少于30d。使用时石灰膏内不得含有未熟化的颗粒和其他杂质；在沉淀池中的石灰膏应加以保护，防止出现干燥、冻结和污染现象；为确保抹灰工程的施工质量，已风化冻结的石灰膏不得用于抹灰工程。

（2）磨细生石灰粉　用于抹灰工程的磨细生石灰粉，应符合现行的行业标准《建筑生石灰》（JC/T 479—2013）中的要求，其细度应通过4900孔/cm²筛。用于罩面灰时，熟化时间应大于3d。石灰的质量标准如表1-3所列。

表1-3　石灰的质量标准

质量指标名城		块灰		生石灰粉		水化石灰		石灰浆	
		一等	二等	一等	二等	一等	二等	一等	二等
活性氧化钙及氧化镁之和（干重）/%		≥90	≥75	≥90	≥75	≥70	≥60	≥70	≥60
未烧透颗粒含量（干重）/%		≤10	≤12	—	—	—	—	≤8	≤12
每千克石灰的产浆量/L		≥2.4	≥1.8	暂不规定		暂不规定		暂不规定	
块灰内细粒的含量（干重）/%		≤8.0	≤10.0						
标准筛上筛余量含量（干重）/%	900孔/cm²筛余量	无规定		≤3	≤5	≤3	≤5	无规定	
	4000孔/cm²筛余量			≤25	≤25	≤10	≤5		

（3）建筑石膏　根据现行国家标准《建筑石膏》（GB/T 9776—2008）中的规定，以天然石膏或工业副产品石膏经脱水处理制得的，以β-半水硫酸钙（β-CaSO$_4$·1/2H$_2$O）为主要成分，不预加任何外加剂或添加物的粉状胶凝材料，称为建筑石膏。建筑石膏按照原材料不同，可分为天然建筑石膏、脱硫建筑石膏和建筑磷石膏；按照2h的抗折强度不同，可分为3.0、2.0、1.6三个等级。建筑用熟石膏的质量标准如表1-4所列。

表1-4　建筑用熟石膏的质量标准

质量技术指标		建筑石膏			模型石膏	高硬石膏
项目	指标	一等	二等	三等		
凝结时间/min	初凝	≥5	≥4	≥3	≥4	3~5
	终凝	≥7	≥6	≥6	≥6	≥7
	终凝	≥30	≥30	≥30	≥20	≥30

质量技术指标		建筑石膏			模型石膏	高硬石膏
项目	指标	一等	二等	三等		
细度	64孔/cm²	2	8	12	0	—
（筛余量）	900孔/cm²	25	35	40	10	
抗拉强度/MPa	养护1d后	≥0.8	≥0.6	≥0.5	≥0.8	1.8~3.3
	养护7d后	≥1.5	≥1.2	≥1.0	≥1.6	2.5~5.0
抗压强度/MPa	养护1d后	5.0~8.0	3.5~4.5	1.5~3.0	7.0~8.0	—
	养护7d后	8.0~12.0	6.0~7.5	2.5~5.0	10.0~15.0	9.0~24.0
	养护28d后	—	—	—	—	25.0~30.0

（4）粉刷石膏　根据《抹灰石膏》（GB/T 28627—2012）中的规定，二水硫酸钙经脱水或无水硫酸钙经煅烧激发，其生成物半水硫酸钙（$CaSO_4 \cdot 1/2H_2O$）和Ⅱ型无水硫酸钙（Ⅱ型$CaSO_4$）单独或两者混合后掺入外加剂，也可加入集料制成的抹灰材料。

粉刷石膏按照其用途不同，可分为面层粉刷石膏（代号F）、底层粉刷石膏（代号B）和保温层粉刷石膏（代号T）3类。粉刷石膏的技术指标如表1-5所列。

表1-5　粉刷石膏的技术指标

项目		技术指标		
		面层粉刷石膏	底层粉刷石膏	保温层粉刷石膏
细度/%	1.0mm方孔筛的筛余量	0	—	—
	0.2mm方孔筛的筛余量	≤40	—	—
凝结时间	初凝时间/min	≥60		
	终凝时间/h	≤8		
可操作时间/min		≥30		
保水率/%		90	75	60
强度 /MPa	抗折强度	3.0	2.0	
	抗压强度	6.0	4.0	0.6
	剪切黏结强度	0.4	0.3	—
体积密度/(kg/m³)		—	—	≤500

（5）水泥　根据现行国家标准《通用硅酸盐水泥》（GB 175—2007）中的规定，以硅酸盐水泥熟料和适量的石膏及规定的混合材料制成的水硬性胶凝材料，称为通用硅酸盐水泥。通用硅酸盐水泥主要包括硅酸盐水泥、普通硅酸盐水泥、矿渣硅酸盐水泥、火山灰质硅酸盐水泥、粉煤灰硅酸盐水泥和复合硅酸盐水泥。用于抹灰工程的水泥，主要是硅酸盐水泥、普通硅酸盐水泥，其技术性能应符合GB 175—2007中的要求。

（6）粉煤灰　用于抹灰工程的粉煤灰，应符合现行《用于水泥和混凝土中的粉煤灰》（GB/T 1596—2017）的有关规定，其烧失量不大于8%，吸水量不大于105%，筛孔0.15mm筛的筛余量不大于8%。

2. 细骨料

用于一般抹灰工程的细骨料主要有砂子、炉渣、膨胀珍珠岩等。

（1）砂子　根据现行国家标准《混凝土质量控制标准》（GB 50164—2011）中的规定，用于建筑工程的普通混凝土配制的普通砂的质量，应符合现行国家标准《建设用砂》（GB/T 14684—2011）和《普通混凝土用砂、石质量及检验方法标准》（JGJ 52—2006）中的规定。

当中砂或中粗砂混合使用时，使用前应用不大于5mm孔径的筛子过筛，颗粒要求坚硬洁净，不得含有黏土、草根、树叶、碱质物及其他有机物等有害物质。

（2）炉渣　用于一般抹灰工程的炉渣，其粒径不得大于1.2~2.0mm。在使用前应当进行过筛，并浇水焖透在15d以上。

（3）膨胀珍珠岩　膨胀珍珠岩是珍珠岩矿石经破碎形成的一种粒度矿砂，也是用途极为广泛的一种无机矿物材料，目前几乎涉及各个领域。它是用优质酸性火山玻璃岩石，经破碎、烘干、投入高温焙烧炉，瞬时膨胀而成的。用于一般抹灰工程的膨胀珍珠岩，宜采用中级粗细粒径混合级配，其堆积密度宜为80~150kg/m³。

3. 纤维材料

纤维材料是抹灰中常用的材料，用于一般抹灰工程的纤维材料，主要有麻刀、纸筋和玻璃纤维等。

（1）麻刀　麻刀是一种植物纤维材料，简单来说就是一种细麻丝、碎麻，掺在石灰里可以起到增强材料连接、防裂、提高强度的作用。麻刀以均匀、坚韧、干燥、不含杂质为宜，其长度不得大于30mm，随用随敲打松散，每100kg石灰膏中可掺加1kg麻刀。

（2）纸筋　纸筋是指用纸与水浸泡后打碎的纸碎浆，以前多用草纸，现在多数用水泥纸袋替代，因为水泥纸袋的纤维韧性较好。在淋石灰时，先将纸筋撕碎并除去尘土，用清水把纸筋浸透，然后按100kg掺加纸筋2.75kg的比例加入淋灰池中。使用时再将其搅拌打细，并用3mm孔径的筛子过滤成为纸筋灰。

（3）玻璃纤维　玻璃纤维是一种性能优异的无机非金属材料，种类繁多，优点是绝缘性好、耐热性强、抗腐蚀性好、抗拉强度高。它是以玻璃球或废旧玻璃为原料经高温熔制、拉丝、络纱、织布等工艺制成的。将玻璃丝切成1cm长左右，在一般抹灰工程中每100kg石灰膏中掺入量为200~300g，并要搅拌均匀。

4. 界面剂

界面剂通过对物体表面进行处理，该处理可能是物理作用的吸附或包覆，也经常是物理化学的作用。目的是改善或完全改变材料表面的物理技术性能和表面化学特性。以改变物体界面物理化学特性为目的的产品，也可以称为界面改性剂。

抹灰工程中所用的界面剂是一种高分子改性水泥基的界面处理材料，可以增强水泥砂浆与墙体（混凝土墙、砖墙、磨板墙等）的黏结，起到一种"桥架"的作用，防止水泥砂浆找平层空鼓、起壳，节约人工和机械拉毛的费用。在一般抹灰工程中常用的界面剂为108胶，其应满足游离甲醛含量不大于1g/kg的要求，并应有试验报告。

三、内墙一般抹灰施工工艺

内墙抹灰施工工艺流程为：交接验收→基层处理→湿润基层→找规矩→做灰浆饼→设置标筋→抹门窗护角→抹底层灰、中层灰→抹窗台板、墙裙或踢脚板→抹面层灰→墙体阴（阳）角抹灰→现场清理→成品保护。

1. 交接验收

交接验收是进行内墙抹灰前不可缺少的重要施工流程，如果未进行交接验收或验收不合格，则无法进行内墙的抹灰施工。内墙抹灰交接验收是指对上一道工序进行检查验收交接，检验主体结构表面垂直度、平整度、弧度、厚度、尺寸等是否符合设计要求。如果不符合设计要求，应当按照设计要求进行修补。同时，检查门窗框、各种预埋件及管道安装是否符合设计要求。

2. 基层处理

基层处理是一项非常重要的施工准备工作，处理的如何将影响整个抹灰工程的质量。基层处理的目的是为了保证基层与抹灰砂浆的黏结强度，应根据工程实际情况对基层进行清理、修补、凿毛等处理。

3. 湿润基层

对基层处理完毕后，根据墙面的材料种类均匀洒水湿润。对于混凝土基层将其表面洒水湿润后，再涂刷一层配合比为1∶1的水泥砂浆，并在水泥砂浆中加入适量的胶黏剂。

4. 找规矩

找规矩即将需要抹灰的房间中找方或找正，这是抹灰前很重要的一项准备工作。找方后将线弹在地面上，然后依据墙面的实际平整度和垂直度及抹灰总厚度规定，与找方或找正线进行比较决定抹灰层的厚度，从而找到一个抹灰的假想平面。将此平面与相邻墙面的交线弹于相邻的墙面上，以作此墙面抹灰的基准线，并以此为标志作为标筋的厚度标准。

5. 做灰浆饼

做灰浆饼即做抹灰标志块。在距高顶棚、墙阴角约20cm处用水泥砂浆或混合砂浆各做一个标志块，厚度为抹灰层厚度，大小为5cm×5cm×5cm。以这两个标志块为标准，再用托线板靠、吊垂直确定墙下部对应的两个标志块的厚度，其位置在踢脚板上口，使上下两个标志块在一条垂直线上。标准的标志块体完成后，再在标志块的附近墙面钉上钉子，拉上水平的通线，然后按间距1.2~1.5m做若干标志块。要注意：在窗口、墙垛角处必须做标志块。

6. 设置标筋

标筋也叫"冲筋""出柱头"，就是在上下两个标志块之间先抹出一条长梯形灰埝，其宽度为10cm左右，厚度与标志块相平，作为墙面抹灰填平的标准。其做法是：在上下两个标志块中间先抹一层，再抹第二遍凸出成八字形，要比标志块凸出1cm左右；然后用木杠紧贴"标志块"按照左上右下的方向搓，直到把标筋搓得与标志块一样平为止，同时要将标筋的两边用刮尺修成斜面，使其与抹灰面接茬顺平。

标筋所用的砂浆应与抹灰底层砂浆相同。做完标筋后应检查灰筋的垂直度和平整度，误差在0.5mm以上者，必须重新进行修整。当层高大于3.2m时，要两人分别在架子上下协调操作。抹好标筋后，两人各执硬尺一端保持通平。在操作过程中，应经常检查木尺，防止受潮变形，影响标筋的平整垂直度。灰浆饼和标筋如图1-5所示。

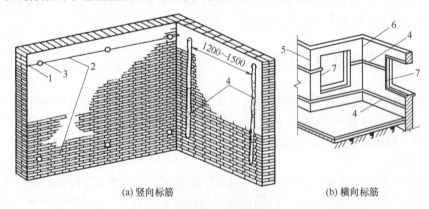

(a) 竖向标筋　　　　　　　　　　　(b) 横向标筋

图1-5　灰浆饼和标筋（单位：mm）

1—钉子；2—挂线；3—灰浆饼；4—标筋；5—墙的阳角；6—墙的阴角；7—窗框

7. 抹门窗护角

室内墙角、柱角和门窗洞口的阳角是抹灰质量好坏的标志，也是大面积抹灰的标尺，抹灰要线条清晰、挺直，并应防止碰撞损坏。因此，凡是与人和物体经常接触的阳角部位，不论设计中有无具体规定都需要做护角，并用水泥浆将护角抹出小圆角。

8. 抹底层灰

在标志块、标筋及门窗洞口做好护角，并达到一定强度后，底层抹灰即可进行操作。底层抹灰也称为刮糙处理，其厚度一般控制在10~15mm。抹底层灰时可用灰板盛着砂浆，用力将砂浆推抹到墙面上，抹底层灰应从上而下进行。在两标筋之间抹满砂浆后，即用刮尺从下而上进行刮灰，使底灰层刮平整、刮密实并与标筋面相平，操作中可用木抹子配合进行表面平整处理。将抹灰底层表面刮粗糙处理后应浇水养护一段时间。

9. 抹中层灰

待底层灰达到七至八成干（用手指按压有指印但不软）时，即可抹中层灰。操作时一般按照自上而下、从左向右的顺序进行。先在底层灰上均匀洒水，其表面收水后在标筋之间装满砂浆，并用刮尺将表面刮平，再用木抹子来回搓抹，使灰浆的表面平整。抹压平整后用2m的靠尺进行质量检查，超过质量允许偏差时应及时修整至合格。

根据抹灰工程的设计厚度和质量要求，中层灰浆可以一次抹成，也可以分层进行操作，这主要根据墙体的平整度和垂直度偏差情况而定。

10. 抹面层灰

面层抹灰在工程上俗称罩面。面层灰从阴角开始，宜两人同时操作，一人在前面上灰，另一人紧跟在后面找平，并用铁抹子压光。室内面层抹灰常用纸筋石灰、石灰砂浆、麻刀石灰、石膏、水泥砂浆及大白腻子等罩面。面层抹灰应在底层灰浆稍干后进行，如果底层的灰浆太湿，会影响抹灰面的平整度，还可能产生"咬色"现象；底层灰太干则容易使面层脱水太快而影响黏结，造成面层空鼓。

（1）纸筋石灰面层抹灰　纸筋石灰面层抹灰，一般应在中层砂浆六至七成干后进行。如果底层砂浆过于干燥，应先洒水湿润，再抹面层。抹灰操作一般使用钢皮抹子或塑料抹子，两遍成活，厚度为2~3mm。抹灰习惯由阴角或阳角开始，自左向右依次进行，两人配合操作，一人先竖向（或横向）薄薄抹上一层，要使纸筋石灰与中层紧密结合，另一人横向（或竖向）抹第二遍，两人抹的方向应相互垂直。在抹灰的过程中要注意抹平、压实、压光。在压平后，可用排笔或扫帚蘸水横扫一遍，使表面色泽一致，再用钢皮抹子压实、揉平、抹光一次，面层会变得更加细腻光滑。

阴阳角分别用阴阳角抹子抹光，随手用毛刷蘸水将门窗边的阳角、墙裙和踢脚板上口刷净。纸筋石灰罩面的另一种做法是：在第二遍灰浆完成后，稍干就用压子式塑料抹子顺抹子纹压光，经过一段时间再进行认真检查，若出现起泡再重新压平。

（2）麻刀石灰面层抹灰　麻刀石灰面层抹灰的操作方法，与纸筋石灰面层抹灰基本相同。但麻刀与纸筋纤维的粗细有很大区别，"纸筋"很容易捣烂，能形成纸浆状，故制成的纸筋石灰比较细腻，用它做罩面灰厚度可达到不超过2mm的要求。而麻刀的纤维比较粗，且不易捣烂，用它制成的麻刀石灰抹面厚度按要求不得大于3mm比较困难。如果面层的厚度过大，容易产生收缩裂缝，严重影响工程质量。

（3）石灰砂浆面层抹灰　石灰砂浆面层抹灰，应在中层砂浆五至六成干时进行。如果中层抹灰比较干燥，应洒水湿润后再进行抹灰。石灰砂浆面层抹灰施工比较简单，先用铁抹子抹灰，再用木刮尺从下向上刮平，然后用木抹子搓平，最后用铁抹子压光成活。

（4）刮大白腻子 内墙面的面层可以不抹罩面灰，而采用刮大白腻子。这种方式的优点是操作简单，节约用工。面层刮大白腻子，一般应在中层砂浆干透，表面坚硬呈灰白色，没有水迹及潮湿痕迹，用铲刀能划出显白印时进行。大白腻子的配合比一般为：大白粉：滑石粉：聚乙酸乙烯乳液：羧甲基纤维素溶液（浓度5%）=60：40：（2~4）：75（质量比）。在进行调配时，大白粉、滑石粉、羧甲基纤维素溶液应提前按照设计配合比搅匀浸泡。

面层刮大白腻子一般不得少于两遍，总厚度在1mm左右。头道腻子刮后，在基层已修补过的部位应进行修补找平，待腻子干透后用0号砂纸磨平，扫净浮灰。待头道腻子干燥后，再进行第二遍。

（5）木引线条的设置 为了施工方面，克服和分散大面积干裂与应力变形，可将饰面用分格条分成小块来进行。这种分块形成的线型称为引线条，如图1-6所示。这种设置既是构造上的要求也有利于日后的维修，并且可使建筑立面获得良好尺度感而显得非常美观。在进行分块时，首先要注意其尺度比例应合理匀称，大小与建筑空间成正比，并注意有方向性的分格，应当与门窗洞、线角相匹配。分格缝多数为凹缝，其断面为10mm×10mm、20mm×10mm等，不同的饰面层均有各自的分格要求，要按照设计要求进行施工。

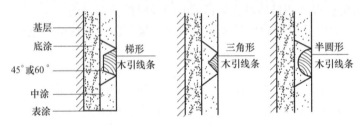

图1-6 抹灰面木引线条的设置

引线条的具体做法是：在底层的灰浆抹完后，根据设计要求弹出分格线，根据分格线的长度将分格条分好，然后用铁抹子将素水泥浆抹在分格条背面，水平分格线宜粘贴在水平线的下口，垂直分格线粘贴在垂线的左侧，这样易于观察，操作也比较方便。

分格条在使用前要在水中泡透，以防止分格条粘贴后吸水产生较大变形，并便于进行粘贴。分格条因本身水分蒸发而收缩很容易起出，还能使分格条两侧的灰口整齐。分格条用直尺校正后，宜在两侧用水泥浆抹成梯形斜角固定，待面层抹灰硬化后再取出分格条。

11. 墙体阴（阳）角抹灰

墙体阴（阳）角处的抹灰要比墙体大面的抹灰复杂、麻烦，其质量要求也比较高，要特别引起重视。在正式抹灰前，先用阴（阳）角方尺上下核对阴角的方正，并检查其垂直度，然后确定抹灰厚度，并浇水湿润。阴（阳）角处抹灰应用木制阴（阳）角器进行操作，先抹底层灰，使上下抽动抹平，使室内四角达到直角，再抹中层灰，并使阴（阳）角方正。墙体的阴（阳）角抹灰应与墙面抹灰同时进行。阴角的扯平找直如图1-7所示。

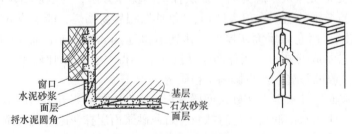

图1-7 阴角的扯平找直

四、外墙一般抹灰施工工艺

外墙抹灰施工工艺流程为：交接验收→基层处理→湿润基层→找规矩→挂线、做标志块→做灰浆饼→做"冲筋"→铺抹底层、中层灰→弹分格线、粘贴分格条→抹面层灰→起分格条、修整→养护。

1. 交接验收

交接验收是进行内墙抹灰前不可缺少的重要施工流程，如果未进行交接验收或验收不合格，则无法进行抹灰施工。外墙抹灰交接验收是指对上一道工序进行检查验收交接，检验主体结构表面垂直度、平整度、弧度、厚度、尺寸等是否符合设计要求。如果不符合设计要求，应按照设计要求进行修补。

2. 基层处理

基层处理是外墙一般抹灰施工中一项非常重要的工作，处理的如何将影响整个抹灰工程的质量。根据施工实践经验，外墙抹灰的基层处理主要做好如下工作。

（1）主体结构已经施工完毕，外墙上所有预埋件、嵌入墙体内的各种管道已安装，并且符合设计要求，阳台栏杆已装好。

（2）门窗安装完毕经检查质量合格，框与墙间的缝隙已经清理，并用砂浆分层分多遍将其堵塞严密。

（3）采用大板结构时，外墙的接缝防水已处理完毕，经检查质量合格。

（4）砖墙的凹处已用1:3的水泥砂浆填平，凸处已按照要求剔凿平整，脚手架孔洞已堵塞填实，墙面污物已经清理，混凝土墙面光滑处已经进行凿毛处理。

3. 找规矩

外墙面一般抹灰与内墙面抹灰一样，也要挂线做标志块、标筋。其找规矩的方法与内墙基本相同，但要在相邻两个抹灰面的相交处挂垂线。

4. 挂线、做标志块

由于外墙抹灰的面积一般都比较大，另外还有门窗、阳台、明柱、腰线等。因此外墙抹灰找出规矩比内墙抹灰更加重要，要在四角先挂好自上而下的垂直线（多层及高层建筑应用钢丝线垂下），然后根据抹灰的厚度弹上控制线，再拉水平通线，并弹出水平线做标志块，然后做标筋。标志块和标筋的做法与内墙抹灰完全相同。

5. 弹分格线、粘贴分格条

室外墙体进行抹灰时，为了增加墙面的美观，避免罩面的砂浆产生收缩而裂缝，或大面积产生膨胀而空鼓脱落，应在适当的位置设置分格缝，分格缝处应粘贴分格条。分格条在使用前要用水泡透，这样既便于施工粘贴，又能防止分格条在使用中变形，同时也利于本身水分蒸发收缩易于起出。

水平分格条板应粘贴在水平线下口，垂直分格条板应粘贴在垂线的左侧。黏结一条横向或竖向分格条后，应用直尺校正其平整度，并将分格条两侧用水泥浆抹成八字形斜角。当天抹面的分格条，两侧八字斜角可抹成45°；当天不再抹面的"隔夜条"，两侧八字形斜角可抹成60°。分格条要求横平竖直、接头平整，不得有错缝或扭曲现象，分格缝的宽窄和深浅应均匀一致。

6. 外墙抹灰

外墙抹灰层要求有一定的耐久性。若采用水泥石灰混合砂浆，其配合比为：水泥:石灰膏:砂=1:1:6。若采用水泥砂浆，其配合比为：水泥:砂=1:3。底层砂浆具有一定强度后，再抹中层砂浆，抹时要用木杠、木抹子刮平压实、扫毛、浇水养护。在抹面层时，先用配合比为1:2.5的水泥砂浆薄薄刮一遍；第二遍再与分格条板涂抹齐平，然后按分格条厚度刮平、搓实、压光，再用刷子蘸水按同一方向轻刷一遍，以达到颜色一致，并清刷分格条上的砂浆，以免起出条板时损坏抹面。起出分格条后，随即用水泥砂浆把缝勾齐。

室外抹灰面积比较大，不易压光罩面层的抹纹，所以一般用木抹子搓成毛面，搓平时要用力均匀，先以圆圈形搓抹，再上下抽拉，方向要一致，以使面层纹路均匀。在常温情况下，抹灰完成24h后开始淋水养护7d为宜。

外墙进行抹灰时，在窗台、窗楣、雨篷、阳台、檐口等部位应做流水坡度。设计无要求时，流水坡度以10%为宜，流水坡下面应做滴水槽，滴水槽的宽度和深度均不应小于10mm。要求棱角整齐、光滑平整，起到挡水的作用。

五、顶棚一般抹灰施工工艺

顶棚一般抹灰施工工艺与墙面抹灰基本相同，顶棚一般抹灰施工工艺流程为：交接验收→基层处理→找规矩→底层抹灰、中层抹灰→面层抹灰。

1. 交接验收及基层处理

顶棚一般抹灰的交接验收及基层处理基本与内墙抹灰相同，另外需要注意以下几个方面。

（1）屋面防水层与楼面面层已施工完毕，穿过顶棚的各种管道已经安装就绪，顶棚与墙体之间及管道安装后遗留空隙已经清理并填堵严实。

（2）现浇混凝土顶棚表面的油污已经清除干净，用钢丝刷已满刷一遍，凹凸处已经填平或凿去。预制板顶棚除以上工序外，板的缝隙应已清扫干净，并且用配合比为1∶3（水泥∶砂子）水泥砂浆填补刮平。

（3）木板条的基层顶棚板条间隙在8mm以内，无松动翘曲现象，污物已经清除干净。

（4）在木板条面上设置钢丝网的基层，应将其切实铺钉可靠、牢固、平直。

2. 找规矩

顶棚抹灰通常不做标志块和标筋，而是用目测的方法控制其平整度，以无高低不平及接茬痕迹为准。首先根据顶棚的水平面，确定抹灰的厚度，然后在墙面的四周与顶棚交接处弹出水平线，作为顶棚抹灰的水平标准。

3. 底层和中层抹灰

一般底层砂浆采用配合比为水泥∶石灰膏∶砂＝1∶0.5∶1的水泥混合砂浆，底层抹灰厚度为2mm。底层抹灰后紧跟着就抹中层砂浆，其配合比一般采用水泥∶石灰膏∶砂=1∶3∶9的水泥混合砂浆，抹灰厚度6mm左右。抹后用软的刮尺刮平刮匀，随刮随用长毛刷子将抹灰印痕顺平，再用木抹子搓平。顶棚管道周围用小工具顺平。

抹灰的顺序一般是由前往后退，并注意其方向必须同基体的缝隙（如混凝土板缝）成垂直方向。这样，容易使砂浆挤入缝隙与基底牢固结合。

抹灰时，厚薄应掌握适度，随用软的刮尺刮平。如平整度欠佳，应再涂抹和赶平，但不宜多次修补，否则容易搅动底灰而引起掉灰。如底层砂浆吸水快则应及时洒水，以保证与底层黏结牢固。

在顶棚与墙面的交接处，一般是在墙面抹灰完成后再补做，也可在抹顶棚时，先将距顶棚20~30cm的墙面同时完成抹灰，方法是用铁抹子在墙面与顶棚交角处添上砂浆，然后用木质阴角器抽拉平整、抹压垂直即可。

4. 面层抹灰

待中层抹灰达到六至七成干，即用手指按时感觉不软且有指印时（要防止过干，如果过干应稍微洒水），便可以开始面层抹灰。如使用纸筋石灰或麻刀石灰时一般分两遍成活，其涂抹方法及抹灰厚度与内墙抹灰相同：第一遍抹得越薄越好，紧跟着再抹第二遍；在抹第二遍时，抹子要稍平，涂抹完毕后待灰浆稍干，再用塑料抹子或压子顺着抹纹压实压光。

各抹灰层受冻或急骤干燥都能产生裂纹或脱落，在外力的作用下容易损坏，因此在上述工序完成后还需要注意加强对抹灰层的养护和保护。

六、细部一般抹灰施工工艺

细部抹灰工程是建筑装饰工程的重要组成部分，大多数都处于室内的显要位置，对于改善室内环境、美化空间起着非常重要的作用。细部一般抹灰包括的部位很多，建筑室内外的细部抹灰主要有踢脚板、墙裙、窗台、勒脚、压顶、檐口、梁、柱子、楼梯、阳台、坡道、散水等。

1. 踢脚板、墙裙及外墙勒脚抹灰施工

内外墙和厨房、厕所的墙脚等部位，经常易受到碰撞和水的侵蚀，要求这些地方应防水、防潮、防蚀、坚硬。因此，抹灰时往往在室内设踢脚板，厕所、厨房设墙裙，在外墙底部设勒脚。通常用配合比为1：3.0的水泥砂浆抹底层和中层，用配合比为1：2.0或1：2.5的水泥砂浆抹面层。

抹灰时根据墙上施工的水平基线用墨斗或粉线包弹出踢脚板、墙裙或勒脚高度尺寸水平线，并根据墙面抹灰的厚度，决定踢脚板、墙裙或勒脚的厚度。凡是阳角处，应当用方形尺子进行规方，最好在阳角处弹上直角线。

规矩找好后，将基层处理干净，浇水湿润。按弹出的水平线，将八字靠尺板粘嵌在上口，靠尺板表面正好是踢脚板、墙裙或勒脚的抹灰面，用配合比为1：3.0的水泥砂浆抹底层、中层，再用木抹子搓平、扫毛、浇水养护。待底层、中层砂浆六七成干时就应进行面层抹灰。面层用配合比为1：2.5的水泥砂浆先薄薄刮上一遍，然后再抹第二遍。先抹平八字靠尺、搓平、压光，然后起下八字靠尺，用小阳角抹子捋光上口，再用压子压光。

另一种方法是在抹底层、中层砂浆时，先不嵌靠尺板，而在涂抹完罩面灰浆后用粉线包弹出踢脚板、墙裙或勒脚的高度尺寸线，把靠尺板靠在线的上口，并用抹子将其切齐，再用小阳角抹子捋光上口，然后再进行压光。

2. 窗台

在建筑房屋工程中，砌砖窗台一般分为外窗台和内窗台，也可分为清水窗台和混水窗台。混水窗台通常是将砖以水平砌筑，用水泥砂浆进行抹灰。

外窗台一般用配合比为1：2.5的水泥砂浆打底，用配合比为1：2.0的水泥砂浆罩面。窗台操作难度较大，一个窗台有五个面、八个角，一条滴水槽（或滴水线），质量要求比较高。表面要平整光洁，棱角要清晰；与相邻窗台的高度进出要一致，横竖都要成一条线；排水要畅通，不出现渗水，不产生湿墙。

外窗台抹灰一般在底面做滴水槽或"滴水线"，"滴水线"是防止雨水顺墙面向下流时进入阳台内或流到玻璃上的措施，一般是在底面与外墙面交界的地方，距拐角1~2cm处，做一条1cm左右宽的凹槽。"滴水线"和滴水槽的主要区别是深度不同。滴水槽的做法通常是：在底面距离边口2cm处粘贴分格条（滴水槽的宽度及深度均不小于10mm，并要整齐一致）。窗台的平面应向外呈流水坡度，如图1-8所示。

用水泥砂浆抹内窗台的方法与外窗台一样。抹灰应分层进行。窗台要抹平，窗台两端抹

灰要超过窗口6cm，由窗台上皮往下抹4cm。

"滴水线"的做法是：将窗台下部的边口的直角改为锐角，并将角往下伸延约10mm，形成滴水，如图1-8所示。

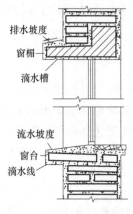

图1-8　滴水槽与"滴水线"

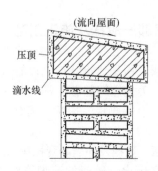

图1-9　压顶抹灰的做法

3. 压顶

压顶是指女儿墙的压顶，是在女儿墙最顶部现浇混凝土（内配2条通长的细钢筋），用来压住女儿墙，使之连续性、整体性更好。压顶即可当动词，又可以当名词，当动词时就是压住女儿墙的意思；当名词时，它也是女儿墙的一部分，只不过是压在最顶部的。

压顶一般为女儿墙顶现浇的混凝土板带（也可以用砖砌成）。压顶要求表面平整光洁，棱角清晰，水平成线，突出一致。因此抹灰前一定要拉上水平通线，对于高低出进不能上线的要凿掉或补齐。但因其两面有檐口，在抹灰时一面要做流水坡度，两面都要设滴水线，压顶抹灰的做法如图1-9所示。

4. 柱子

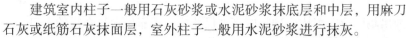

柱子按照所用材料不同，一般可分为砖柱、混凝土柱、钢筋混凝土柱、石柱、木柱等；按照其形状不同，又可分为方柱、圆柱、多角形柱等。

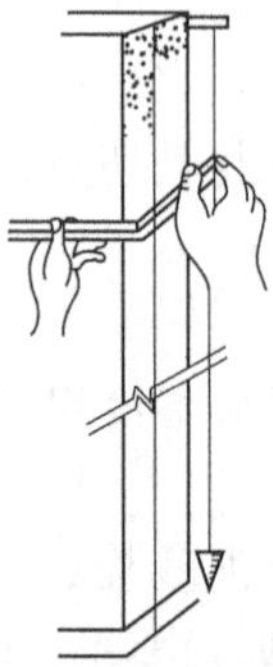

建筑室内柱子一般用石灰砂浆或水泥砂浆抹底层和中层，用麻刀石灰或纸筋石灰抹面层，室外柱子一般用水泥砂浆进行抹灰。

（1）方柱　方柱的基层处理首先要将砖柱或钢筋混凝土柱的表面清扫干净，并浇水进行湿润，然后进行找规矩。如果方柱为独立柱，应按照设计图样所标示的柱轴线，测定柱子的几何尺寸和位置，在楼地面上弹上垂直的两条中心线，并弹上抹灰后的柱子边线（注意阳角都要进行规方），然后在柱子顶卡上短的靠尺，拴上铅锤向下进行垂吊，并调整线锤对准地面上的四角边线，检查柱子各方面的垂直度和

图1-10　独立方柱找规矩

平整度。如果不超过规定误差，在柱四角距地坪和顶棚各15cm左右处做"灰饼"，如图1-10所示。如果超过规定误差，应先进行处理，再找规矩做"灰饼"。

当有两根或两根以上的柱子，应当首先根据柱子的间距找出各根柱子的中心线，用墨斗在柱子的4个立面弹上中心线，然后在一排柱子最外的两根柱子的正面外边角下各拉一条水平通直线做所有柱子正面上下两边的灰饼，每个柱子正面上下左右共做4个灰饼。

根据下面的"灰饼"用套板套在两端柱子的反面，再做两上边的"灰饼"。根据这个"灰饼"，上下拉上水平通直线，做各根柱子反面"灰饼"。正面、反面"灰饼"全部做完后，用套板中心对准柱子正面或中心线，做柱子两侧的"灰饼"，如图1-11所示。

柱子四面的灰饼做好后，应先在侧面卡上八字靠尺，对正面和反面进行抹灰；再把八字靠尺卡在正反面，对柱子的两个侧面进行抹灰。底层和中层抹灰要用短木刮平，木抹子搓平。第二天对抹面进行压光。

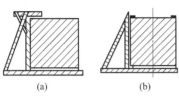

图1-11　多根方柱找规矩

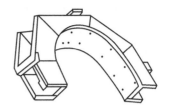

图1-12　圆柱抹灰套板

（2）圆柱　钢筋混凝土圆柱基础处理的方法与方柱基本相同。独立圆柱找规矩，一般也应先找出纵横两个方向设计要求的中心线，并在柱上弹纵横两个方向四根中心线，按照四面中心点，在地面上分别弹出4个点的切线，就形成了圆柱的外切4条边线。这个四边线各边长就是圆柱的实际直径。然后用缺口木板方法，由上四面中心线往下吊线锤，检查柱子的尺寸和垂直度。如果不超过规定误差，先在地面弹上圆柱抹灰后外切4条边线（每边长就是抹灰后圆柱的直径），按这个尺寸制作圆柱的抹灰套板，如图1-12所示。

圆柱做"灰饼"，可以根据地面上放好的线，在柱四面中心线处，先在下面做"灰饼"，然后用常缺口的板挂上垂线在柱上部做4个"灰饼"。在上下灰饼挂线，中间每隔1.2m左右做一组"灰饼"，再根据"灰饼"设置冲筋。圆柱抹灰分层做法与方柱相同，抹时用长木杠随着抹灰、随着进行查找圆形，随时用抹灰圆形套板核对。当抹面层灰时，应用圆形套板沿柱子上下滑动，将抹灰抹成圆形。

5. 阳台

阳台是建筑物室内的延伸，是居住者呼吸新鲜空气、晾晒衣物、摆放盆栽的场所，一般有悬挑式、嵌入式、转角式3类，其设计需要兼顾实用与美观的原则。阳台抹灰是室外装饰的重要部分，关系到建筑物表面的美观，要求各个阳台上下成垂直线，左右成水平线，进出一致，各个细部统一，颜色相同。抹灰前要注意清理基层，把混凝土基层清扫干净并用水冲洗，用钢丝刷子将基层刷到露出混凝土的新面。

阳台抹灰找出规矩的方法是：由最上层阳台突出的阳角及靠墙阴角往下挂垂线，找出上下各层阳台进出误差及左右垂直误差，以大多数阳台进出及左右边线为依据，误差小一些的，可以上下左右顺一下；误差较大的，要进行必要的结构处理。对于各相邻阳台要拉水平通线，对于进出及高低误差太大的要进行处理。

根据找好的规矩，确定各部位的大致抹灰厚度，再逐层逐个找好规矩，做"灰饼"进行抹灰。最上层两头抹好后，以下都以这两个挂线为准做"灰饼"。抹灰还应注意阳台地面排水坡度方向，要顺向阳台两侧的排水孔，不要抹成倒流水。

阳台底面抹灰与顶棚抹灰相同。主要工序包括清理基层、浇水湿润、刷水泥浆、分层抹底层和中层水泥砂浆、面层抹灰。阳台上面用1：3水泥砂浆做面层抹灰，并注意留好排水坡度。阳台挑梁和阳台梁，也要按规矩抹灰，高低进出要整齐一致，棱角清晰。

6. 楼梯

楼梯在正式抹灰前，除将楼梯踏步、栏板等清理刷净外，还要将安装栏杆、扶手等预埋件用细石混凝土灌注密实。然后根据休息平台的水平线（标高）和楼面标高，按上下两头

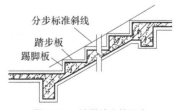

图1-13　楼梯踏步线示意

踏步口，在楼梯侧面墙上和栏板上弹出一道踏步标准线，如图1-13所示。抹灰时，将踏步角对在斜线上，或者弹出踏步的宽度与高度再抹灰。

在抹灰前，先浇水进行湿润，并抹一遍水泥浆（刮涂也可以），随即抹1:3的水泥砂浆（体积比），底层灰厚约15mm。抹灰时，应先抹踢脚板（立面），再抹踏板（平面），逐步由上向下做。在抹踢脚板时，先用八字靠尺压在上面，一般用砖压尺，按尺寸留出灰口。按照八字靠尺抹灰，然后用木抹子搓平。再把靠尺支在立面上抹平面灰，也用木抹子抹平如图1-14所示。做棱角，把底灰层划出麻面，再进行第二遍罩面。

罩面的灰浆用体积比1:2.0或1:2.5的水泥砂浆，罩面的厚度约8mm。根据砂浆干湿情况抹几步楼梯后，再反上去压光，并用阴阳角抹子将阴阳角捋光。24h后开始浇水养护，时间为一周。若踏步有防滑条时，在涂抹底子灰浆完成后，先在离踏步口40mm处，用素水泥浆粘分格条。如防滑条是采用铸铁或铜条等材料时，应在罩面前，应将准备好铸铁条或铜条，按照设计要求安稳粘好，然后再抹罩面灰。金属条可以粘2条或3条，间距为25~30mm，比踏板突出3~4mm，如图1-15所示。

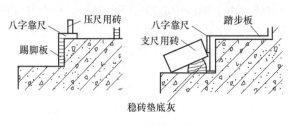

图1-14　踏步板的抹灰

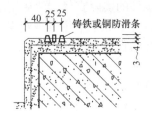

图1-15　金属防滑条镶嵌（单位：mm）

如果踏步、踢脚板均为水泥砂浆，为保护踏步角免受损坏，可以在角部镶嵌直径为12mm钢筋或小规格的角钢。

七、机械喷涂抹灰施工工艺

机械喷涂抹灰施工就是把搅拌好的砂浆，经振动筛后倾倒入灰浆输送泵，通过管道，再借助于空气压缩机的压力，把灰浆连续均匀地喷涂于墙面和顶棚上，再经过找平搓实，完成抹灰饰面。

砂浆机械化喷涂施工已历经五十多年的发展。我国从20世纪70年代起开始机械化喷涂施工的研究工作，于1996年编制了《机械喷涂抹灰施工规程》，后续出台的更多扶持机械化喷涂抹灰施工的政策，对开展机械化喷涂抹灰施工做好了积极引导。

目前，机械喷涂抹灰施工技术在砂浆的搅拌、水平与垂直运送和喷涂上墙这几道工序中已实现了全机械施工，但罩面、抹光及细部处理仍需手工完成。虽然抹灰施工没有整体实现全机械化，但主要的繁重劳动已由机械代替。

机械喷涂抹灰主要适用于内外墙和顶棚石灰砂浆、混合砂浆和水泥砂浆抹灰的底层和中层抹灰。机械喷涂抹灰工艺流程，如图1-16所示。

机械喷涂适用于内外墙和顶棚石灰砂浆、混合砂浆和水泥砂浆的底层和中层抹灰。近年来，"小容量三级出灰量挤压泵"的问世为实现抹灰工程的全面机械化创造了条件。

（一）机械喷涂抹灰的机具设备

机械喷涂抹灰施工所用的机具设备主要有砂浆输送泵、组装车、管道、喷枪及常用抹灰工具等。

1. 砂浆输送泵

砂浆输送泵是机械喷涂抹灰最主要的施工机械，由于采用了砂浆输送泵输送砂浆，因此劳动组织、生产效率、应用范围等均与所选择的砂浆输送泵的性能有很大关系。常用的砂浆输送泵，按照其结构特征的不同，可分为柱塞式砂浆输送泵、隔膜式砂浆输送泵、"灰气"联合砂浆输送泵和挤压式砂浆输送泵等。柱塞式、隔膜式和"灰气"联合砂浆输送泵俗称"大泵"，各种砂浆输送泵的技术性能如表1-6所列。

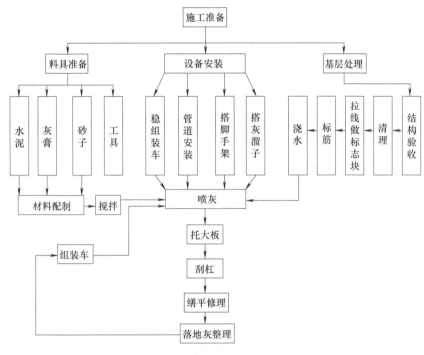

图1-16 机械喷涂抹灰工艺流程

表1-6 各种砂浆输送泵的技术性能

技 术 数 据		砂浆泵名称和型号			
		柱塞直给式		隔膜式	"灰气"联合
		HB_{6-3}	HP_{-013}	HP_{8-3}	$HK_{-3.5-74}$
输送量/(m³/h)		3	3	3	3.5
垂直输送距离/m		40	40	40	25
水平输送距离/m		150	150	100	150
工作压力/MPa		1.5	1.5	1.2	—
配套电动机	型号	JQ₄-41-4	JQ₂-52-4	JQ₂-42-4	—
	功率/kW	4	7	2.8	5.5
	转速/(r/min)	1440	1440	1400	1450
进浆液口胶管内径/mm		64	—	—	50
排浆液口胶管内径/mm		51	50.4	38	0.24
外形尺寸(长×宽×高)/mm		1033×474×890	1825×610×1075	1350×444×760	1500×720×550
机器质量/kg		250	650	—	293

"小容量三级出灰量挤压泵"是近几年问世的新型砂浆输送泵，一般称为"小泵"。这种泵的特点是：配套电动机变换不同位置可使挤压管变换挤压次数，从而形成三级出灰量，挤压式砂浆输送泵的主要技术参数如表1-7所列。

表1-7 挤压式砂浆输送泵的主要技术参数

型 号	UBJ0.8型	UBJ1.2型	UBJ1.8型
输送量/(m³/h)	0.2、0.4、0.8	0.3、0.6、1.2	0.3、0.4、0.6、0.9、1.2、1.8
垂直输送距离/m	25	25	30
水平输送距离/m	80	80	100
额定工作压力/MPa	1.0	1.2	1.5
主电动机功率/kW	0.4/1.1/1.5	0.6/1.5/2.2	1.3/1.5/2.0
外形尺寸/mm	1220×662×960	1220×662×1035	1220×896×990
机器质量/kg	175	185	300

（1）采用柱塞泵、隔膜泵或"灰气"联合泵 采用这3种砂浆输送泵，由于它们出灰浆量比较大，效率比较高，机械喷涂劳动组织强度较大，其设备比较复杂，组装车的组成如图1-17所示。

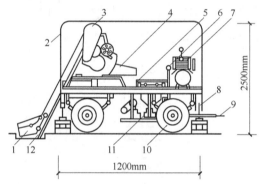

图1-17 组装车示意

1—上料斗；2—防护棚；3—砂浆机；4—储浆槽；5—振动筛；6—压力表；7—空气压缩机；
8—支腿；9—牵引架；10—行走轮；11—砂浆泵；12—滑道

（2）采用挤压式砂浆输送泵 因其出灰量小，设备比较简单，又因其输送距离短，在多层建筑物内喷涂作业时，可逐层移动泵体，施工比较灵活，因此可不设组装车。

2. 管道

管道是输送砂浆的主要设备。室外管道一般多采用钢管，在管道的最低处安装三通，以便冲洗灰浆泵及管道时，打开三通阀门使污水排出。室外管道的连接采用法兰盘，接头处设置橡胶垫以防止漏水。室内管道采用胶管，胶管连接宜采用铸铁卡具。从空气压缩机到枪头也应用胶管进行连接，以便输送压缩空气。在靠近操作地点的胶管，使用分岔管道将其分成两股，以便使两个枪头同时喷灰。

3. 喷枪

喷枪是喷涂抹灰机具设备中的重要组成部分，也是能否顺利进行喷涂施工的关键。喷枪头用钢板或铝合金焊成，气管采用铜管制成。插在喷枪头上的进气口用螺栓固定，要求操作灵活省力，喷出的砂浆均匀细长且落地灰较少。

（二）机械喷涂抹灰施工的优点

（1）提高施工质量 机械喷涂抹灰的喷涂压力一般在0.5MPa以上，压力大、附着力强、黏结牢固，没有空鼓、脱皮等现象，合格率接近100%，优良率达50%以上。

（2）节省建筑材料　由于机械抹灰是将灰浆均匀地喷涂在墙面上，其与墙面的黏结力要远好于普通抹灰，所以机械抹灰省去了墙面拉毛的步骤，节省了水泥用量。

（3）提高工作效率　机械喷涂抹灰速度快、工效高。一台喷涂机每小时可轻松喷涂150m²，按每个工作日8h计算，可喷涂1200m²以上，相当于20个熟练工整天工作不休息的工作量。机械喷涂抹灰尤其在大面积抹灰施工中提高效率更为明显。

（4）降低工程成本　机械喷涂抹灰相比于普通抹灰减少用工，降低成本。采用机械喷涂抹灰比采用人工抹灰减少的用工量和劳务费都在50%左右，由于工期缩短，机械使用费减少30%~50%，综合分析施工成本可降低35%左右。

机械喷涂抹灰与传统的手工抹灰相比，不但施工速度快，工效高，而且与墙体的附着力强、黏结牢固，避免了一般人工抹灰出现的空鼓和裂缝等质量通病，同时还节省了材料，降低了工程成本。

（三）机械喷涂抹灰的施工要点

根据现行的行业标准《机械喷涂抹灰施工规程》（JGJ/T 105—2011）中的规定，机械喷涂抹灰在机械设备选择、喷涂施工工艺、质量要求与检验、施工安全等方面应分别符合下列要求。

1. 机械喷涂抹灰的机械设备选择

（1）设备的选择与配置　机械喷涂抹灰的机械设备选择与配置应符合以下规定。

① 喷涂设备及其配套设备的选择应根据施工组织设计的要求和现行的行业标准《机械喷涂抹灰施工规程》（JGJ/T 105—2011）的规定确定。

② 喷涂设备应由砂浆搅拌机、振动筛、灰浆泵、空气压缩机或灰浆联合机，与输送管道总成和喷枪等组成。

③ 砂浆搅拌机宜选择强制式砂浆搅拌机其容量不宜小于0.3m³。

④ 振动筛宜选择平板振动筛或偏心杆式振动筛两者亦可并列使用，其筛网孔径宜取10~12.5mm。

⑤ 喷涂设备的选择应根据泵送高度和输送量确定，宜选择双缸活塞式灰浆联合机。其主要技术性能可按照现行的行业标准《机械喷涂抹灰施工规程》（JGJ/T 105—2011）中附录A选用。

⑥ 空气压缩机的容量宜为300L/min，其工作压力宜选用0.5MPa。

⑦ 输送管道总成应当由输气管道、输浆管道和自锁快速接头等组成，输浆管道的管径应取50mm，其工作压力应取4~6MPa；输气管的管径一般应取13mm。

⑧ 喷枪应根据工程的部位材料和装饰要求选择喷枪型式及相匹配的喷嘴类型与口径。对内外墙、顶棚表面、砂浆垫层、地面层，喷涂应选择口径18mm与20mm的标准与角度喷枪；对装饰性喷涂则应选择口径10mm、12mm与14mm的装饰喷枪。

⑨ 当远距离输送砂浆或高处喷涂作业时，应备有无线对讲机等通信联络设备。

（2）设备安装与使用　机械喷涂抹灰的机械设备安装与使用应符合以下规定。

① 设备的布置应根据施工总平面图合理确定，应缩短原材料和砂浆的输送半径，减少设备的移动次数。

② 砂浆搅拌机与平板振动筛的安装应牢固，操作应方便，上料与出料应通畅。

③ 安装灰浆联合机的场地应坚实平整，并宜置于水泥地面上。车轮应牢固，安放应平稳。

④ 灰浆联合机应安装在砂浆搅拌机和振动筛的下部，其进料口应置于砂浆搅拌机卸料

口下方，互相衔接，卸料高度宜为350~400mm。

⑤ 喷涂应采用双气阀控制开关，其安装后应进行调试，启闭应方便，遥控性能应可靠。

⑥ 喷涂设备应设有专人操作和管理，明确职责，应与喷涂作业人员密切配合，满足施工的要求。

⑦ 喷涂设备正式工作前应进行空负荷试运转，其连续空运转时间应为5min，并应检查电机旋转方向，各工作系统与安全装置，其运转应正常可靠。

⑧ 喷涂设备工作时应经常观察输浆泵的压力变化，当表的压力超过最大压力值时应立即打开回流卸载阀卸压，并停机检查。灰浆联合机的常见故障与排除方法见《机械喷涂抹灰施工规程》（JGJ/T 105—2011）附录B。

⑨ 根据抹灰工程量和作业高度，可变换泵送速度，选择合适的砂浆输送量。当砂浆输送量大时，可选用高速挡；对于泵送压力高或难以输送的砂浆时，可选用低速挡；一般情况下选用中速挡。

⑩ 当喷涂不同材料或不同稠度的砂浆时应调节喷气嘴位置、双气阀开启量和输气流量，以使砂浆喷速均匀，与基层黏结牢固和减少反弹落地灰。

（3）喷涂管道的选择　机械喷涂抹灰的机械设备中管道的选择应符合以下规定。

① 输浆管道应坚固耐磨，安全可靠，压力输送过程中不应发生破损断裂。水平输浆管道宜选用耐压耐磨橡胶管；垂直输浆管道可选用耐压耐磨橡胶管或钢管。

② 输浆管道的布置与安装应平顺理直，不得有折弯、盘绕和受压。输浆管道的连接应采用自锁快速接头锁紧扣牢，锁紧杆用铁丝绑紧。管的连接处应密封，不得漏浆滴水。输浆管道布管时，应有利于平行交叉流水作业，减少施工过程中管道的拆卸次数。

③ 当水平输浆管道距离过长时，管道铺设宜有一定的上仰坡度。垂直输浆管道必须牢固地固定在墙面或脚手架上。水平输浆管道和垂直输浆管道之间的连接应不小于90°，弯管半径不得小于1.2m。

④ 输送管采用钢管时，其内壁要保持清洁无黏结物。钢管两端与橡胶管应连接牢固，密封可靠，无漏浆现象。

⑤ 喷涂时，拖动管道的弯曲半径不得小于1.2m，输浆管道出口不得插入砂浆内。

⑥ 输气管道应当选择软橡胶气管，输气管与喷枪的连接位置应正确、密封、不漏气。

⑦ 输气管路应当非常畅通，气管上的双气阀密封性应良好，无漏气现象。

2. 机械喷涂抹灰的喷涂施工工艺

（1）机械喷涂抹灰的施工准备　机械喷涂抹灰的施工准备工作主要包括以下方面。

① 在机械喷涂抹灰施工前，应根据施工现场情况和进度要求，确定施工程序，可按现行的行业标准《机械喷涂抹灰施工规程》（JGJ/T 105—2011）附录D机械喷涂抹灰施工工艺流程编制作业计划。

② 墙体所有预埋件、门窗及各种管道安装应准确无误，楼板、墙面上孔洞应堵塞密实，凸凹部分应修补平整。

③ 基层处理应按机械喷涂抹灰工艺要求符合下列规定：a.基层表面灰尘、污垢、油渍等应清除干净；b.宜先做好踢脚板、墙裙、窗台板、柱子和门窗口的水泥砂浆护角线，混凝土过梁的基层抹灰；c.有分格缝时应先装好分格条；d.根据实际情况提前适量浇水湿润。

④ 根据墙面基体平整度和装饰要求，找出规矩，设置标志、标筋；层高3m以下时，横向标筋一般设置二道，标筋的距离在2m左右；层高在3m及3m以上时再增加一道横筋。设竖向标筋时，标筋的距离宜为1.2~1.5m，标筋宽度3~5cm。

⑤ 不同材料的结构相接处，基体表面的抹灰应做好铺钉金属网，并绷紧牢固。金属网与各基体的搭接宽度不应小于100mm。

⑥ 不同类型的门窗框与墙边缝隙，应按照规定的材料分批嵌塞密实。

（2）机械喷涂抹灰的泵送工艺　机械喷涂抹灰的泵送可按以下规定进行。

① 泵送前应按《机械喷涂抹灰施工规程》（JGJ/T 105—2011）第2.2.7条要求做好检查，正常后才能进行泵送作业。

② 泵送时应先压入清水湿润，再压入适宜稠度的纯净石灰膏或水泥浆进行润滑管道，压至工作面后，即可输送砂浆。石灰膏应注意回收利用，避免喷溅地面、墙面，污染现场。

③ 泵送结束，应及时清洗灰浆联合机、输浆管道和喷枪。输浆管道可采用压入清水—海绵球—清水—海绵球的顺序清洗；也可压入少量石灰膏，塞入海绵球，再压入清水冲洗管路；喷枪清洗用压缩空气吹洗喷头内的残余砂浆。

④ 泵送砂浆应连续进行，避免中间停歇。当需停歇时，每次间歇时间：石灰砂浆不宜超过30min；混合砂浆不应超过20min；水泥砂浆不应超过10min。若间歇时间超过上述规定时，应4~5min每隔开动一次灰浆联合机搅拌器，使砂浆处于正常调和状态，防止沉淀堵管。如停歇时间过长，应按《机械喷涂抹灰施工规程》（JGJ/T 105—2011）第5.2.3条清洗管道。

因停电机械故障等原因，机械不能按上述停歇时间内启动时，应及时用人工将管道和泵体中的砂浆清理干净。

⑤ 在泵送砂浆时，料斗内的砂浆量应不低于料斗深度的1/3，否则应当停止泵送，以防止空气进入泵送系统内造成气阻。

⑥ 当向高层建筑泵送砂浆，设备不能满足建筑总高度要求时，应配备适合的接力砂浆泵泵送。

（3）机械喷涂抹灰的喷涂　机械喷涂抹灰的喷涂应按下列规定进行。

① 根据所喷涂部位、材料确定喷涂顺序和路线，一般可按先顶棚后墙面，先室内后过道、楼梯间进行喷涂。

② 喷涂厚度一次不宜超过8mm，当超过时应分次进行，一般底灰喷涂两遍；第一遍根据抹灰厚度将基体平整或喷拉毛灰；第二遍待头一遍灰凝结后再喷，并应略高于标筋。

③ 顶棚喷涂宜先在周边喷涂出一个边框，再按"S"形路线由内向外巡回喷涂，最后从门口退出。当顶棚宽度过大时，应分段进行，每段喷涂宽度不宜大于2.5m。

④ 室内地喷涂宜从门口一侧开始，另一侧退出。同一房间喷涂，当墙体所用的材料不同时，应先喷涂吸水性小的墙面，后喷涂吸水性大的墙面。

⑤ 室外墙面的喷涂，应由上向下按"S"形路线巡回喷涂。底层灰浆应当分段进行，每段宽度为1.5~2.0m，高度为1.2~1.8m。面层灰浆应按照分格条进行分块，每块内的喷涂应一次完成。

⑥ 喷射的压力应适当，喷嘴的正常工作压力宜控制在1.5~2.0MPa之间。

⑦ 持喷枪姿势应当正确。喷嘴与基层的距离、角度和气量，应视墙体基层材料性能和喷涂部位按《机械喷涂抹灰施工规程》（JGJ/T 105—2011）附录E喷涂距离、角度与气量表选用。

⑧ 喷涂从一个房间向另一房间转移时，必须关闭气管后再转移。

⑨ 面层灰喷涂前20~40min应将头遍底层灰浆湿水，待表面晾干至无明水时再喷涂。

⑩ 屋面地面松散填充料上喷涂找平层时，应连续喷涂多遍，喷涂的灰浆量宜少，以保证填充层厚度均匀一致。

⑪ 在喷涂砂浆时，对已经保护的成品应当注意不要出现污染，对喷溅黏附的砂浆应及时清除干净。

（4）机械喷涂抹灰的抹平压光　机械喷涂抹灰的抹平压光应按下列规定进行。

① 喷涂后应及时清理标筋，用大板沿着"标筋"从下向上反复进行修补。喷灰浆量不

足时应及时补平。当后做护角线、踢脚板及地面时，喷涂后应及时清理，留出护角线、踢脚板位置。

② 喷涂后，应适时用木杠紧贴着"标筋"上下左右刮平，把多余砂浆刮掉，并搓揉压实，保证墙面的平整。

③ 最后用木抹子将墙面抹压平整与进行修补，当需要压光时，面层灰刮平后应及时压实压光。

④ 喷涂过程中的落地灰浆应及时清理回收。面层灰浆应随喷射、随刮平、随压实，各工序应密切配合。

3. 机械喷涂抹灰的质量要求与检验

（1）机械喷涂抹灰的质量要求　机械喷涂抹灰的质量要求应符合下列规定。

喷涂抹灰工程的质量等级应符合现行国家标准《建筑装饰装修工程质量验收标准》（GB 50210—2018）和设计的有关要求。

（2）机械喷涂抹灰的检查验收　机械喷涂抹灰的检查验收应符合下列规定。

① 喷涂抹灰质量的检查方法，应符合国家现行的行业标准《机械喷涂抹灰施工规程》（JGJ/T 105—2011）的有关规定。

② 喷涂抹灰工程应按国家现行标准《建筑工程施工质量验收统一标准》（GB 50300—2013）的规定进行验收。

③ 喷涂抹灰基层质量的允许偏差应符合表1-8的规定。

表1-8　喷涂抹灰基层质量的允许偏差表

项目	允许偏差/mm			检验方法
	墙、顶面	楼地面	屋面	
表面平整	4	4	5	用直尺和楔形塞尺检查
阴阳角垂直	4	—	—	用2m托线板和直尺检查
立面垂直	5	—	—	用2m托线板和直尺检查
阴阳角方正	4	—	—	用200mm方尺检查
分格条(缝)平直	3	3	—	拉5m线和直尺检查

注：喷涂抹灰基层质量是指初装饰质量，即压实搓平不抹光；另贴面层；压实压光不喷涂料。

4. 机械喷涂抹灰的施工安全注意事项

（1）机械喷涂抹灰的一般规定　机械喷涂抹灰的施工安全应符合下列一般规定。

① 在高处抹灰时，脚手架、吊篮、工作台应稳定可靠，有护栏设备，应符合国家现行的行业标准《建筑施工高处作业安全技术规范》（JGJ 80—2016）的有关规定。施工前应进行安全检查，合格后方可施工。

② 垂直输送管道使用前，应检查是否固定牢固，防止管道滑脱伤人。

③ 从事高处机械喷涂抹灰作业的施工人员，必须经过严格的体格检查，符合高处安全作业的要求。

④ 从事机械喷涂抹灰作业的施工人员，应进行安全培训，合格后方可上岗操作。

⑤ 遇雷电暴雨和六级以上大风，影响施工安全时，应立即停止室外高处作业。

⑥ 高处作业使用的工具，必须有防止坠落伤人的安全措施。

（2）机械喷涂抹灰的喷涂作业　机械喷涂抹灰进行喷涂作业时应注意下列事项。

① 喷涂前喷枪手必须穿好工作服、胶皮鞋，戴好安全帽、手套和安全防护眼镜等，切实做好人身保护工作。

② 供料与喷涂人员之间的联络信号，应清晰易辨，准确无误。

③ 在进行喷涂作业时，严禁将喷枪口对人。当喷枪管道堵塞时，应先停机释放压力，

避开人群进行拆卸排除，未卸压前严禁敲打、晃动管道。

④ 喷涂作业前，试喷涂与检查喷嘴是否堵塞，应避免喷枪口突发喷射伤人。在喷涂过程中应有专人配合，协助喷枪手拖管，以防移管时失控伤人。

⑤ 在清洗输浆管道时，应做到先卸压，后进行清洗。

⑥ 在输浆的过程中，应当随时检查输浆管道连接处是否出现松动，以免管子接头脱落，喷浆伤人。

（3）机械喷涂抹灰的机械操作　机械喷涂抹灰在机械操作时应注意下列事项。

① 灰浆联合机和喷枪必须由专人操作、管理与保养。在正式工作前应做好安全检查；设备开始运转后不得进行检修。

② 喷涂前应检查超载安全装置，喷涂时应随时观察压力表升降变化，以防超载危及安全。

③ 电动机、电气控制箱及电气装置，应遵守国家现行的行业标准《施工现场临时用电安全技术规范》（JGJ 46—2005）的有关规定。

④ 设备检修清理时应首先拉闸断电，并挂牌示意或设专人看护。非检修人员，不得拆卸机械喷涂中的安全装置。

虽然机械喷涂抹灰有诸多优点，但也不是所有抹灰工程都适用。适用的标准主要有以下两点：一是专业化的队伍；二是较大的抹灰工程量。机械喷涂抹灰是一项多人配合的、相互联系、流水作业的工作，必须由专业化的队伍来施工，配好班组长，明确分工、合理调配、进度合理，这样才能确保工程质量合格。机械喷涂抹灰适合于在连续施工和流水作业且有一定数量的抹灰作业面工程中应用，如公共建筑中学校的教室、仓库和办公楼等，才能发挥使用机械的优势。总之，机械喷涂抹灰应成为今后工程中墙面抹灰的一种常用技术，因地制宜地进行推广才能不断提高工程的质量。

第三节　装饰抹灰饰面施工工艺

装饰抹灰是指利用材料的特点和工艺处理，使抹面具有不同的质感、纹理及色泽效果的抹灰类型和施工方式。装饰抹灰饰面种类很多，目前装饰工程中常用的主要有水刷石、斩假石、干粘石、假面砖等。装饰抹灰饰面若处理得当、制作精细，其抹灰层既能保持抹灰的相同功能，又可以取得独特的装饰艺术效果。

一般抹灰和装饰抹灰的主要区别在于：一般抹灰多数用于内墙面抹灰，装饰抹灰用于外墙装饰的抹灰。一般抹灰以后还要再刷乳胶漆、仿瓷等，而装饰抹灰可以直接作为建筑物装饰的表层，如斩假石、水磨石面层、水刷石。

根据当前国内建筑装饰装修的实际情况，在现行的国家标准中已经删除了传统装饰抹灰工程的拉毛灰、洒毛灰、喷砂、彩色抹灰和仿石抹灰等做法，工程实践证明它们的装饰效果可以由涂料涂饰以及新型装饰品所取代。

对于较大规模的饰面工程，应综合考虑其用工用料和节约能源、环境保护等经济效益与环境效益等多方面的重要因素，由设计者确定取舍，例如水刷石装饰抹灰，虽然其装饰效果好、施工比较简单，但由于其浪费水资源并对环境有污染，应尽量减少使用。

一、装饰抹灰施工的一般要求

装饰抹灰与一般抹灰同属于建筑装饰装修分部工程的抹灰子分部工程，它们是两个不同的分项工程。装饰抹灰工程施工的检查与交接、基体和基层处理等方面，同一般抹灰的要求基本相同。但是，装饰抹灰比一般抹灰在平整度、垂直度等方面的要求要高得多，所以针对装饰抹灰的特点应注意以下要求。

1. 对所用材料的要求

装饰抹灰所采用的材料必须符合现行国家标准和设计要求，并经验收和试验确定合格方可使用；同一墙面或设计要求为同一装饰组成范围的抹灰砂浆（或色浆），应使用同一产地、同一品种、同一批号、同一色彩，并采用相同配合比、同一搅拌设备及同一专人操作，以保证装饰抹灰色泽一致、装饰效果相同。

2. 对基层处理的要求

在正式进行装饰抹灰施工前，应按照有关要求对基层进行认真处理，基层表面上的尘土、污垢、油渍和其他杂质等应清除干净，并应洒上适量的清水加以润湿。装饰抹灰面层应当做在已经硬化、较为粗糙并表面平整的中层砂浆面上；在进行面层抹灰施工前，应按照有关标准检查中层抹灰的施工质量，经验收合格后再洒水湿润。

3. 对分格缝的要求

当装饰抹灰面层有分格要求时，为使抹灰饰面达到设计的要求，分格所用的板条应当宽窄厚薄一致，将板条粘贴在中层砂浆上应当横平竖直、交接严密，完工后应在适当的时候将其全部取出。在取出板条时应细心操作，不可损伤已抹好的饰面。

4. 对施工缝的要求

装饰抹灰面层的施工缝，是指因施工组织需要而在各施工单元分区间设置的缝。为不影响抹灰的装饰效果，应留在分格缝、墙面阴角、落水管背后或是独立装饰组成部分的边缘处。

5. 对施工分段的要求

对于高层建筑的外墙装饰抹灰，应当根据建筑物的结构特点、建筑类型、质量要求、施工能力和施工组织等实际情况，可划分若干施工段，其垂直度可以用经纬仪控制，水平通线可以按照常规方法进行控制。

6. 对抹灰厚度的要求

由于抹灰材料的特点，装饰抹灰饰面的总厚度通常要大于一般抹灰，当抹灰总厚度大于或等于35mm时，应按设计要求采取加强措施（包括不同材料基体交接处的防开裂加强措施）。当采用加强网格时，加强网格与各基体的搭接宽度应大于或等于100mm。

二、装饰抹灰施工的机具设备

装饰抹灰可以根据不同的装饰抹灰种类和施工工艺，选择不同的施工机具设备。在施工中所用的机具设备主要有搅拌机、孔径5mm的筛子、磅秤、铁板（抹灰用）、铁锹、灰镐、灰勺、灰桶、铁抹子、木抹子、大小木杠、担子板、粉线包、水桶、笤帚、钢筋卡子、手推车、胶皮水管、八字靠尺、分格条、手压泵、斧头、细砂轮片、空气压缩机、喷斗。

三、水刷石装饰抹灰施工工艺

水刷石装饰抹灰是一种人造石材，制作过程是用水泥、石屑、小石子或颜料等加水拌和，抹在建筑物的表面，半凝固后，用硬毛刷蘸水刷去表面的水泥浆，或以喷浆泵、喷枪等喷射清水冲洗，冲刷掉面层水泥浆皮，从而使石子半露出的装饰工艺方法。

水刷石装饰抹灰适用于建筑物外墙面、搪口、腰线、窗套、门套、柱子、阳台、雨篷、勒脚、花台等部位。水刷石饰面是一项传统的施工工艺，它不仅能使饰面具有天然质感，而且具有色泽庄重美观、饰面坚固耐久、不褪色、耐污染等特点。

1. 水刷石装饰抹灰对材料的要求

（1）对所用水泥的要求　水泥宜用强度等级不低于32.5MPa的矿渣硅酸盐水泥、普通硅酸盐水泥或白色硅酸盐水泥，并且应用同一厂家、颜色一致的同批产品。超过3个月保存期的水泥，应经过试验合格后方能使用。水刷装饰抹灰所用水泥的其他技术指标，应符合现行国家标准《通用硅酸盐水泥》（GB 175—2007）和《白色硅酸盐水泥》（GB/T 2015—2017）中的要求。

（2）对所用砂子的要求　砂子宜采用中砂，使用前应用5mm筛孔过筛，含泥量不大于3%（质量分数）。水刷石装饰抹灰所用砂子的其他技术指标，应符合现行国家标准《建设用砂》（GB/T 14684—2011）中的要求。

（3）对所用石子的要求　石子要求采用颗粒坚硬的石英石，不含针、片状及其他有害物质，粒径规格约为4mm。如采用彩色石子应分类堆放。水刷石装饰抹灰所用砂子的其他技术指标，应符合现行国家标准《建设用卵石、碎石》（GB/T 14685—2011）中的要求。

（4）水泥石粒浆的配合比要求　水泥石粒浆的配合比，依石粒粒径的大小而定。其配合比为：水泥：大八厘石粒（粒径8mm）：中八厘石粒（粒径6mm）：小八厘石粒（粒径4mm）＝1：1：1.25：1.5（体积比），稠度为5~7cm。如饰面采用多种彩色石子级配，按照统一比例掺量先搅拌均匀，所用石子应预先淘洗干净。

2. 水刷石装饰抹灰的分层做法

水刷石装饰抹灰一般是设置在砖墙、混凝土墙、加气混凝土墙等基体上。为使基体与底中层砂浆、底中层砂浆与面层砂浆牢固地结合，按照基体的种类不同，有很多种分层做法，其中常见的几种做法，如表1-9所列。

表1-9　水刷石分层做法

基体	分层做法	厚度/mm
砖墙基层	(1)1:3水泥砂浆抹底层；	5~7
	(2)1:3水泥砂浆抹中层；	5~7
	(3)刮水灰比为0.37~0.40水泥浆一遍；	
	(4)1:1.25水泥中八厘石粒浆（或1:0.5:2水泥石灰石粒浆）或1:1.5水泥小八厘石粒浆（或1:0.5:2.25水泥石灰石粒浆）	8~10
混凝土墙基层	(1)刮水灰比为0.3~0.40水泥浆或洒水泥砂浆；	0~7
	(2)1:0.5:3水泥混合砂浆抹底层；	5~6
	(3)1:3水泥砂浆抹中层；	10
	(4)刮水灰比为0.37~0.40水泥浆一遍；	
	(5)1:1.25水泥中八厘石粒浆（或1:0.5:2水泥石灰石粒浆）或1:1.5水泥小八厘石粒浆（或1:0.5:2.25水泥石灰石粒浆）	8~10
加气混凝土基层	(1)涂刷一遍界面剂；	
	(2)2:1:8水泥混合砂浆抹底层；	7~9
	(3)1:3水泥砂浆抹中层；	5~7
	(4)刮水灰比为0.37~0.40水泥浆一遍；	
	(5)1:1.25水泥中八厘石粒浆（或1:0.5:2水泥石灰石粒浆）或1:1.5水泥小八厘石粒浆（或1:0.5:2.25水泥石灰石粒浆）	8~10

3. 水刷石装饰抹灰的操作要点

（1）基层清理与湿润　首先检查门窗洞口的位置、尺寸是否正确，混凝土结构结合处以及电线管、消火栓箱、配电箱背后的钢丝网是否钉好，接线盒是否已堵严；然后清扫墙面上的浮灰、污物和油渍等，并洒水进行养护；对混凝土表面进行凿毛或在表面洒水湿润后涂刷1∶1加适量胶黏剂的水泥砂浆；加气混凝土基层表面应涂刷界面剂，并抹强度等级不大于M5的水泥混合砂浆；基层表面应充分湿润，打底前每天洒水两遍，使渗入基层的深度达到8~10mm，同时保证抹灰时墙面不显浮水。

（2）基层处理完成后，可以找规矩、做"灰饼"和标筋；要做到四角规方、横线找平、竖线吊直，弹出基准线和墙裙、踢脚板线；然后抹底层灰和中层灰。

（3）弹线、粘贴分格条　待中层灰浆达到六七成干时，按设计要求和施工分段位置弹出分格线，并粘贴好分格条。分格条可以使用一次性成品分格条，也可使用优质红松木制作分格条。在粘贴前应用水浸泡24h以上，以防止分格条吸水后发生膨胀变形。分格条可用素水泥浆粘贴，两边八字抹成45°为宜。

（4）抹面层水泥石子浆　抹面层水泥石子浆是水刷石施工中的关键环节，不仅关系到面层与底层、中层黏结是否牢固，而且关系到在水刷工序中是否顺利成功。因此，在抹面层水泥石子浆的操作中应做到以下几个方面。

① 面层的厚度应根据石粒粒径而确定，通常为石粒粒径的2.5倍，各种基层上分层做法如表1-9所列。水泥石粒浆（或水泥石灰石粒浆）的稠度应控制在50~70mm之间。

② 在抹水泥石粒浆时，每个分格在抹时要用力，按照从上到下、从左到右的顺序，依次用铁抹子一次抹压平整，同时注意石粒浆不要压得过于紧固，否则不利于喷刷水刷石。

③ 每抹压完一个分格后应当用直尺进行认真检查，对凹凸处应及时进行修理，露出面层表面的石粒要轻轻拍平。

④ 在抹水刷石饰面的阳角时先抹的一侧不宜使用八字靠尺，将石粒浆没过转角，然后再抹另一侧。

⑤ 石子浆的面层稍微收水后，用铁抹子把石子浆抹压一遍，将露出的石子棱角拍平，小孔洞压实、挤严，把面层内部的水泥浆挤出，然后用软毛刷蘸水刷去表面的灰浆，重新压实溜光，这样反复进行3~4遍。分格条边的石粒要略高1~2mm。

（5）喷刷水刷石的面层　喷刷面层是水刷石的关键工序，如果喷刷过早或过度，石子露出灰浆面过多容易脱落；如果喷刷过晚则灰浆冲洗不净，造成表面污浊影响美观。因此，在喷刷水刷石的面层操作中应做到以下几个方面。

① 水泥石子浆开始初凝时（即手指按上去无指痕，用刷子涂刷时石子无掉落），可以开始进行面层喷刷，为避免对墙面产生污染，喷刷应自上而下进行。

② 第一遍用软毛刷蘸水刷掉水泥表皮，露出粘贴比较牢固的石粒；如果水刷石的面层超过喷刷时间并开始硬化时，可用3%~5%盐酸稀释溶液洗刷，然后再用清水进行冲净。

③ 第二遍用喷浆机将四周相邻部位喷湿，喷湿时应由上向下进行，喷头距离墙体表面一般为100~200mm，将面层表层及石子之间的水泥浆冲出，使石粒露出表面1/2粒径。

④ 用清水（DN20自来水管或小水壶）从上往下将墙体表面上的掉落颗粒全部冲净，冲洗的速度应适中，不宜过快，也不宜太慢。

⑤ 阳角喷头应骑着角进行喷洗，并一喷到底；接茬处在喷洗前，应先将已完成的墙面用水充分喷湿300mm左右的宽度。

（6）取出分格条　①用抹子轻轻敲击分格条，并用小鸭嘴抹子扎入分格条上下活动，然后轻轻将分格条取出；②用小线抹子抹平，用鸡腿刷将其刷光，仔细理直缝角，并用素水泥浆补缝做凹形缝及上色。

（7）饰面养护　在水刷石勾缝3d后应立即进行洒水养护，在常温下养护时间一般不少于4d，其他温度下可根据实际酌情增减。

四、斩假石装饰抹灰施工工艺

斩假石又称为剁斧石，是用水泥和石屑（或彩色石子）加水拌和成水泥砂浆，涂抹在建筑物或构件表面，分格（开缝）成石块形状，待硬化后用斩凿方式，斩剁成像天然石那样有规律纹路的一种人造装饰石料。

1. 斩假石对材料的要求

（1）对骨料的要求　斩假石所用的骨料（石子、玻璃、粒砂等）颗粒坚硬，色泽一致，不含杂质，使用前必须过筛、洗净、晾干，防止污染。

（2）对水泥的要求　斩假石应采用强度等级为32.5MPa的普通硅酸盐水泥、矿渣硅酸盐水泥或白色硅酸盐水泥，所用水泥应是同一强度等级、同一批号、同一厂家、同一颜色、同一性能。斩假石装饰抹灰所用水泥的其他技术指标，应符合现行国家标准《通用硅酸盐水泥》（GB 175—2007）和《白色硅酸盐水泥》（GB/T 2015—2017）中的要求。

（3）对颜料的要求　对有颜色要求的墙面，应挑选耐碱、耐光、耐冲刷、耐候性好的矿物颜料，并与所用水泥一次干拌均匀，过筛后装袋备用。斩假石中所用颜料应符合现行行业标准《混凝土和砂浆用颜料及其试验方法》（JC/T 539—1994）中的规定。

2. 斩假石的施工工艺

斩假石的施工工艺流程为：基层处理→湿润基层→找规矩、做"灰饼"、设置标筋→抹底层灰和中层灰→弹线、粘贴分格条→抹面层水泥石子浆→试剁面层→正式斩剁面层（或抓耙面层）→洒水养护。

3. 斩假石施工操作要点

（1）斩假石的基层处理、湿润基层、找规矩、做"灰饼"、设置标筋、抹底层灰和中层灰等，其操作要点与水刷石基本相同。

（2）弹线、粘贴分格条　应按照设计要求和施工分段的具体位置，准确地弹出分格线，然后再按照要求粘贴好分格条。

（3）抹面层水泥石子浆　包括：①按照中层灰的干燥程度将墙面进行浇水湿润，再刷一道水泥净浆结合层，随后即可抹面层水泥石子浆；②先薄薄地抹一层砂浆，稍收水后再抹一遍砂浆并与分格条齐平；③用木抹子将砂浆打磨拍实，上下顺势溜直；④用软质扫帚顺着剁纹的方向清扫一遍；⑤抹面层在常温下养护2~3d，使其强度控制在5MPa。

（4）斩剁面层　包括：①首先进行试斩剁，在斩假石时以石粒不脱落为准；②弹斩剁线，相距约100mm，按照弹线操作，以避免斩剁纹路跑线；③斩剁顺序宜先上后下、由左到右，先剁转角和四周边缘，后剁中间墙面；④剁纹的深度一般以1/3石粒的粒径为宜，斩剁完毕后用水冲刷墙面，把表面的粉末和石屑清理干净。

（5）起分格条　每斩剁一行面层后，随时将分格条取出，取分格条时可用抹子柄敲击分格条，并用小鸭嘴抹子扎入分格条上下活动，然后将分格条轻轻起出。再用小线抹子把分格条之处抹平，用鸡腿刷将其刷光，理直缝角，并用素水泥浆补缝做凹缝及上色。

（6）养护　在斩假石勾缝3d后应立即进行洒水养护，在常温下养护时间一般不少于4d，其他温度下可根据实际酌情增减。

五、假面砖装饰抹灰施工工艺

假面砖装饰抹灰是指采用彩色砂浆和相应的工艺处理,将抹灰面制成陶瓷饰面砖分块形式及表面效果的装饰抹灰做法。假面砖装饰抹灰是用彩色砂浆抹成相当于外墙面砖分块形式与质感的装饰抹灰面。假面砖装饰是一种在水泥砂浆中掺入氧化铁黄或氧化铁红等颜料,通过手工操作达到模仿面砖装饰效果的做法。假面砖表面应平整、沟纹清晰,留缝整齐、色泽一致,不应无掉角、脱皮、起砂等质量缺陷。

1. 假面砖装饰工艺流程

假面砖装饰工艺流程为:基层清(处)理→洒水湿润→吊垂直、套方、找规矩、抹灰饼、冲筋→抹底层灰浆→弹线分线、镶分格条→抹面层石渣浆→修整、赶实、压光、喷刷→起分格条、勾缝→保护成品。

假面砖装饰抹灰的施工工艺主要包括以下几点。

(1)配制彩色砂浆 按照设计要求的饰面色调配制出多种彩色砂浆,并在合适的位置做出样板与设计要求对照,以便确定彩色砂浆合适的配合比。工程实践证明,配制彩色砂浆,这是保证假面砖装饰抹灰表面效果的基础,既要满足设计的装饰性又要满足设计的其他功能性。

(2)准备施工工具 假面砖装饰抹灰施工,除了拌制彩色砂浆的工具外,其操作工具主要有靠尺板(上面划出面砖分块尺寸的刻度),划缝隙用的铁皮刨、铁钩、铁梳子或铁辊等。用铁皮刨或铁钩划制模仿饰面砖墙面的宽缝效果,用铁梳子或铁辊划出或滚压出饰面砖的密缝效果。

2. 假面砖装饰抹灰操作要点

(1)假面砖装饰抹灰包括基层处理、湿润基层、找规矩、做"灰饼"、设置标筋、抹底层灰和中层灰等。

(2)抹彩色面层砂浆

① 假面砖装饰抹灰的底层和中层,一般采用配合比为1:3(水泥:砂子)的水泥砂浆,其表面要达到平整、粗糙的要求。

② 待中层凝结硬化后,便可洒水湿润养护,并按设计要求进行弹线。先弹出宽缝线,以此来控制面层划沟(面砖的凹缝)的顺直度。

③ 以上工序完成后,可抹配合比为1:1(水泥:砂子)的水泥砂浆垫层,其厚度为3mm;紧接着抹面层彩色砂浆,其厚度3~4mm。面层彩色砂浆的配合比可参考表1-10。

表1-10 面层彩色砂浆的配合比参考表(体积比)

砂浆颜色	普通水泥	白水泥	石膏	颜料(按水泥用量%计)	细砂
土黄色	5	—	1	氧化铁红(0.2~0.3)、氧化铁黄(0.1~0.2)	9
咖啡色	5	—	1	氧化铁红(0.5)	9
淡黄色	—	5	—	铬黄(0.9)	9
淡桃色	—	5	—	铬黄(0.9)、红珠(0.4)	白色细砂9
淡绿色	—	5	—	氧化铬绿(2)	白色细砂9
灰绿色	5	—	1	氧化铬绿(2)	白色细砂9
白色	—	5	—		白色细砂9

(3)面层划纹 面层划纹是形成假面砖的关键工序,就是待面层彩色砂浆稍微收水后,

即可用铁梳子沿着靠尺板进行划纹，纹的深度为1mm左右，划纹的方向与宽缝线相互垂直，作为假面砖的密缝；然后用铁皮刨或铁钩沿着靠尺板划沟（也可采用铁辊子进行滚压划纹），纹路凹入深度以露出垫层为准，随手扫净飞边的砂粒。

六、清水砌体勾缝施工工艺

墙体砌筑完成后，在其表面上再进行抹灰处理的称为混水墙，表面不进行抹灰处理的称为清水墙。清水砌体勾缝就是用水泥砂浆或混合砂浆，将砌块或砖块之间的缝隙进行填塞，使砌体成为一个整体，并对墙面起到美化的作用。

（一）清水砌体勾缝工程的施工准备

清水砌体勾缝工程的施工准备工作，主要包括勾缝材料和施工机具两个方面。

1. 清水砌体勾缝材料的要求

（1）清水砌体勾缝用水泥的要求　勾缝的水泥应采用32.5MPa级普通硅酸盐水泥或矿渣硅酸盐水泥，选择大厂回转窑生产的优质水泥。每一栋建筑物选用同一厂家、同一品种、同一批号的水泥，且出厂期不超过3个月。

水泥进场时需对照产品出厂合格证，认真核对生产厂家、生产批号、品种、级别，并进行见证取样复验。清水砌体勾缝所用水泥的其他技术指标，应符合现行国家标准《通用硅酸盐水泥》（GB 175—2007）中的要求。

（2）清水砌体勾缝用砂的要求　勾缝的砂子应采用中细砂。其细度模数应位于Ⅱ区，使用前应将砂子进行过筛。清水砌体勾缝所用砂子的其他技术指标，应当符合现行国家标准《建设用砂》（GB/T 14684—2011）中的要求。

（3）清水砌体勾缝用石灰膏的要求　勾缝用的石灰膏需要用生石灰淋灰时，宜用筛网过滤后贮存的沉淀池中使其充分熟化，熟化时间不少于15d。当使用袋装石灰粉时，要求石灰粉的细度过0.125mm方孔筛的筛余量不大于13%。使用前洒水浸泡使其充分熟化，熟化期不少于3d。

（4）清水砌体勾缝用颜料的要求　清水砌体勾缝用的颜料宜采用耐碱性和耐光性良好的矿物质颜料，使用时按照设计要求或现场样板块色泽试验确定的掺量进行添加，并与水泥一次性搅拌均匀，计量配比准确，过筛后装入袋中，保存时要避免潮湿。

2. 清水砌体勾缝工程的作业条件

（1）需要勾缝的结构工程已完成，并经过监理、质量监督、设计单位、施工企业和建设单位等有关部门的质量验收，达到设计和国家规定的合格标准。

（2）建筑工程的门窗已安装完毕，并进行塞缝处理，所有门窗已采取可靠的保护措施。

（3）清水砌体勾缝用的脚手架（或吊篮）已搭设，安全防护等已验收合格。

3. 清水砌体勾缝工程的施工机具

清水砌体勾缝工程的主要施工机具如表1-11所列。

表1-11　清水砌体勾缝工程的主要施工机具

序号	施工机具名称	规格	序号	施工机具名称	规格
1	砂浆搅拌机或强制式混凝土搅拌机	—	10	瓦刀	—
2	手推车	—	11	托灰浆板	—
3	钢钻子	尖头	12	圆孔筛子	—

序号	施工机具名称	规格	序号	施工机具名称	规格
4	铁锤	—	13	扫帚	—
5	扁形凿子	—	14	毛刷	—
6	铁锹	平板	15	溜抹子	长、短
7	钢(铁)板	—	16	方孔筛子	5mm方孔
8	灰浆桶	—	17	水平尺	长1m
9	灰槽	—	18	线坠	—

（二）清水砌体勾缝工程的施工要求

1. 清水砌体勾缝的作业条件

① 在正式开始勾缝前，技术人员应熟悉图纸和设计说明，编制和审定施工方案，并向具体操作人员做好技术交底工作。

② 在正式开始勾缝前，应对基层表面进行认真清理，表面上的污垢、油渍、粉尘应清除干净，并对墙面充分洒水湿润。

③ 光滑的混凝土表面进行凿毛处理，并用钢丝刷加压水冲刷干净，有油污的混凝土表面可用碱水或脱污剂刷洗干净。

④ "胀模"是由于模板刚度不够，或者支撑系统没做好，导致模板在支撑系统薄弱处出现的不规则现象，对于"胀模"的混凝土尽可能凿剔平整。

⑤ 在正式进行勾缝前，有关单位应组织设计、监理、质检和施工人员，对所要勾缝的主体结构进行质量验收，必须达到合格标准方可勾缝。

⑥ 勾缝用的外脚手架宜采用双排外脚手架，架子距高墙面为20~30cm，脚手架搭设必须由持证架子工按照审定的搭设方案支设，使用前必须经相关安全主管部门验收合格。

⑦ 抹灰前检查门窗框安装位置是否正确，特别注意检查立面上窗的侧面应在一条垂直线上（吊垂直线检查）。注意：检查窗框安装的水平度和垂直度，窗口与墙面之间的窗口缝用1∶3水泥砂浆堵塞严实。

⑧ 清水砌体勾缝所用高空作业的设施安装应经过验收，跳板应绑扎牢固，临边和洞口处围护应符合安全规定。

2. 清水砌体勾缝作业人员要求

① 清水砌体勾缝作业的机运工、电工是技术性较强的作业人员，必须持证上岗。

② 为保证清水砌体勾缝的施工质量，抹灰工应具备中级工以上技能，带班作业人员有过3个以上大、中型项目抹灰作业的经历和经验。

③ 所有现场作业人员均应经安全、质量、技能等方面培训，能够满足作业规定的要求。

（三）清水砌体勾缝的操作工艺

（1）外脚手架子复验 外脚手架在主体工程施工过程中虽然已经过安全部门的验收，为确保抹灰施工安全，在抹灰工程开始前必须组织相关部门再对外脚手架再进行复验，查找存在隐患、修补缺陷，对脚手架的整体稳定性及安全构造系统进行认真的检查，主要重点检查斜撑、剪撑、抛撑、联系杆的间距、数量和拉结的可靠性，发现问题及时加固处理。

（2）吊垂直、拉水平、找规矩 顺着墙体的竖向缝自上而下吊垂直，并用粉线将垂直线弹在墙上，作为垂直的规矩。水平灰缝以同一层砖的上下棱为基准拉线，作为水平灰缝控制好的规矩。

（3）开缝、修补　根据所弹出的控制灰缝基准线，凡在线外的棱角，均用开缝凿剔掉，对剔掉后偏差较大的部位，应用水泥砂浆顺线补齐，然后用原来的砖体研磨粉末与胶黏剂拌和成浆，刷在补好的灰层上，使色泽与原来的砖一致。

（4）清理砖缝、堵塞缝眼　勾缝前，清理所有砖缝，清理砖缝时可采用铁钩、扁凿和钢丝刷。然后用1∶3水泥砂浆将门窗框四周与墙之间的缝隙堵严、堵实、抹平，应深浅一致。门窗框缝隙堵塞材料应符合标准图要求。

脚手眼、墙体眼用1∶3水泥砂浆补砌筑同墙颜色一致的原砖。堵塞砌筑前应先将眼内残留灰浆清理干净。

（5）墙面洒水湿润和洗刷　在进行墙面、灰缝洒水湿润的同时，应用压力水将污染墙面的灰浆及污物洗刷干净。

（6）进行勾缝工作　勾缝作业由上而下，先勾水平缝，后勾竖直缝。勾缝砂浆配制按照施工图要求，设计无要求的用1∶1.5水泥砂浆掺少量石灰膏。操作时左手托灰浆板，右手执溜子，将托灰浆板顶在要勾的缝的下口，右手用溜子将灰浆推入缝内，自右向左进行喂灰，随勾缝随移动托灰浆板，勾缝完成一段，用溜子在缝内左右推拉移动，将缝内的砂浆压平、压实、压光，做到深浅一致。在勾竖直缝时要用短溜子，勾灰缝时尽量避免污染墙面。勾缝深度一般控制在3~4mm。

（7）扫缝　在勾缝的砂浆达到初凝后，用扫帚顺着缝隙进行清扫，先清理水平缝，后清理竖直缝，并不断地弹掉扫帚上的砂浆，以减少对墙面的污染。在扫缝的同时还应注意检查漏勾灰缝，发现后应及时补勾。

（8）清理墙面　在勾缝的操作中，不可避免对墙面会产生污染。因此，在勾缝完成后，必须对施工中污染墙面的灰浆痕迹用力扫净，也可用毛刷蘸水轻刷，使墙面达到洁净、美观。

第四节　抹灰装饰工程施工质量验收标准

近年来，随着人们对居住环境要求的逐步提高，住宅建设的质量要求也随之提高，抹灰装饰工程作为住宅建设过程的一个重要环节，其质量直接影响住宅的整体质量。因此，严格按照现行国家标准进行抹灰工程验收质量管理是一项非常重要的工作。

根据现行国家标准《建筑装饰装修工程质量验收标准》（GB 50210—2018）和《建筑工程施工质量验收统一标准》（GB 50300—2013）中的规定，一般抹灰工程、保温薄抹灰工程、装饰抹灰工程和清水砌体勾缝的质量控制，应各自分别满足下列要求。

一、一般抹灰工程验收标准

一般抹灰适用于石灰砂浆、水泥砂浆、水泥混合砂浆、聚合物水泥砂浆和麻刀石灰、纸筋石灰、石膏灰等一般抹灰工程的质量验收。一般抹灰工程分为普通抹灰和高级抹灰，当设计中对抹灰无具体要求时，可按普通抹灰进行验收。

1. 一般抹灰工程的主控项目

（1）一般抹灰所用材料的品种和性能应符合设计要求及国家现行标准、规范的有关规定。

检验方法：检查产品合格证书、进场验收记录、性能检验报告和复验报告。

（2）在正式抹灰前应进行基层处理，表面的尘土、污垢、油渍等应清除干净，并应洒水润湿或进行界面处理。

检验方法：检查施工记录。

（3）抹灰工程应分层进行。当抹灰总厚度≥35mm时，应采取加强措施。不同材料基体交接处表面的抹灰，应采取防止开裂的加强措施，当采用加强钢丝网时，加强钢丝网与各基体的搭接宽度不应小于100mm。

检验方法：检查隐蔽工程验收记录和施工记录。

（4）抹灰层与基层之间及各抹灰层之间必须黏结牢固，抹灰层应无脱层、空鼓，面层应无爆裂灰和裂缝。

检验方法：观察；用小锤轻击检查；检查施工记录。

2. 一般抹灰工程的一般项目

（1）一般抹灰工程的表面质量应符合下列规定：①普通抹灰表面应光滑、洁净、接茬平整，分格缝隙应清晰；②高级抹灰表面应光滑、洁净、颜色均匀、无涂抹纹，分格缝和灰线应清晰美观。

检验方法：观察；手摸检查。

（2）护角、孔洞、槽、盒周围的抹灰表面应整齐、光滑；管道后面的抹灰表面应平整。

检验方法：观察。

（3）抹灰层的总厚度应符合设计要求；水泥砂浆不得抹在石灰砂浆层上；罩面的石膏灰浆不得抹在水泥砂浆层上。

检验方法：检查施工记录。

（4）抹灰分格缝的设置应符合设计要求，宽度和深度应均匀，表面应光滑，棱角应整齐。

检验方法：观察；尺量检查。

（5）有排水要求的部位应做滴水线（槽）。滴水线（槽）应整齐顺直，滴水线（槽）应当内高外低，滴水槽宽度和深度应满足设计要求，且均不应小于10mm。

检验方法：观察；尺量检查。

（6）一般抹灰工程在施工中应严格按照现行标准进行质量管理，其允许偏差和检验方法应符合表1-12的规定。

表1-12　一般抹灰工程质量的允许偏差和检验方法

项次	项目	允许偏差/mm		检验方法
		普通抹灰	高级抹灰	
1	立面垂直度	4.0	3.0	用2m垂直检测尺子进行检查
2	表面平整度	4.0	3.0	用2m靠尺和塞尺检查
3	阴阳角方正	4.0	3.0	用200mm直角检测尺检查
4	分格条(缝)直线度	4.0	3.0	拉5m线,不足5m拉通线,用钢直尺检查
5	墙裙、勒脚上口直线度	4.0	3.0	拉5m线,不足5m拉通线,用钢直尺检查

注：1.普通抹灰，本表第3项阴角方正可不检查。

2.顶棚抹灰，本表第2项表面平整度可不检查，但应平顺。

二、保温层薄抹灰验收标准

薄抹灰外墙外保温是一种现场成型的外墙外保温技术系统，其施工质量与材料性能、施工操作过程、施工条件等很多因素有关。工程实践证明，薄抹灰外墙外保温系统是一种切实可行的保温方式，只要严格施工质量管理，肯定能在建筑节能工作中发挥重要作用。保温薄抹灰质量控制适用于保温层外面聚合物砂浆薄抹灰工程的质量验收。

1. 保温层薄抹灰的主控项目

（1）保温层薄抹灰所用材料的品种和性能应符合设计要求及国家现行标准、规范的有关规定。

检验方法：检查产品合格证书、进场验收记录、性能检验报告和复验报告。

（2）基层质量应符合设计和施工方案的要求。基层表面的尘土、污垢、油渍等应清除干净。基层含水率应满足施工工艺的要求。

检验方法：检查施工记录。

（3）保温层薄抹灰及加强处理应符合设计要求和国家现行标准的规定。

检验方法：检查隐蔽工程验收记录和施工记录。

（4）抹灰层与基层之间及各抹灰层之间必须黏结牢固，抹灰层应无脱层、空鼓，面层应无爆裂灰和裂缝。

检验方法：观察；用小锤轻击检查；检查施工记录。

2. 保温层薄抹灰的一般项目

（1）保温层薄抹灰表面应光滑、洁净、颜色均匀、无抹灰纹，分格缝和灰线应清晰美观。

检验方法：观察；手摸检查。

（2）护角、孔洞、槽、盒周围的抹灰表面应整齐、光滑；管道后面的抹灰表面应平整。

检验方法：观察。

（3）保温层薄抹灰层的总厚度应符合设计要求。

检验方法：检查施工记录。

（4）保温层薄抹灰分格缝的设置应符合设计要求，宽度和深度应均匀，表面应光滑，棱角应整齐。

检验方法：观察；尺量检查。

（5）有排水要求的部位应做滴水线（槽）。滴水线（槽）应整齐顺直，滴水线（槽）应内侧高、外侧低，滴水槽宽度和深度均不应小于10mm。

检验方法：观察；尺量检查。

（6）保温薄抹灰工程质量的允许偏差和检验方法应符合表1-13的规定。

表1-13　保温薄抹灰工程质量的允许偏差和检验方法

项次	项目	允许偏差/mm	检验方法
1	立面垂直度	3.0	用2m垂直检测尺子进行检查
2	表面平整度	3.0	用2m靠尺和塞尺检查
3	阴阳角方正	3.0	用200mm直角检测尺子检查
4	分格条(缝)直线度	3.0	拉5m线,不足5m拉通线,用钢直尺检查

三、装饰抹灰工程验收标准

装饰抹灰的质量管理主要适用于水刷石、斩假石、干粘石、假面砖等装饰抹灰工程的质量验收。

1. 装饰抹灰的主控项目

（1）装饰抹灰工程所用材料的品种和性能应符合设计要求及国家现行标准、规范的有关规定。

检验方法：检查产品合格证书、进场验收记录、性能检验报告和复验报告。

（2）在正式装饰抹灰前应进行基层处理，表面的尘土、污垢、油渍等应清除干净，并应洒水润湿或进行界面处理。

检验方法：检查施工记录。

（3）抹灰工程应当按照规定分层进行。当抹灰总厚度≥35mm时，应采取加强措施。不同材料基体交接处表面的抹灰，应采取防止开裂的加强措施，当采用加强钢丝网时加强钢丝网与各基体的搭接宽度不应小于100mm。

检验方法：检查隐蔽工程验收记录和施工记录。

（4）各抹灰层之间及抹灰层与基体之间必须黏结牢固，抹灰层应无脱层、空鼓和裂缝。

检验方法：观察；用小锤轻击检查；检查施工记录。

2. 装饰抹灰的一般项目

（1）装饰抹灰工程的表面质量应符合下列规定。

① 水刷石的表面应当石粒清晰、分布均匀、紧密平整、色泽一致、比较美观，并且应无掉落石粒和接茬痕迹。

② 斩假石表面剁纹应均匀顺直、深浅一致，应无漏剁处；阳角处应横向剁，并留出宽窄一致的不剁的边条，棱角应无损坏。

③ 干粘石的表面应色泽一致、不露浆、不漏粘，石子颗粒应黏结牢固、分布均匀，阳角处应无明显黑边。

④ 假面砖表面应平整、沟纹清晰、留缝整齐、色泽一致，应无掉角、脱皮、起砂等缺陷。

检验方法：观察；手摸检查。

（2）装饰抹灰分格条（缝）的设置应符合设计要求，宽度和深度应均匀，表面应平整光滑，棱角应整齐。

检验方法：观察。

（3）有排水要求的部位应做滴水线（槽）。滴水线（槽）应整齐顺直，"滴水线"应做到内高外低，滴水槽的宽度和深度均不应小于10mm。

检验方法：观察；尺量检查。

（4）装饰抹灰工程质量的允许偏差和检验方法应符合表1-14的规定。

表1-14 装饰抹灰工程质量的允许偏差和检验方法

项次	项目	允许偏差/mm				检验方法
		水刷石	斩假石	干粘石	假面砖	
1	立面垂直度	5	4	5	5	用2m垂直检测尺子进行检查
2	表面平整度	3	3	5	4	用2m靠尺和塞尺检查
3	阴阳角方正	3	3	4	4	用200mm直角检测尺子检查
4	分格条（缝）直线度	3	3	3	3	拉5m线，不足5m拉通线，用钢直尺检查
5	墙裙、勒脚上口直线度	3	3	—	—	用5m线，不足5m拉通线，用钢直尺检查

四、清水砌体勾缝工程验收标准

清水砌体勾缝质量管理主要适用于清水砌体砂浆勾缝和原浆勾缝工程的质量验收。

1. 清水砌体勾缝的主控项目

（1）清水砌体勾缝所用砂浆的品种和性能应符合设计要求及国家现行标准、规范的有关规定。

检验方法：检查产品合格证书、进场验收记录、性能检验报告和复验报告。

（2）清水砌体勾缝应无漏勾。勾缝材料应黏结牢固、无开裂。

检验方法：观察。

2. 清水砌体勾缝的一般项目

（1）清水砌体勾缝应横平竖直，交接处应平顺，宽度和深度应均匀，表面应压实抹平。

检验方法：观察；尺量检查。

（2）灰缝应颜色一致，砌体表面应洁净。

检验方法：观察。

第五节 抹灰工程施工质量问题与防治措施

抹灰饰面的作用是为了保护建筑主体结构，完善建筑物的使用功能，装饰美化建筑物的外表。根据使用要求及装饰效果不同，抹灰饰面可分为一般抹灰、装饰抹灰和特种抹灰；按照抹灰饰面的部位不同，又可分为内墙抹灰、外墙抹灰、顶棚抹灰和地面抹灰等。由于各种原因，在抹灰工程中会出现一些质量问题。本节主要介绍外墙抹灰、内墙抹灰和装饰抹灰常见的质量问题及防治措施。

一、室内抹灰质量问题与防治措施

（一）混凝土顶板抹灰空鼓与裂缝

1. 质量问题

在现浇混凝土楼板底上抹灰后，如果处理不当在干燥过程中往往产生不规则的裂纹；在预制空心楼板底抹灰，如果处理不当往往沿板缝产生纵向裂缝和空鼓现象。以上裂纹、纵向裂缝和空鼓质量问题，不仅严重影响顶板的美观，而且也影响顶板的使用功能。

2. 原因分析

（1）混凝土顶板基层清理不干净，砂浆配合比设计不当或配制质量不合格，从而造成底层砂浆与楼板黏结不牢，产生空鼓、裂缝质量问题。

（2）预制空心楼板两端与支座处结合不严密，在抹灰层施工完成后，使得楼板在负荷时不均匀，产生扭动而导致抹灰层开裂。

（3）在楼板进行灌缝后，混凝土未达到设计强度要求，也未采取其他技术措施，便在楼板上进行其他施工，使楼板不能形成整体工作而产生裂缝。

（4）楼板之间的缝隙过小，缝间的杂物清理不干净，灌缝不易密实，加载后影响预制楼板的整体性，顺着楼板缝的方向出现裂缝。

（5）楼板在灌缝之后，未能及时按要求进行养护，使灌入缝隙的混凝土过早失水，达不到设计强度，加载后也会顺着楼板缝的方向出现裂缝。

（6）由于楼板的缝隙狭窄，为了施工方便，配制的灌缝细石混凝土水灰比过大，在混凝土硬化过程中体积发生较大收缩，水分蒸发后产生空隙，造成楼板缝隙开裂，从而带着抹灰层也出现开裂。

3.处理方法

对于预制空心楼板裂缝较严重的，应当从上层地面上剔开板缝，重新按原来的施工工艺重做；如果楼板裂缝不十分严重，可将裂缝处剔开抹灰层60mm宽，进行认真勾缝后，用108胶黏玻璃纤维带孔网的带条，再满刮108胶一遍，重新抹灰即可。

4.预防措施

（1）在预制楼板进行安装时，应采用硬的支架安装模板，使楼板端头同支座处紧密结合，形成一个整体。

（2）预制楼板灌缝的时间要适宜，一般最好选择隔层灌缝的顺序比较好，这样可以避免灌缝后产生施工荷载，也便于灌缝后进行洒水养护。

（3）预制楼板的灌缝，必须符合以下具体要求。

① 楼板安装后的下板缝宽度不小于3cm，如果在板下埋设线管，下板缝宽度不小于5cm。

② 认真清扫预制楼板的板缝，将杂物、尘土清除干净。

③ 灌缝前浇水湿润板缝，刷水灰比为0.4~0.5的素水泥浆一道，再浇灌坍落度为50~70mm的C20细石混凝土并捣固密实。专人进行洒水养护，避免混凝土过早失水而出现裂缝。

④ 灌缝细石混凝土所用的水泥，应优先选用收缩性较小、早期强度较高的普通硅酸盐水泥，以避免出现裂缝，提高混凝土的早期强度。

⑤ 现浇混凝土板抹灰前应将表面杂物清理干净。使用钢模板的楼板底表面，应用10%的氢氧化钠溶液将油污清洗干净，楼板的蜂窝麻面用配合比为1：2水泥砂浆修补抹平，凸出部分混凝土剔凿平整，预制楼板的凹形缝用配合比为1：2水泥砂浆勾抹平整。

⑥ 为了使底层砂浆与基层黏结牢固，抹灰前一天顶板应喷水进行湿润，抹灰时再喷水一遍。现浇混凝土的顶板抹灰，底层砂浆用配合比为1：0.5：1混合砂浆，厚度为2~3mm，操作时顺模板纹的方向垂直抹，用力将底层灰浆挤入顶板缝隙中，紧跟着抹上中层砂浆找平。

（二）抹灰层出现空鼓与裂缝

1. 质量问题

在砖墙或混凝土基层上抹灰后，经过一段时间的干燥，由于水分的大量快速蒸发、材料的收缩系数不同、基层材料不一样等原因，往往在不同基层墙面交接处，基层平整度偏差较大的部位，如墙裙、踢脚板上口、线盒周围、砖混结构顶层两山头、圈梁与砖砌体相交处等容易出现空鼓或裂缝质量问题。抹灰层出现空鼓与裂缝，不仅影响墙体装饰的美观，而且也会影响墙体结构的耐久性。

2. 原因分析

（1）由于基层未认真进行清理或处理不当；或墙面浇水不充分，抹灰后砂浆中的水分很快被基层吸收，造成抹灰砂浆干涩，严重影响砂浆与墙体的黏结力。

（2）配制砂浆的原材料未进行严格复检，质量不符合有关标准的要求，或抹灰砂浆的配合比设计不当，从而造成砂浆的质量不佳，不能很好地与墙体牢固黏结。

（3）砌筑的基层平整度偏差较大，有的一次抹灰层过厚，造成其干缩率较大，也容易造成空鼓和裂缝。

（4）墙体的线盒往往是由电工在墙面抹灰后再进行安装，由于没有按照抹灰的操作规程进行施工，无法确保抹灰的施工质量，过一段时间也容易出现空鼓与裂缝。

（5）砖混结构顶层两端山头开间，在圈梁与砖墙的交接处，由于钢筋混凝土和砖墙的膨胀系数不同，使墙面上的抹灰层变形也不相同，经一年使用后会出现水平裂缝，并且随着时间的增长而加大。

（6）在抹灰施工过程中，一般要求抹灰砂浆应随拌和随使用，不要停放时间过长。如果水泥砂浆或水泥混合砂浆不及时用完，停放超过了一定时间砂浆则失去流动性而产生凝结。如果为了便于操作，重新加水拌和再使用，从而降低了砂浆强度和黏结力，容易产生空鼓和裂缝质量问题。

（7）在石灰砂浆及保温砂浆墙面上，后抹水泥踢脚板和墙裙时，在上口交接处，石灰砂浆未清理干净，水泥砂浆罩在残留的石灰砂浆或保温砂浆上，大部分会出现抹灰裂缝和空鼓现象。

3. 防治措施

（1）做好抹灰前的基层处理工作，是确保抹灰质量的关键措施之一，必须认真对待、切实做好。不同基层处理的具体方法如下。

① 对于混凝土、砖石基层表面砂浆残渣污垢、隔离剂油污、泛碱等，均应彻底清除干净。对油污隔离剂可先用5%~10%浓度的氢氧化钠溶液清洗，然后再用清水冲洗干净；对于泛碱的基层，可用3%的草酸溶液进行清洗。基层表面凹凸明显的部位，应事先剔凿平整或配合比为1:3水泥砂浆补平。

如果混凝土基层表面过于光滑，在拆模板后立即先用钢丝刷子清理一遍，然后在表面喷洒上聚合物水泥砂浆并养护；也可先在光滑的混凝土基层上刷一道配合比为（1:3）~（1:4）的乳胶素浆，随即进行底层抹灰。

② 对于墙面上的孔洞，要按要求认真进行堵封。如脚手架孔洞先用同品种砖将其堵塞严密，再用水泥砂浆填实；水暖、通风管道通过的墙洞和墙的管槽，必须用配合比为1:3的水泥砂浆堵严密、抹平整。

③ 对于不同基层材料的抹灰，如木质基层与砖面、砖墙与混凝土基层相接处等，应铺钉金属网，搭接宽度应从相接处起，两边均不小于100mm。

（2）抹灰的墙面在施工前应浇水充分润湿。对于砖墙基层一般应浇水两遍，砖面渗水的深度应达到8~10mm；加气混凝土表面孔隙率虽大，但其毛细管为封闭性和半封闭性，因此应提前2d进行浇水，每天浇两遍以上，使其渗水深度达到8~10mm；混凝土基层吸水率很低，一般在正式抹灰前进行浇水即可。

如果各层抹灰相隔时间较长，或抹上的砂浆已干燥，再抹灰时应将底层浇水润湿，避免刚抹的砂浆中的水分被底层吸走，从而造成黏结不牢而空鼓。此外，基层墙面的浇水程度还与施工季节、施工气候和操作环境有关，应根据实际情况灵活掌握，不能因浇水过多而严重降低砂浆强度。

（3）在进行主体工程施工时应建立必须的质量控制点，严格控制墙面的垂直度和平整度，确保抹灰厚度基本一致。如果抹灰层厚度较大时，应挂上钢丝网分层进行抹灰，一般每次抹灰厚度控制在8~10mm为宜。

掌握好上下层抹灰的时间，是避免出现空鼓与裂缝的主要技术措施之一。水泥砂浆应待前一层抹灰层凝固后，再涂抹后一层；石灰砂浆应待前一层发白后，即有七八成干时再涂抹后一层。这样既可以防止已抹砂浆内部产生松动，也可避免几层湿砂浆合在一起造成较大收缩。

（4）墙面上所有接线盒的安装时间应适宜，一般应在墙面找点设置冲筋后进行，并进行详细技术交底，作为一道工序正式安排，由抹灰工人配合电工共同安装，安装后接线盒的面与冲筋面平，要达到牢固、方正、一次到位。

（5）外墙内面抹保温砂浆应同内墙面或顶板的阴角处相交。第一种方法是：首先抹保温墙面，再抹内墙或顶板砂浆，在阴角处砂浆层直接顶压在保温层平面上。第二种方法是：先抹内墙和顶板砂浆，在阴角处搓出30°角斜面，保温砂浆压住砂浆斜面。

（6）砖混结构的顶层两山头开间，在圈梁和砖墙间出现水平裂缝。这是由于温差较大，不同材料的膨胀系数不同而造成的温度缝。避免这种裂缝的措施主要有：将顶层山头的构造柱子适当加密，间距以2~3m为宜；山头开间除构造柱外，在门窗口两侧增加构造柱；屋顶保温层必须超过圈梁外边线，且厚度不小于150mm。

（7）抹灰用的砂浆应进行配合比设计，必须具有良好的和易性，并具有一定的黏结强度。砂浆和易性良好，才能抹成均匀的薄层，才能与底层黏结牢固。砂浆和易性的好坏取决于砂浆的稠度（沉入度）和保水性。

根据工程实际经验，抹灰砂浆稠度应控制如下：底层抹灰砂浆为100~120mm；中层抹灰砂浆为70~80mm；面层抹灰砂浆为10mm左右。

水泥砂浆保水性较差时，可以掺入适量的石灰膏、粉煤灰、加气剂或塑化剂，以提高其保水性。为了保证砂浆与基层黏结牢固，抹灰砂浆应具有一定的黏结能力，抹灰时可在砂浆中掺入适量的乳胶、108胶等材料。

（8）抹灰用的原材料和配合的砂浆应符合质量要求。由于砂浆强度会随着停放时间的延长而降低，一般在20~30℃的温度下，水泥石灰砂浆若放置4~6h后，其强度降低20%~30%，10h后将降低50%左右；当施工温度高于30℃，砂浆强度下降还会增加5%~10%。因此，抹灰用的水泥砂浆和混合砂浆拌和后，应分别在3h和4h内使用完毕；当气温高于30℃时，必须分别在2h和3h内使用完毕。

（9）墙面抹灰底层砂浆与中层砂浆的配合比应基本相同。在一般情况下，混凝土砖墙面底层砂浆不宜高于基层墙体，中层砂浆不能高于底层砂浆，以免在凝结过程中产生较大的收缩应力，破坏底层灰或基层而产生空鼓、裂缝等质量问题。

（10）加强抹灰中各层之间的检查与验收，发现空鼓、裂缝等质量问题，应及时铲除并修平，不要等到面层施工后再进行验收。

（11）抹灰工程使用的水泥除应有出厂合格证外，还应进行标准稠度用水量、凝结时间和体积安定性的复验，不合格的水泥不能用于抹灰工程。

（12）为了增加砂浆与基层黏结能力，可以在砂浆中加入乳胶等材料，但禁止使用国家已淘汰材料（例如107胶），108胶要满足游离甲醛含量小于或等于1g/kg的要求，并应有材料试验报告。

（三）板条顶棚抹灰空鼓与裂缝

1. 质量问题

板条顶棚抹灰是一种传统的做法，现在仍在某些地区采用。板条顶棚抹灰如果不认真按照设计要求处理和操作，待抹灰过一段时间后很容易出现空鼓与裂缝质量问题，不仅影响顶棚的使用功能，而且具有一定的不安全性。

2. 原因分析

（1）板条顶棚基层龙骨、板条的木材材质不好，或含水率过大，或龙骨截面尺寸不够，或接头不严，或起拱不准，抹灰后均会产生较大挠度，从而形成抹灰空鼓与裂缝。

（2）板条钉得不够牢固，板条间缝隙大小不均或间距过大，基层表面凹凸偏差过大，板条两端的接缝没按要求错开，或没有留出适宜的缝隙，造成板条吸水膨胀和干缩应力集中；抹灰层与板条黏结不良，抹灰层厚薄不匀，引起抹灰与板条方向平行的裂缝或板条接头处裂缝，甚至出现空鼓脱落。

（3）如果采用的板条长度过长，丁头缝留置的不合适或偏少，也容易引起抹灰层的空鼓与裂缝。

（4）各层抹灰砂浆配合比设计不当，或者在配制时计量不准确和拌制质量不合格，或者抹灰的时间未掌握好，也会形成抹灰层的空鼓与裂缝。

3. 处理方法

顶棚抹灰产生裂缝后一般比较难以消除，如使用便用腻子修补，过一段时间仍会在原处重新开裂。因此，对于开裂两边不空鼓的裂缝，可在裂缝表面用乳胶贴上一条2~3cm宽的薄尼龙纱布进行修补，然后再刮腻子喷浆，这样就不易再产生裂缝。这种做法同样适用于墙面抹灰裂缝处理。

4. 预防措施

（1）顶棚基层使用的龙骨、板条，应采用烘干或风干的红、白松等材质较好的木材，其含水率不大于20%；顶棚吊杆、龙骨断面和间距应当经过计算，较大房间或吊杆长度大于1.5m时，除了木吊杆外，应适当增加直径不小于8mm的钢筋吊杆，起拱的高度以房间跨度的1/200为宜，小龙骨间距不大于40cm，四周应在一个水平面上。

（2）顶棚的板条一定要钉牢，板条的间距要适宜，一般以5~8mm为宜。如果间距过小，底层灰浆不容易挤入板条缝隙中，形不成转角，灰浆与板条结合不好，挤压后容易产生空鼓，甚至出现脱落；如果间距过大，不但浪费灰浆，增加顶棚荷载重量，而且由于灰浆的干缩率增大，容易使灰层产生空鼓和板条平行的裂缝。

（3）板条的长度不宜过长，一般以79.5cm左右为宜，板条两端必须分段错开钉在小龙骨的下面，每段错开的长度不宜超过50mm，在接头处应留出3~5mm缝隙，以适应板条湿胀干缩变形。

（4）顶棚所用的灰浆的水灰比不能过大，在允许的情况下应尽量减少用水量，以防止板条吸水膨胀和干缩变形过大而产生纵横方向的裂缝。

（5）底层灰浆中应掺入适量的麻刀和一定量的水泥，抹灰时要确实将灰浆均匀挤入板条缝隙中，厚度以3~5mm为宜。接着抹1:2.5石灰砂浆结合层，把此砂浆压入底层灰中，待六七成干时再抹1:2.5石灰砂浆找平层，厚度控制在5~7mm；找平层六七成干后再抹麻刀灰面层，两遍成活。

（6）板条顶棚在抹灰浆后，为防止水分蒸发过快，应把门窗封闭严密，使抹灰层在潮湿空气中养护，以保证板条顶棚抹灰的质量。

（四）钢丝网顶棚抹灰空鼓与裂缝

1. 质量问题

钢丝网顶棚抹灰应用并不广泛，一般主要用于室内水蒸气较大或潮湿的房间，但是当钢丝网抹灰使用砂浆的强度等级较高时容易发生空鼓、开裂现象。

2. 原因分析

（1）潮湿的房间应抹水泥砂浆或水泥混合砂浆，同时也为了增加抹灰底层与钢丝网的黏结强度，一般采用纸筋（或麻刀）混合砂浆打底。当混合砂浆中的水泥用量比例较大时，在硬化过程中，如果养护条件不符合要求，反而会增加砂浆的收缩率，因而会出现裂缝。找平层采用水泥比例较大的纸筋（麻刀）混合砂浆，也会因收缩而出现裂缝，并且往往与底层裂缝贯穿；当湿度较大时，潮气通过贯穿裂缝，大量渗透到顶棚里，使顶棚基层受潮变形或钢丝网锈蚀，引起抹灰层脱落。

（2）钢丝网顶棚具有一定的弹性，抹灰后由于抹灰的重量使钢丝网发生挠曲变形，使各抹灰层间产生剪力，引起抹灰层开裂、脱壳。

（3）施工操作不当，顶棚吊筋木材含水率过高，接头不紧密，起拱度不准确，都会影响顶棚表面平整，造成抹灰层厚薄不匀，抹灰层较厚部位容易发生空鼓、开裂。

3. 防治措施

（1）钢丝网抹灰吊顶，严格按操作规程进行施工，钢丝网必须拉紧扎牢，并进行认真检验，检验合格后方可进行下道工序。

（2）钢丝网顶棚基层抹灰前，必须进行严格检查验收，其表面平整高低差应不超过8mm；钢丝网的起拱度以房间短向尺寸为准，4m以内为1/200，4m以上为1/250，周围所弹出的水平线应符合规定。

（3）顶棚的"吊筋"必须牢固可靠，顶棚梁（主龙骨）间距一般不大于150cm，顶棚筋（次龙骨）间距不大于40cm，顶棚筋上最好加一层直径为4~6mm钢筋（钢筋应事先冷拉调直），间距16~20mm设置一根，钢丝网应相互搭接3~5cm，用22号铁丝绑扎在钢筋上，以加强钢丝网的刚度，增加砂浆与钢丝网的黏结接触面，提高抹灰工程的质量，这样既可预防因龙骨产生的收缩变形，又可避免直接将荷载传递给钢丝网而产生抹灰层裂缝。

（4）钢丝网顶棚的抹灰，底层和找平层最好采用组成材料基本相同的砂浆；当使用混合砂浆时，水泥用量不宜太大，并应加强湿养护，如抹灰后立即封闭门窗洞口，使之在湿润的空气中养护。

（5）当使用纸筋或麻刀石灰砂浆抹灰时，对于面积较大的顶棚，需采用加麻丝束的做法，以加强抹灰层黏结质量。用骑马钉将麻丝束与顶棚纸筋钉牢，间距为每40cm一束。麻丝挂下长35~40cm，待底层用手指按时感觉不软并有能留有指纹时（即达到七成干），可以抹第二遍纸筋或麻刀石灰砂浆找平层，并将1/2麻丝梳理均匀分开粘在抹灰层上，粘成燕尾形。待第二遍砂浆七成干，再抹第三遍砂浆找平时，将余下的1/2麻丝束均匀地分开粘在抹灰层上，刮平并用木抹子抹平。

（五）墙裙、窗台产生空鼓与裂缝

1. 质量问题

墙裙或水泥砂浆窗台施工后，经过一段时间的硬化干燥出现空鼓或裂缝质量问题，尤其是在墙裙或窗台与大面墙抹灰的交接处，这种现象比较突出。

2. 原因分析

（1）墙面基层处理不干净，影响抹灰与墙面的黏结力。如内墙在先抹墙面石灰砂浆时，踢脚板或墙裙处往往也抹一部分，在抹水泥砂浆墙裙时，如果对于抹的石灰砂浆清理不干净，则水泥砂浆封闭在其表面，石灰浆无法与空气接触，强度增长非常缓慢，而水泥砂浆强度增长较快，其收缩量也与日俱增，这样水泥砂浆抹面则会出现空鼓。

（2）由于水泥与石灰这两种胶凝材料的强度相差悬殊，基层强度小的材料不能抵御强度大的材料收缩应力作用，也很容易产生空鼓现象。在冷热、干湿、冻融循环的作用下，这两种胶凝材料的胀缩比差异也很大，因此在墙面同墙裙、窗台、护角等交接处易出现空鼓、裂缝现象。

（3）如果配制砂浆的砂子含泥量过大，造成砂浆干缩大，黏结强度降低；或者采用的水泥强度等级过高，产生的收缩应力较大，均会出现空鼓与裂缝质量问题。

（4）砂浆配合比设计不当，配制时尤其用水量不准，砂浆的稠度相差过大，容易产生裂缝；墙面湿润程度不同，造成砂浆干缩不一样，也容易产生裂缝。如果在墙裙顶口洒水不足也会造成干缩裂缝。

（5）砂浆面层最后一遍压光时间掌握不当。如果压光过早，面层水泥砂浆还未产生收水，从而造成砂浆稀收缩大，易出现裂缝；如果压光过迟，面层水泥砂浆已硬化，当用力抹压时会扰动底层砂浆，使砂粒上原有的水泥胶体产生部分剥离，水化的水泥胶体未能及时补充，该处的黏结力就比较差，则形成起砂和脱壳。

（6）有的抹灰不严格按施工规范进行，单纯为了追求效益而加快施工进度，错误地采取"当天打底、当天罩面"的施工方法，使两道工序间隔时间不符合要求，这种做法实际上就是一次抹灰，这样也会出现裂缝。

（7）在低温环境下施工时，面层砂浆刚抹后发生受冻，其中水分冻结并产生体积膨胀，砂浆无法再填充密实，这样会出现起壳。在高温情况下施工时，抹灰后由于砂浆中的水分迅速蒸发，造成砂浆因脱水而收缩率增大，也会很容易出现裂缝。

3. 防治措施

（1）配制抹灰砂浆的水泥强度等级不宜过高，一般宜采用32.5MPa以下水泥强度等级的水泥即可，必要时也可掺入适量的粉煤灰；配制抹灰砂浆的砂子，一般宜采用中砂，砂子的含泥量一般不应超过3%。

（2）各层抹灰砂浆应当采用比例基本相同的水泥砂浆，或者是水泥用量偏大的水泥混合砂浆。

（3）采用比较合理的施工顺序，在一般情况下先抹水泥砂浆或水泥混合砂浆，后抹石灰砂浆。如果必须先抹石灰砂浆，在抹水泥砂浆的部位应当弹线后按线将石灰砂浆彻底铲除干净，并再用钢丝刷子进一步清理，用清水冲洗干净。

（4）合理确定上下层抹灰的时间，既不要过早也不要过迟，一般掌握在底层抹灰达到终凝后再抹上面的砂浆。

（5）掌握后面层压光的时间。面层在未收水前不准用抹子压光；砂浆如已硬化不允许再用抹子搓压，而应再薄薄抹一层配合比为1∶1细砂水泥砂浆压光，弥补表面不平和抹痕，但不允许用素水泥浆进行处理。

（六）水泥砂浆抹面出现"析白"

1. 质量问题

水泥砂浆抹面经过一段时间凝结硬化后，在抹灰层的表面出现"析白"现象，这种质量问题不仅会污染环境，而且严重影响观感。

2. 原因分析

（1）水泥砂浆抹灰的墙面，水泥在水化过程中生成氢氧化钙，在砂浆尚未硬化前，随着水渗透到抹灰表面，与空气的二氧化碳化合生成白色的碳酸钙。在气温较低或水灰比较大的砂浆抹灰时，析出现象会更加严重。

（2）从材料本身分析，主要包括两种：一种是采用了碱性水泥（多为小厂品种），这些不合格的水泥在凝结硬化中产生了析碱反应；另一种是墙面自身采用了碱性材料（主要为砖材），然后产生了析碱-透碱反应。

（3）在冬季抹灰施工中，为了提高砂浆早期强度或防止砂浆产生冻结，往往掺加一定量的早强剂、防冻剂等外加剂，随着抹灰湿作业这些白色外加剂析出抹灰面层。

3. 处理方法

（1）对于比较轻微的析出白粉（析白）处理，是将析出白粉的地方充分湿润后，将混合粉剂（硫酸钠：亚硫酸钠=1：1）拌和均匀，用湿布蘸着混合粉擦拭干净，再用清水冲洗，干燥后刷一遍掺10%的水玻璃溶液。

（2）对于"析白"比较严重的墙面，可用砂纸打磨后，在墙面上轻轻喷水，干燥后如果再出现"析白"，再次用砂纸打磨、喷水，经过数遍后直至"析白"减少至轻微粉末状，待擦净后再喷一遍掺10%的水玻璃溶液。

（七）抹灰面不平，阴阳角不垂直、不方正

1. 质量问题

内墙面抹灰完毕后，经过质量验收，发现抹灰面的平整度、阴阳角垂直或方正均达不到施工规范或设计要求的标准。

2. 原因分析

（1）在抹灰前没有按照设计要求找方正、挂线、做"灰饼"和"冲筋"，或者"冲筋"的强度较低，或者冲筋后过早进行抹灰施工。

（2）所做的"冲筋"距离阴阳角太远，无法有效地控制阴阳角的施工，从而影响了阴阳角的方正。

3. 防治措施

（1）在进行抹灰之前，必须按照施工规定按规矩找方正，横线找平，竖线吊直，弹出施工准线和墙裙（或踢脚板）线。这是确保抹面平整、阴阳角方正的施工标准和依据。

（2）先用托线板检查墙面的平整度和垂直度，决定抹灰面的厚度。在墙面的两上角各做一个灰饼，利用托线板在墙面的两下角也各做一个"灰饼"，上下两个"灰饼"拉线，每隔1.2~1.5m分别做"灰饼"，再根据"灰饼"做宽度为10cm的"冲筋"，最后再用托线板和拉线进行检查，使"灰饼"和"冲筋"表面齐平，无误后方可进行抹灰。

在做"灰饼"和"冲筋"时，要注意不同的基层要用不同的材料，如水泥砂浆或水泥混合砂浆墙面，要用1：3（水泥：砂）的水泥砂浆；白灰砂浆墙面，要用1：3：9（水泥：砂：石灰膏）的混合砂浆。

（3）如果在"冲筋"较软时抹灰易碰坏"冲筋"，"冲筋"损坏抹灰后墙面易产生不平整；如果在"冲筋"干硬后再抹灰，由于"冲筋"收缩已经完成，待抹灰产生收缩后，"冲筋"必然高出墙面，仍然造成不平整。对水泥砂浆或混合砂浆来讲，待水泥达初凝后终凝前抹灰较为适宜。

（4）对于抹灰所用的工具应经常检查修正，尤其是对木质的工具更加注意，以防止变形而影响抹灰质量。

（5）在阴阳角部位抹灰时，一是要选拔技术较高的人员施抹，二是随时检查角的方正，发现偏差及时纠正。

（6）在罩面灰浆进行抹灰前，应进行一次质量检查验收，验收的标准同抹灰面层，不合格之处必须修正后再进行下道工序的施工。

（八）装饰灰线产生变形

1. 质量问题

装饰灰线在抹灰中主要起到装饰表面的作用，如果不加以重视则很容易出现结合不牢固、开裂、表面粗糙等质量问题。

2. 原因分析

（1）出现以上质量问题主要原因是在基层的处理上。如果基层处理不干净，存有浮灰和污物；浇水没有浇透，基层湿度不满足抹灰要求，导致砂浆失水过快；或抹灰后没有及时进行养护，而产生底灰与基层结合不牢固，砂浆硬化过程缺水造成开裂；抹灰线的砂浆配合比设计不当，或配制时计量不准确，或未涂抹结合层，均能造成空鼓；在抹灰后如果没有及时养护好，也会产生底灰与基层处理结合不牢的现象。

（2）施工过程中靠尺松动，冲筋损坏，推拉灰线线模用力不均，手扶不稳，导致灰线产生变形，不顺直。

（3）喂灰不足，推拉线模时灰浆挤压不密实，罩面灰稠稀不匀，推抹用力不均，使灰线面产生蜂窝、麻面或粗糙。

3. 防治方法

（1）灰线必须在墙面罩面灰浆施工前进行设置，且墙面与顶棚的交角必须垂直和方正，符合高级抹灰面层的验收标准。

（2）抹灰线底灰前，将基体表面清理干净，在抹灰前一天浇水湿润，抹灰线时再洒一些水以保证抹灰基层湿润。

（3）抹灰线砂浆时，应先抹一层水泥石灰混合砂浆过渡结合层，并认真控制各层砂浆配合比。同一种砂浆也应分层施抹，推拉挤压要确实密实，使各层砂浆黏结牢固。

（4）灰线线模的形体应规整，线条清晰，工作面光滑。按照灰线尺寸固定的"靠尺"要平直、牢固，与灰线线模紧密结合，推拉要均匀，用力抹压灰线。

（5）喂灰时应当饱满，挤压应当密实，接茬要平整，如有缺陷应用细纸筋（麻刀）灰修补，再用灰线线模将其整平压光，使灰线表面密实、光滑、平顺、均匀，线条清晰，色泽一致。

（6）目前市场上预制灰线条较多，为确保装饰灰线不发生变形，施工单位可同建设单位商议，改为预制灰线条。

二、外墙抹灰质量问题与防治措施

外墙抹灰是外墙装饰最常见的方法之一，其材料来源广泛、施工比较简便、价格相对低廉、装饰效果较好。由于外墙抹灰暴露于空气之中，经常受到日晒、风吹、冰冻、雨淋、温差、侵蚀介质和各种外力等综合因素的作用，其出现的质量问题要比内墙抹灰多。在实际工程中外墙抹灰常见的质量通病有：空鼓与裂缝，接茬有明显抹纹，色泽不均匀，分格缝不平不直，雨水污染墙面，窗台处向室内出现渗漏水，墙面出现"泛霜"现象等。

（一）外墙抹灰面产生渗水

1.质量问题

外墙抹灰工程完成后，遇到风吹雨打仍然有渗水现象，不仅污染室内环境，损坏家具用具，而且影响使用功能，甚至危及建筑安全。

2. 原因分析

（1）在墙体砌筑施工中，没有严格按照施工规范要求砌筑，尤其是砂浆的饱满度不符合要求，从而造成砌块之间形成渗水通道，这是外墙面产生渗水的主要原因。

（2）在进行抹灰施工之前，没有将外墙砌体中的空头缝、穿墙孔洞等嵌补密实，从而使其产生渗水。

（3）在墙体砌筑施工中混凝土构件与砌体接合处没有处理好。

3. 处理方法

外墙渗水原因繁多，后果严重。对于外墙抹灰面渗水，必须查明原因，针对不同情况分别采用以下不同方法处理。

（1）如果抹灰层墙面产生裂缝但未脱壳时，其具体处理方法是：将缝隙扫除干净，用压力水冲洗晾干，采取刮浆和灌浆相结合的方法，用水泥细砂浆（配合比为1:1）刮入缝隙中。如果有裂缝深度大于20mm、砂浆不能刮到底时，刮浆由下口向上刮出高500mm，下口要留一个小孔。随后用大号针筒去掉针头吸进纯水泥浆注入缝中，当下口孔中有水泥浆流出时，随即堵塞孔口。

（2）如果抹灰层墙面产生裂缝又脱壳时，必须将其铲除重新施工。其具体处理方法是：将铲除抹灰层的墙体扫除干净、冲洗湿润，再将砌体所有的缝隙、孔洞用1:1的水泥砂浆填嵌密实。

抹灰砂浆要求计量准确、搅拌均匀、和易性好。头道灰是在墙面上刷一遍聚合物水泥浆（108胶:水:水泥=1:4:8），厚度控制在7mm，抹好后用木抹子搓平，在新旧抹灰层接合处要抹压密实。在相隔24h后，先按设计分格进行弹线贴条，分格条必须和原有分格缝连通，要求达到顺直同高。面层抹灰以分格条的高度为准，并与原面层一样平。待抹灰层稍微收干，用软毛刷蘸水、沿周边的接茬处涂刷一遍，再进行细致抹压，确保平整密实。

（3）如果是沿着分格缝隙产生渗水时，要将分格缝内的灰疙瘩铲除，扫除冲洗干净后晾干，用原色相同的防水柔性密封胶封堵密实。

（4）当外墙出现的渗水面积较大，但渗水量较小且没有集中漏水处时，可将外墙面上的灰尘扫除干净，全部喷洒一遍有机硅外墙涂料，待第一遍干燥后再涂第二遍，一般情况下就可以止住这种渗水。

4. 预防措施

（1）在外墙抹灰前，首先认真检查基层的质量，堵塞外墙面上的一切渗水通道。在检查和处理时，要全面查清外墙面上的一切缝隙与孔洞，并要做好详细记录；对缝隙与孔洞的处理要派专人负责，清除缝隙与孔洞中的砂浆、灰尘及杂物，冲洗干净。对于砖墙需要嵌填的孔洞，要用砖和混合砂浆嵌填密实。

（2）严格按照现行国家标准《建筑装饰工程施工验收标准》（GB 50210—2018）中的要求，按照以下步骤做好外墙面抹灰层。

① 首先打扫干净墙面上的灰疙瘩、粉尘及杂物，并用清水冲洗湿润。

② 按施工规范要求安装好门窗框，并嵌补好门窗周围与墙体的间隙。

③ 抹灰砂浆要进行配合比设计，要严格配制时的计量，要搅拌均匀、及时应用。砂浆稠度要适宜，底层抹灰应控制在100~120mm，中层抹灰和面层抹灰应控制在70~90mm。

④ 对于底层抹灰，一个墙面必须一次完成，不得设置施工缝，抹灰时要用力刮紧、刮平，厚度控制在7mm左右。对于面层抹灰要平整均匀，注意加强成品保护和湿养护，防止因水分蒸发过快而产生裂缝。

（二）压顶抹灰层脱壳与裂缝

1. 质量问题

压顶抹灰层出现脱壳和裂缝质量问题后，必然导致向室内进行渗水；或抹灰面发生外倾，使污水污染外装饰，严重影响外装饰的美观。

2. 原因分析

（1）压顶抹灰属于高空作业，施工难度比较大，施工质量较难保证，如果抹灰的基层处理不善，不按照施工规范进行施工，很容易造成脱壳与裂缝而产生渗水。

（2）如果压顶面的流水坡度向外倾，雨水会夹杂着泥污向外侧流淌，从而污染建筑的外装饰。

（3）在压顶抹灰层施工时，技术交底工作不够详细，在施工过程中管理不严格，施工各环节没有进行认真质量检查，使压顶抹灰层不符合设计的质量要求。

3. 处理方法

（1）压顶因脱壳、裂缝而产生渗水的处理方法为：铲除脱壳部分的抹灰层，清除墙面上的抹灰上的浮尘，并将灰尘和杂质扫除冲洗干净，然后刷聚合物水泥浆一遍，随即用水泥砂浆（水泥∶砂=1∶2.5）抹头层灰，隔一天再抹面层灰。抹灰的具体要求，即向内倾排水，下口抹滴水槽或滴水线。

（2）当出现横向裂缝时，用小型切割机将裂缝切割宽度到10~15mm，并将缝内外的杂物清理干净，但不要浇水湿润，然后再嵌入柔性防水密封胶。

（3）当出现局部不规则裂缝而没有脱壳时，可将抹面裂缝中扫除干净，用清水冲洗后晾干。再用聚合物水泥浆灌满缝隙，待收水后抹压平整，然后喷水养护7d左右。

4. 预防措施

（1）为确保压顶抹灰的质量，无论哪类压顶抹灰的形式均应按照设计要求进行严格施工，这是避免出现压顶抹灰层脱壳与裂缝质量问题的关键。

（2）认真处理好抹灰基层，即刮除砌筑施工挤浆的灰疙瘩，补足补实空头缝，用清水冲洗清除干净灰尘，并加以晾干，涂刷一遍聚合物水泥浆。

（3）施工要有正确的操作顺序和工艺。抹灰时用水泥砂浆（水泥∶砂=1∶2.5）先抹两侧的垂直面，然后再抹顶面的头遍灰；要求每隔10延长米留出一条宽度为10~15mm的伸缩缝，以适应温度变形；一般应在抹压完找坡度层后再进行抹面层灰浆，两边还要抹滴水槽或滴水线。

（4）抹好后的压顶要加强湿养护，养护时间一般不得少于7d。在冬季施工时还要注意采取可靠的防冻措施，特别注意刚抹灰层出现冻结。待抹灰层硬化干燥后，在伸缩缝中填嵌柔性防水密封胶。

（5）检查两侧下口的滴水槽（滴水线）的施工质量，如有达不到设计要求的必须及时加以纠正，防止出现"爬水"现象。

（三）外墙面发生空鼓与裂缝

1.质量问题

外墙用水泥砂浆抹灰后，由于各方面的原因，有的部位出现空鼓或裂缝，严重的出现脱落现象，不仅严重影响外墙的装饰效果，而且还会导致墙体出现渗水。

2.原因分析

（1）建筑物在结构变形、温差变形、干缩变形过程中引起的抹灰面层产生的裂缝，大多出现在外墙转角，以及门窗洞口的附近。外墙钢筋混凝土圈梁的变形比砖墙大得多，这是导致外墙抹灰面层空鼓和裂缝的主要原因。

（2）有的违章作业，基层面没有扫除干净，干燥的砖砌体面浇水不足，也是导致抹灰层空鼓的原因。

（3）有的底层采用的砂浆强度比较低，其黏结力较差，如面层砂浆收缩应力大，会使底层砂浆与基体剥离，产生挠曲变形而空鼓、裂缝；有的光滑基层面没有认真进行"毛化处理"，也会产生空鼓。

（4）抹灰砂浆配合比未进行设计，或不符合设计要求，或配制砂浆时不计量，尤其是用水量不控制，搅拌不均匀，砂浆和易性差，有时分层度大于30mm，则容易产生离析；有时分层度过小，致使抹灰层强度增长不均匀，产生应力集中效应，从而出现较大变形，产生龟裂等质量问题。

（5）如果搅拌好的砂浆停放时间超过3h后才用，则砂浆已经产生终凝，其强度、黏结力都有所下降。

（6）抹灰工艺不当，没有分层进行操作。如一次成活，灰层厚薄不匀，在重力作用下产生沉降收缩裂缝；或虽然分层抹灰，但却把各层作业紧跟操作，各层砂浆水化反应快慢差异大，强度增长不能同步，在其内部应力效应的作用下也会产生空鼓和裂缝。

（7）需要在冬季施工时，未采取可靠的防冻措施，抹灰层出现早期受冻，墙面也会发生空鼓与裂缝。

（8）在抹灰操作的过程中，施工者采用灰层表面撒干水泥拔除水分的错误做法，造成表面强度高，拉动底层灰，从而引起空鼓与裂缝。

（9）由于施工环境温度较高，砂浆抹灰层失水过快，加上又不能及时按要求进行养护，从而造成干缩裂缝。

（10）由于墙面抹灰未进行合理分缝，大面积抹灰层缺少分格缝，也会产生收缩裂缝。

3. 处理方法

（1）砖砌体抹灰面空鼓、脱壳时，先用小锤敲打，查明起鼓和脱壳范围，划好铲除范围线，尽可能划成直线形；采用小型切割机，沿线切割开，将空鼓、脱壳部位全部铲除；用钢丝板刷刷除灰浆黏结层，用水冲洗洁净、晾干；先刷一遍聚合物水泥浆，在1h内抹好头遍灰，砂浆稠度控制在10mm左右，要求刮薄、刮紧，厚度控制在7mm，如超过厚度要分两层抹平，抹好后用木抹子搓平；隔天，应按原分格弹水平线或垂直线。贴分格条时，必须和原有分格缝连通，外平面要和原有抹灰层一样平，因面层抹灰是依据分格条面为准而确定平整度。要求抹纹一致，按有关规定处理分格条。抹灰层稍微干燥后，用软毛刷蘸水，沿周围的接茬处涂刷一遍，再细致抹平压实，确保无收缩裂缝。铲除缝内多余砂浆，用设计规定的色浆或防水密封胶嵌入平整密实。

（2）混凝土基体面的抹灰层脱壳的处理方法与砖砌体不同。铲除脱壳的抹灰层后，采用10%的火碱水溶液或洗洁精水溶液，将混凝土表面的油污及隔离剂洗刷干净，再用清水反复冲洗洁净，再用钢丝板刷将表面松散浆皮刷除，用人工"毛化处理"，方法是用聚合物砂浆（水泥：108胶：水：砂=10：1：4：10）撒布到基体面上，要求撒布均匀。组成增强基体与抹灰层的毛面黏结层。如需要大面积"毛化处理"，可用0.6m³/min空压机及喷斗喷洒经搅拌均匀的聚合物水泥砂浆，湿养护硬化后，抹灰方法和要求同本处理方法上一条。

（3）对有裂缝但未出现脱壳的处理，可参照"外墙面产生渗水"的处理方法。

4. 预防措施

（1）加强建筑工程施工管理和检查验收制度，对各道施工工序严格把关。严格执行现行国家标准《建筑装饰装修工程质量验收标准》（GB 50210—2018）中的有关规定，认真处理好基体，堵塞一切缝隙和孔洞。

（2）基层处理　刮除砖砌体砖缝中外凸的砂浆，并将表面清扫和冲洗洁净。在抹底子灰前，先喷一层结合浆液（108胶∶水溶液=1∶4）。抹底子灰的砂浆稠度控制在10mm左右，厚度控制在7mm左右，用力将砂浆压入砖缝内，并用木杠将表面平整，再用木抹子刮平、扫毛，然后浇水养护。按设计需求贴分格条，进行各种细部处理，如窗台、滴水线（槽）等。抹面层灰按分格条分两次进行抹平、搓平和养护。

（3）混凝土基层处理　剔凿混凝土基层表面凸出部分，对于较光滑面进行凿毛，用钢丝板刷刷除表面浮灰泥浆。如基层表面上有隔离剂、油污等，应用10%的火碱水溶液或洗洁精水溶液洗刷干净，再用清水洗刷掉溶液。然后涂刷一层聚合物水泥浆。其他抹灰要求与砖砌体抹灰相同。

（4）加气混凝土基层处理　用钢丝板刷将表面的粉末清刷一遍，提前1h浇水湿润，将砌块缝隙清理干净，并刷一层结合浆液（108胶∶水=1∶4），随即用混合砂浆（水泥∶石灰膏∶砂=1∶1∶6）勾缝、刮平。在基层喷刷一度108胶水溶液，使底层砂浆与加气混凝土面层黏结牢固。抹底子灰和面层灰的要求与砖砌体的抹灰要求相同。

（5）有关条板的基层处理　用钢丝板刷刷除条板的基层表面粉末，喷涂108胶水溶液一遍。随即用混合砂浆勾缝、刮平，再钉150~200mm宽的钢丝网或粘贴玻纤网格布，以减少产生较大的收缩变形。面层处理应按设计要求施工。

（6）夏季进行抹灰时，应避免在日光暴晒下进行施工，墙体罩面层成活后第2天应洒水养护，并坚持如此养护7d以上。

（四）滴水槽（滴水线）不标准

1. 质量问题

由于滴水槽、流水线未按照设计的要求进行施工，从而造成雨水沿墙面流淌，不仅污染墙面的装饰面，严重影响外墙观感和环境卫生，而且可能还会渗湿墙体，严重影响主体结构的安全性。

2. 原因分析

（1）没有严格按照设计要求和现行国家标准《建筑装饰装修工程质量验收标准》（GB 50210—2018）中规定进行施工，违反了"外墙窗台、窗楣、雨篷、阳台、压顶和突出腰线等，上面应做流水坡度，下面应做滴水线。滴水槽的深度和宽度均不应小于10mm，并整齐一致"的规定。

（2）有的滴水槽（或滴水线）达不到设计要求，引起"爬水"和沿水，或滴水槽是用钉划的一条槽，或阳台、挑梁底的滴水槽（或滴水线）处理简单等，雨水仍沿着梁底斜坡淌到墙面上，污染墙并渗入室内，不仅影响使用功能，而且严重破坏结构和装饰效果。

3. 处理方法

（1）如果因为没做滴水槽（或滴水线）而出现沿水、"爬水"时，可按照设计要求补做滴水槽或滴水线。

（2）如果原有滴水槽（或滴水线）没有严格按照设计要求去做，或者被碰撞脱落和有缺损时，要返工纠正和修补完好。

（3）在斜向挑梁的根部，虽然已做滴水槽或滴水线，但仍然还出现水流淌到墙根渗入墙内时，必须补做两道滴水槽或滴水线。

4. 预防措施

（1）在进行滴水槽（或滴水线）施工时，要认真对照施工图纸和学习有关规定，掌握具体的施工方法，并根据工程的实际情况明确具体的做法。

（2）对于滴水线　在外墙抹灰前用木材刨成斜面，撑牢或钉牢，确保线条平直。当抹灰层干硬后，将木条拆除。加强养护和保护，防止碰撞而造成缺口。

（3）对于滴水槽　在抹底灰前应制作10mm×10mm的木条，粘贴在底面。每项工程要用统一的规格，使抹灰面层平整标准。当抹灰层干硬后，轻轻地将木条起出，而对于起木条时造成的小缺口要及时修补完整。

（五）外墙面接茬差别较大

1. 质量问题

在外墙面抹灰的施工中，由于各种原因造成接茬比较明显的质量问题，例如抹压纹比较混乱、色差比较大、墙面高低不平等，严重影响外墙面的观感。

2. 原因分析

（1）外墙装饰抹灰面的材料不是一次备足，所用的材料不是相同品种、规格，或者在配制砂浆时计量不准确，或者在每次配制时气候（温度、风力等）相差较大，结果造成抹灰的颜色等有差异。

（2）墙面抹灰没有设置分格缝或分格过大，造成在一个分格内砂浆不能同时抹成，或者抹灰接茬位置不正确。

（3）在进行外墙抹灰的操作中，脚手架没有根据抹灰者的需要进行及时调整，造成抹灰操作十分困难，或抹灰人员配备不能满足抹灰面的要求，或拌制的抹灰材料不能满足施工需要，从而造成抹灰层接茬比较明显。

（4）抹灰的基层或底层浇水不均匀，或浇水后晾干的程度不同，因抹灰基层或底层干湿情况不一样，也会造成接茬比较明显。

（5）采用的水泥或其他原材料质量不合格，不能按时完成抹灰工序，反复抹压也会出现色泽不一致和明显的抹纹。

（6）施工中采用了不同品种、不同强度等级的水泥，不仅会造成颜色不一致，同时由于水泥强度等级不同，在交接处产生不同的收缩应力，甚至还会导致裂缝的产生。

（7）施工人员技术水平不高，操作工艺不当，或底层灰过于干燥，或木抹子压光方法不对，均可致使抹纹混乱。

3. 处理方法

（1）当抹灰面层出现接茬明显、色差较大、抹纹混乱质量问题时，将抹灰面扫刷冲洗干净，调配原色、原配合比砂浆，在表面再加抹3~5mm厚的砂浆，然后用木抹子将面层拉直压光。

（2）为了保证外墙抹灰层色泽一致，不出现接茬差别较大的质量问题，必须根据外墙面抹灰的实际需要，一次备足同品种、同强度等级的水泥、石灰、砂，并有专人负责，统一按照配合比计量搅拌砂浆。

（3）当普通建筑的外墙抹灰面层色差不明显、抹纹不太混乱、影响观感不严重时，可以稍加处理或不进行处理。

4. 预防措施

（1）外墙抹面的材料必须按设计一次备足，做到材料专用。水泥要同一品种、同一批号、同一强度等级；砂子要选用同一产地、同一品种、同一粒径的洁净中砂。坚决杜绝在施工过程中更换水泥品种和强度等级。

（2）毛面水泥表面施工中用木抹子进行抹压时，要做到用力轻重一致、方法正确，先以圆弧形搓抹，然后再上下抽动，方向要一致，这样可以避免表面出现色泽深浅不一致、起毛纹等质量问题。

（3）要求压光的水泥砂浆外墙面，可以在抹面压光后用细毛刷蘸清水轻刷表面，这种做法不仅可以解决表面接茬和抹纹明显的缺陷，而且可以避免出现表面的龟裂纹。

（4）在抹灰前要预先安排好接茬位置，一般把接茬位置留在分格缝、阴阳角、水落等处。在抹灰中应根据抹灰面积配足人员，一个墙面的抹灰面层要一次完成。

（5）在主体工程施工搭设脚手架时，不仅应满足主体工程施工的要求，而且也应照顾到外墙抹灰装饰时分段分块施工的部位，以便于装修施工及外墙抹灰后的艺术效果。

（六）建筑物外表面起霜

1. 质量问题

在建筑物外表面工程竣工后，由于抹灰材料含碱量较高，建筑物的外表面易出现一层白色物质，俗称为"起霜"，轻者影响建筑物的美观，严重者由于结晶的膨胀作用，会导致装饰层与基层剥离，甚至产生空鼓。

2. 原因分析

（1）配制混凝土或水泥砂浆所用的水泥含碱量高，在水泥的凝结硬化过程中析出大量的氢氧化钙，随着混凝土或水泥砂浆中水分蒸发，逐渐沿着毛细孔向外迁移，将溶于水中的氢氧化钙带出，氢氧化钙与空气中的二氧化碳反应，生成不溶于水的白色沉淀物碳酸钙，从而使建筑物外表面起霜。

（2）水泥在进行水化反应时，生成部分氢氧化钠或氢氧化钾，它们与水泥中的硫酸钙等盐类反应，生成硫酸钠和硫酸钾，二者都是溶于水的盐类，随着水分的蒸发迁移到建筑物表面，在建筑物表面上留下白色粉状晶体物质。

（3）在冬期混凝土或水泥砂浆施工中，常使用硫酸钠或氯化钠作为早强剂或防冻剂，这样又增加了可溶性盐类，也增加了建筑物表面析出白霜的可能性。

（4）某些地区采用盐碱土烧制的砖，经过雨淋后砖块中的盐碱溶于水，经过日晒水分迁移蒸发，将其内部可溶性盐带出，在建筑物外表面形成一层白色结晶。

（5）由于砖、混凝土和砂浆等都有大量的孔隙，有些具有渗透性，当外界的介质（特别是空气中的水分）进入内部后，内部可溶性盐类产生溶解，当水分从内部蒸发出来时，将会带出一部分盐类物质，加剧了白霜的形成。

3. 处理方法

（1）对于外墙表面"起霜"较轻、白霜为溶于水的碱金属盐类，可以直接用清水冲刷除去。

（2）对于外墙表面"起霜"较严重、白霜为不溶于水的碱盐类，可以用喷砂机喷干燥细砂进行清除。

（3）除可用以上两种方法外，也可采用酸洗法，一般可选用草酸溶液或 1∶1 的稀盐酸溶液。酸洗前应先将表面用水充分湿润，使其表面孔隙吸水饱和，以防止酸液进入孔隙内，然后用稀弱酸溶液清洗，除去白霜后再用清水彻底冲洗表面。

（4）无论采用何种方法进行处理，最后均采用有机硅材料对表面做憎水处理。

4. 预防措施

（1）墙体所用材料和砌筑材料（如砖、水泥等），应选用含碱量较低者；不使用碱金属氧化物含量高的外加剂（如氯化钠、硫酸钠等）。

（2）在配制混凝土或水泥砂浆时，掺加适量的活性硅质掺合料，如粉煤灰、矿渣粉、硅灰粉等。

（3）采取技术措施提高基层材料的抗渗性，如精心设计配合比，选用质量优良的材料精确称量配合，混凝土和砂浆掺加减水剂降低用水量，从而增加其密实性，降低其孔隙率，提高抗渗性能。

（4）在基层的表面喷涂防水剂，用以封堵混凝土或砂浆表面的孔隙，消除水向基层内渗透的入口。

（5）混凝土和砂浆等都是亲水性材料，可用有机硅等憎水剂处理其表面，使水分无法渗入基层的内部，这样也可阻止其起霜。

三、装饰抹灰质量问题与防治措施

装饰抹灰是目前建筑内外较常用的装饰，它具有一般抹灰无法比拟的优点，其质感丰富、颜色多样、艺术性强、价格适中。装饰抹灰通常是在一般抹灰底层和中层的基础上，用不同的施工工艺、不同的饰面材料做成各种不同装饰效果的罩面。在建筑装饰工程中常见的装饰抹灰有水刷石饰面、斩假石饰面等。

（一）水刷石饰面质量问题与防治

1. 水刷石面层发生空鼓

（1）质量问题　水刷石外墙饰面施工完毕后，有些部位面层出现空鼓与裂缝，严重影响饰面的美观和使用功能。如果雨水顺着空鼓与裂缝之处渗入，更加危害饰面和墙体。

（2）原因分析

① 在抹面层水泥石子浆前，没有抹压素水泥浆结合层，或者基层过于干燥，没有进行浇水湿润。

② 基体面处理不符合要求，没有将其表面上的灰尘、油污和隔离物清理干净，光滑的表面没有进行凿毛"毛化"处理，基层与水刷石饰面黏结力不高。

③ 水泥石子浆体偏稀或水泥质量不合格，罩面产生下滑；操作者技术水平欠佳，反复冲刷增大了罩面砂浆的含水量，均有可能造成空鼓、裂缝和流坠。

④ 在抹压素水泥浆结合层后，没有紧跟抹石子罩面灰，相隔时间过长；再加上没有分层抹灰或头层灰的厚度过大，都容易造成空鼓与裂缝。

（3）处理方法

① 查明面层空鼓的范围和面积，经计算确定修补所用的材料。为避免再出现色差较大等质量问题，水泥品种、石子粒径、色泽、配合比等要和原用材料完全相同。

② 凿除水刷石面层的空鼓处，如果发现基层也有空鼓现象，也要将基层空鼓部分凿除，以防止处理不彻底，再次出现空鼓质量问题。

③ 对周边进行处理。用尖头或小扁头的錾子沿边将松动、破损及裂缝的石子剔除，形成一个凹凸不规则的毛边。

④ 对基层进行处理。刮除灰砂层，将表面的灰砂扫除干净，并用清水进行冲洗，充分湿润基层和周边，以便新抹水泥石子浆与基层及周边很好结合。

⑤ 抹找平层。在处理好的基层表面上先刷一度聚合物水泥浆，随即分层抹压找平层，沿周边接合处要细致抹平压实，待终凝进行湿养护7d。

⑥ 重新抹水泥石子浆。经检查找平层无空鼓、开裂等问题后浇水进行湿润，然后刮一遍聚合物水泥浆（108胶：水：水泥=1：9：20）结合层，随即抹水泥石子浆。由下向上将表面抹压平整，用直尺刮平压实，与周围接茬处要细致拍平揉压，将水泥浆挤出，使石子的大面朝上。

⑦ 掌握好水刷石子的时间，以用手指压其表面无痕迹，用刷子轻刷以不掉石粒为宜。用喷雾器由上向下喷水，喷刷好的饰面，再用清水从上向下喷刷一遍，以冲洗掉水刷出来的水泥。

（4）预防措施

① 认真进行基层处理。首先堵塞基层面上的孔眼，然后清扫干净基层面上的灰尘、杂物；对于混凝土墙面，应剔凿凸出块修补平整。对于蜂窝、凹陷、缺棱掉角等缺陷，用108胶水溶液将该处涂刷一遍，再用水泥砂浆（水泥：砂=1：3）进行修补。

② 抹底子灰。在抹底子灰的前一天要对抹灰处进行浇水湿润。抹上底子灰后，用工具将其处理平整，并应抹压密实。为防止出现空鼓与裂缝，对大面积墙面抹灰必须按规定设置分格缝。

③ 在抹面层水泥石子浆前，应严格检查底层抹灰的质量，如发现缺陷必须纠正合格。抹水泥石子浆，一般应在基层基本干燥时最适宜。如果底层已干燥，应适当浇水湿润，然后在底层面薄薄满刮一道纯水泥浆黏结层，紧接着抹面层水泥石子浆。随刮随抹，不能间隔，否则纯水泥浆凝结后根本起不到黏结作用，反而容易出现面层空鼓。

④ 加强施工管理工作。严格进行基层的扫除冲洗，堵塞基层面上的一切缝隙和孔洞，要建立自检、互检、专业检相结合的质量检查制度。抹底层灰砂浆的稠度要适宜，厚度一般控制在7mm左右。要求对底层灰用力刮抹，使砂浆嵌入砖缝。一面墙体必须一次完成，不得设置施工缝。底层灰浆完成后，夏季要防晒，冬季要防冻，湿养护不得少于7d。

⑤ 在抹水泥石子浆体前1h内，在基层面上刷厚度为1mm左右的聚合物水泥浆，这是防止水刷石出现空鼓的关键工序，千万不可省略和忘记。

2. 水刷石面层有掉落石粒、浑浊

（1）质量问题　水刷石在完成后，呈现出表面石子分布很不均匀，有的部位石子比较稠密集中，有的部位出现石子脱落，造成表面高低不平，有明显的面层凹凸、麻面，水刷石表面的石子面上有污染，颜色深浅不一而浑浊，严重影响饰面的质量和观感。

（2）原因分析

① 采用的水泥强度等级过低，配制水泥石子浆时，石子未认真进行清洗，没有筛除粒径过大或过小的石子，或者对石子保管不善而产生污染。

② 水刷石底层灰的平整度、干湿程度没有掌握好。如底层灰过于干燥，过快吸收水泥石子浆中的水分，使水泥石子浆体不易抹平压实，在抹压过程中石子颗粒水泥浆不易转动，洗刷后的面层显得稀疏不匀、不平整、不清晰、不光滑。

③ 刷洗时间没有掌握适当，如果刷洗过早，石子露出过多时很容易被冲掉；如果刷洗过晚，面层已经凝结硬化，石子遇水后易崩掉，且洗刷不干净石子面上的水泥浆，导致表面浑浊。

④ 操作没有按规定进行：一是石子面刷洗后，没有再用清水冲洗掉污水，使水刷石面显得不清晰；二是在用水刷面层时喷头离面层的距离和角度掌握不对。

（3）处理方法

① 当水刷石的面层局部掉落石粒较多时应凿除不合格部分，参照"水刷石面层发生空鼓"的处理方法进行处理。

② 当水刷石面层掉落石粒较少时，把JC建筑装饰胶黏剂（单组分）用水加以调匀，补嵌清扫干净的掉落石粒孔隙处，然后再补嵌与水泥石子浆体相同的石子。

③ 当水刷石面层局部污染时，配制稀盐酸水溶液，用板刷刷洗干净后再用清水刷洗掉稀盐酸溶液。在施工中要特别注意防止盐酸灼伤皮肤和衣服。

（4）预防措施

① 严格对配制水泥石子浆体原材料质量的控制。同一幢建筑的水泥要用同一厂家、同一批号、同一规格、同一强度的，石子要用同一色泽、同一粒径、同一产地、同一质量的。

② 配制水泥石子浆的石子要颗粒坚韧、有棱角、洁净，使用前要筛除过大或过小粒径的石子，使粒径达到基本均匀，然后用水冲洗干净并晾干，存放中要防水、防尘、防污染。

③ 配制水泥石子浆体要严格按设计配合比计量，同一面墙上的水刷石要一次备足，搅拌时一定要均匀，施工中要在规定的时间内用完。

④ 掌握好底层灰的湿润程度，如果过干时应预先浇水湿润。抹上水泥石子浆后，待其稍微收水后，用铁抹子拍平压光，将其内水泥浆挤出，再用毛刷蘸水刷去表面的浮浆，拍平压光一遍，再刷、拍实抹压一遍，并重复至少3遍以上，使表面的石子排列均匀、紧密。

⑤ 喷洗是水刷石施工中一道关键的工序，喷洗时间一定要掌握适宜，不得过早或过迟，一般以手指按上去无痕或用刷子刷时石子不掉粒为宜。刷洗应由上而下进行，喷头离刷洗面10~20mm，喷头移动速度要基本均匀，一般洗到石子露出灰浆面1~2mm即可。喷洗中发现局部石子颗粒不均匀时，应用铁抹子轻轻拍压；若发现表面有干裂、风裂等现象时，应用抹子抹压后再喷洗。然后用清水由上而下冲洗干净，直至无浑浊现象为止。

⑥ 在接茬处进行喷洗之前，应先把已完成的墙面用水充分喷湿30cm左右宽，否则浆水溅到已完成的干燥墙上，不易再喷洗干净。

3. 阳角不挺直、阴角不方正

（1）质量问题　水刷石饰面完成后，在阳角棱角处没有石子或石子非常稀松，露出灰浆形成一条黑边，被分格条断开的阳角上下不平直，阴角不垂直，观感效果欠佳。

（2）原因分析

① 在抹压阳角处施工时，或操作人员技术水平不高，或采用的操作方法不正确，或没有弹出施工的基准线，均可以造成阳角不挺直。

② 阴角处抹罩面石子浆体时一次成活，没有事先做好弹垂直线找规矩。

③ 抹压阳角罩面石子浆体时，由于拍实抹压的方法不当，水泥浆产生收缩裂缝，从而在刷洗时使石子产生掉粒。

（3）处理方法

① 当面层掉落的石粒过多、露出水泥浆的里边时，每边凿除50mm的水泥石子浆体面层和黏结层，扫除冲洗干净，刨出"八"字形靠尺，由顶到底吊垂直线，贴好一面靠尺，当抹压完一面后起尺，使罩面石子浆体接茬正交在尖角上。掌握刷洗时间，喷头应骑着拐角喷洗，在一定的宽度内一喷到底。

② 局部掉落石粒可选用适宜的黏结剂黏结石子，并且补平补直。

（4）预防措施

① 当阳角反贴"八"字形靠尺时，当抹压完一面起尺后，使罩面石子浆体接茬正交在尖角上。阳角的水泥石子浆体收水后用钢抹子溜一遍，将小孔洞分层压实、挤严、压平，把露出的石子轻轻拍平，在转角处多压几遍，并先用刷子蘸水刷一遍，刷掉灰浆，检查石子是否饱满均匀和压实。然后再压一遍、再刷一遍，如此反复不少于3遍。待达到喷洗标准时，掌握好斜角喷刷的角度，先是骑着拐角进行喷洗，控制距离，使喷头离头角10~20mm，由

上而下顺序喷刷；保持棱角明朗、整齐、挺直。喷洗要适度，不宜过快、过慢或漏洗；过快水泥石子浆冲不干净，当喷洗完干燥后会呈现花斑，过慢会产生坍塌现象。

② 阴角交接处，最好分两次完成水刷石面，先做一个平面，然后做另一个平面，在底子抹灰层面弹上垂直线，作为阴角抹压垂直的依据；然后在已抹完的一面，靠近阴角处弹上另一条直线，作为抹压另一面的标准。分两次操作可以解决阴角不直的问题，也可防止阴角处石子脱落、稀疏等缺陷。阴角刷洗时要注意喷头的角度和喷水时间。

③ 在阳角、阴角处设置一道垂直分格条，这样既可以保证阳角和阴角的顺直，又方便水刷石的施工。这是提高阳角挺直、阴角方正的重要措施。

4. 分格缝口处石子缺粒

（1）质量问题　水刷石分格缝口大小均匀，缝口处的石子有掉落，有的处于酥松状态，严重影响水刷石的装饰效果，如果不加以处理，表面缺石粒的地方很可能成为向着墙体内部渗水的通道。

（2）原因分析

① 选用的分格条木材材质比较差，使用前没有按规定进行浸水处理。干燥的分格条吸收水泥石子浆液中的水分而变形，导致缝口石子掉粒。

② 分格条边的水泥石子面层没有拍实、抹平，导致沿分格条边有酥松带。

（3）处理方法

① 将分格缝口的疏松石子剔除，冲洗扫除干净，晾干。将分格条面涂刷隔离剂，拉线将分格条嵌入缝中，要求表面平整。用水泥浆刮平，将石粒拍入，要平、密、匀。掌握时间喷刷洁净，然后轻轻起出分格条。随时检查，若有不足之处，要及时纠正。

② 对于局部掉落石粒的缺口，应用石子沾着黏结剂补缺。

（4）预防措施

① 分格条应选用优质木材进行制作，厚度要求同水泥石子浆的厚度，宽度为15mm左右，做成外口宽、里口窄的形状。分格条粘贴前要在水中充分浸透，以防抹灰后吸水膨胀变形，影响饰面质量。分格条的粘贴位置应符合设计要求，并应横平竖直，交接紧密通顺。

② 为防止分格缝口处出现石子缺粒，在水泥石子浆体进行抹压后，要有专人负责沿分格条边拍密实。

③ 在起分格条时应先用小锤轻轻敲击，然后用尖头铁皮逐渐起出，防止碰掉边缘的石子。

（二）斩假石质量问题与防治

1. 斩假石出现空鼓现象

（1）质量问题　斩假石饰面空鼓，不仅影响斩假石的操作，而且影响饰面的质量，在斩假石时有明显的空壳声，甚至饰面会出现裂缝、脱落。

（2）原因分析

① 基层表面没有按照要求进行清理，由于表面有灰尘或杂质，影响底层灰与基层的黏结。

② 底层灰的表面抹压过于光滑，又没有用木抹子进行搓毛或划毛；或面层又被污染，导致底层灰与面层不能黏结而脱壳，严重的在剁石时可能发生脱落。

③ 在抹各层灰时，浇水过多或不足、不均匀，以及底层灰过厚、过薄，产生干缩不匀或部分脱水快干，从而形成空鼓层。

④ 在配制砂浆时由于使用劣质水泥，或使用停放时间过长的砂浆等，也会引起空鼓。

（3）处理方法

① 局部空鼓时，用切割机沿分块缝边割开，铲除空鼓的斩假石块。将基层面清扫冲洗干净。薄薄刮一层聚合物水泥浆，随即抹面层。面层配合比同原水泥石渣浆，抹的厚度使之与相邻的面层一样平。用抹子横竖反复压几遍，达到表面密实；新旧抹面接合处要细致抹压密实。表面抹压完后，要用软毛刷蘸水把表面水泥刷掉，露出的石渣应均匀一致。隔日进行遮盖，防晒养护。在正常气温大于15℃以上时，隔2~3d开始剁；气温在15℃以下时，要适当延长2d左右。但应试剁，以石渣不脱落为准。在进行斩剁之前，面层应洒水润湿，以防石渣爆裂。

② 大部分空鼓需查明原因，必须铲除干净，重新施工。

（4）预防措施

① 施工前应将基层表面的粉尘、泥浆等杂物认真清理干净。

② 对光滑的基层表面，宜采用聚合物水泥砂浆喷涂一遍，厚约1mm，随着用扫帚扫毛，使表面粗糙，湿养护3~5d。干硬后抹水泥石碴面层。

③ 根据环境气温及基层面干湿程度，掌握好浇水量和均匀度，并注意防晒和湿养护，以增加其黏结力。

④ 严格材料质量，如水泥必须选用检测合格的普通硅酸盐水泥，强度等级不低于32.5MPa或325号白色硅酸盐水泥。一般用粒径4mm（即小八厘）以内的石粒，也可掺入30%石屑，但不得含有泥土和尘土污染。

2. 斩假石饰面色差大

（1）质量问题　斩假石表面颜色不匀，色差比较明显，严重影响斩假石饰面的观感。

（2）原因分析

① 在配制的水泥石子浆中，所掺用颜料的细度、颜色、用量、厂家、批号不同，从而很容易造成斩假石饰面色差比较明显。

② 采用的水泥不是一次进场或不是同一批号，在配料中配合比计量不准，各种材料的用量时多时少，配制中搅拌不均匀。

③ 斩剁完工的部分，又用水进行了冲刷，使水泥石子浆中的颜料被冲出，从而造成冲者颜色浅，未冲者颜色较深，从而造成斩假石饰面色差大。

④ 在常温下进行施工时，斩假石饰面由于受到阳光直接照射程度不同、温度不同，也会使饰面颜色不匀，产生较明显的色差。

（3）处理方法　在斩假石饰面施工完成后，可先用草酸水全面将表面洗刷一遍，然后用清水冲洗掉草酸水溶液。

（4）预防措施

① 同一装饰面的斩假石工程，应选用同一品种、同一标号、同一细度、同一色泽的原材料，并根据实际面积计算材料用量，一次备足。

② 配制斩假石的材料时，应派有责任心的专人负责，严格材料配合比计量，水泥石碴浆一定要搅拌均匀，加水量一定要准确。

③ 在对饰面斩剁前的洒水要均匀一致，斩剁后的尘屑可用钢丝板刷顺纹刷净，不要再进行洒水刷洗。

④ 雨天不宜施工。在常温下施工时，为使浆中的颜料分散均匀，可在水泥石子浆中掺入适量的木质素磺酸钙和甲基硅醇钠。

3. 斩假石饰面上剁纹不匀

（1）质量问题　合格的斩假石装饰面层，要求其色泽和剁纹都应比较均匀，如果实际完成的斩假石没有达到色泽和剁纹均匀的要求，将会严重影响斩假石饰面的美观。

（2）原因分析

① 在进行斩假石饰面施工之前，斩剁的表面未按照设计要求进行弹线，使得剁纹无规律，出现杂乱无章的现象。

② 在进行剁纹前，对饰面的硬化程度未进行认真检查，面层的硬度差别比较大；或者使用的斩剁的斧子不锋利，或者选用的剁斧规格不当、不合理。

③ 在进行斩假石斩剁的施工中，操作者工艺水平不高，斩剁用力大小不一样，也会造成斩假石饰面上的剁纹不匀。

（3）处理方法

① 挑选在斩假石施工方面有经验、工艺水平较高的技工操作，对于出现质量问题的部位，应根据实际情况再加工整修补剁。

② 当斩剁的纹理比较混乱、夹有空鼓等缺陷时，应当铲除饰面层，参照"斩假石出现空鼓问题"的处理方法进行处理。

（4）预防措施

① 当水泥石碴浆面层抹压完后，经过一定时间的湿养护，在墙边弹出边框线、剁纹的方向线，以便沿线斩剁，确保斩剁纹顺序均匀。在正式斩剁前，应先要进行试剁，先剁出一定面积的标准样板块，经测验达标后再以此为斩剁的样板。

② 保持剁斧的锋利，选用专用工具要得当。根据饰面不同的部位应采用相应的剁斧和斩剁法：边缘部分应用小斩斧轻轻地斩剁；剁花饰周围应用花锤，而且斧纹应随花纹走势而变化，纹路应相互平行，均匀一致。

③ 剁纹技工要经过专门的技术培训，并经合格样板块的学习，掌握斩剁的技巧。操作时先轻剁一遍，再盖着前一遍的斧纹剁深痕，斩剁用力要均匀，移动速度要一致，剁纹深浅要一致，纹路要清晰均匀，不得出现漏斩剁。阳角处横剁或留出不剁的部位，应当做到宽窄一致，棱角无缺损。

吊顶工程施工工艺

顶棚、天棚、天花板、吊顶等都是室内上部空间构造的统称，从现代装饰工程构造学的角度衡量，以上各名称的含义还是略有差异的。

顶棚、天棚的含义比较广泛，一般是指室内上部空间的面层与结构层的总和，甚至包括整个屋顶构造，如采光屋顶可称为采光顶棚。

天花板比顶棚和天棚的构造简单，是指室内上部构造中的饰面层组成，但不反映装饰层有无骨架结构，如楼板底面抹灰装饰称为天花板抹灰比较确切。

吊顶是指结构层下部悬吊一层骨架与饰面板装饰层，与建筑物结构层拉开一定距离，本身的自重主要依赖建筑物结构来承担。

根据我国的传统习惯，上述名词一般可以通用，有时要根据实际构造状况采用不同名称，多数称为装饰吊顶工程。

第一节　吊顶工程的基本知识

吊顶工程是室内装饰装修工程的重要组成部分，优良的吊顶装饰不仅可以增加室内的美观和亮度，而且还具有保温、隔热、隔声和吸声等方面的功能，对于人们的居住环境改善起到重大作用。

一、吊顶的基本功能

1. 装饰美化室内空间

工程实践证明，吊顶是室内装饰中不可缺少的重要组成部分，不同形式的造型、丰富多彩的光影、绚丽多姿的材质，为整个室内空间增强了视觉感染力，使顶面处理富有个性，烘托了整个室内环境气氛。

吊顶选用不同的造型及处理方法会产生不同的空间感觉，有的可以延伸和扩大空间感，有的可以使人感到亲切和温暖，从而满足人们不同的生理和心理方面的需求；同样，也可以通吊顶来弥补原建筑结构的不足。如果建筑的层高过高，会给人感觉房间比较空旷，可以用吊顶来降低高度；如果建筑的层高过低，会使人感到非常压抑，也可以通过吊顶不同的处理方法，利用视觉上产生的误差，使房间"变"高。

吊顶也能够丰富室内的光源层次，产生多变的光影形式，达到良好的照明效果。有些建筑的空间原照明线路单一，照明灯具比较简陋，无法创造理想的光照环境。通过对吊顶的处理，能产生点光、线光和面光相互辉映的光照效果及丰富的光影形式，有效地增添了室内空间的装饰性；在材质的选择上，可选用一些不同色彩、不同纹理质感的材料搭配，从而也会增加室内空间的美观。

2. 满足室内功能要求

现代建筑吊顶处理不仅要考虑室内的装饰效果及艺术要求，也要综合考虑室内不同的使用功能需求，对吊顶进行综合处理，如照明、保温、隔热、通风、吸声、反射、音箱、防火等功能的需求。由此可见，现代建筑吊顶的创新、结构造型的创新和使用功能等有着密切的联系，二者应协调统一，充分考虑结构造型中美的形象，把艺术和技术融合在一起。

在进行吊顶设计和施工时要结合实际需求综合考虑，如顶楼的住宅无隔温层，夏季阳光直射屋顶，室内的温度会很高，可以通过吊顶设置一个隔温层，夏季起到隔热降温的作用，冬季则成为保温层，使室内的热量不易通过屋顶流失。如影剧院的吊顶，不仅要考虑其外表美观，更要考虑声学、光学、通风等方面的需求，通过不同型式的吊顶造型，满足声音反射、吸收和混响方面的要求，从而达到良好的视听观感效果。

3. 可以安装设备管线

随着科学技术水平的进步，人们所用的各种电气、通信等设备日益增多，室内空间的装饰要求也趋向多样化，相应的设备管线也大大增加。如何科学地对这些设备管线进行布置是摆在装饰工程设计和施工人员面前的新问题。工程实践证明，吊顶可以为这些设备管线的安装提供良好的条件，它可以将许多外露管线隐藏起来，保证室内顶面的平整、干净、美观。

二、吊顶的分类方法

吊顶的分类方法很多，主要有按吊顶的形式不同分类、按吊顶的做法不同分类、按吊顶骨架所用材料分类和按吊顶饰面材料不同分类。

（一）按照吊顶的形式不同分类

按照吊顶的形式不同进行分类，可以分为平滑式吊顶、井格式吊顶、悬浮式吊顶、分层式吊顶和结构式吊顶等。

1. 平滑式吊顶

平滑式吊顶是室内上部整个表面呈较大平面或曲面的较平整的吊顶，这种吊顶可以是结构层下表面装饰形成，也可以是结构层下面采用悬吊形式形成。

2. 井格式吊顶

井格式吊顶有两种形式：一种是利用井格式楼盖，直接贴龙骨和饰面板，保留原井格的形式；另一种是在楼盖的下皮，用龙骨做骨架，外贴饰面板，形成矩形、方形、菱形井格，然后在井格内做花饰图案。

3. 悬浮式吊顶

为了满足照明、声学和装饰造型的要求，将各种平板、曲板、折板或各种形式的饰物，在不用龙骨的情况下直接吊挂在屋顶结构上。板面之间不连接，这种吊顶具有造型新颖、形式别致的特点，使室内空间显得气氛轻松、活泼、欢快。

4. 分层式吊顶

为了满足光学、声学和装饰造型的要求，取得空间层次的变化，而将吊顶分成不同标高的两个或几个层次，称为分层式吊顶或高低错台式吊顶。

5. 结构式吊顶

结构式吊顶可分为两种结构：一种结构式吊顶是利用某些屋盖、楼盖结构构件优美的形状，从中体现出某种寓意，以不加掩盖的方式，巧妙地与照明、通风、防火、吸声等设备组合而成；另一种是采光屋顶利用屋盖结构，设置网格骨架，覆以玻璃或有机玻璃的透光面板，从而组成采光的屋顶。这种结构将屋顶结构、采光、装饰3种功能有机结合在一起，形成一种特殊的吊顶，应用在顶层公共活动房间、单层大跨度房间、单层入口大厅、四季厅和多层旅馆的共享空间的屋顶等。

（二）按照吊顶的做法不同分类

按照吊顶的做法不同分类，可以分为直接喷浆吊顶、抹灰式吊顶和悬吊式吊顶等。

1. 直接喷浆吊顶

直接喷浆吊顶实际上是一种最简单的喷浆顶棚，一般是先在结构板的底部用腻子进行刮平处理，然后喷涂内墙涂料，适用于形式要求比较简单的房间，如仓库房、锅炉房和采用预制钢筋混凝土楼板的一般住宅。

2. 抹灰式吊顶

抹灰式吊顶实际上也是一种比较简单的顶棚，即在钢筋混凝土的楼板下，抹上水泥石灰砂浆或水泥砂浆，表面喷涂内墙涂料或毛面涂料，也可以抹出各种天花装饰线，以增加其装饰效果。

直接喷浆吊顶和抹灰式吊顶多称为天花板喷涂、天花板抹灰，它们都是借用结构层底面直接进行装饰的。

3. 悬吊式吊顶

悬吊式吊顶是顶棚装饰中较高档次的装饰形式，其主要特点是：采用骨架的形式，使顶棚面层离开结构层，在两者之间形成一个空间，这个空间可以敷设各种设备或管线。饰面层可用各种形式的装饰板材，以便进行保温、隔热、隔声、吸声、艺术装饰等处理。

（三）按吊顶骨架所用材料分类

按吊顶骨架所用材料不同分类，可分为木龙骨吊顶、轻钢龙骨吊顶和T形铝合金龙骨吊顶等。

1. 木龙骨吊顶

木龙骨吊顶是吊顶基层中的龙骨由木质材料制成，这是吊顶的一种传统做法。因木质材料具有可燃性，不适用防火要求较高的建筑物。目前，由于建筑防火要求较高，木材非常缺乏，价格上升较快，因此木龙骨吊顶已限制使用。

2. 轻钢龙骨吊顶

轻钢龙骨是以镀锌钢带、薄壁冷轧退火钢带为材料，经过冷弯或冲压而制成的吊顶骨架，称为轻钢龙骨；在轻钢龙骨上覆以饰面板，则组成轻钢龙骨吊顶。轻钢龙骨吊顶具有自重小、刚度大、防火性好、抗震性高、安装方便等优点。

经过几年的努力，轻钢龙骨的规格已达到标准化，非常有利于大批量生产，并且组装灵活，安装效率高，装饰效果好，已被广泛应用。轻钢龙骨的断面多为"U"形，则称为"U"

形轻钢龙骨；也有"T"形烤漆龙骨，可用于明龙骨吊顶。

3. T形铝合金龙骨吊顶

"T"形铝合金龙骨是用铝合金材料经挤压或冷弯而制成的，其断面为"T"形。这种龙骨具有自重很轻、刚度较大、防火性好、耐蚀性强、抗震性高、装饰性佳、加工方便、安装简单等优点。"T"形铝合金龙骨主要用于活动装配式吊顶的明龙骨，其外露部分比较美观。有的铝合金型材也可制成"U"形龙骨。

（四）按吊顶饰面材料不同分类

按吊顶饰面材料不同分类，可以分为板条抹灰吊顶、钢丝网抹灰吊顶、胶合板吊顶、纤维板吊顶、木丝板吊顶、石膏板吊顶、矿棉吸声板吊顶、钙塑装饰板吊顶、塑料板吊顶、纤维水泥加压板吊顶、金属装饰板吊顶等。

在现代新型装饰吊顶工程中又出现了一些新型饰面板材料的吊顶，如茶色镜面玻璃吊顶、铝镁曲板吊顶等。

三、吊顶工程一般性要求

为了确保吊顶工程的装饰效果和使用功能的需要，在进行吊顶工程的施工过程中应当满足下列一般性要求。这些一般性要求是最基本的要求，是必须做到的。

（1）吊顶工程设计和施工所用的材料，必须符合现行国家标准《住宅装饰装修工程施工规范》（GB 50327—2001）、《室内装饰装修材料有害物质限量十项标准》和《民用建筑工程室内环境污染控制标准》（GB 50325—2020）中的规定，这是人体健康和环境保护对吊顶材料提出的要求。因此，要严格控制室内环境污染物的浓度，特别是控制氡、甲醛、氨、苯和挥发性有机化合物（TVOCs）的含量。

（2）吊顶工程所用的材料品种、规格、颜色及基层构造、固定方法等，都必须符合设计或施工规范的要求。

（3）在吊顶饰面板安装前应当做好如下准备工作。

① 在现浇的混凝土板或预制混凝土板缝中，按设计要求设置的预埋件或吊杆已经完成，经检查符合要求。

② 吊顶内的通风、水电暖管道、其他管线及上人吊顶内的人行通道等应安装完毕，水暖及消防管道安装后试压合格。

③ 吊顶内的灯槽、斜撑、剪刀撑等，应当根据工程的实际情况进行适当布置；轻型灯具可以吊在主龙骨或附加龙骨上，但重型灯具或电扇不得与吊顶龙骨连接，而应另外设置吊钩。

（4）在进行饰面板安装前，应根据饰面板的尺寸分块弹线。带装饰图案饰面板的布置，应符合设计要求。墙面与顶棚的接缝应当严密，并要设置阴角盖缝条。

（5）为确保吊顶的装饰效果，饰面板与墙面、窗帘盒、灯具、电扇等交接处，应当十分严密，不得出现漏缝现象。

（6）为确保饰面板安设牢固，浮搁置式的轻质饰面板的固定应特别注意，应按设计要求设置压卡装置。

（7）饰面板应当固定在龙骨上，不得出现悬臂现象，如果遇有不可避免的悬出时应增设附加龙骨加以固定。

（8）在工程施工中用的临时马道，应架设或吊挂在结构受力构件上，严禁以吊顶龙骨作为支撑点。

（9）在吊顶的施工过程中，土建与电气设备等安装作业应密切配合，特别是预留孔洞、吊灯等处的补强应符合设计要求，以保证吊顶的安全。

（10）饰面板安装完毕后应采取相应的保护措施，防止产生对饰面板的损坏和污染。

（11）选用的饰面板不应有气泡、起皮、裂纹、缺角、污染和图案不完整等质量缺陷，其表面应平整，边缘应整齐，色泽应一致。

选用的穿孔板的孔距应一致、排列应整齐。暗装的吸声材料应有防止散落措施。胶合板、木质纤维板不应脱胶、变色和腐朽。各类饰面板的质量均应符合现行国家标准、行业标准的规定。

（12）装饰吊顶工程所用的木龙骨、轻钢龙骨、铝合金龙骨及其配件均应符合有关的现行国家标准、行业标准的规定。

（13）安装饰面板的紧固件，宜采用镀锌制品；选用的胶黏剂类型，应按所用饰面板的品种配套选择。

四、吊顶设计的基本原则

作为室内空间顶部界面的吊顶，在人们的视觉中，占有很大的视域，对人的感觉产生较大的影响。如果是高大的厅室和宽敞的房间，吊顶所占的视域比值就更大。因此，吊顶的装饰设计和施工应遵循形式感、整体感和功能性3个原则。吊顶的设计试样如图2-1所示。

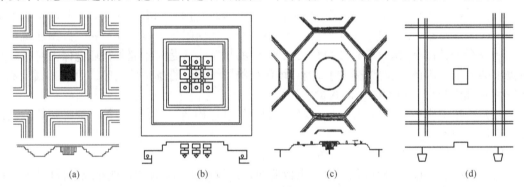

| (a) | (b) | (c) | (d) |

图2-1　吊顶的设计试样

1. 形式感原则

工程实践充分证明，装饰工程设计和施工者的审美观念、文化素养、艺术欣赏水平是影响形式美的最主要因素，多样化的统一是形式美的最基本规律。形式美是人类符号实践的一种特殊形态，是从具体美的形式中抽象出来、由自然因素及其组合规律构成的、具有独立审美价值的符号体系。形式美具有抽象性、相对独立性、装饰性和符号性导特征。

在室内设计与施工的过程中，必须先从结构中求统一，结构在造型中起着主导作用。因此，在进行吊顶工程设计和施工中，要将吊顶设计中必不可少的造型与结构的双重性要素，构成一个和谐的统一体，并中求造型简洁，切忌堆砌烦琐。

2. 整体感原则

整体感是指观察由不同像素组成的一个图形时，由于不同像素的视觉变量之间差别不明显，从而给观察者形成整体的视觉效果。装饰整体感即整体装饰效果，吊顶的形、色、光和材质是确保整体美的四大要素。

尽管室内环境设计的表现手法多种多样，所产生的装饰效果也会千差万别，但都必须从整体和谐美的角度出发，讲究统一感，即追求整体感效果，从而达到有主有从、主从分明、被此呼应、体量合度、烘托有序、华素适宜、重点突出、融为一体。切忌孤立地去对待某一部分，注重完整、简洁、生动、突出空间的主要内容，并注意与四面墙和地面的协调关系，达到协调统一。

3. 功能性原则

功能性是评价产品质量整个生命周期的一个特征，是存在一系列功能和特殊属性。讲实用、重效率是室内环境设计的一个显著特点，也就是说要使室内环境和吊顶的造型适合于使用者生理和心理等功能性要求，确保使用上的方便、安全、耐用。室内设计的造型、颜色、照明、高度、通风等都是影响设计和施工效果及功能使用的因素。

第二节　木龙骨吊顶施工工艺

木龙骨在我们的生活中是很常见的，它是一种家庭装修中最为常用的骨架材料，应用在许多的吊顶、隔墙等的装修工程中。木龙骨吊顶为传统的悬吊式顶棚做法，当前依然被广泛应用于较小规模且造型较为复杂多变的室内装饰工程。木龙骨由松木、椴木、杉木等材料加工而成的长方形或正方形木条。木龙骨吊顶价格实惠，施工方便，可以做任何复杂造型，与木制品衔接变形系数小，但也存在易燃烧、易霉变、易腐朽等缺点。

一、木龙骨吊顶对材料的要求

木龙骨骨架是吊顶工程中常用的材料，对其施工质量要求比较高，如果前期的施工不规范，会严重影响美观效果，甚至还可能影响居住者的安全。因此，在选用木龙骨吊顶材料时应符合下列要求。

（1）木龙骨吊顶所用的龙骨材料，其制作方法是将木材加工或方形或长方形条状。一般采用50mm×70mm 或 60mm×100mm 断面尺寸的木方作为主龙骨，采用50mm×50mm 或 40mm×40mm 断面尺寸的木方作为次龙骨。

（2）由于木龙骨易燃、耗费木材较多、难以适应工业化的要求，所以大型公共建筑应尽量减少使用。在金属龙骨无法做出异形吊顶时，可以少量采用木龙骨，但要注意在施工前应对木龙骨进行防火处理。此外，接触砖石、混凝土部位的木龙骨需要经过防腐处理。

（3）木龙骨吊顶最常见的是木龙骨木质胶合板钉装式封闭型罩面的吊顶工程，其施工工艺较为简单，不需要太高的操作技术水平，按设计要求将木龙骨骨架安装合格后，即可用射钉枪来固定胶合板面层。普通的罩面胶合板可作为进一步完成饰面的基面，如在胶合板上涂刷涂料、裱糊壁纸墙布、钉装或粘贴玻璃镜面等。

（4）木龙骨木方型材的选用，其材质和规格应符合设计要求；吊顶木龙骨的安装，应执行国家现行标准《木结构工程施工质量验收规范》（GB 50206—2012）等有关规定；当采用马尾松、木麻黄、桦木、杨木等易腐朽和虫蛀的树材时，整个木构件应当进行防腐朽及防虫蛀处理。

（5）应根据现行国家标准《建筑设计防火规范》（GB 50016—2014）、《建筑内部装修设计防火规范》（GB 50222—2017）等国家现行标准的相关规定，按照设计要求选用难燃木材成品或对龙骨构件进行涂刷防火剂等处理措施，必须使吊顶装饰装修材料的燃烧性能达到A级或B_1级。

图2-2为木龙骨双层骨架构造的吊顶设置平面布置，图2-3为木龙骨双层骨架吊顶构造的做法示意，图2-4为木龙骨吊顶以胶合板作基面粘贴玻璃镜面或其他可黏结的装饰板。

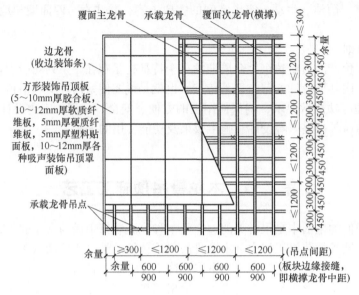

图2-2　木龙骨双层骨架构造的吊顶设置平面布置（单位：mm）

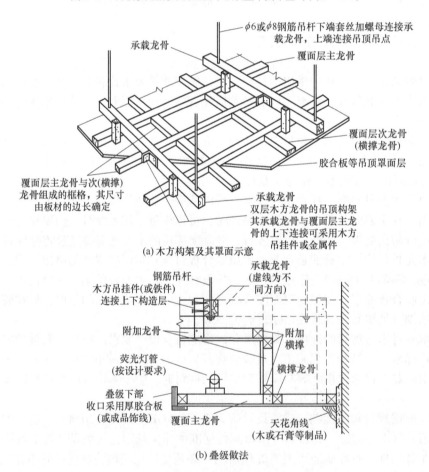

(a) 木方构架及其罩面示意

(b) 叠级做法

图2-3　木龙骨双层骨架吊顶构造的做法示意

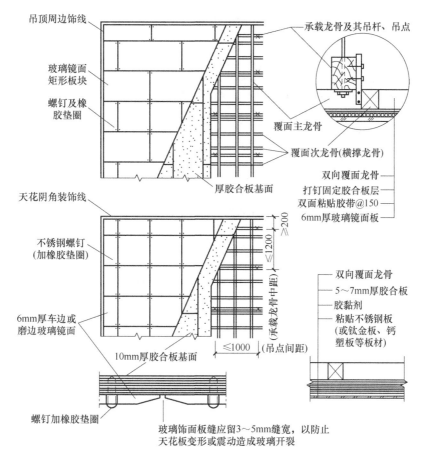

图2-4 木龙骨吊顶以胶合板作基面粘贴玻璃镜面或其他可黏结的装饰板（单位：mm）

二、胶合板罩面吊顶施工工艺

（一）胶合板的分类质量要求

1. 胶合板的分类方法

根据《普通胶合板》（GB/T 9846—2015）及《胶合板分类》（ISO 1096—2014）的规定，按胶合板材的结构区分，有胶合板、夹芯胶合板、复合胶合板。按板材的胶黏性能，分为室外胶合板，即具有耐候、耐水和耐高湿度的胶合板；室内胶合板，不具有长期经受水浸或高湿度的胶黏性能的胶合板。按板材的表面加工情况分，有砂光胶合板、刮光胶合板、贴面胶合板、预饰面胶合板。按板材产品的处理情况分，有未处理过的胶合板、处理过（浸渍防腐剂或阻燃剂等）的胶合板。按板材制品的形状不同，分为平面胶合板及成型胶合板；按板材用途不同，可分为普通胶合板和特种胶合板（能满足专门用途的胶合板）。

2. 胶合板的质量要求

根据《普通胶合板》（GB/T 9846—2015）普通胶合板可分为Ⅰ类、Ⅱ类和Ⅲ类3个等级。Ⅰ类胶合板是指能够通过煮沸试验，供室外条件下使用的耐气候胶合板；Ⅱ类胶合板是指能够通过63℃±3℃热水浸渍试验，供潮湿条件下使用的耐水胶合板；Ⅲ类胶合板是指能够通过20℃±3℃冷水浸渍试验，供干燥条件下使用的不耐潮胶合板。

（1）胶合板的分类和特性　胶合板的分类和特性应符合《普通胶合板》（GB/T 9846—2015）中的规定，胶合板的分类和特性如表2-1所列。

表2-1　胶合板的分类和特性

分类		名称	说明
按总体外观分	按板的构成分	单张胶合板	一组单板通常按相邻层木纹方向互相垂直组坯胶合而成
		木芯胶合板	细木工板：板芯由木条组成，木条之间可以胶黏，也可以不胶黏；层积板：板芯由一种蜂窝结构组成，板芯的两侧通常至少有两层木纹互相垂直排列的单板
		复合胶合板	板芯由除实体木材或单板之外的材料组成
	按外形和形状分	平面胶合板	未进一步加工的胶合板
		成型胶合板	在压模中加压成型的非平面状胶合板
按主要特征分	按耐久性能分		按耐久性能不同可分为：室外条件下使用、潮湿条件下使用和干燥条件下使用
	按加工表面状况分	未砂光板	表面未经砂光机砂光的胶合板
		砂光板	表面经过砂光机砂光的胶合板
		贴面	表面复贴装饰单板、薄膜、浸渍纸等的胶合板
		预饰面板	制造时已进行专门表面处理，使用时不需要再修饰的胶合板
按最终使用者要求分	按用途不同分	普通胶合板	Ⅰ类胶合板：耐气候胶合板，供室外条件下使用，能通过煮沸试验。Ⅱ类胶合板：耐水胶合板，供潮湿条件下使用，通过(63±3)℃热水浸渍试验。Ⅲ类胶合板：不耐潮胶合板，供干燥条件下使用，能通过干燥试验
		特种胶合板	能满足专门用途的胶合板，如具有限定力学性能要求的结构胶合板、装饰胶合板、成型胶合板、星形组合胶合板、斜接和横接胶合板

（2）胶合板的尺寸公差　胶合板的尺寸公差应符合《普通胶合板》（GB 9846—2015）中的规定，胶合板的尺寸公差如表2-2所列。

表2-2　胶合板的尺寸公差

胶合板的幅面尺寸/mm					
宽度/mm	长度/mm				
	915	1220	1830	2135	2440
915	915	1220	1830	2135	—
1220	—	1220	1830	2135	2440

注：1.特殊尺寸可由供需双方协议；2.胶合板长度和宽度公差为±2.5mm。

胶合板的厚度公差/mm				
公称厚度/t	未砂光板		砂光板	
	每张板内的厚度允许差	厚度允许偏差	每张板内的厚度允许差	厚度允许偏差
2.7、3.0	0.5	+0.4, -0.2	0.3	±0.2
3<t<5	0.7	+0.5, -0.3	0.5	±0.3
5≤t≤12	1.0	+(0.8+0.03t)	0.6	+(0.8+0.03t)
12<t≤25	1.5	-(0.4+0.03t)	0.6	-(0.4+0.03t)

胶合板的翘曲度限值			
厚度	等级		
	优等品	一等品	合格品
公称厚度（自6mm以上）	≤0.5%	≤1.0%	≤2.0%

（3）普通胶合板通用技术条件　普通胶合板通用技术条件，应符合《普通胶合板》（GB/T 9846—2015）中的规定，普通胶合板通用技术条件如表2-3所列。

表2-3　普通胶合板通用技术条件

胶合板的含水率		
胶合板的材种	含水率/%	
	Ⅰ、Ⅱ类	Ⅲ类
阔叶树材（含热带阔叶树材）、针叶树材	6~14	6~16
胶合板的强度指标值		
树种名称	类别	
	Ⅰ、Ⅱ类	Ⅲ类
椴木、杨木、拟赤杨、泡桐、柳安、杉木、奥克榄、白梧桐、海棠木	≥0.70	≥0.70
水曲柳、荷木、枫香、槭木、榆木、柞木、阿必东、克隆、山樟	≥0.80	
桦木	≥1.00	
马尾松、云南松、落叶松、辐射松	≥0.80	

胶合板的甲醛释放限量					
级别标志	限量值/(g/L)	备注	级别标志	限量值/(g/L)	备注
E₀	≤0.5	可直接用于室内	E₂	≤5.0	必须饰面处理后方可允许用于室内
E₁	≤1.5	可直接用于室内			

3. 难燃胶合板的要求

难燃胶合板是由木段旋切成单板或由木方刨切成薄木，对单板进行阻燃处理后再用胶黏剂胶合而成的3层或多层的板状材料，通常用奇数层单板，并使相邻层单板的纤维方向互相垂直胶合而成。根据现行国家标准《难燃胶合板》（GB/T 18101—2013）中的规定，本标准适用于难燃普通胶合板及难燃装饰单板贴面胶合板。

（1）难燃胶合板的分类方法　难燃胶合板按其表面状况不同，可分为难燃的普通胶合板和难燃装饰单板贴面胶合板。难燃的普通胶合板系指经过阻燃处理后，燃烧性能符合《建筑材料及制品燃烧性能分级》（GB 8624—2012）中B1级要求的普通胶合板。难燃装饰单板贴面胶合板系指经过阻燃处理后，燃烧性能符合《建筑材料及制品燃烧性能分级》（GB 8624—2012）中B级要求的装饰单板贴面胶合板。

（2）难燃胶合板的尺寸、公差和结构

① 难燃胶合板的尺寸和公差。难燃胶合板的尺寸和公差应符合下列具体要求。

a. 难燃胶合板的规格尺寸，长度和宽度公差、厚度公差，应符合现行国家标准《普通胶合板》（GB/T 9846—2015）或《装饰单板贴面人造板》（GB/T 15104—2006）中的相应规定。

b. 难燃胶合板的两对角线长度之差及翘曲度，应符合现行国家标准《普通胶合板》（GB/T 9846—2015）或《装饰单板贴面人造板》（GB/T 15104—2006）中的相应规定。

c. 难燃胶合板的四边边缘不直度，不得超过1mm/m。

② 难燃胶合板的结构。难燃胶合板的结构应符合下列要求。

a. 难燃普通胶合板的结构，应符合现行国家标准《普通胶合板》（GB/T 9846—2015）中第5章的规定。

b. 难燃装饰单板贴面胶合板基材和装饰单板，应符合现行国家标准《装饰单板贴面人造板》（GB/T 15104—2006）中的规定。

c. 面板树种或装饰单板树种，应为该胶合板的树种。

（3）难燃胶合板的技术性能要求　难燃胶合板的技术性能要求应符合表2-4中的规定。

表2-4　难燃胶合板的技术性能要求

项目			技术性能要求
外观质量要求	等级	难燃普通胶合板	分为特等、一等、二等及三等4个等级。各等级的允许缺陷应符合现行国家标准《普通胶合板》(GB/T 9846—2015)中的规定
		难燃装饰单板贴面胶合板	分为优等品、一等品及合格品3个等级,各等级装饰面的外观质量要求,应符合现行国家标准《装饰单板贴面人造板》(GB/T 15104—2021)中的规定
	表板的拼接要求		表板的拼接要求,应符合现行国家标准《普通胶合板》(GB/T 9846—2015)中的规定
	表板对阻燃剂渗析要求	难燃普通胶合板	特等品和一等品:不允许;二等品和三等品:允许轻微
		难燃装饰单板贴面胶合板	优等品和一等品:不允许;合格品:允许轻微
物理力学性能	难燃普通胶合板	含水率/%	6~14
		胶合强度/MPa	≥0.70
	难燃装饰单板贴面胶合板	含水率/%	6~14
		浸渍剥离试验	试件贴面胶层与胶合板每个胶层上的每一边剥离长度不得超过25mm
		表面胶合强度/MPa	≥0.50
胶黏性能	应符合现行国家标准《普通胶合板》(GB/T 9846—2015)中的Ⅰ类胶合板或Ⅱ类胶合板的要求		
燃烧性能	难燃胶合板的燃烧性能,应符合现行国家标准《建筑材料及制品燃烧性能分级》(GB 8624—2012)中所规定的难燃材料B1级的要求:①达到《建筑材料可燃性试验方法》(GB/T 8626—2007)所规定的指标,且不允许有燃烧滴落物质引燃纸的现象;②每组试件燃烧平均剩余长度≥15cm(其中任一试件的剩余长度0cm),且每次测试的烟气温度峰值<200℃;烟密度等级(SDR)≤75		

（二）木龙骨的吊顶施工工艺

木龙骨吊装施工工艺流程为：弹线→安装吊顶紧固件→木龙骨防火与防腐处理→划分龙骨分挡线→固定边部龙骨→龙骨架的拼装→分片吊装→固定龙骨架与吊点→龙骨架分片间的连接→龙骨架的整体调平→吊顶骨架质量检验→安装罩面板→安装压条、面层刷涂料。

（1）弹线　弹线是木龙骨吊顶施工中的非常重要准备工作，也是整个木龙骨吊顶施工中的主要依据和标准。弹线主要应弹出标高线、吊顶造型位置线和其他控制线。

① 弹标高线　根据楼层+500mm标高水平线，顺着墙的高度方向量出至顶棚设计标高，沿着墙和柱的四周弹出顶棚标高水平线。根据吊顶的标高线，检查吊顶以上部位的设备、管道、灯具等对吊顶是否有影响。

② 吊顶造型位置线　有叠级造型的吊顶，依据弹出的标高线按设计造型在四面墙上角部弹出造型断面线，然后在墙面上弹出每级造型的标高控制线。检查叠级造型的构造尺寸是否满足设计要求，管道和设备等是否对吊顶造型有影响。

③ 其他控制线　其他控制线主要是在顶板上弹出龙骨吊点位置线和管道、设备、灯具吊点的位置线。

（2）安装吊顶紧固件

① 对于无预埋件的吊顶，可用金属胀铆螺栓或射钉将角钢块固定于楼板底（或者梁底）作为安设吊杆的连接件。

② 对于小面积轻型木龙骨装饰吊顶，可用胀铆螺栓固定方木，方木的截面尺寸约为40mm×50mm，吊顶骨架直接与方木固定或采用木吊杆。

（3）木龙骨防火与防腐处理

① 防腐处理　木材是一种受潮易腐朽、虫蚀严重的材料，在木龙骨安装前应按规定选择的材料并实施在构造上的防潮处理，同时涂刷防腐防虫药剂。

② 防火处理　木龙骨防火处理是一项非常重要的工作，关系到居住者的人身安全。操作为将防火涂料涂刷或喷于木材的表面，或者把木材置于防火涂料槽内进行浸渍。防火涂料视其性质可分为油质防火涂料、氯乙烯防火涂料、硅酸盐防火涂料等，施工可按照设计要求选择相应的防火涂料使用。

（4）划分龙骨分档线　按照设计要求的主次龙骨间距布置，即在已经弹出的顶棚标高水平线上划分龙骨分挡位置线。

（5）固定边部龙骨　沿标高线在四周墙（柱）面上固定边部龙骨的方法主要有以下两种。

① 沿吊顶标高线以上10mm处在建筑结构的表面进行打孔，孔距为500~800mm，在孔内打入木楔，将边龙骨固定在木楔上。

② 对于混凝土墙（柱）面，可以用水泥钉通过木龙骨上钻孔，将边龙骨钉固于混凝土墙（柱）面。沿墙边木龙骨固定后，其底边标高与次龙骨底边标高应一致。

（6）龙骨架的拼装　为了便于木龙骨的安装，木龙骨在吊装前可先在地面进行分片拼接。分片拼接可按照分片选择、拼接和成品选择进行。

① 分片选择　确定吊顶骨架面上需要分片或可以分片的位置和尺寸，根据分片的平面尺寸选取龙骨纵横型材。

② 拼接　先拼接组合大片的龙骨骨架，再拼接组合小片的局部骨架。拼接组合的面积一般控制在10m²以内，否则不便吊装。

③ 成品选择　对于截面尺寸为25mm×30mm的木龙骨，可以选用市售成品凹方型材；如果为确保吊顶质量而采用方木现场制作，应在方木上按中心线距300mm开凿深度为15mm、宽度为25mm的凹槽。

龙骨骨架拼接按凹槽对凹槽的方法进行咬口式拼接，在拼口处涂胶并用圆钉进行固定。胶液可采用化学胶，如酚醛树脂胶、脲醛树脂胶和聚醋酸乙烯乳液等。木龙骨利用槽口拼接示意如图2-5所示。

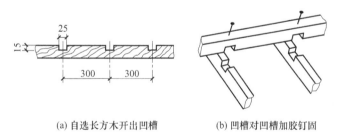

(a) 自选长方木开出凹槽　　　　(b) 凹槽对凹槽加胶钉固

图2-5　木龙骨利用槽口拼接示意（单位：mm）

（7）分片吊装　在进行分片吊装时可按以下步骤和要求操作。

① 木龙骨架的吊装一般先从一个墙角开始，将拼装好的木龙骨架托起至标高位，对于高度低于3.0m的吊顶骨架，可在高度定位杆上作临时支撑，如图2-6所示。当吊顶骨架高度超过3.0m时可用铁丝在吊点作临时固定。

② 用棒线绳或尼龙线沿吊顶标高线拉出平行或交叉的几条水平基准线，作为吊顶的平面基准。

③ 将龙骨架向下慢慢移动，使之与基准线平齐，待整片龙骨架调正调平后，先将其靠

墙部分与沿墙龙骨钉接，再用吊筋与龙骨架固定。

（8）固定龙骨架与吊点　龙骨架与吊筋的固定方法有多种，应根据选用的吊杆材料和构造而定。如以直径6mm钢筋吊杆与吊点的预埋钢筋焊接；利用扁钢与吊点角钢以M6螺栓连接；利用角钢作吊杆与上部吊点角钢连接等。

吊杆与龙骨架的连接，根据吊杆材料可分别采用绑扎、钩挂、木螺钉固定等，如扁钢及角钢杆件与木龙骨可用两个木螺钉固定。木龙骨架与吊点的连接如图2-7所示。

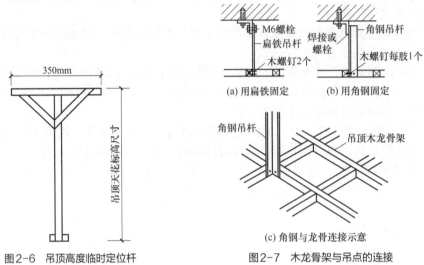

图2-6　吊顶高度临时定位杆

图2-7　木龙骨架与吊点的连接

（9）龙骨架分片间的连接　龙骨架分片吊装在同一平面后要进行分片连接形成整体，其方法是：将端头对正，用短方木进行连接，短方木钉于龙骨架对接处的侧面或顶面，对于一些重要部位的龙骨连接，可采用铁件进行连接加固。木龙骨对接固定如图2-8所示。

对于叠级吊顶，一般是从最高平面（相对可接地面）吊装，其高低面的衔接，常用做法是先以一条方木斜向将上下平面龙骨架定位，然后用垂直的方木把上下两个平面龙骨架连接固定。木龙骨架叠级构造图2-9所示。

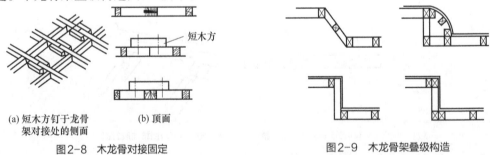

图2-8　木龙骨对接固定

图2-9　木龙骨架叠级构造

（10）龙骨架的整体调平　各个分片连接加固后，在整个吊顶表面下拉出十字交叉的标高线，来检查并调整吊顶平整度，使得误差在规定的范围内。木吊顶格栅（龙骨）平整度要求如表2-5所列。

表2-5　木吊顶格栅（龙骨）平整度要求

面积/m²	允许误差值/mm		面积/m²	允许误差值/mm	
	上凹（起拱）	下凸		上凹（起拱）	下凸
<20	3	2	<100	3~6	—
<50	2~5	—	>100以上	6~8	—

对于一些面积较大的木龙骨架吊顶，可采用起拱的方法来平衡吊顶的下坠，一般情况下跨度在7~10m间起拱的量为3/1000，跨度在10~15m间起拱的量为5/1000。

对于一些面积较大的木龙骨架吊顶，可采用起拱的方法来平衡吊顶的下坠，一般情况下跨度在7~10m间起拱的量为3/1000，跨度在10~15m间起拱的量为5/1000。

对于骨架底平面出现下凸的部分，要重新拉紧吊杆；对于骨架出现上凹现象的部位，可用木方杆件顶撑，尺寸准确后将方木两端固定。

各个吊杆的下部端头均按设计的长度准确尺寸截平，不得伸出骨架的底部平面。

（11）安装罩面板　在木骨架底面安装顶棚罩面板，罩面板的固定方式分为圆钉钉固法、木螺钉拧固法、胶结粘固法3种方式。

1）圆钉钉固法。圆钉钉固法主要用于石膏板、胶合板、纤维板的罩面板安装，以及灰板条吊顶和PVC吊顶。

① 固定罩面板的钉子距离一般为200mm。装饰石膏板，钉子与板边距离应不小于15mm，钉子间距宜为150~170mm，与板面应垂直。钉帽嵌入石膏板深度宜为0.5~1.0mm，并应涂刷防锈涂料。钉子孔眼应当用腻子找平，再用板面颜色相同的色浆涂刷。

② 软质纤维装饰吸声板，钉子距离为80~120mm，钉长为20~30mm，钉帽应进入板面0.5mm，钉眼用油性腻子抹平。

③ 硬质纤维装饰吸声板，板材应首先用水浸透，自然晾干后安装，一般宜采用圆钉固定，对于大块板材，应使板的长边垂直于横向次龙骨，即沿着纵向次龙骨进行铺设。

④ 塑料装饰罩面板，一般用20~25mm宽的木条，制成500mm的正方形木格，用小圆钉进行固定，再用20mm宽的塑料压条或铝压条或塑料小花固定板面。

⑤ 灰板条的铺设　板与板之间应留8~10mm的缝，板与板接缝应留3~5mm，板与接缝应相互错开，一般间距为500mm左右。

2）木螺钉拧固法。木螺钉固定法主要用于塑料板、石膏板、石棉板、珍珠岩装饰吸声板以及灰板条吊顶。在正式安装之前，罩面板的四边按螺钉间距先钻孔，安装程序与操作方法基本上与圆钉钉固法相同。

固定珍珠岩装饰吸声板的螺钉应深入板面1~2mm，用相同颜色珍珠岩钞混合拌制的黏结腻子补平板面，封盖螺钉的钉眼。

3）胶结粘固法。胶结粘固法主要用于塑料板。在正式安装前，对所用板材应选配修整，使厚度、尺寸、边楞齐整一致。每块罩面板粘贴前进行预装，然后在预装部位龙骨框的底面刷胶，同时在罩面板四周刷胶，刷胶宽度为10~15mm，经过5~10min后将罩面板粘在预粘贴的部位。

每间顶棚先由中间一行开始，然后向两侧分别逐块粘贴，胶黏剂按设计规定，设计无要求时，应经过试验选用，一般可用401胶进行粘贴固定。

（12）安装压条　木骨架罩面板顶棚，设计要求采用压条做法时，待整个一间罩面板全部安装完毕后，先进行压条位置弹线，再按照弹线进行压条的安装。压条的固定方法可同罩面板，钉固间距一般为300mm，也可采用胶结料进行粘贴。

（三）胶合板的罩面施工

胶合板的选用应按设计要求的品种、规格和尺寸，并符合顶棚装饰艺术的拼接分格图案的要求。通常有两种情况：一是作为其他饰面基层的胶合板罩面，可采用大幅面整板固定作为封闭式顶棚罩面；二是采用胶合板本身进行分块、设缝、利用木纹拼花等在罩面后即形成顶棚饰面工程，需要按设计图纸认真进行排列。

当前，胶合板顶棚装饰工程一般均按实际需要，从龙骨骨架的装设到板材的罩面方式应当统一进行设计，以确保每一块胶合板安装时不出现悬空现象，板块的图案拼缝处准确落在覆面龙骨的中线位置。

1. 基层板的接缝处理

吊顶中基层板的接缝形式很多，常见的有对缝、凹缝和盖缝3种。

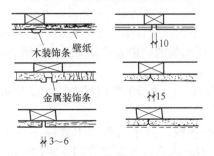

木装饰条 壁纸
金属装饰条
3~6
10
15

图2-10 吊顶面层接缝构造形式（单位：mm）

（1）对缝（密缝） 板与板在龙骨上对接，此时的板多为粘、钉在龙骨上，缝隙处容易产生变形或裂缝，可用纱布或棉纸粘贴缝隙。

（2）凹缝（离缝） 在两板接缝处做成凹槽，凹槽有V形和矩形两种。凹缝的宽度一般不小于10mm。

（3）盖缝（离缝） 板缝不直接暴露在外，而是利用压条盖住板缝，这样可以避免缝隙宽窄不均的现象，使板面线型更加强烈。吊顶面层接缝构造形式如图2-10所示。

2. 基层板的固定

基层板与龙骨架的固定一般有钉接和黏接两种方法。

（1）钉接 钉接即用铁钉将基层板固定在木龙骨上，钉子间距为80~150mm，钉子长度为25~35mm。在钉入时要将钉帽砸扁，并使钉帽进入板面0.5~1mm。

（2）黏接 黏接即用各种胶黏剂将基层板黏接于龙骨上，例如矿棉吸声板可用配合比为1:1水泥石膏粉加入适量108胶进行黏接。

工程实践证明，对于基层板的固定，若采用粘接和钉接相结合的方法，则固定更为牢固。

（1）阴角节点 阴角是指两面相交内凹部分，其处理方法通常是用角木线钉压在角位上如图2-11所示。固定时用"直钉枪"，在木线条的凹部位置打入直钉。

（2）阳角节点 阳角是指两相交面外凸的角位，其处理方法也是用用角木线钉压在角位上，将整个角位包住，如图2-12所示。

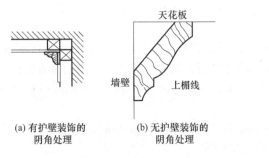

天花板
墙壁
上楣线

(a) 有护壁装饰的
阴角处理
(b) 无护壁装饰的
阴角处理

图2-11 吊顶阴角的处理

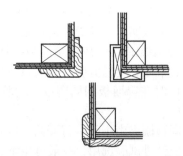

图2-12 吊顶阳角的处理

（3）过渡节点 过渡节点是指两个落差高度较小的面接触处或平面上，两种不同材料的对接处。其处理方法通常用木线条或金属线条固定在过渡节点上。木线条可直接钉在吊顶面上，不锈钢金属条可用粘贴法固定，如图2-13所示。

饰面材料 木线条 饰面材料   不锈钢线条

图2-13 吊顶面的过渡处理

3. 木吊顶与设备之间节点处理

（1）吊顶与灯光盘节点 灯光盘在吊顶上安装后，其灯光片或灯光格栅与吊顶之间的接触处需作处理。其方法通常用木线条进行固定。灯光盘节点处理如图2-14所示。

（2）吊顶与检修孔节点处理，通常是在检修孔盖板四周钉木线条，或在检修孔内侧钉上角铝。检修孔与吊顶处理如图2-15所示。

图2-14 灯光盘节点处理　　　　　　　图2-15 检修孔与吊顶处理

4. 木吊顶与墙面间节点处理

木吊顶与墙面间节点，通常采用锚固木线条或塑料线条的处理方法，线条的式样及方法有多种多样，常用的有实心角线收口、斜角线收口、八字角线收口和阶梯角线收口等，如图2-16所示。

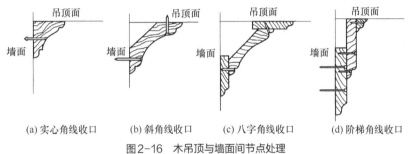

(a) 实心角线收口　　(b) 斜角线收口　　(c) 八字角线收口　　(d) 阶梯角线收口

图2-16 木吊顶与墙面间节点处理

5. 木吊顶与柱体间的节点处理

木吊顶与柱体间的节点处理方法，与木吊顶与墙面间节点处理的方法基本相同，所用材料有木线条、塑料线条、金属线条等。木吊顶与柱体节点处理如图2-17所示。

(a)　　　　　　　　　(b)　　　　　　　　　(c)

图2-17 木吊顶与柱体节点处理

三、纤维板罩面吊顶施工工艺

（一）对纤维板材的要求

木质纤维板材系指利用木材加工的边角废料，或将植物的枝杈、基干、皮、根等纤维进行重新交织胶合压制等加工处理制成的一种人造板材。由于原材料、加工方法及饰面处理的不同，可分为一面光普通硬质纤维板、两面光普通硬质纤维板、穿孔吸声硬质纤维板、钻孔纸面吸声装饰软质纤维板、不钻孔纸面吸声装饰软质纤维板、纸面针孔软质纤维图案装饰板、新型无胶纤维板、耐磨彩漆饰面木质纤维板、中密度木质纤维板等不同的板材产品。

在制造纤维板的过程中可以施加胶黏剂和（或）添加剂。纤维板具有材质均匀、纵横强度差小、不易开裂、加工方便等优点，在建筑装饰工程中用途十分广泛。据有关资料表明，制造1m³纤维板约需消耗原木2.0m³，可代替3m³锯材或5m³原木。由此可见，发展纤维板生产是木材资源综合利用的有效途径。

根据现行国家标准《湿法硬质纤维板 第2部分：对所有板型的共同要求》（GB/T 12626.2—2009）的规定，普通硬质纤维板的名义尺寸与极限偏差应符合表2-6中的规定；普通硬质纤维板产品的分级及各级板材的物理力学性能应符合表2-7中的规定；普通硬质纤维板的外观质量应符合表2-8中的规定。

表2-6 普通硬质纤维板的名义尺寸与极限偏差

幅面尺寸/mm	板材厚度/mm	极限偏差/mm		
		长度	宽度	厚度
610×1220、915×1830 1000×2000、915×2136 1220×1830、1220×2440	2.50、3.00、3.20、4.00、5.00	±5.0	±3.0	0.30

注：1.硬质纤维板板面对角线之差，每米板长≤2.5mm；对边长度之差每米≤2.5mm。

2.板边不直度每米≤1.5mm。

3.板材缺棱掉角的程度，以长宽极限偏差为限。

表2-7 普通硬质纤维板产品的分级及各级板材的物理力学性能

指标项目	特级	一级	二级	三级
密度/(g/cm³)	>0.80			
静曲强度/MPa	≥49.0	≥39.0	≥29.0	≥20.0
吸水率/%	≤15.0	≤20.0	≤30.0	≤35.0
含水率/%	3.0~10.0			

表2-8 普通硬质纤维板的外观质量

缺陷名称	计量方法	允许限度			
		特级	一级	二级	三级
水渍	占全板面积的百分比/%	不许有	≤2	≤20	≤40
污点	直径/mm	不许有		≤15	≤30(<15不计)
	每平方米个数/(个/m²)	不许有		≤2.0	≤2.0
斑纹	占全板面积的百分比/%	不许有			≤5.0
粘痕	占全板面积的百分比/%	不许有			≤1.0
压痕	深度或高度/mm	不许有		≤0.4	≤0.6
	每个压痕的面积/mm²	不许有		≤20	≤40
	任意每平方米个数/(个/m²)	不许有		≤2.0	≤2.0
分层、鼓泡、裂痕、水湿、炭化、边角松软	—	不许有			

注：1.表中缺陷"水渍"，指由于热压工艺掌握不当，以及在湿板坯或板面溅水等原因造成板面颜色有深有浅的缺陷。

2."污点"指油污和斑点。油污指由于浆料中混入腐浆或其他污物，或板面直接沾染油或污物造成板面出现的深色印痕；斑点指板表面出现的胶点、蜡点，其中树皮造成的斑点不计。

3."斑纹"又称"志虎皮"，指板面出现的颜色深浅相同的条纹；如斑纹伴随有内部结构不均匀而造成静曲强度明显下降者，应以"裂痕"计。

4."粘痕"指纤维板与衬板黏结造成板面脱皮或起毛的缺陷。

5."压痕"指由于各种原因造成板面有局部凹凸不平的缺陷。

6."分层"指不加外力，板侧边即见裂缝的缺陷。"鼓泡"指由于热压工艺掌握不当，板内部出现空穴，造成板表面局部有凸起的缺陷。"裂痕"指由于板坯内部结构不均匀，造成板表面有裂纹，强度明显下降的缺陷。"水湿"指生产过程中由于水汽、水等原因造成板面鼓起、结构松软的缺陷。"炭化"指由于纤维组分的过度降解，使板局部呈棕黑色并引起强度明显下降的缺陷。"边角松软"指板边角部分粗糙松软，强度明显下降的缺陷。

（二）纤维板的罩面施工

吊顶木龙骨骨架采用木质纤维板罩面的装饰工程，应当按照具体采用的板材产品，由设计确定其安装固定方法。

1. 硬质纤维板罩面

普通硬质纤维板具有湿胀干缩的特性，故在罩面施工前应先将板材进行加湿处理，即把板块浸入60℃温度热水中30min，或用冷水浸泡24h，自然阴干后使用，可有效克服施工后板面起鼓翘角弊病。

普通平板在木龙骨上用钉子固定时，钉子的间距为80~120mm，钉子长度为20~30mm，钉帽进入板面0.5mm，钉眼用油性腻子抹平。带饰面的或穿孔吸声装饰板，可用普通木螺钉或配有装饰帽等类的金属螺钉进行固定，钉子间距宜≤120mm。明露的钉子在板面的排列应整齐、美观；普通木螺钉的钉帽应与板面齐平，并用与板面相同颜色的涂料涂饰。

2. 软质纤维板罩面

软质（针孔或不钻孔、贴钛白纸或贴纸印花及静电植绒产品）吸声装饰纤维板，其大幅面板材一般规格尺寸（长×宽）为1050mm×2420mm、1220mm×2440mm，方形板多为305mm×305mm、500mm×500mm、610mm×610mm；板块厚度通常为12~13mm。生产厂家一般会提供配套的塑料花托或金属花托（或称托花、托脚、装饰小花）及垫圈等安装配件，在吊顶木龙骨上安装板材时，于板块的交角处采用花托和钉子，既能固定板块又能使顶棚饰面具有特殊的装饰效果。

3. 压条固定罩面板

在板与板接缝处设压条一道固定罩面板（木压条、金属压条或硬塑压条），适用于固定式封闭型罩面的多种板材木龙骨装饰顶棚。压条用钉固定要先拉通线，确保将压条固定于表面的龙骨底面中心线上，安装后应平直，接口严密。

纤维板（或胶合板）用木条固定时，钉子间距应≤200mm，钉帽应打扁，并进入木压条表面0.5~1.0mm，钉眼用油性腻子抹平。

第三节　轻钢龙骨吊顶施工工艺

轻钢龙骨是以优质的连续热镀锌板带为原材料，经冷弯工艺轧制而成的建筑用金属骨架。轻钢龙骨是一种新型的建筑材料，具有自重较轻、强度较高、防火性好、耐蚀性高、抗震性强、防水防震、隔声吸声等功效，同时还具有工期短、施工简便等优点。

轻钢龙骨吊顶是以轻钢龙骨作为吊顶的基本骨架，以轻型装饰板材作为饰面层的吊顶体系，常用的饰面板有纸面石膏板、矿棉装饰吸声板、装饰石膏板等。在装饰工程中常见的轻钢龙骨是轻金属龙骨的其中的一个品种，它是以镀锌钢板（带）或彩色喷塑钢板（带）及薄壁冷轧钢板（带）薄质轻金属材料，经冷弯或冲压等加工而成的顶棚装饰支承材料。

工程实践证明，轻钢龙骨不仅可以使龙骨规格标准化，有利于工厂大批量生产，使吊顶工程实现装配化；也可以由大、中、小龙骨与其相配套的吊件、连接件、挂件、挂插件及吊杆等进行灵活组装，能有效地提高施工效率和装饰质量。

轻钢龙骨的分类方法比较多。根据轻钢龙骨承载能力大小，可分为轻型、中型和重型3种，或者上人吊顶龙骨和不上人吊顶龙骨；根据轻钢龙骨型材断面形状，可分为U形吊顶、

C形吊顶、T形吊顶和L形吊顶及其略变形的其他相应型式；根据轻钢龙骨用途及安装部位，可以分为承载龙骨、覆面龙骨和边龙骨等。

一、轻钢龙骨吊顶的构造

1. 吊顶轻钢龙骨的主件

根据《建筑用轻钢龙骨》（GB/T 11981—2008）的规定（同时参考德国DIN标准及美国ASTM标准），建筑用轻钢龙骨型材制品是以冷轧钢板（或冷轧钢带）、镀锌钢板（带）或彩色涂层钢板（带）作原料，采用冷弯工艺生产的薄壁型钢。

用作吊顶工程的轻钢龙骨，其钢板厚度一般为0.27~1.5mm；将吊顶轻钢龙骨骨架及其装配组合，可以归纳为U形、T形、H形和V形4种基本类型，如图2-18~图2-21所示。

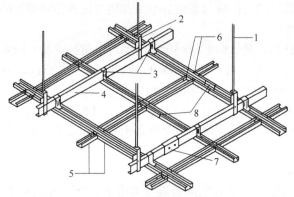

图2-18 U形吊顶龙骨示意

1—吊杆；2—吊件；3—挂件；4—承载龙骨；5—覆面龙骨；6—挂插件；7—承载龙骨连接件；8—覆面龙骨连接件

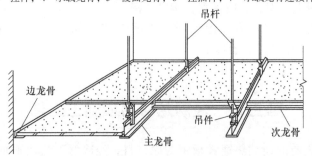

图2-19 T形吊顶龙骨示意

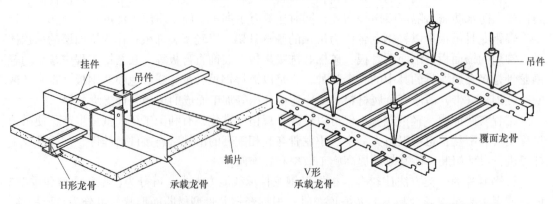

图2-20 H形吊顶龙骨示意　　　　图2-21 V形"直卡式"吊顶龙骨示意

根据现行国家标准《建筑用轻钢龙骨》（GB/T 11981—2008）的定义，承载龙骨是吊顶龙骨骨架的主要受力构件，覆面龙骨是吊顶龙骨骨架构造中固定罩面层的构件；T形"主龙骨"是T形吊顶骨架的主要受力构件，T形"次龙骨"是T形吊顶骨架中起横撑作用的构件；H形龙骨是H形吊顶骨架中固定饰面板的构件；L形"边龙骨"通常被用作T形或H形吊顶龙骨中与墙体相连，并于边部固定饰面板的构件；V形"直卡式"承载龙骨是V形吊顶骨架的主要受力构件；V形"直卡式"覆面龙骨是V形吊顶骨架中固定饰面板的构件。

轻钢龙骨产品标记的顺序为：产品名称→代号→断面形状宽度→高度→钢板厚度→标记号。例如，断面形状为U形，宽度为50mm、高度为15mm、钢板带厚度为1.2mm的吊顶承载龙骨标记为：建筑用轻钢龙骨　DU50×15×1.2　GB/T 11981。

2. 吊顶轻钢龙骨的配件

轻钢龙骨配件根据现行国家标准《建筑用轻钢龙骨》（GB/T 11981—2008）和建材行业标准《建筑用轻钢龙骨配件》（JC/T 558—2007）的规定，用于吊顶轻钢龙骨骨架组合和悬吊的配件，主要有吊件、挂件、连接件及挂插件等，如图2-22~图2-24所示。

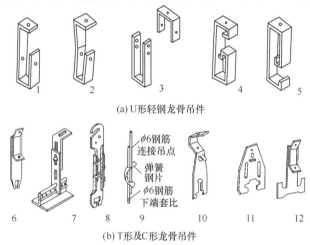

(a) U形轻钢龙骨吊件

(b) T形及C形龙骨吊件

图2-22　吊顶金属龙骨的常用吊件

1~5—U形承载龙骨吊件（普通吊件）；6—T形"主龙骨"吊件；7—穿孔金属带吊件（T形龙骨吊件）；
8—游标吊件（T形龙骨吊件）；9—弹簧式钢片吊件；10—T形龙骨吊件；
11—C形"主龙骨"直接固定式吊卡（CSR吊顶系统）；12—槽形主龙骨吊卡（C形龙骨吊件）

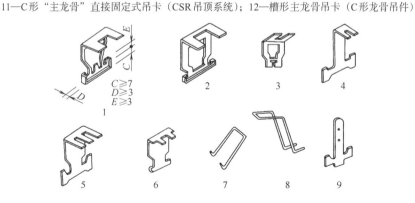

图2-23　吊顶金属龙骨挂件

1，2—压筋式挂件（下部勾挂C形"覆面龙骨"）；3—压筋式挂件（下部勾挂T形"覆面龙骨"）；
4，5，6—平板式挂件（下部勾挂C形"覆面龙骨"）；7，8—T形"覆面龙骨"挂件（T形龙骨连接钩、挂钩）；
9—快速挂件（下部勾挂C形龙骨）

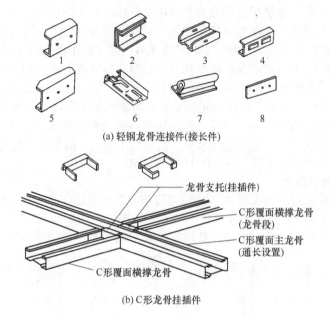

(a) 轻钢龙骨连接件(接长件)

龙骨支托(挂插件)

C形覆面横撑龙骨
(龙骨段)

C形覆面主龙骨
(通长设置)

C形覆面横撑龙骨

(b) C形龙骨挂插件

图2-24 吊顶轻钢龙骨连接件及挂插件

1, 2, 4, 5—U形承载龙骨连接件; 3, 6—C形"覆面龙骨"连接件; 7, 8—T形龙骨连接件

　　吊顶轻钢龙骨配件的常用类型及其在吊顶骨架的组装和悬吊结构中的用途如表2-9所列。

表2-9　吊顶轻钢龙骨配件

配件名称	用　　途
普通吊件	用于承载龙骨和吊杆之间的连接
弹簧卡式吊件	
V形"直卡式"龙骨吊件及其他特制吊件	用于各种配套承载龙骨和吊杆之间的连接
压筋式挂件	用于双层骨架构造吊顶的覆面龙骨和承载龙骨之间的连接,又称吊挂件,俗称"挂搭"
平板式挂件	
承载龙骨连接件	用于U形承载龙骨加长时的连接,又称接长件、接插件
覆面龙骨连接件	用于C形"覆面龙骨"加长时的连接,又称接长件、接插件
挂插件	用于C形"覆面"在吊顶水平面的垂直相接,又称支托、水平件
插件	用于H形龙骨(及其他暗式吊顶龙骨)中起横撑作用
吊杆	用于吊件和建筑结构的连接

二、轻钢龙骨吊顶材料选择

1. 轻钢龙骨吊顶板材的选择

　　合理地选择轻钢龙骨吊顶板材的品种和规格是轻钢龙骨吊顶工程的重要环节,它取决于室内顶棚的使用功能和装饰艺术效果,并影响着吊顶龙骨的安装形式及吊顶施工的操作工序。一般情况下应是设计在先,而从施工的角度应该是在满足对吊顶的设计要求及使用功能要求的前提下力求方便施工并尽量降低工程造价。

工程实践证明，在活动式搭装或企口嵌入装板中板的规格不能太大，如层高在10m左右的顶棚，可选择500mm×500mm×9mm或者600mm×600mm×11mm的板材。规格过大、过厚的板材浮搁在顶棚的骨架中，不但使吊顶的自重增大，而且安装后板材的下垂度也较大，在无特殊需要的情况不宜采用。对于大块板材的封闭式安装，则恰恰相反，通常是在满足设计的力学性能和龙骨布局的合理性前提下应尽可能选择幅面较大的石膏板。这样可以使吊顶的表面减少板与板之间所形成的板缝总长度，节省板缝紧固所需的自攻螺钉数量及减少板缝处理的工作量。

2. 轻钢龙骨吊顶龙骨的选择

采用封闭式安装纸面石膏板的轻钢龙骨，按龙骨品种不同可分为两种，即有承载龙骨的吊顶骨架和无承载龙骨的吊顶骨架。按组成吊顶轻钢龙骨的覆面龙骨分布情况区别，可分为有横向分布覆面龙骨的吊顶和无横向分布覆面龙骨的吊顶。按组成吊顶轻钢龙骨骨架的龙骨规格来区分，主要有U60系列、U50系列、U45系列、U38系列和U25系列。在使用时可根据工程实际进行吊顶龙骨的合理选择。

（1）吊顶承载龙骨规格的选择　在吊顶工程中对龙骨规格的选择，首要之点是要根据吊顶所承受的荷载情况。在满足吊顶使用荷载要求的前提下合理地选择轻钢龙骨的规格，力求降低工程造价并加快工程施工进度，是工程设计及施工的共同愿望。根据工程实践经验，轻钢龙骨吊顶承载荷载与主要龙骨系列的关系如表2-10所列，可以作为吊顶设计及施工时参考。

表2-10　轻钢龙骨吊顶承载荷载与主要龙骨系列的关系

吊顶承载荷载	承载龙骨规格
吊顶自重+80g附加荷载	U60
吊顶自重+50g附加荷载	U50
吊顶自重	U38

（2）吊顶承载龙骨和覆面龙骨配合选择　任何系列的承载主龙骨都可以与任何系列覆面的次龙骨相配合，因此，吊顶龙骨选择的关键在于吊顶的承载要求。例如对于无附加荷载的吊顶，则无需设置承载龙骨，只将覆面龙骨纵横布置，通过吊挂构件将其直接与吊杆相连。在工程实践中往往是采用一种或多种规格的轻钢龙骨来组成吊顶龙骨骨架的灵活方式。到底如何选择龙骨的配合形式，并无统一的规定，其基本原则如下。

① 满足吊顶的力学要求。如果该吊顶必须具有承受附加荷载的能力，那就应当选择有承载龙骨的吊顶配合形式及其构造。

② 满足吊顶的表面装饰要求。对于大幅面纸面石膏板罩面，其龙骨大多数是采用C形的轻钢龙骨作为覆面龙骨，用暗式安装构造；对于小幅面纸面石膏板罩面，应选择T形、Y形、π形等轻钢龙骨或铝合金龙骨作为覆面龙骨，采用明式安装构造或暗式构造方式。

三、轻钢龙骨吊顶施工工艺

（一）轻钢龙骨吊顶的施工工艺

轻钢龙骨吊顶的安装施工还是比较复杂的，现以轻钢龙骨纸面石膏板吊顶安装为例，说明轻钢龙骨吊顶的安装施工工艺。轻钢龙骨纸面石膏板吊顶组成及安装示意如图2-25所示。

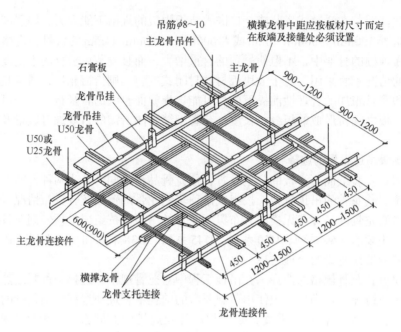

图2-25 轻钢龙骨纸面石膏板吊顶组成及安装示意（单位：mm）

轻钢龙骨的施工工艺主要包括：交接验收→找规矩→施工放线→进行复检→吊筋的制作安装→主龙骨安装→调平龙骨架→次龙骨安装→固定处理→骨架安装质量检查→安装石膏板→安装质量检查→缝隙处理→饰面。

1. 交接验收

在正式安装轻钢龙骨吊顶之前，对上一步施工工序进行交接验收，例如结构强度、设备位置、防水管线的铺设等，均要进行认真检查，上一步工序必须完全符合设计和有关规范的标准，否则不能进行轻钢龙骨吊顶的安装。

2. 找规矩

根据设计和工程的实际情况，在吊顶标高处找出一个标准基平面与实际情况进行对比，核实存在的误差并对误差进行调整，确定平面弹线的基准。

3. 施工放线

施工放线是确保吊顶施工质量的关键工序，实际上就是在结构的基层上按照设计要求进行弹线，准确确定龙骨及其吊点的位置。弹线的顺序是先竖向标高、后平面造型细部，竖向标高线弹于墙上，平面造型和细部弹于顶板上。根据工程实践经验，吊顶工程施工中主要应当弹出以下基准线。

（1）弹顶棚标高线　在弹顶棚标高线前，应先弹出施工标高基准线，一般常用0.5m为基线，弹于四周的墙面上。以施工标高基准线为准，按设计所定的顶棚标高，用仪器或量具沿着墙面将顶棚高度量出，并将顶棚的高度用墨线弹于墙面上，其水平允许偏差不得大于5mm。如果顶棚为不同标高造型者，其标高均应弹出。

（2）弹出水平造型线　根据吊顶的平面设计，以房间的中心为准，将设计造型按照先高后低的顺序，逐步弹在顶板上，并注意累计误差的调整。

（3）吊点位置线　根据造型线和设计要求，确定"吊筋"吊点的位置，并将吊点位置线弹在顶板上。

（4）弹出吊具位置线　所有设计的大型灯具、电扇等的吊杆位置，应按照具体设计测量准确，并用墨线弹于楼板的板底上。如果吊具、吊杆的锚固件需要用膨胀螺栓固定者，应将膨胀螺栓的中心位置一并弹出。

（5）弹附加吊杆位置线　根据吊顶的具体设计，将顶棚检修走道、检修口、通风口、柱子周边处及其他所有必须加"附加吊杆"之处的吊杆位置逐个测出，并将位置线弹在混凝土楼板的板底。

4. 进行复检

在弹线完成后，对所有标高线、平面造型线、吊杆位置线等进行全面检查复核，如有遗漏或尺寸错误均应及时补充和纠正。另外，还应检查所弹顶棚标高线与四周设备、管线、管道等有无矛盾，对大型灯具的安装有无妨碍，应当确保准确无误。

5. 吊筋的制作安装

"吊筋"应用钢筋制作，吊筋的固定做法视楼板种类不同而不同。具体做法如下。

（1）预制钢筋混凝土楼板设"吊筋"，应在主体施工时预埋吊筋。如无预埋时应用膨胀螺栓固定，并保证连接强度。

（2）现浇钢筋混凝土楼板设"吊筋"，一是预埋"吊筋"，二是用膨胀螺栓或用射钉固定"吊筋"，以便保证其强度满足要求。

"吊筋"无论采取何种做法，均应当满足吊顶设计位置和强度的要求。

6. 安装轻钢龙骨架

（1）主龙骨安装　主龙骨按照弹出的位置线就位，利用吊件悬挂在吊筋上，待全部主龙骨安装就位后进行调直、调平定位，将"吊筋"上的调平螺母拧紧，龙骨中间部分按具体设计起拱（一般起拱的高度不得小于房间短向跨度的3/1000）。

（2）调平主龙骨　主龙骨安装就位后，以一个房间为单位进行调平。调平的方法可采用木方按主龙骨间距钉圆钉，将龙骨卡住先进行临时固定，按房间的十字和对角线拉线，根据拉线进行龙骨的调平调直。根据吊件的品种，拧动螺母或通过弹簧钢片，或调整钢丝，待主龙骨确实调平后再进行固定。

使用镀锌铁丝作吊杆者宜采取临时支撑措施，可以设置方木，上端顶住吊顶基体底面，下端将主龙骨顶住，待安装吊顶板材前进后将其拆除。

轻钢龙骨的主龙骨调平应在每个房间和中间部位，用吊杆螺栓进行上下调节，预先给予5~20mm的起拱量，待水平度全部调好后逐个拧紧吊杆螺帽，如吊顶需要开孔，先在开孔的部位划出开孔的位置，将龙骨加固好，再用钢锯切割龙骨和石膏板，保持稳固牢靠。

（3）副龙骨安装　主龙骨安装完毕即安装副龙骨（也称为次龙骨）。副龙骨有通长和截断两种。通长者与主龙骨垂直，截断者（也叫横撑龙骨）与通长者垂直。副龙骨紧贴主龙骨安装，通长布置，并与主龙骨扣牢，利用配套的挂件与主龙骨连接，在吊顶平面上与主龙骨相垂直，如图2-26所示。主、副龙骨连接不得有松动及歪曲不直之处。副龙骨安装时应从主龙骨一端开始，不同标高的顶棚，应先安装较高标

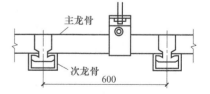

图2-26　主、副龙骨连接示意（单位：mm）

部分，后安装较低标高部分。副龙骨的位置要准确，特别是板缝处，要充分考虑缝隙尺寸。

（4）安装附加龙骨、角龙骨、连接龙骨等　靠近柱子周边，增加"附加龙骨"或角龙骨时，按具体设计安装。凡标高不同的顶棚、灯槽、灯具、窗帘盒等处，根据具体设计要求应增加"连接龙骨"。

7. 骨架安装质量检查

上列工序安装完毕后应对整个龙骨架的安装质量进行严格检查。

（1）龙骨架荷重检查　在顶棚检修孔周围、高低不同处、吊灯吊扇等处，根据设计荷载规定进行加载检查。加载后如龙骨架有翘曲、颤动等现象，应增加"吊筋"予以加强。增加的"吊筋"数量和具体位置，应通过计量而定。

（2）龙骨架安装及连接质量检查　对整个龙骨架的安装质量及连接质量进行彻底检查。连接件应错位安装，龙骨连接处的偏差不得超过相关规范规定。

（3）各种龙骨的质量检查　对主龙骨、副龙骨、附加龙骨、角龙骨、连接龙骨等进行详细质量检查。如发现有翘曲或扭曲之处以及位置不正、部位不对等处，均应当彻底加以纠正。

8. 安装石膏板

（1）选择石膏板　石膏板在正式安装之前，应根据设计的规格尺寸、花色品种进行选板，凡是有裂纹、破损、缺棱、掉角、受潮，以及护面纸损坏的石膏板，应当一律剔除不用。选好的板应平放于有垫板的木架上，以免沾水受潮产生损坏。

（2）纸面石膏板安装　在进行纸面石膏板安装时，应使纸面石膏板长边（即包封边）与主龙骨平行，从顶棚的一端向另一端开始错缝安装，逐块排列，余量放在最后安装。石膏板与墙面之间应留6mm间隙。板与板之间的接缝宽度不得小于板厚。每块石膏板用3.5mm×35mm自攻螺钉固定在次龙骨上，固定时应从石膏板中部开始，向两侧展开，螺钉间距150mm~200mm，螺钉距纸面石膏板板边（面纸包封的板边）不得小于10mm，不得大于15mm；距切割后的板边不得小于15mm，不得大于20mm。钉头应略低于板面，但不得将纸面钉破。钉头应作防锈处境，并用石膏腻子抹平。

（3）装饰石膏板可采用黏结安装法　对于U、C形的轻钢龙骨，可采用胶黏剂将装饰石膏板直接粘贴在龙骨上。胶黏剂应涂刷均匀，不得有遗漏涂刷现象，粘贴应牢固。胶黏剂未完全固化前对板材不得有强烈振动。

（4）吸声穿孔石膏板与U形（或C形）轻钢龙骨配合使用，龙骨吊装找平后，在每4块板的交角点和板的中心用塑料小花以自攻螺钉固定在龙骨上。采用胶黏剂将吸声穿孔石膏板直接粘贴在龙骨上。在进行安装石膏板时，应注意使吸声穿孔石膏板背面的箭头方向和白线方向一致。

（5）嵌式装饰石膏板可采用企口暗缝安装法　将石膏板加工成为企口暗缝的形式，龙骨的两条肢插入暗缝中，靠两条肢体将石膏板托住。石膏板的安装宜由吊顶中间向两边对称进行，墙面与吊顶接缝应交圈一致；在安装施工的过程中，特别在接插板的企口时用力要轻，避免生硬撬动而造成企口处开裂。

9. 安装质量检查

纸面石膏板在安装完毕后，应对其安装质量进行认真检查，并应达到以下质量要求：如果整个石膏板顶棚表面平整度偏差超过3mm、接缝平直度偏差超过3mm、接缝高低度偏差超过1mm，石膏板有钉接缝处不牢固，均应彻底进行纠正。

10. 缝隙处理

纸面石膏板安装质量检查合格或修理合格后，根据纸面石膏板板边类型及嵌缝规定进行嵌缝。但要注意：无论使用什么腻子均应保证有一定的膨胀性。纸面石膏板安装施工中，缝隙处理常用石膏腻子，一般施工做法如下。

（1）直角边纸面石膏板顶棚嵌缝　直角边纸面石膏板顶棚之缝，均为平缝，嵌缝时应用刮刀将嵌缝腻子均匀饱满地嵌入板缝之内，并将腻子刮平（与石膏板面齐平）。石膏板表面如需进行装饰时，应在腻子完全干燥后施工。

（2）楔形边纸面石膏板顶棚嵌缝　楔形边纸面石膏板顶棚嵌缝，一般应用采用三道嵌缝腻子。

第一道嵌缝腻子：第一道嵌缝腻子应用刮刀将嵌缝腻子均匀饱满地嵌入缝内，将浸湿的穿孔纸带贴于缝处，用刮刀将纸带用力压平，使腻子从孔中挤出；然后再薄薄抹压一层腻子。用嵌缝腻子将石膏板上所有钉孔填平。

第二道嵌缝腻子：第一道嵌缝腻子完全干燥后，再覆盖第二道嵌缝腻子，使之略高于石膏板表面，腻子宽度为200mm左右；另外在钉孔上亦应再覆盖腻子一道，宽度要比钉孔扩大出25mm左右。

第三道嵌缝腻子：第二道嵌缝腻子完全干燥后，再薄薄抹压300mm宽嵌缝腻子一层，用清水刷湿边缘后用抹刀拉平，使石膏板面交接平滑；钉孔第二道腻子上也应再覆盖嵌缝腻子一层，并用力拉平使与石膏板面交接平滑。

待第三道嵌缝腻子完全干燥后，用2号砂纸安装在手动或电动打磨器上，将嵌缝腻子仔细打磨光滑，打磨时千万不能将护纸磨破。嵌缝后的纸面石膏板顶棚应妥善保护，不得损坏、碰撞，不得有任何污染。如石膏板表面另有饰面时应按具体设计进行装饰。

（二）轻钢龙骨吊顶施工注意事项

（1）顶棚施工前，顶棚内所有管线，如智能建筑弱电系统工程全部线路（包括综合布线、设备自控系统、保安监控管理系统、自动门系统、背景音乐系统等）、空调管道、消防管道、供水管道等必须全部安装就位并基本调试完成。

（2）为确保吊顶工程的设计使用年限和使用中不被污染，吊筋、膨胀螺栓应当全部做防锈处理。

（3）为保证吊顶骨架的整体性和牢固性，龙骨接长的接头应错位安装，相邻3排龙骨的接头不应接在同一直线上。

（4）顶棚内的灯槽、斜撑、剪刀撑等，应按具体设计施工。轻型灯具可吊装在主龙骨或附加龙骨上，重型灯具或电扇则不得与吊顶龙骨连接，而应另设置吊钩吊装。

（5）嵌缝石膏粉（配套产品）系以精细的半水石膏粉加入一定量的缓凝剂等加工而成，主要用于纸面石膏板填充缝隙和钉孔填平等。

（6）温度变化对纸面石膏板的线膨胀系数影响不大，但空气湿度则对纸面石膏板的线性膨胀和收缩产生较大影响。为了保证装修质量，避免干燥时出现裂缝，在湿度特大的环境下一般不宜进行嵌缝。

（7）大面积的纸面石膏板吊顶，为避免温度变化产生裂缝，应注意设置膨胀缝。

第四节　其他吊顶工程施工工艺

在建筑装饰吊顶工程中，除以上最常用的吊顶材料和形式外，还有金属装饰板吊顶、开敞式吊顶等。这些新型的吊顶材料和形式，具备许多优异的特点，是现代吊顶装饰发展的趋势，深受设计人员和用户的喜爱。

一、金属装饰板吊顶施工工艺

金属装饰板是指用一种以金属为表面材料复合而成的新颖室内装饰材料，是以金属板、块装饰材料通过镶贴或构造连接安装等工艺与墙体表面形成的装饰层面。金属装饰板吊顶是配套组装式吊顶中的一种，由于采用较高级的金属板材，所以属于高级装修顶棚。

金属装饰板吊顶的主要特点是质量较轻、安装方便、施工速度快，安装完毕即可达到装修的设计效果，集吸声、防火、装饰、色彩等功能于一体。金属装饰板材的类型基本分为两大类：一类是条形板，其中有封闭式、扣板式、波纹式、重叠式等；另一类是方块形板或矩形板，其中方形板有藻井式、内圆式、龟板式等。

（一）吊顶龙骨的安装

金属装饰板吊顶的主龙骨仍采用U形承载轻钢龙骨，其悬吊固定方法与轻钢龙骨基本相同，固定金属板的纵横龙骨也如前述固定于主龙骨之下。当金属板为方形或矩形时，其纵横龙骨用专用特制嵌龙骨，呈纵横十字平面相交布置，组成与方形或矩形板长宽尺寸相配合的框格，与活动式吊顶的纵横龙骨一样。

当金属板为条形时，其纵向龙骨用普通U形或C形的轻钢龙骨或专用特制带卡口的槽形龙骨，并垂直于主龙骨安装固定。因条形金属板有褶边，本身有一定的刚度，所以只需与条形互相垂直布置纵龙骨，纵龙骨的间距不大于1500mm。用带卡口的专用槽形龙骨，为使龙骨卡在下平面按卡口式龙骨间距钉上小钉，制成"卡规"，安装龙骨时将其卡入"卡规"的钉子间距内。

"卡规"垂直于龙骨，在其两端经过抄平整后临时固在墙面上，并从"卡规"两端的第一个钉上斜拉对角线，使两根"卡规"本身既相互平行又方正，然后再拉线将所有龙骨卡口棱边缘调整至一直线上，再与主龙骨最后逐点连接固定。这样，当金属条形板安装时才能很容易地将板的褶边嵌卡入龙骨卡口内。

（二）吊顶层面板安装

1. 铝合金方形金属板安装

铝合金方形金属板有两种安装方法：一种是吊钩悬挂式或自攻螺钉固定式安装，如图2-27所示，与活动式吊顶顶棚罩面安装方法相同；另一种也可采用铜丝扎结安装，如图2-28所示。

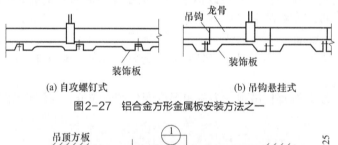

(a) 自攻螺钉式　　　　　　　　　(b) 吊钩悬挂式

图2-27　铝合金方形金属板安装方法之一

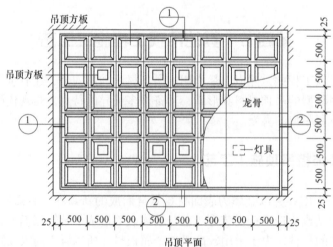

吊顶平面

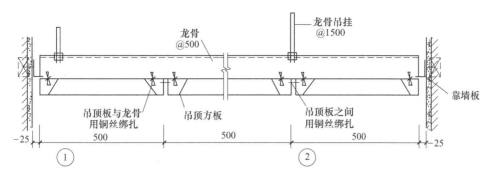

图2-28 铝合金方形金属板安装方法之二（单位：mm）

2. 长条形金属板安装

长条形金属板沿边安装可分为"卡边"与"扣边"两种。

① "卡边式"长条形金属板安装时，只需直接将板沿着按顺序利用板的弹性，卡入特制的带夹齿状的龙骨卡口内，进行调平、调直，不需要任何连接件。此种板形有板缝，故称为"开敞式"吊顶顶棚。板缝有利于顶棚通风，可以不进行封闭，也可按设计要求加设配套的嵌条予以封闭。

② "扣边式"长条金属板，可与"卡边"的金属板一样安装在带夹齿状龙骨卡口内，利用金属板的本身弹性相互卡紧。由于此种板有一平伸出的板肢，正好把板缝封闭，故又称封闭式吊顶顶棚。另一种"扣边式"长条形金属板即常称的扣板，则采用C形或U形金属龙骨，用自攻螺钉将第一块板的扣边固定于龙骨上，将此扣边调平调直后，再将下一块板的扣边压入已先固定好的前一块的扣槽内，依此顺序相互接起来即可。长条形金属板的安装均应从房间的一边开始，按照顺序一块金属板接着一块金属板安装。

（三）吊顶的细部处理

1. 墙柱边部连接处理

方形板或条形金属板，其与墙柱面连接处可以离缝平接，也可以采用L形边龙骨或半嵌入龙骨同平面搁置搭接或高低错落搭接，如图2-29所示。

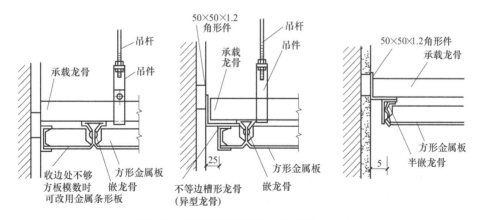

图2-29 墙柱边部连接处理方式（单位：mm）

2. 与隔断的连接处理

隔断沿顶龙骨必须与其垂直的顶棚主龙骨连接牢固。当顶棚主龙骨不能与隔断沿顶龙骨

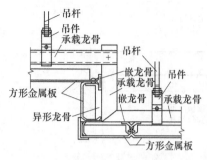

图2-30 方形金属吊顶板变标高构造做法

相垂直布置时，必须增设短的主龙骨，此短的主龙骨再与顶棚承载龙骨连接固定。总之，隔断沿顶龙骨与顶棚骨架系统连接牢固后，再安装罩面板。

3. 变标高处连接处理

方形金属板可按图2-30所示的做法进行处理。当为条形板时，亦可参照该图处理，关键是根据变标高的高度设置相应的竖立龙骨，此竖向立龙骨需分别与不同标高主龙骨连接可靠（每节点不少于两个自攻螺钉或铝铆钉或小螺栓连接，使其不会变形或焊接）。在主龙骨和竖立龙骨上安装相应的覆面龙骨及条形金属板，如采用"卡边式"条形金属板，则应安装专用特制的带夹齿状的龙骨（卡条式龙骨）作覆面龙骨；如果用扣板式条形金属板，则可采用普通C形或U形的轻钢来制作覆面龙骨，以自攻螺钉固定在覆面龙骨上。

4. 窗帘盒等构造处理

以方形金属板为例，可按图2-31所示对窗帘盒及送风口的连接进行处理；当采用长条形金属板时换上相应的龙骨即可。

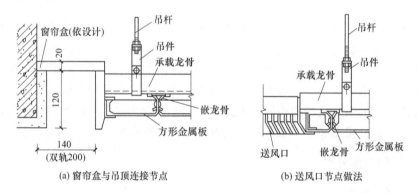

(a) 窗帘盒与吊顶连接节点   (b) 送风口节点做法

图2-31 方形金属板吊顶窗帘盒与送风口构造做法示意（单位：mm）

5. 吸声或隔热材料布置

当金属板为穿孔板时，在穿孔板上铺壁毡，再将吸声隔热材料（如玻璃棉、矿棉等）满铺其上，以防止吸声材料从孔中漏出；当金属板无孔时，可将隔热材料直接满铺在金属板上。在铺时应边安装金属板边铺吸声隔热材料，最后一块则先将吸声隔热材料铺在金属板上后再进行安装。

（四）金属装饰板施工注意事项

（1）龙骨框格必须方正、平整，龙骨框格的尺寸必须与罩面板的实际尺寸相吻合。当采用普通T形龙骨直接搁置时，T形龙骨中点至中点的框格尺寸，应比方形板或矩形板的尺寸稍大些，以每边留有2mm间隙为准；当采用专用特制嵌龙骨时，龙骨中至中的框格尺寸，应与方形板或矩形板尺寸相同，不再留间隙。无论何种龙骨均应先试验安装一块板，最后确定龙骨准确安装尺寸。

（2）龙骨弯曲变形者不能用于工程，特别是专用特制嵌龙骨的嵌口处弹性不好、弯曲变形不直时不得使用。

（3）纵向龙骨和横向龙骨的十字交叉处，必须连接牢固、平整、交角方正。

二、开敞式吊顶工程施工工艺

开敞式吊顶又称格栅式吊顶，是指在吊顶龙骨下不铺钉罩面板，而是通过将特定形状的单体构件进行巧妙组合，通过龙骨或不通过龙骨而直接悬吊在结构基体下，达到既改善顶部照明、通风、声学功能，又打破单一平面的视觉感受，造成单体构件的韵律感，从而获得既遮挡又通透的独特效果的一种新型吊式顶棚。如果再嵌装一些高雅的灯饰，能使整个室内显得光彩丰富、韵味十足，开敞式吊顶特别适用于大厅、大堂。

开敞式吊顶的饰面是开敞的，主要采用标准化定型单体构件，一般有金属构件式、木质构件式和塑料构件式等，用这些标准化定型单体构件可以制作成各种造型，吊顶的装饰效果较好。由于金属单元构件质轻耐用、防火防潮、色彩鲜艳、安装简便，是开敞式吊顶工程中最常用的材料，主要有铝合金、彩色镀锌钢板、镀锌钢板等。金属单元构件又分为格片型和格栅型两类。

（一）木质开敞式吊顶施工工艺

1. 安装准备工作

木质开敞式吊顶安装准备工作除与前边的吊顶相同外，还需对结构基底底面及顶棚以上墙柱面进行涂黑处理，或按设计要求涂刷其他深色涂料。

2. 弹线定位工作

由于结构基底及吊顶以上墙柱面部分已先进行涂黑或其他深色处理，所以弹线应采用白色或其他反差强烈的色液。根据吊顶顶棚标高，用"水柱"法在墙柱面部位测出标高，弹出各安装件的水平控制线，再根据顶棚设计平面布置图，将单元体吊点位置及分片安装线弹到结构上。分片安装线一般先从顶棚一个直角位置开始排布，逐步展开。

在正式弹线前应核对顶棚结构基体实际尺寸，是否与吊顶顶棚设计平面布置图所注尺寸相符，顶棚结构基体与柱面阴阳角是否方正，如有问题应及时进行调整处理。

3. 单体构件拼装

木质单体构件拼装成单元体形式多种多样，有板与板组合框格式、方木骨架与板组合框格式、盒式与方板组合式、盒与板组合式等。木板方格式单体拼装如图2-32所示、木骨架与木单板方格式单体拼装如图2-33所示。

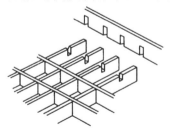 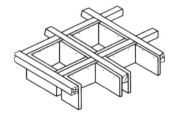

图2-32　木板方格式单体拼装　　　　　图2-33　木骨架与木单板方格式单体拼装

木质单体构件所用板条规格通常为厚9~15mm、宽120~200mm，长度按照设计定；方木一般规格为50mm×50mm。一般均为优质实木板或胶合板。板条及方木均需干燥，含水量控制严一些（不大于8%，质量分数），不得使用易变形翘曲的树种加工的板条及方木。板条及方木均需经刨平、刨光、砂纸打磨，使规格尺寸一致后方能开始拼装。拼装后的吊顶形式如图2-34~图2-36所示。

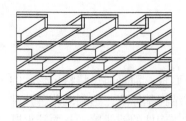
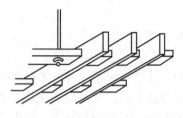
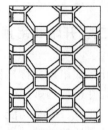

图2-34　盒子板与方板拼装的　　　图2-35　木条板拼装的开敞吊顶　　　图2-36　多边形与方形单体
　　　　　吊顶形式　　　　　　　　　　　　　　　　　　　　　　　　　　　　组合构造示意

　　木质单体构件拼装方法可按一般木工操作方法进行，即开槽咬接、加胶钉接、开槽开榫加胶拼接、或配以金属连接件加木螺钉连接等。拼装后的木质单元体的外表应平整光滑、连接牢固、棱角顺直、不显接缝、尺寸一致，并在适当位置留出单元体与单元体连接用的直角铁或异形连接件，连接件的形式如图2-37所示。其中盒子板组装时应注意四角方正、对缝严密、接头处胶结牢固，对缝处最好采用加胶加钉的固定连接方式，使其不易产生变形，如图2-38所示。

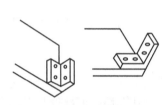
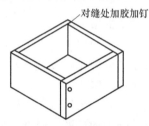

图2-37　分片组装的端头连接件　　　　　　　图2-38　矩形板对缝固定示意

　　单元体的大小以方便安装而又能减少安装接头为准。木质单元体在地面组装成型后，宜逐个按设计要求做好防腐、防火的表面涂饰工作，并对外露表面面层按设计要求进行刮腻子、刷底层油、中层油等工作，最后一道饰面层待所有单元体拼装完成后，统一进行施工。

4. 单元安装固定

　　（1）吊杆固定　吊点的埋设方法与前面各类吊顶原则上相同，但吊杆必须垂直于地面，且能与单元体无变形的连接，因此吊杆的位置可移动调整，待安装正确后再进行固定。吊杆左右位置调整构造如图2-39所示，吊杆高低位置调整构造如图2-40所示。

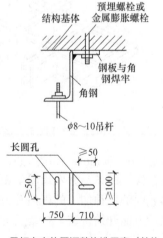
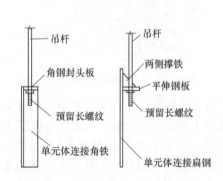

图2-39　吊杆左右位置调整构造示意（单位：mm）　　　图2-40　吊杆高低位置调整构造示意

（2）单元体安装固定 木质单元体之间的连接，可在其顶面加铁板或角部加角钢，以木螺钉进行固定。安装悬吊方式可视实际情况选择间接安装或直接安装。间接安装是将若干个（片）单元体在地面通过卡具和钢管临时组装成整体，将组装的整体全部举起穿上吊杆螺栓调平后固定。直接安装是举起单元体，直接一个一个地穿上吊杆并进行调平固定。

单元体的安装应从一个角边开始，循序安装到最后一个角边为止。较难安装的最后一个单元体，事先预留几块单体构件不拼装，留一定空间将一个单元体或预留的几块单体构件用钉加胶补上，最后将整个吊顶顶棚沿墙柱面连接固定，防止产生晃动。

5. 饰面成品保护

木质开敞式吊式顶棚均需要进行表面终饰。最终涂饰一般是涂刷高级清漆，露出自然木纹。当完成最终涂饰后安装灯饰等物件时，工人必须带干净的手套进行仔细操作，对成品进行认真保护，以防止污染最终饰面层。必要时应覆盖塑料布、编织布应加以保护。

（二）金属格片型开敞式吊顶施工

格片型金属单体构件拼装方式较为简单，只需将金属格片按排列图案先裁锯成规定长度，然后卡入特制的格片龙骨卡口内即可，如图2-41所示。

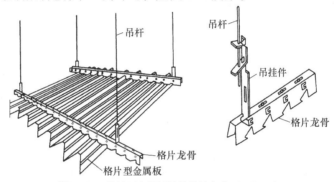

图2-41 格片型金属板单体构件安装及悬吊示意

需要注意的是格片斜交布置式的龙骨需长短不一，每根均不相同，宜先放样后下料，另在地面上搭架拼成方形或矩形单元体，然后进行吊装；格片纵横布置式及十字交叉布置式可先拼成方形或矩形单元体，然后一块块进行吊装，也可先将龙骨安装好，一片片往龙骨卡口内卡入。十字交叉式格片安装时，需采用专用特制的十字连接件，并用龙骨骨架固定其十字连接件，其连接示意如图2-42所示。

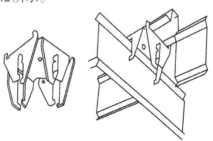

(a)十字连接件　(b)格片金属板的十字形连接
图2-42 格片型金属板的单体十字连接示意

（三）金属复合单板网络格栅型开敞式吊顶施工

1. 单体构件拼装

复合单板网络格栅型金属单体构件拼装一般都是以金属复合吸声单板，通过特制的网络支架嵌插而组成不同的平面几何图案，如三角形、纵横直线形、四边形、菱形、工字形、六角形等，或将两种以上几何图形组成复合图案，如图2-43~图2-46所示。

2. 单体安装固定

格片型金属单元体安装固定一般用圆钢吊杆及专门配套的吊挂件（参见图2-41）与龙骨连接。此种吊挂件可沿吊杆上下移动（压紧两片簧片即松、放松簧片即卡紧），对调整龙骨平整度十分方便。

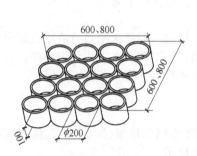

图2-43 铝合金圆筒形天花板构造示意（单位：mm）

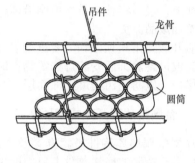

图2-44 铝合金圆筒形天花板吊顶基本构造示意

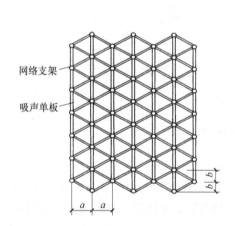

图2-45 网络格栅型吊顶平面效果示意（a、b尺寸由设计决定）

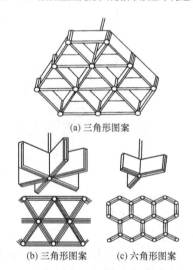

图2-46 利用网络支架作不同的插接形式

安装时可先组成单元体（圆形、方形或矩形体），再用吊挂的构件将龙骨与吊杆连接固定并调平即可。也可将龙骨先安装好，一片片单独卡入龙骨口内。无论采用何种方法安装，均应将所有龙骨相互连接成整体，且龙骨两端应与墙柱面连接固定，避免整个吊顶棚晃动。安装宜从角边开始，最后一个单元体留下数个格片先不勾挂，等待固定龙骨后再挂。

3. 单元安装固定

（1）吊顶吊杆固定　此种吊顶顶棚吊点位置即吊杆位置亦十分准确，参见图2-39所示方法。网络支架所用吊杆两端均应有螺纹，上端用于和结构基体上连接件固定，下端用于和网络支架连接，吊杆规格按网络体的单位面积重量经计算确定，一般可用直径为10mm左右的圆钢制成。

（2）单元安装固定　此种网络格栅单元体整体刚度比较好，一般可以逐个单元体直接用人力抬举至结构基体上进行安装。安装时应从一个角边开始，按照顺序以次展开。应注意控制调整单元体与单元体之间的连接板，接头处的间距及方向应十分准确，否则插不到网络支架的插槽内。

在具体操作时，可待第一个网络单元体按照弹出线的位置安装固定，再临时固定第二个网络单元体的中间一个网络支架，下面用人扶着，使其可稍做转动和移动，同时将数块接头的板向第一个单元体及第二个单元体相连接的两个网络支架槽插口内由下往上插入，边插入边调平第二个单元体并将之固定好，随之将此数块接头板往上推到位，再分别安装上连接件及下封盖，并补上其他接头板。

（四）铝合金格栅型开敞式吊顶施工

金属格栅型开敞式吊式顶棚施工中，应用较广泛的铝合金格栅，系用双层0.5mm厚的薄铝板加工而成，其表面色彩多种多样，形式如图2-47所示，规格尺寸如表2-11所列。单元体组合尺寸一般为610mm×610mm左右。有多种不同格片形状的，但组成开敞式吊顶的平面图案大同小异，目前有GD1、GD2、GD3、GD4等4种，分别如图2-48~图2-51所示及相应的表2-12~表2-14所列。其中GD1型铝合金条并不能组成吊顶顶棚的网格效果，又与前述格片金属单体构件形状相异，但组装为开敞式吊顶顶棚后仍呈光栅形式，故也列入格栅型单体构件组合类别之中。

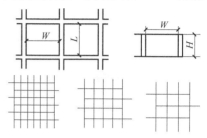

图2-47　常用的铝合金格栅形式

表2-11　常用的铝合金格栅单体构件尺寸

规格	宽度 W/mm	长度 L/mm	高度 H/mm	体积质量/(kg/m³)
I	78	78	50.8	3.9
II	113	113	50.8	2.9
III	143	143	50.8	2.0
III	143	143	50.8	2.0

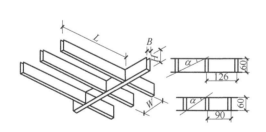

图2-48　GD1型铝合金格条吊顶组合形式（单位：mm）

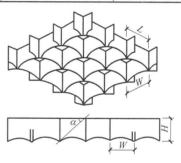

图2-49　GD2型格栅吊顶组装形式

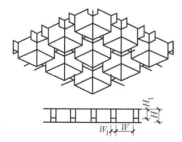

图2-50　GD3型格栅吊顶组装形式

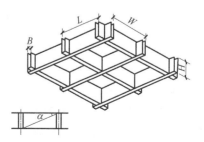

图2-51　GD4型格栅吊顶组装形式

表2-12 GD1格条式顶棚规格　　　　　　　　　单位：mm

型　号	规格 $L \times H \times W$	厚度	遮光角 α	型　号	规格 $L \times H \times W$	厚度	遮光角 α
GDl-1	1260×60×90	10	3°~37°	GDl-3	1260×60×126	10	3°~27°
GDl-2	630×60×90	10	5°~37°	GDl-4	630×60×126	10	5°~27°

表2-13 GD2格条式顶棚规格　　　　　　　　　单位：mm

型　号	规格 $L \times H \times W$	遮光角 α	厚度	分格
GDl-1	25×25×25	45°	0.80	600×1200
GDl-2	40×40×40	45°	0.80	600×600

表2-14 GD3、GD4格条式顶棚规格　　　　　　　　　单位：mm

型　号	规格 $W \times H \times W_1 \times H_1$	分格	型号	规格 $W \times L \times H$	厚度	遮光角 α
GD3-1	26×30×14×22	600×600	GD3-1	90×90×60	10	37°
GD3-2	48×50×14×36	—	GD3-2	125×125×60	10	27°
GD3-3	62×60×18×42	1200×1200	GD3-3	158×158×60	10	22°

1. 施工准备工作

铝合金格栅型开敞式吊顶施工准备工作，与前述各类开敞式吊顶顶棚基本相同。由于铝合金格栅形单元比前述木质、格片质、网络型单元体整体刚度较差，所以吊装时多用通长钢管和专用卡具、或不用卡具而采用带卡口的吊管，或预先加工好悬吊骨架，将多个单元体组装在一起吊装。此时吊点位置及相应吊杆数量较少，所以应按事先选定的吊装方案设计好吊点位置，并埋设或安装好吊点连接件。

2. 单体构件拼装

当格栅型铝合金板采用标准单体构件（普通铝合金板条）时，其单体构件之间的连接拼装，使用与网络支架作用相似的托架及专用十字连接件连接，如图2-52所示。当采用如表2-12~表2-14所列铝合金格栅式的标准单体构件时，通常是采用插接、挂接或榫接的方法，如图2-53所示。

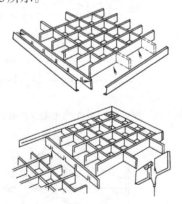 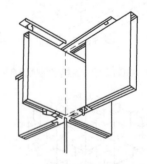

图2-52 铝合金格栅以十字连接件进行组装示意　　图2-53 铝合金格栅型吊顶板拼装示意

（1）吊杆固定　按照上述图2-39所示方法固定吊杆，此种方法可以调准吊杆位置。

（2）单元体安装　铝合金格栅型吊顶顶棚安装一般有两种方法：第一种方法是将组装后的格栅单元体直接用吊杆与结构基体相连，不另设骨架支承。此种方法使用吊杆较多，施工速度较慢。第二种方法是将数个格栅单元体先固定在骨架上，并相互连接调平形成一局部整体，再将整个举起，将骨与结构基体相连。

第二种方法使用吊杆较少，施工速度较快，使用专门的卡具先将数个单元体连成整体，再用通长的钢管将其与吊杆连接固定，如图2-54所示；再用带有卡口的"吊管"和插管，将数个单元体承担住，从而连成一个整体，用吊杆将"吊管"固定于结构的基体下，如图2-55所示。单体构件拼装时即把悬吊骨架与其连成局部整体、而后悬吊固定于结构基体下，如图2-56所示。不论采用何种安装方式均应及时与墙柱面连接。

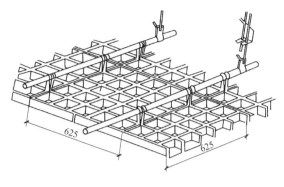

图2-54　使用卡具和通长钢管安装示意

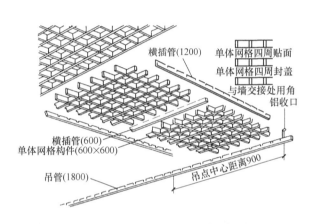

图2-55　不用卡具的吊顶安装构造示意

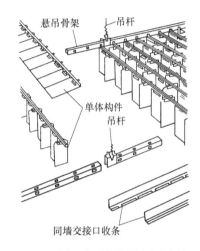

图2-56　预先加工好悬挂构造的吊顶安装示意

（3）龙骨架分片间的连接　当两个分片骨架在同一平面对接时骨架的端头要对正，然后用短木方进行加固。对于一些重要部位或有附加荷载的吊顶，骨架分片可以先用一根木方将上下两平面的龙骨斜拉就位，再将上下平面的龙骨用垂直的木方条连接固定。

（4）吊顶骨架的整体调整　各分片木龙骨连接固定后，在整个吊顶面的下面拉十字交叉线，以便检查吊顶龙骨架的整体平整度。吊顶龙骨架子如果有不平整之处，则应再调整吊杆与龙骨架的距离。

对于一些面积较大的木骨架吊顶，为有利于平衡装饰面的重力以及减少视觉上的下坠感，通常要有一定的起拱。在一般情况下，吊顶的起拱度可以按照其中间部分的起拱度尺寸略大于房间短向跨度的1/200即可。

第五节　吊顶装饰工程施工质量验收标准

房屋吊顶是现代建筑室内装饰中非常重要的一部分，它是围成室内空间除墙体、地面以外的另一主要组成。工程实践充分证明，吊顶的施工质量优劣直接影响整个建筑室内空间的装饰效果和美观，因此对吊顶工程施工质量的管理就显得尤为重要。

从总体上讲，吊顶工程的施工质量主要应符合下列要求：①吊顶工程所用材料的品种、形式、颜色以及基层构造、固定方法等均应符合设计要求；②安装必须牢固稳定、使用安全、分格均匀、线条顺直、表面平整、整体美观；③罩面板与龙骨应连接紧密，表面应平整，不得有污染、折裂、缺棱掉角、锤伤等缺陷，接缝应均匀一致，粘贴的罩面不得有脱层，胶合板不得有刨切穿透之处，搁置的罩面板材不得有漏、透、翘角现象；④吊顶工程安装的允许偏差应符合设计和国家现行标准的要求。

吊顶装饰工程质量管理是指对建筑装饰工程产品，按照国家现行标准，使用规定的检验方法，对规定的验收项目，进行质量检测和质量等级评定等工作。吊顶装饰工程质量质量管理的方法有观察、触摸、听声等方式，常用的检测工具有钢尺、卷尺、塞尺、靠尺或靠板、托线板、直角卡尺及水平尺等。

根据现行国家标准《建筑装饰装修工程质量验收标准》（GB 50210—2018）中的有关规定，吊顶装饰工程应按照整体面层吊顶工程、板块面层吊顶工程和格栅吊顶工程等进行验收。

一、吊顶施工质量的一般规定

（1）根据现行国家标准《建筑装饰装修工程质量验收标准》（GB 50210—2018）中的规定，吊顶工程质量管理的一般规定适用于整体面层吊顶、板块面层吊顶和格栅吊顶等分项工程的质量验收。整体面层吊顶包括以轻钢龙骨、铝合金龙骨和木龙骨等为骨架，以石膏板、水泥纤维板和木板等为整体面层的吊顶；板块面层吊顶包括以轻钢龙骨、铝合金龙骨和木龙骨等为骨架，以石膏板、金属板、矿棉板、木板、塑料板、玻璃板和复合板等为板块面层的吊顶；格栅吊顶包括以轻钢龙骨、铝合金龙骨和木龙骨等为骨架，以金属、木材、塑料和复合材料等为格栅面层的吊顶。

（2）吊顶工程验收时应检查下列文件和记录：①吊顶工程的施工图、设计说明及其他设计文件；②材料的产品合格证书、性能检验报告、进场验收记录和复验报告；③隐蔽工程验收记录；④施工记录。

（3）吊顶工程应对人造木板的甲醛释放量进行复验，必须符合现行国家标准《民用建筑工程室内环境污染控制标准》（GB 50325—2020）中的规定。

（4）为了既保证吊顶工程的使用安全，又做到竣工验收时不破坏饰面，吊顶工程的隐蔽工程验收非常重要。吊顶工程应对下列隐蔽工程项目进行验收：①吊顶内管道、设备的安装及水管试压；②木龙骨防火、防腐处理；③预埋件或拉结筋；④吊杆安装；⑤龙骨安装；⑥填充材料的设置；⑦反支撑及钢结构转换层。

（5）各分项工程的检验批应按下列规定划分：同一品种的吊顶工程每50间（大面积房间和走廊按吊顶面积30m²为一间）应划分为一个检验批，不足50间的也应当划分为一个检验批。

（6）检查数量应符合下列规定：每个检验批应至少抽查10%，并不得少于3间；不足3间时应全数检查。

（7）安装龙骨前，应按设计要求对房间净高、洞口标高和吊顶内管道、设备及其支架的标高进行交接检验。

（8）吊顶工程的木吊杆、木龙骨和木质饰面板必须进行防火处理，并应符合现行国家标准《建筑内部装修设计防火规范》（GB 50222—2017）规定中A级或B1级的标准。

（9）吊顶工程中的预埋件、钢筋吊杆和型钢吊杆应进行防锈处理。

（10）在安装吊顶饰面板前，应完成吊顶内管道和设备的调试及验收。

（11）吊杆距主龙骨端部距离不得大于300mm，当大于300mm时应增加吊杆。当吊杆长度大于1500mm时，应设置反支撑。当吊杆与设备相遇时，应调整并增设吊杆或采用型钢支架。

（12）重型设备和有振动荷载的设备严禁安装在吊顶工程的龙骨上。

（13）吊顶的预埋件与吊杆的连接、吊杆与龙骨的连接、龙骨与面板的连接应安全可靠。

（14）吊杆上部为网架、钢屋架或吊杆长度大于2500mm时，应设有钢结构转换层。

（15）大面积或狭长形吊顶面层的伸缩缝及分格的缝隙应符合设计要求。

二、整体面层吊顶工程验收标准

整体面层吊顶工程施工质量管理适用于以轻钢龙骨、铝合金龙骨、木龙骨等为骨架，以石膏板、金属板、矿棉板、木板、塑料板或格栅等为饰面材料的吊顶工程质量验收。根据现行国家标准《建筑装饰装修工程质量验收标准》（GB 50210—2018）中的规定，暗龙骨吊顶工程的质量验收应符合下列要求。

（一）整体面层吊顶工程施工质量管理的主控项目

（1）吊顶标高、尺寸、起拱和造型应符合设计要求。

检验方法：观察；尺量检查。

（2）面层材料的材质、品种、规格、图案、颜色和性能应符合设计要求及国家现行标准的有关规定。

检验方法：观察；检查产品合格证书、性能检测报告、进场验收记录和复验报告。

（3）整体面层吊顶工程的吊杆、龙骨和饰面材料的安装必须牢固。

检验方法：观察；手扳检查；检查隐蔽工程验收记录和施工记录。

（4）吊杆和龙骨的材质、规格、安装间距及连接方式应符合设计要求。金属吊杆、龙骨应经过表面防腐处理；木吊杆、龙骨应进行防腐、防火处理。

检验方法：观察；尺量检查；检查产品合格证书、性能检测报告、进场验收记录和隐蔽工程验收记录。

（5）石膏板、水泥纤维板的接缝应按其施工工艺标准进行板缝防裂处理。安装双层石膏板时，面层板与基层板的接缝应错开，并不得在同一根龙骨上接缝。

检验方法：观察。

（二）整体面层吊顶工程施工质量管理的一般项目

（1）面层材料表面应洁净、色泽一致，不得有翘曲、裂缝及缺损。压条应平直、宽窄一致。

检验方法：观察；尺量检查。

（2）面板上的灯具、烟感器、喷淋头、风口篦子和检修口等设备的位置应合理、美观，与饰面板的交接应吻合、严密。

检验方法：观察。

（3）金属龙骨的接缝应均匀一致，角处的缝隙应吻合，表面应平整，无翘曲和锤印。木质吊杆、龙平应顺直，无劈裂和变形。

检验方法：检查隐蔽工程验收记录和施工记录。

（4）吊顶内填充吸声材料的品种和铺设厚度应符合设计要求，并应有防散落措施。

检验方法：检查隐蔽工程验收记录和施工记录。

（5）整体面层吊顶工程安装的允许偏差和检验方法应符合表2-15的规定。

表2-15　整体面层吊顶工程安装的允许偏差和检验方法

项次	项目	允许偏差/mm	检验方法
1	表面平整度	3	用2m靠尺和塞尺检查
2	缝格、凹槽直线度	3	拉5m线，不足5m拉通线，用钢直尺检查

三、板块面层吊顶工程验收标准

板块面层吊顶工程施工质量管理适用于以轻钢龙骨、铝合金龙骨、木龙骨等为骨架，以石膏板、金属板、矿棉板、塑料板、玻璃板或格栅等饰面材料吊顶工程的质量验收。根据现行国家标准《建筑装饰装修工程质量验收标准》（GB 50210—2018）中的规定，板块面层吊顶工程的质量验收应符合下列要求。

（一）板块面层吊顶工程施工质量管理的主控项目

（1）吊顶标高、尺寸、起拱和造型应符合设计要求。
检验方法：观察；尺量检查。
（2）面层材料的材质、品种、规格、图案、颜色和性能应符合设计要求及国家标准的有关规定。当饰面材料为玻璃板时应使用安全玻璃或采取可靠的安全措施。
检验方法：观察；检查产品合格证书、性能检测报告、进场验收记录和复验报告。
（3）面板材料的安装应稳固严密。面板材料与龙骨的搭接宽度应大于龙骨受力面宽度的2/3。
检验方法：观察；手扳检查；尺量检查。
（4）吊杆和龙骨的材质、规格、安装间距及连接方式应符合设计要求。金属吊杆和龙骨应进行表面防腐处理；木龙骨应进行防腐、防火处理。
检验方法：观察；尺量检查；检查产品合格证书、性能检验报告、进场验收记录和隐蔽工程验收记录。
（5）板块面层吊顶工程的吊杆和龙骨安装必须牢固。
检验方法：手扳检查；检查隐蔽工程验收记录和施工记录。

（二）板块面层吊顶工程施工质量管理的一般项目

（1）面板材料表面应洁净、色泽一致、不得有翘曲、裂缝及缺损。饰面板与明龙骨的搭接应平整、吻合，压条应平直、宽窄一致。
检验方法：观察；尺量检查。
（2）面板上的灯具、烟感器、喷淋头、风口篦子等设备设施的位置应合理、美观，与饰面板的交接应吻合、严密。
检验方法：观察。
（3）金属龙骨的接缝应平整、吻合、颜色一致，不得有划伤、擦伤等表面缺陷。木质龙骨应平整、顺直，应无劈裂。
检验方法：观察。
（4）吊顶内填充吸声材料的品种和铺设厚度应当符合设计要求，并应有防止散落的技术措施。

检验方法：检查隐蔽工程验收记录和施工记录。

（5）板块面层吊顶工程安装的允许偏差和检验方法应符合表2-16的规定。

表2-16　板块面层吊顶工程安装的允许偏差和检验方法

项次	项目	允许偏差/mm				检验方法
		石膏板	金属板	矿棉板	木板、塑料板、玻璃板、复合板	
1	表面平整度	3.0	2.0	3.0	2.0	用2m靠尺和塞尺检查
2	接缝直线度	3.0	2.0	3.0	3.0	拉5 m线，不足5 m拉通线，用钢直尺检查
3	接缝高低差	1.0	1.0	1.0	1.0	用钢直尺和塞尺检查

四、格栅面层吊顶工程验收标准

格栅吊顶工程质量管理适用于以轻钢龙骨、铝合金龙骨、木龙骨等为骨架，以金属、木材、塑料、复合材料等为饰面材料的格栅吊顶工程的质量验收。

（一）格栅吊顶工程质量控制的主控项目

（1）吊顶标高、尺寸、起拱和造型应符合设计要求。

检验方法：观察；尺量检查。

（2）格栅的材质、品种、规格 、图案和颜色应符合设计要求及国家现行标准、规范的有关规定。

检验方法：观察；检查产品合格证书、性能检验报告和进场验收记录和复验报告。

（3）吊杆、龙骨的材质、规格、安装间距及连接方式应符合设计要求。金属吊杆、龙骨应进行表面防腐处理；木龙骨应进行防腐、防火处理。

检验方法：观察；尺量检查；检查产品合格证书、性能检验报告、进场验收记录和隐蔽工程验收记录。

（4）格栅吊顶工程的吊杆、龙骨和格栅的安装必须牢固。

检验方法： 观察；手扳检查；检查隐蔽工程验收记录和施工记录。

（二）格栅吊顶工程质量管理的一般项目

（1）格栅表面应洁净、色泽一致，不得有翘曲、裂缝及缺损。栅条的角度应一致，边缘整齐，接口无错位。压条应平直、宽窄一致。

检验方法：观察；尺量检查。

（2）吊顶的灯具、烟感器、喷淋头、风口篦子、检修口等设备设施的位置应合理、美观，与格栅"套割"的交接处应吻合、严密。

检验方法：观察。

（3）金属龙骨的接缝应平整、吻合、颜色一致，不得有划伤、擦伤等表面缺陷。木质龙骨应平整、顺直，应无劈裂。

检验方法：观察。

（4）吊顶内填充吸声材料的品种和铺设厚度应符合设计要求，并应有防散落措施。

检验方法：检查隐蔽工程验收记录和施工记录。

（5）格栅吊顶内楼板、管线设备等饰面处理应符合设计要求，吊顶内各种设备管线布置应合理、美观。

检验方法：观察。

（6）格栅吊顶工程安装的允许偏差和检验方法应符合表2-17的规定。

表2-17　格栅吊顶工程安装的允许偏差和检验方法

项次	项目	允许偏差/mm		检验方法
		金属格栅	木格栅、塑料格栅、复合材料格栅	
1	表面平整度	2	3	用2m靠尺和塞尺检查
2	格栅直线度	2	3	拉5 m线,不足5 m拉通线,用钢直尺检查

第六节　吊顶工程施工质量问题与防治措施

吊顶工程是室内装饰的主要组成部分，随着人们对物质文明和精神文明要求的提高，对室内吊顶工程的质量和审美也随之提高，吊顶工程的投资比重也越来越大，现在已占室内装饰总投资的30%~50%，有的占的比例更高。因此，吊顶工程的装饰装修一定按照国家有关规定施工，尽可能避免出现质量问题，对于已经出现的质量缺陷应当采取有效的技术措施，经过必要的维修和返修，使其达到现行的有关质量标准的要求。

一、吊顶龙骨质量问题与防治

（一）木吊顶龙骨拱度不匀

1. 质量问题

木吊顶龙骨装铺后，其下表面的拱度不均匀、不平整，甚至形成波浪形；木吊顶龙骨周边或四角与中间标高不同；木吊顶完工后经过短期使用产生凹凸变形。

2. 原因分析

（1）木吊顶龙骨选用的材质不符合要求，变形大、不顺直、有疤节、有硬弯，施工中又难于调直；木材的含水率较大，在施工中或交工后产生收缩翘曲变形。

（2）不按有关施工规程进行操作，施工中吊顶龙骨四周墙面上未弹出施工中所用的水平线，或者弹线不准确，中间未按规定起拱，从而造成拱度不匀。

（3）设置的吊杆或吊筋的间距过大，吊顶龙骨的拱度不易调整均匀。同时，在龙骨受力后易产生挠度，造成凹凸不平。

（4）木吊顶龙骨接头装铺不平或搭接时出现硬弯，直接影响吊顶的平整度，从而造成龙骨拱度不匀。

（5）受力节点结合不严密、不牢固，受力后产生位移变形。这种质量问题比较普遍，常见的有以下几种。

① 在装铺吊杆、吊顶龙骨接头时，由于木材材质不良或选用钉的直径过大，节点端头被钉劈裂，出现松动而产生位移。

② 吊杆与吊顶龙骨未采用半燕尾榫相连接，极容易造成节点不牢或使用不耐久的弊病，

从而形成龙骨拱度不匀。

③ 位于钢筋混凝土板下的吊顶，如果采用螺栓固定龙骨时，吊筋螺母处未加垫板，龙骨上的吊筋孔径又较大，受力后螺母被旋进木料内，造成吊顶局部下沉；或因为吊筋长度过短不能用螺母固定，导致吊筋间距增大，受力后变形也必然增大。

④ 位于钢筋混凝土板下的吊顶，如果采用射钉锚固龙骨时，射钉未射入或固定不牢固，会造成吊点的间距过大，在承受荷载后，射钉产生松动或脱落，从而使龙骨的挠度增大、拱度不匀。

3. 预防措施

（1）首先应特别注意选择合适的木材，木吊顶龙骨应选用比较干燥的松木、杉木等软质木材，并防止制作与安装时受潮和烈日暴晒；不要选用含水率过大、具有缺陷的硬质木材，如桦木和柞木等。

（2）木吊顶龙骨在装铺前，应按设计标高在四周墙壁上弹线找平，作为龙骨安装的标准；在龙骨装铺时四周以弹线为准，中间按设计进行起拱，起拱的高度应当为房间短向跨度的1/200，纵横拱度均应吊匀。

（3）龙骨及吊顶龙骨的间距、断面尺寸，均应符合设计要求；木料应顺直，如果有硬弯，应将硬弯处锯掉，调整顺直后再用双面夹板连接牢固；木料在两个吊点间如果稍有弯度，使用时应将弯度向上，以替代起拱。

（4）各受力节点必须装铺严密、牢固，符合施工规范质量要求。对于各受力节点可以采取以下措施。

① 木吊顶的吊杆和接头夹板必须选用优质软木制作，钉子的长度、直径、间距要适宜，既能满足强度的要求，装铺时又不能出现劈裂。

② 吊杆与龙骨连接应采用半燕尾榫，如图2-57所示，交叉地钉固在吊顶龙骨的两侧，以提高其稳定性；吊杆与龙骨必须切实钉牢，钉子的长度为吊杆木材厚度的2.0~2.5倍，吊杆端头应高出龙骨上皮40mm，以防止装铺时出现劈裂，如图2-58所示。

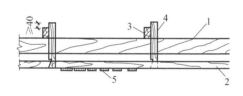

图2-57 半燕尾榫示意
1—屋架下弦；2—吊顶龙骨；3—龙骨；4—吊杆；5—板条

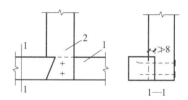

图2-58 木屋架吊顶（单位：mm）
1—吊顶龙骨；2—吊杆

③ 如果采用"吊筋"固定的龙骨，其"吊筋"的位置和长度必须埋设准确，吊筋螺母处必须设置垫板。如果木料有弯曲与垫板接触不严，可利用撑木、木楔靠严，以防止吊顶变形。必要时应在上、下两面均设置垫板，用双螺母进行紧固。

④ 吊顶龙骨接头的下表面必须装铺顺直、平整，其接头不要在一个高程上，要相互错开使用，以加强吊顶的整体性；对于板条抹灰的吊顶，其板条接头必须分段错位钉在吊顶的龙骨上，每段错槎宽度不宜超过500mm，这样可以加强吊顶龙骨的整体刚度。

⑤ 在墙体砌筑时，应按吊顶标高沿墙牢固地预埋木砖，木砖的间距一般为1m，以便固定墙周边的吊顶龙骨，或在墙上按一定的间距留洞，把吊顶龙骨固定在墙内。

⑥ 如果采用射钉进行锚固时，射钉必须射入墙内要求的深度并牢固，射钉的间距一般不宜大于400mm。

（5）对于木吊顶，应在其内设置通风窗，使木骨架处于通风干燥的环境中，以防止木材产生过大的湿胀干缩变形；在室内进行抹灰时应将吊顶通风孔封严，待墙面完全干燥后再将通风孔打开，使吊顶保持干燥环境。

4. 处理方法

（1）如果木吊顶龙骨的拱度不匀，局部超过允许的误差比较大时，可利用吊杆或吊筋螺栓的松紧来调整拱度。

（2）如果"吊筋"螺母处未加垫板，应及时卸下螺母加设垫板，并把吊顶龙骨的拱度调匀；如果因"吊筋"长度过短不能用螺母固定，可用电焊法将螺栓加长，并安好垫板和螺母，把吊顶龙骨的拱度调匀。

（3）如果吊杆被钉劈裂而使节点松动时，必须将已劈裂的吊杆换掉；如果吊顶龙骨接头有硬弯时，应将硬弯处的夹板起掉，调整顺直后再钉牢。

（4）如果因射钉松动而使节点不牢固时，必须补射射钉加以固定。如果射钉不能满足节点荷载时应改用膨胀螺栓进行锚固。

（二）轻钢龙骨纵横方向线条不直

1. 质量问题

吊顶的龙骨安装后，主龙骨和次龙骨在纵横方向上存在着不顺直、有扭曲、歪斜现象；主龙骨的高低位置不同，使得下表面的拱度不均匀、不平整，个别甚至成波浪线；有的吊顶完工后，经过短期使用就产生凹凸变形。

2. 原因分析

（1）主龙骨和次龙骨在运输、保管、加工、堆放和安装中受到扭折，在安装时虽然经过修整，仍然达不到规范要求，安装后形成龙骨纵横方向线条不直。

（2）龙骨设置的吊点位置不正确，特别是吊点距离不均匀，有的吊点间距偏大，由于各个吊点的拉牵力不均匀，则易形成龙骨线条不直。

（3）在进行龙骨安装施工中，未拉通线全面调整主龙骨、次龙骨的高低位置，从而形成安装的龙骨在水平方向高低不平。

（4）在测量确定吊顶水平线时，误差超过规范规定，中间的水平线起拱度不符合规定，在承担全部荷载后不能达到水平。

（5）在龙骨安装完毕后，由于施工过程中不加以注意，造成局部施工荷载过大，从而导致龙骨局部产生弯曲变形。

（6）由于吊点与建筑主体固定不牢、或吊挂连接不牢、或吊杆强度不够等原因，使吊杆产生不均匀变形，出现局部下沉过大，从而形成龙骨纵横方向线条不直。

3. 预防措施

（1）对于受扭折较轻的杆件，必须在校正完全合格后才能用于龙骨；对于受扭折较严重的主龙骨和次龙骨，一律不得用于骨架。

（2）按照设计要求进行认真弹线，准确确定龙骨的吊点位置，主龙骨端部或接长部位应当增设吊点，吊点间距不宜大于1.2m。吊杆距主龙骨端部距离不得大于300mm，当大于300mm时应适当增加吊杆。当吊杆长度大于5m时应设置反支撑。当吊杆与设备的位置发生矛盾时应调整并增设吊杆。

（3）四周墙面或柱面上，也要按吊顶高度要求弹出标高线，弹线位置应当正确，线条应当清楚，一般可采用水柱法弹出水平线。

（4）将龙骨与吊杆进行固定后，按标高线调整龙骨的标高。在调整时一定要拉上水平通线，按照水平通线对吊杆螺栓进行调整。大房间可根据设计要求进行起拱，起拱度一般为1/200。

（5）对于不上人的吊顶，在进行龙骨安装时，挂面不应挂放施工安装器具；对于大型上人吊顶，在龙骨安装完毕后，应为机电安装等人员铺设通道板，避免龙骨承受过大的不均匀荷载而产生不均匀变形。

4. 处理方法

对于已出现的龙骨纵横方向线条不直质量问题，如果不十分严重可以采用以下两种措施进行处理。

① 利用吊杆或吊筋螺栓调整龙骨的拱度，这是一种简单有效的处理方法。

② 对于膨胀螺栓或射钉的松动、虚焊脱落等而造成的龙骨不直，应当采取补钉补焊措施。

（三）吊顶造型不对称，布局不合理

1. 质量问题

在吊顶罩面板安装后，发现吊顶造型不对称，罩面板布局不合理，严重影响吊顶表面美观达不到质量验收标准。

2. 原因分析

（1）没有根据吊顶房间内的实际情况弹好中心"十"字线，使施工中没有对称控制线，从而造成吊顶造型不对称，罩面板布局不合理。

（2）未严格按照规定排列、组装主龙骨、次龙骨和边龙骨，结果造成吊顶骨架就不对称，则很难使整个吊顶达到对称。

（3）在铺设罩面板时，其施工流向不正确，违背了吊顶工程施工的规律，从而造成造型不对称，布局不合理。

3. 防治措施

（1）在进行吊顶正式安装前，先按照吊顶的设计标高和房间内实际情况，在房间四周弹出施工水平线，然后在水平线位置拉好"十"字中心线，作为吊顶施工的基准线，以便控制吊顶的标高和位置。

（2）严格按照设计要求布置各种龙骨，在布置中要随时对照检查图纸的对称性和位置的准确性，随时纠正安装中出现的问题。

（3）罩面板一般应从中间向四周进行铺设，中间部分先铺整块的罩面板，余量应平均分配在四周最外的一块，或者不被人注意的次要部位。

二、抹灰吊顶质量问题与防治

抹灰吊顶是吊顶装饰工程中结构最简单的一种形式，其主要由板条和灰浆层组成，具有施工简单、材料丰富、造价低廉等优点，但存在装饰性较差、耐久性不良、表面易开裂等缺点，一般仅适用于档次较低的建筑室内吊顶工程。

（一）苇箔抹灰吊顶面层不平

1. 质量问题

坡屋顶房屋采用苇箔吊顶，不仅施工非常简单、比较美观坚固，而且苇箔资源非常充足，价格木板条便宜很多，这是有些农村建房比较理想的吊顶形式和施工方法。苇箔抹灰吊

顶抹灰面层产生下挠，出现凹凸不平质量问题，虽然对工程安全性影响不大，但严重影响其装饰效果。

2. 原因分析

（1）抹灰的基层面苇箔铺设厚度不匀，尤其是在两苇箔的接头处，常出现搭接过厚的现象，有的甚至超过底层或中层抹灰的厚度。

（2）由于苇箔的接头搭茬过长，致使搭茬的端头出现翘起，从而造成面层不平，如图2-59所示。

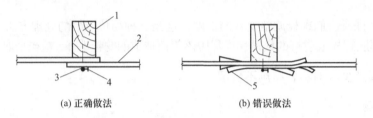

图2-59　苇箔搭茬过长出现的面层不平

1—吊顶龙骨；2—苇箔；3—铁丝；4—钉子；5—搭茬过长

（3）在固定苇箔时，由于钉子间距过大或铁丝绷得不紧，致使苇箔在两个钉子之间产生下垂，使面层出现凹凸不平，如图2-60所示。

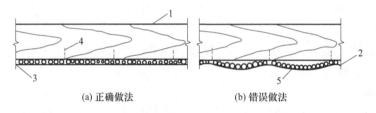

图2-60　钉子间距过大、铁丝不紧出现的面层不平

1—吊顶龙骨；2—苇箔；3—铁丝；4—钉子；5—钉子间距过大或铁丝不紧

（4）由于吊顶设置的龙骨间距过大，苇箔在受力后产生较大自向下挠曲，从而使苇箔抹灰吊顶面层不平。

3. 预防措施

（1）苇箔要进行严格进行挑选，应当选择厚度基本相同、表面比较平整、强度比较高、厚度比较薄的产品。

（2）苇箔铺设的密度要均匀适宜，其接头的搭接厚度不得超过两层苇箔的厚度，搭接的长度不宜超过80mm，苇箔的接头搭茬部位必须钉固定在吊顶龙骨上，并且一定要将苇箔固定牢固。

（3）铺钉前，将苇箔卷紧并用绳子捆牢，用尺子量出长度后进行截割。铺钉时，每隔1m用一个长50mm的钉子做临时铺钉，然后再每隔70~80mm用一个长35mm的钉子固定，随用钉子固定随用铁丝扣穿，并将铁丝拉直绷紧，以确保苇箔面层的平整。

4. 处理方法

苇箔抹灰吊顶面层出现不平质量问题时，应根据具体情况分别采取不同的处理方法。对于不平整度比较轻微时，可以采取局部修补的方法；对于平整度超差较大时，应当根据产生的原因进行返工修整，直至符合要求为止。

（二）板条吊顶抹灰层不平整

1. 质量问题

板条吊顶抹灰层不平整，在抹灰后容易出现空鼓、开裂质量问题，不仅影响抹灰吊顶表面的美观，而且严重时会出现成片的脱落，甚至因抹灰层脱落而砸伤人员和损坏物品。

2. 原因分析

（1）基层龙骨、板条所采用的木料材质不符合设计要求，或者木材的含水率过大，龙骨截面尺寸不够，接头处不严，起拱度不准确，从而抹灰后使面层产生较大挠度，造成抹灰层不平整、空鼓和开裂。

（2）吊顶的板条没有钉牢固，板条的间隙过小或过大，两端未分段错位进行接缝，或未留出一定的缝隙，造成板条吸水膨胀和干缩应力集中，引起抹灰层表面凹凸偏差过大而使其不平整。

（3）抹灰层的厚度不均匀，灰浆与板条黏结不牢固，引起与板条方向平行的裂缝及接头处裂缝，甚至出现空鼓脱落质量问题。

3. 预防措施

（1）木板条应选用松木、杉木等优质的软木材进行制作，各板条制作质量应符合设计要求，其厚度必须加工一致，这是确保抹灰吊顶不产生开裂和空鼓的重要措施之一。

（2）如果个别板条具有硬弯缺陷，应当用钉将其固定在龙骨上，板条吊顶龙骨的间距不宜大于400mm。

（3）抹灰板条必须牢固地钉在龙骨上，板条的接头地方一般不得少于2个钉子，钉子的长度不得小于25mm；在装铺木板条时，木板条端部之间应留出3~5mm的空隙，以防止木板条受潮膨胀而产生凹凸变形。

（4）抹灰是否开裂与抹灰材料和施工工艺有密切关系，因此在进行板条吊顶设计时应当精心选材、正确配合，严格按有关操作方法进行施工。

4. 处理方法

（1）对于仅有轻微开裂而两边不空鼓的裂缝，这是比较容易处理的质量问题。可在裂缝表面用乳胶粘贴一条宽2~3cm的薄质尼龙纱布，再刮腻子喷浆进行修补，而不宜直接采用刮腻子修补的方法。

（2）对于已开裂并且两边有空鼓的裂缝，这是比较难以处理的质量问题。应当先将空鼓的部分彻底铲除干净，清理并湿润基层后，重新再用与原来相同配合比的灰浆进行修补。在进行修补时，应分多遍进行，一般应当抹灰3~4遍，最后一遍抹灰，在接缝处应留1mm左右的抹灰厚度，待以前修补的抹灰不再出现裂缝后，将接缝两边处理粗糙，最后上灰抹平压光。

（三）钢丝网抹灰吊顶不平

1. 质量问题

钢丝网抹灰吊顶面层出现下垂质量问题，致使抹灰层产生空鼓及开裂，不仅影响装饰效果，而且会发生成片脱落。

2. 原因分析

（1）用于钢丝网固定的钉子间距过大，对钢丝网拉得不紧，绑扎不牢，接头不平，从而造成抹灰吊顶不平。

（2）水泥砂浆或混合砂浆的配合比设计不良，尤其是水灰比较大，在硬化的过程中有大量水分蒸发，再加上养护条件达不到要求，很容易出现收缩裂缝。

（3）如果找平层采用麻刀石灰砂浆，底层采用水泥混合砂浆，由于两者收缩变形不同，导致抹灰吊顶产生空鼓、裂缝，甚至产生抹灰脱落等质量问题。

（4）由于施工操作不当，起拱度不符合要求等，使得抹灰层厚薄不均匀，抹灰层较厚的部位易发生空鼓、开裂质量问题。

3. 预防措施

（1）严格按照规定的施工操作方法进行施工。钢丝网抹灰吊顶的基本做法，如图2-61所示。在钢丝网拉紧扎牢后，必须进行认真检查，达到1m内的凹凸偏差不得大于10mm的标准，经检查合格后才能进行下道工序的施工。

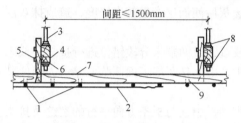

图2-61　钢丝网抹灰吊顶做法

1—骨架；2—钢丝网；3—吊筋；4—龙骨；5—吊木；
6—垫板；7—吊顶龙骨；8—双螺母固定；9—骑马钉

（2）钢丝网顶棚的基层在抹灰之前，必须进行施工验收，表面平整高差应不超过8mm；顶棚的起拱以房间短向尺寸为准，长度在4m以内为1/200，长度在4m以上为1/250，四周水平线应符合规定。

（3）钢丝网抹灰吊顶，底层和找平层应当采用相同的砂浆；当使用水泥混合砂浆时，水泥用量不宜太大，抹灰后应注意加强养护，使之在湿润空气中养护。

（4）当采用纸筋或麻刀石灰砂浆抹灰时，对于面积比较大的顶棚，需要采用加麻丝束的做法，以便加强抹灰层的黏结强度。

（5）钢丝网顶棚的"吊筋"固定必须牢固可靠，主龙骨之间的间距一般不得大于1500mm，次龙骨的间距一般不得大于400mm。

4. 处理方法

钢丝网抹灰吊顶不平的处理方法，与苇箔抹灰吊顶基本相同。对于不平整度较轻微时可采取局部修补的方法；对平整度超差较大时应当根据产生的原因进行返工修整，直至符合质量要求为止。

三、金属板吊顶质量问题与防治

金属板吊顶是以不锈钢板、铝合金板、镀锌铁板等为基板，经特殊加工处理而制成，具有质量轻、强度高、耐高温、耐高压、耐腐蚀、防火、防潮、化学稳定性好等优良性能。目前在室内装饰工程中常用的是铝合金板吊顶和不锈钢板吊顶。

（一）接缝明显质量问题

1. 质量问题

接缝明显是板块材料吊顶装饰中最常见的一种质量问题，主要表现在：由于接缝处缝隙较大，接缝处露出白茬，严重影响吊顶的装饰效果；由于接缝不平整，接缝处产生明显的错位，更加影响吊顶的美观。

2. 原因分析

（1）在金属板块进行切割时，切割线条和切割角度控制不好，造成线条不顺直，角度不准确，安装后必然出现上述质量问题。

（2）在金属板块安装前，未对切割口部位进行认真修整，造成接缝不严密。

3. 防治措施

（1）认真做好金属板块的下料工作，严格按照设计要求切割，特别要控制好线条顺直和角度准确。

（2）在金属板块安装前，应逐块进行检查，切口部位应用锉刀将其修平整，将毛刺边及不平处修整好，以便使缝隙严密、角度准确。

（3）如果安装后发现有接缝明显质量问题，在不严重的情况下可以用相同色彩的胶黏剂（如硅胶）对接口部位进行修补，使接缝比较密合，并对切白边进行遮盖。如果接缝特别明显，应将不合格板材重新更换为合格板材。

（4）固定金属板块的龙骨一定要事先调平，这是避免出现露白茬和接缝不平质量问题的基础。

（二）吊顶表面不平整质量问题

1. 质量问题

金属板吊顶安装完毕后，在金属板与板之间有明显的接茬高差，甚至产生波浪形状，使其表面很不美观，严重影响装饰效果。

2. 原因分析

（1）在金属板安装施工中未能认真按照水平标高线进行施工，从而造成板块安装高低不平，产生较大误差。

（2）在安装金属板块时，固定金属板块的龙骨未调平就进行安装，使板块受力不均匀而产生波浪形状。

（3）由于在龙骨架上直接悬吊重物而造成局部变形，这种现象一般多发生在龙骨兼卡具的吊顶形式。

（4）吊杆固定不牢固，引起局部下沉，造成金属板块局部下降，而产生吊顶不平质量问题。如吊杆本身固定不牢靠，产生松动或脱落；或吊杆未加工顺直，受力后因拉直而变长。以上两种情况均可以造成吊顶不平整。

（5）由于在运输、保管、加工或安装过程中不注意，造成金属板块自身产生变形，安装时又未经矫正，从而使吊顶产生不平。

3. 预防措施

（1）对于吊顶四周的水平标高线，应十分准确地弹到墙面上，其误差不得大于±5mm。当吊顶跨度较大时，应在中间适当位置加设标高控制点。在一个断面内应拉通线进行控制，通线一定要拉直，不得出现下沉。

（2）在安装金属板块前，首先应按照规定将龙骨调平，对于较大的跨度，应根据设计进行起拱，这是保证吊顶平整一项重要的工作。

（3）在安装较重的设备时，不能直接悬吊在吊顶上，应当另外设置吊杆，不与吊顶联系在一起，直接与结构固定。

（4）如果采用膨胀螺栓固定吊杆，应做好隐蔽工程的施工验收工作，严格按现行国家的有关规定控制膨胀螺栓的埋入深度、规格、间距等，对于关键部位的膨胀螺栓还应当进行抗拔试验。

（5）在安装金属板块前，应当逐块对金属板进行认真检查，严格控制其表面平整和边缘的顺直情况，对于不符合要求的，一定要在安装前调整合格，以避免安装后发现不合格再取下调整。

4. 处理方法

（1）对于因吊杆不牢固而造成的不平，对不牢固的吊杆一定要重新进行锚固，其关系到在长期使用中的安全问题，不得有任何马虎。

（2）对于因龙骨未调平而造成的不平，应将未调平的龙骨进行调平即可。

（3）对于已经变形的铝合金板块，在吊顶面上很难进行调整，一般应当将铝合金板块取下进行调整。

四、石膏板吊顶质量问题与防治

石膏板是以建筑石膏为主要原料制成的一种材料。它是一种质量较轻、强度较高、厚度较薄、加工方便以及隔声绝热和防火等性能较好的建筑装饰板材，在墙面、顶棚及隔断工程中是当前着重发展的绿色新型轻质板材之一。

石膏板已广泛用于住宅、办公楼、商店、旅馆和工业厂房等各种建筑物的内隔墙、墙体覆面板（代替墙面抹灰层）、天花板、吸声板、地面基层板和各种装饰板等，用于室内的不宜安装在浴室或者厨房。

我国生产的石膏板种类很多，在建筑工程中常用的主要有纸面石膏板、装饰石膏板、石膏空心条板、纤维石膏板、石膏吸声板、定位点石膏板等。这几类石膏板吊顶常见的质量问题有以下几个方面。

（一）罩面板大面积挠度明显

1. 质量问题

在吊顶的罩面板安装后，出现罩面板挠度较大，吊顶表面大面积下垂而不平整，严重影响整个吊顶的装饰性。

2. 原因分析

（1）当石膏罩面板采用黏结安装法施工时，由于涂胶不均匀、涂胶量不足、粘贴时间不当等原因，导致黏结不牢、局部脱胶，从而使石膏罩面板产生下挠变形。

（2）在吊杆安装时，由于未进行弹线定点，导致吊杆间距偏大，或吊杆间距大小不均，吊杆间距大者上的石膏罩面板则可能出现下挠变形。

（3）龙骨与墙面相隔间距偏大，致使吊顶在使用一段时间后，石膏罩面板的挠度较为明显。

（4）如果主龙骨与次龙骨的间距偏大，也会导致石膏罩面板挠度过大。

（5）当采用螺钉固定石膏板时，螺钉与石膏板边的距离大小不均匀。

（6）次龙骨的铺设方向不是与石膏板的长边垂直，而是顺着石膏罩面板长边铺设，不利于螺钉的排列。

3. 防治措施

（1）在安装吊杆时，必须按规定在楼板底面上弹出吊杆的位置线，并按照石膏罩面板的规格尺寸确定吊杆的位置，吊杆的间距应当均匀。

（2）龙骨与墙面之间的距离应不大于100mm，如果选用的石膏罩面板是尺寸较大的板材，龙骨间距以不大于500mm为宜。

（3）在使用纸面石膏板时，固定石膏板所用的自攻螺钉与板边的距离不得小于10mm，也不宜大于16mm，板中间螺钉的间距控制在150~170mm范围内。

（4）在铺设大规格尺寸的板材时，应使石膏板的长边垂直于次龙骨方向，以利于螺钉的排列。

（5）当采用黏结安装法固定罩面板时，胶黏剂应涂刷均匀、足量，不得出现漏涂，粘贴的时间要符合要求，不得过早或过迟。另外，还要满足所用胶黏剂的施工环境温度和湿度的要求。

（二）吸声板面层孔距排列不均

1. 质量问题

吸声板安装完毕后，发现板面孔距排列不均，孔眼横看、竖看和斜看均不成一条直线，有弯曲和错位现象，严重影响吊顶的美观。

2. 原因分析

（1）在板块的孔位加工前，没有根据板的实际规格尺寸对孔位进行精心设计和预排列；在加工过程中精度达不到要求，出现的偏差较大。以上两个方面是造成吸声板面层孔距排列不均的主要原因。

（2）在装铺吸声板块时，如果板块拼缝不顺直，分格不均匀、不方正，均可以造成孔距不匀、排列错位。

3. 预防措施

为确保孔距均匀、孔眼排列规整，板块应采取装匣钻孔，如图 2-62 所示，即将吸声板按计划尺寸分成板块，把板边刨直、刨光后，装入铁匣内，每次装入 12~15 块。用厚度为 5mm 的钢板做成样板，放在被钻孔板块的表面上，并用夹具夹紧进行钻孔。在钻孔时，钻头中心必须对准试样孔的中心，钻头必须垂直板面。第一铁匣板块钻孔完毕后，应在吊顶龙骨上试拼，经过反复检查完全合格无误后再继续钻孔。

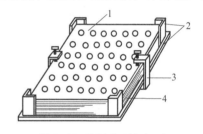

图 2-62　板块装匣钻孔示意
1—钢板样板；2—铁匣；3—夹具；4—吸声板块

4. 处理方法

吸声板面层孔距排列不均，在安装完毕后是不易修理的，所以在施工过程中要随时进行拉线检查，及时纠正孔距出现偏差的板块。

（三）拼缝不平整质量问题

1. 质量问题

当石膏板安装完毕后，在石膏板的接缝处出现不平整或错台质量问题，虽然这种质量问题不影响吊顶的使用，但严重影响吊顶的美观。

2. 原因分析

（1）在石膏板安装前，未按照规定对主龙骨与次龙骨进行调平，当石膏板固定于次龙骨上后必然出现接缝不平整或错台现象。

（2）对所用的石膏罩面板选材不认真、不配套，或板材加工不符合标准，都是造成石膏板拼缝不平整的主要原因。

（3）当采用固定螺钉的排列装铺顺序不正确，特别是多点一侧同时固定，很容易造成板面不平，接缝不严。

3. 防治措施

（1）在安装主龙骨后，应当拉通线检查其位置是否正确、表面是否平整，然后边安装石膏板、边再进行调平，使其满足板面平整度的要求。

（2）在加工石膏板材时，应使用专用机具，以保证加工板材尺寸的准确性，减少原始误差和装配误差，以保证拼缝处的平整。

（3）在选择石膏板材时应当采购正规厂家生产的产品，并选用配套的材料，以保证石膏板的质量和拼缝时符合要求。

（4）按设计挂放石膏板时，固定螺钉应从板的一个角或中线开始依次进行，以避免多点同时固定而引起板面不平、接缝不严。

五、轻质板吊顶质量问题与防治

轻质装饰板吊顶最大的特点，是采用的装饰面板单位面积的质量均比较小，这样不仅施工比较方便，而且可以大大减轻吊顶的自重，从而可以采用规格尺寸较小的龙骨，达到减轻吊顶本身重量、降低工程造价的目的。

在装饰吊顶工程中常用的轻质板种类很多，例如金属板、矿物棉板、玻璃棉板、纤维板、胶合板等。这里主要介绍纤维板和胶合板等轻质装饰板的质量问题与防治。

（一）轻质板吊顶面层变形

1. 质量问题

轻质装饰板吊顶装铺完工后，经过一段时间的使用部分纤维板或胶合板逐渐产生凹凸变形，造成吊顶面层不平整，严重影响装饰效果。

2. 原因分析

（1）由于有些轻质装饰板不是均质材料（如纤维板等），在使用中如果吸收空气中的一定水分，其各部分吸湿程度和变形程度是不相同的，因此极易产生凹凸变形。

（2）在装铺轻质装饰板施工时，由于忽略这类板材具有吸湿膨胀的性能，在板块的接头处未留空隙，导致吸湿膨胀没有伸胀余地，两个接头顶在一起，会使变形程度更加严重。

（3）对于面积较大的轻质装饰板块，在装铺时未能与吊顶龙骨全部贴紧，就从四角或从四周向中心用钉进行装铺，板块内产生应力，致使板块凹凸变形。

（4）由于吊顶龙骨分格过大，轻质装饰板的刚度不足，板块易产生挠度变形。

3. 预防措施

（1）为确保吊顶面层不出现变形质量问题，应选用优质板材，这是避免面层变形的关键。胶合板宜选用5层以上的椴木胶合板，纤维板宜选用硬质纤维板。

（2）为防止轻质装饰板块出现凹凸变形，装铺前应采取以下措施。

① 为了使所选用的纤维板的含水率，与使用环境的相对含水率达到平衡或接近，减少纤维板吸湿后而引起的凹凸变形，对纤维板应进行浸水湿处理。其具体做法是：将纤维板放在水池中浸泡15~20min，然后从水池中将纤维板捞出，并使其毛面向上堆放在一起，大约在24h后打开垛，使整个板面处于10℃以上温度的大气中，与大气的湿度平衡，一般放置3~7d就可铺钉。

在进行浸水湿润处理时应注意不同材料的纤维板应用不同温度的水进行浸泡，工程实践证明：一般硬质纤维板用冷水浸泡比较适宜，掺有树脂胶的纤维板用45℃左右的热水浸泡比较适宜。

② 经过浸水湿润处理的纤维板，四边很容易产生毛口，从而影响吊顶的装饰美观。因此，用于装铺纤维板明式拼缝吊顶或钻孔纤维板吊顶，宜将加工后的小板块两面涂刷一遍猪血来代替浸水，经过24h干燥后再涂刷一遍涂料，待涂料完全干燥后，在室内平放成垛保管

待用。

③ 对于胶合板的处理，与硬质纤维板不同，它不能采用浸水湿润处理方法。在胶合板装铺前，应在两面均匀涂刷一遍涂料，以提高其抗吸湿变形的能力。

（3）轻质装饰板应当用小齿锯割裁成适应设计分格尺寸小块后再进行装铺。装铺时必须由中间向两端排钉，以避免板块内产生应力而出现凹凸变形。板块接头拼缝要留出3~5mm的间隙，以适应板块吸湿膨胀变形的要求。

（4）当采用纤维板和胶合板作为吊顶面层材料时，为防止面板产生挠度超标，吊顶龙骨的分格间距不宜超过450mm。如果分格间距必须要超过450mm时，在分格中间加设一根25mm×40mm的小龙骨。

（5）合理安排施工工序，尽量避免轻质板变形的概率。当室内湿度较大时，应当先装铺吊顶木骨架，然后进行室内抹灰，待室内抹灰干燥后再装铺吊顶的面层。但施工时应注意周边的吊顶龙骨要离开墙面20~30mm（即抹灰厚度），以便在墙面抹灰后装铺轻质装饰板块及压条。

4. 处理方法

（1）纤维板要先进行浸水处理，纵横拼缝要预留3~5mm的缝隙，为板材胀缩留有一定的空间。

（2）当轻质板吊顶面层普遍变形较大时，应当查明原因重新返工整修。个别板块变形较大时，可由检查孔进入吊顶内，在变形处补加1根25mm×40mm的小龙骨，然后在下面再将轻质装饰板铺钉平整。

（二）拼缝与分格质量问题

1. 质量问题

在轻质的板块吊顶中，同一直线上的分格木压条或板块明拼缝，出现其边棱有弯曲、错位等现象；纵横木压条或板块明拼缝，出现分格不均匀、不方正等问题。

2. 原因分析

（1）在吊顶龙骨安装时，对施工控制线确定不准确，如线条不顺直和规方不严；吊顶龙骨间距分配不均匀；龙骨间距与板块尺寸不相符等。

（2）在轻质的板块吊顶施工中，没有按照弹线装铺板块或装铺木压条。

（3）采用明拼缝板块吊顶时，由于板块在截取时不认真，造成板块不方、不直或尺寸不准，从而使拼缝不直、分格不匀。

3. 预防措施

（1）在装铺吊顶龙骨时，必须保证其位置准确，纵横顺直，分格方正。其具体做法是：在吊顶之前，按吊顶龙骨标高在四周墙面上弹线找平，然后在平线上按计算出的板块拼缝间距或压压条分格间距，准确地分出吊顶龙骨的位置。在确定四周边龙骨位置时，应扣除墙面抹灰的厚度，以防止对分格不均；在装铺吊顶龙骨时，按所分位置拉线进行顺直、找方正和固定，同时应注意水平龙骨的拱度和平整问题。

（2）板材应按照分格尺寸截成板块。板块尺寸按吊顶龙骨间距尺寸减去明拼缝宽度（8~10mm）。板块要截取形状方正、尺寸准确，不得损坏棱角，四周要修去毛边，使板边挺直光滑。

（3）板块装铺之前，在每条纵横吊顶龙骨上，按所分位置拉线弹出拼缝中心线，必要时应再弹出拼缝边线，然后沿墨线装铺板块；在装铺板块时，如果发现超线，应用细刨子进行修整，以确保缝口齐直、均匀，分格美观整齐。

（4）木压条应选用软质优良的木材制作，其加工的规格必须一致，在采购和验收时应严把质量关，表面要刨得平整光滑；在装铺木压条时，要先在板块上拉线弹出压条分格墨线，然后沿墨线装铺木压条，压条的接头缝隙应十分严密。

4. 处理方法

当木压条或板块明拼缝装铺不直超差较大时，应根据产生的原因进行返工修整，使之符合设计的要求。

（三）吊顶与设备衔接不妥

1. 质量问题

（1）灯盘、灯槽、空调风口篦子等设备，在吊顶上所留设的孔洞位置不准确；或者吊顶的面不平，衔接吻合不好。

（2）在自动喷淋头和烟感器等设备安装时，与吊顶表面衔接吻合不好、不严密。自动喷淋头需通过吊顶平面与自动喷淋系统的水管相接，如图 2-63（a）所示。在安装中易出现水管伸出吊顶表面；水管预留长度过短，自动喷淋头不能在吊顶表面与水管相接，如图 2-63（b）所示，如果强行拧上会造成吊顶局部凹进；喷淋头边上有遮挡物等现象，如图 2-63（c）所示。

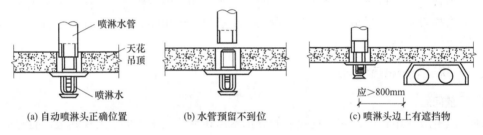

（a）自动喷淋头正确位置　　　（b）水管预留不到位　　　（c）喷淋头边上有遮挡物

图2-63　自动喷淋头与吊顶的关系

2. 原因分析

（1）在整个工程设计方面，结构、装饰和设备未能有机地结合起来，导致施工安装后衔接不好。

（2）未能编制出科学合理的施工组织设计，或者在施工衔接的细节上考虑不周全，从而造成施工顺序不合理。

3. 预防措施

（1）在编制施工组织设计时，应当将设备安装工种与吊顶施工有机结合、相互配合，采取合理的施工顺序。

（2）如果孔洞较大，其孔洞位置应先由设备工种确定准确，吊顶在此部位断开。也可以先安装设备，然后再将吊顶封口。回风口等较大的孔洞，一般是先将回风口篦子固定，这样既可以保证回风口位置准确，也能比较容易进行收口。

（3）对于面积较小的孔洞，宜在顶部进行开洞，这样不仅便于吊顶的施工，也能保证孔洞位置的准确。如吊顶上设置的嵌入式灯口，一般应采用顶部开洞的方法。为确保灯口位置准确（如在一条直线上或对称排列），开洞时应先拉通长中心线，准确确定位置后再用往复锯来进行开洞。

（4）自动喷淋头系统的水管预留长度务必准确，在拉吊顶标高线时也应检查消防设备的安装位置和尺寸。

（5）大开洞处的吊杆、龙骨等吊顶构件，应进行特殊处理，孔洞的周围应进行加固，以确保其刚度和稳定性。

4. 处理方法

（1）如果吊顶上的设备孔洞位置预留不准确，再进行纠正是比较困难的，有时花费较大精力，效果并不一定十分理想。因此，在放线操作中应当从严掌握，要准确地确定各种设备的位置。

（2）自动喷淋系统是现代建筑中重要的设备，如果出现预留水管过长或过短时，一定要进行认真调整，应割下一段水管或更换水管，千万不应强行拧上自动喷淋头。

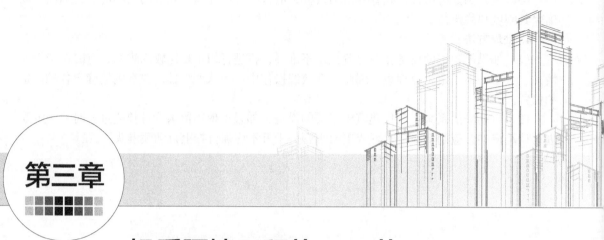

第三章

轻质隔墙工程施工工艺

装饰隔墙与隔断是室内装饰中经常运用的手段，它们虽然都起着分隔室内空间的作用，但产生的效果大不相同。轻质隔墙是近几年发展起来的一种新型隔墙，它以许多独特的优点在建筑装饰工程中起着非常重要的作用。

第一节　轻质隔墙工程概述

建筑隔墙是分隔建筑物内部空间的非承重构件，要求其自重轻、厚度薄，以便减轻楼板荷载和增加房间的有效使用面积，而且便于安装和拆除，在现代建筑装饰工程中得到了广泛应用。建筑隔墙一般是在主体结构完成后进行安装或砌筑而成的，不仅起着分隔建筑物内部空间的作用，而且还具有隔声、防潮、防火等功能。

一、轻质隔墙的基本知识

近年来，特别是轻质隔墙的涌现，充分体现出轻质隔墙具有设计灵活、墙身较窄、自重很轻、施工简易、使用方便等特点，已成为现代建筑墙体材料改革与发展的重要成果。轻质隔墙施工技术是建设部门要求推广的新技术之一。

1. 轻质隔墙的定义

轻质隔墙是指分隔建筑内部空间的墙体构件。建筑中的承重墙主要为承受荷载的结构部分，尽管也起到分隔建筑空间的作用，习惯上却不列入隔墙的范围。所以，从狭义的角度上讲，轻质隔墙是分隔建筑物内部的非承重构件，其本身的重量由梁和楼板来承担。因而对隔墙的构造组成要求为自重轻、厚度薄。

根据轻质隔墙构造做法的特点和分隔功能的差异，又可分为普通隔墙与隔断。普通隔墙与隔断在功能和结构上有很多相同及不同的地方。

2. 轻质隔墙的功能和优点

（1）轻质隔墙的功能　在建筑物的室内设置轻质隔墙，虽然这种结构不承重，但可以主要起到分隔建筑物内部空间的作用，对一些特殊的房间（如客房、浴室、厨房等），除了具有分隔室内空间的功能外，有些还具有隔声、防火、防潮等功能。其中，防火隔墙的设置对阻止火势蔓延、减少火灾损失的作用越来越大，在各类工业与民用建筑中的应用越来越广泛。目前，轻质防火隔墙已成为现代高层建筑中必不可少的防火设施。

（2）轻质隔墙的优点　工程实践证明，轻质隔墙具有自重较轻、墙体较薄、隔声性好、抗震性好、造价适中、便于拆装等优点，对于特殊部位可以进行防火、防潮、防腐等处理，被广泛应用于室内空间的分隔。

3. 轻质隔墙与隔断的区别

隔墙是将分隔体直接做到空间的顶部，是一种完全封闭式的分隔；隔断是半封闭的留有通透的空间，既联系又分隔空间。简单地说，从楼地面到顶棚全封的分隔墙体为隔墙，不到顶的分隔墙体为隔断。在工程上习惯将隔断视为隔墙的另一种形式。

隔墙与隔断在设计上都应力求质轻壁薄，以减轻其对板、梁的荷载，并增加房间中的使用面积。由此可见，隔墙与隔断两者在功能和结构上有许多共同之处，但也存在着许多不同的地方，主要表现在以下两个方面。

（1）分隔空间的程度不同　一般来说，隔墙都是从底到顶的，使其既能在较大程度上限定空间，又能在一定程度上满足隔声、保温和遮挡视线等方面要求；而隔断限定空间的程度比较弱，在隔声、保温和遮挡视线等方面往往无要求，甚至有的隔断还具有一定的通透性，以使两个分隔空间有一定的视觉交流等。

（2）拆装的灵活性不同　隔墙大多数是比较固定的，即使可活动的隔墙也是不能经常变动；而隔断在分隔空间上则比较灵活，比较容易移动和拆装，还能使被分隔的相邻空间连通，从而可获得隔而不断的效果。

二、轻质隔墙的分类方法

轻质隔墙是大空间进行分隔的主要形式，也是进行室内分隔设计中首先考虑的，这是因为轻质隔墙的类型很多，便于设计和施工。

（一）按所用材料不同隔墙的分类

按照所用材料不同分类，常见的室内轻质隔墙可分为普通隔墙、特殊材料隔墙等。

1. 普通隔墙

普通隔墙按其组成材料与施工方式不同，可划分为轻质砌体隔墙、立筋隔墙、条板隔墙等。

（1）轻质砌体隔墙　轻质砌体隔墙通常是指用加气混凝土砌块、空心砌块、玻璃空心砖及各种小型轻质砌块等砌筑而成的非承重墙。轻质砌体隔墙具有防潮、防火、隔声、取材方便、造价较低等显著特点。传统砌块隔墙由于自重较大、墙体较厚、需现场湿作业、拆装不方便，在隔墙工程中已逐渐淘汰。

（2）立筋隔墙　立筋隔墙主要是指骨架为结构外贴饰面板的隔墙，其骨架通常以木质或金属骨架为主，外加装各种饰面板。这种隔墙施工比较方便，被广泛用于室内隔墙中，但其造价比较高，如轻钢龙骨石膏板隔墙等。

（3）条板隔墙　条板隔墙是指不用骨架，而采用比较厚的、高度等于隔墙高度的板材拼装而成的隔墙，多以灰板条、石膏空心条板、加气混凝土墙板、石膏珍珠岩板等制作而成。其具有取材方便、造价较低等特点，但防潮、隔声性能较差。目前，各种轻型的条板隔墙在室内隔墙中应用比较多，如旧房改造中用条板隔墙加设卫生间等。

2. 特殊材料隔墙

特殊材料隔墙主要是指玻璃砖隔墙。

（1）材料特点　特殊材料隔墙具有较高强度，装饰效果好，光滑易清洁，隔声性能好，具有透光性，较多应用于公共空间和卫生间等。

（2）施工工艺　特殊材料隔墙一般采用砌筑方式，当隔墙面积较大时应增加支撑骨架，玻璃砖墙的骨架要与结构连接牢固。为保证施工质量，一次性砌筑高度不超过1.5m，待胶黏剂干燥后再继续施工，最后进行嵌缝处理。

（二）按隔断的高度不同分类

按照隔断的高度不同分类可分为高隔断、一般隔断和低隔断。

1. 高隔断

通常将高度在1800mm以上的隔断称为高隔断。因在此限定的界面对视线形成较好的阻挡效果，且互相干扰较少，所从在私密性要求较高的场所一般采用高隔断来分划建筑室内空间。

2. 一般隔断

通常将高度为1200~1800mm的隔断称为一般隔断。这种隔断广泛运用于现代办公空间、休闲娱乐空间等各种室内空间中。一般隔断以适宜的高度给人以分而不隔的感觉，是最常见的一种分隔方式。

3. 低隔断

通常将高度在1200mm以下的隔断称为低隔断。低隔断大多指花池、栏杆等，它产生的分隔感比较弱，因此被隔断的空间通透性较强。

（三）按隔断的固定方式不同分类

1. 固定式隔断

固定在一个地方而不可随意移动的隔断称为固定式隔断，一般多用于空间布局比较固定的场所。固定式隔断的功能要求比较单一，构造也比较简单，类似于普通隔墙，但不受隔声、保温、防火等限制，因此选材构造外形就相对自由一些、活泼一些。

2. 活动式隔断

活动式隔断也称为移动式隔断或灵活隔断。其主要特点为自重较轻，设置较为方便灵活。但是为了适应其可移动的要求，它的构造一般比较复杂。活动式隔断从其移动的方式上又可分为拼装式隔断、镶板式隔断、折叠式隔断、卷帘式隔断、屏风式隔断、推拉式隔断等。

（1）拼装式隔断　拼装式隔断就是由若干个可装拆的壁板或门扇拼装而成的隔装，这类隔断的高度一般在1800mm以上，隔扇多采用木框架，两侧粘贴纤维板或胶合板，在其上面还可贴面料饰面或人造革，在两个面板之间还可设隔声层。相邻两扇的侧边做成企口缝相拼。为装卸方便，隔断的上部设置一个通长的上槛，断面为槽形或丁字形。采用槽形时，隔扇的上部较平整，采用丁字形时，隔扇的上部应设一道较深的凹槽。不论采用哪一种上槛，都要使隔断的顶端与顶棚保持50mm左右的间隙，以保证装卸的方便。

（2）镶板式隔断　镶板式隔断是一种半固定式的活动隔断，墙板分为木质组合板或金属组合板，隔断的高度可以到顶也可以不到顶，它是预先在顶棚、承重墙、地面等处预埋螺栓，设立框架，然后将组合隔断板固定在框架中的五金件上。

（3）折叠式隔断　折叠式隔断由若干个可以折叠的隔扇组成，这些隔扇可以依靠滑轮在轨道上运动。隔扇有硬质和软质两种。硬质隔扇一般由木材、金属或塑料等材料制成。折叠式隔断中相邻两隔扇之间用铰链连接，每个隔扇上只需上下安装一个导向滑轮。折叠式隔断中的隔扇固定，可以使用顶棚底下的轨道通过滑轮悬吊隔扇，也可以依靠地面的导轨支撑隔扇底下的滑轮。

（4）卷帘式隔断　卷帘式隔断（包括幕帘式隔断）一般称为软隔断，即用织物或软塑料薄膜制成无骨架、可折叠、可悬挂、可卷曲的隔断。这种隔断具有轻便灵活的特点，织物的多种色彩、花纹及剪裁形式，使其运用受到人们的喜爱。幕帘式隔断的做法类似窗帘，需要设置轨道、轨道滑轮、吊杆、吊钩等配件。也有少数卷帘式隔断和幕帘式隔断采用塑料片、金属等硬质材料制成，采用管形轨道而不设滑轮，并将轨道托架直接固定在墙上，将吊钩的上端直接搭在轨道上滑动。

（5）屏风式隔断　屏风式隔断通常是不到顶的，因而这种隔断的空间通透性较强，在一定程度上起着分隔空间和遮挡视线的作用，主要用于办公楼、餐厅、展览馆及医院诊室等公共建筑中。屏风式隔断按其结构不同又可分为固定屏风式隔断、独立屏风式隔断和联立屏风式隔断。

固定屏风式隔断可以分为预制板式和立筋骨架式。预制板式隔断通过预埋铁件与周围墙体、地面固定；立筋骨架式隔断则与隔墙的构造相似，它可在骨架两侧铺钉面板，也可镶嵌玻璃。固定屏风式隔断的高度一般为1050~1700mm，最高可达2200mm。

独立屏风式隔断一般采用木骨架或金属骨架，骨架的两侧钉胶合板、纤维板或硬纸板，外面以尼龙布或人造革包泡沫塑料，周边可以直接利用织物做缝边，也可以另加压条。

联立屏风式隔断的构造和做法，与独立屏风式隔断基本相同。不同之处在于联立屏风式隔断无支架，而是依靠屏风之间的连接形成一定形状，使其平面呈锯齿形或十字形、三角形等。一般采用顶部连接件连接，保证随时将联立屏风式隔断拆成单独的屏风扇。

（6）推拉式隔断　推拉式隔断是将隔扇用轮子挂置在轨道上，沿着轨道移动的隔断。因轨道可安装在顶棚、梁或地面上，但地面轨道容易损坏，所以推拉式隔断多采用上悬的滑轨。上悬的滑轨可安装于顶棚下面或者梁的下面，也可以安装于顶棚内部或者梁的侧面，而且后者的安装方法具有较好的装饰效果。隔扇是一种类似门扇的构件，由框和芯板组成。

第二节　骨架隔墙工程施工工艺

骨架隔墙也称龙骨隔墙，主要用木料或金属材料构成骨架，再在两侧做面层。简单地说，是指在隔墙龙骨两侧安装面板形成的轻质隔墙。骨架式隔墙一般由骨架和面层材料组成，大多以轻钢龙骨（或铝合金龙骨）为骨架，面层材料常用的有纤维板、纸面石膏板、胶合板、钙塑板、塑铝板、玻璃纤维增强水泥板、纤维水泥板等轻质薄板等。

在建筑装饰装修工程中，骨架隔墙结构的型式很多，在工程上常见的有轻钢龙骨石膏板隔墙、轻钢龙骨GRC板隔墙、轻钢龙骨FC板隔墙、轻钢龙骨硅钙板隔墙和木板隔墙等。

一、轻钢龙骨纸面石膏板隔墙施工工艺

轻钢龙骨纸面石膏板隔墙是以轻钢龙骨为骨架，以纸面石膏板为面板材料，在室内现场

组装的分户或分室非承重墙。工程实践充分证明，轻钢龙骨纸面石膏板隔墙具有操作比较方便、施工速度快、工程成本低、劳动强度小、装饰美观、防火性强、隔声性能好等特点，是目前应用较为广泛的一种轻质隔墙。

轻钢龙骨纸面石膏板隔墙的施工方法不同于传统的建筑材料，具有更高的施工要求，因此应合理地使用材料，正确使用施工机具，以达到高效率、高质量的目的。

（一）轻钢龙骨隔墙材料及工具

1. 轻钢龙骨隔墙材料

轻钢龙骨隔墙所用的材料，主要包括龙骨材料、紧固材料、垫层材料和面板材料。

（1）龙骨材料　轻钢隔墙龙骨按照截面形状的不同，可以分为C形和U形两种；按照使用功能不同，可分为横龙骨、竖龙骨、通贯龙骨和加强龙骨4种；按照规格尺寸不同，主要可分为C50系列、C75系列和C100系列等。对于层高3.5m以下的隔墙，可以采用C50系列；对于施工要求及使用需求较高的空间，可以采用C75或C100系列。

（2）紧固材料　轻钢隔墙龙骨主要通过射钉、膨胀螺钉、自攻螺钉、普通螺钉等进行连接加固，紧固材料的质量、规格、数量等，应符合设计和现行产品标准的要求。

（3）垫层材料　轻钢龙骨隔墙安装所用的垫层材料，主要有橡胶条、填充材料等，垫层材料的质量、规格、数量等，应符合设计和现行产品标准的要求。

（4）面板材料　轻钢龙骨隔墙的面板材料，一般宜选用纸面石膏板。纸面石膏板分为普通纸面石膏板和防水纸面石膏板两类，纸面石膏板是以建筑石膏为主要原料制成的一种材料，它们具有轻质、高强、抗震、防火、防蛀、隔热保温、隔声性能好、可加工性良好等特点，是当前着重发展的新型轻质板材之一。干燥的空间宜采用普通纸面石膏板，潮湿和有防水要求的空间宜采用防水纸面石膏板。

2. 轻钢龙骨隔墙工具

在轻钢龙骨隔墙的施工过程中，根据所采用的面板材料不同所使用施工机具设备也不相同。

（1）安装复合轻质墙板机具设备　台式切割机、锋钢锯和普通手锯、固定式摩擦夹具、转动式摩擦夹具、电动慢速钻、无齿锯、撬棍、开八字槽工具、镂槽、扫帚、水桶、钢丝刷、橡皮锤、木楔、扁铲、射钉枪、小灰槽、2m托线板、靠尺等。

（2）安装石膏空心墙板机具设备　搅拌器、滑梳、胶料铲、平抹板、嵌缝枪、橡皮锤、电动钻、电动剪、2m靠尺、快装钳、安全多用刀、滚锯、山花钻、丁字尺、板锯、针锉、平锉、边角刨、曲线锯、圆孔锯、射钉枪、拉枪、电动冲击钻、羊角锤、打磨工具、刮刀、折角器、角抹子、木楔等。

（3）安装钢丝网水泥板机具设备　切割机、电剪刀、电动冲击钻、射钉枪、气动钳、电锤、电动螺丝刀、电动扳手、活动扳手、砂轮锯、手电钻、小功率电焊机、抹灰工具、钢丝刷、小灰槽、靠尺、卷尺、2m托线板、钢尺等。

（二）轻钢龙骨隔墙的施工工艺

1. 施工条件

（1）轻钢龙骨石膏罩面板隔墙在施工前，应先完成墙体的质量验收工作，石膏罩面板安装应待屋面、顶棚和墙抹灰完成后进行。

（2）潮湿处安装轻质隔墙应做防潮处理，如设计有要求时，可在扫地龙骨下设置用混凝土或砖砌的"地枕带"，一般"地枕带"的高度为120mm，宽度与隔墙宽度一致。轻钢龙骨隔墙应待"地枕带"施工完毕，并达到设计要求的强度后方可进行轻钢龙骨的安装。

（3）当主体结构墙（柱）为砖砌体时，应在隔墙的交接处，按照1000mm的间距预埋防腐木砖，以便于主体结构墙和隔墙的连接。

（4）将轻钢龙骨石膏罩面板隔墙所用的材料，按照要求数量运至楼层的安装地点；在墙面上已经弹出+500mm标高线；经测试操作地点的环境温度不低于5℃。

2. 施工工艺

轻钢龙骨纸面石膏板隔墙的施工工艺流程为：基层处理与清理→墙体位置放线→墙体垫层施工→轻钢龙骨安装→铺设活动地板面层→安装纸面石膏板→暗接缝处理。

（1）基层处理与清理　清理隔墙板与顶面、地面和墙面的结合部位，凡是凸出墙面的砂浆、混凝土块等必须剔除并扫净，所有的结合部应找平。

（2）墙体位置放线　根据设计图纸，在室内地面确定隔墙的位置线，并引至顶棚和侧墙。在地上放出的墙线应为双线，即隔墙两个垂直面在地面上的投影线。

（3）墙体垫层施工　当设计要求设置墙垫时，应先对楼地面基层进行清理，并涂刷YJ302型界面处理剂一遍，然后再浇筑C20素混凝土墙垫。墙体垫的上表面应平整，两侧面应垂直。墙垫内是否配置构造钢筋或埋设预埋件，应根据设计要求确定。

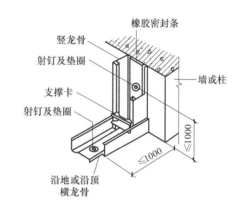

图3-1　沿地、沿顶及沿边龙骨固定示意（单位：mm）

（4）安装沿地面、沿顶部及沿边龙骨　固定沿着地面、沿顶部及沿边龙骨，可采用射钉或钻孔用膨胀螺栓，固定点的距离一般以900mm为宜，最大不应超过1000mm。轻钢龙骨与建筑基体表面的接触处，一般要求在龙骨接触面的两边各粘贴一根通长的橡胶密封条，以起防水和隔声作用。射钉的位置应避开已敷设的暗管。沿地、沿顶及沿边龙骨的固定方法，如图3-1所示。

（5）轻钢竖向龙骨的安装　轻钢竖向龙骨的安装，应按下列要求进行。

① 竖龙骨按设计确定的间距就位，通常根据罩面板的宽度尺寸而定。对于罩面板材较宽者，需在其中间加设一根竖龙骨，竖龙骨中间距离最大不应超过600mm。对于隔断墙的罩面层较重时（如表面贴瓷砖）的竖龙骨中距，应以不大于420mm为宜；当隔断墙体的高度较大时，其竖龙骨布置应适当加密。

② 在进行竖龙骨安装时，应由隔断（墙）的一端开始排列，设有门窗的要从门窗洞口开始分别向两侧展开。当最后一根竖龙骨距离沿墙（柱）龙骨的尺寸大于设计规定的龙骨中距时，必须增加一根竖龙骨。将预先截好长度的竖龙骨推向沿顶部、地龙骨之间，翼缘朝罩面板方向就位。龙骨的上、下端如为刚性连接，均用自攻螺钉或抽心铆钉与横龙骨固定，如图3-2所示。

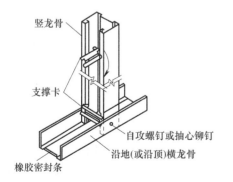

图3-2　竖龙骨与沿地、沿顶横龙骨的固定示意

应注意采用有冲孔的竖龙骨时，其上下方向千万不能颠倒。竖龙骨现场截断时应一律从其上端切割，并应保证各条龙骨的贯通孔洞高

度必须在同一水平面上。

门窗洞口处的竖龙骨安装应按照设计要求进行，采用双根并用或扣盒子加强龙骨。如果门的尺寸较大且门扇较重时，应在门框外的上下左右增设斜撑。在安装门窗洞口竖龙骨的同时应将门口与竖龙骨一并就位固定。

（6）水平龙骨的连接　当隔墙的高度超过石膏板的长度时，应适当增设水平龙骨。水平龙骨的连接方式：可采用沿地、沿顶龙骨与竖龙骨连接方法，或采用竖龙骨用卡托连接，或采用"角托"连接于竖龙骨等方法。连接龙骨与龙骨的连接卡件如图3-3所示。

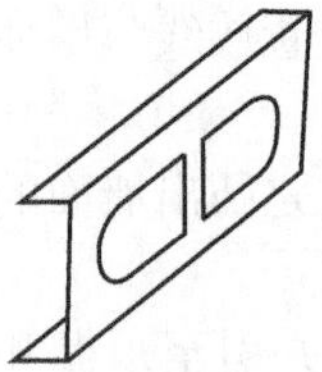

图3-3　连接龙骨与龙骨的连接卡件

（7）安装通贯龙骨　通贯横撑龙骨的设置：一种是低于3m的隔断墙安装1道；另一种是高3~5m的隔断墙安装2~3道。通贯龙骨横穿各条竖龙骨上的贯通冲孔，需要接长时使用其配套的连接件。在竖龙骨开口面安装卡托或"支撑卡"与通贯横撑龙骨连接锁紧，根据需要在竖龙骨背面可加设"角托"与通贯龙骨固定。采用"支撑卡"系列的龙骨时，应当先将"支撑卡"安装于竖龙骨开口面，卡距一般为400~600mm，距龙骨两端的距离为20~25mm。

（8）固定件的安装　当隔墙中设置配电盘、消火栓、脸盆、水箱等设施时，各种附墙的设备及吊挂件均应按照设计要求在安装骨架时预先将连接件与骨架连接牢固。

（9）安装纸面石膏板　安装纸面石膏板是轻钢龙骨纸面石膏板隔墙施工中重要的工序，关系到隔墙的使用功能和装饰美观，在安装中可按照下列要求进行操作。

① 石膏板安装应用竖向排列，龙骨两侧的石膏板错缝排列。石膏板宜采用自攻螺钉固定，顺序是从板的中间向两边进行固定。

② 12mm厚的石膏板用长25mm螺钉、两层12mm厚的石膏板用长35mm螺钉。自攻螺钉在纸面石膏板上的固定位置：离纸包边的板边大于10mm，小于16mm，离切割边的板边至少15mm。板边的螺钉距250mm，边中的螺钉距300mm。螺丝钉帽应略埋入板内，并不得损坏纸面。

③ 隔墙下端的石膏板不应直接与地面接触，应留出10~15mm的缝隙，缝用密封膏充填密实。

④ 卫生间及湿度较大的房间隔墙，应设置墙体垫层并采用防水石膏板。石膏板下端与墙体之间留出缝5mm，并用密封膏充填密实。

⑤ 纸面石膏板上开孔处理。开圆孔较大时应用由螺旋钻开孔，开方孔时应钻钻孔后再用锯条修边。

（10）暗接缝的处理　暗接缝的处理采用嵌接腻子方法，即将缝中浮尘和杂物彻底清理干净，再用小开刀将腻子嵌入缝内与板面抹平。待嵌入腻子凝固后，刮约1mm厚的腻子并粘贴玻璃纤维接缝带，再在开刀处往下一个方向施压、刮平，使多余的腻子从"接缝带"网眼中挤出。随即用大开刀刮腻子，将"接缝带"埋入腻子中，用腻子将石膏板的楔形棱角处填满找平。

二、木龙骨轻质隔墙施工工艺

在室内隔断（墙）的设计和施工中，木龙骨轻质隔断墙也是广泛应用的一种形式。这种轻质隔断（墙）主要采用木龙骨和木质罩面板、石膏板及其他一些轻质板材组装而成，其主要具有壁薄质轻、安装方便、便于拆卸、成本较低、利用率高、使用价值高等优点，可广泛应用于家庭装修及普通房间。但是，这种轻质隔墙也具有耐火性差、耐水性低和隔声性能差、耗用木材较多等缺点。

（一）木方的结构形式

1. 大木方结构

如图3-4所示，大木方结构的木隔断墙，通常用50mm×80mm或50mm×100mm的大木方制作主框架，框体的规格为500mm×500mm左右的方框架或5000mm×800mm左右的长方框架，再用4~5mm厚的木夹板作为基面板。大木方结构多用于墙面较高、较宽的木龙骨隔断墙。

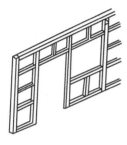

图3-4　大木方结构骨架

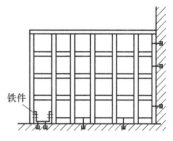

图3-5　小木方双层结构

2. 小木方双层结构

如图3-5所示，为了使木隔断墙有一定的厚度，增加隔断墙的稳定性和隔声性能，常用25mm×30mm的带凹槽木方作成两片龙骨的框架，每片规格为300mm×300mm或400mm×400mm的框架，再将两个框架用木方横杆相连接，小木方双层结构适用于宽度为150mm左右的木龙骨隔断墙。

3. 小木方单层结构

小木方单层结构常用25mm×30mm的带凹槽木方组装，常用的框架规格为300mm×300mm。小木方单层结构的木隔断墙稳定性不如小木方双层结构，多用于高度在3m以下的全封隔断或普通半高矮隔断。

（二）隔墙木龙骨架的安装

隔墙木龙骨架所用木材的树种、材质等级、含水率以及防腐、防虫、防火处理等，必须符合设计要求和现行国家标准《木结构工程施工质量验收规范》（GB 50206—2012）的有关规定。接触砖、石、混凝土的骨架和预埋木砖，应当经过防腐处理，连接用的铁件必须进行镀锌或防锈处理。

1. 弹线打孔

根据设计图纸的要求，在楼地面和墙面上弹出隔墙的位置线（中心线）和隔墙厚度线（边线）。同时按照300~400mm的间距确定固定点的位置，用直径7.8mm或10.8mm的钻头在中心线上打孔，孔的深度一般为45mm左右，向孔内放入M6或M8的膨胀螺栓。注意打孔的位置与骨架竖向木方错开位。如果用木楔铁钉固定，就需打出直径为20mm左右的孔，孔的深度为50mm左右，然后再向孔内打入木楔。

2. 木龙骨的固定

木龙骨是家庭室内装修中最为常用的骨架材料，被广泛地应用于吊顶、隔墙、实木地板骨架制作中。木龙骨固定的方式有很多种。为了保证装饰工程的结构安全，在室内装饰装修工程施工中，通常应遵循不破坏原建筑结构的原则进行龙骨的固定。木龙骨的固定一般可按照以下步骤进行。

① 木龙骨固定的位置，设计时通常是在沿地、沿墙、沿顶等处。

② 在木龙骨进行固定前，应按照对应地面和顶面的隔墙固定点的位置，在木龙骨架上画线，标出固定点的位置，进而在固定点进行打孔，打孔的直径应当略微大于膨胀螺栓的直径。

③ 对于半高的矮隔墙来说，主要靠地面固定和端头的建筑墙面的固定。如果矮隔断墙的端头处无法与墙面固定，常采用铁件来加固端头处。加固部分主要是地面与竖向方木之间，半高矮隔断墙的木龙骨加固可参见图3-5。

3. 木骨架与吊顶的连接

在一般情况下，隔墙木骨架的顶部与建筑楼板底的连接可有多种选择，采用射钉固定连接件，或采用膨胀螺栓，或采用木楔圆钉等做法均可。如若隔墙上部的顶端不是建筑结构，而是与装饰吊顶相接触时其处理方法需要根据吊顶结构而确定。

对于不设开启门扇的隔墙，当其与铝合金或轻钢龙骨吊顶接触时，只要求与吊顶间的缝隙要小而平直，隔墙木骨架可独自通过吊顶内与建筑楼板以木楔圆钉固定。当其与吊顶的木龙骨接触时，应将吊顶木龙骨与隔墙木龙骨的沿顶龙骨钉接起来，如果两者之间有接缝，还应垫实接缝后再钉钉子。

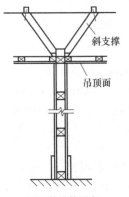

斜支撑

吊顶面

顶面的连接固定

图3-6 带木门隔墙与建筑

对于设有开启门扇的隔墙，考虑到门的启闭产生振动及人的往来碰撞，其顶端应采取较牢靠的固定措施，一般做法是其竖向龙骨穿过吊顶的面与建筑楼板底面进行固定，并需要采用斜角支撑。斜角支撑的材料可以是方木，也可以是角钢，斜角支撑杆件与楼板底面的夹角以60°为宜。斜角支撑与基体的固定方法，可以用木楔铁钉或膨胀螺栓，如图3-6所示。

（三）固定板材

木龙骨隔断墙的饰面基层板，通常采用木夹板、中密度纤维板等木质板材。现以木夹板的用钉安装固定为例，介绍木龙骨隔断墙饰面基层板的固定方法。

木龙骨隔断墙上固定木夹板的方式，主要有"明缝固定"和"拼缝固定"两种。

① "明缝固定"是在两板板之间留一条有一定宽度的缝隙，当施工图无明确规定宽度时，预留的缝宽度以8~10mm为宜。如果"明缝"处不用垫板，则应将木龙骨面刨光，使"明缝"的上下宽度一致。在锯割木夹板时，用靠尺来保证锯口的平直度与尺寸的准确性，锯切完后要用0号木砂纸打磨修边。

② 在进行板材"拼缝固定"时，要求木夹板正面四边进行倒角处理（边倒角为45°），以便在以后的基层处理时可将木夹板之间的缝隙补平。其钉板的方法是用25mm枪钉或圆铁钉，把木夹板固定在木龙骨上。要求布置的钉子要均匀，钉子的间距掌握在100mm左右。通常厚度5mm以下的木夹板用长25mm钉子进行固定，厚度9mm左右的木夹板用长30~35mm的钉子进行固定。

对钉入木夹板的圆钉钉头，有两种处理方法：一种是先将圆钉钉头打扁，再将钉头打入木夹板内；另一种是先将钉头与木夹板钉平，待木夹板全部固定后，再用尖头冲子逐个将钉头冲入木夹板平面以内1mm。枪钉的钉头可以直接埋入木夹板内，所以不必再进行处理。但在使用枪钉时，要注意把枪嘴压在板面上后再扣动扳机打钉，这样能保证钉头埋入木夹板内。

（四）木隔墙门窗的构造做法

1. 门框构造

木隔墙的门框是以门洞口两侧的竖向木龙骨为基体，配以挡位框、装饰边板或装饰边线组合而成的。传统的大木方骨架的隔墙门洞竖龙骨断面大，挡位框的木方可直接固定于竖向木龙骨上。对于小木方双层构架的隔墙，由于其木方断面较小，应该先在门洞内侧钉固12mm厚的胶合板或实木板之后才可在其上固定挡位框。

如果对木隔墙的门设置要求较高，其门框的竖向木方应具有较大断面，并需采取铁件加固法如图3-7所示，这样做可以保证不会由于门的频繁启闭振动而造成隔墙的颤动或松动。

木质隔墙门框在设置挡位框的同时，为了收边、封口和装饰美观，一般都采取包框饰边的结构形式，常见的有厚胶合板加木线包边、阶梯式包边、大木线条压边等。安装固定时可使用胶黏剂和钉，这样装设比较牢固，同时要注意将铁钉打入面层中。

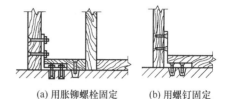

(a) 用胀铆螺栓固定　(b) 用螺钉固定

图3-7　木隔墙门框采用铁件加固的构造做法

2. 窗框构造

木隔断中的窗框是在制作木隔断时预留出的，然后用木夹板和木线条进行压边或定位。木隔断墙的窗有固定式和活动窗扇式，固定窗是用木条把玻璃定位在窗框中，活动窗扇式与普通活动窗的构造基本相同。

（五）饰面处理

木质隔墙的饰面处理其实就是使板材表面达到装饰美观和保护板材的目的，将板材用适宜的材料覆盖，使其不暴露在空气之中。在木龙骨夹板墙身的基面上，可以进行饰面的种类很多，在实际工程中主要有涂料饰面、裱糊饰面、镶嵌各种罩面板等。饰面的施工工艺可参见相关章节内容。

第三节　玻璃隔墙工程施工工艺

玻璃是一种透明，强度及硬度均比较高，不透气的材料。由于玻璃在日常环境中呈化学惰性，不会与其他物质发生化学作用，所以玻璃的用途非常广泛。在建筑装饰工程中，玻璃常用于门窗、内外墙饰面、隔墙等部位，利用它作为围护结构，如门窗、屏风、隔墙及玻璃幕墙等。从装饰的角度来讲，大多数玻璃品种均可用于建筑装饰工程，玻璃在满足使用要求的前提下都具有一定的艺术装饰效果。

一、玻璃隔墙工程施工要求

玻璃隔墙又称为玻璃隔断，其主要作用就是使用玻璃作为隔墙将空间根据需求划分，更加合理地利用好空间，满足各种居家和办公用途。

（一）对各种材料的要求

1. 玻璃砖隔墙的材料要求

（1）玻璃空心砖　玻璃隔墙所用的玻璃空心砖应透光不透明，具有良好的隔声效果，其产品主要规格及性能如表3-1所列。玻璃空心砖的质量要求为棱角整齐、规格相同、对角线基本一致、表面无裂痕和磕碰。

表3-1 玻璃空心砖主要规格及性能

规格/mm			抗压强度/MPa	热导率/[W/(m·K)]	重量/(kg/块)	隔声性能/dB	透光率/%
长度	宽度	高度					
190	190	80	6.0	2.35	2.40	40	81
240	115	80	4.8	2.50	2.10	45	77
240	240	80	6.0	2.30	4.00	40	85
300	90	100	6.0	2.55	2.40	45	77
300	190	100	6.0	2.50	4.50	45	81
300	300	100	7.5	2.50	6.70	45	85

（2）玻璃隔墙中所用的金属型材规格应符合下列规定。

① 用于厚度为80mm玻璃空心砖的金属型材框，其最小截面应为90mm×50mm×3.0mm。

② 用于厚度为100mm玻璃空心砖金属型材框，其最小截面应为108mm×50mm×3.0mm。

（3）水泥质量要求　用于玻璃砖隔墙的水泥，应当采用硅酸盐白色水泥，水泥的强度等级应不低于42.5MPa。

（4）砂子质量要求　用于玻璃砖隔墙的砂浆分为砌筑砂浆和勾缝砂浆，配制砂浆的砂子应符合下列要求。

① 砂子的粒径：配制砌筑砂浆用的河砂砂子粒径不得大于3mm；配制勾缝砂浆用的河砂砂子粒径不得大于1mm。

② 砂的质量：配制砌筑砂浆所用河砂的质量应符合现行国家标准《建设用砂》（GB/T 14684—2011）中的规定，不得含泥沙及其他颜色的杂质。

③ 玻璃砖隔墙的砌筑砂浆强度等级应为M5，勾缝砂浆的水泥与河砂的重量比应为1∶1。

（5）掺合料　玻璃砖隔墙所用生石灰粉的质量要求应符合现行的行业标准《建筑生石灰粉》（JC/T 480—2013）中的规定。

（6）胶黏剂　玻璃砖隔墙所用胶黏剂的质量要求应符合国家现行相关技术标准的规定。

（7）钢筋　用于玻璃砖隔墙的钢筋，应采用HPB235级钢筋，其质量要求应符合现行国家标准《钢筋混凝土用钢 第1部分：热轧光圆钢筋》（GB/T 1499.1—2017）中的规定。

2. 玻璃板隔墙的材料要求

（1）平板玻璃　玻璃的厚度、边长应符合设计要求，表面无划痕、气泡和斑点等缺陷，也不得有裂缝、爆边、缺角等缺陷。玻璃板隔墙中常用的玻璃应分别符合现行国家标准《平板玻璃》（GB 11614—2009）、《建筑用安全玻璃 第2部分：钢化玻璃》（GB 15763.2—2005）、《压花玻璃》（JC/T 511—2002）、《夹丝玻璃》（JC 433—1991）、《建筑用安全玻璃 第3部分：夹层玻璃》（GB 15763.3—2009）、《中空玻璃》（GB/T 11944—2012）等有关规定。

（2）玻璃支撑骨架　玻璃板隔墙用的支撑骨架有金属材料和木，目前最常用的是建筑轻钢骨架，其技术性能应符合《建筑用轻钢龙骨》（GB/T 11981—2008）中的要求。

（3）玻璃连接件和转接件　玻璃板隔墙用的玻璃连接件和转接件，产品进场应提供合格证。产品的外观应平整，不得有裂纹、毛刺、凹坑、变形等缺陷。当采用碳素钢制作的产品时，其表面应进行热浸镀锌处理。

（二）玻璃隔墙施工机具设备

（1）玻璃砖隔墙施工机具设备　主要有大铲、托线板、线坠、钢卷尺、铁水平尺、小水桶、存灰槽、橡皮锤、扫帚、透明塑料胶带条等。

（2）玻璃板隔墙施工机具设备　主要有工作台、玻璃刀、玻璃吸盘器、直尺、1m 长折尺、粉线包、钢丝钳、毛笔、刨刀等。

（三）施工作业条件

（1）根据玻璃砖的排列已将基础底脚做好，底脚的通常厚度为 40mm 或 70mm，即略小于玻璃砖的厚度。

（2）与玻璃砖（板）隔墙相连接的建筑墙面的侧面，已按照设计和施工要求进行修整，其垂直度符合玻璃砖（板）隔墙施工要求。

（3）玻璃砖（板）隔墙砌体中埋设的拉结筋、木砖已进行隐蔽验收。

二、空心玻璃砖隔墙施工工艺

玻璃砖隔墙是指用木材、铝合金型材等作为边框，在边框内将玻璃砖四周的凹槽内灌注黏结砂浆，把单个玻璃砖拼装在一起而形成的隔墙。玻璃砖隔墙既有分隔室内空间的作用，又有采光不穿透视线的作用，同时具有很强的装饰效果。它既可用于全部墙体，又可局部点缀。玻璃砖隔墙可用水进行清洗，清洁工作极为方便。

（一）玻璃砖隔墙的基本构造

玻璃砖也称为特厚玻璃，有空心砖和实心砖之分。用于室内整体式轻质隔墙多数选择空心玻璃砖，砖块的四周有 5mm 深的凹槽。按其透光及透过视线效果的不同，可分为透光透明玻璃砖、透光不透明玻璃砖、透射光线定向性玻璃砖及热反射玻璃砖等。在实际工程中，常根据室内艺术格调及装饰造型，选择不同的玻璃砖品种进行组合，构造做法如图 3-8 所示。

（1）空心玻璃砖隔墙的基础，其承载力应满足设计荷载的要求。

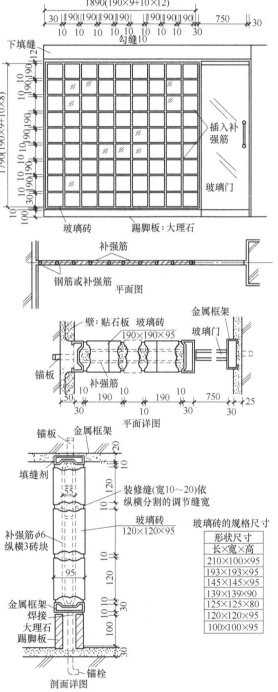

图 3-8　玻璃砖隔墙的基本构造（单位：mm）

（2）空心玻璃砖墙体，应砌筑在用2根直径6mm或8mm钢筋增强的基础（或称墙垫）上，基础高度不得大于150mm。采用80mm厚的空心玻璃砖砌筑墙体时，其基础宽度不得小于100mm；采用100mm厚的空心玻璃砖砌筑墙体时，其基础宽度不得小于120mm。

（3）不采用增强措施的室内空心玻璃砖隔墙尺寸，应符合表3-2的规定。

表3-2 非增强的室内空心玻璃砖隔墙尺寸

砌筑方式	隔墙体的尺寸	
	高度/m	长度/m
砖缝贯通	≤1.5	≤1.5
砖缝错开	≤1.5	≤6.0

（4）当空心玻璃砖墙体尺寸超过表3-2的规定时，应采用直径为6mm或8mm的钢筋进行增强。

当只有隔墙的高度超过表3-2的规定时，应在垂直方向上每两层空心砖水平设置1根钢筋；当只有隔墙的长度超过表3-2的规定时，应在水平方向上每隔3个灰缝至少设置1根钢筋。当高度和长度都超过表3-2的规定时，应在垂直方向上每隔两层空心玻璃砖水平设置2根钢筋，在水平方向上每隔3个灰缝至少布置1根钢筋。增强钢筋每端伸入金属型材框的尺寸，不得小于35mm。钢筋增强的空心玻璃砖隔墙体的高度，不得超过4mm，玻璃砖隔墙配筋示意如图3-9所示。图中，H_0、W_0分别为隔墙的高度和长度。

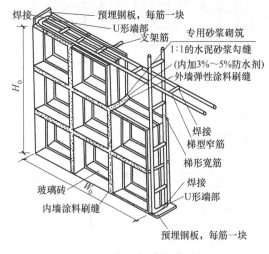

图3-9 玻璃砖隔墙配筋示意

（5）空心玻璃砖隔墙与建筑结构进行连接时，隔墙与金属型材框两翼接触的部位应留有"滑缝"，缝的宽度不得小于4mm；与金属型材框腹面接触的部位应留有胀缝，胀缝的宽度不得小于10mm。"滑缝"应用沥青油毡进行填充，胀缝应用硬质泡沫塑料进行填充。

（6）墙体最上层的空心玻璃砖，应深入顶部金属型材的框中，深入尺寸不得小于10mm，且不得大于25mm。空心玻璃砖与顶部金属型材框的腹面之间，应当用木楔进行固定。

（7）空心玻璃砖之间的接缝不得小于10mm，且不得大于30mm。

（8）固定金属型材框的镀锌钢膨胀螺栓，固定时的间距不得大于500mm。

（9）金属型材框与建筑墙体的结合部以及空心玻璃砖砌体与金属型材框的翼端结合部，均应采用弹性密封剂进行密封，如图3-10所示。

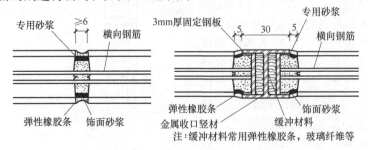

图3-10 玻璃砖隔墙弹性封口（单位：mm）

（10）饰边的处理　如果空心玻璃砖隔墙没有外框，则需要进行饰边处理。饰边通常有木饰边和不锈钢饰边等。

木饰边的式样比较多，常用的有厚木板饰边、阶梯饰边、半圆饰边等，如图3-11所示。常用的不锈钢饰边有不锈钢单柱饰边、双柱饰边、不锈钢板饰边，如图3-12所示。

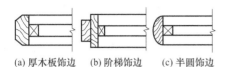

(a) 厚木板饰边　(b) 阶梯饰边　(c) 半圆饰边

图3-11　玻璃砖墙常见的木饰边

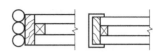

图3-12　玻璃砖墙常见的不锈钢饰边

（二）玻璃砖隔墙的施工工艺要点

根据工程实践经验，玻璃砖隔墙的施工工艺流程为：隔墙定位放线→踢脚台的施工→检查预埋锚件→弹线、排列砖→安顶水平框→安装竖向分格框→安装水平、竖向拉筋→空心玻璃砖砌筑→进行勾缝→饰边处理。

（1）隔墙定位放线　根据建筑设计图，在室内楼地面上弹出隔墙位置的中心线，然后引测到两侧结构墙面和楼板的底面。当设计有踢脚台时应按踢脚台的宽度弹出其边线。

（2）踢脚台的施工　按照放线位置放置两侧模板，内放通长的直径6mm或8mm的钢筋，其根数及截面符合设计要求。然后浇筑C20细石混凝土，上表面必须平整，两侧要垂直，并根据设计决定是否预埋连接件，或将竖向加强钢筋直接插入混凝土基础内，要严格控制间距及上标高平整。

（3）检查预埋锚件　玻璃砖隔墙位置线弹好后，应检查两侧墙面以及楼底面上预埋木砖或铁件的数量及位置。如预埋木砖或铁件偏离中心线很大，则应按隔墙的中心线和锚件的设计间距钻膨胀螺栓孔。

（4）弹线、排列砖　基础混凝土强度达到1.2MPa以上（预留混凝土同条件试件；或拆模时混凝土构件没有缺棱掉角现象即可）可以拆模，清理表面水泥浆后，弹出空心玻璃砖隔墙的实线然后根据隔墙的总长度、每块玻璃砖长和缝隙宽进行排列，看模数是否合适，如果不符合可调整两端的框宽度或在中间适当增加立框。根据玻璃砖厚度及隔墙的总高度计算总层数（包括水平缝及水平钢筋位置），并将层数标记在隔墙两端的竖框上。

（5）安顶水平框　利用垂线把地面上的隔墙位置线吊到结构顶上，并进行弹线，然后将水平框材（或铝合金或槽钢）用镀锌膨胀螺栓固定，其间距不大于500mm，注意平整度必须牢固地与顶板混凝土结合。

（6）安装竖向分格框　根据设计要求并兼顾排列砖模数的需要，隔墙总长度内增设竖向分格框。竖框的底端与混凝土墙基上表面预埋件焊接，或通过连接件用镀锌膨胀螺栓固定。竖向分格框上端与顶层的水平框，通过连接螺栓相连接。

（7）安装水平、竖向拉筋　纵横加强拉筋布置，为增强空心玻璃隔墙的稳定性，在砌体的水平和垂直方向布置直径6mm的钢筋。当空心玻璃隔墙的高度和长度都超过规定时（长度大于4600mm，高度大于3000mm），在垂直方向上每2层空心玻璃砖水平布置2根钢筋，在水平方向上每3个缝隙至少布置1根钢筋（垂直立筋插入空心玻璃砖的齿槽内），水平钢筋每端伸入金属框内的尺寸不得少于35mm。随着砌体高度的增加，每砌筑2层布置2根水平钢筋，纵向钢筋应在隔墙砌筑之前预先安放好，根据隔墙弹线每隔3块条砖安放1根纵向钢筋，两端头要连接牢固。钢筋的根数应符合设计要求。

（8）空心玻璃砖砌筑　空心玻璃砖传统的砌筑方法：按照砌筑形状与面积、空心玻璃砖的尺寸和砌缝间距，计算需要的砖数。常用玻璃砖的尺寸为250mm×50mm、200mm×80mm（边长×厚度），砌缝间距为5~10mm。

依据空心玻璃砖的排列，在踢脚台上画线，并立好皮数杆。如采用框架，则应先做好金属框架，并应按照施工图的要求安装好。同时，将两侧墙面进行清理，使其表面垂直平整，与空心玻璃砖墙能相接良好。

按照白水泥：细砂=1：1的比例配制水泥砂浆，或按照白水泥：108胶=100：7的比例配制水泥浆。配制的水泥砂浆或水泥浆要有良好的和易性和稠度，砌筑时不产生流淌。搭设好施工脚手架。空心玻璃砖按照上下对缝（因空心玻璃砖无错缝砖）的方式，自下而上拉通线进行砌筑。

（9）进行勾缝　空心玻璃砖砌筑完毕后，可进行其表面勾缝，先勾水平缝，再勾竖直缝，勾缝深浅应一致，表面要平滑，如要求做平缝，可用抹缝的方法将其抹平。勾缝和抹缝之后，应用抹布或棉纱将空心玻璃砖表面擦抹明亮。

（10）饰边处理　当空心玻璃砖墙没有外框时，需要进行饰边处理。饰边通常有木饰边和不锈钢饰边等，其饰边的式样和做法应符合设计要求。

此外，空心玻璃砖还有一种简便的砌法，即每砌筑一层空心玻璃砖，用水泥：细砂：水玻璃=1：1：0.06（质量比）的砂浆，按水平竖直灰缝均为10mm，拉通线进行砌筑，灰缝砂浆应满铺和满拼。在每一层中，将2根直径6mm钢筋放置在空心玻璃砖中心的两边，压入砂浆的中央，钢筋的两端与边框焊接牢固。如此分层进行砌筑，施工比较简单，也能取得相同的效果。

三、平面玻璃隔墙施工工艺

平面玻璃隔墙从外观上看，主要有有框落地玻璃隔墙、无框玻璃隔墙和半截玻璃隔墙。

（一）平面玻璃隔墙的构造

平面玻璃隔墙的构造做法，基本上与玻璃门窗相同。当单块玻璃面积较大时，必须确保隔墙施工和使用中的安全，对涉及安全部位和节点应突出其施工质量的检测。

玻璃板隔墙按照构造不同，可分为有框玻璃板隔墙、无框玻璃板隔墙及吊挂式玻璃板隔墙等。有框玻璃板隔墙的框架一般采用铝合金型材，也可采用木框架。框架与主体结构的连接方式有3种：a.主体结构上设有预埋铁件时，通过铝合金框上的镀锌铁脚与预埋铁件直接用电焊焊牢；b.将铝合金框的连接铁件用射钉固定到主体结构件，连接铁件应事先用镀锌螺钉铆固在铝合金框上，铝合金框玻璃隔墙的构造如图3-13所示；c.用膨胀螺栓紧固连接件。在安装玻璃时，应在框架槽口内垫好防振橡胶垫块，玻璃安装就位后，在槽的两侧嵌橡胶压条，从两边挤紧玻璃，然后注入硅酮胶，木龙骨玻璃隔墙的连接如图3-14所示。

无框玻璃板隔墙一般采用型钢或铝合金边框，型钢边框与主体结构的连接方法及玻璃与型钢边框的连接，与有框玻璃板隔墙相同。玻璃板之间的竖向缝可用硅酮结构胶进行嵌固，

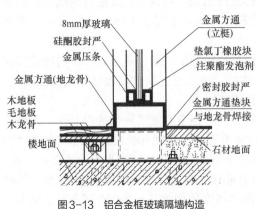

8mm厚玻璃
硅酮胶封严
金属压条
金属方通(地龙骨)
木地板
毛地板
木龙骨
楼地面
金属方通（立梃）
垫氯丁橡胶块
注聚酯发泡剂
密封胶封严
金属方通垫块
与地龙骨焊接
石材地面

图3-13　铝合金框玻璃隔墙构造

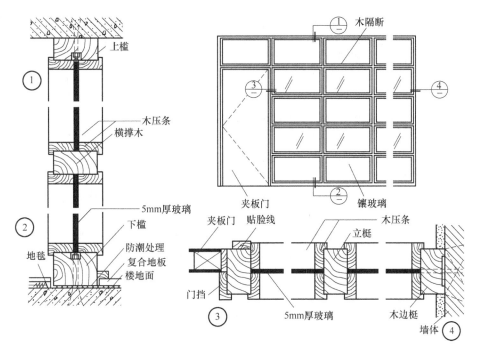

图3-14　木龙骨玻璃隔墙的连接

当隔墙的面积较大时，可在板缝处加玻璃肋以加强隔墙的刚度。型钢可嵌入墙的地面中，也可以外露，外露时表面应加木衬板，再粘贴不锈钢板或钛金板，使其外表美观。

吊挂式玻璃隔墙是在主体结构的楼板或梁下安装吊挂玻璃的支撑架和上框。利用专业吊挂夹具将整片玻璃吊挂于结构的楼板或梁下，这样可使玻璃自然下垂，不易产生弯曲变形。吊挂夹具一般由玻璃生产厂家整套提供，吊挂夹具的规格、数量、安装间距，应根据玻璃的质量和尺寸确定。

（二）有框玻璃板隔墙的施工要点

有框玻璃板隔墙的施工工艺流程为：弹线定位→框材料下料→安装框架、边框→玻璃的安装与固定→嵌缝与注胶→表面清洁。

（1）弹线定位　首先弹出隔墙的地面位置线，再用垂直线法弹出墙柱上的位置线高度线和沿顶位置线。有框玻璃板隔墙标出竖框间隔位置和固定点位置。没有竖框的玻璃隔墙应核对已做好的预埋铁件的位置是否正确，或划出金属膨胀螺栓位置。

（2）框材料下料　有框玻璃板隔墙框材料划线下料时，应先复核现场的实际尺寸，如果实际尺寸与施工图尺寸误差大于5mm，应按实际尺寸下料。如果有水平横档，则应以竖框的一个端头为准，划出横档的位置线，包括连接部位的宽度，以保证连接件安装位置准确和横挡在同一水平线上。下料应使用专用工具（如型材切割机），保证切口光滑、整齐。

（3）安装框架、边框

① 组合铝合金玻璃隔墙的框架有两种方式：一是当隔墙的面积较小时，先在平坦的地面上预制组装成形，然后再整体安装固定；二是当隔墙的面积较大时，则直接将隔墙的沿地、沿顶型材，靠墙及中间位置的竖向型材，按控制线位置固定在墙、地、顶上。用第二种方式施工时，一般从隔墙框架的一端开始安装，先将靠墙的竖向型材与"角铝件"固定，再将横向型材通过"角铝件"与竖向型材连接。"角铝件"安装方法是：先在"角铝件"上打出两个

孔，孔径按设计要求确定，设计无具体要求时，按选用的铆钉孔径确定，一般不得小于3mm。孔中心距"角铝件"边缘10mm，然后用一小截型材（截面形状及尺寸与横向型材相同）放在竖向型材划线位置，将已钻孔的"角铝件"放入这一小截型材内，握住小截型材，固定位置准确后，用手电钻按"角铝件"上的孔位，在竖向型材上打出相同的孔，并用自攻螺钉或拉铆钉将"角铝件"固定在竖向型材上。铝合金框架与墙、地面固定可通过铁件来完成。

② 当玻璃板隔断的框为型钢外包饰面板时，将边框型钢（角钢或薄壁槽钢）按照已经弹出的位置线进行试安装，检查无误后与预埋铁件或金属膨胀螺栓焊接牢固，再将框内分格型材与边框焊接。型钢材料在安装前应做好防腐处理，焊接后经检查合格，还应补做防腐。

③ 面积较大的玻璃隔墙采用吊挂式安装时，应当先在建筑结构梁或板的下面做出吊挂玻璃的支撑架，并安装吊挂玻璃的夹具及上框。夹具距玻璃两个侧边的距离为玻璃宽度的1/4，或符合设计要求。同时还要求上框的底面与吊顶标高应保持平齐。

④ 对于没有竖框的玻璃隔墙，如果结构施工没有预埋铁件，或预埋铁件的位置已不符合要求时，则应首先设置金属膨胀螺栓，然后将型钢（角钢或薄壁槽钢）按照已经弹出的位置线安装好，在检查无误后随即与预埋铁件或金属膨胀螺栓焊牢。型钢材料在安装前应刷好防腐涂料，焊好以后在焊接处应再补刷防锈漆。

（4）玻璃的安装与固定　把已经裁好的玻璃按部位进行编号，并分别竖向堆放待用。安装玻璃前，应对骨架、边框的牢固程度、变形程度进行检查，如果有不牢固则应予以加固。玻璃与基架框的结合不宜太紧密，玻璃放入框内后，与框的上部和侧边应留有3~5 mm的缝隙，防止玻璃由于热胀冷缩而开裂。

（5）嵌缝与注胶　玻璃全部就位后，应校正其平整度和垂直度，同时用聚苯乙烯泡沫嵌入槽口内，使玻璃与金属槽接合平伏、紧密，然后注入硅酮结构胶。注胶的顺序应从缝隙的端头开始，一只手托住注胶枪，另一只手均匀用力握挤，同时顺着缝隙移动的速度也要均匀，将硅酮结构胶均匀地注入缝隙中，注满后随即用塑料片在玻璃的两面刮平玻璃胶，并清洁溢到玻璃表面的胶迹。

（6）表面清洁　玻璃板隔墙安装完毕后，应将玻璃面和边框的胶迹、污痕等清理干净。对于普通玻璃，一般情况下可用清水清洗；如玻璃上有油污，可用液体洗涤剂先将油污洗掉，然后再用清水擦洗。镀膜玻璃可用水清洗，污垢严重时，应先用中性液体洗涤剂或酒精等将污垢洗净，然后再用清水洗净。玻璃清洁时不能用质地太硬的清洁工具，也不能采用含有磨料或酸、碱性较强的洗涤剂。其他饰面用专用清洁剂清洗时，不要让专用清洁剂溅落到镀膜玻璃上。

（三）无框玻璃隔墙的施工要点

根据工程实践经验，无框玻璃隔墙的施工工艺流程为：弹线定位→安装框架→安装大玻璃和玻璃肋→嵌缝注胶→边框装饰→表面清洁。

（1）弹线定位　根据玻璃隔墙的施工图，在室内先弹出楼地面位置线，再弹出结构墙面（或柱）上的位置线及顶部吊顶标高。施工控制线弹好后，要核对位置线上的预埋铁件的位置是否正确。如果没有预埋铁件，则应划出金属膨胀螺栓钻孔的孔位。落地无框玻璃隔墙还应留出楼地面的饰面层的厚度。如果有踢脚线，还应考虑踢脚线和其饰面层的厚度。

（2）安装框架　如果结构面上没有预埋铁件，或预埋铁件的位置不符合要求，则应按位置中线钻孔，埋入膨胀螺栓。然后，将型钢按照已经弹出的位置安装好，检查水平度、垂直度合格后，将框格的连接件与预埋铁件或金属膨胀螺栓焊牢。型钢在安装前应刷好防腐涂料，焊好以后在焊接处应再补刷防锈漆。

面积较大的玻璃隔墙采用吊挂式安装时，应当先在建筑结构梁或板的下面做出吊挂玻璃的支撑架和上框，用大玻璃生产厂家提供的一套吊挂夹具，并按照配套夹具的规格和数量以及大玻璃的重量和尺寸，安装吊夹。无框玻璃隔墙的固定方法如图3-15所示。

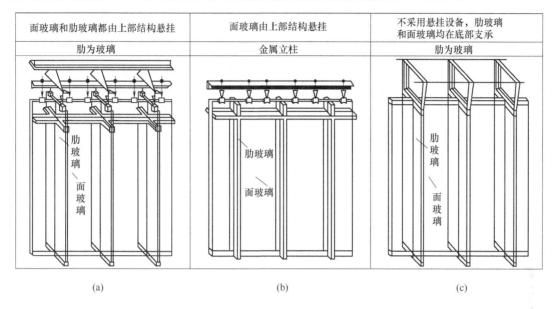

图3-15　无框玻璃隔墙的固定方法

（3）安装大玻璃和玻璃肋　无框玻璃隔墙的大玻璃安装，应按照设计大样图节点施工。一般方法是将大玻璃按隔墙框架的水平尺寸和垂直高度进行分块排布。先安装靠边结构墙边框的玻璃。将槽口处清理干净，垫好防震橡胶垫块，用玻璃吸盘把玻璃吸牢，由2~3人手握玻璃吸盘同时抬起玻璃，将玻璃缓慢地插入上框的槽口内，然后轻轻地垂直落下，放入下框槽口内，并推移到边槽槽口内，然后安装中间部位的玻璃。玻璃之间应留2~3mm的缝隙或留出与玻璃肋厚度相同的缝，以便安装玻璃肋和打胶。吊挂玻璃安装就位后用夹具固定每块玻璃。

（4）嵌缝注胶　玻璃隔墙的玻璃全部就位后，校正其平整度和垂直度，同时在两侧嵌入橡胶压条，从两边挤紧玻璃，然后注入硅酮结构胶，应均匀地将胶注入缝隙中，并用塑料刮刀在玻璃的两面刮平玻璃胶，随即清洁玻璃表面的胶迹。

（5）边框装饰　如果边框嵌入地面和墙（柱）面的饰面层中，则在做墙（柱）面和地面饰面时，沿接缝处应精细操作，使其美观。如果边框没有嵌入地面和墙（柱）面时，则应另用胶合板做底衬板，用不锈钢等金属材料，粘贴于衬板上，使其光亮美观。

（6）表面清洁　无框玻璃隔墙的玻璃安装好后，应用棉纱蘸清洁剂，在两面擦去胶迹和污染物，再在玻璃上粘贴不干胶纸带，以防玻璃被碰撞。

四、玻璃隔墙施工中的注意事项

玻璃隔墙的施工，关键是龙骨骨架和平板玻璃的安装。龙骨骨架的安装，按照所用材料不同又可分为金属龙骨骨架和木龙骨骨架两种。

1. 金属龙骨骨架安装的注意事项

室内隔墙骨架的安装质量，关系到整个平板玻璃隔墙的安全，所以必须确保安装牢固。

在安装玻璃（包括各种轻质饰面罩面）前，应检查隔墙骨架的牢固程度，同时检查墙内管线及填充材料是否符合设计要求，如有不符合要求应采取纠正措施。

对于一些有特殊结构要求的隔墙，如双排或多排骨架隔墙以及曲面、斜面、折线等形式的隔墙，必须按照设计要求进行龙骨的安装。在金属龙骨骨架安装的过程中应当注意如下几个方面。

① 应当严格按照弹线位置进行沿地面龙骨、沿顶棚龙骨及边框龙骨的固定，龙骨的边线应与弹线重合。龙骨的端部应安装牢固。龙骨与基体的固定点间距点应不大于1m。

② 安装的竖向龙骨应垂直，龙骨的间距应符合设计要求。

③ 在安装支撑龙骨时，支撑的卡件应安装在竖向龙骨的开口方向，相邻支撑的卡件的上下距离一般为400~600mm，端部支撑的卡件距离竖向龙骨端头尺寸宜为20~25mm。

④ 在安装贯通系列龙骨时，高度低于3m的隔墙安装一道，高度3~5m的隔墙一般应安装两道。

⑤ 门窗洞口、设备管线安装或其他受力部位的特殊节点处，应当安装加强龙骨，其构造做法应符合设计要求，必须确保在门窗开启使用或有其他受力时隔墙的稳定。

2. 木龙骨骨架的安装注意事项

① 为保证木质材料的使用年限，接触砖、石、混凝土的龙骨和埋置的木楔等，应进行防腐处理。

② 平板玻璃隔墙所用的木龙骨，其横截面面积及纵向、横向的间距，均应符合设计的要求。

③ 为确保木龙骨骨架连接牢固，木龙骨的横向龙骨和竖向龙骨，宜采用开半榫、加胶和加钉的方法连接。

④ 木龙骨骨架安装完毕后应对龙骨进行防火处理。

3. 平板玻璃安装施工过程中的注意事项

① 墙体放线应按设计要求进行，沿地、墙（柱）、顶弹出隔墙的中心线和宽度线，弹线应清晰，位置应准确。

② 骨架边框的安装应当符合设计和产品组合的具体要求。

③ 压条应与边框确实贴紧，不得出现弯棱、凸鼓等现象。

④ 在进行安装玻璃前，应对骨架、边框的牢固程度进行认真检查，如果有不够牢固之处，应进行加固处理。

⑤ 隔墙平板玻璃的安装，应符合现行的行业标准《建筑玻璃应用技术规程》（JGJ 113—2015）等有关标准的规定，如玻璃安装尺寸、安装材料选用、人体冲击安全以及门窗玻璃安装工程的有关规定等。

第四节　其他轻质隔墙工程施工工艺

一、铝合金隔墙与隔断施工工艺

铝合金隔断使用铝合金框架为装饰和固定材料，将整块玻璃（单层或双层）安装在铝合金框架内，从而形成整体隔墙的效果。工程实践证明，铝合金和钢化玻璃墙体组合极具现代风格，体现简约、时尚、大气的风格。尤其钢化玻璃的采光性极好，实现室内明亮通透的效果，并可灵活组成任意角度。

（一）铝合金龙骨材料要求

铝合金型材是在纯铝中加入锰、镁等合金元素经轧制而制成，其具有质轻、耐蚀、耐磨、美观、韧性好等诸多特点。铝合金型材表面经氧化着色处理后，可得到银白色、金色、青铜色和古铜色等几种颜色，其色泽雅致，造型美观，经久耐用，具有制作简单、连接牢固等优点。主要适合于写字楼办公室间隔、厂房间隔和其他隔断墙体。铝合金隔墙与隔断常用的铝合金型材有大方管、扁管、等边槽和等边角4种，铝合金隔断墙用铝型材如表3-3所列。

表3-3　铝合金隔断墙用铝型材

序号	型材名称	外形截面尺寸 长×宽/(mm×mm)	单位质量/(kg/m)	产品编号
1	大方管	76.20×44.45	10.894	4228
2	扁管	76.20×25.40	0.661	4217
3	等边槽	12.7×12.7	0.10	5302
4	等边角	31.8×31.8	0.503	6231

（二）铝合金龙骨施工工艺

铝合金隔墙与隔断是用铝合金型材组成框架。其主要施工工序：弹线定位→划线下料→安装固定→框架与墙地面的固定。

1. 弹线定位

（1）弹线定位内容　铝合金龙骨弹线定位主要包括：a.根据施工图确定隔墙在室内的具体位置；b.确定隔墙的高度；c.竖向型材的间隔位置等。

（2）弹线定位顺序　铝合金龙骨弹线定位的顺序为：a.弹出地面位置线；b.用垂直法弹出墙面位置和高度线，并检查与铝合金隔墙相接墙面的垂直度；c.标出竖向型材的间隔位置和固定点位置。

2. 划线下料

铝合金龙骨的划线下料是要求非常细致的一项工作，如果划线下料不准确，不仅使接口缝隙不美观，而且会造成不必要的浪费。所以，划线下料的准确度要求很高，其精度要求为长度误差±0.5mm。

划线时，通常在地面上铺一张干净的木夹板，将铝合金型材放在木夹板上，用钢尺和钢针对型材划线。同时，在划线操作时注意不要碰伤型材表面。划线下料应注意以下几点：

① 应先从隔断墙中最长的型材开始，逐步到最短的型材，并应将竖向型材与横向型材分开进行划线。

② 划线前，应注意复核一下实际所需尺寸与施工图中所标注的尺寸有否误差。如误差小于5mm，则可按施工图尺寸下料；如误差较大，则应按实量尺寸施工。

③ 在进行铝合金龙骨划线时，要以沿顶部和沿地面所用型材的一个端头为基准，划出与竖向型材的各连接位置线，以保证顶、地之间竖向型材安装的垂直度和对位准确性。要以竖向型材的一个端头为基准，划出与横向型材各连接位置线，以保证各竖向龙骨之间横档型材安装的水平度。在划连接位置线时，必须划出连接部位的宽度，以便在连接宽度范围以内安置连接铝角。

④ 铝合金型材的切割下料，主要用专门的铝材切割机，切割时应夹紧铝合金型材，锯片缓缓与铝合金型材接触，千万不可猛力下锯。切割时应根据画线进行切割，或留出线痕，以保证尺寸的准确。在进行切割中，进刀要用力均匀才能使切口平滑。在即将切断时，进刀用力要轻，以保证切口边部的光滑美观。

3. 安装固定

半高铝合金隔断墙，通常是先在地面组装好框架后，再竖立起来固定；全封铝合金隔断墙通常是先固定竖向型材，再安装横档型材来组装框架。铝合金型材相互连接主要是用铝角或螺丝。铝合金型材与地面、墙面的连接则主要是用铁脚固定法。

（1）型材间的相互连接件　隔断墙的铝合金型材，其截面通常是矩形长方管，常用规格为76mm×45mm和101mm×45mm（截面尺寸）。铝合金型材组装的隔墙框架，为了安装方便及美观效果，其竖向型材和横向型材一般都采用同一规格尺寸的型材。

型材的安装连接主要是竖向型材与横向型材的垂直结合，目前所采用的方法主要是铝角件连接法。铝角件连接的作用有两个方面：一方面是将两件型材通过铝角件互相接合；另一方面起到定位的作用，防止型材完装后产生转动现象。

所采用的铝角件通常是较厚的铝角件，其厚度为3mm左右，在一些非承重的位置也可以用型材的边角料来做铝角件的连接件。对连接件的基本要求是：有一定的强度，尺寸要准确，铝角件的长度应是型材的内径长，铝角件正好装入型材管的内腔之中。铝角件与型材的固定，通常采用"自攻螺丝"。

（2）铝合金型材的相互连接方法　铝合金型材的相互连接方法，是沿竖向型材，在与横向型材相连接的划线位置上固定铝角，具体连接方法如下。

① 在固定之前，先在铝角件上钻直径3~4mm的两个孔，孔中心距铝角件端头10mm。然后用一小截型材（厚约10mm）放入竖向型材上，即固定横向型材的划线位置上。再将铝角件放入这一小截型材内，并用手电钻和用同于铝角件上小孔直径的钻头，通过铝角件上小孔在竖向型材上打出两孔，如图3-16所示。最后用M4或M5"自攻螺丝"，把铝角件固定在竖向型材上。用这种方法固定铝角件，可使两个型材在相互连接后保证垂直度和对缝的准确性。

② 横向铝合金型材与竖向铝合金型材连接时，先要将横向铝合金型材的端头插入竖向铝合金型材上的铝角件，并使其端头与竖向铝合金型材侧面靠紧。再用手电钻将横向铝合金型材与铝角件一齐打两个孔，然后用"自攻螺丝"固定，一般方法是钻好一个孔位后马上用"自攻螺丝"固定，再接着打下一个孔。

两种铝合金型材接合形式如图3-17所示。所用的"自攻螺丝"通常为半圆头M4×20或M5×20。

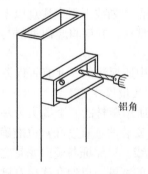

图3-16　铝角件与竖向型材的连接

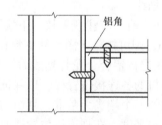

图3-17　两型材的接合形式

（3）为了保证对接处的美观，"自攻螺丝"的安装位置应设置在较隐蔽处。通常的处理方法为：如果对接处在1.5m以下，"自攻螺丝"头安装在型材的下方；如果对接处在1.8m以上，"自攻螺丝"安装在型材的上方。这在固定铝角件时将其弯角的方向加以改变即可。

4. 框架与墙地面的固定

铝合金框架与墙、地面的固定，通常用铁脚件。铁脚件的一端与铝合金框架连接，另一端与墙面或地面固定。其具体的固定方法如下。

① 在固定之前，先找好墙面上和地面上的固定点位置，避开墙面的重要饰面部分和设备及线路部分，如果与木质墙面固定，固定点必须安装在有木龙骨的位置处。然后，在墙面或地面的固定位置上，做出可埋入铁脚件的凹槽。如果墙面或地面还将进行抹灰处理，可不必做出此凹槽。

② 按墙面或地面的固定点位置，在沿墙、沿地面或沿顶型材上划线，再用"自攻螺丝"把铁脚固定在划线的位置上。

③ 铁脚件与墙面或地面的固定，可用膨胀螺栓或铁钉木楔方法，但前者的固定稳固性优于后者。如果是与木质墙面固定，铁脚件可用木螺钉固定于墙面内木龙骨上。铝框架与墙地面的固定如图3-18所示。

5.铝合金隔断框架组装方法

铝合金隔断框架有两种组装方式：一种是先在地面上进行平面组装，然后将组装好的框架竖起进行整体安装；另一种是直接对隔断墙框架进行安装。但不论哪一种组装方式，在组装时都是从隔断墙框架的一端开始。通常，先

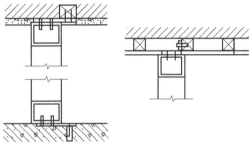

图3-18 铝框架与墙地面的固定

将靠墙的竖向型材与铝角件固定，再将横撑型材通过铝角件与竖向型材连接，并以此方法组成框架。

以直接安装方法组装隔墙骨架时，要注意竖向型材与墙地面的安装固定。通常先定位，再与横撑型材连接然后再与墙地面固定。

（三）安装饰面板和玻璃

铝合金型材隔墙在1m以下的部分，通常采用铝合金饰面板，其余部分通常是安装安全玻璃，其具体安装方法可参见相关的章节。

二、彩色压型金属板面层隔墙施工工艺

彩色压型钢板复合墙板是以波形彩色压型钢板为面层板，以轻质保温材料为芯层，经复合而制成的轻质保温墙板，它具有质量较轻、保温性能好、立面美观、施工速度快等优点，使用的压型钢板敷有各种防腐耐蚀涂层，所以还具有耐久性好、抗蚀性强等特性。这种复合墙板的尺寸，可根据压型板的长度、宽度、保温设计要求及选用保温材料，而制作不同长度、宽度和厚度的复合板。

彩色压型钢板复合板的接缝构造，在实际工程中基本上有两种形式：一种是在墙板的垂直方向设置企口边；另一种是不设置企口边。按照其夹芯保温材料的不同，可以分为聚苯乙烯泡沫塑料板、岩棉板、玻璃棉板、聚氨酯泡沫塑料板等不同芯材的复合板。压型钢板复合板的构造如图3-19所示。

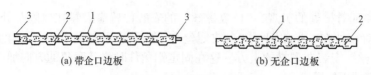

图3-19　压型钢板复合板的构造

1—压型钢板；2—保温材料；3—企口边

我国生产的铝合金压型板，如图3-20所示，一般规格为3190mm×870mm×0.6mm，多与半硬质岩棉板（或其他轻质保温材料）和纸面石膏板组成复合墙板，主要用于预制和现场组装外墙板，有的也可以用于室内隔墙。其复合墙板有两种构造形式：一种是带空气间层板，即以铝合金压型板材的大波向外，形成25mm厚的空气间层；另一种是不带空气间层板，即以铝合金压型板材小波向外。

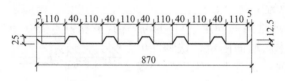

图3-20　铝合金压型板（单位：mm）

铝合金复合板构造如图3-21所示，墙板四周以轻钢龙骨为骨架，龙骨间距为：纵向870mm，横向1500m（带空气间层板）和3000mm（不带空气间层板）；石膏板和轻钢龙骨间用自攻螺钉固定，石膏板和岩棉板之间用白乳胶黏结，岩棉板与铝合金压型板之间用胶黏料

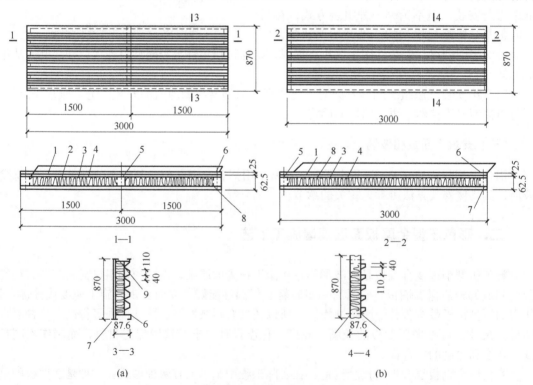

图3-21　铝合金复合板构造（单位：mm）

1—铝合金板；2—空气间层；3—岩棉板；4—石膏板；5—50×50×0.63轻钢龙骨；6—抽芯铆钉；

7—自攻螺钉；8—铝合金板材小波；9—75×40×0.63轻钢龙骨

黏结，铝合金板与轻钢龙骨之间用抽芯铆钉固定；板的纵向"自攻螺钉"、抽芯铆钉的间距，应将长度平均分开，一般为250~300mm；板两端的"自攻螺钉"、抽芯铆钉按铝合金压型板的波均匀分布。

彩色压型钢板复合墙板是用两层压型钢板中间填放轻质保温材料作为保温层，在保温层中放两条宽50mm的带钢筋箍，在保温层的两端各放3块槽形冷弯连接件和两块冷弯角钢挂件，然后用"自攻螺钉"把压型板与连接件固定，钉的间距一般为100~200mm。彩色压型钢板复合板的构造如图3-22所示。

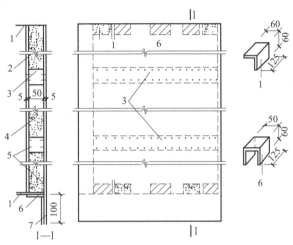

图3-22 彩色压型钢板复合板的构造（单位：mm）

1—冷弯角钢吊挂件；2，7—压型钢板；3—钢箍；4—聚苯乙烯泡沫保温板；5—自攻螺钉钉牢；6—冷弯槽钢

三、石棉水泥板面层隔墙施工工艺

用于隔墙的石棉水泥板种类很多，按其表面形状不同有平板、波形板、条纹板、花纹板和各种异形板；除素色板外，还有彩色板和压出各种图案的装饰板。石棉水泥面板的复合板，有夹带芯材的夹层板、以波形石棉水泥板为芯材的空心板、带有骨架的空心板等。

石棉水泥板是以石棉纤维与水泥为主要原料，经过抄坯、压制、养护而制成的薄型建筑装饰板材，具有防水、防潮、防腐、耐热、隔声、绝缘等性能，板面质地均匀，着色力强，并可进行锯割、钻孔的加工，施工比较方便。石棉水泥板主要适用于现场装配板墙、复合板隔墙及非承重复合隔墙。

用石棉水泥板制作复合隔墙板，一般采用石棉水泥板与石膏板复合的方式，主要用于居室与厨房、卫生间之间的隔墙。靠居室的一面用石膏板，靠厨房、卫生间的一面用经过防水处理的石棉水泥板，复合板用的龙骨可用石膏龙骨或石棉水泥龙骨，两面板材用胶黏料黏结。现装石棉水泥板面层的复合墙板安装工艺，基本上与石膏板复合板隔墙相同。

以波形石棉水泥板为芯材的复合板，是用合成树脂黏结料黏结起来的，采用石棉水泥小波板时，复合板的最小厚度为28mm。

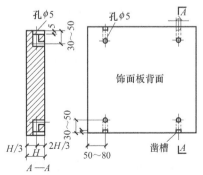

图3-23 石棉水泥板面层复合板示例
（单位：mm）

图 3-23 为石棉水泥板面层的复合板构造。图中所示复合板的面层是 3mm 厚的石棉水泥柔性板，其夹芯材料分别为泡沫塑料、加气混凝土、岩石棉板、石棉水泥波形板和木屑水泥板。复合板的总厚度为 26~80mm，其外形尺寸和重量差别很大，最大尺寸为 1210mm×3000mm，最重为 54.5kg/m²，最轻仅 6.0kg/m²。

石棉水泥板在装运时，要立垛堆放，并用草垫塞紧，装饰时不得抛掷、碰撞，长距离运输需要钉箱包装，每箱不超过 60 张；堆放场地应当坚实平坦，码垛堆放，堆放高度不得超过 1.2m，并要用草垫或苫布覆盖，严禁在阳光下暴晒。

四、活动式隔墙施工工艺

活动隔墙又可称为活动隔断、活动展板、活动屏风、移动隔断、移动屏风、移动隔声墙、移动墙、推拉门等。活动隔墙是一种根据实际需要，随时把大空间分割成小空间或把小空间连成大空间、具有一般墙体功能的活动墙，能起到一厅多能、一房多用的作用。另外，活动隔墙还具有容易安装、便于拆除、重复利用、可工业化生产、防火性好、绿色环保等显著特点。

活动隔墙按照其操作方式不同，主要可分为拼装式活动隔墙、"直滑式"活动隔墙和折叠式活动隔墙。

（一）活动隔墙的材料要求

（1）隔墙板材的质量要求　活动隔墙施工中所用的板材应根据设计要求选用，各种板材的技术指标应符合相关现行国家和行业标准中的规定。

（2）活动隔墙施工中所用的导轨槽、滑轮及其他五金配件应配套齐全，各种产品均应具有出厂合格证。

（3）活动隔墙施工中所用的防腐材料、填缝材料、密封材料、防锈漆、水泥、砂子、连接铁脚、连接板等，均应符合设计要求和现行标准的规定。

（二）活动隔墙施工机具设备

活动隔墙施工中所用的机具设备主要有电锯、木工手锯、手提电钻、电动冲击钻、射钉枪、量尺、角尺、水平尺、线坠、钢丝刷、小灰槽、2m 靠尺、开刀、2m 托线板、专用撬棍、扳手、螺丝刀、剪钳、橡皮锤、木楔、手工钻、扁铲等。

（三）活动隔墙的作业条件

（1）建筑主体结构已验收，屋面防水工程试验合格。

（2）室内与活动隔墙相接的建筑墙面侧边已清理并修整平整，垂直度符合设计要求。按照施工规定已弹出 +500mm 标高线。

（3）设计无轨道的活动隔墙，室内抹灰工程（包括墙面、地面和顶棚）应当施工完毕。

（四）活动隔墙的施工工艺

1. 活动隔墙的施工工艺流程

活动隔墙的施工工艺流程为：定位放线→隔墙板两侧壁龛施工→上导轨安装→隔扇制作→隔扇安放→隔扇间连接→密封条安装→活动隔墙调试。

2. 活动隔墙的施工操作要点

（1）拼装式活动隔墙 拼装式活动隔墙是用可装拆的壁板或隔扇拼装而成，不设滑轮和导轨。隔扇可用木材、铝合金、塑料做框架，两侧粘贴胶合板及其他各种硬质装饰板、防火板、镀膜铝合金板，也可以在硬纸板上衬泡沫塑料，外包人造革或各种装饰性纤维织物，再镶嵌各种金属和彩色玻璃饰物制成美观高雅的隔扇。

① 定位放线 按照设计确定的活动隔墙位置，在楼地面上进行弹线，并将弹出的线引测至顶棚和侧面墙上，作为活动隔墙的施工依据。

② 隔墙板两侧壁龛施工 活动隔墙的一端要设一个槽形的补充构件。其形状参见图3-24中节点③。它与槽形上槛的大小和形状完全相同，以便于安装和拆卸隔扇，并在安装后掩盖住端部隔扇与墙面之间的缝隙。

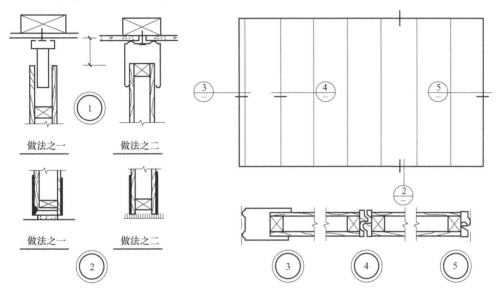

图3-24 拼装式隔墙的立面图与节点图

③ 上导轨安装 为便于隔扇的装拆，隔墙的上部有一通长的上槛，上槛的形式有两种：一种是槽形；另一种是"T"形。用螺钉或钢丝固定在平顶上。

④ 隔扇的制作 拼装式活动隔墙中隔扇的制作应符合下列要求。a.拼装式活动隔墙的隔扇多用木框架，两侧粘贴木质纤维板或胶合板，有的还贴上一层塑料贴面或覆以一层人造革。隔声要求比较高的隔墙，可在两层面板之间设置隔声层，并将隔扇的两个垂直边部做成企口缝，以便使相邻的隔扇能紧密地咬合在一起，达到隔声的目的。b.根据设计中的要求，在隔扇的下部照常做踢脚。c.隔墙板的两侧均做成企口缝等形式的盖缝、平缝。d.隔墙板的上部采用槽形时，隔扇的上部可以做成平齐的；采用"T"形时，隔扇的上部应设置较深的凹槽，以便隔扇能够卡到"T"形上槛的腹板上。

⑤ 隔扇间安放与连接 分别将隔墙扇两端嵌入上下槛导轨槽内，利用活动卡子连接固定，同时拼装成隔墙。不用时可以拆除重叠放入壁龛内，以免占用室内使用面积。隔墙的顶面与平顶之间保持50mm左右的空隙，以便于安装和拆卸。图3-24所示为拼装式隔墙的立面图与节点图。

⑥ 密封条安装 当楼地面上铺有地毯时，隔扇可以直接坐落在地毯上，否则应在隔扇底下另加隔声密封条，靠隔扇的自重将密封条紧紧地压在楼地面上。

（2）"直滑式"活动隔墙 "直滑式"隔墙是指将拼装式隔墙中的独立隔扇用滑轮挂置在轨道上，可以沿着轨道推拉移动的隔墙。轨道可布置在顶棚或梁上，隔扇顶部安装滑轮，并与轨道相连；隔扇下部地面不设轨道，主要为避免轨道积灰损坏。对于面积较大的隔墙，当把活动扇收拢后会占据较多的建设空间，影响使用和美观，所以"直滑式"活动隔墙多采取设贮藏壁柜或贮藏间的形式加以隐蔽。"直滑式"活动隔墙应按照以下工艺进行施工。

① 定位放线 按照设计确定的活动隔墙位置，在楼地面上进行弹线，并将线引测至顶棚和侧面墙上，作为"直滑式"活动隔墙的施工依据。

② 隔墙板两侧壁龛施工 活动隔墙的一端要设一个槽形的补充构件，补充构件的两侧各有一个密封条，与隔扇的两侧紧紧地相接触，其形状参见图3-24中的③、④节点。

③ 上轨道安装 轨道与滑轮的形式多种多样，轨道的断面多数为槽形。滑轮多为四轮小车组。四轮小车组可以用螺栓固定在隔扇上，也可以用连接板固定在隔扇上。隔扇与轨道之间用橡胶密封刷进行密封，也可将密封刷子固定在隔扇上，或者将密封刷子固定在轨道上。

④ 隔扇的制作 图3-25所示为"直滑式"隔墙隔扇的构造，其主体是一个木框架，两

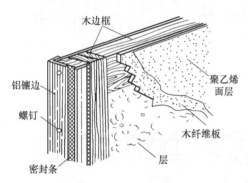

图3-25 "直滑式"隔墙隔扇的构造

侧各贴一层木质纤维板，两层板的中间夹着隔声层，板的外面覆盖着聚乙烯饰面。隔扇的两个垂直边，用螺钉固定铝镶边。镶边的凹槽内，嵌有隔声用的泡沫聚乙烯密封条。"直滑式"隔墙的隔扇尺寸比较大，其宽度为1000mm，厚度为50~80mm，高度为1000~3500mm。

⑤ 隔扇间安放、连接及密封条安装 图3-26为"直滑式"隔墙的立面图与节点图，后边的半扇隔扇与边缘构件用铰链连接着，中间各个隔扇则是单独的。当隔扇关闭时，最前面的隔扇自然地嵌入槽形补充构件内。

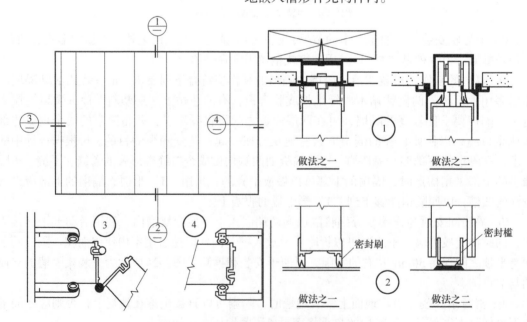

图3-26 "直滑式"隔墙的立面图与节点图

隔扇与楼地面之间的缝隙采用不同的方法来遮掩：一种方法是在隔扇的下面设置两行橡胶做的密封刷；另一种方法是将隔扇的下部做成凹槽形，在凹槽所形成的空间内分段设置"密封槛"。"密封槛"的上面也有两行密封刷，分别与隔扇凹槽的两个侧面相接触。"密封槛"的下面另设密封垫，靠"密封槛"的自重与楼地面紧紧地相接触。

（3）折叠式活动隔墙　折叠式隔墙由多个可以折叠的隔扇、轨道和滑轮组成。多扇隔扇用铰链连在一起，可以随意展开和收拢，推拉快速方便。但由于隔扇本身重量、连接铰链五金重量以及施工安装、管理维修等诸多因素造成的变形会影响隔扇的活动自由度，所以可将相邻两隔扇连在一起，此时每个隔扇上只需装一个转向滑轮，先折叠后推拉收拢，更增加了活动隔墙的灵活性。

折叠式活动隔墙按照所使用的材料不同，可以分为硬质和软质两类。硬质折叠式活动隔墙由木隔扇或金属隔扇构成，隔扇利用铰链连接在一起；软质折叠式活动隔墙用棉、麻织品或橡胶、塑料等制品制作。折叠式活动隔墙应按照以下工艺进行施工。

1）单面硬质折叠式活动隔墙的施工

① 定位放线。按照设计确定的活动隔墙位置，在楼地面上进行弹线，并将弹线引测至顶棚和侧面墙上，作为单面硬质折叠式活动隔墙的施工依据。

② 隔墙板两侧壁龛施工。隔扇的两个垂直边部常做成凸凹相咬的企口缝，并在槽内镶嵌橡胶或毡制的密封条。隔扇之间的密封如图3-27所示。最前面一个隔扇与洞口侧面接触处，可以设密封管或缓冲板。隔扇与洞口之间的密封如图3-28所示。

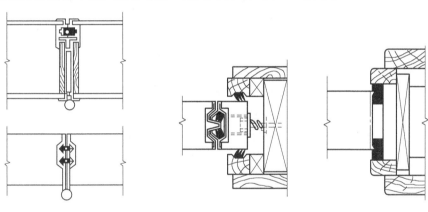

图3-27　隔扇之间的密封　　　　图3-28　隔扇与洞口之间的密封

室内装修要求较高时，可在隔扇折叠起来的地方做一段空心墙，将隔扇隐蔽在空心墙内。空心墙外面设一双扇小门，不论隔断展开或收拢都能关起来，使洞口保持整齐美观。隐蔽隔墙的空心墙如图3-29所示。

③ 轨道的安装。上部的滑轮形式很多。隔扇较重时，可以采用带有滚珠轴承的滑轮，轮缘是钢的或尼龙的；隔扇较轻时，可以采用带有金属轴套的尼龙滑轮或滑钮。滑轮的不同类型如图3-30所示。与滑轮的种类相适应，上部轨道的断面可呈箱形或T形，轨道均由钢或铝合金材料制成。

楼地面上一般不设置轨道和导向槽，当上部滑轮设在隔扇顶面的一端时，楼地面上要相应地设置轨道，构成下部支承点。这种轨道的断面多数都是T形，如图3-31（a）所示。如果隔扇的高度较高，可在楼地面上设置导向槽。

④ 隔墙扇制作、安装及连接。隔扇的构造与"直滑式"活动隔墙的隔扇基本相同，仅仅是其宽度比较小，为500~1000mm。隔扇的上部滑轮可以设在顶面的一端，即设在隔扇的

边梃上；也可以设置在顶面的中央。当隔扇较窄时，滑轮设在顶面的一端，平顶与楼地面上同时设轨道，隔扇底面要相应地设滑轮，以免隔扇受水平推力的作用产生倾斜。隔扇的数目不限，但要做成偶数，以便使首尾两个隔扇都能依靠滑轮与上下轨道连起来。

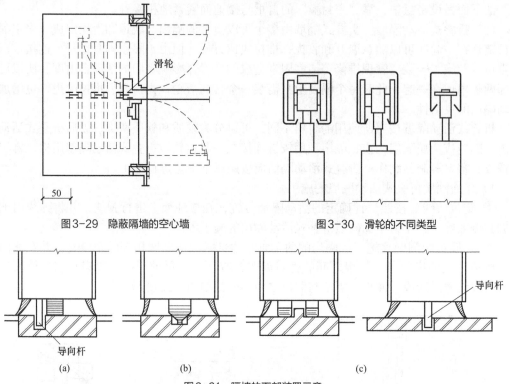

图3-29　隐蔽隔墙的空心墙　　　　　　　图3-30　滑轮的不同类型

(a)　　　　　　　　(b)　　　　　　　　(c)

图3-31　隔墙的下部装置示意

滑轮设在隔扇顶面的正中央，由于支撑点与隔扇的重心位于同一条直线上，楼地面上就不必再设轨道。隔扇可以每隔一扇设置一个滑轮，隔扇的数目必须为奇数（不含末尾处的半扇）。采用手动开关的，可取5扇或7扇，当扇数过多时，需采用机械开关。

作为上部支承点的滑轮小车组，与固定隔扇垂直轴要保持自由转动的关系，以便隔扇能够随时改变自身的角度。垂直轴内可酌情设置减震器，以保证隔扇能在不太平整的轨道上平稳地移动。

地面设置为导向槽时，在隔扇的底面相应地设置中间带凸缘的滑轮或导向杆，如图3-31（b）、（c）所示。

隔扇之间用铰链连接，少数隔墙也可两扇一组地连接起来。滑轮和铰链的位置如图3-32所示。

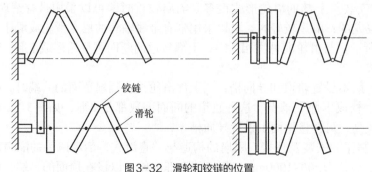

图3-32　滑轮和铰链的位置

⑤ 密封条的安装。隔扇的底面与楼地面之间的缝隙（约25mm）可用橡胶或毡制密封条遮盖。当楼地面上不设置轨道时，可在隔扇的底面设一个富有弹性的密封垫，并相应地采取专门装置，使隔墙于封闭状态时能够稍稍下落，从而将密封垫紧紧地压在楼地面上。

2）双面硬质折叠式活动隔墙的施工

① 定位放线。按照设计确定的活动隔墙位置，在楼地面上进行弹线，并将线引测至顶棚和侧面墙上，作为双面硬质折叠式活动隔墙的施工依据。

② 隔墙板两侧壁龛施工。双面硬质折叠式活动隔墙的隔墙板两侧壁龛施工，与单面硬质折叠式活动隔墙相同。

③ 轨道安装。双面硬质折叠式活动隔墙的轨道安装应符合下列要求。有框架双面硬质折叠式活动隔墙的控制导向装置有两种：一种是在上部的楼地面上设置作为支承点的滑轮和轨道，也可以不设，或者设置一个只起导向作用而不起支承作用的轨道；另一种是在隔墙下部设置作为支承点的滑轮，相应的轨道设在楼地面上，平顶上另设一个只起导向作用的轨道。

当采用第二种装置时，楼地面上宜采用金属槽形轨道，其上表面应与楼地面相平。平顶上的轨道可用一个通长的方木条，而在隔墙框架立柱的上端相应地开缺口，在隔墙启闭时立柱能始终沿着轨道滑动。

无框架双面硬质折叠式活动隔墙应在平顶上安装箱形截面的轨道。隔墙的下部一般可不设滑轮和轨道。

④ 隔墙扇制作、安装。双面硬质折叠式活动隔墙的隔墙扇制作与安装应符合下列要求。

有框架双面硬质折叠式活动隔墙的中间设置若干个立柱，在立柱之间设置数排金属伸缩架。伸缩架的数量依照隔墙的高度而定，一般为1~3排。有框架的双面硬质折叠式活动隔墙如图3-33所示。

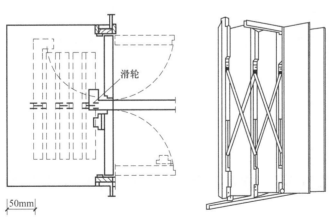

图3-33 有框架的双面硬质折叠式活动隔墙

框架两侧的隔板一般由木板或胶合板制成。当隔板采用木质纤维板时，表面宜粘贴塑料饰面层。隔板的宽度一般不超过300mm。相邻隔板多靠密实的织物（如帆布带、橡胶带等）沿整个高度方向连接在一起，同时将织物或橡胶带等固定在框架的立柱上。隔板与隔板的连接如图3-34所示。

隔墙的下部宜采用成对的滑轮，并在两个滑轮的中间设置一个扁平的导向杆。导向杆插在槽形轨道的开口内。

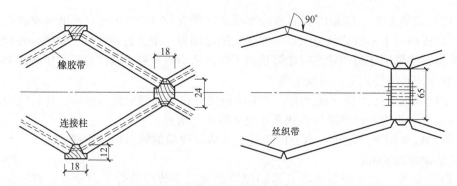

图3-34 隔板与隔板的连接（单位：mm）

无框架双面硬质折叠式活动隔墙，其隔板用硬木或者带有贴面的木质纤维板制成，其尺寸最小宽度可达到100mm，常用截面尺寸为140mm×12mm。隔板的两侧设凹槽，凹槽中镶嵌同高的纯乙烯条带，纯乙烯条带分别与两侧的隔板固定在一起。

隔墙的上下各设置一道金属伸缩架，与隔板用螺钉连接在一起。上部伸缩架上安装作为支承点的小滑轮，无框架双面硬质折叠式活动隔墙的高度不宜超过3m，宽度不宜超过4.5m或2×4.5m（在一个洞口内装两个4.5m宽的隔墙，分别向洞口的两侧开启）。

3）软质折叠式活动隔墙的施工

① 定位放线。按照设计确定的活动隔墙位置，在楼地面上进行弹线，并将弹线引测至顶棚和侧面墙上，作为软质折叠式活动隔墙的施工依据。

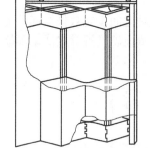

图3-35 软质双面隔墙内的立柱（杆）与伸缩架示意

② 隔墙板两侧壁龛施工。软质折叠式活动隔墙的隔墙板两侧壁龛施工，与单面硬质折叠式活动隔墙完全相同。

③ 轨道安装。在楼地面上设置一个较小的轨道，在平顶上设置一个只起导向作用的方木；也可只在平顶上设置轨道，楼地面不加任何设施。

④ 隔扇制作与安装。软质折叠式活动隔墙大多数为双面，面层为帆布或人造革，面层的里面加设内衬。

软质折叠式活动隔墙的内部宜设框架，采用木立柱或金属杆。木立柱或金属杆之间设置伸缩架，面层固定在立柱或立杆上。软质双面隔墙内的立柱（杆）与伸缩架示意如图3-35所示。

第五节 轻质隔墙工程施工质量验收标准

建筑轻质隔墙按照其组成结构不同，主要可分为骨架隔墙、板材隔墙、活动隔墙、玻璃隔墙等分项工程。为了确保轻质隔墙的质量符合设计和现行施工规范的要求，必须按照现行国家标准《建筑装饰装修工程质量验收标准》（GB 50210—2018）中的规定进行质量管理和工程验收。

一、轻质隔墙工程施工质量的一般规定

（1）轻质隔墙工程的质量管理主要适用于板材隔墙、骨架隔墙、活动隔墙、玻璃隔墙等

分项工程的质量验收。板材隔墙包括复合轻质墙板、石膏空心板、增强水泥板和混凝土轻质板等隔墙；骨架隔墙包括以轻钢龙骨、木龙骨等为骨架，以纸面石膏板、人造木板、水泥纤维板等为墙面的隔墙；玻璃隔墙包括玻璃板、玻璃砖隔墙。

（2）轻质隔墙工程验收时应检查下列文件和记录：a.轻质隔墙工程的施工图、设计说明及其他设计文件；b.材料的产品合格证书、性能检验报告、进场验收记录和复验报告；c.隐蔽工程验收记录；d.施工记录。

（3）轻质隔墙工程应对人造木板的甲醛释放量进行复验，必须符合现行国家标准《民用建筑工程室内环境污染控制标准》（GB 50325—2020）中的规定。

（4）轻质隔墙工程应对下列隐蔽工程项目进行验收：a.骨架隔墙中设备管线的安装及水管试压；b.木龙骨防火、防腐处理；c.预埋件或拉结筋；d.龙骨安装；e.填充材料的设置。

（5）各分项工程的检验批应按下列规定划分：同一品种的轻质隔墙工程每50间（大面积房间和走廊按轻质隔墙的墙面30m² 为一间）应划分为一个检验批，不足50间也应划分为一个检验批。

（6）板材隔墙和骨架隔墙每个检验批应至少抽查10%，并不得少于3间，不足3间时应全数检查；活动隔墙和玻璃每个检验批应至少抽查20%，并不得少于6间，不足6间时应全数检查。

（7）轻质隔墙与顶棚和其他墙体的交接处，应当采取有效防止开裂的技术措施。

（8）民用建筑轻质隔墙工程的隔声性能应符合现行国家标准《民用建筑隔声设计规范》（GB 50118—2010）中的规定。

二、板材隔墙工程验收标准

板材隔墙工程质量管理主要适用于复合轻质墙板、石膏空心板、预制或现制的钢丝网水泥板等板材隔墙工程的质量验收。根据现行国家标准《建筑装饰装修工程质量验收标准》（GB 50210—2018）中的规定，板材隔墙工程的质量检查验收应符合下列要求。

（一）板材隔墙工程质量的主控项目

（1）隔墙板材的品种、规格、性能、颜色应符合设计要求。有隔声、隔热、阻燃、防潮等特殊要求的工程，板材应有相应性能等级的检验报告。

检验方法：观察；检查产品合格证书、进场验收记录和性能检验报告。

（2）安装隔墙板材所需预埋件、连接件的位置、数量及连接方法应符合设计要求。

检验方法：观察；尺量检查；检查隐蔽工程验收记录。

（3）隔墙板材安装必须牢固。现制钢丝网水泥隔墙与周边墙体的连接方法应符合设计要求，并应连接牢固。

检验方法：观察；手扳检查。

（4）隔墙板材所用接缝材料的品种及接缝方法应符合设计要求。

检验方法：观察；检查产品合格证书和施工记录。

（5）隔墙板材安装位置应正确，板材不应有裂缝或缺损。

检验方法：观察；尺量检查。

（二）板材隔墙工程质量的一般项目

（1）板材隔墙表面应光洁、平顺、色泽一致，接缝应均匀、顺直。

检验方法：观察；手摸检查。

（2）隔墙上的孔洞、槽、盒，应当位置正确、套切割吻合、边缘整齐。

检验方法：观察。

（3）板材隔墙安装的允许偏差和检验方法应符合表3-4的规定。

表3-4　板材隔墙安装的允许偏差和检验方法

项次	项目	允许偏差/mm				检验方法
		复合轻质墙板		石膏空心板	钢丝网水泥板	
		金属夹芯板	其他复合板			
1	立面垂直度	2.0	3.0	3.0	3.0	用2m垂直检测尺检查
2	表面平整度	2.0	3.0	3.0	3.0	用2m靠尺和塞尺检查
3	阴阳角方正	3.0	3.0	3.0	4.0	用直角检测尺检查
4	接缝高低差	1.0	2.0	2.0	3.0	用钢直尺和塞尺检查

三、骨架隔墙工程验收标准

骨架隔墙工程质量管理主要适用于以轻钢龙骨、木龙骨等为骨架，以纸面石膏板、人造木板、金属板、铝塑板、水泥纤维板等为墙面板的隔墙工程的质量验收。

根据现行国家标准《建筑装饰装修工程质量验收标准》（GB 50210—2018）中的规定，骨架隔墙工程的质量检查验收应符合下列规定。

（一）骨架隔墙工程质量的主控项目

（1）骨架隔墙所用龙骨、配件、墙面板、填充材料及嵌缝材料的品种、规格、性能和木材的含水率应符合设计要求。有隔声、隔热、阻燃、防潮等特殊要求的工程，材料应有相应性能等级的检验报告。

检验方法：观察；检查产品合格证书、进场验收记录、性能检验报告和复验报告。

（2）骨架隔墙地基梁所用材料、尺寸及位置等应符合设计要求。骨架隔墙的沿地、沿顶及边框龙骨必须与基体结构连接牢固。

检验方法：手扳检查；尺量检查；检查隐蔽工程验收记录。

（3）骨架隔墙中龙骨间距和构造连接方法应符合设计要求。骨架内设备管线的安装、门窗洞口等部位加强龙骨的安装应牢固、位置正确。填充材料的品种、厚度和设置，均应符合设计的要求。

检验方法：检查隐蔽工程验收记录。

（4）木龙骨及木墙面板的防火和防腐处理必须符合设计要求。

检验方法：检查隐蔽工程验收记录。

（5）骨架隔墙的墙面板应安装牢固，无脱层、翘曲、折裂及缺损。

检验方法：观察；手扳检查。

（6）墙面板所用接缝材料的接缝方法应符合设计要求。

检验方法：观察。

（二）骨架隔墙工程质量的一般项目

（1）骨架隔墙表面应平整光滑、色泽一致、洁净、无裂缝，接缝应均匀、顺直。

检验方法：观察；手摸检查。

（2）骨架隔墙上的孔洞、槽、盒，应当位置正确、套切割吻合、边缘整齐。

检验方法：观察。

（3）骨架隔墙内的填充材料应干燥，填充应密实、均匀、无下坠。

检验方法：轻敲检查；检查隐蔽工程验收记录。

（4）骨架隔墙安装的允许偏差和检验方法应符合表3-5所列的规定。

表3-5　骨架隔墙安装的允许偏差和检验方法

项次	项目	允许偏差/mm		检验方法
		纸面石膏板	人造木板、水泥纤维板	
1	立面垂直度	3.0	4.0	用2m垂直检测尺检查
2	表面平整度	3.0	3.0	用2m靠尺和塞尺检查
3	阴阳角方正	3.0	3.0	用直角检测尺检查
4	接缝直线度	—	3.0	拉5m线，不足5m拉通线，用钢直尺检查
5	压条直线度	—	3.0	拉5m线，不足5m拉通线，用钢直尺检查
6	接缝高低差	1.0	1.0	用钢直尺和塞尺检查

四、活动隔墙工程验收标准

活动隔墙工程质量管理主要适用于各种活动隔墙工程的质量验收。根据现行国家标准《建筑装饰装修工程质量验收标准》（GB 50210—2018）中的规定，活动隔墙工程质量检查验收应符合下列要求。

（一）活动隔墙工程质量的主控项目

（1）活动隔墙所用墙板、轨道、配件等材料的品种、规格、性能和人造木板甲醛释放量、燃烧性能应符合设计要求。

检验方法：观察；检查产品合格证书、进场验收记录、性能检验报告和复验报告。

（2）活动隔墙轨道必须与基体结构连接牢固，并且位置应正确。

检验方法：尺量检查；手扳检查。

（3）活动隔墙用于组装、推拉和制动的构配件必须安装牢固、位置正确，推拉必须安全、平稳、灵活。

检验方法：尺量检查；手扳检查；推拉检查。

（4）活动隔墙的组合方式、安装方法应符合设计要求。

检验方法：观察。

（二）活动隔墙工程质量的一般项目

（1）活动隔墙表面应色泽一致、平整光滑、洁净，线条应顺直、清晰。

检验方法：观察；手摸检查。

（2）活动隔墙上的孔洞、槽、盒，应当位置正确、套切割吻合、边缘整齐。

检验方法：观察；尺量检查。

（3）活动隔墙推拉时应无噪声。

检验方法：推拉检查。

（4）活动隔墙安装的允许偏差和检验方法应符合表3-6的规定。

表3-6　活动隔墙安装的允许偏差和检验方法

项次	项目	允许偏差/mm	检验方法
1	立面垂直度	3.0	用2m垂直检测尺检查
2	表面平整度	2.0	用2m靠尺和塞尺检查
3	接缝直线度	3.0	拉5m线,不足5m拉通线,用钢直尺检查
4	接缝高低差	2.0	用钢直尺和塞尺检查
5	接缝的宽度	2.0	用钢直尺检查

五、玻璃隔墙工程验收标准

玻璃隔墙工程质量管理主要适用于玻璃板、玻璃砖隔墙工程的质量验收。根据现行国家标准《建筑装饰装修工程质量验收标准》（GB 50210—2018）中的规定，玻璃隔墙工程的质量检查验收应符合下列要求。

1. 玻璃隔墙工程质量的主控项目

（1）玻璃隔墙工程所用材料的品种、规格、性能、图案和颜色应符合设计要求。玻璃板隔墙应使用安全玻璃。

检验方法：观察；检查产品合格证书、进场验收记录和性能检验报告。

（2）玻璃板安装及玻璃砖砌筑方法应符合设计要求。

检验方法：观察。

（3）有框玻璃板隔墙的受力杆件应与基体结构连接牢固，玻璃板安装橡胶垫位置应正确。玻璃板安装应牢固，受力应均匀。

检验方法：观察；手推检查；检查施工记录。

（4）无框玻璃板隔墙的受力"爪件"应与基体结构连接牢固，"爪件"的数量、位置应正确，"爪件"与玻璃板的连接应牢固。

检验方法：观察；手推检查；检查施工记录。

（5）玻璃板隔墙的安装必须牢固。玻璃板隔墙胶垫的安装应正确。

检验方法：观察；手推检查；检查施工记录。

（6）玻璃砖隔墙砌筑中埋设的拉结筋，必须与基体结构连接牢固，数量、位置应正确。

检验方法：手扳检查；尺量检查；检查隐蔽工程验收记录。

2. 玻璃隔墙工程质量的一般项目

（1）玻璃隔墙表面应色泽一致、平整洁净、清晰美观。

检验方法：观察。

（2）玻璃隔墙接缝应横平竖直，玻璃应无裂痕、缺损和划痕。

检验方法：观察。

（3）玻璃板隔墙嵌缝及玻璃砖隔墙勾缝应密实平整、均匀顺直、深浅一致。

检验方法：观察。

（4）玻璃隔墙安装的允许偏差和检验方法应符合表3-7的规定。

表3-7 玻璃隔墙安装的允许偏差和检验方法

项次	项目	允许偏差/mm		检验方法
		玻璃砖	玻璃板	
1	立面垂直度	2.0	3.0	用2m垂直检测尺检查
2	表面平整度	—	3.0	用2m靠尺和塞尺检查
3	阴阳角方正	2.0	—	用直角检测尺检查
4	接缝直线度	2.0	—	拉5m线,不足5m拉通线,用钢直尺检查
5	接缝高低差	2.0	3.0	用钢直尺和塞尺检查
6	接缝的宽度	1.0	—	用钢直尺检查

第六节　轻质隔墙工程施工质量问题与防治措施

众多工程实践证明,由于隔墙都是非承重墙,一般都是在主体结构完成后,在施工现场进行安装或砌筑,因此隔墙的墙板与结构的连接是工程施工质量的关键,必须将上部、中部和下部3个部位与结构主体连接牢固,它不仅关系到隔墙的使用功能,而且还关系到隔墙的安全问题。对于隔墙板与板之间的连接,装修后易出现的各种质量通病,应当采取有效措施予以防范和治理,以保证隔墙工程的施工质量。

一、加气混凝土条板隔墙质量问题与防治措施

加气混凝土板全称蒸压加气混凝土板,是以硅质材料和钙质材料为主要原料,用铝粉作为引(发)气剂,经过混合、成型、蒸压养护、切割等工序制成的一种多孔轻质板材,为增强板材的强度和抗裂性,在板内常配有单层钢筋网片。

加气混凝土板材以其具有轻质、保温、隔声、足够的强度和良好的可加工等综合性能,被广泛应用于各种非承重室内隔墙中。加气混凝土板材隔墙显著特点是施工时不需要进行吊装,人工即可进行搬运和安装,并且平面布置非常灵活;由于加气混凝土板材幅面较大,所以比其他砌筑墙体的施工速度快,可大大缩短施工周期;劳动强度低而且墙面比较平整。但是,在施工中也会出现各种质量问题,必须引起足够的重视。

(一)隔墙板出现松动或脱落

1. 质量问题

在加气混凝土板材安装完毕后,发现黏结砂浆涂抹不均匀、不饱满,板与板、板与主体结构之间有缝隙,稍用力加以摇晃有松动感,时间长久隔墙板会产生脱落。

2. 原因分析

(1)黏结砂浆的质量不符合要求。主要表现在:a.选用的砂浆原材料质量不好,水泥强度等级不高或过期,砂中含泥量超过现行标准的规定,砂浆配合比不当或计量不准确;b.砂浆搅拌不均匀,或一次搅拌量过多;c.砂浆的使用时间超过2h也会严重降低黏结强度。

(2)黏结面处理不符合要求。主要表现在:a.黏结面清理不干净,表面上有影响隔墙板与结构黏结的浮尘、油污和杂质等;b.黏结面表面过于光滑,与砂浆不能牢固黏结在一起;c.在黏结面上砂浆涂抹不均匀、不饱满。

(3)加气混凝土板材的本身过于干燥,在安装前没有按要求进行预先湿润,造成板材很快将砂浆中的水分吸入体内,砂浆因严重快速失水而造成黏结强度大幅度下降。

（4）在加气混凝土板材的安装过程中，没有严格按照现行施工规范中要求的工艺去施工，结果造成条板安装质量不符合要求。

3. 防治措施

（1）在加气混凝土板材安装之前，对板材的上下两个端面、结构顶面、地面、墙面（或柱面）等结合部位，应当用钢丝刷子认真对黏结面进行清刷，将板材和基面上的油污、浮尘、碎渣和其他杂质等清理干净。凡是突出墙体的砂浆、混凝土渣等必须进行剔除，并用毛刷蘸水稍加湿润。

（2）加气混凝土板材采用正确的连接方法，这是确保连接牢固的根本措施。根据工程实践，加气混凝土板材上部与结构连接，有的靠板面预留角铁，用射钉钉入顶板进行连接；有的靠黏结砂浆与结构连接，板材的下端先用经过防腐处理、宽度小于板面厚度的木楔顶紧，然后再填入坍落度不大于20mm的细石混凝土。如果木楔未经防腐处理，等板材下端的细石混凝土硬化48h以上时撤出，并用细石混凝土填塞木楔孔。

（3）加气混凝土板材在安装时，应在板材的上端涂抹一层108胶水泥砂浆，其配合比为：水泥∶细砂∶108胶∶水=1∶1∶0.2∶0.3，或者水泥∶砂=1∶3并加适量的108胶水溶液。108胶水泥砂浆的厚度一般为3mm，然后将板材按线立于预定位置上，用撬棍将板材撬起，将板材顶部与顶板底面贴紧挤严，板材的一侧与主体结构或已安装好的另一块板材贴紧，并在条板下部用木楔顶紧，将撬棍撤出，板材即临时固定，然后再填入坍落度不大于20mm的C20细石混凝土。

（4）如果木楔已经过防腐处理可以不撤出，未进行防腐处理的木楔，等加气混凝土板材下面的细石混凝土凝固具有一定强度后撤出（在常温下为48h撤出），再用细石混凝土将木楔孔处填实。黏结面应严密平整，并将挤出的黏结砂浆刮平、刮净，再认真检查一下砂浆是否饱满。

（5）严格控制黏结砂浆原材料的质量及设计配合比，达到材料优良、配比科学、计量准确的基本要求；黏结用的108胶水泥砂浆要随用随配，使用时间在常温下不得超过2h。黏结砂浆的参考配合比如表3-8所列。

表3-8　黏结砂浆参考配合比

序号	配合比	序号	配合比
1	水泥∶细砂∶108胶∶水=1∶1∶0.2∶0.3	4	水泥∶108胶∶珍珠岩粉∶水=1∶0.15∶0.03∶0.35
2	水泥∶砂=1∶3,加适量108胶水溶液	5	水玻璃∶磨细矿渣粉∶细砂=1∶1∶2
3	磨细矿渣粉∶中砂=1∶2或1∶3加适量水玻璃		

（6）在加气混凝土板与板之间，最好采用108胶水泥砂浆进行黏结，拼缝一定要严密，以挤出砂浆为宜，缝隙宽度不得大于5mm，挤出的水泥砂浆应及时清理干净。在沿板缝上、下各1/3处，按30°角斜向打入铁销或铁钉，以加强隔墙的整体性和刚度。

（7）要做好加气混凝土板材安装后的成品保护工作。刚刚安装好的加气混凝土板材要用明显的标志加以提示，防止在进行其他作业时对其产生碰撞而损伤。尤其是用黏结砂浆固定的板材，在砂浆硬化之前，绝对不能对其产生扰动和振动。

（二）抹灰面层出现裂缝

1. 质量问题

加气混凝土板材安装完毕并抹灰后，在门洞口上角及沿缝产生纵向裂缝，在管线和穿墙孔周围产生龟纹裂缝，在面层上产生干缩裂缝。

以上所述各种裂缝均出现在饰面的表面，不仅严重影响饰面的美观，而且还易使液体顺着裂缝渗入，造成对加气混凝土板材的损坏。

2. 原因分析

（1）门洞口上方的小块加气混凝土块，在两旁板材安装后才嵌入，板材两侧的108胶水泥砂浆被加气混凝土块碰掉，使板缝之间的108胶水泥砂浆不饱满，抹灰后易在此处产生裂缝。

（2）由于抹灰基层处理不平整，使灰层厚薄不均匀、厚度差别较大时，在灰浆干燥硬化的过程中则产生不等量的收缩，很容易出现裂缝质量缺陷。

（3）由于施工计划不周或施工顺序安排错误，在抹灰完成后管线穿墙而需要凿洞，墙体由于受到剧烈冲击振动而产生不规则裂缝。

（4）在冬春两季进行抹灰施工时，由于温度变化较大、风干收缩较快，从而也会引起墙体出现裂缝。

3. 防治措施

（1）加气混凝土板材安装应尽量避免后塞门框的做法，使门洞口上方小块板能顺墙面进行安装，以此来改善门框与加气混凝土板材的连接。

（2）加气混凝土板材的安装质量要求应当符合一般抹灰的标准，严格按照现行国家标准《建筑装饰装修工程质量验收标准》（GB 50210—2018）中一般抹灰工程质量标准和检验方法进行施工。

（3）在挑选加气混凝土板材时，要注意选用厚薄一致、表面状况大致相同的板材，并应控制抹灰的厚度，水泥珍珠岩砂浆不得超过5mm，水泥砂浆或混合砂浆不得超过10mm。

（4）要科学合理地安排施工综合进度计划，在墙面上需要进行凿洞钻眼穿管线工作，应当在抹灰之前全部完成，这样可避免对抹灰层产生过大的振动。

（5）为避免抹灰风干过快及减少对墙体的振动，在室内加气混凝土板材装修阶段应关闭门窗，加强对成品的养护和保护，特别要注意避免碰撞和振动。

（三）门框固定不牢

1. 质量问题

在加气混凝土条板固定后，门框与加气混凝土条板间的塞灰，由于受到外力振动而出现裂缝或脱落，从而使门框产生松动脱开，久而久之加气混凝土板材之间也会出现裂缝。

2. 原因分析

（1）由于采用后塞入的方法进行安装门框，这样就很容易造成塞入的灰浆不饱满密实，再加上抹黏结砂浆后未及时钉钉子，已凝结的水泥砂浆被振动开裂，从而失去其挤压固定作用，使门框出现松动现象或裂缝。

（2）刚安装完毕的门框或板材，未按照规定进行一定时间的养护和保护，在水泥砂浆尚未达到强度前受到外力碰撞也会使门框产生松动。

3. 防治措施

（1）在加气混凝土条板安装的同时，应当按照设计的安装顺序立好门框，门框和板材应采用水泥砂浆固定与钉子固定相结合的方法。即预先在条板上，门框上、中、下留木砖的位置，钻上深为100mm、直径为25~30mm的洞，将洞内渣子清理干净，用水湿润后将相同尺寸的圆木蘸108胶水泥浆钉入洞眼中，在安装门窗框时，将木螺丝拧进圆木内，也可以用扒钉、胀管螺栓等方法固定门框。

（2）隔墙门窗洞口处的过梁，可以用加气混凝土板材按照具体尺寸要求进行切割，加气混凝土隔墙门窗洞口过梁的处理，可分为倒八字构造、正八字构造和一侧为钢筋混凝土柱构造。

（3）如果门框采取后填塞的方法进行固定，门框四周余量不超过10mm。

（4）在门框塞入灰浆和抹黏结砂浆后，要加强对其进行养护和保护，尽量避免或减少对墙体的振动，待达到设计强度后才可进行下一工序的施工。

（5）采用后塞口的方法固定门框，所用的灰浆的收缩量要小，灰浆的稠度不得太稀，填塞一定要达到饱满密实。

（四）隔墙表面不平整

1. 质量问题

加气混凝土条板隔墙是由若干条板拼接而成，如果板材缺棱掉角，特别在接缝处出现错台，表面的不平整度超过允许值，则出现隔墙表面不平整、不美观现象，直接影响加气混凝土条板隔墙的装饰效果。

2. 原因分析

（1）板材制作尺寸和形状不规矩，偏差比较大；或在吊运过程中吊具使用不当，损坏了板面和棱角。

（2）加气混凝土板材在安装时，因为位置不合适需要用撬棍进行撬动，由于未使用专用撬棍将条板棱角磕碰损伤。

3. 防治措施

（1）在加气混凝土板材装车、卸车和现场存放时，应采用专用吊具或用套胶管的钢丝绳轻吊轻放，运输和现场存放均应侧立堆放，不得叠层平放。

（2）在加气混凝土板材安装前，应当按照设计要求在顶板、墙面和地面上弹好墙板位置线，安装时以控制线为准，接缝要平顺，不得有错台。

（3）在加气混凝土板材进行加工的过程中，要选用加工质量合格的机具，条板的切割面应平整垂直，特别是门窗口边侧必须保持平直。

（4）在加气混凝土板材安装前，要认真进行选择板材，如果有缺棱掉角的、表面凹凸不平的，应用与加气混凝土板材性质相同的材料进行修补，未经修补的板材或表面有酥松等缺陷的板，一律不得用于隔墙工程。

（5）在加气混凝土板材安装过程中，如果安装的位置不合适需要移动时应当用带有横向角钢的专用撬棍，以防止对加气混凝土板材产生损坏。

二、石膏空心板隔墙质量问题与防治措施

在建筑隔墙工程中所用的石膏空心板常见的有4种，即石膏珍珠岩空心板、石膏硅酸盐空心板、磷石膏空心板和增强石膏空心板。用石膏薄板或空心石膏条板组成的轻质隔墙，可用来分隔室内空间，具有构造简单、质量较轻、强度较高、隔声隔热、防火性好、便于加工与安装的特点。石膏空心板是在隔墙工程中提倡应用的一种板材。

（一）条板安装后出现板缝开裂

1. 质量问题

轻质隔墙的石膏空心板安装完毕后，在相邻两块条板的接缝处，有时会出现两道纵向断续的发丝裂缝，这些发丝裂缝虽然比较窄，但是不仅影响轻质隔墙表面的美观，而且影响轻质隔墙的整体性。

2. 原因分析

（1）石膏空心条板制作完毕后，储存期不足28d，条板的收缩尚未完全结束，在安装后由于本身干缩而出现板缝开裂。

（2）由于石膏空心条板间勾缝材料选用不当，例如石膏空心板使用混合砂浆勾缝，因两种材料的收缩性不同，从而出现板缝开裂。

（3）石膏空心条板拼板缝不够紧密或嵌缝不密实，也会产生收缩裂缝。

3. 预防措施

（1）石膏空心条板制作完成后，一般要在厂家储存28d以上，让石膏空心条板在充足的时间内产生充分收缩变形，安装完毕后再留有一定的干燥收缩时间，然后再进行嵌缝。

（2）将石膏空心条板裂缝处刨出宽度为40mm、深度为4mm的槽，并将槽中杂物打扫清理干净，然后涂刷108胶溶液（108胶：水=1：4）一遍，抹聚合物水泥浆（108胶：水：水泥=1：4：10）一遍，然再贴上一条玻璃纤维网格布条，最后用聚合物水泥浆抹至与板面平齐。

（3）正确进行石膏空心条板接缝的处理　将石膏空心条板接缝的两侧打扫干净，刷上一遍108胶水溶液，抹聚合物水泥浆进行拼接；板缝两侧刨出宽40mm、深4mm的槽；在槽内刷一遍108胶水溶液，抹厚度为1mm的聚合物水泥浆；然后将裁剪好的玻璃纤维网格布条贴在槽中；再用聚合物水泥浆涂抹与板面平齐。

（4）在进行"T"形条板接缝时，在板面弹好单面安装控制线，将接缝的板面打扫清理干净；在板面与板侧处刷一遍108胶水溶液，再抹聚合物水泥浆拼接密实。当条板产生收缩裂缝时，在两侧的阴角处抹一遍聚合物水泥浆，再贴玻璃纤维网格布。

（5）采用嵌密封胶法也可以预防板缝开裂。即板缝在干燥后，沿垂直缝刨成深度为6mm的"V"形槽，打扫干净后嵌入与条板相同颜色的柔性密封胶。

（二）板材受潮，强度下降

1. 质量问题

由于石膏空心条板主要是以石膏为强度组分，其构造上又都是空心的，所以这种板材吸水比较快，如果在运输途中或现场堆放时发生受潮，其强度降低十分明显。如珍珠岩石膏空心板浸水2h，饱和含水率为32.4%，其抗折强度将下降47.4%。如果板材长期受潮，墙板很容易出现缺棱掉角、强度不足等破坏，严重影响石膏空心板的使用。

2. 原因分析

（1）石膏空心板在制造厂家露天堆放受潮，或在运输途中和施工现场未覆盖防潮用具而受潮。

（2）由于工序安排不当，使石膏空心板产生受潮；或受潮的板材没有干透就急于安装，并进行下一道工序，使板内水分不易蒸发，导致板材强度严重下降。

3. 预防措施

（1）石膏空心板在制造、运输、储存、现场堆放和施工中，都必须将防止石膏空心板潮湿当作一项重要工作，必须采取切实可行的防雨和地面防潮措施，防止石膏空心板因受潮而产生变形和强度下降。

（2）石膏空心板在场外运输时，宜采用车厢宽度大于2m、长度大于板长的车辆，板材必须捆紧绑牢和覆盖防雨材料，以防止损伤和受潮；装车时应将两块板正面朝里，成对垂直堆放，板材间不得夹有硬质杂物，板的下面应加垫方木，距板两端一般为500~700mm。人工搬运时要轻抬轻放，防止碰撞。

（3）石膏空心板露天堆放时，应选择地势较高、平坦坚实的场地搭设平台，平台距地面不小于300mm，其上面再满铺一层防潮油毡，堆垛周围用苫布遮盖。

（4）石膏空心板在现场以及运输的过程中，堆置高度一般不应大于1m，堆垛之间要有一定的空隙，底部所垫木块的间距不应大于600mm。

（5）石膏空心板的安装工序要科学安排、合理布置，要首先做好地面（防潮）工程，然后再安装石膏空心板，板材的底部要用对拔楔将其垫起，用踢脚板将其封闭，防止地面潮气对板材产生不良影响，避免受潮而产生强度下降。

（6）石膏空心板材品种很多，其吸水和吸潮的性质也各不相同，要根据石膏空心板隔墙的使用环境和要求，正确选择合适的石膏空心板。

（三）石膏空心板与结构连接不牢

1. 质量问题

石膏空心板安装完毕后，经检查由于石膏空心板与楼底板、承重墙或柱、地面局部连接不牢固，从而出现裂缝或松动现象，不仅影响隔墙的美观，而且影响隔墙的使用功能。

2. 原因分析

（1）石膏空心条板的板头不方正，或采用下楔法施工时，仅在石膏空心板的一面用楔，而与楼板底面接缝不严。

（2）石膏空心板与外墙板（或柱子）黏结不牢，从而出现一些不规则的裂缝。

（3）在预制楼板或地面上，没有按要求进行凿毛处理，或基层清扫工作不彻底，表面有灰土、油污等杂质，致使石膏空心板不能与基层牢固黏结。另外，石膏空心板下部填塞的细石混凝土坍落度过大、填塞不密实，也会造成墙板与地面连接不牢。

3. 预防措施

（1）在进行石膏空心板条板切割时，要按照规定弹出的切割线来找规矩，确保底面与地面、顶面与楼板底面接触良好。

（2）在使用下楔法架立石膏空心板条板时，要在板宽两边距50mm处各设一组相同的木楔，使板能均匀垂直向上挤严黏实。

（3）石膏空心板条板安装后要进行质量检查，对于不合格的应及时加以纠正，其垂直度应控制在小于5mm，平整度小于4mm。然后将板底面和地面打扫干净，并洒水进行湿润，用配合比为水：水泥：中砂：细石= 0.4：1：2：2的细石混凝土填嵌密实，稍收水后分两次压实，湿养护时间不得少于7d。

（4）石膏空心板条板与承重墙的连接处，可以采取以下措施进行处理：划好条板隔墙的具体位置，用垂线弹于承重墙面上；弹线范围内的墙面用水泥砂浆（水泥：水=1：2.5）粉抹平整，经过湿养护硬化后再安装条板。墙面与板侧面接触处要涂刷一层胶黏剂，石膏空心板条板与墙面要挤密实。

（四）石膏空心板接缝勾缝材料不当

1. 质量问题

石膏空心板条板之间的接缝是非常重要的施工部位，如果石膏空心板的接缝材料选择不当，会在接缝处出现微细的裂缝，不仅影响石膏空心板墙体饰面的美观，而且直接影响隔墙的稳定性和安全性。

2. 原因分析

（1）如果选用的勾缝材料不当，两种材料的性能不同，其收缩性也不同，从而导致在相邻两块板的接缝处出现发丝裂缝。

（2）在石膏空心板条板接缝处施工时，未按照施工规范进行操作，导致接缝间的材料填充不密实，在干燥过程中则会出现裂缝。

（3）在石膏空心板条板接缝处施工完毕后，未按照施工要求进行养护，导致接缝材料因养护条件不满足而出现裂缝。

3. 预防措施

（1）石膏空心板接缝处应选择适宜的材料　根据工程实践证明，石膏空心板间安装拼接的黏结材料，可选用1号石膏型胶黏剂（见表3-9）或108胶水泥砂浆。108胶水泥砂浆的配合比为：108胶水：水泥：砂=1：1：3或1：2：4。在拼接施工中从板缝挤出的胶结材料应及时清除干净。

表3-9　石膏型胶黏剂及腻子技术性能与配合比

项　　目	技术指标		
	1号石膏型胶黏剂	2号石膏型胶黏剂	石膏腻子
抗剪强度/MPa	≥1.5	≥2.0	—
抗压强度/MPa	—	—	≥2.5
抗折强度/MPa	—	—	≥1.0
黏结强度/MPa	≥1.0	≥2.0	≥0.2
凝结时间/h	初凝（0.5~1.0）	初凝（0.5~1.0）	终凝3.0
配合比	KF80-1胶：石膏粉=1.0：（1.5~1.7）	水：KF80-2粉=1.0：（1.5~1.7）	石膏：粉珍珠岩=1：1,用108胶溶液（15%~20%）拌和成稀糊状
用　途	用于条板与条板的拼缝,条板顶端与主体结构的黏结	用于条板上预留吊挂件、构配件黏结和条板预埋作补平	用于条板墙面的修补和找平

（2）选用的勾缝材料必须与石膏空心板材本身的成分相同　待板缝挤出的胶结材料刮净后，用2号石膏型胶黏剂抹平并粘贴宽度100mm的网状防裂胶带，再用掺108胶的水泥砂浆在胶带上涂一遍，待水泥砂浆晾干后，然后用2号石膏型胶黏剂粘贴50~60mm宽玻璃纤维布，用力刮平、压实，将胶黏剂与玻璃纤维布中的气泡赶出，最后用石膏腻子分两遍刮平，使玻璃纤维布埋入腻子层中。

（3）在进行石膏空心板接缝处操作时，一定要严格按现行施工规范施工，将接缝处的材料填充密实，并在规定的条件下养护，防止因施工质量较差、养护条件不满足而出现裂缝。

（4）阴阳转角和门窗框边缝处，宜用2号石膏型胶黏剂粘贴200mm宽玻璃纤维布，然后用石膏腻子分两遍刮平，总厚度控制在3mm。

（五）搁板承托件及挂件松动

1. 质量问题

石膏空心板条隔墙上的搁板承托件及吊挂件，出现松动或脱落现象，不仅直接影响饰面的装饰效果，而且对墙体的稳定不利。

2. 原因分析

（1）采用黏结方法固定的搁板承托件和挂件，因板材过于松软，抗拉和抗剪强度较低，负荷后易产生松动或脱落。

（2）安装承托件和挂件的方法不当，如有的所用螺钉规格偏小，有打洞的位置不合适，与孔板的孔壁接触面少，常造成受力后产生松动或脱落。

3. 预防措施

（1）采用黏结方法固定搁板承托件及挂件时，应当选用比较坚硬、抗拉和抗剪强度较高的板材，以防止负荷后产生松动现象。

（2）安装搁板承托件和挂件应采用正确的方法：a.打洞的位置要准确；b.固定所用的螺栓规格要适宜，千万不要偏小。

（六）门框与结构固定不牢

1. 质量问题

由于门框与结构固定不牢，门框出现松动和脱开，从而使隔墙出现松动摇晃，有的呈现出倾斜，有的则产生裂缝，严重者影响正常使用。

2. 原因分析

（1）由于未按照规范进行操作，导致隔墙边框与结构主体固定不牢固，立撑、横撑没有和边框很好连接。

（2）在设计或施工过程中，由于门框骨架的龙骨尺寸偏小，材料质量较差，不能满足与结构连接的需要，从而导致门框与结构固定不牢。

（3）门框下槛被断开，固定门框的竖筋断面尺寸偏小，或者门框上部没有设置"人"字撑，使门框刚度不足而导致固定不牢。

（4）由于施工中未进行详细的施工组织设计，门的安装工序安排不当，致使边框没有固定牢固。

3. 预防措施

（1）门框的上部、下部要与顶面、地面固定牢固　如果两端为砖墙时，门框的上部和下部横框，伸入墙体的长度不得少于120mm，伸入的部分应当进行防腐处理，并确实固定牢固；如果两端为混凝土柱或墙时，应预埋木砖或预埋件固定。如无预埋件，可用射钉、钢钉、膨胀螺栓等方法进行连接，或用高分子黏结剂粘牢。

（2）选用的木龙骨规格不宜太小，一般情况下不应小于40mm×70mm，木龙骨的材质要符合设计要求。凡是有腐朽、劈裂、扭曲、多节疤的木材不得用于主龙骨；木材的含水率不得大于12%。

（3）正确掌握木龙骨的安装顺序　一般应按照先下横楞、上横楞，再立左右靠墙立竖楞，竖向楞要和预埋木砖钉牢，中间空隙要用木片垫平。如无木砖时，要用膨胀螺栓固定，也可在砖缝中扎木楔钉牢。然后再立竖龙骨，划好间距，上下端要顶紧横向楞，校正好垂直度，用钉斜向钉牢。

（4）遇有门框因下横向楞在门框外边断开，门框两边要用优质木材加大截面，伸入地面以下30mm，上面与梁、楼板底部顶牢的竖向楞，楞要与门框钉牢，或用对销螺栓拧牢，门框上梃要设置"人"字撑。

（七）门侧条板面出现裂缝

1. 质量问题

在门扇开启的一侧出现弧形裂缝，但这种裂缝很不规则，长短不一，有的甚至使板材出现贯通裂缝而被破坏。

2. 原因分析

（1）石膏空心条板板侧强度与密实性均比较差，条板的厚度不够；或与门框连接节点达不到标准，由于门的开闭频繁振动而产生裂缝。

（2）有的门扇开关的冲击力过大，特别是具有对流条件的居室门，在风压力和风吸力的作用下，其冲击力更大，强烈的振动引起门侧条板面出现裂缝。

3. 预防措施

（1）应根据工程的实际情况，认真研究门边加强的具体条件，从而改善门框与条板的连接，使门框与条板连接牢固。

（2）针对隔墙的实际运用情况，选用抗冲击、韧性好的条板，特别应注意条板的强度和密实性一定要满足要求。

（3）在条板安装后，要加强对成品的保护，防止产生较大的冲击力，以免影响条板的正常使用和安装质量。

三、预制混凝土板隔墙质量问题与防治措施

在高层建筑的住宅工程中，厨房、卫生间、浴室、阳台隔板等，由于这些部位的隔墙经常湿度较大，因此这些非承重墙适宜采用预制钢筋混凝土板隔墙。这种做法既减少了施工现场的湿作业又增加了使用面积。但是，在工程施工也会出现很多质量缺陷，必须正确认识和采取一定的预防措施。

（一）预制钢筋混凝土板出现板缝开裂

1. 质量问题

在隔墙板安装完毕后，隔墙板与顶板之间、隔墙板与隔墙校之间、隔墙板与侧面墙体连接处，因勾缝砂浆黏结不牢，出现板缝开裂，不仅影响隔墙表面美观，而且影响隔墙的整体性和使用。

2. 原因分析

（1）预制钢筋混凝土隔墙板设计的构造尺寸不当，由于施工产生的误差，墙体混凝土标高控制不准确，有的隔墙上口顶住楼板，需要进行剔凿；有的隔墙上口不到楼板，造成上部缝隙过大；结构墙体位置偏差较大，造成隔墙板与墙体间缝隙过大等。以上这些均可能出现板缝开裂。

（2）在预制钢筋混凝土隔墙板的生产中，由于工艺较差、控制不严，出现尺寸误差过大，造成隔墙板与顶板、隔墙板与墙体间的缝隙过大或过小。

（3）勾缝砂浆配合比不当、计量不准确、搅拌不均匀、强度比较低，均可以产生板缝开裂；如果缝隙较大，没有分层将勾缝砂浆嵌入密实，或缝隙太小不容易将勾缝砂浆嵌入密实；勾缝砂浆与顶板或与结构墙体黏结不牢，均可以出现板缝开裂。

3. 防治措施

（1）准确设计和制作隔墙板，确保板的尺寸精确，这是避免或减少出现板缝开裂的基本措施。在一般情况下，隔墙板的高度以按房间高度净空尺寸预留 2.5cm 空隙为宜，隔墙板与墙体间每边预留 1cm 空隙为宜。

（2）预先测量定线、校核隔墙板尺寸，努力提高施工精度，保证标高及墙体位置准确，使隔墙板形状无误、尺寸准确、位置正确、空隙适当、安装顺利。

（3）采用适宜的勾缝砂浆和正确的勾缝方法，确保勾缝的质量。勾缝砂浆宜采用配合比为 1：2（水泥：细砂）的水泥砂浆，采用的水泥强度等级不得小于 32.5MPa，并按用水量的 20% 掺入 108 胶。勾缝砂浆的流动性要好，但不宜太稀。勾缝砂浆应当分层嵌入捻实，不要一次将缝塞满。

（4）要加强对已完成隔墙成品的保护。在勾缝砂浆凝结硬化的期间，要满足其硬化时所需要的温度和湿度，要特别加强其初期的养护。在正式使用前，不能对隔墙产生较大的振动和碰撞。

（二）门框固定不牢靠

1. 质量问题

预制钢筋混凝土安装后，出现门框边勾缝砂浆处有断裂、脱落现象，甚至因门的松动使整个墙面的连接处出现裂缝，从而造成门框固定不牢靠。

2. 原因分析

（1）预留木砖原来含水率较高，经过一段时间干燥产生收缩，从而造成松动；在安装门扇后，关闭碰撞造成门口松动。

（2）门口预留洞口的尺寸余量过大，自然形成门框两边缝隙过大，勾缝砂浆与混凝土墙黏结不好；或者黏结砂浆强度等级太低，配合比设计不当，砂浆原材料不良，当门扇碰撞振动时会造成勾缝砂浆的断裂、脱落。

3. 预防措施

（1）门是频繁开启和经常受到振动构件，在一般情况下，预制钢筋混凝土板隔墙的门框与结构墙体的固定应当采用预埋件连接固定的方法，而不能单纯依靠水泥砂浆黏结进行固定。

（2）对于质量要求较高的隔墙工程，应当采用改进门框的固定的方法。可在隔墙板门洞的上、中、下3处预埋铁件（预埋件外皮与混凝土板外皮平齐），木门框的相应位置用螺丝固定扁铁（"扁铁"应当插进门框内，"扁铁"的外表面与门框外表面平齐），安装门框后，将隔墙板预埋件与门框上的"扁铁"焊牢。

（3）门洞口的预留尺寸要适宜，应使勾缝砂浆与混凝土墙板能够良好黏结，但此预留尺寸既不要过大也不能太小，工程实践证明以门框两边各留1cm缝隙为宜。

（4）门框处应设置压条或贴脸，将门框与隔墙板相接的缝隙盖上，既增加美观又保护缝隙。

（5）严格控制勾缝砂浆的质量，以确保勾缝砂浆与墙板的黏结力。勾缝砂浆应当采用配合比为1：2的水泥砂浆，并掺入用水量80%~90%的108胶。在勾缝砂浆拌制中，计量要准确，搅拌要均匀，配制后要在2h内用完。勾缝砂浆应当分层捣实、抹平。

（6）如果原设计不理想，门框边缝隙在3cm以上，则需要在缝内加一根直径为6mm的立筋，并与预埋件点焊，用细石混凝土捣实、抹平。细石混凝土中应掺加用水量20%的108胶，以增加其黏结强度。

（三）隔墙板断裂、翘曲或尺寸不准确

1. 质量问题

预制钢筋混凝土隔墙板出现断裂，一般在5cm厚的隔墙板中发生较多；5cm厚隔墙板中的"刀把板"易在中部产生横向断裂；质量低劣的隔墙板在安装后出现表面不平整，或发生翘曲。这些质量问题，既影响美观又影响使用，甚至造成破坏。

2. 原因分析

（1）在一般情况下，厚度为5cm的隔墙面板常采用单层配筋，构造不合理，本身刚度差，当采用台座生产，在吊离台座时薄弱部位容易产生裂缝，尤其是"刀把板"中部易产生横向断裂。

（2）如果厚度为5cm的隔墙板采用双向φ4@120~150mm的配筋，由于墙的厚度较小，面积较大，刚度较差，也容易出现断裂现象。

（3）钢筋混凝土隔墙板在加工制作中不精心，结果造成尺寸不准确，板面发生翘曲，安装后墙面不平整。

3. 防治措施

（1）采用台座生产的预制钢筋混凝土隔墙板的厚度，至少应在7cm以上，只有在采用成组立模立式生产时，预制隔墙板的厚度才可采用5cm。

（2）钢筋混凝土隔墙板，一般宜采用双向直径为4mm、间距为200mm双层点焊的网片，这样虽然增加了钢筋的用量，但大大加强了隔墙板的刚度，避免了在生产、运输和施工中出现折断。

（3）提高预制隔墙面板加工质量，搞好混凝土配合比设计和配筋计算，保证钢筋混凝土构件尺寸准确。采用台座法生产时，必须待构件达到规定强度后再吊离台座，避免构件产生裂缝和翘曲。

（4）预制钢筋混凝土隔墙板的强度等级一般不得低于C20，采用的水泥强度等级不宜低于32.5MPa，并应采用抗裂性良好的水泥品种。

（5）由于钢筋混凝土隔墙板是一种薄壁板，其抗折和抗剪强度较低，如果放置方式不当，很容易产生裂缝、翘曲和变形，所以应当采用架子进行立放。

（四）预埋件移位或焊接不牢

1. 质量问题

由于种种原因结构墙体或隔墙板中的预埋件产生移位，焊件中的焊缝高度和厚度不足，而产生焊接不牢。

2. 原因分析

（1）预埋件没有按照规定方法进行固定，只是用铅丝简单的绑扎，在其他因素的影响下，则可产生移位；当墙体浇筑混凝土时，如果振捣方法不当，预埋件也会产生较大的移位。

（2）预埋件产生移位后，用钢筋头进行焊接，焊缝高度和厚度不符合要求，从而造成焊接不牢。

（3）预埋件构造设计或制作不合理，在浇筑混凝土时预埋件产生移位。

3. 预防措施

（1）预制钢筋混凝土隔墙板与结构墙体、隔墙板之间的预埋件位置必须准确，并按照设计或焊接规范要求焊接牢固。

（2）在浇筑完墙体混凝土后，在墙体的相应位置进行打眼，用108胶水泥砂浆把预埋件埋入墙体内，这是一种简单易行、能确保预埋件位置准确的好方法，但对于结构墙体有一定的损伤。

（3）隔墙板上的预埋件应制作成设计要求的形状，预埋件的高度应为墙板的厚度减去保护层厚度，这种形状的预埋件浇筑混凝土时不会产生移位。

（4）精心设计，精心施工，每个环节都应加强责任心，特别是焊缝的高度、长度和宽度一定要按照设计的要求去做。

四、木质骨架板材隔墙质量问题与防治措施

木龙骨木板材隔墙是以木方为骨架，两侧面可用纤维板、刨花板、木丝板、胶合板等作

为墙面材料组成的轻质隔墙，可以广泛用于工业与民用建筑非承重分隔墙。

木板条隔墙是对木龙骨木板材隔墙改进，是以方木为骨架，两侧面钉木板条后再在板条上抹灰而形成的轻质隔墙，也可用于工业与民用建筑非承重分隔墙。

（一）墙面粗糙，接头不严

1. 质量问题

龙骨装订板的一面未刨光找平，板材厚薄不均匀，或者板材受潮后变形，或者木材松软产生的边楞翘起，从而造成墙面显得粗糙、凹凸不平。

2. 原因分析

（1）木龙骨的含水率过大，超过规范规定的12%，在干燥后产生过大变形，或者在室内抹灰时龙骨受潮变形，或者施工中木龙骨被碰撞变形未经修理就铺钉面板，以上这些均会造成墙面粗糙、接头不严。

（2）施工工序发生颠倒，如先铺设面板，后进行室内抹灰，由于室内水分增大，使铺设好的面板受潮，从而出现边楞翘起、脱层等质量问题。

（3）在选择面板时没有考虑防水防潮，表面比较粗糙又未再认真加工，板材厚薄不均匀，也未采取补救措施，铺钉到木龙骨上后则出现凹凸不平、表面粗糙现象。

（4）钉板的顺序颠倒，应当按先下后上进行铺钉，结果因先上后下压力变小，使板间拼接不严或组装不规格，从而造成表面不平整。

（5）在板材铺设完毕修整时，由于铁冲子过粗，冲击时用力过大，结果造成因面板钉子过稀，钉眼冲得太大，造成表面凹凸不平。

3. 防治措施

（1）要选择优质的材料，这是保证木龙骨木板材隔墙质量的根本。龙骨一般宜选红白松木，含水率不得大于12%，并应做好防腐处理。板材应根据使用部位选择相应的面板，面板的质量应符合有关规定，对于选用的纤维板需要进行防潮处理。面板的表面应当光滑，当表面过于粗糙时应用刨子净一遍。

（2）所有木龙骨铺钉板材的一面均应刨光，龙骨应严格按照控制线进行组装，做到尺寸一致，找方找直，交接处要十分平整。

（3）安排工序时要科学合理，先钉上龙骨后再进行室内抹灰，最后待室内湿度不大时再钉板材。在铺钉板材之前，应认真进行检查一遍，如果龙骨发生干燥变形或被碰撞变形，应修理后再铺钉面板。

（4）在铺钉面板时，如果发现面板厚薄不均匀时，应以厚板为准，在薄板背面加以衬垫，但必须保证垫实、垫平、垫牢，面板的正面应当刮顺直、刨平整。

（5）面板铺钉应从下面一个角开始，逐块向上钉设，并以竖向铺钉为好。板与板的接头宜加工成坡楞，如为留缝隙做法时，面板应当从中间向两边由下而上铺钉，接头缝隙以5~8mm为宜，板材分块大小要按照设计要求，拼缝应位于木龙骨的立筋或横撑上。

（6）修整钉子的铁冲子端头应磨成扁头，并与钉帽大小一样，在铺设前将钉帽预先砸扁（对纤维板不必砸扁），顺木纹钉入面板表面内1mm左右，钉子的长度应为面板厚度的3倍。钉子的间距不宜过大或过小，纤维板一般为100mm，其他板材为150mm。钉木丝板时，在钉帽下应加镀锌垫圈。

（二）隔墙与结构或骨架固定不牢

1. 质量问题

隔墙在安装完毕后，门框产生松动脱开，隔墙板产生松动倾斜，不仅严重影响表面美观，而且严重影响其使用。

2. 原因分析

（1）门框的上、下槛和主体结构固定不牢靠，立筋横撑没有与上下槛形成一个整体，因此，只有稍有振动和碰撞隔墙就会出现变形或松动。

（2）选用的木龙的断面尺寸太小，不能承受正常的设计荷载；或者木材材质太差，有斜纹、节疤、虫眼、腐朽等缺陷；或者木材的含水率超过12%，在干缩时很容易产生过大变形。

（3）安装顺序和方法不对，先安装了竖向龙骨，并将上下槛断开，不能使木龙骨成为一个整体。

（4）门口处的下槛被断开，两侧立筋的断面尺寸未适当加大，门窗框上部未加钉人字撑，均能造成隔墙与骨架固定不牢。

3. 防治措施

（1）上下槛一定要与主体结构连接牢固。如果两端为砖墙时，上下槛插入砖墙内的长度不得少于12cm，伸入部分应当做防腐处理；如果两端为混凝土墙柱，应预留木砖，并应加强上、下槛和顶板、底板的连接，可采取预留铅丝、螺栓或后打胀管螺栓等方法，使隔墙与结构紧密连接，形成一个整体。

（2）对于木龙骨选材要严格把关，这是确保工程质量的根本。凡有腐朽、劈裂、扭曲、节疤等疵病的木材不得用于工程中，作为木板材隔墙木龙骨的用料尺寸，应不小于40mm×70mm。

（3）安装合理的龙骨固定顺序，一般应先下槛、后上槛、再立筋，最后钉上水平横撑。立筋的间距一般掌握在40~60cm之间，安装一定要垂直，两端要顶紧上下槛，用钉子斜向钉牢。靠墙立筋与预留木砖的空隙应用木垫垫实并钉牢，以加强隔墙的整体性。

（4）如果遇到有门口时，因下槛在门口处被断开，其两侧应用通天立筋，下端应埋入楼板内嵌实，并应加大其断面尺寸至80mm×70mm，或将2根40mm×70mm的方木并用。在门窗框的上部加设人字撑。

（三）木板材隔墙细部做法不规矩

1. 质量问题

隔墙板与墙体、顶板交接处不直不顺，门框与面板不交圈，接头不严密不顺直，踢脚板出墙不一致，接缝处有翘起现象。

2. 原因分析

（1）出现细部做法不规矩的原因，主要是因为在隔墙安装施工前，对于细部的做法和要求交代不清楚，操作人员不了解质量标准。

（2）虽然在安装前对细部做法有明确交代，但因操作人员工艺水平较低，或者责任心较差，也会产生隔墙细做法不规矩。

3. 防治措施

（1）在隔墙安装前应认真熟悉图纸，多与设计人员进行协商，了解每一个细部构造的组成和特点，制订细部构造处理的具体方案。

（2）为了防止潮湿空气由边部侵入墙内引起边部的翘起，应在板材四周接缝处加钉盖缝条，将其缝隙遮盖严实。根据所用板材的不同，也可采用四周留缝的做法，缝隙的宽度为10mm左右。

（3）门口处的构造应根据墙的厚度而确定，当墙厚度等于门框厚度时可以加贴脸；当墙厚度小于门框厚度时应当加压条。

（4）在进行隔墙设计和施工时，对于分格的接头位置应特别注意，应尽量避开视线敏感范围，以免影响隔墙的美观。

（5）当采用胶接法施工时，所用胶不能太稠过多，要涂刷均匀，接缝时要用力挤出多余的胶，否则易产生黑纹。

（6）如果踢脚板为水泥砂浆，下边应当砌筑二层砖，在砖上固定下槛；上口抹平，面板直接压到踢脚板上口；如果踢脚板为木质材料，应当在钉面板后再安装踢脚板。

（四）抹灰面层开裂、空鼓、脱落

1. 质量问题

木板条隔墙在抹灰后，随着时间的推移抹灰层出现开裂、空鼓、脱落质量缺陷，不仅影响隔墙的装饰效果，而且影响隔墙的使用功能。时间长久，再加上经常振动，还会出现抹灰层成片下落。

2. 原因分析

（1）采用的板条规格过大或过小，或板条的材质不好，或铺钉的方法不对（如板条间隔、错头位置、对头缝隙大小等）。

（2）采用的钢丝网过薄或搭接过厚，网孔过小，钉得不牢、不平，搭接长度不够，不严密，均可以造成抹灰面层开裂、空鼓和脱落。

（3）抹灰砂浆采用的配合比不当，操作方法不正确，各抹灰层之间间隔时间控制不好，抹灰后如果养护条件较差，不能与木板条牢固地黏结，也很容易形成抹灰面层开裂、空鼓和脱落。

3. 防治措施

（1）用于木板条隔墙的板条最好采用红松、白松木材，不得用腐朽、劈裂、节疤的材料。板条的规格尺寸要适宜，其宽度为20~30mm、厚度为3~5mm，间距以7~10mm为宜，当采用钢丝网时应为10~12mm。两块板条接缝应设置于龙骨之上，对头缝隙不得小于5mm，板条与龙骨相交处不得少于2颗钉子。

（2）板条的接头应分段错开，每段长度以50cm左右为宜，以保证墙面的完整性。板条表面应平整，用2m"靠尺"进行检查，其表面凹凸度不超过3mm，以避免或减少因抹灰层厚薄不均而产生裂缝。

如果铺设钢丝网，除板条间隔稍加大一些外，钢丝网厚度应不超出0.5mm，网孔一般为20mm×20mm，并要求固定平整、牢固，不得有鼓肚现象。钢丝网的接头应错开，搭接长度一般不得少于200mm，在其搭接头上面应加钉一排钉子，严防钢丝网产生边角翘起。

（3）在板条铺设完成后、正式抹灰开始前，板条铺设和固定的质量应经有关质检部门和抹灰班组检验，合格后方准开始抹灰。

（五）木板条隔墙出现裂缝或翘曲

1. 质量问题

在木板条隔墙抹灰完成后，门口墙边或顶棚处产生裂缝或翘曲，不仅影响隔墙的美观，而且影响使用功能。

2. 原因分析

（1）在木板条隔墙施工之前，有关技术人员未向操作人员进行具体的技术交底，致使操作人员对细部的做法不明白，施工中无法达到设计要求。

（2）在木板条隔墙的施工中，操作人员未按照施工图纸施工，对一些细部未采取相应的技术措施。

（3）具体操作人员工艺水平不高，或者责任心不强，对施工不认真去做，细部不能按设计要求去做。

3. 防治措施

（1）首先应当认真地熟悉施工图纸，搞清楚各细部节点的具体做法，针对薄弱环节采取相应的技术措施。

（2）与需要抹灰的墙面（如砖墙或加气混凝土墙）相接处，应加设钢板网，每侧卷过去应不少于150mm。

（3）与不需要抹灰墙面相接处，可采取加钉小压条方法，以防止出现裂缝和边部翘曲现象。

（4）与门口交接处，也可加贴脸或钉小压条。

（六）木龙骨选用的材料不合格

1. 质量问题

由于制作木龙骨所用的材料未严格按设计要求进行选材，导致龙骨的材质很差，规格尺寸过小，在安装后使木龙骨产生劈裂、扭曲、变形，不仅致使木龙骨与结构固定不牢，甚至出现隔墙变形，既影响隔墙的质量又不符合耐久性要求。

2. 原因分析

工程实践经验证明，产生木龙骨选用材料不合格的原因，主要包括以下几个方面：a.在进行木龙骨设计时，未认真进行力学计算，只凭经验选择材料；b.在进行木龙骨制作时未严格按设计规定进行选材，而是选用材质较差、规格较小的材料，在安装后产生一些质量缺陷。

3. 预防措施

（1）在进行木龙骨设计时，必须根据工程实际进行力学计算，通过计算选择适宜的材料，不可只凭以往设计经验来选择材料。

（2）木质隔墙的木龙骨应采用质地坚韧、易于"咬钉"、不腐朽、无严重节疤、斜纹很少、无翘曲的红松或白松树种制作，黄花松、桦木、柞木等易变形的硬质树种不得使用。木龙骨的用料尺寸一般不小于40mm×70mm。

（3）制作木龙骨的木材，应当选用比较干燥的材料，对于较湿的木材应采取措施将其烘干，木材的含水率不宜大于12%。

（4）制作木龙骨的木材防腐及防火的处理，应符合设计要求和现行国家标准《木结构工程施工质量验收规范》（GB 50206—2012）中的有关规定。

（5）接触砖石或混凝土的木龙骨和预埋木砖，必须进行防腐处理，所用的铁钉件必须进行镀锌，并办理相关的隐蔽工程验收手续。

五、轻钢龙骨石膏板隔墙质量问题与防治措施

轻钢龙骨石膏板隔墙是以薄壁镀锌钢带或薄壁冷轧退火卷带为原材料，经过冲压、冲弯曲而制成的轻质型钢为骨架，两侧面可用纸面石膏板或纤维石膏板作为墙面材料，在施工现场组装而成轻质隔墙。

轻钢龙骨石膏板隔墙具有自重较轻、厚度较薄、装配化程度高、全为干作业、易于施工

等特点，可以广泛用于工业与民用建筑的非承重分隔墙。

（一）隔墙板与结构连接处有裂缝

1. 质量问题

轻钢龙骨石膏板隔墙安装后，隔墙板与墙体、顶板、地面连接处有裂缝，不仅影响隔墙表面的装饰效果，而且影响隔墙的整体性。

2. 原因分析

（1）由于轻钢龙骨是以薄壁镀锌钢带制成，其强度虽高，但刚度较差，容易产生变形；有的通贯横撑龙骨、支撑卡装得不够，致使整片隔墙骨架没有足够的刚度，当受到外力碰撞时出现裂缝。

（2）隔墙板与侧面墙体及顶部相接处，由于没有黏结50mm宽玻璃纤维带，只用接缝腻子进行找平，致使在这些部位出现裂缝。

3. 防治措施

（1）根据设计图纸测量放出隔墙位置线，作为施工的控制线，并引测到主体结构侧面墙体及顶板上。

（2）将边框龙骨（包括沿地面龙骨、沿顶龙骨、沿墙龙骨、沿柱子龙骨）与主体结构固定，固定前先铺一层橡胶条或沥青泡沫塑料条。边框龙骨与主体结构连接，采用射钉或电钻打眼安装膨胀螺栓。其固定点的间距应符合下列规定：水平方向不大于80cm，垂直方向不大于100cm。

（3）根据设计的要求，在沿顶龙骨和沿地面龙骨上分档画线，按分档位置准确安装竖龙骨，竖龙骨的上端、下端要插入沿顶和沿地面龙骨的凹槽内，翼缘朝向拟安装罩面板的方向。调整竖向龙骨的垂直度，定位后用铆钉或射钉进行固定。

（4）安装门窗洞口的加强龙骨后，再安装通贯横撑龙骨和支撑卡。通贯横撑龙骨必须与竖向龙骨的冲孔保持在同一水平面上，并卡紧牢固，不得出现松动，这样可将竖向龙骨撑牢，使整片隔墙骨架有足够的强度和刚度。

（5）石膏板的安装，两侧面的石膏板应错位排列，石膏板与龙骨采用十字头的自攻螺钉进行固定，螺丝长度一层石膏板用25mm，两层石膏板用35mm。

（6）与墙体、顶板接缝处黏结50mm宽玻璃纤维，再分层刮腻子，以避免出现裂缝。

（7）隔墙下端的石膏板不应直接与地面接触，应当留有10~15mm的缝隙，并用密封膏密封严密，要严格按照施工工艺进行操作，才能确保隔墙的施工质量。

（二）门口上角墙面易出现裂缝

1. 质量问题

在轻钢龙骨石膏板隔墙安装完毕后，门口两个上角出现垂直裂缝，裂缝的长度、宽度和出现的早晚有所不同，严重影响隔墙的外表美观。

2. 原因分析

（1）当采用复合石膏板时，由于预留缝隙较大，后填入的108胶水泥砂浆不严不实，且收缩量较大，再加上门扇振动，在使用阶段门口上角出现垂直裂缝。

（2）在龙骨接缝处嵌入以石膏为主的脆性材料，在门扇撞击力的作用下，嵌缝材料与墙体不能协同工作，也容易出现这种裂缝。

3. 防治措施

要特别注意对石膏板的分块，把石膏板面板接缝与门口竖向缝错开半块板的尺寸，这样可避免门口上角墙面出现裂缝。

（三）轻钢龙骨与主体结构连接不牢

1. 质量问题

轻钢龙骨是隔墙的骨架，其与主体结构连接是否如何，对隔墙的使用功能和安全稳定有很大影响。

2. 原因分析

（1）轻钢龙骨与主体结构的连接，未按照设计要求进行操作，特别是沿地、沿顶、沿墙龙骨与主体结构的固定点间距过大，轻钢龙骨则会出现连接不牢现象。

（2）在制作轻钢龙骨和进行连接固定时，选用的材料规格、尺寸和质量等不符合设计要求也会因材料选择不合适而造成连接不牢。

（3）轻钢龙骨出现一定变形，有的通贯横撑龙骨、"支撑卡"安装得数量不够等，致使整个轻钢龙骨的骨架没有足够的刚度和强度，也容易出现连接不牢质量问题。

3. 预防措施

（1）在制作和安装轻钢龙骨时，必须选用符合设计的材料和配件，不允许任意降低材料的规格和尺寸，不得将劣质材料用于轻钢龙骨的制作和安装。

（2）当设计采用水泥、水磨石和大理石等踢脚板时，在隔墙的下端应浇筑C20的混凝土墙垫；当设计采用木板或塑料板等踢脚板时，则隔墙的下端可直接搁置于地面。安装时先在地面或墙垫层及顶面上按位置线铺设橡胶条或沥青泡沫塑料，再按规定间距用射钉或膨胀螺栓，将沿地、沿顶和沿墙的龙骨固定于主体结构上。

（3）射钉的中心距离一般按照0.6~1.0m布置，水平方向不大于0.8m，垂直方向不大于1.0m。射钉射入基体的最佳深度：混凝土基体为22~32mm，砖砌基体为30~35mm。龙骨的接头要对齐顺直，接头两端50~100mm处均应设置固定点。

（4）将预先切好长度的竖向龙骨对准上下墨线，依次插入沿地、沿顶龙骨的凹槽内，翼缘朝向拟安装的板材方向，调整好垂直度及间距后，用铆钉或自攻螺钉进行固定。竖向龙骨的间距按设计要求采用，一般宜控制在300~600mm范围内。

（5）在安装门窗洞口的加强龙骨后，再安装通贯横撑龙骨和支撑卡。通贯横撑龙骨必须与竖向龙骨撑牢，使整个轻钢龙骨的骨架有足够的刚度和强度。

（6）在安装隔墙的罩面板前，应检查轻钢龙骨安装的牢固程度、门窗洞口、各种附墙设备、管线安装和固定是否符合设计要求，如果有不牢固之处应采取措施进行加固，经检查验收合格后才可进行下一道工序的操作。

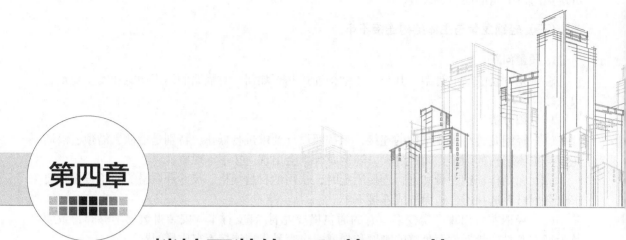

第四章

楼地面装饰工程施工工艺

楼地面装饰的目的是保护地面结构的安全，增强地面的美化功能，使地面脚感舒适、使用安全、清理方便、易于保持。随着人们对楼地面装饰要求的不断提高，新型地面装饰材料和施工工艺的不断应用，楼地面装饰已由过去单一的混凝土或砖，逐渐被多品种、多工艺的各类地面所代替。目前，在楼地面装饰工程中常用的三大类地面材料，它们是瓷砖类、大理石类、地毯和地垫软面料类。这些楼地面装饰材料和相应的施工工艺为保护地面、室内美化、改善环境、服务人类等起着决定性的作用。

第一节　楼地面装饰工程概述

建筑室内空间是由地面、墙面、顶面的围合限定而成，从而确定了室内空间的大小和形状。进行室内装饰的目的是创造适用、美观的室内环境，室内空间的地面和墙面是衬托人和家具、陈设的背景，而顶面的差异使室内空间更富有变化。工程实践充分证明，建筑地面装饰工程是完善建筑使用功能，美化和提高环境质量的一种建筑修饰，是建筑装饰装修工程中不可缺少的重要组成部分。

一、楼地面工程的主要功能

地面工程是房屋建筑底层地坪与楼层地坪的总称，它必须满足使用条件，满足一定的装饰要求。建筑物的楼地面所应满足的基本使用条件是具有必要的强度、耐磨、耐磕碰，表面平整光洁，便于清扫等。对于首层地坪尚须具有一定的防潮性能，对于楼面还必须保证一定的防渗漏能力。对于标准比较高的建筑，还必须考虑以下各方面的使用要求。

（1）隔声要求　这一使用要求包括隔绝空气声和隔绝撞击声两个方面。空气声的隔绝主要与楼地面的质量有关；对撞击声的隔绝，效果较好的是弹性地面。撞击声的隔绝，其主要有3个：a.采用"浮筑"楼板或所谓夹心楼地面的做法；b.脱开面层做法；c.采用弹性楼地面。前两种做法的构造施工都比较复杂，而且效果也不如弹性楼地面。

（2）吸声要求　这一要求对于在标准较高、使用人数较多的建筑中有效地控制室内噪声具有积极的功能意义。一般来说，表面致密光滑、刚性较大的硬质楼地面的吸声效果较差，例如大理石地面，对于声波的反射能力较强，基本上没有吸声能力；而各种软质楼地面可以起到比较大的吸声作用，例如化纤地毯平均吸声的系数可达到55%。

（3）保温性能要求　保温性能要求涉及材料的热传导性能及人的心理感受两个方面。从材料特性的角度考虑，要注意人会以某种楼地面的导热性能的认识来评价整个建筑空间的保温特性这一问题。一般石材楼地面的热传导性较高，而木地板之类的热传导性较低。对于楼地面的保温性能的要求，宜结合材料的导热性能、暖气负载与冷气负载相对份额的大小、人的感受以及人在这个空间的活动特性等综合因素加以考虑。

（4）弹性要求　当一个不太大的力作用于一个刚性较大的物体，例如混凝土楼板时，根据作用力与反作用力的原理可知，此时楼板将作用于它上面的力全部反作用于施加这个力的物体之上。与此相反，如果是有一定弹性的物体，例如橡胶板，则反作用力要小于原来所施加的力。工程实践充分证明，弹性地面可以缓冲地面反力，让人感到比较舒适，因此一般装饰标准高的建筑多采用弹性地面。

（5）装饰要求　楼地面的装饰效果是整个室内装饰效果的重要组成部分，要结合空间的形态、家具饰品等的布置、人的活动状况及心理感受、色彩环境、图案要求、质感效果和该建筑的使用性质等诸因素加以综合考虑，妥善处理好楼地面的装饰效果和功能要求之间的关系。

二、楼地面工程的基本组成

楼地面按其构造由面层、垫层和基层等部分组成。

地面的基层多为土。地面下的填土应采用合格的填料分层填筑与夯实，土块的粒径不宜大于50mm，每层的铺土厚度：机械压实厚度不大于300mm，人工夯实厚度不大于200mm。回填土的含水量应按最佳含水量控制，太干的土要洒水湿润，太湿的土应晾干后使用，每层夯实后的干密度应符合设计要求。

楼面的基层为楼板，垫层施工前应做好板缝的灌浆、堵塞工作和板面的清理工作。

基层施工应当抄平、弹线，统一施工的标高。一般在室内四壁上弹离地面高500mm的标高线作为统一控制线。

地面工程的垫层可分为刚性垫层、半刚性垫层及柔性垫层。

刚性垫层是指水泥混凝土、碎砖混凝土、水泥矿渣混凝土和水泥灰炉渣混凝土等各种低强度等级混凝土。刚性垫层厚度一般为70~100mm，混凝土强度等级不宜低于C10，粗骨料的粒径不应超过50mm。施工方法与一般混凝土施工方法相近，工艺过程为清理基层→检测弹线→基层洒水湿润→浇筑混凝土垫层→养护。

半刚性垫层一般有灰土垫层、碎砖三合土垫层和石灰炉渣垫层等。其中：灰土垫层由熟石灰、黏土拌制而成，比例为3∶7，铺设时应分层铺设、分层夯实拍紧，并应在其晾干后再进行面层施工；碎砖三合土垫层，采用石灰、碎砖和砂（可掺少量黏土）按比例配制而成，铺设时应拍平夯实，硬化期间应避免受水浸湿；石灰炉渣层是用石灰、炉渣拌和而成，炉渣粒径不应大于40mm，且不超过垫层厚的1/2。粒径在5mm以下者，不得超过总体积的40%，炉渣施工前应用水加以闷透，拌和时严格控制加水量，分层铺筑夯实平整。

柔性垫层包括用土、砂石、炉渣等散状材料经压实的垫层。砂垫层厚度不小于60mm，适当浇水后用平板振动器振捣密实。砂石垫层厚度不小于100mm，要求粗细颗粒混合摊铺均匀，浇水使砂石表面湿润，碾压或夯实不少于3遍至不松动为止。

地面工程中各种不同的基层和垫层都必须具备一定的强度及表面平整度，以确保面层的施工质量。

三、楼地面面层的分类方法

楼地面按照面层结构不同主要可分为整体式地面（如灰土、菱苦土、水泥砂浆、混凝土、现浇水磨石、三合土等）、块材地面（如缸砖、釉面砖、陶瓷锦砖、拼花木板花砖、预制水磨石块、大理石板材、花岗石板材、硬质纤维板等）和涂布地面。

四、楼地面工程的施工准备

1. 楼地面工程施工基本规定

（1）楼地面工程施工企业，应有质量管理体系并遵守相应的施工工艺标准。

（2）楼地面工程采用的材料应按设计要求和国家规范的规定选用，并应符合国家现行标准的规定；进场材料应有中文质量合格证明文件及规格、型号和性能检测报告，对不能进场的保温材料其热导率、密度、抗压强度或压缩强度、燃烧性能应见证取样复验。

（3）楼地面采用的大理石、花岗石等天然石材，必须符合现行国家标准《建筑材料放射性核素限量》（GB 6566—2010）和《民用建筑工程室内环境污染控制标准》（GB 50325—2020）中有关材料有害物质限量的规定。进场材料必须具有近期的检测报告。

（4）胶黏剂、沥青胶结材料和涂料等材料应按设计要求选用，并应符合现行国家标准《民用建筑工程室内环境污染控制标准》（GB 50325—2020）中的规定。

（5）厕所、洗浴间和有防滑要求的建筑地面的板块材料应符合设计要求。厕所、洗浴间、厨房和有排水（或其他液体）要求的地面面层，与其相连接各类面层标高差应符合设计要求。

（6）地面工程各层铺设前与相关专业的分部分项工程以及设备管道安装工程之间，应进行交接验收，地面工程基层（各构造层）和面层的铺设，均应待其下一层检验合格后方可施工上一层。地面工程各层铺设前与相关专业的分部（子分部）工程、分项工程以及设备管道安装工程之间，应进行交接验收。

（7）铺设有坡度的地面应采用基础土层高差达到设计要求的坡度；铺设有坡度的楼面（或架空地面）应采用在钢筋混凝土板上变更填充层（或找平层）铺设的厚度或以结构起坡度达到设计要求的坡度。

（8）地面工程施工时，各层环境温度的控制应符合下列规定：①采用掺有水泥、石灰的拌合料铺设以及用石油沥青胶结料铺设时，不应低于5℃；②采用有机胶黏剂粘贴时，不应不应低于10℃；采用砂、石材料铺设时，不应低于0℃。

（9）当地面需要镶边，而设计无要求时，应符合下列规定：①有强烈机械作用下的水泥类整体面层与其他类型的面层邻接处，应设置金属镶边构件；②采用水磨石整体面层时，应用同类材料以分格条的形式设置镶边；③条石面层和砖面层与其他面层邻接处，应用同类材料镶边；④采用竹、木材料的面层和塑料板面层时，应用同类材料镶边；⑤地面面层与管沟、孔洞、检查井等邻接处，均应设置镶边；⑥管沟、变形缝等处的地面面层的镶边构件，应在面层铺设前装设。

（10）各类面层的铺设宜在室内装饰工程基本完工后进行。竹、木面层以及活动地板、塑料板、地毯面层的铺设，应待抹灰工程或管道试压等施工完工后进行。

（11）地面工程完工后应对面层采取可靠的保护措施。

2. 地面施工前的准备工作

① 在地面工程正式施工前，应按照设计要求对基层进行认真处理。

② 依据统一标高的要求，地面施工前在四周墙体上弹好+500mm水平线，各单元的地面标高除了根据地面建筑设计要求，对室内与走道、走道与卫生间等标高的不同要求来控制基层标高外，还要根据每个单元所采用的面层材料的不同来控制基层标高和垫层厚度。

第二节　整体面层的施工工艺

整体地面也称为整体面层，是指一次性连续铺筑而成的面层，这种地面的面层直接与人或物接触，是直接承受各种物理和化学作用的建筑地面表面层。整体面层的种类很多，在工程中主要有水泥混凝土面层、水泥砂浆面层、水磨石面层、水泥钢（铁）屑面层、防油渗面层、不发火面层等。

一、水泥混凝土面层施工工艺

（一）对组成材料的要求

水泥混凝土面层组成材料主要包括水泥、砂子、石子、外加剂和水。为确保面层的施工质量，对所用的材料均应符合设计和现行标准的要求。

（1）水泥　水泥宜采用硅酸盐水泥、普通硅酸盐水泥或矿渣硅酸盐水泥，其强度等级不低于42.5MPa，具有出厂合格证和复试报告。水泥的技术性能应符合现行国家标准《通用硅酸盐水泥》（GB 175—2007）中的要求。

（2）砂子　砂子应采用粗砂或中粗混合砂，砂中的含泥量不应大于3%。砂的其他技术性能应符合现行国家标准《建设用砂》（GB/T 14684—2011）中的要求。

（3）石子　石子应采用碎石或卵石，其最大粒径不应大于面层厚度的2/3，级配应符合设计要求；当采用细石混凝土面层时，石子的粒径不应大于15mm，石子的含泥量不应大于2%。石子的其他技术性能应符合现行国家标准《建设用卵石、碎石》（GB/T 14685—2011）中的规定。

（4）外加剂　外加剂的种类、性能应根据施工条件和要求选用，应具有出厂合格证，并经复验性能符合产品标准和施工要求。外加剂的具体技术性能应符合现行国家标准《混凝土外加剂》（GB 8076—2008）中的规定。

（5）水　混凝土所用的拌合水应采用符合饮用标准的水，其具体技术性能应符合现行的行业标准《混凝土用水标准》（JGJ 63—2006）中的规定。

（二）施工主要机具

（1）机械设备　水泥混凝土面层施工所用的机械设备主要有混凝土搅拌机、混凝土输送泵、平板式振动器、机动翻斗车、混凝土切缝机等。

（2）主要工具　水泥混凝土面层施工所用的工具主要有平锹、铁滚筒、木抹子、铁抹子、刮杠、2m靠尺、水平尺、小桶、筛孔为5mm的筛子、钢丝刷、笤帚、手推车等。

（三）施工作业条件

（1）建筑主体结构已完毕并经验收，室内墙面上已弹好+500mm的水平线，这是进行地面和顶棚进行施工的依据。

（2）地面或楼面的垫层（基层）已按照设计要求施工完成，混凝土的强度已达到5MPa以上，预制空心楼板已嵌缝并经养护达到规定的强度。

（3）建筑室内门框、预埋件、各种管线及地漏等已安装完毕，并经质量检查合格，地漏口已遮盖，并已办理预检和作业层结构的隐蔽验收手续。

（4）建筑室内的各种立管和套管通过楼地面面层的孔洞，已用细石混凝土灌好并封实。

（5）顶棚、墙面的抹灰工程已施工完毕，经质量验收合格，地漏处已找水泛水及标高。

（6）地面基层已验收合格，墙面和柱面镶贴工作已完成。对卫生间等有瓷砖的墙面，应留下最下面一皮砖不贴，等地面施工完成后再进行镶贴。

（四）施工操作工艺

1. 水泥混凝土面层施工工艺流程

水泥混凝土面层施工工艺流程为：清理基层→弹标高和面层水平线→洒水湿润（绑扎钢筋网片）→做找平墩→配制混凝土→铺筑混凝土→振捣或滚压混凝土→撒干水泥砂→压光面层表面→养护混凝土。

2. 水泥混凝土面层施工操作要点

（1）清理基层　将基层表面上的泥土、浮浆块等杂物清理冲洗干净，若楼板的表面有油污，应用5%~10%浓度的氢氧化钠溶液清洗干净。铺设面层混凝土前1d浇水湿润，面层表面的积水应予扫除。

（2）弹标高和面层水平线　根据在室内墙面已经弹出的+500mm水平标高线，测量出地面面层的水平线，将其弹在四周的墙面上，并要与房间以外的楼道、楼梯平台、踏步的标高相互一致。

（3）绑扎钢筋网片　地面面层内设计有钢筋网片时，应先进行钢筋网片的绑扎，钢筋网片要按设计图纸的要求进行制作和绑扎。

（4）做找平墩　在混凝土正式铺筑前，按照标准水平线用木板隔成相应的区段，以便控制混凝土面层的厚度。地面上有地漏时，要在地漏四周做出0.5%的泛水坡度。

（5）配制混凝土　地面面层混凝土的强度等级不应低于C20，水泥混凝土垫层兼做面层时，其混凝土的强度等级不应低于C15。混凝土的施工配合比应严格按照设计要求进行试配，用机械进行搅拌，搅拌时间不少于90s，要求拌和均匀，随拌制，随使用。当采用泵送混凝土时，坍落度应满足泵送的要求；当采用非泵送混凝土时，坍落度不宜大于30mm。

（6）铺筑混凝土　地面面层所用的混凝土有细石混凝土、普通混凝土和泵送混凝土，不同的混凝土所采用的铺筑方法也是不同的。

① 当采用细石混凝土铺筑时，首先应在湿润的基层表面上均匀涂刷一道（1：0.40）~（1：0.45）（水泥：水）的素水泥浆，随涂刷水泥浆随铺筑混凝土。按照分段顺序铺筑混凝土，随铺筑随用刮杠将混凝土表面刮平，然后用平板振动器振捣密实；如用铁滚筒人工滚压时，滚筒要交叉滚压3~5遍，直至混凝土表面泛浆为止。

② 当采用普通混凝土铺筑时，在混凝土铺筑后先用平板振动器进行振捣，再用刮杠将表面刮平，最后用木抹子揉搓提浆抹平。

③ 当采用泵送混凝土铺筑时，在满足泵送要求的前提下，尽量采用较小的坍落度，布料口要来回摆动布料，禁止靠混凝土自然流淌布料。随布料随用大杠粗略找平后，用平板振动器振动密实，然后用大杠进一步刮平，多余的"浮浆"要及时将其刮除。如因含水量过大而出现表面泌水，可采用表面撒一层拌和均匀的干水泥砂子，水泥砂子的体积比为1∶2，待表面水分吸收后即可抹平压光。

（7）抹平压光　水泥混凝土振捣密实后，必须做好面层的抹平和压光工作。水泥混凝土初凝前，应完成面层抹平、揉搓均匀，待混凝土开始凝结即分遍抹压面层。

① 第一遍抹压：先用木抹子揉搓提浆，并将表面抹平，再用铁抹子轻压。然后将表面的脚印抹平，至混凝土表面压出光亮为止。

② 第二遍抹压：当混凝土面层开始凝结，地面用脚踩有脚印但不下陷时，先用木抹子揉搓出浆，再用铁抹子进行第二遍抹压，把凹坑、砂眼填实、抹平，应注意不要漏压。

③ 第三遍抹压：当混凝土面层上人后脚踩留有脚印，而抹压不出现抹纹时，应用铁抹子进行第三遍抹压，抹压时要用力稍大，抹平压光不留抹纹为止，压光时间应控制在混凝土终凝前完成。

（8）养护混凝土　混凝土面层第三遍抹压完24h内要加以覆盖并浇水养护，有条件的也可分间、分块蓄水养护。在常温条件下连续养护时间不得少于7d。养护期间应进行封闭，严禁上人和其他作业。

（9）施工缝处理　地面混凝土面层应连续浇筑，一般不留施工缝。当施工间歇超过规定允许时间时，应对已凝结的混凝土接槎处进行处理，剔除松散的石子和砂浆，湿润并铺设与混凝土配合比相同的水泥砂浆再浇筑混凝土，应特别重视接缝处的捣实压平，不应显出接槎。

（10）浇筑钢筋混凝土楼板或水泥混凝土垫层兼作地面面层时，可以采用随浇筑随抹平的施工方法，可节约水泥、加快施工进度、提高施工质量。

（11）踢脚线施工　水泥混凝土地面面层一般用水泥砂浆做踢脚线，并在地面面层完成后施工。底层和面层砂浆宜分两次抹成。抹底层砂浆前应先清理基层，洒水湿润，然后按标高线量出踢脚线的标高，拉通线确定底层厚度，在适当的位置粘贴"灰饼"，抹上配合比为1∶3的水泥砂浆，用刮板刮平并搓毛，然后洒水养护。抹面层砂浆应在底层砂浆硬化后，拉线粘贴尺杆，抹上配合比为1∶2的水泥砂浆，用刮板紧贴尺杆，并垂直地面刮平，用铁抹子压光，阴阳角、踢脚线的上口，用角抹子溜直压光。踢脚线的出墙厚度宜为5~8mm。

3. 水泥混凝土面层施工注意事项

（1）在铺设混凝土整体面层时，其水泥类基层的抗压强度不得低于1.2MPa；表面应平整、粗糙、洁净、湿润并不得有积水。铺设前宜涂刷界面处理剂，或涂刷一层水泥浆，水泥浆的水灰比宜为0.4~0.5，并且做到随涂刷随铺设。

（2）铺设混凝土整体面层，应符合设计中的要求。结合层和板块面层的填缝采用的水泥砂浆，应符合下列规定。

① 配制水泥砂浆应采用硅酸盐水泥、普通硅酸盐水泥，其强度等级不应低于42.5MPa。采用矿渣硅酸盐水泥，其强度等级不应低于32.5MPa。

② 水泥砂浆采用的砂的技术性能应符合现行国家标准《建设用砂》（GB/T 14684—2011）和《普通混凝土用砂、石质量及检验方法标准》（JGJ 52—2006）中的要求。

③ 配制水泥砂浆的体积比、相应的强度等级和调度，应符合设计要求。当设计无具体要求时应按表4-1中的规定采用。

表4-1　水泥砂浆的体积比、相应的强度等级和调度

面层种类	构造层	水泥砂浆体积比	相应的强度等级	砂浆稠度/mm
条石、无釉陶瓷地砖面层	结合层和面层的填缝	1:2	≥M15	25~35
水泥钢(铁)屑面层	结合层	1:2	≥M15	25~35
整体水磨石面层	结合层	1:3	≥M10	30~35
预制水磨石、大理石板、花岗石板、陶瓷马赛克、陶瓷地砖面层	结合层	1:2	≥M15	25~35
水泥花砖、预制混凝土板面层	结合层	1:3	≥M10	30~35

（3）水泥混凝土整体面层施工完毕后，养护时间不应少于7d；抗压强度应达到5MPa后方准上人行走；抗压强度应达到设计要求后方可正常使用。

（4）配制混凝土面层、结合层用的水泥应采用硅酸盐水泥、普通硅酸盐水泥或矿渣硅酸盐水泥及白色硅酸盐水泥。结合层配制水泥砂浆的体积比、相应的强度等级应按表4-1所列。

（5）当采用掺有水泥的拌合料做踢脚线时，不得用石灰砂浆进行打底。踢脚线宜在建筑地面面层基本完工后进行，同时要注意对已完工面层的保护。

（6）卫生间和有防水要求的建筑地面的结构层标高，应结合房间内外标高差、坡度流向及隔离层能裹住地漏等进行施工，地面面层铺设后不应出现倒泛水现象。

（7）楼梯踏步的高度，应以楼梯间结构层的标高结合楼梯上、下级踏步与平台、走道连接处面层的做法，进行合理划分，以保证每级踏步高度符合设计要求，且其高度差达到国家规范的规定。

（8）铺设水泥类地面面层需进行分格时，其面层一部分的分格缝隙应与水泥混凝土垫层的缩缝相应对齐。水磨石面层与垫层对齐的分格缝隙应当设置双分格条。

（9）室内水泥类地面面层与走道邻接的门口处应设置分格缝；大开间楼层的水泥类面层在结构易变形的位置应设置分格缝。

（10）整体水泥混凝土面层的抹平工作应在混凝土初凝前完成，压光工作应在混凝土终凝前完成。

（11）室外散水、明沟、踏步、台阶、坡道等各构造层均应符合设计要求，施工时应符合现行国家或行业标准中对基层（基土、同类垫层和构造层）、同类面层的规定。

（12）当低于以下规定的环境温度控制时，建筑地面工程施工应采取相应的冬季技术措施：①采用掺有水泥、石灰的拌合料铺设以及用石油沥青胶结料铺设时，不应低于5℃；②采用有机胶黏剂粘贴时，不应低于10℃；③采用砂子、石材、碎砖料铺设时，不应低于0℃。

二、水泥砂浆面层施工工艺

水泥砂浆地面面层是应用最普遍的一种面层，是直接在现浇混凝土垫层的水泥砂浆找平层上施工的一种传统整体地面。水泥砂浆楼地面属低档地面面层，造价较低，施工方便，但耐磨性较差，容易起砂、起灰。

（一）对组成材料的要求

水泥砂浆面层组成材料主要包括水泥、砂子、石屑和水。为确保面层的施工质量，对所用的材料均应符合设计和现行标准的要求。

（1）水泥 水泥宜采用硅酸盐水泥、普通硅酸盐水泥或矿渣硅酸盐水泥，其强度等级不低于42.5MPa，具有出厂合格证和复试报告。不同品种、不同强度等级的水泥严禁混用，已结块或受潮的水泥不得使用。水泥的各项技术性能应符合现行国家标准《通用硅酸盐水泥》（GB 175—2007）中的要求。

（2）砂子 水泥砂浆所用的砂子应采用中砂或粗砂，砂中的含泥量不应大于3%。砂的其他技术性能应符合现行国家标准《建设用砂》（GB/T 14684—2011）中的要求。

（3）石屑 水泥砂浆所用石屑的粒径宜为1~5mm，其含粉量（含泥量）不应大于3%。

（4）水 水泥砂浆所用的拌合水应采用符合饮用标准的水，其具体技术性能应符合现行的行业标准《混凝土用水标准》（JGJ 63—2006）中的规定。

（二）施工主要机具

（1）机械设备 水泥砂浆面层施工所用的机械设备主要有砂浆搅拌机、机动翻斗车等。

（2）主要工具 水泥砂浆面层施工所用的工具主要有平铁锹、木刮尺、刮杠、木抹子、铁抹子、角抹子、喷壶、小水桶、钢丝刷、扫帚、毛刷、筛子（5mm网眼）、手推车等。

（三）施工作业条件

（1）建筑主体结构已完毕并经验收，室内墙面上已弹出+500mm的水平线，这是进行地面和顶棚进行施工的依据。

（2）地面或楼面的垫层（基层）已按照设计要求施工完成，混凝土的强度已达到5MPa以上，预制空心楼板已嵌缝并经养护达到规定的强度。

（3）建筑室内门框、预埋件、各种管线及地漏等已安装完毕，并经质量检查合格，地漏口已遮盖，并已办理预检和作业层结构的隐蔽验收手续。

（4）建筑室内的各种立管和套管通过楼地面面层的孔洞，已用细石混凝土灌好并封实。

（5）顶棚、墙面的抹灰工程已施工完毕，经质量验收合格，地漏处已找水泛水及标高。

（6）地面基层已验收合格，墙面和柱面镶贴工作已完成。对卫生间等房间内有瓷砖的墙面，应留下最下面一皮砖不镶贴，等地面工程施工完成后再进行镶贴。

（四）施工操作工艺

1. 水泥砂浆面层施工工艺流程

水泥砂浆面层施工工艺流程为：清理基层→弹标高和面层水平线→粘贴"灰饼"→配制水泥砂浆→铺筑水泥砂浆→表面找平→面层压光→洒水养护→分格缝的设置→踢脚线施工→楼梯水泥砂浆面层施工。

2. 水泥砂浆面层施工操作要点

（1）清理基层 将基层表面上的积灰、泥土、浮浆、油污及杂物清扫干净，明显凹陷处应用水泥砂浆或细石混凝土填平，表面光滑处应凿毛处理并清刷干净。在铺筑水泥砂浆前一天浇水湿润，表面积水应予排除。当表面不平，且低于铺设标高30mm的部位，应在铺设细石混凝土找平。

（2）弹标高和面层水平线 根据墙面已弹出的+500mm水平标高线，测量出地面面层的水平线，将其弹在四周的墙面上，并要与房间以外的楼道、楼梯平台、踏步的标高相互一致。

（3）粘贴"灰饼" 根据墙面弹出的标高线，用配合比为1：2的干硬性水泥砂浆在基层上做"灰饼"，灰饼的大小约50mm×50mm，纵横间距约1.5m。有坡度的地面，为便于排水，应坡向地漏。如局部厚度小于10mm时，应调整其厚度或将局部高出的部分凿除。对于面积较大的地面，应用水准仪测出基层的实际标高，并计算出面层的平均厚度，确定面层的标高，然后再按要求做"灰饼"。

（4）配制水泥砂浆　地面面层水泥砂浆的体积配合比为 1:2（水泥:砂），稠度不大于 35mm，强度等级不应低于 M15。水泥砂浆应用机械进行搅拌，投料完毕后的搅拌时间应不少于 2min，要求拌和均匀，颜色一致。

（5）铺筑水泥砂浆　水泥砂浆面层的厚度应符合设计要求，且不应小于 20mm。在铺筑砂浆前先在基层上均匀刷一遍水泥砂浆，水泥砂浆的水灰比为 0.4~0.5，随涂刷水泥砂浆随铺筑砂浆。注意水泥砂浆的铺筑厚度宜高于灰饼 3~4mm。

（6）表面找平、第一遍压光　水泥砂浆铺筑后，随即用"刮杠"按照"灰饼"的高度，将水泥砂浆刮平，同时把灰饼剔掉，并用水泥砂浆填平。然后用木抹子揉搓压实，用"刮杠"检查表面平整度。待水泥砂浆收水后，随即用铁抹子进行第一遍抹平压实，抹压时应用力均匀，并向后倒退操作。如局部水泥砂浆过干，可用毛刷稍微洒水；如局部水泥砂浆过稀，可均匀撒一层配合比为 1:2 干水泥砂吸水，随手用木抹子用力搓平，使其互相混合并与水泥砂浆结合紧密。

（7）第二遍压光　在水泥砂浆达到初凝后进行第二遍压光，用铁抹子边抹边压，把死坑、砂眼填实压平，使面层表面平整，要求不得有漏压。

（8）第三遍压光　在水泥砂浆达到终凝前进行第三遍压光，即人踩上去稍有脚印时进行。在要求用抹子压光无痕时，用铁抹子把前一遍留的抹痕全部压平、压实、压光。

（9）进行养护　根据水泥砂浆铺筑时的环境温度确定开始养护时间。一般在第三遍压光结束 24h 后，在面层上洒水保持湿润，养护时间不少于 7d。

（10）分格缝的设置　当水泥砂浆面层需分格时，即做成假缝，应在水泥砂浆初凝后进行弹线分格。宜先用木抹子沿线搓出一条一抹子宽的面层，用铁抹子压光，然后采用分格器进行压缝。分格缝要求平直，深浅一致。大面积水泥砂浆面层，其分格缝的一部分位置应与水泥混凝土垫层的缩缝相应对齐。

（11）踢脚线施工　水泥混凝土地面面层一般用水泥砂浆做踢脚线，并在地面面层完成后施工。底层和面层砂浆宜分两次抹成。抹底层砂浆前应先清理基层，洒水湿润，然后按标高线量出踢脚线的标高，拉通线确定底层厚度，在适当的位置贴"灰饼"，涂抹配合比为 1:3 的水泥砂浆，用刮板刮平并搓毛，然后洒水养护。抹面层砂浆应在底层砂浆硬化后，拉线粘贴尺杆，涂抹配合比为 1:2 的水泥砂浆，用刮板紧贴着"尺杆"垂直地面刮平，用铁抹子压光，阴阳角、踢脚线的上口，用角抹子溜直压光。踢脚线的出墙厚度宜为 5~8mm。

（12）楼梯水泥砂浆面层施工　楼梯水泥砂浆面层可按以下方法和要求进行施工。

① 弹出控制线。根据楼层和休息平台（或下一楼层）面层标高，在楼梯侧面墙上弹出一条斜线，然后在休息平台（或下一楼层）的楼梯起点处的侧面墙弹出一条垂直线，再根据两面层的标高差除以本楼梯段的踏步数（要求精确到毫米），平均分配标在这条垂线上，每个标点与斜线的水平相交点，即为每个踏步水平标高和竖直位置的交点。根据这个交点向下、向内分别弹出垂直和水平线，形成的锯齿线即为每个踏步的面层位置控制线。

② 清理基层。将基层表面上的积灰、泥土、浮浆、油污及杂物清扫干净，明显凹陷处应用水泥砂浆或细石混凝土填平，表面光滑处应进行"凿毛"处理并清刷干净。

③ 预埋踏步阳角钢筋。根据弹出的控制线，将调整直的直径为 10mm 钢筋沿踏步长度方向每 300mm 焊两根直径为 6mm 的固定锚筋，用配合比 1:2 水泥砂浆牢固固定，直径 10mm 钢筋的上表面同踏步阳角面层持平。固定牢靠后洒水养护 24h。

④ 抹找平层。根据弹出的控制线，留出面层厚度（6~8mm），在粘贴"靠尺"、抹压找

平砂浆前，基层要提前进行湿润，并随涂刷水泥浆随抹找平打底砂浆一遍，找平打底砂浆的体积比为1∶2.5（水泥∶砂），找平打底的顺序为：先做踏步立面，再做踏步平面，后做踏步侧面，依次顺序做完整个楼梯段的打底找平工序，最后粘贴刮尺杆件将楼梯板下滴水沿找平、打底灰浆涂抹完，并把表面压实搓毛，洒水养护，待找平打底砂浆硬化后，再进行面层施工。

⑤ 抹面层水泥砂浆并压第一遍。在抹面层水泥砂浆前，按照设计要求，镶嵌防滑条。抹面层砂浆时，要随涂刷水泥浆随抹水泥砂浆，水泥砂浆的体积比为1∶2（水泥∶砂）。涂抹完水泥砂浆后，用刮尺杆件将砂浆表面进行找平，并用木抹子搓揉压实，待水泥砂浆收水后，随即用铁抹子进行第一遍抹平压实至表面起浆为止，抹压的顺序为：先踏步立面；再踏步平面；后踏步侧面。

⑥ 第二遍压光。在水泥砂浆达到初凝后进行第二遍压光，用铁抹子边抹边压，把死坑、砂眼填实压平，使面层表面平整，要求不得有漏压。

⑦ 第三遍压光。在水泥砂浆达到终凝前进行第三遍压光，即人踩上去稍有脚印时进行。在要求用抹子压光无痕时，用铁抹子把前一遍留的抹痕全部压平、压实、压光。

⑧ 抹楼板下滴水沿及截水槽。在楼梯面层涂抹完后，随即进行楼梯板下滴水沿抹面，粘贴尺杆涂抹体积比为1∶2（水泥∶砂）的水泥砂浆面层，抹时要随涂刷水泥浆随抹水泥砂浆，并用刮尺杆件将砂浆找平，用木抹子搓揉压实，待水泥砂浆收水后，随即用铁抹子进行第一遍压光，并将截水槽处分格条取出，用溜缝抹子进行溜压，使缝边顺直，线条清晰。在砂浆初凝后进行第二遍压光，将砂眼抹平压光。在砂浆达到终凝前，进行第三遍压光，直至表面无抹痕，平整光滑为止。

⑨ 进行养护。根据水泥砂浆铺筑时的环境温度确定开始养护时间。一般在第三遍压光结束24h后在面层上洒水保持湿润，养护时间一般不得少于7d。

⑩ 抹防滑条金刚砂砂浆。将楼梯面层水泥砂浆初凝后，取出防滑条预埋的木条，养护7d后，清理干净槽内的杂物，浇水湿润，在槽内压抹体积比为1∶2（水泥∶金刚砂）水泥金刚砂砂浆，高出踏步面4~5mm，用圆阳角抹子将其捋实、压光。待完活24h后，洒水养护，保持湿润养护时间不得少于7d。

三、水磨石面层施工工艺

水磨石是指将碎石拌入水泥制成混凝土制品后表面磨光的制品。水磨石面层是属于较高级的建筑地面工程之一，也是目前工业与民用建筑中采用较广泛的楼面与地面面层的类型，其特点是表面平整光滑、外观美、不起灰，又可以按照设计和使用要求做成各种彩色图案，因此应用范围较广。在民用建筑和公共建筑中，使用非常广泛，如机场候机楼、宾馆门厅和医院、宿舍走道、卫生间、饭厅、会议室、办公室等。

（一）对组成材料的要求

水磨石面层组成材料主要包括水泥、石粒、颜料、分格条、水和其他材料。为确保面层的施工质量，对所用的材料均应符合设计和现行标准的要求。

（1）水泥　本色或深色的水磨石面层，宜采用强度等级不低于42.5MPa的硅酸盐水泥、普通硅酸盐水泥，或强度等级不低于32.5MPa的矿渣硅酸盐水泥，不得使用粉煤灰硅酸盐水泥。白色或浅色的水磨石面层，宜采用白色硅酸盐水泥，其技术性能应符合现行国家标准《白色硅酸盐水泥》（GB/T 2015—2017）中的规定。水泥必须有出厂合格证和复试报告，同一颜色的面层应使用同一批水泥。

（2）石粒　水磨石面层所用的石粒应当符合下列要求：a.石粒应采用坚硬可磨的白云石、大理石等岩石加工而成；b.石粒应有棱角、洁净无杂物，其粒径除有了特殊要求外应为6~15mm；c.石粒在运输、装卸、堆放和配制的过程中，应防止混入杂质，并应当按照产地、种类和规格分别堆放；d.石粒要分批按不同品种、规格、色彩堆放在席上保管，使用前应用清水冲洗干净、晾干待用。

（3）颜料　水磨石面层所用的矿物颜料，应具有良好的耐光、耐碱性能，不得使用酸性颜料，颜料颗粒均匀且无结块。同一彩色水磨石面层应使用同厂、同批的颜料，以避免造成颜色深浅不一；其掺入应通过试验确定，一般宜为水泥质量的3%~6%。所用颜料的技术性能应符合现行标准《混凝土和砂浆用颜料及其试验方法》（JC/T 539—1994）中的规定。

（4）分格条　水磨石面层所用的分格条应当符合下列要求：a.铜条厚1~1.2mm，铝合金条厚1~2mm，玻璃条厚3mm，彩色塑料条厚2~3mm；b.分格条宽度根据石粒粒径确定，当采用小八厘（粒径10~12mm）时为8~10mm，当采用中八厘（粒径12~15mm）、大八厘（粒径12~18mm）时均为12mm；c.分格条长度以分块尺寸确定，一般为1000~1200mm。铜条、铝合金条应当调直后使用，下部1/3处每米钻4个直径2mm的孔，穿钢丝备用。

（5）草酸、白蜡、钢丝　草酸为白色结晶，块状、粉状均可；白蜡用川蜡和地板蜡成品；钢丝为22号钢丝。

（6）水　水磨石施工中所用的拌合水应采用符合饮用标准的水，其具体技术性能应符合现行的行业标准《混凝土用水标准》（JGJ 63—2006）中的规定。

（二）施工主要机具

（1）机械设备　水磨石面层施工所用的机械设备主要有混凝土搅拌机、平面磨石机、立面磨石机等。

（2）主要工具　水磨石面层施工所用的工具主要有平铁锹、滚筒（直径150mm，长800mm，质量70kg左右）、铁抹子、水平尺、木刮杠、粉线包、靠尺、60~240号金刚石、240~300号油石、手推胶轮车等。

（三）施工作业条件

（1）顶棚和墙面的抹灰工程已经完成，门框已经立好，各种管线已经埋设完毕，地漏口已经遮盖。

（2）混凝土垫层已浇筑完毕，按照标高留出水磨石底灰和面层的厚度，并经养护混凝土的强度达到5MPa以上。

（3）水磨石施工所用的材料已经备齐，按要求运到施工现场，经检查质量符合设计要求。材料的数量可以满足连续作业的需要。

（4）为保证水磨石色彩均匀，水泥和颜料已按工程需要一次配够，干拌均匀过筛装入袋中，袋子要扎好口，防止湿润变质，然后堆放在仓库中备用。

（5）水磨石施工配制中所用的石粒，应分别进行过筛，并去掉杂质、洗净晾干备用。

（6）在水磨石正式铺筑前，在墙面上弹好或设置控制面层标高和排水坡度的水平基准线或标志。

（7）彩色水磨石当采用白色硅酸盐水泥掺加色粉配制时，应当事先按照不同的配比做出样板，供设计人员和业主选定。

（四）施工操作工艺

1. 水磨石面层施工工艺流程

水磨石面层施工工艺流程为：清理、湿润基层→弹出控制线、做"灰饼"→抹找平层→镶嵌分格条→铺筑抹压石粒浆→滚压密实→铁抹子压平、养护→试磨→粗磨→刮浆→中磨→刮浆→细磨→草酸清洗→打蜡抛光。

2. 水磨石面层施工操作要点

（1）水磨石面层的厚度除有特殊要求外，一般为12~18mm，且按石粒粒径的大小确定。其颜色和图案应符合设计要求。

（2）基层处理　水磨石面层的基层处理应符合下列要求：a.把黏结在混凝土基层上的浮浆、松动混凝土和砂浆等剔掉，用钢丝刷刷掉水泥浆皮，然后用扫帚打扫干净；b.有防水要求的建筑地面工程，铺设前必须对立管、套管和地漏与楼板节点之间进行密封处理，排水坡度应符合设计要求。

（3）找标高弹线　根据在墙面上弹出的+500mm水平标高线，往下量测出水磨石面层的标高，弹在四周的墙体上，并考虑其他房间和通道面层的标高要相一致。

（4）抹水泥砂浆找平层　基层处理完毕后，以统一标高线为准确定面层的标高。施工时提前24h将基层面洒水润湿后，全面涂刷一遍水泥浆黏结层，其水泥浆稠度应根据基层湿润程度而定，水灰比以0.4~0.5为宜，涂刷厚度控制在1mm以内。应做到边刷水泥浆边铺设水泥砂浆找平层。找平层应采用体积比为1：3水泥砂浆或1：3.5干硬性水泥砂浆。水泥砂浆找平层铺好后应养护24h，水磨石面层施工应在找平层的抗压强度达到1.2MPa后方可进行。

（5）镶嵌分格条　水磨石面层的分格条应按以下方法和要求进行镶嵌。

① 按照设计分格和图案的要求，用色线包在基层上弹出清晰的线条，在进行弹线时，先根据墙面位置及镶边尺寸弹出镶边线，然后复核内部分格与设计是否相符，如有余量或不足则按照实际进行调整。分格间距以1m为宜，面层分格的一部分分格位置必须与基层（包括垫层和结合层）的缩缝对齐，以便使上下各层能同步收缩。

② 按照弹线用黏稠水泥砂浆把分格条黏结固定，镶嵌分格条的方法如图4-1所示。分格条应先黏结一侧，然后再黏结另一侧，当分格条为铜、铝合金材料时可用长60mm的22号钢丝从分格条孔中穿过，并埋入固定在水泥砂浆中，水泥砂浆黏结高度应比分格条顶面低4~6mm，并将水泥砂浆做成45°坡度。镶嵌分格条时应先把需镶嵌分格条部位基层湿润，涂刷结合层，然后再镶分格条。待水泥砂浆达到初凝后，用毛刷沾水将其表面刷毛，并将分格条交叉接头部位的水泥砂浆掏空。

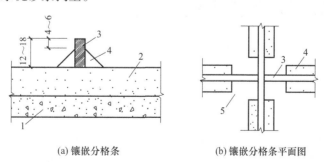

(a) 镶嵌分格条　　　　　　　　(b) 镶嵌分格条平面图

图4-1　镶嵌分格条方法

1—混凝土垫层；2—水泥砂浆底灰；3—分格条；4—水泥砂浆；5—40~50mm内不抹水泥浆区

③ 分格条应粘贴牢固、平直，接头严密，应用靠尺板将分格条比齐，使其上部平齐一致，作为铺设水磨石面层的标志，并拉5m通线检查直度，其偏差不得超过1mm。

④ 在常温环境下镶嵌分格条12h后，开始洒水进行养护，养护时间不得少于2d。

（6）铺筑石粒浆　水磨石面层的石粒浆应按以下方法和要求进行铺筑。

① 水磨石面层应采用水泥与石粒的拌合料进行铺筑。如几种颜色的石粒浆应注意不可同时铺抹，要先铺抹深色的，后铺抹浅色的，先做大面后做镶边，待前一种凝固后，再铺筑后一种，以免产生串色、界限不清，影响水磨石的施工质量。

② 地面水磨石石粒浆的体积配合比为（1∶1.5）~（1∶2.5）（水泥∶石粒）；要求计量准确，拌和均匀，宜采用机械搅拌，其稠度不得大于60mm。彩色水磨石应加入一定量的颜料，颜料以水泥质量的百分比计，事先将调配好过筛的物料过筛装袋备用。

③ 地面在铺筑石粒浆前，应先将积水扫干净，然后刷一层水灰比为0.4~0.5的水泥浆黏结层，并随涂刷随铺筑石粒浆。在铺筑石粒浆时，用铁抹子把石粒由中间向四周摊铺，并用刮尺刮平，虚铺厚度应比分格条高5mm，再在其上面均匀撒一层石粒，拍平压实、提浆，对分格条两边及交角处要特别注意拍平压实。石粒浆铺抹后高出分格条的高度应一致，厚度以拍实压平后高出分格条1~2mm为宜。石粒浆整平后如发现石粒过稀处，可以在其表面上再适当撒一层石粒，对石粒过密处可适当剔除一些石粒，使表面石粒显露均匀，无缺石粒现象，接着用滚子进行滚压。

（7）滚压石粒浆　水磨石面层的石粒浆应按以下方法和要求进行滚压。

① 面层石粒浆滚压应从横竖两个方向轮换进行。磙子两边应大于分格至少100mm，在滚压前应将分格条顶面的石粒清除干净，以避免压坏分格条。

② 在滚压时用力应均匀，防止压倒或压坏分格条，注意分格条附近浆多石粒少时，要随手补上。滚压到表面平整、泛浆且石粒均匀排列、磙子表面不沾浆为止。

（8）抹平与养护　水磨石面层的抹平与养护应按以下方法和要求进行。

① 待石粒浆基本收水后（即滚压2h后），用铁抹子将滚压留下的波纹抹平压实。如还发现有石粒过稀处仍需要补撒石粒抹平。

② 石粒面层完成后，在常温下应于次日进行浇水养护，养护时间不得少于5d。

（9）面层试磨　水磨石面层应按以下方法和要求进行试磨。

① 水磨石面层在开磨前应进行试磨，试磨开磨的时间以石粒不松动、不掉粒为准，经检查确认可磨后方可正式开磨。一般开磨时间可参考表4-2。

表4-2　开磨时间参考

平均气温/℃	开磨时间/d	
	机械磨	人工磨
20~30	2~3	1~2
10~20	3~4	1.5~2.5
5~10	5~6	2~3

② 普通水磨石面层的磨光遍数不应少于3遍，高级水磨石面层的厚度和磨光遍数由设计确定。

（10）面层粗磨　水磨石面层应按以下方法和要求进行粗磨：①水磨石面层粗磨用60~90号金刚石，磨石机在地面上呈横"8"字形移动，边研磨、边加水，随时清扫磨出的水泥泥浆，并用"靠尺"不断检查水磨石表面的平整度，直至将表面磨平，全部显露出分格条与石粒后，再将表面清理干净；②待面层稍干再满涂同色水泥砂浆一道，以填补砂眼和细小的凹痕，脱落的石粒应当将其补齐。

（11）面层中磨　水磨石面层应按以下方法和要求进行中磨：①水磨石面层的中磨应在粗磨结束并待第一遍水泥砂浆养护2~3d后进行；②水磨石面层中磨用90~120号金刚石，机磨方法与粗磨相同，磨至表面光滑后，同样将表面清洗干净，再满涂第二遍同色水泥浆，然后再养护2~3d。

（12）面层细磨　水磨石面层应按以下方法和要求进行细磨：①面层细磨即第三遍磨光，应在中磨结束并养护完成后进行；②水磨石面层细磨用180~240号金刚石，机磨方法与粗磨相同，磨至表面平整光滑，石子显露均匀，无细孔磨痕为止；③面层边角等磨石机磨不到的地方可用人工手磨；④当为高级水磨石面层时，在第三遍细磨后，经过满涂水泥浆和养护，用240~300号油石继续进行第四、第五遍磨光，直至完全符合设计要求。

（13）草酸清洗　水磨石面层应按以下方法和要求进行草酸清洗：①在水磨石面层磨光完成后，要注意对成品的保护，涂草酸和上蜡前，其表面不得污染；②用热水溶化草酸，其质量比为1：0.35，冷却后在清洗干净的面层上用布均匀涂抹，每涂抹一段用240~300号油石磨出水泥砂浆及石粒本色，再冲洗干净，用棉纱或软布擦干；③亦可采用面层磨光后，在表面上撒草酸粉洒水，再进行擦洗，露出面层的本色，再用清水冲洗干净，最后用拖布拖干。

（14）打蜡抛光　水磨石面层应按以下方法和要求进行打蜡抛光：①经过草酸清洗后的水磨石面层，将其擦净晾干、打蜡工作应在不影响水磨石面层质量的其他工序全部完成后进行。②地板蜡市场上有成品供应，可根据实际进行选用。当采用自制时其方法是：将蜡、煤油按1：4的质量比放入桶内加热、溶化，温度控制在120~130℃，再掺入适量松香水后调成稀糊状，凉透后即可使用。③用布或干净麻丝沾蜡薄薄均匀地涂在水磨石面上，待蜡完全干透后，用包有麻布或细帆布的木块代替油石，装在磨石机的磨盘上进行磨光，或者用打蜡机进行打磨，直到水磨石表面光滑洁亮为止。高级水磨石应打两遍蜡，抛光两遍。打蜡后铺上锯末进行养护。

（15）踢脚线施工　水磨石的踢脚线应按以下方法和要求进行施工：①踢脚线在地面水磨石磨后进行，施工时应先进行基层清理和抹找平层。踢脚线的操作要点与水泥混凝土面层中的踢脚线施工相同。②踢脚线涂抹石粒浆的面层，所用材料的配合比为（1：1）~（1：1.5）（水泥：石粒）。出墙厚度宜为8mm，石粒可以采用小八厘的。在进行铺抹时，先将底子灰用水湿润，在阴阳角及上口，用靠尺按水平线找好规矩，贴好尺杆，刷纯水泥浆一遍后，随即涂抹石粒浆，然后抹平、压实；待石粒浆体达到初凝时，用毛刷沾水刷去表面的灰浆，次日喷水养护。③踢脚线面层可采用立面磨石机进行磨光，也可采用角向磨光机进行粗磨、手工细磨或全部采用手工磨光。采用手工磨光时，开始研磨的时间可以适当提前。④踢脚线施工的磨光、刮浆、养护、酸洗、打蜡等工序和要求，与地面水磨石面层相同。但应特别注意踢脚线上口必须仔细磨光。

（16）楼梯踏步施工　楼梯踏步应按以下方法和要求进行施工：a.楼梯踏步的基层处理及找平层施工操作要点，可参考水泥砂浆面层中的"楼梯水泥砂浆面层施工"；b.楼梯踏步面层应先做立面、再做平面，后做侧面及滴水线。每一梯段应自上而下进行施工，踏步施工要有专用模具，楼梯踏步面层的模板如图4-2所示，踏步平面应按设计要求留出防滑条的预留槽，应采用红松或白松制作嵌条提前2d镶好。

③楼梯踏步立面、楼梯踢脚线的施工方法同踢

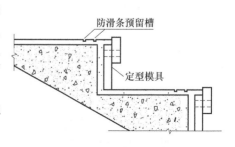

图4-2　楼梯踏步面层的模板

脚线，平面施工方法同地面水磨石面层。但大部分需要手工操作，每一遍都必须仔细磨光、磨平，磨出石粒的大面，并应特别注意阴阳角部位的顺直、清晰和光洁。

④ 现制水磨石楼梯踏步的防滑条，一般可采用水泥金刚砂防滑条，其做法同水泥砂浆楼梯面层；也可采用镶嵌成品铜条或L形铜防滑护板等做法，应根据成品铜条的规格在面层上留槽或固定埋件。

（17）现浇整体水磨石地面面层的踢脚线、楼梯踏步，最好采用预制水磨石或大理石（或花岗石）制品，其品种规格应经设计或业主认可。预制水磨石或大理石（或花岗石）制品的施工方法可参见第三节"块料地面的施工工艺"。

（五）安全与环保措施

（1）在剔凿地面操作中，施工人员一定要戴防护眼镜；抹灰浆的操作人员应戴手套等必要的劳动保护用品。

（2）磨石机在使用前应试机检查，确认电线插头牢固、无漏电才能使用；开始研磨时磨石机的电线、配电线、配电箱应架空绑牢，以防受潮漏电。磨石机配电箱内应设置漏电保护器、漏电掉闸开关和可靠的保护接零。非机电人员不准乱动机电设备。

（3）两台以上磨石机在同一部位操作时，应保持3m以上的安全距离，操作中应时刻注意不要出现碰撞。

（4）在熬制地面面层的上光蜡时应有确实可靠的防火措施，最好由专人负责此项工作。

（5）卷扬机井架作为垂直运输时要注意联络信号的畅通，待吊笼平层稳定后再进行装饰操作。

（6）调制水磨石的颜料不得随便丢弃，应当按照要求集中收集和销毁，或送到固定的废弃地点。

（7）磨水磨石时产生的废水浆液不得随便排放，一般应在施工现场设置沉淀池。

四、水泥钢屑面层施工工艺

水泥钢（铁）屑面层是用水泥与钢（铁）屑加水拌和后铺设在水泥砂浆结合层上而成。水泥钢（铁）屑面层具有强度高、硬度大、良好的抗冲击性能和耐磨损性等特点，适用于工业厂房中有较强磨损作用的地段，如滚动电缆盘、钢丝绳车间、履带式拖拉机装配车间以及行驶铁轮车或拖运尖锐金属物件等的建筑地面工程。

（一）对组成材料的要求

水泥钢（铁）屑面层的组成材料主要有钢（铁）屑、水泥、砂子和水，各种材料的技术性能应分别符合下列要求。

（1）钢（铁）屑　水泥钢（铁）屑面层所用的钢（铁）屑，应符合以下要求：①钢（铁）屑的粒径宜为1~5mm，如果颗粒过大，应予以破碎，粒径小于1mm的应筛去；②用于面层的钢（铁）屑中不得含有杂质和油脂，如含有油脂可用10%浓度的氢氧化钠溶液煮沸去掉油脂，再用热水清洗干净并进行干燥处理。如有锈蚀，可用稀酸溶液除锈，再以清水冲洗并经干燥处理后使用。

（2）水泥　水泥钢（铁）屑面层所用的水泥宜采用硅酸盐水泥或普通硅酸盐水泥，其强度等级不低于42.5MPa，具有出厂合格证和复试报告。其技术性能应符合现行国家标准《通用硅酸盐水泥》（GB 175—2007）中的要求。

（3）砂子　水泥钢（铁）屑面层所用的砂子应采用中砂或粗砂，砂中的含泥量不应大于3%。砂的其他技术性能应符合现行国家标准《建设用砂》（GB/T 14684—2011）中的要求。

（4）拌合水　水泥钢（铁）屑面层所用的拌合水应采用符合饮用标准的水，其具体技术性能应符合现行的行业标准《混凝土用水标准》（JGJ 63—2006）中的规定。

（二）施工主要机具

（1）机械设备　水泥钢（铁）屑面层所用的机械设备主要有搅拌机、机动翻斗车等。

（2）主要工具　水泥钢（铁）屑面层施工所用的工具主要有平铁锹、筛子、木刮杠、木抹子、铁抹子、钢丝刷、磅秤、手推胶轮车等。

（三）施工作业条件

（1）混凝土基层（垫层）已按照设计要求施工完毕，混凝土的强度达到5.0MPa以上。

（2）厂房内抹灰、门窗框、预埋件及各种管道、地漏等已安装完毕，经质量检查合格，地漏口已遮盖，以上各项已办理预检手续。

（3）已在墙面或结构面上弹出或设置控制面层标高和排水坡度的水平基准线或标志；分格线也按照设计要求设置，地漏处已找好泛水及标高。

（4）地面按照设计的要求做好防水层，并且具有可靠的防雨和防渗措施。

（5）水泥钢（铁）屑面层所用的材料已进场，并经质量检查符合设计要求，试验室根据现场的材料，通过现行标准规定的试验，已确定施工所用的配合比。

（四）施工操作工艺

1. 水泥钢（铁）屑面层施工工艺流程

水泥钢（铁）屑面层施工工艺流程为：清理基层→弹出控制线→找平层→拌合料配制→铺面层料→找平压光→面层养护→表面处理。

2. 水泥钢（铁）屑面层施工操作要点

（1）清理基层　将基层表面上的积灰、泥土、浮浆、油污及杂物清扫干净，明显凹陷处应用水泥砂浆或细石混凝土填平，表面光滑处应"凿毛"处理并清刷干净。在铺筑水泥砂浆前1d浇水湿润，表面积水应予排除。

（2）弹出标高和面层水平线　根据墙面已弹出的+500mm水平标高线，测量出地面面层的水平线，将其弹在四周的墙面上。

（3）抹水泥砂浆找平层　基层处理完毕后，以统一标高线为准确定面层的标高。施工时提前24h将基层面洒水润湿后，全面涂刷一遍水泥浆黏结层，其水泥浆稠度应根据基层湿润程度而定，水灰比以0.4~0.5为宜，涂刷厚度控制在1mm以内。

（4）拌合料配制　水泥钢（铁）屑面层的拌合料配制应符合下列要求：①水泥钢（铁）屑面层的配合比应通过试验或按设计要求确定，以水泥浆能够填满钢（铁）屑的空隙为准；②水泥钢（铁）屑面层的强度等级不应低于40MPa，水泥的强度等级不低于42.5MPa，施工参考重量配合比为1∶1.8∶0.31（水泥∶钢屑∶水），密度不应小于2.0t/m³，拌合料的稠度不大于10mm。采用机械拌制，其投料程序为：钢屑→水泥→水。配制中要严格控制用水量，要求搅拌均匀、颜色一致。搅拌时间不少于2min，配制好的拌合料要在2h内用完。

（5）面层铺设　水泥钢（铁）屑面层的铺设应符合下列要求：①水泥钢（铁）屑面层的厚度一般为5mm或按设计要求。水泥钢（铁）屑面层在铺设时应先铺一层厚20mm的水泥砂浆结合层，面层的铺设应在结合层的水泥初凝前完成。水泥砂浆结合层采用体积比为1：2（水泥：砂），稠度为25~35mm，强度等级不应低于M15；②待结合层初步抹平压实后，接着在其上面铺抹5mm厚水泥钢屑拌合物，并用刮杠将表面刮平，随铺筑随振（拍）实，待表面收水后随即用铁抹子抹平、压实至起浆为止。在水泥砂浆达到初凝前进行第二遍压光，用铁抹子边抹边压，将表面的死坑、孔眼填实压平，使表面平整，要求不出现漏压。在水泥砂浆达到终凝前进行第三遍压光，用铁抹子把前一遍留下的抹纹抹痕全部压平、压实，至表面光滑平整；③结合层和水泥钢屑砂浆铺设宜一次连续操作完成，并按照要求分次抹压密实。

（6）较大楼地面面层的施工　较大楼地面面层应分仓进行施工，分仓伸缩缝间距和形式应符合设计或相关要求。

（7）面层养护　水泥钢（铁）屑面层铺好后24h，应洒水进行湿养护，或用草袋覆盖浇水养护，养护时间一般不得少于7d。

（8）表面处理　水泥钢（铁）屑面层表面处理是提高面层的耐磨性和耐腐蚀性能，防止外露钢（铁）屑遇水生锈。表面处理可用环氧树脂胶泥喷涂或涂刷，在进行表面处理中应按照以下方法和要求进行：①环氧树脂胶泥采用环氧树脂及胺固化剂和稀释剂配制而成。其配方根据产品说明书和施工时的气温情况经过试验确定，一般为环氧树脂：乙二胺：丙酮=100：80：30。②在进行表面处理时，应当待水泥钢（铁）屑面层基本干燥后进行。③在喷涂或涂刷环氧树脂胶泥前，先用砂纸打磨面层的表面，然后将表面上的杂质清扫干净。在室内温度不低于20℃情况下，涂刷环氧树脂胶泥一遍。④喷涂或涂刷应均匀，不得出现漏涂。涂刷后可用橡皮刮板或油漆刮刀轻轻地将多余的胶泥刮去，在室内温度不低于20℃情况下，养护48h即可。

（五）安全与环保措施

（1）在进行钢（铁）屑去除油脂、去锈，基层去油污使用稀碱液和酸溶液时，应戴防护胶皮手套和眼镜。

（2）施工中所使用的稀碱液和酸溶液等腐蚀性物质，必须有专门的储存仓库，并对各种物品有明显的标识。

（3）在进行施工前应制定有效的安全、防护措施，并应严格遵照安全技术及劳动保护制度执行。

（4）所有的施工机械用电必须采用一机一闸一保护；在正式作业前，检查电源线路应无破损，漏电保护装置应灵活可靠，机具各部连接应紧固，旋转方向应正确，并要防止机械漏油污染施工现场。

（5）要加强对施工人员的安全教育，特别是在施工中机械操作人员必须戴绝缘手套和穿绝缘鞋，以防止漏电伤人。

（6）施工中应注意对机械的噪声控制，要遵守施工所在地的规定。在一般情况下，白天噪声不应超过85dB，夜间噪声不应超过55dB。

（7）在水泥钢（铁）屑面层施工中，应特别注意对粉状材料（如水泥等）的覆盖，防止扬尘和运输过程中的遗漏。

（8）水泥钢（铁）屑面层拌合料搅拌司机，在每天操作前应对机械进行例行检查，并对搅拌机进行相应围护；在倾倒所有材料时要文明作业，防止产生粉尘；粉状材料进料时要及时打开喷淋装置；严禁敲击料斗，防止产生噪声；清洗料斗的废水应排入沉淀池；夜间超过10点禁止搅拌作业；水泥袋等包装物，应回收利用并设置专门的场地堆放，及时收集处理。

五、防油渗面层施工工艺

防油渗面层适用于楼层地面经常受油类直接作用的地段。防油渗面层应在水泥类基层上采用防油渗混凝土铺设或采用防油渗涂料涂刷。在铺设防油渗面层前，当设计需要时还应设置防油渗隔离层。防油渗混凝土应在普通混凝土中掺入外加剂或防油渗剂。防油渗混凝土的强度等级和厚度必须符合设计要求，且强度等级不应低于C30，其厚度宜为60~70mm。面层内配置的钢筋应根据设计确定，并应在分区段处断开。

防油渗混凝的抗渗性应符合设计要求，其抗渗性能的检测方法应符合现行国家标准《普通混凝土长期性能和耐久性能试验方法标准》（GB/T 50082—2009）中的规定。用10号机油为介质，以试件不出现渗油的最大不透油压力达到设计要求为合格。防油渗面层设置防油渗隔离层（包括与墙、柱连接处的构造）时，应符合设计要求。防油渗混凝土的配合比应按设计要求的强度等级和抗渗性能通过试验确定。防油渗混凝土试配的配合比如表4-3所列。

表4-3　防油渗混凝土试配的配合比

材料	水泥	石子	砂子	拌合水	防油渗剂
配合比	1	2.996	1.79	0.50	适量

注：防油渗剂应按产品质量标准和生产厂家说明使用。

防油渗混凝土面层应按厂房柱网分区段进行浇筑，区段划分及分区段的缝隙应符合设计要求。防油渗混凝土面层内不得敷设管线。凡露出面层的电线管、接线盒、预埋套管和地脚螺栓等的处理，以及与墙、柱、变形缝、孔洞等连接处泛水均应符合设计要求。防油渗面层采用防油渗涂料时，涂料应按设计要求选用，涂层的厚度宜为5~7mm。

（一）对组成材料的要求

水泥钢（铁）屑面层的组成材料主要有钢（铁）屑、水泥、砂子、石子和水，各种材料的技术性能应分别符合下列要求。

（1）水泥　防油渗面层所用的水泥宜采用硅酸盐水泥，其强度等级不低于42.5MPa，具有出厂合格证和复试报告。其技术性能应符合现行国家标准《通用硅酸盐水泥》（GB 175—2007）中的要求。

（2）砂子　防油渗面层所用的砂子应采用中砂，砂中的含泥量不应大于3%。砂的其他技术性能应符合现行国家标准《建设用砂》（GB/T 14684—2011）中的要求。

（3）石子　防油渗面层所用的石子应采用花岗石或石英石碎石，粒径为5~15mm，最大不应超过20mm；含泥量不应大于1%。石子的其他技术性能应符合现行国家标准《建设用卵石、碎石》（GB/T 14685—2011）中的规定。

（4）防油渗涂料　防油渗面层所用的防油渗涂料应符合下列要求。

① 涂料的品种应按设计的要求进行选用，一般宜采用树脂乳液涂料，其产品的主要技术性能应符合现行有关产品质量标准。

② 树脂乳液涂料的品种很多，在防油渗面层采用的主要有聚醋酸乙烯乳液涂料、苯丙-环氧乳液涂料等。

③ 防油渗涂料应具有耐油、耐磨、耐火、较高的黏结性能，其抗拉黏结强度不应低于0.3MPa。

④ 防油渗涂料的配制及施工，应按照防油渗涂料的产品特点、性能等要求进行。

⑤ 防油渗胶泥应符合产品质量标准，并按照使用说明书进行配制。

（5）蜡 防油渗面层所用的蜡可用石油蜡、地板蜡、200号溶剂油、煤油、颜料、调配剂等配制而成；也可选用液体型和水乳化型等多种地板蜡。

（二）施工主要机具

（1）机械设备 防油渗面层所用的机械设备主要有混凝土搅拌机、平板式振动器、砂浆搅拌机、机动翻斗车等。

（2）主要工具 防油渗面层施工所用的工具主要有平铁锹、木刮杠、木抹子、铁抹子、钢丝刷、扫帚、磅秤、天平、料桶、量筒、打蜡刷、刮刀、手推胶轮车等。

（三）施工作业条件

（1）混凝土基层（垫层）已按照设计要求施工完毕，混凝土的强度达到5.0MPa以上。

（2）防油渗面层施工所用的材料已经备齐，按要求运到施工现场，经检查质量符合设计要求，配合比已通过试验确定。

（3）建筑室内的各种立管和套管通过楼地面面层的孔洞，已用细石混凝土灌好并封实。设备与建筑地面交接处应做密封处理，安装设备造成的地面损坏已用基层材料找平；在所有墙柱与地面的阴角处做半径不小于50mm的圆角。

（4）建筑室内门框、预埋件、各种管线及地漏等已安装完毕，并经质量检查合格，地漏口已遮盖，并已办理预检和作业层结构的隐蔽验收手续。

（5）基层面不得有起灰、脱皮、空鼓、裂缝、麻面等质量问题，面层的凸出物应铲除干净，否则会造成面层地面的厚薄不一等质量问题；基层上如有浮灰、油污时应清除干净，油污可用酒精进行擦洗。

（6）顶棚、墙面的抹灰工程已施工完毕，经质量验收合格，地漏处已找水泛水及标高。

（7）地面基层已验收合格，墙面和柱面镶贴工作已完成。对卫生间等有瓷砖的墙面，应留下最下面一皮砖不贴，等地面施工完成后再进行镶贴。

（四）施工操作工艺

1. 防油渗混凝土面层施工工艺流程
防油渗混凝土面层施工工艺流程为：清理基层→找平层施工→防油渗水泥浆结合层配制与涂刷→（防油渗隔离层设置→防油渗水泥浆结合层配制与涂刷）→防油渗混凝土面层配制与铺设→分隔缝的处理→面层养护。

2. 防油渗混凝土面层施工操作要点
（1）清理基层 将基层表面的泥土、浆皮、灰渣及杂物清理干净，同时将油污清洗掉。在铺抹找平层前一天将基层湿润，但表面不得有积水。

（2）找平层施工 在基层表面涂刷素水泥浆一遍，然后在上面抹一层厚15~20mm、体积配合比为1:3的水泥砂浆找平层，使基层表面平整、粗糙。

（3）防油渗水泥浆结合层配置与涂刷 防油渗面层的防油渗水泥浆结合层配置与涂刷应按以下方法和要求进行施工。

① 氯乙烯-偏氯乙烯混合乳液的配制：用10%浓度的磷酸三钠水溶液中和氯乙烯-偏氯乙烯共聚乳液，使其pH值为7~8，加入配合比要求的浓度为40%的OP（表面活性剂）溶液，搅拌均匀，然后再加入少量消泡剂（以消除表面的泡沫为度）。

② 防油渗水泥浆的配制，应将氯乙烯-偏氯乙烯混合乳液和水，按照1：1配合比搅拌均匀后，边搅拌边加入水泥，待加到规定的加入量后充分拌和均匀即可使用。

③ 在防油渗混凝土面层铺设前，在基层的表面上满涂防油渗水泥浆结合层。

（4）防油渗隔离层设置　当设计中无防油渗隔离层时，则无此道工序。防油渗隔离层的设置可按以下方法和要求进行施工。

① 防油渗隔离层一般采用"一布二胶"防油渗胶泥玻璃纤维布，其厚度为4mm。采用的防油渗胶泥（或弹性多功能聚胺酯类涂膜材料），其厚度为1.5~2.0mm。

② 防油渗胶泥底子油的配制：先将已熬制好的防油渗胶泥自然冷却至85~90℃，边搅拌边缓慢地加入按照配合比所需要的二甲苯和环己酮的混合溶液，搅拌至胶泥全部溶解即制成底子油。如需暂时存放，应放置在有盖的容器中，以防止溶剂挥发。

③ 在铺设隔离层时先在洁净的基层上涂刷防油渗胶泥底子油一遍，然后再将加温的防油渗胶泥均匀涂抹一遍，随后用玻璃纤维布粘贴覆盖，其搭接宽度不得小于100mm；与墙、柱连接处的涂刷应向上翻边，其高度不得小于30mm，表面再涂抹一遍胶泥，"一布二胶"防油渗隔离层完成后，经检查质量符合设计要求，即可进行面层的施工。

④ 防油渗面层设置防油渗隔离层（包括与墙、柱连接处的构造）时应符合设计要求。

（5）防油渗混凝土的配制　防油渗面层所用的防油渗混凝土应按以下方法和要求配制。

① 防油渗混凝土面层的厚度应符合设计要求，防油渗混凝土的配合比应按设计要求的强度等级和抗渗性能通过试验确定，强度等级不应低于C30。

② 防油渗混凝土的配制：防油渗混凝土的配合比应通过试验确定。组成材料应严格计量，用机械进行搅拌，投料的顺序为：碎石→水泥→砂子→水和防油渗剂（稀释溶液），将混合料拌和均匀，颜色一致；搅拌时间不少于2min，浇筑时混凝土的坍落度不宜大于10mm。

（6）防油渗混凝土面层的铺设　防油渗混凝土面层铺设可按以下方法和要求进行施工。

① 在防油渗混凝土面层的铺设前，应按照设计要求的尺寸进行弹线，然后设置分格缝模板，并找好面层的标高。

② 在整体浇筑水泥基层上或做隔离层的表面上铺设防油渗混凝土面层时，其表面必须平整、洁净、干燥，不得有起砂等质量问题。铺设前应全部涂刷防油渗水泥结合层一遍，然后随涂刷随铺筑防油渗混凝土面层，用"刮杠"将表面刮平，并用振动器振捣密实，不得出现漏振，然后再用铁抹子将混凝土表面抹平压光，在混凝土表面收水后，终凝前再压光2~3遍，至表面确实压光压实为止。

（7）面层分格缝的处理　防油渗混凝土面层的分格缝可按以下方法和要求进行施工。

① 防油渗混凝土的面层应按厂房柱网分区段进行浇筑。区段的划分及分区段分格缝应符合设计要求。

② 当设计中无具体要求时，每区段面积不宜大于50m；分格缝应设置纵、横向伸缩缝，纵向分格缝间距为3~6m，横向分格缝间距为6~9m，并应与建筑轴线对齐。分格缝的深度为面层的总厚度，缝隙应上下贯通，其宽度为15~20mm。防油渗面层构造和分格缝构造做法可参考图4-3和图4-4所示的方法。

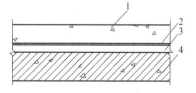

图4-3　防油渗面层构造

1—防油渗混凝土；2—防油渗隔离层；
3—水泥砂浆找平层；
4—钢筋混凝土楼板式结构整体浇筑层

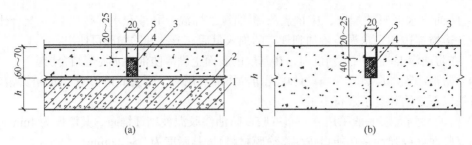

图4-4 防油渗面层和分格缝的做法（单位：mm）

1—水泥基层；2—"一布二胶"隔离层；3—防油渗混凝土面层；4—防油渗胶泥；5—膨胀水泥砂浆

③ 分格条应当在混凝土达到终凝后取出并修好，在防油渗混凝土面层的强度达到5MPa时，将分格缝中杂物清理干净并干燥，涂刷一遍防油渗胶泥底子油后，应趁热灌注防油渗胶泥材料，也可以采用弹性多功能聚胺酯类涂膜材料嵌缝，缝的上部留20~25mm深度采用膨胀水泥砂浆进行封缝。

（8）面层养护　防油渗混凝土面层在浇筑完12h后，表面应覆盖草袋进行浇水养护，养护时间不少于14d。

3. 防油渗涂料面层施工工艺流程

防油渗涂料面层施工工艺流程为：基层处理→防油渗水泥砂浆结合层配制与涂刷（打底）→涂刷防油渗涂料→面层罩面→打蜡养护。

4. 防油渗涂料面层施工操作要点

（1）防油渗面层采用防油渗涂料时，所用材料应按照设计要求选用，涂层的厚度宜为5~7mm。

（2）基层处理　防油渗涂料面层的基层应按以下方法和要求进行处理。

① 水泥类的基层强度应达到5.0MPa以上，基层表面应平整、坚实、洁净，无酥松、粉化、脱皮等现象，并且不空鼓、不起砂、不开裂、无油脂。用2m靠检查表面平整度不大于2mm。基层表面如有质量缺陷，应提前2~3d用聚合物水泥砂浆修补。

② 防油渗涂料面层的基层必须充分干燥，含水率不应大于9%，施工前7d内不得溅水。

（3）防油渗水泥砂浆结合层配制与涂刷（打底）　防油渗水泥砂浆结合层配制与涂刷应按以下方法和要求进行施工。

① 按照防油渗混凝土面层中"防油渗水泥浆结合层配置与涂刷"方法进行防油渗水泥砂浆的配制和结合层的施工。

② 或者用水泥胶黏剂腻子进行打底。所使用的水泥胶黏剂腻子应坚实牢固，不粉化、不起皮和无裂纹，并按照基层底涂料和面层涂料的性能配套应用。将水泥胶黏剂腻子用刮板均匀涂刷于面层上，满刮1~3遍，每遍厚度为0.5mm。待最后一遍干燥后，用0号砂纸打磨平整光滑，最后清除面层上的粉尘。

（4）涂刷防油渗涂料　防油渗涂料面层的防油渗涂料应按以下方法和要求进行涂刷。

① 防油渗涂料面层所用的防油渗涂料宜采用树脂乳液涂料，涂料的涂刷（喷涂）一般不得少于3遍。

② 应按所选用的原材料品种和设计要求配色，涂刷顺序为由前向后逐渐占退。涂刷的方向、距离应尽量一致，要采用"勤蘸短刷"的涂刷方法。如果所用涂料干燥较快时，应缩短涂刷距离。在前一遍涂料达到表面干燥后方可涂刷下一遍。每遍的间隔时间常温下一般为2~4h，或通过试验确定。

（5）待涂料层完全干燥后可采用树脂乳液涂料涂刷1~2遍罩面，罩面层涂刷不宜太厚，并要求涂刷均匀。

（6）待涂料干燥后在面层上打蜡上光，然后进行养护，养护时间不应少于7d。养护中应保持清洁，防止产生污染。夏天一般4~8h可固化，冬天则需要1~2d。

（五）安全与环保措施

（1）防油渗面层施工所用的乙二胺、苯类等多有机溶剂、组分物质都有不同程度的毒性，有的在配制过程中会有烟雾，所以施工人员在施工前应进行体检，对患有气管炎、心脏病、肝炎、高血压以及对此类物质有过敏性反应者均不得参加施工。

（2）苯涂料中的有机溶剂在施工中易产生挥发，并且具有一定的刺激性，在操作时应注意通风。每班连续工作时间不宜超达1h，工作完毕后用水冲洗干净。施工现场应有良好的通风换气条件，以降低有毒物质在空间中的浓度。

（3）油性的环氧地面涂料中的溶剂和固化剂会挥发出难闻的气味，并且具有刺激性，施工中应特别注意通风和防护。

（4）由于苯类、丙酮、稀释溶剂等材料中的有机溶剂多数为易燃品，施工现场应严禁烟火，同时还要设置必要的消防器材。

（5）在清理基层的过程中，不允许从窗口、洞口等处向外乱扔杂物，以免伤人。

（6）施工操作人员下班时，在室外用二甲苯清洗所用的机具，乙酸乙烯擦洗手及被涂料沾污处，最后要用净水或肥皂、或乙醇洗涤干净，并用油脂进行润肤。

（7）施工操作人员在施工中应戴好手套、防护眼镜、穿好工作服等必要的劳动保护用品，并切忌将溶液溅入眼内。

（8）为防止施工中静电效应产生电火花，在使用高压无空气喷涂时应接地线。

（9）防油渗面层施工所用的产品含有易燃溶剂，因此在运输、装卸、施工和贮藏时应当远离明火。配料及施工场地应有良好的通风条件。施工期间应打开门窗通风，下班时应及时关怀门窗。

（10）防油渗面层施工所用的涂料、溶剂多数有毒，使用前和使用后均应及时封闭，以避免和减少挥发至空气中。使用后的废弃料不准随意丢弃，应有专门的存放器具回收废料。

（11）防油渗面层施工时各种配料宜在专用器具中进行搅拌，禁止直接在楼地面上配料和搅拌，以避免污染周围的环境。

（12）其他安全与环保措施可参见本节"一、水泥混凝土面层施工工艺"中的相关内容。

六、不发火面层施工工艺

不发火面层也称为防爆面层，是指在生产和使用的过程中，地面受到外界物体的撞击、摩擦而不发生火花的面层。按现行国家标准《建筑设计防火规范》（GB 50016—2014）中的规定，散发较空气重的可燃气体、可燃蒸气的甲类厂房，以及有粉尘、纤维爆炸危险的乙类厂房，应采用不发生火花的地面。不发火（防爆的）面层，主要用于有防爆要求的精苯车间、精馏车间、氢气车间、钠加工车间、钾加工车间、胶片厂棉胶工段、人选橡胶的链状聚合车间、造丝工厂的化学车间以及生产爆破器材的车间和火药仓库、汽油库等建筑地面工程。

不发火（防爆的）面层应具有一定的强度、弹性和耐磨性，并应防止有可能因摩擦产生火花的材料黏结在面层上或材料的空隙中。不发火（防爆的）建筑面层工程的选型应经济合理，并要因地制宜、就地选材、便于施工。不发火（防爆的）面层是用水泥类或沥青类拌合料铺设在建筑地面工程的基层上而组成，也有采用菱苦土、木砖、塑料板、橡胶板、铅板和铁钉不外露的空铺木板、实铺木板、拼花木板面层作为不发火（防爆的）建筑地面。不发火（防爆的）面层一般宜选用细石混凝土、水泥石屑、水磨石等水泥类的拌合料铺设。施工时尚应符合下列要求。

（1）选用的所有组成原材料和其拌合料必须是不发火的，并应事先做好试验鉴定工作，这是最重要和最基本的要求。

（2）不发火（防爆的）混凝土、水泥石屑、水磨石等水泥类面层的厚度和强度均应符合设计要求。

（3）不发火（防爆的）水泥类面层的构造做法应符合图4-5中的规定。

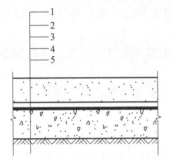

图4-5　不发火（防爆的）水泥类面层的构造做法示意
1—水泥类面层；2—结合层；3—找平层；
4—垫层；5—基土

（一）对组成材料的要求

工程实践充分证明，作为不发火（防爆的）地面面层材料选择的正确合理与否，以及试验方法的严密性，都会影响到面层材料的合理选用范围，及其试验结果的准确性和可靠性，从而直接影响到不发火（防爆的）地面工程及其建筑物的安全。因此，应该严肃认真对待这种具有高度安全防爆要求的地面工程。

不发火（防爆的）地面面层的组成材料主要有水泥、砂子、石子、嵌条和拌合水。各种材料的技术性能应分别符合下列要求。

（1）水泥　不发火（防爆的）地面面层所用的水泥宜采用普通硅酸盐水泥，其强度等级不低于42.5MPa，具有出厂合格证和复试报告。其技术性能应符合现行国家标准《通用硅酸盐水泥》（GB 175—2007）中的要求。

（2）砂子　不发火（防爆的）地面面层所用的砂子应采用质地坚硬、多棱角、表面粗糙并有颗粒级配的砂，其粒径宜为0.15~5mm，砂中的含泥量不应大于3%，有机物的含量不应大于0.5%，经检验不发火性合格。砂的其他技术性能应符合现行国家标准《建设用砂》（GB/T 14684—2011）中的要求。

（3）石子　不发火（防爆的）地面面层所用的石子应采用大理石、白云石或其他石料加工而成，并以金属或石料撞击时不发生火花为合格。其最大粒径不应超过20mm；含泥量不应大于1%。当采用水磨石面层时可采用石粒。石子的其他技术性能应符合现行国家标准《建设用卵石、碎石》（GB/T 14685—2011）中的规定。

（4）嵌条　不发火（防爆的）地面面层所用的嵌条应采用不发生火花的材料制成。

（5）拌合水　不发火（防爆的）面层所用的拌合水应采用符合饮用标准的水，其具体技术性能应符合现行的行业标准《混凝土用水标准》（JGJ 63—2006）中的规定。

（二）施工主要机具

（1）机械设备　不发火（防爆的）面层所用的机械设备主要有混凝土搅拌机、机动翻斗车等。

（2）主要工具　不发火（防爆的）面层所用的主要工具有大小平锹、铁辊筒、木抹子、铁抹子、木刮杠、水平尺、磅秤、手推胶轮车等。

（三）施工作业条件

（1）混凝土基层（垫层）已按照设计要求施工完毕，混凝土的强度达到5.0MPa以上。

（2）不发火（防爆的）面层施工所用的材料已经备齐，按要求运到施工现场，经检查质量符合设计要求（特别是不发火性能合格），配合比已通过试验确定。

（3）建筑室内的各种立管和套管通过楼地面面层的孔洞，已用细石混凝土灌好并封实。设备与建筑地面交接处应做密封处理，安装设备造成的地面损坏已用基层材料找平。

（4）建筑室内门框、预埋件、各种管线及地漏等已安装完毕，并经质量检查合格，地漏口已遮盖，并已办理预检和作业层结构的隐蔽验收手续。

（5）基层面不得有起灰、脱皮、空鼓、裂缝、麻面等质量问题，面层的凸出物应铲除干净，否则会造成面层地面的厚薄不一等质量问题；基层上如有浮灰、油污时应清除干净，油污可用酒精进行擦洗。

（6）顶棚、墙面的抹灰工程已施工完毕，经质量验收合格。

（7）地面基层已验收合格，墙面和柱面镶贴工作已完成。对卫生间等有瓷砖的墙面，应留下最下面一皮砖不镶贴，等地面施工完成后再进行镶贴。

（四）施工操作工艺

1. 不发火（防爆的）面层施工工艺流程

不发火（防爆的）面层施工工艺流程为：基层处理→抹找平层→拌合料配制→面层铺设→面层养护。

2. 不发火（防爆的）面层施工操作要点

（1）不发火（防爆的）面层应采用水泥类（如水泥混凝土、水泥砂浆等）的拌合料铺设，其厚度应符合设计要求

（2）不发火（防爆的）面层施工所用的材料应在试验合格后使用，在施工过程中不得任意更换材料和配合比。

（3）将基层表面的泥土、浆皮、灰渣及杂物清理干净，同时将油污清洗掉。在铺抹找平层前1d将基层湿润，但表面不得有积水。

（4）找平层施工　在基层表面涂刷素水泥浆一层，然后在上面抹一层厚15~20mm、体积配合比为1∶3的水泥砂浆找平层，使基层表面平整、粗糙。如基层表面比较平整，也可不抹找平层，直接在基层上铺设不发火（防爆的）面层。

（5）拌合料配制　不发火（防爆的）面层所用的拌合料应按下列方法和要求进行配制。

① 不发火混凝土面层的强度等级应符合设计要求，当设计中无具体要求时可采用C20。其施工配合比可按水泥∶砂子∶碎石∶水=1∶1.74∶2.83∶0.58（质量比）进行试配。所用的材料应严格计量，用机械搅拌，配制投料程序为：碎石水泥砂子水。要求搅拌均匀，混凝土灰浆颜色一致，搅拌时间不少于90s，配制好的拌合物应在2h内用完。

② 采用不发火（防爆的）水磨石面层时，其拌合料的配料可参见本节"三、水磨石面层施工工艺"中的相关内容。

（6）铺设面层　不发火（防爆的）面层应按下列方法和要求进行铺设。

① 不发火（防爆的）各类面层的铺设，应符合设计和相关现行标准的规定。

② 不发火（防爆的）混凝土面层铺设时，先在已湿润的基层表面上均匀地涂刷一道素水泥浆，随即按照分仓顺序进行摊铺，随铺筑随用刮杠将混凝土表面刮平，用铁辊筒纵横交错来回滚压3~5遍至表面出浆为止，用木抹子拍实搓平，然后用铁抹子压光。待表面收水后

再压光 2~3 遍，至抹平压光为止。

（7）面层养护　当最后一遍压光完成后，应根据现场气温（常温下 24h），开始对面层洒水养护，养护时间不少于 7d。

（8）不发火（防爆的）面层，其试件应按照以下要求进行不发火性试验合格后方可用于工程中。

① 试验前的准备工作　材料不发火的鉴定，可采用砂轮来进行。试验的房间应当是完全黑暗的，以便在试验时容易看见火花。试验用的砂轮直径为 150mm，试验时砂轮的转速应为 600~1000r/min，并在暗室内检查其分离火花的能力。检查试验所用的砂轮是否合格，可在砂轮旋转时用工具钢、石英岩或含有石英岩的混凝土等能发生火花的试件进行摩擦，摩擦时应加 10~20N 的压力，如果发生清晰的火花则该砂轮认为合格。

② 粗骨料的试验　从不少于 50 个试件中选出做不发生火花试验的试件 10 个。被选出的试件，应当是不同表面、不同颜色、不同结晶体、不同硬度的。每个试件重 50~250g，准确度应达到 1g。试验时也应在完全黑暗的房间内进行。每个试件在砂轮上进行摩擦时，应加 10~20N 的压力，将试件任意部分接触砂轮后，仔细观察试件与砂轮摩擦的部位，有无火花发生。必须在每个试件上摩擦掉的质量不少于 20g 后才能结束试验。在试验中如没有发生任何瞬时的火花，则判定这种材料为合格。

③ 粉状骨料的试验　粉状骨料除了着重试验其制造的原料外，并应将这些细粒材料用胶结料（如水泥或沥青）制成块状材料来进行试验，以便于以后发现制品不符合不发火的要求时，能检查原因；同时，也可以减少制品不符合要求的可能性。

④ 不发火水泥砂浆、水磨石和水泥混凝土的试验，其试验方法同上。

（五）安全与环保措施

不发火（防爆的）面层在施工中的安全与环保措施，可参见本节"一、水泥混凝土面层施工工艺"中的相关内容。

第三节　块料地面施工工艺

块料地面是指用天然大理石板、花岗石板、预制水磨石板、陶瓷锦砖、墙地砖、激光玻璃砖及钛金不锈钢复面墙地砖等装饰板材，铺贴在楼面或地面上。块料地面特点是花色品种多、耐磨损性能优良、很容易清洁、强度比较高、块料刚性大，能满足不同地面的装饰要求，但其造价偏高、功效偏低，一般适用于人流活动较大、楼地面磨损频率高的地面及比较潮湿的场所。

一、块料材料的种类与要求

（1）陶瓷锦砖与地砖　陶瓷锦砖与地砖均为高温烧制而成的小型块材，表面致密、耐磨性好、不易变色、价格适中，其规格、颜色、拼花图案、面积大小和技术要求均应符合国家有关标准，也应符合设计规定。

（2）大理石与花岗石板材　大理石和花岗石板材是比较高档的装饰材料，其品种、规格、外形尺寸、平整度、外观及放射性物质应符合设计要求。

（3）混凝土块或水泥砖　混凝土块和水泥砖是采用混凝土压制而成的一种普通地面材料，其制作容易、价格低廉，颜色、尺寸和表面形状应根据设计要求而确定，其成品要求边角方正，无裂纹、掉角等缺陷。

（4）预制水磨石平板 预制水磨石平板是用水泥、石粒、颜料、砂子等材料，经过选配制坯、养护、磨光、打蜡而制成，其制作容易、色泽丰富、品种多样、价格较低，其成品质量标准及外观要求应符合设计规定。

二、砖块料面层施工工艺

砖面层是指采用陶瓷马赛克、水泥花砖和陶瓷锦砖在水泥砂浆、沥青胶结材料或胶黏剂结合层上铺设而成。有防腐蚀要求的砖面层采用耐酸瓷砖、浸渍沥青砖等在胶泥或砂浆结合层上铺设而成，其材质要求、铺设方法及施工工艺和质量验收，应符合现行国家标准《建筑防腐蚀工程施工规范》（GB 50212—2014）的规定。砖面层适用于工业及民用建筑铺设缸砖、水泥花砖、陶瓷锦砖面层的地面工程，如有较高清洁要求的车间、工作间、门厅、盥洗室、卫生间、厨房和化验室等。

（一）对组成材料的要求

砖面层的组成材料主要有水泥、砂子、颜料、沥青胶结料、胶黏剂、陶瓷马赛克、陶瓷砖、水泥花砖等。各种材料的技术性能应分别符合下列要求。

（1）水泥 砖面层所用的水泥宜采用普通硅酸盐水泥（强度等级不低于42.5MPa）或矿渣硅酸盐水泥（强度等级不低于32.5MPa），具有出厂合格证和复试报告。其技术性能应符合现行国家标准《通用硅酸盐水泥》（GB 175—2007）中的要求。

（2）砂子 砖面层所用的砂子应采用洁净无杂质的中砂或粗砂，砂中的含泥量不应大于3%。砂的其他技术性能应符合现行国家标准《建设用砂》（GB/T 14684—2011）中的要求。

（3）颜料 颜料用于砖面层的擦缝，颜色可根据饰面板的色泽而确定。同一面层应使用同厂、同批的颜料，以避免造成颜色深浅不一；其掺入量宜为水泥质量的3%~6%，或者由试验确定。

（4）沥青胶结料 砖面层所用的沥青胶结料宜采用石油沥青与纤维、粉状或纤维和粉状混合的填充料配制。这些组成材料的技术性能应符合现行的相关标准要求。

（5）胶黏剂 砖面层所用的胶黏剂应符合防水、防菌的要求，另外其选用应按基层材料和面层材料使用的相容性要求，通过试验确定，并符合现行国家标准《民用建筑工程室内环境污染控制标准》（GB 50325—2020）中的规定。胶黏剂产品应有出厂合格证和技术质量指标检验报告。超过生产期3个月的产品，应取样重新检验，合格后方可使用；超过保质期的产品不得使用。

（6）陶瓷马赛克 陶瓷马赛克俗称纸皮砖，又称马赛克（外来语Mosaic的译音），它是由边长不大于50mm、具有多种色彩和不同形状的小块砖，镶拼成各种花色图案的陶瓷制品。陶瓷马赛克的生产工艺是采用优质瓷土烧制成方形、长方形、六角形等薄片小块瓷砖后，按设计图案反贴在牛皮纸上组成一联。

陶瓷锦砖以瓷化好，吸水率小，抗冻性能强为特色而成为外墙装饰的重要材料。特别是有釉和磨光制品以其晶莹、细腻的质感，更加提高了耐污染能力和材料的高贵感。

① 陶瓷马赛克的品种。陶瓷马赛克分类方法很多，工程上常按以下几种方法分类：a.按表面性质可分为有釉陶瓷马赛克、无釉陶瓷马赛克；b.按砖联的颜色可分为单色陶瓷马赛克和拼花陶瓷马赛克两种；c.按其尺寸允许偏差和外观质量可分为优等品和合格品两个等级。

② 陶瓷马赛克的基本形状和规格。陶瓷马赛克的形状很多，常见的有正方形、长方形、

对角形、六角形、半八角形、长条对角形和斜长条形等。

③ 陶瓷马赛克的拼花图案。在陶瓷马赛克出厂前，应将不同形状、不同颜色的边长不大于50mm的小瓷砖单品成块组合成种种图案，用牛皮纸贴在正面拼成，作为成品供应。在具体使用时，联与联可以连续铺贴，从而形成连续图案饰面。

④ 陶瓷马赛克的技术质量要求。根据现行的行业标准《陶瓷马赛克》（JC/T 456—2015）中规定，陶瓷马赛克的技术质量要求，主要包括尺寸允许偏差、外观质量、技术指标等。

（7）陶瓷砖　现行国家标准《陶瓷砖》（GB/T 4100—2015）中规定，陶瓷砖系指由黏土砖和其他无机非金属原料制造的用于覆盖墙面和地面的薄板制品。陶瓷砖是在室温下通过挤压或干燥压制或其他方法成型、干燥后，在满足性能要求的温度下烧制而成。陶瓷砖主要用于装饰与保护建筑物、构筑物的墙面和地面。

陶瓷砖按照吸水率不同可分为五大类，即瓷质砖、炻瓷砖、细炻砖、炻质砖、陶质砖。吸水率大于10%的称为陶瓷砖，市场上一般称内墙砖，广泛用于居民住宅、宾馆饭店、公共场所等建筑物的墙面装饰，是室内装修的主要产品。

在现行国家标准《陶瓷砖》（GB/T 4100—2015）中，具体规定了挤压陶瓷砖和干压陶瓷砖的技术要求，在设计、采购、施工和验收时必须严格按照该标准中的要求核查其质量。

（8）水泥花砖　水泥花砖其主要原料为普通硅酸盐水泥或白色硅酸盐水泥，并掺加适量的各种颜料，经机械拌和、压制成型并在其上雕刻花纹，经充分养护而制成。水泥花砖质地硬、光滑耐磨、色彩鲜亮、价格低廉，适用于做楼地面面层和台阶面层。

① 水泥花砖的花色、品种、规格按图纸设计要求并符合有关标准的规定，产品应有出厂合格证和技术质量性能指标的试验报告。

② 水泥花砖按其所使用部位不同，可分为地面花砖（F）和墙面花砖（W）两类。

③ 水泥花砖按其外观质量、尺寸偏差与物理力学性能不同，可分为一等品（B）和合格品（C）。

④ 水泥花砖的外观质量应符合设计要求，不得有严重的缺棱、掉角、掉底、越线和图案偏差等缺陷，不允许有裂纹、露底和起鼓，也不得有明显的色差、污迹和麻面。

⑤ 地面所用的水泥花砖面层厚度的最小值，一等品应不低于1.6mm，合格品应不低于1.3mm。墙面所用的水泥花砖面层厚度的最小值不应低于0.5mm。

⑥ 地面所用水泥花砖的一等品不允许有分层现象，合格品只允许有不明显的分层现象。

（二）施工主要机具

（1）机械设备　水泥花砖面层施工所用的机械设备主要有砂浆搅拌机、小型台式砂轮机、切割机、机动翻斗车等。

（2）主要工具　水泥花砖面层施工所用的主要工具有水平尺、木槌、手推胶轮车、合金尖錾子、合金扁錾子、平铁锹、木刮杠、扁铁、钢丝刷、铁抹子等。

（三）施工作业条件

（1）建筑室内的墙体和柱子饰面、顶棚装饰、吊顶工程已施工完毕，并经工程验收质量完全合格。

（2）门窗框、室内各种管线和预埋件已安装完毕，并经质量检验完全合格。

（3）楼地面的各种孔洞、缝隙应用细石混凝土填筑密实，细小的缝隙也可用水泥砂浆进行灌填，并经质量检查无渗漏现象。

（4）建筑主体结构已完毕并经验收，室内已弹好+500mm的水平线和各开间中心（十字线）及图案分格线，这是进行水泥花砖面层施工的依据。

（5）砖面层施工所用的材料已经备齐，按照要求运到施工现场，经检查质量符合设计要求，所用砂浆配合比已通过试验确定。

（6）砖面层所用的花砖应严格进行挑选，按照规格、颜色和图案组合分类堆放备用，有裂纹、掉角和表面有缺陷的水泥花砖应剔除不用。

（7）在进行砖面层施工前，对陶瓷锦砖、水泥花砖应提前1d将其浸透、晾干备用。

（四）施工操作工艺

1. 砖面层施工工艺流程

砖面层施工工艺流程为：清理基层→弹出控制线→贴"灰饼"→找规矩、排砖、弹线→铺贴面层→缝隙调整→勾缝、"擦缝"→面层养护。

2. 砖面层施工操作要点

（1）在水泥砂浆结合层上铺贴无釉陶瓷地砖、陶瓷地砖和水泥花砖面层时，应当符合下列规定。

① 在正式铺贴面砖前，应对面砖的规格尺寸、外观质量、色泽等进行预选，并浸水湿润晾干待用。

② 面砖的勾缝或"擦缝"应采用同品种、同强度等级、同颜色的水泥，并做好成品的养护和保护工作。

（2）基层处理 将混凝土基层上的杂物清理掉，并用錾子剔掉砂浆落地灰，用钢丝刷刷净浮浆层。如基层有油污时，应用10%火碱水刷净，并用清水及时将其上的碱液冲净。

（3）弹出控制线 根据房间+500mm的水平线和各开间中心（十字线）及排砖的方案图，弹出砖的控制线。

（4）无釉陶瓷地砖、陶瓷地砖和水泥花砖的铺贴 无釉陶瓷地砖、陶瓷地砖和水泥花砖可按下列方法和要求进行铺贴。

① 根据排砖控制线先铺贴好左右靠边基准行（封路）的块料，以后再根据基准行由内向外挂线逐行进行铺筑。并随时做好各道工序的检查和复验工作，以保证铺贴的质量。

② 块料铺贴时宜采用干硬性水泥砂浆，厚度为10~15mm，然后用纯水泥膏（厚2~3mm）满涂块料的背面，对准挂线和缝隙，将块料铺贴在水泥砂浆表面上，用小木槌着力敲击至平整。挤出的水泥膏应及时清理干净，并做到随铺筑水泥砂浆，随铺筑块料。

③ 块料面砖的缝隙宽度。当采用紧密铺贴时，面砖间的缝隙宽度不宜大于1mm；当采用虚缝铺贴时，面砖间的缝隙宽度为5~10mm，或按照设计要求。

④ 块料面砖在铺贴24h内，根据各类块料砖面层的要求，分别进行擦缝、勾缝或压缝工作。勾缝的深度比砖面凹2~3mm为宜，擦缝和勾缝应采用同品种、同强度、同颜色的水泥。

⑤ 无釉陶瓷地砖、陶瓷地砖和水泥花砖铺筑完成后，要做好面层的养护和保护工作。

（5）陶瓷马赛克的铺贴 陶瓷马赛克的面层可按下列方法和要求进行铺贴。

① 在水泥砂浆结合层上铺贴陶瓷马赛克面层时，马赛克的底面应洁净，每联陶瓷马赛克之间、陶瓷马赛克与结合层之间，以及在墙边、镶边和靠墙的部位均应紧密贴合，并不得留有空隙，在靠墙处不得采用砂浆填补。

② 根据房间+500mm的水平线和各开间中心（十字线）铺筑各开间左右的两侧标准行，

以后根据标准行结合分格缝隙控制线，由里向外逐行挂线进行铺贴。

③ 用软毛刷将陶瓷马赛克的表面（沿未贴纸的一面）灰尘扫净并润湿，在陶瓷马赛克上均匀抹一层厚度为2~2.5mm的水泥浆，按照弹出的控制线或挂线铺贴，并用平整木板压在陶瓷马赛克上，用木槌着力敲击。同时，将挤出的水泥浆及时清理干净。

④ 待陶瓷马赛克铺贴15~30min后，在纸面上刷水湿润，缓慢地将纸揭去，并及时将上面的纸屑清理干净；用瓦刀调整歪斜的缝隙，再铺上平整木板，用木槌拍平拍实。

（6）踢脚线施工　踢脚线宜采用与地面同品种、同规格、同颜色的板块（不包括陶瓷马赛克地面）进行铺贴。其竖向的缝隙应与地面缝对齐，铺贴时先在房间阴角两头各铺一块砖，出墙厚度和高度一致，并以此砖上口为标准，挂线铺筑其他块料。铺设时采用粘贴法，将砖的背面朝上，满涂配合比为1：2（水泥：砂子）的水泥砂浆后，立即粘贴到已刮水泥膏的底灰上，将砖砌平整、敲密实，其砖的上口跟线，并随时把挤出砖面多余的水泥砂浆刮除，将砖面清理干净。阳角处的板块宜采用45°角进行对缝。

（7）楼梯板块面层施工　楼梯板块面层可按下列方法和要求进行施工。

① 根据标高控制线，把楼梯每一梯段的所有踏步的误差均分，并在墙面上放样予以标识，作为检查和施工控制板块标高、位置的标准。

② 楼梯面层板块材料应根据设计要求挑选，在踏步处应选用防滑的块材，并将挑选好的材料按照颜色和花纹分类堆放备用，铺筑前应根据材质情况浸水湿润，但正式铺贴时材料的表面应晾干。

③ 将基层上的泥土、浮灰、灰渣和其他杂质清理干净，如局部有凹凸不平，应在铺贴块材前将凸处凿平，凹处用体积配合比为1：3的水泥砂浆补平。

④ 在正式铺贴面层块材前，对每级踏步立面、平面板块，按图案、颜色、拼花纹理进行试拼、试排，试排好后编号放好备用。

⑤ 铺抹结合层半干硬性水泥砂浆，一般宜采用体积配合比为1：3的水泥砂浆。铺抹前应洒水湿润基层，随涂刷素水泥浆，随铺筑水泥砂浆，铺抹好后用刮尺刮平、拍实，用抹子压拍平整密实，铺抹的顺序一般按照先踏步立面，后踏步平面，再铺抹楼梯栏杆和靠墙部位色带处。

⑥ 楼梯板块料面层铺贴的顺序，一般是从下向上逐级铺贴，先粘贴立面，后铺贴平面，铺贴时应按试排的板块编号对号铺筑。

⑦ 在进行铺贴前，将板材块预先浸润晾干备用，铺筑时，将板材块四周同时放置在铺好的半干硬性水泥砂浆层上，在试铺合适后，翻开板块在背面满刮一层水灰比为0.50的素水泥浆，然后将板材块轻轻对准原位铺贴好，用小木槌或橡皮锤敲击板块，使其四角平整、对缝、花纹符合设计要求，铺贴应接缝均匀，色泽一致，面层与基层结合牢固。及时擦干净面层上多余的水泥浆，缝内清理干净。常温下铺贴完12h开始养护，3d后即可勾缝或擦缝。

⑧ 当设计要求用白色硅酸盐水泥和其他有颜色的胶结料勾缝时，用白水泥和颜色调制成与板块色调相近的带色水泥砂浆，用专用工具勾缝压实至平整光滑。

⑨ 面层板块在勾缝或"擦缝"24h后，用干净湿润的锯末覆盖或喷水进行养护，养护时间不得少于7d。

⑩ 楼梯踢脚板镶贴的方法，与楼梯面层铺筑操作要点相同。施工时应按楼梯放样图案进行加工套割，并进行试排编号，以备镶贴时用。

（8）卫生间等有防水要求的房间面层施工　卫生间等有防水要求的房间面层可按下列方法和要求进行施工。

① 根据标高控制线，从房间四角向地漏处按设计要求找坡度，并确定四角及地漏顶部的标高，用体积配合比为1：3的水泥砂浆找平，找平打底灰的厚度一般为10~15mm，铺抹

时用铁抹子将灰浆摊平拍实，用"刮杠"将表面刮平，并做成毛面，再用2m靠尺检查找平层表面平整度和地漏坡度。找平打底灰铺筑完毕后，于次日洒水养护2d。

② 对已铺贴的房间检查其净室尺寸，找好方正，定出四角及地漏处的标高，根据控制线先铺贴好靠边基准行的板块，然后由内向外挂线逐行铺筑，并注意房间四边的第一行板块铺筑必须平整，找坡度应从第二行板块开始依次向地漏处找坡。

③ 根据地面板块的规格尺寸，排好其模数，非整砖的板块对称铺筑于靠墙边处，且不小于1/4整砖，与墙边距离应保持一致，严禁出现"大小头现象"，保证铺筑好的板块地面标高低于走廊和其他房间不少于20mm。卫生间等有防水要求的房间地面坡度应符合设计要求，无倒泛水和积水现象。

④ 地漏位置在符合设计要求的前提下，宜结合地面面层排板设计进行适当调整，并用整块板块进行套割，地漏双向中心线应与整块板块的双向中心线重合；用四块板块"套割"时，地漏中心应与四块板块的交点重合。"套割"尺寸宜比地漏面板外围每侧大2~3mm，周边均匀一致。在进行镶贴时，"套割"的板块内侧与地漏面板平，且比外侧低（找坡）5mm。待镶贴凝结后，清理地漏周围的缝隙，用密封胶进行封闭，防止地漏周围渗漏。

⑤ 在正式铺贴前，在找平层上涂刷素水泥浆一遍，随涂刷水泥浆随铺筑黏结层水泥砂浆，水泥砂浆的体积比为（1：2）~（1：2.5），厚度为10~15mm，铺筑前对准控制线及缝子，将板块铺贴好后，再用小木槌或橡皮锤敲击至表面平整，板块的缝隙应当均匀一致，将挤出的水泥浆要及时擦干净。

⑥ 面层板块在铺筑完成后，应在24h内进行"擦缝"或勾缝。勾缝宜采用配合比为1：1的水泥砂浆（细砂），要求缝隙密实平整光洁。勾缝的深度为2~3mm。"擦缝"或勾缝应采用同一品种、同一强度等级、同一颜色的水泥。

⑦ 在面层板块铺贴完毕24h后，应洒水养护2d，用防水材料临时封闭地漏，放水深20~30mm进行24h蓄水试验，经监理、施工单位和业主共同检查验收签字确认无渗漏后，地面铺筑工作方可完工。

（9）在胶黏剂结合层上铺贴砖面层　在胶黏剂结合层上铺贴砖面层可按下列方法和要求进行施工。

① 采用胶黏剂在结合层上铺贴砖面层时，胶黏剂的选用应符合现行国家标准《民用建筑工程室内环境污染控制标准》（GB 50325—2020）中的规定。胶黏剂产品应有出厂合格证和技术质量指标检验报告。

② 水泥基层的表面应平整、坚硬、干燥、无油脂及砂粒，含水率不大于9%。如表面有麻面起砂、裂缝等质量缺陷时，宜采用乳液腻子等材料修补平整，每次涂刷的厚度不大于0.8mm，干燥后用0号铁砂布进行打磨，再涂刷第二遍乳液腻子，直至表面平整后再用水稀释的乳液涂刷一遍，以增加基层的整体性和黏结能力。

③ 铺筑应先进行编号，将基层的表面清扫干净，涂刷一层薄而匀的底胶，待底胶干燥后再在其上面进行弹线，以便对板块分格定位。

④ 板块铺筑应由内向外进行。涂刷的胶黏剂必须均匀，并超出分格线10mm，涂刷厚度控制在1mm以内，板块面层背面应均匀涂刷胶黏剂，待胶黏剂干燥不黏手（一般10~20min）即可铺贴板块，涂胶面积不应超过胶的晾干时间内可以粘贴的面积，铺贴的板块应一次就位准确，粘贴密实。

（10）在沥青胶结料结合层上铺贴无釉陶瓷地砖面层　在沥青胶结料结合层上铺贴无釉陶瓷地砖面层可按下列方法和要求进行施工。

① 找平层的表面应洁净、干燥，其含水率不大于9%，并应涂刷基层处理剂。基层处理

剂应采用与沥青胶结料同类材料加稀释剂溶剂配制。涂刷基层处理剂的相隔时间应通过试验确定，一般在涂刷24h后即可铺贴面层。

② 沥青胶结料的组成材料质量要求、熬制方法和温度控制，可见本节"五、料石面层施工工艺"中的相关内容。

③ 无釉陶瓷地砖要干净，铺贴时应在摊铺热沥青胶结料后随即进行，并一定要在沥青胶结料凝固前完成。

④ 无釉陶瓷地砖之间的缝隙宽度为3~5mm，采用挤压方法使沥青胶结料挤入，再用沥青胶结料填满。在进行填缝前，缝隙内应予清扫并使其干燥。

（五）安全与环保措施

（1）在进行砖面层施工前，首先应制定有关的安全和防护措施，并应严格遵照国家现行的有关安全技术及劳动保护方面的规范。

（2）施工机械用电必须采用一机一闸一保护，非施工机械操作人员不得任意使用机械。

（3）任何一项作业开始前，应检查电源线路有无破损，漏电保护装置是否灵活可靠，机具各部连接应紧固，旋转方向应正确。

（4）凡是进行用电的施工作业时，机械操作人员必须戴绝缘手套和穿绝缘鞋，以防止出现漏电伤人。

（5）施工的室内照明线路必须使用绝缘导线，并采用瓷瓶、瓷（塑）夹敷设，距地面高度不得小于2.5m。

（6）在施工光线不足的地方操作时，应采电压低于36V的照明设备，地下室照明用电电压不宜超过12V。

（7）机械电路故障排除、线路架设和灯具安装等，必须由专业持证电工完成，非专业持证电工不得随意处理。

（8）施工中电源线路要悬空移动，应注意避免电源线与地面相摩擦及车辆的碾压。经常检查电源线的完好情况，发现破损应立即进行处理。

（9）施工照明系统中的每一单项回路上，灯具或插座数量不宜超过25个，并应装设熔断电流为15A及15A以下的熔断器保护。

（10）施工中应按照有关规定，设置必要的消防器材，制定可靠的防火规章制度；在施工现场绝对禁止任何人吸烟，以防引起火灾。

（11）施工中加工板块时，操作者必须戴防护眼镜及绝缘胶手套。操作中脸部不得正对或靠近加工的板材。采用砂轮切割机时，操作者身体要侧立，防止砂轮片破裂伤人。

（12）在清理基层时，不允许从窗口、阳台、洞口等处向外乱扔杂物，以免伤人。

（13）使用钢井架作为垂直运输时，要规定好升降中的联系信号，吊笼平层稳定后，才能进行装卸作业。

（14）施工工程废水的控制措施　施工中产生的废水可采取如下控制措施：浸砖等产生的废水，可以用来拌和水泥砂浆；砂浆搅拌机清洗产生的废水，应经沉淀池沉淀后，排到室外的管网中。

（15）大气污染的控制措施　施工中产生的大气污染可采取以下具体措施。

① 在施工现场中产生的垃圾，应按要求分拣分放并及时进行清运。处理时由专人负责用毡布覆盖，并洒水降尘，以防止产生环境污染。

② 在施工过程中应特别注意对粉状材料（如水泥、石粉、砂子等）的管理，防止扬尘和运输过程中的遗撒。砂子使用时，应先用水喷洒，防止粉尘的飞扬。

③ 进出工地使用柴油、汽油的机动机械，必须使用无铅汽油和优质的柴油作燃料，以减少对大气的污染。

④ 施工中所用的胶黏剂应符合现行国家标准《建筑胶黏剂有害物质限量》（GB 30982—2014）的规定。胶黏剂用后应立即盖严，不能随意敞放，如有洒漏应及时清除，所用的器具应及时清洗，保持清洁。

（16）施工噪声控制措施　对于施工中的噪声可采取以下具体措施。

① 所有的施工机械进场必须先进行试车，确定运转正常、润滑良好、各紧固件无松动、无不良噪声后方可使用。

② 机械设备操作人员应熟悉设备的性能和操作规程，了解机械噪声对环境造成的影响。

③ 各种工种的操作人员必须坚持文明施工，按照要求进行操作，作业时做到轻拿轻放。

④ 在进行切割板块时，应尽量安排在白天进行，同时最好设置在室内并应加快作业进度，以减少噪声排放时间和频次。

⑤ 注意对施工机械噪声的控制，白天不应超过85dB，夜间不应超过55dB。定期对施工机械噪声进行测量，并注明测量时间、地点、方法，做好噪声测量记录，以验证施工噪声排放是否符合要求，超标时应及时采取措施，立即加以纠正。

（17）固体废弃物的控制措施　对于施工中产生的固体废弃物可采取以下具体措施。

① 施工中产生的各种固体废弃物，应按照"可利用""不可利用""有毒害"等进行标识。可利用的分类存放在适当的地方，不可利用的垃圾应存放在垃圾场及时运走，有毒害的（如胶黏剂等）应密封存放。

② 各种施工固体废物在现场进行装卸运输时，应用水加以喷洒，卸到堆放地后及时覆盖或用水喷洒。

③ 对施工机械进行保养时，应防止机油发生泄漏，在使用和维修保养中要避免因为漏油而污染地面。

（18）对能源的控制措施　施工中对能源可采取以下具体措施。

① 需要养护的面层应尽量采用湿麻袋片或湿锯末养护，不仅可以节省大量的养护用水，而且还可防止废水横流产生污染。

② 加强对施工人员节约能源的教育，提高全体员工"节材、节水、节能、节地"的意识。

③ 加强施工过程中的检查监督，制定切实可行的能源控制措施，避免跑、冒、滴、漏和长流水、长明灯现象。

④ 加强对施工现场机械设备的管理，努力提高施工的利用率和生产效率，减少空转时间。

（六）施工注意事项

（1）在铺设板块面层时，其水泥类基层的抗压强度不得低于1.2MPa。在正式铺设板块前，应先涂刷一道水灰比为0.4~0.5的水泥砂浆，并做到随刷浆随铺板。

（2）铺设板块面层的结合层和板块之间的填缝采用水泥砂浆，配制水泥砂浆的体积比、相应的强度等级和稠变，应符合设计要求。

（3）当采用沥青胶结材料铺设板块面层时，其下一层表面应坚固、密实、平整、洁净、干燥，并应涂刷基层处理剂。基层处理剂及沥青胶结料表面均应保持洁净。

（4）结合层、板块面层填缝的沥青胶结料以及隔离层的沥青胶结料，应采用同类沥青与纤维、粉状或纤维和粉状混合的填充料配制，沥青的软化点应符合设计要求。沥青胶结组成材料的质量要求、熬制方法、熬制和铺设的温度，应根据使用部位、施工气温和材料性能等不同条件按有关规定选用。

（5）板块的铺筑应符合设计要求，当设计中无具体要求时，宜避免出现板块小于1/4边长的边角料。施工前应根据板块的大小，结合房间尺寸进行排列砖的设计。非整砖应对称布置，并且应排在不明显的地方。

（6）铺筑板块面层的结合层和填缝的水泥砂浆，在板块面层铺设后应覆盖、湿润养护，其养护的时间不应少于7d。当板块面层水泥砂浆结合层的抗压强度达到设计要求后方可正常使用。

（7）在进行踢脚板块施工时，除执行以上所述同类面层的规定外还应符合下列规定。

① 在进行板块类踢脚板块施工时，一般应采用水泥浆或水泥砂浆打底，而不得采用石灰砂浆进行打底。

② 踢脚板块宜在板块面层基本完工及墙面最后一遍抹灰（或涂刷涂料）前完成。

③ 板块面层的踢脚板出墙的厚度一般宜为10mm，最大不宜大于12mm；如果遇到不能抹灰的墙面（如清水混凝土墙），宜选用厚度较薄的板材做踢脚线，结合层宜用胶粘贴。

④ 盥洗间、卫生间及设有地漏（含清扫口）的建筑地面面层，地漏（含清扫口）的位置除应符合设计要求外，板块规格不宜过大，过大不易找坡。如用大板块铺贴时，地漏处应放样铺筑，使铺筑好的地板地面略高于地漏2mm，与地漏结合处严密牢固，不得有渗漏。

在板块面层大面积铺筑前应确定样板间，样板间的选择应具有代表性，不同的材料应分别有样板，经业主和监理认可后方可大面积施工。

三、石材面层施工工艺

天然石材是一种有悠久历史的建筑装饰材料，它不仅具有较高的强度、坚硬、耐久性、耐磨性等优良性能，而且经表面处理后可以获得优良的装饰性，对建筑物起着保护和装饰双重作用。建筑装饰用的饰面石材，是从天然岩体开采、可加工成各种块状或板状材料。建筑装饰石材包括天然石材和人造石材两类。用于建筑装饰工程中的天然饰面石材品种繁多，主要分为大理石和花岗石两大类。

（一）对组成材料的要求

石材面层施工的组成材料主要包括天然石材板块、水泥、砂子、石粒、矿物颜料和胶黏剂等，它们的质量应分别符合下列具体要求。

1. 天然大理石建筑板材

天然大理石是一种变质岩，它是由石灰岩、白云岩、方解石、蛇纹石等在高温、高压作用下变质而生成，其结晶主要由方解石和白云石组成，其成分以碳酸钙为主。

根据现行国家标准《天然大理石建筑板材》（GB/T 19766—2016）中的规定，本标准适用于建筑装饰用天然大理石建筑板材，其他用途的天然大理石建筑板材可参照采用。

天然大理石建筑板材的规格尺寸允许偏差应符合表4-4中的规定。

表4-4　天然大理石建筑板材的规格尺寸允许偏差

项目				允许偏差/mm		
				优等品	一等品	合格品
规格尺寸允许偏差	普通型板材	长度、宽度		0，−1.0		0，−1.5
		厚度/mm	≤12	±0.5	±1.0	±1.0
			>12	±1.0	±1.5	±2.0
		干挂板材厚度/mm		+2.0，0		+3.0，0

项目			允许偏差/mm		
			优等品	一等品	合格品
规格尺寸允许偏差	圆弧型板材	壁厚	≥20		
		弦长	0, -1.0		0, -1.5
		高度	0, -1.0		0, -1.5
平面度允许偏差	普通型板材	板材长度/mm ≤400	0.2	0.3	0.5
		400~800	0.5	0.6	0.8
		>800	0.7	0.8	1.0
	圆弧型板材	直线度(按板材高度) ≤800	0.6	0.8	1.0
		>800	0.8	1.0	1.2
		线轮廓度	0.8	1.0	1.2
角度允许偏差	普通型板材	板材长度/mm ≤400	0.3	0.4	0.5
		>400	0.4	0.5	0.7
		拼缝板正面与侧面夹角	<90°		
	圆弧型板材	角度允许公差/(°)	0.4	0.6	0.8
		侧面角	≥90°		

天然大理石建筑板材的正面外观质量，应符合表4-5中的规定。

表4-5　天然大理石建筑板材的正面外观质量

缺陷名称	规定内容	优等品	一等品	合格品
裂纹	长度超过10mm的允许条数/条	0	0	0
缺棱	长度≤8mm、宽度≤1.5mm(长度≤4mm、宽度≤1mm不计)，每米长度允许个数/个	0	1	2
缺角	沿板材边长顺延方向，长度≤3mm、宽度≤3mm(长度≤2mm、宽度≤2mm不计)，每块板的允许个数/个			
色斑	面积≤6mm²(面积≤2mm²不计)，每块板的允许个数/个			
砂眼	直径在2mm以下		不明显	有，不影响装饰效果

注：1.同一批板材的色调应基本调和，花纹应基本一致。
2.板材允许黏结和修补，黏结和修补后不影响板材的装饰效果和物理性能。

天然大理石建筑板材的物理力学性能应符合表4-6中的规定。

表4-6　天然大理石建筑板材的物理力学性能

项目		技术指标	项目	技术指标
体积密度/(g/cm³)		≥2.30	吸水率/%	≤0.50
干燥压缩强度/MPa		≥50.0	耐磨度[①]/(1/cm³)	≥10
干燥	弯曲强度/MPa	7.0	镜面板材的镜向光泽度	不低于70光泽度或供需双方协商
水饱和		7.0		

　　①为了颜色和设计效果，以两块或多块天然大理石板材组合拼接时，耐磨度差异应不大于5，建议适用于经受严重踩踏的阶梯、地面和月台使用的石材耐磨度最小为12。

2. 天然花岗石建筑板材

　　天然花岗石是火成岩，也称为酸性结晶深成岩，是火成岩中分布最广的一种岩石，属于硬石材，由长石、石英和云母组成，其成分以二氧化硅为主，占60%~75%。岩质坚硬密实，按其结晶颗粒大小可分为"伟晶""粗晶"和"细晶"3种。根据现行国家标准《天然花岗石建筑板材》（GB/T 18601—2009）中规定，天然花岗石建筑板材的加工质量要求，应符合表4-7中的规定。

表4-7　天然花岗石建筑板材的加工质量　　　　　　　　单位：mm

项目				具体要求					
				镜面和细面板材			粗面板材		
				优等品	一等品	合格品	优等品	一等品	合格品
规格尺寸允许偏差	毛光板	平面度		0.80	1.00	1.50	1.50	2.00	3.00
		厚度	≤12	±0.5	±1.0	+1.0,−1.5	—	—	—
			>12	±1.0	±1.5	±2.0	+1.0,−2.0	±2.0	+2.0,−3.0
	普通型板	长度、宽度		0,−1.0	0,−1.5		0,−1.0		0,−1.5
		厚度	≤12	±0.5	±1.0	+1.0,−1.5	—	—	—
			>12	±1.0	±1.5	±2.0	+1.0,−2.0	±2.0	+2.0,−3.0
		干挂板厚度		+3.0~−1.0					
	圆弧板	壁厚		≥18					
		弦长		0,−1.0	0,−1.5		0,−1.5	0,−2.0	0,−2.0
		高度					0,−1.0	0,−1.0	0,−1.5
平面度的允许公差	普通型板	板材长度L	L≤400	0.20	0.35	0.50	0.60	0.80	1.00
			400<L<800	0.50	0.65	0.80	1.20	1.50	1.80
			≥800	0.70	0.85	1.00	1.50	1.80	2.00
	圆弧板	直线度（按板材高度）	≤800	0.80	1.00	1.20	1.00	1.20	1.50
			>800	1.00	1.20	1.50	1.50	1.50	2.00
		线轮廓度		0.80	1.00	1.20	1.00	1.50	2.00
角度允许公差	普通型板	板材长度L	L≤400	0.30	0.50	0.80	0.30	0.50	0.80
			L>400	0.40	0.60	1.00	0.40	0.60	1.00
		拼缝板正面与侧面夹角		≤90°					
	圆弧板	角度允许偏差		0.40	0.60	1.00	0.40	0.60	1.00
		侧面角 α		≥90°					
	镜面板材的镜向光泽度			不低于80光泽单位，特殊需要和圆弧板由供需双方协商确定					

天然花岗石建筑板材正面外观质量应符合表4-8中的规定。

表4-8　天然花岗石建筑板材正面外观质量

缺陷名称	规定内容	具体要求		
		优等品	一等品	合格品
裂纹	长度不超过两端顺延至板边总长度的1/10（长度<20mm的不计），每块板的允许条数/条	不允许	1	2
缺棱	长度≤10mm、宽度≤1.2mm（长度≤5mm、宽度≤1mm不计），周边每米长度允许个数/个			
缺角	沿板材边长，长度≤3mm、宽度≤3mm（长度≤2mm、宽度≤2mm不计），每块板的允许个数/个			
色斑	面积≤15mm×30mm（面积<10mm×10mm不计），每块板的允许个数/个	不允许	2	3
色线	长度不超过两端顺延至板边总长度的1/10（长度<40mm的不计），每块板的允许条数/条			

注：干挂板材不允许有裂纹存在。

天然花岗石建筑板材的物理性能及放射性应符合表4-9中的规定。

表4-9 天然花岗石建筑板材的物理性能及放射性

项目		技术指标	
		一般用途	功能用途
体积密度/(g/cm³)		≥2.56	≥2.56
吸水率/%		≤0.60	≤0.40
压缩强度/MPa	干燥	≥100.0	≥131.0
	水饱和		
弯曲强度/MPa	干燥	≥8.0	≥8.3
	水饱和		
耐磨性①/(1/cm³)		25	25
特殊要求		工程对物理性能指标有特殊要求的,按工程要求执行	
放射性		应符合《建筑材料放射性核素限量》(GB 6566—2010)的规定	

①使用地面面层、楼梯踏步、台面等严重踩踏或磨损部位的应检查此项。

3. 水泥

石材面层施工所用的水泥宜采用普通硅酸盐水泥(强度等级不低于42.5MPa)或矿渣硅酸盐水泥(强度等级不低于32.5MPa),具有出厂合格证和复试报告。其技术性能应符合现行国家标准《通用硅酸盐水泥》(GB 175—2007)中的要求。水泥结块不得再用于工程中。

4. 砂子

石材面层所用的砂子应采用洁净无杂质的中砂或粗砂,砂子要过筛,颗粒要均匀,最大粒径不大于5mm,砂中的含泥量不应大于3%。砂的其他技术性能应符合现行国家标准《建设用砂》(GB/T 14684—2011)中的要求。

5. 颜料

颜料主要用于石材面层的擦缝,颜色可根据饰面板的色泽而进行确定。同一面层应使用同厂、同批的颜料,以避免造成颜色深浅不一;其掺入量宜为水泥重量的3%~6%,或者由试验确定。

6. 石粒

石材面层所用的石粒,应用坚硬可磨的岩石(如白云石)加工而成。石粒应有棱角、洁净、无杂质,粒径可根据接缝宽度选用,碎块间的缝隙宜为20~30mm。色彩可按设计要求选择,也可在水泥砂浆中掺入颜料,按要求配成各种不同的色彩。石粒应当分批按照不同品种、规格、色彩堆放在席上保管,使用时应用水冲洗干净、晾干待用。

7. 胶黏剂

石材面层所用的胶黏剂应符合防水、防菌的要求,另外其选用应按照基层材料和面层材料使用的相容性要求,通过试验确定,并符合现行国家标准《民用建筑工程室内环境污染控制标准》(GB 50325—2020)中的规定。胶黏剂产品应有出厂合格证和技术质量指标检验报告。超过生产期3个月的产品,应取样重新检验,合格后方可使用;超过保质期的产品不得使用。

按照现行国家标准《室内装饰装修材料 胶黏剂中有害物质限量》(GB 18583—2008)中的规定,室内装饰装修用的胶黏剂可分为溶剂型、水基型和本体型3类,对它们各自有害物质的限量并有明确规定。溶剂型胶黏剂中的有害物质的限量如表4-10所列,水基型胶黏剂中的有害物质的限量如表4-11所列。

表4-10　溶剂型胶黏剂中的有害物质的限量

项目	技术指标			
	氯丁橡胶胶黏剂	SBS胶黏剂	聚氨酯类胶黏剂	其他胶黏剂
游离甲醛/(g/kg)	≤0.50		—	—
苯/(g/kg)	≤5.0			
甲苯+二甲苯/(g/kg)	≤200	≤150	≤150	≤150
甲苯二乙氰酸酯/(g/kg)	—	—	≤10	—
二氯甲烷/(g/kg)		≤50		
1,2-二氯甲烷/(g/kg)	总量≤5.0		—	≤50
1,2,2-三氯甲烷/(g/kg)		总量≤5.0		
三氯乙烯/(g/kg)				
总挥发性有机化合物/(g/L)	≤700	≤650	≤700	≤700

注：若产品规定了稀释比例或产品有双组分或多组分组成时，应分别测定稀释剂和各组分中的含量，再按产品规定的配比计算混合后的总量。如稀释剂的使用量为某一范围时，应按推荐的最大稀释量进行计算。

表4-11　水基型胶黏剂中的有害物质的限量

项目	技术指标				
	缩甲醛类胶黏剂	聚乙酸乙烯酯胶黏剂	橡胶类胶黏剂	聚氨酯类胶黏剂	其他胶黏剂
游离甲醛/(g/kg)	≤1.0	≤1.0	≤1.0	—	≤1.0
苯/(g/kg)	≤0.20				
甲苯+二甲苯/(g/kg)	≤10				
总挥发性有机化合物/(g/L)	≤350	≤110	≤250	≤100	≤350

（二）施工主要机具

（1）机械设备　石材面层施工所用的机械设备主要有砂浆搅拌机、小型台式砂轮机、磨石机、石材切割机、砂轮切割机、机动翻斗车等。

（2）主要工具　石材面层施工所用的主要工具有水平尺、木槌、手推胶轮车、合金扁錾子、平铁锹、直板尺、靠尺、硬木拍板、橡皮锤、铁抹子等。

（三）施工作业条件

（1）建筑室内的墙体和柱子饰面、顶棚装饰、吊顶工程已施工完毕，并经工程验收质量完全合格。

（2）门窗框、室内各种管线和预埋件已安装完毕，并经质量检验完全合格。

（3）楼地面的各种孔洞、缝隙应用细石混凝土填筑密实，细小的缝隙也可用水泥砂浆进行灌填，并经质量检查无渗漏现象。

（4）建筑主体结构已完毕并经验收，室内已弹好的+500mm水平线和各开间中心（十字线）及图案分格线，这是进行石板面层施工的依据。

（5）石材面层施工所用的材料已经备齐，按照要求运到施工现场，经检查质量符合设计要求，所用石粒砂浆配合比已通过试验确定。

（6）石材面层所用的板材应严格进行挑选，按照规格、颜色和图案组合分类堆放备用，有裂纹、分层、掉角和表面有缺陷的石材应剔除不用。

（7）石材面层施工所用的工具和机械设备已准备齐全，经检查完全符合使用的要求。

（四）施工操作工艺

1. 石材面层施工工艺流程

砖面层施工工艺流程为：基层处理→找标高、弹线→试拼、试排→贴"灰饼"、铺设找平层→铺筑板块→灌缝、"擦缝"→面层养护→面层打蜡。

2. 石材面层施工操作要点

（1）大理石、花岗石面层采用天然大理石、天然花岗石（或"碎拼"大理石、"碎拼"花岗石）板材在结合层上进行铺设。大理石板材不得用于室外地面的面层。

（2）基层处理　石材面层的基层应按照以下方法和要求进行处理。

① 把黏结在混凝土基层上的浮浆、松动混凝土、砂浆等剔掉，用钢丝刷刷掉水泥浆皮，然后再用扫帚扫干净。

② 有防水要求的建筑地面工程，在铺设前必须对立管、套管和地漏与楼板节点之间进行密封处理；排水坡度应符合设计要求。

（3）根据弹出的水平控制线，用干硬性砂浆贴"灰饼"，灰饼的标高应按地面标高减板厚再减2mm，并在铺筑前弹出排板的控制线。

（4）在铺筑石板前先将板材背面洗刷干净，使板材铺筑时保持湿润，并将板阴干或擦干后备用。

（5）根据弹出的控制线，按预排编号铺好每一开间及走廊左右两侧标准行后，再拉线铺筑其他板材，并由里向外进行铺筑。

（6）铺筑大理石或花岗石板材　在铺筑大理石或花岗石板材时可按下列方法和要求进行操作。

① 在铺筑大理石或花岗石板材面层前，板材应浸湿、晾干；结合层与板材应分段同时进行铺贴。

② 正式铺贴前，先将基层浇水湿润，然后刷水灰比为0.50的素水泥浆一遍，并随涂刷水泥浆随铺底灰，底灰采用配合比为1:2的水泥砂浆，其稠度以手握成团不出浆为准，铺灰浆厚度以拍实抹平与"灰饼"同高为准，用铁抹子拍实抹平。铺筑灰浆后进行试铺，检查结合层砂浆的饱满度，如不饱满，应用砂浆填补，然后将石板背面均匀地刮上2mm厚的素水泥膏，再用毛刷沾水湿润砂浆表面，把石板对准铺贴位置，使板块四周同时落下，用小木槌或橡皮锤敲击平实，随即清理石板缝内的水泥浆。

③ 同一房间、开间应按照石板的配花、品种，挑选尺寸基本一致、色泽均匀，纹理通顺的进行预排编号，分类堆放，待铺筑时按编号取用。必要时可绘制石板铺贴大样图，按大样图进行铺贴。分块排列布置要求对称，客厅、房间与走廊的连通处，缝隙应贯通；走廊、厅房如采用不同颜色和花样时，"分色线"应设置在门框的内侧；靠墙柱一侧的板块，离开墙柱的宽度应一致。

（7）石板之间的缝隙宽度如设计无规定时，对于花岗石和大理石板材不应大于1mm。相邻两块高低差应在允许偏差范围内，严禁二次磨光板边。

（8）石板在铺筑完成24h后，可开始洒水养护。3d后用水泥砂浆（颜色与石板块调和）擦缝，缝中的水泥砂浆应饱满，并随即用干布擦净至表面无残灰、污迹为止。铺贴好的石板地面禁止行人和堆放物品。

（9）镶贴踢脚板　石材面层在镶贴踢脚板时应按以下方法和要求进行施工。

① 踢脚板应在石板地面施工完成后进行，施工方法有镶贴法和灌浆法两种，施工前均应进行基层处理，镶贴时先将石板块洒水湿润并晾干。踢脚板的"阳角"按照设计要求，一

般宜做成海棠角或割成45°角。

② 当石板的厚度小于12mm时，采用镶贴法施工；当石板的厚度大于15mm时，采用灌浆法施工。

③ 当采用灌浆法施工时，先在墙的两端用石膏（或胶黏剂）各固定一块石板，其上口高度应在同一水平线上，突出墙面厚度应控制在8~12mm。然后沿两块踢脚板上口拉通线，用石膏（或胶黏剂）逐块依顺序固定踢脚板。最后灌入配合比为1:2的水泥砂浆，水泥砂浆的稠度视缝隙大小而定，以能灌密实为准。

④ 在镶贴踢脚板的过程中，应随时检查踢脚板的平直度和垂直度，以便发现质量问题及时进行纠正。

⑤ 踢脚板间的接缝应当与地面缝贯通（对缝），其"擦缝"的做法与石板面层相同。

（10）楼梯踏步石板面层的做法，可参见"砖面层"中的楼梯板块面层施工方法。防滑条突出踏步面的高度不宜超过3mm。

（11）"碎拼"大理石或"碎拼"花岗石面层施工 "碎拼"大理石或"碎拼"花岗石面层应按下列方法和要求进行施工。

① "碎拼"大理石或"碎拼"花岗石面层施工可以分仓或不分仓铺砌，也可以镶嵌分格条。为了边角整齐，应选用有直边的一边板材沿着分仓或分格线进行铺砌，并控制面层标高和基准点。"碎拼"大理石或"碎拼"花岗石面层采用干硬性水泥砂浆铺贴，施工方法与大理石面层相同。在进行铺贴时，按碎块形状大小相同自然排列，缝隙控制在15~25mm，并随铺筑、随着清理缝内挤出的砂浆，然后嵌填水泥石粒浆，嵌缝应高出块材面2mm。待达到一定强度后，用细磨石将凸缝磨平。如果设计中要求拼缝采用灌水泥砂浆时，其厚度应与块材的上面齐平，并将表面抹平压光。

② 碎块石板材面层磨光，在常温下一般2~4d即可开磨，第一遍用80~100号金刚石，要求磨匀磨平磨光滑，然后将渣浆冲洗干净，用同色水泥浆填补表面所呈现的细小空隙和凹痕，适当养护后再磨。第二遍用100~160号金刚石磨光，要求磨至石粒显露，表面平整光滑，无砂眼细孔，用清水冲洗后，涂抹草酸溶液（热水:草酸=1:0.35，溶化冷却后用）一遍。如设计中有要求，第三遍用240~280号金刚石磨光，研磨至表面光滑为止。

（12）当石板板材采用胶黏剂进行结合层黏结时，尚应满足以下要求。

① 双组分胶黏剂的拌和程序及配合比例，应严格按照产品说明书中的要求执行。

② 根据石板、胶黏剂及粘贴基层的情况确定胶黏剂涂抹厚度，黏结的胶层厚度不宜超过3mm。应注意产品说明书对胶黏剂标注的最大使用厚度，同时应考虑基层材料种类和操作环境条件对使用厚度的影响。

③ 石板胶黏剂的晾干时间一般为15~20min，涂胶面积不应超过胶黏剂的晾干时间内可以粘贴的面积。

（13）面层打蜡 踢脚线打蜡同地面面层打蜡一起进行。应在结合层水泥砂浆达到强度要求、各道工序完工、不再上人时，可以开始打蜡操作，打蜡应达到光滑亮洁。打蜡的方法与水磨石面层相同。

（五）安全与环保措施

石材面层在施工中的安全与环保措施，可参见本节"二、砖块料面层施工工艺"中的相关内容。

（六）施工注意事项

石材面层在施工中的施工注意事项，可参见本节"二、砖块料面层施工工艺"中的相关内容。

四、预制板块面层施工工艺

预制板块面层应采用混凝土板、水磨石板块等在结合层上铺设的一种施工工艺，具有施工简单、质量良好、现场省时、造价较低等优点。

（一）预制板块面层施工所用材料

1. 水泥

预制板块面层施工所用的水泥宜采用普通硅酸盐水泥（强度等级不低于42.5MPa）或矿渣硅酸盐水泥（强度等级不低于32.5MPa），具有出厂合格证和复试报告。其技术性能应符合现行国家标准《通用硅酸盐水泥》（GB 175—2007）中的要求。水泥结块不得再用于预制板块面层工程中。

2. 砂子

预制板块面层所用的砂子应采用洁净无杂质的中砂或粗砂，砂子要过筛，颗粒要均匀，最大粒径不大于5mm，砂中的含泥量不应大于3%。砂子的其他技术性能应符合现行国家标准《建设用砂》（GB/T 14684—2011）中的要求。

3. 石膏粉、石灰

预制板块面层所用的石膏粉为Ⅱ级建筑石膏，细度通过0.15mm筛孔，筛余量应不大于10%。预制板块面层所用的石灰宜为Ⅱ级以上的块灰，含氧化钙在70%以上，使用前经1~2d消解并过筛其颗粒应不大于5mm。

4. 水磨石预制板块

水磨石预制板块的规格、颜色、技术性能应符合设计要求和有关标准的规定，并有出厂合格证；板块要强度满足、尺寸准确、色泽鲜明、颜色一致。凡有裂纹、掉角、翘曲和表面上有缺陷的板块应予剔除，强度和品种不同的板块不得混杂使用。水磨石预制板块的质量应符合以下规定。

（1）外观质量　水磨石的外观缺陷见表4-12中的规定；水磨石磨光面越线和图案偏差应符合表4-13中的规定。同批水磨石磨光面上的石碴级配和颜色应基本一致。

表4-12　水磨石的外观缺陷

缺陷名称	优等品	一等品	合格品
返浆、杂质	不允许	不允许	长×宽≤10mm×10mm不超过2处
色差、划痕、杂石、漏砂、气孔	不允许	不明显	不明显
缺口	不允许	不允许	长×宽>5mm×3mm的缺口不应有；长×宽≤5mm×3mm的缺口周边上不超过4处，但同一条棱上不得超过2处

表4-13　水磨石磨光面越线和图案偏差　　　　　　　　　单位：mm

缺陷名称	优等品	一等品	合格品
图案偏差	≤2	≤3	≤4
越线	不允许	越线距离≤2，长度≤10，允许2处	越线距离≤3，长度≤20，允许2处

（2）尺寸偏差　水磨石规格尺寸允许偏差、平面度、角度极限公差应符合表4-14中的规定；厚度小于或等于15mm的单面磨光水磨石，同块水磨石的厚度极差不得大于1mm；厚度大于15mm的单面磨光水磨石，同块水磨石的厚度极差不得大于2m；侧面的不磨光拼缝水磨石，正面与侧面的夹角不得大于90°。

表4-14　水磨石的规格尺寸允许极限公差、平面度、角度极限公差　　　　单位：mm

水磨石类别	等级	长度、宽度	厚度	平面度	角度
Q	优等品	0~-1	±1	0.6	0.6
	一等品	0~-1	+1~-2	0.8	0.8
	合格品	0~-2	+1~-3	1.0	1.0
D	优等品	0~-1	+1~-2	0.6	0.6
	一等品	0~-1	±2	0.8	0.8
	合格品	0~-2	±3	1.0	1.0
T	优等品	±1	+1~-2	1.0	0.8
	一等品	±2	±2	1.5	1.0
	合格品	±3	±3	2.0	1.5
G	优等品	±2	+1~-2	1.5	1.0
	一等品	±3	±2	2.0	1.5
	合格品	±4	±3	3.0	2.0

（3）出石率　水磨石磨光面的石碴分布应均匀。石碴粒径大于或等于3mm的水磨石，其出石率应不小于55%。

（4）物理力学性能　水磨石磨光面的物理力学性能应符合下列要求：a.抛光水磨石的光泽度，优等品不得低于45.0光泽单位；一等品不得低于35.0光泽单位；合格品不得低于25.0光泽单位；b.水磨石的吸水率应符合现行的行业标准《建筑装饰用水磨石》（JC/T 507—2012）中的规定，不得大于8.0%；c.水磨石的抗折强度平均值不得低于5.0MPa，单块最小值不得低于4.0MPa。

5. 混凝土板块

混凝土板块的边长通常为250~500mm，板厚等于或大于60mm，混凝土强度等级应不低于C20。其余的质量要求同水磨石板块。

（二）施工主要机具

（1）机械设备　预制板块面层施工所用的机械设备主要有砂浆搅拌机、小型台式砂轮机、磨石机、石材切割机、砂轮切割机、机动翻斗车、打蜡机等。

（2）主要工具　预制板块面层施工所用的主要工具有平铁锹、合金扁錾子、硬木拍板、木槌、铁抹子、橡皮锤、水平尺、直板尺、靠尺、手推胶轮车、筛子等。

（三）施工作业条件

（1）预制板块面层的地面垫层已做好，经质量检查合格，其强度达到1.2MPa以上。

（2）在墙面上已按施工要求弹好或设置控制面层标高和排水坡度的水平基准线或标志。

（3）在面层正式铺设前，对预制水磨石板或混凝土板块的规格、颜色、品种和数量等，进行清理、检查、核对和挑选。同一房间、开间应按照配花、颜色、品种挑选尺寸基本一致、色泽均匀、花纹通顺的进行预编，安排编号，待铺筑时按号取用。凡是规格和颜色不符合设计要求，有裂纹、掉角、窜角、翘曲等缺陷的应挑出，不得用于面层。

（4）预制板块面层正式铺设施工所用的机具设备准备就绪，经检修、维护、试用，处于完好状态；施工中所用的水电已接通，可满足施工使用要求。

（5）施工图纸及技术要求、安全注意事项等方面，已向操作工人进行详细技术交底。

（6）预制板块面层施工的其他作业条件可参见本节"二、砖块料面层施工工艺"中的相关内容。

（四）施工操作工艺

1. 预制板块面层施工工艺流程

预制板块面层施工工艺流程为：清理基层→弹出控制线→定位、排板→板块浸水湿润→水泥砂浆拌制→基层湿润→刷黏结层→铺筑板块→嵌缝、养护→镶踢脚板→面板打蜡。

2. 预制板块面层施工操作要点

（1）预制板块面层可采用预制水泥混凝土板块、预制水磨石板块，并应在结合层上进行铺设。

（2）预制水泥混凝土板块面层，应采用水泥砂浆或水泥砂浆进行填缝；预制彩色混凝土板块和预制水磨石板块应用同色水泥浆或水泥砂浆进行擦缝。

（3）清理基层、弹出控制线、定位、排板　预制板块面板的清理基层、弹出控制线、定位和排板，应按以下方法和要求进行施工。

① 将面板基层表面上的浮土、浆皮、杂质等清理干净，并将油污彻底清除掉，基层混凝土的强度应达到1.5MPa以上。

② 依据室内弹出的+500mm标高线和房间中心十字线，铺设好分块标准板块，与走道直接连通的房间应当拉通线，分块布置应对称。走道与房间使用不同颜色的预制水磨石板，"分色线"应留在门框裁口处。

③ 按房间长宽尺寸和预制板块的规格、缝的宽度进行排板，确定铺设所需块数，必要时，绘制施工大样图，以避免正式铺设时出现错缝、缝隙不匀、四周靠墙不匀称等缺陷。

（4）板块浸水湿润和水泥砂浆拌制　预制板块面板的板块浸水湿润和水泥砂浆拌制，应按以下方法和要求进行施工。

① 在铺砌预制板块前，板块的背面应预先浸水湿润，并将其晾干码放，使板块在铺砌时达到面干内潮的要求。

② 结合层用体积配合比1：2或1：3（水泥：砂子）的干硬性水泥砂浆，水泥砂浆应用机械进行搅拌，要求严格控制加水量，并要搅拌均匀。搅拌好的水泥砂浆以手握成团、落地即散为合格；水泥砂浆应随拌制、随使用，一次不宜拌制过多。

（5）基层湿润和刷黏结层　预制板块面板的基层湿润和刷黏结层，应按以下方法和要求进行施工。

① 将面层的基层按要求清理干净后，在铺砌预制板块前1d洒水湿润，但基层表面上不得有积水。

② 在铺设水泥砂浆时要立即涂刷一度水灰比为0.50左右的素水泥浆黏结层，涂刷要均匀，要随涂刷水泥浆、随铺筑水泥砂浆。

（6）刷黏结层和铺筑板块　预制板块面板的刷黏结层和铺筑板块，应按以下方法和要求进行施工。

① 根据排板时的控制线，贴好四角处的第二块板，作为铺砌的标准块，然后由内向外挂线铺砌其他板块。

② 在铺砌板块时，先铺上干硬性水泥砂浆，厚度以25~30mm为宜，用铁抹子拍实抹平，然后进行预制板试铺，对好纵向和横向的缝，用橡皮锤敲击板块的中间，振捣密实砂浆至铺设高度后，将板掀起移至一边，检查水泥砂浆的表面，如有空隙应用砂浆填补，全部浇筑一层水灰比为0.40~0.50的素水泥浆，或稠度为60~80mm、体积配合比为1：1.5的水泥砂浆，随涂刷水泥浆随铺板块。铺砌时要使板块四角同时落下，用橡皮锤轻敲使其平整密实，防止在四角处出现空鼓，并随时用水平尺或直尺进行找平。

③ 预制板块间的缝隙宽度应符合设计要求。当设计中无具体要求时，应符合下列规定：a.预制混凝土板块面层缝隙宽度不宜大于6mm；b.预制水磨石板块面层缝隙宽度不宜大于2mm。在铺砌时要拉通长线对板缝的平直度进行控制，横向和竖向的缝都应对齐通顺。

（7）面板的嵌缝与养护　预制板块面层铺砌完24h后，用素水泥浆或水泥砂浆进行灌缝，一般缝隙的高度应达2/3厚，再用同色水泥浆进行嵌缝，并用干锯末把面板擦亮，再铺上湿锯末覆盖养护，常温下养护时间不少于7d，养护期间禁止上人和进行其他作业。

（8）镶贴踢脚板　预制板块面层铺砌完成后，便开始镶贴踢脚板，镶贴时可按以下方法和要求进行施工。

1）在正式镶贴前先将踢脚板背面预先涂刷水湿润并晾干。踢脚板的阳角处应按照设计要求，做成海棠角或割成45°角。

2）踢脚板镶贴的方法主要有灌浆法和粘贴法，应分别按以下方法和要求进行施工。

① 灌浆法。将镶贴踢脚板的墙面清扫干净浇水湿润，镶贴时在墙的两端各镶贴一块踢脚板，其上端高度在同一水平线上，出墙的厚度应一致。然后沿两块踢脚板上端拉通线，逐块依顺序进行镶贴，随镶贴随检查踢脚板的平直度和垂直度，使踢脚板表面平整、接缝严密。在相邻两块踢脚板之间、踢脚板与地面和墙面之间用石膏作临时固定，待石膏凝固后，随即用稠度为8~12cm的1:2稀水泥砂浆灌缝，并随时将溢出的水泥砂浆擦净，待灌入的水泥砂浆凝固后把石膏剔除，清理干净后用与踢脚板颜色一致的水泥砂浆填补擦缝。踢脚板之间的缝隙宜与地面预制板对缝镶贴。

② 粘贴法。根据墙面上的灰饼和标准控制线，用配合比为1:2.5或1:3的水泥砂浆打底、找平、搓毛，待打底砂浆干硬后，将已湿润、晾干的踢脚板背面抹上5~8mm厚的水泥砂浆，水泥砂浆中宜掺加10%的801胶，然后逐块由一端向另一端向底灰上进行粘贴，并随手用木槌敲实，按照规定的线找平、找直，24h后用同色水泥浆擦缝，并将余浆擦净。

（9）楼梯踏步的施工操作工艺，可参见本节"二、砖块料面层施工工艺"中的有关做法。

（10）水磨石板块面层的打蜡上光，可参见本节"三、石材面层施工工艺"中的有关内容。

五、料石面层施工工艺

料石也称为条石，是由人工或机械开采和加工出来的较规则的六面体石块，用来砌筑建筑物各部位用的石料。按照其加工的程度不同，可分为毛料石、粗料石、半细料石和细料石4种；按照其加工的形状不同，可分为条石、方石和拱石等。

料石面层应采用天然石料进行铺设。工程中料石面层的石料宜为条石或块石两类。采用条石做面层应铺设在砂、水泥砂浆或沥青胶结料结合层上；采用块石做面层应铺设在基土或砂垫层上。

（一）对组成材料的要求

料石面层施工的组成材料主要包括料石、水泥、砂子、沥青胶结料等。

1. 料石

料石面层施工所用的料石应符合下列具体要求。

（1）料石面层施工所用的条石和块石，其规格、技术等级、技术性能和厚度等应符合设计要求。

（2）条石应采用质量均匀、强度等级不低于MU60的岩石加工而成。条石的形状接近矩形六面体，厚度为80~120mm。

（3）块石应采用质量均匀、强度等级不低于MU30的岩石加工而成。块石的形状接近直棱柱体或有规则的四边形或多边形，其底面为截锥体，顶面粗琢平整，底面积不应小于顶部面积的60%，厚度为100~150mm。

（4）不导电料石应采用辉绿岩石制成。填缝材料也应采用辉绿岩加工的砂子嵌实。耐高温的料石面层所用的石料，应按设计要求选用。

2. 水泥

料石面层施工所用的水泥宜采用普通硅酸盐水泥（强度等级不低于42.5MPa）或矿渣硅酸盐水泥（强度等级不低于32.5MPa），具有出厂合格证和复试报告。其技术性能应符合现行国家标准《通用硅酸盐水泥》（GB 175—2007）中的要求。

3. 砂子

料石面层砌筑所用的砂子应采用洁净无杂质的中砂或粗砂，砂子要进行过筛，颗粒要均匀，最大粒径不大于5mm，砂中的含泥量不应大于3%。砂子的其他技术性能应符合现行国家标准《建设用砂》（GB/T 14684—2011）中的要求。

4. 沥青胶结料

沥青胶结材料宜用石油沥青与纤维、粉状或纤维和粉状混合的填充料配制，其组成材料的质量要求、熬制方法和温度控制应符合下列规定。

（1）纤维填充材料宜采用6级石棉和锯木屑，使用应将填充材料通过2.5mm筛孔的筛子。石棉的含水率不应大于7%，锯木屑的含水率不应大于12%。

（2）粉状填充料应为松散的材料，粒径不应大于0.3mm，应为磨细的石料、砂子、炉灰、粉状煤灰、页岩灰以及其他粉状的矿物材料。不得采用石灰、石膏、泥岩灰或黏土作为粉状填充料。粉状填充料中小于0.8mm的细颗粒含量不应小于85%。采用振动法使粉状填充料密实时，其空隙率不应大于45%。粉状填充料中的含泥量不应大于3%。配制高耐水性的沥青类面层采用的粉状填充料，其亲水系数应小于1.0。

（3）沥青在沥青胶结料中的质量比，当采用纤维填充材料时，不应大于90%；当采用粉状填充材料时，不应大于75%。

（4）沥青胶结材料中所用沥青的软化点应符合设计要求。沥青胶结料熬制和铺设时的温度应根据使用部位、施工温度和材料性能等不同条件按表4-15选用。

表4-15　沥青软化点以及沥青胶结料熬制和铺设时的温度

地面受热的最高温度/℃	按"环球法"测定的最低软化点/℃		沥青胶结料的温度/℃		
			熬制时		铺设时温度
	石油沥青	沥青胶结料	夏季	冬季	
<30	60	80	180~200	200~220	≥160
31~40	70	90	190~210	210~225	≥170
41~60	95	110	200~220	210~225	≥180

注：1. 取100cm³的沥青胶结料加热至铺设所需温度时，应能在平坦的面上自动流动，其厚度≤4mm。当温度为18℃±2℃时，沥青胶结料应凝结，且呈均匀而无明显的杂物和无填充料颗粒。

2. 地面受热的最高温度，应根据设计要求选用。

（二）施工主要机具

（1）机械设备　料石面层施工所用的机械设备主要有砂浆搅拌机、小型台式砂轮机、磨石机、石材切割机、砂轮切割机等。

（2）主要工具　料石面层施工所用的主要工具有平铁锹、硬木拍板、木槌、铁抹子、橡皮锤、水平尺、直板尺、靠尺、手推胶轮车、筛子等。

（三）施工作业条件

（1）建筑室内的墙体和柱子饰面、顶棚装饰、吊顶工程已施工完毕，并经工程验收质量完全合格。

（2）门窗框、室内各种管线和预埋件已安装完毕，并经质量检验完全合格。

（3）楼地面的各种孔洞、缝隙应用细石混凝土填筑密实，细小的缝隙也可用水泥砂浆进行灌填，并经质量检查无渗漏现象。

（4）建筑主体结构已完毕并经验收，室内已弹好+500mm的水平线和各开间中心（十字线）及图案分格线，这是进行料石面层施工的依据。

（5）料石面层施工所用的材料已经备齐，按照要求运到施工现场，经检查质量符合设计要求，所用砂浆配合比已通过试验确定。

（6）料石面层所用的石料应严格进行挑选，不符合质量要求的石料应剔除不用。

（四）施工操作工艺

1. 料石面层施工工艺流程

料石面层施工工艺流程为：基层清理→铺设结合层→拉线→铺砌料石→料石嵌缝→面层养护。

2. 料石面层施工操作要点

（1）料石面层采用天然条石和块石，应在结合层上进行铺设。采用块石做面层应铺在基土或砂垫层上；采用条石做面层应铺在砂、水泥砂浆或沥青胶结料结合层上。料石面层的构造做法如图4-6所示。

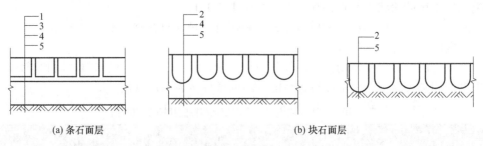

（a）条石面层   （b）块石面层

图4-6　料石面层构造做法
1—条石；2—块石；3—结合层；4—垫层；5—基土

（2）料石面层采用的石料应洁净　在水泥砂浆结合层上铺设时，石料在铺砌前应洒水湿润，并在基层上涂刷素水泥浆，铺筑完成后应进行养护。

（3）料石面层在铺砌时不得出现十字缝　条石应按品种、规格尺寸进行分类挑选，铺砌时缝隙必须随着长线加以控制，并垂直于行走方向拉线铺砌成行。相邻两行的错缝应为条石长度的1/3~1/2。铺砌时方向和坡度要正确。

（4）铺砌在砂垫层上的块石面层，基土应均匀密实或进行夯实，砂垫层的厚度不应小于60mm。石料的大面应朝上，缝隙要互相错开，"通缝"不得超过两块石料。块石嵌入砂垫层的深度不应小于石料厚度的1/3。

（5）块石面层铺设后应先将其夯平，并以15~25mm粒径的碎石嵌缝，然后用碾压机进行碾压，再填以5~15mm粒径的碎石，继续碾压至石粒不松动为止。

（6）在砂结合层上铺砌条石面层时，缝隙的宽度不宜大于5mm。当采用水泥砂浆或沥青胶结料嵌缝时，应预先用砂填缝至1/2高度，再用水泥砂浆或沥青胶结料填缝抹平。

（7）在水泥砂浆结合层上铺砌条石面层时，混凝土垫层必须清理干净，然后均匀涂刷素水泥浆，随涂刷水泥砂浆，随铺筑水泥砂浆结合层。结合层的水泥砂浆必须用干硬性砂浆，厚度为15~20mm。条石间的缝隙应采用同类水泥砂浆嵌缝抹平，缝隙宽度不应大于5mm。

（8）结合层和嵌缝的水泥砂浆应符合下列要求：水泥砂浆的体积比为1∶2；相应的水泥砂浆强度等级≥M15；水泥砂浆的稠度为25~35mm。

（9）在沥青胶结料结合层上铺砌条石面层时，下一层的表面应洁净、干燥，其含水率不应大于9%，并应涂刷基层处理剂。所用沥青胶结料及基层处理剂的配合比应通过试验确定。一般基层处理剂涂刷24h后即可进行面层的施工。条石表面应洁净，铺贴时应在摊铺热沥青胶结料后随即进行，并应在沥青胶结料凝结之前完成。进行条石间填缝时，缝隙内应予清扫并使其干燥。

（五）安全与环保措施

（1）料石面层施工中所用的石料材质坚硬、单块重量较大，在搬运、装卸和施工铺设过程中一定要特别注意安全，防止伤人。

（2）料石面层施工中的其他安全与环保措施，可参见本节"二、砖块料面层施工工艺"中的相关内容。

（六）施工注意事项

料石面层施工注意事项，可参见本节"二、砖块料面层施工工艺"中的相关内容。

第四节　木地面施工工艺

木地板不仅具有质量很轻、弹性较好、热导率低等优异性能，而且具有易于加工、不易老化、脚感舒适等特点，因而已成为家庭地面装饰中常用的材料。但是，木地板容易受温度、湿度变化的影响，而导致裂缝、翘曲、变形、变色、腐朽，尤其不耐高温、容易燃烧是其最大的缺陷，在设计、施工和使用中应当引起高度重视。

一、木地面施工准备工作

木地板地面的施工准备工作，与其他地面基本相同，主要包括地板材料准备、作业条件准备和施工机具准备。

1. 木地板材料准备

木地板地面施工所用的材料，主要有龙骨材料、毛板材料、面板材料、黏结材料、地面防潮防水剂、地板油漆等。

（1）龙骨材料　木地板所用的龙骨材料，通常采用50mm×（30~50）mm的松木、杉木等不易变形和开裂的树种，木龙骨和踢脚板的背后均应进行防腐处理，必要时也要进行防火处理。龙骨必须顺直、干燥，其含水率应小于16%。

（2）毛板材料　毛板材料是面板材料的基层，一般用于高级木地板铺设。铺设毛板是为面板找平和过渡，因此毛板不需要设置企口。一般可选用实木板、厚胶合板、大芯板或刨花板，板的厚度为12~20mm。

（3）面板材料　木地板地面所用的面板材料，通常采用普通实木地板面层材料，面板和踢脚板材料，一般是工厂加工好的成品，应使用具有商品检验合格证的产品。按设计要求进行挑选，剔除有明显质量缺陷的不合格品。

选择的面板和踢脚板的质量应当符合设计要求，达到板面平直、无断裂、不翘曲、尺寸准确、颜色一致、光泽明亮、企口完好、质地相同，板的正面无明显疤痕、孔洞，板材的含水率应在8%~12%之间。

所有的木地板运到施工安装现场后，应拆包在铺贴的室内存放7d以上，使木地板与居室的温度、湿度相适应后方可铺设。为使整个木地板铺设一致，购买时应按实际铺设面积增加5%~10%的损耗一次备齐。

（4）黏结材料　铺设木地板所用的黏结材料，关系到木地板粘贴是否牢固，也关系到木地板的使用寿命和人体健康。因此，在选用木地板的黏结材料时，一方面是要选择环保型材料，另一方面是要科学地选择黏结材料的品种。木地板与地面直接黏结时，宜选用环氧树脂胶和石油沥青；木地板与木质基面板黏结时，可用8123胶、立时得等万能胶。

（5）地面防潮防水剂　木地板通常铺设在混凝土或水泥砂浆的基层上，基层中均含有一定的水分，因此对木地板的地面要进行防潮和防水处理。常用的防水剂有再生橡胶-沥青防水涂料、JM-811防水涂料及其他高级防水涂料。

（6）地板油漆　地板油漆是地板表面的装饰材料，其颜色、光泽、亮度和质量均对木地板有很大影响；其甲醛等物质的含量是否符合国家的现行规定，也是选择的重要标准。目前用于木地板的油漆有虫胶漆和聚氨酯清漆。一般虫胶漆用于打底，聚氨酯清漆用于罩面。高级地板也可采用进口的水晶漆等。

2. 作业条件准备

在木地板地面正式施工前，应当完成顶棚、墙面等各种需要湿作业的工程，这些工程的干燥程度在80%以上，对铺板的地面基层应做好防潮、防水和防腐等方面处理，且在铺设前要使房间干燥，并避免在气候潮湿的情况下进行施工。

在木地板地面正式施工前，水暖管道、电器设备及其他室内的固定设施，应全部安装和油漆完毕，并进行试水、试压等方面的检查；对电源、通信、电视、网络等管线进行必要的测试，并达到设计的要求。

复合木地板地面在施工前，应检查室内门扇与地面间的缝隙，看其能否满足复合木地板的施工。通常门扇与地面间的缝隙为10~15mm，否则应刨削门扇下边以适应地板的安装。

3. 施工机具准备

木地板地面的施工需要准备的施工机具和工具有电动圆锯、冲击钻、手电钻、磨光机、刨平机、普通锯、斧头、锤子、凿、螺丝刀、直角尺、量尺、墨斗、铅笔、撬杆、扒钉等。

二、木地板面层施工工艺

木地面的铺设可分为"空铺式"木地板、"实铺式"木地板、硬木锦砖地面和"实铺式"复合式木地板4种。在实际工程中常见的是"实铺式"木地板。

有龙骨"实铺式"木地板的施工工艺流程为：基层处理→弹线、找平→修理预埋铁件→安装木龙骨、剪刀撑→弹线、钉毛板→找平、刨平→墨斗弹线→钉硬木面板→找平、刨平→弹线、钉踢脚板→刨光、打磨→油漆。

无龙骨"实铺式"木地板的施工工艺流程为：基层处理→弹线、试铺→铺贴→面层刨光打磨→安装踢脚板→刮腻子→油漆。

1．"实铺式"木地板龙骨安装

按照龙骨弹线的位置，用双股12号镀锌铁丝将龙骨绑扎在预埋Ω形铁件上，所用的垫层木料应做防腐处理，垫层木的宽度不得小于50mm，长度一般为70~100mm。龙骨调平后用铁钉和垫层木钉牢。

龙骨铺钉完毕，检查水平度合格后，横向木或剪刀撑用钉固定，间距一般600mm。

2．进行弹线、钉毛板

在龙骨顶面弹出毛地板铺设的位置线，铺设的位置线与龙骨一般成30°~45°角。在进行毛板铺钉时，使毛地板留出约3mm的缝隙。接头设在龙骨上并留2~3mm缝隙，板的接头应相互错开。

毛板铺钉完毕后，弹出方格网线，按网点进行抄平，并用刨子修平，达到要求的标准后，方能钉硬木地板。

3．铺面层板

拼花木地板的拼花形式有席纹、人字纹、方块和阶梯式等，如图4-7所示。

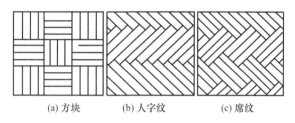

(a) 方块　　　　(b) 人字纹　　　　(c) 席纹

图4-7　拼花木地板的拼花形式

木地板正式铺钉前，应在毛地板弹出花纹施工线和圈边线。在铺钉时，先拼缝铺钉上标准条，铺出几个方块后作为标准；再向四周按顺序拼缝铺钉。每条地板钉2颗钉子。钉孔预先钻好。当铺钉一个方块，应将方块找方一次。中间钉好后，最后再圈边。末尾不能拼接的地板应加胶钉牢。

粘贴式铺设地板，拼缝可为裁口处接缝或平头接缝，平头接缝施工简单，更适合沥青胶和胶黏剂粘贴。

4．面层刨光、打磨

拼花木地板宜采用刨光机刨光（转速在5000r/min以上），与木纹成45°角斜刨。边角部分用手刨。刨平后用细刨子净面，最后用磨地板机械装上砂布磨光。

5．油漆

将地板清理干净，然后补凹坑、刮腻子、着色，最后刷清漆（详见地面涂料施工）。木地板用清漆，有高档、中档、低档三类。高档地板漆是日本水晶油和聚酯清漆。其漆膜强韧，光泽丰富，附着力强、耐水、耐化学腐蚀，不需上蜡。中档清漆为聚氨酯，低档清漆为醇酸清漆、醇醛清漆等。

6．上软蜡

当木地板为清漆罩面时，可上软蜡进行装饰。软蜡一般有成品供应，只需要用煤油调制成浆糊状后便可使用。小面积的一般采用人工涂抹，大面积可采用抛光机上蜡抛光。

三、木拼锦砖面层施工工艺

木拼锦砖是用高级木材经工厂精加工制成（150~200）mm×（40~50）mm×（8~14）mm的木条，侧面和端部的企口缝用高级细钢丝穿成方联。这样可组成席纹地板，每联四周均可以用企口缝相连接，然后用白乳胶或强力胶直接粘贴在基层上。

（一）木拼锦砖施工工艺

木拼锦砖的施工工艺比较简单，其主要的施工工艺流程为：基层清理→弹线→刷胶黏剂→铺木拼锦砖（插两边企口缝）→铺木踢脚板→打蜡上光。

（二）具体操作技术

（1）基层清理　在铺贴木拼锦砖之前，应对其基层进行认真处理和清理。基层表面必须抄平、找直，其表面的积灰、油渍、杂物等均清除干净，以保证锦砖与基层黏结牢固。

（2）弹线　弹线是木拼锦砖铺贴的依据和标准，先从房间中点弹出十字中心线，再按木拼锦砖方联尺寸弹出分格线。

（3）刷胶黏剂　刷胶黏剂是铺贴木拼锦砖的关键工序，直接影响铺贴质量。刷胶厚度一般掌握在1~1.5mm，不宜过厚或过薄，涂刷胶黏剂时要靠着弹线并整齐，要随涂刷、随粘贴，特别要掌握好粘贴的火候。

（4）铺木拼锦砖　按弹出的分格线在房间中心先铺贴一联木拼锦砖，经找平整、找顺直并压实粘牢，作为粘贴其他木拼锦砖的基准。然后再插好方联四边锦砖，企口缝和底面均涂胶黏剂，校正找平及粘贴顺序，如图4-8所示。

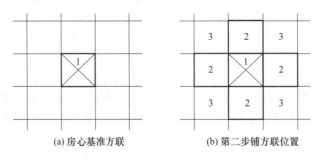

(a) 房心基准方联　　　　(b) 第二步铺方联位置

图4-8　木拼锦砖铺贴顺序示意

木拼锦砖的另一种铺贴顺序是：从房间短向墙面开始，两端先铺基准锦砖，拉线控制铺贴面的水平；然后从一端开始，第二联锦砖转90°方向拼接；如此相间铺贴，等待一行铺完后校正平直，再进行下一行，铺贴3~4行后用3m直尺校平。

（5）铺木踢脚板　木拼锦砖地面一般应铺贴木踢脚板或仿木塑料踢脚板。其固定的方法是用木螺丝固定在墙中预埋木砖上，木踢脚板下皮平直与木拼锦砖表面压紧，缝隙严密。

（6）打磨上蜡　在铺完木拼锦砖和踢脚板后，立即将木拼锦砖地面的杂物等彻底清理干净，等待木拼锦砖粘贴48h以上时即可用磨光机的砂轮先研磨一遍，再用布砂轮研磨一遍，擦洗干净后便可刷涂料打蜡。如木拼锦砖表面已刷涂料，铺贴后就不必磨光，只打一遍蜡即可。

四、复合木地板面层施工工艺

复合木地板也称为强化木地板、强化地板，是用原木经粉碎、添加胶黏剂、防腐处理、高温高压制成的中密度板材，表面刷涂高级涂料，再经过切割、刨槽刻榫等加工制成拼块复合木地板。复合木地板的规格比较统一，安装极为方便，施工速度非常快，是国内目前较为广泛应用的地板装饰材料，在国外已有20多年的应用历史。

（一）复合地板规格与品种

1. 复合地板的规格

目前，在市场上销售的复合木地板无论是国产或进口产品，其规格都是统一的，宽度为120mm、150mm和195mm；长度为1500mm和2000mm；厚度为6mm、8mm和14mm；所用的胶黏剂有白乳胶、强力胶、立时得等。

2. 复合地板的品种

（1）以中密度板为基材，表面贴天然薄木片（如红木、橡木、桦木、水曲柳等），并在其表面涂结晶三氧化二铝耐磨涂料。

（2）以中密度板为基材，底部贴硬质PVC薄板作为防水层，以增强防水性能，在其表面涂结晶三氧化铝耐磨涂料。

（3）表面为胶合板，中间设塑料保温材料或木屑，底层为硬质PVC塑料板，经高压加工制成地板材料，表面涂耐磨涂料。

上述3种板材按标准规格尺寸裁切，经过刨槽、刻榫后制成地板块，每10块为一捆，包装出厂销售。

（二）复合木地板施工工艺

复合木地板铺贴和普通企口缝木地板铺设基本相同，只是其施工精度要求更高一些。复合木地板的施工工艺流程为：基层处理→弹线、找平→铺垫层→试铺预排→铺地板→铺踢脚板→清洗表面。

（1）基层处理　复合木地板的基层处理与前面相同，要求平整度3m内误差不得大于2mm，基层应当干燥。铺贴复合木地板的基层一般有楼面钢筋混凝土基层、水泥砂浆基层、木地板基层等，不符合要求的要进行修补。木地板基层要求毛板下木龙骨间距要密一些，一般情况下不得大于300mm。

（2）铺设垫层　复合木地板的垫层为聚乙烯泡沫塑料薄膜，其宽为1000mm卷材，铺时按房间长度净尺寸加100mm裁切，横向搭接150mm。垫层可增加地板隔潮作用，增加地板的弹性并增加地板稳定性，减少行走时地板产生的噪声。

（3）试铺预排　在正式铺贴复合木地板前，应进行试铺预排。板的长缝隙应顺入射光方向沿墙铺放，槽口对墙，从左至右，两板端头企口插接，直到第一排最后一块板，切下的部分若大于300mm，可以作为第二排的第一块板铺放，第一排最后一块的长度不应小于500mm，否则可将第一排第一块板切去一部分，以保证最后的长度要求。木地板与墙体间留出8~10mm缝隙，用木楔进行调直，暂不涂胶。拼铺三排进行修整、检查平整度，符合要求后，按排编号拆下放好。

（4）铺木地板　按照预排的地板顺序，对缝涂胶拼接，用木槌敲击挤紧。复验平直度，横向用紧固卡带将三排地板卡紧，每隔1500mm左右设置一道卡带，卡带两端有挂钩，卡带可调节长短和松紧度。从第四排起，每拼铺一排卡带移位一次，直至最后一排。每排最后一块地板端部与墙体间仍留8~10mm缝隙。在门的洞口，地板铺至洞口外墙皮与走廊地板平接。如果为不同材料时，留出5mm缝隙，用卡口的盖缝条进行盖缝。

（5）清扫擦洗　每铺贴完一个房间并等待胶干燥后对地板表面进行认真清理，扫净杂物、清除胶痕，并用湿布擦净。

（6）安装踢脚板　复合木地板可选用仿木塑料踢脚板、普通木踢脚板和复合木地板。在安装踢脚板时，先按踢脚板的高度弹出水平线，清理地板与墙缝隙中杂物，标出预埋木砖的位置，按木砖位置在踢脚板上钻孔，孔径应比木螺丝直径小 1~1.2mm，用木螺丝进行固定。踢脚板的接头尽量设置在不明显的地方。

（三）复合木地板施工注意事项

（1）按照设计要求购进复合木地板，放入准备铺装的房间，在适应铺设环境48h后方可拆包进行铺设。

（2）复合木地板与四周墙之间必须留缝，以适应地板的伸缩变形，地板面积如果超过30m²，中间也需要留缝。

（3）如果木地板底面基层有微小的不平，不必用水泥砂浆进行修补，可用橡胶垫垫平。

（4）拼装木地板从缝隙中挤出的余胶，应随时加以擦净，不得出现遗漏。

（5）复合木地板铺完后不能立即使用，在常温下48h后方可使用。

（6）预先排列时要计算最后一排板的宽度，如果宽度小于50mm，应削减第一排板的宽度，以使二者均等。

（7）铺装预排时应将所需用的木地板混放一起，搭配出最佳效果的组合。

（8）铺装时要用3m直尺按要求随时找平、找直，发现问题及时纠正。

（9）铺装时板缝涂胶，不能涂在企口槽内，要涂在企口的舌部。

五、木地板施工注意事项

（1）木地板面层下面的木搁栅、垫木、毛地板等采用的木材树种、选材标准和铺设时木材的含水率，以及防腐蚀、防虫蛀处理等，均应符合现行国家标准《木结构工程施工质量验收规范》（GB 50206—2012）中的有关规定。所选用的材料，进场时应对其断面尺寸、含水率等主要技术指标进行抽检，抽检数量应符合产品标准的规定。

（2）与卫生间、盥洗间、厨房等潮湿场所相邻的木质材料面层连接处，必须按照设计要求进行防水（防潮）处理。

（3）木板面层不宜用于长期或经常潮湿处，并应避免与水和其他液体长期接触，以防止木质基层腐蚀和面层变形、开裂、翘曲等质量问题。对多层建筑的底层地面铺设木板面层时，其基层（含墙体）应采取防潮措施。

（4）木地板面板铺设在水泥类基层上，其基层表面应坚硬、平整、洁净、干燥、不起砂。

（5）建筑地面工程的木地板面层下面架空结构层（或构造层）的质量检验，应符合相应的现行国家标准规定。

（6）木地板面层的通风构造层主要包括室内通风沟、室外通风窗等，均应符合设计和现行国家标准要求。

第五节　塑料地面面层施工工艺

由于众多现代建筑物楼地面的特殊使用需求，塑料类装饰地板材料的应用日益广泛。不仅用于现代办公楼及大型公共建筑，而且还可用于有防尘超净、降噪超静、防静电等要求的室内地面。塑料地板以其脚感舒适、不易沾尘、噪声较小、防滑耐磨、保温隔热、色彩鲜艳、图案多样、施工方便等优点，在世界各国得到广泛应用。在地面工程中常用的塑料地板有半硬质聚氯乙烯塑料地板（简称PVC地板）、乙烯-醋酸乙烯塑料地板（简称EAV地板）、聚氯乙烯卷材（简称PVC卷材）、氯化聚乙烯地板（简称CPE地板）、塑料地板等。

一、对塑料板材料的质量要求

塑料板的品种、规格、色泽、花纹应符合设计要求，其质量应满足以下要求。

（1）外观质量　塑料板的外观质量应符合表4-16中的规定。

表4-16　塑料板的外观质量

缺陷名称	塑料板等级		
	优等品	一等品	合格品
裂纹、空洞、疤痕、分层	不允许	不允许	不允许
条纹、气泡、折皱	不允许	不允许	轻微
漏印、缺膜	不允许	不允许	轻微
套印偏差、色差	不允许	不明显	不影响美观
污斑	不允许	不允许	不明显
图案变形	不允许	不允许	不明显
背面有非正常凹坑或凸起	不允许	不明显	不影响使用

（2）尺寸允许偏差　塑料板的尺寸允许偏差应符合表4-17中的规定。

表4-17　塑料板的尺寸允许偏差

项目	总厚度	长度	宽度
允许偏差	总厚度<3mm，不偏离规定尺寸的0.2mm 总厚度≥3mm，不偏离规定尺寸的0.3mm	不小于规定尺寸	不小于规定尺寸

（3）每卷的段数和最小段长　塑料板每卷的段数和最小段长应符合表4-18中的规定。分段的塑料卷材应注明小段的长度，每卷长度至少增加不得少于两个完整的图案和长度。

表4-18　塑料板每卷的段数和最小段长

项目	等级		
	优等品	一等品	合格品
每卷段数	1	1	≤2
最小段长/m	20	20	6

（4）单位面积质量允许偏差　塑料板单位面积质量的单项值与平均值的允许偏差为±10%，平均值与规定值的允许偏差为±10%。

（5）物理性能　塑料板面层所用塑料板的物理性能指标应符合表4-19中的规定。

表4-19　塑料板的物理性能指标

试验项目		塑料板等级		
		优等品	一等品	合格品
耐磨层厚度/mm		≥0.20	≥0.15	≥0.10
残余凹陷度/mm	总厚度<3mm	≤0.20	≤0.25	≤0.30

试验项目		塑料板等级		
		优等品	一等品	合格品
残余凹陷度/mm	总厚度≥3mm	≤0.25	≤0.35	≤0.40
加热长度变化率/%		≤0.20	≤0.25	≤0.40
翘曲度/mm		≤2	≤2	≤2
磨耗量/(g/cm³)		≤0.0025	≤0.0030	≤0.0040
褪色性/级		≥6	≥6	≥5
层间剥离力/N		≥50	≥50	≥25
降低冲击声①/dB		≥15	≥15	≥10

① 仅背部涂发泡层的塑料卷材测试该指标。

（6）塑料板面层应平整、光洁、无裂纹、色泽均匀、厚薄一致、边缘平直、密实无孔、无皱纹，板内不允许有杂物和气泡，并应符合产品所规定的各项技术指标。

（7）外观目测600mm距离应看不见有凹凸不平、色泽不匀、纹痕显露等质量缺陷。

二、半硬质聚氯乙烯塑料地板

半硬质聚氯乙烯塑料地板产品，是由聚氯乙烯共聚树脂为主要原料，加入适量的填料、增塑剂、稳定剂、着色剂等辅料，经压延、挤出或热压工艺所生产的单层和复合半硬质PVC铺地装饰材料。

（一）品种与规格

根据现行国家标准《半硬质聚氯乙烯块状地板》（GB/T 4085—2015）的规定，其品种可分为单层和同质复合地板。半硬质聚氯乙烯塑料地板的厚度为1.5mm，长度为300mm，宽度为300mm，也可由供需双方议定其他规格产品。

（二）技术性能要求

（1）外观要求　半硬质聚氯乙烯塑料地板的产品外观要求应符合表4-20中的规定。

表4-20　半硬质聚氯乙烯塑料地板的产品外观要求

外观缺陷的种类	规定指标
缺口、龟裂、分层	不可有
凹凸不平、纹痕、光泽不均、色调不匀、污染、伤痕、异物	不明显

（2）尺寸偏差　半硬质聚氯乙烯塑料地板产品的尺寸偏差应符合表4-21中的规定。

表4-21　半硬质聚氯乙烯塑料地板产品的尺寸偏差　　　　　　　单位：mm

厚度极限偏差	长度极限偏差	宽度极限偏差
±0.15	±0.30	±0.30

（3）垂直度　半硬质聚氯乙烯塑料地板产品的垂直度，是指试件的边与直角尺边的差值，其最大公差值应小于0.25mm，如图4-9（b）所示。

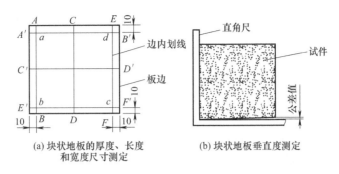

(a) 块状地板的厚度、长度
和宽度尺寸测定

(b) 块状地板垂直度测定

图4-9　半硬质聚氯乙烯塑料地板的尺寸及垂直度测定方式

（4）物理性能　半硬质聚氯乙烯塑料地板产品的物理性能必须符合表4-22规定的指标。

表4-22　半硬质聚氯乙烯塑料地板产品的物理性能

物理性能项目	单层地板	同质复合地板	物理性能项目	单层地板	同质复合地板
热膨胀系数/℃	≤1.0×10⁻⁴	≤1.2×10⁻⁴	23℃凹陷度/mm	≤0.30	≤0.30
加热质量损失率/%	≤0.50	≤0.50	45℃凹陷度/mm	≤0.60	≤1.00
加热长度变化率/%	≤0.20	≤0.25	残余凹陷度/mm	≤0.15	≤0.15
吸水长度变化率/%	≤0.15	≤0.17	磨耗量/(g/cm²)	≤0.020	≤0.015

（三）施工工艺

1. 料具的准备

（1）材料的准备　半硬质聚氯乙烯塑料地板粘贴施工常用的主要材料有塑料地板、塑料踏脚以及适用于板材的胶黏剂。

① 塑料地板。可以选用单层板或同质复合地板，也可以选用由印花面层和彩色基层复合成的彩色印花塑料地板，它不但具有普通塑料地板的耐磨、耐污染性能，而且图案多样，高雅美观。

② 胶黏剂。胶黏剂的种类很多，但性能各不相同，因此在选择胶黏剂时要注意其特性和使用方法。常用胶黏剂的特点如表4-23所列。

表4-23　常用胶黏剂的特点

胶黏剂名称	性　能　特　点
氯丁胶水	需双面涂胶、速干、初黏力大、有刺激性挥发气味。施工现场要注意防毒、防燃
202胶	速干、黏结强度大，可用于一般耐水、耐酸碱工程。使用双组分要混合均匀，价格较贵
JY-7胶	需双面涂胶、速干、初黏力大、毒性低、价格相对较低
水乳型氯乙胶	不燃、无味、无毒、初黏力大、耐水性好，对较潮湿基层也能施工，价格较低
聚醋酸乙烯胶	使用方便、速干、黏结强度好，价格较低，有刺激性，须防燃，耐水性差
405聚氨酯胶	固化后有良好的黏结力，可用于防水、耐酸碱等工程。初黏力差，黏结时需防止位移
6101环氧胶	有很强的黏结力，一般用于地下室、地下水位高或人流量大的场合。黏结时要预防胺类固化剂对皮肤的刺激，其价格较高
立时得胶	日本产，黏结效果好，干燥速度快
VA黄胶	美国产，黏结效果好

黏结剂在使用前必须经过充分拌和，达到均匀才能使用。对双组分胶黏剂要先将各组分分别搅拌均匀，再按规定的配合比准确称量，然后将两组分混合，再次搅拌均匀后才能使用。胶黏剂不用时千万不能打开容器盖，以防止溶剂挥发，影响其质量。使用时每次取量不宜过多，特别是双组分胶黏剂配量要严格掌握，一般使用时间不超过2~4h。另外，溶剂型胶黏剂易燃和带有刺激性气味，所以在施工现场严禁明火和吸烟，并要求有良好的通风条件。

（2）施工工具准备　塑料地板的施工工具主要有涂胶刀、划线器、橡胶滚筒、橡胶压边滚筒，如图4-10所示。另外还有裁切刀、墨斗线、钢直尺、皮尺、刷子、磨石、吸尘器等施工工具。

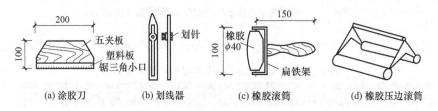

图4-10　塑料地板施工工具（单位：mm）

2. 基层处理

基层不平整、含水率过高、砂浆强度不足或表面有油迹、尘灰、砂粒等，均会使塑料地板产生各种质量弊病。塑料地板最常见的质量问题有地板起壳、翘边、鼓泡、剥落及不平整等。因此，对铺贴的基层要求其平整、坚固、有足够的强度，各个阴角、阳角处必须方正，无污垢灰尘和砂粒，含水率不得大于8%。不同的材料的基层对其要求是不同的。

（1）水泥砂浆和混凝土基层　在水泥砂浆和混凝土基层上铺贴塑料地板，其基层表面用2m直尺检查的允许空隙不得超过2mm。如果有麻面、孔洞等质量缺陷，必须用腻子进行修补，并涂刷乳液一遍，腻子应采用乳液腻子，其配合比可参考表4-24。

表4-24　乳液及腻子配合比

名称	配合比例（质量比）							
	聚醋酸乙烯乳液	108胶	水泥	水	石膏	滑石粉	土粉	羧甲基纤维素
108胶水泥乳液	—	0.5~0.8	1.0	6~8	—	—	—	—
石膏乳液腻子	1.0	—	—	适量	2.0	—	2.0	—
滑石粉乳液腻子	0.20~0.25	—	—	适量	—	1.0	—	0.10

修补时，先用石膏乳液腻子嵌补找平，然后用0号钢丝纱布打毛，再用滑石粉腻子刮第二遍，直至基层完全平整、无浮灰后刷108胶水泥乳液，以增加胶结层的黏结力。

（2）水磨石和陶瓷锦砖基层　水磨石和陶瓷锦砖基层的处理，应先用碱水洗去其表面污垢后，再用稀硫酸腐蚀表面或用砂轮进行推磨，以增加此类基层的粗糙度。这种地面宜用耐水的胶黏剂进行粘贴。

（3）木质地板基层　木板基层的木搁栅应坚实，地面突出的钉头应敲平，板缝可用胶黏剂加上老粉配制成腻子，进行填补平整。

3. 塑料地板的铺贴工艺

（1）弹线分格　按照塑料地板的尺寸、颜色、图案进行弹线分格。塑料地板的粘贴一般有两种方式：一种是接缝与墙面成45°角，称为对角定位法，如图4-11（a）所示；另一种是接缝与墙面平行，称为直角定位法，如图4-11（b）所示。

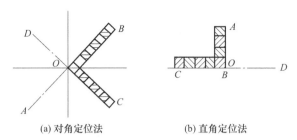

(a) 对角定位法　　　　(b) 直角定位法

图4-11　塑料地板铺贴定位方法

① 弹线。以房间中心点为中心，弹出相互垂直的两条定位线，其定位方法如图4-12所示。同时，要考虑到板块尺寸和房间实际尺寸的关系，尽量少出现小于1/2板宽的窄条。相邻房间之间出现交叉和改变面层颜色，应当设置在门的裁口处，而不能设在门框边缘处。在进行分格时，应距墙边留出200~300mm距离作为镶边。

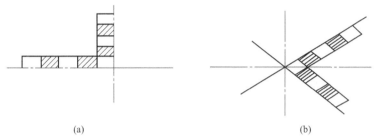

(a)　　　　　　　　　　　　　(b)

图4-12　塑料板的定位方法

② 铺贴。以上面的弹线为依据，从房间的一侧向另一侧进行铺贴，这是最常用的铺贴顺序。也可以采用十字形、T字形、对角形等铺贴方式，如图4-13所示。

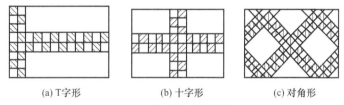

(a) T字形　　　　　　(b) 十字形　　　　　　(c) 对角形

图4-13　塑料地板的铺贴方式

（2）裁切试铺　为了确保地板粘贴牢固，塑料地板在裁切试铺前，应首先进行脱脂除蜡处理，将其表面的油蜡清除干净。

① 将每张塑料板放进75℃左右的热水中浸泡10~20min，然后取出晾干，用棉丝蘸溶剂（丙酮∶汽油=1∶8的混合溶液）进行涂刷脱脂除蜡，以保证塑料地板在铺贴时表面平整，不变形和粘贴牢固。

② 塑料地板铺贴前，对于靠墙处不是整块的塑料板应加以裁切，其方法是在已铺好的塑料板上放一块塑料板，再用一块塑料板的右边与墙紧贴，沿另一边在塑料板上划线，按线裁下的部分即为所需尺寸的边框。

③ 塑料板脱脂、除蜡，并进行切割以后，即可按照弹线进行试铺。试铺合格后，应按顺序编号以备正式铺贴。

（3）涂胶　塑料地板粘贴在涂胶前，应将基层清扫干净，并先涂刷一层薄而匀的底子胶。涂刷要均匀一致，越薄越好，且不得漏涂刷。底子胶干燥后方可正式涂胶铺贴。

① 应根据不同的铺贴地点选用相应的胶黏剂。例如象牌PVA胶黏剂，适宜于铺贴二层以上的塑料地板；而耐水胶黏剂，则适用于潮湿环境中塑料地板的铺贴，也可用于-15℃的

环境中。不同的胶黏剂有不同的施工方法。

如用溶剂型胶黏剂，一般应在涂布后晾干到溶剂挥发到手触不沾手时再进行铺贴。用PVA等乳液型胶黏剂时，则不需要晾干过程，最后将塑料地板的黏结面打毛，涂胶后即可铺贴。用E-44环氧树脂胶黏剂时，则应按配方准确称量固化剂（常用乙二胺）加入调和，涂布后即可铺贴。若采用双组分胶黏剂，如聚氨酯和环氧树脂等，要按组分配比正确称量，预先进行配制，并即时用完。

② 通常施工温度应在10~35℃范围内，暴露时间为5~15min。低于或高于此温度，不能保证铺贴质量，最好不进行铺贴。

③ 若采用乳液型胶黏剂，应在塑料地板的背面刮胶。若采用溶剂型胶黏剂，只在地面上刮涂上胶黏剂即可。

④ 聚醋酸乙烯溶剂胶黏剂，由于甲醇挥发速度快，所以涂刮面积不能太大，稍加暴露就应马上铺贴。聚氨酯和环氧树脂胶黏剂都是双组分固化型胶黏剂，即使有溶液也含量很少，可稍加暴露铺贴。

（4）铺贴　铺贴塑料地板主要控制3个方面的问题：a.塑料地板要粘贴牢固，不得有脱胶、空鼓现象；b.缝隙和分格顺直，避免错缝发生；c.表面平整、干净，不得有凹凸不平及破损与污染。在铺贴中注意以下几个方面。

① 对于塑料地板接缝处理，黏结坡口做成同向顺坡，搭接宽度不小于300mm。

② 铺贴时，切忌整张一次贴上，应先将边角对齐黏合，轻轻地用橡胶滚筒将地板平伏地粘贴在地面上，在准确就位后，用橡胶滚筒压实将气赶出，如图4-14所示，或用锤子轻轻敲实。用橡胶锤子敲打应从一边向另一边依次进行，或从中心向四边敲打。

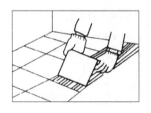 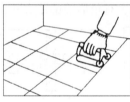 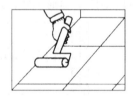

(a) 地板一端对齐粘合　　(b) 用橡胶滚筒赶压气泡　　(c) 压实

图4-14　铺贴及压实示意

③ 铺贴到墙边时可能会出现非整块地板，应准确量出尺寸后在施工现场进行裁割。裁割后再按上述方法一并铺贴。

（5）清理　铺贴完毕后，应及时清理塑料地板表面，特别是施工过程中因手触摸留下的胶印。对溶剂胶黏剂用棉纱蘸少量松节油或200号溶剂汽油擦去从缝中挤出来的多余胶，对水乳胶黏剂只需要用湿布擦去，最后上地板蜡。

（6）养护　塑料地板铺贴完毕，要有一定养护时间，一般为1~3d。养护内容主要有两个方面：一是禁止行人在刚铺过的地面上大量行走；二是养护期间避免沾污或用水清洗表面。

三、软质聚氯乙烯塑料地板

软质聚氯乙烯地面用于需要耐腐蚀、有弹性、高度清洁的房间，这种地面造价高、施工工艺复杂。软质塑料地板可以在多种基层材料上粘贴，基层处理、施工准备和施工程序基本上与半硬质聚氯乙烯塑料地面相同。

（一）料具准备工作

（1）根据设计要求和国家的有关质量标准，检验软质聚氯乙烯塑料地板的品种、规格、颜色与尺寸。

（2）胶黏剂　胶黏剂应根据基层材料和面层的使用要求，通过试验确定胶黏剂的品种，通常采用401胶黏剂。

（3）焊枪　焊枪是塑料地板连接的机具，其功率一般为400~500W，枪嘴的直径宜与焊条直径相同。

（4）鬃刷　鬃刷是涂刷胶黏剂的专用工具，其规格为5.0cm或6.5cm。

（5）V形缝隙切口刀　V形缝隙切口切是切割软质塑料地板V形缝隙的专用刀具。

（6）压辊　即指压辊滚筒，是用来专门推压焊缝的工具。

（二）地板铺贴施工

（1）分格弹线　基层分格的大小和形状，应根据设计图案、房间面积大小和塑料地板的具体尺寸确定。在确定分格弹线时应当考虑以下主要因素。

① 分格时应当尽量减少焊缝的数量，兼顾分格的美观和装饰效果。因此，一般多采用软质聚氯乙烯塑料卷材。

② 从房间的中央向四周分格弹线，以保证分格的对称和美观。房间四周靠墙的不够整块者，尽量按镶边进行处理。

（2）下料及脱脂　将塑料地板平铺在操作平台上，按照基层上分格的大小和形状，在板面上画出切割线，用V形缝隙切口刀进行切割。然后用湿布擦洗干净切割好的板面，再用丙酮涂擦塑料地板的粘贴面，以便脱脂去污。

（3）预铺　在塑料面板正式粘贴的前1d，将切割好的板材运入待铺设的房间内，按分格弹线进行预铺。预铺时尽量做到板材的色调一致、厚薄相同。铺好的板材一般不得再搬动，待次日粘贴。

（4）粘贴

① 将预铺好的塑料地板翻开，先用丙酮或汽油把基层和塑料板粘贴面上满刷一遍，以便更彻底脱脂去污。待表面的丙酮或汽油挥发后，将瓶装的401胶黏剂按0.8kg/m²的2/3量倒在基层和塑料板粘贴面上，用鬃刷纵横涂刷均匀，待3~4min后将剩余的1/3胶液以同样的方法涂刷在基层和塑料板上；待5~6min后，将塑料地板四周与基线分格对齐，调整拼缝至符合要求后，再在板面上施加压力，然后由板材的中央向四周来回滚压，排出板下的全部空气，使板面与基层粘贴紧密，最后排放砂袋进行静压。

② 对有镶边者，应当先粘贴大面，后粘贴镶边部分。对无镶边者，可由房间最里侧往门口粘贴，以保证已粘贴好的板面不受人行走的干扰。

③ 塑料地板粘贴完毕后，在10d内施工地点的温度要保持在10~30℃，环境湿度不超过70%，在粘贴后的24h内不能在其上面走动和其他作业。

（5）焊接　为使焊缝与板面的色调一致，应使用同种塑料板上切割的焊条。

① 粘贴好的塑料地板至少要经过2d的养护才能对拼缝施焊。在施焊前，先打开空压机，用焊枪吹去拼缝中的尘土和砂粒，再用丙酮或汽油将表面清洗干净，以便进行施焊。

② 施焊前应检查压缩空气的纯度，然后接通电源，将调压器调节到100~200V，压缩空气控制在0.05~0.10MPa，热气流温度一般为200~250℃，这样便可以施焊。进行焊接时按2人一组进行组合，1人持枪施焊，1人用压辊推压焊缝。施焊者左手持焊条，右手握焊枪，

从左向右依次施焊，持着压辊者紧跟施焊者进行施压。

③ 为使焊条、拼缝同时均匀受热，必须使焊条、焊枪喷嘴保持在拼缝轴线方向的同一垂直面内，且使焊枪喷嘴均匀上下撬动，撬动次数为1~2次/s，幅度为10mm左右。持着压辊者同时在后边推压，用力和推进速度应均匀。

（三）PVC地卷材的铺贴

（1）**材料准备** 根据房间尺寸大小，从PVC地卷材上切割料片，由于这种材料切割后会发生纵向收缩，因此下料时应留有一定余地。将切割下来的卷材片依次编号，以备在铺设时按次序进行铺贴，这样相邻卷材片之间的色差不会太明显。对于切割下来的料片，应在平整的地面上放置3~6d，使其充分收缩，以保证铺贴质量。

（2）**定位裁切** 堆放并静置后的塑料片，按照其编号顺序放在地面上，与墙面接触处应翻上去2~3cm。为使卷材平伏便于裁边，在转角（阴角）处切去一角，遇阳角时用裁刀在阴角位置切开。裁切刀必须锐利，使用过程中要注意及时磨快，以免影响裁边的质量。裁切刀既要有一定的刚性又要有一定的弹性，在切墙边部位时可以适当弯曲。

卷材与墙面的接缝有两种做法：一是如果技术熟练、经验丰富，可直接用切刀沿墙线把翻上去的多余部分切去；二是如果技术不熟练，最好采用先划线、后裁切的做法。卷材片之间的接缝一般采用对接法。对无规则花纹的卷材比较容易，对有规则图案的卷材，应先把两片边缘的图案对准后再裁切。对要求无接缝的地面，接缝处可采用焊接的方法，即先用坡口直尺切出V形接缝，熔入同质同色焊条，表面再加以修整，也可以用液体嵌缝材料使接缝封闭。

（3）**粘贴施工** 粘贴的顺序一般是以一面墙开始粘贴。粘贴的方法有两种：一种是横叠法，即把卷材片横向翻起一半，用大涂胶刮刀进行刮胶，接缝处留下50cm左右暂不涂胶，以留做接缝。粘贴好半片后，再将另半片横向翻起，以同样方法涂胶粘贴；另一种是纵向卷法，即纵向卷起一半先粘贴，而后再粘贴另一半。卷材地面接缝裁切如图4-15所示，卷材粘贴方法如图4-16所示。

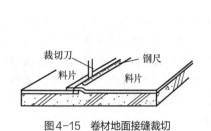

图4-15 卷材地面接缝裁切

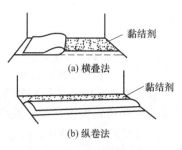

图4-16 卷材的粘贴方法

（四）氯化聚乙烯卷材地面铺贴

（1）在正式铺贴前，应根据房间尺寸及卷材的长度，决定卷材是纵向铺设还是横向铺设，决定的原则是卷材的接缝越少越好。

（2）基层按要求处理后，必须用湿布将其表面的尘土清除干净，然后用二甲苯涂刷基层，清除不利于黏结的污染物。如果没有二甲苯，可用汽油加少量404胶（10%~20%）搅拌均匀后涂刷，这样不仅可以清除杂物，还能使基层渗入一定量的胶液，起底胶的作用，使黏结更加牢固。

（3）基层和卷材涂胶后要晾干，以手摸胶面不黏为度，否则地面卷材黏结不牢。在常温下，一般不少于20min。

（4）铺贴时4人分4个边，同时将卷材提起，按预先弹出的线进行搭接。先将一端放下，再逐渐顺线将其余部分铺贴，如果产生离线时应立即掀起调整。铺贴的位置准确后，从中间向两边用手或用滚子赶压、铺平，切不可先粘贴四周，这样不易紧密铺贴在基层上，且卷材下部的气体不易赶出，严重影响粘贴质量。如果还有未赶出的气泡，应将卷材前端掀起重新铺贴，也可以采用前面所述PVC卷材的铺贴方法。

（5）卷材接缝处搭接宽度至少20mm，并要居中弹线，用钢尺压线后，用裁切刀将两片叠合的卷材一次切割断，裁刀要非常锋利，尽量避免出现重刀切割。扯下断开的边条，将接缝处的卷材压紧贴牢，再用小铁滚子紧压一遍，保证接缝严密。卷材接缝可采用焊接或嵌缝封闭的方法。

四、塑料地板面层施工工艺

（一）材料及其特点

塑料地板也称塑料地砖，它是以PVC为主要原料，加入其他材料经特殊加工而制成的一种新型塑料。其底层是一种高密度、高纤维网状结构材料，坚固耐用，富有弹性。表面为特殊树脂，纹路逼真，超级耐磨，光而不滑。这种塑料地板具有耐火、耐水、耐热胀冷缩等特点，用其装饰的地面脚感舒适、富有弹性、美观大方、施工方便、易于保养，一般用于高档地面装饰。

（二）施工准备工作

1. 基层准备工作

在地面上铺设塑料地板时，应在铺贴之前将地面进行强化硬化处理，一般是在土层夯实后做灰土垫层，然后在灰土垫层上做细石混凝土基层，以保证地面的强度和刚度。细石混凝土基层达到一定强度后，再做水泥砂浆找平层和防水防潮层。在楼地面上铺设塑料地板时，首先应在钢筋混凝土预制楼板上做混凝土叠合层；然后为保证地面的平整度，在混凝土叠合层上做水泥砂浆找平层；最后做防水防潮层。

2. 铺贴的准备工作

铺贴的准备工作比较简单，一般主要包括弹线、试铺和编号。

（1）弹线　根据具体设计和装饰物的尺寸，在楼地面防潮层上弹出互相垂直，并分别与房间纵横墙面平行的标准十字线，或分别与同一墙面成45°角且互相垂直交叉的标准十字线。根据弹出的标准十字线，从十字线中心开始，将每块（或每行）塑料地板的施工控制线逐条弹出，并将塑料楼地面的标高线弹于两边墙面上。弹线时还应将楼地面四周的镶边线一并弹出（镶边宽度应按设计确定，设计中无镶边者不必弹此线）。

（2）试铺、编号　按照以上弹出的定位线，将预先选好的塑料地板按设计规定的组合造型进行试铺，试铺成功后逐一进行编号，堆放合适位置备用。

（三）塑料地板的铺贴工艺

（1）清理基层　基层表面在正式涂胶前，应将其表面的浮砂、垃圾、尘土、杂物等清理干净，并将待粘贴的塑料地板也要清理干净。

（2）测试胶黏剂　在塑料地板铺贴前，首先要进行测试胶黏剂性能工作，确保采用的胶黏剂与塑料地板相适应，以保证粘贴质量。测试胶黏剂性能时，一般取几块塑料地板用准备采用的胶黏剂涂于地板背面和基层上，待胶黏剂稍干后（以不粘手为准）进行粘贴。在粘贴4h后，如果塑料地板无软化、翘曲或黏结不牢等现象时，则认为这种胶黏剂与塑料地板相容，可以用于塑料地板的粘贴，否则应另选胶黏剂。

（3）涂胶黏剂　用锯齿形涂胶板将选用的胶黏剂涂于基层表面和塑料地板背面，注意涂胶的面积不得少于总面积的80%。涂胶时应用刮板先横向刮涂一遍，再竖向刮涂一遍，必须刮涂均匀。

（4）粘贴施工　在涂胶稍停片刻后，待胶膜表面稍干些，将塑料地板按试铺编号水平就位，并与所弹出的位置线对齐，把塑料地板放平粘铺，用橡胶滚将塑料地板压平粘牢，同时将气泡赶出，并与相邻各板材抄平调直，彼此不得有高差之处。对应的缝隙应横平竖直，不得有不直之处。

（5）质量检查　塑料地板粘贴完毕后，应进行严格的质量检查。凡有高低不平、接槎不严、板缝不直、黏结不牢及整个楼地面平整度超过0.50mm者，均应彻底进行修正。

（6）镶边装饰　塑料地板设计有镶边者应进行镶边操作，镶边所用材料及做法按照设计规定进行办理。

（7）打蜡上光　塑料地板在铺贴完毕经检查合格后，应将表面残存的胶液及其他污迹清理干净，然后用水蜡或地板蜡打蜡上光。

五、塑料地板的成品保护措施

（1）在工程未进行交工验收前，塑料地面粘贴完成后的房间应设专人看管，非工作人员严禁入内。必须进入室内工作时，应穿洁净的软底鞋，严禁吸烟和烟火，以免损伤和灼伤塑料地面。

（2）塑料地面粘贴完成后，在养护期间（一般养护1~3d）应避免沾污或用水清洗表面，必要时可用塑料薄膜盖压地面，以防止污染。如遇阳光直接暴晒应予遮挡，以防止局部干燥过快使板变形和褪色。

（3）电工、油漆工在塑料地面上工作时，使用的工作梯、凳脚的下部要包裹软性材料保护，防止因重压和拖拉划伤地面。

（4）聚氯乙烯塑料地面耐高温性能比较差，不应使烟蒂、热锅、开水壶、火炉、电热器等与地面直接接触，以防止烧焦、烫坏或造成翘曲、变色。

（5）在塑料地板使用的过程中，切忌金属锐器、玻璃、瓷片、鞋钉等坚硬物质磨损、磕碰表面。

（6）塑料地板被油渍及墨水等沾污后应立即清洗掉，切不可用刀刮，清洗时应用皂液擦洗或用乙酸乙酯、松节油，严禁用酸性洗液。

（7）塑料地板局部受到损坏或出现脱层，应及时调换、修补，重新进行粘贴。重新粘贴时应将原来的胶黏剂清除干净，除去表面浮灰，基层表面保证平整洁净。

第六节　地毯地面面层施工工艺

地毯是以棉、麻、毛、丝、草等天然纤维或化学合成纤维类原料，经手工或机械工艺进行编结、裁绒或纺织而成的地面铺敷物。地毯是一种高级地面装饰材料，具有吸声、隔声、隔热、弹性、保温性能好、脚感舒适和装饰效果好等特点。它是世界范围内具有悠久历史传统的工艺美术品类之一。地毯主要覆盖于住宅、宾馆、体育馆、展览厅、车辆、船舶、飞机等室内的地面。

一、地毯铺贴施工准备工作

1. 材料的准备工作

（1）地毯材料　地毯是一种现代建筑室内地面的装饰材料，其规格与种类繁多，价格和效果差异也很大，因此正确选择地毯十分重要。从材质不同进行分类，地毯可分为羊毛地毯、混纺地毯、化纤地毯、塑料地毯和剑麻地毯等。

按照编织工艺不同，地毯可分为手工编织地毯、簇绒地毯和无纺地毯3类。由于簇绒地毯生产时对绒毛高度进行调整，圈绒绒毛的高度一般为7~10mm，平绒绒毛高度一般为7~10mm，所以这种地毯纤维密度大，弹性比较好，脚感非常舒适，加上图案繁多，色彩美丽，价格适中，是一种很受人们欢迎的中档地面铺装材料。

根据现行国家标准《簇绒地毯》（GB/T 11746—2008）中的规定，按照其绒头结构不同，可分为割绒、圈绒和割绒圈绒组合3种；按照毯基上单位面积绒头质量可分为若干型号，簇绒地毯的型号如表4-25所列；按照其技术要求评定等级，其技术要求分为内在质量和外观质量两个方面，簇绒地毯内在质量技术要求如表4-26所列，簇绒地毯外在质量技术要求如表4-27所列，地毯有害物质释放量限量如表4-28所列。

表4-25　簇绒地毯的型号　　　　　　　　　　　　单位：g/m^2

地毯型号	300型	350型	400型	450型	500型
毯基上单位面积绒头质量(标称值)	300~349	350~399	400~449	450~499	500~549
地毯型号	550型	600型	650型	700型	750型
毯基上单位面积绒头质量(标称值)	550~599	600~649	650~699	700~749	750~749

注：以上仅列举表内10个型号，簇绒地毯其他型号可以此类推，每个型号间距为$50g/m^2$。

表4-26　簇绒地毯内在质量技术要求

序号	特性	项目		单位	技术要求
1	基本性能	外观保持性[1]:6足12000次		级	≥2.0
2		绒簇拔出力[2]		N	割绒:≥10.0,圈绒:≥20.0
3		背衬剥离强力[3]		N	≥20.0
4		耐光色牢度[4]:氙弧		级	≥5,≥4(浅色)[5]
5		耐摩擦色牢度	干	级	≥3~4
			湿	级	≥4
6		耐燃性:水平法(片剂)		mm	最大燃烧长度<75,至少7块合格
7	结构规格	毯面纤维类型及含量	标称值	%	—
		羊毛或尼龙含量	下限允差	%	-5
8		毯基上绒头厚度、绒头高度、总厚度	标称值	mm	—
			允差	%	±10

序号	特性	项目			单位	技术要求
9	结构规格	毯基上单位面积绒头质量、单位面积总质量		标称值	g/m²	—
				允差	%	±10
10		尺寸	幅宽	标称值	m	—
				下限允差	%	−0.5
			卷长	标称值	m	—
				实际长度	%	大于标称值
11		室内有害物质释放量				应符合 GB 18587—2016 中的规定

① 绒头纤维为丙纶或≥50%涤纶混纺簇绒地毯允许低半级。
② 割绒圈绒组合品种，分别测试、判定线绒簇拔出力，割绒≥10.0N，圈绒≥20.0N。
③ 发泡橡胶背衬、无背衬簇绒地毯，不考核表中背衬剥离强力。
④ 羊毛或羊毛混纺簇绒地毯允许低半级。
⑤ "浅"标定界限为≤1/12标准深度。
注：凡是特征值未作规定的项目，由生产企业提供待定数据。

表4-27 簇绒地毯外在质量技术要求

序号	外观疵点	技术要求		
		优等品	一等品	合格品
1	破损(破洞、撕裂、割伤等)	无	无	无
2	污渍(油污、色渍、胶渍等)	无	不明显	不明显
3	毯面折皱	无	无	无
4	修补痕迹、漏补、漏修	不明显	不明显	稍明显
5	脱衬(背衬黏结不良)	无	不明显	稍明显
6	纵、横向条痕	不明显	不明显	稍明显
7	色条	不明显	稍明显	稍明显
8	毯面不平、毯边不平直	无	不明显	稍明显
9	渗出的胶过量	无	无	不明显
10	脱毛、浮毛	不明显	不明显	稍明显

注：附加任选特性应符合现行国家标准《簇绒地毯》(GB/T 11746—2008)中附录A的规定。

表4-28 地毯有害物质释放量限量

序号	有害物质测试项目	限量/[mg/(m²·h)]	
		A级	B级
1	总挥发性有机化合物(TVOCs)	≤0.500	≤0.600
2	甲醛	≤0.050	≤0.050
3	苯乙烯	≤0.400	≤0.500
4	4-苯基环己烯	≤0.050	≤0.050

(2) 衬垫材料 对于无底垫的地毯，如果采用倒刺板固定，应当准备衬垫材料。衬垫材料一般多采用橡胶海绵材料底材料，也可以采用杂毛毡垫。橡胶海绵地毯衬垫按性能可分为A类和B类：A类可用于家庭的卧室、居室和客厅等；B类可用于公共场合，如会议厅、宾馆走廊等。衬垫材料的具体规格尺寸应由供需双方协议规定。

地毯衬垫的物理机械性能。A类衬垫材料的物理机械性能应符合表4-29中的规定，B类衬垫材料的物理机械性能应符合表4-30中的规定；橡胶海绵地毯衬垫材料表面质量应符合表4-31中的规定；地毯衬垫材料有害物质释放限量应符合表4-32中的规定。

表4-29　A类衬垫材料的物理机械性能

性能项目		技术指标	
		一等品	合格品
每平方米衬垫质量/(kg/m²)		≥1.3	≥1.3
密度/(kg/m³)		≥270	≥270
压缩强度/kPa		≥21	≥21
压缩永久变形/%		≤15	≤20
热空气老化	(135±2)℃×24h	弯曲后不折断	—
	(100±1)℃×24h	—	弯曲后不折断
拉伸强度/MPa		≥5.5×10⁻²	≥5.5×10⁻²

表4-30　B类衬垫材料的物理机械性能

性能项目		技术指标	
		一等品	合格品
每平方米衬垫质量/(kg/m²)		≥1.3	≥1.3
密度/(kg/m³)		≥270	≥270
压缩强度/kPa		≥21	≥21
压缩永久变形/%		≤15	≤20
热空气老化	(135±2)℃×24h	弯曲后不折断	—
	(100±1)℃×24h	—	弯曲后不折断
拉伸强度/MPa		≥5.5×10⁻²	≥5.5×10⁻²

表4-31　橡胶海绵地毯衬垫材料表面质量

缺陷名称	表面质量要求
欠硫	不允许
扁形泡	每处面积不大于100cm²，每3m²允许两处
接头	对接平整，不允许脱层开缝
边缘不齐	每5m长度内，每一侧不得偏离边缘基准线±10mm

表4-32　地毯衬垫材料有害物质释放限量

序号	有害物质测试项目	限量/[mg/(m²·h)]	
		A级	B级
1	总挥发性有机化合物(TVOCs)	≤1.000	≤1.200
2	甲醛	≤0.050	≤0.050
3	苯乙烯	≤0.030	≤0.030
4	4-苯基环已烯	≤0.050	≤0.050

（3）地毯胶黏剂　地毯在固定铺设时需要用胶黏剂的地方通常有两处：一处是地毯与地面黏结时用；另一处是地毯与地毯连接拼缝用。地毯常用的胶黏剂有两类：一类是聚乙酸乙烯胶黏剂；另一类是合成橡胶胶黏剂。这两类胶黏剂中均有很多不同品种，在选用时宜参照地毯厂家的建议，采用与其他地毯背衬材料配套的胶黏剂。

（4）倒刺钉板条　倒刺钉板条简称倒刺板，是地毯的专用固定件，板条尺寸一般为6mm×24mm×1200mm，板条上有两排斜向铁钉，为钩挂地毯之用，每一板条上有9枚水泥钢钉，以打入水泥地面起固定作用，钢钉的间距为35~40mm。

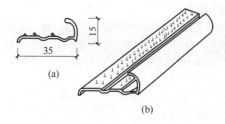

图4-17 L形铝合金收口条示意（单位：mm）

（5）铝合金收口 铝合金收口条一般多用于地毯端头露明处，以防止地毯外露毛边影响美观，同时也起到固定作用。在地面有高差的部位，例如室内卫生间或厨房地面，一般均低于室内房间地面20mm左右，在这样两种地面的交接处，地毯收口多采用L形铝合金收口条，如图4-17所示。

2. 基层的准备工作

对于铺设地毯的基层要求是比较高的，因为地毯大部分为柔性材料，有些地毯是价格较高的高级装饰材料，如果基层处理不符合要求，不仅很容易造成对地毯的损伤，同时也影响地毯的使用和装饰效果。对基层的基本要求有以下几个方面。

① 铺设地毯的基层要求具有一定的强度，应等待基层混凝土或水泥砂浆层达到强度后才能进行铺设。

② 基层表面必须平整，无凹坑、麻面、裂缝，并保持清洁。如果有油污，须用丙酮或松节油擦洗干净。对于高低不平处应预先用水泥砂浆抹平。

③ 在木地板上铺设地毯时，应注意钉头或其他突出物，以防止损坏地毯。

3. 地毯铺设的机具准备

地毯铺设所用的专用工具和机具主要有裁毯刀、张紧器、扁铲、"墩拐"和裁边机等。

（1）地毯张紧器 地毯张紧器也称为地毯撑子，分为"大撑子"和"小撑子"两种。地毯张紧器如图4-18所示。

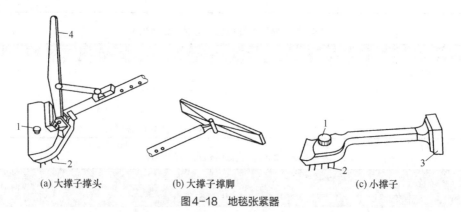

(a) 大撑子撑头　　　　(b) 大撑子撑脚　　　　(c) 小撑子

图4-18 地毯张紧器

1—扒齿调节钮；2—扒齿；3—空心橡胶垫；4—杠杆压柄

① "大撑子"。"大撑子"用于大面积撑紧铺毯，操作时通过可伸缩的杠杆撑头及铰支承脚将地毯张拉平整，撑头与支撑脚之间可加长连接管，以适应房间尺寸，使支撑脚顶住对面墙。

② "小撑子"。"小撑子"用于墙角或操作面狭窄处，操作者用膝盖顶住撑子尾部的空心橡胶垫，两手自由操作。地毯撑子的"扒齿"长短可调，以适应不同厚度的地毯，不用时可将"扒齿"缩回。

（2）裁毯刀 有手握裁刀和手推裁刀，如图4-19所示。手握裁刀用于地毯铺设操作时的少量裁割；手推裁刀用于在施工前有较大批量的剪裁下料。

（3）扁铲 扁铲主要用于墙角处或踢脚板下端的地毯掩边，其形状如图4-20（a）所示。

（4）"墩拐" 这是地毯铺设不可缺少的工具，如图4-20（b）所示。

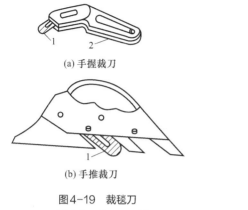

(a) 手握裁刀

(b) 手推裁刀

图4-19 裁毯刀

1—活动式刀片；2—手柄

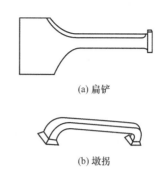

(a) 扁铲

(b) 墩拐

图4-20 扁铲与墩拐

（5）裁边机 裁边机用于施工现场的地毯裁边，可以高速转动并以3m/min的速率向前推进。地毯裁边机使用非常方便，在切割时不会使地毯边缘处的纤维硬结而影响拼缝连接。

4. 施工作业条件

（1）在地毯铺设之前室内顶棚和墙体等装饰必须施工完毕。室内所有重型设备均已就位并已调试，运转正常，经专业验收合格。

（2）铺设楼面地毯的基层，一般都是水泥砂浆或混凝土楼面，也可以是木地板或其他材质的楼面。要求基层表面平整、光滑、洁净、坚硬，如表面有油污，应用丙酮或松节油擦净。如为水泥砂浆或混凝土楼面，应具有一定的强度，含水率不大于9%。

（3）应事先把需要铺设地毯的房间、走道等四周的踢脚板做好。踢脚板下口均应高于地面10mm左右，以便将地毯的毛边置于踢脚板下，保持地毯整体的美观。

二、活动式地毯的铺设工艺

所谓活动式地毯的铺设，是指将地毯明摆浮搁在地面基层上，不需要将地毯同基层固定的一种铺设方式。这种铺设方式施工比较简单，容易更换，但其应用范围有一定的局限性，一般适用于以下几种情况。

① 装饰性工艺地毯。装饰性工艺地毯主要是为了装饰，铺置于较为醒目部位，以烘托气氛，显示豪华气派，因此需要随时更换。

② 活动式地毯在人活动不频繁的地方，或四周有重物压住的地方可采用活动式铺设。

③ 小型方块地毯一般基底比较厚，其重量也比较大，人在其上面行走不易卷起，同时也能加大地毯与基层接触面的滞性，承受外力后会使方块地毯之间更为密实，因此也可采用活动式铺设。

根据现行国家标准《建筑地面工程施工质量验收规范》（GB 50209—2010）中的规定，活动式地毯铺设应符合下列规定。

1. 规范规定

（1）地毯拼成整块后直接铺在洁净的地面上，地毯周边应塞入踢脚线下。

（2）与不同类型的建筑地面连接时应按照设计要求做好收口。

（3）小方块地毯铺设，块与块之间应当挤紧贴牢。

2. 施工操作

（1）地毯在采用活动式铺贴时，尤其要求基层的平整光洁，不能有突出表面的堆积物，其平整度要求用2m直尺检查时偏差应≤2mm。

（2）按地毯方块在基层弹出分格控制线，宜从房间中央向四周展开铺排，逐块就位放稳贴紧并相互靠紧，至收口部位按设计要求选择适宜的受口条。

（3）与其他材质地面交接处，如标高一致，可选用铜条或不锈钢条；标高不一致时，一般应采用铝合金收口条，将地毯的毛边伸入收口条内，再将收口条端部砸扁，即起到收口和边缘固定的双重作用。

（4）对于比较重要的部位也可配合采用粘贴双面黏结胶带等稳固措施。

三、固定式地毯的铺设工艺

地毯是一种质地比较柔软的地面装饰材料，大多数地毯材料都比较轻，将其平铺于地面时，由于受到行人活动等的外力作用，往往容易发生表面变形，甚至将地毯不同程度卷起，因此常采用固定式铺设。根据工程实践经验，地毯固定式铺设方法有两种：一种是用倒刺板固定；另一种是用胶黏剂固定。

1. 地毯倒刺板的固定方法

用倒刺板固定地毯的施工工艺，主要为：尺寸测量→裁毯与缝合→固定踢脚板→固定倒刺板条→地毯拉伸和固定→清扫地毯。

（1）尺寸测量　尺寸测量是地毯固定前重要的准备工作，关系到下料的尺寸大小和房间内铺贴质量。测量房间尺寸一定要精确，房间的长宽净尺寸即为裁毯下料的依据，并要按照房间和所用地毯型号统一登记编号。

（2）裁毯与缝合　精密测量好所铺地毯部位尺寸及确定铺设方向后，即可进行地毯的裁切。化纤地毯的裁切应在室外平台上进行，按房间形状尺寸裁下地毯。每段地毯的长度要比房间的长度长20mm，宽度要以裁去地毯边缘线后的尺寸计算。先在地毯的背面弹出尺寸线，然后用手推裁刀从地毯背面剪切。裁好后卷成卷编上号，运进相应的房间内。如果是圈绒地毯，裁切时应是从环毛的中间剪开；如果是平绒地毯，应注意切口处绒毛的整齐。

加设垫层的地毯，裁切完毕后虚铺于垫层上，然后再卷起地毯，在拼接处进行缝合。地毯接缝处在缝合时，先将其两端对齐，再用直针每隔一段先缝上几针进行临时固定，然后再用大针进行满缝。如果地毯的拼缝较长，宜从中间向两端缝，也可以分成几段，几个人同时作业。背面缝合完毕，在缝合处涂刷5~6cm宽的白胶，然后将裁剪好的布条贴上，也可用塑料胶纸粘贴于缝合处，保护接缝处不被划破或勾起。将背面缝合完毕的地毯平铺好，再用弯针在接缝处做绒毛密实的缝合，经过弯针缝合后，在表面可以做到不显拼缝。

（3）固定踢脚板　铺设地毯房间的踢脚板，常见的有木质踢脚板和塑料踢脚板。塑料踢脚板一般是由工厂加工成品，用黏结剂将其黏结到基层上。木质踢脚板一般有两种材料：一种是夹板基层外贴柚木板一类的装饰板材，然后表面刷漆；另一种是木板，常用的有柚木板、水曲柳、红白松木等。

踢脚板不仅可以保护墙面的底部，同时也是地毯的边缘收口处理。木质踢脚板的固定，较好的办法是用平头木螺丝拧到预埋木砖上，木螺丝应进入木砖0.5~1mm，然后用腻子补平。如果墙体上未预埋木砖，也可以用高强水泥钉将踢脚板固定在墙上，并将钉的头部敲扁沉入1~1.5mm，后用腻子刮平。踢脚板要离地面8mm左右，以便于地毯掩边。踢脚板的油漆，应于地毯铺设前涂刷完毕，如果在地毯铺设后再刷油擦，地毯表面应加以保护。木质踢脚板表面油漆可按设计要求，清漆或混色油漆均可。但要特别注意，在选择油漆做法时，应根据踢脚板材质情况，扬长避短。如果木质较好、纹理美观，宜选用透明的清漆；如果木质较差、节疤较多，宜选用调合漆。

（4）固定倒刺板条　采用或卷地毯铺设地面时，以倒刺板将地毯固定的方法很多。将基层清理干净以后，便可沿踢脚板的边缘用高强水泥钉将倒刺板钉在基层上，钉的间距一般为40cm左右。如果基层空鼓或强度较低，应采取措施加以纠正，以保证倒刺板固定牢固。可加长高强水泥钉，使其穿过抹灰层而固定在混凝土楼板上；也可将空鼓部位打掉，重新抹灰或下木楔，等强度达到要求后，再将高强水泥钉打入。倒刺板条要离开踢脚板面8~10mm，便于用锤子砸钉子。如果铺设部位是大厅，在柱子四周也要钉上倒刺板条，一般的房间沿着墙钉，如图4-21所示。

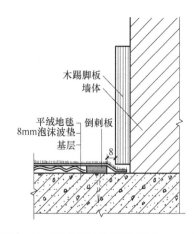

图4-21　倒刺板条固定示意（单位：mm）

（5）地毯拉伸与固定　对于裁切与缝合完毕的地毯，为了保证其铺设尺寸准确，要进行拉伸。先将地毯的一条长边在倒刺板条上，将地毯背面牢挂于倒刺板朝天小钉钩上，把地毯的毛边掩到踢脚下面。为使地毯保持平整，应充分利用地毯撑子（张紧器）对地毯进行拉伸。用手压住地毯撑子，再用膝盖顶住地毯撑子，从一个方向一步一步推向另一边。如果面积较大，几个人可以同时操作。若一遍未能将地毯拉平，可再重复拉伸，直至拉平为止，然后将地毯固定于倒刺板条上，将毛边掩好。对于长出的地毯，用裁毯刀将其割掉。一个方向拉伸完毕，再进行另一个方向的拉伸，直至将地毯四个边都固定于倒刺板条上。

（6）清扫地毯　在地毯铺设完毕后，表面往往有不少脱落的绒毛和其他东西，待收口条固定后，需用吸尘器认真地清扫一遍。铺设后的地毯，在交工前应禁止行人大量走动，否则会加重清理量。

2. 地毯胶黏剂的固定方法

用胶黏剂黏结固定地毯，一般不需要放垫层，只需将胶黏剂刷在基层上，然后将地毯固定在基层上。涂刷胶黏剂的做法有两种：一是局部刷胶；二是满刷胶。人不常走动的房间地毯，一般多采用局部刷胶，如宾馆的地面，家具陈设能占去50%左右的面积，供人活动的地面空间有限，且活动也较少，所以可采用局部刷胶做法固定地毯。在人活动频繁的公共场所，地毯的铺设固定应采用满刷胶。

使用胶黏剂来固定地毯，地毯一般要具有较密实的基底层，在绒毛的底部粘上一层2mm左右的胶，有的采用橡胶，有的采用塑料，有的使用泡沫。不同的胶底层，对耐磨性影响较大，有些重度级的专业地毯，胶的厚度4~6mm，在胶的下面贴一层薄毡片。

刷胶可选用铺贴塑料地板用的胶黏剂。胶刷在基层上，在隔一段时间后便可铺贴地毯。铺设的方法应根据房间的尺寸灵活掌握。如果是铺设面积不大的房间地毯，将地毯裁割完毕后，在地面中间涂刷一块小面积的胶，然后将地毯铺放，用地毯撑子往四边撑拉，在沿墙四边的地面上涂刷12~15cm宽的胶黏剂，使地毯与地面粘贴牢固。

刷胶可按0.05kg/m²的涂布量使用，如果地面比较粗糙时涂布量可适当增加。如果是面积狭长的走廊或影剧院观众厅的走道等处地面的地毯铺设，宜从一端铺向另一端，为了使地毯能够承受较大动力荷载，可以采用逐段固定、逐段铺设的方法。其两侧长边在离边缘2cm处将地毯固定，纵向每隔2m将地毯与地面固定。

当地毯需要拼接时，一般是先将地毯与地毯拼缝，下面再衬上一条10cm宽的麻布带，胶黏剂按0.8kg/m²的涂布量使用，将胶黏剂涂布在麻布带上，把地毯拼缝粘牢，如图4-22所示。有的拼接采用一种胶烫带，施工时利用电熨斗熨烫使带上的胶熔化而将地毯接缝黏结。

两条地毯间的拼接缝隙，应尽可能密实，使其看不到背后的衬布。有的也可采用钉木条与衬条的方法，如图4-23所示。

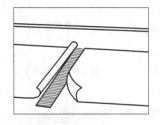

图4-22　地毯拼缝处的黏结

图4-23　钉木条与衬条

四、楼梯间地毯的铺设工艺

铺设在楼梯上的地毯，由于人行来往非常频繁，且上上下下与安全密切有关，因此楼梯地毯的铺设必须严格施工，使其施工质量完全符合国家有关标准的规定。

1. 施工准备工作

施工准备的材料和机具主要包括地毯固定角铁及零件、地毯胶黏剂、设计要求的地毯、铺设地毯用钉及铁锤等工具。如果选用的地毯是背后不加衬的无底垫地毯，则应准备海绵衬垫料。

测量楼梯每级的深度与高度，以便估计所需要地毯的用量。将测量的深度与高度相加乘以楼梯的级数，再加上45cm的余量，即估算出楼梯地毯的用量。准备余量的目的是为了便于在使用时可挪动地毯，转移常受磨损的位置。

对于无底垫地毯，在地毯下面使用楼梯垫料以达到增加吸声功能和使用寿命。衬垫的深度必须自中楼梯竖板，并可延伸至每级踏板外5cm，以便进行包覆。

2. 铺贴的施工工艺

（1）将衬垫材料用倒刺板条分别钉在楼梯阴角两边，两木条之间应留出15mm的间隙，如图4-24所示。用预先切好的挂角条（或称无钉地毯角铁），如图4-25所示，以水泥钉钉在每级踏板与压板所形成的转角衬垫上。如果地面较硬用水泥钉固定比较困难时，可在钉位处用冲击钻打孔埋入木楔，将挂角条钉固于木楔上。挂角条的长度应小于地毯宽度20mm左右。挂角条是用厚度为1mm左右的铁皮制成，有两个方向的"倒刺抓钉"，可将地毯不露痕迹地抓住，如图4-25所示。如果不设地毯衬垫，可将挂角条直接固定于楼梯梯级的阴角处。

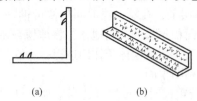

(a)　　　　(b)

图4-24　地毯挂角条

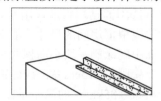

图4-25　挂角条的位置

（2）所用地毯如果已有海绵衬底，即可用地毯胶黏剂代替固定角铁，将胶黏剂涂抹在压板与踏板面上粘贴地毯。在铺设前，把地毯的绒毛理顺，找出绒毛最为光滑的方向，铺设时以绒毛的走向朝下为准。在梯级阴角处先按照前面所述钉好倒刺板条，铺设地毯后用扁铲敲打，使倒刺钉将地毯紧紧抓住。在每级压板与踏板转角处，最后用不锈钢钉拧紧固定防滑条。楼梯地毯铺设固定方法，如图4-26所示。

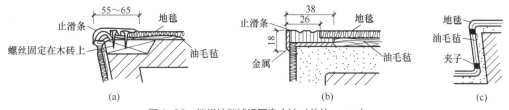

图4-26 楼梯地毯铺设固定方法（单位：mm）

（3）地毯要从楼梯的最高一级铺起，将始端翻起在顶级的竖板上钉住，然后用扁铲将地毯压在第一条角铁的抓钉上。把地毯拉紧包住楼梯梯级，顺着竖板而下，在楼梯阴角处用扁铲将地毯压进阴角，并使倒刺板木条上的朝天钉紧紧勾住地毯，然后铺设第二条固定角铁。这样连续下来直到最后一个台阶，将多余的地毯朝内摺转钉于低级的竖板上。

五、地毯地面成品保护措施

（1）在地毯的具体施工操作过程中应当保护好门窗框扇、墙面、柱面、踢脚板等成品不被损坏和污染。

（2）地毯等材料进场后应设专人加强管理，注意堆放、运输和操作过程中的保管工作，特别应避免风吹雨淋，注意防潮、防火等。

（3）要认真贯彻岗位责任制，严格执行工序交接制度。每道工序施工完毕后应及时清理地毯上的杂物，及时清擦被操作污染的部位，并注意关闭门窗和关闭卫生间的水龙头，严格防止地毯被雨淋和水泡。

第七节　活动地板施工工艺

活动地板也称为装配式地板，或称为活动夹层地板，这是一种架空式装饰地面。这种地面由各种规格、型号和材质的块状面板、龙骨（也称为横梁或桁条）、可调支架、底座等，组合拼装而制成的一种新型装饰地面，其一般构件和组装形式，如图4-27所示。

活动地板与基层地面或楼面之间所形成的架空空间，不仅可以满足敷设纵横交错的电缆和各种管线的需要，而且通过设计，在架空地板的适当部位可以设置通风口，即安装通风百页或设置通风型地板，以满足静压送风等空调方面的要求，如图4-28所示。

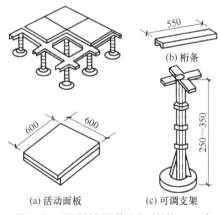

图4-27　活动地板组装示意（单位：mm）

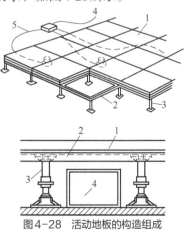

图4-28　活动地板的构造组成

1—面板；2—桁条；3—可调支架；4—管道；5—电线

一般的活动地板具有质量轻、强度大、表面平整、尺寸稳定、面层质感好、装饰效果佳等优点，并具有防火、防虫、防鼠害及耐腐蚀等性能。其防静电地板产品，尤其适宜于计算机房、电化教室、程控交换机房、抗静电净化处理厂房及现代化办公场所的室内地面装饰。

一、活动地板的类型和结构

活动地板的产品种类繁多、档次各异，按照面板的材质不同有：铝合金框基板表面复合塑料贴面、全塑料地板块、高压刨花板贴塑料装饰面层板及竹质面板等不同类别。从构造上可以分为横梁和无横梁两种；从功能上又可分为抗静电和不抗静电两种。

根据此类地板结构的支架形式大致可将其分为4种：第1种是拆装式支架；第2种是固定式支架；第3种是"卡锁格栅式"支架；第4种是刚性龙骨支架，如图4-29所示。

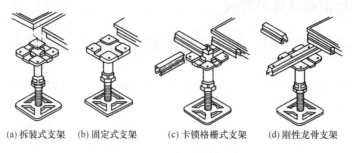

(a) 拆装式支架　　(b) 固定式支架　　(c) 卡锁格栅式支架　　(d) 刚性龙骨支架

图4-29　不同类型的地板支架

（1）拆装式支架是适用于小型房间地面活动地板装饰的典型支架，其支架高度可在一定范围内自由调节，并可连接电器插座。

（2）固定式支架不另设龙骨桁条，可将每块地板直接固定于支撑盘上，此种活动地板可应用于普通荷载的办公室或其他要求不高的一般房间地面。

（3）"卡锁格栅式"支架是将龙骨桁条卡锁在支撑盘上，其龙骨桁条所组成的"格栅"可自由拆装。

（4）刚性龙骨支架是将长度为1830mm的主龙骨跨在支撑盘上，用螺栓加以固定，此种构架的活动地板可以适应较重的荷载。

二、对活动地板材料的要求

（1）活动地板的表面要平整、坚实；其耐磨、耐污染、耐老化、防潮、阻燃和导静电等性能应符合设计要求。

（2）活动地板面层包括标准地板、异形地板和地板附件（即支架和横梁组件）。采用的活动地板块面层的承载力不得小于7.5MPa，其系统体积电阻率为：A级地板为$1.0×10^5 \sim 1.0×10^8\Omega$；B级地板为$1.0×10^5 \sim 1.0×10^{10}\Omega$。

（3）活动地板所用材料的各项技术性能与技术指标应符合现行有关产品标准的规定，应有出厂合格证及设计要求性能的检测报告。

（4）活动地板所用材料在保管和施工中，应防止受到损伤和污染，产品应储存在清洁、干燥的包装箱中，板与板之间应放软垫隔离层，包装箱外应结实耐压。产品在运输时应防止雨淋和暴晒，装卸时应轻拿轻放、防止磕碰损伤。

三、活动地板的安装工序

（1）基层处理　原基层地面或楼面应符合设计要求，即基层表面平整，无明显凹凸不平。如属水泥地面，根据抗静电地板对基层的要求，宜刷涂一层清漆，以宜于地面的防尘。

（2）施工弹线　施工弹线是依据设计放线，按照活动板块的尺寸打出墨线，从而形成方格网，作为地板铺贴时的依据。

（3）固定支座　在方格网各十字交叉点处固定支座，其位置和牢固程度应符合要求。

（4）调整水平　调整支座托，顶面高度至整个地面达到水平。

（5）龙骨安装　将龙骨桁条安放在支架上，用水平尺校正水平，然后放置面板块。

（6）面板安装　进行活动地板面板的安装，并随时调整板块的水平度及缝隙。

（7）设备安装　安装设备时必须注意保护面板，一般是铺设五夹板作为临时保护措施。

四、活动地板的施工要点

（1）基层清理　基层表面应平整、光洁、干燥、不起灰，安装前应将表面清扫干净，并根据需要在其表面涂刷1~2遍清漆或防尘剂，涂刷后不允许有脱皮现象。

（2）弹线定位　活动地板在施工前应按照以下方法和要求进行弹线定位。

① 按照设计要求，在基层上弹出支架的定位方格十字线，测量底座的水平标高，将底座就位；同时，在墙面的四周测好支架的水平线。

② 在铺设活动地板面层前，室内四周的墙面上应设置标高控制位置，并按照选定的铺设方向和顺序设基准点。在基层表面上应按活动板块尺寸弹线并形成方格网，标出活动地板块的安装位置和高度，并标明设备预留部位。

（3）固定支架　在地面弹出的方格网十字交叉点固定支架，固定方法通常是在地面打孔埋入膨胀螺栓，用膨胀螺栓将支架固定在地面上。

（4）调整支架　调整方法视产品实际情况而定，有的设有可转动螺杆，有的是锁紧螺钉，用相应的方式将支架进行高低调整，使其顶面与拉线平齐，然后锁紧其活动构造。

（5）安装龙骨　以水平仪逐个点将已安装的支架抄平，并以水平尺校准各支架的托盘后，即可将地板支承桁条架于支架之间。桁条安装，应根据活动地板配套产品的不同类型，依其说明书的有关要求进行。桁条与地板支架的连接方式，有的是用平头螺钉将桁条与支架面固定，有的是采用定位销子进行卡结，有的产品设有橡胶密封垫条，此时可用白乳胶将垫条与桁条胶合。图4-30为螺钉和定位销的连接方式示意。

（6）安装面板　在组装好的桁条搁栅框架上安放活动地板块，注意地板块成品的尺寸误差，应将规格尺寸准确者安装于显露部位，不够准确者安装于设备及家具放置处

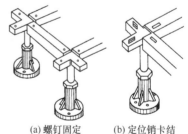

(a) 螺钉固定　　(b) 定位销卡结

图4-30　螺钉与定位销的连接方式

或其他较隐蔽部位。对于抗静电活动地板，地板与周边墙柱面的接触部位要求缝隙严密，接缝较小者可用泡沫塑料填塞嵌封。如果缝隙较大，应采用木条镶嵌。有的设计要求桁条搁栅与四周墙或柱子体内的预埋铁件固定，此时可用连接板与桁条以螺栓连接或采用焊接，地板下各种管线就位后再安装活动地板块。地板块的安装要求周边顺直，粘、钉或销接严密，各缝隙均匀一致并不显高差。

（7）活动地板的四周侧边应用硬质板材封闭或用镀锌钢板包裹，封闭用的胶条耐磨性应良好。对活动地板块切割或打孔时，可用无齿锯或钻进行加工，但加工后边角应打磨平整，采用清漆或环氧树脂胶加滑石粉按比例调成腻子封边，或用防潮腻子封边，也可以用铝型材镶嵌封边，以防止活动板块吸水、吸潮，造成板块局部膨胀变形。在与墙体的接缝处，应根据接缝宽窄分别采用活动地板或木条镶嵌，窄缝隙宜采用泡沫塑料镶嵌。

（8）在面板与墙边的接缝处宜做木踢脚线；在通风口处应选用异形活动地板铺贴。

（9）活动地板下面需要装的线槽和空调管道，应在铺设活动地板前先放在建筑地面上，以便进行下一步的施工。

（10）活动地板块的安装或开启，应使用"吸板器"或橡胶皮碗，并做到轻拿轻放，不得采用铁器生硬撬动的方式。

（11）在全部设备就位和地下管、电缆安装完毕后，对活动地板面板还要找平一次，调整至符合设计要求，最后将板面全面进行清理。

五、活动地板的成品保护

（1）在活动地板上放置重物时，应避免将重物在地板上拖拉，重物与地板的接触面也不应太小，重物下应用木板铺垫。重物引起的集中荷载过大时应在受力点处用支架加强。

（2）在地板上行走或作业，禁止穿带钉子的鞋，最好穿软底的鞋，以免损坏地板表面。

（3）活动地板面的清洁应用软布沾洗涤剂擦洗，然后再用干软布擦干，严禁用拖把沾水进行擦洗，以免从边角处进水，影响活动地板的使用寿命。

（4）活动地板日常清扫应使用吸尘器，以免灰尘飞扬及灰尘落入板缝中，影响其抗静电性能。为保证活动地板的清洁和美观，可定期涂擦地板蜡。

第八节　地面装饰工程质量验收标准

中华人民共和国住房和城乡建设部颁布第607号公告，国家标准《建筑地面工程施工质量验收规范》（GB 50209—2010）已于2010年12月1日起实施；其中第3.0.3、3.0.5、3.0.18、4.9.3、4.10.11、4.10.13、5.7.4条为强制性条文，必须严格执行。

一、地面工程质量基本规定

（1）建筑地面工程子分部工程、分项工程的划分应按表4-33中的规定执行。

表4-33　建筑地面工程子分部工程、分项工程的划分

分部工程	子分部工程		分项工程
建筑装饰装修工程	地面工程	整体面层	基层：基土、灰土垫层、砂垫层和砂石垫层、碎石垫层和碎砖垫层、三合土及四合土垫层、炉渣垫层、水泥混凝土垫层、找平层、隔离层、填充层、绝热层
			面层：水泥混凝土面层、水泥砂浆面层、水磨石面层、硬化耐磨面层、防油渗面层、不发火（防爆）面层、自流平面层、涂料面层、塑料面层、地面辐射供暖的整体面层
		板块面层	基层：基土、灰土垫层、砂垫层和砂石垫层、碎石垫层和碎砖垫层、三合土及四合土垫层、炉渣垫层、水泥混凝土垫层、找平层、隔离层、填充层、绝热层

分部工程	子分部工程	分项工程
建筑装饰装修工程	地面工程	**板块面层**：面层：砖面层(陶瓷锦砖、缸砖、陶瓷地砖和水泥花砖面层)、大理石面层和花岗石面层、预制板块面层(水泥混凝土板块、水磨石板块、人造石板块面层)、料石面层(条石、块石面层)、塑料板面层、活动地板面层、金属板面层、地毯面层、地面辐射供暖的板块面层
		竹木面层：基层：基土、灰土垫层、砂垫层和砂石垫层、碎石垫层和碎砖垫层、三合土及四合土垫层、炉渣垫层、水泥混凝土垫层、找平层、隔离层、填充层、绝热层
		面层：实木地板、实木集成地板、竹地板面层(条材、块材面层)、实木复合地板面层(条材、块材面层)、浸渍纸层压木质地板面层(条材、块材面层)、软木类地板面层(条材、块材面层)、地面辐射供暖的木板面层

（2）从事建筑地面工程施工的建筑施工企业应具有质量管理体系和相应的施工工艺技术标准。

（3）建筑地面工程采用的材料或产品，应符合设计要求和国家现行有关标准的规定。无国家现行标准的，应具有省级住房和城乡建设行政主管部门的技术认可文件。材料或产品进场时还应符合下列规定：a.应有质量合格证明文件；b.应对型号、规格、外观等进行验收，对重要材料或产品应抽样进行复验。

（4）建筑地面工程采用的大理石、花岗石、料石等天然石材，以及砖、预制板块、地毯、人造板材、胶黏剂、涂料、水泥、砂石、外加剂等材料或产品，应符合国家现行有关室内环境污染和放射性、有害物质限量的规定。材料进场时应具有检测报告。

（5）厕所、浴室间和有防滑要求的建筑地面应符合设计防滑的要求。

（6）有种植要求的建筑地面，其构造做法应符合设计要求和现行的行业标准《种植屋面工程技术规程》（JGJ 155—2013）的有关规定。设计无要求时，种植地面底低于相邻建筑地面50mm以上或用槛、台处理。

（7）地面辐射供暖系统的设计、施工及验收，应符合现行的行业标准《辐射供暖供冷技术规程》（JGJ 142—2012）中的有关规定。

（8）地面辐射供暖系统施工及验收合格后方可进行面层的铺设。面层分格缝的做法应符合设计要求。

（9）建筑地面下的沟槽、暗管、保温、隔热、隔声等工程完工后，应经检验合格并做隐藏记录方可进行建筑地面工程的施工。

（10）建筑地面基层（各构造层）和面层的铺设，均应待其相关专业的分部（子分部）工程、分项工程以及设备管道安装工程之间，应进行交接检验。

（11）在进行建筑地面施工时，各层环境温度的控制应符合材料或产品的技术要求，并应符合下列规定：①采用掺有水泥、石灰的拌合料铺设以及用石油沥青胶结料铺设时，不应低于5℃；②采用有机胶黏剂粘贴时温度不应低于10℃；③采用砂、石材料铺设时温度不应低于0℃；④采用自流平、涂料铺设时温度不应低于5℃，也不应高于30℃。

（12）铺设有坡度的地面应采用基土高差达到设计要求的坡度；铺设有坡度的楼面（或架空地面），应采用在结构楼层板上变更填充层（或找平层）铺设的厚度或以结构进行起坡而达到设计要求的坡度。

（13）建筑物室内接触基土的首层地面施工应符合设计要求，并符合下列规定：a.在冻胀性土上铺设地面时，应按设计要求做好防冻胀土的处理后方可施工，并不得在冻胀土层上进行填土施工；b.在永冻土上铺设地面时，应按建筑节能要求进行隔热、保温处理后方可施工。

（14）建筑室外散水、明沟、踏步、台阶和坡道等，其面层和基层（各构造层）均应符合设计要求。施工时应按现行国家标准《建筑地面工程施工质量验收规范》（GB 50209—2010）的基层铺设中基土和相应垫层以及面层的规定执行。

（15）水泥混凝土散水、明沟应设置伸缩缝，其延长米间距不得大于10m，对日晒强烈且昼夜温差超过15℃的地区，其延长米间距为4~6m。水泥混凝土散水、明沟和台阶等与建筑物连接处，以及房屋转角处应设置缝处理。上述缝的宽度为15~20mm，缝内应填充柔性密封材料。

（16）建筑地面的变形缝应按设计要求设置，并应符合下列规定。

① 建筑地面的沉降缝、伸缩缝和防震缝，应与结构相应的缝位置一致，且应贯通建筑地面的各构件层。

② 沉降缝和防震缝的宽度应符合设计要求，缝内清理干净后，以柔性密封材料填充后用板封盖，并应与面层齐平。

（17）当建筑地面采用镶边时，应按设计要求设置并应符合下列规定：

① 有强烈机械作用下的水泥类整体面层与其他类型的面层邻接处，应设置金属镶边构件；

② 具有较大振动或变形的设备基础与周围建筑地面的邻接处，应沿着设备基础周边设置贯通建筑地面各构造层的沉降缝（防震缝），缝的处理应执行《建筑地面工程施工质量验收规范》（GB 50209—2010）中第3.0.16条的规定；

③ 采用水磨石整体面层时，应采用同类材料镶边，并用分格条进行分格；

④ 条石面层和砖面层与其他面层邻接处，应用顶向铺的同类材料镶边；

⑤ 采用木、竹面层和塑料面层时，应采用同类材料镶边；

⑥ 地面面层与管沟、孔洞、检查井等邻接处，均应设置镶边；

⑦ 管沟、变形缝等处的建筑地面面层的镶边构件，应当在面层铺设前装设；

⑧ 建筑地面的镶边宜与柱、墙面或踢脚线的变化一致。

（18）厕所、浴室、厨房和有排水（或其他液体）要求的建筑地面面层与连接各类面层的标高差应符合设计要求。

（19）检验同一施工批次、同一个配合比水泥混凝土和水泥砂浆强度的试块，应按每一层（或检验批）建筑地面工程面积大于1000m²时，每增加1000m²应增做1组试块；小于1000m²时按1000m²计算，取样1组；检验同一施工批次、同一个配合比水泥混凝土的散水、明沟、踏步、道坡、台阶的水泥混凝土、水泥砂浆的试块，应按每150延长米不少于1组。

（20）各类面层的铺设应在室内装饰工程基本完工后进行。竹木面层、塑料板面层、活动地板面层、地毯面层的铺设，应待抹灰工程、管道试压等完工后进行。

（21）建筑地面工程施工质量的检验应符合下列规定：

① 基层（各构造层）和各类面层的分项工程的施工质量验收应按每一层次或每层施工段（或变形缝）划分检验批，高层建筑的标准层可按每3层（不足3层按3层计）划分检验批；

② 每检验批应以各子分部工程的基层（各构造层）和各类面层所划分的分项工程按自然间（或标准间）检验，抽查数量应随机检验应不少于3间，不足3间，应全数检查；其中走廊（过道）应以10延长米为1间，工业厂房（按单跨计）、礼堂、门厅应以两个轴线为1间；

③ 有防水要求的建筑地面子分部工程的分项工程施工质量，每检验批抽查数量应按其房间总数随机检验不应少于4间，不足4间的，应全数检查。

（22）建筑地面工程的分项工程施工质量检验的主控项目，应达到《建筑地面工程施工质量验收规范》（GB 50209—2010）中规定的质量标准，认定为合格；一般项目80%以上的检查点（处）符合规定的质量要求，其他检查点（处）不得有明显影响使用，且最大偏差不超过允许偏差值的50%为合格。凡达不到质量标准时，应按现行国家标准《建筑工程施工质量验收统一标准》（GB 50300—2001）中的规定处理。

（23）建筑地面工程的施工质量验收，应在建筑施工企业自检合格的基础上，由监理单位或建设单位组织有关单位对分项工程、子分部工程进行检验。

（24）检验方法应符合下列规定：

① 检查建筑地面的允许偏差，应采用钢尺、1m直尺、2m直尺、3m直尺、2m靠尺、楔形塞尺、坡度尺、游标卡尺和水准仪；

② 检查建筑地面空鼓，应采用敲击的方法；

③ 检查防水隔离层应采用蓄水方法，蓄水深度最浅处不得小于10mm，蓄水时间不得少于24h；检查有防水要求的建筑地面的面层，应采用泼水的方法；

④ 检查各类面层（含不需要铺设部分或局部面层）表面的裂纹、脱皮、麻面和起砂等质量缺陷，应采用观感的方法。

（25）建筑地面完工后，应对面层采取措施加以保护。

二、地面基层铺设质量验收标准

（一）地面基层铺设的一般规定

（1）地面基层铺设适用于基土、垫层、找平层、隔离层、绝热层和填充层等基层分项工程的施工质量检验。

（2）基层铺设的材料质量、密实度和强度等级（或配合比）等，应符合设计要求和《建筑地面工程施工质量验收规范》（GB 50209—2010）中的规定。

（3）在基层铺设前，其下一层的表面应干净、无积水。

（4）垫层分段施工时，接槎处应做成阶梯形，每层接槎处的水平距离应错开0.5~1.0m。接槎处不应设在地面荷载较大的部位。

（5）当垫层、找平层、填充层内埋设暗管时，管道应按设计要求予以稳固。

（6）对有防静电要求的整体地面的基层，应清除残留物，将露出基层的金属物应涂绝缘漆两遍晾干。

（7）基层的标高、坡度、厚度等应符合设计要求。基层表面应平整，其允许偏差应符合表4-34中的规定。

表4-34　基层表面允许偏差及检验方法

项目	允许偏差/mm											检验方法
	基土	垫层		找平层			填充层		隔离层	绝热层		
	土	砂子、砂石、碎石、碎砖	灰土、三合土、四合土、炉渣、水泥、混凝土、陶粒混凝土	拼花实木地板、拼花实木复合地板、软木类地板面层	用胶结料做结合层铺设板块面层	用水泥砂浆做结合层铺设板块面层	用胶黏剂做结合层铺设拼花木板、浸渍纸、层压木质地板、实木复合地板、竹地板、软木地板面层	金属板面层	松散材料	板块材料	防水防潮防油渗	板块材料、浇筑材料、喷涂材料	
表面平正度	15	15	10	3	3	5	2	3	7	5	3	4	用2m靠尺和楔形塞尺检查

项目	基土	垫层			找平层			填充层		隔离层	绝热层		检验方法
	土	砂子、砂石、碎石、碎砖	灰土、三合土、四合土、炉渣、水泥、混凝土、陶粒混凝土	拼花实木地板、拼花实木复合地板、软木类地板面层	用胶结料做结合层铺设板块面层	用水泥砂浆做结合层铺设板块面层	用胶黏剂做结合层铺设拼花木板、浸渍纸、层压木质地板、实木复合地板、竹地板、软木地板面层	金属板面层	松散材料	板块材料	防水防潮防油渗	板块材料、浇筑材料、喷涂材料	
标高	0，-15	±20	±10	±5	±5	±8	±4	±4	±4	±4	±4	±4	用水准仪进行检查
坡度	不大于房间相应尺寸的2/1000，且不大于30												用坡度尺进行检查
厚度	在个别地方不大于设计厚度的1/10，且不大于20												用钢尺进行检查

（二）基土铺设的质量控制

1. 基土铺设的一般规定

（1）地面应铺设在均匀密实的基土上。土层结构被扰动的基土应进行换填，并予以压实。压实系数应符合设计要求。

（2）对于软弱土层应按设计要求进行处理。

（3）填土应分层摊铺、分层压（夯）实、分层检查其密实度。填土的质量应符合现行国家标准《建筑地基基础工程施工质量验收标准》（GB 50202—2018）中的有关规定。

（4）填土的土料应为最优含水量。重要工程或大面积的地面填土前，应取土样，按击实试验确定最优含水量和相应的最大干密度。

（5）填土的土料应为最优含水量。重要工程或大面积的地面填土前，应按规定取土样，按击实试验确定最优含水量和相应的最大干密度。

2. 基土铺设的主控项目

（1）基土不应用淤泥、腐殖土、冻土、耕植土、膨胀土和建筑杂物作为填土，填土土块的粒径不应大于50mm。检验方法：观察检查和检查土质记录。检查数量：应按《建筑地面工程施工质量验收规范》（GB 50209—2010）中第3.0.21条规定的检验批检查。

（2）Ⅰ类建筑基土的氡浓度应符合现行国家标准《民用建筑工程室内环境污染控制标准》（GB 50325—2020）的规定。检验方法：检查检测报告。检查数量：同一工程、同一土源地点检查一组。

（3）基土应均匀密实，压实系数符合设计要求，设计无要求时，不应小于0.90。检验方法：观察检查和检查试验记录。检查数量：应按《建筑地面工程施工质量验收规范》（GB 50209—2010）中第3.0.21条规定检查。

3. 基土铺设的一般项目

基土表面的允许偏差应符合表4-34中的规定。检验方法：按表4-34中规定的方法检验。检查数量：应按《建筑地面工程施工质量验收规范》（GB 50209—2010）中第3.0.21条规定的检验批和第3.0.22条的规定进行检查。

（三）灰土垫层的质量控制

1. 灰土垫层的一般规定

（1）灰土垫层应采用熟化石灰与黏土（或粉质黏土、粉土）的拌合料铺设，其厚度不应小于100mm。

（2）熟化石灰粉可采用磨细生石灰，也可用粉煤灰代替。

（3）灰土垫层应铺设在不受地下水浸泡的基土上，施工后应有防止水浸泡的措施。

（4）灰土垫层应分层夯实，经湿润养护、晾干后方可进行下一道工序的施工。

（5）灰土垫层不宜在冬季施工，必须安排在冬季施工时应采取可靠的防冻措施。

2. 灰土垫层的主控项目

灰土垫层的质量，关键在于合适的灰土比，灰土体积比应符合设计要求。检验方法：观察检查和检查配合比试验报告。检查数量：同一工程、同一体积比可检查一次。

3. 灰土垫层的一般项目

（1）熟化石灰颗粒的粒径不应大于5mm；黏土（或粉质黏土、粉土）内不得含有有机物质，颗粒的粒径不应大于16mm。检验方法：观察检查和检查质量合格证明文件。检查数量：应按《建筑地面工程施工质量验收规范》（GB 50209—2010）中第3.0.21条规定检查。

（2）灰土垫层表面的允许偏差应符合表4-34中的规定。检验方法：按表4-34中规定的方法检验。检查数量：应按《建筑地面工程施工质量验收规范》（GB 50209—2010）中第3.0.21条规定的检验批和第3.0.22条的规定进行检查。

（四）砂垫层和砂石垫层的质量控制

1. 砂垫层和砂石垫层的一般规定

（1）砂垫层的厚度不应小于60mm；砂石垫层的厚度不应小于100mm。

（2）砂石应选用天然级配材料。铺设时不应有粗细颗粒分离现象，一直压（夯）实至不松动为止。

2. 砂垫层和砂石垫层的主控项目

（1）砂和砂石不应含有草根等有机物质；砂子应采用中砂，石子最大粒径不应大于垫层厚度的2/3。检验方法：观察检查和检查质量合格证明文件。检查数量：应按《建筑地面工程施工质量验收规范》（GB 50209—2010）中第3.0.21条规定的检验批检查。

（2）砂垫层和砂石垫层的干密度（或者贯入度）应符合设计要求。检验方法：观察检查和检查试验记录。检查数量：应按《建筑地面工程施工质量验收规范》（GB 50209—2010）中第3.0.21条规定的检验批检查。

3. 砂垫层和砂石垫层的一般项目

（1）表面不得有砂窝、堆石现象。检验方法：观察检查。检查数量：应按《建筑地面工程施工质量验收规范》（GB 50209—2010）中第3.0.21条规定的检验批检查。

（2）砂垫层和砂石垫层表面的允许偏差符合表4-34中的规定。检验方法：按表4-34中规定的方法检验。检查数量：应按《建筑地面工程施工质量验收规范》（GB 50209—2010）中第3.0.21条规定的检验批和第3.0.22条的规定进行检查。

（五）碎石垫层和碎砖垫层的质量控制

1. 碎石垫层和碎砖垫层的一般规定

（1）碎石垫层和碎砖垫层的厚度应不小于100mm。

（2）碎石垫层和碎砖垫层应分层压（夯）实，达到表面坚实、平整。

2. 碎石垫层和碎砖垫层的主控项目

（1）碎石的强度应均匀，最大粒径不应大于垫层厚度的2/3；碎砖不应采用风化、酥松、夹有有机杂质的砖料，颗粒粒径不应大于60mm。检验方法：观察检查和检查质量合格证明文件。检查数量：应按《建筑地面工程施工质量验收规范》（GB 50209—2010）中第3.0.21条规定的检验批检查。

（2）碎石、碎砖垫层的密实度应符合设计要求。检验方法：观察检查和检查试验记录。检查数量：应按《建筑地面工程施工质量验收规范》（GB 50209—2010）中第3.0.21条规定的检验批检查。

3. 碎石垫层和碎砖垫层的一般项目

碎石、碎砖垫层的表面允许偏差符合表4-34中的规定。检验方法：按表4-34中规定的方法检验。检查数量：应按《建筑地面工程施工质量验收规范》（GB 50209—2010）中第3.0.21条规定的检验批和第3.0.22条的规定进行检查。

（六）三合土和四合土垫层的质量控制

1. 三合土和四合土垫层的一般规定

（1）三合土垫层应采用石灰、砂（可掺入少量的黏土）与碎砖的拌合料铺设，其厚度不应小于100mm；四合土垫层应采用水泥、石灰、砂（可掺入少量的黏土）与碎砖的拌合料铺设，其厚度不应小于80mm。

（2）三合土和四合土垫层均应分层夯实。

2. 三合土和四合土垫层的主控项目

（1）水泥宜采用硅酸盐水泥、普通硅酸盐水泥；熟化石灰颗粒粒径不应大于5mm；砂应用中砂，并不得含有草根等有机物质；碎砖不应采用风化、酥软和有机杂质的砖料，颗粒粒径不应大于60mm。检验方法：观察检查和检查质量合格证明文件。检查数量：应按《建筑地面工程施工质量验收规范》（GB 50209—2010）中第3.0.21条规定的检验批检查。

（2）三合土和四合土的体积比应符合设计要求。检验方法：观察检查和检查配合比试验报告。检查数量：同一工程、同一体积比可检查一次。

3. 三合土和四合土垫层的一般项目

三合土和四合土垫层的表面允许偏差符合表4-34中的规定。检验方法：按表4-34中规定的方法检验。检查数量：应按《建筑地面工程施工质量验收规范》（GB 50209—2010）中第3.0.21条规定的检验批和第3.0.22条的规定进行检查。

（七）炉渣垫层的质量控制

1. 炉渣垫层的一般规定

（1）炉渣垫层应采用炉渣或水泥与炉渣或水泥、石灰与炉渣的拌合料铺设，其厚度不应小于80mm。

（2）炉渣或水泥炉渣垫层的炉渣，使用前应浇水闷透；水泥石灰炉渣垫层的炉渣，使用前应用石灰浆或熟化石灰浇水拌和闷透；闷透的时间均不得少于5d。

（3）在垫层铺设前，其下一层应湿润；铺设时应分层进行压实，表面不得有泌水现象。铺设后应养护，待其凝结后方可进行下一道工序的施工。

（4）炉渣垫层施工过程中不宜留施工缝。必须要留施工缝时，应留直槎，并保证间隙处密实，接槎时应先刷水泥浆，再铺设炉渣拌合料。

2. 炉渣垫层的主控项目

（1）炉渣内不得含有有机杂质和未燃尽的煤块，颗粒粒径不应大于40mm，且颗粒粒径在5mm及其以下的颗粒，不得超过总体积的40%；熟化石灰颗粒粒径不应大于5mm。检验方法：观察检查和检查质量合格证明文件。检查数量：应按《建筑地面工程施工质量验收规范》（GB 50209—2010）中第3.0.21条规定的检验批检查。

（2）炉渣垫层的体积比应符合设计要求。检验方法：观察检查和检查配合比试验报告。检查数量：同一工程、同一体积比可检查一次。

3. 炉渣垫层的一般项目

炉渣垫层的表面允许偏差符合表4-34中的规定。检验方法：按表4-34中规定的方法检验。检查数量：应按《建筑地面工程施工质量验收规范》（GB 50209—2010）中第3.0.21条规定的检验批和第3.0.22条的规定进行检查。

（八）水泥混凝土和陶粒混凝土垫层的质量控制

1. 水泥混凝土和陶粒混凝土垫层的一般要求

（1）水泥混凝土和陶粒混凝土垫层应铺设在基土上。当气温长期处于0℃以下，设计无要求时垫层应设置缩缝，缝的位置、嵌缝方法等与面层伸缩缝一致，并应符合《建筑地面工程施工质量验收规范》（GB 50209—2010）中第3.0.16条的规定。

（2）水泥混凝土垫层的厚度不应小于60mm；陶粒混凝土垫层的厚度不应小于80mm。

（3）垫层铺设前，当为水泥类基层时，其下一层表面应湿润。

（4）室内地面的水泥混凝土垫层和陶粒混凝土垫层，应设置纵向缩缝和横向缩缝；纵向缩缝、横向缩缝的间距均不得大于6m。

（5）垫层的纵向缩缝应做平头缝或加肋板平头缝。当垫层厚度大于150mm时，可做企口缝。横向缩缝应做假缝。平头缝和企口缝的缝间不得放置隔离材料，浇筑时应互相紧贴。企口缝尺寸应符合设计要求，假缝宽度应为5~20mm，深度宜为垫层厚度的1/3，填缝材料应与地面变形缝的填缝材料一致。

（6）工业厂房、礼堂、门厅等大面积水泥混凝土、陶粒混凝土垫层应分区段浇筑。分区段应结合变形缝位置、不同类型的建筑地面连接处和设备基础的位置进行划分，并应与纵向、横向缩缝的间距一致。

（7）水泥混凝土、陶粒混凝土施工质量检验，应符合国家标准《混凝土结构工程施工质量验收规范》（GB 50204—2015）中的有关规定。

2. 水泥混凝土和陶粒混凝土垫层的主控项目

（1）水泥混凝土垫层和陶粒混凝土垫层采用的粗骨料，其最大粒径不应大于垫层厚度的2/3，含泥量不应大于3%；砂为中粗砂，其含泥量不应大于3%。陶粒中粒径小于5mm的颗粒含量不应小于10%；粉煤灰陶粒中大于15mm的颗粒含量不应小于5%；陶粒中不得混夹杂物或黏土块。陶粒宜选用粉煤灰陶粒、页岩陶粒等。检验方法：观察检查和检查质量合格证明文件。检查数量：同一工程、同一强度等级、同一个配合比可检查一次。

（2）水泥混凝土和陶粒混凝土的强度等级应符合设计要求。陶粒混凝土的密度应在800~1400kg/m³之间。检验方法：检查配合比试验报告和强度等级检测报告。检查数量：同一工程、同一强度等级、同一个配合比可检查一次。强度等级检测报告应按《建筑地面工程施工质量验收规范》（GB 50209—2010）中第3.0.19条规定的检验。

3. 水泥混凝土和陶粒混凝土垫层的一般项目

水泥混凝土和陶粒混凝土垫层的表面允许偏差符合表 4-34 中的规定。检验方法：按表 4-34 中规定的方法检验。检查数量：应按《建筑地面工程施工质量验收规范》（GB 50209—2010）中第 3.0.21 条规定的检验批和第 3.0.22 条的规定进行检查。

（九）找平层的质量控制

1. 找平层的一般要求

（1）找平层宜采用水泥砂浆或水泥混凝土铺设。当找平层厚度小于 30mm 时，宜用水泥砂浆做找平层；当找平层厚度不小于 30mm 时，宜用水泥细石混凝土做找平层。

（2）在进行找平层铺设前，当其下一层有松散充填料时应予铺平振实。

（3）有防水要求的建筑地面工程，铺设前必须对立管、套管和地漏与楼板节点之间进行密封处理，并进行隐蔽验收；排水坡度应符合设计要求。

（4）在预制钢筋混凝土板上铺设找平层前，板缝嵌填的施工应符合下列要求。

① 预制钢筋混凝土板相邻缝隙底宽不应小于 20mm。板缝填嵌缝隙内应清理干净，保持湿润。

② 填缝材料应采用细石混凝土，其强度等级不应小于 C20。填缝的高度应低于板面 10~20mm，且振捣密实；填缝后应进行养护。当填缝混凝土的强度等级达到 C15 后方可继续施工。

③ 当板缝的底宽大于 40mm 时，应按设计要求配置钢筋。

（5）在制钢筋混凝土板上铺设找平层时，其板端部应按设计要求做防裂的构造措施。

2. 找平层的主控项目

（1）找平层采用碎石或卵石的粒径不应大于其厚度的 2/3，含泥量不应大于 3%；砂为中砂，其含泥量不应大于 3%。检验方法：观察检查和检查质量合格证明文件。检查数量：配合比试验报告按同一工程、同一强度等级、同一个配合比可检查一次。

（2）水泥砂浆体积比、水泥混凝土强度等级应符合设计要求，且水泥砂浆的体积比不应小于 1∶3（或相应强度等级）；水泥混凝土强度等级不应小于 C15。检验方法：检查配合比试验报告和强度等级检测报告。检查数量：同一工程、同一强度等级、同一个配合比可检查一次。强度等级检测报告应按《建筑地面工程施工质量验收规范》（GB 50209—2010）中第 3.0.19 条规定的检验。

（3）有防水要求的建筑地面工程的立管、套管、地漏处不应渗漏，坡向应正确，无积水现象。检验方法：观察检查和蓄水、泼水检查及坡度尺检查。检查数量：应按《建筑地面工程施工质量验收规范》（GB 50209—2010）中第 3.0.21 条规定的检验批检查。

（4）在有防静电要求的整体面层的找平层施工前，其下敷设的导电地网系统应与接地引下线接电体有可靠连接，经电性能检测且符合相关要求后进行隐蔽工程验收。检验方法：观察检查和检查质量合格证明文件。检查数量：应按《建筑地面工程施工质量验收规范》（GB 50209—2010）中第 3.0.21 条规定的检验批检查。

3. 找平层的一般项目

（1）找平层与下一层结合应牢固，不得有空鼓现象。检验方法：用小锤轻敲击检查。检查数量：应按《建筑地面工程施工质量验收规范》（GB 50209—2010）中第 3.0.21 条规定的检验批检查。

（2）找平层表面应密实，不应有起砂、蜂窝和裂缝等缺陷。检验方法：观察检查。检查数量：应按《建筑地面工程施工质量验收规范》（GB 50209—2010）中第 3.0.21 条规定的检验批检查。

（3）找平层的表面允许偏差符合表4-34中的规定。检验方法：按表4-34中规定的方法检验。检查数量：应按《建筑地面工程施工质量验收规范》（GB 50209—2010）中第3.0.21条规定的检验批和第3.0.22条的规定进行检查。

（十）隔离层的质量控制

1. 隔离层的一般要求

（1）隔离层材料的防水、防油渗性能应符合设计要求。

（2）隔离层铺设的层数（或道数）、上翻的高度应符合设计要求。有种植要求的地面隔离层的防止根穿刺等方面，应符合现行的行业标准《种植屋面工程技术规程》（JGJ 155—2013）中的有关规定。

（3）在水泥类找平层上铺设卷材类、涂料类防水、防油渗隔离层时，其表面应坚固、洁净、干燥。在铺设前应涂刷基层处理剂。基层处理剂应采用与卷材性能相容的配套材料，或采用与涂料性能相容的同类涂料的底子油。

（4）当采用掺有防渗外加剂的水泥类隔离层时，其配合比、强度等级、外加剂的复合掺量等应符合设计要求。

（5）铺设隔离层时，在管道穿过楼板面四周，防水、防油渗的材料应向上铺涂，并超过套管的上口；在靠近柱、墙处，应高出面层200~300mm或按设计要求的高度铺涂。阴阳角和管道穿过楼板面的根部，应增加附加防水、防油渗的隔离层。

（6）隔离层兼作面层时，其所用材料不得对人体及环境产生不利影响，并应符合现行国家标准《食品安全国家标准　食品安全性毒理学评价程序》（GB 15193.1—2014）和《生活饮用水卫生标准》（GB 5749—2006）中的有关规定。

（7）防水隔离层铺设后，应《建筑地面工程施工质量验收规范》（GB 50209—2010）中第3.0.24条规定进行蓄水检验，并做好记录。

（8）隔离层施工质量检验还应符合国家标准《屋面工程质量验收规范》（GB 50207—2012）中的有关规定。

2. 隔离层的主控项目

（1）隔离层所用材料应符合设计要求和国家现行有关标准的规定。检验方法：观察检查和检查型式检验报告、出厂检验报告、出厂合格证。检查数量：同一工程、同一材料、同一生产厂家、同一型号、同一规格、同一批号检查一次。

（2）卷材类、涂料类隔离层的材料进入施工现场，应对材料的主要物理性能指标进行复验。检验方法：检查复验报告。检查数量：应符合现行国家标准《屋面工程质量验收规范》（GB 50207— 2012）中的有关规定。

（3）厕所、浴室和有防水要求的建筑地面必须设置防水隔离层。楼层结构必须采用现浇混凝土或整块预制混凝土板，混凝土强度等级不小于C20；房间的楼板四周除门洞外应做混凝土翻边，高度不应小于200mm，其宽度同墙的厚度，混凝土强度等级不小于C20。施工时结构层标高和预留孔洞位置应正确，严禁乱凿洞。检验方法：观察和钢尺检查。检查数量：应按《建筑地面工程施工质量验收规范》（GB 50209—2010）中第3.0.21条规定的检验批检查。

（4）水泥类防水隔离层的防水等级和强度等级应符合设计要求。检验方法：观察检查和检查防水等级检测报告、强度等级检测报告。检查数量：防水等级检测报告、强度等级检测报告均按《建筑地面工程施工质量验收规范》（GB 50209—2010）中第3.0.19条的规定检查。

（5）防水隔离层严禁渗漏，排水的坡向应正确、排水应畅通。检验方法：观察检查和蓄水、泼水检验、坡度尺检查及检查检验记录。检查数量：应按《建筑地面工程施工质量验收规范》（GB 50209—2010）中第3.0.21条规定的检验批检查。

3. 隔离层的一般项目

（1）隔离层的厚度应符合设计要求。检验方法：观察检查和用钢尺、卡尺检查。检查数量：应按《建筑地面工程施工质量验收规范》（GB 50209—2010）中第3.0.21条规定的检验批检查。

（2）隔离层与其下一层应黏结牢固，不应有空鼓；防水涂层应平整、均匀，无脱皮、起壳、裂缝、鼓泡等缺陷。检验方法：用小锤敲击检查和观察检查。检查数量：应按《建筑地面工程施工质量验收规范》（GB 50209—2010）中第3.0.21条规定的检验批检查。

（3）隔离层表面允许偏差符合表4-34中的规定。检验方法：按表4-34中规定的方法检验。检查数量：应按《建筑地面工程施工质量验收规范》（GB 50209—2010）中第3.0.21条规定的检验批和第3.0.22条的规定进行检查。

（十一）填充层的质量控制

1. 填充层的一般要求

（1）填充层所用材料的密度应符合设计要求。

（2）填充层的下一层表面应平整。当为水泥类时，还应洁净、干燥，并且不得有空鼓、裂缝和起砂等质量缺陷。

（3）采用松散材料铺设填充层时，应分层铺平拍实；采用板、块状材料铺设填充层时，应分层错缝进行铺设。

（4）有隔声要求的楼地面，隔声垫在柱、墙面的上翻的高度应超出楼面20mm，且应当收口于踢脚线内。地面上有竖向管道时，隔声材料应包裹在管道四周，高度同卷向柱、墙的高度。隔声垫保护膜之间应错缝搭接，搭接长度应大于100mm，并用胶带等密封。

（5）隔声层的上部应设置保护层，其构造做法应符合设计要求。当设计无要求时，混凝土保护层厚度不小于30mm，内部配置间距不大于200mm×200mm的直径6mm钢筋网片。

（6）有隔声要求的建筑地面工程，还应符合现行国家标准《建筑隔声评价标准》（GB/T 50121—2005）和《民用建筑隔声设计规范》（GB 50118—2010）中的有关规定。

2. 填充层的主控项目

（1）填充层所用材料应符合设计要求和国家现行有关标准的规定。检验方法：观察检查和检查型式检验报告、出厂检验报告、出厂合格证。检查数量：同一工程、同一材料、同一生产厂家、同一型号、同一规格、同一批号检查一次。

（2）填充层的厚度、配合比应符合设计要求。检验方法：用钢尺检查和检查配合比试验报告。检查数量：应按《建筑地面工程施工质量验收规范》（GB 50209—2010）中第3.0.21条规定的检验批检查。

（3）对填充材料接缝有密闭要求的应密封良好。检验方法：观察检查。检查数量：应按《建筑地面工程施工质量验收规范》（GB 50209—2010）中第3.0.21条规定的检验批检查。

3. 填充层的一般项目

（1）松散材料填充层铺设应严密；板块状材料填充层应压实、无翘曲。检验方法：观察检查。检查数量：应按《建筑地面工程施工质量验收规范》（GB 50209—2010）中第3.0.21条规定的检验批检查。

（2）填充层的坡度应符合设计要求，不应有倒泛水和积水现象。检验方法：观察和采用泼水或用坡度尺检查。检查数量：应按《建筑地面工程施工质量验收规范》（GB 50209—2010）中第3.0.21条规定的检验批检查。

（3）填充层表面允许偏差符合表4-34中的规定。检验方法：按表4-34中规定的方法检验。检查数量：应按《建筑地面工程施工质量验收规范》（GB 50209—2010）中第3.0.21条规定的检验批和第3.0.22条的规定进行检查。

（4）用作隔声的填充层，其表面允许偏差应符合表4-34中隔离层的规定。检验方法：按表4-34中隔离层规定的检验方法检验。检查数量：应按《建筑地面工程施工质量验收规范》（GB 50209—2010）中第3.0.21条规定的检验批和第3.0.22条的规定进行检查。

（十二）绝热层的质量控制

1. 绝热层的一般要求

（1）绝热层所用材料的性能、品种、厚度、构造做法，应符合设计要求和国家现行有关标准的规定。

（2）建筑物室内接触基土的首层地面，应增设水泥混凝土垫层后方可铺设绝热层，垫层的厚度及强度等级应符合设计要求。设计无要求时，水泥混凝土结构层厚度不小于30mm，层内配置间距不大于200mm×200mm的直径6mm钢筋网片。

（3）有地下室的建筑，地上、地下交界部位楼板的绝热层应采用外保温做法，绝热层表面应设有外保护层。外保护层应安全、耐候，表面平整、无裂纹。

（4）建筑物勒脚处绝热层的铺设应符合设计要求。设计无要求时应符合下列规定：①当地区冻土深度不大于500mm时，应采用外保温做法；②当地区冻土深度大于500mm，且不大于1000mm时，宜采用内保温做法；③当地区冻土深度大于1000mm时，应采用内保温做法；④当建筑物的基础有防水要求时，宜采用内保温做法；⑤采用内保温做法的绝热层，宜在建筑物主体结构完成后再施工。

（5）绝热层的材料不应采用松散型材料或抹灰浆料。

（6）绝热层施工质量检验还应符合现行国家标准《建筑节能工程施工质量验收标准》（GB 50411—2019）中的有关规定。

2. 绝热层的主控项目

（1）绝热层所用材料应符合设计要求和国家现行标准的有关规定。检验方法：观察检查和检查型式检验报告。检查数量：同一工程、同一材料、同一生产厂家、同一型号、同一规格、同一批号检查一次。

（2）绝热层所用材料进入施工现场时，应对材料的导热系数、表观密度、抗压强度或压缩强度、阻燃性进行复验。检验方法：检查复验报告。检查数量：同一工程、同一材料、同一生产厂家、同一型号、同一规格、同一批号复验一次。

（3）绝热层的板块材料应采用无缝铺贴法铺设，表面应平整。检验方法：观察检查、楔形塞尺检查。检查数量：应按《建筑地面工程施工质量验收规范》（GB 50209—2010）中第3.0.21条规定的检验批检查。

3. 绝热层的一般项目

（1）绝热层的厚度应符合设计要求，不应出现负偏差，表面应平整。检验方法：直尺或钢尺检查。检查数量：应按《建筑地面工程施工质量验收规范》（GB 50209—2010）中第3.0.21条规定的检验批检查。

（2）绝热层表面无开裂。检验方法：观察检查。检查数量：应按《建筑地面工程施工质量验收规范》（GB 50209—2010）中第3.0.21条规定的检验批检查。

（3）绝热层与地面面层之间的水泥混凝土结合层或水泥砂浆找平层，表面应平整，其允许偏差应符合表4-34中"找平层"的规定。检验方法：按表4-34中找平层规定的检验方法检验。检查数量：应按《建筑地面工程施工质量验收规范》（GB 50209—2010）中第3.0.21条规定的检验批和第3.0.22条的规定进行检查。

三、整体面层铺设质量验收标准

（一）整体面层铺设的一般规定

（1）整体面层铺设适用于水泥混凝土（含细石混凝土）面层、水泥砂浆面层、水磨石面层、硬化耐磨面层、防油渗面层、不发火（防爆）面层、自流平面层、涂料面层、塑料面层、地面辐射供暖的整体面层等分项工程的施工质量检验。

（2）铺设整体面层时，水泥类基层的抗压强度不得小于1.2MPa；表面应粗糙、洁净、湿润并不得有积水。铺设前应凿毛或涂刷界面剂。硬化耐磨面层、自流平面层的基层处理，应符合设计及产品的要求。

（3）铺设整体面层时，地面变形缝的位置应符合《建筑地面工程施工质量验收规范》（GB 50209—2010）中第3.0.16条的规定；大面积水泥类面层应设置分格缝。

（4）整体面层施工后，养护时间不应少于7d；抗压强度应达到5MPa后方可允许上人行走；抗压强度达到设计要求后方可正常使用。

（5）当采用掺有水泥拌合料做踢脚线时，不得使用石灰混合砂浆进行打底。

（6）水泥类整体面层的抹平工作应在水泥初凝前完成，压光工作应在水泥终凝前完成。

（7）整体面层的允许偏差和检验方法应符合表4-35中的规定。

表4-35　整体面层的允许偏差和检验方法

项次	项目	允许偏差/mm									检验方法
		水泥混凝土面层	水泥砂浆面层	普通水磨石面层	高级水磨石面层	硬化耐磨面层	防油渗混凝土和不发火面层	自流平面层	涂料面层	塑料面层	
1	表面平整度	5	4	3	2	4	5	2	2	2	用2m靠尺和楔形塞尺检查
2	踢脚线上口平直度	4	4	3	3	4	4	3	3	3	拉5m线和用钢尺检查
3	缝隙分格顺直	3	3	3	2	3	3	2	2	2	

（二）水泥混凝土面层质量控制

1. 水泥混凝土面层的一般要求

（1）水泥混凝土面层的厚度应符合设计要求。

（2）水泥混凝土面层铺设不得留施工缝。当施工间隙超过允许时间规定时，应对接槎处进行处理。

2. 水泥混凝土面层的主控项目

（1）水泥混凝土采用的粗骨料，最大粒径不应大于面层厚度的2/3，细石混凝土面层采用的石子粒径不应大于16mm。检验方法：观察检查和检查质量合格证明文件。检查数量：同一工程、同一强度等级、同一个配合比可检查一次。

（2）防水水泥混凝土中掺入的外加剂的技术性能，应符合现行国家有关标准的规定，外加剂的品种和掺量应经试验确定。检验方法：检查外加剂合格证明文件和配合比试验报告。检查数量：同一工程、同一品种、同一掺量可检查一次。

（3）面层的强度等级应符合设计要求，且强度等级不应小于C20。检验方法：检查配合比试验报告和强度等级检测报告。检查数量：同一工程、同一强度等级、同一个配合比可检查一次。强度等级检测报告应《建筑地面工程施工质量验收规范》（GB 50209—2010）中第3.0.19条规定检查。

（4）面层与下一层应结合牢固，且应无空鼓和开裂。当出现空鼓时，空鼓面积不应大于400cm^2，且每个自然间或标准间不应多于2处。检验方法：观察和用小锤轻敲击检查。检查数量：应按《建筑地面工程施工质量验收规范》（GB 50209—2010）中第3.0.21条规定的检验批检查。

3. 水泥混凝土面层的一般项目

（1）水泥混凝土面层表面应洁净，不应有裂纹、脱皮、麻面、起砂等缺陷。检验方法：观察检查。检查数量：应按《建筑地面工程施工质量验收规范》（GB 50209—2010）中第3.0.21条规定的检验批检查。

（2）水泥混凝土面层表面的坡度应符合设计要求，不应有倒泛水和积水现象。检验方法：观察和采用泼水或用坡度尺进行检查。检查数量：应按《建筑地面工程施工质量验收规范》（GB 50209—2010）中第3.0.21条规定的检验批检查。

（3）踢脚线与柱、墙面应紧密结合，踢脚线高度和出柱、墙厚度应符合设计要求，且均匀一致。当出现空鼓时，局部空鼓长度不应大于300mm，且每个自然间或标准间不应多于2处。检验方法：用小锤轻敲击、钢尺和观察检查。检查数量：应按《建筑地面工程施工质量验收规范》（GB 50209—2010）中第3.0.21条规定的检验批检查。

（4）楼梯、台阶踏步的宽度、高度应符合设计要求。楼层梯段相邻踏步高度差不应大于10mm，旋转楼梯梯段的每踏步两端的宽度允许偏差不应大于5mm。踏步面层应进行防滑处理，齿角应整齐，防滑条应顺直、牢固。检验方法：观察和用钢尺检查。检查数量：应按《建筑地面工程施工质量验收规范》（GB 50209—2010）中第3.0.21条规定的检验批检查。

（5）水泥混凝土面层的允许偏差应符合表4-35中隔离层的规定。检验方法：按表4-35中规定的检验方法检验。检查数量：应按《建筑地面工程施工质量验收规范》（GB 50209—2010）中第3.0.21条规定的检验批和第3.0.22条的规定进行检查。

（三）水泥砂浆面层质量控制

1. 水泥砂浆面层的一般要求

（1）水泥砂浆面层所用的材料，应符合设计要求和相应有关现行标准的规定。

（2）水泥砂浆面层的厚度，应符合设计要求。

2. 水泥砂浆面层的主控项目

（1）水泥宜采用硅酸盐水泥、普通硅酸盐水泥，不同品种、不同强度等级的水泥不能混用；砂子应采用中粗砂，当采用石屑时，其粒径应为1~5mm，且含泥量不应大于3%；防水水泥砂浆采用的砂子或石屑，其含泥量不应大于1%。检验方法：观察检查和检查质量合格证明文件。检查数量：同一工程、同一强度等级、同一个配合比可检查一次。

（2）防水水泥砂浆中掺入的外加剂的技术性能，应符合现行国家有关标准的规定，外加剂的品种和掺量应经试验确定。检验方法：观察检查和检查质量合格证明文件和配合比试验报告。检查数量：同一工程、同一强度等级、同一外加剂品种、同一个配合比、同一掺量可检查一次。

（3）水泥砂浆的体积比（强度等级）应符合设计要求，且体积比应为1:2，强度等级不应小于M15。检验方法：检查强度等级检测报告。检查数量：应按《建筑地面工程施工质量验收规范》（GB 50209—2010）中第3.0.19条规定的检查。

（4）有排水要求的水泥砂浆地面，坡向应正确，排水应畅通；防水水泥砂浆面层不应渗漏。检验方法：观察检查和蓄水、泼水检验或坡度尺检查及检验记录。检查数量：应按《建筑地面工程施工质量验收规范》（GB 50209—2010）中第3.0.21条规定的检验批检查。

（5）面层与下一层应结合牢固，且应无空鼓和开裂。当出现空鼓时，空鼓面积不应大于400cm²，且每个自然间或标准间不应多于2处。检验方法：观察和用小锤轻敲击检查。检查数量：应按《建筑地面工程施工质量验收规范》（GB 50209—2010）中第3.0.21条规定的检验批检查。

3. 水泥砂浆面层的一般项目

（1）水泥砂浆面层表面的坡度应符合设计要求，不应有倒泛水和积水现象。检验方法：观察和采用泼水或坡度尺检查。检查数量：应按《建筑地面工程施工质量验收规范》（GB 50209—2010）中第3.0.21条规定的检验批检查。

（2）水泥砂浆面层表面应洁净，不应有裂纹、脱皮、麻面、起砂等缺陷。检验方法：观察检查。检查数量：应按《建筑地面工程施工质量验收规范》（GB 50209—2010）中第3.0.21条规定的检验批检查。

（3）踢脚线与柱、墙面应紧密结合，踢脚线高度和出柱、墙厚度应符合设计要求，且均匀一致。当出现空鼓时，局部空鼓长度不应大于300mm，且每个自然间或标准间不应多于2处。检验方法：用小锤轻敲击、钢尺和观察检查。检查数量：应按《建筑地面工程施工质量验收规范》（GB 50209—2010）中第3.0.21条规定的检验批检查。

（4）楼梯、台阶踏步的宽度、高度应符合设计要求。楼层梯段相邻踏步高度差不应大于10mm，旋转楼梯梯段的每踏步两端的宽度允许偏差不应大于5mm。踏步面层应进行防滑处理，齿角应整齐，防滑条应顺直、牢固。检验方法：观察和用钢尺检查。检查数量：应按《建筑地面工程施工质量验收规范》（GB 50209—2010）中第3.0.21条规定的检验批检查。

（5）水泥砂浆面层的允许偏差应符合表4-35中的规定。检验方法：按表4-35中规定的检验方法检验。检查数量：应按《建筑地面工程施工质量验收规范》（GB 50209—2010）中第3.0.21条规定的检验批和第3.0.22条的规定进行检查。

（四）水磨石面层质量控制

1. 水磨石面层的一般要求

（1）水磨石面层应采用水泥和石粒拌合料铺设，有防静电要求时，拌合料内应按设计要求掺入导电材料。面层厚度除有特殊要求外，宜为12~18mm，且按石粒的粒径确定。水磨石面层的颜色和图案应符合设计要求。

（2）白色或浅色的水磨石面层应采用白水泥；深色的水磨石面层宜采用硅酸盐水泥、普通硅酸盐水泥或矿渣硅酸盐水泥。同一彩色面层应使用同厂、同批的颜料；其掺入量宜为水泥质量的3%~5%或由试验确定。

（3）水磨石面层的结合层采用水泥砂浆时，强度等级应符合设计要求，且不应小于M10，其稠度宜为30~35mm。

（4）防静电水磨石面层中采用导电金属"分格条"时，"分格条"应经过绝缘处理，且十字交叉处不得有接触。

（5）普通水磨石面层磨光遍数不应少于3遍，高级水磨石面层的厚度和磨光遍数应由设计确定。

（6）水磨石面层磨光后，在进行涂草酸和上蜡前其表面不得有任何污染。

（7）防静电水磨石面层应在表面经清洁、干燥后，在表面均匀涂抹一层防静电剂和地板蜡，并应进行抛光处理。

2. 水磨石面层的主控项目

（1）水磨石面层所用的石粒，应采用大理石、白云石等岩石加工而成，石粒中应洁净无杂物，其粒径除特殊要求外一般应为6~16mm；颜料应采用耐光、耐碱的矿物原料，不得使用酸性颜料。检验方法：观察检查和检查质量合格证明文件。检查数量：同一工程、同一个体积比可检查一次。

（2）水磨石面层拌和料的体积比应符合设计要求，且水泥与石粒的比例应为（1：1.5）~（1：2.5）。检验方法：检查配合比试验报告。检查数量：同一工程、同一个体积比可检查一次。

（3）防静电水磨石面层应在施工前及施工完成表面干燥后进行接地电阻和表面电阻检测，并做好记录。检验方法：检查施工记录和检测报告。检查数量：应按《建筑地面工程施工质量验收规范》（GB 50209—2010）中第3.0.21条规定的检验批检查。

（4）面层与下一层应结合牢固，且应无空鼓和开裂。当出现空鼓时，空鼓面积不应大于400cm²，且每个自然间或标准间不应多于2处。检验方法：观察和用小锤轻敲击检查。检查数量：应按《建筑地面工程施工质量验收规范》（GB 50209—2010）中第3.0.21条规定的检验批检查。

3. 水磨石面层的一般项目

（1）水磨石面层表面应光滑，且应无裂纹、砂眼和磨痕；石粒分布应当密实，显露应均匀；颜色图案应一致，不应出现混色；"分格条"应牢固、顺直和清晰。检验方法：观察检查。检查数量：应按《建筑地面工程施工质量验收规范》（GB 50209—2010）中第3.0.21条规定的检验批检查。

（2）踢脚线与柱、墙面应紧密结合，踢脚线高度和出柱、墙厚度应符合设计要求，且均匀一致。当出现空鼓时，局部空鼓长度不应大于300mm，且每个自然间或标准间不应多于2处。检验方法：用小锤轻敲击、钢尺和观察检查。检查数量：应按《建筑地面工程施工质量验收规范》（GB 50209—2010）中第3.0.21条规定的检验批检查。

（3）楼梯、台阶踏步的宽度、高度应符合设计要求。楼层梯段相邻踏步高度差不应大于10mm；每踏步两端的宽度允许偏差不应大于10mm；旋转楼梯梯段的每踏步两端的宽度允许偏差不应大于5mm。踏步面层应进行防滑处理，齿角应整齐，防滑条应顺直、牢固。检验方法：观察和用钢尺检查。检查数量：应按《建筑地面工程施工质量验收规范》（GB 50209 —2010）中第3.0.21条规定的检验批检查。

（4）水磨石面层的允许偏差应符合表4-35中的规定。检验方法：按表4-35中规定的检验方法检验。检查数量：应按《建筑地面工程施工质量验收规范》（GB 50209—2010）中第3.0.21条规定的检验批和第3.0.22条的规定进行检查。

（五）硬化耐磨面层质量控制

1. 硬化耐磨面层的一般要求

（1）硬化耐磨面层应采用金属渣、屑、纤维或石英砂、金刚砂等，并应与水泥类的胶凝材料拌和铺设或在水泥类基层上撒布铺设。

（2）硬化耐磨面层采用拌合料铺设时，拌合料的配合比应通过试验确定；采用撒布铺设时，耐磨材料的撒布量应符合设计要求，且应在水泥类基层初凝前完成撒布。

（3）硬化耐磨面层采用拌合料铺设时，宜先铺设一层强度等级不小于M15、厚度不小于20mm的水泥砂浆，或水灰比为0.40的水混浆结合层。

（4）硬化耐磨面层采用拌合料铺设时，铺设厚度和拌合料强度应符合设计要求。当设计无要求时，水泥钢（铁）屑面层铺设厚度不应小于30mm，抗压强度不应小于40MPa；水泥石英砂浆面层铺设厚度不应小于20mm，抗压强度不应小于30MPa；钢纤维混凝土面层铺设厚度不应小于40mm，抗压强度不应小于40MPa。

（5）硬化耐磨面层采用撒布铺设时，耐磨材料的撒布应均匀，厚度应符合设计要求。混凝土基层或砂浆基层的厚度及强度应符合设计要求。当设计无要求时，混凝土基层的厚度不应小于50mm，强度等级不应低于C25；砂浆基层的厚度不应小于20mm，强度等级不应低于M15。

（6）硬化耐磨面层的分格缝的间距、缝的深度、缝的宽度、填缝材料应符合设计要求。

（7）硬化耐磨面层铺设后应在湿润的条件下养护，养护期限应符合材料技术要求。

（8）硬化耐磨面层在强度达到设计要求的强度后方可投入使用。

2. 硬化耐磨面层的主控项目

（1）硬化耐磨面层采用的材料应符合设计要求和国家现行有关标准的规定。检验方法：观察检查和检查质量合格证明文件。检查数量：采用拌合料铺设时，按同一工程、同一强度等级可检查一次；采用撒布铺设的按同一工程、同一材料、同一生产厂家、同一型号、同一规格、同一批号检查一次。

（2）硬化耐磨面层采用拌合料铺设时，水泥的强度不应小于42.5MPa。金属渣、屑、纤维不应有其他杂质，使用前应去油除锈、冲洗干净并干燥；石英砂应采用中粗砂，含泥量不应大于2%。检验方法：观察检查和检查质量合格证明文件。检查数量：按同一工程、同一强度等级可检查一次。

（3）硬化耐磨面层的厚度、强度等级、耐磨性能应符合设计要求。检验方法：用钢尺检查和检查配合比试验报告、强度等级检测报告、耐磨性能检测报告。检查数量：厚度应按《建筑地面工程施工质量验收规范》（GB 50209—2010）中第3.0.21条规定的检验批检查；配合比试验报告按同一工程、同一强度等级、同一个配合比可检查一次；强度等级检测报告应按《建筑地面工程施工质量验收规范》（GB 50209—2010）中第3.0.19条的规定检查；耐磨性能检测报告按同一工程抽样检查一次。

（4）面层与基层（或下一层）应结合牢固，且应无空鼓和开裂。当出现空鼓时，空鼓面积不应大于400cm²，且每个自然间或标准间不应多于2处。检验方法：观察和用小锤轻敲击检查。检查数量：应按《建筑地面工程施工质量验收规范》（GB 50209—2010）中第3.0.21条规定的检验批检查。

3. 硬化耐磨面层的一般项目

（1）硬化耐磨面层的表面坡度应符合设计要求，不应有倒泛水和积水现象。检验方法：观察和采用泼水或用坡度尺检查。检查数量：应按《建筑地面工程施工质量验收规范》

（GB 50209—2010）中第3.0.21条规定的检验批检查。

（2）硬化耐磨面层的表面应色泽一致，切缝应顺直，不应有脱皮、裂纹、麻面、起砂等缺陷。检验方法：观察检查。检查数量：应按《建筑地面工程施工质量验收规范》（GB 50209—2010）中第3.0.21条规定的检验批检查。

（3）踢脚线与柱、墙面应紧密结合，踢脚线高度和出柱、墙厚度应符合设计要求，且均匀一致。当出现空鼓时，局部空鼓长度不应大于300mm，且每个自然间或标准间不应多于2处。检验方法：用小锤轻敲击、钢尺和观察检查。检查数量：应按《建筑地面工程施工质量验收规范》（GB 50209—2010）中第3.0.21条规定的检验批检查。

（4）硬化耐磨面层的允许偏差应符合表4-35中的规定。检验方法：按表4-35中规定的检验方法检验。检查数量：应按《建筑地面工程施工质量验收规范》（GB 50209—2010）中第3.0.21条规定的检验批和第3.0.22条的规定进行检查。

（六）防油渗面层质量控制

1. 防油渗面层的一般要求

（1）防油渗面层应采用防油渗混凝土铺设或防油渗涂料涂刷。

（2）防油渗隔离层及防油渗面层与墙、柱的连接处的构造应符合设计要求。

（3）防油渗混凝土面层的厚度应符合设计要求，防油渗混凝土的配合比应按设计要求的强度等级和抗渗性能通过试验确定。

（4）防油渗混凝土面层应按厂房柱网分区段进行浇筑，区段划分及分区段的缝隙应符合设计要求。

（5）防油渗混凝土面层内不得敷设管线。露出面层的电线管、接线盒、预埋套管和地脚螺栓等的处理，以及与墙、柱、变形缝、孔洞等连接处泛水，均应采取防油渗的措施并应符合设计要求。

（6）防油渗面层采用防油渗涂料时，材料应按设计要求选用，涂层厚度宜为5~7mm。

2. 防油渗面层的主控项目

（1）防油渗混凝土所用的水泥应采用普通硅酸盐水泥；碎石应采用花岗石或石英石，不得使用松散、多孔隙和吸水率大的石子，粒径为5~16mm，最大粒径不应超过20mm，含泥量不得大于1%；砂子应采用中砂，且应洁净无杂物；掺入的外加剂和防油渗剂应符合有关标准规定。防油渗涂料应具有耐油、耐磨、耐火、黏结性能。检验方法：观察检查和检查质量合格证明文件。检查数量：按同一工程、同一强度等级、同一个配合比、同一黏结强度可检查一次。

（2）防油渗混凝土的强度等级和抗渗性能应符合设计要求，且强度等级不应小于C30；防油渗涂料的黏结强度不应小于0.3MPa。检验方法：检查配合比试验报告、强度等级检测报告、黏结强度检测报告。检查数量：配合比试验报告按同一工程、同一强度等级、同一个配合比可检查一次；强度等级检测报告应按《建筑地面工程施工质量验收规范》（GB 50209—2010）中第3.0.19条的规定检查；黏结强度检测报告按同一工程、同一涂料品种、同一生产厂家、同一型号、同一规格、同一批号检查一次。

（3）防油渗混凝土与下一层应结合牢固、无空鼓。检验方法：用小锤轻敲击检查。检查数量：应按《建筑地面工程施工质量验收规范》（GB 50209—2010）中第3.0.21条规定的检验批检查。

（4）防油渗涂料面层与基层应黏结牢固，不应有起皮、开裂和漏涂等缺陷。检验方法：观察检查。检查数量：应按《建筑地面工程施工质量验收规范》（GB 50209—2010）中第

3.0.21条规定的检验批检查。

3. 防油渗面层的一般项目

（1）防油渗面层表面坡度应符合设计要求，不应有倒泛水和积水现象。检验方法：观察和采用泼水或用坡度尺检查。检查数量：应按《建筑地面工程施工质量验收规范》（GB 50209—2010）中第3.0.21条规定的检验批检查。

（2）防油渗混凝土面层表面应洁净，不应有裂纹、脱皮、麻面、起砂等缺陷。检验方法：观察检查。检查数量：应按《建筑地面工程施工质量验收规范》（GB 50209—2010）中第3.0.21条规定的检验批检查。

（3）踢脚线与柱、墙面应紧密结合，踢脚线高度和出柱、墙厚度应符合设计要求，且均匀一致。检验方法：用小锤轻敲击、钢尺和观察检查。检查数量：应按《建筑地面工程施工质量验收规范》（GB 50209—2010）中第3.0.21条规定的检验批检查。

（4）防油渗面层表面的允许偏差应符合表4-35中的规定。检验方法：按表4-35中规定的检验方法检验。检查数量：应按《建筑地面工程施工质量验收规范》（GB 50209—2010）中第3.0.21条规定的检验批和第3.0.22条的规定进行检查。

（七）不发火（防爆）面层质量控制

1. 不发火（防爆）面层的一般要求

（1）不发火（防爆）面层应采用水泥类拌和料及其他不发火材料铺设，其材料和厚度应符合设计要求。

（2）不发火（防爆）各类面层的铺设，应符合《建筑地面工程施工质量验收规范》（GB 50209—2010）中相应面层的规定。

（3）不发火（防爆）面层采用的材料和硬化后的试件，应按《建筑地面工程施工质量验收规范》（GB 50209—2010）中附录A进行不发火性试验。

2. 不发火（防爆）面层的主控项目

（1）不发火（防爆）面层中碎石的不发火性必须合格；砂子应质地坚硬、表面粗糙，其粒径为0.15~5mm，含泥量不应大于3%，有机物含量不应大于0.5%；水泥应采用硅酸盐水泥、普通硅酸盐水泥；面层分格的嵌条应采用不发火的材料配制；配制时应随时检查，不得混入金属或其他易发火的杂质。检验方法：观察检查和检查质量合格证明文件。检查数量：应按《建筑地面工程施工质量验收规范》（GB 50209—2010）中第3.0.19条的规定检查。

（2）不发火（防爆）面层的强度等级应符合设计要求。检验方法：检查配合比试验报告和强度检测报告。检查数量：配合比试验报告按同一工程、同一强度等级、同一个配合比可检查一次；强度等级检测报告应按《建筑地面工程施工质量验收规范》（GB 50209—2010）中第3.0.19条的规定检查。

（3）不发火（防爆）面层与下一层应结合牢固、无空鼓。当出现空鼓时，空鼓面积不应大于400cm²，且每个自然间或标准间不应多于2处。检验方法：观察和用小锤轻敲击检查。检查数量：应按《建筑地面工程施工质量验收规范》（GB 50209—2010）中第3.0.21条规定的检验批检查。

（4）不发火（防爆）面层的试件应检验合格。检验方法：检查检测报告。检查数量：配合比试验报告按同一工程、同一强度等级、同一个配合比可检查一次。

3. 不发火（防爆）面层的一般项目

（1）不发火（防爆）面层表面应密实，无裂缝、蜂窝、麻面等缺陷。检验方法：观察检查。检查数量：应按《建筑地面工程施工质量验收规范》（GB 50209—2010）中第3.0.21条规定的检验批检查。

（2）踢脚线与柱、墙面应紧密结合，踢脚线高度和出柱、墙厚度应符合设计要求，且均匀一致。检验方法：用小锤轻敲击、钢尺和观察检查。检查数量：应按《建筑地面工程施工质量验收规范》（GB 50209—2010）中第3.0.21条规定的检验批检查。

（3）不发火（防爆）面层的允许偏差应符合表4-35中的规定。检验方法：按表4-35中规定的检验方法检验。检查数量：应按《建筑地面工程施工质量验收规范》（GB 50209—2010）中第3.0.21条规定的检验批和第3.0.22条的规定进行检查。

（八）自流平面层质量控制

1. 自流平面层的一般要求

（1）自流平面层可采用水泥基、石膏基、合成树脂基等拌合物铺设。

（2）自流平面层与墙、柱等连接处的构造做法应符合设计要求，铺设时应分层施工。

（3）自流平面层的基层应平整、洁净，基层的含水率应与面层材料的技术要求相一致。

（4）自流平面层的构造做法、厚度、颜色等应符合设计要求。

（5）有防水、防潮、防油渗、防尘要求的自流平面层，应达到设计要求。

2. 自流平面层的主控项目

（1）自流平面层所用的材料应符合设计要求和国家现行有关标准的规定。检验方法：观察检查和检查型式检验报告、出厂检验报告、出厂合格书。检查数量：同一工程、同一材料、同一生产厂家、同一型号、同一规格、同一批号检查一次。

（2）自流平面层的涂料进入施工现场时，应有以下有害物质限量合格和检测报告：水性涂料中的挥发性有机化合物（VOCs）和游离甲醛；溶剂型涂料中的苯、甲苯、二甲苯、挥发性有机化合物（VOCs）和游离甲苯二异氰酸酯（TDI）。检验方法：观察检验报告。检查数量：同一工程、同一材料、同一生产厂家、同一型号、同一规格、同一批号检查一次。

（3）自流平面层的基层的强度等级不应小于C20。检验方法：观察强度等级检测报告。检查数量：应按《建筑地面工程施工质量验收规范》（GB 50209—2010）中第3.0.19条的规定检查。

（4）自流平面层的各构造层之间应黏结牢固，层与层之间不应出现分离、空鼓现象。检验方法：用小锤轻敲击检查。检查数量：应按《建筑地面工程施工质量验收规范》（GB 50209—2010）中第3.0.21条规定的检验批检查。

（5）自流平面层的表面不应有开裂漏涂和倒泛水、积水等现象。检验方法：观察和泼水检查。检查数量：应按《建筑地面工程施工质量验收规范》（GB 50209—2010）中第3.0.21条规定的检验批检查。

3. 自流平面层的一般项目

（1）自流平面层应分层施工，面层找平层施工时不应留有抹痕。检验方法：观察检查和检查施工记录。检查数量：应按《建筑地面工程施工质量验收规范》（GB 50209—2010）中第3.0.21条规定的检验批检查。

（2）自流平面层的表面应光滑，色泽应均匀、一致，不应有起泡、起砂现象。检验方法：观察检查。检查数量：应按《建筑地面工程施工质量验收规范》（GB 50209—2010）中第3.0.21条规定的检验批检查。

（3）自流平面层的表面允许偏差应符合表4-35中的规定。检验方法：按表4-35中规定的检验方法检验。检查数量：应按《建筑地面工程施工质量验收规范》（GB 50209—2010）中第3.0.21条规定的检验批和第3.0.22条的规定进行检查。

（九）涂料面层质量控制

1. 涂料面层的一般要求

（1）涂料面层应采用丙烯酸、环氧、聚氨酯等树脂型涂料涂刷。

（2）涂料面层的基层应符合下列规定：a.应平整、洁净；b.强度等级不应小于C20；c.含水率与涂料的技术要求相一致。

（3）涂料面层的厚度、颜色应符合设计要求，铺设时应分层施工。

2. 涂料面层的主控项目

（1）涂料面层所用的涂料应符合设计要求和国家现行有关标准的规定。检验方法：观察检查和检查型式检验报告、出厂检验报告、出厂合格书。检查数量：同一工程、同一材料、同一生产厂家、同一型号、同一规格、同一批号检查一次。

（2）涂料进入施工现场时，应有苯、甲苯、二甲苯、挥发性有机化合物（VOCs）和游离甲苯二异氰酸酯（TDI）限量合格的检测报告。检验方法：检查检验报告。检查数量：同一材料、同一生产厂家、同一型号、同一规格、同一批号检查一次。

（3）涂料面层的表面不应有开裂、漏涂和倒泛水、积水等现象。检验方法：观察和泼水检查。检查数量：应按《建筑地面工程施工质量验收规范》（GB 50209—2010）中第3.0.21条规定的检验批检查。

3. 涂料面层的一般项目

（1）涂料面层的找平层应平整，不应有刮的痕迹。检验方法：观察检查。检查数量：应按《建筑地面工程施工质量验收规范》（GB 50209—2010）中第3.0.21条规定的检验批检查。

（2）涂料面层的表面应光洁，色泽应均匀、一致，不应有起泡、起皮和起砂现象。检验方法：观察检查。检查数量：应按《建筑地面工程施工质量验收规范》（GB 50209—2010）中第3.0.21条规定的检验批检查。

（3）楼梯、台阶踏步的宽度、高度应符合设计要求。楼层梯段相邻踏步高度差不应大于10mm；每踏步两端的宽度允许偏差不应大于10mm；旋转楼梯梯段的每踏步两端的宽度允许偏差不应大于5mm。踏步面层应进行防滑处理，齿角应整齐，防滑条应顺直、牢固。检验方法：观察和用钢尺检查。检查数量：应按《建筑地面工程施工质量验收规范》（GB 50209—2010）中第3.0.21条规定的检验批检查。

（4）涂料面层的允许偏差应符合表4-35中的规定。检验方法：按表4-35中规定的检验方法检验。检查数量：应按《建筑地面工程施工质量验收规范》（GB 50209—2010）中第3.0.21条规定的检验批和第3.0.22条的规定进行检查。

（十）塑料面层质量控制

1. 塑料面层的一般要求

（1）塑料面层应采用现浇的塑料材料或塑料卷材，宜在沥青混凝土或水泥类基层铺设。

（2）基层强度和厚度应符合设计要求，表面应平整、干燥、洁净，无油脂及其他杂质。

（3）塑料面层在铺设时的环境温度，宜控制在10~30℃范围内。

2. 塑料面层的主控项目

（1）塑料面层所用的材料应符合设计要求和国家现行有关标准的规定。检验方法：观察检查和检查型式检验报告、出厂检验报告、出厂合格书。检查数量：现浇型塑料材料按同一工程、同一个配合比可检查一次；塑料卷材按同一工程、同一材料、同一生产厂家、同一型号、同一规格、同一批号检查一次。

（2）现浇型塑料面层的配合比应符合设计要求，成品试件应检测合格。检验方法：检查配合比试验报告、试件检测报告。检查数量：按同一工程、同一个配合比可检查一次。

（3）现浇型塑料面层与基层应黏结牢固，面层的厚度应一致，表面颗粒应均匀，不应有裂痕、分层、气泡、脱粒等现象；塑料卷材面层的卷材与基层应黏结牢固，面层不应有断裂、起泡、起鼓、空鼓、脱胶、翘边、溢液等现象。检验方法：观察和用锤敲击检查。检查数量：应按《建筑地面工程施工质量验收规范》（GB 50209—2010）中第3.0.21条规定的检验批检查。

3. 塑料面层的一般项目

（1）塑料面层的各组合层厚度、坡度、表面平整度，均应符合设计要求。检验方法：采用钢尺、坡度尺、2m或3m水平尺检查。检查数量：应按《建筑地面工程施工质量验收规范》（GB 50209—2010）中第3.0.21条规定的检验批检查。

（2）塑料面层应表面洁净，图案清晰，色泽一致；拼缝处的图案、花纹相吻合，无明显高低差及缝隙，无胶痕；与周围接缝严密，阴阳角方正、收边整齐。检验方法：观察检查。检查数量：应按《建筑地面工程施工质量验收规范》（GB 50209—2010）中第3.0.21条规定的检验批检查。

（3）塑料卷材面层的焊缝应平整、光洁，无焦化变色、斑点、焊瘤、起鳞片等缺陷，焊缝凹凸允许偏差不应大于0.6mm。检验方法：观察检查。检查数量：应按《建筑地面工程施工质量验收规范》（GB 50209—2010）中第3.0.21条规定的检验批检查。

（4）塑料面层的允许偏差应符合表4-35中的规定。检验方法：按表4-35中规定的检验方法检验。检查数量：应按《建筑地面工程施工质量验收规范》（GB 50209—2010）中第3.0.21条规定的检验批和第3.0.22条的规定进行检查。

（十一）地面辐射供暖面层质量控制

1. 地面辐射供暖面层的一般要求

（1）地面辐射供暖的整体面层宜采用水泥混凝土、水泥砂浆等，应在填充层上铺设。

（2）地面辐射供暖的整体面层铺设时不得扰动填充层，不得向填充层内楔入任何物件。面层的铺设还应符合《建筑地面工程施工质量验收规范》（GB 50209—2010）中第5.2节和5.3节的有关规定。

2. 地面辐射供暖面层的主控项目

（1）地面辐射供暖的整体面层采用的材料或产品，除应符合设计要求和《建筑地面工程施工质量验收规范》（GB 50209—2010）中相应面层的规定外，还应具有耐热性、热稳定性、防水、防潮、防霉变等特点。检验方法：观察检查和检查质量合格证明文件。检查数量：同一工程、同一材料、同一生产厂家、同一型号、同一规格、同一批号检查一次。

（2）地面辐射供暖的整体面层的分格缝隙应符合设计要求，面层与柱、墙之间应留不小于10mm的空隙。检验方法：观察和用钢尺检查。检查数量：应按《建筑地面工程施工质量验收规范》（GB 50209—2010）中第3.0.21条规定的检验批检查。

（3）其余主控项目及检验方法、检查数量，应符合《建筑地面工程施工质量验收规范》（GB 50209—2010）中第5.2节和5.3节的有关规定。

3. 地面辐射供暖面层的一般项目

地面辐射供暖面层的一般项目及检验方法、检查数量，应符合《建筑地面工程施工质量验收规范》（GB 50209—2010）中第5.2节和5.3节的有关规定。

四、板块面层铺设质量验收标准

（一）板块面层的一般要求

（1）板块面层铺设质量控制适用于砖面层、大理石和花岗石面层、料石面层、塑料地板面层、活动地板面层、金属板面层、地毯面层、地面辐射供暖的板块面层等面层分项工程的施工质量验收。

（2）在铺设板块面层时，其水泥类基层的抗压强度不得小于1.2MPa。

（3）铺设板块面层的结合层和板块间的填缝采用水泥砂浆时，应符合下列规定：①配制水泥砂浆应采用硅酸盐水泥、普通硅酸盐水泥或矿渣硅酸盐水泥；②配制水泥砂浆的砂子应采用现行的行业标准《普通混凝土用砂、石质量及检验方法标准》（JGJ 52—2006）中的有关规定；③水泥砂浆的体积比（或强度等级）应符合设计要求。

（4）结合层和板块面层填缝的胶结材料，应符合国家现行有关标准规定和设计要求。

（5）铺设水泥混凝土板块、水磨石板块、人造石板块、陶瓷锦砖、缸砖、水泥花砖、料石、大理石、花岗石等面层的结合层和填缝材料采用水泥砂浆时，在面层铺设后，表面应覆盖、湿润，养护时间不应少于7d。当板块面层的水泥砂浆结合层的抗压强度达到设计要求后，方可正常使用。

（6）大面积板块面层的伸缩缝及分格缝隙应符合设计要求。

（7）板块类踢脚线施工时，不得采用混合砂浆打底。

（8）板块面层的允许偏差与检验方法应符合表4-36和表4-37中的要求。

表4-36　板块面层的允许偏差与检验方法（一）

项目	允许偏差/mm						检验方法
	陶瓷锦砖面层、高级水磨石板、陶瓷地砖面层	缸砖面层	水泥花砖面层	水磨石板块面层	大理石面层、花岗石面层、人造石面层、金属板面层	塑料板面层	
表面平整度	2.0	4.0	3.0	3.0	1.0	2.0	用2m靠尺和楔形尺检查
缝分格平直	3.0	3.0	3.0	3.0	2.0	3.0	拉5m线和用钢尺检查
接缝高低差	0.5	1.5	0.5	1.0	0.5	0.5	用钢尺和楔形尺检查
踢脚线上口平直	3.0	4.0	—	4.0	1.0	2.0	拉5m线和用钢尺检查
板块间隙宽度	2.0	2.0	2.0	2.0	1.0	—	用钢尺检查

表4-37　板块面层的允许偏差与检验方法（二）

项目	允许偏差/mm					检验方法
	水泥混凝土板块面层	碎拼接大理石面层碎拼接花岗石面层	活动地板面层	条石面层	块石面层	
表面平整度	2.0	4.0	3.0	3.0	1.0	用2m靠尺和楔形尺检查
缝分格平直	3.0	3.0	3.0	3.0	2.0	拉5m线和用钢尺检查
接缝高低差	0.5	1.5	0.5	1.0	0.5	用钢尺和楔形尺检查
踢脚线上口平直	3.0	3.0	—	4.0	1.0	拉5m线和用钢尺检查
板块间隙宽度	2.0	2.0	2.0	2.0	1.0	用钢尺检查

（二）砖面层铺设质量控制

1. 砖面层铺设的一般要求

（1）砖面层可采用陶瓷锦砖、缸砖、陶瓷地砖和水泥花砖，并应在结合层上铺设。

（2）在水泥砂浆结合层上铺设缸砖、陶瓷地砖和水泥花砖面层时，应符合下列规定：a.在铺设前应对砖的规格尺寸、外观质量、色泽进行预选；需要时，浸水湿润晾干待用；b.在勾缝和压缝时，应采用同品种、同强度等级、同颜色的水泥，并做好养护和保护。

（3）在水泥砂浆结合层上铺贴陶瓷锦砖面层时，砖底面应洁净，每联陶瓷锦砖之间、与结合层之间，以及在墙角、镶边和靠柱、墙处应紧密贴合。在靠柱、墙处不得用砂浆填补。

（4）在胶结料结合层上铺贴缸砖面层时，缸砖应洁净，铺贴时应在胶结料凝结前完成。

2. 砖面层铺设的主控项目

（1）砖面层所用板块产品应符合设计要求和国家现行有关标准的规定。检验方法：观察检查和检查型式检验报告、出厂检验报告、出厂合格书。检查数量：同一工程、同一材料、同一生产厂家、同一型号、同一规格、同一批号检查一次。

（2）砖面层所用板块产品进入施工现场时，应有放射性限量合格的检测报告。检验方法：检查检验报告、出厂检验报告、出厂合格书。检查数量：同一工程、同一材料、同一生产厂家、同一型号、同一规格、同一批号检查一次。

（3）砖面层与下一层的结合（黏结）应牢固，无空鼓（单块砖边角允许有局部空鼓），但每个自然间或标准间的空鼓砖不应超过总数的5%。检验方法：用小锤轻敲击检查。检查数量：应按《建筑地面工程施工质量验收规范》（GB 50209—2010）中第3.0.21条规定的检验批检查。

3. 砖面层铺设的一般项目

（1）砖面层的表面应洁净、图案清晰、色泽一致，接缝应平整，深浅应一致，周边应顺直。检验方法：观察检查。检查数量：应按《建筑地面工程施工质量验收规范》（GB 50209—2010）中第3.0.21条规定的检验批检查。

（2）检验方法：面层邻接处的镶边用料及尺寸应符合设计要求，边角应整齐、光滑。观察和用钢尺检查。检查数量：应按《建筑地面工程施工质量验收规范》（GB 50209—2010）中第3.0.21条规定的检验批检查。

（3）踢脚线表面应洁净，与柱、墙面结合应牢固。踢脚线高度和出柱、墙厚度应符合设计要求，且均匀一致。检验方法：观察和用小锤轻敲击、钢尺检查。检查数量：应按《建筑地面工程施工质量验收规范》（GB 50209—2010）中第3.0.21条规定的检验批检查。

（4）楼梯、台阶踏步的宽度、高度应符合设计要求。楼层梯段相邻踏步高度差不应大于10mm；每踏步两端的宽度允许偏差不应大于10mm；旋转楼梯梯段的每踏步两端的宽度允许偏差不应大于5mm。踏步面层应进行防滑处理，齿角应整齐，防滑条应顺直、牢固。检验方法：观察和用钢尺检查。检查数量：应按《建筑地面工程施工质量验收规范》（GB 50209—2010）中第3.0.21条规定的检验批检查。

（5）砖面层的表面不应有开裂、漏涂和倒泛水、积水等现象；与地漏、管道结合处应严密牢固、无渗漏。检验方法：观察和泼水或用坡度尺及蓄水检查。检查数量：应按《建筑地面工程施工质量验收规范》（GB 50209—2010）中第3.0.21条规定的检验批检查。

（6）砖面层的表面的允许偏差应符合表4-36中的规定。检验方法：按表4-36中规定的检验方法检验。检查数量：应按《建筑地面工程施工质量验收规范》（GB 50209—2010）中第3.0.21条规定的检验批和第3.0.22条的规定进行检查。

（三）大理石和花岗石面层质量控制

1. 大理石和花岗石面层的一般要求

（1）大理石和花岗石面层采用天然大理石、花岗石（或碎拼接大理石、碎拼接花岗石）板材，应在结合层上铺设。

（2）板材有裂缝、掉角、翘曲和表面有缺陷时应予剔除，品种不同的板材不得混杂使用；在铺设前，应根据石材的颜色、花纹、图案、纹理等按设计要求，进行试拼接并编号。

（3）在铺设大理石和花岗石面层前，板材应按要求浸湿、晾干；结合层与板材应分段同时进行铺设。

2. 大理石和花岗石面层的主控项目

（1）大理石和花岗石面层所用的板材产品，应符合设计要求和国家现行有关标准的规定。检验方法：观察检查和检查质量合格证明文件。检查数量：同一工程、同一材料、同一生产厂家、同一型号、同一规格、同一批号检查一次。

（2）大理石和花岗石面层所用的板材产品进入施工现场时，应有放射性限量合格的检测报告。检验方法：观察检查检测报告。检查数量：同一工程、同一材料、同一生产厂家、同一型号、同一规格、同一批号检查一次。

（3）大理石和花岗石面层与下一层的结合（黏结）应牢固，无空鼓（单块砖边角允许有局部空鼓），但每个自然间或标准间的空鼓砖不应超过总数的5%。检验方法：用小锤轻敲击检查。检查数量：应按《建筑地面工程施工质量验收规范》（GB 50209—2010）中第3.0.21条规定的检验批检查。

3. 大理石和花岗石面层的一般项目

（1）大理石和花岗石面层在铺设前，板块的背面和侧面应进行防碱处理。检验方法：观察检查和检查施工记录。检查数量：应按《建筑地面工程施工质量验收规范》（GB 50209—2010）中第3.0.21条规定的检验批检查。

（2）大理石和花岗石面层的表面应洁净、平整、无研磨痕迹，且应图案清晰，色泽一致，接缝均匀，周边顺直，镶嵌正确，板块应无裂纹、掉角、缺棱等缺陷。检验方法：观察检查。检查数量：应按《建筑地面工程施工质量验收规范》（GB 50209—2010）中第3.0.21条规定的检验批检查。

（3）踢脚线表面应洁净，与柱、墙面结合应牢固。踢脚线高度和出柱、墙厚度应符合设计要求，且均匀一致。检验方法：观察和用小锤轻敲击及钢尺检查。检查数量：应按《建筑地面工程施工质量验收规范》（GB 50209—2010）中第3.0.21条规定的检验批检查。

（4）楼梯、台阶踏步的宽度、高度应符合设计要求。踏步板块的缝隙宽度应一致；楼层梯段相邻踏步高度差不应大于10mm；每踏步两端的宽度允许偏差不应大于10mm；旋转楼梯梯段的每踏步两端的宽度允许偏差不应大于5mm。踏步面层应进行防滑处理，齿角应整齐，防滑条应顺直、牢固。检验方法：观察和用钢尺检查。检查数量：应按《建筑地面工程施工质量验收规范》（GB 50209—2010）中第3.0.21条规定的检验批检查。

（5）石板面层的表面不应有开裂、漏涂和倒泛水、积水等现象；与地漏、管道结合处应严密牢固、无渗漏。检验方法：观察和泼水或用坡度尺及蓄水检查。检查数量：应按《建筑地面工程施工质量验收规范》（GB 50209—2010）中第3.0.21条规定的检验批检查。

（6）大理石和花岗石面层（或碎拼接大理石、碎拼接花岗石面层）允许偏差应符合表4-36中的规定。检验方法：按表4-36中规定的检验方法检验。检查数量：应按《建筑地面工程施工质量验收规范》（GB 50209—2010）中第3.0.21条规定的检验批和第3.0.22条的规定进行检查。

（四）预制板块面层质量控制

1. 预制板块面层的一般要求

（1）预制板块面层采用水泥混凝土板块、水磨石板块、人造石板块应在结合层上铺设。

（2）在施工现场加工预制板块，应按《建筑地面工程施工质量验收规范》（GB 50209—2010）中第5章的有关规定执行。

（3）水泥混凝土板块面层的缝隙中，应采用水泥浆（或砂浆）填缝；彩色混凝土板块、水磨石板块、人造石板块，应用同色的水泥浆（或砂浆）擦缝。

（4）品种和强度等级不同的预制板块不宜混杂使用。

（5）板块间的缝隙宽度应符合设计要求。当设计无要求时，混凝土板块面层的缝隙宽度不应大于6mm，水磨石板块、人造石板块面层的缝隙宽度不应大于2mm。预制板块面层在铺设完24h后，应用水泥砂浆将缝隙灌至2/3高度，再用同色的水泥浆擦（勾）缝。

2. 预制板块面层的主控项目

（1）预制板块面层所用板块产品应符合设计要求和国家现行有关标准的规定。检验方法：观察检查和检查型式检验报告、出厂检验报告、出厂合格书。检查数量：同一工程、同一材料、同一生产厂家、同一型号、同一规格、同一批号检查一次。

（2）预制板块面层所用的板材产品进入施工现场时，应有放射性限量合格的检测报告。检验方法：观察检查检测报告。检查数量：同一工程、同一材料、同一生产厂家、同一型号、同一规格、同一批号检查一次。

（3）预制板块面层与下一层的结合应牢固、无空鼓（单块预制板块边角允许有局部空鼓），但每个自然间或标准间的空鼓板块不应超过总数的5%。检验方法：用小锤轻敲击检查。检查数量：应按《建筑地面工程施工质量验收规范》（GB 50209—2010）中第3.0.21条规定的检验批检查。

3. 预制板块面层的一般项目

（1）预制板块表面应无裂缝、掉角、翘曲等明显缺陷。检验方法：观察检查。检查数量：应按《建筑地面工程施工质量验收规范》（GB 50209—2010）中第3.0.21条规定的检验批检查。

（2）预制板块面层应平整洁净、图案清晰、色泽一致、接缝均匀、周边顺直、镶嵌正确。检验方法：观察检查。检查数量：应按《建筑地面工程施工质量验收规范》（GB 50209—2010）中第3.0.21条规定的检验批检查。

（3）预制板块面层邻接处的镶边用料尺寸应符合设计要求，边角应整齐、光滑。检验方法：观察和用钢尺检查。检查数量：应按《建筑地面工程施工质量验收规范》（GB 50209—2010）中第3.0.21条规定的检验批检查。

（4）踢脚线表面应洁净，与柱、墙面结合应牢固。踢脚线高度和出柱、墙厚度应符合设计要求，且均匀一致。检验方法：观察和用小锤轻敲击及钢尺检查。检查数量：应按《建筑地面工程施工质量验收规范》（GB 50209—2010）中第3.0.21条规定的检验批检查。

（5）楼梯、台阶踏步的宽度、高度应符合设计要求。踏步板块的缝隙宽度应一致；楼层梯段相邻踏步高度差不应大于10mm；每踏步两端的宽度允许偏差不应大于10mm；旋转楼梯梯段的每踏步两端的宽度允许偏差不应大于5mm。踏步面层应进行防滑处理，齿角应整齐，防滑条应顺直、牢固。检验方法：观察和用钢尺检查。检查数量：应按《建筑地面工程施工质量验收规范》（GB 50209—2010）中第3.0.21条规定的检验批检查。

（6）水泥混凝土板块、水磨石板块、人造石板块面层的允许偏差应符合表4-36和表4-37中的规定。检验方法：按表4-36和表4-37中规定的检验方法检验。检查数量：应按《建筑地面工程施工质量验收规范》（GB 50209—2010）中第3.0.21条规定的检验批和第3.0.22条的规定进行检查。

（五）料石面层质量控制

1. 料石面层的一般要求

（1）料石面层采用天然条石和块石，并应在结合层上进行铺设。

（2）条石和块石面层所用的石材规格、技术等级和厚度应符合设计要求。条石的质量应均匀，形状为矩形六面体，厚度为80~120mm；块石形状为直棱柱体，顶面粗琢平整，底面面积不宜小于顶面面积的60%，厚度为100~150mm。

（3）不导电的料石面层的石料，应采用辉绿岩石加工制成。填缝材料也应采用辉绿岩石加工的砂子嵌实。耐高温的料石面层的石料，应按设计要求选用。

（4）条石面层的结合面宜采用水泥砂浆，其厚度应符合设计要求；块石面层的结合面宜采用砂垫层，其厚度应不小于60mm；基土层应为均匀密实的基土或夯实的基土。

2. 料石面层的主控项目

（1）料石面层所用的石料应符合设计要求和国家现行有关标准的规定。检验方法：观察检查和检查质量合格证明文件。检查数量：同一工程、同一材料、同一生产厂家、同一型号、同一规格、同一批号检查一次。

（2）料石面层所用的石料进入施工现场时，应有放射性限量合格的检测报告。检验方法：观察检查检测报告。检查数量：同一工程、同一材料、同一生产厂家、同一型号、同一规格、同一批号检查一次。

（3）料石面层与下一层的结合应牢固、无松动。检验方法：观察和用小锤轻敲击检查。检查数量：应按《建筑地面工程施工质量验收规范》（GB 50209—2010）中第3.0.21条规定的检验批检查。

3. 料石面层的一般项目

（1）条石面层应组砌合理，无十字缝，铺砌方向和坡度应符合设计要求；块石面层石料缝隙应相互错开，通缝不应超过两块石料。检验方法：观察和用坡度尺检查。检查数量：应按《建筑地面工程施工质量验收规范》（GB 50209—2010）中第3.0.21条规定的检验批检查。

（2）条石面层和块石面层的允许偏差应符合表4-37中的规定。检验方法：按表4-37中规定的检验方法检验。检查数量：应按《建筑地面工程施工质量验收规范》（GB 50209—2010）中第3.0.21条规定的检验批和第3.0.22条的规定进行检查。

（六）塑料板面层质量控制

1. 塑料板面层的一般要求

（1）塑料板面层应采用塑料板块材、塑料板焊接、塑料卷材，以胶黏剂在水泥类基层上采用满粘法或点粘法铺设。

（2）水泥类基层表面应平整、坚硬、干燥、密实、洁净、无油脂及其他杂质，不应有麻面、起砂、裂缝等质量缺陷。

（3）胶黏剂应按照基层材料和面层材料使用的相容性要求，通过试验确定，其质量应符合现行国家有关标准的规定。

（4）焊条成分和性能应与被焊的塑料板相同，其质量应符合有关技术标准的规定，并应有出厂合格证。

（5）在铺贴塑料板面层时，室内相对湿度不宜大于70%，温度宜在10~32℃之间。

（6）塑料板面板施工完成后静置的时间，应符合产品的技术要求。

（7）防静电塑料板配套的胶黏剂、焊条等，也应具有防静电性能。

2. 塑料板面层的主控项目

（1）塑料板面层所用的塑料板块材、塑料卷材、胶黏剂，应符合设计要求和现行国家有关标准的规定。检验方法：观察和检查型式检验报告、出厂检验报告、出厂合格书。检查数量：同一工程、同一材料、同一生产厂家、同一型号、同一规格、同一批号检查一次。

（2）塑料板面层所采用的胶黏剂进入施工现场时，应有以下有害物质限量合格的检测报告：①溶剂型胶黏剂中的挥发性有机性化合物（VOCs）、苯、甲苯+二甲苯；②水性胶黏剂中的挥发性有机性化合物（VOCs）和游离甲醛。检验方法：检查检测报告。检查数量：同一工程、同一材料、同一生产厂家、同一型号、同一规格、同一批号检查一次。

（3）面层与下一层的黏结应牢固，不翘边、不脱胶、无溢胶（单个的板块边角允许有脱胶，但每个自然间或标准间的脱胶板块不应超过总数的5%；卷材局部脱胶的面积不应大于20cm²，且相隔间距应大于或等于50cm）。检验方法：观察和用小锤轻敲击及用钢尺检查。检查数量：应按《建筑地面工程施工质量验收规范》（GB 50209—2010）中第3.0.21条规定的检验批检查。

3. 塑料板面层的一般项目

（1）塑料板面层应表面洁净，图案清晰，色泽一致，接缝严密、美观。拼缝处的图案、花纹应吻合，无胶痕；与柱、墙边交接应严密，阴阳角的收边应方正。检验方法：观察检查。检查数量：应按《建筑地面工程施工质量验收规范》（GB 50209—2010）中第3.0.21条规定的检验批检查。

（2）塑料板块的焊接，焊缝应平整、光洁，无焦化变色、斑点、焊瘤和起鳞片等缺陷，其凹凸允许偏差不应大于0.6mm。焊缝的抗拉强度应不小于塑料板强度的75%。检验方法：观察检查和检查检测报告。检查数量：应按《建筑地面工程施工质量验收规范》（GB 50209—2010）中第3.0.21条规定的检验批检查。

（3）镶边用料应尺寸准确、边角整齐、拼缝严密、接缝顺直。检验方法：观察和用钢尺检查。检查数量：应按《建筑地面工程施工质量验收规范》（GB 50209—2010）中第3.0.21条规定的检验批检查。

（4）踢脚线宜与地面面层对缝一致，踢脚线与基层的黏合应密实。检验方法：观察检查。检查数量：应按《建筑地面工程施工质量验收规范》（GB 50209—2010）中第3.0.21条规定的检验批检查。

（5）塑料板面层的允许偏差应符合表4-36中的规定。检验方法：按表4-36中规定的检验方法检验。检查数量：应按《建筑地面工程施工质量验收规范》（GB 50209—2010）中第3.0.21条规定的检验批和第3.0.22条的规定进行检查。

（七）活动地板面层质量控制

1.活动地板面层的一般要求

（1）活动地板面层宜用于有防尘和防静电要求的专业用房的建筑地面。应采用特制的平压刨花板为基材，表面可饰以装饰板，底层应用镀锌经黏结胶合形成活动地板块，配以横梁、橡胶垫条和可供调节高度的金属支架组装成架空板，应在水泥类面层（或基层）上铺设。

（2）活动地板所有的支座柱和横梁应构成框架一体，并与基层连接牢固；支架调平后高度应符合设计要求。

（3）活动地板面层应包括标准地板、异形地板和地板附件（即支架和横梁组件）。采用的活动地板块应平整、坚实，面层承载力不应小于7.5MPa，A级的板块的系统电阻应为$1.0×10^5$~$1.0×10^8\Omega$，B级的板块的系统电阻应为$1.0×10^5$~$1.0×10^{10}\Omega$。

（4）活动地板面层的金属支架应支承在现浇水泥混凝土基层（或面层）上，基层表面应平整、光洁、不起灰。

（5）当房间的防静电要求较高、并需要接地时，应将活动地板面层的金属支架、金属横梁连通跨接，并与接地体相连，接地方法应符合设计要求。

（6）活动板块与横梁接触搁置处，应达到四角平整、严密的要求。

（7）当活动地板不符合模数时，其不足部分可在现场根据实际尺寸，把板切割后镶补，并应配装相应的可调支撑和横梁。切割边不经处理不得镶补安装，并且不得有局部膨胀变形。

（8）活动地板在门口处或预留洞口处应符合设置构造要求，四周侧边应用耐磨硬质板材封闭或用镀锌钢板包裹，胶条封边缘后应符合耐磨要求。

（9）活动地板与柱、墙面接缝处的处理应符合设计要求，设计无要求时应做木踢脚线；通风口处应选用异形活动地板铺贴。

（10）用于电子信息系统机房的活动地板面层，其施工质量检验应符合现行国家标准《数据中心基础设施施工及验收规范》（GB 50462—2015）中的有关规定。

2. 活动地板面层的主控项目

（1）活动地板应符合设计要求和国家现行有关标准的规定，且具有耐磨、防潮、阻燃、耐污染、耐老化和导静电等性能。检验方法：观察和检查型式检验报告、出厂检验报告、出厂合格书。检查数量：同一工程、同一材料、同一生产厂家、同一型号、同一规格、同一批号检查一次。

（2）活动地板面层应安装牢固，无裂纹、掉角和缺棱等缺陷。检验方法：观察和行走检查。检查数量：应按《建筑地面工程施工质量验收规范》（GB 50209—2010）中第3.0.21条规定的检验批检查。

3. 活动地板面层的一般项目

（1）活动地板面层应排列整齐、表面洁净、色泽一致、接缝均匀、周边顺直。检验方法：观察检查。检查数量：应按《建筑地面工程施工质量验收规范》（GB 50209—2010）中第3.0.21条规定的检验批检查。

（2）活动地板面层的允许偏差应符合表4-37中的规定。检验方法：按表4-37中规定的检验方法检验。检查数量：应按《建筑地面工程施工质量验收规范》（GB 50209—2010）中第3.0.21条规定的检验批和第3.0.22条的规定进行检查。

（八）金属板面层质量控制

1. 金属板面层的一般要求

（1）金属板面层采用镀锌板、镀锡板、复合钢板、彩色涂层钢板、铸铁板、不锈钢板、铜板及其他合成金属板铺设。

（2）金属板面层及其配件宜使用不锈蚀或经过防锈处理的金属制品。

（3）用于通道（走道）和公共建筑的金属板面层，应按设计要求进行防腐、防滑处理。

（4）金属板面层的接地做法应符合设计要求。

（5）具有磁吸性的金属板面层不得用于有磁的场所。

2. 金属板面层的主控项目

（1）金属板应符合设计要求和国家现行有关标准的规定。检验方法：观察和检查型式检验报告、出厂检验报告、出厂合格书。检查数量：同一工程、同一材料、同一生产厂家、同一型号、同一规格、同一批号检查一次。

（2）面层与基层的固定方法、面层的接缝处理，应符合设计要求。检验方法：观察检查。检查数量：应按《建筑地面工程施工质量验收规范》（GB 50209—2010）中第3.0.21条规定的检验批检查。

（3）面层及其附件如需焊接，焊缝质量应符合设计要求和国家标准《钢结构工程施工质量验收标准》（GB 50205—2020）中的有关规定。检验方法：观察检查和按《钢结构工程施工质量验收标准》（GB 50205—2020）中规定的方法检验。检查数量：应按《建筑地面工程施工质量验收规范》（GB 50209—2010）中第3.0.21条规定的检验批检查。

（4）面层与基层的结合应牢固，无翘曲、松动和空鼓等缺陷。检验方法：观察和用小锤轻敲击检查。检查数量：应按《建筑地面工程施工质量验收规范》（GB 50209—2010）中第3.0.21条规定的检验批检查。

3. 金属板面层的一般项目

（1）金属板表面应无裂痕、刮伤、刮痕、翘曲等外观质量缺陷。检验方法：观察检查。检查数量：应按《建筑地面工程施工质量验收规范》（GB 50209—2010）中第3.0.21条规定的检验批检查。

（2）金属板面层应平整、洁净、色泽一致，接缝应均匀，周边应顺直。检验方法：观察和用钢尺检查。检查数量：应按《建筑地面工程施工质量验收规范》（GB 50209—2010）中第3.0.21条规定的检验批检查。

（3）镶边用料及尺寸应符合设计要求，边角应整齐。检验方法：观察和用钢尺检查。检查数量：应按《建筑地面工程施工质量验收规范》（GB 50209—2010）中第3.0.21条规定的检验批检查。

（4）踢脚线表面应洁净，与柱、墙面结合应牢固。踢脚线高度和出柱、墙厚度应符合设计要求，且均匀一致。检验方法：观察和用小锤轻敲击及钢尺检查。检查数量：应按《建筑地面工程施工质量验收规范》（GB 50209—2010）中第3.0.21条规定的检验批检查。

（5）金属板面层的允许偏差应符合表4-36中的规定。检验方法：按表4-36中规定的检验方法检验。检查数量：应按《建筑地面工程施工质量验收规范》（GB 50209—2010）中第3.0.21条规定的检验批和第3.0.22条的规定进行检查。

（九）地面辐射供暖板块面层质量控制

1. 地面辐射供暖板块面层的一般要求

（1）地面辐射供暖板块面层宜采用缸砖、陶瓷地砖、花岗石、水磨石板块、人造石板块、塑料板等，应在填平层上铺设。

（2）地面辐射供暖板块面层采用胶结材料粘贴铺设时，填充层的含水率应符合胶结材料的技术要求。

（3）地面辐射供暖板块面层铺设时不得扰动填充层，不得向填充层内楔入任何物件。面层铺设还应符合《建筑地面工程施工质量验收规范》（GB 50209—2010）中第6.2节、6.3节、6.4节和6.6节的有关规定。

2. 地面辐射供暖板块面层的主控项目

（1）地面辐射供暖板块面层采用的材料或产品，除应符合设计要求和现行国家有关标准的规定外，还应具有耐热性、热稳定性、防水、防潮、防霉变等特点。检验方法：观察和检查质量合格证明文件。检查数量：同一工程、同一材料、同一生产厂家、同一型号、同一规格、同一批号检查一次。

（2）地面辐射供暖板块面层的伸缩缝及分格缝，应符合设计要求；面层与柱、墙之间应留不小于10mm的空隙。检验方法：观察和用钢尺检查。检查数量：应按《建筑地面工程施工质量验收规范》（GB 50209—2010）中第3.0.21条规定的检验批检查。

（3）地面辐射供暖板块面层的其余主控项目和检验方法、检查数量，应符合《建筑地面工程施工质量验收规范》（GB 50209—2010）中第6.2节、6.3节、6.4节和6.6节的有关规定。

3. 地面辐射供暖板块面层的一般项目

地面辐射供暖板块面层的一般项目和检验方法、检查数量，应符合《建筑地面工程施工质量验收规范》（GB 50209—2010）中第6.2节、6.3节、6.4节和6.6节的有关规定。

（十）地毯面层质量控制

1. 地毯面层的一般要求

（1）地毯面层应采用地毯块材或卷材，以"空铺法"或"实铺法"铺设。

（2）铺设地毯的地面面层（或基层）应坚实、平整、洁净、干燥，无凹坑、麻面、起砂、裂缝，并不得有油污、钉头及其凸出物。

（3）地毯下面的衬垫，应当满铺平整，地毯接缝处不得露出底衬。

（4）采用"空铺法"施工地毯面层时应符合下列要求：①块材地毯宜先拼成整块，然后按设计要求铺设；②块材地毯的铺设，块与块之间应挤紧服帖；③卷材地毯宜先长向缝合，然后按设计要求铺设；④地毯面层的周边应压入踢脚线下；⑤地毯面层与不同类型的建筑地面面层的连接处，其收口的做法应符合设计要求。

（5）采用"实铺法"施工地毯面层时应符合下列要求：①采用的金属卡条（倒刺板）、金属压条、专用双面胶带、胶黏剂等应符合设计要求；②铺设时，地毯的表面层应张拉适度，四周应采用金属卡条（倒刺板）固定，门口宜用金属压条或双面专用胶带等固定；③地毯四周应塞入金属卡条（倒刺板）或踢脚线下；④地毯面层采用专用双面胶带、胶黏剂黏结时，应与基层黏结牢固。

（6）楼梯地毯面层铺设时，梯段顶级地毯应固定于平台上，其宽度不应小于标准楼梯、台阶踏步尺寸；阴角处应固定牢固；梯段末级地毯与水平段地毯的连接处应顺畅、牢固。

2. 地毯面层的主控项目

（1）地毯面层采用的材料应符合设计要求和国家现行有关标准的规定。检验方法：观察和检查型式检验报告、出厂检验报告、出厂合格书。检查数量：同一工程、同一材料、同一生产厂家、同一型号、同一规格、同一批号检查一次。

（2）地毯面层采用的材料进入施工现场时，应有地毯、衬垫、胶黏剂中的挥发性有机性化合物（VOCs）和甲醛限量合格的检测报告。检验方法：检查检验报告。检查数量：同一工程、同一材料、同一生产厂家、同一型号、同一规格、同一批号检查一次。

（3）地毯表面应平服，拼缝处应粘贴牢固、严密平整、图案吻合。检验方法：观察检查。检查数量：应按《建筑地面工程施工质量验收规范》（GB 50209—2010）中第3.0.21条规定的检验批检查。

3. 地毯面层的一般项目

（1）地毯表面不应起鼓、起皱、翘曲、卷边、显拼缝、露线、毛边，绒面毛应顺光一致，毯面立洁净、无污染和损伤。检验方法：观察检查。检查数量：应按《建筑地面工程施工质量验收规范》（GB 50209—2010）中第3.0.21条规定的检验批检查。

（2）地毯同其他面层连接处、收口处和墙边、柱子周围应顺直、压紧。检验方法：观察检查。检查数量：应按《建筑地面工程施工质量验收规范》（GB 50209—2010）中第3.0.21条规定的检验批检查。

五、木竹面层铺设质量验收标准

（一）木竹地板面层质量的一般规定

（1）木竹地板面层质量控制适用于实木地板面层、实木集成地板面层、竹地板面层、实木复合地板面层、浸渍纸层压木质地板面层、软木类地板面层、地面辐射供暖的木地板面层等（包括免刨、免漆类）面层分项工程的施工质量验收。

（2）木竹地板面层下的木搁栅、垫木、垫层地板等采用木材的树种、选材标准和铺设时木材含水率以及防腐、防蛀处理等，均应符合现行国家标准《木结构工程施工质量验收规范》（GB 50206—2012）中的有关规定。所选用的材料应符合设计要求，进场时应对其断面尺寸、含水率等主要技术指标进行抽验，抽验数量应符合现行国家有关标准的规定。

（3）用于固定和加固用的金属零部件，应采用不锈钢或经过防锈处理的金属件。

（4）与厕所、浴室、厨房等潮湿场所相邻的木、竹面层的连接处应做防水（潮）处理。

（5）木、竹面层铺设在水泥类基层上，其基层表面应坚硬、平整、洁净、不起砂，表面含水率不应大于8%。

（6）建筑地面工程的木、竹面层搁栅下部架空结构层（或构造层）的质量检验，应符合现行相应国家标准的规定。

（7）木、竹面层的通风构造层包括室内通风沟、地面通风沟、室外通风窗等，均应符合设计要求。

（8）木、竹面层的允许偏差和检验方法应符合表4-38的规定。

表4-38 木、竹面层的允许偏差和检验方法

项目	允许偏差/mm				检验方法
	实木地板、实木集成地板、竹地板			实木复合地板、浸渍纸层压木质地板、软木类地板	
	松木地板	硬木地板、竹地板	拼花地板		
板面缝隙宽度	1.0	0.5	0.2	0.5	用钢尺检查
表面平整度	3.0	2.0	2.0	2.0	用2m靠尺和楔形塞尺检查
踢脚线上口平齐	3.0	3.0	3.0	3.0	拉5m线和用钢尺检查
板面拼缝平直	3.0	3.0	3.0	3.0	
相邻板材高差	0.5	0.5	0.5	0.5	用钢尺和楔形塞尺检查
踢脚线与面层接缝	1.0	1.0	1.0	1.0	楔形塞尺检查

（二）实木地板、实木集成地板、竹地板面层质量控制

1. 实木地板、实木集成地板、竹地板面层的一般规定

（1）实木地板、实木集成地板、竹地板面层，应采用条形材或块材或拼花，以"空铺"或"实铺"方式在基层上铺贴。

（2）实木地板、实木集成地板、竹地板面层，可采用双层面层和单层面层铺设，其厚度应符合设计要求；其选材应符合现行国家有关标准的规定。

（3）铺设实木地板、实木集成地板、竹地板面层时，其木搁栅的截面尺寸、间距和稳固方法等均应符合设计要求。木格栅固定时，不得损坏基层和预埋管线。木格栅应垫实钉牢，与柱、墙之间留出20mm的缝隙，表面应平整，其间距不宜大于300mm。

（4）当面层下铺设垫层地板时，垫层地板的髓心应向上，板间缝隙不应大于3mm，与柱、墙之间应留8~12mm的空隙，表面应刨平。

（5）实木地板、实木集成地板、竹地板面层铺设时，相邻板材接头位置应错开不小于300mm的距离；与柱、墙之间应留8~12mm的空隙。

（6）采用实木制作的踢脚线，背面应设置沟槽并做防腐处理。

（7）席纹实木地板面层、拼花实木地板面层的铺设，应符合《建筑地面工程施工质量验收规范》（GB 50209—2010）中的有关规定。

2. 实木地板、实木集成地板、竹地板面层的主控项目

（1）实木地板、实木集成地板、竹地板面层采用的地板、铺设时的木（竹）材含水率、胶黏剂等，应符合设计要求和国家现行有关标准的规定。检验方法：观察和检查型式检验报告、出厂检验报告、出厂合格书。检查数量：同一工程、同一材料、同一生产厂家、同一型号、同一规格、同一批号检查一次。

（2）实木地板、实木集成地板、竹地板面层采用的材料进入施工现场时，应有以下有害物质限量合格的检测报告：①地板中的游离甲醛（释放量或含量）；②溶剂型胶黏剂中的挥发性有机性化合物（VOCs）、苯、甲苯+二甲苯；③水性胶黏剂中的挥发性有机性化合物（VOCs）和游离甲醛。检验方法：检查检测报告。检查数量：同一工程、同一材料、同一生产厂家、同一型号、同一规格、同一批号检查一次。

（3）木搁栅、垫木、垫层地板等应进行防腐、防蛀处理。检验方法：观察检查和检查验收记录。检查数量：应按《建筑地面工程施工质量验收规范》（GB 50209—2010）中第3.0.21条规定的检验批检查。

（4）木搁栅安装应牢固、平直。检验方法：观察、行走、钢尺测量等检查和检查验收记录。检查数量：应按《建筑地面工程施工质量验收规范》（GB 50209—2010）中第3.0.21条规定的检验批检查。

（5）面层铺设应牢固；黏结应无空鼓、松动。检验方法：观察、行走或用小锤轻击检查。检查数量：应按《建筑地面工程施工质量验收规范》（GB 50209—2010）中第3.0.21条规定的检验批检查。

3. 实木地板、实木集成地板、竹地板面层的一般项目

（1）实木地板、实木集成地板面层应刨平、磨光，无明显刨痕和毛刺等现象；图案应清晰、颜色应均匀一致。检验方法：观察、手摸和行走检查。检查数量：应按《建筑地面工程施工质量验收规范》（GB 50209—2010）中第3.0.21条规定的检验批检查。

（2）竹地板面层的品种与规格应符合设计要求，板面应无翘曲。检验方法：观察、用2m靠尺和楔形塞尺检查。检查数量：应按《建筑地面工程施工质量验收规范》（GB

50209—2010）中第3.0.21条规定的检验批检查。

（3）面层缝隙应严密；接头位置应错开，表面应平整、洁净。检验方法：观察检查。检查数量：应按《建筑地面工程施工质量验收规范》（GB 50209—2010）中第3.0.21条规定的检验批检查。

（4）面层采用粘、钉工艺时，接缝应对齐，粘贴、钉入应严密；缝隙宽度应均匀一致；表面应洁净，无溢胶现象。检验方法：观察检查。检查数量：应按《建筑地面工程施工质量验收规范》（GB 50209—2010）中第3.0.21条规定的检验批检查。

（5）踢脚线应表面光滑，接缝严密，高度一致。检验方法：观察和用钢尺检查。检查数量：应按《建筑地面工程施工质量验收规范》（GB 50209—2010）中第3.0.21条规定的检验批检查。

（6）实木地板、实木集成地板、竹地板面层的允许偏差应符合表4-38中的规定。检验方法：按表4-38中规定的检验方法检验。检查数量：应按《建筑地面工程施工质量验收规范》（GB 50209—2010）中第3.0.21条规定的检验批和第3.0.22条的规定进行检查。

（三）实木复合地板面层质量控制

1. 实木复合地板面层的一般规定

（1）实木复合地板面层采用的材料、铺设方法、铺设方式、厚度以及垫层地板铺设等，均应符合《建筑地面工程施工质量验收规范》（GB 50209—2010）中第7.2.1条~第7.2.4条的规定。

（2）实木复合地板面层应采用空铺法或粘贴法（全粘或点粘）铺设。采用粘贴法铺设时，粘贴材料应按设计要求选用，并应具有耐老化、防水、防菌、无毒等性能。

（3）实木复合地板面层下衬垫的材料和厚度应符合设计要求。

（4）实木复合地板面层铺设时，相邻板材接头位置应错开不小于300mm的距离；与柱、墙之间留出20mm的缝隙。当面层采用无龙骨的空铺法铺设时，应在面层与柱、墙之间的空隙内加设金属弹簧卡或木楔子，其间距宜为200~300mm。

（5）大面积铺设实木复合地板面层时，应分段进行铺设，分段缝的处理应符合设计要求。

2. 实木复合地板面层的主控项目

（1）实木复合地板面层采用的地板、胶黏剂等，应符合设计要求和国家现行有关标准的规定。检验方法：观察和检查型式检验报告、出厂检验报告、出厂合格书。检查数量：同一工程、同一材料、同一生产厂家、同一型号、同一规格、同一批号检查一次。

（2）实木复合地板面层采用的材料进入施工现场时，应有以下有害物质限量合格的检测报告：①地板中的游离甲醛（释放量或含量）；②溶剂型胶黏剂中的挥发性有机性化合物（VOCs）、苯、甲苯+二甲苯；③水性胶黏剂中的挥发性有机性化合物（VOCs）和游离甲醛。检验方法：检查检测报告。检查数量：同一工程、同一材料、同一生产厂家、同一型号、同一规格、同一批号检查一次。

（3）木搁栅、垫木、垫层地板等应进行防腐、防蛀处理。检验方法：观察检查和检查验收记录。检查数量：应按《建筑地面工程施工质量验收规范》（GB 50209—2010）中第3.0.21条规定的检验批检查。

（4）木搁栅安装应牢固、平直。检验方法：观察、行走、钢尺测量等检查和检查验收记录。检查数量：应按《建筑地面工程施工质量验收规范》（GB 50209—2010）中第3.0.21条规定的检验批检查。

（5）面层铺设应牢固；黏结应无空鼓、松动。检验方法：观察、行走或用小锤轻击检查。检查数量：应按《建筑地面工程施工质量验收规范》（GB 50209—2010）中第3.0.21条规定的检验批检查。

3. 实木复合地板面层的一般项目

（1）实木复合地板面层图案和颜色应符合设计要求，图案应清晰，颜色应一致，板面应无翘曲。检验方法：观察、用2m靠尺和楔形塞尺检查。检查数量：应按《建筑地面工程施工质量验收规范》（GB 50209—2010）中第3.0.21条规定的检验批检查。

（2）面层缝隙应严密；接头位置应错开，表面应平整、洁净。检验方法：观察检查。检查数量：应按《建筑地面工程施工质量验收规范》（GB 50209—2010）中第3.0.21条规定的检验批检查。

（3）面层采用粘、钉工艺时，接缝应对齐，粘贴、钉入应严密；缝隙宽度应均匀一致；表面应洁净，无溢胶现象。检验方法：观察检查。检查数量：应按《建筑地面工程施工质量验收规范》（GB 50209—2010）中第3.0.21条规定的检验批检查。

（4）踢脚线应表面光滑，接缝严密，高度一致。检验方法：观察和用钢尺检查。检查数量：应按《建筑地面工程施工质量验收规范》（GB 50209—2010）中第3.0.21条规定的检验批检查。

（5）实木复合地板面层的允许偏差应符合表4-38中的规定。检验方法：按表4-38中规定的检验方法检验。检查数量：应按《建筑地面工程施工质量验收规范》（GB 50209—2010）中第3.0.21条规定的检验批和第3.0.22条的规定进行检查。

（四）浸渍纸层压木质地板面层质量控制

1. 浸渍纸层压木质地板面层的一般规定

（1）浸渍纸层压木质地板面层应采用条形材或块形材，以空铺或粘贴方式在基层上铺贴。

（2）浸渍纸层压木质地板面层可采用有垫层地板和无垫层地板的方式铺设。有垫层地板时，垫层地板的材料和厚度应符合设计要求。

（3）浸渍纸层压木质地板面层铺设时，相邻板材接头位置应错开不小于300mm的距离；衬垫层、垫层地板及面层与柱、墙之间留出不小于10mm的空隙。

（4）浸渍纸层压木质地板面层采用无龙骨的空铺法铺设时，宜在面层与基层之间设置衬垫层，衬垫层的材料和厚度应符合设计要求；并应在面层与柱、墙之间的空隙内加设金属弹簧卡或木楔，其间距宜为200~300mm。

2. 浸渍纸层压木质地板面层的主控项目

（1）浸渍纸层压木质地板面层采用的地板、胶黏剂等，应符合设计要求和国家现行有关标准的规定。检验方法：观察和检查型式检验报告、出厂检验报告、出厂合格书。检查数量：同一工程、同一材料、同一生产厂家、同一型号、同一规格、同一批号检查一次。

（2）浸渍纸层压木质地板面层采用的材料进入施工现场时，应有以下有害物质限量合格的检测报告：①地板中的游离甲醛（释放量或含量）；②溶剂型胶黏剂中的挥发性有机性化合物（VOCs）、苯、甲苯+二甲苯；③水性胶黏剂中的挥发性有机性化合物（VOCs）和游离甲醛。检验方法：检查检测报告。检查数量：同一工程、同一材料、同一生产厂家、同一型号、同一规格、同一批号检查一次。

（3）木格栅、垫木、垫层地板等应进行防腐、防蛀处理；其安装应牢固、平直。检验方法：观察、行走、钢尺测量等检查和检查验收记录。检查数量：应按《建筑地面工程施工质量验收规范》（GB 50209—2010）中第3.0.21条规定的检验批检查。

（4）面层铺设应牢固、平整；黏结应无空鼓、松动。检验方法：观察、行走或用小锤轻击检查。检查数量：应按《建筑地面工程施工质量验收规范》（GB 50209—2010）中第3.0.21条规定的检验批检查。

3. 浸渍纸层压木质地板面层的一般项目

（1）浸渍纸层压木质地板面层图案和颜色应符合设计要求，图案应清晰，颜色应一致，板面应无翘曲。检验方法：观察、用2m靠尺和楔形塞尺检查。检查数量：应按《建筑地面工程施工质量验收规范》（GB 50209—2010）中第3.0.21条规定的检验批检查。

（2）浸渍纸层压木质地板面层缝隙应严密；接头位置应错开，表面应平整、洁净。检验方法：观察检查。检查数量：应按《建筑地面工程施工质量验收规范》（GB 50209—2010）中第3.0.21条规定的检验批检查。

（3）踢脚线应表面光滑，接缝严密，高度一致。检验方法：观察和用钢尺检查。检查数量：应按《建筑地面工程施工质量验收规范》（GB 50209—2010）中第3.0.21条规定的检验批检查。

（4）浸渍纸层压木质地板面层的允许偏差应符合表4-38中的规定。检验方法：按表4-38中规定的检验方法检验。检查数量：应按《建筑地面工程施工质量验收规范》（GB 50209—2010）中第3.0.21条规定的检验批和第3.0.22条的规定进行检查。

（五）软木类地板面层质量控制

1. 软木类地板面层的一般规定

（1）软木类地板面层应采用软木地板或软木复合地板条形材或块材，在水泥类基层或垫层地板上铺设。软木地板面层应采用粘贴方式铺设，软木复合地板面层应采用空铺方式铺设。

（2）软木类地板面层的厚度应符合设计要求。

（3）软木类地板面层的垫层地板在铺设时，与柱、墙之间应留出不大于20mm的空隙，表面应刨平。

（4）软木类地板面层铺设时，相邻板材接头位置应错开不小于1/3板长且不小于200mm的距离；面层与柱、墙之间应留出8~12mm的空隙；软木复合地板面层铺设时，应在面层与柱、墙之间的空隙内加设金属弹簧卡或木楔，其间距宜为200~300mm。

2. 软木类地板面层的主控项目

（1）软木类地板面层采用的地板、胶黏剂等，应符合设计要求和国家现行有关标准的规定。检验方法：观察和检查型式检验报告、出厂检验报告、出厂合格书。检查数量：同一工程、同一材料、同一生产厂家、同一型号、同一规格、同一批号检查一次。

（2）软木类地板面层采用的材料进入施工现场时，应有以下有害物质限量合格的检测报告：①地板中的游离甲醛（释放量或含量）；②溶剂型胶黏剂中的挥发性有机性化合物（VOCs）、苯、甲苯+二甲苯；③水性胶黏剂中的挥发性有机性化合物（VOCs）和游离甲醛。检验方法：检查检测报告。检查数量：同一工程、同一材料、同一生产厂家、同一型号、同一规格、同一批号检查一次。

（3）木搁栅、垫木、垫层地板等应进行防腐、防蛀处理；其安装应牢固、平直。检验方法：观察、行走、钢尺测量等检查和检查验收记录。检查数量：应按《建筑地面工程施工质量验收规范》（GB 50209—2010）中第3.0.21条规定的检验批检查。

（4）软木类地板面层铺设应牢固、平整；黏结应无空鼓、松动。检验方法：观察、行走或用小锤轻击检查。检查数量：应按《建筑地面工程施工质量验收规范》（GB 50209—2010）中第3.0.21条规定的检验批检查。

3. 软木类地板面层的一般项目

（1）软木类地板面层图案和颜色应符合设计要求，板面应无翘曲。检验方法：观察、用2m靠尺和楔形塞尺检查。检查数量：应按《建筑地面工程施工质量验收规范》（GB 50209—2010）中第3.0.21条规定的检验批检查。

（2）软木类地板面层缝隙应均匀；接头位置应错开，表面应洁净。检验方法：观察检查。检查数量：应按《建筑地面工程施工质量验收规范》（GB 50209—2010）中第3.0.21条规定的检验批检查。

（3）踢脚线应表面光滑，接缝严密，高度一致。检验方法：观察和用钢尺检查。检查数量：应按《建筑地面工程施工质量验收规范》（GB 50209—2010）中第3.0.21条规定的检验批检查。

（4）软木类地板面层的允许偏差应符合表4-38中的规定。检验方法：按表4-38中规定的检验方法检验。检查数量：应按《建筑地面工程施工质量验收规范》（GB 50209—2010）中第3.0.21条规定的检验批和第3.0.22条的规定进行检查。

（六）地面辐射供暖的木地板面层质量控制

1. 地面辐射供暖的木地板面层的一般规定

（1）地面辐射供暖的木地板面层宜采用实木复合地板、浸渍纸层压木质地板等，应在填充层上进行铺设。

（2）地面辐射供暖的木地板面层可采用空铺法或胶粘法（全粘或点粘）铺设。当面层设置垫层地板时，垫层地板的材料和厚度应符合设计要求。

（3）与填充层相接触的龙骨、垫层地板、面层地板等，应采用胶粘法铺设。铺设时填充层的含水率应符合胶黏剂的技术要求。

（4）地面辐射供暖的木地板面层铺设时不得扰动填充层，不得向填充层内楔入任何物件。面层铺设还应符合《建筑地面工程施工质量验收规范》（GB 50209—2010）中第7.3节、第7.4节的有关规定。

2. 地面辐射供暖的木地板面层的主控项目

（1）地面辐射供暖的木地板面层采用的材料或产品，除应符合设计要求和现行国家有关标准的规定外，还应具有耐热性、热稳定性、防水、防潮、防霉变等特点。检验方法：观察和检查质量合格证明文件。检查数量：同一工程、同一材料、同一生产厂家、同一型号、同一规格、同一批号检查一次。

（2）地面辐射供暖的木地板面层与柱、墙之间应留不小于10mm的空隙。当采用无龙骨的空铺法铺设时，应在空隙内加设金属弹簧卡或木楔，其间距宜为200~300mm。检验方法：观察和用钢尺检查。检查数量：应按《建筑地面工程施工质量验收规范》（GB 50209—2010）中第3.0.21条规定的检验批检查。

（3）其余主控项目及检验方法、检查数量，应符合《建筑地面工程施工质量验收规范》（GB 50209—2010）中第7.3节、第7.4节的有关规定。

3. 地面辐射供暖的木地板面层的一般项目

（1）地面辐射供暖的木地板面层采用无龙骨的空铺法铺设时，应在填充层上铺设一层耐热防潮纸（布）。防潮纸应采用胶粘法搭接，搭接尺寸应合理，铺设后表面应平整，无皱褶。

（2）其余一般项目及检验方法、检查数量，应符合《建筑地面工程施工质量验收规范》

（GB 50209—2010）中第7.3节、第7.4节的有关规定。

第九节　楼地面工程施工质量问题与防治措施

地面装饰工程包括楼面装饰和地面装饰两部分，两者的主要区别是饰面的承托层不同。楼面装饰面层的承托层是架空的楼面结构层，地面装饰面层的承托层是室内地基。地面装饰工程所用的材料种类很多，在实际地面装饰工程中采用的主要有水泥砂浆、混凝土、天然石材、陶瓷地砖、塑料、涂料、地毯、木地板等。

地面装饰工程是建筑装饰工程的重要组成部分，直接影响整个建筑产品的使用功能、装饰质量及外观效果。完美的地面装饰设计要通过精心施工来实现，只有通过设计和施工单位的精心设计、精心施工、严格控制、认真选材、质量管理、工程验收等各个环节，方能达到预期的地面工程装饰效果。但是，在地面工程的施工中也会出现这样那样的质量问题，必须针对工程的实际情况采取相应防治措施，使其达到现行国家标准《建筑地面工程施工质量验收规范》（GB 50209—2010）中的要求。

一、水泥砂浆地面质量问题与防治措施

水泥砂浆地面，是建筑室内应用最普遍的一种地面，是直接在现浇混凝土垫层的水泥砂浆找平层上施工的一种传统整体地面。水泥砂浆地面面层是以水泥作为胶凝材料、砂子作为骨料，按照一定的配合比配制抹压而成的低档地面。水泥砂浆地面的优点是造价较低、施工简便、使用耐久，但容易出现起灰、起砂、裂缝、空鼓等质量问题。

（一）水泥砂浆地面起砂

1. 质量问题

水泥砂浆地面起砂的质量问题，主要表现在地面的表面比较粗糙，颜色发白，光洁度差，质地松软。在其表面上走动，最初有松散的水泥灰，用手触摸有干水泥面的感觉；随着人们走动次数的增多，砂浆中的砂粒出现松动，或有成片水泥硬壳剥落。

2. 原因分析

产生地面起砂的原因很多，归纳起来主要有以下几个方面。

（1）水灰比过大　材料试验证明：常用的水泥在进行水化反应中，所需要的水量约为水泥质量的25%，即水泥砂浆的水灰比为0.25左右。这样小的水灰比，虽然能满足水化反应的用水量，但在施工过程中摊铺和压实是非常困难的。为保证水泥砂浆施工的流动性，水灰比往往控制在0.40~0.60范围内。但是，水灰比与水泥砂浆的强度成反比，如果砂浆中的用水量过大，不仅将会大大降低面层砂浆的强度，而且还会造成砂浆产生泌水，进一步降低地面表面的强度，由此会出现磨损起砂的质量问题。

（2）施工工序不当　由于不了解水泥凝结硬化的基本原理，水泥砂浆地面压光工序安排不适当，以及底层材料过干或过湿等，造成地面压光时间过早或过晚。工程实践证明，如果压光过早，水泥水化反应刚刚开始，凝胶尚未全部形成，砂浆中的自由水比较多，虽然经过压光，其表面还会游浮出一层水，对面层砂浆的强度和抗磨性将严重降低；如果压光过晚，水泥已产生终凝，不但无法消除面层表面的毛细孔及抹痕，而且还会扰动已经硬化的表面，也将大幅度降低面层砂浆的强度和抗磨性能。

（3）养护不适当　水泥经初凝和终凝进入硬化阶段，这也是水泥水化反应的阶段。在适当的温度和湿度的条件下，随着水化反应的不断深入，水泥砂浆的强度不断提高。在水泥砂浆地面完工后，如果不进行养护或养护条件不当，必然会影响砂浆的凝结硬化速度。如果养护温度和湿度过低，水泥的水化反应就会减缓速度，严重时甚至停止硬化，致使水泥砂浆脱水而影响强度。如果水泥砂浆未达终凝就浇水养护，也会使面层出现脱皮、砂粒外露等质量问题。

（4）使用时间不当　工程实践充分证明：当水泥砂浆地面尚未达到设计强度的70%以上，就在其上面进行下道工序的施工，使地面表层受到频繁的振动和摩擦，很容易导致地面起砂。这种情况在气温较低时尤为显著。

（5）水泥砂浆受冻　水泥砂浆地面在冬季低温条件下施工，如果不采取相应的保温或供暖措施，水泥砂浆易产生受冻。材料试验表明，水泥砂浆受冻后，其中的水体积大约膨胀9%，产生较大的冰胀应力，其强度将大幅度下降；在水泥砂浆解冻后砂浆体积不再收缩，使面层砂浆的孔隙率增大；骨料周围的水泥浆膜的黏结力被破坏，形成松散的颗粒，在摩擦的作用下也会出现起砂现象。

（6）原材料不合格　原材料不合格，主要是指所用的水泥和砂子。如果采用的水泥强度等级过低，或水泥中有过期的结块水泥、受潮的结块水泥，必然严重影响水泥砂浆的强度和地面的耐磨性能。如果水泥砂浆中采用的砂子粒径过小，则砂子的表面积则大，拌和时需水量大，则水泥砂浆水灰比加大，水泥砂浆的强度降低；如果砂中含泥量过多，势必影响水泥与砂子的黏结，也容易造成地面起砂。

（7）施工环境不当　冬季施工时在新浇筑砂浆地面房间内应采取升温措施，如果不采取正确的排放烟气措施，燃烧产生的二氧化碳气体，常处于空气的下层，它和水泥砂浆表面层相接触后，与水泥水化生成的、尚未硬化的氢氧化钙反应，生成白色粉末状的碳酸钙，其不仅本身强度很低，而且还阻碍水泥水化反应中正常进行，从而显著降低砂浆面层的强度，使地面出现起砂。

3. 预防措施

根据以上水泥砂浆地面起砂的原因分析，很容易得到预防地面起砂的措施，在一般情况下可以采取以下措施。

（1）严格控制水灰比　严格控制水泥砂浆的水灰比是防止起砂的重要技术措施，在工程施工中主要按照砂浆的稠度来控制水泥砂浆的水灰比大小。根据工程实践经验，用于地面面层的水泥砂浆的稠度，一般不应大于35mm（以标准圆锥体沉入度计），用于混凝土和细石混凝土铺设地面时的坍落度，一般不应大于30mm。混凝土面层宜用平板式振捣器振实，细石混凝土宜用辊子滚压，或用木抹子进行拍打，使其表面出现泛浆，以保证面层的强度、密实度和平整度。

（2）掌握好压光时机　水泥砂浆地面的压光一般不应少于三遍：第一遍压光应在面层铺设完毕后立即进行，先用木抹子均匀地搓压一遍，使面层材料均匀、紧密、平整，以水泥砂浆的表面不出现水面为宜；第二遍压光应在水泥初凝后、终凝前进行，将表面压实、平整；第三遍压光也应在水泥终凝前进行，主要是消除抹痕和闭塞细毛孔，进一步将表面压实、压光滑。

（3）进行充分的养护　水泥砂浆地面压光之后，在常温情况下，24h后应当开始浇水养护，或者用草帘、锯末覆盖后洒水养护，有条件也可采用蓄水养护。根据工程实践，采用普通硅酸盐水泥的地面，连续养护时间不得少于7d；采用硅酸盐水泥的地面，连续养护时间不得少于10d。

（4）合理安排施工工序 水泥地面的施工应尽量安排在墙面、顶棚的粉刷等装饰工程完工后进行，这样安排施工流向，不仅可以避免地面过早上人，避免与其他工序发生冲突，而且可以避免对地面面层产生污染和损坏。如果必须安排在其他装饰工程后进行，应采取有效的保护措施。

（5）防止地面早期受冻 水泥砂浆和混凝土早期受冻，对其强度的降低最为严重。在低温条件下铺筑水泥砂浆地面，应采取可靠措施防止早期受冻。在铺筑地面前，应将门窗玻璃安装好，或设置供暖设备，以保证施工温度在+5℃以上。采用炉火取暖时，温度一般不宜超过30℃，应设置排烟设施，并保持室内有一定的湿度。

（6）选用适宜的材料 水泥砂浆地面最好采用早期强度较高的硅酸盐水泥、普通硅酸盐水泥，其强度等级不应低于32.5MPa，过期结块和受潮结块的水泥不能用于工程。砂子一般宜采用中砂或粗砂，含泥量不得大于3%；用于面层的粗骨料粒径不应大于15mm，也不应大于面层厚度的2/3，含泥量不得大于2%。

（7）采用无砂水泥地面 工程材料试验证明，用于面层的水泥砂浆，用粒径为2~5mm的米石，代替水泥砂浆中的砂子，是防止地面起砂的比较成功方法。这种材料的配合比为：水泥∶米石=1∶2（体积比），稠度控制在35mm以下。工程实践表明：这种地面压光后一般情况不会产生起砂，必要时还可以进行磨光。

（二）地面出现空鼓

1. 质量问题

地面空鼓是一种房屋工程水泥砂浆地面最常见的质量通病，是指装修面层（抹灰层或面砖）与基层处理不好、结合不紧密，导致基层与装修面层之间出现空隙空间，用脚用力踩踏或硬物轻击会听到如击鼓的声音，建筑工程上称之为"空鼓"。在使用一段时间后很容易出现开裂，严重者产生大片剥落，影响地面的使用功能。

2. 原因分析

（1）在进行基层（或垫层）清理时，没有按照有关规定和设计要求进行，上面还有浮灰、杂物、浆膜或其他污物。特别是室内粉刷墙壁、顶棚时，白灰砂浆落在楼（地）板上，造成清理比较困难，严重影响垫层与面层的结合。

（2）在面层施工前，未对基层进行充分的湿润。由于基层中过于干燥，铺设砂浆后水分迅速被吸收，致使砂浆失水过快而强度不高，面层与基层黏结不牢。另外，干燥基层表面的粉尘很难清扫干净，对面层砂浆也起到一定的隔离作用。

（3）基层（或垫层）的表面积水过多，在铺设面层水泥砂浆后，积水处的砂浆水灰比突然增大，严重影响面层与垫层之间的黏结，必然造成地面空鼓。

（4）为了增加面层与基层的黏结，可以采用涂刷水泥浆的方法。但是，如果水泥浆刷浆过早，铺设面层时水泥浆已经硬化，这样不但不能增加面层与基层的黏结力，反而起了隔离层的作用。

（5）炉渣垫层的材料和施工质量不符合设计要求。主要表现在以下几个方面。

① 使用未经过筛和未用水焖透的炉渣拌制水泥炉渣垫层。这种炉渣垫层粉末过多、强度较低、容易开裂、造成空鼓。另外，炉渣中含有煅烧过的煤矸石，若未经水焖透，遇水后消解而体积膨胀，造成地面空鼓。

② 使用的石灰未经充分熟化，加上未进行过筛，拌合物铺设后，生石灰吸水产生体积膨胀，使水泥砂浆面层起拱，也将造成地面空鼓。

③ 设置于炉渣垫层中的管道没有采用细石混凝土进行固定，从而产生松动现象，致使

面层开裂、空鼓。

3. 预防措施

（1）严格进行底层处理。

① 认真清理基层表面的浮灰、浆膜及其他污物，并冲洗干净。如果底层表面过于光滑，为增强层面与基层的结合力，应当进行凿毛处理。

② 控制基层的平整度，用2m直尺检查，其凹凸度不得大于10mm，以保证面层厚度均匀一致，防止厚薄差距过大，造成收缩不均而产生裂缝和空鼓。

③ 水泥砂浆面层施工前1~2d，应对基层认真进行浇水湿润，使其具有清洁、湿润、粗糙的表面。

（2）保证结合层施工质量　保证结合层施工质量的措施主要包括以下几种。

① 素水泥浆的水灰比应控制在0.40~0.50范围内，一般应采用均匀涂刷的施工方法，而不宜采用撒干面后浇水的扫浆方法。

② 刷水泥浆与铺设面层应紧密配合，严格做到随涂刷、随铺设，不允许出现水泥浆风干硬化后再铺设面层。

③ 在水泥炉渣或水泥石灰炉渣垫层上涂刷结合层时，应采用配合比为：水泥：砂=1：1（体积比）的材料。

（3）保证垫层的施工质量　保证垫层施工质量的措施主要包括以下几种。

① 垫层所用的炉渣，应当采用在露天堆放、经雨水或清水、石灰浆焖透的"陈渣"，炉渣内也不得含有有机物和未燃尽的煤块。

② 采用的石灰应在使用前用3~4d的时间进行熟化，并加以过筛，其最大粒径不得大于5mm。

③ 垫层材料的配合比应适当。水泥炉渣的配合比为水泥：炉渣=1：6（体积比）；水泥石灰和炉渣的配合比为水泥：石灰：炉渣=1：1：8（体积比）。在施工中要做到：拌和均匀、严限水量、铺后辊压、搓平整、抹密实。铺设厚度一般不应小于60mm，当超过120mm时应分层进行铺设。

④ 炉渣垫层铺设在混凝土基层上时，铺设前应在基层上涂刷水灰比为0.45左右的素水泥浆一遍，并且随刷随铺。

⑤ 炉渣垫层铺设后，要认真做好养护工作，养护期间避免遭受水的浸蚀，待其抗压强度达到1.2MPa以上后，再进行下道工序的施工。

⑥ 混凝土垫层应用平板式振捣器振捣密实，对于高低不平的地方，可以用水泥砂浆或细石混凝土进行找平。

（三）面层出现裂缝

1. 质量问题

水泥砂浆地面面层出现裂缝是一种多因素造成的质量通病，也是一种陈旧性的质量通病。在地面面层上出现的裂缝，其特点是部位不固定、形状不一样，预制板楼地面可能出现，现浇板楼地面也可能出现，有的是表面裂缝，也有的是连底裂缝。

2. 原因分析

（1）采用的水泥安定性差或水泥刚刚出窑，在凝结硬化时产生较大的收缩。或采用不同品种、不同强度等级的水泥混杂使用，其凝结硬化时间及收缩程度不同，也会造成面层裂缝。砂子粒径过细或者是含泥量过多，从而造成拌合物的强度降低，并易引起面层收缩而产生裂缝。

（2）不能及时养护或不对面层进行养护，很容易产生收缩裂缝。这对水泥用量比较大的地面或用矿渣硅酸盐水泥做的地面最为显著。在温度较高、空气干燥和有风季节，如果养护不及时，地面更容易产生干缩裂缝。

（3）水泥砂浆水灰比过大或搅拌不均匀，则砂浆的抗拉强度会显著降低，严重影响水泥砂浆与基层的黏结，也很容易导致地面出现裂缝。

（4）首层地面填土质量不符合设计要求，主要表现在：回填土的土质较差或填筑夯实不密实，地面完成后回填土沉陷，使面层出现裂缝；回填土中有冻块或冰块，当气温回升融化后，回填土出现沉陷，从而使地面面层产生裂缝。

（5）配合比不适宜，计量不准确，垫层质量差；混凝土振捣不密实，接槎不严密；地面填土局部标高不够或过高，这些都会削弱垫层的承载力而引起面层裂缝。

（6）如果底层不平整，或预制楼板未找平，使面层厚薄不均匀，面层会因收缩不同而产生裂缝；或埋设管道、预埋件、地沟盖板偏高偏低等，也会使面层厚薄不匀；新旧混凝土交接处因吸水率及垫层用料不同，也将导致面层收缩不匀。

（7）面积较大的楼地面，未按照设计和有关规定设置伸缩缝，当温度发生较大变化时，产生较大的胀缩变形，使地面产生温度裂缝。

（8）如果因局部地面堆积荷载过大而造成地基土下沉或构件挠度过大，使构件下沉、错位、变形，导致地面产生不规则裂缝。

（9）掺入水泥砂浆和混凝土中的各种减水剂、防水剂等均有增大其收缩量的不良影响。如果掺加外加剂过量，面层完工后又不注意加强养护，则会造成面层较大的收缩值，很容易形成面层开裂。

3. 预防措施

（1）应当特别重视地面面层原材料的质量，选择质量符合要求的材料配制砂浆。胶凝材料应当选用早期强度较高、收缩性较小、安定性较好的水泥，砂子应当选用粒度不宜过细、含泥量符合国家标准要求的中粗砂。

（2）保证垫层厚度和配合比的准确性，振捣要密实，表面要平整，接槎要严密。根据工程实践证明，混凝土垫层和水泥炉渣（水泥石灰炉渣）垫层的最小厚度不应小于60mm；三合土垫层和灰土垫层的最小厚度不应小于100mm。

（3）用于面层水泥拌合物应严格控制用水量，水泥砂浆稠度不应大于35mm，混凝土坍落度不应大于30mm。在面层表面压光时，千万不可采用撒干水泥面的方法。必要时可适量撒一些1:1干拌水泥砂，待其吸水后，先用木抹子均匀搓一遍，然后再用铁抹子压光。水泥砂浆终凝后，应及时进行覆盖养护，防止产生早期收缩裂缝。

（4）回填土应分层填筑密实，如果地面以下回填土较深时，还应做好房屋四周地面排水，以免雨水灌入造成回填土沉陷，导致面层产生裂缝。

（5）水泥砂浆面层在铺设前，应认真检查基层表面的平整度，尽量使面层的铺设厚度一致，使面层的收缩基本相同。如果因局部埋设管道、预埋件而影响面层厚度时，其顶面至地面表裂的最小距离不得小于10mm，并设置防裂钢丝网片。

（6）为了适应地面的热胀冷缩变形，对于面积较大的楼地面，应从垫层开始设置变形缝。室内一般设置纵向和横向伸缩缝，缝的间距应当符合设计要求。

（7）在结构设计上应尽量避免基础沉降量过大，特别要避免出现不均匀沉降；采用的预制构件应有足够的刚度，不准出现过大的挠度。

（8）在日常使用的过程中，要尽可能避免局部楼地面集中荷载过大。

（9）水泥砂浆（或混凝土）面层中如果需要掺加外加剂，最好通过试验确定其最佳掺量，在施工中严格按规定控制掺加用量，并注意加强养护。

二、板块地面面层质量问题与防治措施

地面砖与陶瓷锦砖是室内地面装修中最常用的材料之一，地面砖和陶瓷锦砖主要包括缸砖、各种陶瓷地面砖，在施工中如果不精心管理和操作，很容易发生一些质量问题，不仅直接影响其使用功能和观感效果，而且也会造成用户的恐惧心理。

众多地面面层工程施工实践证明，板块地面的主要质量问题有地面砖的空鼓和脱落、地面砖的裂缝、地面砖的接缝问题、地面砖不平整和积水、陶瓷锦砖的空鼓和脱落、锦砖地面污染等。

（一）地面砖空鼓与脱落质量问题

1. 质量问题

地面砖或陶瓷锦砖与铺设地面基层黏结不牢，人走在上面时有空鼓声，或出现部分地面砖、陶瓷锦砖有松动或脱落现象。

2. 原因分析

出现地面砖、陶瓷锦砖空鼓与地面基层脱落质量问题的原因很多，根据工程实践经验，归纳起来主要有以下几个方面。

（1）基层清理不符合设计要求　铺贴地面砖或陶瓷锦砖的地面基层，应当按照施工规范的要求进行清理干净，如果表面有泥浆、浮灰、杂物、积水等隔离性物质，就不能使地面砖与基层牢固地黏结在一起，从而发生空鼓与脱落质量问题。

（2）基层质量不符合要求　地面砖能否与基层黏结为一体，不出现空鼓与脱落，在很大程度上取决于基层的质量如何。如果基层强度低于M15，表面则容易产生酥松和起砂，再加上施工中对基层不进行浇水湿润，很容易发生空鼓与脱落。

（3）水泥砂浆质量不合格　地面砖与基层的黏结是否牢固，水泥砂浆的质量是关键。如果水泥砂浆配合比设计不当、搅拌中计量不准确、水泥砂浆成品质量不合格，在施工中铺压不紧密，也是造成地面砖空鼓与脱落的主要原因之一。

（4）地面砖或陶瓷锦砖铺前处理不当　地面砖或陶瓷锦砖在铺设前应当清洗干净、浸水晾干这样才能确保铺贴质量。如果没有按照规定浸水和洗净背面的灰烬和粉尘，或一边铺设一边进行浸水，地面砖或陶瓷锦砖上的明水没有擦拭干净就铺贴，必然影响水泥砂浆与地面砖的黏结。

（5）地面砖或陶瓷锦砖铺后保护不够　水泥砂浆的凝结硬化，不仅需要一定的温度和湿度，而且不能过早扰动。如果地面砖或陶瓷锦砖铺贴后，黏结层尚未硬化，就过早地在地面上走动、推车、堆放重物，或其他工种在地面上操作和振动，或不及时进行浇水养护，势必影响铺贴质量。

3. 预防措施

（1）确保基层的施工质量　基层的砂浆强度要满足铺贴地面砖或陶瓷锦砖的要求，其砂浆的强度等级一般不得低于M15，砂浆的搅拌质量要求必须符合施工要求；每处脱皮和起砂的累计面积不得超过0.5m²，平整度用2m"靠尺"检查时不大于5mm；不得出现脱壳和酥松质量问题。

（2）确保水泥砂浆的质量合格　水泥砂浆一般应采用硅酸盐水泥或普通硅酸盐水泥，水泥的强度等级一般不应低于42.5MPa，水泥砂浆的强度等级不应低于M15，其配合比一般应

采用水泥：砂=1：2（质量比），水泥砂浆的稠度控制在2.5~3.5mm之间。

（3）保证地面砖或陶瓷锦砖质量　地面砖或陶瓷锦砖在进行正式铺贴前，应对其规格尺寸、外观质量、表面色泽等进行预选，必须确保地面砖或陶瓷锦砖质量符合设计要求，然后将地面砖或陶瓷锦砖的表面清除干净，放入清水中浸泡2~3h后取出晾干备用。

（二）地面砖裂缝质量问题

1. 质量问题

地面砖装饰地面由夏季进入秋季或者冬季时，由于温差变化较大的原因，易在夜间发生地面砖爆裂并有起拱的质量问题。

2. 原因分析

（1）建筑结构的原因　由于各种原因，楼地面结构发生较大的变形，地面砖被拉裂；或楼面结构层为预制钢筋混凝土空心板，则会产生沿着空心板的端头横向裂缝和沿预制板的水平裂缝等。

（2）材料收缩的原因　根据工程实践证明，铺筑地面砖采用水泥：砂 = 1：2（质量比）的水泥砂浆比较适宜。有的地面砖接合层采用纯水泥浆，因纯水泥浆与地面砖的温差收缩系数不同，常造成地面砖出现起鼓、爆裂质量问题。

3. 预防措施

防止地面砖产生裂缝的措施，基本上与防止地面砖空鼓和脱落相同，即主要从基层处理、选择材料等方面着手。

（三）地面砖接缝质量差的问题

1. 质量问题

地面砖的接缝质量差，往往出现在门口与楼道相接处，主要是指地面砖的接缝高差大于1mm、接缝宽度不均匀等质量问题。

2. 原因分析

（1）地面砖质量低劣　地面砖的质量低劣，达不到现行的产品标准，尤其是砖面的平整度和挠曲度超过规定，必然会造成接缝质量差，这是这类质量问题的主要原因。

（2）施工操作不规范　铺贴时操作不规范，结合层的平整度差，密实度小，且不均匀。由于操作不规范，很容易造成相邻两块砖接缝高差大于1mm，接缝宽度大于2mm，或一头宽一头窄，或因结合层局部沉降而产生较大高差。

3. 预防措施

（1）严格把好地面砖的质量关　严格按设计要求选择地面砖，控制好材料的质量，这是确保地面砖施工质量的关键。在选择地面砖时，应挑选平整度、几何尺寸、色泽花纹均符合标准的地面砖。

（2）严格按施工规范进行铺贴　要求铺贴好的地面砖平整光洁、接缝均匀。在正式铺贴前，先将地面砖进行预排（包括色泽和花纹的调配），拉好纵向、横向和水平的施工控制线，施工中严格按施工控制线进行铺贴。

（四）面层不平整、积水、倒泛水问题

1. 质量问题

地面砖面层平直度差超过2mm，有积水和倒泛水现象，影响地面砖的使用功能和观感，也应当引起足够的重视。

2. 原因分析

（1）施工管理水平较低，铺贴时没有测好和拉好水平控制线。有的虽拉好了水平控制线，但由于施工中不太注意，控制线时松时紧，也会导致平整度差。

（2）底层地面的基层回填土未按要求进行夯实，使基层的局部产生沉陷，造成地面砖表面低洼而积水。

（3）在铺贴地面砖前，没有认真检查作业条件，如找平层的平整度不符合要求，地面排水坡度没有查明，就盲目铺贴地面砖，从而造成倒泛水问题。

3. 预防措施

（1）铺贴地面砖前要首先认真检查作业条件，找平层的强度、平整度、排水坡度必须符合设计要求，分格缝中的柔性防水材料要先灌注好，地漏要预先安装于设计位置，使找平层上的水都能顺畅地流入地漏。

（2）按控制线先铺贴好纵横定位地面砖，再按照控制线粘贴其他地面砖。每铺完一个段落，用喷壶进行洒水，每隔15min左右用硬木平板放在地面砖上，用木槌敲击木板（全面打一遍）。边拍实边用水平尺检查其平整度，直到达到标准为止。

（五）陶瓷锦砖地面空鼓与脱落问题

1. 质量问题

陶瓷锦砖铺设完毕后，经检查有些地方的锦砖出现空鼓，比较严重的则出现脱落，不仅严重影响地面的美观和平整，而且也严重影响其使用功能。

2. 原因分析

（1）结合层砂浆在摊铺后，没有及时铺贴陶瓷锦砖，而结合层的砂浆已达到初凝；或使用拌和好超过3h的砂浆等，均容易造成空鼓与脱落质量问题。

（2）陶瓷锦砖地面铺贴完工后，没有做好养护和成品保护工作，在水泥砂浆尚未达到一定强度时便被人随意踩踏或在其上面进行其他工序施工。

（3）铺贴完毕的陶瓷锦砖，盲目采用浇水湿纸的方法进行处理。因浇水过多，有的在揭纸时拉动砖块，水渗入砖的底部使已粘贴好的陶瓷锦砖出现空鼓。

（4）在铺贴结合层水泥砂浆时，将砂浆中的游离物质浮在水面，被刮到低洼处凝结成薄膜隔离层，造成陶瓷锦砖脱壳。

3. 预防措施

（1）检查陶瓷锦砖地面铺贴的基层平整度、强度，合格后方可铲除灰疙瘩，然后打扫冲洗干净。在铺抹黏结水泥砂浆前1h左右，先在洒水湿润（但不能积水）的基层面上薄刷水泥浆一遍。

（2）在铺抹黏结层时，要掌握好水泥砂浆的配制质量，严格按规定的配合比进行计量，准确控制用水量，使搅拌好的砂浆稠度在30mm左右。配合铺设陶瓷锦砖的需要，做到随搅拌、随抹灰、随铺设锦砖，粘贴好一段后再铺另一段砂浆。

（3）严格按施工规范进行操作，并做好成品的养护和保护工作。

（六）锦砖地面出现斜槎质量问题

1. 质量问题

陶瓷锦砖在铺设的过程中，尤其是铺至边缘时，发现出现锦砖的缝隙不垂直房间，而是出现偏斜，不仅使铺设施工造成很大困难，而且也严重影响地面的装饰效果。对于地面装饰要求较高的工程，很可能因返工造成材料的浪费和损坏。

2. 原因分析

（1）房间不方正、尺寸不标准，施工前没有查清和适当纠正，没有排列好具体铺设位置，在铺设时没有拉好控制线。

（2）施工人员技术素质差，粘贴施工时又不拉控制线，结果造成各联锦砖之间的缝隙不均匀，从而使锦砖产生斜槎质量问题。

（3）在地面铺设陶瓷锦砖前，没有认真审阅图纸，或者没根据房间实际尺寸和所用锦砖进行认真核算。

3. 预防措施

（1）施工前要认真检查粘贴锦砖地面房间的几何尺寸，如果不方正必须进行纠正；在确定施工控制线时，要排好靠墙边的尺寸。每块陶瓷锦砖之间，与结合层之间以及在墙角、镶边和靠墙处，均应紧密贴合，不得留有空隙，在靠墙处不得采用砂浆填补。

（2）陶瓷锦砖装饰地面约施工，要挑选责任心比较强、技术水平比较高的工人操作，以确保地面工程的施工质量。

（3）在砖墙面抹灰和粉刷踢脚线时，对于在铺设陶瓷锦砖中出现的偏差，应适当进行纠正偏差。

（4）施工中应加强对工程质量的监督与控制，及时纠正各道工序中出现的偏差，不要将偏差累积在最后。

（七）板块地面空鼓问题

1. 质量问题

如果板块地面（水磨石、大理石、地板砖等）铺设不牢固，用小锤敲击时有空鼓声，人走在板块地面上有板块松动感。

2. 原因分析

（1）基层表面清理不干净或浇水湿润不充分，涂刷的水泥浆结合层不均或涂刷的时间过长，水泥浆已产生硬化，根本起不到黏结板块的作用，结果造成板块面层与基层分离而导致空鼓。

（2）在板块面层铺设之前，板块的背面的浮灰没有刷干净，也没有进行浸水湿润，严重影响黏结效果，从而形成空鼓。

（3）铺设板块宜采用干硬性砂浆，并要对砂浆进行压实。如果砂浆含水率大或砂浆不压实、不平整，很容易造成板块空鼓。

3. 预防措施

（1）铺设板块的基层表面必须清扫干净，并浇水使其充分湿润，但不得存有积水。基层表面涂刷的水泥浆应均匀，并做到随涂刷水泥浆随铺筑水泥砂浆结合层。

（2）板块面层在铺设前应浸水湿润，并应把板的背面浮灰等杂物清扫干净，等板块吸水达到饱和面干时铺设最佳。

（3）采用配合比适宜干硬性水泥砂浆，水泥砂浆铺后能够很好地摊平，经小锤敲击板块很容易平整，并且与基层、板块的黏结性好。

（八）板块接缝的缺陷

1. 质量问题

板块面层在铺设后，相邻板块的拼接处出现接缝不平、缝隙不匀等质量缺陷，严重影响板块地面的装饰效果。

2. 原因分析

（1）板块本身厚薄不一样，几何尺寸不准确，有翘曲、歪斜等质量缺陷，再加上事先未进行严格挑选，使得板块铺贴后造成拼缝不平、缝隙不匀现象。

（2）在铺设板块面层时，不严格用水平尺进行找平，铺完一排后也不用3m"靠尺"进行双向校正，缝隙不拉通线控制，只凭感觉和经验进行施工，结果造成板块接头不平、缝隙不匀等质量缺陷。

（3）在铺设板块面层后，水泥砂浆尚未完全硬化时，在养护期内过早地上人行走或使用，使板块产生移动或变形，也会造成板块接头不平、缝隙不匀等质量缺陷。

3. 预防措施

（1）加强对进场板块的质量检查，对那些几何尺寸不准、有翘曲、歪斜、厚薄偏差过大、有裂缝、掉角等缺陷的板块要挑出不用。

（2）在板块铺贴前，铺好基准块后，应按照从中间向两侧和退后方向顺序进行铺贴，随时用水平尺和直尺找平，对板块的缝隙必须拉通线控制，不得有偏差。

（3）板块铺设完毕后，尤其在水泥砂浆未完全硬化前，要加强对地面成品的保护，不要过早地在铺设的地面行走或进行其他工序操作。

三、水磨石地面质量问题与防治措施

水磨石经过多道施工工艺完成后，最后经过磨光后才能较清晰地显现出质量优劣。工程实践证明，现浇水磨石的质量通病一旦形成，则难以进行治理的，因此要消除现浇水磨石的质量问题，应重视和加强施工过程中的预防工作。

现浇水磨石地面常见的工程质量问题很多，在实际工程中常见的主要有地面裂缝空鼓、表面色泽不同、石粒疏密不均、分格条显露不清等。

（一）表面出现裂缝

1. 质量问题

大面积现制水磨石地面，一般常用于大厅、餐厅、休息厅、候车室、走廊等地面，但施工后使用一段时间容易出现一定的表面裂缝。

2. 原因分析

（1）现浇水磨石地面出现裂缝质量问题，主要是地面回填土不实、表面高低不平或基层冬季冻结；沟盖板水平标高不一致，灌缝不密实；门口或门洞下部基础砖墙砌得太高，造成垫层厚薄不均或太薄，引起地面裂缝。

（2）楼地面上的水磨石层产生裂缝，主要是施工工期较紧，结构沉降不稳定；垫层与面层工序跟得过紧，垫层材料收缩不稳定，暗敷电缆管线过高，周围砂浆固定不好，造成面层裂缝。

（3）在现制水磨石地面前，基层清理不干净预制混凝土楼板缝及端头缝浇灌不密实，影响楼板的整体性和刚度，当地面荷载过于集中时引起裂缝。

（4）对现制水磨石地面的分格不当，形成狭长的分格带，容易在狭长的分格带上出现裂缝。

3. 预防措施

（1）对于首层地面房内的回填土，应当分层进行填土和夯实，不得含有杂物和较大的冻块，冬季施工中的回填土要采取必要的保温措施。门厅、大厅、候车室等大面积混凝土垫层，应分块进行浇筑，或采取适量的配筋措施，以减弱地面沉降和垫层混凝土收缩引起的面层裂缝。

（2）对于门口或门洞处的基础砖墙高度，最高不得超过混凝土垫层的下皮，保持混凝土垫层有一定的厚度；门口或门洞处做水磨石面层时，应在门口两边镶贴分格条，这样可避免该处出现裂缝。

（3）现浇水磨石地面的混凝土垫层浇筑后应有一定的养护期，使混凝土收缩基本完成后再进行面层的施工；对于较大的或荷载分布不均匀的地面，在混凝土垫层中要加配双向的 $\Phi6@150\sim200mm$ 的钢筋，以增加垫层的整体性、强度和刚度。预制混凝土板的板缝和端头缝，必须用细石混凝土浇筑密实。

暗敷电缆管道的设置不要过于集中，在管线的顶部至少要有20mm的混凝土保护层。如果电缆管道不可避免过于集中，应在垫层内采取加配钢筋网的做法。

（4）认真做好基层表面的处理工作，确实保证基层表面平整、强度满足、沉降极小，保证表面清洁、没有杂物、黏结牢固。

（5）现制水磨石的砂浆或混凝土，应尽可能采用干硬性的。因为混凝土坍落度和砂浆稠度过大，必然增加产生收缩裂缝的机会，引起水磨石地面空鼓裂缝。

（6）在对水磨石面层进行分格设计时，避免产生狭长的分格带，防止因面层收缩而产生的裂缝。

（二）表面光亮度差

1. 质量问题

现制水磨石地面完成后，目测其表面比较粗糙，有些地方有明显的磨石凹痕，细小的孔洞眼较多，即使打蜡上光也达不到设计要求的光亮度。

2. 原因分析

（1）在对水磨石进行磨光时，由于磨石规格不齐、使用不当而造成。水磨石地面的磨光遍数，一般不应少于三遍：第一遍应用粗金刚石砂轮磨，主要将其表面磨平，使分格条和石子清晰外露，但不得留下明显的磨痕；第二遍应用细金刚石砂轮磨，主要是磨去第一遍磨光留下的磨石凹痕，将水磨石的表面磨光；第三遍应用更细的金刚石砂轮或油石磨，进一步将表面磨光滑，使光亮度达到设计要求。工程实践证明，如果第二、三遍采用的磨石规格不当，则水磨石的光亮度达不到设计要求。

（2）打蜡之前未涂擦草酸溶液，或将粉状草酸直接撒于地面进行干擦。打蜡的目的是使地面光滑、洁净美观，因此，要求所打蜡材料与地面有一定的黏附力和耐久性。涂擦草酸溶液能除去地面上的杂物污垢，从而增强打蜡效果。如果直接将粉状草酸撒于地面进行干擦，则难以保证草酸擦得均匀。擦洗后，面层表面的洁净程度不同，擦不净的地方就会出现斑痕，严重影响打蜡效果。

（3）水磨石地面在磨光的过程中，其基本工序是"两浆三磨"："两浆"即进行两次补浆；"三磨"即磨光3遍。在进行补浆时，如果采用刷浆法，而不采用擦浆法，面层上的洞眼孔隙不能消除，一经打磨仍然露出洞眼，表面光亮度必然差。

3. 预防措施

（1）在准备进行对面层打磨时，应先将磨石规格准备齐全，对外观要求较高的水磨石地面，应适当提高第三遍所用油石的号数，并增加磨光的遍数。

（2）在地面打蜡之前，应涂擦草酸溶液。溶液的配合比可用热水∶乙酸=1∶0.35（质量比），溶化冷却后再用。溶液洒于地面，并用油石打磨一遍后用清水冲洗干净。

（3）在磨光补浆的施工中，应当采用擦浆法，即用干布蘸上较浓的水泥砂浆将洞眼擦密实。在进行擦浆之前，应先清理洞中的积水、杂物，擦浆后应进行养护，使擦涂的水泥砂浆有良好的凝结硬化条件。

（4）打蜡工序应在地面干燥后进行，不能在地面潮湿状态下打蜡，也不能在地面被污染后打蜡。打蜡时，操作者应当穿干净的软底鞋，蜡层应当达到薄而匀的要求。

（三）颜色深浅不同

1. 质量问题

彩色的水磨石地面，在施工完成后表现出颜色深浅不一，彩色石子混合和显露不均匀，外观质量较差，严重影响地面的装饰效果。

2. 原因分析

（1）施工准备工作不充分，水磨石地面所用的材料采购、验收不严格，或储存数量不足，使用过程中控制和配合不严，再加上由于不同厂家、不同批号的材料性能存在一定差距，结果就会出现颜色深浅不同的现象。

（2）在进行水磨石砂浆或混凝土的配制中，由于计量不准确，每天所用的面层材料没有专人负责，往往是随使用随拌和、随拌和随配制，再加上操作不认真，检查不仔细，造成配合比不正确，也易造成颜色深浅不同。

3. 预防措施

（1）严格彩色水磨石组成材料的质量要求。对同一部位、同一类型的地面所需的材料（如水泥、石子、颜料等），应当经过严格选择、反复比较进行订货，最好使用同一厂家、同一批号的材料，在允许的条件下一次进场，以确保面层色泽均匀一致。

（2）认真做好配合比设计和施工配料工作。配合比设计，一是根据工程实践经验，进行各种材料的用量计算；二是根据计算配合比进行小量浇筑试验，验证是否符合设计要求。施工配料，主要是指：配料计量必须准确，符合国家有关标准的规定；将地面材料用量一次配足，并用筛子筛匀、拌和均匀、装好备用。这样在施工时，不仅施工速度快，而且彩色石子分布均匀，颜色深浅一致。

（3）在施工过程中，彩色水磨石面层配料应由专人具体负责，实行岗位责任制，认真操作，严格检查。

（4）对于外观质量要求较高的彩色水磨石地面，在正式施工前应先做小块试样，经建设单位、设计单位、监理单位和施工单位等商定其最佳配合比再进行施工。

（四）表面石粒疏密不均、分格条显露不清

1. 质量问题

表面石粒疏密不均、分格条显露不清，这是现浇水磨地面最常见的质量问题。主要表现在：表面有石粒堆积现象，有的地方石粒过多，有的地方而没有石粒，不但影响其施工进度，而且严重影响其装饰性。有的分格条埋置的深度过大，不能明显地看出水磨石的分界，也会影响其装饰效果。

2. 原因分析

（1）分格条粘贴方法不正确，两边固定所用的灰埂太高，十字交叉处不留空隙，在研磨中不易将分格条显露出来。

（2）石粒浆的配合比不当，尤其是稠度过大，石粒用量太多，铺设的厚度过厚，超出分格条的高度太多，不仅会出现表面石粒疏密不均，而且也会出现分格条显露不清。

（3）如果开始磨研时间过迟，面层水泥砂浆的强度过高，再加上采用的磨石过于细，使分格条不易被磨出。

3. 防治措施

（1）在粘贴分格条时应按照规定的工艺要求施工，保证分格条达到"粘七露三"的标准，十字交叉处要留出空隙。

（2）面层所用的石粒浆，应以半干硬性比较适宜，在面层上所撒布的石粒一定要均匀，不要使石粒疏密不均。

（3）严格控制石粒浆的铺设厚度，一般以滚筒滚压后面层高出分格条1mm为宜。

（4）开始研磨的时间和磨石规格，应根据实际情况选择适宜，初磨时一般采用60~90号金刚石，浇水量不宜过大，使面层保持一定浓度的磨浆水。

四、塑料地板地面质量问题与防治措施

塑料地板即用塑料材料铺设的地板。塑料地板按其使用状态可分为块材（或地板砖）和卷材（或地板革）两种。按照其材质可分为硬质、半硬质和软质（弹性）3种。按照其基本原料可分为聚氯乙烯（PVC）塑料、聚乙烯（PE）塑料和聚丙烯（PP）塑料等数种。

塑料地板的施工质量涉及基层、板材、胶黏剂、铺贴、焊接、切削等多种因素，常见的质量问题主要有面层空鼓、颜色与软硬不一、表面不平整、拼缝未焊透等。

（一）面层出现空鼓

1. 质量问题

塑料板的面层起鼓，有气泡或边角起翘现象，使人在上面活动有不安全和不舒适的感觉。这种质量问题不仅严重影响其使用功能，而且也严重影响其装饰效果。

2. 原因分析

（1）基层表面不清洁，有浮尘、油脂、杂物等，使基层与塑料板形成隔离层，从而严重影响了其黏结效果，造成塑料板面有起鼓现象。

（2）基层表面比较粗糙，或有凹凸孔隙，粗糙的表面形成很多细小孔隙，在涂刷胶黏剂时，导致胶黏层厚薄不匀。在粘贴塑料板材后，由于细小孔隙内胶黏剂较多，其中的挥发性气体将继续挥发，当这些气体积聚到一定程度后就会在粘贴的薄弱部位起鼓。

（3）涂刷胶黏剂的时间不适宜。过早或过迟都会使面层出现起鼓和翘曲边现象。如果涂刷过早，稀释剂未挥发完，还闷在基层表面与塑料板之间，积聚到一定程度，也会在粘贴的薄弱部位起鼓；如果涂刷过迟，则胶黏剂的黏性减弱，也易造成面层空鼓。

（4）为防止塑料板的粘贴在一起，在工厂生产成型时表面均涂有一层极薄的蜡膜，但在粘贴时未进行除蜡处理，严重影响粘贴的牢固性，也会造成面层起鼓。

（5）粘贴塑料板的方法不对，由于整块进行粘贴，使塑料板与基层之间的气体未能排出，也易使塑料板面层起鼓。

（6）在低温下施工，由于胶黏剂容易变稠或冻结，不易将其涂刷均匀，黏结层厚薄不一样，影响黏结效果，从而引起面层起鼓。

（7）选用的胶黏剂质量较差，或者胶黏剂储存期超过规定期限发生变质，会严重影响黏结效果。

3. 预防措施

（1）认真处理基层，基层表面应坚硬、平整、光滑、清洁，不得有起砂、起壳现象。水

泥砂浆找平层宜用（1∶1.5）～（1∶2.0）的配合比，并用铁抹子压光，尽量减少细微孔隙。对于麻面或凹陷孔隙，应用水泥拌108胶腻子修补平整后再粘贴塑料板。

（2）除用108胶黏剂外，当使用其他种类的胶黏剂时，基层的含水率应控制在6%～8%范围内，避免因水分蒸发而引起空鼓。

（3）涂刷的胶黏剂，应待稀释剂挥发后再粘贴塑料板。由于胶黏剂的硬化速度与施工环境温度有关，所以当施工环境温度不同时，粘贴时间也应不同。在正式大面积粘贴前，应先进行小量试贴，取得成功后再开始粘贴。

（4）塑料板在粘贴前应进行除蜡处理，一般是将塑料板放入75℃的热水中浸泡10～20min，然后取出晾干才能粘贴。也可以在胶黏面用棉丝蘸上丙酮∶汽油=1∶8的混合溶液擦洗，以除去表面蜡膜。

（5）在塑料板铺贴后的10d内，施工的环境温度应控制在15～30℃范围内，相对湿度不高于70%。施工环境温度过低，胶黏剂冻结时不宜涂刷，以免影响粘贴效果；环境温度过高，则胶黏剂干燥、硬化过快，也会影响粘贴效果。

（6）塑料板的拼缝焊接，应等胶黏剂干燥后进行，一般应在粘贴后24～48h后进行焊接。正式拼缝焊接前，先进行小样试验，成功后再正式大面积焊接。

（7）粘贴方法应从一角或一边开始，边粘贴边抹压，将黏结层中的空气全部挤出。板边挤溢出的胶黏剂应随即擦净。在粘贴过程中，切忌用力拉伸或揪扯塑料板，当粘贴好一块塑料板后，应立即用橡皮锤子自中心向四周轻轻拍打，将粘贴层的气体排出，并增加塑料板与基层的黏结力。

（8）塑料板的黏结层厚度不要过厚，一般应控制在1mm左右为宜。

（9）塑料板粘贴应当选用质量优良、性能相容、刚出厂的胶黏剂，严禁使用质量低劣和超过使用期变质的胶黏剂。

（二）颜色与软硬不一

1. 质量问题

由于对塑料板材的产品质量把关不严，或在搭配时不太认真，从而造成塑料板表面颜色不同，在其上面行走时感觉质地软硬不一样。

2. 原因分析

（1）在粘贴塑料前，表面进行除蜡质处理时，由于浸泡时间掌握不当、水的温度高低相差较大，造成塑料板软化程度不同，从而形成颜色与软硬程度不一样，不仅影响装饰效果和使用效果，而且还会影响拼缝的焊接质量。

（2）在采购塑料板时对产品颜色、质量把关不严格，致使不是同一品种、同一批号、同一规格，所以塑料板的颜色和软硬程度不同。

3. 预防措施

（1）同一房间、同一部位的铺贴，应当选用同一品种、同一批号、同一色彩的塑料板。严格防止不同品种、不同批号和不同色彩的塑料板混用。由于我国生产厂家较多，塑料板品种很多，质量差异较大，所以在采购、验收、搭配时应加强管理。

（2）在进行除蜡质处理时，应当由专人负责。一般在75℃的热水中浸泡时间应控制在10～20min范围内，不仅尽量使热水保持恒温，而且各批材料浸泡时间相同。为取得最佳浸泡时间和效果，应当先进行小块试验，成功后再正式浸泡。

（3）浸泡后取出晾干时的环境温度，应与粘贴施工时的温度基本相同，两者温差不宜相差太大。最好将塑料板堆放在待铺设的房间内备用，以适应施工的环境温度。

（三）焊缝不符合要求

1. 质量问题

焊缝不符合要求，主要是指拼缝焊接未焊透，焊缝两边出现焊瘤，焊条熔化物与塑料板黏结不牢固，并有裂缝、脱落等质量缺陷。

2. 原因分析

（1）焊枪出口处的气流温度过低，使拼缝焊接没有焊透，造成焊接黏结不牢固。

（2）焊枪出口气流速度过小，空气压力过低，很容易造成焊缝两边出现焊瘤，或者黏结不牢固。

（3）在进行施焊时，由于焊枪喷嘴离焊条和板缝距离较远，也容易造成以上质量缺陷。

（4）在进行施焊时，由于焊枪移动速度过快，不能使焊条与板缝充分熔化，焊条与塑料板难以黏结牢固。

（5）焊枪喷嘴与焊条、焊缝三者不在一条直线上，或喷嘴与地面的夹角过小，致使焊条熔化物不能准确地落入缝中，造成黏结不牢固。

（6）所用的压缩空气不纯净，有油质或水分混入熔化物内，从而影响黏结强度；或者焊缝切口切割时间过早，被污染物玷污或氧化，也影响黏结质量。

（7）焊接的塑料板质量、性能不同，熔化温度不一样，严重影响焊接质量；或者选用的焊条质量较差，也必然影响焊接质量。

3. 预防措施

（1）在拼缝焊接时，必须采用同一品种、同一批号的塑料板粘贴面层，防止不同品种、不同批号的塑料板混杂使用。

（2）拼缝切口的切割时间应适时，特别不应过早，最好是随切割、随清理、随焊接。切割后应严格防止污染物玷污切口。

（3）在正式焊接前，首先应检查压缩空气是否纯净，有无油质、水分和杂质混入。检查的方法：将压缩空气向一张洁白的纸上喷 20~30s，如果纸面上无任何痕迹，即可认为压缩空气是纯洁的。

（4）掌握好焊枪的气流温度和空气压力值，根据工程实践经验证明：气流温度应控制在180~250℃范围内为宜，空气压力值控制在80~100kPa范围内为宜。

（5）掌握好焊枪喷嘴的角度和距离，根据工程实践经验证明：焊枪喷嘴与地面夹角以25°~30°为宜，距离焊条与板缝以5~6mm为宜。

（6）严格控制焊枪的移动速度，既不要过快也不要太慢，一般控制在30~50cm/min为宜。

（7）在正式焊接前，应先进行试验，掌握其气流温度、移动速度、角度、气压、距离等最佳参数后，再正式施焊。在进行焊接过程中，应使喷嘴、焊条、焊缝三者保持一条直线。如果发现焊接质量不符合要求时，应立即停止施焊，分析出现质量问题的原因，制定可靠的改进措施后再施焊。

（四）表面呈现波浪形

1. 质量问题

塑料地板铺贴后表面平整度较差，目测其表面呈波浪形，不仅影响地面的观感，而且影响地板的使用。

2. 原因分析

（1）在铺贴塑料地板前，基层未按照设计要求进行认真处理，使基层表面的平整度差，在铺贴塑料地板后，自然会有凹凸不平的波浪形等现象。

（2）操作人员在涂抹胶黏剂时，用力有轻有重，使涂抹的胶黏剂厚薄不均，有明显的波浪形。在粘贴塑料地板时，由于胶黏剂中的稀释剂已挥发，胶体流动性变差，粘贴时不易抹平，使面层呈波浪形。

（3）如果铺贴塑料地板在低温下施工，胶黏剂容易产生冻结，流动性和黏结性差，不易刮涂均匀，胶黏层厚薄不匀，由于塑料地板本身较薄（一般为2~6mm），粘贴后就会出现明显的波浪形。

3. 预防措施

（1）必须严格控制粘贴基层的平整度，这是防止出现波浪形的质量问题的重要措施，对于凹凸度大于±2mm的表面要进行平整处理。当基层表面上有抹灰、油污、粉尘、砂粒、杂物等时，可用磨石机轻轻地磨一遍，并用清水冲洗干净晾干。

（2）在涂抹胶黏剂时，使用齿形恰当的刮板，使胶层的厚度薄而匀，一般应控制在1mm左右。在涂抹胶黏剂时，注意基层与塑料板粘贴面上，涂抹的方向应纵横相交，以使在塑料地板铺贴时，粘贴面的胶层比较均匀。

（3）控制塑料地板的施工温度和湿度。施工环境温应控制在15~30℃之间，相对湿度应不高于70%，并保持10d以上。

五、木质地板地面质量问题与防治措施

木质地板是指用木材制成的地板，地面工程中的木地板主要分为实木地板、强化木地板、实木复合地板、多层复合地板、木塑地板、竹材地板和软木地板等。

木质地板如果施工中处理不当，也会出现行走时发出响声、木地板局部有翘曲、板之间接缝不严、板的表面不平整等质量问题，不仅影响地板的使用功能和使用寿命，而且也会影响地板的装饰性。

（一）行走时发出响声

1. 质量问题

木地板在使用过程中，人行走在木地板上面时发出一种"吱吱"的响声，不仅使用者感到很不舒服，而且也严重影响邻居的正常生活和休息。特别是夜深人静时，在木地板上行走会发出刺耳的响声，使人感到特别烦躁，甚至影响邻里之间的和谐。

2. 原因分析

在木地板上行走产生响声的原因主要是以下两个方面。

① 铺贴木地板的地面未认真进行平整度处理，由于地面不平整会使部分地板和龙骨悬空，从而在上部重量的作用下而产生响声。

② 木龙骨用铁钉固定施工中，一般采用打木楔加铁钉的固定方式，会造成因木楔与铁钉接触面过小而使其紧固力不足，极易造成木龙骨产生松动，踩踏木地板时就会发出响声。

3. 预防措施

防止木地板出现响声的措施，实际上是根据其原因分析而得出的，主要可从以下几方面采取相应措施。

① 认真进行地面的处理，这是避免木地板出现响声最基本的要求。在进行木地板铺设

前，必须按照现行国家标准《建筑地面工程施工质量验收规范》（GB 50209—2010）的规定，将地面进行平整度处理。

② 木龙骨未进行防潮处理，地面和龙骨间也不铺设防潮层，选用松木板材制成不是干燥龙骨时，应提前30d左右固定于地面，使其固定后自行干燥。

③ 木地板应当采用木螺钉进行固定，钉子的长度、位置和数量应符合施工的有关规定。在木地板固定施工时，固定好一块木地板后，均应当用脚踏进行检查，如果有响声应及时返工纠正。

（二）木地板局部有翘曲

1. 质量问题

木地板铺设完毕后，某些板块出现裂缝和翘曲缺陷，不仅严重影响地板的装饰效果，而且也会出现绊人现象，尤其是严重翘曲的板块，对老年人的人身安全也有一定威胁。

2. 原因分析

产生地板局部翘曲的原因是多方面的，最关键的是一个"水"字，即由于含水率过高而引起木地板板块或木龙骨产生变形。

（1）在进行木地板铺设前，不检查木龙骨的含水率是否符合要求，而盲目地直接铺贴木地板，从而造成因木龙骨的变形使木地板也产生变形。

（2）由于面层木地板中的含水率过高或过低，从而引起木地板翘曲。当木地板中的含水率过高时，在干燥的空气中失去水分，断面产生一定的收缩，从而发生翘曲变形；当木地板中的含水率过低时，由于与空气中的湿度差过大，使木地板快速吸收水分，从而造成木地板起拱，也可能出现漆面爆裂现象。

（3）在地板的四周未按要求留伸缩缝、通气孔，面层木地板铺设后，内部的潮气不能及时排出，从而使木地板吸潮后引起翘曲变形。

（4）面层地板下面的毛地板未留出缝隙或缝隙过小，毛地板在受潮膨胀后，使面层地板产生起鼓、变形，造成面层地板翘曲。

（5）在面层木地板拼装时过松或过紧，也会引起木地板的翘曲。如果拼装过松，地板在收缩时就会出现较大的缝隙；如果拼装过紧，地板在膨胀时就会出现起拱现象。

3. 预防措施

（1）在进行木地板铺设时，要严格控制木板的含水率，并应在施工现场进行抽样检查，木龙骨的含水率应控制在12%左右。

（2）搁栅和踢脚板处一定要留通风槽孔，并要做到槽孔之间相互连通，一般地板面层通气孔每间不少于2处。

（3）所有线路、暗管、暖气等工程施工完毕后，必须经试压、测试合格后才能进行木地板的铺设。

（4）阳台、露台厅口与木地板的连接部位，必须有防水隔断措施，避免渗水进入木地板内部。

（5）为适应木地板的伸缩变形，在地板与四周墙体处应留有10~15mm的伸缩缝。

（6）木地板下层毛地板的板缝应均匀一致、相互错开，缝的宽度一般为2~5mm，表面应处理平整，四周离墙10~15mm，以适应毛地板的伸缩变形。

（7）在制定木地板铺设方案时，应根据使用场所的环境温度、湿度情况，合理安排木地板的拼装松紧度。

如果木地板产生局部翘曲，可以将翘曲起鼓的木地板面层拆开，在毛地板上钻上若干个通气孔，待晾一个星期左右，等木龙骨、毛地板干燥后再重新封上面层木地板。

（三）木地板接缝不严

1. 质量问题

木地板面层铺设完毕使用一段时间后，板与板之间的缝隙增大，不仅影响木地板的装饰效果，而且很容易使一些灰尘、杂质等从缝隙进入地板中，这些缝隙甚至成为一些害虫（如蟑螂）的生存地。

2. 原因分析

板与板之间产生接缝不严的原因很多，既有材料本身的原因也有施工质量不良的原因，还有使用过程中管理不善的原因。

（1）在铺设毛地板和面板时，未严格控制板的含水率，使木地板因收缩变形而造成接缝不严、板块松动、缝隙过大。

（2）板材宽度尺寸误差比较大，存在着板条不直、宽窄不一、企口太窄、板间太松等缺陷，均可引起板间接缝不严。

（3）在拼装企口地板条时，由于缝隙间不够紧密，尤其是企口内的缝太虚，表面上看着结合比较严密，刨平后即可显出缝隙。

（4）在进行木地板铺设之前，未对铺筑尺寸的板的尺寸进行科学预排，使得面层木地板在铺设接近收尾时，剩余宽度与地板条宽不成倍数关系，为凑整块地板，随意加大板缝，或将一部分地板条宽度加以调整，经手工加工后，地板条不很规矩，从而产生缝隙。

（5）施工或使用过程中，木地板板条受潮，使板内的含水率过大，在干燥的环境中失去水分收缩后，使其产生大面积的"拔缝"。

3. 预防措施

根据以上木地板接缝不严各种原因分析，可以得出如下防止木地板产生接缝不严的措施。

① 地板条在进行拼装前应经过严格挑选，这是防止板与板之间接缝不严的重要措施。对于宽窄不一、有腐朽、疖疤、劈裂、翘曲等疵病的板条必须坚决剔除；对企口不符合要求的应经修理后再用；有顺弯曲缺陷的板条应当刨直，有死弯的板条应当从死弯处截断，修整合格后再用。特别注意板材的含水率一定要合格，不能过大或过低，一般不大于12%。

② 在铺设面层木地板前，房间内应进行弹线，并弹出地板的周边线。踢脚板的周围有凹形槽时，在周围应先固定上凹形槽。

③ 在铺设面层木地板时，应用楔块、扒钉挤紧面层板条，使板条之间的缝隙达到一致后再将其钉牢。

④ 长条状地板与木龙骨垂直铺钉，当地板条为松木或宽度大于70mm的硬木时，其接头必须钉在木龙骨上，接头应当互相错开，并在板块的接头两端各钉上一枚钉子。长条地板铺至接近收尾时，要先计算一下所用的板条数，以便将该部分地板条修成合适的宽度。

⑤ 在铺装最后一块板条时，可将此板条刨成略带有斜度的大小头，以小头嵌入板条中，并确实将其楔紧。

⑥ 木地板铺设完毕后，应及时用适宜物料进行苫盖，将地板表面刨平磨光后，立即上油或烫蜡，以防止出现地板收缩变形而产生"拔缝"。

⑦ 当地板的缝隙小于1mm时，应用同种材料的锯末加树脂胶和腻子进行嵌缝处理；当地板的缝隙大于1mm时，应用同种材料刨成薄片，蘸胶后嵌入缝内刨平。如修补的面积较大而影响地板的美观时，可将烫蜡改为油漆，并适当加深地面的颜色。

（四）木地板的表面不平整

1. 质量问题

木地板的面层板块铺装完成后，经检查发现板的表面不平整，其差值超过了规定的允许误差，不仅严重影响木地板的装饰效果和使用功能，而且也给今后地面的养护、打蜡等工作带来困难。

2. 原因分析

木地板产生表面不平整的原因比较简单，主要有以下4个方面。

① 在进行房间内水平线弹线时，线弹得不准确或弹线后未进行认真校核，使得每一个房间实际标高不一样，必然会导致板的表面不平整。

② 如果木地板面层的下面是木龙骨或者是毛面地扳，在铺设面层板之前未对底层进行检查，由于底层不平整而使面层也不平整。

③ 如果地面工程的木地板铺设分批进行，先后铺设的地面，或不同房间同时施工的地面，操作时互不照应，也会造成高低不平。

④ 在操作时电刨的速度不匀，或换刀片处刀片的利钝不同，使木板刨的深度不一样，也会造成地面面板不平整。

3. 预防措施

（1）木地板的基层必须按规定进行处理，面层板下面的木龙骨或毛地板的平整度，必须经检验合格后才能进行面板的铺设。

（2）在木地板铺设之前，必须按规定弹出水平线，并要认真对水平线进行校正和调整，使水平线准确、统一，成为木地板铺设的控制线。

（3）对于两种不同材料的地面，如果高差在3mm以内，可将高出部分刨平或磨平，必须在一定范围内顺平，不得有明显的不平整痕迹。

（4）如果门口处的高差为3~5mm时，可以用过门石进行处理。

（5）高差在5mm以上时，需将木地板拆开，以削或垫的方式调整木龙骨的高度，并要求在2m以内顺平。

（6）在使用电刨时，刨刀要细要快，转速不宜过低，一般应在4000r/min以上；推刨木板的速度要均匀，中途一般不要出现停顿。

（7）地面与墙面的施工顺序，除应当遵循首先湿作业、然后干作业的原则外，最好先施工走廊面层，或先将走廊面层标高线弹好，各房间由走廊面层的标高线向里引，以达到里外"交圈"一致。相邻房间的地面标高应以先施工者为准。

（五）拼花不规矩

1. 质量问题

拼花木地板的装饰效果如何，关键在于拼花是否规矩。但在拼花木地板的铺设施工中，往往容易出现对角不方、出现错牙、端头不齐、图案不对、圈边宽窄不一致，不符合拼花木地板的施工质量要求。

2. 原因分析

（1）拼花木地板的板条未经过严格挑选，有的板条不符合要求，宽窄长短不一，安装时既未进行预排也未进行套方，从而造成在拼装时发生不规矩。

（2）在拼花木地板正式铺设之前，没有按照有关规定弹出施工的控制线，或弹出的施工控制线不准确，也会造成拼花不规矩。

3. 预防措施

（1）在进行拼花木地板铺设前，对所采用的木地板条必须进行严格挑选，使板条形状规矩、整齐一致，然后分类、分色装箱备用。

（2）每个房间的地面工程，均应做到先弹线、后施工，席纹地板应当弹出十字线，人字地板应当弹分档线，各对称的一边所留的空隙应当一致，以便最后进行圈边，但圈边的宽度最多不大于10块地板条。

（3）在铺设拼花地板时，一般宜从中间开始，各房间的操作人员不要过多，铺设的第一方或第一排经检查合格后，可以继续从中央向四周进行铺贴。

（4）如果拼花木地板局部出现错牙质量问题，或端头不齐在2mm以内者，可以用小刀锯将该处锯出一个小缝，按照"地板接缝不严"的方法治理。

（5）当一块或一方拼花木地板条的偏差过大时，应当将此块（方）地板条挖掉，重新换上合格的地板条并用胶补牢。

（6）当拼花的木地板出现偏差比较大，并且修补非常困难时，可以采用加深地板油漆的颜色进行处理。

（7）当木地板的对称两边圈边的宽窄不一致时，可将圈边适当加宽或作横圈边进行处理。

（六）木地板表面戗茬

1. 质量问题

木地板的表面不光滑，肉眼观察和手摸检查，均有明显的戗茬质量问题。在地板的表面上出现成片的毛刺或呈现异常粗糙的感觉，尤其在进行不地板上油、烫蜡后更为显著，严重影响木地板的装饰效果和使用功能。

2. 原因分析

（1）在对木地板表面进行刨光处理时，使用的电刨的刨刃太粗、吃刀太深、刨刃太钝或转速太慢等，均会出现木地板表面戗茬等质量问题。

（2）在对木地板表面进行刨光处理时，使用的电刨的刨刃太宽，能同时刨几块地板条，而地板条的木纹方向不同，呈倒纹的地板条容易出现戗茬。

（3）在对木地板表面进行机械磨光时，由于用的砂布太粗或砂布绷得不紧，也会出现戗茬等质量问题。

3. 预防措施

（1）在对木地板表面进行刨光处理时，使用的电刨的刨刃要细、吃刀要浅，要根据木材的种类分层刨平。

（2）在对木地板表面进行刨光处理时，使用的电刨的转速不应小于4000r/min，并且速度要匀，不可忽快忽慢。

（3）在对木地板表面进行机械磨光时，采用的砂布要先粗后细，砂布要绷紧、绷平，不出现任何皱褶，停止磨光时应当先停止转动。

（4）木地板采用人工净面时，要用细刨子顺着木纹认真进行刨平，然后再用较细的砂纸进行打磨光滑。

（5）木地板表面上有戗茬的部位，应当仔细用细刨子顺着木纹认真刨平。

（6）如果木地板表面局部戗茬较深，用细刨子不能刨平时，可用扁铲将戗茬处剔掉，再用相同的材料涂胶镶补，并用砂纸进行打磨光滑。

第五章

门窗工程施工工艺

门是人们进出建筑物的通道口,窗是室内采光通风的主要洞口,门窗是建筑工程的重要组成部分,被称之为建筑的"眼睛",同时也是建筑装饰装修工程施工中的重点。门窗在建筑立面造型、比例尺度、虚实变化等方面对建筑外表的装饰效果有较大影响。

近几年来,随着科学技术的不断进步,新材料、新工艺的不断出现,门窗的生产和应用也紧跟随装饰装修行业高速发展。建筑门窗是建筑制品,它的科技水平和技术含量在很大程度上取决于材料的变革和创新。在现代建筑工程中不仅要有满足一般使用功能要求的装饰门窗,而且还要有满足特殊功能要求的特种门窗。

第一节 门窗工程的基本知识

对于门窗的具体要求,在不同的情况下,应根据不同的地区、不同的建筑特点、不同的建筑等级和规定对门窗的分隔、保温、隔声、防水、防火、防风沙等有着不同的要求。因此,门窗的分类方法、作用及组成、制作与安装的要求也是不同的。

一、门窗分类的基本方法

门窗的种类、形式很多,其分类方法也多种多样。在一般情况下,主要按不同材质、不同功能、不同结构和不同镶嵌材料进行分类。

1. 按不同材质分类

按不同材质分类,门窗可以分为木门窗、铝合金门窗、钢门窗、塑料门窗、全玻璃门窗、复合门窗、特殊门窗等。钢门窗又有普通钢窗、彩板钢窗和渗铝钢窗3种。

2. 按不同功能分类

按不同功能分类,门窗可以分为普通门窗、保温门窗、隔声门窗、防火门窗、防盗门窗、防爆门窗、装饰门窗、安全门窗、自动门窗等。

3. 按不同结构分类

按不同结构分类，门窗可以分为推拉门窗、平开门窗、弹簧门窗、旋转门窗、折叠门窗、卷帘门窗、自动门窗等。

4. 按不同镶嵌材料分类

按照不同镶嵌材料分类，窗户可分为玻璃窗、纱窗、百叶窗、保温窗、防风沙窗等。玻璃窗能满足采光的功能要求，纱窗在保证通风的同时，可以防止蚊蝇进入室内，百叶窗一般用于只需通风而不需采光的房间。

二、门窗的作用及组成

（一）门窗的作用

1. 门的作用

（1）通行与疏散　门是对内外联系的重要洞口，供人从此处通行，联系室内外和各房间；如果有事故发生，可以供人紧急疏散用。

（2）围护作用　在北方寒冷地区，外门应起到保温防雨作用；门要经常开启，是外界声音的传入途径，关闭后能起到一定的隔声作用；此外，门还起到防风沙的作用。

（3）美化作用　作为建筑内外墙重要组成部分的门，其造型、质地、色彩、构造方式等，对建筑的立面及室内装修效果影响很大。

2. 窗的作用

（1）采光　各类不同的房间，都必须满足一定的照度要求。在一般情况下，窗口采光面积是否恰当，是以窗口面积与房间地面净面积之比来确定的，各类建筑物的使用要求不同，采光的标准也不相同。

（2）通风　为确保室内外空气流通，在确定窗的位置、面积大小及开启方式时，应尽量考虑窗的通风功能。

（二）门窗的组成

1. 门的组成

门一般由门框（门樘）、门扇、五金零件及其他附件组成。门框一般是由边框和上框组成，当其高度大于2400mm时，在上部可加设亮子，需增加中横框。当门宽度大于2100mm时，需增设一根中竖框。有保温、防水、防风、防沙和隔声要求的门应设下槛。

门扇一般由上冒头、中冒头、下冒头、边框、门芯板、玻璃、百叶等组成。

2. 窗的组成

窗是由窗框（窗樘）、窗扇、五金零件等组成。

窗框是由边框、上框、中横框、中竖框等组成，窗扇是由上冒头、下冒头、边框、窗芯子、玻璃等组成。

三、门窗制作与安装要求

1. 门窗的制作

在门窗的制作过程中，关键在于掌握好门窗框和门窗扇的制作，主要应当把握好以下两个方面。

① 下料原则 对于矩形门窗，要掌握纵向通长、横向截断的原则；对于其他形状门窗，一般应当需要放大样，所有杆件应留足加工余量。

② 组装要点 保证各杆件在一个平面内，矩形对角线相等，其他形状应与大样重合。要确实保证各杆件的连接强度，预留好门窗扇与框之间的配合余量和门窗框与洞的间隙余量。

2. 门窗的安装

安装是门窗能否正常发挥作用的关键，也是对门窗制作质量的检验，对于门窗的安装速度和质量均有较大的影响，是门窗施工中的重点。因此，门窗的安装必须把握下列要点。

① 门窗所有构件要确保在一个平面内安装，而且同一立面上的门窗也必须在同一个平面内，特别是外立面，如果不在同一个平面内，则形成出进不一，颜色不一致，立面失去美观的效果。

② 确保连接要求。框与洞口墙体之间的连接必须牢固，不得产生变形，这也是门窗密封的保证。门窗框与门窗扇之间的连接必须保证开启灵活、密封，搭接量不小于设计的80%。

3. 防水处理

门窗的防水处理，是施工中必须高度重视的一项工作，应先加强对缝隙的密封，然后再打防水胶进行防水，从而阻断渗水的通路；同时做好排水通路，以防止在长期静水的渗透压力作用下而破坏密封防水材料。

门窗框与墙体是两种不同材料的连接，必须做好缓冲防变形的处理，以免产生裂缝而出现渗水。一般需要在门窗框与墙体之间填充缓冲材料，材料要做好防腐蚀处理。

4. 注意事项

门窗的制作与安装除满足以上要求外，在进行安装时还应注意以下方面。

① 在门窗正式安装前，应根据设计和厂方提供的门窗节点图、结构图进行全面检查。主要核对门窗的品种、规格与开启形式是否符合设计要求，零件、附件、组合杆件是否齐全，所有部件是否有出厂合格证书等。

② 门窗在运输和存放时，底部均需垫上200mm×200mm的方枕木，枕木之间距离为500mm，同时枕木应保持水平、表面光洁，并应有可靠的刚性支撑，以保证门窗在运输和存放过程中不受损伤和变形。

③ 金属门窗的存放处不得有酸碱等腐蚀物质，特别不得有易挥发性的酸，如盐酸、硝酸等，并要求有良好的通风条件，以防止门窗被酸碱等物质腐蚀。

④ 塑料门窗在运输和存放时，不能平堆码放，应竖直排放，门窗各樘之间用非金属软质材料（如玻璃丝毡片、粗麻编织物、泡沫塑料等）隔开，并固定牢靠。由于塑料门窗是由聚氯乙烯塑料型材组装而成的，属于高分子热塑性材料，所以存放处应远离热源，以防止产生变形。塑料门窗型材是中空的，在组装成门窗时虽然插装轻钢骨架，但这些骨架未经铆固或焊接，其整体刚性比较差，不能经受外力的强烈碰撞和挤压。

⑤ 门窗在设计和生产时，由于未考虑作为受力构件使用，仅考虑了门窗本身和使用过程中的承载能力。如果在门窗框和扇上安放脚手架或悬挂重物，轻者引起门窗的变形，重者可能引起门窗的损坏。因此，金属门窗与塑料门窗在安装过程中都不得作为受力构件使用，不得在门窗框和扇上安放脚手架或悬挂重物。

⑥ 要切实注意保护铝合金门窗和涂色镀锌钢板门窗的表面。铝合金表面的氧化膜、彩色镀锌钢板表面的涂膜，都有保护金属不受腐蚀的作用，一旦这些薄膜被破坏就会失去对金属材料的保护作用，使金属产生锈蚀，不仅影响门窗的装饰效果，而且影响门窗的使用功能

和寿命。

⑦ 塑料门窗成品表面平整光滑，具有较好的装饰效果，如果在施工中不加以注意保护，很容易磨损或擦伤其表面，而影响门窗的美观。为保护门窗不受损伤，塑料门窗在搬、吊、运时，应用非金属软质材料衬垫和非金属绳索捆绑。

⑧ 为了保证门窗的安装质量和使用效果，对金属门窗和塑料门窗的安装，必须采用预留洞口、后安装的方法，严禁采用边安装、边砌筑洞口或先安装、后砌筑洞口的做法。金属门窗和塑料门窗与木门窗不一样，除实腹钢门窗外，其余都是空腹的，门窗的侧壁比较薄，锤击和挤压易引起局部弯曲损坏。

金属门窗表面都有一层保护装饰膜或防锈涂层，如果这层薄膜被磨损，是很难修复的。防锈层磨损后不及时修补，也会失去防锈的作用。

⑨ 门窗固定可以采用焊接、膨胀螺栓或射钉等方式。但砖墙不能用射钉，因为砖体受到冲击力后易碎。在门窗的固定中，普遍对地脚的锚固重视不够，而是将门窗直接卡在洞口内，用砂浆挤压密实就算固定，这种做法非常错误、十分危险。

门窗安装固定工作十分重要，是关系到在使用中是否安全的大问题，必须要有安装隐蔽工程记录，并应进行手扳检查，以确保安装质量。

⑩ 门窗在安装过程中，应及时用布或棉丝清理粘在门窗表面的砂浆和密封膏液，以免其凝固干燥后黏附在门窗的表面，影响门窗的表面美观。

第二节　装饰木门窗的制作与安装

自古至今，木门窗在装饰工程中占有重要地位，在建筑装饰装修方面留下了光辉的一页，例如我国北京故宫就是装饰木门窗应用的典范。尽管新型装饰材料层出不穷，但木材的独特质感、自然花纹、特殊性能，是其他任何材料无法代替的。

一、木门窗的开启方式

1. 木门的开启方式

木门的开启方式主要是由使用要求所决定的，通常有平开门、弹簧门、推拉门、折叠门和转门等，如图5-1所示。

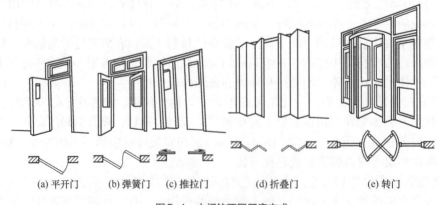

(a) 平开门　　(b) 弹簧门　　(c) 推拉门　　(d) 折叠门　　(e) 转门

图5-1　木门的不同开启方式

（1）平开门　平开门，即水平开启的门。其铰接安装在门的侧边，有单扇和双扇、向内开和向外开之分。平开门的构造简单、开启灵活，制作安装和维修均比较方便，是一般建筑中使用最广泛的门，如图5-1（a）所示。

（2）弹簧门　弹簧门的形式同平开门，但其侧边用弹簧铰链或下面用地弹簧传动，开启后能自动关闭。多数为双扇玻璃门，能内、外弹动；少数为单扇或单向弹动的，如纱门。弹簧门的构造和安装比平门稍为复杂些，都用于人流出入频繁或有自动关闭要求的场所。门上一般都安装玻璃，如图5-1（b）所示。

（3）推拉门　推拉门亦称为拉门，在上下轨道上左右滑行。推拉门有单扇或双扇，可以藏在夹墙内或贴在墙面外，占用面积较少，如图5-1（c）所示。推拉门构造较为复杂，一般用于两个空间需要扩大联系的门。在人流众多的地方，还可以采用光电管或触动设施使推拉门自动启闭。

（4）折叠门　折叠门多为扇折叠，可拼合折叠推移到侧边，如图5-1（d）所示。传动方式简单者可以同平开门一样，只在门的侧边装铰链；复杂者在门的上边或下边需要装轨道及转动五金配件。一般用于两个空间需要更为扩大联系的门。

（5）转门　转门为三或四扇门连成风车形，在两个固定的弧形门套内能够旋转的门，如图5-1（e）所示。对防止内外空气的对流有一定的作用，可以作为公共建筑及有空气调节房屋的外门。一般在转门的两旁另设平开或弹簧门，以作为不需要空气调节的季节或大量人流疏散之用。转门构造复杂，造价较贵，一般情况下不宜采用。

其他尚有上翻门、升降门、卷帘门等，一般适用于较大活动空间，如车库、车间及某些公共建筑的外门。

2. 窗的开启方式

窗的开启方式主要决定于窗扇的转动五金的部位和转动方式，它可根据使用要求选用。通常有以下几种常用的开启方式。

（1）固定窗　固定窗，即不能开启的窗，只作为采光及眺望之用，一般将玻璃直接安装在窗框上，尺寸可以比较大。

（2）平开窗　平开窗为侧边用铰链转动、水平开启的窗，有单扇、双扇、多扇、及向内开、向外开之分。平开窗构造简单，开启灵活，制作、安装和维修均较方便，在一般建筑中使用最为广泛。

（3）横式悬窗　这类窗户按照其转动铰链和转轴位置的不同，有上悬窗、中悬窗、下悬窗之分。一般上悬窗和中悬窗向外开，其防雨效果较好，可用作为外窗之用；而下悬窗不能防雨，不适宜作为外窗。这3种形式的窗都有利于通风，常被用于高窗及门上窗，其构造上较为简单。

（4）立体"转窗"　立体"转窗"，为上、下冒头设置转轴，立向转动的窗。转轴可设置在中心或偏在一侧。立式转窗外出挑不大时，可用较大块的玻璃，有利于采光和眺望，也便于擦窗，适用于不经常开启的窗扇。但安装纱窗很不方便，而且在构造上也比较复杂，特别要注意密封和防雨措施。

（5）推拉窗　推拉窗分垂直推拉和水平推拉两种。垂直推拉窗需要滑轮和平衡措施。国内用在外窗者较少，用在通风柜或传递窗较多。水平推拉窗一般上、下放槽轨，开启时两扇或多扇重叠。因为不像其他形式的窗有悬挑部分，所以窗扇及玻璃尺寸均可较平开窗为大，有利于采光和眺望，但国内一般用于外窗的比较少。

（6）百叶窗　百叶窗是构造最简单的窗子，可用木板、塑料或玻璃条等材料制成，有固定百叶和转动百叶两种，主要用于通风和遮阳。

二、木门窗对材料要求

（一）对木材的要求

（1）制作木门窗的木材应选择木质良好、无腐朽、不潮湿、无扭曲变形的材料。所用木材品种、材质等级、规格、尺寸、框扇的线型均应符合设计要求。当设计中未规定材质等级时所用木材的质量应符合下列规定。

① 制作普通木门窗所用木材的质量应符合表5-1中的规定。

表5-1　普通木门窗所用木材的质量要求

<table>
<tr><td colspan="2">木材缺陷</td><td>门窗扇的立梃、冒头、中冒头</td><td>窗棂、压条、门窗及气窗的线脚,通风窗立梃</td><td>门芯板</td><td>门窗框</td></tr>
<tr><td rowspan="3">活节</td><td>不计个数,直径/mm</td><td><15</td><td><5</td><td><15</td><td><15</td></tr>
<tr><td>计算个数,直径</td><td>≤材宽的1/3</td><td>≤材宽的1/3</td><td>≤30mm</td><td>≤材宽的1/3</td></tr>
<tr><td>任1延米个数</td><td>≤3</td><td>≤2</td><td>≤3</td><td>≤5</td></tr>
<tr><td colspan="2">死节</td><td>允许,计入活节总数</td><td>不允许</td><td colspan="2">允许,计入活节总数</td></tr>
<tr><td colspan="2">髓心</td><td>不露出表面的,允许</td><td>不允许</td><td colspan="2">不露出表面的,允许</td></tr>
<tr><td colspan="2">裂缝</td><td>深度及长度<厚度及材长的1/5</td><td>不允许</td><td>允许可见裂缝</td><td>深度及长度<厚度及材长的1/4</td></tr>
<tr><td colspan="2">斜纹的斜率/%</td><td>≤7</td><td>≤5</td><td>不限</td><td>≤12</td></tr>
<tr><td colspan="2">油眼</td><td colspan="4">非正面,允许</td></tr>
<tr><td colspan="2">其他</td><td colspan="4">浪形纹理、圆形纹理、偏心及化学变色,允许</td></tr>
</table>

② 制作高级木门窗所用木材的质量应符合表5-2中的规定。

表5-2　高级木门窗所用木材的质量要求

<table>
<tr><td colspan="2">木材缺陷</td><td>门窗扇的立梃、冒头、中冒头</td><td>窗棂、压条、门窗及气窗的线脚,通风窗立梃</td><td>门芯板</td><td>门窗框</td></tr>
<tr><td rowspan="3">活节</td><td>不计个数,直径/mm</td><td><10</td><td><5</td><td><10</td><td><10</td></tr>
<tr><td>计算个数,直径</td><td>≤材宽的1/4</td><td>≤材宽的1/4</td><td>≤20mm</td><td>≤材宽的1/3</td></tr>
<tr><td>任1延米个数</td><td>≤2</td><td>≤0</td><td>≤2</td><td>≤3</td></tr>
<tr><td colspan="2">死节</td><td>允许,包括在活节总数中</td><td>不允许</td><td>允许,包括在活节总数中</td><td>不允许</td></tr>
<tr><td colspan="2">髓心</td><td>不露出表面的,允许</td><td>不允许</td><td colspan="2">不露出表面的,允许</td></tr>
<tr><td colspan="2">裂缝</td><td>深度及长度<厚度及材长的1/6</td><td>不允许</td><td>允许可见裂缝</td><td>深度及长度<厚度及材长的1/5</td></tr>
<tr><td colspan="2">斜纹的斜率/%</td><td>≤6</td><td>≤4</td><td>≤15</td><td>≤10</td></tr>
<tr><td colspan="2">油眼</td><td colspan="4">非正面,允许</td></tr>
<tr><td colspan="2">其他</td><td colspan="4">浪形纹理、圆形纹理、偏心及化学变色,允许</td></tr>
</table>

（2）木门窗所用的木材含水率应符合表5-3中的规定。

表5-3　木门窗用材含水率　　　　　　　　单位：%

零部件名称		高级木门窗	普通木门窗
门窗框	针叶材	≤14	≤14
	阔叶材	≤12	≤14
拼接零件		≤10	≤10
门窗及其余零部件		≤10	≤12

（3）木方料的配料，应先用尺测量木方料的长度，然后再按门窗横档、竖撑尺寸放长30~50mm截取，以留有加工的余量。木方料的截面尺寸宽、厚为：单面刨光加3mm，双面刨光加5mm，以便刨料加工。

（二）木门面板要求

（1）胶合板应该选择不潮湿、无脱胶开裂的板材，饰面胶合板应选择木纹流畅、色调一致、无几节疤点、不潮湿、无脱胶的板材。

（2）各种人造板，包括硬质纤维板、中密度纤维板、胶合板、刨花板等，应符合相应国家标准及设计要求。部分装饰工程中常用面板的技术性能指标如下。

① 中密度纤维板的技术性能。中密度纤维板可分为普通型中密度纤维板、家具型中密度纤维板和承重型中密度纤维板。普通型中密度纤维板是指通常不在承重场合使用以及非家具型中密度纤维板，如展览会用的临时展板、隔墙板等。家具型中密度纤维板是指作为家具或装饰装修用，通常需要进行表面二次加工处理的中密度纤维板，如家具制造、橱柜制作、装饰装修件、细木工制品等。承重型中密度纤维板是指通常用于小型结构部件，或承重状态下使用的中密度纤维板，如室内地面铺设、棚架、室内普通建筑部件等。

以上3类中密度纤维板，按照其使用状态又可分为干燥状态、潮湿状态、高湿度状态和室外状态四种。中密度纤维板的外观质量要求，应符合表5-4中的规定；中密度纤维板的幅面尺寸、尺寸偏差、密度及偏差和含水率要求，应符合表5-5中的规定；中密度纤维板的甲醛释放限量，应符合表5-6中的规定。

表5-4　中密度纤维板的外观质量要求

项目名称	质量要求	允许范围	
		优等品	合格品
分层、鼓泡或炭化	—	不允许	不允许
局部松软	单个面积≤2000mm²	不允许	3个
板边缺损	宽度≤10mm	不允许	允许
油污斑点或异物	单个面积≤40mm²	不允许	1个
压痕	—	不允许	允许

注：1.同一张板不应有两项或以上的外观缺陷；
2.不砂光的表面质量由供需双方协商确定。

表5-5　中密度纤维板的幅面尺寸、尺寸偏差、密度及偏差和含水率要求

性能名称		单位	公称厚度范围/mm	
			≤12	>12
厚度偏差	不砂光板	mm	−0.30~+1.50	−0.50~+1.70
	砂光板	mm	±0.20	±0.30
长度与宽度偏差		mm/m	±2.0	±2.0
垂直度		mm/m	<2.0	<2.0
密度		g/cm³	0.65~0.80(允许偏差±10%)	
板内的密度偏差		%	±10.0	±10.0
含水率		%	3.0~13.0	3.0~13.0

表5-6　中密度纤维板的甲醛释放限量

测试方法	气候箱法	小型容器法	气体分析法	干燥器法	穿孔法
单位	mg/m²	mg/m²	mg/(m²·h)	mg/L	mg/100g
限量值	0.124	—	3.5	—	8.0

注：1.甲醛释放限量应符合气候箱法、气体分析法和穿孔法中的任一项限量值，由供需双方协商选择。

2.如果小型容器法和干燥器法应用于生产控制检验，则应确定其与气候箱法之间的有效相关性。

② 胶合板的技术性能。胶合板是由木段旋切成单板或由木方刨切成薄木，再用胶黏剂胶合而成的三层或多层的板状材料，通常用奇数层单板，并使相邻层单板的纤维方向互相垂直胶合而成。胶合板能有效地提高木材利用率，是节约木材的一个主要途径。胶合板可供飞机、船舶、火车、汽车、家具、建筑装饰和包装箱等作用材。

根据现行国家标准《普通胶合板》（GB/T 9846—2015）中的规定，胶合板的尺寸公差应符合表5-7中的要求。普通胶合板通用技术条件应符合表5-8中的要求。

表5-7　胶合板的尺寸公差

胶合板的幅面尺寸/mm					
宽度	长度				
	915	1220	1830	2135	2440
915	915	1220	1830	2135	—
1220	—	1220	1830	2135	2440

注：1.特殊尺寸可由供需双方协议；

2.胶合板长度和宽度公差为±2.5mm。

胶合板的厚度公差/mm				
公称厚度(t)	未砂光板		砂光板	
	每张板内的厚度允许差	厚度允许偏差	每张板内的厚度允许差	厚度允许偏差
2.7、3.0	0.5	+0.4,−0.2	0.3	±0.2
3<t<5	0.7	+0.5,−0.3	0.5	±0.3
5≤t≤12	1.0	+(0.8+0.03t)	0.6	+(0.8+0.03t)
12<t≤25	1.5	−(0.4+0.03t)	0.6	−(0.4+0.03t)

胶合板的翘曲度限值			
厚度	等级		
	优等品	一等品	合格品
公称厚度(自6mm以上)	≤0.5%	≤1.0%	≤2.0%

表5-8 普通胶合板通用技术条件

胶合板的含水率		
胶合板的材种	含水率/%	
	I、II类	III类
阔叶树材(含热带阔叶树材)、针叶树材	6~14	6~16

胶合板的强度指标值		
树种名称	类别	
	I、II类	III类
椴木、杨木、拟赤杨、泡桐、柳安、杉木、奥克榄、白梧桐、海棠木	≥0.70	≥0.70
水曲柳、荷木、枫香、槭木、榆木、柞木、阿必东、克隆、山樟	≥0.80	
桦木	≥1.00	
马尾松、云南松、落叶松、辐射松	≥0.80	

胶合板的甲醛释放限量					
级别标志	限量值/(g/L)	备注	级别标志	限量值/(g/L)	备注
E0	≤0.5	可直接用于室内	E2	≤5.0	必须饰面处理后方可允许用于室内
E1	≤1.5	可直接用于室内			

③ 刨花模压制品系用木材、竹材及一些农作物剩余物，直接胶粘装饰材料一次压制而成的产品。模压刨花制品根据使用环境不同，可分为室内用和室外用两类，建筑工程中常见的是室内用模压刨花制品。

根据现行国家标准《模压刨花制品 第1部分：室内用》（GB/T 15105.1—2006）中的规定，本标准适用于室内用模压刨花制品。模压刨花制品的非装饰面外观质量应符合表5-9中的规定；模压装饰层模压刨花制品的理化性能应符合表5-10中的规定；模压装饰层模压刨花制品的甲醛释放限量应符合表5-11中的规定。

表5-9 模压刨花制品的非装饰面外观质量

缺陷名称	优等品	一等品	合格品
鼓泡	不允许	单个不大于10cm²允许1处	单个不大于20cm²允许1处
污斑	小于5cm²允许1处	单个不大于20cm²允许1处	单个不大于20cm²允许1处
分层	不允许	不允许	不大于5cm²允许1处

表5-10 模压装饰层模压刨花制品的理化性能

检验项目	优等品	一等品	合格品	备注
密度/(g/cm³)	0.60~0.85	0.60~0.85	0.60~0.85	
含水率/%	5.0~11.0			
静曲强度/MPa	≥40	≥30	≥25	
内部结合强度/MPa	≥1.00	≥0.80	≥0.70	
吸水厚度膨胀率/%	≤3.0	≤6.0	≤8.0	
握螺钉力/N	≥1000	≥800	≥600	
浸渍剥离性能	任何一边装饰层与基材剥离长度均不得超过25mm			仅适用于本标准中4.2(c)规定的产品

检验项目		优等品	一等品	合格品	备注
表面耐磨	磨耗值/(mg/100r)	≤80			仅适用于本标准中 4.2 (a)规定的产品
	表面情况	图案:磨100r后应保留 50%以上花纹;素色:磨350r后应无露底现象			
表面耐开裂性能		0	≤1	≤1	
表面耐香烟灼烧		允许有黄斑和光泽有轻微变化			
表面耐干热		无龟裂、无鼓泡,允许光泽有轻微变化			
表面耐污染腐蚀		无污染、无腐蚀			
表面耐水蒸气		不允许有凸起、变色和开裂			
耐光色牢度(灰色样卡)/级		≥4			

注:经供需双方协议,可生产其他耐光色牢度级别的产品。

表5-11 模压装饰层模压刨花制品的甲醛释放限量

产品名称	单位	甲醛释放限量及级别标志			测定方法
		E_0	E_1	E_2	
无装饰层的模压刨花制品	mg/100r	≤5.0	>5.0且≤9.0	>9.0且≤30.0	穿孔萃取法
印刷纸装饰模压刨花制品、单板装饰模压刨花制品	mg/L	≤0.5	>0.5且≤1.5	>1.5且≤5.0	干燥器法
三聚氰胺树脂浸渍胶膜纸装饰模压装饰层模压刨花制品、织物装饰模压刨花制品、聚氯乙烯薄膜装饰模压刨花制品	mg/L	≤0.5	>0.5且≤1.5	—	

细木工板是指在胶合板生产基础上,以木板条拼接或空心板作芯板,两面覆盖两层或多层胶合板,经胶压制成的一种特殊胶合板。细木工板与刨花板、中密度纤维板相比,其天然木材特性更顺应人类自然的要求;具有质轻、易加工、钉固牢靠、不易变形等优点,是室内装修和高档家具制作的理想材料。

根据现行国家标准《细木工板》(GB/T 5849—2016)中的规定,阔叶树材细木工板外观分等的允许缺陷,应符合表5-12中的规定;针叶树材细木工板外观分等的允许缺陷,应符合表5-13中的规定;热带阔叶树材细木工板外观分等的允许缺陷,应符合表5-14中的规定;细木工板宽度和长度,应符合表5-15的规定;细木工板厚度偏差,应符合表5-16的规定;细木工板的含水率、横向静曲强度、浸渍剥离性能和表面胶合强度性能要求,应符合表5-17中的规定;细木工板的胶合强度要求,应符合表5-18中的规定。

表5-12 阔叶树材细木工板外观分等的允许缺陷

检量缺陷名称	检量项目		面板			背板
			细木工板等级			
			优等品	一等品	合格品	
针节	—		允许			
活节	最大单个直径/mm		10	25	不限	
半活节、死节、夹皮	每平方米板面上总个数		不允许	4	6	不限
	半活节	最大单个直径/mm		20(<5不计)	不限	
	死节	最大单个直径/mm		5(<2不计)	15	不限
	夹皮	最大单个长度/mm		20(<5不计)	不限	

检量缺陷名称	检量项目	面板 细木工板等级			背板
		优等品	一等品	合格品	
木材异常结构	—	允许			
裂缝	每米板宽内条数	不允许	1	2	不限
	最大单个宽度/mm		1.5	3	6
	最大单个长度为板长/%		10	15	30
虫孔、钉孔、孔洞	最大单个直径/mm	不允许	4	8	15
	每平方米板面上个数		4	不呈筛孔状不限	
变色①	不超过板面积/%	不允许	30	不限	
腐朽	—	不允许		允许初腐,但面积不超过板面积的1%	允许初腐
表面拼接离缝	最大单个宽度/mm	不允许	0.5	1	2
	最大单个长度为板长/%		10	30	50
	每米板宽内条数		1	2	不限
表板叠层	最大单个宽度/mm	不允许		8	10
	最大单个长度为板长/%			20	不限
芯板叠离	紧贴表板的芯板叠离 最大单个宽度/mm	不允许	2	8	10
	紧贴表板的芯板叠离 每米板长内条数		2	不限	
	其他各层离缝的最大宽度/mm	10			—
鼓泡、分层	—	不允许			
凹陷、压痕、鼓包	最大单个面积/mm²	不允许	50	400	不限
	每平方米板面上个数		1	4	
毛刺沟痕	不超过板面积/%	不允许	1	20	不限
	深度	不允许穿透			
表板砂透	每平方米板面上不超过/mm²	不允许		400	10000
透胶及其他人为污染	不超过板面积/%	不允许	0.5	10	30
补片、补条	允许制作适当且填补牢固的,每平方米板面上的数	不允许	3	不限	不限
	不超过板面积/%		0.5	3	
	缝隙不超过/mm		0	1	2
内含铝质书钉	—	不允许			
板边缺陷	自基本幅面内不超过/mm	不允许		10	
其他缺陷		不允许	按最类似缺陷考虑		

① 浅色斑条按变色计;一等品板深色斑条宽度不允许超过两2mm,长度不允许超过20mm;桦木除优等品板材外,允许有伪芯材,但一等品板的色泽应调和;桦木一等版不允许有密集的褐色或者黑色髓斑;优等品和一等品板的异色心材按变色计。

表5-13 针叶树材细木工板外观分等的允许缺陷

检量缺陷名称	检量项目		面板			背板
			细木工板等级			
			优等品	一等品	合格品	
针节	—		允许			
活节、半活节、死节	每平方米板面上总个数		5	8	10	不限
	半活节	最大单个直径/mm	20	30(<10不计)	不限	
	死节	最大单个直径/mm	不允许	5	30(<10不计)	不限
木材异常结构	—		允许			
夹皮、树脂道	每平方米板面上总个数		3	4(<10mm不计)	10(<15mm不计)	不限
	最大单个长度		15	30	不限	
裂缝	每米板宽内条数		不允许	1	2	不限
	最大单个宽度/mm			1.5	3	6
	最大单个长度为板长/%			10	15	30
虫孔、钉孔、孔洞	最大单个直径/mm		不允许	2	6	15
	每平方米板面上个数			4	10(<3mm不计)	不呈筛孔状不限
变色①	不超过板面积/%		不允许	浅色10	不限	
腐朽	—		不允许		允许初腐,但面积不超过板面积的1%	允许初腐
树脂漏（树脂条）	最大单个长度/mm		不允许	150	不限	
	最大单个宽度/mm			10		
	每平方米板面上个数			4		
表板拼接离缝	最大单个宽度/mm		不允许	0.5	1	2
	最大单个长度为板长/%			10	30	50
	每米板宽内条数			1	2	不限
表板叠层	最大单个宽度/mm		不允许		2	10
	最大单个长度为板长/%				20	不限
芯板叠离	紧贴表板的芯板叠离	最大单个宽度/mm	不允许	2	4	10
		每米板长内条数		2	不限	
	其他各层离缝的最大宽度/mm		10			—
鼓泡、分层	—		不允许			
凹陷、压痕、鼓包	最大单个面积/mm²		不允许	50	400	不限
	每平方米板面上个数			2	6	
毛刺沟痕	不超过板面积/%		不允许	5	20	不限
	深度		不允许穿透			
表板砂透	每平方米板面上不超过/mm²		不允许		400	10000
透胶及其他人为污染	不超过板面积/%		不允许	1	10	30

检量缺陷名称	检量项目	面板			背板
		细木工板等级			
		优等品	一等品	合格品	
补片、补条	允许制作适当且填补牢固的,每平方米板面上个数	不允许	6	不限	
	不超过板面积/%		1	5	不限
	缝隙不超过/mm		0.5	1	2
内含铝质书钉	—		不允许		
板边缺损	自基本幅面内不超过/mm		不允许	10	
其他缺陷	—	不允许	按最类似缺陷考略		

① 浅色斑条按变色计;一等品板深色斑条宽度不允许超过两2mm,长度不允许超过20mm;桦木除优等品板材外,允许有伪芯材,但一等品板的色泽应调和;桦木一等品版不允许有密集的褐色或者黑色髓斑;优等品和一等品板的异色心材按变色计。

表5-14 热带阔叶树材细木工板外观分等的允许缺陷

检量缺陷名称	检量项目		面板			背板
			细木工板等级			
			优等品	一等品	合格品	
针节	—			允许		
活节	最大单个直径/mm		10	25	不限	
半活节、死节	每平方米板面上总个数		不允许	3	5	不限
	半活节	最大单个直径/mm		15(<5不计)	不限	
	死节	最大单个直径/mm		5(<2径不计)	15	不限
木材异常结构	—			允许		
裂缝	每米板宽内条数		不允许	1	2	不限
	最大单个宽度/mm			1.5	2	6
	最大单个长度为板长/%			10	15	30
夹皮	每平方米板面上总个数		不允许	2	4	不限
	最大单个长度/mm			10(<5不计)	不限	
蛀虫造成的缺陷	虫孔	每平方米板面上个数	不允许	8(<1.5mm不计)	不呈筛孔状不限	
		最大单个直径/mm		2		
	虫道	每平方米板面上个数	不允许	2	不呈筛孔状不限	
		最大单个直径/mm		10		
排针孔、孔洞	最大单个直径/mm		不允许	2	8	15
	每平方米板面上个数			1	不限	
变色	不超过板面积/%		不允许	5	不限	
腐朽	—		不允许	允许初腐,但面积不超过板面积的1%	允许初腐	
表板拼接离缝	最大单个宽度/mm		不允许		1	2
	最大单个长度为板长/%				30	50
	每米板宽内条数				2	不限
表板叠层	最大单个宽度/mm		不允许		2	10
	最大单个长度为板长/%				10	不限

检量缺陷名称	检量项目		面板			背板
			细木工板等级			
			优等品	一等品	合格品	
芯板叠离	紧贴表板的芯板叠离	最大单个宽度/mm	不允许	2	4	10
		每米板长内条数		2	不限	
	其他各层离缝的最大宽度/mm			10		—
鼓泡、分层	—			不允许		
凹陷、压痕、鼓包	最大单个面积/mm²		不允许	50	400	不限
	每平方米板面上个数			1	4	
毛刺沟痕	不超过板面积/%		不允许	1	25	不限
	深度			不允许穿透		
表板砂透	每平方米板面上不超过/mm²		不允许		400	10000
透胶及其他人为污染	不超过板面积/%		不允许	0.5	10	30
补片、补条	允许制作适当且填补牢固的,每平方米板面上个数		不允许	3	不限	不限
	不超过板面积/%			0.5	3	
	缝隙不超过/mm			0.5	1	2
内含铝质书钉	—			不允许		
板边缺陷	自基本幅面内不超过/mm		不允许		10	
其他缺陷	—		不允许	按最类似缺陷考略		

注:1.髓斑和斑条按变色计;2.优等品和一等品板的异色边心材按变色计。

表5-15 细木工板宽度和长度　　　　　单位:mm

宽度			长度		
915	915	—	1830	2135	—
1220	—	1220	1830	2135	2440

表5-16 细木工板厚度偏差　　　　　单位:mm

基本厚度	不砂光		砂光(单面或双面)	
	每张板内厚度公差	厚度偏差	每张板内厚度公差	厚度偏差
≤16	1.0	±0.6	0.6	±0.4
>16	1.2	±0.8	0.8	±0.6

表5-17 细木工板的含水率、横向静曲强度、浸渍剥离性能和表面胶合强度性能要求

检验项目	单位	指标值
含水率	%	6.0~14.0
横向静曲强度	MPa	≥15.0
浸渍剥离性能	mm	试件每个胶层上的每一边剥离和分层总长度均不超过25mm
表面胶合强度	MPa	≥0.60
当表板厚度≥0.55mm时,细木工板不做表面胶合强度		

表5-18 细木工板的胶合强度要求　　　　　　　　　　　　单位：MPa

树种名称/木材名称/商品材名称	指标值
椴木、杨木、拟赤杨、泡桐、橡胶木、柳安、杉木、奥克榄、白梧桐、异翅香、海棠木	≥0.70
水曲柳、荷木、枫香、械木、榆木、柞木、阿必东、克隆、山樟	≥0.80
桦木	≥1.00
马尾松、云南松、落叶松、云杉、辐射松	≥0.80

（3）各等级门窗所用人造板的等级　应符合表5-19中的规定。

表5-19 各等级门窗的用人造板的等级

材料名称	高级门窗	普通门窗	材料名称	高级门窗	普通门窗
胶合板	特级、1级	3	中密度纤维板	优等、1等	合格
硬质纤维板	特级、1级	3	刨花板	A类优、1等	A类2及B类

（4）各种人造板及其制品中甲醛限量值　应符合表5-20中的规定。

表5-20 人造板及其制品中甲醛限量值

产品名称	试验方法	限量值	使用范围	限量标志
中密封纤维板、高密度纤维板、刨花板、定向刨花板	穿孔萃取法	≤9.0mg/100g	可直接用于室内	E1
		≤30mg/100g	必须饰面处理后可允许用于室内	E2
胶合板、装饰单板贴面胶合板、细木工板	干燥器法	≤1.5mg/100g	可直接用于室内	E1
		≤5.0mg/100g	必须饰面处理后可允许用于室内	E2

三、木门窗的制作工艺

在现代装饰装修工程中，不仅木门窗的制作占有很大比例，而且木门窗又是室内装饰造型的一个重要组成部分，也是创造装饰气氛与效果的一个重要手段。木门窗制作的生产操作程序为：配料→截料→刨料→画线、凿眼→开榫→整理线角→堆放→拼装。

（一）木门窗施工作业条件

（1）建筑结构工程已经验收完毕，工程质量完全符合设计要求和现行施工规范的规定，室内的施工水平线已弹好。

（2）加工木门窗所用的材料和构件已供应到现场，木材的含水率符合设计要求。

（3）墙体上门窗洞口的位置、尺寸留置准确，门窗安装预埋件已通过隐蔽验收。

（4）门窗安装应在室内外抹灰工程前进行；门窗扇安装应在饰面工程完成后进行。

（二）装饰木门的施工

1. 木门的基本构造

门是由门框和门扇两部分组成的。当门的高度超过2.1m时，还要增加上窗的结构（又称

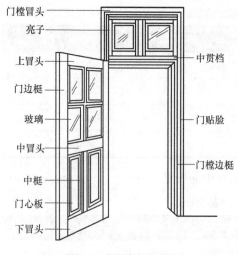

图5-2 门的各部分名称

（左图标注，从上到下）：
门樘冒头
亮子
上冒头
门边梃
玻璃
中冒头
中梃
门心板
下冒头

（右侧标注）：
中贯档
门贴脸
门樘边梃

亮子、么窗），门的各部分名称如图5-2所示。各种门的门框构造基本相同，但门扇有较大的差别。

（1）门框　门框是门的骨架，主要由冒头（横档）、框梃（框柱）组成。有门的上窗时，在门扇与上窗之间设有中贯横档。门框架各连接部位都是用榫眼连接的。按照传统的做法，框梃和冒头的连接是在冒头上打眼，在框梃上制作榫；框梃与中贯横档的连接，是在框梃上打眼，在中贯横档两端制作榫。

（2）门扇　装饰木门的门扇，有镶板式门扇和蒙板式门扇两类。

① 镶板式门扇。镶板式门扇是在做好门扇框后，将门板嵌入门扇木屋上的凹槽中。这种门扇框的木方用量较大，但板材用量较少。这种门扇的门扇框是由上冒头、中冒头、下冒头和门扇梃组成。门扇梃与上冒头的连接，是在门扇梃上打眼，上冒头的上半部做半榫，下半部做全榫，如图5-3所示。

门扇梃与中冒头的连接，与上冒头的连接基本一样。门扇梃与下冒头的连接，由于下冒头一般比上冒头和中冒头宽，为了连接牢固，要做两个全榫、两个半榫，在门扇梃上打两个全眼、两个半眼，如图5-4所示。

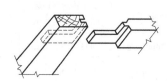

图5-3 门扇梃与上冒头的连接

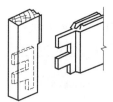

图5-4 门扇梃与下冒头的连接

为了将门板安装于门扇梃、门扇冒头之间，而在门扇梃和冒头上开出宽为门板厚度的凹槽，在安装门扇时，可将门芯板嵌入槽中。为了防止门芯板受潮发生膨胀，而使门扇变形或芯板翘鼓，门芯板装入槽内后，还应有2~3mm的间隙。

② 蒙板式门扇。蒙板式门扇的门扇框，所使用的木方截面尺寸较小，而且是蒙在两块木夹板之间，所以又称为门扇骨架。门扇骨架是由竖向方木和横向方木组成，竖向方木与横档木方的连接，通常采用单榫结构。在一些门扇较高、宽度尺寸较大，骨架的竖向与横向方木的连接，可用钉和胶相结合的连接方法。门扇两边的蒙板，通常采用4mm厚的夹板。

2. 装饰门常见形式

（1）镶板式门扇　目前，在建筑装饰工程中常用的镶板式门扇，主要有全木式和木材与玻璃结合式两类，实际中最常用的是木与玻璃结合式。

（2）蒙板式门扇　蒙板式门扇主要有平板式和木板与木线条组合式两类。将各种图案的木线条钉在板面上，从而组成饰面美观、图案多样的门扇，如图5-5所示。

（三）装饰木窗的构造

1. 木窗的基本构造

木窗主要由窗框和窗扇组成，并在窗扇上按设计要求安装上玻璃，如图5-6所示。

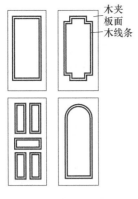

图5-5 蒙板式门扇示意

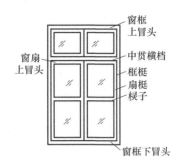

图5-6 木窗的构造形式

2. 木窗的连接构造

木窗的连接构造与门的连接构造基本相同，都是采用榫式结合。按照传统的规矩，一般是在扇梃上凿眼，冒头上开榫。如果采用先立窗框再砌墙的安装方法，应在上冒头和下冒头两端留出走头（延长端头），走头的长度一般为120mm。窗框与窗棂的连接也是在扇梃上凿眼，窗棂上开榫。

3. 装饰窗常见式样

在室内装饰工程中的装饰窗通常主要有固定式和开启式两大类。

（1）固定式装饰窗　固定式装饰窗没有可以活动的开闭的窗扇，窗棂直与窗框相连接。常见的固定式装饰窗如图5-7所示。

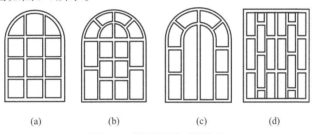

（a）　　　　　（b）　　　　　（c）　　　　　（d）

图5-7 常见的固定式装饰窗

（2）开启式装饰窗　开启式装饰窗，分为全开启式和部分开启式两种。部分开启式也就是装饰窗的一部分是固定的，另一部分是可以开闭的。常见的活动装饰窗如图5-8所示。

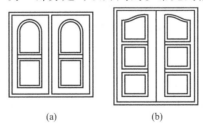

（a）　　　　　（b）

图5-8 常见的活动装饰窗

（四）木装饰门窗制作工艺

1. 制作工序

木装饰门窗的制作工艺主要包括：配料→截料→刨料→划线→凿眼→"倒棱"→"裁口"→开榫→"断肩"→组装→加楔→净面→油漆→安装玻璃。

2. 施工工艺

（1）配料与截料　木装饰门窗的配料与截料可按以下方法和要求进行操作。

① 为了进行科学配料，在配料前要熟悉图纸，了解门窗的构造、各部分尺寸、制作数量和质量要求。计算出各部分的尺寸和数量，列出配料单，按照配料单进行配料。如果数量较少，也可以直接配料。

② 在进行配料时，对木方材料要进行选择。不用有腐朽、斜裂、节疤大的木料，不干燥的木料也不能使用。同时，要先配长料后配短料，先配框料后配门窗扇料，使木料得到充分合理的使用。

③ 制作门窗时，往往需要大量刨削，拼装时也会有一定的损耗。所以，在配料时必须加大木料的尺寸，即各种部件的毛料尺寸要比其净料增大一些，最后才能达到图纸上规定的尺寸。门窗料的断面，如要两面刨光，其毛料要比其净增加大4~5mm，如只是一面刨光，要加大2~3mm。

④ 门窗料的长度，因门窗框的冒头有走头（加长端），冒头（门框上的上冒头，窗框的上、下冒头）两端各需加长120mm，以便砌入墙内锚固。无走头时，冒头两端各加长20mm。安装时，再根据门洞或窗洞尺寸决定取舍。需埋入地坪下60mm，以便入地坪以下使门框牢固。在楼层上的门框梃只加长20~30mm。一般窗框的梃、门窗冒头、窗楹等可加长10~15mm，门窗的梃加长30~50mm。

⑤ 在选配的木料上按毛料尺寸划出截断、锯开线，考虑到锯解木料时的损耗，一般留出2~3mm的损耗量。

（2）刨料

① 刨料前，宜选择纹理清晰、无节疤和毛病较少的材面作为正面。对于框料，任选一个窄面为正面。对于扇面，任选一个宽面为正面。

② 刨料时，应看清木料的顺纹和反纹，应当顺着木纹刨削，以免戗茬。刨削中常用尺子量测部件的尺寸是否满足设计要求，不要刨得过量，影响门窗的质量。有弯曲的木料，可以先加工凹面，把两头刨的基本平整，再用大刨子刨，即可刨平。如果先加工木料凸面，凹面朝下，用力刨削时，凸面向下弯，不刨时，木料的弹性又恢复原状，很难刨平。有扭曲的木料，应先加工木料的高处，直到刨平为止。

③ 正面加工平直以后，要打上记号，再刨垂直的一面，两个面的夹角必须都是90°，一面刨料，一面用角尺测量。然后，以这两个面为准，在木料面上画出所需要的厚度和宽度线。整根材料刨好，这两根线也不能刨掉。

检查木料是否加工好的方法是：取两根木料叠在一起，用手随便按动上面一根木料的一个角，如果这根木料丝毫不动，则证明这根木料已经刨平。检查木料尺寸是否符合要求的方法是：如果每根木料的厚度为40mm，取10根木料叠在一起，量得尺寸为400mm（误差±4mm），其宽度方向两边都不突出。

④ 门、窗的框料靠墙的一面可不刨光，但要刨出两道灰线。扇料必须四面刨光，划线时才能准确。门窗材料在制作好以后，应按门窗框和门窗扇分别进行码放，上下对齐，以便安装时使用。放料的场地，要求平整、坚实，不得出现不均匀沉降。

（3）划线

① 划线前，先要弄清楚榫、眼的尺寸和形式，即什么地方做榫，什么地方凿眼。眼的位置应在木料的中间，宽度不超过木料厚度的1/3，由凿子的宽度而确定。榫头的厚度是根据眼的宽度确定的，半榫长度应为木料宽度的1/2。

② 对于成批的料，应选出两根加工好的木料，大面相对放在一起，划上榫与眼的位置。要注意，使用角尺、画线竹笔、勒子时，都应靠在大号的大面和小面上。划的位置线经检查无误后，以这两根木料为样板再成批划线。要求划线一定要清楚、准确、齐全。

（4）凿眼

① 凿眼时，要选择与眼的宽度相等的凿子，这是保证榫、眼尺寸准确的关键。凿的刃要锋利，刃口必须磨齐平，中间不能突起成弧形。先凿透眼，然后再凿半眼，凿透眼时先凿背面，凿到1/2~2/3眼深，把木料翻起来再凿正面，直至将眼凿透。这样凿眼，可避免木料出现劈裂。另外，眼的正面边线要凿去半条线，留下半条线，榫头开榫时也要留下半条线，榫与眼合起来成为一条整线，这样榫与眼的结合才能紧密。眼的背面按划线凿，不留线，使眼比面略宽，这样在眼中插入榫头时，可避免挤裂眼的四周。

② 加工好的眼，要求形状方正、两侧平直。眼内要清洁，不留木渣。千万不要把中间部分凿凹。凿凹的眼在加楔时，一般不容易夹紧，榫头很容易松动，这是门窗出现松动、关不上、下垂等质量问题的主要原因之一。

（5）"倒棱"和"裁口"

① "倒棱"和"裁口"是在门框梃上做出，"倒棱"主要起到装饰作用，"裁口"是对门扇在关闭时起到限位作用。

② "倒棱"要平直，宽度要均匀；"裁口"要求方正平直，不能有戗茬起毛、凹凸不平的现象。最忌讳是口根处有台，即"裁口"的角上木料没有刨净。也有不在门框梃木方上做"裁口"，而是用一条小木条钉在门框梃木方上。

（6）开榫与"断肩"

① 开榫也称为倒卯，就是按榫的纵向线锯开，锯到榫的根部时，要把锯竖直锯几下，但不能切割过线。开榫时要留半线，其半榫长为木料宽度的1/2，应比半眼的深度小1~2mm，以备榫头因受潮而伸长。为确保开榫尺寸的准确，开榫时要用锯小料的细齿锯。

② "断肩"就是把榫两边的肩膀锯断。"断肩"时也要留线，快锯掉时要慢些，防止伤了榫眼。"断肩"时要用小锯。

③ 榫头锯好后插进眼里，以不松不紧为宜。切割好的半榫应比眼稍微大些。组装时在四面棱角处抹上胶用锤敲进去，这样的榫使用比较长久，一般不易松动。如果半榫切割得过薄，插入眼中有松动，可在半榫上加两个破头楔，抹上胶打入半眼内，使破头楔把半榫头撑开借以补救。

④ 锯成的榫头要求方正平直，不能歪歪扭扭，不能伤榫眼。如果榫头不方正、不平直，会影响到门窗不能组装得方正、结实。

（7）组装与净面

① 组装门窗框、扇之前，应选出各部件的正面，以便使组装后正面在同一侧，把组装后加工不到的面上的线用砂纸打磨干净。门框组装前，先在两根框梃上量出门的高度，用细锯锯出一道锯口，或用记号笔划出一道线，这就是室内地坪线，作为立门框的标记。

② 门、窗框的组装，是把一根边梃平放，将中贯档、上冒头（窗框还有下冒头）的榫插入梃的眼里，再装上另一边的梃，用锤轻轻敲打拼合，敲打时要垫上木块，防止打伤榫头或留下敲打的痕迹。待整个门窗框拼好并归方后，再将所有的榫头敲实，锯断露出的榫头。

③ 门窗扇的组装方法与门窗框基本相同。但门扇中有门板时，应当先把门芯部按照尺寸裁好，一般门芯板应比门扇边上量得的尺寸小3~5mm，门芯板的四边去棱、刨光。然后，先把一根门梃平放，将冒头逐个装入，门芯板嵌入冒头与门梃的凹槽内，再将另一根门梃的眼对准榫装入，并用锤击木块敲紧。

④ 门窗框、扇组装好后，为使其成为一个坚固结实的整体，必须在眼中加适量木楔，将榫在眼中挤紧。木楔的长度与榫头一样长，宽度比眼宽窄2~3mm，楔子头用扁铲顺木纹铲尖。加楔时，应先检查门框、扇的方正，掌握其歪扭情况，以便再加楔时调整、纠正。

⑤ 一般每个榫头内必须加两个楔子。加楔时，用凿子或斧头把榫头凿出一道缝，将楔子两面抹上胶插进缝内，敲打楔子要先轻后重，逐步搒入，不要用力太猛。当楔子已打不

动，孔眼已卡紧饱满时，不要再敲打，以防止将木料搏裂。在加楔过程中，对门窗框和门窗扇要随时用角尺找方正，并校正框、扇的不平整处。

⑥ 组装好的门窗框、扇用细刨子加工好后，再用细砂纸打磨平整、光滑。双扇门窗要配好对，对缝的"裁口"加工好。安装前，门窗框靠墙的一面，要刷一道沥青，以增加其防腐能力。

⑦ 为了防止校正好的门窗框再发生变形，应在门框下端钉上拉杆，拉杆下皮正好是锯口或记号的地坪线。大一些的门窗框，在中贯档与梃间要钉八字撑杆。

⑧ 门窗框组装好后，要采取措施加以保护，防止日晒雨淋，防止碰撞损伤。

四、木门窗的安装工艺

（一）门窗框的安装

1. 安装方法

门窗框有两种安装方法，即先"立口"法和后塞口法，其施工工序如下。

① 先"立口"法　先"立口"法，即在砌墙前把门窗框按施工图纸立直、找正，并固定好。这种施工方法必须在施工前把门窗框做好运到施工现场。

② 后塞口法　后塞口法，即在砌筑墙体时预先按门窗尺寸留好洞口，在洞口两边预埋木砖，然后将门窗框塞入洞口内，在木砖处垫好木片，并用钉子钉牢（预埋木砖的位置应避开门窗扇安装铰链处）。

2. 施工要点

（1）先"立口"安装施工

① 当砌墙砌到室内地坪时，应当立门框；当砌筑到窗台时，应当立窗框。

② 在"立口"之前，按照施工图纸上门窗的位置、尺寸，把门窗的中线和边线画到地面或墙面上。然后，把窗框立在相应的位置上，用支撑临时支撑固定，用线锤和水平测尺找平、找直，并检查框的标高是否正确，如有不平不直之处应随即纠正。不垂直可以挪动支撑加以调整，不平处可以垫木片或砂浆进行调整。支撑不要过早地拆除，应在墙身砌完后拆除比较适宜。

③ 在砌墙施工过程中，千万不要碰动支撑，并应随时对门窗框进行校正，防止门窗框出现位移和歪斜等现象。砌到放木砖的位置时，要校核是否垂直，如有不垂直，在放木砖时随时纠正。否则，木砖砌入墙内，将门窗框固定，就难以纠正。在一般情况下，每边的木砖不得少于2~3块。

④ 木门窗安装是否整齐，对建筑物的装饰效果有很大影响。同一面墙的木门窗框应安装整齐，并在同一个平、立面上。可先立两端的门窗框，然后拉一通线，其他的门窗框按照拉的通线进行竖立。这样可以保证门框的位置和窗框的标高一致。

⑤ 在立框时，一定注意以下两个方面：a.特别注意门窗的开启方向，防止一旦出现错误很难以进行纠正；b.注意施工图纸上门窗框是在墙中，还是靠墙的里皮。如果是与里皮相平，门窗框应出里皮墙面（即内墙面）20mm，这样，在灰浆涂抹后，门窗框正好和墙面相平，如图5-9所示。

（2）后塞口安装施工　后塞口安装施工应符合下列要求。

① 门窗洞口要按施工图纸上的位置和尺寸预先留出。洞口

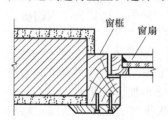

图5-9　门窗框在墙里皮的做法

应比窗口大30~40mm（即每边大15~20mm）。

② 在砌墙时，洞口两侧按规定砌入木砖，木砖大小约为半砖，间距不大于1.2m，每边2~3块。

③ 在安装门窗框时，先把门窗框塞进门窗洞口内，用木楔临时固定，用线锤和水平测尺进行校正。待校正无误后，用钉子把门窗框钉牢在木砖上，每个木砖上应钉两颗钉子，并将钉帽砸扁冲入桄框内。

④ 在"立口"时，一定要注意以下两个方面：a.特别注意门窗的开启方向；b.整个大窗更要注意上窗的位置。

（二）门窗扇的安装

1. 施工准备

（1）在安装门窗扇前，先要检查门窗框上、中、下三部分是否一样宽，如果相差超过5mm，就应当进行修整。

（2）核对门窗的开启方向是否正确，并打上记号，以免将门窗扇安错。

（3）安装扇前，预先量出门窗框口的净尺寸，考虑风缝（松动）的大小，再好进一步确定扇的宽度和高度，并进行修刨。应将门扇定于门窗框中，并检查与门窗框配合的松紧度。由于木材有干缩湿胀的性质，而且门窗扇、门窗框上都需要有油漆及打底层的厚度，所以在安装时要留缝。一般门扇对口处的竖向缝隙留1.5~2.5mm，窗的竖向缝隙留2.0mm，并按此尺寸进行修整刨光。

2. 施工要点

（1）将修理加工好的门窗扇，用木楔临时固定于门窗框中，排好缝隙后画出铰链位置。铰链位置距上、下边的距离，一般宜为门扇宽度的1/10，这个位置对铰链受力比较有利，又可以避开榫头。然后把扇取下来，用铲剔出门窗框铰链页槽。铰链页槽应外边较浅、里边较深，其深度应当是把铰链合上后与框、扇平正为准。

在用加工好铰链页槽后，将铰链放入页槽内，上下铰链各拧进一颗螺丝钉把扇挂上，检查缝隙是否符合要求，门窗扇与门窗框是否齐平，门窗扇能否关住。检查合格后，再将剩余螺丝钉全部上齐。

（2）双扇门窗扇安装方法与单扇的安装方法基本相同，只是增加一道"错口"的工序。双扇应按开启方向看，右手是门的盖口，左手是门的等口。

（3）门窗扇安装好后要试开，其达到的标准是：以开到什么地方就能停到这个地方为合格，不能存在自开或自关现象。如果发现门窗扇在高、宽上有短缺的情况，高度上应补钉的板条钉在下冒头下面，宽度上应在安装铰链一边的桄上补钉板条。

（4）为了开关方便，平开扇的上冒头、下冒头，最好刨成斜面。

五、木门窗的成品保护

（1）加工成型的门框在运输和存放过程中要特别注意保护，以避免装饰面受到损坏，装拼完后有条件的应入库保管。门扇宜存放在库房内，避免风吹、日晒、雨淋和其他侵害。不论是入库或露天存放，下面均应垫起200mm以上，所有构件应码放整齐，露天存放上面应用塑料布遮盖。镶门芯板的门扇，门的端部各放一件厚薄相等的木板，以防止吸潮腐烂。

（2）为确保门窗框扇完整，在装卸和码放时应平稳轻放，不得重力抛掷和磕碰，防止损坏表面或缺棱掉角。

（3）为防止门窗框扇吸潮变形，在平放时门窗框扇的端部应离开墙面200~300mm。

（4）安装门窗扇时下面应用木卡将门窗卡牢，上面用硬质木块垫着门窗边，然后用力进行锤打，这样可避免损坏门窗边。

（5）胶合板门进行密封边缘时，流出门表面的胶水应及时用湿布抹干净，修理刨平胶合板门时应用木卡将门的边缘垫起卡牢，以免损坏边缘。

（6）木门窗在制作完成后，不得在其表面站人或放置重物，以免压坏门窗；外窗安装完毕后，应立即将风钩挂好或插上插销。

（7）严禁从已安装好的窗框中向外抛掷建筑垃圾和模板、架板等物件，避免窗框下冒头及边梃下部棱角破坏。

六、木门窗施工注意事项

门窗作为建筑物外立面的装饰，关乎居住环境，因而，建筑门窗的施工受到了人们的关注，在木门窗施工中应注意如下事项。

（1）在门窗安装前，应对门窗洞口的位置和尺寸进行认真检验，如与设计不符合应及时予以纠正和处理。

（2）门窗进场前必须进行预验收，验收合格后方可进场。安装前应根据门窗图纸，仔细核对门窗的品种、规格、开启方向及组合杆、附件，并对其外形及平整度进行检查校正，待完全合格后方可安装。

（3）门窗的运输、装卸、存放应采取可靠的措施，防止受潮、碰伤、变形、污染和曝晒。

（4）门窗框扇在安装的过程中应符合下列规定：不得在门窗框扇上安装脚手架、悬挂重物或在框扇内穿过起吊，以防门窗变形和损坏；在吊运时，门窗表面应用非金属软质材料衬垫，选择牢靠平稳的着力点，以免门窗表面擦伤。

（5）在门窗安装过程中，应及时清理门窗表面的水泥砂浆和密封膏等杂物，以保护门窗的表面质量。

（6）推拉门窗扇必须有防止脱落的措施，门窗扇与框的搭接量应符合设计要求。

（7）建筑外门窗的安装必须牢固，在砌体上安装门窗严禁用射钉进行固定。

（8）木门窗与砖石砌体、混凝土或抹灰层的接触处，应进行防腐处理并设置防潮层；埋入砌体或混凝土中的木砖应进行防腐处理。

第三节 金属门窗的制作与安装

金属门窗是建筑工程中最常见的一种门窗形式，具有材料广泛、强度较高、刚度较好、制作容易、安装方便、维修简单、经久耐用等特点。

一、铝合金门窗的制作与安装

铝合金门窗是经过表面处理的型材，通过下料、打孔、铣槽等工序，制作成门窗框料构件，然后再与连接件、密封件、开闭五金件等组合装配而成。尽管铝合金门窗的尺寸大小及式样有所不同，但是同类铝合金型材门窗所采用的施工方法却相同。由于铝合金门窗在造型、色彩、玻璃镶嵌、密封材料和耐久性等方面，都比钢门窗、木门窗有着明显的优势，因此，铝合金门窗在高层建筑和公共建筑中获得了广泛的应用。

（一）铝合金门窗的主要特点

铝合金门窗是最近十几年发展起来的一种新型门窗，与普通木门窗和钢门窗相比，具有以下特点。

（1）质轻高强　铝合金是一种质量较轻、强度较高的金属材料，在保证使用强度的要求下，门窗框料的断面可制成空腹薄壁组合断面，使其减轻了铝合金型材的质量，一般铝合金门窗质量与木门窗差不多，比钢门窗轻50%左右。

（2）密封性好　密封性能如何是门窗质量好坏的重要指标，铝合金门窗和普通钢、木门窗相比，其气密性、水密性和隔声性均比较好。推拉门窗要比平开门窗的密封性稍差，因此推拉门窗在构造上加设尼龙毛条，以增加其密封性。

（3）变形性小　铝合金门窗的变形比较小，一是因为铝合金型材的刚度好，二是由于其制作过程中采用冷连接。横竖杆件之间及五金配件的安装，均是采用螺钉、螺栓或铝钉，通过角铝片或其他类型的连接件，使框、扇杆件连成一个整体。冷连接与钢门窗的电焊连接相比，可以避免在焊接过程中因受热不均而产生的变形现象，从而能确保制作的精度。

（4）表面美观　一是造型比较美观，门窗面积大，使建筑物立面效果简洁明亮，并增加了虚实对比，富有较强的层次感；二是色调比较美观，其门窗框料经过氧化着色处理，可具有银白色、金黄色、青铜色、古铜色、黄黑色等色调或带色的花纹，外观华丽雅致，不需要再涂漆或进行表面维修装饰。

（5）耐蚀性好　铝合金材料具有很高的耐蚀性，不仅可以抵抗一般酸碱盐的腐蚀，而且在使用中不需要涂漆，表面不褪色、不脱落，不必要进行维修。

（6）使用价值高　铝合金门窗具有刚度好、强度高、耐腐蚀、美观大方、坚固耐用、开闭轻便、无噪声等优异性能，特别是对于高层建筑和高档的装饰工程，无论从装饰效果、正常运行、年久维修，还是从施工工艺、施工速度、工程造价等方面综合权衡，铝合金门窗的总体使用价值优于其他种类的门窗。

（7）实现工业化　铝合金门、窗框料型材加工、配套零件的制作，均可以在工厂内进行大批量的工业化生产，有利于实现门窗设计的标准化、产品系列化和零配件通用化，也能有力推动门窗产品的商业化。

（二）铝合金门窗的组成与制作

1. 铝合金门窗的组成

铝合金门窗的组成比较简单，主要由型材、密封材料和五金配件组成。

（1）铝合金型材　铝合金型材是铝合金门窗的骨架，其质量如何关系到门窗的整体质量。除必须满足铝合金的元素组成外，型材的表面质量应满足下列要求。

① 铝合金型材表面应当清洁，无裂纹、起皮和腐蚀现象，在铝合金的装饰面上不允许有气泡。

② 普通精度铝合金型材装饰面上碰伤、擦伤和划伤，其深度不得超过0.2mm；由模具造成的纵向挤压痕迹深度不得超过0.1mm；对于高精度型材的表面缺陷深度，装饰面应不大于0.1mm，非装饰面应不大于0.25mm。

③ 铝合金型材经过表面处理后，其表面应有一层氧化膜保护层。在一般情况下，氧化膜厚度应不小于20μm，并应色泽均匀一致。

（2）密封材料　铝合金门窗安装密封材料品种很多，其特性和用途也各不相同。铝合金门窗安装密封材料品种、特性和用途，如表5-21所列。

表5-21　铝合金门窗安装密封材料品种、特性和用途

品　种	特性和用途
聚氨酯密封膏	高档密封膏变形能力为25%，适用于±25%接缝变形位移部位的密度
"聚硫"密封膏	高档密封膏变形能力为25%，适用于±25%接缝变形位移部位的密度。寿命可达10年以上
硅酮密封膏	高档密封膏、性能全面、变形能力达50%，高强度、耐高低温（-54~260℃）
水膨胀密封膏	遇水后膨胀将缝隙填满
密封垫	用于门窗框与外墙板接缝密封
膨胀防火密封件	主要用于防火门，遇火后可膨胀密封其缝隙
底衬泡沫条	可以和密封材料配合使用，在缝隙中能随密封胶变形而变形
防污纸质胶带纸	用于保护门窗料表面，防止表面污染

（3）五金配件　五金配件是组装铝合金门窗不可缺少的部件，也是实现门窗使用功能的重要组成。铝合金门窗的配件如表5-22所列。

表5-22　铝合金门窗五金配件

品　名		用　途
门锁（双头通用门锁）		配有暗藏式弹子锁，可以内外启闭，适用于铝合金平开门
勾锁（推拉门锁）		有单面和双面两种，可做推拉门、窗的拉手和锁闭器使用
"暗掀锁"		适用于双扇铝合金地弹簧门
滚轮（滑轮）		适用于推拉门窗（如70、90、55系列）
"滑撑铰链"		能保持窗扇在0°~60°或0°~90°开启位置自行定位
执手	铝合金平开窗执手	适用于平开窗，上悬铝合金窗开启和闭锁
	联动执手	适用于密闭型平开窗的启闭，在窗上下两处联动扣紧
	推拉窗执手（半月形执手）	有左右两种形式，适用于推拉窗的启闭
地弹簧		装于铝合金门下部，铝合金门可以缓速自动闭门，也可在一定开启角度位置定位

① 门的地弹簧为不锈钢面或铜面，使用前应进行开闭速度的调整，液压部分不得出现漏油。暗插可为锌的合金压铸件，表面镀铬或覆膜。门锁应为双面开启的锁，门的拉手可因设计要求而有所差异，除了满足推、拉的使用要求外，其装饰效果占有较大比重。拉手一般常用铝合金和不锈钢等材料制成。

② 推拉窗的拉锁，其规格应与窗的规格配套使用，常用锌的合金压铸制品，表面镀铬或覆膜；也可以用铝合金拉锁，其表面应当进行氧化处理。滑轮常用尼龙滑轮，滑轮架为镀锌的钢制品。

③ 平开窗的窗铰应选用不锈钢制品，钢片厚度不宜小于1.5mm，并且有松紧调节装置。滑块一般为铜制品，窗的执手可为锌的合金压铸制品，表面镀锌或覆膜，也可以用铝合金制品，其表面应当进行氧化处理。

2. 铝合金门的制作与组装

铝合金门窗的制作的施工比较简单，其工艺主要包括：选料→断料→钻孔→组装→保护或包装。

（1）铝合金门料具的准备

① 材料的准备。主要准备制作铝合金门的所有型材、配件等，如铝合金型材、门锁、滑轮、不锈钢、螺钉、铝制拉铆钉、连接铁板、地弹簧、玻璃尼龙毛刷、压条、橡皮条、玻

璃胶、木楔子等。

② 工具的准备。主要准备制作和安装中所用的工具，如曲线刷、切割机、手电锯、扳手、半步扳手、角尺、吊线锤、注胶筒、锤子、水平尺、玻璃吸盘等。

（2）铝合金门扇的制作

1）选料与下料　在进行铝合金门扇的选料与下料时应当注意以下几个问题。

① 选料时要充分考虑到铝合金型材的表面色彩、强度、壁的厚度等因素，以保证符合设计要求的刚度、强度和装饰性。

② 每一种铝合金型材都有其特点和使用部位，如推拉、开启、自动门等所用的型材规格是不相同的。在确认材料规格及其使用部位后要按照设计的尺寸进行下料。

③ 在一般建筑装饰工程中，铝合金门窗无详图设计，仅仅给出洞口尺寸和门扇划分尺寸。在门扇铝合金型材下料时，要注意在门洞口尺寸中减去安装缝、门框尺寸。要首先进行计算，并画简图，然后再按照简图下料。

④ 在进行铝合金型材切割时，切割机应安装合金锯片，并严格按规定的下料尺寸切割。

2）门扇的组装　在组装门扇时应当按照以下工序进行。

① 竖梃钻孔。在上竖梃拟安装横档部位用手电钻进行钻孔，用钢筋螺栓连接钻孔，孔径应大于钢筋的直径。"角铝"连接部位靠上或靠下，视角部铝合金的规格而定，"角铝"规格可用22mm×22mm，钻孔可在上下10mm处，钻孔直径小于"自攻螺栓"的直径。两边框的钻孔部位应一致，否则将使横档不平。

② 门扇节点固定。上、下横档（上冒头、下冒头）一般用套螺纹的钢筋固定，中横档（中冒头）用"自攻螺栓"固定。先将"角铝"用"自攻螺栓"连接在两边梃上，上、下冒头中穿入套扣钢筋；套扣钢筋从钻孔中深入边梃，中横档套在"角铝"上。用半步扳手将上冒头和下冒头用螺母拧紧，中横档再用手电钻上下钻孔，用自攻螺钉拧紧。

③ 锁孔和拉手安装。在拟安装的门锁部位用手电钻钻孔，再伸入曲线锯将安装门锁部位切割成锁孔形状，门锁两侧要对正，为了保证安装精度，一般在门扇安装后再装门锁。

（3）门框的制作

① 选料与下料。根据门的大小选用50mm×70mm、50mm×100mm等铝合金型材作为门框梁，并按照设计尺寸进行下料。具体做法与门扇的制作相同。

② 门框钻孔组装。在安装门的上框和中框部位的边框上，钻孔安装角铝，方法与安装门扇相同。然后将中框和上框套在"角铝"上，用"自攻螺栓"进行固定。

③ 设置连接件。在门框上，左右设置"扁铁连接件"，"扁铁连接件"与门框用"自攻螺栓"拧紧，安装间距为150~200mm，根据门料情况与墙体的间距。"扁铁连接件"做成平的，一般为"冖"字形，连接方法应根据墙体内预埋件情况而定。

（4）铝合金门的安装　铝合金门的安装，主要包括：安装门框→填塞缝隙→安装门扇→安装玻璃→注胶并清理等工序。

① 安装门框。将组装好的门框在抹灰前立于门口处，用吊线锤将门框吊直，然后再将其调整方正，以两条对角线相等为标准。在认定门框水平、垂直均符合要求后，用射钉枪将射钉打入柱、墙、梁上，将连接件与门框固定在墙、梁、柱上。门框的下部要埋入地下，埋入深度为30~150mm。

② 填塞缝隙。门框固定好以后，应进一步复查其平整度和垂直度，确实无误后，清扫边框处的浮土，洒水湿润基层，用1:2的水泥砂浆将门口与门框间的缝隙分层填实。待填入的灰浆达到一定强度后再除掉固定用的木楔，抹平其表面。

③ 安装门扇。门扇与门框是按同一门洞口尺寸制作的，在一般情况下都能顺利安装上，

但要求周边密封、开启灵活。对于固定的门可以不另做门扇，而是在靠地面处与竖框之间安装踢脚板。开启的门扇分内外平开门、弹簧门、推拉门和自动推拉门。内外平开门在门上框钻孔伸入门轴，门下地里埋设地脚、装置门轴。

弹簧门上部的做法同平开门，而在下部埋地弹簧，地面需预先留洞或后开洞，地弹簧埋设后要与地面平齐，然后灌细石混凝土，再抹平地面层。地弹簧的摇臂与门扇下冒头两侧拧紧。推拉门要在上框内做导轨和滑轮，也有的在地面上做导轨，在门扇下冒头处做滑轮。自动门的控制装置有脚踏式，一般装在地面上，其光电感应控制开关设备装于上框上。

④ 安装玻璃。根据门框的规格、色彩和总体装饰效果选用适宜的玻璃，一般选用5~10mm厚度的普通玻璃或彩色玻璃及10~22mm厚中空玻璃。首先，按照门扇的内口实际尺寸合理计划用料，尽量减少玻璃的边角废料，切割时应比实际尺寸少2~3mm，这样有利于顺利安装。切割后应分类进行堆放，对于小面积玻璃，可以随切割、随安装。安装时先撕去门框上的保护胶纸，在型材安装玻璃部位塞入胶带，用玻璃吸手将玻璃安装，前后应垫实，缝隙应一致，然后再塞入橡胶条密封，或用铝压条和十字圆头螺丝固定。

⑤ 注胶并清理。大片玻璃与门框扇接缝处，要用玻璃胶筒打入玻璃胶，整个门安装好后，以干净抹布擦洗表面，清理干净后交付使用。

（5）安装拉手　最后，用双手螺杆将门拉手上在门扇边框两侧。至此，铝合金门的安装操作基本完成。安装铝合金的关键是主要保持上、下两个转动部分在同一轴线上。

3. 铝合金窗的制作与组装

在建筑装饰装修工程中，使用铝合金型材制作窗户较为普遍。目前，常用的铝型材有90系列推拉窗铝材和38系列平开窗铝材。

（1）铝合金窗的组成材料　铝合金窗户主要分为推拉窗和平开窗两类。所使用的铝合金型材规格完全不同，所采用的五金配件也完全不同。

1）推拉窗的组成材料。推拉窗由窗框、窗扇、五金件、连接件、玻璃和密封材料组成。

① 窗框由上滑道、下滑道和两侧边封所组成，这3部分均为铝合金型材。

② 窗扇由上横、下横、边框和带钩的边框组成，这4部分均为铝合金型材，另外在密封边上有毛条。

③ 五金件主要包括装于窗扇下横之中的导轨滚轮，装于窗扇边框上的窗扇钩锁。

④ 连接件主要用于窗框与窗扇的连接，有厚度2mm的"铝角"型材及M4×15的"自攻螺丝"。

⑤ 窗扇玻璃通常用5mm厚的茶色玻璃、普通透明玻璃等，一般古铜色铝合金型材配茶色玻璃，银白色铝合金型材配透明玻璃、宝石蓝和海水绿玻璃。

⑥ 窗扇与玻璃的密封材料有塔形橡胶封条和玻璃胶两种。这两种材料不但具有密封作用，而且兼有固定材料的作用。用塔形橡胶封条固定窗扇玻璃，安装拆除非常方便，但橡胶条老化后，容易从密封口处掉出；用玻璃胶固定窗扇玻璃，黏结比较牢固，不受封口形状的限制，但更换玻璃时比较困难。

2）平开窗的组成材料。平开窗所组成材料与推拉窗大同小异。

① 窗框。用于窗框四周的窗框边部铝合金型材，用于窗框中间的工字型窗料型材。

② 窗扇。有窗扇框料、玻璃压条以及密封玻璃用的橡胶压条。

③ 五金件。平开窗常用的五金件主要有窗扇拉手、"风撑"和窗扇扣紧件。

④ 连接件。窗框与窗扇的连接件有2mm厚的"铝角"型材，以及M4×15的"自攻螺钉"。

⑤ 玻璃。窗扇通常采用5mm厚的玻璃。

（2）施工机具　铝合金窗的制作与安装所用的施工机具，主要有铝合金切割机、手电钻、$\phi 8$圆锉刀、R20半圆锉刀、十字螺丝刀、划针、铁脚圆规、钢尺和铁角尺等。

（3）施工准备　铝合金窗户施工前的主要准备工作有：检查复核窗的尺寸、样式和数量→检查铝合金型材的规格与数量→检查铝合金窗五金件的规格与数量。

1）检查复核窗的尺寸、样式和数量。在装饰工程中一般都采用现场进行铝合金窗的制作与安装。检查复核窗的尺寸与样式工作，即根据施工对照施工图纸，检查有否不符合之处，有否安装问题，有否与电器、水暖卫生、消防等设备相矛盾的问题。如果发现问题要及时上报，与有关人员商讨解决的方法。

2）检查铝合金型材的规格与数量。目前，我国对铝合金型材的生产虽然有标准规定，但由于生产厂家很多，即使是同一系列的型材，其形状尺寸和壁厚尺寸也会有一定差别。这些误差会在铝合金窗的制作与安装中产生麻烦，甚至影响工程质量。所以，在制作之前要检查铝合金型材的规格尺寸，主要是检查铝合金型材相互接合的尺寸。

3）检查铝合金窗五金件的规格与数量。铝合金窗的五金件，分为推拉窗和平开窗两大类，每一类中又有若干系列，所以在制作以前要检查五金件与所制作的铝合金窗子是否配套。同时，还要检查各种附件是否配套，如各种密封边部的毛条、橡胶边封条、碰口处的垫等，能否正好与铝合金型材衔接安装。如果与铝合金型材不配套，会出现过紧或过松现象。过紧，在铝合金窗子制作时安装困难；过松，安装后会自行脱出。

此外，采用的各种自攻螺钉要长短结合，螺钉的长度通常为15mm左右比较适宜。

（4）推拉窗的制作与安装　推拉窗有带上窗及不带上窗之分。下面以带上窗的铝合金推拉窗为例，介绍其制作方法。

1）按图下料。下料是铝合金窗进行制作的第一道工序，也是非常重要、关键的工序。如果下料不准确，会造成尺寸误差、组装困难，甚至因无法安装而成为废品。所以，下料应按照施工图纸进行，尺寸必须准确，其误差值应控制在2mm范围内。下料时，用铝合金切割机切割型材，切割机的刀口位置应在划线以外，并留出划线痕迹。

2）连接组装

① 上窗连接组装。上窗部分的扁方管型材，通常采用"铝角"和"自攻螺钉"进行连接如图5-10所示。这种方法既可隐蔽连接件，又不影响外表美观，连接非常牢固，比较简单实用。"铝角"多采用2mm厚的直角铝条，每个"铝角"按需要切割其长度，长度最好能同扁方管内宽相符，以免发生接口松动现象。

两条扁方管在用"铝角"固定连接时，应先用一段同样规格的扁方管做模子，长20mm左右。在横向扁方管上要衔接的部位用模子定好位，将角码放在模子内并用手捏紧，用手电钻将"铝角"与横向扁方管一并钻孔，再用"自攻螺丝"或"抽芯铝铆钉"固定，如图5-11所示。然后取下模子，再将另一条竖向扁方管放到模子的位置上，在"铝角"的另一个方向上打孔，固定便成。一般的"铝角"每个面上打两个孔也就够了。

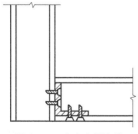

图5-10　窗扁方管连接

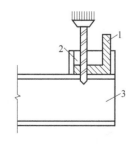

图5-11　安装前的钻孔方法
1—角码；2—模子；3—横向扁方管

上窗的铝型材在4个角处衔接固定后，再用截面尺寸为12mm×12mm的铝合金板条来固定玻璃的压条。安装压条前，先在扁方管的宽度上画出中心线，再按上窗内侧长度切割4条铝槽条。按上窗内侧高度减去两条铝合金槽截面高的尺寸，切割4条铝槽条。安装压条时，先用"自攻螺丝"把铝合金条紧固在中线外侧，然后再离出大于玻璃厚度0.5mm距离，安装内侧铝槽，但"自攻螺丝"不需要上紧，最后安装上玻璃时再进行固紧。

② 窗框连接。首先测量出在上滑道上面两条铝合金条的孔至侧边的距离和高低位置尺寸，然后按这个尺寸在窗框边封上部衔接处划线打孔，孔径在ϕ5mm左右。钻好孔后，用专用的"碰口胶垫"，放在边封的槽口内，再将M4×35mm的"自攻螺丝"，穿过边封上打出的孔和"碰口胶垫"上的孔，旋进下滑道下面的固紧槽孔内，如图5-12所示。在旋紧螺钉的同时要注意上滑道与边封对齐，各槽对正，最后再上紧螺丝，然后在边封内装毛条。

按照同样的方法先测量出下滑道下面的固紧槽孔距、侧边距离和其距上边的高低位置尺寸。然后按这3个尺寸在窗框边封下部衔接处划线打孔，孔径在5mm左右。钻好孔后，用专用的"碰口胶垫"，放在边封的槽口内，再将M4×35mm的"自攻螺丝"，穿过边封上打出的孔和"碰口胶垫"上的孔，旋进下滑道下面的固紧槽孔内，如图5-13所示。注意固定时不得将下滑道的位置装反，下滑道的滑轨面一定要与上滑道相对应才能使窗扇在上下滑道上滑动。

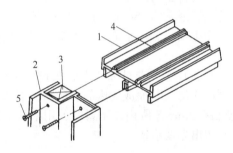

图5-12　窗框上滑部分的连接安装
1—上滑道；2—边封；3—"碰口胶垫"；
4—上滑道上的固紧槽；5—自攻螺钉

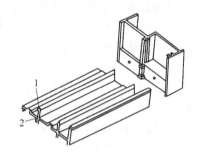

图5-13　窗框下滑部分的连接安装
1—下滑道的滑轨；2—下滑道的固紧槽孔

窗框的4个角衔接起来后，用直角尺测量并校正一下窗框的直角度，最后上紧各角上的衔接"自攻螺丝"。将校正并紧固好的窗框立放在墙边，以防止碰撞损坏。

③ 窗扇的连接。窗扇的连接按照以下步骤进行。

步骤1：在连接装拼窗扇前，要先在窗框的边框和带钩边框上、下两端处进行切口处理，以便将上、下横档插入其切口内进行固定。上端开切长51mm，下端开切长76.5mm，如图5-14所示。

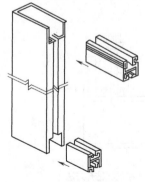

步骤2：在下横档的底槽中安装滑轮，每条下横档的两端各装一只滑轮。其安装方法如下：把铝窗滑轮放进下横档一端的底槽中，使滑轮框上有调节螺钉的一面向外，该面与下横档端头边平齐，在下横档的底槽板上划线定位，再按划线位置在下横档的底槽板上打两个直径为4.5mm的孔；然后再用滑轮配套螺丝，将滑轮固定在下横档内。

步骤3：在窗扇边框和带钩边框与下横档衔接端划线打孔。孔有3个，上下两个是连接固定孔，中间一个是留出进行调节滑轮框上调整螺丝的工艺孔。这3个孔的位置，要根据固定在下横

图5-14　窗扇的连接

档内的滑轮框上孔位置来划线，然后再打孔，并要求固定后边框下端与下横档底边平齐。边框下端固定孔的直径为4.5mm，并要用直径6mm的钻头划窝，以便固定螺钉与侧面基本齐平。工艺孔的直径为8mm左右。钻好后，再用圆锉在边框和带钩边框固定孔位置下边的中线处，用钢锉制出一个直径8mm的半圆凹槽。此半圆凹槽是为了防止边框与窗框下滑道上的滑轨相碰撞。窗扇下横档与窗扇边框的连接如图5-15所示。

需要说明，旋转滑轮上的调节螺丝，不仅能改变滑轮从下横档中外伸的高低尺寸，而且也能改变下横档内两个滑轮之间的距离。

步骤4：安装上横档的"铝角"和窗扇钩锁。其基本方法是截取两个"铝角"，将"铝角"放入横档的两头，使一个面与上横档的端头面平齐，并钻两个孔（"铝角"与上横档一并钻通），用M4"自攻螺丝"将"铝角"固定在上横档内。再在"铝角"的另一个面上（与上横档端头平齐的那个面）的中间打一个孔，根据此孔的上下左右尺寸位置，在扇的边框与带钩边框上打孔并划窝，以便螺丝将边框与上横档固定，其安装方式如图5-16所示。注意：所打的孔一定要与"自攻螺丝"相配。

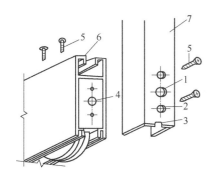

图5-15　窗扇下横档与窗扇边框的连接
1—调节滑轮；2—固定孔；3—半圆槽；4—调节螺丝；
5—滑轮固定螺丝；6—下横档；7—边框

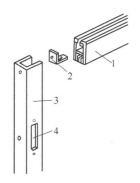

图5-16　窗扇上横档安装
1—上横档；2—角码；3—窗扇边框；4—窗锁洞

安装窗钩锁前，先要在窗扇边框开锁口，开口的一面必须是窗扇安装后，面向室内的一面。而且窗扇有左右之分，所以开口位置要特别注意不要开错，窗钩锁通常是安装于边框的中间高度处，如果窗扇高大于1.5m，装窗钩锁的位置也可以适当降低一些。开窗钩锁长条形锁口的尺寸，要根据钩锁可装入边框的尺寸来确定。

开锁口的方法是：先按钩锁可装入部分的尺寸，在边框上划线，用手电钻在划线框内的角位打孔，或在划线框内沿线打孔，再把多余的部分取下，用平锉修平即可。然后，在边框侧面再挖一个直径25mm左右的锁钩插入孔，孔的位置应正对内钩之处，最后把锁身放入长形口内。

通过侧边的锁钩插入孔，检查锁内钩是否正对圆插入孔的中线，内钩向上提起后，用手按紧锁身，再用手电钻，通过钩锁上、下两个固定螺钉孔，在窗扇边封的另一面打孔，以便用窗锁固定螺杆贯穿边框厚度来固定窗钩锁。

步骤5：上密封毛条及安装窗扇玻璃。窗扇上的密封毛条有两种：一种是长毛条；另一种是短毛条。长毛条装于上横档的顶边的槽内和下横档底边的槽内，而短毛条是装于带钩边框的槽内。另外，窗框边封的凹槽两侧也需要装短毛条。毛条与安装槽有时会出现松脱现象，可用万能胶或玻璃胶局部粘贴。在安装窗扇玻璃时，要先检查复核玻璃的尺寸。通常，玻璃尺寸长宽方向均比窗扇内侧长宽尺寸大25mm。然后，从窗扇一侧将玻璃装入窗扇内侧的槽内，并紧固连接好边框，其安装方法如图5-17所示。

最后，在玻璃与窗扇槽之间用塔形橡胶条或玻璃胶进行密封如图5-18所示。

④ 上窗与窗框的组装。先切两小块12mm的厘米板，将其放在窗框上滑的顶面，再将口字形上窗框放在上滑道的顶面，并将两者前后左右的边对正。然后，从上滑道向下打孔，把两者一并钻通，用"自攻螺丝"将上滑道与上窗框扁方管连接起来，如图5-19所示。

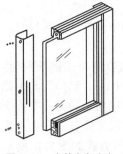

图5-17　安装窗扇玻璃

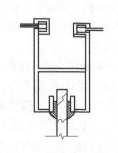

图5-18　玻璃与窗扇槽的密封

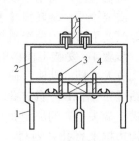

图5-19　上窗与窗框的连接
1—上滑道；2—上窗扁方管；
3—"自攻螺丝"；4—木质垫块

3）推拉窗的安装　推拉窗常安装于砖墙中，一般是先将窗框部分安装固定在砖墙洞内，再安装窗扇与上窗玻璃。

① 窗框安装。砖墙的洞口先用水泥修平整，窗洞尺寸要比铝合金窗框尺寸稍大些，一般四周各边均大25~35mm。在铝合金窗框安装"角码"或木块，在每条边上应各安装两个，"角码"需要用水泥钉钉固在窗洞墙内，如图5-20所示。

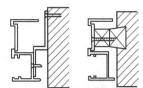

图5-20　窗框与砖墙的连接安装

对安装于墙洞中的铝合金窗框，进行水平和垂直度的校正。校正完毕后用木楔块把窗框临时固紧在窗洞中，然后用保护胶带纸把窗框周边贴好，以防止用水泥在周边塞口时造成铝合金表面损伤。该保护胶带可在周边塞口水泥工序完成及水泥砂浆固结后再撕去。

窗框周边填塞水泥砂浆时，水泥砂浆要有较大的稠度，以能用手握成团为准。水泥砂浆要填塞密实，将水泥砂浆用灰刀压入填缝中，填好后窗框周边要抹平。

② 窗扇的安装。塞口水泥砂浆固结后，撕下保护胶带纸，便可进行窗扇的安装。窗扇安装前，先检查一下窗扇上的各条密封毛条，是否有少装或脱落现象。若有脱落现象，应用玻璃胶或橡胶类胶水进行粘贴，然后用螺丝刀拧紧窗扇框侧滑轮调节螺丝，使滑轮向下横档内回缩。这样即可托起窗扇，使其顶部插入窗框的上滑槽中，使滑轮卡在下滑的滑轮轨道上，再拧紧滑轮调节螺丝，使滑轮从下横档内外伸。外伸量通常以下横档内的长毛刚好能与窗框下滑面接触为准，以便使下横档上的毛条起到较好的防尘效果，同时窗扇在轨道上也可移动顺畅。

③ 上窗玻璃安装。上窗玻璃的尺寸必须比上窗内框尺寸小5mm左右，不能安装得与内框相接触，因为玻璃在阳光的照射下会因受热而产生体积膨胀。如果安装玻璃与窗框接触，受热膨胀后往往造成玻璃开裂。

上窗玻璃的安装比较简单，安装时只要把上窗的铝压条取下一侧（内侧），安装上玻璃后，再装回窗框上，拧紧螺丝即可。

④ 窗钩锁挂钩的安装。窗钩锁的挂钩安装于窗框的边封凹槽内，如图5-21所示。挂钩的安装位置尺寸要与窗扇上

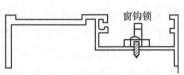

图5-21　窗钩锁挂钩的安装位置

挂钩锁洞的位置相对应。挂钩的钩平面一般可位于锁洞孔的中心线处。根据这个对应位置，在窗框边封凹槽内划线打孔。钻孔直径一般为4mm，用M5"自攻螺丝"将"锁钩"临时固紧，然后移动窗扇到窗框边封槽内，检查窗扇锁可否与"锁钩"相接锁定。如果不行，则需检查是否存在"锁钩"位置高低，或"锁钩"左右偏斜的问题，只要将"锁钩"螺丝拧松，向上或向下调整好再拧紧螺丝即可。偏斜问题则需要测量一下偏斜量，再重新打孔固定，直至能将窗扇锁定。

（5）平开窗的制作与安装　平开窗主要由窗框和窗扇组成。如果有上窗部分，可以是固定玻璃也可以是顶窗扇。但上窗部分所用材料，应与窗框所用铝合金型材相同，这一点与推拉窗上窗部分是有区别的。

平开窗根据需要也可以制成单扇、双扇、带上窗单扇、带上窗双扇、带顶窗单扇和带顶窗双扇6种形式。下面以带顶窗双扇平开窗为例介绍其制作方法。

1）窗框的制作。平开窗的上窗边框是直接取于窗的边框，所以上窗边框和窗框为同一框料，在整个窗边上部的适当位置（大约1.0m），横向加一条窗的工字料，即构成上窗的框架，而横向的工字料的以下部位，就构成了平开窗的窗框。

① 按图下料。窗框加工的尺寸应比已留好的砖墙洞小20~30mm。按照这个尺寸将窗框的宽度与高度方向材料裁切好。窗框四个角是按45°对接方式，故在裁切时四条框料的端头应裁成45°角。然后，再按窗框宽尺寸，将横向的工字料截下来。竖向工字料的尺寸，应按窗扇高度加上20mm左右榫头尺寸截取。

② 窗框连接。窗框的连接采用45°角拼接，窗框的内部插入铝角，然后每边钻两个孔，用"自攻螺丝"上紧，并注意对角要对正对平。另外一种连接方法为"撞角法"，即利用铝材较软的特点，在连接"铝角"的表面冲压或几个较深的毛刺。因为所用的"铝角"是采用专用型材，"铝角"的长度又按窗框内腔宽度裁割，能使其几何形状与窗框内腔相吻合，故能使窗框和"铝角"挤紧，进而使窗框对角处连接。

横向的工字料连接，一般采用榫接方法。榫接方法有两种：一种是平榫肩方式；另一种是斜角榫肩方式。这两种榫结构均是在竖向的窗中间的工字料上做榫，在横向的工字料上做榫眼，如图5-22所示。

横向的工字料与竖向工字料在连接前，先在横向的工字料长度中间处开一个长条形榫眼孔，其长度为20mm左右，宽度略大于工字料的壁厚。如果是斜角榫肩结合，需要在榫眼所对的工字料上横档和下横档的一侧开裁出90°角的缺口，如图5-23所示。

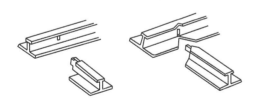

图5-22　横向工字的连接

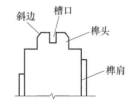

图5-23　竖向的工字料凸字形榫头做法

竖向的工字料的端头应先裁出凸字形榫头，榫头长度为8~10mm，宽度比榫眼长度大0.5~1.0mm范围内，并在凸字榫头两侧倒出一点斜口，在榫头顶端中间开一个5mm深的槽口。然后，再裁切出与横向的工字料上相对的榫肩部分，并用细锉将榫肩修理平整。需要注意的是，榫头、榫肩、榫眼3者间的尺寸应准确，加工要细致。

榫头、榫眼部分加工完毕后，将榫头插进榫眼，把榫头的伸出部分，以开槽口为界分别向两个方向拧歪，使榫头结构部分锁紧，将横向工字形窗料与竖向工字形窗料连接起来。

横向的工字料与窗边框的连接，同样也用榫接方法，其做法与前述相同。但在榫接时，是以横向的工字料两端为榫头，窗框料上做榫眼。

在窗框料上所有榫头、榫眼加工完毕后，先将窗框料上的密封胶条上好，再进行窗框的组装连接，最后在各对口处上玻璃胶进行封口。

2）平开窗扇的制作。制作平开窗扇的型材有：窗扇框、窗玻璃压条和连接铝角3种。

① 按图下料。下料前，先在型材上按图纸尺寸划线。窗扇横向框料尺寸，要按窗框中心竖向工字型料中间至窗扇边框料外边的宽度尺寸来切割。窗扇竖向框料要按窗框上部横向的工字型料中间至窗框边框料外边的高度尺寸来切割，使得窗扇组装后，其侧边的密封胶条能压在窗框架的外边。

横、竖窗扇料切割下来后，还要将两端再切成45°角的斜口，并用细锉修正飞边和毛刺。连接"铝角"是用比窗框"铝角"小一些的窗扇"铝角"，其裁切方法与窗框"铝角"相同。窗的压线条板应按窗框尺寸裁割，端头也切成45°的角，并整修好切口。

② 窗扇连接。窗扇连接主要是将窗扇框料连接一个整体。连接前，需将密封胶条植入槽内。连接时的"铝角"安装方法有两种：一种是"自攻螺丝"固定法；另一种是撞角法。其具体方法与窗框"铝角"安装方法相同。

3）安装固定窗框

① 安装平开窗的砖墙窗洞，首先用水泥砂浆修平，窗洞尺寸大于铝合金平开窗框30mm左右。然后，在铝合金平开窗框的四周安装镀锌锚固板，每边至少两边，应根据其长度和宽度确定。

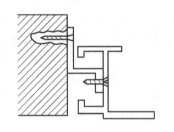

图5-24　平开窗框与墙身的固定

② 对装入窗洞中的铝合金窗框，进行水平度和垂直度的校正，并用木楔块把窗框临时固紧在墙的窗洞中，再用水泥钉将锚固板固定在窗洞的墙边，如图5-24所示。

③ 铝合金窗框边贴好保护胶带纸，然后再进行周边水泥浆塞口和修平，待水泥浆固结后再撕去保护胶带纸。

4）平开窗的组装。平开窗组装的内容有上窗安装、窗扇安装、装窗扇拉手、安装玻璃、装执手和风撑。

① 上窗安装。如果上窗是固定的，可将玻璃直接安放在窗框的横向工字形铝合金上，然后用玻璃压线条固定玻璃，并用塔形橡胶条或玻璃胶进行密封。如果上窗是可以开启的一扇窗，可按窗扇的安装方法先装好窗扇，再在上窗的窗顶部安装两个铰链，下部安装一个"风撑"和一个拉手即可。

② 安装执手和"风撑"基座。执手是用于将窗扇关闭时的扣紧装置，"风撑"则是起到窗扇的铰链和决定窗扇开闭角度的重要配件，"风撑"有90°和60°两种规格。

执手的把柄装在窗框中间竖向工字形铝合金料的室内一侧，两扇窗需要安装两个执手。执手的安装位置尺寸一般在窗扇高度的中间位置。执手与窗框竖向工字料的连接用螺丝固定。与执手相配的扣件装于窗扇的侧边，扣件用螺丝与窗扇框固定。在扣紧窗扇时，执手连动杆上的钩头，可将安装在窗扇框边的相应位置上的扣件钩住，窗扇便能扣紧锁住。有的窗扇高度大于1.0m时也可以安装两个执手。

"风撑"的基座装于窗框架上，使"风撑"藏在窗框架和窗扇框架之间的空位中，"风撑"基底用"抽芯铝铆钉"与窗框的内边固定，每个窗扇的上、下边都需装一只风撑，所以与窗扇对应窗框上、下都要装好风撑。安装"风撑"的操作应在窗框架连接后，即在窗框架与墙面窗洞安装前进行。

在安装"风撑"基座时，先将基座放在窗框下边靠墙的角位上，用手电钻通过"风撑"基座上的固定孔洞在窗框上按要求钻孔，再用与"风撑"基座固定孔洞相同直径的"铝抽芯铆钉"，将"风撑"基座进行固定。

图5-25 窗扇与"风撑"的连接安装

③ 窗扇与"风撑"连接。窗扇与"风撑"连接有两点：一处是与"风撑"的小滑块；另一处是"风撑"的支杆。这两点又是定位在一个连杆上，与窗扇框连接固定。该连杆与窗扇固定时，先移动连杆，使风撑开启到最大位置，然后将窗扇框与连杆固定。"风撑"安装后，窗扇的开启位置如图5-25所示。

④ 安装拉手及玻璃。拉手是安装在窗扇框的竖向边框中部，窗扇关闭后拉手的位置与执手靠近。装拉手前先在窗扇竖向边框中部，用锉刀或铣刀把边框上压线条的槽锉一个缺口，再把装在该处的玻璃压线条切一个缺口，缺口大小按拉手尺寸而定。然后，钻孔用"自攻螺丝"将把手固定在窗扇边框上。

玻璃的尺寸应小于窗扇框内边尺寸15mm左右，将切割好的玻璃放入窗扇框内边，并马上把玻璃压线条装卡到窗扇框内边的卡槽上。然后，在玻璃的内边缘处各压入一周边的塔形密封橡胶条。

在平开窗的安装工作中，最主要的是掌握好斜角对口的安装。斜角对口要求尺寸、角度准确，加工细致。如果在窗框、扇框连接后，仍然有些角位对口不密合，可用与铝合金相同色的玻璃胶补缝。

平开窗与墙面窗洞的安装，有先装窗框架，再安装窗扇的方法，也有的先将整个平开窗完全装配好之后，再与墙面窗洞安装。具体采用哪种方法可根据不同情况而确定。一般大批量的安装制作时，可用前一种方法；少量的安装制作可用后一种方法。

二、钢质门窗的制作与安装

根据现行国家标准《钢门窗》（GB/T 20909—2017）中的规定，钢门系指用钢质型材或板材制作门框、门扇或门扇骨架结构的门；钢窗系指用钢质型材、板材（或以钢质型材、板材为主）制作窗框、窗扇结构的窗。

（一）钢门窗材料的要求

（1）各种门窗用材料应符合现行国家标准、行业标准的有关规定，其具体要求可参见《钢门窗》（GB/T 20909—2017）中的附录A。

（2）钢门窗的型材和板材

① 钢门窗所用的型材应符合下列规定：a.彩色涂层钢板门窗型材应符合《彩色涂层钢板及钢带》（GB/T 12754—2019）和《建筑用钢门窗型材》（JG/T 115—2018）的规定；b.使用碳素结构钢冷轧钢带制作的钢门窗型材，材质应符合《优质碳素结构钢冷轧钢板和钢带》（GB/T 13237—2013）的规定，型材壁厚不应小于1.2mm；c.使用镀锌钢带制作的钢门窗型材材质应符合《连续热镀锌和锌合金镀层钢板及钢带》（GB/T 2518—2019）

的规定，型材壁厚不应小于1.2mm；d.不锈钢门窗型材应符合《建筑用钢门窗型材》（JG/T 115—2018）的规定。

② 使用板材制作的门，门框板材厚度不应小于1.5mm，门扇面板厚度不应小于0.6mm，具有防盗、防火等要求的，应符合相关标准的规定。

（3）钢门窗对所用玻璃的要求 钢门窗应根据功能要求选用玻璃。玻璃的厚度、面积等应经过计算确定，计算方法按《建筑玻璃应用技术规程》（JGJ 113—2015）中的规定。

（4）钢门窗对所用五金件、附件和紧固件的要求 钢门窗所用的启闭五金件、连接插接件、紧固件、加强板等配件，应按功能要求选用。配件的材料性能应与门窗的要求相适应。

（二）钢门窗的施工工艺

1. 施工准备工作

（1）技术准备 在钢门窗正式施工前，应仔细熟悉施工图纸，依据施工技术交底和安全交底做好各方面的技术准备工作。

（2）材料准备 ①应选用厂家生产的合格的钢门窗，型号品种符合设计要求；②水泥应选用32.5级以上普通硅酸盐水泥，砂子应选洁净坚硬的中砂或粗砂；③按照设计要求选择玻璃和油灰；④选择符合设计要求的电焊条。

进场前应先对钢门窗进行验收，不合格的不准进场。运到现场的钢门窗应分类堆放，不能参差挤压，以免变形。堆放场地应干燥，并有防雨、排水措施。运时轻拿轻放，严禁扔摔。

（3）机具准备 钢门窗施工中所用的机具主要有电钻、电焊机、手锤、螺丝刀、活扳手、钢卷尺、水平尺、线坠等。应根据施工进度和施工人员安排，准备相应数量的施工机具。

2. 施工作业条件

（1）主体结构经有关质量部门验收合格，达到安装条件。工种之间已办好交接手续。

（2）弹好室内+50cm水平线，并按建筑平面图中所示尺寸弹好门窗中线。

（3）检查钢筋混凝土过梁上连接和固定钢门窗用的预埋铁件数量、位置是否正确，对于预埋数量和位置不正确者，按照钢门窗安装要求补齐全和正确。

（4）检查埋置钢门窗铁脚的预留孔洞是否正确，门窗洞口的高、宽尺寸是否合适。未留或留的不准的孔洞应校正后剔凿好，并将其清理干净。

（5）检查钢门窗，对由于运输、堆放不当而导致门窗框扇出现的变形、脱焊和翘曲等，应进行校正和修理。对表面处理后需要补焊的，焊后必须刷防锈漆。

（6）对组合钢门窗，应先做出试拼装样板，经有关部门鉴定合格后，再正式大量组装。

3. 主要施工工艺

钢门窗的施工工艺流程为：划线定位→钢门窗就位→钢门窗固定→五金配件安装。

（1）划线定位 钢门窗的划线定位可按以下方法和要求进行。

① 图纸中门窗的安装位置、尺寸和标高，以门窗中线为准向两边量出门窗边线。如果工程为多层或高层时，以顶层门窗安装位置线为准，用线坠或经纬仪将顶层分出的门窗边线标划到各楼层相应位置。

② 从各楼层室内+50cm水平线量出门窗的水平安装线。

③ 依据门窗的边线和水平安装线，做好各楼层门窗的安装标记。

（2）钢门窗就位 钢门窗的就位可按以下方法和要求进行。

① 按图纸中要求的型号、规格及开启方向等，将所需要的钢门窗搬运到安装地点，并

垫靠稳当。

② 将钢门窗立于图纸要求的安装位置，用木楔临时固定，将其铁脚插入预留孔中，然后根据门窗边线、水平线及距离外墙皮的尺寸进行支垫，并用托线板靠紧吊垂直。

③ 钢门窗就位时，应保证钢门窗上框距过梁要有20mm缝隙，框的左右缝隙宽度应一致，距离外墙皮尺寸符合图纸要求。

（3）钢门窗固定　钢门窗的固定可按以下方法和要求进行。

① 钢门窗就位后，校正其水平和正、侧面垂直，然后将上框铁脚与过梁预埋件焊牢，将框两侧铁脚插入须留孔内，用水把预留孔内湿润，用1∶2较硬的水泥砂浆或C20细石混凝土将其填实后抹平。终凝前不得碰动框扇。

② 3d后取出四周木楔，用1∶2水泥砂浆把框与墙之间的缝隙填实，与框的平面抹平。

③ 若为钢大门时，应将合页焊到墙中的预埋件上。要求每侧预埋件必须在同一垂直线上，两侧对应的预埋件必须在同一水平位置上。

（4）五金配件的安装　五金配件的安装可按以下方法和要求进行。

① 检查窗扇开启是否灵活，关闭是否严密，如有问题必须调整后再安装。

② 在开关零件的螺孔处配置合适的螺钉，将螺钉拧紧。当螺丝拧不进去时，检查孔内是否有多余物。若有多余物，将其别除后再拧紧螺丝。当螺钉与螺孔位置不吻合时，可略挪动位置，重新攻丝后再安装。

③ 钢门锁的安装，应按说明书及施工图要求进行，安装完毕后锁的开关应非常灵活。

三、涂色镀锌钢板门窗的安装

涂色镀锌钢板门窗，又称彩板钢门窗、镀锌彩板门窗，是一种新型的金属门窗。涂色镀锌钢板门窗是以涂色镀锌钢板和4mm厚平板玻璃或双层中空玻璃为主要材料，经过机械加工而制成的，色彩有红色、绿色、乳白、棕、蓝等。其门窗四角用插接件插接，玻璃与门窗交接处以及门窗框与门窗扇之间的缝隙，全部用橡皮密封条和密封胶密封。

涂色镀锌钢板门窗具有质量轻、强度高、采光面积大、防尘、防水、隔声、保温、密封性能好、造型美观、色彩鲜艳、质感均匀柔和、装饰性好、耐腐蚀等特点。使用过程中不需任何保养，解决了普通钢门窗耗料多、易腐蚀、隔声、密封、保温性能差等缺陷。

涂色镀锌钢板门窗适用于商店、超级市场、试验室、教学楼、高级宾馆、影剧院及民用住宅高级建筑的门窗工程。

（一）涂色镀锌钢板门窗的施工准备

1. 涂色镀锌钢板门窗对材料要求

（1）型材原材料应为建筑门窗外用涂色镀锌钢板，涂膜材料为外用聚酯，基材类型为镀锌平整钢带，其技术性能要求应符合《彩色涂层钢板及钢带》（GB/T 12754—2019）和《建筑用钢门窗型材》（JG/T 115—2018）中的有关规定。

（2）涂色镀锌钢板门窗所用的五金配件应当与门窗的型号相匹配，并应采用五金喷塑铰链。

（3）涂色镀锌钢板门窗密封采用橡胶密封胶条，断面尺寸和形状均应符合设计要求。门窗的橡胶密封胶条安装后，接头要严密，表面要平整，玻璃密封条不存在咬边缘的现象。

（4）涂色镀锌钢板门窗表面漆膜坚固、均匀、光滑，经盐雾试验480h无起泡和锈蚀现象。相邻构件漆膜不应有明显色差。

（5）涂色镀锌钢板门窗的外形尺寸允许偏差，应符合表5-23中的规定。

表5-23　涂色镀锌钢板门窗的外形尺寸允许偏差

| 项目 | 门窗等级 | 允许偏差/mm | | 项目 | 门窗等级 | 允许偏差/mm | |
		≤1500mm	>1500mm			≤2000mm	>2000mm
宽度B和高度H	Ⅰ	+2.0，-1.0	+3.0，-1.0	对角线长度L	Ⅰ	≤4	≤5
	Ⅱ	+2.5，-1.0	+3.5，-1.0		Ⅱ	≤5	≤6
搭接量		≥8				≥6且<8	
等级	Ⅰ		Ⅱ		Ⅰ		Ⅱ
允许偏差/mm	±2.0		±3.0		±1.5		±2.5

（6）涂色镀锌钢板门窗的连接与外观应满足下列要求。

① 门窗框、扇四角处交角的缝隙不应大于0.5mm，平开门窗缝隙处应用密封膏密封严密，不应出现透光现象。

② 门窗框、扇四角处交角同一平面高低差不应大于0.3mm。

③ 门窗框、扇四角组装应牢固，不应有松动、锤击痕迹、破裂及加工变形等缺陷。

④ 门窗的各种零附件位置应准确，安装应牢固；门窗启闭灵活，不应有阻滞、回弹等缺陷，并应满足使用功能要求。平开窗的分格尺寸允许偏差为±2mm。

⑤ 门窗装饰表面涂层不应有明显脱漆、裂纹，每樘门窗装饰表面局部擦伤、划伤等级应符合表5-24中的规定，并对所有缺陷进行修补。

表5-24　每樘门窗装饰表面局部擦伤、划伤等级

| 项目 | 等级 | | 项目 | 等级 | |
	Ⅰ	Ⅱ		Ⅰ	Ⅱ
擦伤划伤深度	不大于面漆厚度	不大于底漆厚度	每处擦伤面积/mm²	≤100	≤150
擦伤总面积/mm²	≤500	≤1000	划伤总长度/mm	≤100	≤150

（7）涂色镀锌钢板门窗的抗风压性能、空气渗透性能和雨水渗透性能，应按照现行国家标准《建筑外门窗气密、水密、抗风压性能检测方法》（GB/T 7106—2019）中规定的方法测定，其性能应符合表5-25和表5-26中的规定。

表5-25　涂色镀锌钢板窗的抗风压性能、空气渗透性能和雨水渗透性能

开启方式	等级	抗风压性能/Pa	空气渗透性能/[m³/(m²·h)]	雨水渗透性能/Pa
平开	Ⅰ	≥3000	≤0.5	≥350
	Ⅱ	≥2000	≤1.5	≥250
推拉	Ⅰ	≥2000	≤1.5	≥250
	Ⅱ	≥1500	≤2.5	≥150

表5-26　涂色镀锌钢板门的抗风压性能、空气渗透性能和雨水渗透性能

开启方式	等级	抗风压性能/Pa	空气渗透性能/[m³/(m²·h)]	雨水渗透性能/Pa
平开	Ⅰ	≥3500	≤0.5	≥500
	Ⅱ	≥3000	≤1.5	≥350
	Ⅲ	≥2500	≤2.5	≥250

（8）涂色镀锌钢板外窗的保温性能，应按照现行国家标准《建筑外门窗保温性能检测方

法》（GB/T 8484—2020）中规定的方法测定，分级值应符合表5-27中的规定。凡传热阻$R_0 \geq$ 0.25m²·K/W者为保温窗。

表5-27 涂色镀锌钢板外窗的外窗保温性能分级值 单位：m²·K/W

等级	I	II	III
传热阻R_0	≥0.500	≥0.333	≥0.250

（9）涂色镀锌钢板外门的保温性能，应按照现行国家标准《建筑外窗保温性能分级及检测方法》（GB/T 8484—2008）中规定的方法测定，分级值应符合表5-28中的规定。

表5-28 涂色镀锌钢板外门保温性能分级值

等级	传热系数K/(W/m²·K)	等级	传热系数K/(W/m²·K)
I	≤1.50	IV	>3.60且≤4.80
II	>1.50且≤2.50	V	>4.80且≤6.20
III	>2.50且≤3.60	—	—

（10）涂色镀锌钢板门窗所用焊条的型号和规格，应根据施焊铁件的材质和厚度确定，并应有产品出厂合格证。

（11）建筑密封膏或密封胶以及嵌缝材料，其品种、性能应符合设计和现行国家或行业标准的规定。

（12）水泥采用32.5级以上的普通硅酸盐水泥或矿渣硅酸盐水泥，进场时应有材料合格证明文件，并应进行现场取样检测。砂子应选用干净的中砂，含泥量不得大于3%，并用5mm的方孔筛子过筛备用。

（13）安装用的膨胀螺栓或射钉、塑料垫片、自攻螺钉等，应当符合设计和有关现行标准的规定。

2. 涂色镀锌钢板门窗的施工机具

涂色镀锌钢板门窗在安装过程中所用的施工机具如表5-29所列。

表5-29 涂色镀锌钢板门窗在安装过程中所用的施工机具

序号	工机具名称	规格	序号	工机具名称	规格	序号	工机具名称	规格
1	水准仪	DS1	7	电锤	ZIC-22型	13	粉线包	—
2	托线板	2m	8	线坠	—	14	塞尺	—
3	水平尺	1m	9	扳手	—	15	钢直尺	—
4	铝合金检测尺	2m	10	手锤	—	16	电焊机	BX-200
5	钢卷尺	5m	11	螺丝刀	—	17	扁铲	—
6	电钻	直径4~6mm	12	射钉枪	SDT-A301	18	毛刷	—

（二）涂色镀锌钢板门窗的作业条件

（1）安装涂色镀锌钢板门窗的主体结构施工完毕并通过验收，或者多层、高层建筑物按预定计划分层（段）验收，分层（段）可以投入安装。

（2）对照施工图纸，门窗洞口的位置、标高、尺寸及预埋件或预留洞，经过逐一、全面地检查验收，且检查中发现的问题已妥善处理，并且已办理工种或工序之间的交验手续。

（3）涂色镀锌钢板门窗经过进场验收，数量、规格、型号、外观质量、材质合格证明文件，均符合施工图、标准图、相关标准和质量验收规范的要求。

（4）实施监理的门窗工程，涂色镀锌钢板门窗的进场报验工作、安装方案和报验审批工作已完成。

（5）门窗施工中的现场质量管理体系已建立，并且已开始对施工环节实施监控。

（6）涂色镀锌钢板门窗施工中所用的脚手架、安全网等安全防护设施，已经过复检验收，能够满足安全施工的要求。

（7）涂色镀锌钢板门窗安装的主要作业人员，必须有3项以上同类型工程分项工程成功作业的经历。机运工、电工和某些特殊工种必须持证上岗，其他人员应当经过安全、质量、技能等方面的培训，能满足作业的各项要求。

（三）涂色镀锌钢板门窗的施工工艺

1. 涂色镀锌钢板门窗的工艺流程

涂色镀锌钢板门窗的工艺流程为：涂色镀锌钢板门窗进场验收→门窗洞口尺寸、位置、预埋件核查与验收→弹出门窗安装线→门窗就位、找平、找直、找方正→连接并固定门窗→塞缝密封→清理、验收。

2. 涂色镀锌钢板门窗的施工工艺

（1）门窗洞口尺寸、位置、预埋件核查

① 涂色镀锌钢板门窗分为带副框门窗和不带副框门窗。一般当室外为饰面板面层装饰时，需要安装副框。室外墙面为普通抹灰和涂料罩面时，采用直接与墙体固定的方法，可以不安装副框。

② 对于带副框的门窗应在洞口抹灰前将副框安装就位，并与预埋件连接固定。

③ 对于不带副框的门窗，一般是先进行洞口抹灰，抹灰完成并具有一定的强度后，再用冲击钻打孔，用膨胀螺栓将门窗框与洞口墙体固定。

④ 带副框门窗与不带副框门窗对洞口条件的要求是不同的：带副框门窗应根据到现场门窗的副框实际尺寸及连接位置，核查洞口尺寸和预埋件的位置及数量；而对于不带副框门窗，洞口抹灰后预留的净空尺寸必须准确。所以要求必须待门窗进场后测量其实际尺寸，并按此实际尺寸对洞口弹安装线后，方可进行洞口的先行抹灰。

（2）弹出门窗的安装线

① 先在顶层找出门窗的边线，用2kg重的线锤将门窗的边线引到楼房各层，并在每层门窗口处划线、标注，对个别不直的洞口边要进行处理。

② 高层建筑应根据层数的具体情况，可利用经纬仪引垂直线。

③ 门窗洞口的标高尺寸，应以楼层+500mm水平线为准向上进行量测，找出窗下皮的安装标高及门洞顶标高位置。

（3）门窗安装就位

① 对照施工图纸上各门窗洞口位置及门窗编号，将准备安装的门窗运至安装位置洞口处，注意核对门窗的规格、类型、开启方向。

② 对于带副框的门窗，安装分两步进行：a.在洞口及外墙做装饰面打底面，将副框安装好；b.待外墙面及洞口的饰面完工并清理干净后，再安装门窗的外框和扇。

（4）带副框门窗安装

① 按门窗图纸尺寸在工厂组装好副框，按安装顺序运至施工现场，用M5×12的"自攻螺栓"将连接件铆固在副框上。

② 将副框安装于洞口并与安装位置线齐平，用木楔进行临时固定，然后校正副框的正、侧面垂直度及对角线长度无误后将其用木楔固定牢固。

③ 经过再次校核准确无误后，将副框的连接件，逐个采用电焊方法焊牢在门窗洞口的

预埋铁件上。

④ 副框的固定作业完成后，填塞密封副框的四周缝隙，并及时将副框四周清理干净。

⑤ 在副框与门窗外框接触的顶面、侧面贴上密封胶条，将门窗装入副框内，适当进行调整后，用M5×12的"自攻螺栓"将门窗外框与副框连接牢固，并扣上孔盖；在安装推拉窗时，还应调整好滑块。

⑥ 副框与外框、外框与门窗之间的缝隙，应用密封胶充填密实。最后揭去型材表面的保护膜层，并将表面清理干净。

（5）不带副框门窗安装

① 根据到场门窗的实际尺寸，进行规方、找平、找方正洞口。要求洞口抹灰后的尺寸尽可能准确，其偏差控制在允许范围内。

② 按照设计图的位置，在洞口侧壁弹出门窗安装位置线。

③ 按照门窗外框上膨胀螺栓的位置，在洞口相应位置的墙体上钻安装膨胀螺栓的孔。

④ 将门窗安装在洞口的安装线上，调整门窗的垂直度、标高及对角线长度合格后用木楔临时固定。

⑤ 经检查门窗的位置、垂直度、标高等无误后用膨胀螺栓将门窗与洞口固定，然后盖上螺钉盖。

门窗与洞口之间的缝隙，按设计要求的材料进行充填密封，表面用建筑密封胶密封。最后揭去型材表面的保护膜层，并将表面清理干净。

（四）涂色镀锌钢板门窗的施工要点

涂色镀锌钢板门窗按照其结构组成不同，又可分为带副框涂色镀锌钢板门窗和不带副框涂色镀锌钢板门窗两类，它们在施工中的操作要点也不同。

1. 带副框涂色镀锌钢板门窗的施工要点

（1）要按照设计确定的固定点位置，用自攻螺钉将连接件固定在钢板门窗的副框上。

（2）将已固定好连接件的副框塞入门窗洞口内，根据已经弹出的安装线，使副框大致就位，用对拔木楔初步加以固定。

（3）认真校正副框的垂直度、水平度和对角线，并用对拔木楔将其固定牢。

（4）将副框上的连接件与门窗洞口上的预埋件逐个焊接牢固。当门窗洞口中没有设置预埋件时，可采用射钉或膨胀螺栓进行固定。带副框涂色镀锌钢板门窗的安装节点示意如图5-26所示。

（5）进行室内外墙面及门窗洞口侧面抹灰或粘贴装饰面层。在副框的两侧应留出槽口，待其干透后注入密封膏封严。

（6）室内外墙面及门窗洞口的抹灰干燥后，先在副框与门窗外框接触的两个侧面及顶面上粘贴密封条，再将门窗外框放入副框内，进行校正和调整，并用自攻螺钉将门窗外框与副框固定，然后盖上塑料螺钉盖。

（7）为防止因密封不严密而出现透风和渗水，应用建筑密封膏将门窗外框与副框之间的缝隙加以封严。

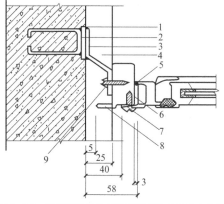

图5-26　带副框涂色镀锌钢板门窗的安装节点示意
（单位：mm）

1—预埋铁板；2—预埋件直径10mm的圆钢；3—连接件；4—水泥砂浆；5—密封膏；6—垫片；7—自攻螺钉；8—副框；9—自攻螺钉

（8）在建筑工程验收完毕交工前，揭去门窗表面上的保护膜，擦拭干净门窗框扇、玻璃、洞口及窗台上的灰尘和污物。

2. 不带副框涂色镀锌钢板门窗施工要点

（1）不带副框涂色镀锌钢板门窗，一般宜在室内外及门窗洞口粉刷完毕后进行。

（2）按照门窗外框上膨胀螺栓的位置，在洞口内相应的墙体上钻出各个膨胀螺栓的孔，为安装不带副框涂色镀锌钢板门窗做好准备工作。

（3）将门窗樘装入洞口内的安装位置线上，并认真调整其垂直度、水平度、对角线及进深位置，然后用对拔木楔塞紧。

（4）膨胀螺栓插入门窗外框及洞口上钻出的孔洞内，拧紧膨胀螺栓，将门窗外框与洞口墙体牢固固定。不带副框涂色镀锌钢板门窗的安装节点示意如图5-27所示。

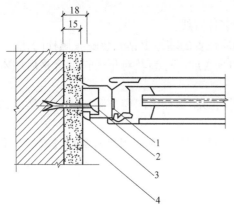

图5-27　不带副框涂色镀锌钢板门窗的安装节点示意（单位：mm）

1—塑料盖；2—膨胀螺钉；3—密封膏；4—水泥砂浆

（5）为防止因密封不严密而出现透风和渗水，应用建筑密封膏将门窗外框与副框之间的缝隙加以封严。

（6）在建筑工程验收完毕交工前，揭去门窗表面上的保护膜，擦拭干净门窗框扇、玻璃、洞口及窗台上的灰尘和污物。

四、金属门窗成品保护和环保

（一）金属门窗成品保护措施

（1）金属门窗运输和搬运时要轻拿轻放，并采取可靠的保护措施，避免出现碰撞和摔压，防止门窗损坏变形。铝合金门窗运输时应妥善捆扎，樘与樘之间用非金属软质材料隔垫开。

（2）门窗进场后，应按规格、型号分类堆放，底层应垫平、垫高，露天堆放应用塑料布遮盖好，不得乱堆乱放，防止钢门窗变形和生锈。铝合金门窗进场后，应在室内竖直排放，产品不得接触地面，底部用枕木垫平，一般应高于地面100mm以上，严禁与酸碱材料一起存放，室内应清洁、干燥、通风。

（3）严禁以门窗为支点，在门窗框和窗扇上支承各类架板，防止门窗移位和变形。铝合金门窗框定位后，不得撕掉保护胶带或包扎布。在填嵌缝隙需要撕掉时，切不可用刀等硬物刮撕，以免划伤铝合金门窗的表面。

（4）在拆除脚手架时，应注意将开启的门窗关好后再进行操作，防止碰坏金属门窗。

（5）在进行焊接作业时，应采取必要的防护措施，防止电焊火花损坏周围的门窗型材、玻璃等材料。

（6）严格禁止施工人员踩踏门窗，不得在门窗框架上悬挂重物，经过出入的门洞口处，应及时用木板将门框保护好，严禁擦碰门窗产品，防止门窗变形损坏。

（7）墙体粉刷完毕后，应及时清除残留在金属门窗框、扇上的砂浆，并彻底清理干净。

（二）金属门窗安全环保措施

（1）施工人员进入施工现场必须佩戴安全帽，穿防滑的工作鞋，严禁穿拖鞋或光脚。

（2）进行室外高空作业时必须设置安全网、防护栏等防护措施，同时必要系好安全带。

（3）焊接机具的使用要符合《施工现场临时用电安全技术规范》（JGJ 46—2005）中的规定，并应注意电焊火花的防火安全。电动螺丝刀、手电钻、冲击钻、曲线锯等必须选用二类手持式电动工具，严格遵守现行国家标准《手持式电动工具的管理、使用、检查和维修安全技术规程》（GB/T 3787—2017）中的有关规定。

（4）使用射钉枪的操作人员应进行培训，严格按规定程序操作，严禁枪口对人。射钉弹要按有关爆炸和危险物品的规定进行搬运、储存和使用，存放环境要整洁、干燥、通风良好，温度不高于40℃，不得碰撞、用火烘烤或高温加热射钉弹，出现的哑弹不得随地乱扔。

（5）在使用射钉枪时，墙体必须稳固、坚实，并具有承受射击冲力的刚度。在薄墙和轻质墙上射钉时，墙体的另一面不得有人，以防止射穿后伤人。

（6）铝合金门窗和钢门窗的加工场地，必须用隔声效果比较好的材料进行封闭围护，以免影响周围居民的正常生活和休息。

（7）钢门窗现场进行油漆时应注意保持室内空气流通，并控制空气中甲醛的含量。

（8）钢门窗安装应尽量避免在夜间进行焊接作业；如果必须在夜间进行焊接作业，则应采取可靠的围护措施，特别应注意避免火灾的发生。

第四节　塑料门窗施工工艺

塑料门窗是以聚氯乙烯或其他树脂为主要原料，以轻质碳酸钙为填料，添加适量助剂和改性剂，经过双螺杆挤压机挤压成型的各种截面的空腹门窗异型材，再根据不同的品种规格选用不同截面异型材组装而成。

塑料门窗是目前最具有气密性、水密性、耐腐蚀性、隔热保温、隔声、耐低温、阻燃、电绝缘性、造型美观等优异综合性能的门窗制品。另外，塑料本身的耐腐蚀性和耐潮湿性优异，在化工建筑、地下工程、卫生间及浴室内都能使用，是一种应用十分广泛的建筑节能产品。按照材质不同，可分为PVC塑料门窗和玻璃纤维增强塑料（玻璃钢）门窗。

一、塑料门窗性能和材料

（一）塑料门窗性能要求

1. 塑料门的性能要求

（1）塑料门的外观　塑料门的表面应平滑，颜色应基本均匀一致，无裂纹、无气泡，焊缝处平整，不得有影响使用的伤痕、杂质等缺陷。

（2）塑料门的力学性能

① 平开塑料门的力学性能。平开塑料门的力学性能主要包括开关力、悬臂端吊重、翘曲、开关疲劳、大力关闭、角强度、软物的冲击、硬物的冲击等，应符合表5-30中的要求。

表5-30　平开塑料门的力学性能

项目	技术要求
开关力	不大于80N
悬臂端吊重	在500N力作用下,残余变形不大于2mm,试件不损坏,仍保持使用功能
翘曲	在300N力作用下,允许有不影响使用的残余变形,试件不损坏,仍保持使用功能

项目	技术要求
开关疲劳	经不少于10000次的开关试验,试件及五金件不损坏,固定处及玻璃压条等不松脱,试验后无损坏,启闭功能正常
大力关闭	经模拟7级风开关10次,试件不损坏,仍保持开关功能
角强度	平均值不低于3000N,最小值不低于平均值的70%
软物的冲击	无破损,开关功能正常
硬物的冲击	试验后无损坏

注：全玻璃门不检测软、硬物体的冲击性能。

② 推拉塑料门的力学性能。推拉塑料门的力学性能主要包括开关力、弯曲、扭曲、对角线变形、开关疲劳、角强度、软物的冲击、硬物的冲击等，应符合表5-31中的要求。

表5-31　推拉塑料门的力学性能

项目	技术要求
开关力	不大于80N
弯曲	在300N力作用下,允许有不影响使用的残余变形,试件不损坏,仍保持使用功能
扭曲	在200N力作用下,试件不损坏,允许有不影响使用的残余变形
对角线变形	在200N力作用下,试件不损坏,允许有不影响使用的残余变形
开关疲劳	经不少于10000次的开关试验,试件及五金件不损坏,固定处及玻璃压条等不松脱,试验后无损坏,启闭功能正常
角强度	平均值不低于3000N,最小值不低于平均值的70%
软物的冲击	无破损,开关功能正常
硬物的冲击	试验后无损坏

注：1.无凸出把手的推拉门不做扭曲试验；2.全玻璃门不检测软、硬物体的冲击性能。

2. 塑料窗的性能要求

（1）塑料窗的外观　塑料窗的表面应平滑，颜色应基本均匀一致，无裂纹、无气泡，焊缝处平整，不得有影响使用的伤痕、杂质等缺陷。

（2）塑料窗的力学性能

① 平开塑料窗的力学性能。平开塑料窗锁紧器（执手）的开关力、窗的开关力、悬臂端吊重、翘曲、开关疲劳、大力关闭、角强度及窗支撑试验等应符合表5-32中的要求。

表5-32　平开塑料窗的力学性能

项目	技术要求			
锁紧器(执手)的开关力	不大于100N(力矩不大于10N·m)			
开关力	平铰链	不大于80N	滑撑铰链	不小于30N,且不大于80N
悬臂端吊重	在500N力作用下,残余变形不大于2mm,试件不损坏,仍保持使用功能			
翘曲	在300N力作用下,允许有不影响使用的残余变形,试件不损坏,仍保持使用功能			
开关疲劳	经不少于10000次的开关试验,试件及五金件不损坏,固定处及玻璃压条等不松脱,试验后无损坏,启闭功能正常			
大力关闭	经模拟7级风开关10次,试件不损坏,仍保持开关功能			
角强度	平均值不低于3000N,最小值不低于平均值的70%			
窗支撑试验	在200N力作用下,不允许位移,连接处型材不破裂			

② 推拉塑料窗的力学性能。推拉塑料窗的开关力、弯曲、扭曲、对角线变形、开关疲劳、角强度等应符合表5-33中的要求。

表5-33　推拉塑料窗的力学性能

项目	技术要求
开关力	不大于100N
弯曲	在300N力作用下,允许有不影响使用的残余变形,试件不损坏,仍保持使用功能
扭曲	在200N力作用下,试件不损坏,允许有不影响使用的残余变形
对角线变形	在200N力作用下,试件不损坏,允许有不影响使用的残余变形
开关疲劳	经不少于10000次的开关试验,试件及五金件不损坏,固定处及玻璃压条等不松脱
角强度	平均值不低于3000N,最小值不低于平均值的70%

(二)塑料门窗材料质量

1. 塑料异型材及密封条

塑料门窗采用的塑料异型材、密封条等原材料,应符合现行的国家标准《门、窗用未增塑聚氯乙烯(PVC-U)型材》(GB/T 8814—2017)和《塑料门窗用密封条》(GB 12002—1989)的有关规定。

2. 塑料门窗配套件

塑料门窗采用的紧固件、五金件、增强型钢、金属衬板及固定垫片等应符合以下要求。

(1)紧固件、五金件、增强型钢、金属衬板及固定垫片等,应进行表面防腐处理。

(2)紧固件的镀层金属及其厚度,应符合现行国家标准《紧固件　电镀层》(GB/T 5267.1—2002)的有关规定;紧固件的尺寸、螺纹、公差、十字槽及机械性能等技术条件,应符合现行国家标准《十字槽盘头自攻螺钉》(GB/T 845—2017)、《十字槽沉头自攻螺钉》(GB/T 846—2017)的有关规定。

(3)五金件的型号、规格和性能,均应符合国家现行标准的有关规定;"滑撑铰链"不得使用铝合金材料。

(4)全防腐型塑料门窗,应采用相应的防腐型五金件及紧固件。

(5)固定垫片的厚度应≥1.5mm,最小宽度应≥15mm,其材质应采用Q235-A冷轧钢板,其表面应进行镀锌处理。

(6)组合窗及连窗门的拼樘料,应采用与其内腔紧密吻合的增强型钢作为内衬,型钢两端应比拼樘长出10~15mm。外窗的拼樘料截面尺寸及型钢形状、壁厚,应能使组合窗承受瞬时风压值。

3. 玻璃及玻璃垫块

塑料门窗所用的玻璃及玻璃垫块的质量,应符合以下规定。

(1)玻璃的品种、规格及质量,应符合国家现行产品标准的规定,并应有产品出厂合格证,中空玻璃应有检测报告。

(2)玻璃的安装尺寸,应比相应的框、扇(樘)内口尺寸小4~6mm,以便于安装并确保阳光照射下出现膨胀而不开裂。

(3)玻璃垫块应选用邵氏硬度为70~90(A)的硬橡胶或塑料,不得使用硫化再生橡胶、木片或其他吸水性材料;其长度宜为80~150mm,厚度应按框、扇(樘)与玻璃的间隙确定,一般宜为2~6mm。

4. 门窗洞口框墙间隙密封材料

门窗洞口框墙间隙密封材料,一般常为建筑密封胶,应具有良好的弹性和黏结性。

5. 材料的相容性

与聚氯乙烯型材直接接触的五金件、紧固件、密封条、玻璃垫块、嵌缝膏等材料,其性能与PVC塑料具有相容性。

二、塑料门窗的安装施工

（一）塑料门窗的制作

塑料门窗的制作一般都是在专门的工厂进行的，很少在施工工地现场进行制作组装的。在国外，甚至将玻璃都在工厂中安装好才送往施工现场安装。在国内，一些较为高档的产品也常常采取这种方式供货。但是，由于我国的塑料门窗组装厂还很少，而且组装后的门窗经长途运输损耗太大，因此，很多塑料门窗装饰工程仍然存在着由施工企业自行组装的情况，这对于确保制作质量还是有一定难度的。

（二）安装施工准备工作

1. 安装材料

（1）塑料门窗　塑料门窗一般多为工厂制作的成品，并有齐全的五金配件。

（2）其他材料　主要有木螺丝、平头螺丝、塑料胀管螺丝、自攻螺钉、钢钉、木楔、密封条、密封膏、抹布等。

2. 安装机具

塑料门窗在安装时所用的主要机具有型材切割机、组装工作台、注胶枪、水平尺、拉铆枪、冲击钻、射钉枪、电动螺丝刀、锤子、吊线锤、钢尺、灰线包等。

3. 作业条件

（1）建筑结构工程质量验收符合门窗安装要求，工种之间已办好交接手续，室内的施工水平线已弹好。

（2）塑料门窗进场后已进行检查核对，表面损伤、变形及松动等质量问题，已进行修整、校正等处理。

（3）经检查墙上门窗洞口位置、尺寸留置准确，门窗安装预埋件已通过隐蔽验收。

4. 现场准备

（1）门窗洞口质量检查　按设计要求检查门窗洞口的尺寸，若无具体的设计要求，一般应满足下列规定：门洞口宽度为门框宽度加50mm，门洞口高度为门框高加20mm；窗洞口宽度为窗框宽度加40mm，窗洞口高度为窗框高加40mm。

门窗洞口尺寸的允许偏差值为：洞口表面平整度允许偏差3mm；洞口正、侧面垂直度的允许偏差为3mm；洞口对角线允许偏差为3mm。

（2）在塑料门窗安装前，应检查洞口的位置、标高与设计要求是相符合，若不符合应立即进行改正。

（3）在塑料门窗安装前，检查洞口内预埋木砖的位置、数量是否准确。

（4）按照设计要求弹好门窗安装位置线，并根据施工需要准备好门窗安装用的脚手架。

（三）塑料门窗的安装方法

由于塑料门窗的热膨胀性较大，且弯曲弹性模量较小，加之又是成品现场安装，如果稍不注意就可能造成塑料门窗的损伤变形，影响使用功能、装饰效果和耐久性。安装塑料门窗的技术难度比钢门窗、木门窗大得多，因此在施工过程中应当特别注意。

塑料门窗安装施工工艺流程为：门窗洞口处理→找规矩→弹线→安装连接件→塑料门窗

安装→门窗四周嵌缝→安装五金配件→清理。其主要的施工要点如下。

1. 门窗框与墙体的连接

塑料门窗框与墙体的连接固定方法很多，在实际工程中常见的有连接件法、直接固定法和"假框法"3种。

（1）连接件法　这是一种专门制作的铁件将门窗框与墙体相连接，是我国目前运用较多的一种方法。其优点是比较经济，且基本上可以保证门窗的稳定性。连接件法的做法是：先将塑料门窗放入门窗洞口内，找平对中后用木楔临时固定；然后，将固定在门窗框型材靠墙一面的锚固铁件用螺钉或膨胀螺钉固定在墙上，如图5-28所示。

（2）直接固定法　在砌筑墙体时，先将木砖预埋于门窗洞口设计位置处，当塑料门窗安装于洞口并定位后，用木螺钉直接穿过门窗框与预埋木砖进行连接，从而将门窗框直接固定于墙体上，如图5-29所示。

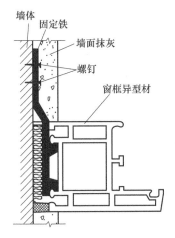

图5-28　框与墙间连接件固定法

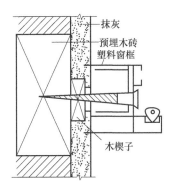

图5-29　框与墙间直接固定法

（3）"假框法"　先在门窗洞口内安装一个与塑料门窗框配套的镀锌铁皮金属框，或者当木门窗换成塑料门窗时，将原来的木门窗框保留不动，待抹灰装饰完成后，再将塑料门窗框直接固定在原来框上，最后再用盖口条对接缝及边缘部分进行装饰，如图5-30所示。

2. 连接点位置的确定

在确定塑料门窗框与墙体之间的连接点的位置和数量时，应主要从力的传递和PVC窗的伸缩变形需要两个方面来考虑，如图5-31所示。

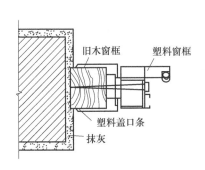

图5-30　框与墙间"假框"固定法

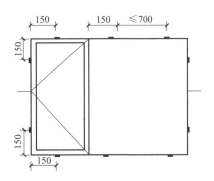

图5-31　框与墙连接点布置（单位：mm）

（1）在确定连接点的位置时，首先应考虑能使门窗扇通过合页作用于门窗框的力，尽可能直接传递给墙体。

（2）在确定连接点的数量时，必须考虑防止塑料门窗在温度应力、风压及其他静荷载作用下可能产生的变形。

（3）连接点的位置和数量，还必须适应塑料门窗变形较大的特点，保证在塑料门窗与墙体之间微小的位移，也不会影响门窗的使用功能及连接本身。

（4）在合页的位置应设连接点，相邻两个连接点的距离不应大于700mm。在横档或竖框的地方不宜设连接点，相邻的连接点应在距其150mm处。

3. 框与墙间缝隙的处理

（1）由于塑料的膨胀系数较大，所以要求塑料门窗与墙体间应留出一定宽度的缝隙，以适应塑料伸缩变形。

（2）框与墙间的缝隙宽度，可根据总跨度、膨胀系数、年最大温差计算出最大膨胀量，再乘以要求的安全系数求得，一般可取10~20mm。

（3）框与墙间的缝隙，应用泡沫塑料条或油毡卷条填塞，填塞不宜过紧，以免框架发生变形。门窗框四周的内外接缝缝隙应用密封材料嵌填严密，也可用硅橡胶嵌缝条，但不能采用嵌填水泥砂浆的做法。

（4）不论采用何种填缝方法，均要做到以下2点：①嵌填的密封缝隙材料应当能承受墙体与框之间的相对运动，并且保持其密封性能，雨水不得在嵌填的密封隙缝材料处渗入；②嵌填的密封缝隙材料不应对塑料门窗有腐蚀、软化作用，尤其是沥青类材料对塑料有不利作用，不宜采用。

（5）嵌填密封完成后则可进行墙面抹灰。当工程有较高要求时，最后还需加装塑料盖口条。

4. 五金配件的安装

塑料门窗安装五金配件时，必须先在杆件上进行钻孔，然后用"自攻螺丝"拧入，严禁在杆件上直接锤击钉入。

5. 安装完毕后的清洁

塑料门窗扇安装完毕后，应暂时将其取下，并编号单独保管。门窗洞口进行粉刷时，应将门窗表面贴纸保护。粉刷时如果在表面沾上水泥砂浆，应立即用软质抹布擦洗干净，切勿使用金属工具擦刮；粉刷完毕后应及时清除玻璃槽口内的渣灰。

三、塑料门窗的成品保护

（1）塑料门窗成品在运输、装卸、保管、安装过程中及工程验收前，均应采取有效的防护措施，不得损坏和污染。

（2）已安装好的门窗框、扇的洞口，不得再作为施工运料的通道，以防止对门窗损坏。

（3）严禁在门窗框、扇上架设脚手架、悬挂重物；外脚手架不得顶压在门窗框、门窗扇或者窗户撑上，并严禁蹬踩窗框、窗扇或窗撑。

（4）应采取必要的防护措施，防止利器划伤门窗的表面，并防止电、气焊火花烧伤或烫伤门窗的面层。

（5）当立体交叉作业时应特别注意对已安装好门窗的保护，严格禁止产生对已安装好门窗的碰撞。

第五节 自动门施工工艺

自动门是应用先进的感应技术，通过PLC电脑可编程控制和PLC交流变频调速控制系统控制机电执行机构使门体自动启闭的一种门系统。自动门工程包括建筑物配套的自动旋转门、圆弧形自动门、平滑自动门、平开自动门、折叠自动门、车库自动门、庭院自动门。自动门从理论上理解应该是门的概念的延伸，是门的功能根据人的需要所进行的发展和完善。

一、自动门主要品种和规格

自动门是一种新型的金属门，主要用于高级建筑装饰。其主要品种可以按照以下方法进行分类。

① 自动门按照启闭形式不同，可分为推拉门、平开门、重叠门、折叠门、弧形门和旋转门。

② 按照使用的场合及功能的不同，可分为自动平移门、自动平开门、自动旋转门、自动圆弧门和自动折叠门等。

③ 按照门体的材料不同，有铝合金自动门、无框的全玻璃自动门及异型薄壁钢管自动门等。

④ 按照门的扇型区分，有双扇型、四扇型和六扇型等自动门。

⑤ 按照自动门所使用的探测传感器的不同，可分为超声波传感器、红外线探头、微波探头、遥控探测器、开关式传感器、拉线开关式传感器和手动按钮式传感器等。

目前，我国比较有代表性的自动门品种与规格如表5-34所列。

表5-34 国产自动门品种与规格

品种	规格尺寸/mm		生产单位
	宽度	高度	
TDLM-100系列铝合金推拉自动门	2050~4150	2075~3575	沈阳黎明航空铝窗公司
ZM-E型铝合金中分式微波自动门	分2、4、6扇型，除标准尺寸外，可由用户提出尺寸订制		上海红光建筑五金厂
100系列铝合金自动门	950	2400	哈尔滨有色金属材料加工厂

注：表中所列自动门品种均含无框的全玻璃自动门。

在建筑工程中最常用的是微波自动门，我国生产的微波自动门，具有外观新颖、结构精巧、启动灵活、运行可靠、功耗较低、噪声较小等显著特点，适用于高级宾馆、饭店、办公楼、医院、候机楼、车站、贸易楼、办公大楼等建筑物。微波自动门不但能给我们带来人员进出方便、节约空调能源、防风、防尘、降低噪声等好处，更令我们的大门增添了不少高贵典雅的气息。下面重点介绍微波自动门的结构与安装施工。

二、微波自动门施工工艺

（一）微波自动门的结构

微波自动门的传感系统采用微波感应方式，当人或其他活动目标进入微波传感器的感应范围时，门扇便自动开启，当活动目标离开感应范围时门扇又会自动关闭。门扇的自动运行有快速和慢速两种自动变换，使起动、运行、停止等动作达到良好的协调状态，同时可确保门扇之间的柔性合缝。当自动门意外地夹住行人或门体被异物卡阻时，自控电路具有自动停机的功能，所以使用起来安全可靠。

微波自动门最常见的形式是自动门机及门内外两侧加感应器，当人走近自动门时感应器感应到人的存在，给控制器一个开门信号，控制器通过驱动装置将门打开。当人通过门之后，再将自动门关闭。由于自动平移门在通电后可以实现无人管理，既方便又提高了建筑的档次，于是迅速在国内外建筑市场上得到大范围的普及。

1. 微波自动门的门体结构

以上海红光建筑五金厂生产的 ZM-E2 型微波自动门为例，微波自动门体结构分类见表 5-35。

表5-35　ZM-E2型微波自动门门体分类系列

门体的材料	表面处理（颜色）	
铝合金	银白色	古铜色
无框的全玻璃门	白色全玻璃	茶色全玻璃
异型薄壁钢管	镀锌	油漆

微波自动门一般多为中分式，标准立面主要分为两扇型、四扇型、六扇型等，如图 5-32 所示。

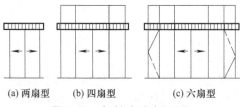

(a) 两扇型　　(b) 四扇型　　(c) 六扇型

图5-32　自动门标准立面示意

2. 自动门的控制电路结构

微波自动门的控制电路是自动门的指挥系统，由两部分组成：其一是用来感应开门目标讯号的微波传感；其二是进行讯号处理的二次电路控制。微波传感器采用 X 波段微波讯号的"多普勒"效应原理，对感应范围内的活动目标反应的作用讯号进行放大检测，从而自动输出开门或关门控制讯号。一档自动门出入控制一般需要用 2 只感应探头、1 台电源器配套使用。二次电路控制箱是将微波传感器的开关门讯号转化成为控制电动机正、逆旋转的讯号处理装置，它由逻辑电路、触发电路、可控硅主电路、自动报警停机电路及稳压电路等组成。

微波自动门的主要电路采用集成电路技术，使整机具有较高的稳定性和可靠性。微波传感器和控制箱均使用标准插件连接，因而同机种具有互换性和通用性。微波传感器和控制箱在自动门出厂前均已安装在机箱内。

（二）微波自动门的技术指标

以 ZM-E2 型微波自动门为例，微波自动门的技术参数如表 5-36 所列。

表5-36　ZM-E2型微波自动门的技术参数

项　　目	指　　标	项　　目	指　　标
电　　源	AC220V/50Hz	感应灵敏度	现场调节至用户需要
功　　耗	150W	报警延时时间	10~15s
门速调节范围	0~350mm/s(单扇门)	使用环境温度	−20~+40℃
微波感应范围	门前1.5~4m	断电时手推力	<10N

（三）微波自动门的安装施工

1. 微波自动门施工工艺流程

微波自动门施工工艺流程为：测量、放线→地面轨道埋设→安装横梁→门扇安装→安装调整测试→机箱饰面板安装→检查、清理。

2. 微波自动门施工操作要点

（1）测量、放线　准确测量室内、外地坪的标高　按照设计图纸上规定的尺寸复核土建施工结构和预埋件等的尺寸、位置。

（2）地面轨道埋设　铝合金自动门和玻璃自动门地面上装有导向性下轨道。异型钢管自动门无下轨道。有下轨道的自动门在土建做地坪时，应在地面上预埋50mm×75mm方木条1根。微波自动门在安装时，撬出方木条以后，便可以埋设下轨道，下轨道长度为开门宽的2倍。图5-33为自动门下轨道埋设示意图。

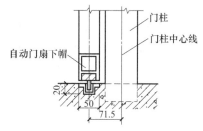

图5-33　自动门下轨道埋设示意（单位：mm）

（3）安装横梁　自动门上部机箱层主梁是安装中的重要环节。由于机箱内装有机械及电控装置，因此，对支撑横梁的土建支承结构有一定的强度及稳定性要求。常用的两种支承节点如图5-34所示，一般砖结构宜采用图5-34（a）形式，混凝土结构宜采用图5-34（b）形式。

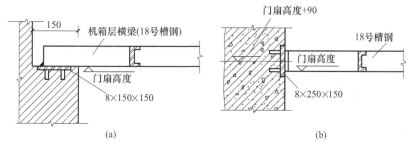

图5-34　机箱横梁支撑节点（单位：mm）

（4）安装调整测试　自动门安装完毕后，对探测传感系统和机电装置应进行反复多次调试，直至感应灵敏度、探测距离、开闭速度等技术指标完全达到设计要求为止。

（5）机箱饰面板安装　横梁上机箱和机械传动装置等安装调试好后，用饰面板将结构和设备包装起来，以增加其美观。

（6）检查、清理　自动门经调试各项技术性能满足设计要求后应对安装施工现场进行全面清理，以便准备交工验收。

3. 微波自动门使用与维修

自动门的使用性能与使用寿命，与施工及日常维护有密切关系，因此必须做好下列各个方面工作。

① 门扇地面滑行轨道应经常进行清洗，槽内不得留有异物。结冰季节要严格防止有水流进下轨道，以免阻碍活动门扇转动。

② 微波传感器及控制箱等一旦调试正常就不能再任意变动各种旋钮的位置，以防止失去最佳工作状态，而达不到应有的技术性能。

③ 铝合金门框、门扇及装饰板等，是经过表面化学防腐氧化处理的，产品运抵施工现场后应妥善保管，并注意门体不得与石灰、水泥及其他酸、碱性化学物品接触。

④ 对使用比较频繁的自动门，要定期检查传动部分装配紧固零件是否有松动、缺损等现象。对机械活动部位要定期加油，以保证门扇运行润滑、平稳。

第六节 全玻璃门施工工艺

在现代建筑装饰工程中，全玻璃门是高等级建筑中常见的全玻璃门。全玻璃门所采用玻璃多为厚度在12mm的厚质平板白玻璃、雕花玻璃及彩印图案玻璃等，有的设有金属扇框，有的活动门扇除了用玻璃之外只有局部的金属边条。其门框部分通常以不锈钢、黄铜或铝合金饰面，从而展示出高级豪华气派，如图5-35所示。

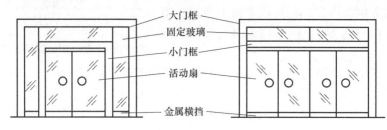

图5-35 全玻璃装饰门的形式示例

一、全玻璃门所用玻璃的技术性能

全玻门主要组成材料是玻璃，采用的主要有平板玻璃、钢化玻璃、压花玻璃、夹层玻璃、中空玻璃等安全玻璃。工程实践证明，全玻门所用玻璃的技术性能如何在很大程度上决定全玻门的整体质量，因此应根据全玻门的实际情况选择适宜合格的玻璃品种。

1. 普通平板玻璃的技术性能

普通平板玻璃具有透光、隔热、隔声、耐磨、耐气候变化的性能，有的还有防尘、挡风、保温、吸热、防辐射等特征，因而广泛应用于镶嵌建筑物的门窗、墙面、室内装饰等。平板玻璃的规格按厚度通常分为2mm、3mm、4mm、5mm、6mm、8mm和10mm等。

（1）普通平板玻璃的尺寸偏差、对角线差、厚度偏差和厚薄差　普通平板玻璃的尺寸偏差、对角线差、厚度偏差和厚薄差应符合表5-37中的规定。

表5-37　普通平板玻璃的尺寸偏差、对角线差、厚度偏差和厚薄差

	公称厚度	尺寸偏差	
		尺寸≤3000	尺寸>3000
尺寸偏差/mm	2~6	±2	±3
	8~10	+2, −3	+3, −4
	12~15	±3	±4
	19~25	±5	±5
	注：普通平板玻璃应切裁成矩形，其长度和宽度的尺寸偏差应不超过表中的规定		
对角线差	对角线差应不大于其平均长度的0.2%		

厚度偏差和厚薄差 /mm	公称厚度	尺寸偏差	
		尺寸≤3000	尺寸>3000
		厚度偏差	厚薄差
	2~6	±0.2	0.2
	8~12	±0.3	0.3
	15	±0.5	0.5
	19	±0.7	0.7
	22~25	±1.0	1.0

（2）普通平板玻璃的外观质量要求 普通平板玻璃按质量等级不同，可分为合格品、一等品和优等品，各等级玻璃的外观质量要求应分别符合表5-38中的各项规定。

表5-38 普通平板玻璃的外观质量要求

	缺陷种类	质量要求			
平板玻璃合格品外观质量	点状缺陷	尺寸(L)/mm	允许个数限定	尺寸(L)/mm	允许个数限定
		0.5≤L≤1.0	2.0S	2.0<L≤3.0	0.5S
		1.0<L≤2.0	1.0S	L>3.0	0
	点状缺陷密集度	尺寸≥0.5mm的点状缺陷最小间距不小于300mm，直径≥100mm圆内尺寸0.3mm的点状缺陷不超过3个			
	线道和裂纹	不允许			
	划伤	允许范围		允许条数限度	
		宽度≤0.5mm，长度≤60mm		3.0S	
	光学变形	公称厚度		无色透明平板玻璃	本色透明平板玻璃
		2mm		≥40°	≥40°
		3mm		≥45°	≥40°
		≥4mm		≥50°	≥45°
	断面缺陷	公称厚度不超过8mm时，不超过玻板的厚度；8mm以上时，不超过8mm			
	注：点状缺陷中的光畸变点视为0.5~1.0mm的缺陷。				
平板玻璃一等品外观质量	点状缺陷	尺寸(L)/mm	允许个数限定	尺寸(L)/mm	允许个数限定
		0.3≤L≤0.5	2.0S	1.0<L≤1.5	0.2S
		0.5<L≤1.0	0.5S	L>1.5	0
	点状缺陷密集度	尺寸≥0.3mm的点状缺陷最小间距不小于300mm，直径≥100mm圆内尺寸0.2mm的点状缺陷不超过3个			
	线道和裂纹	不允许			
	划伤	允许范围		允许条数限度	
		宽度≤0.2mm，长度≤40mm		2.0S	
	光学变形	公称厚度		无色透明平板玻璃	本色透明平板玻璃
		2mm		≥50°	≥45°
		3mm		≥55°	≥50°
		4~12mm		≥60°	≥55°
		≥15mm		≥55°	≥50°
	断面缺陷	公称厚度不超过8mm时，不超过玻板的厚度；8mm以上时，不超过8mm			
	注：点状缺陷中不允许有光畸变点				

缺陷种类	质量要求			
	尺寸(L)/mm	允许个数限定	尺寸(L)/mm	允许个数限定
点状缺陷	0.3≤L≤0.5	1.0S	L>1.0	0
	0.5<L≤1.0	0.2S		
点状缺陷密集度	尺寸≥0.3mm的点状缺陷最小间距不小于300mm,直径≥100mm圆内尺寸0.1mm的点状缺陷不超过3个			
线道和裂纹	不允许			
划伤	允许范围		允许条数限度	
	宽度≤0.1mm,长度≤30mm		2.0S	
光学变形	公称厚度		无色透明平板玻璃	本色透明平板玻璃
	2mm		≥50°	≥50°
	3mm		≥55°	≥50°
	4~12mm		≥60°	≥55°
	≥15mm		≥55°	≥50°
断面缺陷	公称厚度不超过8mm时,不超过玻板的厚度;8mm以上时,不超过8mm			

表格左侧纵向标题:平板玻璃优等品外观质量

注:点状缺陷中不允许有光畸变点。

注:表中 S 是以平方米为单位的玻璃板面积数值,按《数值修约规则与极限数值的表示和判定》(GB/T 8170—2008)修约,保留小数点后两位,点状缺陷的允许个数限度及划伤允许条数限度为各系数与 S 相乘所得的数值,按《数值修约规》GB/T 8170—2008修约。

（3）普通平板玻璃的光学特征要求 普通平板玻璃的透光率是衡量其透光能力的重要指标,是光线透过玻璃后的光通量占透过前光通量的百分比。普通平板玻璃的光学特征要求,应符合表5-39中的规定。

表5-39 普通平板玻璃的光学特征

无色透明平板玻璃的可见光透射比					
公称厚度/mm	可见光透射比最小值/%	公称厚度/mm	可见光透射比最小值/%	公称厚度/mm	可见光透射比最小值/%
2	89	6	85	15	76
3	88	8	83	19	72
4	87	10	81	22	69
5	86	12	79	25	67
本色透明平板玻璃的可见光透射比、太阳光直接透射比、太阳能总透射比偏差					
种类	偏差/%	种类	偏差/%	种类	偏差/%
可见光(380~780mm)透射比	2.0	太阳光(380~780mm)直接透射比	3.0	太阳能(300~2500mm)总透射比	4.0

注:1.玻璃可见光透射比:为光线透过玻璃后的光通量与光线透过玻璃前的光通量比值。

2.本色透明平板玻璃的颜色均匀性,同一批产品色差应符合 $\Delta E_{ab}≤2.5$。

3.特殊的厚度和光学特征要求,由供需双方协商。

2.钢化玻璃的技术性能

钢化玻璃其实是一种预应力玻璃,为提高玻璃的强度,通常使用化学或物理的方法,在玻璃表面形成压应力,玻璃承受外力时首先抵消表层应力,从而提高了承载能力,增强玻璃自身抗风压性、耐急冷急热性、冲击性等。材料试验结果表明,同等厚度的钢化玻璃抗冲击强度是普通玻璃的3~5倍,抗弯强度是普通玻璃的3~5倍。

（1）钢化玻璃的尺寸允许偏差　钢化玻璃的尺寸允许偏差应符合表5-40中的规定。

表5-40　钢化玻璃的尺寸允许偏差

长方形平面钢化玻璃边长允许偏差/mm				
玻璃厚度/mm	边长L			
	L≤1000	1000<L≤2000	2000<L≤3000	L>3000
3、4、5、6	+1，-2	±3	±4	±5
8、10、12	+2，-3			
15	±4	±4		
19	±5	±5	±6	±7
>19	由供需双方协商确定			

长方形平面钢化玻璃对角线允许偏差/mm			
玻璃厚度/mm	边长L		
	L<2000	2000<L≤3000	L>3000
3、4、5、6	±3.0	±4.0	±5.0
8、10、12	±4.0	±5.0	±6.0
15、19	±5.0	±6.0	±6.0
>19	由供需双方协商确定		

钢化玻璃厚度允许偏差/mm						
厚度	3、4、5、6	8、10	12	15	19	>19
允许偏差	±0.2	±0.3	±0.4	±0.6	±1.0	供需双方协商确定

玻璃边部及圆孔加工质量				
边部加工质量	由供需双方协商确定			
圆孔的边部加工质量	由供需双方协商确定			
孔径及其允许偏差/mm	公称孔径(D)	允许偏差	公称孔径(D)	允许偏差
	D<4	由供需双方协商确定	50<D≤100	±2.0
	4≤D≤50	±1.0	D>100	由供需双方协商确定
孔的位置	孔的边部距玻璃边部	≥2d(d为公称厚度)	孔的边部距玻璃角部	≥6d
	两孔孔边之间的距离	≥2d	圆孔圆心的位置允许偏差	同玻璃边长允许偏差应符合表中的要求

注：1.其他形状的钢化玻璃的尺寸及其允许偏差，由供需双方协商确定；2.对于上表中未做规定的公称厚度的玻璃，其厚度允许偏差可采用上表中与其邻近的较薄厚度的玻璃的规定，或由供需双方协商确定。

（2）钢化玻璃的外观质量要求　钢化玻璃的外观质量要求应符合表5-41中的规定。

表5-41　钢化玻璃的外观质量要求

缺陷名称	说明	允许缺陷数量
边部爆裂	每片玻璃每米边长上允许有长度不超过10mm，自玻璃边部向玻璃表面延伸深度不超过2mm，从板的表面向玻璃厚度延伸深度不超过厚度1/3的爆裂边	1处
划伤	宽度在0.1mm以下的轻微划伤，每平方米面积内允许存在条数	长度≤100mm时，允许4条
	宽度在0.1mm以上的划伤，每平方米面积内允许存在条数	宽度0.1~1mm、长度≤100mm时，允许4条
夹钳印	夹钳印中心与玻璃边缘的距离	≤20mm
	边部的变形量	≤2mm
裂纹、缺角	不允许存在	

（3）钢化玻璃的物理力学性能　钢化玻璃的物理力学性能应符合表5-42中的规定。

表5-42　钢化玻璃的物理力学性能

项目	质量指标			
弯曲度	平面钢化玻璃的弯曲度不应超过0.3%,波形弯曲度不应超过0.2%			
抗冲击性	取6块钢化玻璃试样进行试验,试样破坏数不超过1块为合格,多于或等于3块为不合格。破坏数为2块时,再另取6块进行试验,6块必须全部不被破坏为合格			
碎片状态	取4块钢化玻璃试样进行试验,每块试样在50mm×50mm区域内的最少碎片数			
	玻璃品种	公称厚度/mm	最少碎片数/片	备注
	平面钢化玻璃	3	30	允许有少量长条碎片,其长度不超过75mm
		4~12	40	
		≥15	30	
	曲面钢化玻璃	≥4	30	
霰弹袋的冲击性能	取4块平面钢化玻璃试样进行试验,必须符合下列(1)或(2)中任意一条的规定。 (1)玻璃破碎时,每块试样的最大10块碎片质量的总和,不得超过相当于试样65cm²面积的质量,保留在框内的任何无贯穿裂纹的玻璃碎片的长度不能超过120mm; (2)霰弹袋的下落高度为1200mm时,试样不破坏			
表面应力	钢化玻璃的表面应力不应小于90MPa。以制品为试样,取3块试样进行试验,当全部符合规定为合格;2块试样不符合则为不合格;当2块试样符合时,再追加3块试样,如果3块全部符合规定,则为合格			
耐热冲击性能	钢化玻璃应耐200℃温差不破坏 取4块试样进行试验,当全部符合规定为合格;2块试样不符合则为不合格;当1块试样不符合时,重新追加1块试样,如果它符合规定,则认为该性能合格;当有2块不符合时,则重新追加4块试样,全部符合规定时则为合格			

3. 压花玻璃的技术性能

压花玻璃又称花纹玻璃或滚花玻璃,是采用压延方法制造的一种平板玻璃,一般分为压花玻璃、真空镀膜压花玻璃和彩色膜压花玻璃几类。压花玻璃的理物化学性能基本与普通平板玻璃相同,仅在光学上具有透光而不透视的特点,具有很好的私密性,作为浴室、卫生间门窗玻璃时应注意将其压花面朝外。

（1）压花玻璃的尺寸要求　压花玻璃的尺寸要求应符合表5-43中的规定。

表5-43　压花玻璃的尺寸要求

项目		质量指标				
厚度/mm	基本尺寸	3	4	5	6	8
	允许偏差	±0.3	±0.4	±0.4	±0.5	±0.6
长度和宽度/mm	玻璃厚度	3	4	5	6	8
	允许偏差	±2				±3
弯曲度/%		≤0.3				
对角线差		小于两对角线平均长度的0.2%				

（2）压花玻璃的外观质量要求　压花玻璃的外观质量要求,应符合表5-44中的规定。

表5-44　压花玻璃的外观质量要求

缺陷类型	说明	一等品			合格品		
图案不清	目测可见	不允许			不允许		
气泡	长度范围/mm	2≤L<5	5≤L<10	L≥10	2≤L<5	5≤L<15	L≥15
	允许个数	6.0S	3.0S	0	9.0S	4.0S	0

缺陷类型	说明	一等品		合格品	
杂物	长度范围/mm	2≤L<3	L≥3	2≤L<3	L≥3
	允许个数	1.0S	0	2.0S	0
线条	长宽范围/mm	不允许		长度100≤L<200,宽度W<0.5	
	允许个数			3.0S	
皱纹	目测可见	不允许		边部50mm以内轻微的允许存在	
压痕	长度范围/mm	允许		2≤L<5	L≥5
	允许个数			2.0S	0
划伤	长宽范围/mm	不允许		长度60≤L,宽度W<0.5	
	允许个数			3.0S	
裂纹	目测可见	不允许			
断面缺陷	爆边、凹凸、缺角等	不应超过玻璃板的厚度			

注：1.表中L表示相应缺陷的长度，W表示其宽度，S是以平方米为单位的玻璃板的面积，气泡、杂物、压痕和划伤的数量允许上限值，是以S乘以相应系数所得的数值，此数值应按GB/T 8170修约到整数。

2.对于2mm以下的气泡，在直径为100mm的圆内不允许超过8个。

3.破坏性的杂物不允许存在。

4. 夹层玻璃的技术性能

夹层玻璃是由两片或多片玻璃之间夹了一层或多层有机聚合物中间膜，经过特殊的高温预压（或抽真空）及高温高压工艺处理后，使玻璃和中间膜永久黏合为一体的复合玻璃产品。按中间膜的熔点不同，可分为低温夹层玻璃、高温夹层玻璃；按夹层间的黏结方法不同，可分为干法夹层玻璃、中空夹层玻璃等；按夹层的类别不同，可分为一般夹层玻璃和防弹夹层玻璃。

在欧美，大部分建筑玻璃都采用夹层玻璃，这不仅为了避免伤害事故，还因为夹层玻璃有极好的抗震能力。

（1）夹层玻璃的尺寸允许偏差　夹层玻璃的尺寸允许偏差应符合表5-45中的规定。

表5-45　夹层玻璃的尺寸允许偏差

项目	技术指标			
	公称尺寸 （边长L）	公称厚度≤8	公称厚度>8	
			每块玻璃公称厚度<10	每块玻璃公称厚度≥10
长度和宽度允许偏差/mm	L≤1100	+2.0,-2.0	+2.5,-2.0	+3.5,-2.5
	1100<L≤1500	+3.0,-2.0	+3.5,-2.0	+4.5,-3.0
	1500<L≤2000	+3.0,-2.0	+3.5,-2.0	+5.0,-3.5
	2000<L≤2500	+4.5,-2.5	+5.0,-3.0	+6.0,-4.0
	L>2500	+5.0,-3.0	+5.5,-3.5	+6.5,-4.5
最大允许的叠加差	长度或宽度L			
	L<1000	1000≤L<2000	2000≤L<4000	L≥4000
	2.0	3.0	4.0	6.0
厚度允许偏差/mm	干法夹层玻璃厚度偏差:干法夹层玻璃的厚度偏差,不能超过构成夹层玻璃的原片厚度允许偏低和中间层材料厚度允许偏差总和。中间层的总厚度<2mm时,不考虑中间层的厚度偏差;中间层的总厚度≥2mm时,其厚度允许偏差为±0.2mm 湿法夹层玻璃厚度偏差:湿法夹层玻璃的厚度偏差,不能超过构成夹层玻璃的原片厚度允许偏低和中间层材料厚度允许偏差总和。湿法中间层厚度允许偏差应符合以下规定			

项目	技术指标			
厚度允许偏差/mm	中间层厚度d	d<1.0	1≤d<2	2≤d<3	d≥3
	允许偏差	±0.4	±0.5	±0.6	±0.7
	注：对于三层原片以上(含三层)制品、原片材料总厚度超过24mm及使用钢化玻璃作为原片时，其厚度允许偏差由供需双方商定				
对角线差	矩形夹层玻璃制品，长边长度不大于2400mm时，对角线差不得大于4mm；长边长度大于2400mm时，对角线差由供需双方商定				

（2）夹层玻璃的外观质量要求 夹层玻璃的外观质量要求应符合表5-46中的规定。

表5-46 夹层玻璃的外观质量要求

项目		技术要求					
可视区缺陷	允许点状缺陷数	缺陷尺寸λ/mm	0.5<λ≤1.0	1.0<λ≤3.0			
		板面的面积S/m²	S不限	S≤1	1<S≤2	2<S≤8	8<S
		允许缺陷数/个 玻璃层数 2层	不得密集存在	1	2	1.0/m²	1.2/m²
		3层		2	3	1.5/m²	1.8/m²
		4层		3	4	2.0/m²	2.4/m²
		≥5层		4	5	2.5/m²	3.0/m²
		注：1.≤0.5mm的缺陷不予以考虑，不允许出现大于3mm的缺陷； 2.当出现下列情况之一时，视为密集存在：①两层玻璃时，出现4个或4个以上的缺陷，且彼此相距<200mm；②三层玻璃时，出现4个或4个以上的缺陷，且彼此相距<180mm；③四层玻璃时，出现4个或4个以上的缺陷，且彼此相距<150mm；④五层以上玻璃时，出现4个或4个以上的缺陷，且彼此相距<100mm； 3.单层中间层单层厚度大于2mm时，上表中的允许缺陷总数增加1					
	允许线状缺陷数	缺陷尺寸(长度L，宽度B)/mm	L≤30且B≤0.2	L>30或B>0.2			
		玻璃面积(S)/m²	S不限	S≤5	5<S≤8	8<S	
		允许缺陷数/个	允许存在	不允许	1	2	
周边区的缺陷		使用时装有边框的夹层玻璃周边区域，允许直径不超过5mm的点状缺陷存在；如点状缺陷是气泡，气泡面积之和不应超过边缘区面积的5%；使用时不带边框的夹层玻璃周边区域，由供需双方商定					
裂口、脱胶、皱痕、条纹等缺陷		不允许存在					
边部爆裂		长度或宽度不得超过玻璃的厚度					

（3）夹层玻璃的物理力学性能 夹层玻璃的物理力学性能应符合表5-47中的规定。

表5-47 夹层玻璃的物理力学性能

项目	技术指标
弯曲度	平面夹层玻璃的弯曲度，弓形时应不超过0.3%，波形时应不超过0.2%。原片材料使用有非无机玻璃时，弯曲度由供需双方商定
可见光透射比	由供需双方商定
可见光反射比	由供需双方商定
抗风压性能	应由供需双方商定是否有必要进行本项试验，以便合理选择给定风载条件下适宜的夹层玻璃材料、结构和规格尺寸等，或验证所选定夹层玻璃材料、结构和规格尺寸等能否满足设计风压值的要求
耐热性	试验后允许试样存在裂口，超出边部或裂口13mm部分不能产生气泡或其他缺陷
耐湿性	试验后试样超出原始边15mm、切割边25mm、裂口10mm部分不能产生气泡或其他缺陷

项目	技术指标
耐辐照性	玻璃试样试验后不应产生显著变色、气泡及浑浊现象,并且试验前后可见光透射比相对变化率ΔT应不大于3%
下落球的冲击剥离性能	试验后中间层不得断裂,不得因碎片剥离而暴露
霰弹袋的冲击性能	在每一冲击高度试验后,试样均未破坏和/或安全破坏。破坏时试样同时符合下列要求为安全破坏。 (1)破坏时允许出现裂缝或开口,但是不允许出现使直径75mm的球在25N力作用下通过裂缝或开口; (2)冲击后试样出现碎片剥离时,称量冲击后3min内从试样上剥落下的碎片。碎片总质量不得超过相当于100cm²试样的质量,最大剥离碎片质量应小于44cm²面积试样的质量 Ⅱ-1类夹层玻璃:3组试样在冲击高度分别为300mm、750mm和1200mm时冲击后,试样未破坏和/或安全破坏;但另1组试样在冲击高度为1200mm时,任何试样非安全破坏; Ⅱ-2类夹层玻璃:2组试样在冲击高度分别为300mm、750mm时冲击后,试样未破坏和/或安全破坏;但另1组试样在冲击高度为1200mm时,任何试样非安全破坏; Ⅲ类夹层玻璃:2组试样在冲击高度分别为300mm时冲击后,试样未破坏和/或安全破坏;但另1组试样在冲击高度为750mm时,任何试样非安全破坏; Ⅰ类夹层玻璃:对霰弹袋的冲击性能不作要求; 分级后的夹层玻璃适用场所建议,见《建筑用安全玻璃 第3部分 夹层玻璃》(GB 15763.3—2009)中的附录A

5. 中空玻璃的技术性能

中空玻璃是由两层或多层平板玻璃构成。四周用高强高气密性复合黏结剂,将两片或多片玻璃与密封条、玻璃条粘接、密封。中间充入干燥气体,框内充以干燥剂,以保证玻璃片之间空气的干燥度。中空玻璃是一种良好的隔热、隔声、美观适用、并可降低建筑物自重的新型建筑材料。

(1)中空玻璃的规格和最大尺寸 中空玻璃的规格和最大尺寸应符合表5-48中的规定。

表5-48 中空玻璃的规格和最大尺寸   单位:mm

玻璃厚度	间隔厚度	长边的最大尺寸	短边的最大尺寸	最大面积/m²	正方形边长最大尺寸
3	6	2110	1270	2.4	1270
	9~12	2110	1270	2.4	1270
4	6	2420	1300	2.85	1300
	9~10	2440	1300	3.17	1300
	12~20	2440	1300	3.17	1300
5	6	3000	1750	4.00	1750
	9~10	3000	1750	4.80	2100
	12~20	3000	1815	5.10	2100
6	6	4550	1980	5.88	2000
	9~10	4550	2280	8.54	2440
	12~20	4550	2440	9.00	2440
10	6	4270	2000	8,54	2440
	9~10	5000	3000	15.00	3000
	12~20	5000	3180	15.90	3250
12	12~20	5000	3180	15.90	3250

注:短边的最大尺寸不包括正方形。

(2)中空玻璃的尺寸允许偏差 中空玻璃的尺寸允许偏差应符合表5-49中的规定。

表 5-49 中空玻璃的尺寸允许偏差　　　　　　　　　单位：mm

长度及宽度		厚度		两对角线之差	胶层厚实
基本尺寸 L	允许偏差	公称厚度 t	允许偏差	正方形和矩形中空玻璃对角线之差，不应大于对角线平均长度的0.2%	单道密封胶的厚度为(10±2)mm；双道密封胶的厚度为5~7mm。胶条密封胶层的厚度为(8±2)mm，特殊规格或有特殊要求的产品，由供需双方商定
$L<1000$	±2.0	$t\leqslant17$	±1.0		
$1000\leqslant L<2000$	+2，−3	$17\leqslant t<22$	±1.5		
$L\geqslant2000$	±3.0	$t\geqslant22$	±2.0		

注：中空玻璃的公称厚度为玻璃原片的公称厚度与间隔厚度之和。

二、全玻璃门施工工艺

（一）全玻璃门的施工工艺流程

1. 固定门扇的工艺流程

固定门扇的工艺流程为：测量、放线→门框顶部玻璃限位槽→安装底部底托→安装玻璃板安装→包面、注胶→检查、清理。

2. 活动门扇的工艺流程

活动门扇的工艺流程为：裁割玻璃→装配、固定上下横档→顶轴套、回转轴套安装→顶轴、底座安装→门扇安装→调整校正→安装拉手。

（二）全玻璃门固定部分的安装

1. 施工准备工作

在正式安装玻璃之前，地面的饰面施工应已完成，门框的不锈钢或其他饰面包覆安装也应完成。门框顶部的玻璃限位沟槽已经留出，其沟槽宽度应大于玻璃厚度2~4mm，沟槽深度为10~20mm，如图5-36所示。

不锈钢、黄铜或铝合金饰面的木底托，可采用木方条将其固定于地面安装位置，然后再用黏结剂将金属板饰面黏结卡在木方上，如图5-37所示。如果采用铝合金方管，可采用木螺丝将方管固定于木底托上，也可采用"角铝"连接件将铝合金方管固定在框架柱上。

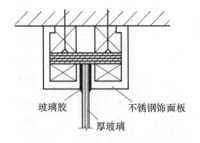

图5-36　顶部门框玻璃限位沟槽构造

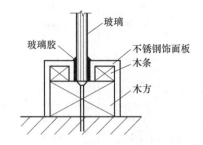

图5-37　固定玻璃扇下部底托做法

厚玻璃的安装尺寸，应从安装位置的底部、中部和顶部进行测量，选择最小尺寸为玻璃板宽度的切割尺寸。如果上、中、下测得的尺寸一致，其玻璃宽度的切割应比实测尺寸小2~3mm。玻璃板的高度方向裁割，应小于实测尺寸3~5mm。玻璃板切割后，应将其四周进行倒角处理，倒角宽度为2mm，如若在施工现场自行倒角，应手握细砂轮作缓慢细磨操作，防止出现崩角崩边现象。

2. 安装固定玻璃板

用玻璃吸盘将玻璃板吸起，由2~3人合力将其抬至安装位置，先将上部插入门顶部框的限位沟槽内，下部落于底托之上，而后校正安装位置，使玻璃板的边部正好封住侧向框的金属板饰面对准缝口，如图5-38所示。在底托上固定玻璃板时，可先在底托木方上钉木条，一般距玻璃4mm左右；然后在木条上涂刷胶黏剂，将不锈钢板或铜板粘卡在木方上。固定部分的玻璃安装构造如图5-39所示。

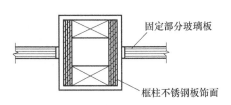

图5-38 固定玻璃与框的配合示意

图5-39 固定部分的玻璃安装构造示意

3. 注胶封口

在玻璃准确就位后，在顶部限位沟槽处和底托固定处，以及玻璃板与框的对缝处，均注入玻璃密封胶。首先将玻璃胶开封后装入胶枪内，即用胶枪的后压杆端头板顶住玻璃胶罐体的底部；然后用一只手托着玻璃胶的枪身，另一只手握着注胶压柄，不断松、压循环地操作压柄，将玻璃胶注于需要封口的缝隙端，如图5-40所示。由需要注胶的缝隙端头开始，顺着缝隙匀速移动，使玻璃胶在缝隙处形成一条均匀的直线，最后用塑料片刮去多余的玻璃胶，用棉布擦净胶迹。

4. 玻璃板之间的对接

门上固定部分的玻璃需要对接时，其对接缝应有2~4mm的宽度，玻璃板的边部都要进行倒角处理。当玻璃块之间留缝定位并安装稳固后，即将玻璃胶注入其对接的缝隙，用塑料片在玻璃板对缝的两边把玻璃胶搞平，并用棉布将胶迹擦干净。

（三）玻璃活动门扇的安装

玻璃活动门扇的结构是不设门扇框，活动门扇的启闭由地弹簧进行控制。地弹簧同时又与门扇的上部、下部金属横档进行铰接，如图5-41所示。

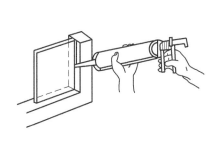

图5-40 注胶封口操作示意

图5-41 活动门扇的安装示意

玻璃活动门扇的安装方法与步骤如下。

① 测量、放线。依据施工图纸中的要求，在门洞口处弹出全玻门的安装位置线。

② 活动门扇在安装前，应先将地面上的地弹簧和门扇顶面横梁上的定位销安装固定完毕，两者必须在同一轴线上，安装时应用吊锤进行检查，做到准确无误，地弹簧转轴与定位销为同一中心线。

③ 在玻璃门扇的上、下金属横档内划线，按线固定转动销的销孔板和地弹簧的转动轴连接板。具体操作可参照地弹簧产品安装说明书。

④ 裁割玻璃。玻璃门扇的高度尺寸，在裁割玻璃时应注意包括插入上、下横档的安装部分。在一般情况下，玻璃高度尺寸应小于门扇的实测尺寸3~5mm，这样便于安装时进行定位调节。

⑤ 装配、固定上、下横档。把上、下横档（多采用镜面不锈钢成型材料）分别固定在厚玻璃门扇的上下端，并进行门扇高度的测量。如果门扇高度不足，即其上下边距门横及地面的缝隙超过规定值，可在上下横档内加垫胶合板条进行调节，如图5-42所示。如果门扇高度超过安装尺寸，只能由专业玻璃工将门扇多余部分切割去，但要特别小心加工。

⑥ 顶轴套、回转轴套安装。顶轴套装于门扇的顶部，回转轴套装于门扇的底部，两者的轴孔中心线必须在同一直线上，并与门扇地面垂直。

⑦ 顶轴、底座安装。将顶部的轴安装于门框的顶部，顶轴面板与门框面平齐。在安装底座时，先从顶轴中心吊一垂线到地面，找出底座回转轴的中心位置，同时保持底座同门扇垂直，以及底座面板与地面保持同一标高，然后将底座外壳用混凝土浇筑固定。

⑧ 门扇高度确定后，即可固定上下横档，在玻璃板与金属横档内的两侧空隙处，由两边同时插入小木条，轻敲稳实，然后在小木条、门扇玻璃及横档之间形成的缝隙中注入玻璃胶，如图5-43所示。

⑨ 进行门扇定位的安装。先将门框横梁上的定位销子本身的调节螺钉调出横梁平面1~2mm，再将玻璃门扇竖起来，把门扇下横挡内的转动销连接件的孔位对准地弹簧的转动销轴，并转动门扇将孔位套在销轴上。然后把门扇转动90°使之与门框横梁成直角，把门扇上横档中的转动连接件的孔对准门框横梁上的定位销，将定位销插入孔内15mm左右（调动定位销上的调节螺钉），如图5-44所示。

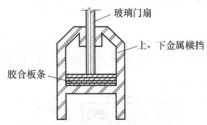

图5-42 加垫胶合板条调节玻璃门扇高度尺寸

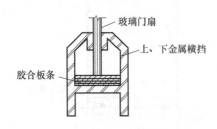

图5-43 门扇玻璃与金属横档的固定

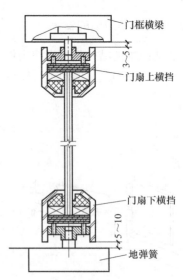

图5-44 门扇的定位安装

⑩ 安装门拉手　全玻璃门扇上扇拉手孔洞一般是事先订购时就加工好的，拉手连接部分插入孔洞时不能太紧，应当略有松动。安装前在拉手插入玻璃的部分涂少量的玻璃胶；如若插入过松可在插入部分裹上软质胶带。在拉手组装时，其根部与玻璃贴靠紧密后再拧紧螺钉，如图5-45所示。

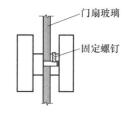

图5-45　玻璃门拉手安装示意

第七节　特种门施工工艺

随着社会发展和现代建筑技术的进步，对于建筑门窗的特种功能要求也越来越多，除以上已介绍的自动门、全玻门等外，在建筑工程中常见的还有防火门、防盗门、旋转门、金属卷帘门等特种门。

一、防火门安装施工工艺

防火门是指在一定时间内能满足耐火稳定性、完整性和隔热性要求的门。它是设在防火分区间、疏散楼梯间、垂直竖井等具有一定耐火性的防火分隔。防火门除了具有普通门的作用外，更具有阻止火势蔓延和烟气扩散的作用，可以在一定时间内阻止火势的蔓延，确保人员有一定疏散时间。防火门是具有防火特殊功能的一种新型门，是为了解决高层建筑的消防问题而发展起来的，目前在现代高层建筑中应用比较广泛，并深受使用单位的欢迎。

（一）防火门的种类

1. 根据耐火极限不同分类

根据国际标准（ISO）的规定，防火门可分为甲、乙、丙3个等级。

（1）甲级防火门　甲级防火门以防止扩大火灾为主要目的，它的耐火极限为1.2h，一般为全钢板门，无玻璃窗。

（2）乙级防火门　乙级防火门以防止开口部火灾蔓延为主要目的，它的耐火极限为0.9h，一般为全钢板门，在门上开一个小玻璃窗，玻璃选用5mm厚的夹丝玻璃或耐火玻璃。性能较好的木质防火门也可以达到乙级防火门。

（3）丙级防火门　丙级防火门的耐火极限为0.6h，为全钢板门，在门上开一小玻璃窗，玻璃选用5mm厚夹丝玻璃或耐火玻璃。大多数木质防火门都在这一范围内。

2. 根据门的材质不同分类

根据防火门的材质不同，可以分为木质防火门、钢质防火门、钢木质防火门和其他材质防火门等。在工程中最常用的是钢质防火门。

（1）木质防火门　木质防火门是指用难燃木材或难燃木材制品作为门框、门扇骨架、门扇面板，门扇内若填充材料，则填充对人体无毒无害的防火隔热材料，并配以防火五金配件组成的具有一定耐火性能的门。

（2）钢质防火门　钢质防火门是指用钢质材料制作门框、门扇骨架和门扇面板，门扇内若填充材料，则填充对人体无毒无害的防火隔热材料，并配以防火五金配件组成的具有一定耐火性能的门。

（3）钢木质防火门　钢木质防火门是指用钢质和难燃木材或难燃木材制品作为门框、门扇骨架、门扇面板，门扇内若填充材料，则填充对人体无毒无害的防火隔热材料，并配以防火五金配件组成的具有一定耐火性能的门。

（4）其他材质防火门　其他材质防火门是指采用除钢质和难燃木材或难燃木材，或部分采用钢质、难燃木材、难燃木材制品制作门框、门扇骨架、门扇面板，门扇内若填充材料，则填充对人体无毒无害的防火隔热材料，并配以防火五金配件组成的具有一定耐火性能的门。

（二）防火门的主要特点

防火门具有表面平整光滑，美观大方，开启灵活，坚固耐用，使用方便，安全可靠等特点。防火门的规格有多种，除按国家建筑门窗洞统一模数制规定的门洞尺寸外，还可依用户的要求而订制。

（三）防火门的技术要求

1. 木质防火门的技术要求

（1）木质防火门按照其耐火极限不同，可分为甲级、乙级和丙级，它们的耐火极限分别为1.2h、0.9h和0.6h。

（2）木质防火门所用的木材选材标准应符合表5-50中的规定。

表5-50　木质防火门用木材的选材标准

<table>
<tr><td colspan="3">制品名称</td><td colspan="2">门扇的立梃、冒头、中冒头</td><td colspan="2">压条、门的线条</td><td colspan="2">门心板</td><td colspan="2">门板</td></tr>
<tr><td colspan="3">等级</td><td>I</td><td>II</td><td>I</td><td>II</td><td>I</td><td>II</td><td>I</td><td>II</td></tr>
<tr><td colspan="3">木材缺陷</td><td>I</td><td>II</td><td>I</td><td>II</td><td>I</td><td>II</td><td>I</td><td>II</td></tr>
<tr><td rowspan="3">活节</td><td rowspan="2">节径</td><td>不计个数时应小于/mm</td><td>10</td><td>15</td><td>5</td><td>5</td><td>10</td><td>15</td><td>10</td><td>15</td></tr>
<tr><td>计算个数时不应大于</td><td colspan="2">材宽的</td><td colspan="2">材宽的</td><td colspan="2">mm</td><td colspan="2">材宽的</td></tr>
<tr><td>个数</td><td>任何1延米中不应超过</td><td>1/4
2</td><td>1/3
3</td><td>1/4
0</td><td>1/3
2</td><td>20
2</td><td>30
3</td><td>1/3
3</td><td>1/2
5</td></tr>
<tr><td colspan="3">死节</td><td colspan="2">允许，包括在活节总数中</td><td colspan="2">不允许</td><td colspan="4">不允许</td></tr>
<tr><td colspan="3">髓心</td><td colspan="2">不露出表面的，允许</td><td colspan="2">不允许</td><td colspan="4">不允许</td></tr>
<tr><td colspan="3">裂缝</td><td colspan="2">深度及长度不得大于厚度及材长的
1/6　　　1/5</td><td colspan="2">不允许</td><td colspan="2">允许可见裂缝</td><td colspan="2">深度及长度不得大于厚度及材长的
1/5　　　1/4</td></tr>
<tr><td colspan="3">斜纹：斜率不大于/%</td><td>6</td><td>7</td><td>4</td><td>5</td><td>15</td><td>不限</td><td>10</td><td>12</td></tr>
<tr><td colspan="3">油眼</td><td colspan="8">I、II级非正面允许</td></tr>
<tr><td colspan="3">其他</td><td colspan="8">浪形纹理、圆形纹理、偏心及化学变色允许</td></tr>
</table>

注：1. I 级品不允许有虫眼；II 级品允许有表面的虫眼。

2. 木质防火门如有允许限值以内的死节及直径较大的虫眼等缺陷时，应用同一树种的木塞加胶填补，对于清油木制品，木塞的色泽和木纹应与木制品一致。

3. 在木质防火门的结合处和安装小五金处均不得有木节或经填补的木节。

（3）木质防火门应采用窑干法干燥的木材，其含水率不应大于12%。当受条件限制时，除东北落叶松、云南松、马尾松、桦木等易变形的树种外，可以采用气干木材，其制作时的含水率不应大于当地的平衡含水率。

（4）木质防火门采用的填充材料，应符合《建筑材料不燃性试验方法》（GB/T 5464—2010）中的规定。

（5）玻璃应采用不影响木质防火门耐火性能试验合格的产品。

（6）木质防火门所用的五金配件，应是经国家消防检测机构检测合格的定型配套产品。

（7）木质防火门宜为平开式，必须启闭灵活（在不大于80N的推力作用下即可打开），并具有自行关闭的功能。

（8）用于疏散通道的木质防火门应具有在发生火灾时能迅即关闭的功能，且向疏散方向开启，不易装锁和插销。

（9）带有子口的双扇或多扇木质火门必须能按照顺序进行关闭。

（10）木质防火门应具有足够的整体强度，经砂袋撞击试验后仍应保持良好的完整性。门内的填充料不应出现开裂或脱落现象。

（11）木质防火门表面涂刷油漆，应符合《建筑装饰装修工程质量验收标准》（GB 50210—2018）中的有关规定。

（12）木质防火门的耐火极限，应符合现行国家标准《建筑设计防火规范》（GB 50016—2014）中的有关规定。

（13）用作建筑物门的木质防火门，其耐风压变形性能应符合现行国家标准《建筑外门窗气密、水密、抗风压性能检测方法》（GB/T 7106—2019）中的有关规定。

（14）在选用木质防火门时，防火门的生产厂家必须是经当地消防部门批准，并颁发给生产许可证的厂家。

（15）木质防火门必须在显著位置设置永久性标志铭牌。注明生产厂家、产品名称、耐火等级、产品代号及出厂日期。

（16）木质防火门发货时，必须将出厂检验单随同发货单寄给用户，其中应当注明：a.产品证明书编号；b.生产厂家名称、厂址；c.产品名称、级别、规格、数量及生产日期；d.产品性能检验结果；e.生产厂家质检部门及检验人员签名、盖章。

（17）木质防火门的包装应采用草绳捆扎或包装箱包装。采用包装箱包装时应符合现行国家标准《包装储运图示标志》（GB/T 191—2008）和《运输包装收发货标志》（GB/T 6388—1986）中的有关规定。

（18）木质防火门运输应符合铁路、公路、航运、水运等部门的有关规定。在运输过程中要捆扎牢。不允许挤压、碰撞，并应有防雨、防潮标志。在装卸时严禁碰、摔、撬、拖。

（19）木质防火门应存放在库房或敞棚内，防止日晒、雨淋。存放时应平放或侧立于"垫木"上，"垫木"的高度距地面应大于400mm，库房中应保持良好的通风。

2. 钢质防火门的技术要求

（1）门框、门扇面板及其加固件应采用冷轧薄钢板制作。门框宜采用厚度为1.2~1.5mm钢板，门扇面板宜采用厚度为0.8~1.2mm钢板，加固件宜采用厚度为1.2~1.5mm钢板，加固件如设有螺孔，钢板的厚度应不低于3.0mm。

（2）钢质防火门的门扇和门框内的填充材料，应选用不燃性的材料进行填实。

（3）安装在钢质防火门上的锁、合页和插销等五金配件的熔融温度不得低于950℃。

（4）安装在钢质防火门上的合页，不得使用双向弹簧，单扇门应设置闭门器。

（5）钢质防火门的双扇间必须有带盖缝板，并装有闭门器和顺序器等（常闭的防火门除外）。

（6）钢质防火门的门框应设置密封槽，槽内应嵌装由不燃性材料制成的密封条。

（7）钢质防火门的耐火极限与木质防火门的耐火极限相同，甲级钢质防火门为1.2h，乙级钢质防火门为0.9h，丙级钢质防火门为0.6h。

（四）钢质防火门的施工

1. 钢质防火门施工工艺流程

钢质防火门施工工艺流程为：弹线→立框→临时固定、找方正→固定门框→门框填缝→门扇安装→镶配五金→检查、清理。

2. 钢质防火门施工操作要点

（1）弹线　按照设计要求，在门洞口内弹出钢质防火门门框的位置线和水平线，作为钢质防火门施工时的依据。

（2）立框、临时固定、找方正　钢质防火门的立框、临时固定和找正应按以下方法和要求进行施工：①按照门洞口弹出的门框的位置线和水平线，将钢质门框放入门洞口内，并用木楔将门框进行临时固定；②调整钢质门框的前后、左右、上下位置，使门框准确地安置于设计地点，经校核确实无误后，将木楔塞紧。

（3）固定门框　钢质防火门框可按以下方法和要求进行固定：①将钢质门框上的连接铁件与门洞口内的预埋铁件或凿出的钢筋焊接在一起；②门框安装宜将框埋入地面以下20mm，需要保证门框口上下的尺寸相同，允许误差应小于1.5mm，对角线允许误差应小于2mm，然后再将门框与预埋件焊牢。

（4）门框填缝　在门框的两上角墙上开洞，向门框内灌入M10水泥素浆，水泥素浆浇筑后要进行养护，养护时间不得少于21d。

（5）门扇安装　待填缝的水泥浆凝固后即可安装门扇，把合页临时固定在钢质门扇的合页槽中，将钢门扇塞入门框内，合页的另一页嵌入钢门框上的合页槽内，经调整无误后将合页上的螺钉逐个拧紧。

安装门扇的防火门，要求门框与门扇配合部位内侧宽度尺寸偏差不得大于2mm，高度尺寸偏差也不得大于2mm，两对角线长度之差应小于3mm。门扇关闭后，其配合间隙应小于3mm。门扇与门框表面要平整，无明显的凹凸现象，焊点应牢固，门体表面喷漆无喷花、斑点等缺陷。门扇启闭自如，无阻滞、反弹等现象。

（6）镶配五金　钢质防火门应采用防火门锁，门锁在950℃的高温下仍可以照常开启。

（五）防火门注意事项

（1）为了防止火灾蔓延和扩大，防火门必须在构造上设计有隔断装置，即装设保险丝，一旦火灾发生热量使保险丝熔断，自动关锁装置就开始动作进行隔断，从而达到防火目的。

（2）金属防火门，由于火灾时的温度使其产生较大膨胀，很可能不好关闭；或是因为门框阻止门膨胀而产生翘曲，从而引起间隙；或是使门框破坏。必须在构造上采取技术措施，不使这类现象产生，这是非常重要的。

二、金属旋转门施工工艺

（一）金属旋转门的特点

金属旋转门有铝质、钢质两种金属型材结构。铝质结构是采用铝镁硅合金挤压型材，经阳极氧化成银白、古铜等色，其外形美观，耐蚀性强，质量较轻，使用方便。钢质结构是采用20号碳素结构钢无缝异型管，选用YB431-64标准，冷拉成各种类型转门、转门的框架，然后喷涂各种油漆而成。

金属旋转门具有密闭性好、抗震性能优良、耐老化能力强、转动平稳、使用方便、坚固耐用等特点。金属转门主要适用于宾馆、机场、商店等高级民用及公共建筑。旋转门集聚各种门体优点于一身，其宽敞和高格调的设计营造出奢华的气氛，堪称门类的点睛之笔。旋转门增强了抗风性，减少了空调能源消耗，是隔离气流和节能的最佳选择。

（二）金属转门的技术要求

（1）金属转门的门扇和护帮，应用轧制铝合金型材或不锈钢型材制作，门的旋转柱用不锈钢钢管制成，顶架用型钢焊成。

（2）为了增加装饰效果，可在门扇边框和冒头等暴露的部分包上不锈钢外皮，也可通过喷粉熔烧成彩色涂层，这样可大大提高金属转门的美观。

（3）金属转门的四周边角，均应装上橡胶密封条和特制毛刷，将门边梃与转壁、门扇上冒头与吊顶，以及门扇下冒头与地坪表面之间的孔隙封堵严密，以提高其防尘、隔声、节约能源等效果。

（4）金属转门应设置防夹系统　当行人或物体通过转门不小心受到夹挤时，防止夹挤系统便会立即动作，将转门停止转动，待消除夹挤状态后再改令金属转门以 0.3r/min 的转速重新启动旋转。

（5）金属转门应设置防冲撞装置　当门扇在回转过程中触及行人腿足或遇到某种障碍，受到大小相当于 60~110N 的反力时，转门便会进入紧急停车状态，停止转动 4s 以消除故障。

（6）电子监控系统　在转门进出口处的门楣上装设有电子传感聚焦系统，在观察有人在离门扇 20~30cm 处停步不前时，便会自动停止门扇的转动，并发出呼唤催促人们迅速前进勿再停留的信号。

（7）在转门出入口处装有带残疾人轮椅标志的电钮开关，残疾人员只要按下电钮，转门就会自动减少转速，由原来的 4~5r/min 降至 2~3r/min，待轮椅全部通过之后转门便又自动恢复到原来的正常转速。

（8）现代化建筑的转门还应当具有火警、安全疏散功能。大门控制部分可与建筑物的消防系统相连，当有火警时大门会自动处于疏散位置，形成一条通过旋转门的无阻碍通道；当火警信号消除后，转门恢复正常的运转。

（9）新型的自动转门还应装有制动器和不间断电源，这样可保证转门在紧急情况下立即停止转动，并在电源发生故障时仍能连续运转 2h。

（三）金属转门的施工工艺

1. 金属转门的施工工艺流程

金属转门的施工工艺流程为：门框安装→安装转轴→安装门的顶部与"转壁"→"转壁"调整→焊座定壁→镶嵌玻璃→油漆或揭膜→检查、清理。

2. 金属转门的施工操作要点

（1）门框安装　金属转门的门框按设计要求门洞口左右、前后位置尺寸与预埋件固定，并使其保持水平。转门与弹簧门或其他门组合时，可先安装其他组合部分。

（2）安装转轴　在转轴安装前首先固定底座，底座下面必须垫实，不允许有下沉现象发生，临时点焊上轴承座，使转轴垂直于地坪面。

（3）安装门的顶部与"转壁"　先安装圆门顶和"转壁"，但不要固定"转壁"，以便调整它与活门扇的间隙。安装门扇，应保持 90° 夹角，且上下留有一定的空隙，门扇下皮距地面5~10mm，并装拖地橡胶条密封。

（4）"转壁"调整　将"转壁"初步安装好后，应进一步调整"转壁"位置，使门扇与"转壁"之间有适当的缝隙，尼龙毛条能起到有效的密封作用。

（5）焊座定壁　待以上各部件调整好后焊上轴承座，用混凝土固定底座；然后，埋设插销的下壳，固定"转壁"。

（6）镶嵌玻璃　根据工程实践，铝合金转门可以采用橡胶条固定镶嵌玻璃，钢结构转门可采用油面腻子固定镶嵌玻璃。

（7）油漆或揭膜　旋转门安装结束后，钢质旋转门应喷涂面漆，铝合金旋转门要揭掉表面保护膜。

（8）检查、清理　在以上各工序全部完成后，施工单位应对金属转门的施工质量进行全面检查和验收，以便发现问题、及时纠正。经检查全部符合设计要求后可以进行清理施工现场，并做好工程验收的准备工作。

三、金属卷帘门施工工艺

金属卷帘门具有造型美观新颖、结构紧凑先进、操作方便简单、坚固耐用、刚性较强、密封性好、不占地面面积、启闭灵活、防风防尘、防火防盗等优良特点。其主要适用于各类商店、宾馆、银行、医院、学校、机关、厂矿、车站、码头、仓库、工业厂房及变电室等。

（一）金属卷帘门的主要类型

（1）根据卷帘门的传动方式不同，卷帘门可分为电动卷帘门、遥控电动卷帘门、手动卷帘门和电动手动卷帘门。

（2）根据卷帘门的外形不同，卷帘门可分为全鳞网状卷帘门、直管横格卷帘门、"帘板"卷帘门和压花卷帘门4种。

（3）根据卷帘门的材质不同，卷帘门可分为铝合金卷帘门、电化铝合金卷帘门、镀锌铁板卷帘门、不锈钢钢板卷帘门和钢管及钢筋卷帘门5种。

（4）根据卷帘门的门扇结构不同，卷帘门可分为"帘板"结构的卷帘门和"通花"结构卷帘门。

① "帘板"结构的卷帘门。其门扇由若干"帘板"组成，根据门扇"帘板"的形状，卷帘门的型号有所不同。其特点是防风、防砂、防盗，并可制成防烟、防火的卷帘门窗。

② "通花"结构卷帘门。其门扇由若干圆钢、钢管或扁钢组成。这种卷帘门窗的特点是美观大方，轻便灵活，启闭方便。

（5）根据卷帘门的性能不同，卷帘门可分为普通型金属卷帘门、防火型金属卷帘门和抗风型金属卷帘门3种。

（二）金属卷帘门施工工艺流程

金属卷帘门施工工艺流程为：测量与弹线→安装卷筒→安装传动设备→安装电控系统→进行空载试车→安装卷帘导轨→安装卷帘板→安装限位块→进行负载试车→进行锁具安装→粉刷面层、检查、清理。

（三）金属卷帘门施工操作要点

（1）测量与弹线　按照设计规定的位置，测量洞口标高，找好规矩，弹出两条导轨的铅垂线和卷筒体的中心线。

（2）安装卷筒　经检查弹线准确无误后，将连接垫板焊接固在墙体预埋铁件上，用螺栓固定卷筒体的两端支架，并安装卷筒。

（3）安装传动设备　即安装减速器和驱动部分，将紧固件镶紧，不得有松动现象。

（4）安装电控系统　在正安装电控系统前要熟悉并掌握电气原理图，根据产品说明书安装电气控制装置。

（5）进行空载试车　安装好传动设备和电气控制系统后，在还未装上部卷帘板之前应进行空载试验。卷筒必须转动灵活，调试减速器使其转速适宜。

（6）安装卷帘导轨　在安装中必须注意以下事项：a.首先进行吊垂直、找方正工作，槽口的尺寸必须准确，且上下保持一致，对应槽口应在同一平面内；b.根据已经弹出的导轨安装位置线，将导轨焊牢于洞口的两侧及上方的预埋铁件上，并焊接成为一体，各条导轨必须在同一垂直平面上。

（7）安装卷帘板　经空载试车调试运转正常后，便可将事先已装配好的卷帘门帘板，安装到卷筒上与轴连接。要特别注意：卷帘板两端的缝隙应均等，不得有擦边现象。

（8）安装限位块　即安装限位装置和行程开关，并调整弹簧盒，使其松紧程度合适。

（9）进行负载试车　先通过手动试运行，再用电动机启动卷帘门数次。在试车要根据实际进行相应的调整，直至启闭中无卡住、无阻滞、无异常噪声等弊病为止。待全部调试符合要求后，再安装上护罩。

（10）进行锁具安装　锁具的安装位置有两种，轻型卷帘门的锁应安装在座板上，也可安装在距地面约1m处。

（11）粉刷面层、检查、清理　装饰门洞口面层，检查金属卷帘门的施工质量是否符合设计要求，并将门体周围全部擦、扫干净，为工程竣工验收做好准备。

第八节　门窗工程施工质量验收标准

门窗工程是建筑工程中的重要组成部分，从某种角度上讲，门窗工程的施工质量影响着建筑物的使用功能、外表美观和使用寿命。因此，如何抓好塑料门窗工程质量、减少质量通病的发生是施工、监理、质量监督工作者面临的紧迫问题。

门窗工程的质量标准主要是指对木门窗、金属门窗、塑料门窗和特种门以及门窗玻璃安装等分项工程的质量验收达到的要求，这是确保建筑门窗工程施工质量的关键环节和重要依据。进行门窗工程验收时采用的质量标准和检验方法，可参照现行国家标准《建筑装饰装修工程质量验收标准》（GB 50210—2018）和行业标准《建筑门窗工程检测技术规程》（JGJ/T 205—2010）中的规定。

一、门窗工程施工质量一般规定

根据现行国家标准《建筑装饰装修工程质量验收标准》（GB 50210—2018）和行业标准《建筑门窗工程检测技术规程》（JGJ/T 205—2010）中的规定，门窗工程质量管理和验收应按照以下一般规定。

（1）门窗工程施工质量标准一节适用于木门窗、金属门、窗塑料门窗和特种门安装，以及门窗玻璃安装等分项工程的质量验收。金属门窗包括钢门窗、铝合金门窗和涂色镀锌钢板门窗等；特种门包括自动门、全玻门和旋转门等；门窗玻璃包括平板、吸热、反射、中空、夹层、夹丝、磨砂、钢化、防火和压花玻璃等。

（2）门窗工程验收时应检查下列文件和记录：a.门窗工程的施工图、设计说明及其他设计文件；b.材料的产品合格证书、性能检验报告、进场验收记录和复验报告；c.特种门及其附件的生产许可文件；d.门窗隐蔽工程验收记录；e.门窗工程施工记录。

（3）门窗工程应对下列材料及其性能指标进行复验：a.人造木板的甲醛释放量；b.建筑外墙金属窗、塑料窗的气密性、水密性、耐风压性能。

（4）门窗工程应对下列隐蔽工程项目进行验收：a.预埋件和锚固件；b.隐蔽部位的防腐、填嵌处理。

（5）各分项工程的检验批应按下列规定划分。

① 同一品种、类型和规格的木门窗、金属门窗、塑料门窗及门窗玻璃每100樘应划分为一个检验批，不足100樘也应划分为一个检验批。

② 同一品种、类型和规格的特种门每50樘应划分为一个检验批，不足50樘也应划分为一个检验批。

（6）检查数量应符合下列规定。

① 木门窗、金属门窗、塑料门窗及门窗玻璃，每个检验批应至少抽查5%，并不得少于3樘，不足3樘时应全数检查；高层建筑的外窗，每个检验批应至少抽查10%，并不得少于6樘，不足6樘时应全数检查。

② 为确保特种的质量，特种门的每个检验批应至少抽查50%，并不得少于10樘，不足10樘时应全数检查。

（7）门窗安装前，应对门窗洞口尺寸及相邻洞口的位置偏差进行检验。对于同一类型的门窗洞口，其垂直、水平方向的位置应对齐。位置允许偏差应符合下列要求。

① 垂直方向的相邻洞口位置允许偏差应为10mm；全楼高度小于30m的垂直方向洞口位置允许偏差应为15mm，全楼高度不小于30m的垂直方向洞口位置允许偏差应为20mm。

② 水平方向的相邻洞口位置允许偏差应为10mm；全楼长度小于30m的水平方向洞口位置允许偏差应为15mm，全楼长度不小于30m的水平方向洞口位置允许偏差应为20mm。

（8）金属门窗和塑料门窗安装应采用预留洞口的方法施工，不得采用边安装边砌筑洞口或先安装后砌筑洞口的方法施工。

（9）木门窗与砖石砌体、混凝土或抹灰层的接触处，应进行防腐处理并应设置防潮层；埋入砌体或混凝土中的木砖应进行防腐处理。

（10）当金属窗或塑料窗组合时，其拼樘料的尺寸、规格、壁厚应符合设计要求。

（11）建筑外门窗的安装必须牢固。在砌体上安装门窗时严禁用射钉进行固定。

（12）推拉门窗扇必须牢固，必须安装防脱落的装置。

（13）特种门安装除应符合设计要求和本规范规定外，还应符合有关专业标准和主管部门的规定。

（14）门窗安全玻璃的使用应符合现行的行业标准《建筑玻璃应用技术规程》（JGJ 113—2015）中的规定。

（15）建筑外窗口的防水和排水构造应符合设计要求和国家现行标准的有关规定。

二、木门窗工程安装质量验收标准

根据现行国家标准《建筑装饰装修工程质量验收标准》（GB 50210—2018）和行业标准

《建筑门窗工程检测技术规程》（JGJ/T 205—2010）中的规定，木门窗工程安装质量管理适用于木门窗安装工程的质量验收。

（一）木门窗工程安装的主控项目

（1）木门窗的品种、类型、规格、尺寸、性能、开启方向、安装位置、连接方式及性能应符合设计要求及国家现行标准、规范的有关规定。

检验方法：观察；尺量检查；检查产品合格证书、性能检验报告、进场验收记录和复验报告；检查隐蔽工程验收记录。

（2）木门窗应采用烘干的木材，含水率及饰面质量应符合国家现行标准的有关规定，一般情况下木材的含水率不得超过8%。

检验方法：检查材料进场验收记录，复验报告及性能检验报告。

（3）木门窗的防火、防腐、防虫处理应符合设计要求。

检验方法：观察；检查材料进场验收记录。

（4）木门窗框的安装必须牢固可靠。预埋木砖的防腐处理、木门窗框固定点的数量、位置及固定方法应当符合设计要求。

检验方法：观察；手扳检查；检查隐蔽工程验收记录和施工记录。

（5）木门窗扇必须安装牢固，并应开关灵活，关闭严密，无倒翘。

检验方法：观察；开启和关闭检查；手扳检查。

（6）木门窗配件的型号、规格、数量应符合设计要求，安装应牢固，位置应正确，功能应满足使用要求。

检验方法：观察；开启和关闭检查；手扳检查。

（二）木门窗工程安装的一般项目

（1）木门窗表面应洁净，不得有刨切的痕迹、锤印。

检验方法：观察。

（2）木门窗的割角、拼缝应严密平整。门窗框、扇的裁割口应顺直，刨切面应平整。

检验方法：观察。

（3）木门窗上的槽、孔应边缘整齐，无毛刺。

检验方法：观察。

（4）木门窗与墙体间缝隙的填塞材料应符合设计要求，填塞应饱满。寒冷地区外门窗（或门窗框）与砌体间的空隙应填充保温材料。

检验方法：轻敲门窗框检查；检查隐蔽工程验收记录和施工记录。

（5）木门窗批水、盖口条、压缝条、密封条安装应顺直，与门窗结合应牢固、严密。

检验方法：观察；手扳检查。

（6）平开木门窗安装的留缝限值、允许偏差和检验方法应符合表5-51的规定。

表5-51　平开木门窗安装的留缝限值、允许偏差和检验方法

项次	项　目	留缝限值/mm	允许偏差/mm	检验方法
1	门窗框的正、侧面垂直度	—	2	用1m垂直检测尺子检查
2	框与扇接缝的高低差	—	1	塞尺检查
	扇与扇接缝的高低差	—	1	
3	门窗扇对口缝	1~4	—	用塞尺检查

项次	项目		留缝限值/mm	允许偏差/mm	检验方法
4	工业厂房、围墙双扇大门对口缝		2~7	—	用塞尺检查
5	门窗扇与上框间留缝		1~3	—	
6	门窗扇与侧框之间留缝		1~3	—	
7	室外门扇与合页侧框之间留缝		1~3	—	
8	门扇与下框之间留缝		3~5	—	
9	窗扇与下框之间留缝		1~3	—	
10	双层门窗内外框间距		—	4	用钢尺检查
11	无下框时门扇与地面间留缝	室外的门	4~7	—	用钢直尺或塞尺检查
		室内的门	4~8	—	
		卫生间门	4~8	—	
		厂房大门	10~20	—	
		围墙大门		—	
12	框与扇的搭接宽度	门	—	2	用钢直尺检查
		窗	—	1	

（三）木门窗安装完成后成品保护

（1）加工成型的木门窗在运输和存放过程中要特别注意加强保护，以免饰面出现部分损坏，装拼完后有条件的应入库保管。门扇宜存放在库房内，避免风吹、日晒、雨淋。不论是入库或露天存放，木门窗下面均应垫起200mm以上，并要码放整齐，露天存放上面应用塑料布进行遮盖。镶门芯板的门扇，门的端部应各放一件厚薄相等的木板，以防止吸潮腐烂。

（2）加工成型的木门窗框扇码放时应平稳轻放，平放时端部应离开墙面200~300mm；不允许重力乱扔和乱堆放，防止损坏表面或缺棱掉角。

（3）在安装门窗扇时，下面应用木卡将门框卡牢固，上面用硬质木块垫着门边，然后用力进行锤打，以免损坏门边。

（4）在用胶合板对门窗进行封闭边缘时，流出门表面的胶水应当及时用湿布将其擦抹干净；在修理刨平胶合板门时，应用木卡将门框边垫起卡牢，以免损坏边缘。

（5）门窗制作完毕后，不得在其表面站人或放置其他重物；门窗安装完毕后，应立即将风钩挂好或插上插销，以免因刮风损坏门窗。

（6）严禁在施工中从已安装好的窗框中向外抛掷建筑垃圾、模板、架板、钢筋、铁件等物品，以避免窗框下冒头及边框下部棱角产生碰坏。

三、金属门窗工程安装质量验收标准

根据现行国家标准《建筑装饰装修工程质量验收标准》（GB 50210—2018）和行业标准《建筑门窗工程检测技术规程》（JGJ/T 205—2010）中的规定，金属门窗工程安装质量管理主要适用于钢门窗、铝合金门窗、涂色镀锌钢板门窗等金属门窗安装工程质量的验收。

（一）金属门窗工程安装的主控项目

（1）金属门窗的品种、类型、规格、尺寸、性能、开启方向、安装位置、连接方式及铝合金门窗的型材壁厚应符合设计要求及国家现行标准、规范的有关规定。金属门窗的防腐处理及填嵌、密封处理应符合设计要求。

检验方法：观察；尺量检查；检查产品合格证书、性能检验报告、进场验收记录和复验报告；检查隐蔽工程验收记录。

（2）金属门窗框和副框的安装必须牢固。预埋件的数量、位置、埋设方式、与框的连接方式必须符合设计要求。

检验方法：手扳检查；检查隐蔽工程验收记录。

（3）金属门窗扇必须安装牢固，并应开关灵活、关闭严密，无倒翘。由于推拉门窗扇意外脱落容易造成安全方面的伤害，对高层建筑情况更为严重，因此推拉门窗扇必须有防脱落措施。

检验方法：观察；开启和善意检查；手扳检查。

（4）金属门窗配件的型号、规格、数量应符合设计要求，安装应牢固，位置应正确，功能应满足使用要求。

检验方法：观察；开启和关闭检查；手扳检查。

（二）金属门窗工程安装的一般项目

（1）金属门窗表面应洁净、平整、光滑、色泽一致，无锈蚀。大面应无划痕、碰伤。漆膜或保护层应连续。型材的表面处理应符合设计要求及国家现行标准的有关规定。

检验方法：观察。

（2）铝合金门窗推拉门窗扇开关力应不大于50N。

检验方法：用测力计检查。

（3）金属门窗框与墙体之间的缝隙应填嵌饱满，并采用密封胶密封。密封胶表面应光滑、顺直，无裂纹。

检验方法：观察；轻敲门窗框检查；检查隐蔽工程验收记录。

（4）金属门窗扇的橡胶密封条或毛毡密封条装配应平整、完好，不得脱槽，交角处应平顺。

检验方法：观察；开启和关闭检查。

（5）有排水孔的金属门窗，排水孔应畅通，位置和数量应符合设计要求。

检验方法：观察。

（6）钢门窗安装的留缝限值、允许偏差和检验方法　应符合表5-52的规定。

表5-52　钢门窗安装的留缝限值、允许偏差和检验方法

项次	项目		留缝限值/mm	允许偏差/mm	检验方法
1	门窗槽口的宽度、高度	≤1500mm	—	2.0	用钢尺进行测量检查
		>1500mm	—	3.0	
2	门窗槽口对角线长度差	≤2000mm	—	3.0	用钢尺进行测量检查
		>2000mm	—	4.0	
3	门窗框的正、侧面垂直度		—	3.0	用1m垂直检测尺子检查
4	门窗横框的水平度		—	3.0	用1m水平尺和塞尺检查
5	门窗横框标高		—	5.0	用钢尺进行检查
6	门窗竖向偏离中心		—	4.0	用钢尺进行检查
7	双层门窗内外框间距		—	5.0	用钢尺进行检查
8	门窗框、门窗扇配合间隙		≤2.0	—	用塞尺进行检查
9	平开门窗框扇搭接宽度	门	≥6	—	用钢尺进行检查

项次	项目		留缝限值/mm	允许偏差/mm	检验方法
9	平开门窗框扇搭接宽度	窗	≥4	—	用钢尺进行检查
	推拉门窗框扇搭接宽度		≥6	—	用钢尺进行检查
10	无下框时门扇与地面间留缝		4~8	—	用塞尺进行检查

（7）铝合金门窗安装的允许偏差和检验方法　应符合表5-53的规定。

表5-53　铝合金门窗安装的允许偏差和检验方法

项次	项目		允许偏差/mm	检验方法
1	门窗槽口的宽度、高度	≤2000mm	2.0	用钢尺进行测量检查
		>2000mm	3.0	
2	门窗槽口对角线长度差	≤2500mm	4.0	用钢尺进行测量检查
		>2500mm	5.0	
3	门窗框的正、侧面垂直度		2.0	用1m垂直检测尺子检查
4	门窗横框的水平度		2.0	用1m水平尺和塞尺检查
5	门窗横框标高		5.0	用钢尺进行检查
6	门窗竖向偏离中心		5.0	用钢尺进行检查
7	双层门窗内外框间距		4.0	用钢尺进行检查
8	推拉门窗扇与框搭接量	门	2.0	用钢直尺进行检查
		窗	1.0	

（8）涂色镀锌钢板门窗安装的允许偏差和检验方法　应符合表5-54的规定。

表5-54　涂色镀锌钢板门窗安装的允许偏差和检验方法

项次	项目		允许偏差/mm	检验方法
1	门窗槽口的宽度、高度	≤1500mm	2.0	用钢尺进行测量检查
		>1500mm	3.0	
2	门窗槽口对角线长度差	≤2000mm	4.0	用钢尺进行测量检查
		>2000mm	5.0	
3	门窗框的正、侧面垂直度		3.0	用1m垂直检测尺子检查
4	门窗横框的水平度		3.0	用1m水平尺和塞尺检查
5	门窗横框标高		5.0	用钢尺进行检查
6	门窗竖向偏离中心		5.0	用钢尺进行检查
7	双层门窗内外框间距		4.0	用钢尺进行检查
8	推拉门窗扇与框搭接量		2.0	用钢直尺进行检查

（三）金属门窗安装完成后成品保护

（1）金属门窗运输过程中要轻拿轻放，并要采取相应的保护措施，避免出现碰撞和摔压，防止产生损坏变形。铝合金门窗运输时应妥善进行捆扎，樘与樘之间应当用非金属软质材料隔垫开来。

（2）金属门窗进场后应按照规格和型号分类堆放，底层应垫平和垫高，露天堆放应当用塑料布遮盖好，不得乱堆乱放，防止门窗产生变形及生锈。铝合金门窗进场后，应在室内竖直排放，产品不得直接接触地面，底部可用枕木垫平并高于地面100mm以上，严禁与酸、碱和盐等材料一起存放，室内应保持清洁、干燥、通风。

（3）施工中严禁以门窗为支点，在门窗框和窗扇上支承各类架板，防止门窗位移、损坏和变形。铝合金门的窗框定位后，不得撕掉保护胶带或包扎布。在填嵌缝隙需要撕掉时，切不可用刀等硬物刮撕，以免划伤铝合金的表面。

（4）在拆除施工架子时，应先将开启的门窗关好后再进行拆架，以防止拆除施工架中下落的构件撞坏已安装好的金属门窗。

（5）进行焊接作业时，对安装好的门窗应采取可靠的防护措施，防止电焊火花损坏周围的门窗型材、玻璃等材料。

（6）禁止所有人员踩踏门窗，也不得在门窗框架上悬挂重物，经常出入的门洞口，应及时将门框保护好，严禁擦碰门窗产品，防止门窗变形损坏。

（7）在墙体粉刷和装饰完毕后，应及时清除干净残留在金属门窗桩和扇上的砂浆、油污及其他杂物。

四、塑料门窗工程安装质量验收标准

根据现行国家标准《建筑装饰装修工程质量验收标准》（GB 50210—2018）和行业标准《建筑门窗工程检测技术规程》（JGJ/T 205—2010）中的规定，塑料门窗工程安装质量管理适用于塑料门窗安装工程的质量验收。

（一）塑料门窗工程安装的主控项目

（1）塑料门窗的品种、类型、规格、尺寸、性能、开启方向、安装位置、连接方式及填嵌密封处理应符合设计要求及国家现行标准、规范的有关规定，内衬增强型钢的壁厚和设置，应符合现行国家标准《建筑用塑料门》（GB/T 28886—2012）和《建筑用塑料窗》（GB/T 28887—2012）的规定。

检验方法：观察；尺量检查；检查产品合格证书、性能检验报告、进场验收记录和复验报告；检查隐蔽工程验收记录。

（2）塑料门窗框、门窗的附框和门窗扇的安装必须牢固。固定片或膨胀螺栓的数量与位置应正确，连接方式应符合设计要求。固定点应距离窗角、中横框、中竖框为150~200mm，固定点间距不得大于600mm。

检验方法：观察；手扳检查；尺量检查；检查隐蔽工程的验收记录。

（3）塑料组合门窗使用的拼樘料截面尺寸及内衬增强型钢的形状、壁厚应符合设计要求。承受风荷载的拼樘料应采用与其内腔紧密吻合的增强型钢作为内衬，其两端必须与洞口固定牢固。窗框必须与拼樘料连接紧密，固定点间距应不大于600mm。

检验方法：观察；手扳检查；尺量检查；吸铁石检查；检查进场验收记录。

（4）窗框与洞口之间的伸缩缝内应采用聚氨酯发泡胶填充，发泡胶填充应均匀、密实。发泡胶成型后不宜切割。表面应采用密封胶密封。所用的密封胶，应当性能优良、黏结牢固，表面应光滑、顺直、无裂纹。

检验方法：观察；检查隐蔽工程验收记录。

（5）"滑撑铰链"的安装必须牢固，紧固螺钉必须使用不锈钢材质。螺钉与门窗框扇的连接处，应进行防水密封处理。

检验方法：观察；手扳检查；吸铁石检查；检查隐蔽工程验收记录。

（6）推拉门窗扇必须有防脱落的装置。

检验方法：观察。

（7）门窗扇关闭应严密，开关应灵活。

检验方法：观察；尺量检查；开启和关闭检查。

（8）塑料门窗配件的型号、规格、数量应符合设计的要求，安装应牢固，位置应正确，使用应灵活，功能应满足各自使用要求。平开窗的窗扇高度大于900mm时，窗扇锁闭点不应少于2个。

检验方法：观察；手扳检查；尺量检查。

（二）塑料门窗工程安装的一般项目

（1）安装后的门窗关闭时，密封面上的密封条应处于压缩状态，密封层数应符合设计要求。密封条应连续完整，装配后应均匀、牢固，无脱槽、收缩和虚压现象；密封条接口应严密，且应位于窗的上方。

检验方法：观察。

（2）塑料门窗扇的开关力应符合下列规定：

① 平开门窗扇平铰链的开关力不应大于80N；"滑撑"铰链的开关力不应大于80N，并不应小于30N。

② 推拉门窗扇的开关力不应大于100N。

检验方法：观察；用测力计检查。

（3）门窗表面应洁净、平整、光滑，颜色应均匀一致。可视面应无划痕、碰伤等缺陷，门窗不得有焊接角开裂和型材断裂等现象。

检验方法：观察。

（4）旋转窗间隙应均匀。

检验方法：观察。

（5）排水孔应畅通，位置和数量应符合设计要求。

检验方法：观察。

（6）塑料门窗安装的允许偏差和检验方法应符合表5-55的规定。

表5-55　塑料门窗安装的允许偏差和检验方法

项次	项目		允许偏差/mm	检验方法
1	门、窗框外形(宽度、高度)尺寸的长度差	≤1500mm	2.0	用钢尺进行测量检查
		>1500mm	3.0	
2	门窗框两对角线长度差	≤2000mm	3.0	用钢尺进行测量检查
		>2000mm	5.0	
3	门窗框(含拼樘料)的正、侧面垂直度		3.0	用1m垂直检测尺子检查
4	门窗框(含拼樘料)的水平度		3.0	用1m水平尺和塞尺检查
5	门窗下横框标高		5.0	用钢尺进行检查
6	双层门窗内外框间距		4.0	用钢尺进行检查
7	门窗竖向偏离中心		5.0	用钢直尺进行检查
8	平开门窗及上悬、下悬、中悬窗	门窗扇与框搭接量	2.0	用深度尺或钢直尺检查
		同樘门、窗相邻扇的水平高度差	2.0	用靠尺和钢直尺检查
		门窗框扇四周的配合间隙	1.0	用楔形塞尺检查
9	推拉门窗	门窗扇与框搭接量	2.0	用深度尺或钢直尺检查
		门窗扇与框或相邻扇的竖边平行度	2.0	用钢直尺检查
10	组合门窗	门窗的平面度	3.0	用2m靠尺和钢直尺检查
		缝的直线度	3.0	用2m靠尺和钢直尺检查

（三）塑料门窗安装完成后成品保护

（1）塑料门窗应放置在清洁、平整的地方且应避免日晒、雨淋，并不得与腐蚀物质接触；塑料门窗不应直接接触地面，下部应设置垫木，且应立放，立放角度不应小于70°，并应采取防倾倒措施。

（2）储存塑料门窗的环境温度应不小于5℃，与热源的距离不应小于1m，塑料门窗在现场的放置时间不得超过2个月。

（3）塑料门窗在安装过程中应及时清除其表面水泥砂浆和其他杂物。

（4）已安装塑料门窗框、扇的洞口不得再作为运输料物通道。

（5）严禁在门窗框、扇上支脚手架、悬挂重物；外脚手架不得压在门窗框、扇上，并严禁蹬踩窗框、窗扇或窗撑。

（6）应防止利器划伤塑料门窗表面，并应防止电、气焊火花烧伤面层。

（7）在进行其他装修作业时，应采取有效的防护技术措施，防止塑料门窗产生污染，严禁碰撞门窗。

五、特种门工程安装质量验收标准

根据现行国家标准《建筑装饰装修工程质量验收标准》（GB 50210—2018）和行业标准《建筑门窗工程检测技术规程》（JGJ/T 205—2010）中的规定，特种门是指与普通门相比具有特殊用途的门，包括防火门、防辐射门、人防门、隔声门、防盗门、防爆门、防烟门、防尘门、抗龙卷风门、抗冲击波门、抗震门等，特种门工程安装质量管理适用以上各种门安装工程的质量验收。

（一）特种门工程安装的主控项目

（1）特种门的质量和各项性能应符合设计要求。

检验方法：检查生产许可证、产品合格证书和性能检验报告。

（2）特种门的品种、类型、规格、尺寸、开启方向、安装位置及防腐处理应符合设计要求及国家现行标准的有关规定。

检验方法：观察；尺量检查；检查进场验收记录和隐蔽工程验收记录。

（3）带有机械装置、自动装置或智能化装置的特种门，其机械装置、自动装置或智能化装置的功能应符合设计要求和有关标准的规定。

检验方法：启动机械装置、自动装置或智能化装置，观察。

（4）特种门的安装必须牢固。预埋件的数量、位置、埋设方式、与框的连接方式必须符合设计要求。

检验方法：观察；手扳检查；检查隐蔽工程验收记录。

（5）特种门的配件应齐全，位置应正确，安装应牢固，功能应满足使用要求和特种门的各项性能要求。

检验方法：观察；手扳检查；检查产品合格证书、性能检测报告和进场验收记录。

（二）特种门工程安装的一般项目

（1）特种门的表面装饰应符合设计要求。

检验方法：观察。

（2）特种门的表面应洁净，无划痕、碰伤。

检验方法：观察。

（3）推拉自动门的感应时间限值和检验方法应符合表5-56的规定。

表5-56　推拉自动门的感应时间限值和检验方法

项次	项目	感应时间限值/s	检验方法
1	开门响应时间	≤0.5	用秒表检查
2	堵门保护时间	16~20	用秒表检查
3	门扇全部开启后保持时间	13~17	用秒表检查

（4）人行自动门活动扇在启闭过程中对所要保持的部位应留有安全间隙。安全间隙应小于8mm或大于25mm。

检验方法：用钢直尺检查。

（5）自动门安装的允许偏差和检验方法应符合表5-57的规定。

表5-57　自动门安装的允许偏差和检验方法

项次	项目	允许偏差/mm				检验方法
		推拉自动门	平开自动门	折叠自动门	旋转自动门	
1	上框、平梁水平度	1	1	1	—	用1m水平尺和塞尺检查
2	上框、平梁直线度	2	2	2	—	用钢直尺和塞尺检查
3	立框的垂直度	1	1	1	1	用1m垂直检测尺检查
4	导轨和平梁平行度	2	—	2	2	用钢直尺检查
5	门框固定扇内侧对角线尺寸	2	2	2	2	用钢卷尺检查
6	活动门扇与框、横梁、固定扇间隙差	1	1	1	1	用钢直尺检查
7	板材对接接缝的平整度	0.3	0.3	0.3	0.3	用2m靠尺和塞尺检查

（6）自动门切断电源，应能手动开启，开启力和检验方法应符合表5-58的规定。

表5-58　自动门手动开启力和检验方法

项次	门的启闭方式	手动开启力	检验方法
1	推拉自动门	≤100	
2	平开自动门	≤100（门扇边梃着力点）	
3	折叠自动门	≤100（垂直于门扇折叠处铰链推拉）	用测力计检查
4	旋转自动门	150~300（门扇边梃着力点）	

注：1. 推拉自动门和平开自动门为双扇时，手动开启力仅为单扇的测值。

2. 平开自动门在没有风力情况测定。

3. 重叠推拉着力点在门扇前、侧面结合部的门扇边缘。

六、门窗玻璃安装工程安装质量验收标准

根据现行国家标准《建筑装饰装修工程质量验收标准》（GB 50210—2018）和行业标准《建筑门窗工程检测技术规程》（JGJ/T 205—2010）中的规定，门窗玻璃安装工程安装质量管理适用于平板、吸热、反射、中空、夹层、夹丝、磨砂、钢化、压花玻璃等玻璃安装工程的质量验收。

（一）门窗玻璃安装工程安装主控项目

（1）玻璃的品种、规格、尺寸、色彩、图案和涂膜朝向应符合设计要求。

检验方法：观察；检查产品合格证书、性能检验报告和进场验收记录。

（2）门窗玻璃裁割尺寸应正确。安装后的玻璃应牢固，不得有裂纹、损伤和松动。

检验方法：观察；轻敲检查。

（3）玻璃的安装方法应符合设计要求。固定玻璃的钉子或钢丝卡的数量、规格应保证玻璃安装牢固。

检验方法：观察；检查施工记录。

（4）镶钉木压条接触玻璃处，应与裁割口边缘平齐。木压条应互相紧密连接，并与裁割口的边缘紧贴，切割角处应整齐。

检验方法：观察。

（5）密封条与玻璃、玻璃槽口的接触应紧密、平整。密封胶与玻璃、玻璃槽口的边缘应黏结牢固、接缝平齐。

检验方法：观察。

（6）带密封条的玻璃压条，其密封条封条必须与玻璃全部贴紧，压条与型材之间应无明显缝隙。

检验方法：观察；尺量检查。

（二）门窗玻璃安装工程安装一般项目

（1）玻璃表面应洁净，不得有腻子、密封胶、涂料等污渍。中空玻璃内外表面均应洁净，玻璃中空层内不得有灰尘和水蒸气。门窗玻璃不应直接接触型材。

检验方法：观察。

（2）腻子及密封材料应充填饱满、黏结牢固；腻子及密封胶边缘与裁割口应平齐。固定玻璃的卡子不应在腻子表面显露。

检验方法：观察。

（3）密封条与玻璃及玻璃槽口的接触应平整，不得卷边、脱槽，密封条断口接缝应黏结。

检验方法：观察。

第九节　门窗工程施工质量问题与防治措施

门窗是建筑工程中不可缺少的重要组成部分，是进出建筑物的通道口和采光、通风的洞口，不仅起着通行、疏散和围护作用，而且还起着采光、通风和美化作用。但是，门窗暴露于大气之中，处于室内外连接之处，不仅受到各种侵蚀介质的作用，而且还受安装质量和使用频率的影响，会出现各种各样的质量缺陷。门窗工程出现各种的质量缺陷，应当认真进行调查，仔细分析产生的原因，根据质量问题实际情况采取正确的防治措施。

一、木门窗工程质量问题与防治措施

自古至今，装饰木门窗在建筑装饰工程中占有非常重要的地位，在建筑装饰门窗工程方面留下了光辉的一页，我国北京故宫就是装饰木门窗应用的典范。当前，尽管新型装饰材料

层出不穷，但木材的质感独特、制作容易、花纹自然、性能特殊，是其他任何建筑材料所无法替代的。然而，用木材制作的门窗也具有很多缺陷，使其在制作、安装和使用中出现各种问题，需要根据质量问题进行预防和维修。

（一）木门窗框变形

1. 木门窗框变形的原因

（1）在制作木门窗框时，所选用的木材含水率超过了现行标准规定的数值。木材干燥后，引起不均匀收缩，由于径向和弦向干缩存在差异，使木材改变原来的形状，引起翘曲和扭曲的变形。

（2）选择的材料不适当　制作门窗的木材中有迎风面和背风面，如果选用相同的木材，由于迎风面的木材的含水率与背风面不同，也容易发生边框弯曲和弓形翘曲等。

（3）当木门窗成品采取重叠堆放时，由于底部没有全部垫平，在不均衡荷载的作用下发生变形；在露天堆放时，门窗表面没有进行遮盖，木门窗框受到日晒、雨淋、温度变化、风吹等，很容易发生膨胀干缩变形。

（4）由于设计或使用中的原因，木门窗受墙体压力或使用时悬挂重物等影响，在外力的作用下造成门窗框翘曲。

（5）在制作木门窗时，门窗框的制作质量低劣，如榫眼不端正、开榫不平正等，造成门窗框的四角不在一个平面内，也会造成木门窗框变形。

（6）在进行木门窗框安装时，没有按照施工规范的要求进行操作，由于安装不当而产生木门窗框变形。

2. 木门窗框变形的维修

如果是在立框前发现门窗框变形，对弓形翘曲、边框弯曲且变形较小时的木材，可通过烘烤使其平直；对变形较大的门窗框，退回原生产单位再重新制作。如果是在立框后发现门窗框变形，则根据情况进行维修。

（1）由于用材不当（如木材含水率高、木材断面尺寸太小、易变形木材等），造成门窗框变形的，应拆除由重新制作安装。在重新制作时，要将木材干燥到规范规定的含水率，即：原木或方木结构应不大于25%；板材结构及受拉构件的连接板应不大于18%；通风条件较差的木构件应不大于20%；对要求变形小的门窗框，应选用红白松及杉木等制作；注意木材的变形规律，要把易变形的阴面部分木材挑出不用；选用断面尺寸达到要求的木材。

（2）如果是制作时门窗的质量低劣，造成门窗框变形的，当变形较小时，可拆下通过榫眼加木楔、安装L形、T形铁角等方法进行校正，当变形较大时，应拆除由重新制作，注意打眼要方正，两侧要平整；开榫要平整，榫肩方正。

（3）如果是安装不当、受墙体压力等原因，造成门窗框变形，应拆下重新进行安装。重新安装时，要消除墙体压力，防止再次受压变形；在立框前应在靠墙一侧涂上底子油，立框后及时涂刷涂料，以防止其发生干缩变形。

（4）如果是成品重叠堆放、使用不当等原因，造成门窗框变形，这种变形一般情况比较小，在立框前变形，对于弓形翘曲、边框弯曲，可通过烘烤使其平直；在立框后，可通过弯面锯口加楔子的方法，使其平直。

（二）门窗扇产生翘曲

1. 门窗扇翘曲的原因

门窗扇翘曲的主要表现为将门窗扇安装在检查合格的门窗框上时，扇的四个角与门窗框不能全部靠实，其中的一个角跟框保持着一定距离。其原因主要有以下几点。

① 在进行门窗扇制作时，未按施工规范操作，致使门窗扇不符合质量要求，拼装好的门窗扇本身就不在同一平面内。

② 制作门窗扇木材的材质比较差，采用了容易发生变形的木料，或是木材未进行充分干燥，木材含水率过高，安装好后由于干湿变化而产生翘曲变形。

③ 木门窗在现场保管不善，长期受风吹、日晒、雨淋作用，或是堆放底部不平整或不当，造成门窗扇翘曲变形。

④ 木门窗在使用的过程中，门窗出现涂料粉化、脱落后，没有及时进行重新涂刷，使木材含水量经常产生湿胀干缩，从而引起门窗发生翘曲变形。

⑤ 由于受墙体压力或使用时悬挂重物等影响，从而造成门窗扇翘曲。

2. 门窗扇翘曲的维修

当门窗扇翘曲变形不严重时，可以采用以下方法进行修理。

① 烘烤加热法　将门窗扇卸下用水湿润弯曲部位，然后用火进行烘烤。使一端顶住不动，在另一端向下压，中间垫一个木块，看门窗扇翘曲程度，改变木块和烘烤的位置，反复进行一直到完全矫正为止。

② 阳光照射法　在变形的门窗扇的凹部位洒上水，使之湿润，凸面朝上，放在太阳光下直接照晒。四面的木材纤维吸收水分后膨胀。凸面的木材纤维受到阳光照晒后，水分蒸发收缩，使木材得到调直，恢复门窗扇的平整状态。

③ 重力压平法　选择一块比较平整场地，在门窗扇弯曲的四面洒水加以湿润，使翘曲的凸面部位朝上，并压以适量的重物（石头或砖块）。在重力作用下，凸出的部分逐渐被压下去，变形的门窗扇会逐渐恢复平直状态。

④ 门窗扇翘曲程度在3mm以内的，可以将门窗扇装合页一边的一端向外拉出一些，使另一边去与框保持平齐。

⑤ 把门窗框与门窗扇先行靠在一起的那个部位的梗铲掉，使门窗扇和框靠实。

⑥ 可以借助门锁和插销，逐渐将门窗扇的翘曲部位校正过来。

（三）门窗扇倾斜和下坠

1. 门窗扇倾斜和下坠的原因

门扇倾斜和下坠主要表现为门扇不装合页的一边下面与地面间的缝隙逐渐减小，甚至开闭门扇时摩擦地面；窗扇安上玻璃后，不装合页一边上面缝隙逐渐加大，下边的缝隙逐渐减少。其主要原因为以下几点。

① 门窗扇过高、过宽，在安装玻璃后，又会加大门窗扇自身的重量，当选用的木材断面尺寸太小时，承受不了经常开关门窗的扭力，日久则产生较大变形，造成门窗扇下坠。

② 门窗设计的过宽、过重，选用的组合五金规格偏小，安装的位置不适当，上部合页与上边距离过大，造成门窗扇下垂和变形。

③ 制作时未按规定操作，导致门窗的质量低劣，如榫眼不正、开榫不平正、榫肩不方、榫卯不严、榫头松动等，在门窗自重的作用下，也容易发生变形、下坠。

④ 在安装门窗时，由于选用的合页质量和规格不当，再加上合页安装质量不好，很容易发生松动，从而会造成门窗扇的下坠。

⑤ 在制作和组合门窗时，门窗上未按照规定安装L形、T形铁角，使门窗的组合不牢固，从而造成门窗倾斜和下坠。

2. 门窗扇倾斜和下坠的维修

（1）对较高、较宽的门窗扇，应当适当加大其断面尺寸，以防止木材干缩或使用时用力扭曲等，使门窗扇产生倾斜和变形。

（2）门窗在使用的过程中，不要在门窗扇上悬挂重物，对脱落的油漆要及时进行涂刷，以防止门窗扇受力或含水量变化产生变化。

（3）如果选用的五金规格偏小，可更换适当的五金；如是合页规格过小，可更换较大的合页；如果是安装位置不准确，可以重新安装；如为合页上木螺丝松动，可将木螺丝取下，在原来的木螺丝眼中塞入小木楔，重新按要求将木螺丝拧上。

（4）如果门窗扇稍有下坠现象，可以把下边的合页稍微垫起一些，以此法进行纠正，但不要影响门窗的垂直度。

（5）当门窗扇下坠比较严重时，应当将门窗扇取下，待完全校正合格后在门窗扇的四角加上铁三角，以防止再出现下坠。

（6）对下坠的门扇，可将下坠的一边用木板适当撬起，在安装合页的扇梃冒头上榫头上部加楔，在甩边冒头榫头下部加楔。

（7）对于已经下坠的窗扇，用木板将窗扇下坠的一边适当撬起，在有合页的扇边里侧，窗梃下部加木楔，窗梃的另一端会把甩边抬起。

（8）对下垂严重的门窗扇，应当卸下门窗扇，待门窗扇恢复平直后再加楔挤紧。

（9）对于榫头松动下坠的门窗扇，可以先把门窗扇拆开，将榫头和眼内壁上的污泥清除干净后，然后重新进行拼装，调整翘曲、串角，堵塞漏胶的缝隙后，将门窗扇横放，往榫眼的缝隙中灌满胶液进行固定。

（10）如果眼的缝隙比较大，可在胶液内掺入5%~10%的木粉，这样既可以减小胶的流动性，又可以减小胶液的收缩变形。一边灌好后，钉上木盖条，然后再灌另一边，胶液固化后再将木盖条取下。由于榫和眼黏结成了一个整体，这样就不容易产生松动下垂。

（四）门窗扇关闭不拢

1. 门窗扇关闭不拢的原因

（1）缝隙不均匀造成的关不拢　门窗扇与门窗框之间缝隙不均匀，主要是由于门窗扇制作尺寸误差和安装误差所造成的。一般门扇在侧边与门框出现"蹭口"，窗扇在侧边或底边与窗框出现"蹭口"。

（2）门窗扇坡口太小造成的关不拢　门窗扇安装时，按照规矩扇四边应当刨出坡口，这样门窗扇就容易关拢。如果坡口太小，门窗扇开关时会因其尺寸不适合而关不拢，而且安装合页的扇边还会出现"抗口"的毛病。

（3）木门窗扇翘曲、"走扇"造成的关不拢　门窗扇翘曲、"走扇"造成的关不拢的原因，与门窗扇翘曲、"走扇"的原因相同，主要是安装合页的一边门框不垂直和门扇上下合页轴心不在一条垂直线上。

2. 门窗扇关闭不拢的维修

（1）缝隙不均匀造成的关不拢　当门扇在侧边与门框"蹭口"，窗扇在侧边或底边与窗框"蹭口"时，可将门扇和窗扇，进行细刨修正。

（2）门窗扇坡口太小造成的关不拢　如果出现因门窗扇坡口太小造成的关不拢，可把"蹭口"的门窗扇坡口再刨大一些就可以，一般坡口为2°~3°比较适宜。

（3）木门窗扇翘曲、"走扇"造成的关不拢　如果出现门窗扇翘曲、"走扇"而造成的门窗扇关不拢，可参照翘曲、"走扇"的修理方法进行修理。

(五) 木门窗"走扇"

1. 木门窗"走扇"的原因

木门窗"走扇"是木门窗使用中最常见的质量问题，表现为关上的门能够自行慢慢地打开，开着的门扇能够自行慢慢地关上，而不能停留在需要停留的位置上。产生木门窗"走扇"的原因很多，一般情况下主要原因有以下几点：a.安装合页的一边门框不垂直，往开启的方向倾斜，门窗扇就会自动打开，往关闭的方向倾斜，门窗扇就自动关闭；b.门扇安装的上下合页轴心不在一条垂直线上，当上合页轴心偏向开启方向时，门就自动开启，否则自动关闭。

2. 木门窗"走扇"的维修

（1）如果木门窗框倾斜度比较小时，可以调整下部（或上部）的合页位置，使上下合页的轴线在一条垂直线上。

（2）如果木门框倾斜度比较大时，先将固定门框的钉子取出或锯断，然后将门框上下走头处的砌体凿开，重新对门框进行垂直校正，经检查无误后再用钉子重新固定在两侧砌墙的木砖上，然后用高强度等级水泥砂浆将走头部分的砌体修补好。

(六) 门窗框扇的腐朽与虫蛀

1. 门窗框扇腐朽和虫蛀的原因

门窗框（扇）的腐朽表现为门框（扇）或窗框（扇）上明显出现黑色的斑点，甚至门窗框（扇）已产生腐烂，不仅严重影响门窗的美观，其使用寿命大大减少，而且还会突然出现掉落，严重的还会出现伤人事故。产生这类质量缺陷的主要原因有以下几点。

① 由于门窗框（扇）没有经过适当的防腐处理，从而引起腐朽的木腐菌在木材中具备了生存条件。

② 采用易受白蚁、家天牛等虫蛀的马尾松、木麻黄、桦木、杨木等木材做门窗框（扇），同时这些木材也没有经过适当的防虫处理。

③ 在设计建筑房屋构造时，没有周全地考虑一些细部构造，如窗台、雨篷、阳台、压顶等没有做适当的流水坡度和未做滴水槽，靠外墙的门窗框及门窗框顶没有设置雨篷，经常受到雨雪水的浸泡，门窗框（扇）长期潮湿，致使门窗框产生腐朽。

④ 靠近厨房、卫生间的门窗框，由于受洗涤水或玻璃窗上结的露水流入框缝中，并且厨卫通风不良，致使门窗框长期处于潮湿状态，为门窗框腐朽提供了条件。

⑤ 由于使用时间过长和保护不当，门窗框（扇）涂料老化产生脱落，加上没有及时进行涂刷和养护，使门窗框（扇）产生腐朽和虫蛀。

2. 门框、窗框扇腐朽和虫蛀的维修

（1）在紧靠墙面和接触地面的门窗框脚等易潮湿部位和使用易受白蚁、家天牛等虫蛀的木材时，在加工门窗前应进行适当的防腐防虫处理。如果用五氯酚、林丹合剂处理，其配方为五氯酚∶林丹（或氯丹）∶柴油=4∶1∶95。

（2）在设计和施工房屋建筑工程时，注意做好窗台、雨篷、阳台、压顶等处的流水坡度和滴水槽，这样可使雨雪水及时畅通排出，避免浸湿门窗框而腐朽。

（3）在木门窗使用的过程中，对门窗出现的老化脱落的油漆要及时进行涂刷，一般以3~5年为重涂涂料周期。

（4）当木门窗产生腐朽、虫蛀时，可锯去腐朽、虫蛀部分。用小榫头对半接法换上新的木材，再用加固钉钉牢。新的木材的靠墙面必须涂刷防腐剂，搭接长度不小于20mm。

（5）门窗梃端部出现腐朽，一般应予以换新的，如冒头榫头出现断裂，但没有腐朽现象，则可以采用安装铁片曲尺进行加固，开槽应稍低于门窗框表面1mm。

（6）如果木门窗的冒头出现腐朽，可以对腐朽的局部进行接修。

二、钢门窗工程质量问题与防治措施

门窗的工程实践充分证明：钢门窗虽然具有强度较高、取材容易、制作方便、价格较低、维修方便等显著的优点，但是其耐腐蚀性能较差，气密性和水密性较差，导热系数也较大，使用过程中的热损耗较多，不符合节能的要求。因此，钢门窗只能用于一般的建筑物，而很少用于较高级的建筑物上，特别是有空调设备的建筑物应用更少。

（一）钢门窗的质量问题

1. 普通钢门窗的损坏及产生原因

（1）钢门窗翘曲变形　钢门窗翘曲变形主要表现为门窗或扇的四个角不在一个平面内，即窗框与窗扇之间有比较明显的翘曲变形现象。这种质量缺陷不仅影响钢门窗的美观，而且严重影响其正常使用。

工程实践证明，出现这种问题的主要原因是：a.由于生产厂加工比较粗糙，门窗框在出厂时就发生翘曲；b.框立梃中间的铁脚没有筑牢，立梃向扇的方向产生变形；c.工人用杠棒穿入窗芯挑抬钢窗，从而造成变形；d.施工时在窗芯或框子上搭脚手架，在外力的作用下造成弯曲；e.钢门窗在运输或堆放时没有平放，导致钢门窗变形；f.地基基础产生不均匀沉降，引起房屋倾斜，导致钢门窗变形；g.钢门窗面积过大，因温度升高没有胀缩余地，造成钢门窗变形；h.钢门窗上的过梁刚度或强度不足，使钢门窗承受过大的压力而变形等。

（2）钢门窗扇开启受阻　钢门窗扇开启受阻主要表现为门窗扇在开启时和框产生摩擦、卡阻，门窗和地面摩擦，窗扇和窗台摩擦，合页转动比较困难费力。

产生钢门窗扇开启受阻的主要原因是：a.由于门窗扇和门框加工比较粗糙，安装后就产生摩擦、卡阻；b.地面或窗台施工时标高掌握不够准确，抹灰过厚而造成窗扇、门扇摩擦窗台或地面；c.门窗洞口尺寸过小，抹灰时将钢门窗的合页半埋或全埋等，造成钢门窗扇开启受阻。

（3）钢门窗框安装松动　钢门窗框安装松动主要表现为门窗框用手推可感到有摆动，在钢门窗关闭比较频繁的情况下，其松动现象会越来越严重，甚至出现钢门窗的损坏。

产生钢门窗安装松动的主要原因是：a.由于连接件间距过大，位置不对；b.四周铁脚伸入墙体太少，或浇筑砂浆后被碰撞以及铁脚固定不符合要求等。

（4）窗执手开关不灵　窗执手开关不灵主要表现为窗扇关闭后执手不能盖住窗框上的楔形铁块，不能将窗扇固定，更不能越压越紧。

产生钢窗执手开关不灵的主要原因是：由于生产工厂对执手加工粗糙，或者因保护不良执手出现锈蚀等。

（5）钢门窗锈蚀和断裂　钢门窗产生锈蚀和断裂是比较严重的质量问题，不仅严重影响钢门窗的正常使用，而且在发生断裂后有很大的危险性。

钢门窗产生锈蚀和断裂的主要原因有：a.没有适时对钢门窗涂刷涂料进行防锈和养护；b.外框下槛无出水口或内开窗腰头处没有设置"披水板"；c.厨房、浴室等比较潮湿的部位通风不良；d.钢门窗上油灰脱落、钢门窗直接暴露于大气中；e.钢窗合页卷轴因潮湿、缺油而破损。

2. 塑钢门窗的损坏及产生原因

（1）门窗框、扇变形　塑钢门窗框、扇变形主要表现为门窗框、扇弯曲或压扁，这种变形不仅使门窗的外观不美观，而且在使用中也很不方便，甚至使门窗很难开启和关闭。

产生塑钢门窗框扇变形的原因主要是：热加工的过程中未按规定操作，或长期在不平整场地上堆放因受压而造成变形。

（2）密封条脱落　密封条脱落主要表现为密封条从密封槽中脱出，这样大大降低了门窗的密封性，不仅对室内保温隔热影响很大，而且雨水和侵蚀介质会在槽内产生破坏作用。

产生密封条脱落的原因主要是：由于密封条没有按设计要求塞紧，或密封条产生老化收缩而脱落，或对密封条检查、维修不及时。

（3）门窗框与墙的干缩裂缝　塑钢门窗框和墙之间干缩裂缝主要表现为门窗四周有干缩裂缝，不仅使门窗框的固定出现松动现象，而且也会使侵蚀介质通过裂缝侵入。

产生门窗框和墙之间干缩裂缝的原因主要是：a.门窗框和墙洞口之间仅用水泥砂浆回填，未做密封处理；b.或者在门窗框和墙之间的填充水泥砂浆未硬化前，对其产生较大的震动。

（4）开关不灵活　塑钢窗开关不灵活，主要表现在平开和多向开启塑钢窗窗扇开关比较费力，执手锁紧比较困难。

产生开关不灵活的原因主要是：安装精度不符合要求，滑块产生生锈变形，紧固螺丝没有松开，纱窗橡胶条从槽中脱出，从而阻碍窗扇开关。

（二）钢门窗的维修

1. 普通钢门窗的维修

（1）钢门窗扇翘曲变形的维修

① 将门窗扇轻轻关闭，查看留缝宽度是否符合规定要求。如果不符合要求，则轻扳框的上部，直到达到要求的留缝宽度时用楔子挤紧。

② 当玻璃芯子参差不齐时，可在芯子末端用硬质木块以手锤轻轻敲击，使其达到平整一致为止。

③ 当钢门窗的外框发生弯曲时，先凿去粉刷的装饰部分，然后在门窗框上垫上硬木块，用手锤轻轻地敲击纠正，但注意不要出现新的损伤。

④ 当钢门窗扇关闭过紧、呆滞时，可将扇轻轻摇动至较松，并在铰链轴心处加适量润滑油，使其关闭无回弹情况。

⑤ 钢门窗框立桦时，先用楔子将门窗框固定好后，将铁脚孔洞清理干净，浇透水，安上铁脚，然后用高强度等级的水泥砂浆将洞填满、填实，待凝固后在去掉楔子。

⑥ 严格控制钢门窗的制作和安装质量，对于钢门窗面积过大的，应根据使用环境等情况，考虑其适当的胀缩余地。

⑦ 如果钢门窗的内框出现较大变形，应将其顶至正确位置后，再重新将其焊接牢固。

⑧ 钢门窗在涂刷防锈漆前，应将焊接接头处的焊渣清理干净。当涂刷防锈漆要求较高时，应用专用机具把焊缝处打磨平整，接换的新料必须涂刷防锈漆二度。

⑨ 当钢门窗的内框直线段出现弯曲时，可以用衬料（如铁件）通入进行回直。

⑩ 对于面积较大的钢门窗，可加设合适的伸缩缝，伸缩缝内应用材料将缝填满填实。

（2）门窗扇开启受阻的修理

① 如果是门窗扇本身比较粗糙而使开启受阻，可以把原来的门窗扇拆下来，重新安装合格门窗扇。

② 如果是由于抹灰过厚引起的开启受阻，则先凿掉原来的抹灰，把基层彻底清理干净，

然后浇水湿润，再重新铺设砂浆，使其厚度达到能开启门窗扇即可。

（3）钢门窗出现松动的修理　可先将钢门窗四周铁脚孔处适当凿出一定深度和宽度的槽口，然后将钢门窗重新校正到垂直位置，临时固定后，将上框铁脚与预埋件重新补焊牢固，再在四周预留孔凿出的空隙内用水泥砂浆填塞密实。

（4）窗执手开关不灵的修理　对于窗子执手开关不灵的修理非常简单，如果是执手本身质量不合格，重新换上合格的执手即可；如果是因为执手五金零件生锈开关不灵，换上新的五金零件即可。

（5）钢门窗锈蚀和断裂的防治

① 对钢门窗要根据使用的环境实际情况，定期涂刷油漆，平时要进行正常检查和维护，尤其是对脱落的油漆要及时修补。

② 对于厨房、浴室等易潮湿的地方，在设计时应考虑改善通风条件，防止钢门窗经常处于潮湿的环境中，以避免钢门窗锈蚀。

③ 当外窗框锈蚀比较严重时，应当锯去已经锈蚀部分，用相同窗料进行接换，然后焊接牢固。

④ 当钢门窗的内框局部锈蚀比较严重时，也可以更换或新接相同规格的新料。

⑤ 钢窗合页卷轴破损时，可按以下步骤进行修理：a.用喷灯对卷轴处进行烧烤，烤红后拿开喷灯；b.向烤红后的合页浇水冷却，用手锤处轻轻击打卷轴处；c.用喷灯对卷轴处再进行烧烤，烤红后，用大号鱼嘴钳夹住轴处向外放；d.用喷灯对卷轴处再进行烧烤，烤红后，将专用小平锤（或用一块宽度×厚度×长度为20mm×10mm×100mm的钢块和直径为8mm的铁棍做一把小平锤，即只需用电将铁焊接在钢块长度中部的一侧即可）放置在卷轴合页与窗扇相接处，用手锤击打平锤，用力要适当。将卷轴合页调平、浇水冷却，点上几滴油，将窗扇来回开关几次，开关灵活即可。

⑥ 钢窗玻璃油灰脱落时，先将旧油灰清理干净，然后用油灰重新嵌填。

2. 塑钢门窗的维修

（1）门窗框、扇变形的修理　对于门窗框、扇变形的修理，应当根据变形的实际情况分别加以对待。对于变形严重者，可以更换新的框、扇；对于变形不严重者，可以通过顶压或调整定位螺丝进行调整。

（2）密封条脱落的修理　对于没有塞紧的密封条，按照有关标准重新进行塞紧；对于已老化的密封条，应将老化密封条取出，更换上新的密封条。

（3）门窗框和墙干缩裂缝的修理　将门窗框和墙洞口之间原来的水泥砂浆剔除，并彻底清理干净，再用弹性材料或聚氨酯发泡密封填塞裂缝，然后用密封胶进行密封处理。

（4）窗执手开关不灵活的修理　如果窗执手是由于安装精度不够而开关不灵活，可以将窗执手卸下重新进行安装；如果是由于执手的滑块生锈而开关不灵活，可以在滑块上滴上适量润滑油；如果是由于执手五金零件生锈而开关不灵活，应当换上新的五金零件。

三、铝合金门窗工程质量问题与防治措施

铝合金门窗与普通木门窗、钢门窗相比，具有质量比较轻、强度比较高、密封性能好、使用中变形小、立面非常美观、便于工业化生产等显著的特点。但在安装和使用的过程中也会出现一些质量问题，如果不及时进行维修，则会影响其装饰效果和使用功能。

（一）铝合金窗常见质量问题及原因

1. 铝合金门窗开启不灵活

铝合金门窗开启不灵活，主要表现为门窗扇推拉比较困难，或者根本无法推拉到位，严重影响其使用性能。产生铝合金门窗开启不灵活主要原因有以下几点。

① 安装的轨道不符合施工规范的要求，由于轨道有一定弯曲，两个滑轮不同心，互相偏移及几何尺寸误差较大。

② 由于门扇的尺寸过大重量必然过大，门扇出现下坠现象，使门扇与地面的间隙小于规定量2mm，从而导致铝合金门窗开启不灵活。

③ 由于对开门的开启角度小于90°±3°，关闭时间大于3~15s，自动定位不准确等，使铝合金门窗开启不灵活。

④ 由于平开窗的窗铰链出现松动、滑块脱落、外窗台标高不符合要求等，从而导致铝合金门窗开启不灵活。

2. 铝合金门窗渗水

（1）对铝合金门窗框与墙体之间、玻璃与门窗框之间密封处理不好，构造处理不当，必然会产生渗水现象。

（2）外层推拉门窗下框的轨道根部没有设置排水孔，降雨后雨水存在轨道槽内，使雨水无法排出，也会产生渗水现象。

（3）在开启铝合金门窗时，由于方法不正确，用力不均匀，特别是用过大的力进行开启时，会使铝合金门窗产生变形，由于缝隙过大而出现渗水。

（4）在使用的过程中，由于使用不当或受到外力的不良作用，使窗框、窗扇及轨道产生变形，从而导致铝合金门窗渗水。

（5）由于各种原因窗铰变形、滑块脱落，使铝合金门窗的密封性不良，也会导致铝合金门窗渗水。

3. 门窗框安装松动

门窗框安装松动主要表现为大风天气或手推时，铝合金门窗框出现较明显的晃动；门窗框与墙连接件腐蚀断裂。

产生门窗框安装松动的原因主要是：连接件数量不够或位置不对；连接件过小；固定铁片间距过大，螺钉钉在砖缝内或砖及轻质砌块上，组合窗拼樘料固定不规范或连接螺钉直接捶入门窗框内。

4. 密封质量不好

密封质量不好主要表现为橡胶条或毛刷条中间有断开现象，没有到节点的端头，或脱离开凹槽。

产生密封质量不好的原因主要是：a.尼龙毛条、橡胶条脱落或长度不到位；玻璃两侧的橡胶压条选型不妥，压条压不进；b.橡胶压条材质不好，有的只用一年就出现严重的龟裂，失去弹性而影像密封；c.硅质密封胶注入得较薄，没起到密闭及防守作用。

（二）铝合金门窗常见质量问题的修理

1. 铝合金门窗开启不灵活的修理

（1）如果铝合金门窗的轨道内有砂粒和杂物等，使其开启不灵活，应将门窗扇推拉认真清理框内垃圾等杂物，使其干净清洁。

（2）如果是铝合金门窗扇发生变形而开启不灵活，对已变形的窗扇撤下来，或者进行修理，或者更换新的门窗扇。

（3）如果铝合金门窗扇开启不灵活，是因为门窗的铰链发生变形，对这种情况应采取修复或更换的方法。

（4）如果铝合金窗扇开启不灵活，是因为外窗台超高部分而造成，应将所超高的外窗台进行凿除，然后再抹上与原窗台相同的装饰材料。

2. 铝合金门窗框松动的修理

（1）对于铝合金门窗的附件和螺丝，要进行定期检查和维修，松动的要及时加以拧紧，脱落的要及时进行更换。

（2）铝合金门窗因腐蚀严重而造成的门窗框松动，应彻底进行更换。

（3）如果是往撞墙上打射钉造成的松动，可以改变其固定的方法。其施工工序如下：先拆除原来的射钉，然后重新用冲击钻在撞墙上钻孔，放入金属胀管或直径小于8mm的塑料胀管，再拧进螺母或木螺钉。

3. 密封质量不好的修理

（1）如果是因为铝合金门窗上的密封条丢失而造成的密封不良，应当及时将丢失的密封条补上。

（2）使用实践证明，有些缝隙的密封橡胶条，容易在转角部位出现脱开，应在转角部位注上胶，使其黏结牢固。

（3）如果是密封施工质量不符合要求，可在原橡胶密封条上或硅酮密封胶上再注一层硅酮封胶，将有缝隙的部位密封。

4. 铝合金门窗渗水的修理

（1）在横、竖框的相交部位，先将框的表面清理干净，再注上防水密封胶封严。为确保密封质量，防水密封胶多用硅酮密封胶。

（2）在铝合金门窗的封边处和轨道的根部，隔一定距离钻上直径2mm的排水孔，使框内积水通过小孔尽快排向室外。

（3）当外窗台的泛水出现倒坡时，应当重新做泛水，使泛水形成外侧低、内侧高，形成顺水坡，以利于雨水的排除。

（4）如果铝合金窗框四周与结构的间隙处出现渗水，可以先用水泥砂浆将缝隙嵌实，然后再注上一层防水胶。

四、塑料门窗工程质量问题与防治措施

塑料门窗线条清晰、外观挺拔、造型美观、表面细腻、色彩丰富，不仅具有良好的装饰性，而且具有良好的隔热性、密闭性和耐腐蚀性。此外，塑料门窗不需要涂刷涂料或油漆，可节约施工时间和工程费用。但是，塑料门窗也存在整体强度低、刚度比较差、抗风压性能低、耐紫外线能力较差、很容易老化等缺点，在施工和使用过程中也会出现这样那样的质量问题，对出现的质量问题必须进行正常而及时的维修。

（一）塑料门窗常见质量问题及原因分析

1. 塑料门窗松动

塑料门窗安装完毕后，经质量检查发现安装不牢固，有不同程度的松动现象，严重影响门窗的正常使用。

塑料门窗出现松动的主要原因是：固定铁片间距过大，螺钉钉在砖缝内或砖及轻质砌块

上，组合窗拼樘料固定不规范或连接螺钉直接捶入门窗框内。

2. 塑料门窗安装后变形

塑料门窗安装完毕后，经质量检查发现门窗框出现变形，不仅严重其装饰效果，而且影响门窗扇开启的灵活性。

塑料门窗安装后变形的主要原因是：固定铁片位置不当，填充发泡剂时填得太紧或框受外力作用。

3. 组合窗拼樘料处渗水

塑料组合窗安装完毕后，经质量检查发现组合窗拼樘料处有渗水现象，这些渗水对窗的装饰性和使用年限均有不良影响。

塑料组合窗拼樘料处渗水的主要原因是：a.节点处没有防渗措施；b.接缝盖缝条不严密；c.扣槽有损伤。

4. 门窗框四周有渗水点

塑料门窗安装完毕后，经质量检查发现门窗框四周有渗水点，渗水会影响框与结构的黏结，渗水达一定程度会引起门窗的整体松动。

门窗框四周有渗水点的主要原因是：固定门窗框的铁件与墙体间无注入密封胶，水泥砂浆抹灰没有确实填实，抹灰面比较粗糙、高低不平，有干裂或密封胶嵌缝不足。

5. 门窗扇开启不灵活，关闭不密封

塑料门窗安装完毕后，经质量检查发现门窗扇开启不灵活、关闭不密封，严重影响门窗的使用功能和密封性能。

门窗扇开启不灵活、关闭不密封的主要原因是：a.门窗框与门窗扇的几何尺寸不符；b.门窗平整与垂直度不符合要求；c.密封条填缝位置不符，合页安装不正确，产品加工不精密。

6. 固定窗或推拉（平开）窗窗扇下槛渗水

塑料门窗安装完毕后，经质量检查发现固定窗或推拉（平开）窗窗扇下槛有渗水现象。

固定窗或推拉（平开）窗窗扇下槛有渗水的主要原因是：a.下槛泄水孔或泄水孔下皮偏高，泄水不畅或有异物堵塞；b.安装玻璃时，密封条不密实。

（二）塑料门窗常见质量问题修理

1. 塑料门窗松动的修理

调整固定铁片的间距，使其不大于600mm，在墙内固定点埋设木砖或混凝土块；组合窗拼樘料固定端焊于预埋件上或深入结构内后浇筑C20混凝土；连接螺钉直接捶入门窗框内者，应改为先进行钻孔，然后旋进螺钉并和两道内腔肋紧固。

2. 塑料门窗安装后变形的修理

调整固定铁片的位置，重新安装门窗框，并注意填充发泡剂要适量，不要填充过紧而使门窗框受到过大压力，安装后防止将脚手板搁置于框上或悬挂重物等。

3. 组合窗拼樘料处渗水的防治

拼樘料于框之间的间隙先填以密封胶，拼装后接缝处外口也灌以密封胶或调整盖缝条，扣槽损伤处再填充适量的密封胶。

4. 门窗框四周有渗水点的修理

固定门窗的铁件与墙体相连处，应当注入密封胶进行密封，缝隙间的水泥砂浆要确保填实，表面做到平整细腻，密封胶嵌缝位置正确、严密，表面用密封胶封堵水泥砂浆裂纹。

5. 门窗扇开启不灵活，关闭不密封的防治

首先检查门窗框与门窗扇的几何尺寸是否协调，再检查其平整度和垂直度是否符合要求；检查五金配件质量和安装位置是否合格。对几何尺寸不匹配和质量不合格者应进行调换，对平整度、垂直度和安装位置不合格者应进行调整。

6. 固定窗或推拉（平开）窗窗扇下槛渗水的修理

对于固定窗或推拉（平开）窗窗扇下槛渗水的修理比较简单，主要采取：a.加大泄水孔，并剔除下皮高出部分；b.更换密封条；c.清除堵塞物等措施。

五、特种门窗工程质量问题与防治措施

随着高层建筑和现代建筑的飞速发展，对于门的各种要求越来越多、质量越来越高，因此特种门也随之而发展。目前，用于建筑的特种门不仅种类繁多，功能各异，要求较高，而且其品种、功能还在不断增加，最常见的有防火门、防盗门、自动门、全玻门、旋转门、金属卷帘门等。

工程实践证明，特种门的重要性明显高于普通门，数量则较之普通门为少，为保证特种门的使用功能，不仅规定每个检验批抽样检查的数量应比普通门加大，而且对特种门的养护和维修更要引起重视。

（一）自动门的质量问题与修理

1. 自动门的质量问题

建筑工程中常用的自动门，在安装和使用的过程中，容易出现的质量问题有：a.关闭时门框与门扇出现磕碰，开启不灵活；b.框周边的缝隙不均匀；c.门框与副框处出现渗水。

2. 出现质量问题原因

（1）自动门如果出现开启不灵活和框周边的缝隙不均匀等现象时，一般是由于以下原因所造成的。

① 由于各种原因使自动门框产生较大变形，从而使门框不方正、不规矩，必然造成关闭时门窗框与门窗扇出现磕碰，开启不灵活。

② 自动门上的密封条产生松动或脱落，五金配件出现损坏，未发现或未及时维修和更换，也会造成框周边的缝隙不均匀，门窗框与副框处出现渗水。

③ 在进行自动门安装时，由于未严格按现行的施工规范进行安装，安装质量比较差，偏差超过允许范围。容易出现关闭时门窗框与门窗扇出现磕碰，开启不灵活；框周边的缝隙不均匀；门窗框与副框处出现渗水。

（2）自动门造成五金配件损坏的原因

① 在选择和采购自动门五金配件时，未按照设计要求去选用，或者五金配件本身存在质量低劣的问题。

② 在安装自动门上的五金配件时，紧固中未设置金属衬板，没有达到足够的安装强度，从而造成五金配件损坏。

3. 自动门的防治修理

（1）当由于自动门的框外所填塞砂浆将框压至变形时，可以将门框卸下并清除原来的水泥砂浆，将门框调整方正后再重新进行安装。

（2）如果自动门上的密封条产生松动或脱落，应及时将松动的密封条塞紧；如果密封条出现老化，应及时更换新的。

（3）对自动门上所用的五金配件，一是要按照设计要求进行选择和采购；二是一定要认真检查产品的合格证书；三是对于已损坏的要及时进行更换；四是安装五金配件要以正确的方法操作。

（4）做好自动门的成品保护和平时的使用保养，特别要防止较大外力的冲击，在门上不得悬挂重物，以避免自动门产生变形。

（5）五金配件安装后要注意保养和维修，防止生锈腐蚀。在日常使用中要按规定进行开关，特别应防止硬性开关，以免造成损坏。

（二）旋转门的质量问题与修理

1. 旋转门的质量问题

建筑工程中常用的旋转门，在安装和使用的过程中，容易出现的质量问题与自动门基本相同，主要有关闭时门框与门扇出现磕碰，门转动不灵活；框周边的缝隙不均匀；门框与副框处出现渗水。

2. 出现质量问题原因

旋转门如果出现开启不灵活、开关需要很大力气和框周边的缝隙不均匀等现象时，一般是由于以下原因所造成的。

① 在安装过程中由于搬运、放置和安装各种原因，使旋转门的框架产生较大变形，从而使门框不方正、不规矩，必然造成关闭时门窗框与门窗扇出现磕碰，门的旋转很不灵活，旋转时需要很大力气，有时甚至出现卡塞转不动。

② 在安装旋转门的上下轴承时，未认真检查其位置是否准确，如果位置偏差超过允许范围，必然会导致旋转门开启不灵活、开关需要很大力气。

③ 旋转门上的密封条安装不牢固，产生松动或脱落，或者五金配件出现损坏，加上未发现或未及时维修和更换，也会造成框周边的缝隙不均匀，门窗框与副框处出现渗水。

④ 在进行旋转门安装时，由于未严格按现行的施工规范进行安装，操作人员技术水平较低或安装质量比较差，偏差超过允许范围，也很容易出现关闭时门窗框与门窗扇出现磕碰，开启不灵活；框周边的缝隙不均匀；门窗框与副框处出现渗水。

3. 旋转门的防治修理

（1）当旋转门出现窗框与门窗扇出现磕碰、门的转动不灵活时，首先应检查检查门的对角线及平整度的偏差，不符合要求时应进行调整。

（2）选用的五金配件的型号、规格和性能，均应符合国家现行标准和有关规定，并与选用的旋转门相匹配。在安装、使用中如果发五金配件不符合要求或损坏，应立即进行更换。

（3）做好旋转门的成品保护和平时的使用保养，防止外力的冲击，在门上不得悬挂重物，以免使旋转门变形。

（4）五金配件安装后要注意保养和维修，防止生锈腐蚀。在日常使用中要按规定开关，防止硬性开关，以延长其使用寿命。

（三）防火卷帘门的质量问题与修理

1. 防火卷帘门的质量问题

用于建筑的防火卷帘门的主要作用是防火，但在其制作和安装的过程中，很容易出现座板刚度不够而变形、防火防烟效果较差、起不到防火分隔作用、安装质量不符合要求等质量问题。

2. 出现质量问题的原因

（1）主要零部件原材料厚度达不到标准要求，如卷帘门的座板需要3.0mm厚度的钢板，一些厂家却用1.0mm厚度的钢板，这样会导致座板刚度不够，易挤压变形。

（2）绝大部分厂家的平行度误差和垂直度误差不符合标准要求，导致中间缝隙较大，防火防烟措施就失去了作用。

（3）有些厂家的防火卷帘门不能与地面接触，一旦发生火灾，火焰就会从座板与地面间，由起火部位向其他部位扩散，不能有效阻止火烟蔓延，起不到防火分隔的作用。

（4）防火卷帘门生产企业普遍存在无图纸生产。企业为了省事，大都按照门洞大小现场装配并进行安装，不绘制图纸，导致安装质量低下。

造成以上质量问题的原因是多方面的，但是，最主要的是：a.安装队伍素质低下，水平不高，特别是为了赶工期临时抽调安装人员，造成安装质量不稳定；b.各生产企业不能根据工程实际情况绘制图纸，并组织生产安装。

3. 防火卷帘门的防治修理

（1）防火卷帘门安装后，如果发现座板厚度不满足设计要求，必须坚决进行更换，不至于因座板刚度不够而挤压变形。

（2）经检查防火卷帘门不能与地面接触时，应首先检查卷帘门的规格是否符合设计要求，地面与卷帘接触处是否平整，根据检查的具体情况进行调整或更换。

（3）按有关标准检查和确定防火卷帘门的平行度和垂直度误差，如果误差较小时，可通过调整加以纠正；如果误差较大的应当根据实际情况进行改造或更换。

（4）如果防火卷帘门因安装人员技术较差、未按设计图纸进行安装等，使防火卷帘门的质量不合格，施工企业必须按施工合同条款进行返工和赔偿。

（四）特种门的养护与维修

特种门的安装质量好坏非常重要，其日常的养护与维修也同样重要，不仅关系到装饰效果，而且关系到使用年限和使用功能。根据实践经验，在特种门的日常养护与维修中应当注意如下事项。

① 定期检查门窗框与墙面抹灰层的接触处是否开裂剥落，嵌缝膏是否完好。如抹灰层破损、嵌缝膏老化，应及时进行维修，以防止框与墙间产生渗水，造成链接间的锈蚀和间隙内材料保温密封性能低下。

② 对于木门窗要定期进行油漆，防止油漆失效而出现腐蚀。尤其是当门窗出现局部脱落时，应当及时进行补漆，补漆尽量与和原油漆保持一致，以免妨碍其美观。当门窗油漆达到油漆老化期限时，应全部重新油漆。一般期限为木门窗5~7年左右油漆一次，钢门窗8~10年左右油漆一次。对环境恶劣地区或特殊情况，应缩短油漆期限。

③ 经常检查铝合金、塑钢门窗的密封条是否与玻璃均匀接触、贴紧，接口处有无间隙、脱槽现象，是否老化。如有此列现象、应及时修复或更换。

④ 对铝合金门窗和塑钢门窗，应避免外力的破坏、碰撞，禁止带有腐蚀性的化学物质与其接触。

（五）特种门窗的油漆翻新

对于木质和钢板特种门窗进行定期油漆翻新，是一项非常重要的养护和维修工作，应当按照一定的方法进行。

1. 油漆前的底层处理

门窗在进行油漆翻新前应进行认真的底层处理，这是油漆与底层黏结是否牢的关键。应当根据不同材料的底层，采取不同的底层处理方法。

（1）金属面的底层处理　金属面的底层处理主要有化学处理法、机械处理法和手工处理法3种。

1）化学处理法

① 配置硫酸溶液。用工业硫酸（15%~20%）和清水（85%~80%）混合配成稀硫酸溶液。配置时只能将硫酸倒入水中，不能把水倒入硫酸中，以免引起爆溅。

② 将被涂的金属件浸泡2h左右，使其表面氧化层（铁锈）被彻底侵蚀掉。

③ 取出被浸金属件用清水把酸液和锈污冲洗干净，再用90℃的热水冲洗或浸泡3min后提出（必要时，可在每1L水中加50g纯碱配成的溶液中浸泡3~5min），15min后即可干燥，并立即进行涂刷底漆。

2）机械处理法。机械处理法是一般用喷砂机的压缩空气和石英砂粒或用风动刷、除锈枪、电动刷、电动砂轮等把铁锈清除干净，以增强底漆膜的附着力。

3）手工处理法。手工处理法是先用纱布、铲刀、钢丝刷或砂轮等打磨涂面的氧化层，再用有机溶剂（汽油、松香水等）将浮锈和油污洗净，即可进行刷涂底漆。

（2）木材面的底层处理　对木材面的底层处理，一般可以分为清理底层表面和打磨底层表面两个步骤进行。

① 清理底层表面。清理底层表面就是用铲刀和干刷子清除木材表面黏附的砂浆和灰尘，这是木材面涂刷油漆不可缺少的环节，不仅清除了表面杂物，而且使其表面光滑、平整。一般可根据以上不同情况分别进行。

如果木材面上玷污了沥青，先用铲刀刮掉沥青，再刷上少量的虫胶清漆，以防涂刷的油漆被咬透漆膜而变色不干。

如果木材面有油污，先用碱水、皂液清洗表面，再用清水洗刷一次，干燥后顺木纹用砂纸打磨光滑即可。

如果木材面的结疤处渗出树脂，先用汽油、乙醇、丙酮、甲苯等将油脂洗刮干净，在用1.5号木砂纸顺木纹打磨平滑，最后用虫胶漆以点刷的方法在结疤处涂刷，以防止树脂渗出而影响涂漆干燥。

② 打磨底层表面。木材的底层表面清理完毕后，可用1.5号木砂纸进行打磨，使其表面干净、平整。对于门窗框（扇），因为安装时间有前有后，门窗框（扇）的洁净程度不一样，所以还要用1号砂纸磨去框上的污斑，使木材尽量恢复其原来的色泽。

如果木材表面有硬刺、木丝、绒毛等不易打磨时，先用排笔刷上适量的酒精，点火将其燃烧，使硬刺等烧掉留下的残余变硬，再用木砂纸打磨光滑即可。

2. 旧漆膜的处理

当用铲刀刮不掉旧漆膜，用砂纸打磨时，声音发脆、有清爽感觉的说明旧漆膜附着力很好，只需用肥皂水或稀碱水溶液洗干净即可。

当旧漆膜局部脱落时，首先用肥皂水或碱水溶液清洗干净原来的旧漆膜，再经过涂刷底漆、刮腻子、打磨、修补等程序，做到与旧漆膜平整一致、颜色相同，然后在上漆罩光。

当旧漆膜的附着力不好，大面积出现脱落现象时，应当全部将旧漆膜清除干净，再重新涂刷油漆。

清除旧漆膜主要有碱水清洗法、摩擦法、火喷法和脱漆法等。

（1）碱水清洗法　碱水清洗法是用少量火碱（4%）溶解于温水（90%）中，在加入少量石灰（6%），配成火碱水；火碱水的浓度，以能够清洗掉原来的旧漆膜为准。

在进行清洗时，先把火碱水刷于旧漆膜上，略干后再刷，刷3~4遍，然后用铲刀把旧漆膜全部刮去，或用硬短毛刷或揩布蘸水擦洗，再用清水把残余碱水洗净。

（2）摩擦法　摩擦法是用长方形块状浮石或粗号油磨石，蘸水打磨旧漆膜，直至将旧漆膜全部磨去为止。此法多用于清除天然漆的旧漆膜。

（3）火喷法　火喷法是用喷灯火焰烧掉门窗表面的旧漆膜，即将旧漆膜烧化发热后，立即用铲刀刮掉。采用火喷法时要和刮漆密切配合，因涂件冷却后不易刮掉，此法多用于金属涂件如钢门窗等。

（4）脱漆法　即用T-1脱漆剂清除门窗上的旧漆膜，在采用这种方法清除旧漆膜时，只需将脱漆剂涂刷在旧漆膜上，大约0.5h后旧漆膜就出现膨胀起皱，这时可把旧漆膜刮去，再用汽油清洗表面的污物即可。在操作中应注意脱漆剂不能和其他溶剂混合使用，脱漆剂使用时味浓易燃，必须特别注意通风防火。

第六章

饰面装饰工程施工工艺

随着国民经济的腾飞，社会的不断进步，科学技术的飞速发展，人们对物质生活和精神文化生活水平的要求不断提高，现代高质量生存和生活的新观念已深入人心，逐渐开始重视生活和生存的环境。国内外工程实践充分证明，现代建筑和现代装饰对人们的生活、学习、工作环境的改善，起着极其重要的作用。

饰面装饰工程是室内外装饰的主要组成部分，是指将大理石、花岗石等天然石材和木材加工而成的板材，或面砖、瓷砖等烧制而成的陶瓷制品，通过构造连接安装或镶贴于墙体表面形成装饰层。

饰面装饰工程按所在部位不同可以分为外墙饰面工程和内墙饰面工程两大部分：一是在一般情况下，外墙饰面主要起着保护墙体、美化建筑、美化环境和改善墙体性能等作用；二是内墙饰面主要起着保护墙体、改善室内使用条件和美化室内环境等作用。

第一节　饰面材料及施工机具

随着材料科学技术的快速发展，用于饰面工程的装饰材料种类很多，常用的有天然饰面材料和人工合成饰面材料两大类，如天然石材、微薄木、实木板、人造板材、饰面砖、合成树脂饰面板材、复合饰面板材等。近年来，新型高档的饰面材料更是层出不穷，如铝塑装饰板、彩色涂层钢板、铝合金复合板、彩色压型钢板、彩色玻璃面砖、釉面玻璃砖、文化石和艺术砖等，为饰面装饰工程增添了艳丽的色彩。

一、饰面材料及适用范围

（一）木质护墙板

室内墙面装饰的木质护墙板（也称为装饰木壁板），按照其饰面方式不同，分为全高护墙板和局部护墙裙；根据罩面材料特点不同，分为实木装饰板、木胶合板、木质纤维板和其他人造木板。

我国传统的室内木质护墙板多采用实木板，或再配以精致的木雕图案装饰，具有高雅华贵的艺术效果。目前，新型人造板罩面材料是经过高技术加工处理的板材，具有防潮、耐火、防蛀、防霉和耐久的优异性能，其表面不仅具有丰富的色彩、质感和花纹，而且不需要安装后再进行表面装饰，是室内墙面装饰的最佳选择材料。

（二）天然石材饰面板

建筑装饰饰面用的天然石材饰面板，主要有天然大理石饰面板和天然花岗石饰面板两类。

（1）天然大理石饰面板　天然大理石饰面板是室内墙面装饰的高档材料，用途比较广泛，主要用于建筑物室内的墙面、柱面、台面等部位的装饰。

（2）天然花岗石饰面板　天然花岗石饰面板也是建筑物饰面装饰工程中的高档材料，根据其加工方法不同，可分为剁斧板材、"机刨板材"、粗磨板材、磨光板材和蘑菇石5种。天然花岗石饰面板主要适用于高级民用建筑或永久性纪念建筑的墙面、地面、台面、台阶及室外装饰。

（三）人造石饰面板

人造石饰面板主要有机人造石饰面和无机人造石饰面板。有机人造石饰面板又称聚酯型人造石饰面板，具有轻质、强度高、耐化学侵蚀等优点，宜用于室内饰面；无机人造石饰面板，按胶结料的不同，分为铝酸盐水泥类和氯氧镁水泥类两种，其中氯氧镁人造石饰板具有质轻、高强、不燃、易二次加工等特点，是一种防火隔热多功能装饰人造石板材。

（四）饰面砖

饰面砖就是建筑物里内外墙面以及地面的所用到的瓷砖的统称，也称为墙面装饰面砖，可分为釉面砖、全瓷砖、陶砖和玻璃锦砖等。饰面砖的品种、规格、图案和颜色繁多，色彩鲜艳，制作精致，价格适宜，是一种新型的墙面装饰材料。

（1）外墙面砖　外墙面砖是用于建筑物外墙表面的半瓷质饰面砖，分为有釉饰面砖和无釉饰面砖两种，外墙面砖主要适用于商店、餐厅、旅馆、展览馆、图书馆、公寓等民用建筑的外墙装饰。

（2）内墙面砖　内墙面砖通常表面均施釉，有正方形和长方形两种，阴阳角处有特制的配件，表面光滑平整，按照外观质量可分为一级、二级和三级，主要适用于室内墙面装饰、粘贴台面等。

（3）陶瓷锦砖　陶瓷锦砖有挂釉及不挂釉两种，具有质地坚硬、色泽多样、耐酸、耐碱、耐火、耐磨、不渗水、抗压强度高的特点，按外观质量分为一级和二级。这种饰面砖可用于地面，也可用于内、外墙的装饰。

（4）玻璃锦砖　玻璃锦砖又称为"玻璃马赛克"，是以玻璃烧制而成的贴于纸上的小块饰面材料，施工时用掺胶水的水泥砂浆作胶黏剂，镶贴在外墙上。它花色品种多，透明光亮，性能稳定，具有耐热、耐酸碱、不龟裂、不易污染等特点，玻璃锦砖主要适用于商场、宾馆、影剧院、图书馆、医院等建筑外墙装饰。

（五）金属饰面板

金属饰面板是一种以金属为表面材料复合而成的新颖室内装饰材料，也是最近几年发展起来的一种新型轻质薄壁饰面材料，由于这类饰面板具有质量较轻、色泽艳丽、强度较高、易于加工、寿命较长等优良特点，是深受人们喜爱的饰面装饰材料，具有很强的生命力和广阔的发展前景。金属外墙板一般悬挂或粘贴在承重骨架和外墙上，施工方法多为预制装配，节点结构比较复杂，施工精度要求也较高。

金属饰面板按照其组成材料不同，可分为单一材料饰面板和复合材料饰面板两种。单一材料饰面板是只有一种质地的材料，例如钢板、铝板、铜板、不锈钢板等。复合材料饰面板是由两种或两种以上质地的材料组成，例如铝塑板、搪瓷板、烤漆板、镀锌板、彩色塑料膜板、金属夹心板等。

二、饰面施工的常用机具

（一）饰面装饰施工的手工机具

湿作业贴面装饰施工除一般抹灰常用的手工工具外，根据饰面的不同，还需要一些专用的手工工具，如镶贴饰面砖缝用的开刀、镶贴陶瓷锦砖用的木垫板、安装或镶贴饰面板敲击振实用的木槌和橡胶锤、用于饰面砖和饰面板手工切割剔槽用的錾子、磨光用的磨石、钻孔用的合金钻头等，如图6-1所示。

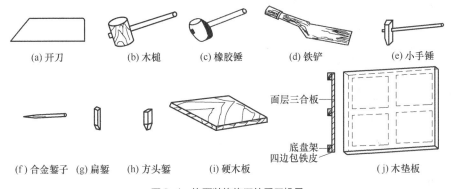

(a) 开刀　　(b) 木槌　　(c) 橡胶锤　　(d) 铁铲　　(e) 小手锤

(f) 合金錾子　(g) 扁錾　(h) 方头錾　(i) 硬木板　　　　(j) 木垫板

面层三合板

底盘架
四边包铁皮

图6-1　饰面装饰施工的手工机具

（二）饰面装饰施工的机械机具

饰面装饰施工用的机械机具有专门切割饰面砖用的手动切割器，如图6-2所示，饰面砖打眼用的打眼器，如图6-3所示，钻孔用的手电钻，切割大理石饰面板用的台式切割机和电动切割机，以及饰面板安装在混凝土等硬质基层上钻孔安放膨胀螺栓用的电锤等。

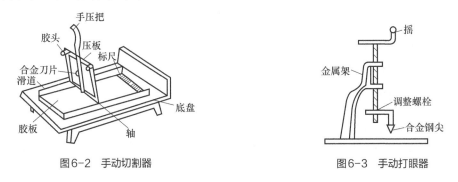

图6-2　手动切割器　　　　　　　　图6-3　手动打眼器

第二节 木质护墙板施工工艺

在建筑装饰饰面工程中所用的木质饰面材料板，除天然的木质板材之外，木质人造板是使用量最大的一种板材。木质人造板是以木材、木质纤维、木质碎料或其他植物纤维为原料，用机械方法将其分解成不同的单元，经干燥、施胶、铺装、预压、热压、锯边、砂光等一系列工序加工而成的板材。木质人造板的主要品种有单板、胶合板、细木工板、纤维板和刨花板，这些板材是室内装饰和家具中使用最多的材料之一。

工程实践充分证明，木质人造板可合理地利用木材，大大提高木材的利用率，是对木材进行综合利用的主要途径。木质人造板材与天然木板材相比，具有幅面较大、质地均匀、变形很小、强度较高等优点，在现代建筑装饰装修、家具制造等方面被广泛应用。

一、施工准备及材料要求

木质护墙板又称墙裙、壁板。木质护墙板是近年来发展起来的室内新型墙体装饰材料，一般采用木材等为基材。由于木质护墙板具有隔声保暖、高端洋气的特性，已经开始备受人们的瞩目。护墙装饰板具有质量轻、防虫蛀、施工简便，造价低廉、使用安全、装饰效果明显、维护保养方便等优点。工程实践证明，这种木质护墙板，既可代替木墙裙又可代替壁纸、墙砖等墙体材料，因此使用十分广泛。

室内木质护墙板饰面铺装施工，应在墙面隐蔽工程、抹灰工程及吊顶工程已完成，并经过验收合格后进行。当墙体有防水要求时，还应对防水工程进行验收。

（一）施工准备工作

在室内饰面装饰装修工程中，木质护墙板的龙骨固定应在安装好门框和窗台板后进行。护墙板安装的施工准备工作，主要应注意以下事项。

① 对于未进行饰面处理的半成品实木护墙板及其配套的细木装饰制品（如装饰线脚、木雕图案镶板、横档冒头及边框或压条等），应预先涂刷一遍干性底油，以防止受潮变形，影响装饰装修工程的施工质量。

② 木质护墙板制品及其安装配件在包装、运输、堆放和搬动过程中，要轻拿轻放，不得曝晒和受潮，防止产生开裂变形。

③ 检查结构墙面质量，其强度、稳定性及表面的垂直度、平整度应符合装饰面的要求。有防潮要求的墙面，应按设计要求进行防潮处理。

④ 根据饰面工程的设计要求，安装木质护墙板骨架需要预埋防腐木砖时，应当事先埋入墙体中；当工程需要有其他后设置的"埋件"时，也应当准确到位、数量满足。预埋件的位置和数量，应符合龙骨布置的要求。

⑤ 对于采用木楔进行安装的工程，应按设计弹出标高和竖向控制线、分格线，打孔埋入木楔，木楔的埋入深度一般应大于或等于50mm，并应对其进行防腐处理。

（二）材料选用工作

木质护墙板工程所用木材的质量如何，不仅关系到饰面工程的装饰效果，而且还关系到饰面工程的使用寿命，因此，要认真地进行选择，保证所用木材的树种、材质及规格等，均符合设计的要求。特别应避免木材的以次充优、大材小用、长材短用、好材低用等现象。采用配套成品或半成品时，要按现行国家质量标准进行验收。

（1）工程中使用的人造木板和胶黏剂等材料，应检测甲醛及其他有害物质含量。甲醛释放量应符合现行国家标准《室内装饰装修材料　人造板及其制品中甲醛释放限量》（GB/T 18580—2017）的规定。

（2）各种木制品材料的含水率，应符合国家标准的有关规定。木材的含水率应按照现行国家标准《木材含水率测定方法》（GB/T 1931—2009）中的规定进行。

（3）所用木龙骨骨架以及人造木板的板背面，均应涂刷防火涂料（防火涂料一般也具有防潮性能），并按照具体产品的使用说明确定涂刷方法。

二、木质饰面板施工工艺

（一）木质饰面板的工艺流程

木质饰面板的工艺流程为：墙体表面处理→墙体表面涂防潮（水）层→安装木龙骨→选择饰面板→饰面板试拼、下料、编号→安装饰面板→检查、修整→封边、收口→油漆饰面。

（二）墙面木骨架的安装施工

1. 基层检查及处理

在墙面木骨架安装前，应对建筑结构主体及其表面质量进行认真检查和处理，基体质量应符合安装工程的要求，墙面基层应平整、垂直、阴阳角方正。

（1）结构基体和基层表面质量，对于护墙板龙骨与罩面的安装方法及安装质量有着重要关系，特别是当不采用预埋木砖而采用木楔圆钉、水泥钢钉及射钉等方式方法来固定木龙骨时，要求建筑墙体基面层必须具有足够的刚性和强度，否则应采取必要的补强措施。

（2）对于有特殊要求的墙面，尤其是建筑外墙的内立面护墙板工程，应首先按设计规定进行防潮、防渗漏等功能性保护处理，如做防潮层或抹防水砂浆等；内墙面底部的防潮、防水，应与楼地面工程相结合进行处理，严格按照设计要求和有关规定封闭立墙与楼地面的交接部位；同时，建筑外窗的窗台流水坡度、洞口窗框的防水密封等，均对该部位护墙板工程具有重要影响，在工程实践中，该部位由于雨水渗漏、墙体泛潮或结露而造成木质护墙板发霉变黑的现象时有发生。

（3）对于有预埋木砖的墙体，应检查防腐木砖的埋设位置是否符合安装的要求。木砖间距按龙骨布置的具体要求进行设置，并且位置一定要正确，以利于木龙骨的就位和固定。对于未设置预埋木砖的二次装修工程，目前较普遍的做法是在墙体基面钻孔打入木楔，将木龙骨用圆钉与木楔连接固定；或者用较厚的胶合板条作为木质饰面板的龙骨，直接用水泥钢钉将其固定于结构墙体基面。

2. 木龙骨的固定

墙面有预埋防腐木砖的，即将木龙骨钉固于木砖部位，并且要钉平、钉牢，使其立筋（竖向龙骨）保证垂直。罩面分块或整幅板的横向接缝处，应设置水平方向的龙骨；饰面斜向分块时，应斜向布置龙骨；应确保罩面板的所有拼接缝隙均落在龙骨的中心线上，以便使罩面板铺钉牢固，不得使罩面板块的端部处于悬空状态。龙骨间距应符合设计要求，一般竖向间距宜为400mm，横向间距宜为300mm。

当采用木楔圆钉法固定龙骨时，可用16~20mm的冲击钻头在墙面上钻孔，钻孔深度最小应等于40mm，钻孔位置按事先所做的龙骨布置分格弹线确定，在孔内打入防腐木楔，再将木龙骨与木楔用圆钉固定。

在龙骨安装操作过程中，要随时吊垂线和拉水平线校正骨架的垂直度及水平度，并检查木龙骨与基层表面的靠平情况，空隙过大时应先采取适当的垫平措施（对于平整度和垂直度偏差过大的建筑结构表面应抹灰找平、找规矩），然后再将木龙骨钉牢。

（三）木材饰面板铺装施工

（1）采用显示木纹图案的饰面板作为罩面时，安装前应进行选配板材，使其颜色、木纹自然协调、基本一致；有木纹拼花要求的罩面应按设计规定的图案分块试排，按照预排编号上墙就位铺装。

（2）为确保罩面板接缝落在龙骨上，罩面铺装前可在龙骨上弹好中心控制线，板块就位安装时其边缘应与控制线吻合，并保持接缝平整、顺直。

（3）胶合板用圆钉固定时，钉长根据胶合板的厚度选用，一般为25~35mm，钉子间距宜为80~150mm，钉帽应敲扁冲入板面0.5~1mm，钉眼用油性腻子抹平。当采用射钉进行固定时，射钉的长度一般采用15~20mm，钉子间距宜为80~100mm。

（4）硬质纤维板应预先用水浸透，自然晾干后再进行安装。纤维板用圆钉固定时，钉长一般为20~30mm，钉子间距宜为80~120mm，钉帽应敲扁冲入板面内0.5mm，钉眼用油性腻子抹平。

（5）当采用胶黏剂来固定饰面板时应按照胶黏剂产品的使用要求进行操作。

（6）在安装封边缘的收口条时，钉的位置应在线条的凹槽处或背视线的一侧，以保证其装饰的美观。

（7）在曲面墙或弧形造型体上固定胶合板时（一般选用材质优良的三夹板），应先进行试铺。如果胶合板弯曲有困难或设计要求采用较厚的板块（如五夹板）时，可在胶合板背面用刀割出竖向卸力槽，等距离划割槽深1mm，在木龙骨表面涂胶，将胶合板横向（整幅板的长边方向）围住龙骨骨架进行包覆粘贴，而后用圆钉或射钉从一侧开始向另一侧顺序铺钉。圆柱体罩面铺装时，圆曲面的包覆应准确交圈。

（8）采用木质企口装饰板罩面时，可根据产品配套材料及其应用技术要求进行安装，使用其异形板卡或带槽口的压条（上下横板、压顶条、冒头板条）等对板块进行嵌装固定。对于硬木压条或横向设置的腰带，应先钻透眼，然后再用钉固定。

第三节　饰面砖镶贴施工工艺

随着建筑装饰业的快速发展，陶瓷制品在保留原有使用功能的同时，更大量地向建筑装饰材料领域发展，现在已经成为其中重要的一员，如陶瓷墙地砖、卫生陶瓷、琉璃制品、园林陶瓷、陶瓷壁画等。随着人民生活水平的不断提高，建筑装饰陶瓷的应用更加广泛。建筑装饰装修工程实践证明，其中以陶瓷墙体饰面砖使用最为广泛，它以外形美观、色彩丰富、成本低廉、施工简易、耐久性好、便于维修、容易清洁等特点，体现出建筑装饰设计所追求的"实用、经济、环保、美观"的基本原则。

一、饰面砖的施工准备工作

建筑装饰装修工程实践充分证明，饰面砖在正式镶贴前要做好充分的施工准备工作，才能确保顺利施工和工程质量。其中最起码要做到饰面砖材料的选择准备、机具工具的准备、饰面墙砖镶贴的基层处理。

1. 饰面砖材料的选择准备

在饰面砖正式施工前，应对进场的饰面砖按厂牌、型号、规格和颜色进行选配分类，对所用的饰面砖、胶黏材料进行质量检查。饰面墙砖表面应平整，边缘整齐，棱角不被破坏。检测饰面材料所含污染物是否符合规定。对异型或特殊形状的饰面墙砖的装饰砖，应绘制加工详细图纸，按照使用部位编号，提出加工任务单。在确定加工数量时应考运输和施工中的损耗，适当增加加工和购置数量。应当强调的是，以上检查必须开箱进行全数检查，不得抽样或部分检查，特别应防止以劣充优。因为大面积装饰贴面，如果有一块饰面砖不合格，就会破坏整个装饰面的装饰效果和使用功能。

饰面砖镶贴所用的水泥，一般应采用强度等级不低于32.5MPa的普通硅酸盐水泥或矿渣硅酸盐水泥及强度等级32.5MPa的白色硅酸盐水泥，水泥的出场时间不能超过3个月；水泥的其他技术性能应符合现行国家标准《通用硅酸盐水泥》（GB 175—2007）和《白色硅酸盐水泥》（GB/T 2015—2017）中的规定。饰面砖镶贴所用的砂，一般用中砂或粗砂，使用前应进行过筛（筛孔5mm），砂中的含泥量不能超过3%；砂子的其他技术性能应符合现行国家标准《建设用砂》（GB/T 14684—2011）中的规定。

2. 机具工具的准备

饰面砖镶贴除使用一般抹灰的手工工具和常用的切割工具外，还根据饰面的不同工艺，使用下列各种专用工具：a.开刀，饰面砖镶贴中调整缝隙用；b.木垫板，镶贴陶瓷锦砖专用；c.木槌和橡皮锤，安装或镶贴饰面砖敲击振实用；d.硬木拍板，镶贴饰面砖振实用；e.铁铲，涂抹砂浆用；f.各种簪子和手锤，用于饰面墙砖施工时手工切割剔凿。

此外，还应准备饰面砖施工中所用的水平仪、水平尺、墨斗、线坠、方尺、钢卷尺、拖线板以及拌制石膏用的器具等。

二、内墙面砖镶贴施工工艺

内墙面砖镶贴的施工工艺流程为：基层处理→抹底中层灰找平→弹线分格→选面砖→浸砖→做标志块→铺贴→勾缝→清理。

（一）基层处理

镶贴饰面砖需先做找平层，而找平层的质量是保证饰面层镶贴质量的关键，基层处理又是做好找平层的前提，要求基层不产生空鼓而又满足面层粘贴要求。以下为各种材质基层表面处理方法，主要解决的是找平层与基层的粘贴问题，同时为初步找平打下基础。

1. 混凝土表面处理

当镶贴饰面砖的基体为混凝土时，先剔凿混凝土基体上凸出的部分，使基体基本保持平整、毛糙，然后刷一道界面剂，在不同材料的交接处或表面有孔洞处，需用配合比（质量比）1∶2或1∶3水泥砂浆找平。填充墙与混凝土地面结合处，还要用钢丝网压盖接缝，并用射钉钉牢。

2. 加气混凝土表面处理

加气混凝土砌块墙应在基体清理干净后，先刷一道界面剂，为保证块料镶贴牢固，再满铺钢丝直径0.7mm，孔径32mm×32mm或以上的机制镀锌钢丝网一道。钉子用直径6mmU形钉，钉子的间距不大于600mm，呈梅花形布置。

3. 砖墙表面处理

当镶贴饰面砖的基体为砖砌体时，应用钢錾子剔除砖墙面多余灰浆，然后用钢丝刷清除浮土，并用清水将墙体充分湿水，使润湿深度为2~3mm。

另外，基体表面处理的同时，需将穿墙洞眼封堵严实。尤其光滑的混凝土表面需用钢尖或扁錾凿毛处理，使基体的表面粗糙。打点凿毛应注意两点：一是受凿面的面积应不小于总面积的70%（即每平方米面积打点200个以上），绝不能象征性的打点；二是基层表面在打点凿毛完毕后，必须用钢丝刷清洗一遍，并用清水冲洗干净，防止产生隔离层。

总之，基层表面要求处理应达到"净、干、平、实"的要求。对于表面凸凹明显部位，要事先将这些部位整平或用水泥砂浆补平，处理后的基层表面必须平整而粗糙。

（二）做找平层

1. 抹底中层灰找平

抹灰前需先挂线、贴"灰饼"。内墙面应在四角吊垂线、拉通线，确定抹灰厚度后，再贴灰饼、连通灰饼（竖向、水平向）进行冲筋，作为墙面找平层砂浆垂直度和平整度的标准。

2. 进行打底

用体积配合比1∶3（水泥∶砂）的水泥砂浆或1∶1∶4（水泥∶石灰膏∶砂）混合砂浆，在已充分湿润的基层上涂抹。涂抹时应注意控制砂浆的稠度，且基本不得干燥，因为干燥的基体容易将紧贴它的砂浆层的水分吸收，使砂浆失水，形成抹灰层与基体的隔离层而水化不充分，无强度，引起基层抹灰脱壳和出现裂缝而影响质量。

3. 抹找平层

找平层的质量关键是控制好镶贴饰面砖的平整度和垂直度，为镶贴饰面层提供一个良好的基层（垂直而平整）。当抹灰厚度较大时，应分层进行涂抹，一般一次抹灰的厚度≤7mm，当局部太厚时加钢丝网片。

（三）选择饰面砖

选择饰面砖是保证饰面砖镶贴质量的关键工序。必须在镶贴前按照颜色的深浅、尺寸的大小不同进行分选。对饰面砖的几何尺寸大小，可以采用自制模具进行判定，这种模具是根据饰面砖几何尺寸及公差大小，做成一形木框钉在木板上，将面砖逐块放入木框，即能分选出大、中、小，分别堆放备用。在分选饰面砖的同时，还要注意饰面砖的平整度如何，不合格者不得使用于工程。最后再挑选配件砖，如阴角条、阳角条、压顶等。

（四）浸砖

如果用陶瓷釉面砖作为饰面砖，在粘贴前应进行充分湿润，防止用干砖粘贴上墙后，吸收砂浆（灰浆）中的水分，致使砂浆中水泥不能完全水化，造成黏结不牢或面砖浮滑。一般浸水时间不少于2h，取出后阴干到表面无水膜再进行镶贴，通常阴干的时间为6h左右，以手摸无水感为宜。

（五）做标志块

用饰面砖按照镶贴厚度，在墙面上下左右合适位置作标志块，并以砖棱角作为基准线，上下用"靠尺"吊垂直，横向用靠尺或细线拉平，如图6-4所示。标志块的间距一般为1500mm。阳角处除正面做标志块外，侧面也相应有标志块，即所谓双面挂直，如图6-5所示。

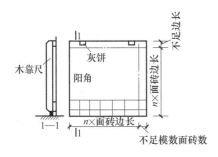

图6-4 饰面砖弹线分格示意

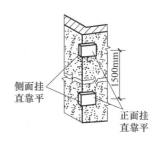

图6-5 双面吊垂直示意

（六）镶贴方法

1. 预排列饰面砖

为确保装饰效果和节省面砖用量，在同一墙面只能有一行与一列非整块饰面砖，非整块砖应排在紧靠地面处或不显眼的阴角处。排列砖时可用适当调整砖缝宽度的方法解决，一般饰面砖的缝隙宽度可在1mm左右变化。凡有管线、卫生设备、灯具支撑等时，面砖应裁成U形的口套入，再将裁下的小块截去一部分，与原来砖套入U形的口填好，严禁用几块其他碎砖拼凑。内墙面砖镶贴排列方法，主要有直缝镶贴和错缝镶贴两种，如图6-6所示。

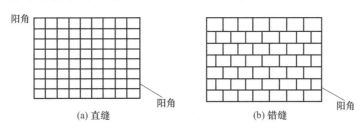

图6-6 内墙饰面砖贴法示意

2. 掌握镶贴顺序

每一施工层必须由下往上镶贴，而整个墙面可采用从下往上，也可采用从上往下的施工顺序。

一个施工层由下往上，从阳角处开始沿水平方向逐一铺贴，以弹出的地面水平线为基准，嵌上直的靠尺或八字形靠尺条，第一排饰面砖下口应紧靠直"靠尺条"的上沿，保证基准行平直。如地面有踢脚板，"靠尺条"上口应为踢脚板上沿位置，以保证面砖与踢脚板接缝的美观。镶贴时，用铲刀在面砖背面满刮砂浆，再准确镶嵌到位，然后用铲刀木柄轻轻敲击饰面砖表面，使其落实镶贴牢固，并将挤出的砂浆刮净。

饰面砖黏结砂浆的厚度应大于5mm，但不宜大于8mm。砂浆可以是水泥砂浆，也可以是混合砂浆。水泥砂浆的配合比为（1:2）～（1:3）（体积比）为宜，砂的细度模数应小于2.9；混合砂浆是在以上配比的水泥砂浆中加入少量的石灰膏即可，以增加黏结砂浆的保水性与和易性。这两种黏结砂浆均比较软，如果砂浆过厚，饰面砖很容易下坠，其平整度不易保证，因此要求黏结砂浆不得过厚。

除采用水泥砂浆粘贴外，也可以采用环氧树脂粘贴法。环氧水泥胶的配合比为：环氧树脂:乙二胺:水泥=100:（6~8）:（100~150）。环氧树脂是一种具有高度黏结力的高分子合成材料，用此来粘贴饰面砖具有操作方便，工效较高，黏结性强，以及抗潮湿、耐高温、密封好等特点，但要求基层或找平层必须平整坚实，并需要待其干燥后才能进行粘贴。对饰面砖厚度的要求也比较高，要求厚度均匀，以便保证表面的平整度，由于用此粘贴面砖的造价较高，一般在大面积饰面砖粘贴中不宜采用。

在镶贴施工的过程中，应随粘贴、随敲击、随用尺检查表面平整度和垂直度。检查发现高出标准砖面时，应立即采取压砖挤浆的方式纠正；如果已形成凹陷，必须揭下重新抹灰再贴，禁止从饰面砖的边缘处塞入砂浆。如果遇到面砖几何尺寸差异较大，应在铺贴中注意随时调整。最佳的调整方法是将相近尺寸的饰面砖贴在一排上，但镶贴到最上面一排时，应保证面砖上口平直，以便最后贴压条砖。当无压条砖时，最好在上口贴圆角面砖，如图6-7所示；卫生间设备处的饰面砖镶贴示意如图6-8所示。

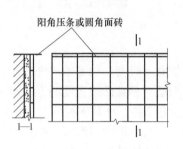

图6-7　圆角面砖铺贴示意

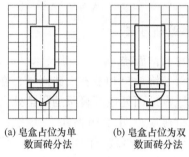

(a) 皂盒占位为单　　　(b) 皂盒占位为双
数面砖分法　　　　　　数面砖分法

图6-8　卫生间设备处的饰面砖镶贴

（七）勾缝擦洗

饰面砖在镶贴施工完毕后，应当用棉纱将砖表面上的灰浆擦拭干净，同时用与饰面砖颜色相同的水泥（彩色面砖应加同色颜料）进行嵌缝，嵌缝中务必注意应全部封闭缝中镶贴时产生的气孔和砂眼。嵌缝完成后，应再用棉纱仔细擦拭干净被污染的部位。如饰面砖砖面污染比较严重，可用稀盐酸进行刷洗，最后再用清水冲洗干净。

三、外墙面砖镶贴施工工艺

外墙饰面砖镶贴施工，是指建筑外墙面及柱面镶贴饰面砖的一种装饰方法，是建筑装饰工程施工中的重要组成部分。工程实践证明，外墙贴面装饰工程的施工质量，不仅直接影响室外环境的美观，甚至会关系到人身安全。因此，对外墙面砖的选择和施工质量要求都十分严格。外墙面砖应是建筑外墙常用类型，所用饰面砖应符合我国现行的产品标准，施工中要采用"满贴法"进行施工。

（一）外墙面砖的施工工艺流程

外墙面砖镶贴的施工工艺流程，与内墙面砖大同小异，主要包括：基层处理→抹底子灰→刷结合层→选择饰面砖→预排与弹线→面砖浸湿处理→做标志块→铺贴面砖→面砖勾缝→清理表面。

（二）外墙面砖的施工操作要点

1. 基层处理

外墙面砖施工的基层处理，与内墙面砖基本相同。应特别注意的是：认真清理墙面和柱面，将浮灰、油污和残余砂浆冲刷干净，然后再充分浇水湿润，并按照设计要求涂刷结合层，再根据不同的基体进行基层处理。

2. 抹底子灰

在抹底子灰时应分层进行，每层的厚度不应大于7mm，以防止出现空鼓现象。第一层灰涂抹完成后，要进行扫毛处理，待六七成干时再抹第二层，随即用木杠将表面刮平，并用木抹子进行搓毛，达到终凝后浇水养护。

对于多雨、潮湿地区，找平层应选用防水、抗渗性水泥砂浆，以满足抗渗漏的要求。

3. 刷结合层

找平层经检验合格并养护后，宜在表面涂刷结合层，一般采用聚合物水泥砂浆或其他界面处理剂，这样有利于满足黏结强度的要求，提高外墙饰面砖的粘贴质量。

4. 选择饰面砖

根据设计图样的要求，对饰面砖要进行仔细分选。首先按照颜色一致初选一遍，然后再用自制模具对饰面砖的尺寸大小、厚薄进行分选归类。经过分选的饰面砖要分别存放，以便在镶贴施工中分类使用，确保饰面砖的施工质量。

5. 预排与弹线

按照设计要求和施工样板进行排砖、确定接缝宽度及分格，同时弹出粘贴面砖的控制线，这是一项非常重要的准备工作，关系到饰面施工是否顺利和施工质量的优劣。

预排是指按照立面分格的设计要求进行饰面砖的排列，以确定面砖的皮数、块数和具体位置，作为弹线和细部做法的依据。当无设计要求时，预排列要确定面砖在镶贴中的排列方法。外墙面砖镶贴排列砖的方法较多，常用的矩形面砖排列方法，有矩形长边水平排列和竖直排列两种。按砖缝的宽度，又可分为密缝排列（缝隙宽度1~3mm）与疏缝隙排列（大于4mm且小于20mm）。此外，还可采用密缝与疏缝，按水平、竖直方向排列。图6-9所示为外墙矩形面砖排列缝示意。

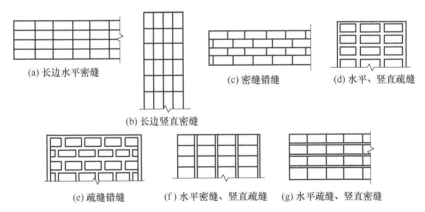

(a) 长边水平密缝　　(b) 长边竖直密缝　　(c) 密缝错缝　　(d) 水平、竖直疏缝

(e) 疏缝错缝　　(f) 水平密缝、竖直疏缝　　(g) 水平疏缝、竖直密缝

图6-9　外墙矩形面砖排列缝示意

在外墙饰面砖的预排中应当遵循以下原则：阳角部位都应当是整砖，且阳角处正立面整砖应盖住侧立面整砖。对大面积墙面砖的镶贴，除不规则部位外，其他部位不允许裁砖。除柱面镶贴外，其余阳角不得对角粘贴。外墙阳角镶贴排列砖示意如图6-10所示。

在预排中，对突出墙面的窗台、腰线、滴水槽等部位的排砖，应注意台面的面砖应做出一定的坡度（一般$i=3\%$），台面砖应盖立面砖。底面砖应贴成滴水鹰嘴，外窗台线角面砖镶贴示意如图6-11所示。

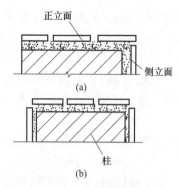

图6-10 外墙阳角镶贴排列砖示意

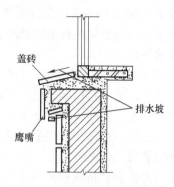

图6-11 外窗台线角面砖镶贴示意

预排列的外墙饰面砖还应当核实外墙的实际尺寸，以确定外墙找平层厚度，控制排列砖的模数（即确定竖向、水平、疏密缝宽度及排列方法）。此外，还应注意外墙面砖的横缝应与门窗贴脸和窗台相平；门窗洞口阳角处应排横砖。窗间墙应尽可能排列整砖，直缝排列有困难时，可考虑错缝排列，以求得墙砖对称装饰效果。

6. 弹线分格

弹线与做分格条，应根据预排列的结果画出大样图，按照缝的宽窄大小（主要指水平缝）做出分格条，作为镶贴面砖的辅助基准线。弹线的步骤如下。

① 在外墙阳角处（大角）用大于5kg的线吊锤作为垂直线，并用经纬仪进行校核，最后用花篮螺栓将线锤的钢丝固定绷紧上下端，作为垂线的基准线。

② 以阳角基线为准，每隔1500~2000mm做标志块，定出阳角方正，抹灰找平。

③ 在找平层上，按照预排的大样图，先弹出顶面水平线，在墙面的每一部分，根据外墙水平方向面砖数，每隔约1000mm弹一垂线。

④ 在层高范围内，按照预排面砖实际尺寸和面砖对称效果，弹出水平分缝、分层皮数（或先做分层杆，再按分层杆弹出分层线）。

7. 镶贴施工

镶贴外墙饰面砖前也要做标志块，其挂线方法与内墙饰面砖相同，并应将墙面清扫干净，清除妨碍铺贴面砖的障碍物，检查平整度和垂直度是否符合要求。镶贴顺序应自上而下分层分段进行，每层内镶贴程序应是自下而上进行，而且要先贴附墙柱、后贴墙面、再贴窗间墙。镶贴时，先按水平线垫平八字尺或"直靠尺"，操作方法与内墙饰面砖相同。

铺贴的砂浆一般为1:2（水泥:砂）水泥砂浆或掺入不大于水泥质量15%的石灰膏的水泥混合砂浆，砂浆的稠度要一致，避免砂浆上墙后产生流淌。砂浆厚度一般为6~10mm，在贴完一行后，应将每块饰面砖上的灰浆刮净。如果上口不在同一直线上，应在饰面砖的下口垫小木片，尽量使上口在同一直线上，然后在上口放分格条，既控制水平缝的大小与平直，又可防止面砖向下滑移，然后再进行第二皮"饰面砖"的铺贴。

竖向缝的宽度与垂直度，应当完全与排列砖时一致，所以在操作中要特别注意随时进行检查，除依靠墙面的控制线外，还应当经常用线锤检查。如果竖向缝隙不是密缝，在黏结时对挤入竖向缝处的灰浆要随手清理干净。

门窗套、窗台及腰线镶贴面砖时，要先将基体分层抹平，表面并随手划毛，待七八成干时，再洒水抹2~3mm厚的水泥砂浆，随即镶贴面砖。为了使"饰面砖"镶贴牢固，应采用T形托板做临时支撑，在常温下隔夜后拆除。窗台及腰线上盖面砖镶贴时，要先在上面用稠度较小的砂浆刮一遍，抹平后撒一层干水泥灰面（不要太厚），略停一会等待灰面湿润时，随即进行铺贴，并按线找直、揉平（不撒干水泥灰面，面砖铺后吸收砂浆中的水，面砖与黏结层离缝必造成空鼓）。在转角的部位，在贴完面砖后，要用尺子找规矩。

8. 勾缝、擦洗

在完成一个层段的墙面镶贴并经检查合格后，即可进行勾缝。勾缝可以用1：1（水泥：细砂）水泥砂浆，砂子要进行过筛；或分两次进行嵌实，第一次用一般水泥砂浆，第二次按照设计要求用彩色水泥浆或普通水泥浆勾缝。勾缝可做成凹缝（尤其是离缝分格），深度一般为3mm左右。饰面砖密缝处用与面砖相同颜色的水泥擦缝。完工后应将面砖表面清洗干净，清洗工作在勾缝材料硬化后进行，如果面砖上有污染，可用浓度为10%的盐酸进行刷洗，然后再用清水冲洗干净。夏季施工应防止暴晒，要注意遮挡养护。

四、陶瓷锦砖施工工艺

陶瓷锦砖又称陶瓷马赛克、纸皮石，是以优质瓷土烧制而成的小块瓷砖，有挂釉和不挂釉两种。根据它的花色品种，可以拼成各种花纹，故称为"锦砖"。

陶瓷锦砖具有表面光滑、质地坚实、色泽多样、经久耐用、比较美观、易于清洗、抗冻性好等特点，有较高的耐水、耐磨、耐酸、耐碱、耐火性等性能。主要适用于镶嵌地面，如卫生间、走廊、餐厅、浴室、实验室等地面和内墙面，也可用于建筑物外墙面防护或装饰。

（一）陶瓷锦砖饰面施工工艺流程

陶瓷锦砖饰面施工工艺流程为：基层处理→抹找平层→刷结合层→排砖、分格、弹线→镶贴马赛克→揭纸、调整缝隙→清理表面。

陶瓷锦砖饰面的镶贴方法有3种，即软粘贴法、硬粘贴法和干灰填缝湿润法。这3种方法的差别在于弹线与粘贴的顺序不同。

（二）陶瓷锦砖饰面施工操作要点

1. 基层处理

镶贴饰面砖需先做找平层，而找平层的质量是保证饰面层镶贴质量的关键，基层处理又是做好找平层的前提，要求基层不产生空鼓而又满足面层粘贴要求。以下为各种材质基层表面处理方法，主要解决的是找平层与基层的粘贴问题，同时为初步找平打下基础。

陶瓷锦砖施工的基层处理，与外墙面砖基本相同。应特别注意的是要认真清理墙面和柱面，将浮灰、油污和残余砂浆冲刷干净；然后再充分浇水湿润，并按设计要求涂刷结合层；再根据不同的基体进行基层处理。

2. 排砖、分格和放线

陶瓷锦砖的施工排砖、分格，是按照设计要求，根据门窗洞口横竖装饰线条的布置，首先明确墙角、墙垛、出檐、线条、分格、窗台、窗套等节点的细部处理，按整砖模数排列砖，从而确定分格线。排砖、分格时应使横缝与窗台相平，竖向要求阳角窗口处都是整砖。根据墙角、墙垛等节点细部处理方案，首先绘制出细部构造详图，然后按排砖模数和分格要求，绘制出墙面施工大样图，以保证墙面完整和镶贴各部位操作顺利。

底子灰处理完成后，根据节点细部详图和施工大样图，先弹出水平线和垂直线，水平线按每方陶瓷锦砖一道，垂直线最好也是每立方米一道，也可以2~3m³一道，垂直线要与房屋大角以及墙垛中心线保持一致。如果有分格时，按施工大样图中规定的留缝宽度弹出分格线，按缝隙宽度备好分格条。

3. 镶贴施工

镶贴陶瓷锦砖饰面时，一般由下而上进行，按已弹出的水平线安放八字靠尺或"直靠尺"，并用水平尺校正垫平。一般是两个人协同操作，一个人在前洒水湿润墙面，先刮上一道素水泥浆，随即抹上2mm厚的水泥浆为黏结层，另一个人将陶瓷锦砖铺在木垫板上，纸面向下，锦砖背面朝上，先用湿布把底面擦净，用水刷一遍，再刮素水泥浆，将素水泥浆刮至陶瓷锦砖的缝隙中，砖面不要留上砂浆，再将陶瓷锦砖沿尺粘贴在墙上。

上述工作完成后，即可在黏结层上铺贴陶瓷锦砖。铺贴时，双手拿住陶瓷锦砖上方，使下口与所垫的八字靠尺（或靠尺）齐平。由下往上铺贴，缝要对齐，并注意使每张之间的距离基本与小块陶瓷锦砖缝隙相同，不宜过大或过小，以免造成明显的接槎，影响装饰效果。控制接槎宽度一般用薄铜片或其他金属片。将铜片放在接槎处，在陶瓷锦砖贴完后再取下铜片。如果设分格条，其方法同外墙面砖。

4. 揭纸

陶瓷锦砖贴于墙面后，一手将硬木拍板放在已贴好的陶瓷锦砖面上，一手用小木锤敲击木拍板，将所有的陶瓷锦砖全面敲击一遍，使其表面平整，然后将陶瓷锦砖护面纸用软刷子刷水湿润，等待护面纸吸水后泡开（立面镶贴纸面不易吸水，可向盛清水的桶中撒几把干水泥并搅匀，再用刷子蘸水润纸，纸面较易吸水，可提前泡开），即可揭纸。揭纸时要仔细，有顺序、慢慢地撕，如发现有小块陶瓷锦砖随纸带下（如只是个别几块），在揭纸后要重新补上；如随纸带下的数量较多，说明护面纸还未充分泡开，胶水尚未溶化，这时应用抹子将其重新压紧，继续刷水润湿护面纸，直到撕纸时无掉块为止。

5. 调整

揭纸后要检查缝的大小，对不符合要求的缝隙必须拨正，进行调整砖缝的工作，调整要在黏结层砂浆初凝前进行。拨缝隙的方法是一手将开刀放于缝间，一手用小抹子轻敲开刀，将缝隙拨匀、拨正，使陶瓷锦砖的边口以开刀为准排齐，拨开缝隙后用小锤子敲击木拍板将其拍实一遍，以增强锦砖与墙面的黏结。

6. 擦缝

待黏结水泥浆达到凝固后，用素水泥浆进行找补擦缝。其方法是先用橡胶刮板将水泥浆在陶瓷锦砖表面刮一遍，嵌密实所有的缝隙，接着加些干水泥，进一步找补擦缝，待全面清理擦干净后，次日喷水养护。擦缝隙所用的水泥，如果粘贴的为浅色陶瓷锦砖应使用白水泥。

7. 清理表面

在常温情况下陶瓷锦砖粘贴48h后，将起出的分格条的大缝隙用1∶1（水泥∶砂）水泥砂浆勾严，其他小缝用素水泥浆擦缝。工程全部完工后，应根据不同污染程度用稀盐酸刷洗，紧跟用清水进行冲刷，使表面达到洁净、美观的装饰效果。

第四节　饰面板安装施工工艺

饰面板的安装包括天然石材和人造饰面板的安装。饰面板施工适用于内墙饰面板和高度不大于24m、抗震设防烈度不大于7度的外墙饰面板安装工程。根据规格大小的不同，饰面板分为小规格和大规格两种。小规格饰面板可采用水泥砂浆粘贴法，其施工工艺基本与饰面砖镶贴相同。大规格饰面板的安装主要有粘贴施工法、钢筋网片锚固施工法、膨胀螺栓锚固施工法和钢筋钩挂贴法等。

一、饰面板安装施工准备

饰面板工程实践充分证明，由于多数饰面板的价格昂贵，而且大部分用在装饰标准较高的工程，因此对饰面板安装技术要求更为细致、准确，施工前必须做好各方面的准备工作。饰面板安装前的施工准备工作，主要包括材料与机具准备、施工作业条件、施工大样图、选板与预拼、饰面板基层处理等。

1. 材料与机具准备

（1）材料准备　饰面板施工所用的材料主要有：设计要求的天然石材和人造饰面板，骨架、挂件及连接件，胶结材料和其他外加剂等，应分别符合国家现行的有关标准规定。

（2）机具准备　饰面板施工所用的机具主要有砂浆搅拌机、电动手提无齿切割锯、台式切割机、台式电钻、砂轮磨光机、嵌缝枪、专用手推车、钢尺、木锤、扁凿、剁斧、抹子、粉线包、墨斗、线坠、挂线板、刷子、扫帚、铁锹、开刀、灰槽、水桶、铁铲、铅笔等。当材料为金属饰面板、木材饰面板和塑料饰面板时，还应准备相应的施工机具。

2. 施工作业条件

（1）主体结构施工质量应符合有关施工及验收规范的要求，并办理好结构验收；水电、通风、设备、各种管道安装等应提前完成，同时准备好加工饰面板所需要的水、电源等。

（2）室内外的门、窗框均已安装完毕，安装质量符合现行施工规范的要求，门窗框的缝隙应符合现行规范及设计要求，门窗框已贴好保护膜。

（3）在室内墙面的四周已弹好标准水平线；室外的水平线应使整个外墙面能够交圈。

（4）脚手架搭设完毕并经验收合格，当采用结构施工用的脚手架时，需要重新组织验收，其横杆和立杆均应离开墙面和门窗口角150~200mm。施工现场应具备垂直运输设备。

（5）砖墙或混凝土墙防腐木砖已按照设计位置预理，加气混凝土等墙体按照要求预先砌筑的混凝土块位置等符合设计要求。

（6）设置防水层的房间、平台、阳台等，已做好防水层和垫层。所做的防水层经蓄水试验合格。

（7）金属饰面板在安装前，混凝土和墙面的抹灰已完成，且经过一定时间的干燥，含水率不高于8%；木材制品的含水率不得大于12%。

3. 施工大样图

饰面板在安装前，应根据设计图样认真核实结构实际偏差的情况。墙面应先检查基体墙面垂直平整情况，偏差较大的应剔凿或修补，超出允许偏差的，则应在保证整体与饰面板表面距离不小于5cm的前提下，重新排列分块；柱面应先测量出柱的实际高度和柱子的中心线，以及柱子与柱之间上、中、下部水平通线，确定出柱饰面板的位置线，才能决定饰面板分块规格尺寸。对于复杂墙面（如楼梯墙裙、圆形及多边形墙面等），则应实测后放大样校对；对于复杂形状的饰面板（如梯形、三角形等），则要用黑铁皮等材料放大样。根据上述墙、柱校核实测的规格尺寸，并将饰面板间的接缝宽度包括在内，如果设计中无规定时，应符合表6-1中的规定，由此计算出板块的排档，并按安装顺序进行编号，绘制方块大样图以及节点大样详图，作为加工订货及安装的依据。

表6-1　饰面板的接缝宽度

项次	项目名称		接缝宽度/mm
1	天然石	光面、镜面	1.0
2		粗磨面、麻面、条纹面	5.0

项次	项目名称		接缝宽度/mm
3	天然石	天然面	10.0
4	人造石	水磨石	2.0
5		水刷石	10.0

4. 选板与预拼

选板工作主要是对照施工大样图检查复核所需板材的几何尺寸，并按误差大小进行归类；检查板材磨光面的缺陷，并按纹理和色泽进行归类。对有缺陷的板材，应改小使用或安装在不显眼的地方。选材必须逐块进行，对于有破碎、变色、局部缺陷或缺棱掉角者，一律另行堆放。对于破裂的板材，可用环氧树脂胶黏剂黏结，其配合比参见表6-2。

表6-2 环氧树脂胶黏剂与环氧树脂腻子配合比

材料名称	质量配合比	
	胶黏剂	腻子
环氧树脂E44(6101)	100	100
乙二胺	6~8	10
邻苯二甲酸二丁酯	20	10
白水泥	0	100~200
颜料	适量(与修补颜色相近)	适量(与修补颜色相近)

在进行饰面板黏结时，黏结的表面必须清洁干燥，两个黏结面涂胶的厚度为0.5mm，在15℃以上环境温度下黏结，并在相同温度的室内环境下养护，养护的时间不得少于3d。对表面缺边少棱、坑洼、麻点的修补，可刮环氧树脂腻子，并在15℃以上室内温度养护1d后，用0号砂纸轻轻磨平，再养护2~3d，打蜡即可。

选择板材和修补工作完成后，即可进行饰面板预先排列。饰面板预先排列是一个"再创作"的过程，因为板材（特别是天然板材）具有天然纹理和色泽差异较大特点，如果拼镶非常巧妙，可以获得意想不到的效果。预先排列经过有关方面认可后，方可正式安装施工。

5. 饰面板基层处理

饰面板在安装之前，对墙体、柱子等的基体应进行认真处理，这是防止饰面板安装后产生空鼓、脱落等质量问题的关键工序。基体应具有足够的稳定性和刚度，其表面应当平整而粗糙，光滑的基体表面应进行凿毛处理，凿毛的深度一般为0.5~1.5mm，间距不大于30mm。基体表面残留的砂浆、尘土和油渍等，应用钢丝刷子刷净并用水冲洗。

二、饰面板安装施工工艺

（一）钢筋网片锚固施工法

钢筋网片锚固灌浆法，也称为钢筋网片锚固湿作业法，这是一种传统的施工方法，但至今仍在采用，可用于混凝土墙和砖墙。由于这种施工方法费用较低，所以很受施工单位的欢迎。但是，其存在着施工进度慢、工期比较长，对工人的技术水平要求高，饰面板容易变色、锈斑、空鼓、裂缝等，而且对不规则及几何形体复杂的墙面不易施工等缺点。

钢筋网片锚固灌浆法，其施工方法比较复杂，主要的施工工艺流程为：墙体基层处理→绑扎钢筋网片→饰面石板选材编号→石板钻孔、剔槽→绑扎铜丝→安装饰面板→临时固定饰面板→灌浆→清理→嵌缝。

1. 绑扎钢筋网片

按施工图要求的横竖距离焊接或绑扎安装用的钢筋骨架。其方法是先剔凿出墙面或柱面结构施工时的预埋钢筋，使其外露于墙、柱面，然后连接绑扎（或焊接）直径8mm竖向钢筋（竖向钢筋的间距，如设计无规定，可按饰面板宽度距离设置），随后绑扎好横向钢筋，其间距要比饰面板竖向尺寸低2~3cm为宜，如图6-12所示。如基体上未预埋钢筋，可使用电锤钻孔，孔径为25mm，孔深度为90mm，用M16膨胀螺栓固定预埋铁件，然后再按前述方法进行绑扎或焊接竖筋和横筋。目前，为了方便施工，在检查合格的前提下，可只拉横向钢筋，取消竖向钢筋。

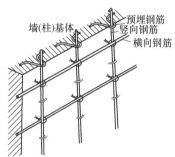

图6-12　墙面、柱面绑扎钢筋网

2. 钻孔、剔槽、挂丝

在板材截面上钻孔打眼，孔径5mm左右，孔深度15~20mm，孔位一般距板材两端$L/3$~$L/4$（L为边长）。直孔应钻在板厚度中心（现场钻孔应将饰面板固定在木架上，用手电钻直接对板材应钻孔位置下钻，孔最好是订货时由生产厂家加工）。如板材的边长≥600mm，则应在中间加钻一孔，再在板材背面的直孔位置，距板边8~10mm打一横孔，使直孔与横向孔连通成"牛轭孔"。

钻孔后，用合金钢錾子在板材背面与直孔正面轻打凿，剔出深度为4mm小槽，以便挂丝时绑扎丝不露出，以免造成拼缝间隙。依次将板材翻转再在背面打出相应的"牛轭孔"，亦可打斜孔，即孔眼与石板材成35°。另一种常用的钻孔方法是只打直孔，挂丝后孔内充填环氧树脂或用铅皮卷好挂丝挤紧，再灌入黏结剂将铜丝固定在孔内。

近年来，亦有在装饰板材厚度面上与背面的边长$L/3$~$L/4$处锯三角形锯口，在锯口内挂丝的锚固施工方法。饰面板的各种钻孔如图6-13所示。挂丝应采用铜丝，因铁丝很容易腐蚀断脱，镀锌铝丝在拧紧时镀锌层也容易损坏，在灌浆不密实、勾缝不严的情况下这些挂丝也会很快锈断。

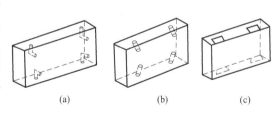

(a)　　　　　(b)　　　　　(c)

图6-13　饰面板的各种钻孔

3. 安装饰面板

安装饰面板时应首先确定下部第一层板的安装位置。其方法是用线锤从上至下吊线，考虑留出板厚和灌浆厚度以及钢筋网焊接绑扎所占的位置，准确定出饰面板的位置，然后将此位置投影到地面，在墙下边划出第一层板的轮廓尺寸线，作为第一层板的安装基准线。依此基准线，在墙、柱上弹出第一层板标高（即第一层板下沿线），如有踢脚板，应将踢脚板的上沿线弹好。根据预排编号的饰面板材对号入座，依次进行安装。

其施工方法是：理好铜丝，将石板就位，并将板材上口略向后仰，单手伸入板材后把石板下口铜丝绑扎于横筋上（绑扎不宜过紧，以免铜丝扭断或石板槽口断裂，只要绑牢不脱即可），然后将板材扶正，将上口铜丝扎紧，并用木楔塞紧垫稳，随后用靠尺与水平尺检查表面平整度与上口水平度，若发现问题，上口可以用木楔调整，板下沿加垫铁皮或铅条，使表面平整并与上口水平。完成一块板的安装后，其他依次进行。柱面可按顺时针方向逐层安装，一般先从正面开始，第一层装毕，应用靠尺、水平尺调整垂直度、平整度和阴阳角方正，如板材规格有疵，可用铁皮垫缝，保证板材间隙均匀，上口平直。墙面、柱面板材安装固定方法如图6-14所示。

4. 临时固定

板材自上而下安装完毕后，为防止水泥砂浆灌缝时板材游走、错位，必须采取临时固定措施。固定方法视部位不同灵活采用，但均应牢固、简便。例如，柱面固定可用方木或小角钢，按照柱子饰面截面尺寸略大30~50mm夹牢，然后用木楔塞紧，如图6-15所示。小截面柱子也可以用麻绳裹缠。

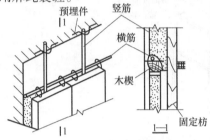
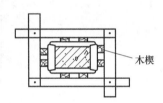

图6-14　墙面、柱面板材安装固定　　　　图6-15　柱子饰面的固定夹具

外墙面上固定板材，应充分运用外脚手架的横、立杆，以脚手杆作支撑点，在板面设横木枋，然后用斜木枋支顶横木予以撑牢。

内墙面的板材施工时，由于无脚手架作为支撑点，目前比较普遍采用的是用石膏外贴固定的方法。石膏在调制时应掺入20%的水泥加水搅拌成糊状，在已调整好的板面上将石膏水泥浆贴于板缝处。由于石膏水泥浆固结后有较大的强度且不易开裂，所以每个拼缝固定拼就成为一个支撑点，起到临时固定的作用，但较大板材或门窗贴脸饰面石板材应另外加支撑。

5. 进行灌浆

板材经过校正垂直、平整和方正，并临时固定完毕后，即可进行灌浆。灌浆一般采用1:3的水泥砂浆，其稠度为5~15cm，将砂浆向板材背面与基体间的缝隙中徐徐注入。注意不要碰动石板，全长要均匀满灌，并随时进行检查，不得出现遗漏和板材外移现象。灌浆宜分层进行，第一层灌入高度一般不大于150mm，且不大于1/3板材高度。灌浆中用小铁钎轻轻地进行插捣，切忌猛捣猛灌。一旦发现板材外移，应拆除板材重新安装。当第一层灌完1~2h后，检查板材无移动，确认下口铜丝与板材均已锚固，再按上述方法进行第二层灌浆，高度为100mm左右。第三层灌浆应低于板材上口50mm处，余量作为上层板材灌浆的接缝（采用浅色石材或其他饰面板时，灌浆应用白水泥、白石屑，以防止透底，影响美观）。

6. 清理

第三次灌浆完毕，并使砂浆达到初凝后，即可清理板材上口的余浆，并用棉丝擦拭干净，隔天再清理板材上口木楔和有碍安装上层板材的石膏。以后用相同的方法把上层板材下口的不锈钢丝或铜丝拴在第一层板材上口，固定在不锈钢丝或铜丝处，依次进行安装。墙面、柱面、门窗套等饰面板安装与地面块材铺设的关系，一般采取先做立面、后做地面的方法。这种方法要求地面分块尺寸要准确，边部块材须切割整齐。同时，也可采用先做地面、后进行立面的方法，这样可以解决边部块材不齐的问题，但对地面应加强保护，防止损坏。

7. 嵌缝

全部板材安装完毕后，应将表面清理干净，并按照板材的颜色调制水泥浆进行嵌缝，边嵌缝边擦拭干净，使缝隙密实干净，颜色一致。安装固定后的板材，如果面层光泽受到影响，要重新打蜡上光，并采取临时措施保护其棱角，直至交付使用。

（二）钢筋钩挂贴的施工方法

饰面板钢筋钩挂贴的施工方法，又称为挂贴楔固法，这种施工方法与钢筋网片锚固法大体是相同的，其不同之处在于它将饰面板以不锈钢钩直接楔固于墙体之上。根据钢筋钩挂贴饰面板的实际操作，钢筋钩挂贴法的施工工艺流程为：基层处理→墙体钻孔→饰面板选材编号→饰面板钻孔剔槽→安装饰面板→灌浆→清理→灌缝→打蜡。

1. 饰面板钻孔剔槽

先在板厚度中心打深为7mm的直孔。板长 L 小于500mm的钻两个孔，500mm<L≤800mm的钻3个孔，板长大于800mm的钻4个孔。钻孔后，再在饰面板两个侧边下部各开直径8mm横槽一个，如图6-16所示。

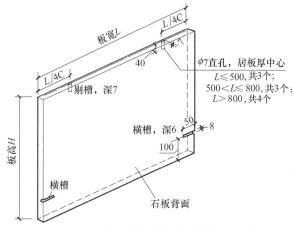

图6-16　石板上钻孔剔槽示意（单位：mm）

2. 墙体钻孔

墙体上有两种钻孔方式：一种是在墙上钻45°斜孔，孔的直径一般为7mm，孔的深度为50mm；另一种是在墙上钻直孔，孔的直径为14.5mm，孔的深度为65mm，以能锚入膨胀螺栓为准。

3. 安装饰面板

饰面板须由下向上进行安装，其安装的方法有以下两种。

第一种方法是先将饰面板安放就位，将直径6mm不锈钢斜脚直角钩，如图6-17所示刷胶，把45°斜角一端插入墙体斜洞内，直角钩一端插入石板顶边的直孔内，同时将不锈钢斜角T形钉，如图6-18所示，刷胶，斜脚放入墙体内，T形一端扣入石板直径8mm横槽内，最后用大头硬木楔楔入石板与墙体之间，将石板固定牢靠，石板固定后将木楔取出。

第二种方法是将不锈钢斜脚直角钩，改为不锈钢直角钩；不锈钢斜角T形钉，改为不锈钢直角T形钉。将钩（钉）的一端放入石板内，另一端与预理在墙内的膨胀螺栓焊接。其他工艺不改变。每行饰面板挂锚完毕，并安装就位、校正调整后，向石板与墙内进行灌浆，灌浆的施工工艺与上述相同。

钢筋钩挂法的构造比较复杂，第一种安装方法的构造，如图6-19所示；第二种安装方法的构造，如图6-20所示。

（三）膨胀螺栓锚固施工法

近些年来，城市中一些高级旅游宾馆和高级公共设施，为了增加其外墙面的装饰效果，

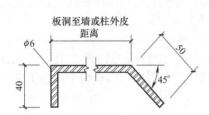

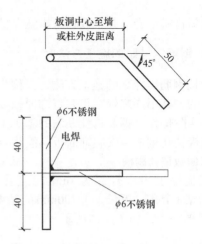

图6-17 不锈钢斜角直角钩（单位：mm）　　　　图6-18 不锈钢斜角T形钉（单位：mm）

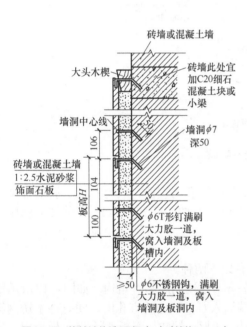

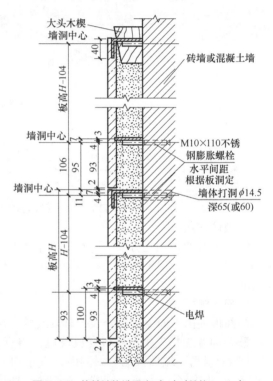

图6-19 钩挂法构造示意（一）（单位：mm）　　图6-20 钩挂法构造示意（二）（单位：mm）

大量采用天然块材作为装饰饰面。但是，如果这种饰面采用湿作业法，在使用过程中会出现析碱现象，严重影响了建筑的装饰效果。工程实践证明，采用膨胀螺栓锚固施工法（也称为干作业法）则可以解决以上弊端。

膨胀螺栓锚固施工法的施工工艺主要包括选材、钻孔、基层处理、弹线、板材铺贴和固定5道工序。这种方法除钻孔和板材固定工序外，其余做法均与钢筋钩挂法基本相同。

1. 板材钻孔

由于膨胀螺栓锚固施工法相邻板材是用不锈钢销钉连接的，因此钻孔位置一定要准确，以便使板材之间的连接水平一致、上下平齐。钻孔前应在板材侧面按要求定位后，用电钻钻成直径为5mm、深度为12~15mm的圆孔，然后将直径为5mm的销钉插入孔内。

2. 板材固定

用膨胀螺栓将固定和支承"板块"的连接件固定在墙面上，如图6-21所示。连接件是根据墙面与"板块"销钉孔洞的距离，用不锈钢加工成L形。为了便于安装板块时调节销钉孔洞和膨胀螺栓的位置，在L形连接件上留槽形孔眼，等板块调整到正确位置时，随即拧紧膨胀螺栓的螺母进行固结，并用环氧树脂胶将销钉固定。

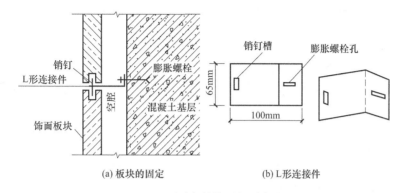

图6-21　膨胀螺栓锚固法固定板块

膨胀螺栓锚固法属于干作业施工，在空腔内无需灌水泥砂浆，因此避免了由于水泥化学作用而造成的饰面石板表面发生变色、花脸、锈斑等问题，以及由于挂贴不牢而产生的空鼓、裂缝、脱落等问题。饰面石板用吊挂件及膨胀螺栓等挂于墙上，施工速度快，周期比较短，吊挂件轻巧灵活，前后、上下均可调整。

但是，膨胀螺栓锚固法施工工艺和造价比较高，由于饰面石板与墙体表面必须有一定间隔，所以相应减少了使用面积。另外，施工要求精确度比较高，必须由熟练的技工操作。

（四）大理石胶粘贴施工法

大理石胶粘贴法是当代石材饰面装修简捷、经济、可靠的一种新型装修施工工艺，它摆脱了传统粘贴施工方法中受板块面积和安装高度限制的缺点，除具有干挂法施工工艺的优点外，对于一些复杂的，其他工艺难以施工的墙面、柱面，大理石胶粘贴法均可施工。饰面板与墙体表面的距离仅5mm左右，从而也缩小了建筑装饰所占空间，增加了室内使用面积；这种施工方法施工简便、速度较快，综合造价比其他施工工艺低。

大理石胶粘贴施工法的施工工艺流程为：基层处理→弹线、找规矩→选板并预拼→打磨→调涂胶→铺贴→检查、校正→清理嵌缝→打蜡上光。

1. 弹线、找规矩

大理石胶粘贴施工法的弹线、找规矩与前边有所不同，主要是根据具体设计用墨线在墙面上弹出每块石材的具体位置。

2. 选板与预拼

将花岗石或大理石饰面板或预制水磨石饰面板选取其品种、规格、颜色、纹理和外观质量一致者，按墙面装修施工大样图排列编号，并在建筑现场进行试拼，校正尺寸，四角套方。

3. 上胶与打磨

墙面及石板背面上胶处，以及与大理石胶接触处，预先用砂纸均匀打磨净，将其处理粗糙并保持洁净，以保证其黏结强度。

4. 调胶涂胶

严格按照产品有关规定进行调制胶液，并按照规定在石板的背面点式涂胶。

5. 石板铺贴

按照花岗石或大理石饰面板的编号将饰面石板顺序上墙就位，并按施工规范进行粘贴。

6. 检查、校正

饰面石板定位粘贴后，应对各个黏结点进行详细检查，必要时加胶补强。这项工作要在未硬化前进行，以免产生硬化不易纠正。

7. 清理嵌缝

全部饰面板粘贴完毕后，将石板的表面清理干净，进行嵌缝工作。板缝根据具体设计预留，一般缝隙的宽度不得小于2mm，用透明的胶调入与石板颜色近似的颜料将缝隙嵌实。

8. 打蜡上光

在嵌缝工作完成后，再将石板表面清理一遍，使其表面保持清洁，然后在石板表面上打蜡上光或涂憎水剂。

上述施工工艺适用于高度≤9m，饰面石板与墙面净距离≤5mm的情况。当装修高度虽然≤9m，但饰面板与墙面净距离>5mm（<20mm）时，须采用加厚粘贴法施工，如图6-22所示。

当贴面高度超过9m时，应采用粘贴锚固法。即在墙上设计位置钻孔、剔槽，埋入直径为10mm的钢筋，将钢筋与外面的不锈钢板焊接，在钢板上满涂大理石胶，将饰面板与之黏牢，如图6-23所示。

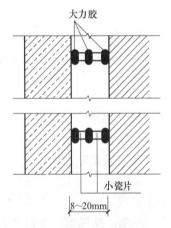

图6-22 大理石胶加厚处理示意

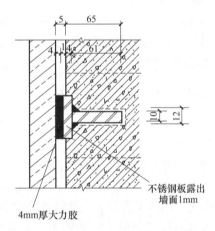

图6-23 粘贴锚固法示意

第五节　金属饰面板施工工艺

金属饰面板装饰是采用一些轻金属，如铝、铝合金、不锈钢、铜等制成薄板，或在薄钢板的表面进行搪瓷、烤漆、喷漆、镀锌、覆盖塑料的处理做成的墙面饰面板，这类墙面饰面板不但质轻高强、施工方便、坚固耐用，而且美观新颖、装饰性好、造价适中。

金属饰面板是一种以金属为表面材料复合而成的新颖室内装饰材料。金属薄饰面板的形式可以是平板，也可以制成凹凸形花纹，以增加板的刚度和施工方便，金属饰面板可以用螺钉直接固定在结构层上，也可以用锚固件悬挂的方法。

金属饰面板具有质轻、安装简便、耐候性好的特点，更突出的是可以使建筑物的外观色彩鲜艳、线条清晰、庄重典雅，这种独特的装饰效果受到建筑设计师的青睐。在装饰工程上常见的金属饰面板有铝合金墙体饰面板、彩色涂层钢板饰面板和彩色压型钢饰面板3种。

一、铝合金墙体饰面板施工工艺

铝合金墙体饰面板是一种较高档次的室内建筑装饰，也是目前应用最广泛的金属饰面板，它比不锈钢、铜质饰面板的价格便宜，更加易于成型，其表面经阳极氧化处理，可以获得不同颜色的氧化膜。这层氧化薄膜不仅可以保护铝材不受侵蚀，增加饰面板的耐久性，同时由于色彩多种多样，也为装饰提供了更多的选择余地。

（一）铝合金墙体饰面板的品种规格

用于建筑室内装饰工程的铝合金墙体饰面板，其品种和规格很多。按照表面处理方法不同，可以分为阳极氧化处理及喷涂处理。按照几何形状不同，有条形板和方形板，条形板的宽度多为80~100mm，厚度多为0.5~1.5mm，长度为6.0m左右。按照装饰效果不同，有铝合金花纹板、铝质浅花纹板、铝及铝合金波纹板、铝及铝合金压纹板等。

（二）施工前的准备工作

1. 施工材料的准备

铝合金墙板的施工材料准备比较简单，因为金属饰面板主要是由铝合金板和骨架组成，骨架的横、竖杆均通过连接件与结构固定。铝合金板材可选用生产厂家的各种定型产品，也可以根据设计要求，与铝合金型材生产厂家协商订货。

铝合金墙板的承重骨架由横、竖杆件拼成，材质为铝合金型材或型钢，常用的有各种规格的角钢、槽钢、V形轻金属墙筋等。因角钢和槽钢比较便宜，强度较高，安装方便，在工程中采用较多。连接构件主要有铁钉、木螺钉、镀锌自攻螺钉和螺栓等。

2. 施工机具的准备

铝合金墙体饰面板安装的施工机具比较简单，主要包括小型机具和手工工具。小型机具有型材切割机、电锤、电钻、风动拉铆枪、射钉枪等，手工工具主要有锤子、扳手、螺丝刀等。

（三）铝合金墙体饰面板安装工艺

铝合金墙体饰面板安装施工工艺流程为：骨架位置弹线→固定骨架连接件→固定骨架→安装铝合金板→细部处理。

1. 骨架位置弹线

骨架位置弹线就是将骨架的设计位置弹到基层上，这是安装铝合金墙板的基础工作。在进行弹线前先检查结构的质量，如果结构的垂直度与平整度误差较大，势必影响到骨架的垂直与平整，必须进行必要的修补。弹线工作最好一次完成，如果有差错可随时进行调整。

2. 固定骨架连接件

骨架的横竖杆件是通过连接件与结构进行固定，而连接件与结构的连接可以与结构的预埋件焊牢，也可以在墙面上打膨胀螺栓固定。因膨胀螺栓固定方法比较灵活，尺寸误差小，准确性高，容易保证质量，所以在工程中采用较多。连接件施工应保证连接牢固，型钢类的连接件，表面应当镀锌，焊缝处应刷防锈漆。

3. 固定骨架

骨架应预先进行防腐处理。安装骨架位置要准确，结合要牢固。安装后，检查中心线、表面标高等，对多层或高层建筑外墙，为了保证铝合金板的安装精度，要用经纬仪对横竖杆件进行贯通，变形缝、沉降缝、变截面处等应妥善处理，使之满足使用要求。

4. 安装铝合金板

铝合金板的安装固定办法多种多样，不同的断面、不同的部位，安装固定的办法可能不同。从固定原理上分，常用的安装固定办法主要有两大类：一类是将板条或方板用螺钉拧到型钢骨架上，其耐久性能好，多用于室外；另一类是将板条卡在特制的龙骨上，板的类型一般是较薄的板条，多用于室内。

（1）用螺钉固定方法

① 铝合金板条的安装固定　如果是用型钢材料焊接成的骨架，可先用电钻在拧螺钉的位置钻孔（孔径应根据螺钉的规格决定），再将铝合金板条用自攻螺钉拧牢。如果是木骨架，则可用木螺钉将铝合金板拧到骨架上。

型钢骨架可用角钢或槽钢焊成，木骨架可用方木钉成。骨架同墙面基层多用膨胀螺栓连接，也可预先在基层上预埋铁件焊接。两者相比，用膨胀螺栓比较灵活，在工程使用比较多。骨架除了考虑同基层固定牢固外，还需考虑如何适应板的固定。如果板条或板的面积较大，宜采用横竖杆件焊接成骨架，使固定板条的构件垂直于板条布置，其间距宜在500mm左右。固定板条的螺钉间距与龙骨的间距应相同。

② 铝合金蜂窝板的安装固定　铝合金蜂窝板是高温、高湿环境中的理想装饰材料，它还具有节省空间、隔声、质轻、施工方便等性能特点。图6-24所示为断面加工成蜂窝空腔状的铝合金蜂窝板，图6-25所示为用于外墙装饰的蜂窝板。

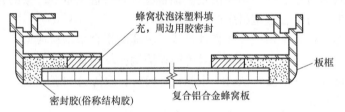

图6-24　铝合金蜂窝板示意

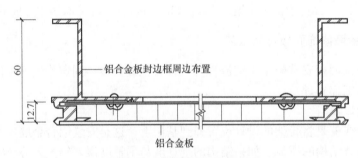

图6-25　用于外墙装饰的蜂窝板

铝合金蜂窝板的固定与连接的连接件，在铝合金制造过程中，同蜂窝板一同完成，周边用图6-25所示的封边框进行封堵，封边框同时也是固定板材的连接件。

在进行安装时，两块铝合金蜂窝板之间有20mm的间隙，可用一条挤压成型的橡胶带进行密封处理。两板用一块5mm的铝合金板压住连接件的两端，然后用螺钉拧紧，螺钉的间距一般为300mm左右，其固定节点如图6-26所示。

当铝合金蜂窝板在用于建筑窗下墙面时，在铝合金板的四周，均用图6-27所示的连接件与骨架进行固定。这种周边固定的方法，可以有效地约束板在不同方向的变形，其安装构造如图6-28所示。

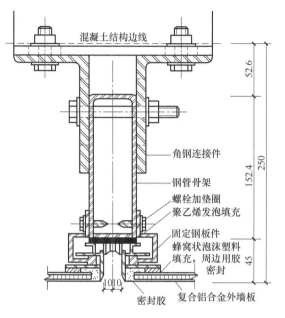

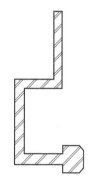

图6-26 固定节点大样（单位：mm）　　　　　图6-27 连接件断面

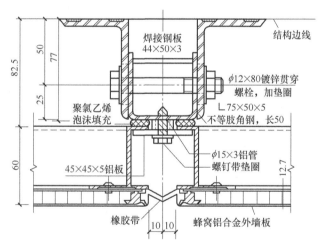

图6-28 安装节点大样（单位：mm）

从图6-28中可以看出，墙板是固定在骨架上，骨架采用方钢管，通过角钢连接件与结构连接成整体。方钢管的间距应根据板的规格而确定，骨架断面尺寸及连接板的尺寸，应进行计算选定。这种固定办法安全系数大，适宜用于多层建筑和高层建筑中。

③ 柱子外包铝合金板的安装固定　柱子外包铝合金板的安装固定，考虑到室内柱子的高度一般不大，受风荷载的影响很小等客观条件，在固定办法上可进行简化。一般在板的上下各留两个孔，然后在骨架相应位置上焊钢销钉，安装时，将板穿到销钉上，上下板之间用聚氯乙烯泡沫填充，然后在外面进行注胶，如图6-29所示。这种办法简便、牢固，加工、

安装都比较省事。

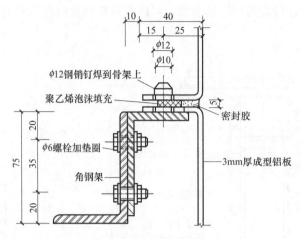

图6-29 铝合金板固定示意（单位：mm）

（2）将板条卡在特制的龙骨上的安装固定方法　图6-30所示的铝合金板条同以上介绍的几种板条在固定方法上截然不同，该种板条是卡在图6-31所示的龙骨上，龙骨与基层固定牢固。龙骨由镀锌钢板冲压而成，在安装板条时，将板条上下在龙骨上的顶面。此种方法简便可靠，拆换方便。

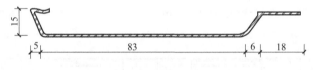

图6-30 铝合金板条断面（单位：mm）

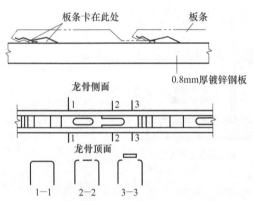

图6-31 特制龙骨及板条安装固定示意（单位：mm）

上述所讲的只是其中的一种，其实龙骨的形式很多，板条的断面多种多样，但是不管何种断面，均需要龙骨与板条配套使用。龙骨既可与结构直接固定，也可将龙骨固定在构架上。也就是说，未安装龙骨之前应将构架安装好，然后将龙骨固定在构架上。

5. 铝合金板细部的处理

虽然铝合金装饰墙板在加工时，其形状已经考虑了防水性能，但如果遇到材料弯曲，接缝处高低不平，其形状的防水功能可能会失去作用，在边角部位这种情况尤为明显，例如水平部位的压顶、端部的收口处、伸缩缝、沉降缝等处，两种不同材料的交接处等。这些部位一般应用特制的铝合金成型板进行妥善处理。

（1）转角处收口处理　转角部位常用的处理手法如图6-32所示。图6-33所示为转角部位详细构造，该种类型的构造处理比较简单，用一条1.5mm厚的直角形铝合金板，与外墙板用螺栓连接。如果一旦发生破损，更换起来也比较容易。直角形铝合金板的颜色应当与外墙板相同。

（2）窗台、女儿墙上部处理　窗台、女儿墙的上部，均属于水平部位的压顶处理，即用铝合金板盖住顶部，如图6-34所示，使之阻挡风雨的浸透。水平盖板的固定，一般先在基层上焊上钢骨架，然后用螺栓将盖板固定在骨架上，板的接长部位宜留5mm左右的间隙，并用胶进行密封。

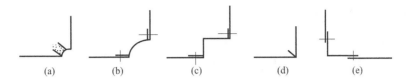

图6-32 转角部位常用的处理手法

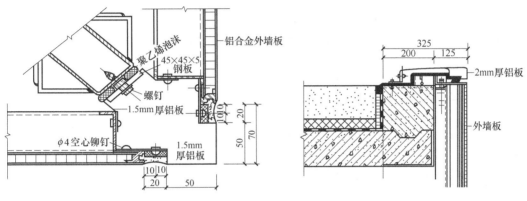

图6-33 转角部位详细构造（单位：mm）　　图6-34 水平部位的盖板构造大样（单位：mm）

（3）墙面边缘部位收口处理　图6-35所示的节点大样图是墙边缘部位的收口处理，是利用铝合金成型板将墙板端部及龙骨部位封住。

（4）墙面下端收口处理　图6-36所示的节点大样图是铝合金板墙面下端的收口处理，用一条特制的"披水板"，将"披水板"的下端封住，同时将板与墙之间间隙盖住，这样可防止雨水渗入室内。

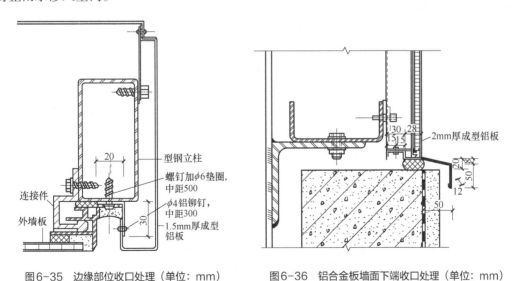

图6-35 边缘部位收口处理（单位：mm）　　图6-36 铝合金板墙面下端收口处理（单位：mm）

（5）伸缩缝与沉降缝的处理　在适应建筑物的伸缩与沉降的需要时也应考虑其装饰效

果，使之更加美观。另外，此部位也是防水的最薄弱环节，其构造节点应周密考虑。在伸缩缝或沉降缝内，氯丁橡胶带起到连接、密封的作用。橡胶这一类的制品是伸缩缝与沉降缝的常用密封材料，最关键是如何将橡胶加以固定的问题。

（四）施工中的注意事项

（1）施工前应检查所选用的铝合金板材料及型材是否符合设计要求，规格是否齐全，表面有无划痕，有无弯曲现象。选用的材料最好一次进货（同批），这样可保证规格型号统一、色彩一致。

（2）铝合金板的支承骨架应进行防腐（如木龙骨）、防锈（如型钢龙骨）处理。

（3）连接杆及骨架的位置确定，最好与铝合金板的规格尺寸一致，这样可以减少施工现场材料的切割，并充分利用铝合金板。

（4）施工完成后的铝合金板墙体表面，应做到表面平整、连接可靠、无起翘卷边等现象。

二、彩色涂层钢板施工工艺

为了提高普通钢板的防腐蚀性能和使其具有鲜艳色彩及光泽，近几年来我国研制出各种彩色涂层钢板，并广泛应用于建筑装饰工程中。这种钢板的涂层大致可分为有机涂层、无机涂层和复合涂层3类，其中以有机涂层钢板发展最快。

（一）彩色涂层钢板的特点及用途

彩色涂层钢板俗称彩钢板，以优质冷轧钢板、热镀锌钢板或镀铝锌钢板为基板，经过表面脱脂、磷化、铬酸盐处理转化后，涂覆有机涂层后经烘烤制成。彩色涂层钢板不仅具有轻质高强、色彩鲜艳、耐久性好等特点，而且具有绝缘、耐磨、耐酸碱、耐油、耐醇的侵蚀等优良性能。彩色涂层钢板可广泛应用于建筑、家电、装潢、汽车等领域。

（二）彩色涂层钢板的施工工艺

彩色涂层钢板的安装施工工艺流程为：预埋连接件→立墙筋→安装墙板→板缝处理。

1. 预埋连接件

在砖墙中可埋入带有螺栓的预制混凝土块或木砖。在混凝土墙体中可埋入直径为8～10mm的地脚螺栓，也可埋入锚筋的铁板。所有预埋件的间距应按照墙筋间距埋入。

2. 立墙筋

在墙筋表面上拉水平线和垂直线，确定预埋件的位置。墙筋的材料可选用角钢30mm×30mm×3mm、槽钢25mm×12mm×14mm、木条30mm×50mm。竖向墙筋间距为900mm，横向墙筋间距为500mm。竖向布置板时可不设置竖向墙筋。横向布置板时可不设置横向墙筋，将竖向墙筋间距缩小到500mm。施工时要保证墙筋与预埋件连接牢固，连接方法为钉、拧、焊接。在墙角、窗口等部位必须设置墙筋，以免端部板悬空。

3. 安装墙板

墙板的安装是非常重要的一道工序，其安装顺序和方法如下。

① 按照设计节点详图，检查墙筋的位置，计算板材及缝隙宽度，进行排板、划线定位，然后进行安装。

② 在窗口和墙转角处应使用异形板，以简化施工，增加防水效果。

③ 墙板与墙筋用铁钉、螺钉和木卡条进行连接。其连接原则是：按节点连接做法沿一个方向顺序安装，安装方向相反则不易施工。如墙筋或墙板过长，可用切割机切割。

4. 板缝处理

尽管彩色涂层钢板在加工时其形状已考虑了防水性能，但如果遇到材料弯曲、接缝处高低不平，其形状的防水功能可能失去作用，在边角部位这种情况尤为明显，因此一些板缝填入防水材料是必要的。

三、彩色压型钢板施工工艺

彩色压型钢板复合墙板是以波形彩色压型钢板为面板，轻质保温材料为芯层，经复合而制成的一种轻质保温墙板。彩色压型钢板的原板材多为热轧钢板和镀锌钢板，在生产过程中将钢板镀以各种防腐蚀涂层与彩色烤漆，是一种新型轻质高效围护结构材料，其加工简单、施工方便、色彩鲜艳、耐久性强。

彩色压型钢板复合板的接缝构造基本有两种形式：一种是在墙板的垂直方向设置企口边，这种墙板看不见接缝，不仅整体性好，而且装饰美观；另一种是不设企口边，但美观性较差。保温材料可选聚氯乙烯泡沫板或矿渣棉板、玻璃棉板、聚氨酯泡沫塑料等。

1. 彩色压型钢板的施工要点

（1）复合板安装是用吊挂件把板材挂在墙身骨架条上，再把吊挂件与骨架焊牢，小型板材也可用钩形螺栓固定。

（2）板与板之间的连接。水平缝为搭接缝，竖向缝为企口缝，所有接缝处，除用超细玻璃棉塞严外，还用"自攻螺丝钉"固定牢靠，钉子间距为200mm。

（3）门窗孔洞、管道穿墙及墙面端头处，墙板均为异形板。女儿墙顶部，门窗周围均设防雨泛水板，泛水板与墙板的接缝处，用防水油膏嵌缝。压型板墙转角处，均用槽形转角板进行外包角和内包角，转角板用螺栓固定。

（4）安装墙板可采用脚手架，或利用檐口挑梁加设临时单轨，操作人员在吊篮上安装和焊接。板的起吊可在墙的顶部设滑轮，然后用小型卷扬机或人力吊装。

（5）墙板的安装顺序是从墙边部竖向第1排下部第1块板开始，自下而上安装。安装完第1排再安装第2排。每安装铺设10排墙板后，用吊线锤检查一次，以便及时消除误差。

（6）为了保证墙面的外观质量，应在螺栓位置处划线，按照划线进行开孔，采用单面施工的钩形螺栓固定，使螺栓的位置横平竖直。

（7）墙板的外、内包角及钢窗周围的泛水板，须在施工现场加工的异形件等，应参考图样，对安装好的墙面进行实测，确定其形状尺寸，使其加工准确，便于安装。

2. 彩色压型钢板的施工注意事项

（1）安装墙板骨架之后，应注意参考设计图样进行一次实际测量，以便确定墙板和吊挂件的尺寸及数量，确保墙板安装顺利进行。

（2）为了便于吊装，墙板的长度不宜过长，一般应控制在10m以下。板材的长度如果过大，不仅会引起吊装困难，也会造成板材的过大变形。

（3）对于板缝及特殊部位异形板材的安装，应注意切实做好防水处理，防止水浸入墙板内部而影响其使用效果。

（4）复合板材吊装及焊接为高空作业，必须按照《建筑施工高处作业安全技术规范》（JGJ 80—2016）中的有关规定进行操作。

金属板材还包含有彩色不锈钢板、浮雕艺术装饰板、美曲面装饰板等，它们的施工工艺都可以参考以上各种做法。

第六节 饰面板工程质量验收标准

饰面板工程对建筑主体主要起着装饰和保护的作用，同时还具有保温、隔热、防腐、防辐射、防水等功能。饰面板工程的施工质量如何，不仅直接关系到建筑物的装饰效果，而且还影响到工程的使用和其他功能，甚至还关系到建筑主体的使用寿命和工程造价。因此，在饰面板工程施工的全过程中，一定要严格按照设计规定进行施工，确保施工质量达到现行国家标准《建筑装饰装修工程质量验收标准》（GB 50210—2018）中的规定。

一、饰面板工程质量的一般规定

（1）饰面板工程质量管理主要适用于内墙饰面板安装工程和高度不大于 24m、抗震设防烈度不大于8度的外墙饰面板安装工程的石板安装、陶瓷板安装、金属板安装、木板安装、塑料板安装等分项工程的质量验收。

（2）饰面板工程验收时应检查下列文件和记录：①饰面板工程的施工图、设计说明及其他设计文件；②材料的产品合格证书、性能检验报告、进场验收记录和复验报告；③预埋件（或后置埋件）的现场拉拔检验报告；④满粘法施工的外墙石板和外墙陶瓷板黏结强度检验报告；⑤隐蔽工程验收记录；⑥施工记录。

（3）饰面板工程应对下列材料及其性能指标进行复验：①室内用花岗石板的放射性、室内用人造木板的甲醛释放量；②水泥类黏结料的黏结强度；③外墙陶瓷板的吸水率；④严寒枉寒冷地区外墙陶瓷板的抗冻性。

（4）饰面板工程应对下列隐蔽工程项目进行验收：①预埋件（或后置埋件）；②龙骨安装；③连接节点；④防水、保温、防火节点；⑤外墙金属板防雷连接节点。

（5）各分项工程的检验批应按下列规定划分：①相同材料、工艺和施工条件的室内饰面板工程每 50间（大面积房间和走廊按施工面积30m² 为一间）应划分为一个检验批，不足50间也应划分为一个检验批；②相同材料、工艺和施工条件的室外饰面板工程每1000m² 应划分为一个检验批，不足1000m² 也应划分为一个检验批。

（6）饰面板安装工程的允许偏差检验方法和检查数量应符合下列规定：①室内每个检验批应至少抽查10%，并不得少于3间；不足3间时应全数检查；②室外每个检验批每 100m² 应至少抽查一处，每处不得小于10m²。

（7）饰面板工程的防震缝、伸缩缝、沉降缝等部位的处理，应保证缝的使用功能和饰面的完整性。

二、石板安装工程质量验收标准

石板安装工程质量管理适用于石板安装工程的质量验收。石板安装工程质量管理分为主控项目和一般项目。

（一）石材饰面板安装工程施工主控项目

（1）石板的品种、规格、颜色和性能应符合设计要求及国家现行标准、规范的有关规定。

检验方法：观察；检查产品合格证书、进场验收记录、性能检验报告和复验报告。

（2）石板孔、槽的数量、位置和尺寸应符合设计要求。

检验方法：检查进场验收记录和施工记录。

（3）石板安装工程的预埋件（或后置埋件）、连接件的材质、数量、规格、位置、连接方法和防腐处理必须符合设计要求。预埋件（或后置埋件）的现场拉拔强度必须符合设计要求。石板安装必须牢固。

检验方法：手扳检查；检查进场验收记录、现场拉拔检验报告、隐蔽工程验收记录和施工记录。

（4）采用满粘法施工的石板工程，石板与基体之间的黏结料应饱满、无空鼓。石板黏结必须牢固。

检验方法：用小锤轻击检查；检查施工记录；检查外墙石板黏结强度检验报告。

（二）石材饰面板安装工程施工一般项目

（1）石板表面应平整、洁净、色泽一致，无裂痕和缺损。石板表面应无泛碱等污染。

检验方法：观察。

（2）石板填缝应密实、平直，宽度和深度应符合设计要求，填缝材料色泽应一致。

检验方法：观察；尺量检查。

（3）采用湿作业法施工的石板安装工程，石板应进行防碱封闭处理。石板与基体之间的灌注材料应饱满、密实。

检验方法：用小锤轻击检查；检查施工记录。

（4）石板上的孔洞应割切吻合，边缘应整齐。

检验方法：观察。

（5）石板安装的允许偏差和检验方法应符合表6-3的规定。

表6-3　石板安装的允许偏差和检验方法

项次	项目	允许偏差/mm			检验方法
		光面	剁斧石	蘑菇石	
1	立面垂直度	2.0	3.0	3.0	用2m垂直检测尺检查
2	表面平整度	2.0	3.0	—	用2m靠尺和塞尺检查
3	阴阳角方正	2.0	4.0	4.0	用直角检测尺检查
4	接缝直线度	2.0	4.0	4.0	拉5m线，不足5m拉通线，用钢直尺检查
5	墙裙、勒脚上口直线度	2.0	3.0	3.0	拉5m线，不足5m拉通线，用钢直尺检查
6	接缝高低差	1.0	3.0	—	用钢直尺和塞尺检查
7	接缝的宽度	1.0	2.0	2.0	用钢直尺检查

三、陶瓷板安装工程质量验收标准

陶瓷板安装工程质量管理适用于陶瓷板安装工程的质量验收。陶瓷板安装工程质量管理分为主控项目和一般项目。

（一）陶瓷饰面板安装工程施工主控项目

（1）陶瓷板的品种、规格、颜色和性能应符合设计要求及国家现行标准、规范的有关规定。

检验方法：观察；检查产品合格证书、进场验收记录和性能检验报告。

（2）陶瓷板孔、槽的数量、位置和尺寸应符合设计要求。

检验方法：检查进场验收记录和施工记录。

（3）陶瓷板安装工程的预埋件（或后置埋件）、连接件的材质、数量、规格、位置、连接方法必须符合设计要求。预埋件（或后置埋件）的现场拉拔强度必须符合设计要求。瓷板安装必须牢固。

检验方法：手扳检查；检查进场验收记录、现场拉拔检验报告、隐蔽工程验收记录和施工记录。

（4）采用满粘法施工的陶瓷板工程，陶瓷板与基层之间的黏结料应饱满、无空鼓。陶瓷板黏结必须牢固。

检验方法：用小锤轻击检查；检查施工记录；检查外墙陶瓷板黏结强度检验报告。

（二）陶瓷饰面板安装工程施工一般项目

（1）陶瓷板表面应平整、洁净、色泽一致，无裂痕和缺损。

检验方法：观察。

（2）陶瓷板填缝应密实、平直，宽度和深度应符合设计要求，填缝材料色泽应一致。

检验方法：观察；尺量检查。

（3）陶瓷板安装的允许偏差和检验方法应符合表6-4的规定。

表6-4　陶瓷板安装的允许偏差和检验方法

项次	项目	允许偏差/mm	检验方法
1	立面垂直度	2.0	用2m垂直检测尺检查
2	表面平整度	2.0	用2m靠尺和塞尺检查
3	阴阳角方正	2.0	用直角检测尺检查
4	接缝直线度	2.0	拉5m线，不足5m拉通线，用钢直尺检查
5	墙裙、勒脚上口直线度	2.0	拉5m线，不足5m拉通线，用钢直尺检查
6	接缝高低差	1.0	用钢直尺和塞尺检查
7	接缝的宽度	1.0	用钢直尺检查

四、木板安装工程质量验收标准

木板安装工程质量管理适用于木板安装工程的质量验收。木板安装工程质量管理分为主控项目和一般项目。

（一）木板饰面板安装工程施工主控项目

（1）木板的品种、规格、颜色和性能应符合设计要求及国家现行标准、规范的有关规定。木龙骨、木饰面板的燃烧性能等级应符合设计要求。

检验方法：观察；检查产品合格证书、进场验收记录、性能检验报告和复验报告。

（2）木板安装工程的龙骨、连接件的材质、数量、规格、位置、连接方法和防腐处理必须符合设计要求。木板安装必须牢固。

检验方法：手扳检查；检查进场验收记录、隐蔽工程验收记录和施工记录。

（二）木板饰面板安装工程施工一般项目

（1）木板表面应平整、洁净、色泽一致，无裂痕和缺损。

检验方法：观察。

（2）木板接缝应平直，宽度应符合设计要求。

检验方法：观察；尺量检查。

（3）木板上的孔洞应切割吻合，边缘应整齐。

检验方法：观察。

（4）木板安装的允许偏差和检验方法应符合表6-5的规定。

表6-5　木板安装的允许偏差和检验方法

项次	项目	允许偏差/mm	检验方法
1	立面垂直度	2.0	用2m垂直检测尺检查
2	表面平整度	1.0	用2m靠尺和塞尺检查
3	阴阳角方正	2.0	用直角检测尺检查
4	接缝直线度	2.0	拉5m线,不足5m拉通线,用钢直尺检查
5	墙裙、勒脚上口直线度	2.0	拉5m线,不足5m拉通线,用钢直尺检查
6	接缝高低差	1.0	用钢直尺和塞尺检查
7	接缝的宽度	1.0	用钢直尺检查

五、金属板安装工程质量验收标准

金属板安装工程质量控制适用于金属板安装工程的质量验收。金属板安装工程质量管理分为主控项目和一般项目。

（一）金属饰面板安装工程施工主控项目

（1）金属板的品种、规格、颜色和性能应符合设计要求及国家现行标准、规范的有关规定。

检验方法：观察；检查产品合格证书、进场验收记录和性能检验报告。

（2）金属板安装工程的龙骨、连接件的材质、数量、规格、位置、连接方法和防腐处理必须符合设计要求。金属板安装必须牢固。

检验方法：手扳检查；检查进场验收记录、隐蔽工程验收记录和施工记录。

（3）外墙金属板的防雷装置应与主体结构防雷装置可靠接通。

检验方法：检查隐蔽工程验收记录。

（二）金属饰面板安装工程施工一般项目

（1）金属板表面应平整、洁净、色泽一致。

检验方法：观察。

（2）金属板接缝应平直，宽度应符合设计要求。

检验方法：观察；尺量检查。

（3）金属板上的孔洞应切割吻合，边缘应整齐。

检验方法：观察。

（4）金属板安装的允许偏差和检验方法应符合表6-6的规定。

表6-6　金属板安装的允许偏差和检验方法

项次	项目	允许偏差/mm	检验方法
1	立面垂直度	2.0	用2m垂直检测尺检查
2	表面平整度	3.0	用2m靠尺和塞尺检查
3	阴阳角方正	3.0	用直角检测尺检查
4	接缝直线度	2.0	拉5m线，不足5m拉通线，用钢直尺检查
5	墙裙、勒脚上口直线度	2.0	拉5m线，不足5m拉通线，用钢直尺检查
6	接缝高低差	1.0	用钢直尺和塞尺检查
7	接缝的宽度	1.0	用钢直尺检查

六、塑料板安装工程质量验收标准

塑料板安装工程质量管理适用于塑料板安装工程的质量验收。塑料板安装工程质量管理分为主控项目和一般项目。

（一）塑料饰面板安装工程施工主控项目

（1）塑料板的品种、规格、颜色和性能应符合设计要求及国家现行标准、规范的有关规定。塑料饰面板的燃烧性能等级应符合设计要求。

检验方法：观察；检查产品合格证书、进场验收记录和性能检验报告。

（2）塑料板安装工程的龙骨、连接件的材质、数量、规格、位置、连接方法和防腐处理必须符合设计要求。塑料板安装必须牢固。

检验方法：手扳检查；检查进场验收记录、隐蔽工程验收记录和施工记录。

（二）塑料饰面板安装工程施工一般项目

（1）塑料板表面应平整、洁净、色泽一致，应无缺损。

检验方法：观察。

（2）塑料板接缝应平直，宽度应符合设计要求。

检验方法：观察；尺量检查。

（3）塑料板上的孔洞应切割吻合，边缘应整齐。

检验方法：观察。

（4）塑料板安装的允许偏差和检验方法应符合表6-7的规定。

表6-7　塑料板安装的允许偏差和检验方法

项次	项目	允许偏差/mm	检验方法
1	立面垂直度	2.0	用2m垂直检测尺检查
2	表面平整度	3.0	用2m靠尺和塞尺检查
3	阴阳角方正	3.0	用直角检测尺检查
4	接缝直线度	2.0	拉5m线，不足5m拉通线，用钢直尺检查
5	墙裙、勒脚上口直线度	2.0	拉5m线，不足5m拉通线，用钢直尺检查
6	接缝高低差	1.0	用钢直尺和塞尺检查
7	接缝的宽度	1.0	用钢直尺检查

第七节　饰面砖工程质量验收标准

饰面砖工程对建筑主体主要起着装饰和保护的作用，同时还具有保温、隔热、防腐、防辐射、防水等功能。饰面砖工程的施工质量如何，不仅直接关系到建筑物的装饰效果，而且还影响到工程的使用和其他功能，甚至还关系到建筑主体的使用寿命和工程造价。因此，在饰面砖工程施工的全过程中，一定要严格按照设计规定进行施工，确保施工质量达到《外墙饰面砖工程施工及验收规程》（JGJ 126—2015）和《建筑装饰装修工程质量验收标准》（GB 50210—2018）中的规定。

一、饰面砖工程质量的一般规定

（1）饰面砖质量控制适用于内墙饰面砖粘贴和高度不大于100m、抗震设防烈度不大于8度、采用满粘法施工的外墙饰面砖粘贴等分项工程的质量验收。

（2）饰面砖工程验收时应检查下列文件和记录：①饰面砖工程的施工图、设计说明及其他设计文件；②材料的产品合格证书、性能检验报告、进场验收记录和复验报告；③外墙饰面砖施工前粘贴样板和外墙饰面砖粘贴工程饰面砖黏结强度检验报告；④隐蔽工程验收记录；⑤施工记录。

（3）饰面砖工程应对下列材料及其性能指标进行复验：①室内用花岗石和瓷质饰面砖的放射性；②水泥基黏结材料与所用外墙饰面砖的拉伸黏结强度；③外墙陶瓷面砖的吸水率；④严寒及寒冷地区外墙陶瓷面砖的抗冻性。

（4）饰面砖工程应对下列隐蔽工程项目进行验收：①防水层；②基层和基体。

（5）各分项工程的检验批应按下列规定划分：①相同材料、工艺和施工条件室内的饰面砖工程每50间（大面积房间和走廊按施工面积30m²为一间）应划分为一个检验批，不足50间也应划分为一个检验批；②相同材料、工艺和施工条件的室外饰面砖工程每1000m²应划分为一个检验批，不足1000m²也应划分为一个检验批。

（6）检查数量应符合下列规定：①室内每个检验批应至少抽查10%，并不得少于3间；不足3间时应全数检查；②室外每个检验批每100m²应至少抽查一处，每处不得小于10m²。

（7）外墙饰面砖施工过程前，应在将要施工基层上做样板件，并对样板的饰面砖黏结强度进行检验，检验方法和结果判定应符合现行的行业标准《建筑工程饰面砖粘结强度检验标准》（JGJ 110—2017）中的规定。

（8）饰面砖工程的抗震缝、伸缩缝、沉降缝等部位的处理应保证缝的使用功能和饰面的完整性。

二、内墙饰面砖粘贴工程质量验收标准

内墙饰面砖粘贴工程质量管理主要适用于内墙饰面砖粘贴工程的质量验收。内墙饰面砖粘贴工程质量管理分为主控项目和一般项目。

（一）内墙饰面砖粘贴工程质量主控项目

（1）内墙饰面砖的品种、规格、图案、颜色和性能应符合设计要求及国家现行标准、规范的有关规定。

检验方法：观察；检查产品合格证书、进场验收记录、性能检验报告和复验报告。

（2）内墙饰面砖粘贴工程的找平、防水、黏结和勾缝材料及施工方法应符合设计要求及国家现行产品标准和工程技术标准的规定。

检验方法：检查产品合格证书、复验报告和隐蔽工程验收记录。

（3）内墙饰面砖粘贴必须牢固。

检验方法：手拍检查，检查施工记录。

（4）满粘法施工的内墙饰面砖应无裂缝，大面和阳角应无空鼓。

检验方法：观察；用小锤轻击检查。

（二）内墙饰面砖粘贴工程质量一般项目

（1）内墙饰面砖表面应平整、洁净、色泽一致，应无裂痕和缺损。

检验方法：观察。

（2）内墙面凸出物周围的饰面砖，应使整砖切割吻合，边缘应整齐。墙裙、贴脸突出墙面的厚度应一致。

检验方法：观察；尺量检查。

（3）内墙饰面砖接缝应平直、光滑，填充应连续、密实；宽度和深度应符合设计要求。

检验方法：观察；尺量检查。

（4）内墙饰面砖粘贴的允许偏差和检验方法应符合表6-8的规定。

表6-8　内墙饰面砖粘贴的允许偏差和检验方法

项次	项目	允许偏差/mm	检验方法
1	立面垂直度	2.0	用2m垂直检测尺检查
2	表面平整度	3.0	用2m靠尺和塞尺检查
3	阴阳角方正	3.0	用直角检测尺检查
4	接缝直线度	2.0	拉5m线，不足5m拉通线，用钢直尺检查
5	接缝高低差	1.0	用钢直尺和塞尺检查
6	接缝的宽度	1.0	用钢直尺检查

三、外墙饰面砖粘贴工程质量验收标准

外墙饰面砖粘贴工程质量管理主要适用于高度不大于100m、抗震设防烈度不大于8度、采用满粘法施工的外墙饰面砖粘贴工程的质量验收。外墙饰面砖粘贴工程质量管理分为主控项目和一般项目。

（一）外墙饰面砖粘贴工程质量主控项目

（1）外墙饰面砖的品种、规格、图案、颜色和性能应符合设计要求及国家现行标准、规范的有关规定。

检验方法：观察；检查产品合格证书、进场验收记录、性能检验报告和复验报告。

（2）外墙饰面砖粘贴工程的找平、防水、黏结和填缝材料及施工方法应符合设计要求及现行的行业标准《外墙饰面砖工程施工及验收规程》（JGJ 126—2015）中的规定。

检验方法：检查产品合格证书、复验报告和隐蔽工程验收记录。

（3）外墙饰面砖粘贴工程的伸缩缝设置应符合设计要求和工程技术标准的规定。

检验方法：观察；尺量检查。

（4）外墙饰面砖粘贴必须牢固。

检验方法：检查外墙饰面砖黏结强度检验报告和施工记录。

（5）外墙饰面砖应无空鼓、裂缝。

检验方法：观察；用小锤轻击检查。

（二）外墙饰面砖粘贴工程质量一般项目

（1）外墙饰面砖表面应平整、洁净、色泽一致，应无裂痕和缺损。

检验方法：观察。

（2）墙面凸出物周围的外墙饰面砖，应将整砖切割吻合，边缘应整齐。墙裙、贴脸突出墙面的厚度应一致。

检验方法：观察；尺量检查。

（3）外墙饰面砖接缝应平直、光滑，填充应连续、密实；宽度和深度应符合设计要求。

检验方法：观察；尺量检查。

（4）有排水要求的部位应做滴水线（槽）。滴水线（槽）应顺直，流水坡向应正确，坡度应符合设计要求。

检验方法：观察；用水平尺检查。

（5）外墙饰面砖粘贴的允许偏差和检验方法应符合表6-9的规定。

表6-9　外墙饰面砖粘贴的允许偏差和检验方法

项次	项目	允许偏差/mm	检验方法
1	立面垂直度	3.0	用2m垂直检测尺检查
2	表面平整度	4.0	用2m靠尺和塞尺检查
3	阴阳角方正	3.0	用直角检测尺检查
4	接缝直线度	3.0	拉5m线,不足5m拉通线,用钢直尺检查
5	接缝高低差	1.0	用钢直尺和塞尺检查
6	接缝的宽度	1.0	用钢直尺检查

第八节　饰面工程施工质量问题与防治措施

饰面装饰工程，是把饰面材料镶贴到结构基层上的一种装饰方法。饰面材料的种类很多，既有天然饰面材料也有人工合成饰面材料。饰面工程要求设计精巧，制作细致，安全可靠，观感美丽，维修方便。但是，不少建筑装饰由于对饰面工程缺少专项设计、镶贴砂浆黏结力没有专项检验、至今仍采用传统的密缝安装方法三大弊病，以及手工粗糙、空鼓脱落、渗漏析白、污染积垢等质量问题，致使饰面工程的装修标准虽然比较高，但装饰效果并不尽人意，反而会造成室内外装修发霉、发黑，甚至发生不可预料的质量事故。

一、花岗石饰面板质量问题与防治措施

花岗石饰面板是一种传统而高档的饰面材料，在我国有着悠久的应用历史和施工经验。这种饰面具有良好的抗冻性、抗风化性、耐磨性、耐腐蚀性，用于室内外墙面装饰，能充分体现出古朴典雅、富丽堂皇、非常庄重的建筑风格。

花岗石饰面板我国多采用干挂法施工，其安装工艺与湿贴（灌浆）安装大致相同，只是

将饰面板材用耐腐蚀金属构件直接固定于墙柱基面上，内留空腔，不灌砂浆。干挂安装与湿贴安装相比，具有很多优点。

但是，由于各方面的原因，花岗石饰面板在工程中仍会出现的一些质量问题，主要有花岗石板块表面的长年水斑、饰面不平整、接缝不顺直、饰面色泽不匀、纹理不顺、花岗石饰面空鼓脱落和花岗石墙面出现污染现象等。

（一）花岗石板块表面的长年水斑

1. 质量问题

采用湿贴法（粘贴或灌浆）工艺安装的花岗石墙面，在安装期间板块表面就开始出现水印；随着镶贴砂浆的硬化和干燥，水印会逐渐缩小至消失。如果采用的石材结晶较粗，颜色较浅，且未做防碱、防水处理，墙面背阴面的水印可能残留下来，板块出现大小不一、颜色较深的暗影，即俗称的"水斑"。

在一般情况下，水斑孤立、分散地出现在板块的中间，对外观影响不大，这种由于镶贴砂浆拌合水引发的板块水斑，称为"初生水斑"。随着时间的推移，遇上雨雪或潮湿天气，水从板缝、墙根等部位浸入，花岗石墙面的水印范围逐渐扩大，水斑在板缝附近连接成片，板块颜色局部加深，缝中析出白色结晶体，严重影响外观。晴天时水印虽然会缩小，但长年不会消失，这种由于外部环境水的侵入而引发的板块水斑，称为"增生水斑"。

2. 原因分析

（1）花岗石的结晶相对较粗，其吸水率一般可以达到0.2%~1.7%，试验结果表明其抗渗性能还不如普通水泥砂浆。出现水斑是颜色较浅、结晶较粗花岗石饰面的特有质量缺陷，因此，花岗石板块安装之前，如果对花岗石板块进行专门的防碱与防水处理，其"水斑"病害难以避免。

（2）水泥砂浆析出氢氧化钙是硅酸盐系列水泥水化的必然产物，如果花岗石板块背面不进行防碱处理，水泥砂浆析出的氢氧化钙就会随着多余的拌合水，沿着石材的毛细孔入侵板块内部。拌合水越多，移动到砂浆表面的氢氧化钙就越多。水分蒸发后，氢氧化钙就积存在板块内，在一定的条件下花岗石板块表面就会出现水斑。

（3）混凝土墙体存在氢氧化钙，或在水泥中添加了含有 Na^+ 的外加剂，如早强剂 Na_2SO_4、粉煤灰激发剂 $NaOH$、抗冻剂 $NaNO_3$ 等。黏土砖土壤中就含有 Na^+、Mg^{2+}、K^+、Ca^{2+}、Cl^-、SO_4^{2-}、CO_3^{2-} 等离子；在烧制黏土砖的过程中，采用煤进行烧制会提高 SO_4^{2-} 的含量。上述物质遇水溶解后，均会渗入到石材毛细孔里或顺板缝流出，形成影响板面美观的水斑。

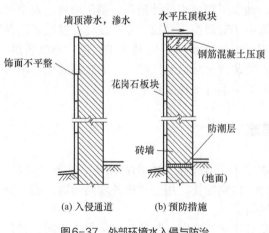

图6-37 外部环境水入侵与防治

（4）目前，在我国花岗石饰面仍多沿用传统的密缝安装法，从而形成"瞎缝"。施工规范中规定，花岗石的接缝宽度（如无设计要求时）为1mm，室外接缝可采用"干接"，用水泥浆填抹，但接缝根本不能防水，因此，干接缝的水斑最为严重；也可在水平缝中垫硬塑料板条，用水泥细砂砂浆勾缝，但其防水效果也不好；如用干性的油腻子嵌入板缝，也会因为板缝太窄，嵌入十分困难，仍不满足防水要求。如果饰面不平整，板缝更加容易进水，"水斑"现象则更加严重，如图6-37所示。

（5）采用离缝法镶贴的板块，嵌缝胶质量不合格或板缝中不干净。嵌缝后，嵌缝胶在与石材的接触面部位开裂或嵌缝胶自身开裂，或胶缝里夹杂尘土、砂粒，出现砂眼，渗入的水从石板中渗出，从而也形成水斑。

（6）花岗石外墙饰面无压顶的板块或压接不合理（如压顶的板块不压竖向板块），雨水从板缝侵入，从而形成水斑。

（7）花岗石外墙饰面与地面的连接部位没进行防水处理，地面水（或潮湿）沿着墙体或砂浆层侵入石材板块内，也会形成水斑。

3. 预防措施

（1）室外镶贴可采用经检验合格的水泥类商品胶黏剂，这种胶黏剂具有良好的保水性，能大大减轻水泥凝结泌水。室内镶贴可采用石材化学胶黏剂进行点粘（基层砂浆含水率不大于6%，胶污染应及时用布蘸酒精擦拭干净），从而避免湿作业带来水斑点质量问题。

（2）由于石材板块单位面积自重较大，为了方便固定、便于灌浆，防止砂浆未硬化之前板块出现下坠，板块的镶贴一般都是自下而上进行。在湿润墙面和花岗石板块时，如果大量进行淋水，会发生或加重水斑。因此，石材和基层的浮尘、脏物应事先清净，板块应事先进行润湿，墙面不应大量淋水。

（3）地面墙根下应设置防水防潮层。室外墙体表面应涂抹水泥基料的防渗材料（卫生间、浴室等用水房间的内壁亦需做防渗处理）。

（4）镶贴用的水泥砂浆宜掺入减水剂，这样可减少$Ca(OH)_2$析出至镶贴砂浆表面的数量，从而减免由于镶贴砂浆水化而引发的初生水斑。粘贴法砂浆稠度宜为6~8cm，灌浆法（挂贴法）砂浆稠度宜为8~12cm。

（5）为了防止雨雪从板缝侵入，墙面板块必须安装平整，墙顶水平压顶的板块必须压住墙面竖向板块，如图6-37（b）所示。墙面板块必须离缝镶贴，缝的宽度不应小于5mm（板缝过小，密封胶不能嵌进缝里）。只有离缝镶贴，板缝才能嵌填密实。只有防水才能防止镶贴砂浆、找平层、基体的可溶性碱和盐类被水带出，才能预防"增生水斑"和析白流挂。

（6）室外施工应搭设防雨篷布。处理好门窗框周边与外墙的接缝，防止雨水渗漏入墙。

（7）板块防碱防水处理。石材板底部涂刷树脂胶，再贴化纤丝网格布，形成一层抗拉防水层（还可增加粗糙面，有利于粘贴）；或者采用石材背面涂刷专用处理剂或石材防污染剂，对石材的底面和侧面周边作涂布处理。也可采用环氧树脂胶涂层，再粘粒径较小的石子以增强黏结能力，但施工比较麻烦，效果不如专用的处理剂（如果板底部涂刷有机硅乳液，会因表面太光滑而影响黏结力）。

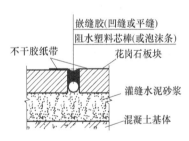

图6-38 花岗石墙面防水嵌缝

（8）板缝嵌填防水耐候密封胶（加阻水塑料芯棒）如图6-38所示，密封材料应采用中性耐候硅酮密封胶，选择详如表6-10所列。

表6-10 建筑密封材料系列产品详细选用

档次	产品名称	代号	特点	适用范围	注意事项	预期寿命/年
高级	硅酮	SR	温度敏感性小，黏结力强,寿命长	玻璃幕墙、多种金属、非金属的垂直、水平面及顶部，不流淌	吸尘污染后,装修材料不黏结。低模量的适用于石材、陶瓷板块的接缝密封,高模量的可能腐蚀石材及金属面,玻璃适用	25~30

档次	产品名称	代号	特点	适用范围	注意事项	预期寿命/年
高级	单(双)组分聚硫密封胶	PS	弹性好,其他性能也较理想	中空玻璃、墙板及屋面板缝、陶瓷	可能与石材成分发生呈色反应	20
	聚氨酯	PU	模量低、弹性好,耐气候、耐疲劳,黏结力强	公路、桥梁、飞机场、隧道及建筑物的伸缩缝,陶瓷	黏结玻璃有问题,避免高温部位残留黏性。单组分的储存时稳定性差,双组分的有时起泡	15~20
中级	丙烯酸酯	AC	分子量大,固含量高,耐久性和稳定性好,不易污染变色	混凝土外墙板缝、轻钢建筑、门窗、陶瓷、卫生间、厨房等	适用于活动量比较小的接缝,未固化时,遇雨会流失;注意固结随固化收缩变形增大,有的随龄期变硬	12
	丁基橡胶	IIR	气密性、水密性较好	第2道防水,防水层接缝处理及其他	不宜在阳光直射部位使用,随着固化收缩,变形增大	10~15
	氯磺化聚乙烯	CSPE	价格适中,具有一定的弹性及耐久性,污染变色	工业厂房、民用建筑屋面	宜在常温干燥环境储存,应避免阳光直射,并远离热源	12

所用的耐候硅酮密封胶,应当进行与石材接触的相容性试验,无污染、无变色,不发生影响黏结性的物理、化学变化。也可采用商品专用柔性水泥嵌缝料(内含高性能合成乳液,适用于小活动量板缝)。嵌缝后,应检查嵌缝材料本身或与石材接触面有无开裂现象。

(9)镶贴、嵌缝完毕,室外的石材饰面应全面喷涂有机硅防水剂或其他无色护面涂剂(毛面花岗石更为必要)。

(二)饰面不平整,接缝不顺直

1. 质量问题

在花岗石板块墙面镶贴完毕后,经过检查发现有大面凹凸不平,接缝横向不水平、竖向不垂直,缝隙宽度不相同,相邻板块高低不平,均不符合石材板块墙面施工的质量标准,不仅严重影响墙面的美观,而且容易坐落灰尘而污染墙面。

2. 原因分析

(1)由于对饰面基层的处理不认真,造成基层的平整度和垂直度偏差过大,加上在灌注水泥砂浆时厚薄不均匀,使其收缩后产生的高低差过大。

(2)在花岗石饰面板的加工过程中质量控制不严,加工设备落后或生产工艺不合理,以及操作人员技术水平不高,从而导致石材加工精度差,造成板块外形尺寸偏差较大,从而使饰面施工质量难以保证。

(3)有弯曲或弧形面的板块,未在工厂车间按照设计图纸进行制作,而在施工现场用手工或手提切割机加工,从而造成板材精度较差、偏差较大。常见的质量问题有:板块厚薄不一;板面凹凸不平;板角不方正;板块尺寸超过允许误差。

(4)在镶贴板块前施工准备工作不充分。例如对板块材料验收不严格,对板块未认真进行检查和挑选,在镶贴前未对板块进行预排,操作人员施工图纸不熟悉,施工控制线不准确等。

(5)如果采用干缝(或密缝)安装,无法利用板缝的宽度适当调整板块加工中产生的偏差,导致面积较大的墙面板缝积累偏差越来越大,超过施工规范中的允许偏差。

(6)施工中操作不当,很容易造成饰面不平整、接缝不顺直。例如采用粘贴法施工的墙面，基层面抹灰不平整。采用灌浆法（挂贴法）施工的墙面，表面凹凸过大，灌浆不畅通，板块支撑固定不牢，或一次灌浆过高，造成侧向压力过大，挤压板块产生位移。

3. 预防措施

（1）在铺设饰面板前，应当按照设计或规范的要求认真处理好基层，使基层的平整度和垂直度符合设计要求。饰面板材采用粘贴法施工时，找平层施工后应进行一次质量验收，按照高级抹灰的质量要求，其平整度和垂直度的允许偏差不应大于3mm。

（2）批量板块应由石材厂加工生产，废止在施工现场批量生产板块的落后做法；弯曲的面或弧形平面板应由石材厂专用设备（如电脑数控机床）加工制作。石材进场应按标准规定检查外观质量，检查内容包括规格尺寸、平面度、角度、外观缺陷等。超过允许偏差者，应退货或磨边修整，使板材厚薄一致，不翘曲、不歪斜。

（3）对墙面板块进行专项装修设计：①施工前有关人员应认真进行图纸会审，明确板块的排列方式、分格和图案，伸缩缝位置、接缝和凹凸部位的构造大样；②室外墙面有防水要求，板缝宽度不应小于5mm，并可采用适当调整板缝宽度的办法，减少板块制作或镶贴造成的积累偏差。室内墙面无防水要求，如果光面和镜面花岗石的板缝，如果采用干接缝方式，是接缝不顺直的重要原因之一。因此，干接缝板材的方正平直不应超过优等品的允许偏差标准，否则会给干接缝安装带来困难。

传统的逐块进行套切割的方法检查板块几何尺寸，并按偏差大小分类归堆的方法，固然可以减少因尺寸偏差带来的毛病，使接缝变得顺直；但是可能会打乱石材的原编号和增大色差（有花纹的石材还可能因此而使花纹更混乱），效果并不一定就好。根据规定，板块的长度和宽度只允许负偏差，对于面积较大的墙面，为减少板块制作尺寸的积累偏差，板缝宽度宜适当放宽至2mm左右。

（4）绘制好施工大样图，严格按图施工。在板块安装前，首先应根据建筑设计图纸的要求，认真核对板块安装部位结构实际尺寸及偏差情况，如墙面平整度、垂直度及纠正偏差所增减的尺寸，绘制出修正图。超出允许偏差的，如果采用灌浆法施工，则应在保证基体与板块表面距离不小于30mm的前提下重新排列分块尺寸。

在确定排板图时应做好以下工作。

① 测量墙面和柱的实际高度，定出墙与柱的中心线，柱与柱之间的距离，墙和柱上部、中部、下部的结构尺寸，以确定墙、柱面边线，据此计算出板块排列分块尺寸。

② 对于外形变化较复杂的墙面和柱面，特别是需要异形板块镶贴的部位，应当先用薄铁皮或三夹板进行实际放样，以便确定板块排列分块尺寸。

③ 根据实测的板块规格尺寸，计算出板块的排列，按安装顺序将饰面板块进行编号，绘制分块大样图和节点大样图，作为加工板块和零配件以及安装施工的依据。

（5）墙、柱的安装，应当按照设计轴线弹出墙、柱中心线，板块分格线和水平标高线。由于挂线容易被风吹动或意外触碰，或受墙面凸出物、脚手架的影响，测量放线应当采用经纬仪和水平仪，这样可以减少尺寸的偏差，确保放线的精度。

（6）对于镶贴质量要求较高的工程，应当先做样板墙，经建设、设计、监理、施工等单位共同商定和认可后，再按照样板大面积进行施工。在做样板墙时应按照以下方法进行。

① 安装前应进行试拼，调整花纹，对好颜色，使板块之间上下左右纹理通顺、颜色协调一致、接缝平直、缝隙宽度均匀，将经过预先拼装后的板块由下向上逐块编号，确定每块的镶贴顺序和位置，然后对号入座。

② 板块安装顺序是根据事先找好的中心线、水平通线，墙面试拼的编号，然后在最后一行两端用块材找平、找直，拉上水平横线，再从中间或一端开始安装，随时采用托线板靠

直、靠平，保证板与板交接部位四角平整。

③ 每一块板块的安装均应当找正、吊直，并采取临时固定措施，以防止灌注砂浆时板位发生移动。

④ 板块接缝宽度宜用商品十字塑料卡控制，并应确保外表面平整、垂直及板上口平顺。突出墙面勒脚的板块安装应等上层的饰面工程完工后进行。

（7）板块灌浆前应浇水将板的背面和基体表面润湿，再分层灌注砂浆，每层灌注高度为150~200mm，且不得大于板高的1/3，对砂浆要插捣密实，以避免板块外移或错动。待其初凝后，应检查板面位置，若有移动错位，应拆除重新安装；若无移动错位，才能灌注上层砂浆，施工缝应留在板块水平接缝以下50~100mm处。

（8）如采用粘贴法施工，找平层表面平整度允许偏差为3mm，不得大于4mm；板块厚度允许偏差应按优等品的要求，如板块厚度在12mm以内者，其允许偏差为±0.5mm。

（9）大面的板块镶贴完毕后，应用经纬仪及水平仪沿板缝进行打点，使墙面板块缝在水平和竖向均能通线，再沿板缝两侧用粉线弹出板缝边线，沿粉线贴上分色胶带纸，打防水密封胶。嵌缝胶的颜色选择应慎重，事先先做几个样板，请有关人员共同协商确定。在一般情况下，板缝偏小的墙面宜用深色，使缝隙更显得宽度均匀、横平竖直；板缝偏大的墙面宜用浅色，但不宜采用无色密封胶。

（10）在饰面板安装完毕后，应进行质量检查，以便发现问题及时解决。合格后应注意成品保护，不使其受到碰撞挤压。

（三）饰面色泽不匀，纹理不顺

1. 质量问题

饰面板块之间色泽不匀、色差比较明显，个别板块甚至有明显的杂色斑点和花纹。有花纹的板块，花纹不能通顺衔接，横竖突变，杂乱无章，严重影响墙面外观。

2. 原因分析

（1）板块产品不是同一产地和厂家，而是东拼西凑，这样不仅规格不同，而且色差明显。在生产板块选材时，对杂色斑纹、石筋裂隙等缺陷未注意剔除。在石材出厂前，如果板块未干燥即进行打蜡，随着水分的蒸发、蜡的渗入，也会使石材表面引起色差。

（2）在安装板块时，由于种种原因造成饰面不平整，相邻板块高低差过大，若采用打磨方法整平，不仅会擦伤原来加工好的镜面，而且会因打磨不同而产生色差。

（3）采购时订货不明确。多数花岗石是无花纹的，对于有花纹要求的花岗石板块，如果订货单上不明确，厂家未按设计要求加工，或运至工地后无检查或试拼，就可能出现花纹杂乱无章、纹理不顺。

（4）镜面花岗石反射光线性能较好，对于光线和周围环境比较敏感，加上人有"远、近、正、斜、高、低、明、暗"的不同观角，很容易造成观感效果上的差异，甚至得出相反的装饰效果。

3. 预防措施

（1）一个主装饰面所用的花岗石板块材料，应当来源于同一矿山、同一采集面、同一批荒料、同一厂家生产的产品。但是，对于大面积高档墙面来说，达到设计标准要求是很难的，为达到饰面基本色泽均匀、纹理通顺，可在以下几个方面采取措施。

① 保证批量板块的外观、纹理、色泽以及物理力学性能基本一致，便于安装时色泽、纹理的过渡。

② 对于大型建筑墙面选用花岗石时，设计时不宜完全采用同一种板块，可采用先调查

材料来源情况，后确定设计方案的方法。

③ 确定样板时找两块颜色较接近的作为色差的上下界限，确定这样一个色差幅度，给石料开采和加工厂家留有余地。

④ 石材进场后还要进行石材纹理、色泽的挑选和试拼，使色调花纹尽可能一致，或利用颜色差异构成图案，将色差降低到最低程度。

（2）石材开采、板块加工、进场检验和板块安装，都要认真注意饰面的平整度，避免板块安装后因饰面不平整而需要再次打磨，从而由于打磨而改变原来的颜色。

（3）板块进场拆包后，首先应进行外观质量检查，将破碎、变色、局部污染和缺棱掉角的板块全部挑出来，另行堆放。确保大面和重要部位全用合格板块，对于有缺陷的板块，应改小使用，或安排在不显眼的部位。

（4）对于镜面花岗石饰面，应当先做样板进行对比，视其与光线、环境的协调情况，以及与人的视距观感效果，再优化选择合适的花岗石板材。

（四）花岗石饰面空鼓脱落

1. 质量问题

花岗石饰面板块镶贴之后，板块出现空鼓质量问题。这种墙面空鼓与地面空鼓不同，可能会随着时间的推移，空鼓范围逐渐发展扩大，甚至产生松动脱落，对墙下的人和物有很大的危害。

2. 原因分析

（1）在花岗石板块镶贴前，对基体（或基层）、板块底面未进行认真清理，有残存灰尘或污物，或未用界面处理剂对基体（或基层）进行处理。

（2）花岗石板块与基体间的灌浆不饱满，或配制的砂浆太稀、强度低、黏结力差、干缩量大，或灌浆后未进行及时养护。

（3）花岗石饰面板块现场钻孔不当，太靠边或钻伤板的边缘；或用铁丝绑扎固定板块，由于防锈措施不当，日久锈蚀松动而产生板块空鼓脱落。

（4）石材防护剂涂刷不当，或使用不合格的石材防护剂，造成板块背面光滑，削弱了板块与砂浆间的黏结力。

（5）板缝嵌填密封胶不严密，造成板缝防水性差，雨水顺着缝隙入侵墙面内部，使黏结层、基体发生冻融循环、干湿循环，由于水分的入侵，容易诱发析盐，水分蒸发后，盐结晶产生体积膨胀，也会削弱砂浆的黏结力。

3. 预防措施

（1）在花岗石板块镶贴之前，基体（或基层）表面、板块背面必须清理干净，用水充分湿润，阴干至表面无水迹时，即可涂刷界面处理剂；待界面处理剂表面干燥后，即可进行镶贴板块。

（2）采用粘贴法的砂浆稠度宜为6~8mm，采用灌浆法的砂浆稠度宜为8~12mm。由于普通水泥砂浆的黏结力较小，可采用合格的专用商品胶黏剂粘贴板块，或在水泥中掺入改性成分（如EVA或VAE乳液），均能使黏结力大大提高。

（3）夏季镶贴室外饰面板应当防止暴晒，冬季施工砂浆的施工温度不得低于5℃，在砂浆硬化前要采取防冻措施。

（4）板块边长小于400mm的，可采用粘贴法镶贴；板块边长大于400mm的，应采用灌浆法镶贴，其板块应绑扎固定，不能单靠砂浆的黏结力。若饰面板采用钢筋网，应与锚固件连接牢固。每块板的上、下边打眼数量均不得少于2个，并用防锈金属丝系固。

（5）废除传统落后的钻"牛鼻子"孔的方法，采用板材先直立固定于木架上，再钻孔、剔凿，使用专门的不锈钢U形钉子或经防锈处理的碳钢弹簧卡，将板材固定在基体预埋钢筋网或胀锚螺栓上，如图6-39和图6-40所示。

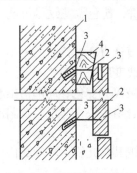

图6-39　石板就位固定示意

1—基体；2—U形钉；3—石材胶；4—大头木楔

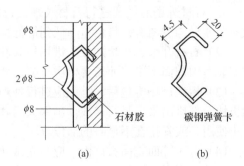

图6-40　金属夹安装示意

（6）使用经检验合格的石材防护剂，并按照说明书中的规定进行涂刷。

（7）较厚或尺寸较大的板块应考虑在自重作用下如何保证每个饰面板块垂直的稳定性，受力分析包括板块和砂浆的自重、板块安装垂直度偏差、灌浆未硬化时的水平推力、水分可能入侵后的冻胀力等。

（8）由于石材单位面积质量较重，因此轻质砖墙不应直接作为石材饰面的基体；否则，应加强措施。加强层应符合下列规定：①采用规格直径为1.5mm、孔目为15mm×15mm的钢丝网，钢丝网片搭接或搭入框架柱（构造柱）长度不小于200mm，并作可靠连接；②设置M8穿墙螺栓、30mm×30mm垫片连接和绷紧墙体两侧的钢丝网，穿墙螺栓纵横向的间距不大于600mm；③石板采用粘贴法镶贴时，找平层用聚合物水泥砂浆与钢丝网黏结牢固，其厚度不应小于25mm。采用灌浆法镶贴时，可以不抹找平层，而用M8穿墙螺栓同时固定钢筋网，灌浆厚度一般为50mm左右。

（9）板缝的防水处理，可参见"花岗石板块表面的长年水斑"的预防措施。

（10）要注意成品保护，防止发生振动、撞击等外伤，尤其注意避免镶贴砂浆、胶黏剂早期受到损伤。

（五）花岗石墙面出现污染现象

1. 质量问题

花岗石板块在制作、运输、存放和安装过程中，由于种种原因板块出现外侵颜色，导致板块产生污染。在墙面镶贴后，饰面上出现水泥斑迹、长年水斑、析白流挂、铁锈褐斑、电焊灼伤、介质侵蚀。花岗石在使用过程中，饰面受到风吹日晒、雨雪侵蚀、污物沾染，严重影响花岗石饰面的美观。

2. 原因分析

（1）如果采用的花岗石原材料中含有较多的硫铁矿物成分，板块会因硫化物的氧化而产生变色。如果在切割加工中用钢砂摆锯，钢砂的锈水会渗入花岗石结晶体之间，造成花岗石材的污染。另外，在研磨过程中也会因磨料含杂质渗入石材而引起污染。

（2）板块在加工的过程中和加工完毕后，对石材的表面没采取专门的防污染处理措施，进场后也没有进行物理性能和外观缺陷的检验。

（3）板块出厂时包装采用草绳、草袋或有色纸箱，遇到潮湿、水浸或雨淋，包装物黄褐色液体侵入板块，则使板块发生黄溃污染。

（4）传统的板块安装是用熟石膏临时固定和封堵，由于安装后熟石膏不容易从板缝中清理干净，残留石膏经雨水冲刷流淌，将严重污染墙面。若采用麻丝、麻刀灰、厚纸板等封堵接缝的，在强碱作用下也可能产生黄色液体污染。

（5）如果嵌缝时选用的防水密封材料选择不当，有些品种可以造成腐蚀石材表面，或与石材中的成分发生变色反应，造成板缝部位石材污染或变色。

（6）由于板块出现长年水斑和板缝出现析白流挂，也会造成对花岗石饰面的污染。

（7）在板块安装施工中，对成品保护不良而造成施工污染。由于石材板块的镶贴施工顺序是由下而上进行，在镶贴上层板块时，就有可能因砂浆、涂料、污液、电焊等，对下层成品产生污染。

（8）在花岗石饰面的使用过程中，由于受钢铁支架、上下水管铁锈水污染，或酸碱盐类化学物质的侵蚀等，墙面板块表面受到严重污染。

（9）环境对花岗石板块的污染。空气中的二氧化硫（SO_2）、二氧化碳（CO_2）、三氧化硫（SO_3）等酸性气体或酸雨，均可以造成对花岗石饰面的污染。

3. 防治措施及处理方法

花岗石墙面产生污染，再进行彻底清理是一项较难的工作。因为使墙面产生污染的因素和物质很多，所采用的处理方法也有很大区别。

在清洗污染之前应先进行腐蚀性检验，检验清洗效果和有无副作用，宜优先选用经检验合格的商品专用清洗剂和专用工具，最好由专业清洁公司进行清洗。避免因使用清洗材料和方法不当，使墙面清洗产生副作用。

根据污染物不同和清洗方法不同，一般可按照下列方法进行处理。

（1）手工铲除　手工铲除实际上是饰面污染处理的初步清理。即对于板缝析白流挂或板面水泥浆污染，因其生成物为不溶于水的碳酸钙（$CaCO_3$）、硫酸钙（$CaSO_4$）或水泥水化物等结晶物，在采用其他清洗方法之前，先以人工用砂纸轻轻将其打磨掉，为进一步清洗打下良好基础。

（2）清水清洗　清水冲洗是现有清洗技术中破坏性最小、对能溶于水的污物最有效的处理方法。水洗一般可采用以下几种方法。

① 对于疏松污垢，可采用喷洒雾状水对其慢慢软化，然后用中等压力水喷射清除，并配合轻轻擦拭污垢。

② 对于较硬的污垢，需要反复进行湿润，必要时可辅以铜丝刷清洗，然后用中等压水喷射清除。

在反复湿润中，很容易造成石材体内污染物被激活，对于较敏感的部位，应加强水量控制和脉冲清洗，以防止出现新的色斑。

（3）化学清洗

① 一般清洗。一般清洗通常分为预冲洗和消除清洗，预冲洗即用氢氧化钠碱溶液冲洗，接着用氢氟酸溶液进行消除清洗，两种冲洗应用中压喷射水枪轮换进行。氢氟酸溶液是使石材中不残留可溶性盐类，但对玻璃有较强的腐蚀性，冲洗中要覆盖门窗玻璃。

② 石材因包装物产生的污染，应根据污染物的性质来决定处理方案。如碱性的颜色污染可用草酸清除，一般颜色污染可用双氧水（H_2O_2）刷洗。严重的颜色污染可用双氧水和漂白粉掺在一起拌成糊状涂于污染处，待2~3d后将污染物铲除。

③ 青苔污染的清除。长期处于潮湿和阴暗的饰面，常常会发生青苔污染。这种污染可以用氨基磺酸铵清除，留下的粉状堆积物再水冲洗掉。

④ 木材污染及海藻和菌类等生物污染。可以用家用漂白剂配制成浓度为10%~20%的溶液，将溶液涂刷于污染面上即可。一般木材污染的处理时间很短，其他物质污染需要处理时间较长。

⑤ 油墨污染。将250g氯化钠溶入25L的水中，静置到氯化钠沉淀到底部为止，将此溶液澄清过滤，向过滤的溶液中加入15g浓度为24%的乙酸，再将一块法兰绒泡入此溶液中，取出后覆盖在油墨污染处。用一块玻璃、石块或其他不透水材料压在法兰绒布上。当法兰绒布干透后，即可清除油墨污染。如果一次清除不彻底，可重复进行几次。

⑥ 亚麻子油、棕榈油、动物油污染的处理方法有三种。第一种处理方法同采用油墨污染处理法。第二种处理方法是：用50g磷酸三钠、35g过硼酸钠和150g滑石粉干拌均匀，将500g软肥皂溶入2.5L的热水中，再将肥皂水与干粉料拌制成稠浆。将稠浆抹在被污染的部位，直至稠浆干透后，将其细心刮除。第三种处理方法是：将一块法兰绒浸泡在丙酮：乙酸戊酯=1：1的溶液中，再将绒布覆盖在污染处，并压一块玻璃板，以防溶液迅速挥发，如果一次未除净，可重复进行。

⑦ 润滑油污染。发生润滑油污染后，立即用卫生纸或吸水性强的棉织品吸收，如果润滑油较多，应更换卫生纸或棉织品，不得重复使用。然后用面粉、干水泥或类似的吸附材料覆盖在石材表面，一般保留1d，如果还有痕迹，也可用漂白剂在污染处擦洗。

⑧ 沥青污染。沥青与石材有很好的黏结性，清除沥青污染比较困难。无论采用哪种方法除污，均应首先去除剩余的沥青，并用擦洗剂及水进行擦洗，但绝对不能用钢丝刷刷洗，也不能用溶剂擦洗。可将棉布浸泡在二甲亚矾（也称为DMSO）的溶液（DMSO：水=1：1）中，然后将棉布贴在污斑表面，待1h后用硬棕刷擦洗，沥青就会被洗掉。

另外，还可用滑石粉和煤油（或三氯乙烯）制成糊膏状，将其抹在沥青污染处，至少保持10min。这种方法十分有效，但必须多次重复进行。

⑨ 烟草污染。将1kg磷酸三钠溶入8L水中，然后在另一个单独的容器内，用约300g的氯化钠和水拌成均匀的稠浆，将磷酸三钠水溶液注入氯化钠稠浆中，充分搅拌均匀。待氯化钙沉淀到底部，便可将澄清的液体吸出，并用等量水进行稀释。将这种稀释液与滑石粉调制成均匀的稠浆，用抹子涂抹于污染处，直至烟草污染除掉为止。

⑩ 烟污染。将三氯乙烯和滑石粉配制成均匀的稠浆，用上述方法将稠浆抹在污染部位，再用一块玻璃板或其他不吸水材料覆盖在稠浆上面，以防止三氯乙烯过快挥发。如果涂布数次之后，表面仍有污迹，可将残留的灰浆清除掉，使表面完全干燥，然后再采用除去"烟草污染"的方法除去烟污染。

⑪ 涂料污染。未干的涂料如果采用直接擦洗，反而会造成污染物的扩散。应当先用卫生纸吸干，然后用石材专用的清洁剂涂敷和水冲洗残余的涂料。时间长已干燥成膜的涂料污染首先应尽可能刮去，然后用清洁剂涂敷，再用清水进行冲洗。

⑫ 铜和青铜污染。将1份氨和10份水搅拌均匀，然后将1kg滑石粉和250g氯化铵干拌均匀，最后将溶液和粉料拌制成均匀的稠浆。将稠浆抹在被污染的部位，厚度不得少于10mm。待稠浆干透后，再将其去掉，用清水洗净便可除去污斑。若一次不行，应重复抹多次，直到污染消除为止。氨具有一定的毒性，使用时应注意通风。

⑬ 铁锈污染。铁锈污染，最好使用商品石材专用的除锈液（剂）、清洁剂，用棉布涂敷于被污染的表面。铁锈消失后，用清水冲洗石材表面。

另外，也可以配制除铁锈污染剂，其质量配合比为：双氧水：磷酸氢二钠：乙二胺四乙酸二钠=100：（20~30）：（20~30），在配制中也可根据饰面污染程度，将配合比进行适当调整，其中双氧水的浓度为30%。双氧水对人体有害，应特别注意加强防护，若皮肤被腐蚀，应及时用松节油擦洗。

（4）磨料清洗　磨料清洗是一种技术要求较高的处理方法，非熟练工人可能会对建筑物造成损坏，因此应由有经验的技术人员认真监管或亲自操作。磨料清洗一般采用干喷或湿喷，这两种方法各有特点、操作方法各不相同。

① 干喷。由专业人员用喷砂机对于析白、流挂部位或水泥污迹、树脂污染部位喷射干燥的细砂。如果采用喷射细小玻璃微珠或弹性研磨材料，不仅可以清除石材表面上的污物，而且还起到轻度的抛光作用。

② 湿喷。在需要减少粗糙磨料影响的部位，可采用压缩空气中加水的湿喷砂方法，这种方法有利于控制灰尘飞扬。但由此积聚在工作面上的泥浆，在装饰比较复杂的细部施工时，会影响饰面的可见度，还需要用压力水清洗。

（5）打磨翻新　打磨翻新是由专业公司使用专用工具将受污染（或风化、破损）的石材饰面表面磨去薄薄的一层，然后在新的石材表面上进行抛光处理，再喷涂专用的防护剂，使旧石材恢复其天然色泽和光洁度。

（6）护面处理　天然花岗石饰面在清除污迹后，光面饰面应重新进行抛光。室内墙面应定期打蜡保护，室外墙面应喷涂有机硅憎水剂或其他专用无色护面涂剂。

（六）花岗石饰面板块出现开裂

1. 质量问题

在饰面工程选用花岗石饰面板时，由于各种原因造成部分板块有色线、暗缝和隐伤等缺陷，不仅严重影响饰面的美观，而且也存在着安全隐患。

2. 原因分析

（1）在加工花岗石饰面板时未认真选择原料，所用的石材的石质比较差，板材本身有色线、暗缝和隐伤等质量缺陷；或者在切割、搬运、装卸过程中，对石材饰面板产生损伤而出现开裂。

（2）在板材安装前未经检查和修补，将有开裂的板材安装于饰面上，安装后受到振动、温变和干湿等因素的作用，在这些部位由于应力集中而引起开裂。

（3）在板块安装的施工中，由于灌浆不密实，板缝嵌入不密封，造成侵蚀气体、雨水或潮湿空气透入板缝，从而导致钢筋网锈蚀膨胀，造成石材板块的开裂。

（4）由于各方面的原因，建筑主体结构产生沉降或地基不均匀下沉，板材随之变形受到挤压而开裂。

（5）在墙或柱子的上下部位，板缝未留空隙或空隙太小，一旦受到压力变形，板材受到较大的垂直方向的压力；或大面积的墙面不设置变形缝，受到环境温度变化，板块受到挤压而产生开裂。

（6）由于计划不周或施工无序，在饰面板材安装后又在墙上开凿孔洞，导致饰面板上出现犬牙和裂缝。

3. 预防措施

（1）在石材板块加工前，首先应根据设计要求选用质量较好的石材原料，使加工出来的板材自身质量优良，完全符合设计的要求。

（2）在选择石材板块时，应剔除不符合质量要求的石材板，在加工、运输、装卸、存放和安装的过程中，应仔细进行操作，避免板材出现开裂和损坏。

（3）在石材板块安装时，应对板材进行认真仔细地检查和挑选，对于有微小缺陷能用于饰面的板材，应按要求进行修补，防止有缺陷板材安装后，因振动、温变和干湿等作用而引起开裂。

（4）在进行石材板块安装时，灌浆应饱满，嵌缝应严密，避免腐蚀性气体、水汽侵入钢筋网内，使钢筋网锈蚀膨胀而导致板材开裂。

（5）在新建建筑结构沉降基本稳定后，再进行饰面石材板块的安装作业。在墙、柱顶部和底部安装石板材时，应留有不少于5mm的空隙，并嵌填柔性密封胶，板缝用水泥砂浆进行勾缝。室外饰面宜每隔5~6m（室内10~12m）设置一道宽为10~15mm的变形缝，以防止因结构出现微小变形而导致板材开裂。

（6）如果饰面墙上需要开凿孔洞（如安装电气开关、镶嵌招牌等），应事先加以考虑并在板块未上墙之前加工，以避免板材安装后再进行凿洞作业。

二、大理石饰面板质量问题与防治措施

大理石虽然结晶较小，结构致密，但空气中的二氧化硫对其腐蚀较大，会使其表面层发生化学反应生成石膏而色泽晦暗，呈风化现象逐渐破损。由于大理石的强度、硬度较低，耐久性较差，所以除个别品种（如汉白玉、艾叶青）外，一般适用于室内装修工程。

（一）大理石板块开裂，边角缺损

1. 质量问题

板块暗缝、"石筋"或石材加工、运输隐伤部位，以及墙、柱顶部或根部，墙和柱阳角部位等出现裂缝、损伤，影响美观和耐久性。

2. 原因分析

（1）板块材质局部产生风化脆弱，或在加工运输过程中造成隐伤，安装前未经检查和修补，安装完毕后发现板块有开裂。

（2）由于计划不周或施工无序，在饰面安装之后又在墙上开凿孔洞，导致饰面出现犬牙和裂缝。

（3）墙、柱上下部位，板缝未留需要的空隙，结构受压产生变形；或大面积墙面未设变形缝，受环境温度的变化，板块受到较大挤压；或轻质墙体未进行加强处理，墙体出现干缩开裂。

（4）大理石板块镶贴在紧贴厨房、厕所、浴室等潮气较大的房间时，由于镶贴安装不认真，板缝灌浆不严密，侵蚀气体或湿空气侵入板缝，使连接件遭到锈蚀，产生体积膨胀，给大理石板块一个向外的推力，从而造成板块开裂。

3. 预防措施

（1）在大理石板块底面涂刷树脂胶，再贴化纤丝网格布，从而形成一层抗拉强度高、表面粗糙、有利粘贴的防水层；或采用有衬底的复合型超薄型石材，以减少开裂和损伤。为防止在运输、堆放、搬动、钻孔等过程中造成损伤，板块应当立放和加强保护。

（2）根据某些需要（如电开关、镶招牌等），在饰面墙上有时难免要开孔洞。为避免现场开洞出现开裂和边角缺损，应事先设计并在工厂进行加工，切勿在饰面安装后再手工锤凿。如果需要在饰面墙上开凿圆孔，应用专用的金刚石钻孔机。

（3）大理石板块进场拆包后，首先应进行外观检验，轻度破损的板块，可用专门的商品石材胶修补，也可用自配环氧树脂胶黏剂，配合比参见表6-11。修补时应将黏结面清洁干净并干燥，两个黏合面涂厚度≤0.5mm黏结膜层，在温度≥15℃的环境中粘贴，在相同温度的室内进行养护；对表面缺边、坑洼、疵点，可刮环氧树脂腻子并在15℃的室内养护1d，而

后用0号砂纸打磨平整，再养护2~3d。石材修补后，板面不得有明显的痕迹，颜色应与板面花色基本相同。

表6-11　自配环氧树脂胶黏剂与环氧树脂腻子配合比

材料名称	质量配合比		材料名称	质量配合比	
	胶黏剂	腻子		胶黏剂	腻子
环氧树脂 E44(6101)	100	100	邻苯二甲酸二丁酯	20	10
			白水泥	0	100~200
乙二胺	6~8	10	颜料	适量(与修补板材颜色相近)	适量(与修补板材颜色相近)

（4）考虑墙和柱受上部楼层荷载的压缩及成品保护需要等原因，饰面工程应在建筑物的施工后期进行。墙、柱顶部和根部的板块，应当预留不小于5mm的空隙，在缝隙中嵌填柔性密封胶，以适应下层墙和柱受长期荷载的压缩或温度变化。板缝用水泥砂浆勾缝的墙面，室内大理石饰面板块宜每隔10~12m设一道宽度10~15mm的变形缝，以适应施工环境温度的变化。

（二）大理石板面产生腐蚀污染

1. 质量问题

由于大理石的强度比较低、耐蚀性比较差，所以经过一段时间之后其光亮的表面逐渐变色、褪色和失去光泽，有的还产生麻点、开裂和剥落，严重影响大理石的装饰效果。

2. 原因分析

（1）在大理石板块出厂或安装前，对石材表面未进行专门的防护处理，从而造成腐蚀性污染。

（2）大理石是一种变质岩，主要成分碳酸钙约占50%以上，含有不同的其他成分则呈现不同的颜色和光泽，如白色含碳酸钙、碳酸镁，紫色含锰，黑色含碳、沥青质，绿色含钴化物，黄色含铬化物，红褐色、紫色、棕黄色含锰及氧化铁水化物等。

在五颜六色的大理石中，暗红色、红色最不稳定，绿色次之。白色大理石的成分比较单纯，性能比较稳定，腐蚀速度比较缓慢。环境中的腐蚀性气体（如SO_2等），遇到潮湿空气或雨水生成亚硫酸，然后变为硫酸，与大理石中的碳酸钙发生反应，在大理石表面生成石膏。石膏微溶于水，使磨光的大理石表面逐渐失去光泽，变得粗糙晦暗，产生麻点、开裂和剥落等质量问题。

（3）施工过程中由于不文明施工而产生的污染和损害。在使用期间受墙壁渗漏，铁件支架、上下水管锈水，卫生间酸碱液体侵蚀污染。

3. 预防措施

（1）对大理石板面的腐蚀污染，应树立"预防为主、治理为辅"的观念。在石材安装前应浸泡或涂抹商品专用防护剂（液），能有效地防止污渍渗透和腐蚀。

（2）大理石板块进场后，应按照现行国家标准《天然大理石建筑板材》（GB/T 19766—2016）的规定，进行外观缺陷和物理性能检验。

（3）大理石不宜用作室外墙面饰面，特别不宜在腐蚀环境中建筑物上采用。如果个别工程需要采用大理石时，应根据腐蚀环境的实际情况，事先进行品种的选择，挑选品质纯、杂质少、耐风化、耐腐蚀的大理石（如汉白玉等）。

（4）大理石饰面的另一侧，若是卫生间、浴室、厨房等用水房间，必须先做好防水处理，墙根也应当设置防潮层一类的防潮、防水处理。

（5）室外大理石墙面压顶部位，必须认真进行处理，其水平压顶的板块必须压接住墙面的竖向板块，确保接缝处不产生渗水。板块的横竖接缝必须防水，板块背面灌浆要饱满，每块大理石板与基体钢筋网拉接不少于4个点。设计上尽可能在上部加雨罩，以防止大理石墙面直接受到日晒雨淋。

（6）要坚持文明施工，重视对成品的保护。对于室内大理石饰面必须定期打蜡或喷涂有机硅憎水剂，室外大理石墙面必须喷涂有机硅憎水剂或其他无色护面涂剂，以隔离腐蚀和污染。

（7）其他预防措施可参见"花岗石板块的长年水斑"的有关措施。

（三）大理石饰面出现空鼓脱落

1. 质量问题

大理石饰面出现的空鼓脱落质量问题，与前面所述"花岗石饰面空鼓脱落"基本相同，也会随着使用时间的增加，空鼓范围逐渐扩大，脱落面积将逐渐扩展。

2. 原因分析

大理石饰面出现空鼓脱落的原因，与花岗石饰面出现空鼓脱落相同，这里不再重复。

3. 预防措施

（1）淘汰传统的水泥砂浆粘贴方法，使用经检验合格的商品聚合物水泥砂浆干混料作为镶贴砂浆；尽量采用满粘法，不采用点粘法，这样可有效避免出现空鼓。

（2）当采用点粘法施工时，必须选用合格的胶黏剂，严格按说明书施工，必要时还可辅以铜丝与墙体适当拉结。

（3）其他预防措施可参见"花岗石饰面空鼓脱落"有关内容。

（四）大理石板材出现开裂

1. 质量问题

大理石板材在施工完毕和在使用过程中，发现板面有不规则的裂纹。这些裂纹不仅影响饰面的美观，而且很容易使雨水渗入板缝之中，造成对板内部的侵蚀。

2. 原因分析

（1）大理石板材在生产、运输、储存和镶贴的过程中，由于未按规程进行操作，造成板材有隐伤；或者在施工中因凿洞和开槽而产生缺陷。

（2）由于受到结构沉降压缩变形外力作用，使大理石板材产生应力集中，当应力超过一定数值时，石板则出现开裂。

（3）湿度较大的部位由于安装比较粗糙，板缝间灌浆不饱满密实，侵蚀气体和湿空气容易进入板缝，使钢筋网和金属挂钩等连接件锈蚀产生膨胀，最终将大理石板材胀裂。

3. 防治措施

（1）在镶贴大理石板材之前，应严格对板材进行挑选，剔除色纹、暗缝和隐伤等缺陷的石板。

（2）在生产、运输、储存和镶贴的过程中，应当按照规程进行操作，不得损伤加工品和成品；在施工的过程中，加工孔洞、开槽应仔细操作，不得出现损伤。

（3）镶贴大理石板材时，应等待结构沉降稳定后进行。在顶部或底部镶贴的板材应留有适当的缝隙，以防止因结构压缩变形对板材产生应力集中，导致板材破坏开裂。

（4）磨光石材板块接缝缝隙应不大于0.5~1.0mm，灌浆应当饱满，嵌缝应当严密，避免侵蚀性气体侵入缝隙内。

（5）因结构沉降而引起的板材开裂，等待结构沉降稳定后，根据沉降和开裂的不同程度，采取补缝或更换。非结构沉降而引起的板材开裂，随时可采用水泥色浆掺加801胶进行修补。

（五）大理石板材有隐伤和风化等缺陷

1. 质量问题

由于各种原因，大理石板材表面有隐伤和风化等缺陷，如果饰面工程使用了这种饰面板，易造成板面开裂、破损，甚至出现渗水和剥落，不仅严重影响饰面的美观和耐久性，而且还存在着不安全因素。

2. 原因分析

（1）在加工板块时未认真选择原料，所用的石材的石质较差，板材本身有风化、暗缝和隐伤等缺陷；或者在切割、搬运、装卸过程中，对石材产生损伤而出现隐伤。

（2）在大理石板材进场时，由于验收不认真，把关不严格，有风化和隐伤缺陷的板材未挑出，从而使安装中有使用不合格板材的可能。

（3）大理石板材进场后，对于其保管和保护不够，没有堆放在平整、坚实的场地上，没有用塑料薄膜隔开靠紧码放，导致大理石板材出现损坏和风化。

3. 预防措施

（1）在大理石板材加工前，首先应选用质量较好的石材原料，不得存有隐伤和风化缺陷，使加工的板材自身质量优良，完全符合设计要求。

（2）在大理石加工订货时要提出明确的质量要求，使大理石饰面板的品种、规格、形状、平整度、几何尺寸、光洁度、颜色和图案等，必须符合设计的要求，在进场时必须有产品合格证和有关的检测报告。

（3）大理石板材进场后应严格检查验收，对于板材颜色明显有差别的，有裂纹、隐伤和风化等缺陷的，要单独进行码放，以便退还给厂家更换。

（4）对于轻度破损的大理石板材，经过有关方面的同意，可以用专门的商品石材胶进行修补，用于亮度较差的部位。但修补后的大理石板面不得有明显的痕迹，颜色应与板面花色相近。

（5）大理石板材堆放场地要夯实、平整，不得出现不均匀下沉，每块板材之间要用塑料薄膜隔开靠紧码放，防止板材粘在一起和倾斜。

（6）大理石板材不得采用褪色的材料进行包装，在加工、运输和保管的过程中，不得雨淋。

（六）大理石湿法工艺未进行防碱处理

1. 质量问题

大理石板材的湿法工艺安装的墙面，在安装期间板块会出现水印，随着镶嵌砂浆的硬化和干燥，水印会慢慢缩小，甚至消失。如果板块未进行防碱处理，石材的结晶较粗、不够密实、颜色较浅，再加上水泥砂浆的水灰比过大，饰面上的水印很可能残留下来，板块上出现大小不一、颜色较深的暗影，即形成"水斑"。

随着时间的推移，遇上雨雪或潮湿的天气，水会从板缝和墙根处侵入，大理石墙面上的水印范围逐渐扩大，"水斑"在板缝附近串联成片，使板块颜色局部加深，板面上的光泽暗淡，严重影响石材饰面的装饰效果。

2. 原因分析

（1）当采用湿法工艺安装墙面时，对大理石板材未进行防碱背面涂刷处理，这是造成"水斑"出现的主要原因。

（2）粘贴大理石板材所用的水泥砂浆，在水化中会析出大量的氢氧化钙 $[Ca(OH)_2]$，当渗透到大理石板材表面上，将产生一些不规则的花斑。

（3）混凝土墙体中存在 $Ca(OH)_2$，或在水泥中掺加了含有 Na^+ 的外加剂，如早强剂 Na_2SO_4、粉煤灰激发剂 $NaOH$、抗冻剂 $NaNO_3$ 等；黏土砖墙体中的黏土砖含有 Na^+、Mg^{2+}、K^+、Ca^{2+}、Cl^- 等离子，以上这些物质遇水溶解，并且均会渗透到石材的毛细孔中或顺着板缝流出。

3. 预防措施

（1）在天然大理石板材安装之前，必须对石材板块的背面和侧边，用防碱背面涂刷处理剂进行背面涂布处理。防碱背面涂刷处理剂的性能应符合表6-12中的要求。

表6-12　石材防碱背面涂刷处理剂性能

项次	项目	性能指标	项次	项目	性能指标
1	外观	乳白色	6	透碱性试验168h	合格
2	固体含量(质量分数)/%	≥37	7	黏结强度/(N/mm²)	≥0.4
3	pH值	7	8	储存时间/月	≥6
4	耐水试验500h	合格	9	成膜温度/℃	≥5
5	耐碱试验300h	合格	10	干燥时间/min	20

涂布处理的具体方法有以下几种。

① 认真进行石材板块的表面清理，如果表面有油迹，可用溶剂擦拭干净，然后用毛刷清扫石材表面上的尘土，再用干净的丝绵认真仔细地把石材背面和侧面擦拭干净。

② 开启防碱背面涂刷处理剂的容器，并将处理剂搅拌均匀，倒入干净的塑料小桶内，用毛刷将处理剂涂布于石材板的背面和侧面。涂刷时应注意不得将处理剂涂布或流淌到石材板块的正面，如有污染应及时用丝棉反复擦拭干净，不得留下任何痕迹，以免影响饰面板的装饰效果。

③ 第一遍石材处理的干燥时间，一般需要20min左右，干燥时间的长短取决于环境温度和湿度。待第1遍处理剂干燥后方可涂布第2遍，一般至少应涂布2遍。

在涂布处理剂时应注意：避免出现气泡和漏涂现象；在处理剂未干燥时，应防止尘土等杂物被风吹到涂布面上；当环境气温在5℃以下或阴雨天应暂停涂布；已涂布处理的石材板块在现场如需切割时，应再及时在切割处涂刷石材处理剂。

（2）室内粘贴大理石板材，基层找平层的含水率一般不应大于6%，并可采用石材化学胶黏剂进行点粘，从而可避免湿作业带来的一系列问题。

（3）粘贴大理石板材所用的水泥砂浆，宜掺入适量的减水剂，以降低用水量和氢氧化钙析出量，从而可减少因水泥砂浆水化而发生的水斑。工程实践证明：粘贴法水泥砂浆的稠度宜控制在60~80mm，镶贴灌浆法水泥砂浆的稠度宜控制在80~120mm。

三、外墙饰面砖质量问题与防治措施

外墙饰面砖主要包括外墙砖（也称为面砖）和锦砖（俗称马赛克），用于建筑物的外饰面，对墙体起着保护和装饰的双重作用。由于装饰效果较好，价格比天然石材低，在我国应用比较广泛。在过去由于无专门的施工及验收规范，设计和施工的随意性很大，加上缺乏专项检验规定，饰面砖的起鼓、脱落等质量问题发生较多。

（一）面砖饰面出现渗漏

1. 质量问题

雨水从面砖板缝侵入墙体内部，致使外墙的室内墙壁出现水迹，室内装修发霉变色甚至腐朽；还可能"并发"板缝出现析白流挂质量问题。

2. 原因分析

（1）设计图纸不齐全，缺少细部大样图，或者设计说明不详细，外墙面横竖凹凸线条多，立面形状尺寸变化较大，雨水在墙面上向下流淌不畅。

（2）墙体因温差、干缩而产生裂缝，雨水顺着裂缝而渗入，尤其是房屋顶层的墙体和轻质墙体更为严重。

（3）墙体如采用普通黏土砖、加气混凝土等砌块，属于多孔性材料，其本身防水性能较差，再加上灰缝砂浆不饱满、用侧向砖砌筑墙体等因素，防水性能会更差。此外，空心砌块、轻质砖等墙体的防水能力也较差。

（4）饰面砖的镶贴通常是靠着板块背面满刮水泥砂浆（或水泥浆）粘贴上墙的，单靠手工挤压板块，砂浆很难以全部位挤满，特别是四个周边和四个角砂浆更不易保证饱满，从而留下渗水的空隙和通路。

（5）有的饰面层由若干板块密缝拼成小方形图案，再由横竖宽缝连接组成大方形图案，这就要求面砖的缝隙宽窄相同。很可能由密缝粘贴的板块形成"瞎缝"，接缝无法用水泥浆或砂浆勾缝，只能采用擦缝隙方法进行处理，这种面层最容易产生渗漏。

（6）卫生间、厕所等潮湿用水房间，若瓷砖采用密缝法粘贴、擦缝，由于无大的凹缝，不会产生大的渗水；但条形饰面砖的勾缝处却是一凹槽，对于疏水非常不利，容易形成滞水，水会从缺陷部位渗入墙体内。

（7）外墙找平层如果一次成活，由于一次抹灰过厚，造成抹灰层下坠、空鼓、开裂、砂眼、接槎不严密、表面不平整等质量问题，成为藏水的空隙、渗水的通道。有些工程墙体表面凹凸不平，抹灰层超厚，墙顶与梁底之间填塞不紧密，圈梁凸出墙面等，也会造成滞水、藏水和渗水。

（8）在Ⅲ、Ⅳ、Ⅴ类气候区砂浆找平层应具有良好的抗渗性能，但有的墙面找平层设计采用1∶1∶6的水泥混合砂浆，其防水性能不能满足要求。

3. 预防措施

（1）外墙饰面砖工程应有专项设计，并有节点大样图。对窗台、檐口、装饰线、雨篷、阳台和落水口等墙面凹凸部位，应采用防水和排水构造。在水平阳角处，顶面排水坡度不应小于3%，以利于排水；应采用顶面面砖压立面砖，立面最低一排面砖压底平面面砖作法，并应设置滴水构造如图6-41所示；45°角砖、"海棠"角等粘贴作法适用于竖向阳角，由于其板缝防水不易保证，故不宜用于水平阳角，如图6-41（a）所示。

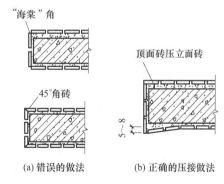

图6-41　水平阳角防水排水沟构造示意（单位：mm）

（2）镶贴外墙饰面砖的墙体如果是轻质墙，在镶贴前应当对墙体进行加强处理，详见前文"花岗石饰面空鼓脱落"的预防措施。

（3）外墙面找平层至少要求两遍成活，并且喷雾养护不少于3d，3d之后再检查找平层抹灰质量，在粘贴外墙砖之前，先将基层空鼓、裂缝处理好，确保找平层的施工质量。

（4）精心施工结构层和找平层，保证其表面平整度和填充墙紧密程度，使装饰面层的平整度完全由基层控制，从而避免基层凹凸不平，并可避免黏结层局部过厚或饰面不平整带来的弊病，也避免填充墙顶产生裂缝。

（5）找平层应具有独立的防水能力，可在找平层上涂刷一层结合层，以提高界面间的黏结力，兼封闭找平层上的残余裂纹和砂眼、气孔。其材料可用商品专用水泥基料的防渗材料，或涂刷聚合物水泥砂浆、界面处理剂。找平层完成后、外墙砖粘贴前，外墙面也可作淋水试验。其方法是在房屋最顶层安装喷淋水管网，使水自顶层顺着墙面往下流淌，喷淋水的时间应大于2h，以便及早发现找平层的渗漏点，采取相应措施及早处理，使找平层确实具有独立的防水能力。

（6）外墙饰面砖的镶贴，一般不得采用密缝，接缝宽度不小于5mm，缝的深度不宜大于3mm。外墙砖勾缝应饱满、密实、无裂缝，应选用具有抗渗性能和收缩率小的材料。为使勾缝砂浆表面达到"连续、平直、光滑、填嵌密实、无空鼓、无裂纹"的要求，应待第一次勾缝砂浆"收水"后、终凝前再进行第二次勾缝，并对其进行喷水养护3d以上。良好的勾缝质量，不但能起到较好的防水作用，而且有助于外墙砖的粘贴牢固，确保勾缝砂浆表面不开裂、不起皮，有效地防止板缝出现析白流挂现象。

（二）饰面砖出现空鼓与脱壳

1. 质量问题

饰面砖镶贴施工完毕后，在干燥和使用的过程中出现饰面砖空鼓和脱壳质量问题，不仅严重影响建筑的外观和质量，而且还容易造成面砖跌落伤人事故。

2. 原因分析

（1）基层处理不当，即没有按不同基层、采用不同的处理方法，使底层灰与基层之间粘结不良。因底层灰、中层灰和面砖自重的影响，使底层灰与基层之间产生剪应力。由于基层面处理不当，施工操作不当，当黏结力小于剪应力时就会产生空鼓和脱壳。

（2）使用劣质，或安定性不合格，或储存期超过3个月以上，或受潮结块的水泥搅拌砂浆和黏结层粘贴面砖。

（3）搅拌砂浆不按配合比计量，稠度没有控制好，保水性能差；或搅拌好的砂浆停放时间超过3h仍使用；或砂的含泥量超过3%以上等，引起不均匀干缩。

（4）面砖没有按规定浸水2h以上，并没有洗刷掉泥污就用于粘贴，或面砖黏结层不饱满，或面砖粘贴初凝后再去纠正偏差而松动。

3. 预防措施

（1）在墙体结构施工时，外墙应尽可能做到平整垂直，为饰面施工创造条件。如果未达到施工规范的要求，在镶贴饰面砖前要进行纠正。

（2）饰面砖在使用前，必须将其清洗干净，并用清水浸泡24h，取出晾干后才可使用。如果使用干燥的饰面砖粘贴，有的饰面砖表面上有积灰，水泥砂浆不易与其牢固黏结；再者干燥的饰面砖吸水性强，能很快吸收砂浆中的水分，使砂浆的黏结力大大下降。如果饰面砖浸泡后没有晾干就粘贴，会因为饰面砖的表面上有明水，在粘贴时产生浮动，致使饰面砖与砂浆很难黏结牢固，从而产生空鼓和脱壳。

（3）针对不同材料的基体，应采用不同的工艺处理好基层，堵嵌修补好墙体上的一切缝隙、孔洞，这是防止外墙渗水的关键措施之一。

1）对于砖砌体基层。刮除墙面上的灰疙瘩，并彻底扫除干净，隔天用水将墙面湿润。

在抹底子灰前，先刷一道聚合物水泥浆，随即粉刷1∶3（水泥∶砂）的水泥砂浆底子灰，要求底子灰薄层而牢固，用木抹子将表面搓平；隔天再进行吊直线、找规矩。在抹中层灰时，要求阴角方正、阴角挺直、墙面平整、搓成细毛，经检查确实无裂缝、空鼓和酥松等质量问题后，再湿养护不少于7d。

2）对于混凝土基层。先要配制10%的氢氧化钠溶液或洗洁精加水溶液，用板刷蘸溶液将基层表面的隔离剂、脱模剂、油污等洗刷干净，随即用清水反复冲洗。剔凿凸出面层部分，用1∶2（水泥∶砂）的水泥砂浆填补好缝隙孔洞。为防止抹灰层出现脱壳，可在下述3种方法中选择一种"毛化"增强处理办法：

① 表面凿毛处理。这是一种传统最常用的"毛化"处理方法，即用尖头凿子将混凝土表面凿成间距不大于30mm的斜向小沟槽。扫除灰尘，用水冲洗，再刷一道聚合物水泥砂浆，随即抹配比为1∶3（水泥∶砂）的水泥砂浆，分两次抹平，表面用木抹子搓平，隔天浇水养护。

② 采用喷涂（或甩毛）的方法，用聚合物水泥砂浆进行毛化处理。即将配合比为108胶∶水∶水泥∶砂=1∶4∶10∶10的聚合物水泥砂浆，经过准确计量、搅拌均匀后，喷涂（或甩毛）在洁净潮湿的混凝土基层上，隔天湿养护硬化后，用扫帚扫除没有粘牢的砂粒，再用水泥砂浆抹底层灰和中层灰，表面粗糙（搓毛）处理后再进行湿养护。

③ 涂刷界面剂处理方法。这是一种简单易行的基层处理方法。即在清洗洁净的混凝土面层上涂刷界面处理剂，当涂膜表面干燥时，即可用水泥砂浆粉抹搓平。

3）加气混凝土面层脱壳的处理方法：提前1d对墙面浇水湿润，边浇水、边将面上的污物清扫干净。补好缺棱掉角处，一般用聚合物混合砂浆分层抹平，聚合物混合砂浆的配合比为108胶∶水∶水泥∶石灰膏∶砂=1∶3∶1∶1∶6。在加气混凝土板接缝处，最好铺设宽度为200mm钢丝网条或无碱玻纤网格布条，以增强板缝之间的拉接，减少抹灰层的开裂。如果是加气砌块块体时，也应当钉一钢丝网条或无碱玻纤维网格布条，然后喷涂上聚合物毛化水泥浆，方法和配合比同混凝土基体的"毛化处理"。

（4）饰面砖在镶贴时所用的黏结剂，可从下述两种中任选用一种，但在选用后一定要进行小面积试验，成功后才能用于大面积的铺贴。

① 聚合物水泥砂浆黏结剂。聚合物水泥砂浆的配合比为108胶∶水∶水泥∶砂=1∶4∶10∶8，配制要计量准确、搅拌均匀、随拌和随使用。

② JC建筑装饰黏结剂。一般选用优质单组分的黏结剂，加水搅拌均匀后即可铺贴。可以代替水泥砂浆黏结剂。

（5）选择与浸泡饰面砖　饰面砖在铺贴前，首先要进行选砖，剔除尺寸、规格、颜色和有缺陷的，以保证铺贴质量。在饰面砖正式镶贴前，应当将装饰面砖表面的灰尘清洗干净，并浸水2h以上，然后取出晾干备用。

（6）镶贴饰面砖　垫好水平标高底尺，预排列砖的位置并划好垂直标志，刮上黏结剂进行铺贴。要严格按施工规范和验收标准施工，确保饰面表面平整、不显接茬、接缝平直。如果饰面砖一直贴到外墙顶时，上口必须贴压缝砖，防止雨水从顶面缝隙中渗入。贴好的饰面砖要用水泥砂浆或JC建筑装饰黏结剂擦缝、勾缝，防止雨水渗入缝内，并应及时清除面砖表面上的污染物。

（三）墙面出现污染现象

1. 质量问题

室外饰面砖的墙面上出现污染是常见的一种质量问题。主要表现在：a.饰面板块在运输、存放过程中出现外侵颜色的污染；b.饰面在粘贴后，墙面出现析白流挂、铁锈褐斑、电焊灼伤等；c.建筑物在使用的过程中，墙面被其他介质污染。

2. 原因分析和预防措施

饰面砖墙面出现污染的原因和预防措施，可参见前文"花岗石墙面出现污染现象"和"面砖饰面出现渗漏"的相关内容，同时应注意以下几个方面。

（1）饰面砖在进场后必须进行严格检验，特别对其吸水率和表面质量要严格把关，不符合规定和标准的不能用于工程，这是减少出现污染和出现污染便于处理的关键环节。否则污染侵入饰面砖坯体，将成为永久性的污染。

（2）严格施工管理，坚持文明施工，是减少和避免施工对饰面砖成品产生污染的重要措施。因此，在施工过程中必须坚决阻止从脚手架和室内向外乱倒脏水、垃圾，电焊时无防护遮盖电焊火花灼伤饰面等现象。

（3）避免材料因保管不善而引起的污染。饰面砖从工厂至工地的运输过程中，不加以遮盖而被雨水淋湿，从而会造成包装物掉色污染面砖。

（4）门窗、雨篷、窗台等处由于找坡度不顺，雨水从两侧流淌至墙壁上，从而会造成饰面砖墙面的污染。因此，上述部位的排水坡，必须确保雨水从正前方排出；为防止雨水从两侧流出，必要时可加设小灰埂进行挡水。

3. 防治方法

对饰面砖和饰面砖墙表面污染的防治，一般多采用化学溶剂进行清洗的方法。因此，在清洗污染之前，应当进行腐蚀性检验，主要检验以下3个方面：a.对饰面砖和接缝砂浆有无损伤及损伤程度；b.对墙面上的门窗、铁件、附件等的副作用；c.能否清除污染、清洗剂用量、配比及停留时间。以便选择合适的清洗剂、清洗方法及防护措施。

（1）对于未上墙的饰面板块，如果被污染的颜色较浅且污染面不大者，可用浓度为30%的草酸溶液泡洗，或表面涂抹商品专用防污剂，可去除污渍和防止污渍的渗透。

（2）对于未上墙的饰面板块，如果被污染的颜色严重者，可用双氧水（H_2O_2）泡洗，然后再用清水冲洗干净。工程实践证明，一般被污染的饰面板材经12~24h泡洗后效果很好。通过强氧化剂氧化褪色的饰面砖，不会损伤其原有的光泽。

（3）对于施工期间出现的水泥浆和析白流挂，可采用草酸进行清洗。首先初步铲除饰面上的硬垢，用钢丝刷子和水对面砖表面进行刷洗。为减轻酸液对饰面砖的内部腐蚀，应让勾缝砂浆饱水，然后用滚刷蘸5%浓度的草酸水对污染部位进行滚涂，再用清水和钢丝刷子冲刷干净。

（4）对于使用期间出现的析白流挂和脏渍，可采用稀盐酸或溴酸进行清洗。首先初步铲除饰面上的硬垢，用钢丝刷子和水对面砖表面进行刷洗。为减轻酸液对饰面砖的内部腐蚀，应让勾缝砂浆饱水，然后用滚刷蘸3%~5%浓度的稀盐酸或溴酸对污染部位进行滚涂，其在墙面上停留的时间一次不得超过4~5min，使泛白物溶解，最后再用清水和钢丝刷子冲刷。

采用酸洗的方法虽然对除掉污垢比较有效，但其副作用比较大，应当尽量避免。如盐酸不仅会溶解泛白物，而且对砂浆和勾缝材料也有侵蚀作用，造成表面水泥硬膜剥落，光滑的勾缝面被腐蚀成粗糙面，甚至露出砂粒；如果盐酸侵入饰面砖的背面，则无法用清水冲洗干净。为预防盐酸侵入板缝和背面，酸洗前应先用清水湿润墙面，酸洗后再及时用清水冲洗墙面，对墙面上的门窗、铁件等采取可靠的保护措施。

由于酸洗对饰面砖和勾缝材料均有较强的腐蚀性，因此一般情况下不宜采用酸洗法。

（四）墙面黏结层剥离破坏

1. 质量问题

饰面砖粘贴后，面砖与黏结层（或黏结层与找平层）的砂浆因黏结力低，会发生局部剥离脱层破坏，用小锤轻轻敲击这些部位，有空鼓的响声。随着时间的推移，剥离脱层范围逐渐扩大，甚至造成饰面砖松动脱落。

2. 原因分析

（1）找平层表面未进行认真处理，有灰尘、油污等不利于抹灰层黏结牢固的东西；或者找平层抹压过于光滑、不够粗糙，使其不能很好地与上层黏结。

（2）找平层表面不平整，靠增加粘贴砂浆厚度的方法调整饰面的平整度，造成粘贴砂浆超厚，因自重作用下坠而黏结不良。

（3）粘贴前，找平层未进行润湿或装饰面砖未加以浸泡，表面有积灰且过于干燥，水泥砂浆不易黏结，而且干燥的找平层和面砖会把砂浆里的水分吸干，粘贴砂浆失水后严重影响水泥的水化和养护。

（4）板块背面出现水膜。板块临粘贴前才浸水，未晾干就上墙，板块背面残存水迹，与黏结层砂浆之间隔着一道水膜，严重削弱了砂浆对板块的黏结作用。黏结层砂浆如果保水性不好，尤其水灰比大或使用矿渣水泥拌制砂浆，其泌水性较大，泌水会积聚在板块背面，形成水膜。如果基层表面凹凸不平或分格线弹的太疏，或采用传统的1:2水泥砂浆黏结，砂浆水分易被基层吸收，若操作较慢，板块的压平、校正都比较困难，水泥浆会浮至黏结层表面，造成水膜。

（5）在采用砂浆铺贴法施工时，由于板块背面砂浆填充不饱满，砂浆在干缩硬化后，饰面板与砂浆脱开，从而形成黏结层剥离。

（6）在夏季高温情况下施工时，由于太阳直接照射，墙上水分很容易迅速蒸发（若遇湿度较小、风速大的环境，水分蒸发更快），致使黏结层水泥砂浆严重失水，不能正常进行水化硬化，黏结强度大幅度降低。

（7）对砂浆的养护龄期无定量要求，板块粘贴后，找平层仍有较大的干缩变形；勾缝过早，操作时如果挤推板块，使黏结层砂浆早期受损。

（8）如果粘贴砂浆为配合比为1:2（水泥:砂）的水泥砂浆，未掺加适量的聚合物材料，由于成分比较单一，也无黏结强度的定量要求和检验，则会产生黏结不牢等质量问题。如果采用的水泥储存期过长、砂子的含泥量过大，再加上配合比不当，砂浆稠度过大，铺贴后未加强养护，则也会产生黏结层剥离破坏。

（9）饰面板设计未设置伸缩缝，受热胀冷缩的影响，饰面板无法适应变形的要求，在热胀时板与板之间出现顶压力，致使板块与镶贴层脱开。

（10）墙体变形缝两侧的外墙砖，其间的缝隙宽度小于变形缝的宽度，致使外墙砖的一部分贴在外墙基体上，而另一部分必须骑在变形缝上，当受到温度、干湿、冻融作用时饰面砖则发生剥离破坏。

3. 预防措施

（1）对于找平层必须认真进行清理，达到无灰尘、油污、脏迹，表面平整粗糙的要求。找平层的表面平整度允许偏差为4mm，立面垂直度的允许偏差为5mm。

（2）为确保砂浆与饰面砖黏结牢固，饰面砖宜采用背面有燕尾槽的产品，并安排有施工经验的人员具体操作。

（3）预防板块背面出现水膜。

① 粘贴前找平层应先浇水湿润，粘贴时表面潮湿而无水迹，一般控制找平层的含水率在15%~25%范围内。

② 粘贴前应将砖的背面清理干净，并在清水中浸泡2h以上，待表面晾干后才能铺贴。冬季施工时为防止产生冻结，应在掺加2%盐的温水中浸泡。找平层必须找准标高，垫好底

尺，确定水平位置及垂直竖向标志，挂线进行粘贴，避免因基层表面凹凸不平或弹线太疏，一次粘贴不准，出现来回拨动和敲击。

③ 推广应用经检验合格的商品专用饰面砖胶黏剂（干混料），其黏结性、和易性和保水性均比水泥砂浆好，凝结时间可以变慢，操作人员有充分的时间对饰面砖进行仔细镶贴，不至于因过多的拨动而造成板块背面出现水膜。

（4）找平层施工完毕开始养护，至少应有14d的干缩期，饰面砖粘贴前应对找平层进行质量检查，尤其应把空鼓和开裂等质量缺陷处理好。饰面砖粘贴后应先喷水养护2~3d，待粘贴层砂浆达到一定强度后才能勾缝。如果勾缝过早，容易造成黏结砂浆早期受损，板块滑移错动或下坠。

（5）搞好黏结砂浆的配合比设计，确保水泥砂浆的质量，这是避免产生黏结层产生剥离破坏的重要措施。

① 外墙饰面砖工程的使用寿命一般要求在20年以上，选用具有优异的耐老化性能的饰面砖黏结材料是先决条件。因此，外墙饰面砖粘贴应采用水泥基材料，其中包括现行业标准《陶瓷砖胶粘剂》（JC/T 547—2017）规定的A类及C类产品。

② 水泥基黏结材料应采用普通硅酸盐水泥或硅酸盐水泥，其技术性能应符合现行国家标准《通用硅酸盐水泥》（GB 175—2007）中的要求，硅酸盐水泥的强度等级应≥42.5MPa，普通硅酸盐水泥的强度等级应≥32.5MPa。采用的砂子应符合现行国家标准《建设用砂》（GB/T 14684—2011）中的技术要求，其含泥量应≤3%。

③ 水泥基黏结料应按照现行的行业标准《建筑工程饰面砖黏结强度检验标准》（JGJ/T 110—2017）规定的方法进行检验，在试验室进行制样、检验时，要求黏结强度指标规定值应不小于0.6MPa。

为确保粘贴质量，宜采用经检验合格的专用商品聚合物水泥干粉砂浆。大尺寸的外墙饰面砖，应采用经检验合格的适用于大尺寸板块的"加强型"聚合物水泥干粉砂浆，使之具有更高的黏结强度。

外墙饰面砖的勾缝，应采用具有抗渗性的黏结材料，其性能应符合表6-13中的要求。

表6-13　防水砂浆的技术性能标准

试验项目		性能指标	
		一等品	合格品
凝结时间	初凝时间/min	≤45	≤45
	终凝时间/h	≥10	≥10
抗压强度比/%	7d	≥100	≥95
	28d	≥90	≥85
	90d	≥85	≥80
透水压力比/%		≥300	≥200
48h吸水量比/%		≤65	≤75
90d收缩率比/%		≤110	≤120

注：除凝结时间、安定性为受检净浆的试验结果外，表中所列数据均为受检砂浆与基准砂浆的比值。

（6）为保证外墙饰面砖的镶贴质量，在饰面砖粘贴施工操作过程中应当满足以下几个方面的要求。

① 在外墙面砖工程施工前，应对找平层、结合层、黏结层、勾缝和嵌缝所用的材料进

行试配，经检验合格后才能使用。为减少材料试配的时间和用量的浪费，确保材料的质量，一般应优先采用经检验合格的水泥基专用商品材料。

② 为便于处理缝隙、密封防水和适应胀缩变形，饰面砖接缝的宽度不应小于5mm，不得采用密缝粘贴。缝的深度不宜大于3mm，也可以采用平缝。

③ 装饰面砖一般应采用自上而下的粘贴顺序（传统的施工方法，总体上是自上而下组织流水作业，每步脚手架上的粘贴多为自下而上进行），黏结层的厚度宜为4~8mm。

④ 在装饰面砖粘贴之后，如果发现位置不当或粘贴错误，必须在黏结层初凝前或在允许的时间内进行，尽快使装饰面砖粘贴于弹线上并敲击密实；在黏结层初凝后或超过允许时间，不可再振动或移动饰面砖。

⑤ 必须在适宜的环境中进行施工。根据工程实践经验，施工温度应在0~35℃之间。当温度低于0℃时，必须有可靠的防冻措施；当温度高于35℃时应有遮阳降温设施，或者避开高温时间施工。

（7）认真检验饰面砖背面黏结砂浆的填充率，使粘贴饰面砖的砂浆饱满度达到规定的数值。在粘贴饰面砖的施工期间，一般掌握每日检查一次，每次抽查不少于两块砖。

砂浆填充率的检查具体方法是：当装饰面砖背面砂浆还比较软的时候，把随机抽查的饰面砖剥下来，根据目测或尺量，计算记录背面凹槽内砂浆的填充率。如饰面砖为50mm×50mm以上的正方形板块时，砂浆填充率应大于60%；如饰面砖为60mm×108mm以上的长方形板块时，砂浆填充率应大于75%。

如果抽样检查的两块饰面砖砂浆填充率均符合要求，则确定当日的粘贴质量合格；如果有一块不符合要求，则判为当日的粘贴质量不合格。再随机抽样10块饰面砖，如果10块砖的砂浆填充率全部合格，则确定该批饰面砖粘贴符合要求，将剥离下来的砖贴上即可；如果10块砖中有1块砖的砂浆填充率没达到要求，则判定该日粘贴的饰面砖全部不合格，应当全部剥离下来重新进行粘贴。

（8）在《建筑装饰装修工程质量验收标准》（GB 50210—2018）中规定，外墙饰面砖粘贴前和施工过程中，均应在相同的基层上做样板，并对样板的饰面砖黏结强度进行检验，其检验方法和结果判定应符合现行的行业标准《建筑工程饰面砖黏结强度检验标准》（JGJ/T 110—2017）中的规定。在施工过程中，可用手摇式加压的饰面砖黏结强度检测仪进行现场检验如图6-42所示，黏结强度必须同时符合以下两项指标：a.每组饰面砖试样平均黏结强度平均值不得小于0.40MPa；b.允许每组试样中有1个试样的黏结强度低于0.40MPa，但不应小于0.30MPa。

（9）饰面砖墙面应根据实际需要设置伸缩缝，伸缩缝中应采用柔性防水材料嵌缝。墙体变形缝两侧粘贴的外墙饰面砖，其间的缝隙宽度不应小于变形缝的宽度Q，如图6-43所示。为方便施工、便于排列，在两伸缩缝之间还可增设分格缝。伸缩缝或分格缝的宽度太大会影响装饰性，一般应控制在10mm左右。

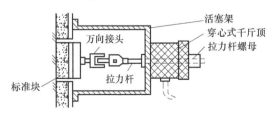

图6-42 饰面砖黏结强度检测示意

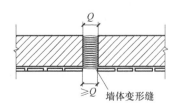

图6-43 变形缝的两侧排列砖示意

（五）饰面出现"破活"，细部粗糙

1. 质量问题

在饰面砖粘贴完毕后，在主要立面和明显部位（窗间距、通天柱、墙垛）及阳角处出现"破活"质量问题，边角细部手工比较粗糙，板块切割很不整齐且有破损，严重影响外装饰面的美观。"破活"质量问题主要表现在以下几个方面。

（1）横排对缝的墙面，门窗洞口的上下；竖排对缝的墙面，门窗洞口的两侧；阳角及墙面明显部位，板块排列均出现非整砖（"破砖"）现象。在墙面的阴角或其他次要部位，出现小于1/3整砖宽度的板块。

（2）同一墙面的门窗洞，与门窗平面相互垂直的饰面砖块数不一样，宽窄不相同，切割不一致，严重影响墙面的装饰效果。

（3）外廊式的走廊墙面与楼板底接槎部位的饰面砖不水平、不顺直，板块大小不一。梁柱接头阴角部位与梁底、柱顶的板块"破活"较多，或出现一边大、一边小。墙面与地面（或楼面）接槎部位的饰面砖不顺直，板块大小不一致，与地面或楼面有很大的空隙。

（4）墙面阴阳角、室外横竖线角（包括阳台、窗台、雨篷、腰线等）不方正、不顺直；墙面阴角、室外横竖线角的饰面角出现"破活"，或阴角部位出现一行"一头大、一头小"的饰面砖；阴角部位出现干缝、粗缝、双缝和非整砖压整砖，如图6-44所示。另外，还有切割不吻合、缝隙过大，墙裙凸出墙面，厚度不一致，"滴水线"不顺直，流水坡度不正确等质量问题。

2. 原因分析

（1）饰面砖粘贴工程无专项设计，施工中只凭以往的经验进行，对于工程的细部施工心中无数，结果造成饰面出现"破活"，细部比较粗糙。

（2）主体结构或找平层几何尺寸偏差过大，如找平层挂线及其他的标准线，容易受风吹动和自重下挠的影响；如檐口长度大，厚度小，而"滴水线"或滴水槽的截面尺寸更小；例如檐的边线几何尺寸偏大，而面砖的规格尺寸是定数，粘贴要求横平竖直，形成矛盾。

如果基体（基层）尺寸偏差大，要保证"滴水线"的功能和截面尺寸，面砖就难免到处切割；若要饰面砖达到横平竖直，则滴水线（槽）的截面尺寸和功能难以保证。

（3）施工没有预见性。如门窗框安装标高、腰线标高不考虑与大墙面的砖缝配合，如雨篷、窗台等突出墙面的部位宽度不考虑能否整砖排列。

（4）因外墙脚手架或墙面凸出部位（如雨篷、腰线等）障碍的影响，各楼层之间上下不能挂通直的通线，在饰面砖粘贴过程中，只能对本层或者对这个施工段进行排列，而不能考虑整个楼房从上到下的横竖线角。

（5）竖向阳角的45°角砖，切割部位的角尖太薄，甚至近乎刀口；或角尖处远远小于45°，

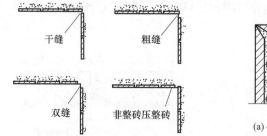

图6-44 外墙砖竖向阴角部位砖缝疵病示意

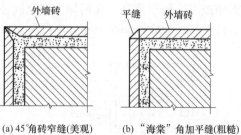

（a）45°角砖窄缝（美观）　（b）"海棠"角加平缝（粗糙）

图6-45 外墙砖的竖向阳角做法

粘贴时又未满挤水泥砂浆（或水泥浆），阳角粘贴后空隙过大，产生空鼓，容易产生破损。竖向阳角处若采用"海棠"角型式，其底胚侧面全部外露，造成釉面和底胚颜色深浅不一；如果加浆勾缝（特别是平缝），角缝隙还会形成影响外观的粗线条，如图6-45所示。

（6）在饰面砖镶贴排列中，不一定全部正好都是整砖，有的需要进行切割，如果切割工具不先进、操作技术不熟练，很容易造成切割粗糙，边角破损。

3. 预防措施

（1）饰面砖粘贴工程必须进行专项设计，施工中对镶贴质量严格控制，这样才能避免"破活"。

（2）从主体结构、找平层抹灰到粘贴施工都必须坚持"三通"，即拉通墙面的室外墙皮线、室内墙皮线、各层门窗洞口竖向通线；拉通门窗3条线的同层门窗过梁底线、同层窗台线和门窗口立樘线3条线；拉通外墙面凸出物的檐口上下边线、腰线上下线、附墙柱外边线3条线。

为避免风吹、意外触碰及外墙脚手架、外墙凸出物等的不利影响，"三通"线可用水平仪、经纬仪打点，用绞车绷紧细铁丝。如果以上"三通"线有保证，不但能保证墙体大面的垂直度和平整度，而且还能保证墙体的厚度一致，洞口里的饰面砖的块数相等。

（3）必须使主体结构和找平层的施工质量符合设计要求，这是确保饰面砖粘贴质量的基础。找平层的表面平整度允许偏差为4mm，立面垂直度的允许偏差为5mm。对于大墙面、高墙面，应当采用水平仪、经纬仪测定，尽量减少基线本身的尺寸偏差，才能保证阴阳角方正，阴角部位的板块不出现大小边；墙面凸出物切割吻合；"滴水线"应当顺直，流水坡度应当正确。

（4）由于主体结构施工偏差，外廊式的走廊墙面开间可能大小不一，梁的高度、宽度也可能有差别。因此，外廊式的走廊墙面楼层底板、梁柱节点及大雨篷下的柱子等，如果盲目地从底部将装饰面砖贴到顶，则很容易出现"破活"。为避免出现这种问题，一般将装饰面砖粘贴至窗台或门窗的顶部或者梁的底部为止，这种做法不仅可以避免"破活"，而且不影响装饰效果。

（5）竖向的阳角砖块在切角时，为避免棱角崩损，角尖部位要留下约1mm厚刃脚，斜度割、磨准确，应当出现负偏差，即略小于1/2阳角，才能填入砂浆；在进行粘贴时，角尖部位应刮浆满挤，保证阳角砖缝满浆严密。小于45°的竖向阳角，两角刃之间的砖缝里宜嵌进一根不锈钢小圆管，使竖向阳角不至于太尖锐，又可以达到护角的作用。

（6）为避免板块边角的缺损，应边注水、边切割；非整砖切割时应略有余地，供磨边时损耗，这样才能最终达到准确的尺寸和消除切割产生的缺陷。

（六）饰面出现色泽不匀

1. 质量问题

饰面砖在镶贴完毕后，面砖与面砖、板缝与板缝之间颜色深浅不同，勾缝砂浆出现脱皮变色、开裂析白等问题，致使墙面色泽不匀，严重影响墙面的装饰效果。

2. 原因分析

（1）采购的饰面砖不是同一产地、同一规格、同一批号，如果施工中再不按规定位置镶贴，发生混用现象，必然会出现影响观感的色差。

（2）对饰面板的板缝设计和施工不重视。在饰面板施工过程中，出现板缝粘贴宽窄不一，勾缝深度相差较大，使用水泥品种不同，勾缝砂浆配合比不一样，不坚持"二次勾缝"等，均可以造成饰面色泽不匀。

（3）如果饰面砖墙面有污染时，再采用稀盐酸进行清洗，则容易使板缝砂浆表面被酸液腐蚀，留下明显的伤疤而造成饰面色泽不匀。

（4）"金属釉"的釉面砖反光率非常好，如果粘贴的墙面平整度较差，反射的光泽比较零乱，加上距离远近、视线角度、阳光强弱、周围环境不同，装饰效果会有较大差异，甚至得出相反的效果。

3. 防治方法

（1）在饰面材料设计之前，应进行市场调查看能否满足质量与数量的要求。当同一炉号产品如不能满足数量要求时，应分别按不同立面需要的数量订货，保证在同一立面不出现影响观感的色差；相邻立面可采用不同批号的产品，但应是同一颜色编号的产品，以免出现过大的色差。

（2）对于不同地产、相同规格、不同颜色、不同批号的饰面砖产品，在运输、保管和粘贴中应严格分开，以防止发生混杂。

（3）对于后封口的卷扬机进料口、大型设备预留口和其他洞口，应预留足够数量的同一炉号的饰面砖；对后封口板缝勾缝的水泥砂浆，也应当用原来勾缝的相同水泥。对于后封口部位的粘贴，应精心施工，要与大面质量相同。

（4）确保勾缝质量，不仅是墙面防水、防脱落的要求，也是饰面工程外表观感的要求，因此必须高度重视板缝的施工质量。认真搞好专项装饰设计，粘贴保证板缝宽窄一致，勾缝确保深浅相同。不得采用水泥浆进行糊缝，优先采用专用商品水泥基勾缝材料，坚持采用"二次勾缝"的做法。

（5）采用"金属釉"的饰面砖，应特别注意板块的外观质量检验，重视粘贴的平整度和垂直度，并先做样板墙面确定正式粘贴的有关事项。样板经建设、监理、质检、设计和施工单位共同认可后，才能进行大面积的粘贴。

（七）面砖出现裂缝

1. 质量问题

镶贴于墙体表面的面砖出现裂缝，裂缝不仅严重影响饰面的装饰效果，而且影响整个饰面的使用寿命。

2. 原因分析

（1）面砖的质量不符合设计和有关标准的要求，材质比较松脆，吸水率比较大，在吸水受潮后，特别是在冬季受冻结冰时，因膨胀而使面砖产生裂纹。

（2）在镶贴面砖时，如果采用水泥浆加108胶材料，由于抹灰厚度过大，水泥凝固收缩而引起面砖变形、开裂。

（3）在面砖的运输、储存和操作过程中，由于不符合操作要求，面砖出现隐伤而产生裂缝。

（4）面砖墙长期暴露于空气之中，由于干湿、温差、侵蚀介质等作用，面砖体积和材质发生变化而开裂。

3. 防治措施

（1）选择质量好的面砖，材质应坚实细腻，其技术指标应符合现行国家标准《陶瓷砖》（GB/T 4100—2015）中的规定。

（2）在面砖粘贴之前应将有隐伤的面砖挑出，并将合格面砖用水浸泡一定的时间。在镶贴操作过程中，不要用力敲击砖面，防止施工中产生损伤。

（3）如果选用水泥浆进行镶贴，应掌握好水泥浆的厚度，不要因抹灰过厚产生收缩而引起面砖的变形和开裂。

（4）要根据面砖的使用环境而选择适宜的品种，尤其是严寒地区和寒冷地区所用的面砖应当具有较强的耐寒性和耐膨胀性。

四、室外锦砖质量问题与防治措施

室外锦砖饰面主要包括陶瓷锦砖饰面和玻璃锦砖饰面。

（一）陶瓷锦砖面层脱落

1. 质量问题

镶贴好的陶瓷锦砖面层，在使用不久则出现局部或个别小块脱落，不仅严重影响锦砖饰面的装饰效果，而且对于饰面下的行人有一定的危险。

2. 原因分析

（1）选用的水泥强度等级太低，或水泥质量低劣，或水泥储存期超过3个月，或水泥受潮产生结块。

（2）施工中由于组织不当，陶瓷锦砖的粘贴层铺设过早，当陶瓷锦砖镶贴时已产生初凝；或黏结层刮得过薄，由于黏结不牢而使锦砖面层产生脱落。

（3）在陶瓷锦砖在揭去纸面清理时用力不均匀，或揭去纸面清理的间隔时间过长，或经调整缝隙移动锦砖等原因，致使有些锦砖出现早期脱落。

3. 预防措施

（1）必须充分做好锦砖粘贴的准备工作，这是防止陶瓷锦砖面层脱落的重要基础性工作。这项工作主要包括：陶瓷锦砖的质量检验，锦砖的排列方案，选用的粘贴黏合材料，操作工艺的确定，操作人员的组合，粘贴用具的准备等。

（2）严格检查陶瓷锦砖基层抹灰的质量，其平整度和垂直度必须达到施工规范的要求，不得出现空鼓和裂缝质量问题。

（3）严格按照现行的施工规范向操作人员说明施工方法和注意事项，以确保陶瓷锦砖粘贴施工质量。

（二）饰面不平整，缝隙不均匀、不顺直

1. 质量问题

陶瓷锦砖粘贴完毕后，发现饰面表面凹凸不平；板块接缝横不水平，竖向不垂直；接缝大小不一，联与联之间发生错缝；联与联之间的接缝明显与块之间有差别。以上这些质量问题虽然不影响饰面的使用，但是严重影响饰面的表面美观。

2. 原因分析

（1）由于陶瓷锦砖单块尺寸小，黏结层厚度较薄（一般为3~4mm），每次粘贴一联。如果找平层表面平整度和阴阳角方正偏差较大，一联上的数十块单块很难粘贴找平，产生表面不平整现象。如果用增加黏结层厚度的方法找平面层，在陶瓷锦砖粘贴之后，由于黏结层砂浆厚薄不一，饰面层很难拍平，同样会产生不平整现象。

（2）由于陶瓷锦砖单块尺寸比较小，板缝要比其他饰面材料多，不仅有单块之间的接缝，而且有联之间的接缝。如果材料外观质量不合格，依靠揭纸后再去拨正板缝，不仅难度很大，而且效果不佳。单块之间的缝宽（称为"线路"）已在制作中定型，现场一般不能改变。因此，联与联之间的接缝宽度必须等同线路，否则联与联之间就会出现板缝大小不均匀、不顺直现象。

（3）由于脚手架大横杆的步距过大，如果超过操作者头顶，粘贴施工比较困难；或间歇施工缝留在大横杆附近（尤其是紧挨脚手板），操作更加困难。

（4）由于找平层平整度较差、粘贴施工无专项设计、施工基准线不准确、粘贴技术水平较低等，也会造成饰面不平整、缝隙分格不均匀、不顺直。

3. 防治措施

（1）确实保证找平层的施工质量，使其表面平整度允许偏差小于4mm、立面垂直度的允许偏差小于5mm。同时，粘贴前还要在找平层上粘贴灰饼，灰饼的厚度一般为3~4mm，间距为1.0~1.2m，使黏结层厚度一致。为保证黏结层砂浆抹得均匀，宜用梳齿状铲刀将砂浆梳成条纹状，如图6-46所示。

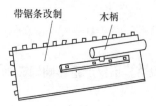

图6-46　梳齿状铲刀

（2）陶瓷锦砖进场后，应进行产品质量检查，其几何尺寸偏差必须符合现行的行业标准《陶瓷马赛克》（JC/T 456—2015）中的要求，抽样检查不合格者决不能用于工程。具体做法是：在粘贴前逐箱将陶瓷锦砖打开，全数检查每一联的几何尺寸偏差，按偏差大小分别进行堆放。这种做法可以减少陶瓷锦砖在粘贴接缝上的积累误差，有利于缝隙分格均匀、顺直，但给施工企业带来较大的负担，并且不能解决每联陶瓷锦砖内单块尺寸偏差、线路宽度偏差过大等问题。

（3）按照饰面工程专项设计的要求进行预排和弹线，粘贴应按照"总体从上而下、分段由下而上"的工艺流程施工。先在找平层上用墨线弹出每一联陶瓷锦砖的水平和竖向粘贴控制线，联与联之间的接缝宽度应与"线路"相等，这样才能分格缝内的锦砖联与联之间成为一体。

（4）为了方便工人操作，确保陶瓷锦砖粘贴质量，脚手架步距不应过大，一般掌握在1.6m左右为宜；粘贴时的间歇施工缝宜留设在脚手板面约1.0m高的部位，特别注意用"靠尺"检查间歇施工缝部位陶瓷锦砖的平整度，并拉线检查水平缝是否合格，以便及时发现问题、及时处理。

（5）对于装饰质量较高的公共建筑，采用单块尺寸小的陶瓷锦砖，不容易达到装饰的要求，宜采用"大方"锦砖墙面。

（三）陶瓷锦砖出现脱落

1. 质量问题

陶瓷锦砖镶贴施工完毕后，在干燥和使用的过程中出现陶瓷锦砖空鼓和脱壳质量问题，不仅严重影响建筑的外观和质量，而且还容易造成面砖跌落伤人事故。

2. 原因分析

（1）基层处理不当，即没有按不同基层、采用不同的处理方法，从而使底层灰与基层之间黏结不良。因底层灰、中层灰和陶瓷锦砖自重的影响，使底层灰与基层之间产生剪应力。由于基层面处理不当，施工操作不当，当黏结力小于剪应力时就会产生空鼓和脱壳。

（2）使用劣质，或安定性不合格，或储存期超过3个月以上，或受潮结块的水泥搅拌砂浆和黏结层粘贴陶瓷锦砖。

（3）搅拌砂浆不按配合比计量，稠度没有控制好，保水性能差；或搅拌好的砂浆停放时间超过3h仍使用；或砂的含泥量超过3%以上等，引起不均匀干缩。

（4）面砖没有按规定浸水2h以上，并没有洗刷掉泥污就用于粘贴，或陶瓷锦砖黏结层不饱满，或陶瓷锦砖粘贴初凝后再去纠正偏差而松动。

3. 正确施工方法

（1）揭纸　陶瓷锦砖贴完后，在黏结材料达到初凝前（一般为20~30min）或按聚合物干混料使用说明书规定的时间，便可用软毛刷在纸面上刷水湿润，湿透后将纸揭下。纸面揭下后，如果有残余的纸毛和胶，还应用毛刷蘸着清水将其刷掉，然后再用棉纱擦干净。在往下揭纸时应轻轻地往下揭，用力方向与墙面平行，切不可与墙面垂直，直着往下拉，以免把陶瓷锦砖拉掉。

（2）拨缝　当陶瓷锦砖表面的牛皮纸揭掉后，应检查陶瓷锦砖的缝隙是否均匀，有无歪斜和掉块、过深的现象。用开刀插入缝内，用铁抹子轻轻敲击开刀，使陶瓷锦砖边楞顺直，凡经拨动过的单块均需用铁抹子轻压，使其黏结牢固。先调整横缝，再调整竖缝，最后把歪斜的小块起掉重贴，把掉落锦砖的部分全部补齐。对于印进墙面较深的揭下来重新再贴，使其平整度符合施工规范的要求。

（3）"擦缝"　拨好缝隙后待终凝结束后，按照设计的要求，在粘贴好的陶瓷锦砖表面上，用素水泥浆或白水泥浆或掺加好颜料的水泥浆用铁抹子把缝隙满刮平刮严，稍干后用棉纱将表面擦拭干净。

（四）玻璃锦砖出现色泽不匀，墙面污染

1. 质量问题

玻璃锦砖粘贴后，饰面色泽深浅不一；墙面在施工或使用期间出现污染现象，严重影响饰面的装饰效果。

2. 原因分析

（1）玻璃锦砖出现色泽不匀的原因，可参见"三、外墙饰面砖质量问题与防治措施中（六）饰面出现色泽不匀"部分的原因分析。

（2）玻璃锦砖表面有光泽，如果粘贴施工不按规范去做，玻璃锦砖饰面的平整度必然较差，反射的光泽显得非常零乱，则出现色泽不匀问题，影响装饰面的美观。

（3）玻璃锦砖呈半透明质，如果使用的粘贴材料颜色不一致，贴好后透出来的颜色也深浅不同，甚至出现一团一团不均匀的颜色。

（4）不按施工程序进行粘贴，片面追求粘贴速度，在玻璃锦砖揭纸后，使白水泥干粉黏附在饰面上，经过洗刷和"擦缝"也未能清理干净，在使用过程中饰面上出现花白现象，若经风雨淋洗，花白现象还可能进一步扩大。

（5）门窗框周边及预留洞口处，由于处于施工后期、量小而繁杂，找平层施工很短即进行粘贴，致使找平层上的水泥分子扩散，渗透到白水泥粘贴层上，板缝部位出现灰青色斑或色带，而且不容易进行处理。

（6）在"擦缝"时往往是采用满涂满刮方法，从而造成水泥浆将玻璃锦砖晶体毛面污染，如果擦洗不及时、不干净，玻璃锦砖将失去光泽，显得锦砖表面暗淡。

（7）在粘贴玻璃锦砖的施工过程中，由于用脏污的材料擦拭玻璃锦砖的表面，使玻璃锦砖表面和接缝砂浆均受到污染；在雨天施工时还可能受到其他污水的污染。

3.预防措施

（1）玻璃锦砖色泽不匀的一般预防措施，可参见"三、外墙饰面砖质量问题与防治措施中（六）饰面出现色泽不匀"部分的预防措施相关内容。

（2）现行规范规定粘贴玻璃锦砖的平整度要求比陶瓷锦砖更高，在各道施工工序中都应当严格按照施工和验收规范操作，不能降低规范中的标准。

（3）在玻璃锦砖进行施工时，除深色者可以用普通水泥砂浆粘贴外，其他浅色或彩色锦

砖，均应采用白色水泥或白水泥色浆。配制砂浆的砂子最好用80目的纯净石英砂，这样就不会影响浅色或彩色玻璃锦砖饰面的美观。

（4）在找平层施工后，要给它一个水化和干缩的龄期，给它一个空鼓、开裂的暴露期，不要急于粘贴玻璃锦砖。在一般情况下，最好要在潮湿的环境下养护14d左右，如果工期比较紧急，单从防污染的角度，也不得少于3d。

（5）在玻璃锦砖揭纸后，不得采用水泥干粉进行吸水，否则不但会留下"花白"污染，而且还会降低黏结层的黏结力。

（6）在进行"擦缝"时应仔细在板缝部位涂刮，而不能在表面满涂满刮；掌握好"擦缝"的时间，以玻璃锦砖颗粒不出现移位，灰缝不出现凹陷，表面不出现条纹时，即为"擦缝"的最佳时间。"擦缝"要沿玻璃锦砖对角方向（即45°角）来回揉搓，才能保证灰缝平滑饱满，不出现凹缝和布纹。擦完缝后，应立即用干净的棉纱将表面的灰浆擦洗干净，以免污染玻璃锦砖。

为了防止铁锈对白水泥产生污染，对于重要外墙玻璃锦砖和"大方"玻璃锦砖的勾缝，宜用铝线或铜线。

（7）"散水坡"施工时水泥浆对墙面污染的预防，可将墙根部位已粘贴的面砖预先刷白灰膏等，待"散水坡"施工完毕后，再清洗墙根。但是，所涂刷的白灰膏对玻璃锦砖表面还有侵入，难免留下一些污染痕迹。

目前采用的方法是：留下墙根部位约1.5m的锦砖位置，待"散水坡"施工完毕后再进行粘贴。散水坡与墙根之间的变形缝宽度，应加上饰面层的厚度。填嵌散水坡变形缝时，应在墙根部位贴上不干胶纸带，预防嵌缝料再产生对玻璃锦砖墙面的污染。

（五）陶瓷锦砖表面污染

1. 质量问题

粘贴好的陶瓷锦砖饰面，由于保护不良被喷涂液、污物、灰尘、涂料、颜料、水刷石等浆液污染，严重影响建筑物的表面美观。

2. 原因分析

（1）在陶瓷锦砖粘贴施工中，由于操作不认真，在粘贴接缝后没有擦净陶瓷锦砖面上的黏结剂浆液，使陶瓷锦砖表面产生污染。

（2）在陶瓷锦砖粘贴完毕后，对成品保护措施采取不当，被沥青、涂料、污物、水泥浆、灰尘等污染。

（3）突出墙面的窗台、挑檐、雨篷、阳台、压顶、腰线等部位的下口，没有按照设计要求做好滴水槽或滴水线，使雨水冲下的污物沾污陶瓷锦砖面；或钢铁构件产生的锈蚀污染墙面等。

（4）陶瓷锦砖在运输、储存、施工的过程中被雨水淋湿或水浸泡，包装箱颜色或其他污染物将锦砖污染。

3. 预防措施

（1）当陶瓷锦砖饰面施工开始后，要注意坚持文明施工，不能在室内向外泼油污、泥浆、涂料、油漆、污水等，以免污染基层表面和已粘贴好的饰面。

（2）在陶瓷锦砖"擦缝"结束后，应自上而下将锦砖表面揩擦洁净，在拆除脚手架和向下运送施工设备时，要防止碰坏已粘贴好的墙面锦砖。

（3）用草绳或色纸包装陶瓷锦砖时，在运输和储存期间一定要覆盖防雨用具，以防止雨淋或受潮使陶瓷锦砖产生污染。

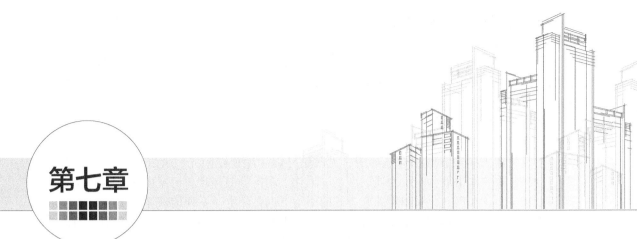

第七章

涂饰工程施工工艺

随着国民经济的腾飞，社会的不断进步，科学技术的飞速发展，人们对物质生活和精神文化生活水平的要求不断提高，现代高质量生存和生活的新观念已深入人心，逐渐开始重视生活和生存的环境。国内外工程实践充分证明，现代建筑和现代装饰对人们的生活、学习、工作环境的改善起着极其重要的作用。

建筑主体的装饰和保护具有很多途径，但装饰涂料以其色彩艳丽、品种繁多、施工方便、维修便捷、成本低廉等优点深受人们的喜爱。特别是近年来，装饰涂料在国家的严格控制下质量迅速提高，并在高分子科学的带动下不断推出性能出众的新产品，在装饰材料市场中占有十分重要的地位，成为新产品、新工艺、新技术最多、发展最快的行业。

涂敷于物件表面干燥后能结成膜层，具有防护、装饰、防锈、防腐、防水或其他功能的物质称为涂料。由于早期的涂料，采用的是天然树脂和天然油料，如松香、生漆、虫胶、亚麻子油、桐油、豆油等，因此在我国很长时间称为油漆，由这类涂料在物体表面形成的涂膜，称为漆膜。建筑物和建筑构件的保护和装饰具有多种途径，但建筑装饰涂料以其历史悠久、经验丰富、色彩艳丽、品种繁多、施工方便、维修简便、成本低廉等优点而深受人们的喜爱，已成为建筑装饰工程中首选的装饰材料。

近年来，涂料的质量和环保在国家的严格控制下，不断推出许多性能优良的绿色涂料产品，使建筑装饰涂料的使用量和产品更新速度等方面都居装饰材料的前列，在装饰材料市场中占有十分重要的地位，成为新产品、新工艺、新技术最多、发展最快的建筑装饰材料之一。

第一节　涂饰工程的基本知识

涂饰工程饰面工程是指将建筑涂料涂刷于构配件或结构的表面，并与基层有较好地黏结，以达到保护、装饰建筑物，并改善构件某些性能的装饰层。装饰工程实践充分证明，采用建筑涂料施涂后所形成的不同质感、不同色彩和不同性能的涂膜，是一种十分便捷和非常经济的饰面做法，值得在建筑装饰工程中推广应用。

一、建筑装饰涂料的作用

建筑装饰涂料涂于物体表面不仅能很好地黏结形成完整的涂膜，而且具有防护、装饰、防腐、防潮、防水、防火、防静电等功能。随着建筑装饰涂料科学技术的快速发展，不仅涂料的品种越来越多，而且功能越来越全。目前，在建筑装饰工程中常用的涂料，主要包括保护功能、装饰功能和满足建筑物的使用功能3个方面。

1. 建筑涂料的保护功能

建筑物绝大多数暴露在自然界中，尤其是外墙和屋顶在阳光、大气、酸雨、温差、冻触、侵蚀介质的作用下会产生变质、变色、风化、剥落等破坏现象。室内的内墙、地面、顶棚和家具等，在水汽、磨损和侵蚀介质等的作用下也会产生一系列的破坏。

当建筑物和建筑构件的表面涂刷适合这些基层的涂料后，可以将这些基层面覆盖起来，起到保护基层的作用，从而可以提高材料的耐磨性、耐水性、耐候性、耐化学侵蚀性和抗污染性，可以延长建筑物和建筑构件的使用寿命。

2. 建筑涂料的装饰功能

建筑装饰涂料不仅花色品种繁多、色泽艳丽光亮，而且还可以满足各种类型建筑的不同装饰艺术要求，使建筑形体、建筑环境和建筑艺术协调一致。工程实践证明，许多新型的建筑装饰涂料具有美妙的视觉感受，能够从不同角度观察到不同的色彩和图案；有些建筑装饰涂料还能产生立体效果，在凸凹之间创造良好的空间感受和光影效果；新型的丝感涂料和绒质涂料，更给人以温馨的视觉感受和柔和的手感。

3. 满足建筑物的使用功能

利用建筑装饰涂料具有的各种特性和不同施工方法，不仅能够提高室内的自然亮度、获得吸声隔声的效果，而且还能给人们创造出良好的生活和学习气氛及舒适的视觉审美感受。

对于有防潮、防水、防火、防腐、防静电、防尘等特殊要求的部位，涂刷相应性能的涂料均可以获得显著的效果。

二、涂饰工程对材料的要求

涂饰工工程施工所用的涂料有乳液型涂料、无机涂料、水溶性涂料等，其中乳液型涂料包括合成树脂乳液内墙涂料、合成树脂乳液外墙涂料、合成树脂乳液砂壁状建筑涂料和复合建筑涂料，无机涂料主要用于外墙部位。

（一）内墙建筑装饰涂料

内墙建筑装饰涂料主要有合成树脂乳液内墙涂料、水溶性内墙涂料等，它们的技术性能分别应符合表7-1和表7-2中的规定。根据建筑环保的要求，内墙涂料中有害物质限量，应符合表7-3中的规定。

表7-1 合成树脂乳液内墙涂料的技术要求

项目		技术要求	项目		技术要求		
					优等品	一等品	合格品
内墙底漆	容器中状态	无硬块,搅拌后呈均匀状态	内墙面漆	容器中状态	无硬块,搅拌后呈均匀状态		
	施工性能	刷涂无障碍		施工性能	刷涂无障碍		

项目		技术要求	项目		技术要求		
					优等品	一等品	合格品
内墙底漆	涂膜外观	正常	内墙面漆	低温稳定性(3次循环)	不变质		
	耐碱性(24h)	无异常		干燥时间(表干)/h	≤2		
	泛碱(48h)	无异常		涂膜外观	正常		
	—	—		对比率(白色和浅色)	≥0.95	≥0.93	≥0.90
	低温稳定性(3次循环)	不变质		耐碱性(24h)	无异常		
	干燥时间(表干)/h	≤2		耐洗刷性/次	≥1000	≥500	≥200

表7-2　水溶性内墙涂料的技术要求

项目	技术要求		项目	技术要求	
	Ⅰ类	Ⅱ类		Ⅰ类	Ⅱ类
容器中状态	无结块、沉淀和絮凝		涂膜外观	干整,色泽均匀	
黏度/s	30~75		附着力/%	100	
细度/μm	≤100		耐水性	无脱落、起泡和皱皮	
遮盖力/(g/m²)	≤300		耐干擦性/级	—	≤1
白度[①]/%	≥80		耐洗刷性/次	≥300	—

① 白度规定只适用于白色涂料。

表7-3　内墙涂料中有害物质限量

项目		限量值	
		水性墙面涂料[①]	水性墙面腻子[②]
挥发性有机化合物含量(VOCs)		120g/L	15g/kg
苯、甲苯、乙苯、二甲苯总和/(mg/kg)		≤300	
游离甲醛/(mg/kg)		≤100	
可溶性重金属/(mg/kg)	铅(Pb)	≤90	
	镉(Cd)	≤75	
	铬(Cr)	≤60	
	汞(Hg)	≤60	

① 涂料产品所有项目均不考虑稀释配比。

② 膏状腻子所有项目均不考虑稀释配比,粉状的腻子除了可溶性重金属项目直接测试粉体外,其余3项按产品规定的配比将粉体与水或胶黏剂等其他液体混合后测试。如配比为某一范围时,应按照水用量最小、胶黏剂等其他液体用量最大的配比混合后测试。

(二)外墙建筑装饰涂料

外墙建筑装饰涂料主要有:合成树脂乳液外墙涂料、复层建筑涂料、溶剂型外墙涂料、外墙无机建筑涂料等,它们的技术指标分别应符合表7-4~表7-6中的规定。

表7-4　合成树脂乳液外墙涂料的技术指标

项目	技术指标		
	优等品	一等品	合格品
容器中状态	无硬块,搅拌后呈均匀状态		
施工性能	刷涂二道无障碍	刷涂二道无障碍	刷涂二道无障碍
低温稳定性	不变质	不变质	不变质

项目		技术指标		
		优等品	一等品	合格品
干燥时间(表面干)/h		≤2	≤2	≤2
涂膜外观		正常	正常	正常
对比率(白色和浅色)		≥0.93	≤0.90	≥0.87
耐水性		96h无异常	96h无异常	96h无异常
耐碱性		48h无异常	48h无异常	48h无异常
耐洗刷性/次		≤2000	≤1000	≤500
耐人工气候老化性能	白色和浅色	600h不起泡、不剥落、无裂纹	400h不起泡、不剥落、无裂纹	250h不起泡、不剥落、无裂纹
	粉化/级	≤1		
	变色/级	≤2		
	其他色	由供需双方商定		
耐沾污性(白色和浅色)/%		≤15	≤15	≤20
涂层耐温变性(5次循环)		无异样		

表7-5 复层建筑涂料的性能指标

项目			性能指标		
			优等品	一等品	合格品
容器中状态			无硬块,呈均匀状态		
涂膜外观			无开裂、无明显针孔、无气泡		
低温稳定性			不结块、没有组成物的分离、无凝聚		
初期干燥抗裂性			无裂纹		
黏结强度/MPa	标准状态	RE	≥1.0		
		E、Si	≥0.7		
		CE	≥0.5		
	浸水后	RE	≥0.7		
		E、Si、CE	≥0.5		
涂层耐温变性(5次循环)			不剥落、不起泡、无裂纹、无明显变色		
透水性/mL	A型		<0.5		
	B型		<2.0		
耐冲击性			无裂纹、无剥落及明显变形		
耐沾污性(白色或浅色)	平状/%		≤15	≤15	≤20
	立体状/级		≤2	≤2	≤3
耐候性(白色或浅色)	老化时间/h		600	400	250
	外观		不起泡、不剥落、无裂纹		
	粉化/级		≤1		
	变色/级		≤2		

表7-6 外墙无机建筑涂料的技术指标

项目	技术指标	项目	技术指标
容器中状态	无硬块,搅拌后呈均匀状态	热储存稳定性(30d)	无结块、凝聚和霉变现象
施工性能	刷涂2道无障碍	干燥时间(表面干)/h	≤2

项目	技术指标	项目	技术指标	
耐水性(168h)	无起泡、裂纹、剥落,允许有轻微剥落	低温储存稳定性(3次)	无结块、凝聚现象	
耐温变性(10次)	无起泡、裂纹、剥落,允许有轻微剥落	耐洗刷性/次	≥1000	
涂膜外观	正常	耐碱性(168h)	无起泡、裂纹、剥落, 允许有轻微剥落	
对比率(白色和浅色)	≥0.95	耐沾污性	Ⅰ类	20
			Ⅱ类	15
耐人工老化性 (白色或浅色)	Ⅰ类产品:800h,无起泡、裂纹、剥落,粉化≤1级,变色<2级			
	Ⅱ类产品:500h,无起泡、裂纹、剥落,粉化≤1级,变色<2级			

三、涂饰工程施工环境条件

涂饰工程施工的环境条件,应注意环境温度、环境湿度、太阳光照、风力大小和污染性物质等方面。

1. 环境温度

水溶性和乳液型涂料涂刷时的环境温度,应按产品说明书中要求的温度加以控制,一般要求其施工环境的温度宜在10~35℃之间,最低温度不得低于5℃;冬期在室内进行涂料施工时,应当采取保温和采暖措施,室温要保持均匀,不得骤然变化。溶剂型涂料宜在5~35℃气温条件下施工,不能采用现场烘烤饰面的加温方式促使涂膜表面干燥和固化。

2. 环境湿度

建筑涂料所适宜的施工环境相对湿度一般为60%~70%,在高湿度环境或降雨天气不宜施工,如氯乙烯-偏氯乙烯共聚乳液作地面罩面涂布时,在湿度大于85%时就难以干燥。但是,如若施工环境湿度过低,空气过于干燥,会使溶剂型涂料的溶剂挥发过快,水溶性和乳液型涂料干固过快,因而会使涂层的结膜不够完全、固化不良,同样也不宜施工。

3. 太阳光照

建筑涂料一般不宜在阳光直接照射下进行施工,特别是夏季的强烈日光照射之下,会造成涂料的成膜不良而影响涂层质量。

4. 风力大小

在大风天气情况下不宜进行涂料涂饰施工,风力过大会加速涂料中的溶剂或水分的快速挥(蒸)发,致使涂层的成膜不良并容易沾染灰尘而影响饰面的质量。

5. 污染性物质

汽车尾气及工业废气中的硫化氢、二氧化硫等有害物质,均具有较强的酸性,对于建筑涂料的性能会造成不良影响;飞扬的尘埃也会污染未干透的涂层,从而严重影响涂层表面美观和使用功能。因此,涂饰施工中如果发觉特殊气味或施工环境的空气不够洁净时应暂时停止操作或采取有效防护措施。

第二节　涂饰工程施工工艺

涂饰工程施工是指将水性涂料、溶剂型涂料涂覆于基层表面,在一定条件下可形成与基层牢固结合的连续、完整的崮体膜层的材料的过程。涂料涂饰是建筑物内外墙最简便、经济、易于维修的一种装饰方法。工程实践证明，涂饰工程的施工质量如何在很大程度上取决于所选择的施工工序是否符合客观规律和设计要求。

一、涂饰工程施工作业条件

（1）为确保涂饰工程的施工质量符合现行规范的要求，具体涂饰操作人员应经过专业培训合格，做到持证上岗。

（2）涂饰工程应在抹灰、吊顶、细部、地面及电气工程等已完成并验收合格后进行。

（3）在正式涂饰前，基层要进行适当的处理，应将基体或基层缺棱掉角处，用质量比为1∶3的水泥砂浆（或聚合物水泥砂浆）修补；其表面麻面及缝隙应用腻子填补齐平。

（4）为增强涂料与基层面的黏结，在正式涂饰前基层表面上的灰尘、污垢、溅沫和砂浆流痕等均应清除干净。

（5）进行外墙面涂饰时，脚手架或吊篮已搭设完毕；墙面的孔洞已修补；门窗、设备管线已安装，洞口已堵严抹平；涂饰样板已经鉴定合格；不涂饰的部位（采用喷涂和"弹涂"时）已经遮挡好。

（6）进行内墙面涂饰时，室内各项抹灰均已完成，穿墙孔洞已填堵完毕；墙面的干燥程度已达到8%~10%；门窗玻璃已安装，木装修工程已完成，油漆工程已完成第二道油；不喷刷的部位已进行遮挡；样板间已经鉴定合格。

（7）在大面积涂饰施工之前，应由施工人员按照工序要求做好"样板"或"样板间"，经鉴定合格并保留到工程竣工。

二、涂饰工程施工基层处理

1. 对基层的一般要求

（1）对于有缺陷的基层应进行修补，经修补后的基层表面不平整度及连接部位的错位状况，应限制在涂料品种、涂饰厚度及表面状态等的允许范围之内。

（2）基层含水率应根据所用涂料产品种类，除非采用允许施涂于潮湿基层的特殊涂料品种，涂饰基层的含水率应在允许范围之内。

在现行国家标准《建筑装饰装修工程质量验收标准》（GB 50210—2018）中，对涂饰工程的基层含水率做出具体规定，除非采用允许施涂于潮湿基层的涂料品种，混凝土或抹灰基层涂饰溶剂型涂料时的含水率应小于8%，涂饰水溶性和乳液型涂料时的含水率应小于10%，木材基层的含水率应小于12%。

（3）基层pH值应根据所用涂料产品的种类，在允许范围之内一般要求pH值小于10。

（4）基层表面修补砂浆的碱性、含水率及粗糙度等，应与其他部位相同，如果不一致时应进行处理并加涂封底涂料。

（5）基层表面的强度与刚度，应高于涂料的涂层。如果基层材料为加气混凝土等疏松表面，应预先涂刷固化溶剂型封底涂料或合成树脂乳液封闭底漆等配套底涂层，以加固基层的表面。

（6）根据现行国家标准《建筑装饰装修工程质量验收标准》（GB 50210—2018）中的规定，新建筑物的混凝土基层在涂饰涂料前应涂刷抗碱封闭底漆；旧墙面在涂饰涂料前应清除疏松的旧装饰层，并涂刷界面剂。

（7）涂饰工程基层所用的腻子，应按基层、底涂料和面涂料的性能配套使用，其塑性和易涂饰性应满足施工的要求，干燥后应坚实牢固，不得粉化、起皮和裂纹。腻子干燥后，应打磨平整光滑并清理干净。

内墙腻子的黏结强度，应符合现行的行业标准《建筑室内用腻子》（JG/T 298—2010）中的规定；建筑外墙及厨房、卫生间等墙面基层，必须使用具有耐水性能的腻子。

（8）在涂饰基层上安装的金属件和铁钉件等，除不锈产品外均应进行防锈处理。

（9）在涂饰基层上的各种构件、预埋件，以及水暖、电气、空调等设备管线或控制接口等，凡是有可能影响涂层装饰质量的工种、工序和操作项目，均应按设计要求事先完成。

2. 对涂饰基层的检查

基层的质量状况同涂料涂饰施工以及施涂后涂膜的性能、装饰质量关系非常密切，因此在涂饰前必须对基层进行全面检查。检查的内容包括：基体材质和质量、基层表面的平整度，以及裂缝、麻面、气孔、脱壳、分离等现象，粉化、硬化不良、脆弱等缺陷，以及是沾污有脱模剂、油类物质等；同时检测基层的含水率和pH值等。

3. 对涂饰基层的清理

被涂饰基层的表面不应有有灰尘、油脂、脱模剂、锈斑、霉菌、砂浆流痕、溅沫及混凝土渗出物等。清理基层的目的是除掉基层表面的黏附物，使基层表面洁净，以利于涂料饰面与基层的牢固黏结，常用的清理方法参见表7-7。

表7-7　涂饰基层表面黏附物常用的清理方法

基层表面及其黏附物状态	常用的清理方法
硬化不良或分离脱壳	全部铲除脱壳分离部分，并用钢丝刷除去浮渣，清扫洁净
粉末状黏附物	用毛刷、扫帚和吸尘器清理除去
点焊溅射或砂浆类残留物	用打磨机、铲刀及钢丝刷等机具除去
锈斑	用溶剂、去油剂及化学洗涤剂清除
霉斑	用化学去霉剂清除
表面泛白（泛碱、析盐）	轻微者可用钢丝刷、吸尘器清除；严重者应先用3%的草酸溶液清洗，然后用清水冲刷干净，或在基层上满刷一遍抗碱底漆，待其干燥后批刮腻子
金属基层锈蚀、氧化及木质基层旧漆膜	手工铲磨、机械磨除或液化气枪、热吹风及火焰清除器清除

4. 对涂饰基层的修补

有缺陷的基体或基层应进行修补，可采用必要的补强措施以及采用1∶3水泥砂浆（水泥石屑浆、聚酯砂浆、聚合物水泥砂浆）等材料进行处理。表面的麻面及缝隙，用腻子填充修平。表7-8为基层表面缺陷常用修补方法，基层处理常用腻子及成品腻子如表7-9所列。

表7-8　基层表面缺陷的常用修补方法

基体（基层）缺陷	修补方法
混凝土基体表面不平整	清扫混凝土表面，先涂刷基层处理剂或水泥浆（或聚合物水泥浆），再用聚合物水泥砂浆（水泥和砂加适量胶黏剂水溶液）分层抹平，每遍厚度不小于7mm，平均总厚度18~20mm，表面用木抹子搓平，终凝后进行养护
混凝土结构基体尺寸不准确或设计变更，需采用纠正措施或将水泥砂浆找平层厚度尺寸增大	在需要修整部位用钢丝网补强后铺抹找平砂浆（略掺麻刀或玻璃丝等纤维材料），必要时采用型钢骨架固定后再焊敷钢板网进行抹灰
水泥基层有空鼓分离但难以铲除	用电钻钻孔（直径5~10mm），将低黏度环氧树脂注入分离孔内使之固结，表面裂缝用聚合物水泥砂浆腻子嵌实并打磨平整

基体(基层)缺陷	修补方法
基层有较大裂缝用腻子填充不能修补	将裂缝剔成V形填充防水密封材料;表面裂缝用合成树脂或聚合物水泥腻子嵌实并打磨平整
水泥类基体表面分布细小裂缝	采用基底封闭材料或防水腻子将裂缝部位填充或嵌实磨平;预制混凝土板小裂缝可用低黏度环氧树脂或聚合物水泥砂浆采用压力灌浆注满缝隙,表面进行砂磨平整
基层的气孔砂眼与麻面现象	孔眼直径大于3mm者用树脂砂浆或聚合物水泥砂浆批嵌,细小者可用同类涂料腻子或用与涂料配套的涂底部材料封闭,目前多数新型涂料均具有封闭基层性能,但对于麻点过大者应用腻子分层处理
基体表面凹凸不平	剔凿或采用磨光机处理凸出部位,凹入部位分层抹涂树脂或聚合物水泥砂浆硬化后打磨平整
结构基体露筋	将露出的钢筋清除铁锈作防锈处理;或将结构部位做少量剔凿,对钢筋做除绣和防锈处理后,用1:3水泥砂浆或水泥石屑浆(或聚合物水泥砂浆)分层进行填实补平

表7-9　常用腻子及成品腻子

种类	组成及配比(质量比)	性能与应用
室内用乳液腻子	聚乙酸乙烯乳液:滑石粉或大白粉:2%羧甲基纤维素溶液=1:5.0:3.5	易刮涂填嵌,干燥迅速,易打磨,适用于水泥抹灰基层
聚合物水泥腻子	聚乙酸乙烯乳液:水泥:水=1:5:1	易施工,强度高,适用于建筑外墙及易受潮内墙的基层
室内用油性石膏腻子	(1)石膏粉:熟桐油:水=1:5:1 (2)石膏粉:熟桐油:松香水:水:液体催干剂=(0.8~0.9):1:适量:(0.25~0.3):熟桐油和松香水质量的1%~2%	使用方便,干燥快,硬度高,易刮平涂抹,适用于木质基层
室内用虫胶腻子	大白粉:虫胶清漆:颜料=75:24.2:0.60	干燥快,不渗陷,附着力强,适用于木质基层的嵌补,现制现用
室内用硝基腻子	硝基漆:香蕉水:大白粉=1:3:适量(也可掺加适量体积的颜料)	与硝基漆来配套使用,属于快干腻子,用于金属面时宜用定型产品
室内用过氯乙烯腻子	过氯乙烯底漆与石英粉(320目)混合拌成糊状使用;若其黏结力和可塑性不足,可用过氯乙烯清漆代替过氯乙烯底漆	适用于过氯乙烯油漆饰面的打底层
T07-2油性腻子	用酯胶清漆、颜料、催干剂和200号溶剂汽油(松节油)混合研磨加工制成	刮涂性好,可用以填平木料及金属表面的凹坑、孔眼和裂纹
Q07-5硝基腻子	由硝化棉、醇酸树脂、增韧剂及颜料等组成,其挥发部分由酯、酮、醇、苯类溶剂组成	干燥迅速,附着力强,易打磨,适用于木料及金属基层填平,可用配套硝基漆稀释剂调整
G07-4过氯乙烯腻子	由过氯乙烯树脂、醇酸树脂、颜料及有机溶剂混合研磨加工制成	适用于过氯乙烯油漆饰面的基层填平、打底
室内用水性血料腻子	(1)大白粉:血料(猪血):鸡脚菜=56:16:1(施工现场自配); (2)血料腻子的商品名称为"猪料灰"	适用于木质及水泥抹灰基层,容易涂抹填嵌,易打磨,干燥较快

种类	组成及配比(质量比)	性能与应用
AB-07 原子灰	由抗氧阻聚(气干型)不饱和聚酯、颜料和填料及助剂经研磨加工制成,使用时再另配引发剂	该腻子产品原用于汽车制造业,对金属基面的修补处理具有显著功效,现被广泛应用于装饰装修工程的各种金属、玻璃钢、木材等表面基层填平;该产品为黏稠物,与少量引发剂混合后反应迅速,固化快,施工后0.5h即可打磨;膜层平浩,硬度高,附着力强,填充封闭性及耐候性优异,特别适用于高寒或湿热地区

三、涂饰工程施工基层复查

在基层清理及修补并经必要的养护后,在涂料正式涂饰之前还应注意涂饰前的复查,核查建筑基体和基层处理质量是否符合装饰涂料的施工要求,修补后的基层有否产生异常现象。发现问题后应逐项进行分析和研究,采取相应的纠正和修补的措施。

(一)对外墙基层的复查

1. 基层含水率与碱性

在对被涂饰基层进行修补之后,若遇到降雨或发生表面结露时,如果在此基层上进行施工,会造成涂膜固化不完全而有可能出现涂层起泡和剥落质量问题。对于一般涂料产品而言,必须等待基层充分干燥,符合涂料对基层含水率要求时方可进行施工;施工前,应通过对基层含水率的检测,并同时保证修补部位砂浆的碱性与大面基层一致。

2. 涂饰表面的温度

涂料涂饰施工基层表面温度过高或过低都会影响涂料的成膜质量。在一般情况下,当温度小于5℃时会妨碍某些涂料的正常成膜硬化;但当温度大于50℃时则会使涂料干燥过快,同样成膜质量不好。根据所用涂料的性能特点,当现场环境及基层表面的温度不适宜施工时,应及时调整涂饰的时间。

3. 基层的其他异常

基层的其他异常复查,即详细地检查基层修补质量及封底施工质量,包括再次沾污、新裂缝、腻子干燥后塌陷、补缝不严或疏松、封底材料漏涂或粉化等异常现象,以便发现这些质量问题,及时采取有效的措施加以解决。

(二)对内墙基层的复查

1. 潮湿与结露

影响内墙涂饰施工质量的首要因素即潮湿和结露,特别是当屋面防水、外墙装饰装修及玻璃安装工程结束之后,水泥类材料基层所含的水分会有大部分向室内散发,使内墙面的含水率增大,室内的湿度增高;同时在比较寒冷的季节,由于室内外气温的差异,当墙体温度较低时,容易致使内墙面产生结露。此时应采取通风换气或室内供暖等措施,促使室内干燥,待墙面含水率符合要求时再进行施工。

2. 基层发霉

对室内墙面及顶棚基层,在处理后也常会再度产生发霉现象,尤其在潮湿季节或潮湿地区的某些建筑部位,如阴面房间或卫生间等。对于发霉部位可用去霉剂稀释冲洗,待其充分干燥后再涂饰掺有防霉剂的涂料或其他适宜的涂料。

3. 基层裂缝

室内墙面发生丝状裂缝的现象较为普遍，特别是水泥砂浆抹灰面在干燥的过程中进行基层处理时，其裂缝现象往往会在涂料施工前才明显出现。如果此类裂缝较为严重，必须再重新涂抹腻子并打磨平整。

四、涂饰准备及涂层的要求

（一）涂料使用前的准备

（1）一般涂料在使用前须进行充分搅拌，使之均匀。在使用过程中通常也要进行不断地搅拌，以防止涂料厚薄不匀、填料结块或饰面色泽不一致。

（2）涂料的工作黏度或稠度必须严格控制，使涂料在涂刷时不流坠、不显涂刷的痕迹；但在涂饰的过程中不得任意稀释。应根据具体的涂料产品种类，按其使用说明进行稠度调整。

当涂料出现稠度过大或由于存放时间较久而呈现"增稠"现象时，可通过搅拌降低稠度至成流体状态时再用；根据涂料品种也可掺入不超过8%的涂料稀释剂（与涂料配套的专用稀释剂），有的涂料产品则不允许或不可以随便调整，更不可以任意加水进行稀释。

（3）根据规定的施工方法（喷涂、滚涂和刷涂等），选用设计要求的品种及相应稠度或颗粒状的涂料，并应按工程的涂刷面积采用同一批号的产品一次备足。应注意涂料的储存时间不宜过长，根据涂料不同品种具体要求，正常条件下的储存时间不得超过出厂日期的3~6个月。涂料密闭封存的温度以5~35℃为宜，最低不得低于0℃，最高不得高于40℃。

（4）对于双组分或多组分的涂料产品，涂刷之前应按使用说明规定的配合比分批进行混合，并在规定的时间内用完。

（二）对涂层的基本要求

为确实保证涂刷涂层的施工质量，在施工过程中应满足以下几个方面：a.同一墙面或同一装饰部位应采用同一批号的涂料；b.涂刷操作的每遍涂料根据涂料产品特点一般不宜涂刷过厚，而且涂层要均匀，颜色要一致。

在涂料涂刷的过程中应注意涂刷的间隔时间控制，以保证涂膜的涂刷质量。当涂刷溶剂型涂料时，后一遍涂料必须在前一遍涂料完全干燥后进行；当涂刷水性和乳液涂料时，后一遍涂料必须在前一遍涂料表面干燥后进行。每一遍涂料应当涂刷均匀，各层必须结合牢固。

五、涂料的选择及调配方法

1. 涂料选择的原则

涂料的选择并不是价格越高越好，而是根据工程的实际情况进行科学选择，总的原则是良好的装饰效果、合理的耐久性和经济性。

（1）装饰效果　装饰效果是由质感、线型和色彩这三个方面决定的。其中，线型是由建筑结构及饰面设计所决定的；而质感和色彩，则是由涂料的装饰效果来决定。因此，在选择建筑涂料时，不仅应考虑到所选用的涂料与建筑整体的协调性，而且应考虑到建筑外形设计的补充效果。

（2）耐久性　涂料的耐久性包括两个方面，即对建筑物的保护效果和对建筑物的装饰效果。涂膜的变色、污染、剥落与装饰效果直接有关，而粉化、龟裂、剥落则与保护效果有关。所选用的涂料应当在设计期限内装饰效果和保护效果不降低。

（3）经济性　涂料与其他饰面材料相比，涂料饰面装饰比较经济，但影响到其造价标准时又不得不考虑其费用，必须全面考察，综合衡量其经济性。因此，对于不同的建筑墙面要根据实际情况选择不同的涂料。

2. 涂料颜色调配

涂料颜色调配是一项比较细致而复杂的工作。涂料的颜色花样非常多，要进行颜色调配，首先需要了解颜色的性能。各种颜色都可由红、黄、蓝三种最基本的颜色配成。例如，黄与蓝可配成绿色，黄与红可配成橙色，红与蓝可配成紫色，黄红蓝可配成黑色等。

在涂料颜色调配的过程中应注意颜色的组合比例，以量多者为主色，以量少者为副色，配制时应将"副色"逐渐加入"主色"中，由浅入深，不能相反。颜色在湿的时候比较淡，干燥后颜色则转深，因此调色时切忌过量。

第三节　油漆及新型水性涂料施工工艺

随着现代化学工业的发展，我国目前已有近百种标准型号的油漆。油漆是指以动植物油脂、天然与人造树脂或有机高分子合成树脂为基本原料而制成的溶剂型涂料。为了正确地反映油漆的真实成分、性能及配制方法等，国家对其分类做了统一规定，确立了以基料中的主要成膜物质为基础的分类原则。按照这类分类的原则和方法，涂料可分为18类，现共有890个品种。一般在建筑装饰工程中使用的涂料，据初步统计约12类、147个品种，并制定了涂料分类、编号及命名原则。

传统的涂料工程是一个专业性和技艺性很强的技术工程，只对建筑油漆施工而言，从其主要材料如涂料、稀释剂、腻子、润粉、着色颜料及染料、研磨与抛光材料等，到清除、嵌批、磨退、配料和涂饰等较为复杂而精细的施工工艺，均需要由专业工种的人员经过认真学习与实践方能掌握。

一、涂饰基层的清除工作

基层清理工作是确保涂料涂刷质量的关键基础性工作，即采用手工、机械、化学及物理方法，清除被涂饰基层面上的灰尘、油渍、旧涂膜、锈迹等各种污染和疏松物质，或者改善基层原有的化学性质，以利于涂料涂层的附着效果和涂装质量。基层清理的方法有手工清除、机械清除、化学清除和高温清除等。这些方法各用于不同场合，应根据工程实际情况选用，但对于化学清理和高温清除，应当特别注意不能影响新涂刷的涂料质量。

1. 手工清除

手工清除主要包括铲除和刷涂，所用手工工具有铲刀、刮刀、打磨块及金属刷等，如图7-1所示。

2. 机械清除

机械清除主要有动力钢丝刷清除、除锈枪清除、蒸汽清除，以及喷水或喷砂清除等，所用的机具有圆盘打磨机、旋转钢丝刷、环形往复打磨器、皮带传动打磨器、钢针除锈枪，以及用于蒸汽清除的蒸汽剥除器等。常用涂饰基层清除的机具如图7-2所示。

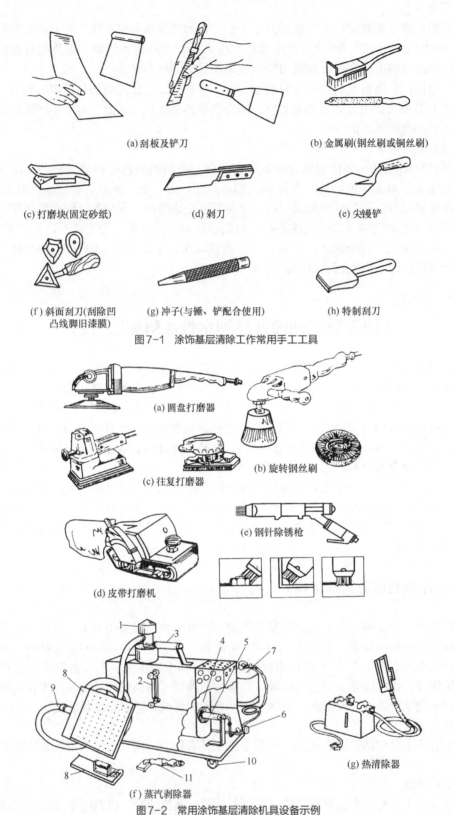

(a) 刮板及铲刀   (b) 金属刷(钢丝刷或铜丝刷)

(c) 打磨块(固定砂纸)   (d) 剁刀   (e) 尖镘铲

(f) 斜面刮刀(刮除凹   (g) 冲子(与锤、铲配合使用)   (h) 特制刮刀
凸线脚旧漆膜)

图7-1　涂饰基层清除工作常用手工工具

(a) 圆盘打磨器

(b) 旋转钢丝刷

(c) 往复打磨器

(e) 钢针除锈枪

(d) 皮带打磨机

(f) 蒸汽剥除器

(g) 热清除器

图7-2　常用涂饰基层清除机具设备示例

1—加水器和安全盖；2—水位计；3—提手；4—水罐；5—火焰喷嘴；6—控制阀；7—高压气缸；
8—聚能器；9—胶管；10—滚轮；11—剥除器

机械清除效率比较高，能够对清除的基面产生深度适宜的糙面，以利于涂料的涂饰施工。其中蒸汽清除可以清除旧墙纸、水性涂层及各种污垢而不损伤基层，且有一定的消毒灭菌的作用，对环境保护也非常有益。

3. 化学清除

化学清除主要包括溶剂清除、油剂清除、碱溶液清除、酸洗清除及脱漆剂清除等，适宜于对坚实基层表面的清除，施工简单易行见效快，对基层不易造成损伤，常与打磨配合使用。但在采用时应严格注意所用化学清除物质同基体材料的相容性，对环境的污染以及防火、防腐蚀等相关事项。

4. 高温清除

高温清除也称为热清除，是指采用氧气、乙炔、煤气和汽油等为燃料的火焰清除，以及采用电阻丝作热源的电热清除。主要用以清除金属基层表面的锈蚀、氧化皮和木质基体表面上的旧涂膜。对木质基体采用高温清除时应特别注意防火问题。

二、嵌批、润粉及着色

嵌批、润粉及着色是涂饰工程施工中不可缺少的工序，不仅关系到涂饰基层的处理效果，而且也关系到涂饰工程的最终装饰性如何。因此，在正式涂饰工程施工前应按照以下方法和要求进行操作。

1. 嵌批

嵌批即指涂饰工程的基层表面涂抹刮平腻子。腻子作为饰面施工中应用最普遍的填充和打底材料，用以填涂基层表面的缝隙、孔眼和凹坑不平整等缺陷，使基层表面平整、严密，利于涂饰及保证装饰质量。腻子可以自行配制，也可按涂饰工程的表面材料种类选用商品腻子，基本要求是具有塑性和易涂性，干燥后应当比较坚固，并注意基层、底漆和面漆3者性质的相容性。

涂饰工程所用的腻子一般由体质材料、黏结剂、着色颜料、水或溶剂、催干剂等配制而成。常用的体质材料有碳酸钙（大白粉）、硫酸钙（石膏粉）、硅酸钙（滑石粉）、硫酸锌钡（晶石粉）等；黏结剂有猪血、熟桐油、清漆、合成树脂溶液和乳液等。常用的腻子分为水性腻子、油性腻子和挥发性腻子3类，根据工程性质及设计要求进行选用，可参考表7-10。在涂饰施工中不能随意减少腻子涂抹刮平的遍数，同时必须待腻子完全干燥并打磨平整后才可进入下道工序，否则会严重影响饰面涂层的附着力和涂膜质量。

2. 润粉

润粉是指在木质材料面的涂饰工艺中，采用填孔料以填平管孔并封闭基层和适当着色，同时可起到避免后续涂膜塌陷及节省涂料的作用。在传统的油漆工程中，常将不同性质的润粉称为水老粉和油老粉，即指水性填孔料和油性填孔料，或称为润水粉和润油粉，其配制常用材料和配比做法，如表7-10所列。

表7-10 木质材料面的润粉及应用

润粉	材料配比（质量比）	配制方法和应用
水性填孔料（水老粉）	大白粉 65%~72%：水 28%~36%：颜料适量	按照设计配合比要求将大白粉和水搅拌成糊状，取出少量的大白粉糊与颜料拌和均匀，然后再与原有大白粉糊上下充分搅拌均匀，不能有结块现象；颜料的用量应使填孔料的色泽略浅于样板木纹表面或管孔内的颜色 优点：施工方便，干燥迅速，着色均匀； 缺点：如果处理不当时，易使木纹膨胀，附着力比较差，透明效果较低

润粉	材料配比(质量比)	配制方法和应用
油性填孔料 （油老粉）	大白粉60%:清油10%:松香水20%: 煤油10%:颜料适量	配制方法与以上所述相同 优点:木纹不会膨胀,不易收缩开裂,干燥后坚固,着色效果好,透明度较高,附着力强,吸收上层涂料少; 缺点:干燥较慢,操作不如润水粉方便

3.着色

在木质材料表面进行透明涂饰时，常常采用基层着色工艺，即可在木质基面上涂刷着色剂，使之更符合装饰工程的色调要求。着色分为水色、酒色和油色三种不同的做法，其材料组成如表7-11所列。

表7-11　木质材料面透明涂饰时基面着色的材料组成

着色	材料组成	染色特点
水色	常采用黄纳粉和黑纳粉等酸性染料溶解于热水中(染料占10%~20%)	透明,无遮盖力,保持木纹清晰;缺点是耐晒性能较差,易产生褪色
酒色	在清虫胶清漆中掺入适量品色的染料,即成为着色虫胶漆	透明,清晰显露木纹,耐晒性能较好
油色	用氧化铁系材料、哈巴粉、锌钡白、大白粉等调入松香水中再加入清油或清漆等,调制成稀浆	由于采用无机颜料作为着色剂,所以耐晒性能良好,不易褪色;缺点是透明度较低,显露木纹不够清晰

三、基层打磨与涂料配料

（一）基层打磨

基层打磨是使用研磨材料对被涂饰物表面及涂饰过程的涂层表面进行研磨平整的施工工序，对于涂料涂层的平整光滑、附着力以及被涂饰物的棱角、线脚、外观质量等方面，均有非常重要的影响。

1. 研磨材料

在研磨材料中使用最广泛的是砂纸和砂布，其磨料分为天然和人造两种。天然磨料有钢玉、石榴石、石英、火燧石、浮石、矽藻土、白垩等；人造磨料有人造钢玉、玻璃和各种金属碳化物。磨料的性质与其形状、硬度和韧性有密切关系，磨料的粒度是按每平方英寸的筛孔进行计算的。常用的木砂纸和砂布的代号，就是根据磨料的粒度而划分的，代号的数字越大则磨粒越粗；而水砂纸却恰恰相反，代号的数字越大则磨粒越细。表7-12为油漆涂饰工程中常用砂纸和砂布的类型及主要用途。

表7-12　常用砂纸和砂布的类型及主要用途

种类	磨料粒度号数	砂纸、砂布的代号	主要用途
最细	240~320	水砂纸:400,500,600	清漆、硝基漆、油基漆的层间打磨及漆面的精磨
细	100~220	玻璃砂纸:1,0,00 金刚砂布:1,0,00,000,0000 水砂纸:220,240,280,320	打磨金属基面上的轻微锈蚀,涂底漆或封闭底漆前的最后一次打磨
中	80~100	玻璃砂纸:1,1.5;全刚砂纸:1,1.5 水砂纸:180	清除锈蚀,打磨一般的粗糙面,墙面在涂饰前的打磨

种类	磨料粒度号数	砂纸、砂布的代号	主要用途
粗	40~80	玻璃砂纸:1.5,2 金刚砂布:1.5,2	对粗糙麻面、深痕及其他表面不平整缺陷的磨除
最粗	12~40	玻璃砂纸:3,4 金刚砂布:3,4,5,6	打磨清除磁漆、清漆或堆积的漆膜以及比较严重的锈蚀

2. 打磨类型

根据涂饰工程施工阶段、油漆涂料的不同品种、不同要求和不同打磨的目的，可以分为基层打磨、层间打磨、面层打磨等。不同涂饰阶段的打磨要求如表7-13所列。

表7-13　不同涂饰阶段的打磨要求

打磨部位	打磨方式	打磨要求及注意事项
基层表面	干磨	用1~1.5号砂纸打磨,线脚及转角处要用对折砂纸的边角砂磨,边缘棱角要打磨光滑,去除锐角以利于涂料的黏附
涂层之间	干磨或湿磨	用0号砂纸、1号旧砂纸或280~320号水砂纸,木质材料表面的透明涂层应顺着木纹方向直磨,遇有凹凸线脚部位可适当运用直线打磨与横向打磨交叉进行的轻磨
涂饰表面	湿磨	(1)该工序仅适用于硬质涂层的面漆打磨; (2)采用400号以上的水砂纸蘸清水或肥皂水打磨,磨至从正面观察呈暗光,而在水平侧面观察呈镜面效果; (3)打磨饰面边角部位和曲面时,不可使用垫块,应轻轻打磨并密切查看,以避免将装饰涂膜磨透、磨穿

3. 打磨方式

打磨方式一般可分为干磨和湿磨两种。干磨即使用砂纸、砂布及浮石等对磨退部位直接进行研磨；湿磨是由于卫生防护的需要，以及为防止打磨时漆膜受热变软使粉尘黏附于磨粒间而影响研磨质量，将水砂纸或浮石蘸水（或润滑剂）进行轻磨，硬质涂料的层间打磨和面层打磨，一般需要采用湿磨的方式。

对于容易吸水的物体面或湿度较大的环境，在涂层进行湿磨时可用松香水与亚麻油（配合比为3:1）的混合物作为润滑剂打磨。对于木质材料表面不易磨除的硬刺、木丝，可用稀释的虫胶［虫胶漆:酒精=1:(7~8)］进行涂刷，待其干燥后再进行打磨；也可用湿布擦抹表面使木材毛刺吸水胀起，待其干燥后再进行磨除。

（二）涂料配料

涂料配料是确保饰面施工质量和装饰效果极其重要的环节，系指在施工现场根据设计、样板或操作所需，将涂料饰面施工的原材料合理地按配比调制出工序材料，如色漆调配、基层填孔料及着色剂的调配等。

涂料配料在传统的油漆涂饰施工中，会直接或间接地影响到方便涂饰、漆膜外观质量和耐久性，以及节约材料等多方面的实效。传统的涂料施工配料工艺比较复杂，且要求较为严格、烦琐，如腻子的自制、涂料色彩的调配、木质面填孔料调配、对涂料施工黏度的调配、油性涂料的调配、硝基漆韧性的调配、无光色漆的调配等。随着科学技术进步和建材业的发展，涂料施工材料的现场配料工作将会逐渐减少，而成熟的涂料商品将会越来越多。

四、溶剂型油漆的施涂

（一）油漆的刷涂

在现代室内装饰装修工程中，油漆的刷涂施工多用于需要显露木纹的清漆透明涂饰，按上述工序要求进行精工细作，会体现出木装修的优异特点，创造出美观的饰面。对于混色的油漆，通常是采用手工涂装局部木质材料造型及线脚类表面，以取得较为丰富的色彩效果。

油漆刷涂的优点是：操作简便，节省材料，不受场地大小、物面形状与尺寸的限制，涂膜的附着力和油漆的渗透性等均优于其他涂饰的做法。其缺点是：工效比较低，涂膜外观质量不够理想。对于挥发性比较迅速的油漆（如硝基漆等），一般不宜采用刷涂施工方法。

（二）油漆的喷涂

喷涂做法所用的油漆品种与刷涂做法正好相反，应当采用干燥速度快的挥发性油漆。油漆喷涂的类别和方式有空气喷涂、高压无气喷涂、热喷涂及静电喷涂等。在建筑装饰装修工程施工现场采用最多的是空气喷涂和高压无气喷涂。

1. 空气喷涂

空气喷涂也称为有气喷涂，即指利用压缩空气作为喷涂动力的油漆喷涂，其主要机具是油漆喷枪，操作比较简便，喷涂迅速，质量较好。油漆喷涂常用的喷枪型式主要有吸出式、对嘴式和流出式，如图7-3所示。使用最广泛的是对嘴式PQ-1型及喷出式PQ-2型喷漆枪，其工作参数如表7-14所列。

（a) 吸出式喷枪　　　　　（b) 对嘴式喷枪　　　　　（c) 流出式喷枪

图7-3　油漆喷涂常用的喷枪类型

表7-14　对嘴式及吸出式喷枪的主要工作参数

主要工作参数	对嘴式PQ-1型	喷出式PQ-2型
工作压力/MPa	0.28~0.35	0.40~0.60
喷涂有效距离为25cm时的喷涂面积/cm²	3~8	13~14
喷嘴的直径/mm	0.2~4.5	1.8

2. 高压无气喷涂

高压无气喷涂通常是利用0.4~0.8MPa的压缩空气作为动力，带动高压泵将油漆吸入，加压至15MPa左右通过特制的喷嘴喷出。承受高压的油漆喷至空气中时，即刻剧烈膨胀雾化成扇形气流射向被涂饰物的表面。高压无气喷涂设备如图7-4所示，可以喷涂高黏度油漆，施工效率高，喷涂质量好，喷涂过程中涂料损失很小，饰面涂膜较厚，遮盖率高，涂层附着力也优于普通喷涂。由于操作时产生的漆雾少，所以改善了操作者的劳动条件，并增强了喷涂施工的安全性。

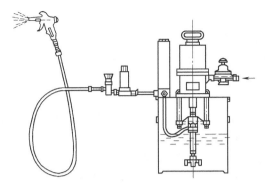

图7-4　高压无气喷涂设备

3. 喷涂施工

普通油漆喷涂施工比较简单，其喷涂的基本工序如表7-15所列。

表7-15　普通油漆喷涂施工的主要工序

项次	主要工序	说明
1	基层处理	按各种物体表面基层处理的常规做法
2	喷涂底漆	基层处理干燥后进行,用底漆封闭基层
3	嵌批腻子	分层嵌补凹坑、裂缝等,先后满刮两道腻子并分别砂磨平整、清扫干净
4	喷涂第二道底漆	为加强后道腻子的黏结力,进一步封闭基底层
5	涂抹刮平腻子	用以嵌补二道底漆后的细小洞眼,干燥后用水砂纸打磨,并清洗干净
6	喷涂第三道底漆	底漆干燥后用水砂纸打磨,并用湿布将表面擦净
7	喷涂2~3道面漆	漆喷涂由薄至厚,但不可过薄或过厚,各道面漆均用水砂纸打磨
8	擦"砂蜡"和上光蜡	"砂蜡"擦到表面十分平整,上光蜡擦到出现光亮

（三）油漆的滚涂

油漆的滚涂是油漆涂饰中最常用的方法，主要包括底漆、中间涂层和面漆，凡是可以采用滚涂的油漆品种及其油漆涂层必要时均可使用滚涂工具施工。选用羊毛、马海羊、化纤绒毛及泡沫塑料之类的不同辊筒套筒，在涂料底盘或置于油漆桶内的辊网上滚沾油漆，然后再于被涂饰物表面上轻轻滚压而达到涂饰的效果。

在油漆滚涂中，应有顺序地朝一个方向滚涂，有光或半光油漆的最后一遍涂层，应当进行表面滚压处理，或用油漆刷子配合涂饰涂层的表面。油漆滚涂所用的工具如图7-5所示。

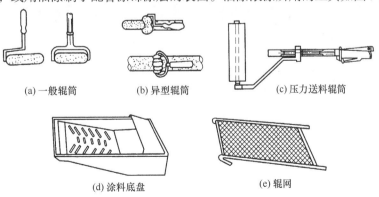

(a) 一般辊筒　　(b) 异型辊筒　　(c) 压力送料辊筒

(d) 涂料底盘　　　　(e) 辊网

图7-5　油漆滚涂所用的工具

（四）油漆的擦涂

作为在木质材料表面做透明涂饰以及打蜡抛光等特殊手工工艺，采用专用油漆擦具，或是采用棉丝、刨花或竹丝等软质疏松材料，运用圈涂、横涂、直线涂和顺物面转角涂等不同方式进行擦涂操作。

1. 擦涂填孔料

擦涂填孔料是用棉丝等浸透填孔料对整体物面进行圈涂，使填孔的材料充分擦入木料的管孔内，在填孔料完全干固前扫除多余的浮粉。先以圆圈式擦涂后再顺着木纹方向擦，同时剔除和清理边角及线脚部位的积粉；注意不能等待填孔料干燥后再擦，以防止擦掉管孔内的粉质，并防止影响表面色泽的均匀性。擦涂要做到快速、均匀、洁净，不允许有穿心孔、横擦痕迹，周边也不允产生粉料积累等现象。水性填孔料着色力较强，操作时更需要认真细致，对于细小部位要随涂、随擦。

2. 擦涂虫胶清漆

擦涂用的虫胶清漆的虫胶含量为30%~40%，酒精纯度80%~90%；虫胶漆应逐渐稀释，擦涂至最后的虫胶漆中大部分为酒精而只含少量的漆片。局部不宜多擦，有棕眼处宜用棉丝蘸着虫胶漆后再蘸浮石粉进行擦涂。在大面积擦涂时，可将少量浮石粉或滑石粉撒匀，滴入少量亚麻油以减轻擦涂阻力，且可擦进木料的管孔。擦涂过程中不能半途停工，否则停顿处的漆膜会变厚、颜色加深；施工现场的温度应大于18℃，相对湿度控制在60%~70%，否则由于虫胶漆吸潮而造成涂膜泛白质量问题。

3. 擦涂着色颜料

擦涂着色颜料是将颜料调成糊状，用毛刷蘸取后在被涂饰物面上涂刷均匀，每次涂刷面积为0.5m²左右，然后用浸湿后拧干的软布用力涂擦，填平所有的棕眼后再顺着木纹擦掉多余颜料。各个施工分段要在2~3min内完成，间隔时间不要过久，以免颜料干燥形成接槎痕迹。待被涂饰物面全部着色后，再用干布满擦一遍。

4. 擦"砂蜡"及上光蜡

砂蜡是专用于油漆涂层抛光的辅助材料，是由细度高、硬度小的磨料粉与油脂或黏结剂混合而制成的膏状物。上光蜡是溶解于松节油中的膏状物，主要有汽车蜡和地板蜡两类。砂蜡和上光蜡为常用的涂饰工程的抛光材料，其基本组成如表7-16所列。

表7-16　抛光材料的组成和应用

名称	材料组成				主要用途
	成分	配合比(质量比)			
		I	II	III	
砂蜡	硬蜡(棕榈蜡)	—	10.0	—	主要用于擦平硝基漆、丙烯酸漆、聚氨酯漆等漆膜表面的凹凸不平处，并可消除涂层表面的发白污染、橘皮现象及粗粒造成的饰面不良影响
	液体石蜡	—	—	20.0	
	白蜡	10.3	—	—	
	皂片	—	—	2.0	
	硬脂酸锌	9.5	10.0	—	
	铅红	—	—	60.0	
	硅藻土	16.0	16.0	—	
	蓖麻油	—	—	10.0	

名称	材料组成				主要用途
	成分	配合比(质量比)			
		I	II	III	
砂蜡	煤油	40.0	40.0	—	主要用于擦平硝基漆、丙烯酸漆、聚氨酯漆等漆膜表面的凹凸不平处,并可消除涂层表面的发白污染、橘皮现象及粗粒造成的饰面不良影响
	松节油	24.0	—	—	
	松香水	—	24.0	—	
	水	—	—	8.0	
上光蜡	硬蜡(棕榈蜡)	3.0	20.0	—	主要有乳白色的汽车蜡和黄褐色的地板蜡,可用于油漆涂料饰面的最后抛光,增加漆膜亮度,并可使之具有一定的防水和防污物黏附作用,延长涂层寿命
	白蜡	—	5.0	—	
	合成蜡	—	5.0	—	
	牦脂锰皂液/%	—	5.0	—	
	松节油	10.0	40.0	—	
	"平平加O"乳化液	3.0	—	—	
	有机硅油	0.005	少量	—	
	松香水	—	25.0	—	
	水	83.995	—	—	

在擦"砂蜡"时,先将砂蜡捻细浸入煤油内使之成糊状,即用棉纱蘸取后顺着木纹方向着力进行涂擦。涂膜的面积由小到大,当表面呈现光泽后用干净的棉纱将表面多余的砂蜡擦除;如果此时光泽还不满足时需另用棉纱蘸取少许煤油以同样方法反复擦涂至透亮为止,最后擦净残余的煤油。

当聚氨酯或硝基漆面不采用擦"砂蜡"时,也可使用酒精与稀释剂的混合液进行擦涂抛光。其具体做法是:酒精和香蕉水的混合液用于硝基漆面的抛光;酒精与聚氨酸稀释剂的混合液用于聚氨酯涂膜表面的抛光。混合液的配比要根据气温条件适当掌握,当环境气温大于25℃时,酒精与稀释剂的配合比为7∶3或6∶4;当环境气温为15~25℃时其配合比为1∶1。

五、聚氨酯水性漆的施涂

聚氨酯水性漆是一种取代传统溶剂油基漆的典型产品。这种产品系采用航天高科技及先进工艺设备,以甲苯三异氰酸酯、聚醚和扩链剂等为主要原料经预聚、扩链、中和、乳化等工序精制而成的单组分水性漆。

聚氨酯水性漆以清水为分散剂,无毒、无刺激性气味,对环境无污染,对人体无毒害,属于一种"环保型"产品;涂装后漆膜坚硬丰满,韧性较好,表面平整,漆膜光滑,附着力强,耐磨耐候,干燥迅速,质量可靠。

聚氨酯水性清漆与溶剂型清漆的性能对比如表7-17所列。

表7-17 聚氨酯水性清漆与溶剂型清漆的性能对比

项目	聚氨酯水性清漆	溶剂型清漆
环保性能	无毒、无臭、无污染,涂装后即可投入使用	有毒、有异味、有污染,涂饰后有害成分较长时间内难以散尽
有机溶剂	不含苯、醛、酯等有害溶剂	含有苯、醛、酯等有害溶剂
稀释剂	清水	香蕉水、二甲苯
施工技术	施工简单,容易掌握,不需要特殊技巧	操作复杂,不易掌握,须有专业技术

项目	聚氨酯水性清漆	溶剂型清漆
施工工期	全套涂饰过程一般需2~3d	全套涂饰过程一般需4~8d
显示性能	漆膜透明,可真实展现木纹效果	漆膜易发黄变色
安全性	运输储存和使用较安全	运输、储存和使用时容易发生燃烧爆炸等事故
单位面积用量	0.03~0.05kg/m²(以一遍涂层计)	0.08~0.13kg/m²(以一遍涂层计)
单位面积费用	20~35元/m²	18~32元/m²
涂膜附着力	特强	较强
干燥时间	表面干燥15min,实干小于3h	表面干燥30min,完全固化12h
稳定性	稳定	容易变干
流平性	优,刷涂无痕迹	较差,容易产生涂刷痕迹
耐久性	优于传统油漆,为硝基漆的2倍以上	

我国生产的聚氨酯水性漆的主要品种有光亮漆、全亚型漆、有色底漆和色漆等,可用于室内装修、木器制品、竹器制品、藤器制品及地板的保护和装饰。该系列产品已被应用于国家奥林匹克体育中心综合馆,使用实践证明:其施工的简易性、干燥速度、漆膜硬度、耐磨性、色泽光度、阻燃性、环保性能等各项指标,均符合国家标准的规定。

1. 涂饰工艺要点

(1) 基层的表面应当在干燥后进行涂饰,并且先对基层表面进行清扫,使其无灰尘、无油污及其他化学物质。

(2) 产品黏度已调配至最佳状态,施工时不需要再添加任何助剂,不可与其他油漆混用;所用腻子应采用该产品配套的专用复合底漆。

(3) 除光亮漆以外,其他品种在施工前必须搅拌均匀,过滤后静置的时间要大于5min,待表面泡沫消失后才能使用。

(4) 木质材料表面涂饰清漆时,可按下述工序进行:①刷涂清漆1遍,补钉眼,用180号以上砂纸磨平;②喷涂清漆1遍;③采用复合底漆(取代普通腻子的作用)刮涂2遍,用400号以上砂纸磨平;④喷涂清漆2~3遍,用1000号以上砂纸磨平;⑤喷涂防水清漆1遍。

(5) 木质材料表面施涂色漆时,可按下述工序进行:①先刷涂清漆1遍,补钉眼,用180号以上砂纸磨平;②再喷涂清漆1遍;③采用复合底漆(取代普通腻子的作用)刮涂2遍,用400号以上砂纸磨平;④喷涂有色漆2~3遍,用400号以上砂纸磨平;⑤喷涂清漆2~3遍,用1000号以上砂纸磨平;⑥最后喷涂防水清漆1遍。

(6) 被涂饰物的面为水平面或平放状态时,漆层涂饰可以略厚;立面涂饰时要注意均匀薄刷,防止产生流坠。

(7) 在进行最后一遍涂刷时允许加入适量的清洁水将漆料调稀,以便涂刷均匀和较好地覆盖。

(8) 根据施工的环境空气中的干湿度,适当控制每遍漆层的厚薄及间隔时间,北方地区空气干燥时,涂饰可以略厚,间隔时间稍短;南方地区湿度较大时,涂饰可以略薄,间隔时间可以适当加长。

(9) 对于聚氨酯水性漆膜可能出现的质量问题,可参考表7-18中的方法予以适当预防和处理。

表7-18　聚氨酯水性漆膜可能出现的质量问题及其预防和处理方法

质量问题	原因分析	预防和处理方法
有涂刷痕迹	涂刷用具比较粗硬;反复刷涂;涂层即将干燥时复刷;刷涂时用力太大	采用细羊毛刷;不要重复多刷;漆膜即将干燥时不可重刷;轻刷
流痰或堆积	涂刷过厚,基层不平	每遍涂刷适当减薄,基材平放或处理平整
湿漆膜有气泡	搅拌后气泡未完全消失;涂刷不当	应待气泡全部消失后涂刷;涂刷时注意轻刷;将有气泡处刷涂一次或将气泡吹破
湿漆膜不平整或光泽不均匀	漆层未干时泼水;搅拌不均匀;涂饰施工不均匀;涂刷用力不均匀	打磨后重新涂刷;注意漆料搅拌均匀;刷涂或喷涂时注意均匀;刷涂用力要均匀
漆膜缩孔	混入有机溶液或其他油性物质	用水磨清除后重新涂刷
附着力较差	基材有油性物质;打磨后清除不干净;腻子附着力差;涂层干燥速度过快	基材处理干净再涂刷;须采用梦迹底漆替代腻子材料;适当加厚涂层或在涂饰前用细砂纸适当打磨基层的表面
丰满度较差	未刮复合底漆;施涂饰遍数少	应刮复合底漆将基层填补平整;适当增加涂饰的遍数
手感较差	施工环境中浮尘过多;打磨不好;漆料未经过过滤	清洁施工环境;认真打磨;漆料要经过200目以上纱布过滤;饰面可打蜡,也可用湿布擦拭一遍

2. 聚氨酯水性漆的储存

（1）冬季宜注意防冻，储存温度一般应在0℃以上；聚氨酯水性漆一旦出现冻结，将其加热融化后依然可以照常使用。

（2）夏季应注意避免阳光暴晒或长时间处于高温环境，其储存温度应低于40℃，应存于阴凉透风处。

（3）聚氨酯水性漆在5~35℃温度下保质期一般为18个月，过期的产品应经检验合格后方可使用。

第四节　建筑涂料涂饰施工工艺

建筑涂料的涂饰施工，在实际工程中主要有两种情况：一是施工单位根据设计要求和规范规定，按照所用涂料的具体应用特点进行涂饰施工；二是由提供涂料产品的生产厂家自备或指定的专业施工队伍进行施工，并确保涂饰工程质量的跟踪服务。鉴于新型涂料产品层出不穷，且施工工艺日新月异，本节除对室内涂料涂饰施工基本技术概略讲述外，仅举例介绍部分不同类别的涂料产品及其涂饰要点。

一、室内涂饰施工基本工艺

（一）涂料喷涂施工工艺

喷涂施工的突出优点是涂膜外观质量好，工效比较高，特别适合于大面积的涂饰施工，并且可以通过调整涂料黏度、喷嘴口径大小及喷涂压力而获得不同的装饰质感。

1. 喷涂施工的机具

涂料喷涂施工通常所用的机具比较简单，主要有空气压缩机、喷枪及高压胶管等；在施工条件允许时，也可以采用高压无气喷涂设备。

高压无气喷涂是一较先进的喷涂方法，其采用增压泵将涂料增至高压，通过很细的喷孔喷出，使涂料形成扇形雾状。由于喷涂中涂料里不混入空气，以及较高的涂料传递效率和生产效率，从而在墙体和金属表面形成致密的涂层，使无气喷涂表面质量明显的优于空气喷涂。

2. 一般的喷涂工艺

（1）基层处理合格后，用稍作稀释的同品种涂料进行打底，或按所用涂料的具体要求采用其成品封底涂料进行基层封闭涂装。

（2）大面积喷涂前宜先试喷，以利于获得涂料黏度调整、准确选择喷嘴及喷涂压力的大小等涂饰数据；同时，其样板的涂层附着力、饰面色泽、质感和外观质量等指标应符合设计要求，并经建筑单位（或房屋的业主）认可后再进行正式喷涂施工。

（3）涂料喷涂时，空气压缩机的压力控制在0.4~0.8MPa范围内，排气量一般为0.6m³/h。根据气压、喷嘴直径、涂料稠度适当调节气门，以将涂料喷成雾状为佳。

（4）喷枪与被涂面应保持垂直状态，喷嘴距喷涂面的距离，以喷涂后不流挂为度，通常为500mm左右，喷嘴应与被喷涂面作平行移动，运行中要保持匀速。纵横方向以S形状连续移动，相邻两行喷涂面重叠宽度宜控制在喷涂宽度的1/3。当喷涂两个平面相交的墙角时，应将喷嘴对准墙角线。

（5）涂层不应出现有施工接槎，必须接槎时，其接槎应在饰面较隐蔽部位；每一独立单元墙面不应出现涂层接槎。如果不能将涂层接槎留在理想部位时，第二次喷涂必须采取遮挡措施，以避免出现不均匀缺陷。若涂层接槎部位出现颜色不匀时，可先用砂纸打磨掉较厚涂层，然后大面满涂，不应进行局部修补。

（6）按照设计要求进行面层较粗颗粒涂料喷涂时，涂层以盖底为佳，不宜涂层过厚。喷嘴直径的选用，可根据涂层表面效果及所用喷枪性能适当选择，一般如砂粒状喷涂可用4.0~4.5mm直径的喷嘴；云母片状可用5.0~6.0mm直径的喷嘴；细粉状可用2.0~3.0mm直径的喷嘴；外罩薄涂料时可选用1.0~2.0mm直径的喷嘴。

（二）涂料滚涂施工工艺

涂料滚涂也称为辊涂，即将相应品种的涂料采用纤维毛滚（辊）类工具直接涂装于建筑基面上；或是先将底层和中层涂料采用喷涂或刷涂的方法进行涂饰，而后使用压花辊筒压出凹凸花纹效果，表面再罩面漆的浮雕式施工做法。采用滚涂施工的装饰涂层外观浑厚自然，或形或明晰的图案，具有良好的质感。

1. 滚涂施工的工具

涂料滚涂所用的施工工具，一般为图7-5所示的油漆滚涂用具，实际施工中最常用的合成纤维长毛绒滚筒，绒毛长度为10~20mm；有的表面为橡胶或塑料，此类压花辊筒主要用于涂层上滚压出浮雕式图案效果。

2. 滚涂施工工艺

（1）滚涂施工的首要关键是涂料的表面张力，应适于滚涂做法。要求所有涂料产品具有较好的流平性能，以避免出现拉毛现象。

（2）采用滚涂的涂料产品中，填充料的比例不能太大，涂料的黏度不能过高，否则施涂后的饰面容易出现明显的皱纹，从而严重影响涂饰面的美观。

（3）采用直接滚涂施工时，将蘸着涂料的滚子先按照"W"形式进行滚动，将涂料大致滚涂于基层的表面上，然后用不蘸取涂料的毛辊紧贴基层上下、左右往复滚动，使涂料在基层上均匀展开；最后用蘸取涂料的滚子按一定方向满涂一遍。阴角及上下口等转角和边缘部位，宜采用排笔或其他毛刷另行刷涂修饰和找齐。

（4）浮雕式涂饰的中层涂料应颗粒均匀，用专用塑料或橡胶辊筒蘸煤油或水均匀滚压，注意涂层厚薄一致；完全固化干燥后（常温下间隔时间宜大于4h），再进行面层涂饰。

当面层采用水性涂料时，浮雕涂饰的面层施工应采用喷涂。当面层涂料为溶剂型涂料时，应采取刷涂做法。

（三）涂料刷涂施工工艺

涂料的刷涂法施工大多用于地面涂料的涂布，或者用于较小面积的墙面涂饰工程，特别是装饰造型、美术涂饰或与喷涂、滚涂做法相配合的工序涂层施工。根据涂料刷涂的实践经验，刷涂时的施工温度不宜太低，一般不得小于10℃；但也不能太高，一般不得超过35℃。

1. 涂刷施工的工具

建筑涂料的涂刷工具通常为不同大小尺寸的油漆刷和排笔等，油漆刷子多用于溶剂型涂料（油漆）的刷涂操作，排笔适用于水性涂料的涂饰。必要时，也可以采用油画笔、毛笔、海绵块等与刷涂相配合进行美术涂装。

采用排笔刷涂时的附着力较小，刷涂后的涂层较厚，油漆刷子则反之。在施工环境气温较高及涂料黏度较小而容易进行刷涂操作时，可选择排笔刷涂操作；在环境气温较低、涂料黏度较大而不宜采用排笔时，宜选用油漆刷子涂刷。也可以第一遍用油漆刷子涂淋，第二遍再用排笔涂刷，这样涂层薄而均匀，色泽一致。

2. 涂刷施工工艺

一般的涂料刷涂工程两遍即可完成，每一刷（或排笔）的涂刷拖长范围约在20~30cm，反复涂刷2~3次即可，不宜在同一处过多涂抹，如果过多易造成涂料堆积、起皱、脱皮、塌陷等弊病。两次刷涂衔接处要连续、严密，每一个单元的涂饰要一气刷完。涂刷施工工艺的施工要点如下。

（1）刷涂操作应按照先左后右、先上后下、先难后易、先边角后大面（先刷涂边角部位后涂刷大面）的顺序进行。

（2）室内装饰装修木质基层涂刷清漆时，木料表面的节疤、松脂部位应当用虫胶漆进行封闭；钉眼处应用油性腻子嵌补。在刮腻子、上色之前，应涂刷一遍封闭底漆，然后反复对局部进行拼色和修色。每修完一次，刷一遍中层漆，干燥后再打磨，直至色调统一，最后涂饰透明清漆罩面涂层。

（3）木质基层涂刷调和漆时，应先刷清油一遍，待其干燥后用油性腻子将钉眼、裂缝、凹凸残缺处补填并刮平整，干燥后打磨光滑，再涂刷中层和面层油漆。

（4）对泛碱、析出盐的基层，应先用3%的草酸溶液进行清洗，然后用清水冲刷干净或在基层满刮一遍耐碱底漆，待其干燥后刮腻子，再涂刷设计的面层涂料。

（5）涂料（油漆）表面的打磨，应待涂膜完全干透后进行；打磨时应注意用力均匀，不得将涂膜磨透而露出底层。

二、多彩喷涂施工工艺

多彩喷涂涂料也称为多彩花纹饰面涂料，其传统产品为水包油型（O/W）涂料，即指由两种或两种以上的油性着色粒子悬浮在水性介质中，经喷涂后能形成多彩涂层的建筑内墙涂料。多彩喷涂的涂层，可在一种面层中同时展现多种色彩和花纹的立体效果，故有"无缝墙纸"之称，但它不会出现壁纸裱糊饰面极易发生的突显接缝、开胶、发霉等缺陷。

由于多彩涂料所形成的涂膜和施工方式为厚质复层，特别是其优异的装饰效果以及防潮防污、坚固耐久、耐化学侵蚀、耐洗刷并可降低室内噪声等良好的使用性能，因而曾经盛行于世。然而，水包油型多彩涂料所含挥发性溶剂的毒副作用会污染环境，会对人体造成一定伤害，势必被市场淘汰。

三、天然岩石漆涂饰施工工艺

天然岩石漆也称为真石漆、石头漆、花岗石漆等，是由天然石料与水性耐候树脂混合加工制成的新产品，为资源再生利用的一种高级水溶性建筑装饰涂料。这种涂料不仅具有凝重、华美和高档的外观效果，而且具有坚硬耐用、防火隔热、防水耐候、耐酸碱、不褪色等优良特点，可以用于混凝土、砌筑体、金属、塑料、木材、石膏、玻璃钢等材质表面的涂装，设计灵活，应用自由，施工简易，原料广泛，是一种具有广阔应用前景的绿色建筑涂料。

1. 涂饰对基层的基本要求

（1）被涂基体的表面不可有油脂、脱模剂或疏松物等影响涂膜附着力的物质，如果有此类物质应彻底清除。

（2）结构体不能有龟裂或渗漏质量问题，必要部位应当先做好修补和防水处理。

（3）建筑基体应确保其干燥，新墙体应在干燥后24h以上才可进行涂料的施涂。

（4）基层表面有旧涂膜时，应先做涂料附着力及溶剂破坏实验，合格后才能进行新的涂饰施工，否则必须将旧涂膜清除干净。

（5）如果被涂饰的基层为木质材料时，应注意封闭木材色素的渗出对涂料饰面的影响，宜先涂布底漆两遍或两遍以上，直至木质材料基层表面看不出有渗透色现象为止。

2. 天然岩石漆的施工要点

在正式施工前应对基层进行认真检查，确保基层符合涂料涂饰的要求。同时，应按照设计要求进行试喷，作出小面积的样板，以确定操作技巧及色彩和花样的控制标准。

（1）在正式涂饰天然岩石漆前，喷涂或滚涂底漆1~2遍，确保均匀并完全遮盖被涂的基层，为正式喷涂打下良好的基础。

（2）待底漆涂层完全干燥（常温下一般为3~6h）后，即可均匀喷涂主涂层涂料1~2遍，一般掌握6~8kg/m²的用量，涂层厚度为1.5~3.0mm，应能够完全覆盖底漆表面。

（3）待主漆涂层彻底干燥后，均匀喷涂或滚涂罩面漆，面漆一般为特殊水溶性矿物盐及高分子的结合物。这样可以增加美感并延长饰面的寿命。

（4）岩石漆喷涂施工时，需使用相应的专门喷枪，并应按下述方法操作：①检查各紧固连接部位是否有松动现象；②调整控制开关以控制工作时的气压；③旋转蝶形螺帽，变动气嘴前后位置，以调整饰面的粒状（花点）大小；④合理控制喷枪的移动速度；⑤气嘴口径有1.8mm和2.2mm等多种，涂料嘴内径分为4mm、6mm、8mm等，可按需要配套选用；⑥用完后注意及时洗净、清除气管与固定节间的残余物，以防止折断气管。

3. 涂饰施工中注意事项

（1）在天然岩石漆的主涂层干燥后，应注意检查重要大面部位，以及窗套、线脚、廊柱或各种艺术造型转角细部，是否有过分尖利锐角影响美观和使用安全，否则应采取必要的磨除技术措施。

（2）天然岩石漆的产品在储存中，不生锈的铁桶包装可在25℃干燥库房保存10~12个月，施工前注意搅拌均匀。

四、乳胶漆涂料施工工艺

（一）"水性封墙底漆"施工工艺

"水性封墙底漆"为改良的丙烯酸共聚物乳胶漆产品，适用于砖石建筑结构墙体的表面、混凝土墙体的表面、水泥砂浆抹灰层表面及各种板材表面，特别适用于建筑物内外结构高碱性表面作基层封闭底漆，可有效地保护饰面层乳胶漆漆膜不受基体的化学侵蚀而遭破坏变质。

1. "水性封墙底漆"的技术性能

"水性封墙底漆"具有附着力强、防霉抗藻性能好、抗碱性能优异、抗风化粉化、固化速度快等突出优点。该产品的主要技术性能指标如表7-19所列。

表7-19 "水性封墙底漆"主要技术性能指标

项次	技术性能项目	技术性能指标
1	容器中的状态	均匀白色黏稠液体
2	固体含量/%	>50(体积计)
3	表观密度/(kg/L)	1.42±0.03
4	黏度/KU	80~85
5	涂膜表面干燥时间/min	10(30℃)
6	涂层重涂时间/h	5
7	盖耗比(理论值,30μm干膜厚度计)/(m²/L)	12.7

注：KU是斯托默黏度计测出的黏度值的单位。

2. "水性封墙底漆"的基层处理

"水性封墙底漆"采用刷涂或滚涂方式进行施涂，要求被封闭的基层应确保表面洁净、干燥，并应整体稳固。因此对基层的处理应注意以下事项。

① 对于基层表面的灰尘粉末应当彻底清除干净，室外可用高压水冲洗，室内可用湿布擦净。

② 旧漆膜或模板脱模剂等采用相应的物理化学方法进行清除，如冲洗、刮除、火焰清除等。

③ 基层不平整或残留灰浆，应采用剔凿或机具进行打磨；必要时采用相同的水泥砂浆予以修补平整。

④ 基层的含水率必须控制在小于6%；并严格防止建筑基体的渗漏缺陷。

⑤ 基层表面的霉菌，采用高压水冲洗；或用抗霉溶剂清除后，再用清水彻底冲洗干净。

⑥ 对于油脂污渍，可用中性清洁剂及溶剂清除，再用清水彻底洗净。

3. 涂饰施工的注意事项

"水性封墙底漆"在稀释时可采用清洁水，加水的比例最大值为20%。施工时应避免直接接触皮肤。施工完毕后必须用清水将工具清洗干净。剩余的涂料必须盖好封严，存放于阴凉干燥处。

（二）丝绸乳胶漆施工工艺

栢纷牌丝绸乳胶漆为特殊改良的醋酸共聚乳胶漆内墙涂料，可用于混凝土、水泥砂浆及木质材料等各种表面的具有保护性能的涂膜装饰。漆面有丝绸质感及淡雅柔和的丝光效果。施工比较简易，具有防碱的性能。

1. 丝绸乳胶漆的技术性能

（1）固体含量　丝绸乳胶漆的固体含量与"水性封墙底漆"差不多，一般大于48%（体积计）。

（2）表观密度　丝绸乳胶漆的表观密度与"水性封墙底漆"相同，一般为（1.42±0.03）kg/L。

（3）黏度　丝绸乳胶漆比"水性封墙底漆"的黏度稍大些，一般为96KU。

2. 丝绸乳胶漆的使用方法

丝绸乳胶漆可采用刷涂、滚涂或喷涂的方法施涂，可选用其色卡所示的标准色，也可由用户提出要求进行配制。

其施工温度要求大于5℃；在"水性封墙底漆"干燥后，涂饰丝绸面漆两遍，二者间隔时间至少要2h；可用清水进行稀释，但加水率不得大于10%。

所有工具在用完后应及时用清水冲洗干净，施工时尽可能避免直接接触皮肤。涂料储存环境应当阴凉干燥，其保质期一般为36个月。

（三）珠光乳胶漆施工工艺

珠光乳胶漆为改良的苯丙共聚物乳胶漆，结合了水性与油性漆的共同优点，是一种漆膜细滑并有光泽的装饰性涂料，可用于建筑内墙或建筑外墙。施工后形成的漆膜坚韧耐久，无粉化或爆裂等不良现象，不褪色，抗水性能佳，容易清洗，耐候性能优异。

1. 珠光乳胶漆的施工要点

（1）基层处理　做法同上述，必要时用防藻、防霉溶液清洗缺陷部位。

（2）涂底漆　在处理好的基层表面，宜涂刷一道封闭底漆。

（3）涂珠光漆　栢纷珠光乳胶漆可采用刷涂、滚涂或高压无气喷涂，先后涂饰2层。如需进行稀释，可用清水，但加水量应≤15%。涂布盖耗比的理论值，为9.3m²/L（以40μm的涂膜厚度计）。施工温度应大于5℃。

2. 珠光乳胶漆的注意事项

所有工具使用后，应及时用清水冲洗干净。施工时要避免涂料直接接触皮肤，接触后应及时用清水冲洗。涂料应存放于阴凉干燥处，其保质期一般为36个月。

（四）外墙乳胶漆施工工艺

1. 半光外墙乳胶漆

半光外墙乳胶漆5100产品，是以苯丙乳液为基料的高品质半光水性涂料，对建筑外墙面提供保护和装饰作用。该产品具有优良的附着力，涂膜色泽持久，能抵御天气变化，能抵抗碱和一般化学品的侵蚀，不易黏尘，并具有防霉性能。

（1）技术参数　半光外墙乳胶漆的固体含量为40%；颜色按内墙产品的标准色选择，有

6000类、7000类和8000类标准颜色。涂层施工后2h表干，8h坚硬固结；当施工温度为25℃、相对湿度为70%时，重涂间隔时间至少在3h以上。

（2）基层处理　基层应当清除污垢及黏附的杂质，其表面应保持洁净、干燥，并已经涂刷底漆。旧墙表面可用钢丝刷清除松浮或脱落的旧漆膜，在涂漆前用钢丝刷或高压洗墙机除去粉化漆膜，再涂刷底漆。

（3）施工操作　可以采用人工刷涂、滚涂、普通喷涂或无气喷涂，涂料不需要进行稀释。如果需要稀释时，普通喷涂为10份油漆加2份清水，其他做法为10份油漆加1份清水。涂料的理论耗用量为7.6m²/L（以涂膜厚度50μm计）。

（4）注意事项　半光外墙乳胶漆的储存和使用，应当注意以下事项：①该产品不能储存于温度低于0℃的环境中，在涂饰施工时的温度不得低于5℃；②在涂饰过程中必须注意空气的流通，并应避免沾染皮肤及吸入过量的油漆喷雾；③如果涂料已沾染皮肤，应及时用肥皂和温水，或适当的清洗剂冲洗。如果被涂料沾染了眼睛，应立即用清水或稀释的硼酸冲洗至少10min，并立即请医生治疗。

2. 高光外墙乳胶漆

栢纷牌高光外墙乳胶漆5300型产品，是以纯丙烯酸为基料的高品质高光泽外用乳胶漆，涂膜坚固，附着力强，具有特别的耐变黄性及优良的抗霉性能，色泽持久，能抵抗一般酸、碱、溶剂及化学品的侵蚀，并能抵御各种天气变化。

（1）主要技术参数　高光外墙乳胶漆产品的主要技术性能和施工参数如下。①固体含量：一般为55%。②理论涂布耗用量：9.0m²/L（以涂膜厚度50μm计）。③重涂时间间隔：在施工温度25℃、相对湿度为60%~70%情况下，最少6h，最多不限。④涂膜干燥时间：在施工温度25℃、相对湿度为70%情况下检测，表面干燥2h，坚硬固结为24h。⑤色彩选择：按栢纷牌内墙乳胶漆6000类、7000类和8000类标准颜色选定。

（2）基层处理　先清洁基层表面并保持干燥，旧墙面可用钢丝刷清除松软的旧漆膜或用高压洗墙机除去粉化旧漆膜。涂刷适当的底漆，干透后除去杂质。

（3）涂饰施工　在涂饰该产品时，施工的环境温度不得低于5℃，并应注意以下要点：

① 可采用扫涂（刷涂）、滚涂、普通喷涂或高压无气喷涂的施工方法。

② 采用刷涂、滚涂及无气喷涂做法时，无需稀释涂料就可以施工。在采用普通喷涂施工时，如果需要对涂料加以稀释，可加入小于乳胶漆用量20%的清洁水进行稀释。

③ 施工时必须注意空气流通，施工人员应尽可能避免沾染皮肤或吸入过量的涂料喷雾。若已经沾染皮肤，应及时用肥皂和温水，或适当的清洗剂冲洗。如果被涂料沾染了眼睛，应立即用清水或稀释的硼酸冲洗至少10min，并立即请医生治疗处理。

（4）产品储存　该产品应储存于阴凉干燥的地方，储存的环境温度不得低于0℃；产品所储存的位置应是儿童不可能接触到的地方。

第五节　涂料饰面工程施工质量验收标准

建筑工程实践证明，建筑涂饰涂料作为室内外装修材料所起的作用，比其他建筑装饰材料如壁纸、壁布、面砖、马赛克等具有许多突出优点。如何使涂饰工程实现所具有的作用和优点，关键是在于确保其施工质量，使涂饰工程的质量达到现行施工规范的标准。由此可见，按照建筑涂饰工程的现行质量标准进行施工是一项非常重要的工作。

国家或行业规定的涂饰工程施工过程中的质量标准是确保涂饰工程质量符合设计要求的根本措施。涂饰工程的质量标准内容很多，主要包括对涂料的技术要求、对涂料施工环境的条件要求和对涂饰基层的处理要求等方面。

一、涂饰工程施工质量的一般规定

（1）涂饰工程的质量一般规定适用于水性涂料涂饰、溶剂型涂料涂饰、美术涂饰等分项工程的质量验收。

（2）涂饰工程在进行验收时应检查下列文件和记录。

① 涂饰工程的施工图、设计说明及其他设计文件。

② 材料的产品合格证书、性能检验报告、有害物质限量检验报告和进场验收记录。

③ 施工记录。

（3）各分项工程的检验批应按下列规定划分。

① 室外涂饰工程每一栋楼的同类涂料涂饰的墙面每 $500\sim1000m^2$ 应划分为一个检验批，不足 $500m^2$ 也应划分为一个检验批。

② 室内涂饰工程同类涂料涂饰墙面每50间（大面积房间和走廊按涂饰面积30 m^2 为一间）应划分为一个检验批，不足50间也应划分为一个检验批。

（4）检查数量应符合下列规定。

① 室外涂饰工程每 $100m^2$ 应至少检查一处，每处不得小于 $10m^2$。

② 室内涂饰工程每个检验批应至少抽查总数的10%，并不得少于3间；不足3间时应全数检查。

（5）涂饰工程的基层处理应符合下列要求。

① 新建筑物的混凝土或抹灰基层，在用腻子找平或直接涂饰涂料前，应涂刷抗碱性的封闭底漆。

② 旧墙面在用腻子找平或直接涂饰涂料前应清除疏松的旧装修层，并涂刷界面剂。

③ 混凝土或抹灰基层在用溶剂型腻子找平或直接涂刷溶剂型涂料时，含水率不得大于8%；在用乳液型腻子找平或直接涂刷乳液型涂料时，含水率不得大于10%。木材基层的含水率不得大于12%。

④ 找平层应平整、坚实、牢固，无粉化、起皮和裂缝；内墙找平层的黏结强度应符合《建筑室内用腻子》（JG/T 298—2010）的规定。

⑤ 厨房、卫生间墙面的找平层必须使用耐水腻子。

（6）为确保涂料的施工质量，水性涂料涂饰工程施工环境温度应在5~35℃之间。

（7）涂饰工程施工时应对与涂层衔接的其他装修材料、邻近的设备等采取有效的保护措施，以避免由涂刷涂料时造成的沾污。

（8）涂饰工程应按照规定进行养护，并在涂层养护期满后进行质量验收。

（9）涂饰工程所选用的建筑涂料，其检验报告各项性能应符合下列标准的技术指标，如果适用有害物质限量标准，还应提供符合相关标准的检验报告：

① 《合成树脂乳液外墙涂料》（GB/T 9755—2014）；

② 《合成树脂乳液内墙涂料》（GB/T 9756—2018）；

③《溶剂型外墙涂料》（GB/T 9757—2001）；

④《复层建筑涂料》（GB/T 9779—2015）；

⑤《饰面型防火涂料》（GB 12441—2018）；

⑥《木器涂料中有害物质限量》（GB 18581—2020）；

⑦《建筑用墙面涂料中有害物质限量》（GB 18582—2020）；

⑧《外墙柔性腻子》（GB/T 23455—2009）；

⑨《室内装饰装修用溶剂型醇酸木器涂料》（GB/T 23995—2009）；

⑩《室内装饰装修用溶剂型金属板涂料》（GB/T 23996—2009）；

⑪《室内装饰装修用溶剂型聚氨酯木器涂料》（GB/T 23997—2009）；

⑫《合成树脂乳液砂壁状建筑涂料》（JG/T 24—2018）；

⑬《外墙无机建筑涂料》（JG/T 26—2002）；

⑭《建筑外墙用腻子》（JG/T 157—2009）；

⑮《弹性建筑涂料》（JG/T 172—2014）；

⑯《建筑内外墙用底漆》（JG/T 210—2018）；

⑰《建筑室内用腻子》（JG/T 298—2010）；

⑱《水溶性内墙涂料》（JC/T 423—1991）。

二、水性涂料涂饰工程施工质量验收标准

水性涂料涂饰工程质量管理，主要适用于乳液型涂料、无机涂料、水溶性涂料等水性涂料涂饰工程的质量验收。

1. 水性涂料涂饰工程质量主控项目

（1）水性涂料涂饰工程所用涂料的品种、型号和性能应符合设计要求及国家现行标准、规范的有关规定。

检验方法：检查产品合格证书、性能检验报告、有害物质限量检验报告和进场验收记录。

（2）水性涂料涂饰工程的颜色、光泽、图案应符合设计要求。

检验方法：观察。

（3）水性涂料涂饰工程应涂饰均匀、黏结牢固，不得出现漏涂、透底、开裂、起皮和掉落粉等质量问题。

检验方法：观察；手摸检查。

（4）水性涂料涂饰工程的基层处理应符合《建筑装饰装修工程质量验收标准》（GB 50210—2018）中的要求。

检验方法：观察；手摸检查；检查施工记录。

2. 水性涂料涂饰工程质量一般项目

（1）水性涂料涂饰工程的允许偏差和检验方法应符合表7-20的规定。

表7-20　水性涂料涂饰工程的允许偏差和检验方法

项次	项目	允许偏差/mm					检验方法
		薄涂料		厚涂料		复层涂料	
		普通涂饰	高级涂饰	普通涂饰	高级涂饰		
1	立面垂直度	3	2	4	3	5	用2m垂直检测尺检查
2	表面平整度	3	2	4	3	5	用2m靠尺和塞尺检查

项次	项目	允许偏差/mm					检验方法
		薄涂料		厚涂料		复层涂料	
		普通涂饰	高级涂饰	普通涂饰	高级涂饰		
3	阴阳角方正	3	2	4	3	4	用直角检测尺检查
4	装饰线、分色的线直线度	2	1	2	1	3	拉5m线，不足5m拉通线，用钢直尺检查
5	墙裙、勒脚上口直线度	2	1	2	1	3	拉5m线，不足5m拉通线，用钢直尺检查

（2）薄涂料的涂饰质量和检验方法应符合表7-21的规定。

表7-21　薄涂料的涂饰质量和检验方法

项次	项目	普通涂饰	高级涂饰	检验方法
1	涂层的颜色	均匀一致	均匀一致	
2	光泽、光滑	光泽基本均匀,光滑无挡手感	光泽均匀一致,手感非常光滑	
3	泛碱、咬色	允许少量轻微	不允许出现	肉眼观察
4	流坠、疙瘩	允许少量轻微	不允许出现	
5	砂眼、刷纹	允许少量轻微砂眼,刷纹通顺	无砂眼,无刷纹	

（3）厚涂料的涂饰质量和检验方法应符合表7-22的规定。

表7-22　厚涂料的涂饰质量和检验方法

项次	项目	普通涂饰	高级涂饰	检验方法
1	涂层的颜色	均匀一致	均匀一致	
2	涂层的光泽	光泽基本均匀	光泽均匀一致	肉眼观察
3	泛碱、咬色	允许少量轻微	不允许出现	
4	点状分布	—	疏密均匀	

（4）复层涂料的涂饰质量和检验方法应符合表7-23的规定。

表7-23　复层涂料的涂饰质量和检验方法

项次	项目	质量要求	检验方法	项次	项目	质量要求	检验方法
1	颜色	均匀一致	肉眼观察	3	泛碱、咬色	不允许	肉眼观察
2	光泽	光泽基本均匀		4	喷点疏密程度	均匀,不允许连片	

（5）涂层与其他装修材料和设备衔接处应吻合，界面应清晰。

检验方法：观察。

三、溶剂型涂料涂饰工程施工质量验收标准

溶剂型涂料涂饰工程质量管理，主要适用于丙烯酸酯涂料、聚氨酯丙烯酸涂料、有机硅丙烯酸涂料、"交联型"氟树脂涂料等溶剂型涂料涂饰工程的质量验收。

1. 溶剂型涂料涂饰工程质量主控项目

（1）溶剂型涂料涂饰工程所选用涂料的品种、型号和性能应符合设计要求及国家现行标准、规范的有关规定。

检验方法：检查产品合格证书、性能检验报告、有害物质限量检验报告和进场验收记录。

（2）溶剂型涂料涂饰工程的颜色、光泽、图案应符合设计要求。

检验方法：观察。

（3）溶剂型涂料涂饰工程应涂饰均匀、黏结牢固，不得出现漏涂、透底、开裂、起皮和反锈等质量问题。

检验方法：观察；手摸检查。

（4）溶剂型涂料涂饰工程的基层处理应符合《建筑装饰装修工程质量验收标准》（GB 50210—2018）中的要求。

检验方法：观察；手摸检查；检查施工记录。

2. 溶剂型涂料涂饰工程质量一般项目

（1）溶剂型涂料涂饰工程的允许偏差和检验方法应符合表7-24中的规定。

表7-24　溶剂型涂料涂饰工程的允许偏差和检验方法

项次	项目	允许偏差/mm				检验方法
		色漆		清漆		
		普通涂饰	高级涂饰	普通涂饰	高级涂饰	
1	立面垂直度	4	3	3	2	用2m垂直检测尺检查
2	表面平整度	4	3	3	2	用2m靠尺和塞尺检查
3	阴阳角方正	4	3	3	2	用直角检测尺检查
4	装饰线、分色的线直线度	2	1	2	1	拉5m线，不足5m拉通线，用钢直尺检查
5	墙裙、勒脚上口直线度	2	1	2	1	拉5m线，不足5m拉通线，用钢直尺检查

（2）色漆的涂饰质量和检验方法应符合表7-25中的规定。

表7-25　色漆的涂饰质量和检验方法

项次	项目	普通涂饰	高级涂饰	检验方法
1	颜色	均匀一致	均匀一致	观察
2	光泽、光滑	光泽基本均匀 光滑无挡手感	光泽均匀一致 光滑	观察、手触摸进行检查
3	刷纹	刷纹通顺	无刷纹	观察
4	裹棱、流坠、皱皮	明显处不允许	不允许	观察

（3）清漆的涂饰质量和检验方法应符合表7-26中的规定。

表7-26　清漆的涂饰质量和检验方法

项次	项目	普通涂饰	高级涂饰	检验方法
1	颜色	基本一致	均匀一致	观察
2	木纹	棕眼刮平、木纹清楚	棕眼刮平、木纹清楚	观察
3	光泽、光滑	光泽基本均匀 光滑无挡手感	光泽均匀一致 光滑	观察、手触摸检查
4	刷纹	无刷纹	无刷纹	观察
5	裹棱、流坠、皱皮	明显处不允许	不允许	观察

（4）涂层与其他装修材料和设备衔接处应吻合，界面应清晰。

检验方法：观察。

四、美术涂饰工程施工质量验收标准

美术涂饰是以油和油性涂料为基本材料，运用美术的手法把人们喜爱的花卉、鱼鸟、山水等动、植物的图像彩绘在室内墙面、顶棚等处，作为室内装饰的一种形式。

室内美术涂饰工程的质量管理，主要适用于套色涂饰、滚花涂饰、仿花纹涂饰等室内外美术涂饰工程的质量验收。

（一）美术涂饰工程质量主控项目

（1）美术涂饰工程所用材料的品种、型号和性能应符合设计要求及国家现行标准、规范的有关规定。

检验方法：观察；检查产品合格证书、性能检验报告、有害物质限量检验报告和进场验收记录。

（2）美术涂饰工程应涂饰均匀、黏结牢固，不得出现漏涂、透底、开裂、起皮、掉粉、反锈等质量问题。

检验方法：观察；手摸检查。

（3）美术涂饰工程的基层处理应符合现行国家标准《建筑装饰装修工程质量验收标准》（GB 50210—2018）中的要求。

检验方法：观察；手摸检查；检查施工记录。

（4）美术涂饰工程的套色、花纹和图案应符合设计和现行标准的要求。

检验方法：观察。

（二）美术涂饰工程质量一般项目

（1）美术涂饰工程的允许偏差和检验方法应符合表7-27的规定。

表7-27　美术涂饰工程的允许偏差和检验方法

项次	项目	允许偏差/mm	检验方法
1	立面垂直度	4	用2m垂直检测尺检查
2	表面平整度	4	用2m靠尺和塞尺检查
3	阴阳角方正	4	用直角检测尺检查
4	装饰线、分色的线直线度	2	拉5m线，不足5m拉通线，用钢直尺检查
5	墙裙、勒脚上口直线度	2	拉5m线，不足5m拉通线，用钢直尺检查

（2）美术涂饰工程的表面应洁净，不得出现流坠现象。

检验方法：观察。

（3）仿花纹涂饰的饰面应具有被模仿材料的纹理。

检验方法：观察。

（4）套色涂饰的图案不得产生移位，纹理和轮廓应比较清晰。

检验方法：观察。

第六节　涂料工程施工质量问题与防治措施

建筑涂料具有装饰功能、保护功能和居住性改进功能。各种功能所占的比重因使用目的不同而不尽相同。装饰功能是通过建筑物的美化来提高它的外观价值的功能，主要包括平面色彩、图案及光泽方面的构思设计及立体花纹的构思设计。保护功能是指保护建筑物不受环境的影响和破坏的功能。不同种类的被保护体对保护功能要求的内容也各不相同，例如室内与室外涂装所要求达到的指标差别就很大。有的建筑物对防霉、防火、保温隔热、耐腐蚀等有特殊要求。居住性改进功能主要是对室内涂装而言，就是有助于改进居住环境的功能，如隔声性、吸声性涂料的作用及其分类、防止结露等。

近年来，通过观察建筑涂料的施工过程和施工质量，发现由于施工人员技术不熟练，基层处理不恰当，施工环境选择不合适等原因，内外墙涂料施工质量不理想，普遍存在刷痕、流坠、涂膜粗糙、裂纹、掉粉、发花现象，严重的甚至起泡、脱皮。只有透过这些现象找出弊病原因加以分析，并采取针对性地防治措施，才能提高建筑涂料的施工质量，才能使建筑涂料具有装饰功能、保护功能和居住性改进功能。

一、水性涂料质量问题与防治措施

凡是用水作溶剂或者作分散介质的涂料，均可称为水性涂料。水性涂料包括水溶性涂料、水稀释性涂料、水分散性涂料（乳胶涂料）3种。水溶性涂料的水溶性树脂可直接溶于水中，与水形成单相的溶液，其配制容易、施工简便、色彩鲜艳、造型丰富、易于维修、价格便宜。但耐水性差，耐候性不强，不耐洗刷。水溶性涂料及其涂膜产生的质量问题，既有涂料本身的质量问题，也有施工工艺、涂饰基层、施工环境等方面的问题。

（一）涂层颜色不均匀

1. 质量问题

在建筑涂料施涂后，经检查在同一涂面上涂层的颜色深浅不一致，或有明显的接槎现象，严重影响饰面的装饰效果。工程实践也表明，涂层颜色不均匀，这是涂饰工程施工中最常出现的质量问题。

2. 原因分析

（1）同一工程用的不是同厂同批涂料，颜料掺量有一定的差异。或者颜料与基料的比例不合适，颜料和填料用量过多，树脂成分过少，结果造成涂层颜色不均匀。

（2）在进行涂饰时对涂料未充分搅拌均匀，或不按照规定任意向涂料中加水，结果使涂料本身颜色深浅不同，造成饰面涂层颜色不均匀。

（3）基层（或基体）具有不同材质的差异，混凝土或水泥砂浆龄期相差悬殊，或者基层（或基体）湿度和碱度有明显差别，特别是新修补的混凝土和砂浆与旧基层，存在着更大的差异，很容易形成涂层颜色不均匀。

（4）基层处理差别较大，如有明显的接槎、光滑程度不同、麻面程度不一，这些均会致使吸附建筑涂料不均匀；在涂料涂刷完毕后，由于光影的反射作用，很容易造成饰面颜色深浅不匀。

（5）脚手架设计不合理，距离饰面距离太近，架高不满足便于涂刷的要求，靠近脚手板的上下部位操作不便，均可致使涂刷不均匀。

（6）操作工艺不当，反复涂刷或未在分格缝部位接槎，或在涂刷施工中随意甩槎，或接槎虽设在分格缝处，但未加遮挡，使未涂刷部分溅上涂料等，都会造成明显的色差。

（7）对已涂刷完毕的成品保护不好，如涂料施工完成后，又在饰面上凿洞或进行其他工序的施工，结果造成必须再修补而形成色疤。

3. 预防措施

（1）对于同一工程、同一饰面，必须选用同一工厂生产的同批涂料；每批涂料的颜料和各种材料的配合比，必须保持完全一致。

（2）由于涂料中有树脂、颜料和其他各种材料，容易出现沉淀分层，使用时必须将涂料搅拌均匀，并不得任意加水。搅拌的具体方法是：一桶乳胶漆先倒出 2/3，搅拌剩余的 1/3，然后倒入原先的 2/3，再整桶搅拌均匀。

（3）混凝土基体的龄期应在 30d 以上，水泥砂浆基层的龄期应在 15d 以上，并且含水率应控制在 8% 以下，pH 值在 10 以下。

（4）对于基层表面上的麻面、小孔，事先应用经检验合格的商品腻子修补平整；在刮批腻子时应采用不锈钢或橡皮刮板，避免铁锈的产生。

（5）内外墙面的基层，均应涂刷与面层漆相配套的封闭涂料，使基层吸附涂料均匀；如果有油污、铁锈、脱模剂、灰尘等污物时应当用洗涤剂清洗干净。

（6）搭设的脚手架离墙的距离不得小于 30cm，对于靠近脚手板的部位在涂刷时应当认真操作，特别注意涂刷的均匀性。

（7）涂刷时要连续进行，在常温情况下涂刷衔接时间一般不得超过 3min。接槎应当在分格缝或阴阳角部位，既不要在大面上也不得任意停工甩槎。对于未遮盖而受涂料飞溅沾污的部位应及时进行清除。

（8）涂饰工程应在建筑安装工程完成后进行，对于涂刷完毕的涂饰工程应当加强对成品的保护。

（二）饰面涂膜出现不均匀

1. 质量问题

在涂料涂刷完毕后，尤其薄涂料表面出现明显的抹痕、斑疤、疙瘩等缺陷，在阳光的照射下反差更加明显，即使饰面涂料的颜色非常均匀，其近距离的装饰效果仍不理想。喷涂表面易出现饰面不光滑平整、颗粒不均匀；多彩花纹涂料表面易出现花纹紊乱的现象。以上这些质量问题均影响涂料饰面的装饰效果。

2. 原因分析

（1）抹灰面用木抹子搓成毛面，致使基层表面变得粗糙、粗细不均匀；有的边角部位用铁制阴角和阳角工具进行光面，大面部位却用木抹子搓面，粗细反差更加明显。表面粗细不均匀和粗细反差大，在涂刷涂料后更显示出饰面不均匀。

（2）由于各种质量方面的原因，某些局部修理返工，从而造成基层补疤明显高低不平，涂刷涂料后也显得不均匀。

（3）在涂刷建筑涂料时，基层各部位干湿程度不同，则涂刷出来的涂料颜色也不相同；如果基层的材料不同，或材料的品种虽然相同，但它们的质量不同，基层对涂料的渗吸量不均匀。

（4）涂料的批号和质量不一样，或配制中计量不准确，涂料稠度不合适；或乳胶漆搅拌不均匀，上部的涂料比较稀，而下部涂料越来越稠；或者多彩花纹涂料所用的细骨料颗粒不一致。

（5）在涂刷中没有严格按规范施工，涂刷工艺水平比较差，出现任意甩槎和接槎部位涂层叠加过厚现象，从而造成饰面不均匀。

（6）由于脚手架设计和架设不当，如脚手架每层的高度不合适、工人操作不方便等，结果造成涂刷不匀。

（7）喷涂机具发生故障，出料速度不均匀或输料胶管不畅。在喷涂过程中，空气压缩机压力不稳定，喷涂距离、喷涂角度、移动速度前后不一致。喷涂移动速度过快，涂膜厚度太薄，遮盖率达不到设计要求。

3. 预防措施

（1）抹灰面层用铁抹子压光太光滑，用木抹子抹出的表面太粗糙，用排笔蘸水扫毛时降低面层强度。最好用塑料抹子或木抹子上钉海绵收光，这样可以做到大面平整、粗细均匀、适于涂刷、颜色相同。

（2）重视对基层表面成品的保护，避免成活后再凿洞或损坏，局部修补要用专门的修补腻子。在刮抹腻子前要对基层涂刷配套的封底涂料，并且要求抹的腻子要薄，防止过厚或因打磨过于光滑而降低涂料的黏结力。

（3）在涂刷涂料前，要使基层尽量干燥，木材的含水率不得大于12%，混凝土和砂浆抹灰层的含水率不得大于8%，并且使各部位的干燥程度一致。

（4）采用中、高档次且各层材料都配套供应的涂料，在涂刷前要充分搅拌均匀。采用多彩花纹涂料时，对所用的细骨料应分别过筛，达到颗粒均匀的要求。

（5）搞好涂刷施工专项设计，科学地安排涂刷的顺序和分格位置，施工接槎应在分格缝部位。

（6）为了便于涂刷施工操作，确保涂刷的质量符合设计要求，脚手架距离饰面不得小于30cm，架高一般为1.5m，妨碍操作的部位应均匀施涂。在刮风雨雪天气不进行涂刷施工，夏天在烈日下也不宜操作。

（7）如果采用喷涂施工，事先应检查喷涂设备的完好和运转情况，保证运转正常、压力稳定。在正式进行喷涂前，最好要进行喷涂试验，以便确定喷涂距离、喷涂速度、喷涂角度、喷涂压力等技术参数，作为正式喷涂施工中的依据。在一般情况下，喷嘴到喷涂面的距离为400~600mm，喷涂速度要前后一致；待试验性喷涂一切合格、正常后再进行大面积操作，保证达到适当的遮盖率。

（三）涂膜出现发花现象

1. 质量问题

涂膜出现发花是涂料尤其是深色涂料的常见现象，涂膜出现发花主要发生在漆膜干燥的初期阶段。在涂料干燥成膜时，一小部分密度较小的颜料颗粒漂浮于涂膜表面（工程上称为浮色），致使涂料的颜色分离，出现涂膜表面发花质量问题，严重影响涂膜的美观。

2. 原因分析

（1）涂料本身有浮色　涂料最终显现的颜色是由多种颜料调和出来的，由于各种颜料的密度不同，有的甚至相差很大，结果造成密度大的颜料颗粒下沉，而密实小的颜料颗粒漂浮于上面，致使颜色产生分离。在涂刷前虽然经过均匀搅拌，但在涂膜干燥后，涂层仍容易出现色泽上的差异，即产生发花现象。

（2）涂料中颜料的分散性不好，或两种以上的颜料相互混合不均匀，这也是造成颜色发花的非常重要原因。如酞菁蓝为沉淀性颜料，色浆较难分散水解，很容易产生沉淀；酞菁绿为悬浮性颜料，比较容易水溶分散。这些颜料配成天蓝、果绿等复色时，因颜料分散性不好、密度相差过大，在刷涂或滚涂施工时，沿涂刷和滚涂的方向易产生条纹状色差，即有浮色产生。

（3）在涂料涂刷操作过程中，有的工人技术水平较差，涂刷不均匀，厚薄不一样；或对涂料搅拌不均匀，或对涂料稀释不当，均可出现涂膜发花现象。

（4）基层表面处理不符合要求，表面粗糙度不同，孔隙未进行封闭，或基层后碱性过大，涂料使用不耐碱的颜料，都是产生发花的原因之一。

3. 预防措施

（1）根据涂料的品种和性能，选用适宜的颜料分散剂，宜将有机、无机分散剂匹配使用，使颜料处于良好的稳定分散状态。在一般情况下，涂料宜选用中高档产品，不要选用劣质和低档产品。

（2）适当提高乳胶涂料的黏度，这样可使颜料能够均匀地分散于涂料中。如果涂料黏度过低，浮色现象比较严重；如果涂料黏度偏高时，即使密度相差较大的颜料也会减少分层的倾向。

（3）在涂刷涂料之前，应当将涂料充分搅拌均匀，使其没有浮色或沉淀现象。在涂刷的过程中，涂料中不得任意加水进行稀释。

（4）涂料应分层进行涂刷，涂膜应力求均匀，厚度不宜过厚，如果涂膜越厚，越易出现浮色发花现象，必要时可采用滚涂工艺。

（5）严格控制基层含水率和碱度，混凝土和砂浆含水率应小于8%，pH值应小于10。为使基层吸收涂料均匀并且抗碱，对于基层的局部修补宜采用合格的商品"修补腻子"，涂面均应涂刷配套的封闭底涂。

（四）涂料发生流坠

1. 质量问题

涂料在施涂后，不能按照设计要求均匀稳定地黏附于饰面上，在涂料自重的作用下，产生较明显的流淌现象，其形态如泪痕或垂幕，这种质量问题不仅严重影响饰面的美观，而且严重影响涂膜的功能。

2. 原因分析

（1）基层（基体）的处理不符合要求。或表面处理太光滑，涂料与基层的黏结力下降；或基层含水率太高，如木材的含水率超过12%、混凝土和砂浆的含水率超过8%；或基层上的油污、脱模剂和灰尘等未清理干净。

（2）配制的涂料本身黏度过低，与基层的黏结力较小；或者在涂刷中任意向涂料中加水，均会发生涂料流坠。

（3）在垂直涂面上一次涂刷过厚，形成的向下流淌作用力较大，使涂料成膜速度变慢，很容易形成流坠。试验证明，流坠的发生与涂料膜层厚度的立方成正比例关系。

（4）在配制涂料时如果掺加较多密度大的颜料和填，从而造成这些颜料和填料使涂料下坠。如果施工环境的湿度过大或温度过低，涂料结膜的速度将大大减慢，也比较容易出现流坠。

（5）在涂刷操作过程中，墙面、顶棚等转角部位未采取遮盖措施，致使先后刷涂的涂料在这些部位叠加过厚而产生流坠。

（6）在涂料施工前未将涂料充分搅拌均匀，由于上层涂料较稀，所以容易产生流淌。

（7）在采用喷涂施工工艺时，由于喷嘴与涂面距离过近、喷枪移动速度过慢、喷涂压力过大，均可造成喷涂厚度过厚，从而造成涂料的流淌。

3. 预防措施

（1）严格控制基层的含水率。木质涂面的含水率不得大于12%，水泥混凝土和水泥砂浆基层涂刷水性和乳液涂料时，其含水率不得大于10%，采用"弹涂"施工工艺时基层的含水率不得大于8%。

（2）认真进行基层的处理。应将基层表面上的油污、脱模剂、灰尘等彻底清除干净，将孔隙、凹凸面认真进行处理，确实达到涂刷的标准。混凝土和砂浆的表面应平整，并具有一定的粗糙度。

（3）严格控制涂料涂刷厚度，一般干涂膜的厚度控制在20~25μm为宜，如果涂刷厚度过大容易形成流坠。

（4）在设计和配制乳胶涂料时，不要过多地使用密度较大的颜料和填料，以避免出现涂料分层（上面稀下面稠）、涂料自重力增大。

（5）在涂刷涂料时应具有适宜的施工环境温度和湿度。普通涂料的施工环境温度应保持在10℃以上，相对湿度应小于85%。

（6）在涂刷涂料过程中，对于墙面、顶棚等阴阳转角部位，应使用遮盖物加以保护，以防止两个涂面的涂料产生互相叠加而出现流坠。

（7）在涂料涂刷之前，首先应按照"涂层颜色不均匀"预防措施中的方法，对涂料进行充分搅拌，确保桶内的涂料上下完全一致。

（8）举办涂饰技术培训班，学习先进的涂饰工艺，选用先进的无气喷涂施工设备，努力提高技术水平和操作水平，确保涂料的涂刷质量。

（9）对于刷涂工艺可以采取如下预防措施：其涂刷的方向和行程长短均应一致，千万不可纵横乱涂、长短不一。如果涂料干燥速度快、施工环境温度高，应当采取勤蘸、快刷的方法，并将接槎设在分格缝部位。涂刷必须分层进行，层次一般不得少于两度，在前一度涂层表面干燥后才能进行后一度的涂刷。前后两度涂刷的间隔时间，与施工环境温度和湿度密切相关，通常不得少于2~4h。

（10）对于滚涂工艺可以采取如下预防措施：当滚涂黏度小、较稀的涂料时，应选用刷毛较长、细而软的"毛辊"；滚涂黏度较大、较稠的涂料时，应选用刷毛较短、较粗、较硬的毛辊。在滚涂前先将桶内搅拌均匀的涂料倒入一个特制涂料槽内，涂料槽底部是带有凹凸条纹的斜坡，其宽度稍大于毛辊的长度。"毛辊"在涂料槽一端蘸满涂料后，在斜坡条纹上轻轻往复几个来回，直到"毛辊"中的吸浆量均匀合适为止。当"毛辊"中的涂料用去1/2~1/3时，应再重新蘸涂料后进行辊涂。

（11）对于喷涂工艺可以采取如下预防措施：涂料的稠度必须适中，如果太稠，喷涂困难；如果太稀，影响涂层厚度，且容易产生流淌。对含粗填料或含云母片的喷涂，空气压力宜在0.4~0.8MPa之间选择；喷射距离一般为40~60cm，如果距离被涂面过近，涂层厚度难以控制，易出现过厚或流淌等现象。

（12）对于"弹涂"工艺可以采取如下预防措施：首先在基层表面上刷1~2度涂料，作为底色涂层，待底色涂层干燥后才可进行弹涂。在"弹涂"操作时，"弹涂"机应垂直对准涂面，保持30~50cm的距离，自上而下、自右至左，按照规定好的顺序，循序渐进。"弹涂"应特别注意"弹涂"速度适中均匀、涂点密度适当均布、上下左右无明显接痕。

（五）涂膜出现鼓泡与剥落

1. 质量问题

目前，墙体涂料施工后都存在不同程度的涂装问题，其中鼓泡当剥落现象比较普遍，不仅破坏建筑饰面的整体效果，严重的还会给居民生活带来诸多烦恼。涂膜表面出现鼓泡、剥落现象，在内墙和外墙涂料饰面上均有发生。

鼓泡与剥落是涂膜失去黏附力，出现的先鼓泡、后剥落质量问题。尤其是涂膜剥落是一种比较严重的质量缺陷，有时只是在涂膜的表面，有时却深入到所有的涂层。涂饰工程实践证明，容易出现鼓泡与剥落的涂料是乳胶漆，有时甚至会出现大片鼓泡或脱落。

2. 原因分析

（1）基层处理不符合要求，表面比较酥松，油污、浮尘、隔离剂等未清理干净，或基层打磨过于光滑，从而造成涂膜附着力较差。

（2）混凝土和砂浆基层的含水率较大，pH值超过10，水分向外蒸发或析出结晶粉末而造成鼓泡。

（3）工程实践经验证明，涂层出现鼓泡与剥落的最主要原因就是腻子受潮后与基层产生脱离。我国传统的内墙基层处理方法，是沿用纤维素大白粉腻子或石膏腻子，其耐水性很差，遇水膨胀而逐渐溶于水中，由于体积增大和黏结强度下降，从而发生粉化。

（4）在涂料组分中颜料和填料的含量过高，或者在涂料中掺加水过多，树脂的含量过低，造成涂膜的附着力较差，或者卫生间、厨房等潮湿房间未使用耐水涂料。

（5）在涂料涂刷中操作要求不严格，各层涂料施工间隔时间太短，或涂刷及成膜时环境温度过低、湿度过大，致使乳胶涂料本身成膜质量不高，即乳液未形成连续透明膜而产生龟裂，遇水后还会出现脱落。

3. 预防措施

（1）对基层进行认真处理，将酥松层铲掉补平，将浮尘、油污等彻底清理干净。对于轻质墙体或原石灰浆的基层，应用"高渗透型"的底面处理剂进行处理，内外墙涂面均应涂刷与面层涂料配套的封闭底层涂料。

（2）严格控制涂刷的基层的湿度和碱度，含水率应不大于8%、pH值应在10以下。但墙壁也不应过于干燥，如果过干应适当加水湿润。

（3）根据内墙与外墙的不同要求，选用黏结性和韧性好的耐水腻子。工程中内墙常用建筑耐水腻子，外墙常用水泥基腻子。刮的腻子不宜过厚，以找平涂面为准，一定要待腻子完全干燥后再施涂涂料。

（4）选用合适的建筑涂料品种。外墙涂料宜选用水性丙烯酸共聚薄质（或厚质）外墙涂料、低毒溶剂型丙烯酸外墙涂料、溶剂型丙烯酸聚氨酯外墙涂料。内墙乳胶漆宜选用聚醋酸乙烯乳液涂料、乙-丙乳液涂料、苯-丙或丙乳液涂料。外墙水性涂料的耐洗刷性应当经复验合格。

（5）保证涂刷的间隔时间，在涂刷及成膜时的温度应在10℃以上，相对湿度应小于85%，不得在湿度较大和雨天施工，成膜掺加的助剂品种要正确、掺量要适当。

（六）涂膜出现粉化

1. 质量问题

配方中含有钛白粉的涂料在室外日晒雨淋的长期侵蚀下，会导致一种涂层粉化的质量问题出现。聚氨酯漆粉化表现为涂膜表面有粉末状物质析出，用手轻轻擦拭，就会掉下白粉。实际上，是指涂料中主要的成膜物质——合成树脂发生老化，失去胶结作用，颜料从涂膜中脱离出来，在涂膜表面呈现出一层粉末，这种质量问题称为涂膜粉化。涂膜出现粉化，将严重影响涂膜的装饰效果和使用效果。

2. 原因分析

（1）混凝土和水泥砂浆基层的龄期太短或强度太低；基层表面未认真进行清理；基层含水率超过标准规定；基层的碱性过大，pH值超过10；在碱性基层上直接涂刷不耐碱的含金属颜料的涂料。

（2）使用的腻子强度较低或不具有耐碱性能。涂料组分中颜料和填料含量过高，树脂乳液含量过低，涂料耐水性能比较差，经过使用一段时间或雨水冲刷，则可造成涂膜起皮、粉化。

（3）如果涂膜干燥速度过快，成膜质量不良，很容易造成涂膜的粉化。例如，夏季施涂后在烈日下直接照射，涂刷不久则遭到大风吹袭等。

（4）涂料混合不均匀，填料和密度较大的颜料沉淀于桶底，树脂乳液浮于桶上部，在进行涂刷前又未搅拌均匀。

（5）涂料在涂刷及成膜时的气温，低于涂料最低成膜温度，或涂料还未成膜时就遭到雨淋。

（6）在配制涂料加入固化剂时，计量有误或涂料过度稀释，致使涂膜的耐久性变差。另外，在涂料表面干燥但未完全成膜时，重复滚压涂层，也会造成涂膜粉化。

总之，涂膜产生粉化的原因主要是由于基料树脂在化学结构上的不稳定性，造成氧化、水分和紫外光波的混合作用而将基料树脂分解破坏所致。此外，还应注意下列一些易造成涂膜粉化的因素：a.粉化夏天比冬天明显；b.漆膜太薄造成早期粉化；c.锐钛型钛白粉很容易粉化；d.环氧树脂层耐候性差，一般较易粉化。

3. 预防措施

（1）对于混凝土和水泥砂浆基层，必须认真清理干净，含水率不得大于8%，pH值不应大于10。内墙与外墙均应涂刷配套的封闭底涂，墙面局部修补宜用经检验合格的商品专用修补腻子。

（2）宜选用中高档次的涂料，涂料应具有耐水、耐碱、耐候等性能。涂料不得任意加水和稀释剂，应按出厂说明进行稀释。用于外墙的水性涂料的耐洗刷性，应经复验合格才能用于工程。

（3）在夏季高温情况下施工时，应搭设凉棚遮阳，避免日光的直接照射。遇到雨天及刮风时，应立即停止施涂。当气温在最低成膜温度以下时，也应停止施工，或采取保温措施，确保成膜的温度和湿度。

（4）在涂刷涂料前，应将涂料充分搅拌均匀；按规定掺加的固化剂，要称量准确、充分混合。要确保各层涂刷的间隔时间。

（七）涂膜发生变色与褪色

1. 质量问题

采用外墙乳胶涂料时，由于涂膜长期暴露于自然环境中，经常受到风吹、雨淋、日晒和其他侵蚀介质的作用，时间长久后外观颜色会发生较大变化，最常见的变化就是涂膜的变色和褪色。这种变化在外墙、内墙中均有可能发生。变色有时是在局部发生，往往呈现出地图斑状，如墙面局部渗漏或反碱；褪色一般是大面积发生。无论是变色还是褪色，都会严重影响涂膜的装饰效果。

2. 原因分析

（1）涂膜发生变色和褪色，通常与基料和颜料的性质有关，主要与耐候性、耐光性、耐腐蚀性和耐久性有密切关系。如某些有机颜料耐光性能和耐碱性能较差，在日光、大气污染、化学药品和其他因素的作用下，颜料会发生质变而变色；有些颜料由于种种原因产生粉化现象，也会造成涂膜变色或褪色。

（2）基层处理不符合要求，尤其是含水率过高、碱性过大，是引起涂料变色和褪色的主要原因。涂料中某些耐碱性差的金属颜料或有机颜色，由于发生化学反应而变色，这种现象在新修补的基层上发生最普遍。

（3）乳胶漆与聚氨酯类涂料相邻同时进行施涂，由于市场上销售的聚氨酯类涂料中，有的含有游离的甲苯二异氰酸酯，会严重导致未干透的乳胶漆泛黄变色。

（4）面层与底层所用的涂料不配套，面层涂料能溶解底层涂料，如果两者颜色有差别，就会出现因"渗色"而变色现象。

（5）内墙与外墙所处的环境不同，应当选用不同性质的涂料，特别是外墙涂料应具有良好的耐光、耐候、耐冲刷和耐腐蚀性能。如果将内墙涂料用于外墙，必然会导致涂料很快发生变色与褪色。

（6）如果施工现场附近和今后的使用环境中，有能与颜料起化学作用的氨、二氧化硫等侵蚀性介质，就能使涂膜颜色发生变化。

3. 预防措施

（1）只要不是临时性建筑的涂饰，应当选用中高档次的涂料。在设计外墙乳胶涂料的配方时，一定要选择耐碱、耐候、耐蚀的基料和颜料，如丙乳液、苯丙乳液等涂料，金红型钛白、氧化铁系、酞菁系颜料。这是避免或减少涂膜变色和褪色的重要预防措施。

（2）涂饰基层必须保持干燥状态，混凝土和水泥砂浆基层的pH值要小于10，含水率不得大于8%。无论内墙、外墙的基层，均应涂刷与面层涂料配套的封底涂料。内墙应采用建筑耐水腻子，外墙应采用聚合物水泥基腻子，墙面的局部修补应采用商品专用修补腻子。

（3）底层宜采用高品质的聚氨酯涂料或醇酸树脂涂料，等待这些涂料彻底干燥后再涂刷乳胶漆。

（4）在涂料涂刷之前，应认真检验底层涂料与面层涂料是否配套，避免产生面涂溶解底涂的"渗色"现象。因此，所选用的面层涂料与底层涂料，应当是属于同一成膜干燥机理的涂料，如乳胶漆是靠物理作用干燥挥发涂层中的水分和溶剂而成膜的，而环氧树脂、聚氨酯树脂等涂料，则是靠化学作用固化干燥成膜的，两者不能混用和配套使用，更不能将化学干燥的面涂涂在物理干燥的底涂上，也不能将强溶剂的面涂涂在弱溶剂的底涂上。

（5）内墙与外墙所处的位置不同，受到的环境影响也不相同，因此，所选用的涂料性能也有较大差异，特别值得注意的是：内墙涂料决不能用外墙。

（6）当建筑物内墙和外墙设计采用涂料装饰材料时，应当想尽千方百计使氨、二氧化硫等腐蚀性发生源远离施工现场。

（八）涂膜发生开裂

1. 质量问题

在涂膜干燥后和使用过程中，生成线状、多角状、或不定状裂纹，随着时间的推移，裂缝条数可能会逐渐增加并逐渐变宽。这种质量缺陷在内墙和外墙都有可能发生。涂膜干燥后发生开裂是常见的涂膜弊病，长期以来是涂料配方设计要考虑解决的问题。涂饰工程实践证明，由墙体或抹灰层引发的涂膜开裂，涂膜自身及腻子层的开裂，几乎各占1/2。涂膜开裂不仅影响饰面的美观，而且也影响其使用功能和使用寿命。

2. 原因分析

（1）由于墙体自身变形而发生开裂，尤其是轻质墙体其变形较大。墙体变形开裂后，附着在墙面上的涂膜自然发生开裂。

（2）基层和抹灰层发生开裂。即基层未清理干净或表面太光滑，墙面水泥砂浆找平层与基体黏结不牢；或基体材料强度较低（如轻质墙体），或基体自身干缩产生变形开裂，或抹灰层厚度过大或一次抹灰太厚，或在硬化中未按规定进行养护等，均可导致基层开裂而造成涂膜开裂。

（3）如果在刷（喷）涂料前用水泥砂浆（或1∶1的水泥细砂砂浆）嵌塞抹灰面层，很容易使抹灰面层发生开裂，也带着涂膜产生开裂。

（4）外墙面抹灰层不分缝，或者缝隙间距过大，在抹灰砂浆产生干缩时，由于无分缝隙或分缝隙过大，容易使抹灰层表面发生裂缝，从而导致涂膜也产生开裂。

（5）基层未进行认真处理，抹灰层所用的水泥砂浆强度太低，或者基层上有掉落粉末、粉尘、油污等。

（6）使用不合格的涂料，尤其是涂料中所用基料过少，而掺加的填料和颜料过多，或者成膜助剂用量不够，也容易使涂料干燥中产生开裂。

（7）在进行基层处理时，所用的腻子柔韧性比较差，特别是室内冬季供暖后，受墙体热胀冷缩的影响，墙的表面也极易发生变形，引发腻子开裂，从而导致涂膜开裂。

（8）乳胶涂料的基料采用的是不同类型的乳液，每一种乳液都有相应的最低成膜温度。如果为了抢工期，在较低的气温下涂刷乳胶涂科，当环境温度达不到乳液的成膜温度时，乳液则不能形成连续的涂膜，从而导致乳胶涂料出现开裂。

（9）当底涂或第一道涂层涂刷过厚而又未完全干燥时，就开始涂刷面层或第二道涂料，由于内外干燥速度和收缩程度不同，从而造成涂膜的开裂。

（10）在涂料施涂后，由于环境温度过高或通风很好，使涂膜的干燥速度过快，形成表面已干而内部仍湿，也容易使涂膜产生开裂。

3. 预防措施

（1）如果墙体或抹灰层有开裂缺陷，可以采取以下相应预防措施：抹灰层的水泥砂浆应采用强度等级不低于42.5MPa的普通硅酸盐水泥配制，抹灰后应进行在湿润条件下养护不少于7d，冬季施工应采取保温措施；对于砖墙应设置伸缩缝和拉结筋，混凝土基体应用界面处理剂处理基体表面等。

（2）为了避免涂膜基层产生开裂，抹灰面层压光时可采用海绵拉毛，也可采用塑料抹子压光。在水泥砂浆面层成活后，不要再加抹水泥净浆或石灰膏罩面，局部修补宜用经检验合格的商品专用修补腻子。

（3）外墙面受到温差胀缩影响很大，抹灰层应当设置分缝格，水平分缝可设置在楼层的分界部位，垂直分缝可设置在门窗两侧或轴线部位，间距宜为2~3m。

（4）过去内墙涂料涂刷一般不需要封闭底涂，但从工程实践和成功经验来看，封闭底涂的使用对防止涂膜开裂和确保工程质量有重要作用。因此，对于新建建筑物的内外墙混凝土或砂浆基层表面，均应当涂刷与面层涂料配套的抗碱封闭底涂；旧墙面在清除酥松的旧装修层后，应当涂刷界面处理剂。

封闭底层涂料具有很多优越性，可以使风化、起粉、酥松等强度较低的基层得到较大的加强；可以明显降低基层的毛细吸水能力，并使之具有憎水性；可以使底层涂料能渗入到基层一定深度，并形成干燥层，阻碍外部水分的侵入和内部可溶性盐碱的析出；可以具有较高的透气性，基层内部的水分能以水汽形式向外扩散；可以增强面层涂料和基层的黏结力，不仅能避免涂膜产生开裂，而且能延长涂料的使用寿命。

（5）选用柔韧性能好、能够适应墙体或水泥砂浆抹灰层温度变化、干缩变形，并经检验合格的商品腻子（内墙可选用建筑耐水腻子，外墙可选用聚合物水泥基腻子）。对腻子的技术要求是：按照腻子膜柔韧性方法测试，腻子涂层干燥后绕50mm而不断裂为合格，腻子的线收缩率小于1%时则不易开裂。

涂饰工程实践证明，水泥砂浆基层、高弹性抗裂腻子、普通乳胶漆3者结合，是属于优化组合，不仅可以较好防止涂膜开裂，而且搭配合适、价格适中、性能适宜。高弹性抗裂腻子涂层厚度达到1.2~1.5mm，解决裂缝的可靠性更高。

二、溶剂型涂料质量问题与防治措施

溶剂型涂料对涂刷条件要求不高，可在较广的温度范围内进行施工。溶剂型涂料稠度较大而不易流淌；溶剂型涂料流平性好，漆膜平滑，刷纹或辘纹少。溶剂型涂料的表面渗透性强，特别是对露天的木头，可增加其附着力和表面保护能力；在平滑的表面上油性漆的附着力较好；溶剂型涂料有较鲜艳夺目的光泽；溶剂型涂料的漆膜比较坚硬。

总之，溶剂型涂料形成的涂膜细腻光滑、质地坚韧，有较好硬度、光泽、耐水性和耐候性，气密性好，耐酸碱性强，对建筑物表面有较好保护作用，使用温度最低可达到0℃。其主要缺点是：在涂饰施工时有大量的有机溶剂挥发，会造成环境污染，易引起火灾，对人体毒性较大，涂膜透气性较差，不宜在潮湿基层上施工，价格比较高。

（一）涂料出现色泽不匀

1. 质量问题

色泽不匀是在涂料涂饰工程中最常见的一种质量问题，在透明涂饰工艺、半透明涂饰工艺及不透明涂饰工艺中均可出现，一般产生于上底色、涂刷色漆和刮着色腻子的过程中。色泽不匀严重影响涂料工程的美观。

2. 原因分析

（1）被涂饰的木质不相同、不均匀，对着色吸收不一样，或着色时揩擦不匀，尤其深色重复涂刷；染色后色彩鲜艳，但容易发生色调浓淡不匀现象；在涂过水色后，木质涂面遭到湿手触摸；操作不当，配料不同，涂刷不均匀，都是出现色泽不匀的原因。

（2）在上色后的物面上刮着色腻子，由于腻子中所含的水分多、油性少，从而引起白坯面上填嵌腻子的颜色深于刮的腻子。特别是在着色腻子中任意加入颜料及体质颜料，最容易引起色漆的底漆与面漆不相同。

（3）在相同的底层上如果涂刷的涂料遍数不同，或相同涂料、相同遍数涂刷在不同色的基层上，均可形成色泽不匀。

3. 预防措施

（1）在涂刷水色前，可在白木坯上涂刷一遍虫胶清漆，或揩擦过水老粉后再涂刷一遍虫胶清漆，以防止木材出现色泽过深及分布不匀的现象。如果局部吸收水色过多，可用干净的干棉纱将色泽揩擦淡一些；如果水色在物面上不能均匀分布，在些部位甚至涂刷甚少，可用沾有水色的排笔擦一遍后，再进行涂刷，避免在同一部位重复涂刷。

（2）涂刷完毕合格的涂面，要加强对成品的保护，不能再用湿手或潮湿物触摸物面，更应当注意千万不可遭受雨水和其他物质侵入。

（3）刮腻子中应当水分少、油性多，底色、嵌填腻子、刮腻子配制的颜色应当由浅到深，着色腻子应当一次配成，不能任意加色或加入体质颜料。在不透明涂饰工艺中涂刷色漆，应当底层浅面层深、逐渐加深，涂刷时要用力均匀，轻重一致。

（4）原来，木质建筑和家具的涂饰一般都采用虫胶漆液打底，由于虫胶油漆呈紫色或棕黄色，不宜做成浅色或本色漆；虫胶底漆与聚氨酯面漆的附着性差，往往产生漆膜脱落现象；其耐热度一般在80℃左右。因此，采用树脂色浆的新工艺，或采用XJ-1酸固化氨基底漆代替虫胶底漆，是适用涂饰淡色或本色木材的好底漆，其具有颜色很浅、封闭性好、用量节省等优点，但在高湿和低温下干燥速度较慢，需掺加浓度为2%的硫酸作硬化剂。

（二）涂料涂刷出现流坠

1. 质量问题

在垂直物体的表面，或线角的凹槽部位或合页连接部位，有些油漆在重力的作用下发生流淌现象，这也是油漆涂饰中最常见的质量问题之一。轻者形成串珠泪痕状，严重的如帐幕下垂，形成突出的山峰状的倒影，用手摸涂膜的表面明显地感到流坠部位的漆膜有凸出感，不仅造成油漆的浪费，而且严重影响漆膜外观。

2. 原因分析

（1）在油漆配制的过程中，为了便于涂刷在油漆中掺加稀释剂过多，降低了油漆正常的施工黏度，漆料不能很好地附着在物体的表面而产生流淌下坠。

（2）一次涂刷的漆膜太厚，再加上底层干燥程度未达到要求，紧接着涂刷上层，在油漆与氧化作用未完成前，由于漆料的自重而造成流坠。

（3）涂刷油漆的施工环境温度过低，或湿度过大，或油漆本身干燥速度较慢，也容易形成流坠。

（4）使用的稀释剂挥发太快，在漆膜未形成前已挥发，从而造成油漆的流平性能差，很容易形成漆膜厚薄不匀；或使用的稀释剂挥发太慢，或周围空气中溶剂蒸发浓度高，油漆流动性太大，也容易发生流坠。

（5）在凹凸不平的物体表面上涂刷油漆，容易造成涂刷不均匀，厚薄不一致，油漆较厚的部位容易发生流坠；物体表面处理不彻底、不合格，不仅有毛刺、凹坑和纹痕，而且还有油污、灰尘和水等，结果造成油漆涂刷后不能很好地附着在物面上，从而形成自然下坠。

（6）在涂刷物体的棱角、转角或线角的凹槽部位、合页连接部位时，没有及时将这些不明显部位上的涂漆收刷，因此处油漆过厚而造成流坠。

（7）涂刷油漆选用的漆刷太大，刷毛太长、太软；或涂刷油漆时蘸得油太多，均易造成油漆涂刷厚薄不均匀，较厚的部位自然下坠。

（8）在喷涂油漆时，选用的喷嘴孔径过大，喷枪距离物面太近，或喷涂中距离不能保持一致；喷漆的气压不适宜、不均匀，有时太小、有时太大，都容易造成漆膜不均匀而产生自然下坠。

（9）漆料中含重质颜料过多（如红丹粉、重晶石粉等）；喷涂前搅拌不均匀，颜料研磨不均匀；颜料湿润性能不良，也会使油漆产生流坠。

（10）有些经油漆涂刷后的平面，涂刷的油漆厚度较厚，未经表面干燥即竖立放置，则形成油漆自然下坠。

3. 预防措施

（1）根据所涂饰的基层材料，选用适宜优良的油漆材料和配套的稀释剂，这是避免产生流坠的重要措施，必须引起足够的重视。

（2）在涂饰油漆之前，对于物体表面一定要认真进行处理，要确保表面平整、光滑，不准有毛刺、凹凸不平和过于粗糙，要将物体表面上的油污、水分、灰尘、杂物等污物彻底清除干净。

（3）物体表面凹凸不平部位要正确处理。对于凸出部位要铲磨平整，凹陷部位应用腻子抹平，较大的孔洞要分次用力填塞并抹平整。

（4）涂刷油漆要选择适当的施工环境温度和湿度。一般油漆（生漆除外）施工环境温度以15~25℃、相对湿度以50%~70%最适宜。

（5）选用适宜的油漆黏度。油漆的黏度与施工环境温度、涂饰方法有关，当施工环境温度高时，黏度应当小一些；采用刷涂方法黏度应稍大些，如喷涂硝基清漆为25~30s，涂刷调合漆或油性磁漆为40~45s。

（6）油漆涂饰要分层进行，每次涂刷油漆的漆膜不宜太厚，一般油漆厚度控制在50~70μm范围内，喷涂的油漆应比刷涂的稍微薄一些。

（7）如果选用喷涂的方法，关键在于选择喷嘴孔径、喷涂压力和喷涂距离。喷嘴孔径一般不宜太大，喷涂空气压力应在0.2~0.4MPa范围内，喷枪距物体表面的距离，使用小喷枪时为15~20cm，使用大喷枪时为20~25cm，并在喷涂中保持距离一致性。

（8）在喷涂正式施工前，首先进行小面积喷涂试验，检验所选择油漆、配套稀释剂、喷涂机械、喷涂压力和喷涂距离是否合适，另外还要确定以下两个方面：一是要采用正确的喷涂移动轨迹，一般可采用直喷、绕喷和横喷；二是确定喷枪的正确操作技术，距喷涂物表面距离适宜。

（9）选用刷涂方法涂饰油漆时，要选择适宜的油漆刷子，毛要有弹性、耐用，根部粗、梢部细、鬃毛厚、口部齐，不掉毛。刷门窗油漆时可使用50mm刷子；大面积刷涂可使用60~75mm刷子。刷面层漆或黏度较大的漆时，可用七八成新的刷子；刷底漆或黏度较小的漆时，可用新油漆刷子。

（10）刷油的顺序要正确，这是保证涂刷质量和不产生流淌的重要技术工艺。要坚持采用正确的涂刷工艺。在理油前应在油漆桶边将油漆刷子内的油漆刮干净后，再将物面上的油漆上下（或顺木纹）理平整，做到油漆厚薄均匀一致，涂刷要按照一定方向和顺序进行，不要横涂乱抹。在线角和棱角部位要用油漆刷子轻按一下，将多余的油漆蘸起来并顺开，避免此处漆膜过厚而产生流坠。

（11）垂直表面上涂刷罩光面漆必须达到薄而匀的要求，使用的刷子以八成新最为适宜；涂刷油漆后的平板要保持平放，不能立即竖起，必须待油漆表干、结膜后才能竖起。

（三）漆膜粗糙、表面起粒

1. 质量问题

在油漆涂饰在物体表面上后，漆膜中颗粒较多，表面比较粗糙，不但影响油漆表面美观，而且会造成粗粒凸出，部分漆膜早期出现损坏。各类漆膜都可能出现这类质量问题，但相比之下，油脂漆的漆膜较软且粗糙，酚醛树脂漆的漆膜较脆，都比较容易产生小颗粒；有光油漆由于外表面光滑，毛病最为明显；亚光油漆次之，无光油漆不易发现。

2. 原因分析

（1）在漆料的调制过程中，如果研磨不够、用油不足，都会产生漆膜粗糙；有的漆料调配时细度很好，但涂刷后却又现出斑点（如酚醛与醇酸清漆），混色漆中蓝色、绿色及含铁蓝等漆料均容易产生面层粗糙。

（2）漆料在调制时搅拌不均匀，或储存时产生凝胶，储存过长油漆变质，过筛时不细致，将杂质污物混入漆料中；在调配漆料时，产生的气泡在漆内尚未散开便涂刷，尤其在低温情况下气泡更不容易散开，漆膜在干燥过程中即产生粗糙。

（3）在油漆涂饰施工中，将两种不同性质的油漆混合使用，造成干燥较快的油漆即刻发生粗糙，干燥较慢的油漆涂完后才发生表面粗糙。如用喷过油性漆料的喷枪喷硝基漆料时，溶剂可将旧漆皮咬起成渣而带入硝基漆料中，从而造成表面粗糙。

（4）施工环境不符合要求，空气中有灰尘和粉粒；刮风时将砂粒等飘落于漆料中，或直接沾在未干的漆膜上。

（5）在涂刷油漆前，未对物体表面进行认真清理，表面打磨不光滑，有凹凸不平、灰尘和砂粒，尤其是表面上的油污和水清理不干净，更容易造成油漆流坠。

（6）漆桶、毛刷等工具不洁净，油漆表面沾有漆皮或其他杂物；油漆的底部有灰砂，或未经过筛就进行涂刷，都会使漆膜粗糙。

（7）使用喷涂方法时，由于喷枪孔径小、压缩空气压力大，喷枪与被涂表面距离太远，施工环境温度过高，喷漆未到达物面便开始干结，或将灰尘带入油漆中，均可使漆膜出现粗糙现象。

3. 预防措施

（1）根据被涂饰物的材料，选择适宜、优良的漆料；对于储存时间长、技术性能不明的漆料，不能随便使用，应做样板试验合格后再用于工程。

（2）漆料的调制质量是漆膜质量好坏的关键，必须严格配比、搅拌均匀，并过筛将混入的杂物除净，必须将其静置一段时间，待气泡散开后再使用。

（3）对于型号不同、性能不同的漆料，即使其颜色完全相同，也严格禁止混合使用，只有性质完全相同的漆料才可混合在一起，喷涂硝基油漆时应当用专用的喷枪。

（4）选择适宜的涂饰天气，净化油漆的施工现场，做好涂膜成品的保护工作。对于刮风或有灰尘的现场不得进行施工，刚涂刷完的油漆应采取措施防止尘土的污染。

（5）认真处理好基层表面，在油漆涂饰前，对凹凸不平部位应当刮上腻子，并用砂纸打磨光滑，擦去粉尘后再涂刷油漆。

（6）漆的边缘应保持洁净，不应有旧的漆皮。未使用完的油漆，应当立即封盖，或表面加些溶剂，或用纸、塑料布遮盖，防止油漆表面结皮或杂物落入桶内。

（7）当选用喷枪进行涂饰时，应当通过喷涂试验确定适宜的喷嘴孔径、空气压力、喷枪与物面距离、喷枪移动轨迹，并熟练掌握喷涂施工工艺。

（8）当在涂饰施工中发现底漆有粗粒时，应先进行底漆处理，待处理合格后再涂刷油漆面层。

（四）漆膜上出现针孔缺陷

1. 质量问题

漆膜上出现圆形小圈，形成周围逐渐向中心凹陷，小的状如针刺的小孔，较大的如麻点，这种缺陷称为针孔。针孔的直径为 $100\mu m$ 左右，膜从里到外都贯穿成一条条针一样细的通道。针孔几乎穿透了整个漆膜，这样就降低了漆膜的密闭性，使外部水分极易浸入漆膜内部，直至底材。

一般是以清漆或颜料含量较低的磁漆，用喷涂或滚涂进行涂饰时容易出现；硝基漆、聚氨酯漆在施工时，漆膜在涂刷的物面上留下的小气泡，经打磨后易破裂，留下犹如针孔状的小洞。在漆膜表面出现针孔缺陷，不仅影响漆膜的使用寿命和美观，而且严重降低漆膜的密闭性和抗渗透性。

2. 原因分析

（1）选用的溶剂品种或配比不当，低沸点的挥发性溶剂用量过多；涂饰后在溶剂挥发到初期结膜阶段，由于溶剂挥发过快，漆液来不及补充挥发的空档，从而形成一系列小穴及针孔；溶剂使用不当或施工环境温度过高，如沥青漆用汽油稀释就会产生（部分树脂析出）针孔，经烘烤时这种现象将更加严重。

（2）烘干型油漆如果进入烘烤箱过早或烘烤不均匀，则容易出现针孔缺陷，如果受高温烘烤则更严重。

（3）施工中不够细致，腻子打磨不光滑，尚未干燥一定程度；或底层出现污染；或未涂底漆或2道底漆，急于喷涂面漆，均可以出现针孔缺陷。如果采用硝基漆，其比油基的油漆更容易出现针孔。

（4）施工环境湿度过高，喷涂设备油水分离器失灵，喷涂时水分随着压缩空气经由喷嘴喷出，也会造成漆膜表面针孔，严重者还会出现水泡。另外，喷嘴距离被喷的物体面太远，压缩空气压力过大，都容易出现针孔缺陷。

（5）硝基漆面出现针孔的原因：一是配制漆料的稀释剂质量不佳、品种不当、配比不对，造成含有水分，挥发不均衡；二是涂刷操作工艺不熟练、不认真，结果造成涂层厚薄不均匀，涂刷或喷涂质量低劣。

（6）聚氨酯漆面出现针孔的原因：一是被涂物体或漆料、溶剂中含有水分；二是腻子或底漆干燥程度不符合要求涂刷面漆；三是漆料中加入的低沸点溶剂或干燥剂过多；四是涂刷漆膜太厚，表面结膜太快，形成外干内不干；五是被涂刷物体的基层未处理好。

3. 预防措施

（1）烘干型漆液的黏度要适中，涂饰完毕后不要急于进入烘烤箱，要在室内温度下放置15min。在烘烤过程中，应当先以低温预热一段时间，然后按规定控制温度和时间，使油漆中的溶剂正常挥发。

（2）沥青烘漆用松节油稀释，涂漆后要静置15min，烘烤时先用低温烘烤30min，然后按规定控制温度和时间。在纤维漆中可加入适量的甲基环己醇硬脂酸或氯化石蜡；在"酯胶清漆"中可加入10%的乙基纤维，这样既可以防止针孔产生，又能改进油漆的干性和硬度；对于过氯乙烯漆，可用调整溶剂挥发速度的方法，来防止针孔的产生。

（3）涂于基层的腻子涂层一定要填刮密实、刮涂光滑，喷漆前要涂好底漆后再进行面漆涂刷。如果对油漆涂饰要求不太高，底漆应尽量采用刷涂，刷涂速度虽然施工较慢，但可以较好填补针孔。

（4）在喷涂面层漆时，施工环境相对湿度以70%为宜，并认真检查喷涂设备油水分离器的可靠性。使用的压缩空气需要经过过滤，严禁油、水及其他杂质的混入。

（5）硝基漆的施工中预防措施：涂刷木质物体所用的稀释剂，宜采用低毒性苯类或优质稀释剂等溶剂，以便使溶剂均匀挥发。涂刷厚度应均匀一致，涂刷后在漆膜上用排笔轻轻掸一下，以减少小气泡。对于凹陷的小针孔，可用棉球蘸着腊克揩平整。

（6）聚氨酯漆的施工中预防措施：被涂刷表面必须充分干燥，木质制品含水率不得大于12%；待腻子和底漆完全干燥后才能涂刷面层漆；配制油漆的溶剂，不能含有过多的水分，使用前必须进行水分含量的测定；采用溶解力强、挥发速度慢的高沸点溶剂；涂刷的每层油漆厚度不可太大；不平整的漆膜不能用水砂纸磨平。

（五）漆膜表面出现刷纹缺陷

1. 质量问题

在涂刷油漆后漆膜上留有明显的刷痕，待干燥后依然有高低不平的"涂刷纹"，高的"涂刷纹"称"漆梁"，低的"涂刷纹"称"漆谷"。刷纹明显的部位漆膜厚薄不均，不仅影响涂层的外观，而且漆谷底部是漆膜最薄弱环节，是引起漆膜开裂的地方。

"涂刷纹"在平整光滑的表面上比较明显，当表面比较粗糙时不显"涂刷纹"；当有光漆的底面上有涂刷纹时，其面层的"涂刷纹"更加明显；在颜料含量较高的油漆中"涂刷纹"比较多见。

2. 原因分析

（1）油漆中的填料吸油量大，颜料中含水较多；或油漆中的油质不足或漆料中未使用熟炼油，都会造成油漆流平性差，涂刷形成"涂刷纹"。

（2）如果漆料储存时间过长，遇水形成乳化悬垂体，使漆料黏度增大呈现非真厚的状态；漆料中挥发性溶剂过多，挥发速度太快，或漆料的黏度较大等，涂刷后漆层还未流平整而表面迅速成膜；底层物面吸收性太强，油漆涂刷后很快被基层吸干，必然造成涂刷困难，用力涂刷时也很容易留下刷纹。

（3）涂刷技术好坏是否产生刷纹的重要原因，即使选用的是优质油漆和油刷，如果涂刷方法不正确、涂刷时不仔细，也会产生刷纹，如漏刷、油刷倾斜角度不对，收刷子的方向无规律，间隔时间过长，用力大小不同。基层过于粗糙或面积过大，而选用的漆刷太小，毛太硬，也易产生刷纹。

（4）刷纹的产生与漆的种类有很大关系，实践证明磁性油漆要比油性油漆更容易显露刷纹。如硝基漆和过氯乙烯漆的干燥速度过快，尤其是在高温环境下，漆膜来不及涂刷均匀就开始成膜，造成明显的刷纹。

（5）刷涂环境温度与是否产生刷纹也有密切关系。如果环境温度过高，油漆中的溶剂挥发速度快，很容易造成漆料来不及流平、漆膜尚未刷匀，油刷已拉不动，易产生刷纹。

（6）与猪鬃混合使用的油刷以及尼龙或其他纤维的毛刷，不仅不容易将涂层涂刷均匀，而且易产生刷纹。

3. 预防措施

（1）选用优良的漆料，不使用挥发性过快的溶剂，漆料黏度应调配适中。为防止出现刷纹，可采取以下技术措施：在油漆中掺加适量的稀释剂，调整油漆的稠度；开油的面积应与油漆品种、施工温度等相适应，不要太大；选用的油漆刷子要合适，不得过硬过软；在吸收强的底层上先刷一道底油；施工温度一般控制在10~20℃范围内；选用挥发性慢的溶剂或稀释剂。

（2）猪鬃油漆刷子对漆料的吸收性比较适宜，弹性也较好，适宜涂刷各种漆料。挑选技术熟练的油漆工进行涂刷，认真细致地涂刷可以减轻刷纹，如果最后一遍面漆能顺木纹方向涂刷，将大大减轻、减少刷纹。

（3）在涂刷磁性油漆时，要选用较软的漆刷，最后"理油"时的动作一定要轻巧，要顺木纹方向平行操作，不要横涂乱抹。

（4）涂刷硝基漆和过氯乙烯漆等快干漆时，刷涂的动作一定要迅速，往返涂刷的次数要尽量减少，并将这类漆调得稀一些。刷漆难免留下一定的刷纹，对工艺要求较高的饰面应采用喷涂或擦涂的方法。

（六）涂漆时出现渗透色现象

1. 质量问题

漆膜渗透色是指在深色底漆上再涂浅色油漆时，深色底漆被浅色面漆所溶解，底漆的颜色渗透到面漆上来，使底漆与面漆颜色混杂，严重影响油漆涂饰的外观。

2. 原因分析

（1）底层使用了干燥速度慢的材料。如大漆腻子刮在物体表面后，其干燥速度极慢。在这种物面上无论涂刷水色、油色或酒色，即使刚刷后的颜色很均匀，但经过0.5h左右大漆的黑斑腻子部位的颜色就会全部显露于漆面。再如涂过沥青的物面再刷油漆，漆面上会出现沥青的痕迹。

（2）底漆尚未彻底干燥时就开始涂刷面漆，如在未干的红丹酚醛防锈漆上，涂刷蓝、绿醇酸磁漆或调和漆时，就很容易使底漆的颜色渗到面漆表面。在喷涂硝基漆时，由于溶剂的溶解性很强，下层的底漆有时会透过面漆，使面漆颜色产生污染。

（3）在涂刷底漆之前，未彻底清除物面上的油污、松脂、染料、灰尘、杂物等，又未用虫胶漆进行封闭，即刷油漆，造成漆膜渗色。

（4）如果底漆是深色或含有染色，而面漆是浅色。如白色面漆涂刷在红色或棕色的底漆上，面漆会渗出红色或棕色，特别是硝基漆渗透色现象更加严重。

3. 预防措施

（1）底层不用干燥速度慢的大漆腻子打底。着色腻子必须浅于底漆和面漆，刮的腻子应均匀一致，并认真做好封闭隔绝底色工作。由于虫胶漆打底存有一些缺陷，可采用树脂色浆打底。

（2）底漆与面漆应配套使用，尤其是面漆中的溶剂对底漆的溶解性要弱，要待底漆彻底干透后才能涂刷面漆，不要单纯追求进度、急于求成。

（3）在涂刷底漆前，一定要彻底清除基层面上的油污、松脂、沥青、染料、灰尘、红汞、杂物等，除掉面漆渗透色的根源。

（4）涂刷不同颜色的硝基漆时，在面漆中应适当减少稀释剂的用量，涂刷的厚度要尽量薄，使漆膜能迅速干燥，防止面漆对底漆产生溶解渗色。

（5）在大面积油漆正式刷（喷）涂前，对所采用的腻子、底漆和面漆进行样板试验，待完全符合要求，不再出现渗透色现象后，将试验成功的各种材料用于实际工程。

（七）漆膜发生失光现象

1. 质量问题

漆膜发生失光现象，是指有光漆在成膜后不发光，或者发光达不到原设计的效果，不能实现原来的装饰效果。

2. 原因分析

（1）被涂表面未进行认真处理，表面孔隙较多或比较粗糙，经涂刷有光漆后，不能显示出油漆的光亮，即使再加一度漆也很难发光。

（2）采用虫胶漆和硝基漆时，必须在平整光滑的底层上经过多次涂刷后才有光亮，如果涂刷次数较少是不会显示光亮的；采用大漆中掺加熟桐油量不足，也会使漆膜呈半光或无光状态。

（3）木材是一种多孔性材料，在涂刷面漆前必须进行封闭处理。如果木质表面没有用清漆作封闭底漆，面漆内的油分会逐渐渗入木材的孔中，使油漆失去光亮。

（4）如果在漆料中混入煤油或柴油，由于煤油和柴油对漆料的溶解能力差，容易使漆料变粗，从而使漆膜呈半光或无光状态。

（5）如果油漆中稀释剂的用量过多，降低了固体分子的含量，再加上涂刷次数较少，漆膜达不到应用的厚度，造成漆膜没有光泽。

（6）使用颜料含量过多的色漆涂装，如果油漆搅拌不均匀，则形成桶上部的油漆颜料较少、漆料较多，涂刷后光泽较好；而桶下部的油漆颜料较多、漆料较少，涂刷后光泽较差或无光泽。

（7）如果将几种不同性能的油漆混合涂装面漆，或者在硝基清漆内加入过多的防潮剂，也会引起漆膜失光。

（8）施工环境不好，被涂刷的物体表面有油污、水分或气候潮湿，施工环境温度太低，施工场所不干净，或在干燥过程中遇到风、雨、雪、烟雾等，漆膜也容易出现半光或无光。特别是掺加桐油的涂膜，遇到风雨、煤烟熏后很容易失光。油性漆膜受到冷风袭击后，致使干燥速度极慢，又会失去光泽。

（9）底漆和腻子未完全干透就涂刷面漆，不仅容易产生互相渗透色现象，而且也会造成面漆失光。

（10）选用的油漆不符合使用环境的要求，如使用耐晒性差的油漆，涂刷初期虽有较好的光泽，但漆膜经一段时间的日光暴晒，很快就会失去光泽。

3. 防治措施

（1）加强对涂层表面的处理，用适宜的腻子将涂层确实刮光滑，这样才能发挥有光漆的作用。木质表面应用清漆或树脂色浆将其进行封闭，避免木材细孔将漆中油分吸入。尽量用聚氨酯清漆或不饱和聚酯清漆取代硝基清漆和虫胶漆。

（2）在冬期进行油漆涂刷时，应首先进行涂膜干燥试验，以确定再采取的其他措施。对于涂刷施工现场，必须堵塞门窗以防寒风袭击，在油漆中加入适量的催干剂，或采取其他的升温干燥措施。

（3）当采用挥发性油漆涂刷时，施工现场的相对湿度以60%~70%为宜，如果湿度过大，工件应预热，或在油漆中掺加10%~20%的防潮剂。

（4）在油漆涂刷施工期间，应当选择良好的天气（晴朗、无风、干燥），排除施工场地的煤气和熏烟，防止因污染未干燥的涂膜而失去光泽。

（5）稀释剂的掺量应适宜，应保持油漆的正常黏度。根据工程经验，刷涂的黏度为30s以上，喷涂的黏度为20s左右。

（6）当采用色漆进行涂刷时，应先在桶内搅拌均匀后，才能进行稀释和涂刷，这样才能避免上部油漆发光、下部油漆无光。

（7）室外应采用耐腐蚀、耐候性好的油漆。

（八）漆膜在短期内产生开裂

1. 质量问题

漆膜开裂是油漆的一种老化现象，也是一种比较严重的质量问题。大部分油漆天长日久受到氧化作用，使漆膜逐渐失去弹性、增加脆性，就会发生开裂。

油漆漆膜开裂，从表面现象上有粗裂、细裂和龟裂之分。粗裂和细裂是漆膜在老化过程中产生的收缩现象，即漆膜的内部收缩力大大超过它的内聚力而造成的破裂，龟裂是指漆膜破裂到底露出涂饰的物面，或表面开裂外观呈梯子状或鸟爪状。

2. 原因分析

（1）被涂饰的木材含水率大于12%，在油漆涂刷完毕后，木材中的水分向外蒸发，产生干缩变形，变形过大时使漆膜产生开裂。

（2）底漆涂膜太厚，未等干透就涂刷面漆，或者采用"长油度"的油漆作为底漆，而罩上"短油度"面漆，两种漆膜的收缩力不同，会因面漆的弹性不足而产生开裂，厚度越大收缩越大，漆膜开裂后甚至会露出底漆。

（3）选用的油漆品种不当，如室内用的油漆或"短油度"油漆被用于室外涂装，由于这类油漆抗紫外线辐射性能不良，涂刷不久就会出现开裂。

（4）选用的油漆质量不好。如采用低黏度硝化棉制成的硝基漆，由于缺乏良好的耐久性和耐候性，或未经耐候性、耐光性良好的合成树脂进行改性。又如，大漆本身的含水率高，或在大漆中掺加水分，未充分进行充分涂刷调理等。

（5）在配制油漆或在涂刷油漆前，未将油漆搅拌均匀，从而造成油桶中的油漆下部颜料含量较多，而上部含量较少，使用颜料含量较多的油漆时易出现裂纹。

（6）油漆工的技术操作水平较差，再加上涂刷时不认真仔细，很容易出现刷纹，则"漆谷"成为易产生开裂的薄弱环节。

（7）配制油漆时掺加了过量的挥发性成分或催干剂，干燥速度过快、收缩过大而造成开裂。在硝基漆调制过程中，所掺加的稀释剂不当，也会出现类似状态。

（8）漆膜受到不利因素影响，造成表面开裂。如日光强烈照射，环境温度高、湿度大，漆膜突然受冷热而产大过大伸缩，水分吸收和蒸发时的穿透作用比较频繁，使用过程中有侵蚀介质的反复作用，在使用期保护、保养不当等均可以产生漆膜开裂。

3. 预防措施

（1）严格控制涂饰基层的含水量，以防止基层产生较大的干缩。如木材制品的含水率应严格控制在12%以下。

（2）正确选择油漆的品种；在达到规定的干燥时间后，再涂刷下一层油漆；油漆中掺加的挥发性成分或催干剂应适量；漆膜上沾有浆糊或胶水应立即清除干净。

（3）采用品质优良的漆料　在硝基漆的制造过程中，必须用高黏度硝化棉作原料，并用性能良好的合成树脂进行改性，以提高硝基漆的耐候性、耐光性和耐久性。还需要加入耐光性良好的稀释剂、增韧性等优质助剂，以增强漆膜的柔韧性。

（4）明确涂刷工艺具体要求，提高油漆工的操作水平，不得出现刷纹缺陷。在使用过程中尽量避免日光暴晒和风吹雨打，漆膜应定期用上光剂进行涂揩、保养，以延长漆膜寿命。

（九）漆膜发生起泡

1. 质量问题

涂刷的漆膜干透后，表面出现大小不同突起的气泡，用手指按压稍有弹性，气泡是在漆膜与物面基层，或面漆与底漆之间发生的。富有弹性非渗透性的漆膜被下面的气体、固体或液体形成的压力鼓起各种气泡。气泡内的物质与涂刷面的材料有关，一般有水、气体、树脂及铁锈等。

新生成的气泡软而有弹性，旧气泡硬脆易于清除。漆膜下的水、树脂和潮气上升到漆面形成的气泡，与阳光或其他热源产生的热量有关，一般情况下热量越大，则产生气泡的可能性越大，形成的气泡越持久。深色漆料反射光的能力差，对热量的吸收比较多，比浅色漆料更容易产生气泡。

2. 原因分析

（1）耐水性较差的漆料用于浸水物体的涂饰，采用的油性腻子未完全干燥或底漆未干就涂刷面漆，石膏凝胶中的水或底漆膜中残存的溶剂受热蒸发，腻子和底漆中的水分和溶剂气化时逸散不出，均可形成气泡。

（2）采用喷涂方法施工时，压缩空气中含有水分和空气，与漆料一同被喷涂在涂饰面上；或者涂刷的漆黏度太大，当漆刷沿着漆料涂刷时，夹带的空气进入涂层，不能跟随溶剂挥发而产生气泡。

（3）施工环境温度太高，或日光强烈照射使底漆未干透，遇到雨水又涂刷面漆；底漆在干结时，产生气体将面漆膜顶起，形成气泡。另外，如果在强烈的日光下涂刷油漆，涂层涂得厚度过大，表面的油漆经暴晒干燥，热量传入内层油漆后油漆中的溶剂迅速挥发，结果造成漆膜起泡。

（4）底漆涂刷质量不符合要求，留有小的空气洞，当烘烤时空气膨胀，也会将外层漆膜顶起。油漆品种选用不当，如醇酸磁漆涂于浸水材料表面；漆膜过厚，与表面附着不牢，或层间缺乏附着力。在多孔表面上涂刷油漆时，没有将孔眼填实，在油漆干燥的过程中，孔眼中的空气受热膨胀后形成气泡。

（5）在木质制品涂刷油漆产生气泡的原因，主要有以下几个方面。

① 制作的木质制品的含水率超过15%，水分受热蒸发时漆膜就容易出现气泡，室外朝阳部位和室内暖气附近尤为明显。当气温达到露点后，木材中的水分会产生冷凝，也会使漆膜形成小泡。

② 已风干的木质表面含水量虽然较低，但潮湿仍会从木面的某些部位渗入形成气泡。与砖、混凝土接触的木材端部、接缝、钉孔及刮涂不好的油灰都容易吸潮，室外的木质面即使有防雨措施，由于吸入大量的潮湿空气，已风干的木面也会出现气泡。

③ 漆料如果涂刷在树脂含量较高的木面上，特别是涂刷在未风干的新木面上，当受到高温影响后，树脂会变成液态，体积增大形成一定压力，将漆膜鼓起形成气泡，或将漆膜顶破而流出树脂。

④ 有些硬质木面，如橡木表面有许多开放式的管孔，涂刷漆料时易将空气封闭在管孔内，受热后管孔内的气体膨胀形成气泡。

⑤ 使用带水的油漆刷子涂刷，或漆桶内有水或涂刷面上有露水等，均可使涂层形成潮气产生气泡。

（6）新的砖石、混凝土、抹灰面上的漆膜产生气泡的原因主要有以下两个方面。

① 在含水率较高的新墙面上涂刷不渗透性漆料时很容易产生气泡，特别是墙的两面都涂刷这类漆料，墙内的水分不易散出，当环境温度升高时墙内水分向外蒸发，由于漆膜阻挡形成压力，从而产生气泡。

② 水泥及混凝土制品表面为多孔性基层，并含有一定量的盐分和碱性物质，直接涂装油漆往往发生起泡、脱落、泛白等质量问题，甚至与漆料发生皂化作用而损坏漆层。

（7）旧的砖石、混凝土、抹灰面上的漆膜产生气泡的原因，主要有以下两个方面。

① 产生气泡的主要原因是由于基体（基层）内的潮湿，因某种原因不断上升而引起的，如防潮层产生损坏，室外地面高于防潮层，墙面有破损雨水渗入，给排水或空调系统渗漏等。

② 被涂刷的物面未进行认真清理，基层表面上有细孔而未填实，有脏污（如油污、灰尘、沥青等）未清理干净。

（8）钢铁面上的漆膜产生气泡，主要是由于基体表面处理不当，或底漆涂刷不善而产生锈蚀，含有潮湿的铁锈被漆膜封闭后均会产生气泡。

（9）其他金属面漆膜产生气泡，主要是当环境温度升高或金属基体受热后，溶剂含量高的涂层容易出现气泡。漆膜受热后变软，弹性增大，并可能使涂膜内的溶剂挥发产生气体，从而产生气泡。

（10）聚氨酯漆膜产生气泡的原因主要有以下几个方面。

① 第一道涂层中的溶剂未完全挥发，随即涂刷第二道涂层，由于间隔时间不满足，在两道涂层之间含有挥发性物质，待挥发时便使上层鼓起气泡。

② 施工环境温度太高，或加热速度过快，溶剂挥发的速度超过漆料允许的指标。

③ 在施工过程中有水分或气体侵入，如喷涂施工中，如果油水分离器失灵，会将气体

和水带入油漆中。

④ 如果采用虫胶漆作底漆，在化学反应生成一定量的二氧化碳气体，从而形成气泡。

3. 预防措施

（1）基体（基层）表面处理如果采用油性腻子，必须等腻子完全干燥后再涂刷油漆。当基层有潮气或底漆上有水时必须把水擦拭干净，待潮气全部散尽后再做油漆。

（2）在潮湿及经常接触水的部位涂饰油漆时，应当选用耐水性良好的漆料。

（3）选用的漆料黏度不宜太大，一次涂饰的厚度不宜太厚；喷漆所用的压缩空气要进行过滤，防止潮气侵入漆膜中造成起泡。

（4）多孔材料干燥后，其表面应及时涂刷封闭底漆或树脂色浆；施工时，避免用带有汗的手接触工件；工件涂刷完毕后，不要放在日光或高温下；喷涂和刷涂的油漆，应根据使用环境选择适宜的品种。

（5）对于木质面上的油漆涂层，应当注意以下几个方面。

① 必须严格控制木材的含水率不得大于12%。当施工现场湿度较大，无法满足规定含水率时，可在干燥环境中涂刷防潮漆后，再运至施工现场安装。

② 含有树脂的木材应对其加温，使树脂稠度降低或流出，然后用刮刀刮除，严重的可将其挖除修补。对含树脂的木面也可经打磨除尘后，涂刷一层耐刷洗的水浆涂料或乳胶漆，使填孔、着色、封闭一步化。

（6）对于新的砖石、混凝土、抹灰面上的油漆涂层，应当注意以下几个方面。

① 这类基层面至少要经过2~3个月的风干时间，待含水率小于8%、碱度pH值在10以下时再涂刷油漆。

② 急需刷漆的基层可采用15%~20%的硫酸锌或氯化锌溶液涂刷数次，待干燥后扫除析出的粉质和浮粒，即可涂刷油漆。

（7）对于旧的砖石、混凝土、抹灰面上的油漆涂层，应当注意以下几个方面。

① 将旧建筑物的缺陷处修补好，等基层完全干燥后再涂刷新的涂层。如果问题无法解决，或未做防潮层，可不涂刷不渗透性漆料，只涂刷乳胶漆一类的渗透性涂料。

② 对于旧混凝土的表面，还要用稀氢氧化钠溶液去除油污，然后再用清水进行冲洗，干燥后再涂刷油漆。

（8）对于钢铁面上的油漆涂层，应当注意以下几个方面。

① 采用喷砂方法清除钢铁面上的铁锈，然后涂刷防锈底漆（如红丹），以涂刷两遍为宜，待底漆干燥后再刷面漆。

② 在钢铁面上涂刷油漆，要选择干燥、无风、晴朗、常温天气进行，涂刷前要检查表面处理是否符合要求，重点查看除锈和干燥情况如何。

（9）对于金属面上的油漆涂层，应当注意以下几个方面。

① 在涂刷油漆前，应了解金属构件在使用中能经受的最高温度，以便选择适宜油漆品种。

② 在适宜的施工环境中进行涂刷油漆。

（10）对于聚氨酯漆涂层，应当注意以下几个方面。

① 必须等第一道涂层中溶剂大部分挥发后再刷第二道，在采用湿工艺涂刷时，要特别注意这一点，不能为赶涂刷速度而对漆膜突然进行高温加热。

② 一般宜选用稀释的聚氨酯作为底漆，如果用虫胶漆作为底漆时，必须待虫胶漆彻底干燥后才可涂饰面漆。

③ 施工时，涂饰物面、工具及容器要干燥，严格防止沾上水分，并且不要在潮湿的环

境中施工，这是防止聚氨酯漆膜不起泡的重要措施。

④ 漆料黏度增高时，可用稀释剂进行稀释，但配合比改变很可能使漆膜出现气泡。因此，对于掺加稀释剂一定要慎重，要进行涂刷试验加以验证，并且不宜再涂装在主要装饰部位。

⑤ 为了防止起泡，可在配制漆料时加入适当硅油，硅油掺加量为树脂漆的0.01%~0.05%。如果用量过多，会出现缩孔、凹陷现象。

三、特种涂料质量问题与防治措施

近几年，涂料工业飞速发展，涂料的种类和功能越来越多，涌现出许多具有特种功能的涂料，如防火涂料、防水涂料、防霉涂料、防止结露涂料、保温涂料、闪光涂料、防腐涂料、抗静电涂料、彩幻涂料等。这些特种涂料组成不同、功能不同，所表现出来的质量问题也不相同。下面仅列举几种建筑上常用的特种涂料常见的质量问题加以分析和处理。

（一）防腐涂料成张揭起

1. 质量问题

在湿度较大的环境中涂刷过氯乙烯防腐涂料面层，或在下层未干透便涂刷上层时，就会使下面涂层成张揭起。成张揭起不仅严重影响油漆涂刷速度，而且严重影响饰面美观。

2. 原因分析

因过氯乙烯防腐涂料的施涂，是由多遍涂刷完成的，如底层涂膜未干透，则涂膜内残存溶剂即施涂面涂层就会因附着力差而被成张揭起。

3. 预防措施

（1）把好每道涂刷的工序，这是防止成张揭起的根本措施。抹灰面清理洁净、保持干燥。底层涂刷要1~2遍。因过氯乙烯涂料干燥特别快，所以操作时只能刷一上一下，不能多刷，更不能横刷刮涂，以免吊起底涂层。

（2）嵌批腻子 过氯乙烯腻子可塑性差、干燥快，嵌批时操作要快。随批腻子随刮平，不能多刮，防止从底层翻起。批腻子后要打磨、擦净。

（3）每道涂层施涂前要确保底层干燥。用0~1号砂纸带水打磨到涂膜无光泽为好。揩擦干净，晾干后再继续涂刷面层涂料，是防止成张揭起的主要措施。

（二）过氯乙烯涂料出现咬底

1. 质量问题

在涂刷面层涂料时，面涂中的溶剂把底涂膜软化，不仅影响底层涂料与基层的附着力，而且使涂膜产生破坏而咬底。

2. 原因分析

（1）过氯乙烯涂料底涂料未干透或其附着力较差，在涂刷面层涂料后，面层涂料中的溶剂将其软化，从而引起咬底质量问题。

（2）涂刷工艺不当，面层涂料经过反复多次涂刷，使原有的底涂膜溶解破坏，出现"咬色"的现象。

3. 预防措施

（1）过氯乙烯涂料的配套使用 选用X06-1磷化底涂料、G06-4铁红过氯乙烯涂料、G52-1各色过氯乙烯防腐涂料及G52-2过氯乙烯防腐清漆，以整套配合施用。

（2）掌握正确的涂刷工艺　底涂层必须实干，用1号砂纸打磨揩拭干净。涂刷时只能一上一下刷两次，不能多刷，以防咬底。

（三）防霉涂膜层反碱与"咬色"

1. 质量问题

砌体、混凝土墙体、水泥砂浆、水泥混合砂浆中含碱量大，当受潮后产生反碱、析白，使涂膜层褪色，影响防霉效果。

2. 原因分析

（1）基层含碱量大，墙基没有做防潮层或防潮层失效，基层下面的水分上升，使墙身反潮、反碱，导致涂膜褪色，产生霉变。

（2）基体局部受潮湿或漏水，导致反碱，使涂层起鼓、变色，以致防霉涂层不能防霉。

3. 预防措施

（1）为保持基体（基层）干燥，必须要有防潮技术措施，如墙基要做防潮层、地下室要做好防水层，使防霉基体（基层）保持干燥。抹灰层要经常冲洗，降低碱度。基体（基层）达到干燥后方可施涂涂料。

（2）防霉涂料　宜采用氯-偏共聚乳液防霉涂料。其性能是无毒、无味、不燃、耐水、耐酸碱，涂膜致密，有较好的防霉性和耐擦洗性。

（3）涂刷工艺要点。

① 认真进行基层处理　要求涂刷防霉涂料的基层，要达到表面平整，无疏松、不起壳、无霉变、不潮湿、干燥的基本要求。

② 杀菌　配制7%~10%磷酸三钠水溶液，用排笔涂刷二遍。涂刷封底涂料，嵌批腻子、打磨，再施涂防霉涂料2~3遍。第一遍干燥后再涂第二遍。干燥后再打磨，最后涂第三遍。

（四）防火涂膜层开裂与起泡

1. 质量问题

防火涂料的主要功能是防火，又称阻燃涂料。它既具有优良的防火性能，又具有较好的装饰性。当物体表面遇火时，能防止初期火灾和减缓火势蔓延、扩大，为人们提供灭火时间。涂膜层的开裂和起泡都将影响防火效果。

2. 原因分析

（1）木质基层面没有清理干净，使涂层与基层黏结不牢；或木材中含水率大于12%，在干燥过程中产生收缩裂缝，使涂膜也随着出现开裂。

（2）涂刷底层涂膜表面过于光滑，与上层没有足够的黏结力，再加上没有打磨失光就罩面层涂料，底层与面层不能成为一个有机的整体。

（3）不注意涂料的质量，只片面追求降低工程造价，使用劣质防火涂料，其技术性能不能满足设计要求。

3. 预防措施

（1）认真选用优质防火涂料。目前适合木材面的无机防火涂料的型号为E60-1，其具有涂膜坚硬、干燥性好、涂饰方便、可防止延燃及抵抗瞬时火焰等优良特性，适用于建筑物室内的木质面和织物面。由于这种防火涂料不耐水，所以不能用于室外。

（2）掌握正确的操作方法，即清理干净、嵌批腻子、打磨平整、涂饰第一遍防火涂料、干燥磨光、打扫干净、涂饰第二遍，最后涂饰第三遍防火涂料。

（五）防水涂膜层开裂与鼓泡

1. 质量问题

防水涂料涂刷完毕不久，涂膜层出现开裂、鼓泡，甚至完全失去防水的功能，从裂缝和鼓泡的部位出现渗漏水现象，这样不仅使水渗入建筑物的基层内部，而且还会危及建筑结构的安全。

2. 原因分析

（1）基层没有认真进行处理，如基层上的油污、粉尘等处理不干净，基层中的含水量过大，或基层本身出现空鼓、裂缝现象。

（2）在涂刷防火涂料前，没有按照有关规定涂刷基层处理剂，造成防水涂料与基层不能很好地黏结在一起。

（3）采用的施工工艺不当，或涂刷中不认真对待，特别是底层涂料没有实干就涂刷面层涂料，两者不能黏结牢固，最容易造成涂膜层起泡。

（4）选用的防水涂料品种不对，或选用的防水涂料质量低劣，均容易造成防水涂膜开裂与鼓泡。

3. 预防措施

（1）根据所涂饰基层材料的性能，选用优质适应性良好的防水涂料，并经抽样测试合格后方可使用。

（2）严格掌握涂锦标准。基层处理一定要干净，要确保基层、底层完全干燥；涂刷基层处理剂，干燥后再涂好底层涂料，实干后按设计要求铺设胎体增强材料，然后再涂中层和面层；要按设计要求达到涂刷的遍数，要确保设计规定的涂刷厚度。

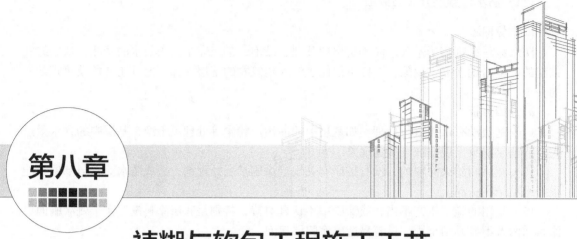

第八章

裱糊与软包工程施工工艺

裱糊与软包工程是室内装修工程重要的组成部分，也是我国传统的装修工艺。随着科学的进步和材料工业的发展，新材料、新工艺和新技术使裱糊与软包工程得到蓬勃发展。工程实践充分证明，裱糊与软包工程具有色彩丰富、质感豪华、施工方便、更换容易等特点。

目前，我国在裱糊与软包工程施工方面已经进入一个崭新的时代，多年来已经习惯遵循和参照的装饰工程施工规范、装饰工程验收标准及装饰工程质量检验评定标准等均已开始发生重要变化，所以按照国家新的质量标准、施工规范，科学合理地选用建筑装饰材料和施工方法，努力提高裱糊与软包工程的技术水平，对于创造一个舒适、温馨、绿色环保型环境，促进室内装饰的健康发展，具有非常重要的意义。

第一节　裱糊与软包工程基本知识

建筑室内裱糊主要功能是美化居住环境，满足使用功能和装饰的要求，并对墙体、顶棚起到一定的保护作用。裱糊饰面工程简称为"裱糊工程"，是指将壁纸或墙布等材料粘贴在室内的墙面、柱面、顶棚面的装饰工程，具有装饰性好、图案丰富、花纹多样、材质自然、功能齐全、施工方便、造价适宜等显著特点。裱糊的主要功能是美化居住环境，满足使用功能和装饰的要求。工程实践也证明，裱糊工程除了装饰功能外，有的还具有吸声、隔热、防潮、防霉、防水、防火等多种功能。

一、裱糊工程的特点与种类

（一）装饰壁纸具有的特点

（1）装饰效果较好　由于裱糊所用的材料色彩鲜艳丰富、图案变化多样，有的壁纸表面凹凸不平，富有良好的质感和主体效果，因此只要通过精心设计、细致施工，裱糊饰面工程不仅可以满足各种使用功能的要求，而且装饰效果较好。

（2）具有多功能性　工程实践证明，多数壁纸和墙布除了具有较好的装饰效果外，还具有良好的吸声、隔热、防霉、耐水等多种功能，同时还具有较好的实用性。

（3）施工非常方便　壁纸和墙布的施工一般采用胶黏材料进行粘贴，不仅施工工艺非常简单，而且施工速度也很快。

（4）维护保养简便　多数壁纸和墙布都有一定的耐擦洗性和防污染性，所以饰面比较容易保持清洁；用久后调换翻新也比较容易。

（5）使用寿命较长　只要日常保养和使用得当，多数壁纸和墙布的使用寿命要比传统的涂料要长。

（二）装饰壁纸的主要种类

（1）纸面纸基壁纸　在纸面上有各种印花或压花花纹图案，价格便宜，透气性好，但因不耐水、不耐擦洗、不耐久、易破裂、不易施工，故很少采用。

（2）天然材料面墙纸　用草、树叶、草席、芦苇、木材等材料制成的墙纸，可给人一种返璞归真的感觉。

（3）金属墙纸　在基层上涂金属膜制成的墙纸，具有不锈钢面与黄铜面之质感与光泽，给人一种金碧辉煌、豪华贵重的感觉，适用于大厅、大堂等场所。

（4）无毒PVC壁纸　无毒PVC壁纸是使用最多的壁纸。它不同于传统塑料壁纸，不但无害且款式新颖，图案美观，有的瑰丽辉煌，雍容华贵；有的凝重典雅，清新怡人。

（5）装饰墙布　装饰墙布是用丝、毛、棉、麻等纤维编织而成的墙布，它能给人和谐、舒适、温馨的感觉。具有强度大，静电小，无光、无毒、无味、花纹色彩艳丽的优点，可用于室内高级饰面裱糊，但价格偏高。

（6）无纺墙布　无纺墙布是用棉、麻等天然纤维或涤腈等合成纤维，经过无纺成型、上树脂、印刷花纹而成的一种贴墙材料。它具有挺括、富有弹性、不易折断、纤维不老化、不散失，对皮肤无刺激，色彩鲜艳，图案雅致，粘贴方便等特点，同时还具有一定的透气性和防潮性，可擦洗而不褪色。无纺墙布适用于特别适用于高级宾馆、高级住宅等建筑物。

（7）波音软片　波音软片是一种带有纹络的贴膜，是室内外装修、船舶、汽车、飞机等最理想的表面处理材料。波音软片是一种新型的环保产品，特点是仿木质感很强，可取代优质的原木，同时因表面无需油漆也避免了传统装饰给人们带来的不适和家庭装修后带来的异味，使人们远离污染，必将成为代替木材的最佳产品。

波音软片的优点是耐磨、耐热、阻燃、耐酸碱、防油、防火、易清洗、价格便宜，还具有无色差、施工简单、可自带背胶等特点，用波音软片处理的实物表面，可长期擦洗，保持表面干净，特别适用于中高档室内装饰和家具饰面。

二、施工常用胶黏剂与机具

（一）粉末壁纸胶

粉末壁纸胶的品种、用途和性能，详如表8-1所列。

（二）裱糊工程常用机具

1. 剪裁工具

（1）剪刀　对于较重型的壁纸或纤维墙布，宜采用长刃剪刀。剪裁时先依直尺用剪刀背划出印痕，再沿印痕将壁纸或墙布剪断。

表8-1 粉末壁纸胶的品种、用途、性能

品种	用途	性　　能
BJ8504 粉末壁纸胶	适用于纸基塑料壁纸的粘贴	(1)初始黏结力：粘贴壁纸不剥落、边角不翘起； (2)黏结力：干燥后剥离时，胶接面未剥离； (3)干燥速度：粘贴后10min可取下； (4)耐潮湿性：在室温，湿度85%下3个月不翘边、不脱落、不鼓泡
SJ8505 粉末壁纸胶	适用于纸基塑料壁纸的粘贴	(1)初始黏结力优于8504干胶； (2)干燥时间：刮腻子砂浆面3h后基本干燥，油漆及桐油面为2h； (3)除能用于水泥、抹灰、石膏板、木板等墙面外，还可用于油漆及涂刷底油等墙面

（2）裁刀　裱糊材料较多采用活动裁纸刀，即普通多用刀。另外，裁刀还有轮刀，分为齿形轮刀和刃形轮刀两种。齿形轮刀可以在壁纸上需要裁割的部位压出连串小孔，能够沿着孔洞线将壁纸很容易地整齐扯开；刃形轮刀通过对壁纸的滚压而直接将其切断，适宜用于质地较脆的壁纸和墙布的裁割。

2. 刮涂工具

（1）刮板　刮板主要用于涂抹刮平在基层上的腻子和刮平整裱糊操作中的壁纸墙布，可用薄钢片、塑料板或防火胶板自制，要求有较好的弹性且不能有尖锐的刃角，以利于抹压操作，但不至于损伤壁纸墙布表面。

（2）油灰铲刀　油灰铲刀主要用于修补基层表面的裂缝、孔洞及剥除旧裱糊面上的壁纸残留，如油漆涂刷工程中的嵌批铲刀。

3. 涂刷工具

用于涂刷裱糊胶黏剂的刷具，其刷毛可以是天然纤维或合成纤维，宽度一般为15~20mm；此外，涂刷胶黏剂较适宜的是排笔。另外，还有裱糊刷（也称墙纸刷）是专用于在裱糊操作中将壁纸墙布与基面扫（刷）平、压平、粘牢，其刷毛有长短之分，短刷毛适宜扫（刷）压重型壁纸墙布，长刷毛适宜刷抹压平薄金属片（金属箔）等比较脆弱类型的壁纸。

4. 滚压工具

滚压工具主要是指辊筒，其在裱糊工艺中有3种作用：①使用绒毛辊筒以滚涂胶黏剂、底胶或壁纸保护剂；②采用橡胶辊筒以滚压铺平、粘实、贴牢壁纸墙布；③使用小型橡胶轧辊或木制轧辊，通过滚压而迅速压平壁纸墙布的接缝和边缘部位，滚压时在胶黏剂干燥前作短距离快速滚压，特别适用于重型壁纸墙布的拼缝压平与贴严。

对于发泡型、绒面或较为质脆的裱糊材料，则适宜采用海绵块以取代辊筒类工具进行压平操作，避免裱糊饰面的滚压损伤。

5. 其他工具及设备

裱糊工程施工的其他工具及设备，主要有抹灰、基层处理及弹线工具、托线板、线锤、水平尺、量尺、钢尺、合金直尺、砂纸机、裁纸工作台与水槽等。

第二节　裱糊与软包工程主要材料

裱糊工程所用材料的品种很多，其分类方法也较多，如按照外观效果装饰分类，有印花壁纸、压花壁纸、发泡壁纸等；按照功能上分类，有装饰性壁纸、防火壁纸、耐水壁纸等；按照制作的材料分类，有纤维壁纸、木屑壁纸、金属箔壁纸、皮革、人造革、锦缎等。归纳起来，裱糊工程施工所用的主要材料有壁纸、墙布和胶黏剂。

一、裱糊常用的壁纸和墙布

在裱糊工程中广泛使用的壁纸、墙布的主要类型与品种及其应用特点，如表8-2所列。

表8-2 壁纸、墙布主要类型与品种及其应用特点

类型与品种	说　明	应用特点
复合纸质壁纸	由双层纸(底纸和表纸)通过施胶、层压复合后，再经压花、涂布、印刷等工艺制成，其多色印刷(如6色印刷、3色沟底和点涂印刷)及同步压花工艺，使产品具有鲜明的立体浮雕质感和丰富色彩效果	由于是纸质壁纸，故造价较为低廉；无异味，火灾事故中发烟低，不产生有毒有害气体；多色深压花纸质复合壁纸可以达到一般高发泡PVC塑料壁纸及装饰墙布的质感、层次感以及色泽和凹凸花纹持久美观的效果；由于其表面涂敷透明涂层，故具有耐擦洗特性
聚氯乙烯(PVC)塑料壁纸	以纸为基材，以聚氯乙烯塑料薄膜为面层，经复合、压延、印花、压花等工艺制成，有普通型、发泡型、特种型(功能型)以及仿瓷砖、仿拼装大理石、仿皮革或织物等外观效果的浮雕装饰型等众多花色品种	此类产品具有一定的伸缩性和抗裂强度，耐折、耐磨、耐老化，装饰效果好，适用于各种建筑物内墙、顶棚、梁柱等贴面的装饰。其缺点是：有的品种会散发塑料异味和火灾燃烧时发烟有一定的危害
纺织艺术壁纸	由棉、麻、毛、丝等天然纤维及化学纤维制成的各种色泽花式的粗细纱或织物与纸质基材复合而成；另有用扁草、竹丝或"麻条"与棉线交织后同纸基贴合制成的植物纤维壁纸，也属于此类，具有鲜明的肌理效果	此类裱糊材料的大部分品种具有无毒、环保、吸声、透气及一定的调湿和保温功效，饰面的视觉效果独特，尤其是天然纤维的质感纯朴、生动。其缺点是：防污及可擦洗性能较差，易受机械损伤，对于保养要求较高；适宜于饭店、宾馆重要房间、接待室、会议室及商用橱窗等裱糊工程
金属壁纸	主要是以铝箔为面层复合于纸质基材的壁纸产品，表面进行各种处理，亦可印花或压花	表面具有镜面不锈钢和黄铜等金属饰面质感及鲜明的光泽效果，耐老化、耐擦洗、抗沾污，使用寿命长，多用于室内天花、柱面裱糊及墙面局部与其他饰面配合进行贴面装饰
玻璃纤维墙布	以中碱玻璃纤维为基材，表面涂覆耐磨树脂再进行印花等加工制成	色彩鲜艳，花式繁多，不褪色，不老化，不变形，耐洗刷性优异，在工程中可以掩盖基层裂缝等缺陷，最适宜用于轻质板材基面的裱糊装饰；由于该材料具有优良的自熄性能，故宜用于防火要求高的建筑室内。其缺点是：遮盖底的能力比较差，涂层磨损后会有少量纤维散出而影响美观
无纺贴墙布	采用棉、麻等天然植物纤维或涤纶、腈纶等化工合成纤维，经无纺成形、涂布树脂及印花等加工制成	表面光洁，色彩鲜艳，图案雅致，有弹性，耐折、耐擦洗、不褪色，纤维不老化、不分散，有一定的透气性和防潮性能，且裱糊方便；适用于各种建筑室内裱糊工程，其中涤纶绵无纺墙布尤其适宜高级宾馆及住宅的高级装饰
化纤装饰墙布	以化学纤维布为基材，经加工处理后印花而成	具有无毒、无味、透气、防潮、耐磨、无分层等优点，其应用技术与PVC壁纸基本相同
棉质装饰墙布	采用纯棉平布经过前处理、印花、涂层等加工制成	无毒、无异味，强度好，静电小，吸声，色彩及花型美观大方，适用于高级装饰工程

类型与品种	说　明	应用特点
石英纤维墙布（奥地利海吉布）	采用天然石英材料编织的基材，背带黏结剂，表面为双层涂饰，总厚度为0.7~1.4mm，具有各种色彩和不同的肌理效果，形成胶黏剂、墙布和涂料三者结合的复合装饰材料	不燃、无毒、抗菌、防霉、不变色，安全环保，可使用任何化学洗涤剂进行清洗，耐洗刷可达10000次以上；饰面具有透气性，可保证15年以上的使用寿命，并可5次更换表面涂层颜色；可用于各种材质的墙面裱糊
锦缎墙布	为丝织物的裱糊饰面品种	花纹图案绚丽，风格典雅，可营造高贵富丽的环境气氛；突出缺点是不能擦洗、容易长霉，且造价较高，只适用于特殊工程的裱糊饰面
装饰墙面毡	以天然纤维或化学纤维，如麻、毛、丙烯腈、聚丙烯、尼龙、聚氯乙烯等纤维，经黏合、缩绒等工艺加工制成，品种分为机织毡、压呢毡和针刺毡等	具有优良的装饰效果，并有一定的吸声功能，易于清洁，为建筑室内高档的裱糊饰面材料，可以用于墙面或柱面的水泥砂浆基层、木质胶合板基层及纸面石膏板等轻质板材基层表面

在新型的或传统的裱糊材料中，当前应用最为普遍的壁纸是聚氯乙烯（PVC）塑料壁纸，其产品有多种类型和品种，如立体发泡型凹凸花纹壁纸，防火、防水、防菌、防静电等功能型壁纸，以及方便施工的没有基层壁纸、预涂胶壁纸、分层壁纸等。

常用的装饰墙布，是目前在室内装饰中首选的装饰材料，其主要是以棉、麻等天然纤维材料，或涤、腈等合成纤维材料，经无纺成型、涂布树脂并印制彩色花纹而成的无纺贴墙布；或以纯棉平布经过前处理、印花和涂层等工艺制成的棉质装饰布。此外，以平绒、墙毡、家具布（装饰布）、毛藤、蒲草等装饰织（编）物进行墙面或造型构件裱糊的做法，也被广泛应用于室内装饰工程中。

常用壁纸、墙布的规格尺寸，可参见表8-3。根据原国家标准《聚氯乙烯壁纸》中的规定，每卷壁纸的长度为10m者，每卷为1段；每卷壁纸的长度为50m者，其每卷的段数及每段长度应符合表8-4中的要求；塑料壁纸的外观质量应符合表8-5中的规定；塑料壁纸的物理性能应符合表8-6中的规定；壁纸中的有害物质限量值应符合表8-7中的规定；装饰墙布的外观质量应符合表8-8中的规定。

表8-3　常用壁纸、墙布的规格尺寸

品种	规格尺寸			备注
	宽度/mm	长度/m	厚度/mm	
聚氯乙烯壁纸	530(±5)	10(±0.05)	—	国家标准GB8945
	900~1000(±10)	50(±0.50)	—	
纸基涂塑壁纸	530	10	—	天津新型建材二厂产品
纺织纤维墙布	500,1000	按用户要求	—	西安市建材厂产品
玻璃纤维墙布	910(±1.5)	—	0.15(±0.015)	统一企业标准CW150
装饰墙布	820~840	50	0.15~0.18	天津第十六塑料厂产品
无纺贴墙布	850~900	—	0.12~0.18	上海无纺布厂产品

表8-4　50m/卷壁纸的每卷段数及段长

级　别	每卷段数	每小段长度
优等品	≤2段	≥10m
一等品	≤3段	≥3m
合格品	≤6段	≥3m

表8-5 塑料壁纸的外观质量

缺陷名称	等级指标		
	优等品	一等品	合格品
色差	不允许有	不允许有明显差异	允许有差异,但不影响使用
伤痕和褶皱	不允许有	不允许有	允许基纸有明显折痕,但壁纸表面不许死折
气泡	不允许有	不允许有	不允许有影响外观的气泡
套印精度偏差	偏差≤0.7mm	偏差≤1mm	偏差≤2mm
露底	不允许有	不允许有	允许有2mm的露底,但不允许密集
漏印	不允许有	不允许有	不允许有影响外观的漏印
污染点	不允许有	不允许有目视明显的污染点	允许有目视明显的污染点,但不允许密集

表8-6 塑料壁纸的物理性能

项目			等级指标		
			优等品	一等品	合格品
褪色性/级			>4	≥4	≥3
耐摩擦色牢度试验/级	干摩擦	纵向、横向	>4	≥4	≥3
	湿摩擦	纵向、横向	>4	≥4	≥3
遮蔽性/级			4	≥3	≥3
湿润拉伸负荷 N/15mm		纵向、横向	>2.0	≥2.0	≥2.0
黏合剂可擦拭性[1]		横向	20次无外观上的损伤和变化	20次无外观上的损伤和变化	20次无外观上的损伤和变化

[1] 可擦拭性是指在施工操作中粘贴塑壁纸的胶黏剂附在壁纸的正面,在其未干时应有可能用湿布或海绵拭去,而不留下明显痕迹。

表8-7 壁纸中的有害物质限量值   单位:mg/kg

有害物质名称		限量值	有害物质名称		限量值
重金属(或其他)元素	钡	≤1000	重金属(或其他)元素	砷	≤8
	镉	≤25		汞	≤20
	铬	≤60		硒	≤165
	铅	≤90		锑	≤20
氯乙烯单体		≤1.0	甲醛		≤120

表8-8 装饰墙布的外观质量

项次	疵点名称	一等品	二等品	合格品
1	同批内色差	4级	3~5级	同一包(300m)内
2	左中右色差	4~5级	4级	指相对范围
3	前后色差	4级	3~4级	指同卷内
4	深浅不均	轻微	明显	严重为次品
5	褶皱	不影响外观	轻微影响外观	明显影响外观为次品
6	花纹不符	轻微影响	明显影响	严重影响为次品
7	花纹偏斜	15mm以内	30mm以内	—
8	边疵	15mm以内	30mm以内	—
9	豁边	10mm以内3只	20mm以内6只	—

项次	疵点名称	一等品	二等品	合格品
10	破洞	不透露胶面	轻微影响胶面	透露胶面为次品
11	色条色泽	不影响外观	轻微影响外观	明显影响为次品
12	油污水渍	不影响外观	轻微影响外观	明显影响为次品
13	破边	10mm以内	20mm以内	—
14	幅宽	同卷内不超过±15mm	同卷内不超过±20mm	—

二、对所用软包材料的要求

（1）软包墙面木框、龙骨、底板、面板等所用的木材，其树种、规格、等级、含水率和防腐处理，必须符合设计图纸的要求。

（2）软包面料、内衬材料及边框的材质、颜色、图案、燃烧性能等级等，应符合设计要求及国家现行标准的有关规定，具有防火检测报告。对于普通面料需要进行两次防火处理，并经检测合格。

（3）龙骨一般应采用白松烘干料制作而成，其含水率不得大于12%，厚度应符合设计要求，不得有腐朽、节疤、劈裂、扭曲等瑕疵，并预先经过防腐处理。

（4）外饰面所用的压条分格框料和木贴脸等面料，宜采用在工厂经烘干处理加工的半成品料，含水率不得大于12%。选用优质五夹板，如基层情况特殊或有特殊要求者，也可选用九夹板。

三、对所用胶黏剂质量要求

胶黏剂系指能通过表面黏附作用使固体材料连接在一起的物质。随着高分子科学的发展，胶黏剂的制备技术和应用取得了长足的进步。胶黏剂已广泛地应用于各行业中制造和使用的诸多方面；胶黏剂品种日益繁多，黏结技术不断进步。

目前，在建筑装饰装修工程所用的胶黏剂有反应型、热熔型、水基型、功能型和其他胶黏剂。根据胶黏剂的来源不同，可分为成品胶黏剂和现场调制胶黏剂。不管采用何种类型的胶黏剂，均应具有出厂合格证，并符合国家现行标准《室内装饰装修材料 胶粘剂中有害物质限量》（GB 18583—2008）中的规定。

1. 成品胶黏剂

用于壁纸、墙布裱糊的成品胶黏剂，按其基料不同可分为聚乙烯醇、纤维素醚及其衍生物、聚醋酸乙烯乳液和淀粉及其改性聚合物等；按其物理形态不同可分为粉状、糊状和液状3种；按其用途不同可分为适用于普通纸基壁纸裱糊的胶黏剂和适用于各种基底和材质的壁纸墙布裱糊的胶黏剂。

裱糊工程成品胶黏剂的基本类别、材性及现场应用，可参见表8-9。

表8-9 裱糊工程成品胶黏剂的基本类别、材性及现场应用

形态类别	主要胶黏剂	分类代号		现场应用
		第1类	第2类	
粉状胶	一般为改性聚乙烯醇、纤维素及其衍生物等	1F	2F	根据产品使用说明将胶粉缓慢撒入定量清水中，边撒边搅拌或静置陈伏后搅拌，使之溶解直至均匀无团块

形态类别	主要胶黏剂	分类代号		现场应用
		第1类	第2类	
糊状胶	淀粉类及其改性胶等	1H	2H	按产品使用说明直接使用，或用清水稀释搅拌至均匀无团块直接使用
液体胶	聚醋酸乙烯、聚乙烯醇及其改性胶等	1Y	2Y	按产品使用说明

注：应按裱糊材料品种及基层特点选配胶黏剂，一般壁纸可选用第1类胶黏剂；要求高湿黏性、高干强度的裱糊工程，可选用第2类胶黏剂。

根据现行的行业标准《胶粘剂产品包装、标志、运输和贮存的规定》（HG/T 3075—2003）中的规定，成品胶黏剂在每个包装上应有标志，注明规定的有关内容。胶黏剂产品运输和贮存前应验明包装容器完整不漏，运输、装卸胶黏剂产品时应轻拿轻放，并应按照不同的贮存条件贮存，属于易燃的胶黏剂产品的储存应按照《易燃易爆性商品储存养护技术条件》（GB 17914—2013）的有关规定执行，属于有毒、有害的胶黏剂产品的贮存应按《毒害性商品储存养护技术条件》（GB 17916—2013）的有关规定执行。

2. 现场调制胶黏剂

裱糊工程常用的胶黏剂的现场调制配方，可参见表8-10。施工时胶黏剂应集中进行配制，并由专人负责，用400孔/cm²筛网过滤。现场调制的胶黏剂，应当在当天用完，聚乙酸乙烯乳液类材料应使用非金属容器盛装。

表8-10　裱糊工程常用胶黏剂可现场调制配方

材料组成	配合比（质量比）	适用壁纸墙布	备　　注
白乳胶：2.5%羧甲基纤维素：水	5:4:1	无纺墙布或PVC壁纸	配比可经试验调整
白乳胶：2.5%羧甲基纤维素溶液	6:4	玻璃纤维墙布	基层颜色较深时可掺入10%白色乳胶漆
SJ-801胶：淀粉糊	1:0.2		
面粉（淀粉）：明矾：水	1:0.1:适量	普通壁纸复合纸基壁纸	调配后煮成糊状
面粉（淀粉）：酚醛：水	1:0.002:适量		
面粉（淀粉）：酚醛：水	1:0.002:适量		
成品裱糊胶粉或化学浆糊	加水适量	墙毡、锦缎	胶粉按使用说明

注：根据目前的裱糊工程实践，宜采用与壁纸墙布产品相配套的裱糊胶黏剂，或采用裱糊材料生产厂家指定的胶黏剂品种，尤其是金属壁纸等特殊品种的壁纸墙布裱糊，应采用专用壁纸胶粉。此外，胶黏剂在使用时应按规范规定先涂刷基层封闭底胶。

第三节　裱糊饰面工程施工工艺

裱糊工程一般是在顶棚基面、门窗及地面装修施工均已完成，电气及室内设备安装也基本结束后才能开始；影响裱糊操作及其饰面的临时设施或附件应全部拆除，并应确保后续工程的施工项目不会对被裱糊造成污染和损伤。裱糊工程的作业条件包括内容非常广泛，主要是施工基层条件和施工环境条件两个方面，两者缺一不可、同等重要。

一、裱糊饰面工程施工准备

根据现行国家标准《建筑装饰装修工程质量验收标准》（GB 50210—2018）中的规定，在裱糊施工之前，基层处理质量应达到下列要求。

1. 施工的作业条件

（1）新建筑物的混凝土或水泥砂浆抹灰层在刮腻子前，应先涂刷一道抗碱性的底漆。

（2）旧的基层在裱糊前，应清除疏松的旧装饰层，并涂刷界面剂，以利于黏结牢固。

（3）混凝土或抹灰基层的含水率不得大于8%，木材基层的含水率不得大于12%。

（4）基层的表面应坚实、平整，不得有粉化、起皮、裂缝和突出物，色泽应基本一致。有防潮要求的基体和基层，应事先进行防潮处理。

（5）基层刮腻子应平整、坚实、牢固，无粉化、起皮和裂缝；腻子的黏结强度应符合《建筑室内用腻子》（JG/T 298—2010）中耐水（N）型腻子的规定。

（6）裱糊基层的表面平整度、立面垂直度及阴阳角方正，应符合现行国家标准《建筑装饰装修工程质量验收标准》（GB 50210—2018）中对于高级抹灰的要求。

（7）水电及设备、墙面上的预留预埋已完成，门窗涂料已完成，干燥程度达到要求。

（8）房间墙体抹灰工程、地面工程、门窗工程、吊顶工程及涂饰工程等已完成，经检查质量符合设计要求。

（9）在进行裱糊工程施工前，首先应用封闭底胶涂刷基层，以增加基层的黏结力。

2. 施工环境条件

在裱糊施工过程中及裱糊饰面干燥之前，应避免穿堂风劲吹或气温突然变化，这些对刚裱糊工程的质量有严重影响。冬季低温施工应当在采暖的条件下进行，施工环境温度一般应大于15℃。裱糊时的空气相对湿度不宜过大，一般应小于85%。在潮湿季节施工时，应注意对裱糊饰面的保护，白天打开门窗适度通气，夜晚关闭门窗以防潮湿气体的侵袭。

3. 施工主要机具

在裱糊施工过程中所用的主要机具有双梯、活动裁刀、钢板刮板、塑料刮板、排笔、涂料刷、铝合金直尺、裁纸工作台、2m靠尺、钢卷尺、普通剪刀、水平尺、铅锤、湿毛巾、粉线袋、砂纸、400孔/cm²筛子、油印机胶滚、注射针筒、胶桶、腻子槽、高凳等。

二、裱糊饰面工程施工工艺

裱糊饰面工程的施工工艺主要包括：基层处理→基层弹线→壁纸与墙布处理→涂刷胶黏剂→裱糊操作。

（一）基层处理

为了达到上述规范规定的裱糊基层质量要求，在基层处理时还应注意以下几个方面。

① 清理基层上的灰尘、油污、疏松和黏附物；安装于基层上的各种控制开关、插座、电气盒等凸出的设置，应先卸下扣盖等影响裱糊施工的部分。

② 根据基层的实际情况，对基层进行有效嵌补，采取刮腻子并在每遍腻子干燥后均用砂纸磨平。对于纸面石膏板及其他轻质板材或胶合板基层的接缝处，必须采取其专用接缝技术措施处理合格，如粘贴牛皮纸带、玻璃纤维网格胶带等防裂处理。各种造型基面板上的钉眼，应用油性腻子进行填补，防止隐蔽的钉头生锈时锈斑渗出而影响裱糊的外观。

③ 基层处理经工序检验合格后，即采用喷涂或刷涂的方法喷涂封底的涂料或底胶，作基层封闭处理一般不少于两遍。封底涂刷不宜过厚，并要均匀一致。

封底涂料的选用，可采用涂饰工程使用的成品乳胶底漆，也可以根据装卸部位、设计要求及环境情况而定，例如相对湿度较大的南方地区或室内易受潮部位，可采用酚醛清漆或光油：200号溶剂汽油=1：3（质量比）混合后进行涂刷；在干燥地区或室内通风干燥部位，可采用适度稀释的聚醋酸乙烯乳液涂刷于基层即可。

（二）基层弹线

（1）为了使裱糊饰面横平竖直、图案端正、装饰美观，每个墙面第一幅壁纸墙布都要挂垂线找直，作为裱糊施工的基准标志线，自第二幅开始，可先上端后下端对缝依次裱糊，以保证裱糊饰面分幅一致，并防止累积歪斜。

（2）对于图案型式鲜明的壁纸墙布，为保证做到整体墙面图案对称，应在窗口横向中心部位弹好中心线，由中心线再向两边弹分格线；如果窗口不在中间位置，为保证窗间墙的阳角处图案对称，可在窗间墙体弹出中心线，然后由此中心线向两侧弹出分幅线。对于无窗口的墙面，可以选择一个距离窗口墙面较近的阴角，在距壁纸墙布幅宽50mm处弹出垂线。

（3）对于壁纸墙布裱糊墙面的顶部边缘，如果墙面有挂镜线或天花阴角装饰线时，即以此类线脚的下缘水平线为准，作为裱糊饰面上部的收口；如果无此类顶部收口装饰，则应弹出水平线以控制壁纸墙布饰面的水平度。

（三）壁纸与墙布处理

（1）裁割下料　墙面或顶棚的大面裱糊工程，原则上应采用整幅裱糊。对于细部及其他非整幅部位需要进行裁割时，要根据材料的规格及裱糊面的尺寸统筹规划，并按裱糊顺序进行分幅编号。壁纸墙布的上下端各自留出50mm的修剪余量；对于花纹图案较为具体明显的壁纸墙布，要事先明确裱糊后的花饰效果及其图案特征，应根据花纹图案和产品的边部情况，确定采用对口拼缝或者搭接口切割拼缝的具体拼接方式，应保证对接准确无误。

壁纸与墙布裁割下刀（剪）前，还应再认真复核尺寸有无差错；裁割后的材料边缘应平直整齐，不得有飞边毛刺。下料后的壁纸墙布应编号卷起平放，不能竖立，以免产生褶皱。

（2）壁纸润湿　对于裱糊壁纸的事先湿润，工程上传统称为闷水，这是"纸胎"塑料壁纸必要的施工工序。对于玻璃纤维基材及无纺贴墙布类材料，遇水后无伸缩变形，所以不需要进行湿润；而复合纸质壁纸则严禁进行闷水处理。

① 聚氯乙烯塑料壁纸遇水或胶液浸湿后即膨胀，需要5~10min胀足，干燥后又自行收缩，掌握和利用这一特性是保证塑料壁纸裱糊质量的重要环节。如果将未经润湿处理的此类壁纸直接上墙裱贴，由于壁纸虽然被胶固定但其继续吸湿膨胀，因而裱糊饰面就会出现难以消除的大量气泡、褶皱，不能满足裱糊质量要求。

闷水处理的一般做法是将塑料壁纸置于水槽中浸泡2~3min，取出后抖掉多余的水，再静置10~20min，然后再进行裱糊操作。

② 对于金属壁纸，在裱糊前也需要进行适当的润湿纸处理，但闷水时间应当短些，即将其浸入水槽中1~2min取出，抖掉多余的水，再静置5~8min，然后再进行裱糊操作。

③ 复合纸基壁纸的湿强度较差，严禁进行裱糊前的浸湿处理。为达到软化此类壁纸以利于裱糊的目的，可在壁纸背面均匀涂刷胶黏剂，然后将其胶液面对着胶液面自然对折静置5~8min，即可上墙裱糊。

④ 带背胶的壁纸，应在水槽中浸泡数分钟后取出，并由底部开始图案朝外卷成一卷，

等待静置1min后，便可进行裱糊。

⑤ 纺织纤维壁纸不能在水中浸泡，可先用洁净的湿布在其背面稍作擦拭，然后即可进行裱糊操作。

（四）涂刷胶黏剂

壁纸与墙布裱糊胶黏剂的涂刷，应当做到薄而均，不得出现漏刷；墙面阴角部位应增刷胶黏剂1~2遍。对于自带背胶的壁纸，则无需再涂刷胶黏剂。

根据壁纸墙布的品种特点，胶黏剂的涂刷分为在壁纸墙布的背面涂胶、在被裱糊基层上涂胶以及在壁纸墙布背面和基层上同时涂胶。基层表面的涂胶宽度，要比壁纸墙布宽出20~30mm；胶黏剂千万不要涂刷过厚而出现胶液起堆，以防裱贴时胶液溢出太多而污染裱糊饰面，但也不可涂刷过少，涂胶不均匀到位会造成裱糊面起泡、脱壳、黏结不牢。相关品种的壁纸墙布背面涂胶后，宜将其胶液面对着胶液面自然对叠（金属壁纸除外），使之正、背面分别相靠平放，可以避免胶液过快干燥而造成图案面污染，同时也便于拿起上墙进行裱糊。

（1）聚氯乙烯塑料壁纸用于墙面裱糊时，其背面可以不涂胶黏剂，只在被裱糊基层上涂刷胶黏剂。当塑料壁纸裱糊于顶棚时，基层和壁纸背面均应涂刷胶黏剂。

（2）纺织纤维壁纸、化纤贴墙布等品种，为了增强其裱贴黏结能力，材料背面及装饰基层表面均应涂刷胶黏剂。复合纸基壁纸采用于纸背涂胶进行静置软化后，裱糊时其基层也应涂刷胶黏剂。

（3）玻璃纤维墙布和无纺贴墙布，要求选用黏结强度较高的胶黏剂，只需将胶黏剂涂刷于裱贴面基层上，而不必同时也在布的背面涂胶。这是因为玻璃纤维墙布和无纺贴墙布的基材分别是玻璃纤维及合成纤维，本身吸水极少，加上又有细小旳孔隙，如果在其背面涂胶会使胶液浸透表面而影响饰面美观。

（4）金属壁纸质脆而薄，在其纸背涂刷胶黏剂之前，应准备一卷未开封的发泡壁纸或一个长度大于金属壁纸宽度的圆筒，然后一边在已经浸水后阴干的金属壁纸背面刷胶，一边将刷过胶的部分向上卷在发泡壁纸卷或圆筒上。

（5）在进行锦缎涂刷胶黏剂时，由于锦缎的材质过于柔软，传统的做法是先在其背面衬糊一层宣纸，使其略有挺韧平整，而后在基层上涂刷胶黏剂进行裱糊。

（五）裱糊操作

裱糊操作的基本顺序是：先垂直面，后水平面；先细部，后大面；先保证垂直，后对花拼缝；垂直面先上后下，先长墙面，后短墙面；水平面是先高后低。裱糊饰面的大面，尤其是装饰的显著部位，应尽可能采用整幅壁纸墙布，不足整幅者应裱贴在光线较暗或不明显处。与顶棚阴角线、挂镜线、门窗装饰包框等线脚或装饰构件交接处，均应衔接紧密，不得出现缺纸而留下残余缝隙。

（1）根据分幅弹出的线和壁纸墙布的裱糊顺序编号，从距离窗口处较近的一个阴角部位开始到另一个阴角收口，如此顺序裱糊，其优点是不会在接缝处出现阴影而方便操作。

（2）无图案的壁纸墙布，接缝处可采用搭接法裱糊。相邻的两幅在拼连处，后贴的一幅搭接压前一幅，重叠30mm左右，然后用钢尺或合金铝直尺与裁纸刀在搭接重叠范围的中间将两层壁纸墙布割透，随即把切掉的多余小条扯下。此后用刮板从上向下均匀赶胶，排出气泡，并及时用洁净的湿布或海绵擦除溢出的胶液。对于质地较厚的壁纸墙布，需用胶滚进行滚压赶平。但应注意，发泡壁纸及复合纸基壁纸不得采用刮板或辊筒一类的工具赶压，宜用毛巾、海绵或毛刷进行压敷，以避免使裱糊饰面出现死折。

（3）对于有图案的壁纸墙布，为确保图案的完整性及其整体的连续性，裱糊时可采用拼接法。先对花，后拼缝，从上至下图案吻合后，用刮板斜向刮平，将拼缝处压密实；拼缝处挤出的胶液，及时用洁净的湿毛巾或海绵擦除。

对于需要重叠对花的壁纸墙布，可将相邻两幅对花搭接，待胶黏剂干燥一定程度时（裱糊后20~30min）用钢尺或其他工具在重叠处拍实，用刀从重叠搭口中间自上而下切断，随即除去切下的余纸并用橡胶刮板将拼缝处压严密平整。注意用刀切割时下力要匀，应一次直落，避免出现刀痕或拼缝处起丝。

（4）为了防止在使用时由于被碰、划而造成壁纸墙布开胶，裱糊时不可在阳角处进行甩缝，一般应包过阳角不小于20mm。阴角处搭接时，应先裱糊压在里面的壁纸或墙布，再裱贴搭在上面者，一般搭接宽度为20~30mm；搭接宽度不宜过大，否则其褶痕过宽会影响饰面美观。关键要看面装饰造型部位的阳角处采用搭接时，应考虑采取其他包角、封口形式的配合装饰措施，由设计确定。

与顶棚交接（或与挂镜线及天花阴角线条交接）处应划出印痕，然后用刀、剪修齐，或采用轮刀切齐；以同样的方法修齐下端与踢脚板或墙裙等的衔接收口处边缘。

（5）遇有基层卸不下的设备或附件，裱糊时可在壁纸墙布上剪口。方法是将壁纸或墙布轻糊于裱贴面凸出物件上，找到中心点，从中心点往外呈放射状剪裁（即所谓"星型剪切"），再使壁纸墙布舒平，用笔描出物件的外轮廓线，轻手拉起多余的壁纸墙布，剪去不需要的部分，如此沿轮廓线切割贴严，不留缝隙。

（6）顶棚裱糊时，应沿着房间的长度方向，先裱糊靠近窗子的主要部位。裱糊前先在顶棚与墙壁交接处弹出一道粉线，基层涂胶后，将已涂刷好胶并保持折叠状态的壁纸墙布托起，展开其顶褶部分，边缘靠齐粉线，先铺贴平整一段，然后沿粉线铺平其他部分，直至整幅贴牢。按此顺序完成顶棚裱糊，分别赶平铺实、剪除多余部分并修齐各处边缘及衔接部位。

第四节　软包饰面工程施工工艺

软包饰面是指一种在室内墙表面用柔性材料加以包装的墙面装饰方法。它所使用的材料质地柔软，色彩柔和，能够柔化整体空间氛围，其纵深的立体感亦能提升家居档次。软包饰面除了美化空间的作用外，更重要的是的它具有吸声、隔声、防潮、防撞的功能。

根据工程实践经验，软包工程的饰面有两种常用做法，一是固定式软包，二是活动式软包。固定式做法一般采用木龙骨骨架，铺钉胶合板衬板，按设计要求选定包面材料钉装于衬板上并填充矿棉、岩棉或玻璃棉等软质材料；也可采用将衬板、包面和填充材料分块、分件制作成单体，然后固定于木龙骨骨架。

一、软包饰面工程施工有关规定

根据现行国家标准《建筑装饰装修工程质量验收标准》（GB 50210—2018）中的规定，用于墙面、门等部位的软包工程，应符合以下规定。

① 软包面料、内衬材料和边框的材质、颜色、图案等以及木材的含水率，均应符合设计要求及国家现行标准的有关规定。

② 软包墙面所用的填充材料、纺织面料和龙骨、木质基层等，均应进行防火处理。

③ 软包工程的安装位置及构造做法，应符合设计要求。

④ 基层墙面有防潮要求时，应均匀涂刷一层清油或满铺油纸（沥青纸），不得采用沥青油毡作为防潮层。

⑤ 木龙骨宜采用凹榫工艺进行预制，可整体或分片安装，与墙体连接紧密、牢固。

⑥ 填充材料的制作尺寸应准确，形状和棱角应当规正，固定安装时应与木质基层衬板黏结紧密。

⑦ 织物面料裁剪时，应经纬顺直。安装时应紧贴基面，接缝应严密，无凹凸不平，花纹应吻合，无波纹起伏、翘曲和褶皱，表面应清洁。

⑧ 软包饰面与压线条、贴脸板、踢脚板、电气盒等交接处，应严密、顺直，无毛边。电气盒盖等开洞处，切割尺寸应准确。

⑨ 单块软包的面料不应有接缝，四周应绷紧压严，不得有褶皱。

二、人造革软包饰面施工工艺

皮革或人造革软包饰面，具有质地柔软、消声减震、保温性能好等特点，传统上常被用于健身房、练功房、幼儿园等防止碰撞损伤的房间的墙面或柱面。

用人造革包覆进行凹凸立体处理的现代建筑室内局部造型饰面、墙裙、保温门、吧台或服务台立面、背景墙等，可发挥人造革的耐水、可刷洗及外观典雅精美等优点，但应当重视其色彩、质感和表面图案效果与装修空间的整体风格相协调。

（一）基层处理

人造革软包饰面的基体应有足够的强度，要求其构造合理、基层牢固。对于建筑结构墙面或柱子的表面，为了防止结构内的潮气造成软包基面板、衬板的翘曲变形而影响使用质量，对于砌筑墙体应进行抹灰，对于混凝土和水泥砂浆基层应做防潮处理。通常的做法是采用1：3水泥砂浆分层抹灰至20mm厚，涂刷清油、封闭底漆或高性能防水涂料，或于龙骨安装前在基层满铺油纸。究竟采用何种防潮措施应当由设计确定。

（二）构造做法

当在建筑基体表面进行软包时，其墙体木龙骨一般采用30mm×50mm~50mm×50mm断面尺寸的木方条，钉子预埋防腐木砖或钻孔打入木楔上。木砖或木楔的位置，亦即龙骨排布的间距尺寸，可在400~600mm单向或双向布置范围调整，按设计图纸的要求进行分格安装，龙骨应牢固地钉装于木砖或木楔上。

墙体木龙骨固定合格后即可铺钉基面板（衬板），基面板一般可采用5层胶合板。根据设计要求的软包构造做法，当采用整体固定时，将基面板满铺钉于龙骨上，要求钉装牢固、表面平整。然后将矿棉、泡沫塑料、玻璃棉或棕丝等填充材料规则地铺装于基面衬板上，采用黏结或暗式钉子固定方式进行固定，应形状正确，厚度符合设计要求，同时将人造革面层包覆其上面；采用电化铝帽头钉或其他装饰钉子以及压条（木压条、铜条或不锈钢压条等）按设计分格进行固定。

（三）面层固定

皮革和人造革（或其他软包面料）软包饰面的固定式做法，可选择成卷铺装或分块固定等不同方式，如图8-1所示；此外，还有压条法、平铺泡钉压角法等其他做法，由设计选用确定。

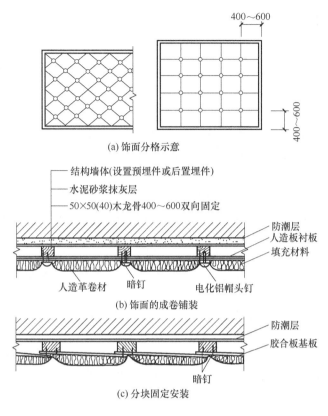

图8-1 软包饰面做法示例（单位：mm）

1. 成卷铺装法

由于人造革可以成卷进行供应，当较大面积的软包工程施工时，可采用成卷铺装法。要求人造革卷材的幅面宽度大于横向龙骨间距尺寸60~80mm，并要保证基面胶合板的接缝必须固定于龙骨中线上。

2. 分块固定法

分块固定法是先将人造革与胶合板衬板按设计要求的分格、划块尺寸进行预裁，然后一并固定于龙骨上。在安装时，从一端开始以胶合板压住人造革面层，压边20~30mm与龙骨钉固，同时塞入被包覆材料；另一端则不压人造革而直接固定于龙骨继续安装即重复以上过程。要求五合板的搭接必须置于龙骨中线。人造革剪裁时应注意必须大于装饰分格划块尺寸，并足以在下一条龙骨上剩余20~30mm的压边料头。

三、装饰布软包饰面施工工艺

装饰布软包饰面是近几年发展起来的一种新型饰面，其质地柔软、色彩多样、颜色鲜艳、纹理清晰、图案丰富，深受人们的喜爱。装饰布软包饰面与人造革的区别，在于装饰表面效果和适宜应用的动与静、大与小的不同场合。例如，红色平绒布通常被使用于具有喜庆特点和较大空间场合；家具布多用于同人的活动和休息密切靠近的床头墙面，或是有声学要求的小空间立面的软包饰面。装饰布软包饰面的施工方法，主要有固定式软包和活动式软包两种。

（一）装饰布的固定式软包

1. 平绒布软包饰面

平绒布作为棉织品中的高档产品，由于其表面被柔软厚实的平整绒毛所覆盖，所以习惯称为平绒。平绒布具有绒布丰满、质地柔软、手感滑润、色彩深红、光泽均匀、弹性优良、耐磨性好等优点。

当平绒布用作较大面积背景墙面装饰时，为突出绒面柔软质感效果和饰面的立体感，一般应采用软包做法。对于混凝土和砂浆抹灰的墙面，关键在于进行防潮处理，基层含水率必须小于8%后才能进行软包的施工。

在进行软包施工时，首先在基层面上固定单向或双向木龙骨，在龙骨上铺钉胶合板（或其他人造板材）作为软包基面，并按设计要求分格弹线；然后按分格划块固定厚度为10~15mm的泡沫塑料板，在泡沫塑料板上用压条固定面层平绒布。

所用的木龙骨要进行防腐、防火处理，其品种、规格应符合设计要求；所用的压条可采用镜面铜条或镜面不锈钢条，一般在水平方向每隔1~2m即做竖向分格条。

2. 家具布软包饰面

裱糊工程实践表明，选用各种颜色、花纹和图案及不同质感的家具布做软包饰面，既可以满足建筑室内的墙面装饰要求，也可以满足建筑室内一定的声学要求。

家具布固定式软包饰面的做法，与人造革、平绒布软包饰面基本相同，但其填充层的泡沫塑料、矿棉、海绵和玻璃棉等材料的铺设厚度，可根据设计要求或实际需要适当增大。

（二）装饰布的活动式软包

装饰布活动式软包施工比固定式软包复杂一些，主要包括：进行基层处理→进行基面造型→软包框线设置→软包单体预制→进行单体嵌装。

1. 进行基层处理

基层处理是软包工程非常重要的一环，不仅关系到软包工程的装饰性和使用性，而且也关系到软包工程的耐久性和安全性，必须按规定认真进行处理。

对于混凝土和砂浆抹灰基层，必须使其含水率达到8%以下才能进行下一个工序的施工。待墙面干燥后，在其表面还要涂刷一道高性能防潮涂料。对于木质基层，其含水率必须控制在12%以下，并要进行防腐、防火和防潮处理。

2. 进行基面造型

进行基面造型是确保软包工程装饰效果的重要手段，要按照设计要求精心操作。基面造型要根据施工图纸规定的尺寸进行实测实量、分格、划块；或者按照设计要求利用木龙骨、胶合板等材料，进行护壁装修造型处理，按造型尺寸确定软包工程单体饰面的面积，以便进行软包单体预制。

3. 软包框线设置

软包框线设置，实际上是按设计图纸要求的方式将带凹槽的装饰线脚进行固定，作为软包单体进行固定时的尺寸和标准，线脚的槽口尺寸和它们相互间的对应关系，应当与软包单体的嵌入相适应。

软包框线设置，可根据工程需要采用不同的框线材料。用清漆涂饰木制框线的颜色、木纹，应当协调一致；采用其他材质的线脚质量应当符合设计要求；进行造型处理的饰面框线，应当保证直接固定在结构基体或装修造型构造的龙骨骨架上。

4. 软包单体预制

软包单体的预制，就是按分格划块尺寸制作单体软包饰件，一般是采用泡沫塑料、海绵块等比较规则的材料作为软包芯材，在芯材的外边包上装饰布。

软包单体所用弹性芯材的厚度、品种、质量和装饰织物的品种、色彩、花纹、颜色、图案，是否同时设置胶合板衬板等，均应当符合设计要求。包面装饰布的封口处理，必须保证在单体安装后不露其封口接缝。

5. 进行单体嵌装

进行单体嵌装，这是装饰布软包饰面最后的一道工序，嵌装质量关系到饰面的美观和牢固，必须认真仔细地进行操作。总体来说，单体嵌装就是将软包单位分块或分组固定地嵌装于饰面框线之间。嵌装时要注意尺寸要吻合，表面应平整，各块之间要协调。

第五节　裱糊与软包工程施工质量验收标准

随着社会经济和装饰技术的高速发展，人们对居住环境的要求也越来越高，建筑室内的装饰质量也引起了人们的普遍重视。裱糊与软包工程具有美化家居环境的重要作用，在装饰工程中得到了广泛应用。裱糊工程是装饰施工中的重要工序，施工过程必须严格遵循施工工艺，按照现行的国家或行业的施工质量标准进行操作。

根据现行的国家标准《建筑装饰装修工程质量验收标准》（GB 50210— 2018）、《住宅装饰装修工程施工规范》（GB 50327—2001）和《建筑工程施工质量验收统一标准》（GB 50300—2013）等的规定，室内墙面、门等部位的裱糊与软包工程应符合以下具体要求。裱糊与软包工程质量标准管理主要适用于聚氯乙烯塑料壁纸、纸质壁纸、墙布等裱糊工程和墙面、门等软包工程的质量验收。

一、裱糊与软包工程施工质量的一般规定

（1）裱糊与软包工程的施工质量标准适用于聚氯乙烯塑料壁纸、纸质壁纸、墙布等裱糊工程，同时适用于织物、皮革、人造革等软包工程的质量验收。

（2）裱糊与硬包、软包工程验收时应检查下列资料：①裱糊与软包工程的施工图、设计说明及其他设计文件；②饰面材料的样板及确认文件；③材料的产品合格证书、性能检验报告、进场验收记录和复验报告；④饰面材料及封闭底漆、胶黏剂、涂料的有害物质限量检验报告；⑤隐蔽工程验收记录；⑥施工记录。

（3）软包工程应对木材的含水率及衬板的甲醛释放量进行复验，尤其是衬板的甲醛释放量应符合《民用建筑工程室内环境污染控制标准》（GB 50325—2020）中的规定。

（4）裱糊工程应对基层封闭底漆、腻子、封闭底胶及软包内衬材料进行隐蔽工程验收。裱糊前，基层处理应达到下列要求：①新建筑物的混凝土抹灰基层墙面在刮腻子前应涂刷抗碱封闭底漆；②粉化的旧墙面应先除去粉化层，并在刮涂腻子前涂刷一层界面处理剂；③混凝土或抹灰基层含水率不得大于8%，木材基层的含水率不得大于12%；④石膏板基层，接缝及裂缝处应粘贴加强网布后再刮腻子；⑤基层腻子应平整、坚实、牢固，无粉化、起皮、

空鼓、酥松、裂缝和泛碱，腻子的黏结强度不得小于0.3MPa；⑥基层表面平整度、立面垂直度及阴阳角方正应达到《建筑装饰装修工程质量验收标准》（GB 50210—2018）的中高级抹灰的要求；⑦基层表面颜色应一致；⑧裱糊前应用封闭底胶涂刷基层。

（5）各分项工程的检验批应按下列规定划分：同一品种的裱糊或软包工程每50个自然间（大面积房间和走廊按照施工面积以30m²为一间）划分为一个检验批，不足50间也划分为一个检验批。

（6）检查数量应符合下列规定：①裱糊工程每个检验批应至少抽查5间，不足5间的应全数检查；②软包工程每个检验批应至少抽查10间，不足10间的应全数检查。

二、裱糊工程施工质量验收标准

裱糊工程的质量管理适用于聚氯乙烯塑料壁纸、纸质壁纸、墙布等裱糊工程的质量验收，主要包括质量主控项目和质量一般项目。

（一）裱糊工程的质量主控项目

（1）壁纸、墙布的种类、规格、图案、颜色和燃烧性能等级必须符合设计要求及国家现行标准的有关规定。

检验方法：观察检查；检查产品合格证、进场验收记录和性能检验报告。

（2）裱糊工程基层处理质量应符合现行的国家标准《建筑装饰装修工程质量验收标准》（GB 50210—2018）中第4.2.10条高级抹灰的要求。

检验方法：检查隐蔽工程验收记录和施工记录。

（3）裱糊后壁纸和墙布间的拼接应横平竖直，拼接处的花纹和图案应吻合，不离缝，不搭接，不显拼缝。

检验方法：距离墙面1.5m处观察检查。

（4）壁纸、墙布必须粘贴牢固，不得有漏贴、补贴、脱层、空鼓、翘曲等现象。

检验方法：观察检查；手摸检查。

（二）裱糊工程的质量一般项目

（1）裱糊后的壁纸、墙布表面应平整，不得有波纹起伏、气泡、裂缝、褶皱；表面色泽应一致，不得有斑污，斜视时应无胶痕。

检验方法：观察检查；手摸检查。

（2）复合压花壁纸和发泡壁纸的压痕或发泡层应无损坏。

检验方法：观察检查。

（3）壁纸、墙布与装饰线、踢脚板、门窗框的交接处应吻合、严密、顺直。与墙面上电气槽、盒的交接处套割应吻合，不得有缝隙。

检验方法：观察检查。

（4）壁纸、墙布边缘应平直整齐，不得有纸毛、飞刺。

检验方法：观察检查。

（5）壁纸、墙布的阴角处搭接时应顺光进行，在阳角处应无接缝。

检验方法：观察检查。

（6）裱糊工程的允许偏差和检验方法应符合表8-11的规定。

表8-11　裱糊工程的允许偏差和检验方法

项次	项目	允许偏差/mm	检验方法
1	表面平整度	3.0	用2m靠尺和塞尺检查
2	立面垂直度	3.0	用2m垂直尺检查
3	阴阳角方正	3.0	用直角尺检查

三、软包工程施工质量验收标准

软包工程的质量控制适用于墙面、门等软包工程的质量验收，主要包括质量主控项目和质量一般项目。

（一）软包工程的质量主控项目

（1）软包工程的安装位置及构造做法应符合设计要求。

检验方法：观察检查；尺量检查；检查施工记录。

（2）软包边框所选木材的材质、花纹、颜色和燃烧性能等级应符合设计要求及国家现行标准、规范的有关规定。

检验方法：观察检查；检查产品合格证、进场验收记录、性能检验报告和复验报告。

（3）软包衬板材质、品种、规格、含水率应符合设计要求。面料及内衬材料的品种、规格、颜色、图案及燃烧性能等级应符合国家现行标准的有关规定。

检验方法：观察检查；检查产品合格证、进场验收记录、性能检验报告和复验报告。

（4）软包工程的龙骨、边框应安装牢固。

检验方法：手扳检查。

（5）软包衬板与基层应连接牢固，无翘曲、变形，拼缝应平直，相邻板面接缝应符合设计要求，横向无错位拼接的分格应保持通缝。

检验方法：观察检查；检查施工记录。

（二）软包工程的质量一般项目

（1）单块软包面料不应有接缝，四周应绷紧压严密。需要拼花的，拼接处花纹、图案应吻合。软包饰面上电气槽、盒的开口位置、尺寸应正确，套割应吻合，槽、盒四周应镶硬边。

检验方法：观察检查；手摸检查。

（2）软包工程的表面应平整、洁净、无污染、无凹凸不平及褶皱；图案应清晰、无色差，整体应协调美观、符合设计要求。

检验方法：观察检查。

（3）软包工程的边框表面应平整、光滑、顺直，无色差、无钉眼；对缝、拼接角处应均匀对称、接缝吻合。清漆制品木纹、色泽应协调一致。其表面涂饰质量应符合《建筑装饰装修工程质量验收标准》（GB 50210—2018）的中第12章的有关规定。

检验方法：观察检查；手摸检查。

（4）软包内衬应当填充饱满，边缘应平齐。

检验方法：观察检查；手摸检查。

（5）软包墙面与装饰线、踢脚板、门窗框的交接处应吻合、严密、顺直。交接（留缝）方式应符合设计要求。

检验方法：观察检查。

（6）软包工程安装的允许偏差和检验方法应符合表8-12的规定。

表8-12　软包工程安装的允许偏差和检验方法

项次	项目	允许偏差/mm	检验方法
1	单块软包边框水平度	3.0	用1m水平尺和塞尺检查
2	单块软包边框垂直度	3.0	用1m垂直尺检查
3	单块软包对角线长度差	3.0	从框的裁割口的里用钢尺检查
4	分格条(缝)直线度	3.0	拉5m线,不足5m拉通线用钢直尺检查
5	单块软包高度与宽度偏差	0,−2	从框的裁割口的里角用钢尺检查
6	裁割口线条和结合处高度差	1.0	用直尺和塞尺检查

第六节　裱糊与软包工程施工质量问题与防治措施

裱糊与软包工程均处于建筑室内的表面，对于室内装饰效果装饰效果起着决定性的作用，因此人们非常重视裱糊与软包工程技术进步和施工质量。随着科学技术的不断发展，当代高档裱糊与软包工程的材料新品种越来越多，如荧光壁纸、金属壁纸、植绒壁纸、藤皮壁纸、麻质壁纸、草丝壁纸、纱线墙布、珍贵微薄木墙布、瓷砖造型墙布等，具有装饰性效果好、多功能性、施工方便、维修简便、豪华富丽、无毒无害、使用寿命长等特点。但是，在裱糊与软包工程施工和使用的过程中也会出现这样或那样的质量问题，这样就要求设计和施工者积极加以预防、减少或避免出现、正确进行处理。

一、裱糊工程质量问题与防治措施

工程实践证明，裱糊工程施工质量的好坏影响因素很多，主要是操作工人的认真态度和技术熟练程度，其他还有基层、环境，以及壁纸、墙布、胶黏剂材质等因素，因此在施工过程中要把握好每一个环节才能达到国家或行业规定的裱糊质量。

（一）裱糊工程的基层处理不合格

1. 质量问题

裱糊工程的基层处理质量如何直接影响其整体质量。由于裱糊壁纸或墙布的基层处理不符合设计要求，所以会使裱糊出现污染变色、空鼓、翘边、剥落、对花不齐、起皱、拼缝不严等质量弊病，这些质量问题不仅严重影响裱糊工程的装饰效果，而且会影响裱糊工程的使用功能和使用年限。

2. 原因分析

（1）施工人员对裱糊工程的基层处理不重视，未按照设计和规范规定对基层进行认真处理，有的甚至不处理就进行裱糊操作，必然造成裱糊工程的质量不合格。

（2）未按照不同材料的基层进行处理或处理不合格，如新建筑物混凝土或砂浆墙面的碱性未清除，表面的孔隙未封堵密实；旧混凝土或砂浆墙面的装饰层、灰尘未清除，空鼓、裂缝和脱落等质量缺陷未修补；木质基层面上的钉眼、接缝未用腻子抹平等。

3. 预防措施

（1）满足裱糊工程基层处理的基本要求　裱糊壁纸的基层，要求质地坚固密实，表面平整光洁，无疏松、粉化，无孔洞、麻点和飞刺缺陷，表面颜色基本一致。混凝土和砂浆基层的含水率不应大于8%，木质基层的含水率不应大于12%。

（2）新建筑物混凝土或水泥砂浆基层的处理　在进行正式裱糊前，应将基体或基层表面的污垢、尘土和杂质清除干净，对于泛碱的部位，应采用9%的稀乙酸溶液进行中和，并用清水冲洗后晾干，达到规定的含水率。基层上不得有飞刺、麻点、砂粒和裂缝，基层的阴阳角处应顺直。

在混凝土或砂浆基层清扫干净后，满刮一遍腻子并砂纸磨平。如基层有气孔、麻点或凹凸不平时，应增加满刮腻子和砂纸打磨的遍数。腻子应采用乳胶腻子、乳胶石膏腻子或油性石膏腻子等强度较高的腻子，不要用纤维素大白等强度较低、遇湿溶解膨胀剥落的腻子。在满刮腻子磨平并干燥后，应喷、刷一遍108胶水溶液或其他材料做汁浆处理。

（3）旧混凝土或砂浆基层的处理　对于旧混凝土或砂浆基层，在正式裱糊前，应用相同的砂浆修补墙面脱灰、孔洞、裂缝等较大的质量缺陷。清理干净基层面原有的涂料、污点和飞刺等，对原有的溶剂涂料墙面应进行打毛处理；对原有的塑料墙纸，用带齿状的刮刀将表面的塑料刮掉，再用腻子找平麻点、凹凸不平、接缝和裂缝，最后用掺加胶黏剂的白水泥在墙面上罩一层，干燥后用砂纸打磨平整。

（4）木质基层和石膏板基层的处理　对于木质基层和石膏板等基层，应先将基层的接缝、钉眼等用腻子填补平整；木质基层再用乳胶腻子满刮一遍，干燥后用砂浆打磨平整。如果基层表面有色差或油脂渗出，也应根据情况采取措施进行处理。

纸面石膏板基层应用油性腻子局部找平，如果质量要求较高时，也应满刮腻子并打磨平整。无纸面石膏板基层应刮涂一遍乳胶石膏腻子，干燥后打磨平整即可。

（5）不同基层材料相接处的处理　对于不同基层材料的相接处，一定应根据不同材料采取适当措施进行处理。如石膏板与木质基层相接处，应用穿孔纸带进行粘贴，在处理好的基层表面再喷刷一遍酚醛清漆∶汽油=1∶3的汁浆。

（二）壁纸（墙布）出现翘边

1. 质量问题

裱糊的壁纸（墙布）边缘由于各种原因出现脱胶，粘贴好的壁纸（墙布）离开基层而卷翘起来，使接缝处露出基层，严重影响裱糊工程的美观和使用。工程实践证明，壁纸（墙布）出现边缘翘曲也是裱糊工程最常出现的质量问题。

2. 原因分析

（1）基层未进行认真清理，表面上有灰尘、油污、隔离剂等，或表面过于粗糙、干燥或潮湿，造成胶液与基层黏结不牢，使壁纸（墙布）出现翘边。

（2）胶黏剂的胶性较小，不能使壁纸（墙布）的边沿粘贴牢固，特别是在阴角处，第二幅壁纸（墙布）粘贴在第一幅壁纸（墙布）上，更容易出现边缘翘曲现象。

（3）在阳角处应超过阳角的壁纸（墙布）长度不得少于20mm，如果长度不足难以克服壁纸（墙布）的表面张力，很容易出现翘边。

3. 预防措施

（1）基层处理必须符合裱糊工程的要求。对于基层表面上的灰尘、油污、隔离剂等，必须清除干净；混凝土或抹灰基层的含水率不得超过8%，木材基层含水率不得大于12%；当基层表面有凸凹不平时，必须用腻子刮涂平整；基层表面如果松散、粗糙和干燥，必须涂刷（喷）一道胶液，底胶不宜太厚，并且要均匀一致。

（2）根据不同种类的壁纸（墙布），应当选择不同的黏结胶液。壁纸和胶黏剂的挥发性、有机化合物含量及甲醛释放量，均应当符合现行国家标准《民用建筑工程室内环境污染控制标准》（GB 50325—2020）和国家质量监督检验检疫总局发布的《装饰材料有害物质限量十项标准》中的规定。一般可选用与壁纸（墙布）配套的胶黏剂。在壁纸（墙布）施工前，应进行样品试贴，观察粘贴的效果，选择合适的胶液。

（3）壁纸（墙布）裱糊刷胶黏剂的胶液，必须根据实际情况而定。一般可以只在壁纸（墙布）背面刷胶液，如果基层表面比较干燥，应在壁纸（墙布）背面和基层表面同时刷黏结胶液。涂刷的胶液要达到薄而均匀。裱糊工程实践证明，已涂刷胶液的壁纸（墙布）待略有表干时再上墙，裱糊效果会更好。

（4）在壁纸（墙布）粘贴上墙后，应特别注意其垂直度和接缝密合，用橡胶刮板或钢皮刮板、胶滚、木滚等工具由上至下进行仔细抹刮，垂直拼缝处要按照横向外推的顺序将壁纸（墙布）刮平整，将多余的黏结胶液挤压出来，并及时用湿毛巾或棉丝将挤出的胶液擦干净。特别要注意在滚压接缝边缘时，不要用力过大，防止把胶液挤压干结而无黏结性。擦拭挤压出来的胶液的布不可过于潮湿，避免布中的水由纸边渗入基层冲淡胶液，从而降低粘贴强度，边缘的壁纸或墙布粘贴不牢。

（5）在阴角壁纸（墙布）搭接缝时，应先裱糊压在里面的壁纸（墙布），再用黏性较大的胶液粘贴面层壁纸（墙布）。搭接面应根据阴角的垂直度而定，搭接宽度一般不得小于2~3mm，如图8-2所示，壁纸（墙布）的边应搭在阴角处，并且保持垂直无毛边。

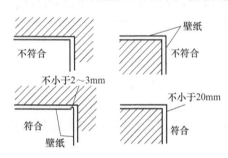

图8-2　阴角与阳角处壁纸的搭接

（6）严格禁止在阳角处进行接缝，壁纸（墙布）超过阳角的长度应不小于20mm，如图8-2所示，包角壁纸（墙布）必须使用黏结性较强的胶液，粘贴一定要贴紧压实，不得出现空鼓和气泡现象，壁纸（墙布）上下必须垂直，不得产生倾斜。有花饰的壁纸（墙布）更应当注意花纹与阳角直线的关系。

（三）选用的胶黏剂质量不符合要求

1. 质量问题

胶黏剂是裱糊工程施工中不得缺少的重要材料，实践证明，所选用的胶黏剂质量如何，不仅直接关系到裱糊的材料是否牢固和耐久，而且也关系到裱糊工程的使用寿命和人体的健康。如果选用的胶黏剂质量不合格，达不到要求的黏结强度、耐水、防潮、杀菌、防霉、耐高温、环保等各方面的要求，则裱糊的材料将会黏结不牢，出现起泡、剥落、变色、长霉菌等质量缺陷，严重的会损害居住者的身体健康。

2. 原因分析

（1）选用的胶黏剂质量不符合设计和有关标准的要求，如果黏结强度较低，则裱糊的材料很容易出现脱落，严重影响裱糊工程的使用寿命。

（2）选用的胶黏剂不符合绿色环保的要求，其中甲醛、苯、氨等有害物质的含量，不符合现行国家标准《住宅装饰装修工程施工规范》（GB 50327—2001）和《民用建筑工程室内环境污染控制标准》（GB 50325—2020）中的有关规定。

（3）选用的胶黏剂其耐水性、耐胀缩性、防霉性等不符合设计和现行标准的要求，导致裱糊材料出现剥落、变色等质量缺陷。

3. 预防措施

根据裱糊工程的实践经验，对于大面积裱糊纸基塑料壁纸使用的胶黏剂，应当满足以下几个方面的要求。

① 严格按照现行国家标准《住宅装饰装修工程施工规范》（GB 50327—2001）和《民用建筑工程室内环境污染控制标准》（GB 50325—2020）中的有关规定，室内要选用水溶性的胶黏剂，不得选用溶剂性的胶黏剂，严格控制甲醛、苯、氨等有害物质的含量，这是现代建筑绿色环保和人体健康的基本要求。

② 裱糊工程施工中所选用的胶黏剂，对墙面和壁纸背面都具有较高的黏结强度，使裱糊的材料能够牢固地粘贴于基层上，以确保粘贴质量和使用寿命。

③ 裱糊工程施工中所选用的胶黏剂应当具有一定的耐水性。在裱糊工程施工时，基层不一定是完全干燥的，所选用的胶黏剂应在一定含水情况下，牢固并顺利地将材料粘贴在基层上。

基层中所含的水分，可通过壁纸或拼缝处逐渐向外蒸发；在裱糊饰面使用过程中为了保持清洁，也需要对其表面进行湿擦，因而在拼缝处可能会渗入水分，此时胶黏剂应保持相当的黏结力，而不致产生壁纸剥落等现象。

④ 裱糊工程所选用的胶黏剂应具有一定的防霉作用。因为霉菌会在基层和壁纸之间产生一个隔离层，严重影响黏结力，甚至还会使壁纸表面变色。

⑤ 裱糊工程施工所选用的胶黏剂应具有一定的耐胀缩性能。即胶黏剂应能适应由于阳光、温度和湿度变化等因素引起的材料胀缩变化，不至于在使用中产生开裂、脱落等质量问题。

⑥ 裱糊工程施工中所选用的胶黏剂，不仅应采用环保型的材料，而且其技术指标应当符合表8-13中的要求。

表8-13　裱糊所选用的胶黏剂技术指标

项次	项 目		第Ⅰ类		第Ⅱ类	
			优等品	合格品	优等品	合格品
1	成品胶黏剂的外观		均匀无团块胶液			
2	pH值		6~8			
3	适用期		不变质(不腐败、不变稀、不长霉)			
4	晾置时间/min		15		10	
5	湿黏性	标记线距离/mm	200	150	300	250
		20s移动距离/mm	5			
6	干黏性	纸破损率/%	100			
7	滑动性/mm		≤2		≤5	
8	防霉性等级(仅测防霉性产品)		1		0	1

（四）壁纸或墙布的接缝、花饰不垂直

1. 质量问题

相邻两张壁纸或墙布的接缝不垂直，阳角和阴角处的壁纸或墙布不垂直；或者壁纸或墙布的接缝虽然垂直，但花纹不与纸边平行，造成花饰不垂直。以上这些不垂直缺陷严重影响裱糊的外表美观。

2. 原因分析

（1）在壁纸进行粘贴之前未做垂线控制线，致使粘贴第一幅壁纸或墙布时就产生歪斜；或者操作中掌握不准确，依次继续裱糊多幅后偏斜越来越严重，特别是有花饰的壁纸（墙布）更为明显。

（2）由于墙壁的阴阳角抹灰的垂直偏差较大，在裱糊前又未加纠正，造成壁纸或墙布裱糊不平整，并直接影响其接缝和花纹的垂直。

（3）在选择壁纸或墙布时质量控制不严格，花饰与壁纸或墙布边部不平行，又未经纠正处理就裱糊，结果造成花饰不垂直。

3. 预防措施

（1）根据阴角处的搭接缝的里外关系，决定先粘贴那一面墙时，在贴第一幅壁纸或墙布前，应先在墙面上弹一条垂线，裱糊第一幅壁纸或墙布时，其纸边必须紧靠此线，作为以后裱糊其他壁纸或墙布的依据。

（2）第二幅与第一幅壁纸或墙布采用接缝法拼接时，应注意将壁纸或墙布放在一个平面上，根据尺寸大小、规格要求、花饰对称和花纹衔接等进行裁割，在裱糊时将其对接起来。采用搭接缝法拼接时，对于无花纹的壁纸或墙布，应注意使壁纸或墙布之间的拼缝重叠2~3cm；对于有花饰的壁纸或墙布，可使两幅壁纸或墙布的花纹重叠，待花纹对准确后，在准备拼缝部位用钢直尺将重叠处压实，用锋利的刀由上而下裁剪下来，将切去的多余壁纸或墙布撕掉。

（3）凡是采用裱糊壁纸或墙布进行装饰的墙面，其阴角与阳角处必须垂直、平整、无凸凹。在正式裱糊前先进行墙面质量检查，对不符合裱糊施工要求的应认真进行修整，直至完全符合要求才可裱糊操作。

（4）当采用接缝法裱糊花饰壁纸或墙布时，必须严格检查壁纸或墙布的花饰与其两边缘是否平行，如果边缘不平行，应将其偏斜的部分裁剪（割）加以纠正，待完全平行后再进行裱糊。

（5）裱糊壁纸或墙布的每一个墙面上，应当用仪器弹出垂直线，作为裱糊的施工控制线，防止将壁纸或墙布贴斜。在进行粘贴的过程中，最好是粘贴2~3幅后就检查一下接缝的垂直度，以便及时纠正出现的偏差。

（五）壁纸或墙布的花饰不对称

1. 质量问题

具有花饰的壁纸或墙布因装饰性良好，是裱糊工程施工中最常选用的材料。但是在其裱糊后，如果不细心往往会出现两幅壁纸或墙布的正反面或阴阳面的花饰不对称；或者在门窗口的两边、室内对称的柱子、两面对称的墙等处，裱糊的壁纸或墙布花饰不对称，如图8-3所示。

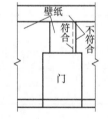

图8-3 花饰或接缝不对称现象

2. 原因分析

（1）由于基层的表面不平整，孔隙比较多，胶黏剂涂刷后被基层过多地吸收，使壁纸（墙布）滑动性较差，不易将花对齐，且容易引起壁纸（墙布）延伸、变形和起皱，致使对花困难，不易达到对齐、对称要求，严重影响壁纸或墙布的观感质量，甚至显得壁纸或墙布上的花饰很别扭。

（2）对于需要裱糊壁纸或墙布的墙面没有根据工程实际进行仔细测量和规划，也没有根据壁纸或墙布的规格尺寸、花饰特点进行设计，没有区分无花饰和有花饰壁纸或墙布的特点，总之，在准备工作很不充分的情况下，便开始盲目操作，很容易造成壁纸或墙布的花饰不对称而影响美观。

（3）在同一幅装饰壁纸或墙布上，往往印有正花饰与反花饰、阳花饰与阴花饰，在裱糊施工时由于对花饰未仔细进行辨认，造成相邻壁纸或墙布花饰相同。

3. 预防措施

（1）对于需要准备裱糊壁纸或墙布的墙面，首先应当认真观察、确定有无需要对称的部位，如果有需要对称的部位，应当根据裱糊墙面尺寸和壁纸或墙布的规格，仔细设计排列壁纸或墙布的花饰，使粘贴的壁纸（墙布）达到花饰对称要求。

（2）在壁纸或墙布按照设计要求裁剪（割）后，应准确弹出对称部位的中心线和控制线，先粘贴对称部位的壁纸或墙布，并将搭接缝挤到阴角处。如果房间里只有中间一个窗户，为了使壁纸或墙布的花饰对称，在裱糊前应在窗口处弹出中心线，以便以中心线为准向两边分贴壁纸或墙布。

如果窗户不在室内的中间部位，为了保证窗间墙的阳角花饰保持对称，也应当先弹出裱糊出施工时的中心线，由弹出的中心线向两侧进行粘贴，这样使窗两边的壁纸（墙布）花饰都能保持对称。

（3）当在同一幅壁纸或墙布上印有正花饰与反花饰、阴花饰与阳花饰时，在裱糊粘贴时一定要仔细分辨，最好采用搭接缝法进行裱糊，以避免由于花饰略有差别而误贴。如果采用接缝法施工，已粘贴的壁纸或墙布边部花饰如为正花饰，必须将第二幅壁纸或墙布边部的正花饰裁剪（割）掉，然后对接起来才能对称。

（六）壁纸（墙布）间出现离缝或"亏纸"

1. 质量问题

两幅相邻壁纸（墙布）间的连接缝隙超过施工规范允许范围称为离缝，即相邻壁纸（墙布）接缝间隙较大；壁纸（墙布）的上口与挂镜线（无挂镜线时，为弹的水平线），下口与踢脚板接缝不严密，显露出基底的部分称为"亏纸"，如图8-4所示。

2. 原因分析

（1）第一幅壁纸或墙布按照垂直控制线粘贴后，在粘贴第二幅壁纸或墙布时，由于粗心大意、操作不当，尚未与第一幅连接准确就压实，结果出现偏斜而产生离缝；或者虽然连接准确，但在粘贴滚压底层胶液时，由于推力过大而使壁纸（墙布）伸长，在干燥的过程中又产生回缩，从而造成离缝或"亏纸"现象。

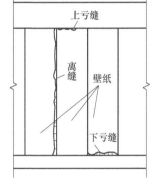

图8-4 离缝和"亏纸"示意

（2）未严格按照量好的尺寸裁割壁纸或墙布，尤其是裁剪（割）尺寸小于实际尺寸时，必然造成离缝或亏纸；或者在裁剪（割）时是多次变换刀刃方向，再加上对壁纸或墙布按压不紧，使壁纸或墙布忽而膨胀和亏欠，待壁纸或墙布裱糊后亏损部分必然形成离缝或"亏纸"，从而严重影响壁纸或墙布的粘贴质量。

3. 预防措施

（1）在裁割壁纸或墙布时，必须严格按测量或设计的尺寸，在下刀前应复核尺寸是否有出入。当钢直尺压紧后不得再随意移动，要用锋利的刀刃贴紧钢尺一气呵成，中间尽量不出现停顿或变换持刀角度。在裁剪（割）中用力要均匀、位置要准确，尤其是裁剪已粘贴在墙上的壁纸或墙布时，千万不可用力过猛，防止将墙面划出深沟，使刀刃受损，影响再次裁割的质量。

（2）为防止出现"亏纸"现象，应根据壁纸或墙布的尺寸，先以粘贴的上口为准，将壁纸或墙布裁割准确，下口可比实量墙面粘贴尺寸略长10~20mm。当壁纸或墙布粘贴后，在踢脚板上口压上钢直尺，裁割掉多余的壁纸或墙布。如果壁纸或墙布上带有花饰，必须将上口的花饰统一成一种形状，然后特别细心地进行裁割，从而使壁纸或墙布上的花饰完全一样，以确保装饰效果。

（3）在壁纸或墙布正式粘贴前，首先要进行"闷水"，使其受潮后横向伸胀，以保证粘贴时尺寸的准确。工程实践和材料试验证明，一般80cm宽的壁纸或墙布经过浸水处理后约膨胀出10mm。

（4）在粘贴第二幅壁纸或墙布时，必须与第一幅壁纸或墙布靠紧，尽量使它们之间无缝隙，在压实壁纸或墙布底面的胶液时，应当由接缝处横向往外赶压胶液和气泡，千万不可斜向来回赶压，或者由两侧向中间推挤，要保证使壁纸或墙布对好接缝后不再出现移动。如果出现移动时，要及时进行纠正，压实回到原位置。

（5）在裁割壁纸或墙布时，应采取措施保证边直而光洁，不得出现凸出和毛边，裁割后的壁纸要卷起来平放，不得进行立放。采用直接对花的壁纸或墙布，在对花处不可裁割。

（七）壁纸（墙布）出现空鼓现象

1. 质量问题

壁纸（墙布）粘贴完毕后，发现表面有凸起的小块，用手进行按压时，有弹性和与基层附着不牢的感觉，敲击时有鼓音。这种质量缺陷不仅使表面不平整，而且在外界因素的作用下容易产生破裂，从而降低饰面的耐久性。

2. 原因分析

（1）在粘贴壁纸或墙布时，由对壁纸或墙布的压实方法不得当，特别是往返挤压胶液次数过多，使胶液干结后失去黏结作用；或压实力量太小，多余的胶液不能挤出，仍然存留在壁纸或墙布的内部，长期不能干结，形成胶囊状；或没有将壁纸或墙布内部的空气赶出而形成空鼓。

（2）在基层或壁纸或墙布底面涂刷胶液时，或者涂到厚薄不均匀，或者有的地方漏刷，都会出现因黏结不牢而导致空鼓。

（3）基层处理不符合裱糊的要求。有的基层过于潮湿，混凝土基层含水率超过8%，木材基层含水率超过12%；或基层表面上的灰尘、油污、隔离剂等未清除干净，大大影响了基层与壁纸或墙布的黏结强度。

（4）石膏板基层的表面在粘贴壁纸或墙布后，由于基层纸基受潮而出现起泡或脱落，从而引起壁纸或墙布的空鼓。

（5）石灰或其他较松软的基层，由于强度较低，出现裂纹空鼓，或孔洞、凹陷处未用腻子嵌实找平、填补结实，也会在粘贴壁纸或墙布后出现空鼓。

3. 预防措施

（1）严格按照壁纸或墙布规定的粘贴工艺进行操作，必须用橡胶刮板和橡胶滚子由里向外进行滚压，这样可将壁纸或墙布下面的气泡和多余的胶液赶出，使壁纸或墙布粘贴比较平整和牢固，决不允许无次序地刮涂和乱压。

（2）在旧墙面上裱糊时，首先应认真检查墙面的状况，对于已经疏松的旧装饰层，必须清除修补，并涂刷一遍界面剂。

（3）裱糊壁纸或墙布的基层含水率必须严格控制，混凝土和砂浆基层的含水率不得大于8%，木质基层的含水率不得大于12%。基层有孔洞或凹陷处，必须用石膏腻子或大白粉、滑石粉、乳胶腻子等刮涂平整，油污、尘土必须清除干净。

（4）如果石膏板表面纸基上出现起泡和脱落，必须彻底铲除干净，重新修补好纸基，然后再粘贴壁纸或墙布。

（5）涂刷的胶液，必须做到厚薄均匀一致，千万不可出现漏刷。为了防止胶液涂刷不均匀，在涂刷胶液后，可用橡胶刮板满刮一遍，并把多余的胶液回收再用。

（八）壁纸或墙布的色泽不一致

1. 质量问题

壁纸或墙布的色泽是饰面效果如何的主要标志，因此同一饰面上壁纸或墙布色泽一致性是非常重要的质量问题。表现在壁纸或墙布的色泽不一致主要有：粘贴同一墙面上的壁纸或墙布表面有花斑，色相不统一；或者新粘贴的与原壁纸或墙布颜色不一致。

2. 原因分析

（1）在壁纸或墙布粘贴前未对产品质量进行认真检查，所选用的壁纸或墙布质量不合格，花纹色泽不一致，在露天的使用条件下，颜色也易产生褪色。

（2）基层比较潮湿会使壁纸或墙布发生变色，或经日光暴晒也会使壁纸或墙布表面颜色发白变浅。

（3）如果壁纸或墙布颜色较浅、厚度较薄，而混凝土或水泥砂浆基层的颜色较深时，较深的颜色会印透壁纸或墙布面层而产生色泽不一致。

3. 预防措施

（1）精心选择质量优良、不易褪色的壁纸或墙布材料，不得使用残次品。对于重要的工程，对所选用的壁纸或墙布要进行试验，合格后才能用于工程。

（2）当基层的颜色较深时（如混凝土的深灰色等），应选用较厚或颜色较深、花饰较大的壁纸（墙布），不能选用较薄或颜色较浅的壁纸或墙布。

（3）必须严格控制粘贴壁纸或墙布基层的含水率，混凝土和砂浆抹灰层的含水率不得大于8%，木质基层的含水率不得大于12%，否则不能进行粘贴壁纸或墙布。

（4）尽量避免壁纸或墙布在强烈的阳光下直接照射，必要时采取一定的遮盖措施；壁纸或墙布应避免在有害气体的环境中储存和粘贴施工。

（5）在粘贴壁纸或墙布之前，要对其进行认真检查，将那些已出现褪色或颜色不同的壁纸或墙布裁掉，保持壁纸或墙布色相一致。

（九）相邻壁纸（墙布）出现搭缝

1. 质量问题

在壁纸或墙布粘贴完毕后，发现相邻的两幅壁纸或墙布有重叠凸起现象，不仅使壁纸或墙布的饰面不平整，而且使有花饰的表面不美观。

2. 原因分析

（1）在进行壁纸或墙布裁割时，由于尺寸不准确，在裁剪时发生移动，在粘贴时又未进行认真校核，结果造成粘贴后相邻壁纸或墙布出现重叠。

（2）在进行壁纸或墙布粘贴时，未严格按照规定的操作工艺进行施工，未将两幅壁纸或墙布的接缝推压分开，从而造成重叠。

3. 预防措施

（1）在裁剪（割）壁纸或墙布之前，应当准确地确定所裁剪（割）的具体尺寸；在进行裁剪（割）时，应保证壁纸或墙布的边直而光洁，不出现凸出和毛边，尤其对于塑料层较厚的壁纸或墙布更应当注意。

（2）粘贴无收缩性的壁纸或墙布时不准搭接。对于收缩性较大的壁纸或墙布，粘贴时可以适当多搭一些，以便收缩后正好合缝。

（3）在壁纸或墙布正式粘贴前，应当在适当的位置先进行试粘贴，以便掌握壁纸或墙布的收缩量及其他性能，在正式粘贴时取得良好的效果。

（十）壁纸（墙布）出现死折

1. 质量问题

在壁纸或墙布粘贴后，表面上有明显的皱纹棱脊凸起，这些凸起部分（即死折）不仅无法与基层黏结牢固，而且影响壁纸或墙布的美观，时间长久后甚至出现鼓胀。

2. 原因分析

（1）所选用的壁纸或墙布材质不良或者厚度较薄，在粘贴时不容易将其铺设平整，这样就很容易出现死折缺陷。

（2）粘贴壁纸或墙布的操作技术不佳或工艺不当，没有用橡胶刮板和橡胶滚子由里向外依次进行刮贴，而是用手无顺序地进行压贴，无法使壁纸或墙布与基层紧密粘贴，必然使壁纸或墙布出现死折。

3. 预防措施

（1）在设计和采购时，应当根据设计要求选用优质的壁纸或墙布，不得使用残品和次品。壁纸或墙布进货后，要进行认真检查，对颜色不均、厚薄不同、质量不合格的壁纸或墙布一律将其剔除，不得用于工程。

（2）在裱糊壁纸或墙布时，应当首先用手将壁纸或墙布展开后，才能用橡胶刮板或橡胶滚子压平整，在刮压中用力要均匀一致、连续不停。在壁纸或墙布没有舒展平整时，不得使用钢皮刮板硬性推压，特别是壁纸或墙布已经出现死折时，必须将壁纸或墙布轻轻揭起，用手慢慢地将弯折处推平，待无皱折时再用橡胶刮板刮平整。

（3）必须重视对基层表面的处理，这是防止出现死折的基础性工作，要特别注意基层表面的平整度，不允许有凹凸不平的沟槽。对于不平整的基层，一定要铲除凸起部分、修补凹陷部分，最后用砂纸打磨平整。

（十一）裱糊工程所用腻子质量不合格

1. 质量问题

在需要进行基层处理的表面上，刮涂选用的腻子后，在干燥的过程中产生翻皮和不规则的裂纹，不仅严重影响裱糊基层表面的观感质量，而且也使裱糊材料的粘贴无法正常进行。特别是在凹陷坑洼处裂缝更加严重，甚至出现脱落。

2. 原因分析

（1）如果采用的是购买的成品腻子，很可能腻子的技术性能不适宜，或者腻子与基层材料的相容性不良，或者腻子因过期质量下降。如果采用的是自行调配的腻子，很可能配制腻子的配合比不当，或者搅拌腻子不均匀，或者腻子的质量不合格，或者腻子存放期过长。

（2）由于所用腻子的胶性较小、稠度较大、失水太快，从而造成腻子出现翻皮和裂纹；或者由于基层的表面有灰尘、隔离剂、油污或含水率过大等，也会造成腻子的翻皮；或者由于基层表面太光滑，在表面温度较高的情况下刮腻子，均会造成腻子出现翻皮和裂纹。

（3）由于基层凹陷坑洼处的灰尘、杂物等未清理干净，在腻子干燥过程中出现收缩裂缝；或者凹陷孔洞较大，刮涂的腻子有半眼、蒙头等缺陷，使腻子未能生根而出现裂纹。

（4）在刮涂腻子时，未按照规定的厚度和遍数进行，如果腻子一次刮涂太厚，可能造成部分或大部分腻子黏结不牢，从而在干燥中出现裂纹或脱落。

3. 预防措施

（1）一定要根据基层实际情况购买优良合适的腻子，腻子进场后要进行必要的复检和试验，符合设计要求才能用于工程。

（2）如果采用自行调配腻子时，一定要严格掌握和确定其配合比，不得任意进行改变。

配制的腻子要做到"胶性要适中、稠度要适合"。另外，对自行调配的腻子，要在适当部位进行小面积试验，合格后才能用于工程。

（3）对于表面过于光滑的基层或清除油污的基层，要涂刷一层胶黏剂（如乳胶），然后再刮腻子，每遍刮腻子的厚度要适当，并且不得在有冰霜、潮湿和高温的基层刮涂腻子，对于翻皮和裂纹的腻子应当铲除干净，找出产生的原因，应采取一定的措施后再重新刮腻子。

（4）对于要刮涂腻子处理的基层表面，要按照有关规范要求进行处理，防止基体或基层本身的过大胀缩而使腻子产生裂纹。

（5）对于基层表面特别是孔洞凹陷处，应将灰尘、浮土和杂物等彻底清除干净，并涂刷一层黏结液，以增加腻子的附着力。

（6）对于孔洞较大的部位，所用的腻子的胶性应当略大些，并要分层用力抹压入洞内，反复涂抹平整、坚实、牢固；对于洞口处的半眼、蒙头腻子必须挖出，处理后再分层刮入腻子直至平整、坚实。

（十二）壁纸裱糊时滚压方法不对

1. 质量问题

由于各种原因的影响，在壁纸裱糊时质量不符合现行施工规范的要求，容易造成壁纸或墙布出现空鼓、边缘翘曲或离缝等质量缺陷，这些质量问题不仅严重影响壁纸或墙布的装饰效果，而且也影响其使用功能。

2. 原因分析

（1）在裱糊壁纸或墙布时，由于采用的滚压壁纸方式不得当，往返挤压胶液次数过多，从而使胶液干结失去黏结作用，造成壁纸或墙布出现空鼓、边缘翘曲或离缝等。

（2）在进行滚压时用得力量太小，多余的胶液不能充分赶出，存留在壁纸或墙布的内部，长期不能干结，从而形成胶囊状。

（3）在进行滚压时，未将壁纸或墙布内部的空气彻底赶干净，在壁纸或墙布中形成气泡，从而造成饰面的表面不平整，严重影响饰面的美观。

3. 预防措施

（1）壁纸背面的在涂刷胶时，胶液的稠度要调配适宜，从壁纸的上半部开始，应先刷边缘，后涂刷其中央，涂刷时要从里向外，以避免污染壁纸的正面。上半部涂刷完毕后，对折壁纸，用同样的方法涂刷下半部。一般墙布不刷胶（纯棉装饰墙布也刷胶），可直接在基层上涂刷胶液，但要求胶液的稀稠适度，涂刷均匀。

（2）在裱糊壁纸或墙布时，要使用软硬适当的专用平整刷子将其刷平，并且将其中的皱纹与气泡顺势刷除，但不宜施加过大的压力，以免塑料壁纸绷得太紧而产生干缩，从而影响壁纸或墙布接缝和上下花纹对接的质量。

（3）在滚压壁纸或墙布底部的胶液时，应由拼缝处横向往外赶压胶液和气泡，不允许斜向来回赶压，或者由两侧向中间推挤，保证使壁纸或墙布对好接缝后不再移动，并及时用湿毛巾或棉丝将多余胶液擦拭干净。注意滚压接缝边缘处时不要用力过大，防止把胶液挤压干结而无黏结性。擦拭多余胶液的布不可太潮湿，避免水由壁纸的边缘渗入基层冲淡胶液，降低胶液的黏结强度。

（十三）壁纸在阴阳角处出现空鼓和卷边

1. 质量问题

由于各方面的原因，壁纸或墙布粘贴后在阴阳角处出现空鼓和卷边质量缺陷，空鼓后壁纸或墙布容易被拉断裂，卷边后易落入灰尘，日久会使卷边越来越严重，甚至壁纸出现脱落。不仅严重影响壁纸的装饰效果，而且严重影响使用功能。

2. 原因分析

（1）在粘贴壁纸或墙布之前，基层未认真按要求进行清理，表面有灰尘、油污和其他杂物，或者表面粗糙、过于潮湿、或过于干燥等，从而造成壁纸或墙布与基层黏结不牢，出现空鼓和卷边等质量缺陷。

（2）裱糊壁纸或墙布所选用的胶黏剂品种不当，或胶黏剂的质量不良，或胶黏剂过期失效，这样都不能将壁纸或墙布牢固地粘贴在基层上。

（3）在建筑结构的阳角处，超过阳角棱角的壁纸或墙布宽度少于20mm，不能克服壁纸（墙布）的表面张力，从而引起壁纸或墙布在阳角处的卷边。

（4）当采用整张的壁纸或墙布在阳角处对称裱糊时，要很好地照顾到两个面和一个角有很大难度，也很容易造成空鼓和卷边质量缺陷。

（5）如果基层的阴角处不直、不平，或者涂刷胶液不均匀或局部漏涂，也容易出现壁纸或墙布空鼓质量缺陷。

3. 预防措施

（1）裱糊壁纸或墙布的基层，必须按照要求进行处理，必须将表面的灰尘、油污和其他杂质清除干净。当基层表面凹凸不平时，必须用腻子进行刮平处理。

（2）裱糊壁纸或墙布的基层，其含水率不宜过大或过于干燥。混凝土或抹灰基层的含水率不得超过8%，木质基层的含水率不得超过12%。在粘贴壁纸或墙布前一定要对基层的含水率进行测定。

（3）裱糊壁纸或墙布应选用配套的胶黏剂，在大面积正式裱糊前应做样品进行试粘贴，以便观察其粘贴效果，选择适合的胶黏剂，不得选用劣质和过期失效的胶黏剂。

（4）阳角要完整垂直，不得有缺棱掉角。在裱糊中要预先做好计划，严禁在阴角处接缝，超过阳角的宽度不应小于20mm。如果用整张壁纸或墙布对称裱糊时，要在阳角两边弹出垂线，尺寸要合适。包角壁纸或墙布必须用黏结性较强的胶液，涂刷胶液要均压，对壁纸或墙布的压实要到位。

（5）墙壁的阴角若不垂直方正，应当按要求进行修理，使其符合裱糊的设计要求。壁纸（墙布）的裱糊应采用搭接缝方法，先裱糊压在里面的壁纸或墙布，并转过墙面5~10mm，再用黏性较大的胶液粘贴面层壁纸或墙布。搭接面应根据阴角垂直度而定，搭接的宽度一般不小于2~3mm，纸边搭在阴角处，并且要保持垂直无毛边。

二、软包工程质量问题与防治措施

软包工程所使用的材料质地柔软，色彩柔和，能够柔化整体空间氛围，其纵深的立体感亦能提升家居档次，无论是在实用性还是装饰性方面都备受消费者的喜爱，现在在建筑室内很多部位都会应用到软包形式。

软包墙面是一种室内高级装饰，对其施工质量要求非常高，所以从选择操作工人、装饰材料及每个操作工序，都要进行精心策划和施工，这样才能达到高标准的软包质量。但是，在软包工程施工过程和使用中，总会出现各种各样的质量问题。针对这些质量问题，应采取有效措施加以解决和预防。

（一）软包材料不符合要求

1. 质量问题

软包墙面的材料主要由饰面材料、内衬材料（心材）、基层龙骨和板材等构成。工程实践证明，软包的材料质量决定着软包工程的整体质量。如果选用的材料不符合有关规范的要求，不仅会存在严重安全隐患和缩短使用寿命，而且还会严重影响人体健康。

2. 原因分析

（1）软包工程所选用的材料，不符合绿色环保的要求，甲醛、苯、氨等有害物质的含量，不符合现行国家标准《住宅装饰装修工程施工规范》（GB 50327—2001）和《民用建筑工程室内环境污染控制标准》（GB 50325—2020）中的有关规定。

（2）软包工程所选用的材料，未按有关规定进行必要的处理。如龙骨和板材未进行防潮、防腐和防火处理，则会在一定条件下出现腐朽，也存在着发生火灾的隐患；如饰面材料和心材不使用防火材料，很容易引起火灾。

3. 预防措施

（1）软包工程所选用的材料，必须严格按照现行国家标准《住宅装饰装修工程施工规范》（GB 50327—2001）和《民用建筑工程室内环境污染控制标准》（GB 50325—2020）中的有关规定进行选择，严格控制材料中有害物质的含量。

（2）按照现行国家标准《建筑装饰装修工程质量验收标准》（GB 50210—2018）中的规定，材料进场后应通过观察、检查产品合格证书、性能检测报告等，确保软包工程所用的饰面材料、内衬材料（芯材）及边框的材质、颜色、图案、燃烧性能等级、木材的含水率及材料的其他性能等，均应符合设计要求及国家现行标准规范的要求。

（3）软包工程所用的木龙骨及木质基层板材和露明的木框、压条等，其含水率均不应高于12%，且不得有腐朽、结疤、劈裂、扭曲、虫蛀等疵病，并应预先做好防火、防潮、防腐等处理。

（4）软包工程所用的人造革、织锦缎等饰面材料，应经过阻燃处理，并满足B1和B2燃烧等级的要求。

（二）软包工程的基层不合格

1. 质量问题

如果基层存在凹凸不平、鼓包等质量缺陷，很容易造成软包墙面不平整，斜视有疙瘩；如果基层中的含水率过大，不进行防潮处理，会使基层的面板翘曲变形、表面织物发霉。以上这些质量问题都会影响软包工程的装饰效果，甚至造成质量隐患。

2. 原因分析

（1）对基层未按照有关规范的规定进行认真处理，导致基层的表面平整度达不到设计要求，出现凹凸不平，在软包工程完成后，必然造成质量不合格。

（2）基层的表面未按有关要求进行防潮处理，在软包工程完成后，基层中的水分向外散发，会使木龙骨腐朽、面板翘曲变形、表面软包织物变色或发霉。

（3）预埋木砖、木龙骨骨架、基层表面面板、墙筋等，未按照有关要求进行防火、防腐处理，导致出现腐朽破坏。

3. 预防措施

（1）按照设计要求和施工规范的规定，对软包的基层进行剔凿、修补等工作，使基层表面的平整度、垂直度达到设计要求。

（2）为牢固固定软包的骨架，按照规定在墙内预埋木砖。在砖墙或混凝土中埋入的木砖必须经过防腐处理，其间距为400~600mm，视板面的划分而确定。

（3）软包工程的基层应进行抹灰、做防潮层。通常做法是：先抹20mm厚1∶3的水泥砂浆找平层，干燥后刷一道冷底子油，然后再做"一毡、二油"防潮层。

（4）墙面上的立筋一般宜采用截面为（20~50)mm×(40~50)mm的方木，用钉子将木筋固定在木砖上，并进行找平、找直。木筋应做防腐、防火处理。

（三）表面花纹不平直、不对称

1. 质量问题

软包工程施工完毕后，经质量检查发现花纹不平直，造成花饰不垂直，严重影响装饰效果；卷材的反正面或阴阳面不一致，或者拼缝下料宽窄不一样，造成花饰不对称，也严重影响装饰效果。

2. 原因分析

（1）在进行表面织物粘贴时，由于未按照预先弹出的线进行施工，造成相邻两幅卷材出现不垂直或不水平，或卷材接缝虽然垂直，但表面花饰不水平，从而也会造成花饰不垂直。

（2）对于要软包的房间未进行周密观察和测量，没有认真通过吊垂直、找规矩、弹线等，对织物的粘贴定出标准和依据。

（3）在粘贴过程中，没有仔细区别卷材的正面和反面，不负责任地盲目操作，造成卷材正反面或阴阳面的花饰不对称。

（4）对进行软包施工的房间，未根据房间内的实际情况定出软包施工的顺序，造成粘贴操作混乱，结果导致饰面花纹不平直、不对称。

3. 预防措施

（1）在制作拼块软包面板或粘贴卷材织物时，必须认真通过吊垂直、找规矩、弹线等工序，使制作或粘贴有操作的标准和依据。

（2）对准备软包施工的房间应仔细观察，如果室内有门窗口和柱子时，要特别仔细地进行对花和拼花，按照房间实际测量的尺寸进行面料的裁剪，并通过做样板间，在施工操作中发现问题，通过合理的排列下料找到解决的方法，经业主、监理、设计单位认可后，才能进行大面积施工。

（3）在软包工程施工开始时，尤其是粘贴第一幅卷材时，必须认真、反复吊垂直线，这是进行下一步粘贴的基础，并要注意卷材表面的对花和拼花。

（4）在进行饰面卷材粘贴的过程中，要注意随时进行检查，以便及早发现花饰有不对称时，可以通过调换面料或调换花饰来解决。

（四）饰面粘贴卷材离缝或亏料

1. 质量问题

相邻两幅卷材间的连接缝隙超过允许范围，露出基底的缺陷称为离缝；卷材的上口与挂镜线（无挂镜线时为弹的水平线），下口与墙裙上口或踢脚上接缝不严，露出基底的缺陷称为亏料。饰面粘贴卷材时出现离缝和亏料，均严重影响软包的外观质量和耐久性。

2. 原因分析

（1）第一幅卷材按照垂直控制线粘贴后，在粘贴第二幅时，由于粗心大意、操作不当，尚未与第一幅连接准确就进行压实，结果出现偏斜而产生离缝；或者虽然连接准确，但在粘贴赶压时，由于推力过大而使卷材产生一定的伸长，在干燥的过程中又产生回缩，从而造成离缝或亏料现象。

（2）未严格按照量好的尺寸裁剪卷材，尤其是裁剪的尺寸小于实际尺寸时，必然造成离缝或亏料；或者在裁剪时是多次变换刀刃方向，再加上对卷材按压不紧密，使卷材或胀或亏，待卷材裱糊后亏损部分必然形成离缝或亏料。

（3）对于要软包的房间未进行周密观察和实际测量，没有认真通过吊垂直、找规矩、弹线等，对织物的粘贴定出标准和依据，使之粘贴的卷材不垂直而造成离缝。

3. 预防措施

（1）在裁剪软包工程的面料时，必须严格掌握应裁剪的尺寸，在下剪刀前应反复核查尺寸有无出入。在一般情况下，所剪的长度尺寸要比实际尺寸放大30~40mm，待粘贴完毕压紧后再裁去多余的部分。

（2）在正式裁剪面料和粘贴之前，要对软包工程的房间进行周密观察和实际测量，同时认真进行吊垂直、找规矩、弹出竖向和横向粘贴线等，对饰面织物的粘贴定出标准和依据，使饰面材料能够准确就位。

（3）在正式粘贴面料时，要注意再次进行吊垂直，确定面料粘贴的位置，不能使其产生歪斜和偏离现象，并要使相邻两幅面料的接缝严密。

（4）在裁剪软包工程的面料时，尺子压紧后不得再有任何移动，裁剪时要将刀刃紧贴尺子边缘，裁剪要一气呵成，中间不得发生停顿或变换持刀的角度，用的手劲要均匀一致，用的剪刀要锐利。

（5）在粘贴操作的过程中要随时进行检查，以便发现问题及时纠正；粘贴后要认真进行检查，发现有离缝或亏料时应返工重做。

（五）软包墙面高低不平、垂直度差

1. 质量问题

软包饰面工程完成后，经质量检查发现软包墙面高低不平，饰面卷材粘贴的垂直度不符合要求，严重影响软包饰面的装饰效果，给人一种不舒适的感觉。

2. 原因分析

（1）软包墙面基层未按照设计要求进行处理，基层表面有鼓包、不平整，造成粘贴饰面材料后，软包墙面高低不平。

（2）在进行木龙骨、衬板、边框等安装时，由于位置控制不准确，不在同一立面上，结果造成卷材粘贴出现歪斜，垂直度不符合规范的要求。

（3）由于木龙骨、衬板、边框等所用木材的含水率过高（>12%），在干燥过程中发生干缩翘曲、开裂和变形，从而致使软包墙面高低不平，垂直度不符合要求，造成质量隐患，影响软包观感。

（4）由于软包内所用的填充材料不当，或者未填充平整，或者面层未绷紧，也会出现软包墙面高低不平等质量问题。

3. 预防措施

（1）根据软包施工不同材料的基层，按施工规范和设计要求进行不同的处理。使基层表面清理干净，无积尘、腻子包、小颗粒和胶浆疙瘩等，真正达到质地坚硬、表面平整、垂直干净、防水防潮、便于粘贴的要求。

（2）在安装木龙骨时，要预先在墙面基层上进行弹垂线，严格控制木龙骨的垂直度；安装中还要拉横向通线，以控制木龙骨表面在同一个立面上。在安装衬板、边框时，同样要通过弹线或吊线坠等手段或仪器控制其垂直度。

（3）软包内所用的填充材料，应按设计要求进行选用，不准采用不符合要求的材料；填充材料铺设要饱满、密实、平整，面层材料要切实绷紧、整平。

（4）木龙骨、衬板和边框等材料，其含水率不得大于12%，以防止在干燥过程中发生翘曲、开裂和变形，从而致使软包墙面高低不平，垂直度不符合要求。

（六）软包饰面接缝和边缘处翘曲

1. 质量问题

软包饰面工程完成后，经质量检查发现软包饰面接缝和边缘处出现翘曲，使基层上的衬板露出，不仅严重影响软包饰面的装饰效果，而且还会导致衬板的破坏，从而又会影响软包工程的耐久性。

2. 原因分析

（1）由于选用的胶黏剂的品种不当或黏结强度不高，在饰面材料干燥时产生干缩而造成翘曲。

（2）在饰面材料粘贴时，由于未按要求将胶黏剂涂刷均匀，特别是每幅的边缘处刷胶较少或局部漏刷，则很容易造成材料卷边而翘曲。

（3）在粘贴操作的施工中，由于边缘处未进行专门压实，干燥后很容易出现材料边缘翘曲现象。

（4）粘贴饰面的底层和面层处理不合格，如存在局部不平、尘土和油污等质量缺陷，也会造成软包饰面接缝和边缘处翘曲。

3. 预防措施

（1）在软包饰面正式粘贴前，应按设计要求选择胶黏剂，其技术性能（特别是黏结力）应当满足设计要求，不使饰面材料干缩而产生脱落翘曲。

（2）在粘贴饰面材料，必须按要求将胶黏剂涂刷足量、均匀，接缝部位及边缘处应适当多涂刷一些胶黏剂，以确保材料接缝和边缘处粘贴牢固。

（3）在进行饰面材料粘贴时，对其（特别是接缝和边缘处）应认真进行压实，并将挤出的多余的胶黏剂用湿毛巾擦干净；当发现接缝和边缘处有翘曲时，应及时补刷胶黏剂，并用压辊压实。

（4）在软包饰面正式粘贴前，应按设计要求对底层和面层进行处理，将其不平整之处采取措施修整合格，将表面的尘土、油污和杂物等清理干净。

（七）软包面层出现质量缺陷

1. 质量问题

软包工程的面层布料出现松弛和皱褶，单块软包面料在拼装处产生开裂，这些质量缺陷不仅严重影响软包的装饰效果，而且也会影响软包工程的使用年限。

2. 原因分析

（1）在进行软包工程设计时，由于各种原因选择的软包面料不符合设计要求，尤其是面料的张力和韧性达不到设计要求的指标，软包面层布料则容易出现松弛和皱褶，单块软包面料在拼装处则容易产生开裂。

（2）单块软包在铺设面料时，未按照设计要求采用整张面料，而是采用几块面料拼接的方式，在一定张力的作用下，面料会从拼接处出现开裂。

3. 预防措施

（1）在进行软包工程面料的选购时，面料的品种、颜色、花饰、技术性能等方面，均应当符合设计的要求，不得选用质量不符合要求的面料。

（2）在进行面料选择时，应特别注意优先选择张力较高、韧性较好的材料，必要时应当进行力学试验，以满足设计对面料的要求。

（3）在进行软包工程面料的施工时，一定要按照施工和验收规范的标准去操作，对面层要绷紧、绷严，使其在使用过程中不出现松弛和皱褶。

（4）对于单块软包上的面料，应当采用整张进行铺设，不得采用拼接的方式。

建筑幕墙工程施工工艺

随着科学技术的不断进步，外墙装饰材料和施工技术也正在突飞猛进的发展，不仅涌现了外墙涂料和装饰饰面，而且产生了玻璃幕墙、石材幕墙和金属幕墙等一大批新型外墙装饰形式，并越来越向着环保、节能、智能化方向发展，使建筑结构显示出亮丽风光和现代化的气息。

幕墙工程按帷幕饰面材料不同，可分为玻璃幕墙、石材幕墙、金属幕墙、混凝土幕墙和组合幕墙等。其中玻璃幕墙按其结构型式及立面外观情况，可分为金属框架式玻璃幕墙、玻璃肋胶接式全玻璃幕墙、点式连接玻璃幕墙；又可细分金属明框式玻璃幕墙、隐框式玻璃幕墙、半隐框式玻璃幕墙、后置式玻璃肋胶接全玻璃结构幕墙、骑缝式或平齐式玻璃肋胶接全玻璃结构幕墙、接驳式点连接全玻璃幕墙等。其中金属框架式玻璃幕墙工程按其构件加工和组装方式，又分为元件式玻璃幕墙和单元式玻璃幕墙。

幕墙工程技术的应用为建筑装饰提供了更多的选择，它新颖耐久、美观时尚、装饰感强，与传统的外装饰技术相比，具有施工速度快、工业化和装配化程度高、便于维修等特点，它是融建筑技术、建筑功能、建筑艺术、建筑结构为一体的建筑装饰构件。由于幕墙材料及技术要求高，相关构造具有特殊性，同时它又是建筑结构的一部分，所以工程造价要高于一般做法的外墙。幕墙的设计和施工除应遵循美学规律外，还应遵循建筑力学、物理、光学、结构等规律的要求，做到安全、适用、环保、经济、美观。

第一节　幕墙工程施工的重要规定

幕墙工程是现代建筑外墙非常重要的装饰工程，其设计计算、所用材料、结构型式、施工方法等，关系到幕墙的使用功能、装饰效果、结构安全、工程造价、施工难易等各个方面。因此，为确保幕墙工程的装饰性、安全性和经济性，在幕墙的设计、选材和施工等方面，应严格遵守下列重要规定。

（1）幕墙及其连接件应具有足够的承载力、刚度和相对于主体结构的位移能力。幕墙构架立柱的连接金属"角码"与其他连接件应采用螺栓连接，并应有防止松动措施。

（2）隐框、半隐框幕墙所采用的结构黏结材料，必须是中性硅酮结构密封胶，其性能必须符合现行国家标准《建筑用硅酮结构密封胶》（GB 16776—2005）中的规定；硅酮结构密封胶必须在有效期内使用。

（3）立柱和横梁等主要受力构件，其截面受力部分的壁厚应经过计算确定，且铝合金型材的壁厚应≥3.0mm，钢型材壁厚应≥3.5mm。

（4）隐框、半隐框幕墙构件中，板材与金属之间硅酮结构密封胶的黏结宽度，应分别计算风荷载标准值和板材自重标准值的作用下硅酮结构密封胶的黏结宽度，并选取其中较大值，且应≥7.0mm。

（5）硅酮结构密封胶应打注饱满，并应在温度 15~30℃、相对湿度>50%、洁净的室内进行；不得在现场的墙上打注。

（6）幕墙的防火除应符合现行国家标准《建筑设计防火规范》（GB 50016—2014）的有关规定外，还应符合下列规定：①应根据防火材料的耐火极限决定防火层的厚度和宽度，并应在楼板处形成防火带；②防火层应采取隔离措施。防火层的衬板应采用经过防腐处理，且厚度≥1.5mm 的钢板，但不得采用铝板。防火层的密封材料应采用防火密封胶；③防火层与玻璃不应直接接触，一块玻璃不应跨两个防火分区。

（7）主体结构与幕墙连接的各种预埋件，其数量、规格、位置和防腐处理必须符合设计要求。

（8）幕墙的金属框架与主体结构预埋件的连接、立柱与横梁的连接及幕墙面板的安装，必须符合设计要求，安装必须牢固。

（9）单元幕墙连接处和吊挂处的铝合金型材的壁厚应通过计算确定，并应≥5.0mm。

（10）幕墙的金属框架与主体结构应通过预埋件连接，预埋件应在主体结构混凝土施工时埋入，预埋件的位置必须准确。当没有条件采用预埋件连接时，应采用其他可靠的连接措施，并应通过试验确定其承载力。

（11）立柱应采用螺栓与"角码"连接，螺栓的直径应经过计算确定，最小应≥10mm。不同金属材料接触时应采用绝缘垫片分隔。

（12）幕墙上的抗裂缝、伸缩缝、沉降缝等部位的处理，应当保证缝的使用功能和饰面的完整性。

（13）幕墙工程的设计应满足方便维护和清洁的要求。

第二节　玻璃幕墙工程施工工艺

玻璃幕墙是目前建筑工程中最常用的一种幕墙，这种幕墙是由金属构件与玻璃板组成的建筑外墙围护结构。玻璃幕墙多用于混凝土结构体系的建筑物，在建筑框架主体建成后，外墙用铝合金、不锈钢或型钢制成骨架，与框架主体的柱、梁、板连接固定，骨架外再安装玻璃而组成玻璃幕墙，玻璃幕墙的组成如图9-1所示。

随着幕墙施工技术的提高，玻璃幕墙的种类越来越多。目前，在工程上常见的有有框玻璃幕墙、无框的全玻璃幕墙和支点式玻璃幕墙等。

一、玻璃幕墙材料及施工机具

（一）玻璃幕墙所用材料

玻璃幕墙所用材料包括：骨架及连接材料、幕墙玻璃和其他相关辅助材料等。

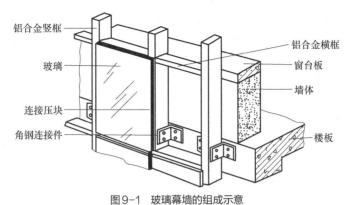

图9-1 玻璃幕墙的组成示意

1. 骨架材料

玻璃幕墙所用的骨架材料，主要有铝合金型材、型钢型材等。

（1）铝合金型材 玻璃幕墙所用铝合金型材应符合下列要求。

① 检查铝合金型材的外观质量，材料表面应清洁，色泽应均匀，不应有皱纹、裂纹、起皮、腐蚀斑点、气泡、电灼伤、流痕、发黏以及膜（涂）层脱落等缺陷存在，否则应予以修补，达到要求后方可使用。

② 铝合金型材作为受力杆件时，其型材壁厚应根据使用条件，通过力学计算选定，门窗受力杆件型材的最小实测壁厚应不小于1.2mm，幕墙用受力杆件型材的最小实测壁厚应不小于3.0mm。

③ 按照设计图纸的要求，检查铝合金型材尺寸是否符合设计要求。玻璃幕墙采用的铝合金型材的尺寸允许偏差，应符合现行国家标准《铝合金建筑型材》（GB 5237—2017）中高精级别的规定。铝合金型材的牌号所对应的化学成分，应符合现行国家标准《变形铝及铝合金化学成分》（GB/T 3190—2020）中的规定。

④ 玻璃幕墙工程所使用的铝合金型材，应进行壁厚、膜厚、硬度和表面质量的检验，必须符合设计要求和现行标准的规定。

⑤ 铝合金型材壁厚采用精度为0.05mm的游标卡尺测量，应在杆件同一截面的不同部位量测，不得少于5个，并取其最小值。

⑥ 铝合金型材的膜厚应符合下列规定：a.阳极氧化膜最小平均膜厚不应小于15μm，最小局部膜厚不应小于12μm；b.粉末静电喷涂涂层厚度的平均值不应小于60μm，其局部厚度最大不应大于120μm且不应小于40μm；电泳涂漆复合膜局部膜厚不应小于21μm；氟碳喷涂涂层厚度的平均值不应小于30μm，其局部厚度最小不应小于25μm。

⑦ 铝合金型材的长度小于等于6m时，允许偏差为+15mm，长度大于6m时允许偏差由双方协商确定。材料现场的检验，应将同一厂家生产的同一型号、规格、批号的材料作为一个验收批，每批应随机抽取3%，且不得少于5件。

（2）型钢材料 玻璃幕墙工程所用的型钢材料应符合下列要求。

① 玻璃幕墙工程所用的碳素结构钢和低合金高强度钢，其钢种、牌号和质量等级均应行合现行国家标准和行业标准中的规定。

② 玻璃幕墙的型钢材料宜采用奥氏不锈钢，不锈钢的技术要求应符合国家现行标准的规定，其含镍量不应小于8%。

③ 当玻璃幕墙高度超过40m时，钢构件应当采用高耐候性结构钢，并应在其表面涂刷防腐涂料。

④ 玻璃幕墙工程钢构件采用冷弯薄壁型钢时，其壁厚不得小于3.5mm，承载力应进行验算，表面处理应符合现行国家标准《钢结构工程施工质量验收标准》（GB 50205—2020）中的有关规定。

⑤ 玻璃幕墙采用的标准五金件，应当符合铝合金门窗标准件现行国家或行业标准的有关规定。

⑥ 玻璃幕墙采用的非标准五金件应符合设计要求，并应有出厂合格证。

⑦ 玻璃幕墙采用的碳素结构钢和低合金高强度钢，应当采取有效的防腐处理。当采用热浸镀锌处理时，其膜层厚度应大于45μm；当采用静电喷涂处理时，其膜层厚度应大于40μm；当采用氟碳漆喷涂或聚氨酯漆喷涂处理时，其膜层厚度不宜小于35μm；在空气污染严重及海滨地区，膜层厚度不宜小于45μm。

⑧ 玻璃幕墙工程所用的钢材，应进行膜厚和表面质量的检验；钢材的表面不得有裂纹、气泡、结疤、泛锈、夹杂和折叠等缺陷。

2. 连接材料

连接件通常由角钢、槽钢或钢板加工而成。随着幕墙不同的结构类型、骨架形式及安装部位而有所不同。连接件均要在厂家预制加工好，材质及规格尺寸要符合设计要求。

玻璃幕墙采用的紧固件主要有膨胀螺栓、螺帽、钢钉、铝铆钉与射钉等，为了防止其腐蚀，紧固件的表面应镀锌处理，紧固件与预埋在混凝土梁、柱、墙面上的预埋件固定时，应采用不锈钢或镀锌螺栓。紧固件的规格尺寸应符合设计要求，并应有出厂合格证。

玻璃幕墙工程所用的连接件的检验指标，应符合下列规定：a.外观应平整，不得有裂纹、毛刺、凹坑、变形等质量缺陷；b.当采用碳素钢的连接件时，其表面必须进行热浸镀锌处理；c.连接件的开孔长度不应小于开孔宽度加40mm，孔边的距离不应小于宽度的1.5倍；d.连接件的壁厚不得有负偏差。

3. 幕墙玻璃

玻璃幕墙采用的玻璃应是安全玻璃，主要有钢化玻璃、夹层玻璃、中空玻璃、防火玻璃、阳光控制镀膜玻璃和低辐射玻璃等。

幕墙玻璃的外观质量和性能应符合下列现行国家标准的规定：《建筑用安全玻璃 第1部分：防火玻璃》（GB 15763.1—2009）、《建筑用安全玻璃 第2部分：钢化玻璃》（GB 15763.2 —2005）、《建筑用安全玻璃 第3部分：夹层玻璃》（GB15763.3 —2009）、《中空玻璃》（GB/T 11944—2012）、《镀膜玻璃 第1部分：阳光控制镀膜玻璃》（GB/T 18915.1—2013）、《镀膜玻璃 第2部分：低辐射镀膜玻璃》（GB/T 18915.2—2013）等。

要根据设计要求选用玻璃类型，制作厂家对玻璃幕墙应进行风压计算，要提供出厂质量合格证明及必要的试验数据；玻璃进场后要开箱抽样检查外观质量，玻璃颜色一致，表面平整，无污染、翘曲，镀膜层均匀，不得有划痕和脱膜缺陷。整箱进场要有专用钢制靠架，如拆箱后存放，要立式放在室内特制的靠架上。

4. 辅助材料

玻璃幕墙的辅助材料很多，如建筑密封材料、发泡双面胶带、填充材料、隔热保温材料、防水防潮材料、硬质有机材料垫片、橡胶条、橡胶垫等。

（1）玻璃幕墙的建筑密封材料，一般多指"聚硫"密封胶、氯丁密封胶和硅酸酮密封胶，是保证幕墙具有防水性能、气密性能和抗震性能的关键。其材料必须具有良好防渗透、抗老化、抗腐蚀性能，并具有能适应结构变形和温度胀缩的弹性，应有出厂证明和防水试验记录。

玻璃幕墙一般采用三元乙丙橡胶、氯丁橡胶密材料；密封胶条应挤出成形，橡胶块应压模成形。若用"聚硫"密封胶，其应具有耐水、耐溶剂和耐大气老化性，并应有低温弹性与低透气性等特点。玻璃幕墙所采用的耐候硅酸酮密封胶，应当是中性的胶，凡是用在半隐框、隐框玻璃幕墙上的结构胶都要进行建筑密封胶与结构密封胶的相容性试验，由生产厂家出具相容性试验报告，经允许后方可使用。

（2）发泡双面胶带　通常根据玻璃幕墙的风荷载、高度、面积和玻璃的大小，可选用低发泡间隔双面胶带。低发泡间隔双面胶带的质量应符合行业标准《玻璃幕墙工程技术规范》（JGJ 102—2003）中的规定。

（3）填充材料　填充材料主要用于幕墙型材凹槽两侧间隙内的底部起填充作用。聚乙烯发泡材料作填充材料，其密度不应大于0.037g/cm³，也可用橡胶压条。一般还应在填充料的上部使用橡胶密封材料和硅酮系列的防水密封胶。

（4）隔热保温材料　用岩棉、矿棉、玻璃棉、防火板等不燃烧性或是难燃烧性材料作隔热保温材料。隔热保温材料的导热系数、防水性能和厚度要符合设计要求。

（5）防水防潮材料　一般可用铝箔或塑料薄膜包装的复合材料作为防水和防潮材料。

（6）硬质有机材料垫片　主体结构与玻璃幕墙构件之间耐热的硬质有机材料垫片。

（7）橡胶条、橡胶垫　系指玻璃幕墙立柱与横梁之间的连接处橡胶片等，应具有耐老化、阻燃性能试验出厂证明，尺寸符合设计要求，无断裂现象。

（二）玻璃幕墙所用机具

玻璃幕墙施工所用的主要机具有垂直运输机具、电焊机、砂轮切割机、电锤、电动螺钉刀、焊枪、氧气切割设备、电动真空吸盘、手动吸盘、滚轮、热压胶带电炉、双斜锯、双轴仿形铣床、凿榫机、手电钻、夹角机、铝型材弯曲机、双组分注胶机、清洗机、电动吊篮、经纬仪、水准仪、激光测试仪、2m靠尺、托线板、钢卷尺、水平尺、螺丝刀、工具刀、泥灰刀、撬板、竹签、筒式注胶机、线坠、钢丝线等。

二、有框玻璃幕墙施工工艺

有框玻璃幕墙类别不同，其构造形式和施工工艺有较大差异。现以铝合金全隐框玻璃幕墙为例说明这类幕墙构造。所谓全隐框是指玻璃组合构件固定在铝合金框架的外侧，从室外观看只看见幕墙的玻璃及分格线，铝合金框架完全隐蔽在玻璃幕的后边，如图9-2（a）所示。

（一）有框玻璃幕墙的构造

1. 基本构造

从图9-2（b）中可以看到，立柱两侧角码是L100mm×60mm×10mm的角钢，它通过M12×110mm的镀锌连接螺栓将铝合金立柱与主体结构预埋件焊接，立柱又与铝合金横梁连接，在立柱和横梁的外侧再用连接压板通过M6×25mm圆头螺钉将带副框的玻璃组合构件固定在铝合金立柱上。

为了提高幕墙的密封性能，在两块中空玻璃之间填充直径为18mm的塑料泡沫条，并填充耐候胶，从而形成15mm宽的缝，使得中空玻璃发生变形时有位移的空间。《玻璃幕墙工程技术规范》（JGJ 102—2003）中规定，隐框玻璃幕墙拼缝宽度不宜小于15mm。

为了防止接触腐蚀物质，在立柱连接杆件（角钢）与立柱之间垫上1mm厚的隔离片。中空玻璃边上有大、小两个"S"符号，这个符号代表接触材料——干燥剂和双面胶贴。干燥剂（大符号）放在两片玻璃之间，用于吸收玻璃夹层间的湿气。双面胶贴（小符号）是用于玻璃和副框之间灌注结构胶前，固定胶缝位置和厚度用的呈海绵状的低发泡黑色胶带。两片中空玻璃周边凹缝中填有结构胶，从而使两片玻璃黏结在一起。使用的结构胶是玻璃幕墙施工成功与否的关键材料，必须使用国家定期公布的合格成品，并且必须在保质期内使用。玻璃还必须用结构胶与铝合金副框黏结，形成玻璃组合件，挂接在铝合金立柱和横梁上形成幕墙装饰饰面。

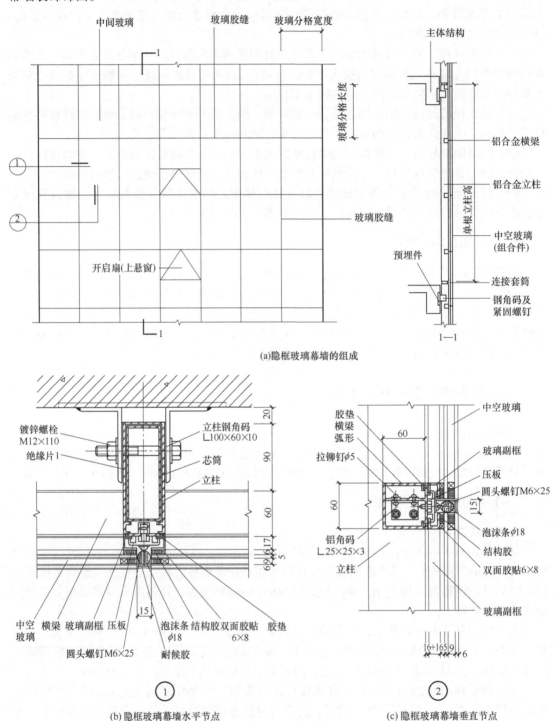

(a)隐框玻璃幕墙的组成

(b) 隐框玻璃幕墙水平节点

(c) 隐框玻璃幕墙垂直节点

图9-2　隐框玻璃幕墙的组成及节点（单位：mm）

图 9-2（c）反映横梁与立柱的连接构造，以及玻璃组合件与横梁的连接关系。玻璃组合件应在符合洁净要求的车间中生产，然后运至施工现场进行安装。

幕墙构件应连接牢固，接缝处须用密封材料使连接部位密封［图9-2（b）中玻璃的副框与横梁、主柱相交处有胶垫］，用于消除构件间的摩擦声，防止串烟串火，并消除由于温差变化引起的热胀冷缩应力。

玻璃幕墙立柱与混凝土结构宜通过预埋件连接，预埋件应在主体结构施工时埋入。没有条件采用预埋件连接时，应采用其他可靠的连接措施，如采用后置钢锚板加膨胀螺栓的方法，但要经过试验决定其承载力。

2. 防火构造

为了保证建筑物的防火能力，玻璃幕墙与每层楼板、隔墙处以及窗间墙、窗槛墙的缝隙应采用不燃烧材料（如填充岩棉等）填充严密，形成防火隔层。隔层的隔板必须用经防火处理的厚度不小于1.5mm的钢板制作，不得使用铝板、铝塑料等耐火等级低的材料，否则起不到防火的作用。

隐框玻璃幕墙防火构造节点如图9-3所示。并应在横梁位置安装厚度不小于100mm防护岩棉，再用厚度为1.5mm钢板加以包制。

3. 防雷构造

建筑幕墙大多用于多层和高层建筑，其防雷是一个必须解决的问题。现行国家标准《建筑物防雷设计规范》（GB 50057—2010）中规定，高层建筑应设置防雷用的均压环（沿建筑物外墙周边每隔一定高度的水平防雷网，用于防侧向雷），环间垂直间距不应大于12m，均压环可利用钢筋混凝土梁体内部的纵向钢筋或另行安装。

如采用梁体内的纵向钢筋做均压环时，幕墙位于均压环处的预埋件钢筋必须与均压环处梁的纵向钢筋连通；设均压环位置的幕墙立柱必须与均压环连通，该位置处的幕墙横梁必须与幕墙立柱连通；未设均压环处的立柱必须与固定在设均压环楼层的立柱连通，如图9-4所示。以上所有均压环的接地电阻应小于4Ω。

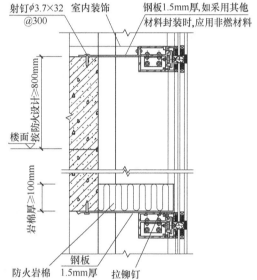

图9-3　隐框玻璃幕墙防火构造节点

幕墙防顶部的雷可用避雷带或避雷针，可由建筑防雷系统进行考虑。

（二）有框玻璃幕墙的施工工艺

1. 施工工艺

玻璃幕墙工序多、技术和安装精度要求高，应由专业幕墙公司来进行设计和施工。

幕墙施工工艺流程为：测量、放线→调整和后置预埋件→确认主体结构轴线和各面中心线→以中心线为基准向两侧排基准竖线→按图样要求安装钢连接件和立柱、校正误差→钢连接件满焊固定、表面防腐处理→安装横框→上、下边缘封闭修饰→安装玻璃组件→安装开启窗扇→填充塑料泡沫棒，并注入胶→清洁、整理→检查、验收。

（1）弹线定位　由专业技术人员操作，确定玻璃幕墙的位置，这是保证工程安装质量的第一道关键性工序。弹线工作是以建筑物轴线为准，依据设计要求先将骨架的位置线弹到主体结构上，以确定竖向杆件的位置。工程主体部分，以中部水平线为基准，向上下返线，每层水平线确定后，即可用水准仪找平横向节点的标高。以上测量结果应与主体工程施工测量轴线一致，如果主体结构轴线误差大于规定的允许偏差时，则在征得监理和设计人员的同意后，调整装饰工程的轴线，使其符合装饰设计及构造的需要。

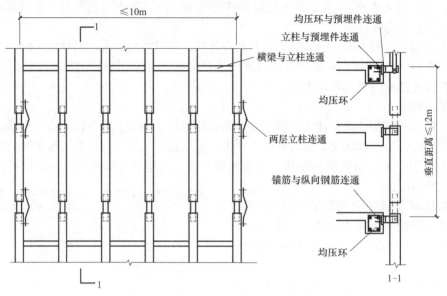

图9-4　隐框玻璃幕墙防雷构造简图

（2）钢连接件安装　作为外墙装饰工程施工的基础，钢连接件的预埋钢板应尽量采用原主体结构预埋钢板，无条件时可采用后置钢锚板加膨胀螺栓的方法，但要经过试验决定其承载力。目前应用化学浆锚螺栓代替普通膨胀螺栓效果较好。玻璃幕墙与主体结构连接的钢构件，一般采用三维可调连接件，其特点是对预埋件埋设的精度要求不太高，在安装骨架时上下左右及幕墙平面垂直度等可自如调整。

（3）框架安装　将立柱先与连接件连接，连接件再与主体结构预埋件连接，并进行调整、固定。立柱安装标高偏差不应大于3mm，轴线前后偏差不应大于2mm，左右偏差不应大于3mm。相邻两根立柱安装的标高偏差不应大于3mm，同层立柱的最大标高偏差不应大于5mm，相邻两根立柱的距离偏差不应大于2mm。

同一层横梁安装由下向上进行，当安装完一层高度时，进行检查调整校正，符合质量要求后固定。相邻两根横梁的水平标高偏差不应大于1mm。同层横梁标高偏差：当一幅幕墙宽度小于或等于35m时，标高偏差不应大于5mm；当一幅幕墙宽度大于35m时，标高偏差不应大于7mm。

横梁与立柱相连处应垫弹性橡胶垫片，主要用于消除横向热胀冷缩应力以及变形造成的横竖杆间的摩擦响声。铝合金框架构件和隐框玻璃幕墙的安装质量应符合表9-1和表9-2中的规定。

表9-1　铝合金框架构件安装质量要求

项目		允许偏差/mm	检查方法
幕墙垂直度	幕墙高度≤30m	10	激光仪或经纬仪
	30m<幕墙高度≤60m	15	
	60m<幕墙高度≤90m	20	
	幕墙高度>90m	25	

项目		允许偏差/mm	检查方法
	竖向构件直线度	3	3m靠尺,塞尺
横向构件水平度	构件长度≤2m	2	水准仪
	构件长度>2m	3	
同高度相邻两根横向构件高度差		1	钢直尺,塞尺
幕墙横向水平度	幅宽≤35m	5	水准仪
	幅宽>35m	7	
分格框对角线	对角线长<2000mm	3	3m钢卷尺
	对角线长>2000mm	3.5	

注：1.前5项按抽样根数检查，最后项按抽样分格数检查；2.垂直于地面的幕墙，竖向构件垂直度主要包括幕墙平面内及平面外的检查；3.竖向垂直度主要包括幕墙平面内和平面外的检查；4.在风力小于4级时测量检查。

表9-2　隐框玻璃幕墙安装质量要求

项目		允许偏差/mm	检查方法
竖向缝及墙面垂直度	幕墙高度≤30m	10	激光仪或经纬仪
	30m<幕墙高度≤30m	15	
	60m<幕墙高度≤90m	20	
	幕墙高度>90m	25	
幕墙平面度		3	3m靠尺,钢直尺
竖向缝的直线度		3	3m靠尺,钢直尺
横向缝的直线度		3	3m靠尺,钢直尺
拼缝宽度(与设计值相比)		2	卡尺

（4）玻璃安装　玻璃安装前将表面尘土污物擦拭干净，所采用镀膜玻璃的镀膜面朝向室内，玻璃与构件不得直接接触，以防止玻璃因温度变化引起胀缩导致破坏。玻璃四周与构件凹槽底应保持一定空隙，每块玻璃下部应设不少于2块的弹性定位垫块（如氯丁橡胶等），"垫块"的宽度应与槽口宽度相同，长度不小于100mm。隐框玻璃幕墙用经过设计确定的铝压板用不锈钢螺钉固定玻璃组合件，然后在玻璃拼缝处用发泡聚乙烯垫条填充空隙。塞入的垫条表面应凹入玻璃外表面5mm左右，再用耐候密封胶封缝，胶缝必须均匀、饱满，一般注入深度在5mm左右，并使用修饰胶的工具修整，之后揭除遮盖压边胶带并清洁玻璃及主框表面。玻璃的副框与主框之间设置橡胶条隔离，其断口留在四角，斜面断开后拼成预定的设计角度，并用胶黏结牢固，提高其密封性能。玻璃安装可参见图9-2（b）、（c）。

（5）缝隙处理　这里所讲的缝隙处理，主要是指幕墙与主体结构之间的缝隙处理。窗间墙、窗槛墙之间采用防火材料堵塞，隔离挡板采用厚度为1.5mm的钢板，并涂防火涂料2遍。接缝处用防火密封胶封闭，保证接缝处的严密，参见图9-3。

（6）避雷设施安装　在进行安装立柱时，应按照设计要求进行防雷体系的可靠连接。均压环应与主体结构避雷系统相连，预埋件与均压环通过截面积不小于48mm²的圆钢或扁钢连接。圆钢或扁钢与预埋件均压环进行搭接焊接，焊缝长度不小于75mm。位于均压环所在层的每个立柱与支座之间应用宽度不小于24mm、厚度不小于2mm的铝条连接，保证其导电电阻小于10Ω。

2. 施工安装要点及注意事项

（1）测量放线　有框玻璃幕墙测量放线应符合下列要求。

① 放线定位前使用经纬仪、水准仪等测量设备，配合标准钢卷尺、重锤、水平尺等复核主体结构轴线、标高及尺寸，注意是否有超出允许值的偏差。对超出者需经监理工程师、设计师同意后，适当调整幕墙的轴线，使其符合幕墙的构造要求。

② 高层建筑的测量放线应在风力不大于4级时进行，测量工作应每天定时进行。质量检验人员应及时对测量放线情况进行检查。测量放线时，还应对预埋件的偏差进行校验，其上下左右偏差不应大于45mm，超出允许偏差的预埋件必须进行适当处理或重新设计，应把处理意见上报监理、业主和项目部。

（2）立柱安装　有框玻璃幕墙的立柱安装可按以下方法和要求进行。

① 立柱安装的准确性和质量，将影响整个玻璃幕墙的安装质量，是幕墙施工的关键工序之一。安装前应认真核对立柱的规格、尺寸、数量、编号是否与施工图纸一致。单根立柱长度通常为一层楼高，因为立柱的支座一般都设在每层边楼板位置（特殊情况除外），上下立柱之间用铝合金套筒连接，在该处形成铰接、构成变形缝，从而适应和消除幕墙的挠度变形和温度变形，保证幕墙的安全和耐久。立柱安装质量要求参见表9-1。

② 施工人员必须进行有关高空作业的培训，并取得上岗证书后方可参与施工活动。在施工过程中，应严格遵守《建筑施工高处作业安全技术规范》（JGJ 80—2016）的有关规定。特别注意在风力超过6级时不得进行高空作业。

③ 立柱和连接杆（支座）接触面之间一定要加防腐隔离垫片。

④ 立柱按表9-1要求初步定位后应进行自检，对合格的部分应进行调整修正，自检完全合格再报质检人员进行抽检。抽检合格后方可进行连接件（支座）的正式焊接，焊缝位置及要求按设计图样进行。焊缝质量必须符合现行《钢结构工程施工验收规范》。焊接好的连接件必须采取可靠防腐措施。焊工是一种技术性很强的特殊工种，需经专业安全技术学习和训练，考试合格获得"特殊工种操作证书"后，才能参与施工。

⑤ 玻璃幕墙立柱安装就位后应及时固定，并及时拆除原来的临时固定螺栓。

（3）横梁安装　有框玻璃幕墙横梁安装可按以下方法和要求进行。

① 横梁安装定位后应进行自检，对不合格的应进行调整修正；自检合格后再报质检人员进行抽检。

② 在安装横梁时，应注意设计中如果有排水系统，冷凝水排出管及附件应与横梁预留孔连接严密，与内衬板出水孔连接处应设橡胶密封条，其他通气孔、雨水排出口，应按设计进行施工，不得出现遗漏。

（4）玻璃安装　有框玻璃幕墙玻璃安装可按以下方法和要求进行。

① 玻璃安装前应将表面及四周尘土、污物擦拭干净，保证嵌缝耐候胶可靠黏结。玻璃的镀膜面朝向室内，如果发现玻璃色差明显或镀膜脱落等，应及时向有关部门反映，得到处理方案后方可安装。

② 用于固定玻璃组合件的压块或其他连接件及螺钉等，应严格按设计或有关规范执行，严禁少装或不装紧固螺钉。

③ 玻璃组合件安装时应注意保护，避免碰撞、损伤或跌落。当玻璃面积较大或自身重量较大时，应采用机械安装，或利用中空吸盘帮助提升安装。

隐框幕墙玻璃的安装质量要求，如表9-2所列。

（5）拼缝及密封　有框玻璃幕墙拼缝及密封可按以下方法和要求进行。

① 玻璃拼缝应横平竖直、缝宽度均匀，并符合设计要求及允许偏差要求。每块玻璃初步定位后进行自检，不符合要求的应进行调整，自检合格后再报质检人员进行抽检。每幅幕墙抽检5%的分格，且不少于5个分格。允许偏差项目有80%抽检实测值合格，其余抽检实

测值不影响安全和使用的，则判为合格。抽检合格后才能进行泡沫条的填充和耐候胶灌注。

② 耐候胶在缝内相对两面黏结，不得三面黏结，较深的密封槽口应先填充聚乙烯泡沫条。耐候胶的施工厚度应大于3.5mm，施工宽度不应小于施工厚度的2倍。注胶后胶缝饱满、表面光滑细腻，不污染其他表面，注胶前应在可能导致污染的部位贴上纸基胶带（即美纹纸条），注胶完成后再将胶带揭除。

③ 玻璃幕墙的密封材料，常用的是耐候硅酮密封胶，立柱、横梁等交接部位胶的填充一定要密实、无气泡。当采用明框玻璃幕墙时，在铝合金的凹槽内玻璃应用定形的橡胶压条进行嵌填，然后再用耐候胶嵌缝。

（6）窗扇安装 有框玻璃幕墙窗扇安装可按以下方法和要求进行。

① 安装时应注意窗扇与窗框的配合间隙是否符合设计要求，窗框胶条应安装到位，以保证其密封性。如图9-5所示为隐框玻璃幕墙开启扇的竖向节点详图，除与图9-2（c）所示相同者外，增加了开启扇的固定框和活动框，连接用圆头螺钉（M5×32），扇框相交处垫有胶条密封。

② 窗扇连接件的品种、规格、质量应当符合设计要求，并应采用不锈钢或轻钢金属制品，以保证窗扇的安全和耐用。安装中严禁私自减少连接螺钉等紧固件的数量，并应严格控制螺钉的底孔直径。

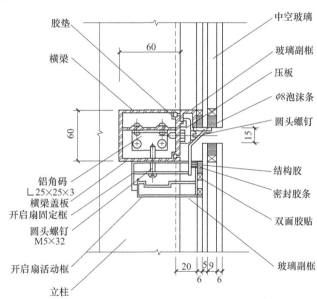

图9-5 隐框玻璃幕墙开启扇的竖向节点详图（单位：mm）

（7）保护和清洁 有框玻璃幕墙保护和清洁可按以下方法和要求进行。

① 在整个施工过程中的玻璃幕墙，应采取可靠的技术措施加以保护，防止产生污染、碰撞和变形受损。

② 整个玻璃幕墙工程完工后，应从上到下用中性洗涤剂对幕墙表面进行清洗，清洗剂在清洗前要进行腐蚀性试验，确实证明对玻璃、铝合金无腐蚀作用后方可使用。清洗剂清洗后应用清水冲洗干净。

（三）玻璃幕墙安装的安全措施

（1）安装玻璃幕墙用的施工机具应进行严格检验。手电钻、射钉枪等电动工具应做绝缘性试验，手持玻璃吸盘、电动玻璃吸盘等，应进行吸附重量和吸附持续时间的试验。

（2）幕墙施工人员在进入施工现场时，必须佩戴安全帽、安全带、工具袋等。

（3）在高层玻璃幕墙安装与上部结构施工交叉时，结构施工下方应设安全防护网。在离地3m处，应搭设挑出6m的水平安全网。

（4）在玻璃幕墙施工现场进行焊接时，在焊件下方应吊挂上接焊渣的斗，以防止焊渣任意掉落而引起事故。

三、无框玻璃幕墙施工工艺

由玻璃板和玻璃肋制作的玻璃幕墙称为全玻璃幕墙（即无框的全玻璃幕墙）。全玻璃幕墙通透性特别好、造型简捷明快、视觉非常宽广，是大型建筑外墙最常用的一种装饰形式。由于该幕墙通常采用较厚的玻璃，所以其隔声效果较好，加之视线的无阻碍性，用于外墙装饰时，可以使室内、室外环境浑然一体，显得非常广阔、明亮、美观、气派，被广泛应用于各种底层公共空间的外装饰。

（一）全玻璃幕墙的分类

全玻璃幕墙根据其构造方式的不同，可分为吊挂式全玻璃幕墙和坐落式全玻璃幕墙两种。

1. 吊挂式全玻璃幕墙

当建筑物层高很大，采用通高玻璃的坐落式幕墙时，因玻璃变得比较细长，其平面的外刚度和稳定性相对很差，在自重作用下就很容易压屈破坏，不可能再抵抗其他各种水平力的作用。为了提高玻璃的刚度、安全性和稳定性，避免产生压屈破坏，在超过一定高度的通高玻璃上部设置专用的金属夹具，将玻璃和玻璃肋吊挂起来形成玻璃墙面，这种玻璃幕墙称为吊挂式全玻璃幕墙。这种幕墙的下部需要镶嵌在槽口内，以利于玻璃板的伸缩变形，吊挂式全玻璃幕墙的玻璃尺寸和厚度，要比坐落式全玻璃幕墙的大，而且构造复杂、工序较多，因此工程造价也比较高。

2. 坐落式全玻璃幕墙

当全玻璃幕墙的高度较低时，可以采用坐落式安装。这种幕墙的通高玻璃板和玻璃肋上下均镶嵌在槽内，玻璃直接支撑在下部槽内的支座上，上部镶嵌玻璃的槽与玻璃之间留有空隙，使玻璃有伸缩的余地。这种做法构造简单、工序较少、造价较低，但只适用于建筑物层高较小的情况下。根据工程实践证明，下列情况可采用吊挂式全玻璃幕墙：玻璃厚度为10mm，幕墙高度在4~5m时；玻璃厚度为12mm，幕墙高度在5~6m时；玻璃厚度为15mm，幕墙高度在6~8m时；玻璃厚度为19mm，幕墙高度在8~10m时。全玻璃幕墙所使用的玻璃，多数为钢化玻璃和夹层钢化玻璃。无论采用何种玻璃，其边缘都应进行磨边处理。

（二）全玻璃幕墙的构造

1. 坐落式全玻璃幕墙的构造

坐落式全玻璃幕墙为了加强玻璃板的刚度、保证玻璃幕墙整体在风压等水平荷载作用下的稳定性，构造中应加设玻璃肋。这种玻璃幕墙的构造组成为上下金属夹槽、玻璃板、玻璃肋、弹性垫块、聚乙烯泡沫条或橡胶嵌条、连接螺栓、硅酮结构胶及耐候胶等，如图9-6（a）所示。上下夹槽为5号槽钢，槽底垫弹性垫块，两侧嵌填橡胶条、封口用耐候胶。当玻璃高度小于2m、且风压较小时，可以不设置玻璃肋。

玻璃肋应当垂直于玻璃板面布置，间距根据设计计算而确定。图9-6（b）为坐落式全玻璃幕墙平面示意图。从图中可看到玻璃肋均匀设置在玻璃板面的一侧，并与玻璃板垂直相交，玻璃竖向缝嵌入结构胶或耐候胶。

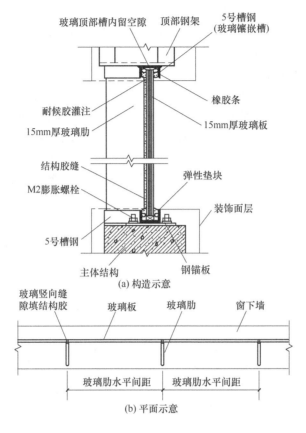

图9-6　坐落式全玻璃幕墙构造示意

玻璃肋布置方式很多，各种布置方式各具有不同特点。在工程中常见的有后置式、骑缝式、平齐式和突出式。

（1）后置式　后置式是玻璃肋置于玻璃板的后部，用密封胶与玻璃板黏结成为一个整体，如图9-7（a）所示。

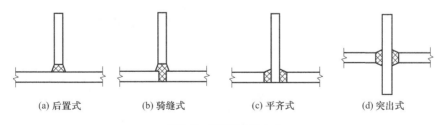

图9-7　玻璃肋布置方式

（2）骑缝式　骑缝式是玻璃肋位于两玻璃板的板缝位置，在缝隙处用密封胶将3块玻璃黏结起来，如图9-7（b）所示。

（3）平齐式　平齐式玻璃肋位于两块玻璃之间，玻璃肋前端与玻璃板面平齐，两侧缝隙用密封胶嵌入、黏结，如图9-7（c）所示。

（4）突出式　突出式玻璃肋夹在两玻璃板中间、两侧均突出玻璃表面，两面缝隙用密封胶嵌入、黏结，如图9-7（d）所示。

玻璃板、玻璃肋之间交接处留缝尺寸，应根据玻璃的厚度、高度、风压等确定，缝中灌注透明的硅酮耐候胶，使玻璃连接、传力，玻璃板通过密封胶缝将板面上的一部分作用力传给玻璃肋，再经过玻璃肋传递给结构。

2. 吊挂式全玻璃幕墙构造

吊挂式全玻幕墙，玻璃面板采用吊挂支承，玻璃肋板也采用吊挂支承，幕墙玻璃重量都由上部结构梁承载，因此幕墙玻璃自然垂直，板面平整，反射映像真实，更重要的是在地震或大风冲击下整幅玻璃在一定限度内做弹性变形，可以避免应力集中造成玻璃破裂。

1995年1月日本阪神大地震中吊挂式全玻幕墙的完好率远远大于坐落式全玻幕墙，况且坐落式全玻幕墙一般都是低于6m高度的。事后经有关方面调查，吊挂式全玻幕墙出现损失的原因，并不是因为其构造的问题。

分析国内外部分的吊挂式全玻幕墙产生破坏主要原因有：a.混凝土结构破坏导致整个幕墙变形损坏；b.吊挂钢结构破坏、膨胀螺栓松脱、焊缝断裂或组合式钢夹的夹片断裂；c.玻璃边缘原来就有崩裂或采用钻孔工艺；d.玻璃与金属横档间隔距离太小；e.玻璃之间黏结的硅酮胶失效。

国内外工程实践充分证明，当幕墙的玻璃高度超过一定数值时采用吊挂式全玻璃幕墙的做法是一种较成功的方法。

吊挂式全玻璃幕墙的安装施工是一项多工种联合施工，不仅工序复杂，操作也要求十分精细。同时它又与其他分项工程的施工进度计划有密切的关系。为了使玻璃幕墙的施工安装顺利进行，必须根据工程实际情况，编制好单项工程施工组织设计，并经总承包单位确认。现以图9-8、图9-9为例说明其构造做法。

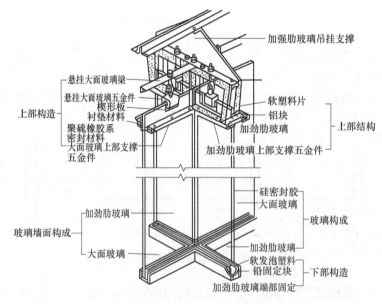

图9-8　吊挂式全玻璃幕墙构造

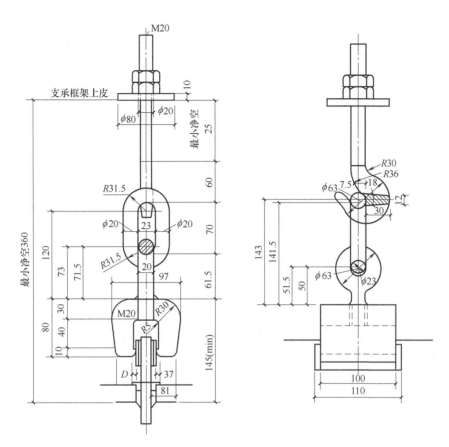

图9-9 全玻璃幕墙吊具构造（单位: mm）

吊挂式全玻璃幕墙主要构造方法是：在玻璃顶部增设钢梁、吊钩和夹具，将玻璃竖直吊挂起来，然后在玻璃底部两角附近垫上固定垫块，并将玻璃镶嵌在底部金属槽内，槽内玻璃两侧用密封条及密封胶填实，以便限制其水平位移。

3. 全玻璃幕墙的玻璃定位嵌固

全玻璃幕墙的玻璃需插入金属槽内定位和嵌固，其安装方法有以下3种。

（1）干式嵌固 干式嵌固是指在固定玻璃时采用密封条固定的安装方法，如图9-10（a）所示。

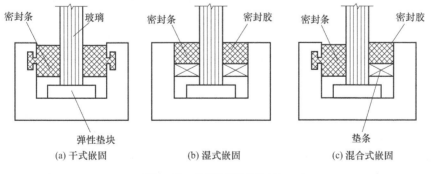

图9-10 玻璃定位固定的方法

（2）湿式嵌固 湿式嵌固是指当玻璃插入金属槽内、填充垫条后，采用密封胶（如硅酮密封胶等）注入玻璃、垫条和槽壁之间的空隙，凝固后将玻璃固定的方法，如图9-10（b）所示。

（3）混合式嵌固　混合式嵌固是指在放入玻璃前先在金属槽内一侧装入密封条，然后再放入玻璃，在另一侧注入密封胶的安装方法，混合式嵌固是以上两种嵌入固定方法的结合，如图9-10（c）所示。

工程实践证明，湿式嵌入固定方法的密封性能优于干式嵌入固定，硅酮密封胶的使用寿命长于橡胶密封条。玻璃在槽底的坐落位置，均应垫以耐候性良好的弹性垫块，以使受力合理、防止玻璃的破碎，保证玻璃幕墙的使用安全。

（三）全玻璃幕墙施工工艺

全玻璃幕墙的施工由于玻璃重量大、属于易碎品，移动吊装困难、精度要求高、操作难度大，所以技术和安全要求高、施工责任大，施工前一定要做好施工组织设计，认真搞好施工准备工作，按照科学规律办事。现以吊挂式全玻璃幕墙为例，说明其施工工艺。

全玻璃幕墙的施工工艺流程为：定位放线→上部钢架安装→下部和侧面嵌槽安装→玻璃肋、玻璃板安装就位→嵌入固定及注入密封胶→表面清洗和验收。

1. 定位放线

定位放线方法与有框玻璃幕墙相同。使用经纬仪、水准仪等测量设备，配合标准钢卷尺、重锤、水平尺等复核主体结构轴线、标高及尺寸，对原预埋件进行位置检查、复核。

2. 上部钢架安装

上部钢架用于安装玻璃吊具的支架，强度和稳定性要求都比较高，应当使用热镀锌钢材，严格按照设计要求施工、制作。在安装过程中应注意以下事项。

① 钢架安装前要检查预埋件或钢锚板的质量是否符合设计要求，锚栓位置离开混凝土外缘不小于50mm。

② 相邻柱间的钢架、吊具的安装必须通顺平直，吊具螺杆的中心线在同一铅垂平面内，应分段拉通线检查、复核，吊具的间距应均匀一致。

③ 钢架应进行隐蔽工程验收，需要经监理公司有关人员验收合格后，方可对施焊处进行防锈处理。

3. 下部和侧面嵌槽安装

嵌入固定玻璃的槽口应采用型钢，如尺寸较小的槽钢等，应与预埋件焊接牢固，验收后做防锈处理。下部槽口内每块玻璃的两角附近放置两块氯丁橡胶垫块，长度不小于100mm。

4. 玻璃板的安装

大型玻璃板的安装难度大、技术要求高，施工前要检查安全、技术措施是否齐全到位，各种工具机具是否齐备、适用和正常等，待一切就绪后方可吊装玻璃。在玻璃板安装中的主要工序如下。

① 认真检查玻璃质量　在将要吊装玻璃前，需要再一次检查玻璃质量，尤其注意检查有无裂纹和崩边，黏结在玻璃上铜质夹片的位置是否正确，用干布将玻璃表面擦干净，同时做好中心标记。

② 安装电动玻璃吸盘　电动玻璃吸盘要对称吸附于玻璃面，吸附玻璃必须牢固。

③ 进行玻璃试吸工作　在安装电动玻璃吸盘完毕后，先进行试吸，即将玻璃试吊起2~3m，检查各个吸盘的牢固度，试吸成功才能正式吊装玻璃。

④ 在玻璃适当位置安装手动吸盘、拉缆绳和侧面保护胶套。手动吸盘用于在不同高度工作的工人能够用手协助玻璃就位，拉缆绳是为玻璃在起吊、旋转、就位时能控制玻璃的摆动，防止因风力作用和吊车转动发生玻璃失控。

⑤ 在嵌入固定玻璃的上下槽口内侧应粘贴上低发泡垫条，垫条宽度同嵌缝胶的宽度，并且留有足够的注胶深度。

⑥ 吊车将玻璃移动至安装位置，并将玻璃对准安装位置徐徐靠近，准确稳妥地安装到设计位置。

⑦ 上层的工人把握好玻璃，防止玻璃就位时碰撞钢架。等下层工人都能握住深度吸盘时，可将玻璃一侧的保护胶套去掉。上层工人利用吊挂电动吸盘的手动吊链慢慢吊起玻璃，使玻璃下端略高于下部槽口，此时下层工人应及时将玻璃轻轻拉入槽内，并利用木板遮挡防止碰撞相邻玻璃。另外有人用木板轻轻托着玻璃下端，保证在吊链慢慢下放玻璃时，能准确落入下部的槽口中，并防止玻璃下端与金属槽口碰撞。

⑧ 玻璃定位 安装好玻璃夹具，各吊杆螺栓应在上部钢架的定位处，并与钢架轴线重合，上下调节吊挂螺栓的螺钉，使玻璃提升和准确就位。第一块玻璃就位后要检查其侧边的垂直度，以后玻璃只需要检查其缝隙宽度是否相等、符合设计尺寸即可。

⑨ 在做好上部吊挂后，应立即嵌入固定上下边框槽口外侧的垫条，使安装好的玻璃嵌入固定到位。

5. 灌注密封胶

（1）在灌注密封胶之前，所有注胶部位的玻璃和金属表面，均用丙酮或专用清洁剂擦拭干净，但不得用湿布和清水擦洗，所有注胶面必须干燥。

（2）为确保幕墙玻璃表面清洁美观，防止在灌注密封胶时对玻璃产生污染，在注胶前需要在玻璃上粘贴上美纹纸加上保护。

（3）安排受过训练的专业注胶工施工，注胶时内外两侧同时进行。注胶的速度要均匀，厚度要均匀，不要夹带气泡。注胶道表面要呈凹曲面。注胶不应在风雨天气和温度低于5℃的情况下进行。温度太低胶凝固速度慢，不仅易产生流淌，甚至影响拉伸强度。总之，一切应严格遵守产品说明进行施工。

（4）耐候硅酮胶的施工厚度为3.5~4.5mm，如果胶缝的厚度太薄对保证密封性能不利。

（5）胶缝厚度应遵守设计中的规定，结构硅酮胶必须在产品有效期内使用。

6. 清洁幕墙表面

在以上各个施工工序完成后，要认真清洗玻璃幕墙的表面，使之达到竣工验收的标准。

（四）全玻璃幕墙施工注意事项

（1）玻璃磨边 每块玻璃四周均需要进行磨边处理，不要因为上下不露边而忽视玻璃安全和质量。科学试验证明，玻璃在生产、施工和使用过程中，其应力是非常复杂的。玻璃在生产、加工过程中存在一定内应力；玻璃在吊装中下部可能临时落地受力；在玻璃上端有夹具夹固，夹具具有很大的应力；吊挂后玻璃又要整体受拉，内部存在着应力。如果玻璃边缘不进行磨边，在复杂的外力、内力共同作用下，很容易产生裂缝而破坏。

（2）夹持玻璃的铜质夹片一定要用专用胶黏结牢固，胶液应密实且无气泡，并按说明书要求充分养护后才可进行吊装。

（3）在安装玻璃时应严格控制玻璃板面的垂直度、平整度及玻璃缝隙尺寸，使之符合设计及规范要求，并保证外观效果的协调、美观。

四、支点式玻璃幕墙施工工艺

由玻璃面板、点支撑装置和支撑结构构成的玻璃幕墙称为"点支式"玻璃幕墙。根据支撑结构"点支式"玻璃幕墙可分为工字形截面钢架、柱式钢桁架、鱼腹式钢架、空腹弓形钢架、单拉杆弓形钢架、双拉杆梭形钢架等。

"点支式"玻璃幕墙是一门新兴的建筑幕墙技术，它体现的是建筑物内外的流通和融合，改变了过去用玻璃来表现窗户、幕墙、天顶的传统做法，强调的是玻璃的透明性。透过玻璃，人们可以清晰地看到支撑玻璃幕墙的整个结构系统，将单纯的支撑结构系统转化为可视性、观赏性和表现性。由于"点支式"玻璃幕墙表现方法奇特，尽管它诞生的时间不长，但应用却极为广泛，并且日新月异地发展着。

(一)"点支式"玻璃幕墙的特性

工程实践证明，"点支式"玻璃幕墙主要具有通透性好、灵活性好、安全性好、工艺感好、环保节能性好等特点。

(1) 通透性好　玻璃面板仅通过几个点连接到支撑结构上，几乎无遮挡，透过玻璃视线达到最佳，视野达到最大，将玻璃的透明性应用到极限。

(2) 灵活性好　在金属紧固件和金属连接件的设计中，为减少、消除玻璃板孔边缘的应力集中，使玻璃板与连接件处于铰接状态，使得玻璃板上的每个连接点都可自由地转动，并且还允许有少许的平动，用于弥补安装施工中的误差，所以"点支式"玻璃幕墙的玻璃一般不产生安装应力，并且能顺应支撑结构受荷载作用后产生的变形，使玻璃不产生过度的应力集中。同时，采用"点支式"玻璃幕墙技术可以最大限度地满足建筑造型的需求。

(3) 安全性好　由于"点支式"玻璃幕墙所用玻璃全都是钢化的，属于安全玻璃，并且使用金属紧固件和金属连接件与支撑结构相连接，注入的耐候密封结构胶只能起到密封作用，不承受荷载，即使玻璃发生意外破坏，钢化玻璃破裂成碎片，形成所谓的"玻璃雨"，不会出现整块玻璃坠落的严重伤人事故。

(4) 工艺感好　"点支式"玻璃幕墙的支撑结构有多种形式，支撑构件加工要求比较精细、表面平整光滑，具有良好的工艺感和艺术感，因此许多建筑师喜欢选用这种结构形式，以增加玻璃幕墙的美感。

(5) 环保节能性好　"点支式"玻璃幕墙的特点之一是通透性好，因此在玻璃的使用上多选择无光污染的白玻璃、超白玻璃和低辐射玻璃等，尤其是中空玻璃的使用，节能效果更加明显，使玻璃幕墙具有较好的环保节能性。

(二)钢架式点支玻璃幕墙施工

钢架式点支玻璃幕墙是最早的"点支式"玻璃幕墙结构，按其结构型式又有钢架式、拉锁式，其中钢架式是采用最多的结构类型。

1. 钢架式点支玻璃幕墙安装工艺流程

由于钢架式点支玻璃幕墙的结构组成比较复杂，所以其施工工艺也比较烦琐。钢架式点支玻璃幕墙安装工艺流程为：检验并分类堆放幕墙构件→现场测量放线→安装钢桁架→安装不锈钢拉杆→安装接驳件（钢爪）→玻璃就位→钢爪紧固螺钉→固定玻璃→玻璃缝隙内注胶→表面清理。

2. 安装前的准备工作

在玻璃幕墙正式施工前，应根据土建结构的基础验收资料复核各项数据，并标注在检测资料上，预埋件、支座面和地脚螺栓的位置、标高的尺寸偏差，应符合现行技术规定及验收规范，钢柱脚下的支撑预埋件应符合设计要求。

在玻璃幕墙正式安装前，应认真检验并分类堆放幕墙所用的构件，以确保玻璃幕墙能顺利施工。钢结构在装卸、运输堆放的过程中，应防止出现损坏和变形。钢结构运送到安装地点的顺序，应满足安装程序的需要。

3. 施工测量放线

钢架式点支玻璃幕墙分格轴线的测量应与主体结构的测量配合，其误差应及时调整，不得出现积累。钢结构的复核定位应使用轴线控制点和测量标高的基准点，保证幕墙主要竖向构件及主要横向构件的尺寸允许偏差符合有关规范及行业标准。

4. 钢桁架的安装

钢桁架安装应按现场实际情况及结构采用整体或综合拼装的方法施工。确定几何位置的主要构件，如柱、桁架等应吊装在设计位置上，在松开吊挂设备后应进行初步校正，构件的连接接头必须经过检查合格后方可紧固和焊接。

对于焊接部位应按要求进行打磨，消除尖锐的棱角和尖角，达到圆滑过渡要求的钢结构表面，还应根据设计要求喷涂防锈漆和防火漆。

5. 接驳件（钢爪）安装

在安装横梁的同时按顺序及时安装横向及竖向拉杆。对于拉杆接驳结构体系，应保证驳接件（钢爪）位置的准确，紧固拉杆或调整尺寸偏差时，宜采用先左后右、由上自下的顺序，逐步固定接驳件位置，以单元控制的方法调整校核结构体系安装精度。

在接驳件安装时，不锈钢爪的安装位置一定要准确，在固定孔、点和接驳件（钢爪）间的连接应考虑可调整的余量。所有固定孔、点和玻璃连接的接驳件螺栓都应用测力扳手拧紧，其力矩的大小应符合设计规定值，并且所有的螺栓都应用自锁螺母固定。常见的钢爪示意如图9-11所示；钢爪安装示意如图9-12所示。

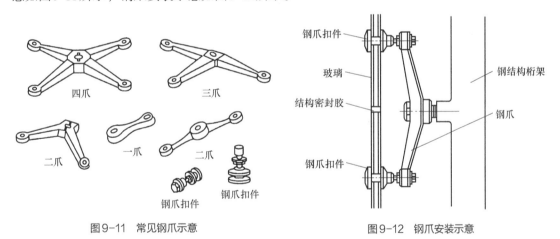

图9-11　常见钢爪示意　　　　　　　图9-12　钢爪安装示意

6. 幕墙玻璃安装

在进行玻璃安装前，首先应检查校对钢结构主支撑的垂直度、标高、横梁的高度和水平度等是否符合设计要求，特别要注意安装孔位的复查。然后清洁钢件表面杂物，驳接玻璃底部"U"形槽内应装入橡胶垫块，对应于玻璃支撑面的宽度边缘处应放置垫块。

在进行玻璃安装时，应清洁玻璃及吸盘上的灰尘，根据玻璃重量及吸盘规格确定吸盘个数。然后检查驳接爪的安装位置是否正确，经校核无误后，方可安装玻璃。正式安装玻璃时，应先将驳接头与玻璃在安装平台上装配好，然后再与驳接爪进行安装。为确保驳接头处的气密性、水密性，必须使用扭矩扳手，根据驳接系统的具体尺寸来确定扭矩的头小。玻璃安装示意如图9-13所示。

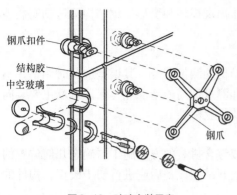

钢爪扣件
结构胶
中空玻璃
钢爪

图9-13 玻璃安装示意

玻璃在现场初步安装后，应当认真调整玻璃上下左右的位置，以保证玻璃的安装水平偏差在允许范围内。玻璃全部调整好后，应认真进行立面平整度检查，经过检查确认无误后才能注入密封胶。

7. 玻璃缝隙注密封胶

在进行注入密封胶前，应进行认真清洁工作，以确保密封胶与玻璃结合牢固。注胶前在需要注胶的部位粘贴保护胶纸，并要注意胶纸与胶缝要平直。注胶时要持续均匀，其操作顺序是：先打横向缝，后打竖向缝；竖向胶缝宜自上而下进行，胶注满后，应检查里面是否有气泡、空心、断缝、夹杂，如果有应及时处理。

第三节 石材幕墙工程施工工艺

石材幕墙是指利用"金属挂件"将石材饰面板直接挂在主体结构上，或当主体结构为混凝土框架时，先将金属骨架悬挂于主体结构上，然后再利用"金属挂件"将石材饰面板挂于金属骨架上的幕墙，是一种不承担主体结构荷载与作用的建筑围护结构。前者称为直接式干挂石材幕墙，后者称为骨架式干挂石材幕墙。中国的石材幕墙是世界生产和使用大国。据不完全统计，国内年均石材装饰板材用于墙面装饰的约 2500 万平方米。

石材幕墙同玻璃幕墙一样，不仅需要承受各种外力的作用，而且还需要适应主体结构产生位移的影响，所以石材幕墙设计和施工必须按照行业标准《金属与石材幕墙工程技术规范》（JGJ 133—2001）进行强度计算和刚度验算，另外还应满足建筑热工、隔声、防水、防火和防腐蚀等方面的要求。

一、石材幕墙工程类型

按照幕墙的施工方法不同，石材幕墙主要分为短槽式石材幕墙、通槽式石材幕墙、钢销式石材幕墙、背栓式石材幕墙和托板式石材幕墙等。

1. 短槽式石材幕墙

短槽式石材幕墙是在幕墙石材侧边中间开短槽，用不锈钢挂件挂接、支撑石板的做法。短槽式做法的构造简单，技术比较成熟，目前应用较多。

2. 通槽式石材幕墙

通槽式石材幕墙是在幕墙石材侧边中间开通槽，嵌入和安装通长金属卡条，石板固定在金属的卡条上的做法。此种做法施工复杂，开槽比较困难，目前应用较少。

3. 钢销式石材幕墙

钢销式石材幕墙是在幕墙石材侧面打孔，穿入不锈钢钢销将两块石板连接，钢销与挂件连接，将石材挂接起来的做法，这种做法目前应用也较少。

4. 背栓式石材幕墙

背栓式石材幕墙是在幕墙石材背面钻四个扩底孔，孔中安装柱（锥）式锚栓，然后再把锚栓通过连接件与幕墙的横梁相接的幕墙做法。背栓式是石材幕墙的新型做法，它受力合理、维修方便、更换简单，是一项引进新技术，目前已经在很多幕墙工程中推广应用。

5. 托板式石材幕墙

托板式石材幕墙采用铝合金托板进行连接，整个黏结一般主要在工厂内完成，施工质量可靠。在现场安装时采用挂式结构，在安装过程中可实现三维调整。并可使用弹性胶垫安装，从而实现柔性连接，提高抗震性能。这种石材幕墙具有高贵、亮丽的质感，使建筑物表现的庄重大方、高贵豪华。

二、对石材的基本要求

（一）幕墙石材的选用

1. 石材的品种

由于幕墙工程是属于室外墙面装饰，要求它具有良好的耐久性，因此宜选用火成岩，通常选用花岗石。因为花岗石的主要结构物质是长石和石英，其质地坚硬，具有耐酸碱、耐腐蚀、耐高温、耐日晒雨淋、耐寒冷、耐摩擦等优异性能，比较适宜作为建筑物的外饰面。

2. 石材的厚度

幕墙石材的常用厚度一般为25~30mm。为满足强度计算的要求，幕墙石材的厚度最薄应等于25mm。火烧石材的厚度应比抛光石材的厚度尺寸大3mm。石材经过火烧加工后，在板材表面形成细小的不均匀麻坑效果而影响了板材厚度，同时也影响了板材的强度，故规定在设计计算强度时，对同厚度火烧板一般需要按减薄3mm进行。

（二）板材的表面处理

石板的表面处理方法，应根据环境和用途决定。其表面应采用机械加工，加工后的表面应用高压水冲洗或用水和刷子清理。

严禁用溶剂型的化学清洁剂清洗石材。因石材是多孔的天然材料，一旦使用溶剂型的化学清洁剂就会有残余的化学成分留在微孔内，与工程密封材料及黏结材料会起化学反应而造成饰面污染。

（三）石材的技术要求

对于幕墙石材的技术要求，主要包括石材的吸水率、石材弯曲强度和石材技术性能等。

1. 石材的吸水率

由于幕墙石材处于比较恶劣的使用环境中，尤其是冬季冻胀的影响，容易损伤石材，因此用于幕墙的石材吸水率要求较高，应小于0.80%。

2. 石材弯曲强度

用于幕墙的花岗石板材弯曲强度，应经相应资质的检测机构进行检测确定，其弯曲强度应≥8.0MPa。

3. 石材技术性能

幕墙石材的技术要求和性能试验方法，应符合国家现行标准的有关规定。

（1）石材的技术要求应符合行业标准《天然花岗石荒料》（JC/T 204—2011）、国家标准《天然花岗石建筑板材》（GB/T 18601—2009）的规定。

（2）石材的主要性能试验方法，应符合下列现行国家标准的规定：①《天然饰面石材试

验方法　第1部分：干燥、水饱和、冻融循环后压缩强度试验》（GB/T 9966.1—2020）；②《天然饰面石材试验方法　第2部分：干燥、水饱和、冻融循环后弯曲强度试验》（GB/T 9966.2—2020）；③《天然饰面石材试验方法　第3部分：吸水率、体积密度、真密度、真气孔率试验》（GB/T 9966.3—2020）；④《天然饰面石材试验方法　第4部分：耐磨性试验》（GB/T 9966.4—2020）；⑤《天然饰面石材试验方法　第5部分：硬度试验》（GB/T 9966.5—2020）；⑥《天然饰面石材试验方法　第6部分：耐酸性试验》（GB/T 9966.6—2020）。

三、石材幕墙组成和构造

石材幕墙主要是由石材面板、不锈钢挂件、钢骨架（立柱和横撑）及预埋件、连接件和石材拼缝注胶等组成。然而直接式干挂石材幕墙将不锈钢挂件安装于主体结构上，不需要设置钢骨架，这种做法要求主体结构的墙体强度较高，最好为钢筋混凝土墙，并且要求墙面的平整度、垂直应要好，否则应采用骨架式做法。石材幕墙的横梁、立柱等骨架，是承担主要荷载的框架，可以选用型钢或铝合金型材，并由设计计算确定其规格、型号，同时也要符合有关规范的要求。

图9-14为有金属骨架的石材幕墙的组成示意；图9-15为短槽式石材幕墙的构造；图9-16为钢销式石材幕墙的构造；图9-17为背栓式石材幕墙的构造。

石材幕墙的防火、防雷等构造与有框玻璃幕墙基本相同。

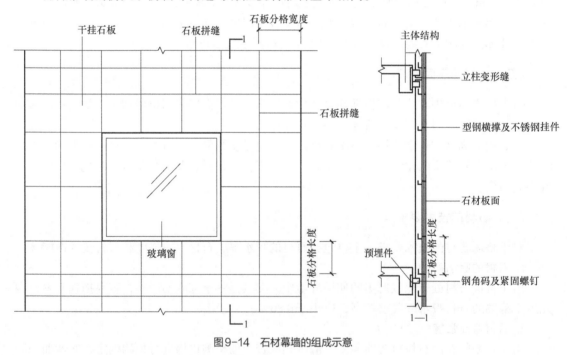

图9-14　石材幕墙的组成示意

四、石材幕墙施工工艺

干挂石材幕墙安装施工工艺流程主要包括：测量放线→预埋位置尺寸检查→金属骨架安装→钢结构防锈漆涂刷→防火保温棉安装→石材干挂→嵌填密封胶→石材幕墙表面清理→工程验收。

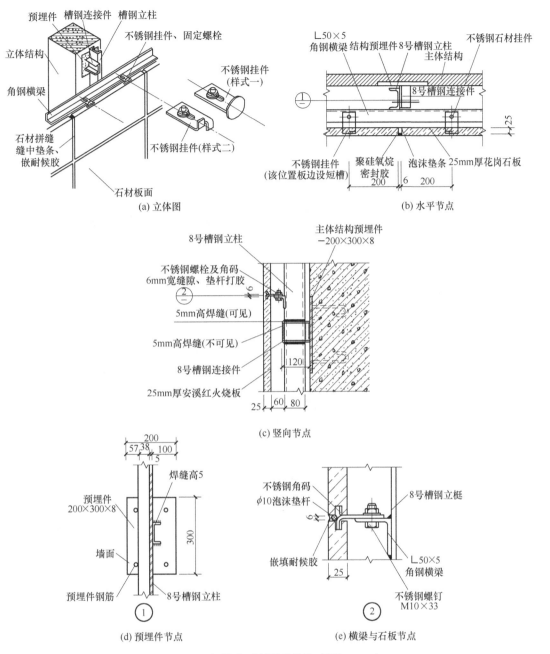

图9-15 短槽式石材幕墙的构造（单位：mm）

1. 石材幕墙施工机具

石材幕墙施工所用的机具主要有数控刨沟机、手提电动刨沟机、电动吊篮、滚轮、热压胶带电炉、双斜锯、双轴仿形铣床、凿榫机、手电钻、夹角机、铝型材弯曲机、双组分注胶机、清洗机、电焊机、水准仪、经纬仪、托线板、线坠、钢卷尺、水平尺、钢丝线、螺丝刀、工具刀、泥灰刀、胶枪。

2. 预埋件检查、安装

安装石板的预埋件应在进行土建工程施工时埋设，幕墙施工前要根据该工程基准轴线和中线以及基准水平点对预埋件进行检查、校核，当设计无明确要求时一般位置尺寸的允许偏

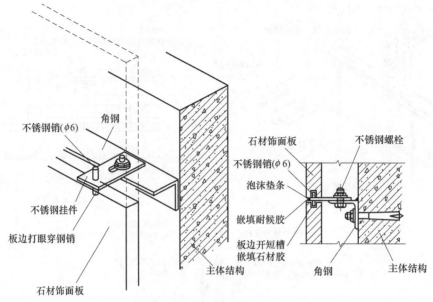

图9-16　钢销式石材幕墙构造

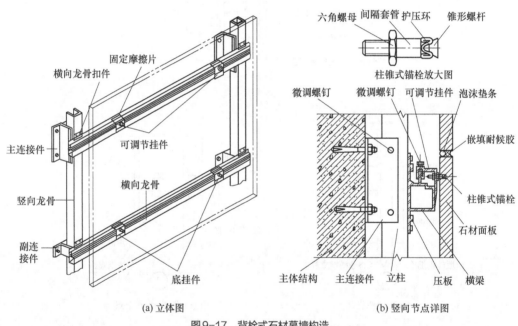

(a) 立体图　　　　　　　　　　　(b) 竖向节点详图

图9-17　背栓式石材幕墙构造

差为±20mm，预埋件的标高允许偏差为±10mm。

如果由于预埋件标高及位置偏差造成无法使用或遗漏时，应当根据实际情况提出选用膨胀螺栓或化学锚栓加钢锚板（形成后补预埋件）的方案，并应在现场进行拉拔试验，并做好详细施工记录。

3. 测量放线

① 根据干挂石材幕墙施工图，结合土建施工图复核轴线的尺寸、标高和水准点，并予以校正。

② 按照设计图纸的要求，在底层确定幕墙的位置线和分格线位置，以便依次向上确定

各层石板的位置线和分格线位置。

③ 用经纬仪将幕墙的阳角和阴角位置及标高线定出，并用固定在屋顶钢支架上的钢丝作为标志控制线。

④ 使用水平仪和标准钢卷尺等引出各层标高线。

⑤ 确定好幕墙石材每个立面的中线。

⑥ 在进行施工测量时，应注意控制分配测量误差，不能使误差产生积累。

⑦ 测量放线应在风力不大于4级情况下进行，并要采取避风措施。

⑧ 幕墙放线定位完成后，要对所确定的控制线定时进行校核，以确保幕墙垂直度和金属立柱位置的正确。

4. 金属骨架安装

① 根据施工的放样图，检查放线位置是否准确。对于有误差者应采取措施加以纠正。

② 在检查和纠正放线位置后，可安装固定立柱上的铁件，为安装立柱做好准备工作。

③ 在安装幕墙的立柱时，应先安装同立面两端的立柱，然后拉通线顺序安装中间立柱，使同层立柱安装在同一水平位置上。

④ 将各施工水平控制线引至立柱上，并用水平尺校核，以便使石板材在立柱上安装。

⑤ 按照设计尺寸安装金属横梁，横梁一定要与立柱垂直。

⑥ 钢骨架中的立柱和横梁采用螺栓连接。如采用焊接时，应对下方和临近的已完工装饰饰面进行成品保护。焊接时要采用对称焊，以减少因焊接产生的变形。检查焊缝质量合格后，所有的焊点、焊缝均需除去焊渣及做防锈处理，如刷防锈漆等。

⑦ 待金属骨架完工后，应通过监理公司对隐蔽工程检查后，方可进行下道工序。

5. 防火、保温材料安装

① 必须采用合格的材料，即要求有出厂合格证。

② 在每层楼板与石材幕墙之间不能有空隙，应用1.5mm厚镀锌钢板和防火岩棉形成防火隔离带，用防火胶密封。

③ 在北方寒冷地区，保温层最好应有防水、防潮保护层，在金属骨架内填塞固定，要求严密牢固。

④ 幕墙保温层施工后，保温层最好应有防水、防潮保护层，以便在金属骨架内填塞固定后严密可靠。

6. 石材饰面板安装

① 将运至工地的石材饰面板按编号分类，检查尺寸是否准确和有无破损、缺棱、掉角。按施工要求分层次将石材饰面板运至施工面附近，并注意摆放可靠。

② 按幕墙墙面基准线仔细安装好底层第一层石材。

③ 注意每层金属挂件安放的标高，金属挂件应紧托上层饰面板（背栓式石板安装除外）而与下层饰面板之间留有间隙（间隙留待下道工序处理）。

④ 安装时，要在饰面板的销钉孔或短槽内注入石材胶，以保证饰面板与挂件的可靠连接。

⑤ 安装时，宜先完成窗洞口四周的石材镶边。

⑥ 安装到每一楼层标高时，要注意调整垂直误差，使得误差不积累。

⑦ 在搬运石材时，要有安全防护措施，摆放时下面要垫木方。

7. 注胶封缝

① 要按设计要求选用合格且未过期的耐候嵌缝胶。最好选用含硅油少的石材专用嵌缝胶，以免硅油渗透污染石材表面。

② 用带有凸头的刮板填装聚乙烯泡沫圆形垫条，保证胶缝的最小宽度和均匀性。选用

的圆形垫条直径应稍大于缝宽。

③ 在胶缝两侧粘贴胶带纸保护，以免嵌缝胶的痕迹污染石材表面。

④ 用专用清洁剂或草酸擦洗缝隙处石材表面。

⑤ 安排受过训练的注胶工注胶。注胶应均匀无流淌，边打胶边用专用工具勾缝，使嵌缝胶成型后呈微弧形凹面。

⑥ 施工中要注意不能有漏胶污染墙面，如墙面上粘有胶液应立即擦去，并用清洁剂及时擦净余胶。

⑦ 在刮风和下雨时不能注胶，因为刮起的尘土及水渍进入胶缝会严重影响密封质量。

8. 清洗和保护

施工完毕后，除去石材表面的胶带纸，用清水和清洁剂将石材表面擦洗干净，按照要求进行打蜡或者涂刷防护剂。

9. 施工注意事项

① 在石材幕墙正式施工前，应严格检查石材质量，材质和加工尺寸都必须符合设计要求，不合格的产品不得用于工程。

② 施工人员要仔细检查每块石材是否有裂纹，防止石材在运输和施工时发生断裂。

③ 测量放线要精确，各专业施工要组织统一放线、统一测量，避免各专业的施工因为测量和放线误差发生施工矛盾。

④ 在石材幕墙正式施工前，应严格检查预埋件的设置是否合理，位置是否准确。

⑤ 根据现场放线数据绘制施工放样图，落实实际施工和加工尺寸。

⑥ 在安装和调整石材板位置时，一般可以用垫片适当调整缝宽，所用垫片必须与挂件是同质材料。

⑦ 固定挂件的不锈钢螺栓要加弹簧垫圈，在调平、调直、拧紧螺栓后在螺母上抹少许石材胶固定。

10. 施工质量要求

（1）石材幕墙的立柱、横梁的安装应符合下列规定。

① 立柱安装标高偏差不应大于3mm，轴线前后偏差不应大于2mm，轴线左右偏差不应大于3mm。

② 相邻两立柱安装标高偏差不应大于3mm，同层立柱的最大标高偏差不应大于5mm，相邻两根立柱的距离偏差不应大于2mm。

③ 相邻两根横梁的水平标高偏差不应大于1mm，同层标高偏差：当一幅幕墙宽度小于等于35m时，不应大于5mm；当一幅幕墙宽度大于35m时，不应大于7mm。

（2）石板安装时左右、上下的偏差不应大于1.5mm。石板空缝隙安装时必须有防水措施，并有符合设计的排水出口。石板缝中填充硅酮密封胶时，应先垫上比缝隙略宽的圆形泡沫垫条，然后填充硅酮密封胶。

（3）幕墙钢构件施焊后，其表面应进行防腐处理，如涂刷防锈漆等。

（4）幕墙安装施工应对下列项目进行验收：a.主体结构与立柱、立柱与横梁连接节点安装及防腐处理；b.墙面的防火层、保温层安装；c.幕墙的伸缩缝、沉降缝、防震缝及阴阳角的安装；d.幕墙的防雷节点的安装；e.幕墙的封口安装。

五、石材幕墙施工安全

① 石材幕墙施工不仅应符合《建筑施工高处作业安全技术规范》（JGJ 80—2016）的规

定，还应遵守施工组织设计确定的各项要求。

② 安装幕墙的施工机具和吊篮在使用前应进行严格检查和试车，必须达到规定的要求后方可使用。

③ 在石材幕墙正式施工前，应对施工人员进行安全教育，现场施工人员应佩戴安全帽、安全带、穿防滑鞋等。

④ 工程上下部交叉作业时，结构施工层下方应采取可靠的安全防护措施。

⑤ 现场焊接时，在焊件下方应设置接焊渣斗，以防止焊渣掉落引起火灾。

⑥ 脚手架上的废弃物应及时清理，不得在窗台、栏杆上放置施工工具。

第四节　金属幕墙工程施工工艺

金属幕墙是一种新型的建筑幕墙，实际上是将玻璃幕墙中的玻璃更换为金属板材的一种幕墙形式。但由于面材的不同两者之间又有很大的区别，所以在设计、施工过程中应对其分别进行考虑。随着金属幕墙技术的发展，金属幕墙面板材料种类越来越多，例如铝复合板、单层铝板、铝蜂窝板、防火板、夹芯保温铝板、不锈钢板、彩涂钢板、琺琅钢板等。

一、金属幕墙材料及机具

（一）金属幕墙所用材料

金属幕墙所用材料主要有面板材料和建筑密封材料等。

1. 面板材料

目前，在金属幕墙工程中常用的面板材料主要为质量较轻的铝合金板材，如铝合金单板、铝塑复合板、铝合金蜂窝板等。另外，还可采用不锈钢板。铝合金板材和不锈钢板的技术性能应达到国家相关标准及设计要求，并应有出厂合格证和相关的试验证明。

铝塑复合板是由内外两层均为0.5mm厚的铝板中间夹层厚2~5mm的聚乙烯或硬质聚乙烯发泡板构成，板面涂有氟碳树脂涂料，形成一种坚韧、稳定的膜层，附着力和耐久性非常强，色彩极其丰富，板的背面涂有聚酯漆以防止可能出现的腐蚀。铝塑复合板是金属幕墙早期出现时常用的面板材料。

铝合金单板采用2.5mm或3.0mm厚的铝合金板，外幕墙用铝合金单板两个表面与铝塑复合板正面涂膜一致，膜层具有良好的坚韧性和稳定性，其附着力和耐久性完全一致。铝合金单板是继铝塑复合板之后，一种金属幕墙常用的面板材料，并且有广阔的应用前景。

铝合金蜂窝板又称蜂窝铝板，是两块铝板中间加蜂窝芯材黏结成的一种复合材料。根据幕墙的使用功能和耐久年限的要求，分别选用厚度为10mm、12mm、15mm、20mm和25mm的蜂窝铝板。金属幕墙用的蜂窝铝板应为铝蜂窝，蜂窝的形状有正六角形、扁六角形、长方形、正方形、十字形、扁方形等。蜂窝芯材要经过特殊处理，否则其强度低、寿命短。由于铝合金蜂窝板造价较高，在幕墙工程中应用不广泛。

不锈钢板主要有镜面不锈钢板、亚光不锈钢板和钛金板等。不锈钢板的耐久性、耐磨性均非常好，但过薄的不锈钢板会出现鼓凸，过厚的不锈钢板自重大、价格高，所以不锈钢板幕墙使用较少，只是用于幕墙的局部装饰。

彩涂钢板是一种带有有机涂层的钢板，具有耐蚀性好、色彩鲜艳、外观美观、加工方便、强度较高、成本较低等优点。彩涂钢板的基板为冷轧基板、热镀锌基板和电镀锌基扳，涂层的种类可分为聚酯、硅改性聚酯和塑料溶胶等。彩涂钢板广泛用于建筑家电和交通运输等行业，对于建筑业主要用于钢结构厂房、机场、库房和冷冻等工业及商业建筑的屋顶、墙面和门等，民用建筑采用彩涂钢板很少。

2. 建筑密封材料

金属幕墙所用的建筑密封材料，橡胶制品有三元乙丙橡胶、氯丁橡胶；密封胶条应为挤出成形，橡胶块应为压模成形。密封胶条的技术性能应符合设计要求和国家现行标准的规定。金属幕墙应采用中性硅酮耐候密封胶，同一幕墙工程应采用同一品牌的硅酮结构密封胶和硅酮耐候密封胶相配套使用，其技术性能应符合设计要求和国家现行标准的规定。

金属幕墙所用的中性硅酮耐候密封胶，分为单组分和双组分，其技术性能应符合现行国家标准《建筑用硅酮结构密封胶》（GB 16776—2005）中的规定。同一幕墙工程应采用同一品牌的单组分或双组分硅酮结构密封胶，并应有保质年限的质量证书和无污染的试验报告。

（二）金属幕墙所用机具

金属幕墙施工所用机具主要有切割机、成型机、弯曲边机具、砂轮机、连接金属板的手提电钻、混凝土墙打眼电钻等。

二、金属幕墙的施工工艺

金属幕墙施工工艺流程为：测量放线→预埋件位置尺寸检查→金属骨架安装→钢结构刷防锈漆→防火保温棉安装→金属板安装→注密封胶→幕墙表面清理→工程验收。

1. 施工准备

在施工之前做好科学规划，熟悉图样，编制单项工程施工组织设计，做好施工方案部署，确定施工工艺流程和工种、材料、机械安排等。

详细核查施工图样和现场实际尺寸，领会设计意图，做好技术交底工作，使操作者明确每一道工序的装配、质量要求。

2. 测量放线

幕墙安装质量很大程度上取决于测量放线的准确与否，如轴线和结构标高与图样有出入时，应及时向业主和监理工程师报告，得到处理意见进行调整，由设计单位做出设计变更。

3. 预埋件检查、安装

安装金属幕墙的预埋件应在进行土建工程施工时埋设，幕墙施工前要根据该工程基准轴线和中线以及基准水平点对预埋件进行检查、校核，当设计无明确要求时，一般位置尺寸的允许偏差为±20mm，预埋件的标高允许偏差为±10mm。

如果由于预埋件标高及位置偏差造成无法使用或遗漏时，应当根据实际情况提出选用膨胀螺栓或化学锚栓加钢锚板（形成后补预埋件）的方案，并应在现场进行拉拔试验，并做好详细施工记录。

4. 金属骨架安装

金属幕墙骨架的安装，其具体做法同石材幕墙。注意在两种金属材料接触处应垫好隔离片，防止出现接触腐蚀，不锈钢材料除外。

5. 金属板制作

金属饰面板种类多，一般是在工厂加工后运至工地安装。铝塑复合板组合件一般在工地制作、安装。现在以铝单板、铝塑复合板、蜂窝铝板为例说明加工制作的要求。

（1）铝单板　铝单板在弯折加工时弯折外圆弧半径不应小于板厚的1.5倍，以防止出现折裂纹和集中应力。板上加劲肋的固定可采用电栓钉，但应保证铝板外表面不变形、不褪色，固定应牢固。铝单板的折边上要做耳子用于安装，如图9-18所示。

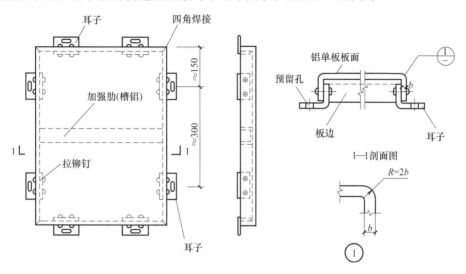

图9-18　铝单板示意（单位：mm）

耳子中心间距一般为300mm左右，角端为150mm左右。表面和耳子的连接可用焊接、铆接或在铝板上直接冲压而成。铝单板组合件的四角开口部位凡是未焊接成形的，必须用硅酮密封胶密封。

（2）铝塑复合板　铝塑复合板面有内外两层铝板，中间复合聚乙烯塑料。在切割内层铝板和聚乙烯塑料时，应保留不小于0.3mm厚的聚乙烯塑料，并不得划伤外层铝板的内表面，如图9-19所示。

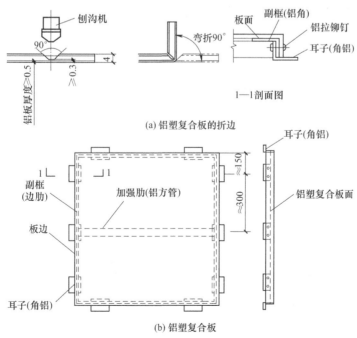

(a) 铝塑复合板的折边

(b) 铝塑复合板

图9-19　铝塑复合板（单位：mm）

打孔、切口后外露的聚乙烯塑料及角的缝隙应采用中性的硅酮密封胶密封，防止水渗漏到聚乙烯塑料内。加工过程中铝塑复合板严禁与水接触，以确保质量。其耳子材料用角铝。

（3）蜂窝铝板　应根据组装要求决定切口的尺寸和形状。在去除铝芯时不得划伤外层铝板的内表面，各部位外层铝板上，应保留 0.3~0.5mm 的铝芯。直角部位的加工，折角内弯成圆弧，角的缝隙处应采用硅酮密封胶密封。边缘的加工，应将外层铝板折合 180°，并将铝芯包封。

（4）金属幕墙的吊挂件、安装件　金属幕墙的吊挂件、安装件应采用铝合金件或不锈钢件，并应有可调整范围。采用铝合金立柱时，立柱连接部位的局部壁厚不得小于 5mm。

6. 防火、保温材料安装

金属幕墙的防火、保温材料安装，同有框玻璃幕墙安装做法。

7. 金属幕墙的吊挂件、安装件

金属面板安装同有框玻璃幕墙中的玻璃组合件安装。金属面板是经过折边加工、装有耳子（有的还有加劲肋）的组合件，通过铆钉、螺栓等与横竖骨架连接。

8. 注胶封闭缝与清洁

金属面板拼缝的密封处理与有框玻璃幕墙相同，以保证幕墙整体有足够的、符合设计的防渗漏能力。在注胶封闭缝隙施工时，应注意及时进行表面清洁、成品保护和防止构件污染。待密封胶完全固化后再撕去金属板面的保护膜。

9. 施工注意事项

（1）金属面板通常由专业工厂加工成型。但因实际工程的需要，部分面板由现场加工是不可避免的。现场加工应使用专业设备和工具，由专业操作人员操作，以确保板件的加工质量和操作安全。

（2）施工中所用各种电动工具，在使用前必须进行性能和绝缘检查，吊篮需做荷载、各种保护装置和运转试验。

（3）金属面板千万不要重压，以免发生变形，影响金属幕墙的美观。

（4）由于金属板表面上均有防腐及保护涂层，应注意硅酮密封胶与涂层黏结的相容性问题，事先做好相容性试验，并为业主和监理工程师提供合格成品的试验报告，保证胶缝的施工质量和耐久性。

（5）在进行金属面板加工和安装时，应当特别注意金属板面的压延纹理方向，通常成品保护膜上印有安装方向的标记，否则会出现纹理不顺、色差较大等现象，影响幕墙表面装饰效果和安装质量。

（6）固定金属面板的压板、螺钉，其规格、间距一定要符合规范和设计要求，并要拧紧不松动。

（7）金属板件的四角如果未经焊接处理，应当用硅酮密封胶来嵌入，以确保密封、防渗漏的效果。

（8）其他注意事项同隐框玻璃幕墙和石材幕墙。

第五节　幕墙工程施工质量验收标准

在玻璃幕墙、金属幕墙、石材幕墙与人造板材幕墙等分项工程的施工过程中，严格按照现行国家标准《建筑装卸装修工程质量验收标准》（GB 50210—2018）中的规定进行质量管理，是确保幕墙工程施工质量极其重要的环节。

一、玻璃幕墙工程施工质量验收标准

（一）玻璃幕墙质量验收一般规定

（1）玻璃幕墙工程验收时应检查下列文件和记录：a.玻璃幕墙工程的施工图、计算书、设计说明及其他设计文件；b.建筑设计单位对玻璃幕墙工程设计的确认文件；c.玻璃幕墙工程所用各种材料、配件、构件及组件的产品合格证书、性能检验报告、进场验收记录和复验报告；d.玻璃幕墙工程所用硅酮结构胶的抽查合格证明；e.进口硅酮结构胶的商检证；f.国家指定检测机构出具的硅酮结构胶相容性和剥离黏结性检验报告；g."后置埋件"的现场拉拔强度检验报告；h.玻璃幕墙的气密性、水密性、耐风压性能及平面变形性能检验报告；i.打胶、养护环境的温度、湿度记录；j.双组分硅酮结构胶的混匀性试验记录及拉断试验记录；k.防雷装置测试记录；l.隐蔽工程验收记录；m.玻璃幕墙构件、组件和面板的加工制作记录；n.玻璃幕墙安装施工记录。

（2）玻璃幕墙工程应对下列材料及其性能指标进行复验：a.玻璃幕墙用硅酮结构胶的邵氏硬度、标准条件拉伸黏结强度、相容性试验；b.玻璃幕墙立柱和横梁截面主要受力部位的厚度。

（3）玻璃幕墙工程应对下列隐蔽工程项目进行验收：a.预埋件（或后置埋件）；b.构件的连接节点；c.变形缝及墙面转角处的构造节点；d.玻璃幕墙防雷装置；e.玻璃幕墙防火构造。

（4）幕墙及其连接件应具有足够的承载力、刚度和相对于主体结构的位移能力。幕墙构架立柱的连接金属"角码"与其他连接件应采用螺栓连接，并应有防松动措施。

（5）隐框、半隐框幕墙所采用的结构黏结材料必须是中性硅酮结构密封胶，其性能必须符合《建筑用硅酮结构密封胶》（GB 16776—2005）的规定；硅酮结构密封胶必须在有效期内使用。

（6）隐框、半隐框幕墙构件中板材与金属框之间硅酮结构密封胶的黏结宽度，应分别计算风荷载标准值和板材自重标准值的作用下硅酮结构密封胶的黏结宽度，并取其较大值，且不得小于7.0 mm。

（7）硅酮结构密封胶的注胶应在洁净的专用注胶室进行，且养护环境、温度、湿度条件应符合结构胶产品的使用规定。

（8）玻璃幕墙的防火除应符合现行国家标准《建筑设计防火规范》（GB 50016—2014）的有关规定外，还应符合下列规定：a.应根据防火材料的耐火极限决定防火层的厚度和宽度，并应在楼板处形成防火带；b.防火层应采取隔离措施。防火层的衬板应采用经防腐处理且厚度不小于1.5mm的钢板，不得采用铝板；c.防火层的密封材料应采用防火密封胶；d.防火层与玻璃不应直接接触，一块玻璃不应跨两个防火分区。

（9）主体结构与幕墙连接的各种预埋件，其数量、规格、位置和防腐处理必须符合设计要求。

（10）玻璃幕墙的金属构架与主体结构预埋件的连接、立柱与横梁的连接及幕墙面板的安装必须符合设计要求，安装必须牢固。

（11）幕墙的金属构架与主体结构应通过预埋件连接，预埋件应在主体结构混凝土施工时埋入，预埋件的位置应准确。当没有条件采用预埋件连接时，应采用其他可靠的连接措施，并应通过试验确定其承载力。

（12）立柱应采用螺栓与"角码"连接，螺栓直径应经过计算，并不应小于10mm。不同金属材料接触时应采用绝缘垫片分隔。

（13）幕墙的抗震缝、伸缩缝、沉降缝等部位的处理应保证缝的使用功能和饰面的完整性。

（14）幕墙工程的设计应满足维护和清洁的要求。

（二）构件、组件和面板的加工制作质量管理

（1）构件、组件和面板的加工制作质量管理，主要适用于玻璃幕墙构件、组件和面板等加工制作工程的质量验收。

（2）在加工制作单位自检合格的基础上，同类玻璃幕墙构件、组件或面板每500~1000件应划分为一个检验批，不足500件也应划分为一个检验批。每个检验批应至少检查5%，并不得少于5件；不足5件时应全数检查。

（三）玻璃幕墙构件、组件和面板的加工制作

1. 主控项目

（1）玻璃幕墙构件、组件和面板的加工制作所使用的的各种材料和配件，应符合设计要求和现行的行业标准《玻璃幕墙工程技术规范》（JGJ 102—2003）的规定。

检验方法：检查产品合格证书、性能检验报告、材料进场验收记录和复验报告。

（2）玻璃幕墙构件、组件和面板的品种、规格、颜色及加工制作应符合设计要求和现行的行业标准《玻璃幕墙工程技术规范》（JGJ 102—2003）的规定。

检验方法：观察；尺量检查；检查加工制作记录。

（3）立柱、横梁主要受力部位的截面厚度应符合设计要求和现行的行业标准《玻璃幕墙工程技术规范》（JGJ 102—2003）的规定。

检验方法：尺量检查。

（4）玻璃幕墙构件槽、豁、榫的加工应符合设计要求和现行的行业标准《玻璃幕墙工程技术规范》（JGJ 102—2003）的规定。

检验方法：观察；尺量检查；检查施工记录。

（5）玻璃幕墙钢构件焊接、螺栓连接应符合设计要求和现行国家标准《钢结构设计标准》（GB 50017—2017）、《冷弯薄壁型钢结构技术规范》（GB 50018—2016）的有关规定。

检验方法：观察；尺量检查；检查施工记录。

（6）钢构件表面处理应符合设计要求和现行国家标准《钢结构工程施工质量验收规范》（GB 50205—2001）及行业标准《玻璃幕墙工程技术规范》（JGJ 102—2003）的有关规定。

检验方法：观察；检查施工记录。

2. 一般项目

（1）玻璃幕墙面板表面应平整、洁净、色泽一致。

检验方法：观察。

（2）玻璃幕墙构件和组件表面应平整。

检验方法：观察。

（3）玻璃幕墙构件、组件和面板安装的允许偏差和检验方法，应符合表9-3~表9-8的规定。

表9-3　玻璃幕墙铝合金构件加工制作的允许偏差和检验方法

序号	项目	允许偏差/mm	检验方法	序号	项目	允许偏差/mm	检验方法
1	立柱长度	1.0	用钢卷尺检查	6	槽口尺寸	+0.5,0.0	用卡尺检查
2	横梁长度	1.0	用钢卷尺检查	7	豁口尺寸	+0.5,0.0	用卡尺检查
3	构件孔位	1.0	用钢尺检查	8	榫头尺寸	0.0,−0.5	用卡尺检查
4	构件相邻孔距	1.0	用钢尺检查	9	槽口、豁口或榫头中线至边部距离	0.5	用卡尺检查
5	构件多孔两端孔距	1.0	用钢尺检查				

表9-4　玻璃幕墙钢构件加工制作的允许偏差和检验方法

序号	项目		允许偏差/mm	检验方法
1	平板型预埋件锚板边长		5	用钢尺检查
2	平板型预埋件锚筋长度	普通型	+10,0	用钢尺检查
		两面整块锚板穿透型	+5,0	
3	平板型预埋件圆锚筋中心线偏离		5	用钢尺检查
4	槽型预埋件长度		+10,0	用钢尺检查
5	槽型预埋件宽度		+5,0	用钢尺检查
6	槽型预埋件厚度		+3,0	用钢尺检查
7	槽型预埋件槽口尺寸		+1.5,0.0	用卡尺检查
8	槽型预埋件锚筋长度		+5,0	用钢尺检查
9	槽型预埋件锚筋中心线偏离		1.5	用钢尺检查
10	锚筋与锚板面垂直度		锚筋长度/30	用直角尺检查
11	连接件长度		+5,−2	用钢尺检查
12	连接件或支承件孔距		1.0	用卡尺检查
13	连接件或支承构件孔的宽度		+1.0,0.0	用卡尺检查
14	连接件或支承构件孔的边距		+1.0,0.0	用卡尺检查
15	连接件或支承件壁厚		+0.5,−0.2	用卡尺检查
16	连接件或支承件弯曲角度		2°	用角尺检查
17	点支承构件拼装单元节点位置		2	用钢尺检查
18	点支承构件或拼装单元长度		长度/2000	用钢卷尺检查

表9-5　明框玻璃幕墙组件加工制作的限值、允许偏差和检验方法

序号	项目		限值/mm	允许偏差/mm	检验方法
1	组件型材槽口尺寸	构件长度≤2000mm	—	2.0	用钢尺检查
		构件长度>2000mm	—	2.5	
2	组件对边长度差	构件长度≤2000mm	—	2.0	用钢卷尺检查
		构件长度>2000mm	—	3.0	
3	相邻构件装配间隙		—	0.5	用塞尺检查
4	相邻构件同一平面度差		—	0.5	用钢直尺和塞尺检查
5	单层玻璃与槽口间隙	玻璃厚度5~6mm	≥3.5	—	用钢尺检查
		玻璃厚度8~10mm	≥4.5	—	
		玻璃厚度≥12mm	≥5.5	—	
6	单层玻璃进入槽口尺寸	玻璃厚度5~6mm	≥15	—	用钢尺检查
		玻璃厚度8~10mm	≥16	—	
		玻璃厚度≥12mm	≥18	—	

序号	项目		限值/mm	允许偏差/mm	检验方法
7	中空玻璃与槽口间隙	玻璃厚度6mm	≥5	—	用钢尺检查
		玻璃厚度≥8mm	≥6	—	
8	中空玻璃进入槽口尺寸	玻璃厚度6mm	≥17	—	用钢尺检查
		玻璃厚度≥8mm	≥18	—	

表9-6　隐框玻璃幕墙组件加工制作的允许偏差和检验方法

序号	项目		允许偏差/mm	检验方法
1	框长宽尺寸		1.0	用钢卷尺检查
2	组件长宽尺寸		2.5	用钢卷尺检查
3	框接缝高度差		0.5	用钢直尺和塞尺检查
4	框内侧对角线差及组件对角线差	长边≤2000mm	2.5	用钢卷尺检查
		长边>2000mm	3.5	
5	框组装间隙		0.5	用塞尺检查
6	胶缝宽度		+2.0,0	用卡尺检查
7	胶缝厚度		+0.5,0	用卡尺检查
8	组件周边玻璃与铝框的位置差		1.0	用钢尺检查
9	结构组件平面度		3.0	用靠尺和塞尺检查
10	组件厚度		1.5	用卡尺检查

表9-7　单元式玻璃幕墙组件加工制作的允许偏差和检验方法

序号	项目		允许偏差/mm	检验方法
1	组件的长度、宽度	≤2000mm	1.5	用钢尺检查
		>2000mm	2.0	
2	组件对角线长度差	≤2000mm	2.5	用钢尺检查
		>2000mm	3.5	
3	胶缝的宽度		+1.0,0	用卡尺或钢直尺检查
4	胶缝的厚度		+0.5,0	用卡尺或钢直尺检查
5	各搭接量(与设计值比)		+1.0,0	用钢直尺检查
6	组件的平面度		1.5	用1m靠尺检查
7	组件内镶板间接缝宽度(与设计值比)		1.0	用塞尺检查
8	连接构件竖向中轴线距组件外表面(与设计值比)		1.0	用钢尺检查
9	连接构件水平轴线距组件水平对插入中心线		1.0(可上、下调节时2)	用钢尺检查
10	连接构件竖向轴线距组件竖向对插入中心线		1.0	用钢尺检查
11	两连接构件中心线水平距离		1.0	用钢尺检查
12	两连接构件上、下端水平距离差		0.5	用钢尺检查
13	两连接构件上、下端对角线差		1.0	用钢尺检查

表9-8　玻璃幕墙面板加工制作的允许偏差和检验方法

序号	项目			允许偏差/mm	检验方法
1	单片钢化玻璃边长	≤2000mm	厚度<15mm	1.5	用钢卷尺检查
			厚度≥15mm	2.0	
		>2000mm	厚度<15mm	2.0	
			厚度≥15mm	3.0	

序号	项目			允许偏差/mm	检验方法
2	单片钢化玻璃 对角线长度差	≤2000mm	厚度<15mm	2.0	用钢卷尺检查
			厚度≥15mm	3.0	
		>2000mm	厚度<15mm	3.0	
			厚度≥15mm	3.5	
3	中空玻璃边长	<1000mm		2.0	用钢卷尺检查
		≥1000mm，<2000mm		+2.0，−3.0	
		≥2000mm		3.0	
4	夹层玻璃边长	边长≤2000mm		2.0	用钢卷尺检查
		边长>2000mm		2.5	
5	中空、夹层玻璃 对角线长度差	边长≤2000mm		2.5	用钢卷尺检查
		边长>2000mm		3.5	
6	中空、夹层玻璃厚度叠加差	边长<1000mm		2.0	用卡尺检查
		边长≥1000mm，<2000mm		3.0	
		边长≥2000mm，<4000mm		4.0	
		边长≥4000mm		6.0	

（四）构架安装工程质量验收

构架安装工程质量控制主要适用于玻璃幕墙立柱、横梁等安装工程的质量验收。

1. 一般规定

（1）构架安装施工单位自检合格的基础上，检验批应按下列规定划分：a.相同设计、材料、工艺和施工条件的幕墙工程每500m²~1000m²应划分为一个检验批，不足500m²也应划分为一个检验批；b.同一单位工程的不连续的幕墙工程应单独划分检验批；c.对于异型或有特殊要求的幕墙，检验批的划分应根据幕墙的结构、工艺特点及幕墙工程规模，由监理单位（或建设单位）和施工单位协商确定。

（2）检查数量应符合下列规定：a.每个检验批每100m²应至少抽查一处，每处不得小于10m²；b.对于异型或有特殊要求的幕墙工程，应根据幕墙的结构和工艺特点，由监理单位（或建设单位）和施工单位协商确定。

2. 主控项目

（1）玻璃幕墙构件安装工程所使用的各种材料、构件和配件，应符合设计要求和现行的行业标准《玻璃幕墙工程技术规范》（JGJ 102—2003）的规定。

检验方法：检查产品合格证书、性能检验报告、材料进场验收记录和复验报告。

（2）玻璃幕墙主体结构上的预埋件、"后置埋件"的位置、数量及"后置埋件"的拉拔力必须符合设计要求。

检验方法：观察；检验"后置埋件"的拉拔力。

（3）玻璃幕墙的金属构架立柱与主体结构预埋件的连接、立柱与横梁的连接必须符合设计要求，安装必须牢固。

检验方法：观察；手扳检查。

（4）玻璃幕墙的防火、保温、防潮材料的设置应符合设计要求，并应密实、均匀、厚度一致。

检验方法：观察；尺量检查。

（5）玻璃框架及连接件的防腐处理应符合设计要求。

检验方法：观察；检查施工记录。

（6）玻璃幕墙的防雷装置必须与主体结构的防雷装置可靠连接。

检验方法：观察；手扳检查。

（7）各种变形缝、墙角的连接节点应符合设计要求和现行的行业标准《玻璃幕墙工程技术规范》（JGJ 102—2003）的规定。

检验方法：观察；检查施工记录。

3. 一般项目

（1）玻璃幕墙立柱和横梁表面应平整、洁净。

检验方法：观察。

（2）玻璃幕墙立柱和横梁连接接缝应严密。

检验方法：观察。

（3）玻璃幕墙立柱和横梁安装的允许偏差和检验方法应符合表9-9的规定。

表9-9 玻璃幕墙立柱和横梁安装的允许偏差和检验方法

序号	项目		允许偏差/mm	检验方法
1	立柱垂直度	幕墙高度≤30m	10	用经纬仪检查
		30m<幕墙高度≤60m	15	
		60m<幕墙高度≤90m	20	
		幕墙高度>90m	25	
2	相邻两立柱标高偏差		3.0	用水平仪和钢直尺检查
3	同层立柱标高差		5.0	用水平仪和钢直尺检查
4	相邻两立柱间距差		2.0	用钢卷尺检
5	相邻两横梁标高差		1.0	用1m水平尺和钢直尺检查
6	同层横梁标高差	幕墙宽度≤35m	7.0	用水平仪检查
		幕墙宽度>35m	5.0	

（五）玻璃幕墙安装工程质量验收

玻璃幕墙安装工程质量管理，主要适用于建筑高度不大于150m、抗震设防烈度不大于8度的隐框玻璃幕墙、半隐框玻璃幕墙、明框玻璃幕墙、全玻璃幕墙及点支承玻璃幕墙工程的质量验收。

1. 玻璃幕墙安装主控项目

（1）玻璃幕墙工程所使用的各种材料、构件和组件的质量，应符合设计要求和现行的行业标准《玻璃幕墙工程技术规范》（JGJ 102—2003）的规定。

检验方法：检查材料、构件、组件的产品合格证书、进场验收记录、性能检验报告和材料的复验报告。

（2）玻璃幕墙的造型和立面分格应符合设计要求。

检验方法：观察；尺量检查。

（3）玻璃幕墙使用的玻璃应符合下列规定：a.幕墙应使用安全玻璃，玻璃的品种、规格、颜色、光学性能及安装方向应符合设计要求；b.幕墙玻璃的厚度不应小于6.0mm，全玻璃幕墙肋玻璃的厚度不应小于12mm；c.幕墙的中空玻璃应采用双道密封，明框幕墙的中空玻璃应采用"聚硫密封胶"及丁基密封胶，隐框和半隐框幕墙的中空玻璃应采用硅酮结构密封胶及丁基密封胶，镀膜面应在中空玻璃的第2面或第3面上；d.幕墙的夹层玻璃应采用聚乙烯醇缩丁醛（PVB）胶片干法加工夹层玻璃，点支承玻璃幕墙夹层胶片（PVB）厚度不应小于0.76mm；e.钢化玻璃表面不得有损伤，8.0mm以下的钢化玻璃应进行引爆处理；f.所有幕墙玻璃均应进行边缘处理。

检验方法：观察；尺量检查；检查施工记录。

（4）玻璃幕墙与主体结构连接的各种预埋件、连接件、紧固件必须安装牢固，其数量、规格、位置、连接方法和防腐处理应符合设计要求。

检验方法：观察；检查隐蔽工程验收记录和施工记录。

（5）各种连接件、紧固件的螺栓应有防松动措施；焊接连接应符合设计要求和焊接规范的规定。

检验方法：观察；检查隐蔽工程验收记录和施工记录。

（6）隐框或半隐框玻璃幕墙，每块玻璃下端应设置两个铝合金或不锈钢托条，其长度不应小于100mm，厚度不应小于2mm，托条的外端应低于玻璃外表面2mm。

检验方法：观察；检查施工记录。

（7）明框玻璃幕墙的玻璃安装应符合下列规定：a.玻璃槽口与玻璃的配合尺寸应符合设计要求和现行的行业标准《玻璃幕墙工程技术规范》（JGJ 102—2003）的规定；b.玻璃与构件不得直接接触，玻璃四周与构件凹槽底部应保持一定的空隙，每块玻璃下部应至少放置两块宽度与槽口宽度相同、长度不小于100mm的弹性定位垫块；玻璃两边嵌入量及空隙应符合设计要求；c.玻璃四周橡胶条的材质、型号应符合设计要求，镶嵌应平整，橡胶条长度应比边框内槽长1.5%~2.0%，橡胶条在转角处应斜面断开，并应用黏结剂黏结牢固后嵌入槽内。

检验方法：观察；检查施工记录。

（8）高度超过4m的全玻璃幕墙应吊挂在主体结构上，吊夹具应符合设计要求，玻璃与玻璃，玻璃与玻璃肋之间的缝隙，应采用硅酮结构密封胶填充严密。

检验方法：观察；检查隐蔽工程验收记录和施工记录。

（9）点支承玻璃幕墙应采用带有万向头的活动不锈钢爪，其钢爪之间的中心距离应大于250mm。

检验方法：观察；尺量检查。

（10）玻璃幕墙四周、玻璃幕墙内表面与主体结构之间的连接节点、各种变形缝、墙角的连接节点应符合设计要求和现行的行业标准《玻璃幕墙工程技术规范》（JGJ 102—2003）的规定。

检验方法：观察；检查隐蔽工程验收记录和施工记录。

（11）玻璃幕墙应无渗漏。

检验方法：在易渗漏部位进行淋水检查。

（12）玻璃幕墙结构胶和密封胶的注入应饱满、密实、连续、均匀、无气泡，宽度和厚度应符合设计要求和现行的行业标准《玻璃幕墙工程技术规范》（JGJ 102—2003）的规定。

检验方法：观察；尺量检查；检查施工记录。

（13）玻璃幕墙开启窗的配件应齐全，安装应牢固，安装位置和开启方向、角度应正确；开启应灵活，关闭应严密。

检验方法：观察；手扳检查；开启和关闭检查。

（14）玻璃幕墙的防雷装置必须与主体结构的防雷装置可靠连接。

检验方法：观察；检查隐蔽工程验收记录和施工记录。

2. 玻璃幕墙安装一般项目

（1）玻璃幕墙表面应平整、洁净；整幅玻璃的色泽应均匀一致；不得有污染和镀膜损坏。

检验方法：观察。

（2）每平方米玻璃的表面质量和检验方法应符合表9-10的规定。

表9-10 每平方米玻璃的表面质量和检验方法

项次	项目	质量要求	检验方法
1	明显划伤和长度>100mm的轻微划伤	不允许	观察
2	长度≤100mm的轻微划伤	≤8条	用钢尺检查
3	擦伤总面积	≤500mm²	用钢尺检查

（3）一个分格铝合金型材的表面质量和检验方法应符合表9-11的规定。

表9-11 一个分格铝合金型材的表面质量和检验方法

项次	项目	质量要求	检验方法
1	明显划伤和长度>100mm的轻微划伤	不允许	观察
2	长度≤100mm的轻微划伤	≤2条	用钢尺检查
3	擦伤总面积	≤500mm²	用钢尺检查

（4）明框玻璃幕墙的外露框或压条应横平竖直，颜色、规格应符合设计要求，压条安装应牢固。单元玻璃幕墙的单元拼缝或隐框玻璃幕墙的分格玻璃拼缝应横平竖直、均匀一致。

检验方法：观察；手扳检查；检查进场验收记录。

（5）玻璃幕墙的密封胶缝应横平竖直、深浅一致、宽窄均匀、光滑顺直。

检验方法：观察；手摸检查。

（6）防火、保温材料填充应饱满、均匀，表面应密实、平整。

检验方法：检查隐蔽工程验收记录。

（7）玻璃幕墙隐蔽节点遮盖密封装修应牢固、整齐、美观。

检验方法：观察；手扳检查。

（8）明框玻璃幕墙安装的允许偏差和检验方法应符合表9-12的规定。

表9-12 明框玻璃幕墙安装的允许偏差和检验方法

项次	项 目		允许偏差/mm	检验方法
1	幕墙垂直度	幕墙高度≤30m	10	用经纬仪检查
		30m<幕墙高度≤60m	15	
		60m<幕墙高度≤90m	20	
		幕墙高度>90m	25	
2	幕墙水平度	幕墙幅宽≤35m	5	用水平仪检查
		幕墙幅宽>35m	7	
3	构件直线度		2	用2m靠尺和塞尺检查
4	构件水平度	构件长度≤2m	2	用水平仪检查
		构件长度>2m	3	
5	相邻构件错位		1	用钢直尺检查
6	分格框对角线长度差	对角线长度≤2m	3	用钢尺检查
		对角线长度>2m	4	

（9）隐框、半隐框玻璃幕墙安装的允许偏差和检验方法应符合表9-13的规定。

表9-13　隐框、半隐框玻璃幕墙安装的允许偏差和检验方法

项次	项目		允许偏差/mm	检验方法
1	幕墙垂直度	幕墙高度≤30m	10	用经纬仪检查
		30m<幕墙高度≤60m	15	
		60m<幕墙高度≤90m	20	
		90m<幕墙高度150m	25	
2	幕墙水平度	层高≤3m	3	用水平仪检查
		层高>3m	5	
3	幕墙表面平整度		2	用2m靠尺和塞尺检查
4	板材立面垂直度		2	用垂直检测尺检查
5	板材上沿水平度		2	用1m水平尺和钢直尺检查
6	相邻板材板角错位		1	用钢直尺检查
7	阳角方正		2	用直角检测尺检查
8	接缝直线度		3	拉5m线,不足5m拉通线,用钢直尺检查
9	接缝高低差		1	用钢直尺和塞尺检查
10	接缝宽度		1	用钢直尺检查

（10）点支承玻璃幕墙安装的允许偏差和检验方法应符合表9-14的规定。

表9-14　点支承玻璃幕墙安装的允许偏差和检验方法

项次	项目		允许偏差/mm	检验方法
1	竖向缝及墙面垂直度	幕墙高度≤30m	10	用经纬仪检查
		30m<幕墙高度≤50m	15	
2	幕墙表面平整度		2.5	用2m靠尺和塞尺检查
3	接缝直线度		2.5	拉5m线,不足5m拉通线,用钢直尺检查
4	接缝宽度		2.0	用钢直尺或卡尺检查
5	接缝高低差		1.0	用钢直尺和塞尺检查

（11）单元式玻璃幕墙安装的允许偏差和检验方法应符合表9-15的规定。

表9-15　单元式玻璃幕墙安装的允许偏差和检验方法

项次	项目		允许偏差/mm	检验方法
1	幕墙垂直度	幕墙高度≤30m	10	用经纬仪检查
		30m<幕墙高度≤60m	15	
		60m<幕墙高度≤90m	20	
		90m<幕墙高度≤150m	25	
2	幕墙表面平整度		2.5	用2m靠尺和塞尺检查
3	接缝直线度		2.5	拉5m线,不足5m拉通线,用钢直尺检查
4	单元间接缝宽度(与设计值比)		2.0	用钢直尺检查
5	相邻两单元接缝面板高低差		1.0	用钢直尺和塞尺检查

项次	项目	允许偏差/mm	检验方法
6	单元对插时的配合间隙（与设计值比）	+1.0	用钢直尺检查
7	单元对插时的搭接长度	1.0	用钢直尺检查

二、金属幕墙工程施工质量验收标准

金属幕墙质量管理主要适用于金属幕墙构件、组件和面板的加工制作及构架安装、幕墙安装等分项工程的质量验收。

（一）金属幕墙质量验收的一般规定

（1）金属幕墙工程验收时应检查下列文件和记录：a.金属幕墙工程的施工图、计算书、设计说明及其他设计文件；b.建筑设计单位对金属幕墙工程设计的确认文件；c.金属幕墙工程所用各种材料、配件、构件的产品合格证书、性能检验报告、进场验收记录和复验报告；d."后置埋件"的现场拉拔强度检验报告；e.金属幕墙的气密性、水密性、耐风压性能及平面变形性能检验报告；f.防雷装置测试记录；g.隐蔽工程验收记录；h.金属幕墙构件、组件和面板的加工制作记录，金属幕墙安装施工记录。

（2）金属幕墙工程应对下列材料及其性能指标进行复验：a.铝塑复合板的剥离强度；b.金属幕墙立柱和横梁截面主要受力部位的厚度。

（3）金属幕墙工程应对下列隐蔽工程项目进行验收：a.预埋件（或后置埋件）；b.构件的连接节点；c.变形缝及墙面转角处的构造节点；d.幕墙防雷装置；e.幕墙防火构造。

（4）金属幕墙及其连接件应具有足够的承载力、刚度和相对于主体结构的位移能力。幕墙构架立柱的连接金属"角码"与其他连接件应采用螺栓连接，并应有防松动措施。

（5）金属幕墙的防火除应符合现行国家标准《建筑设计防火规范》（GB 50016—2014）中的有关规定外，还应符合下列规定：a.应根据防火材料的耐火极限决定防火层的厚度和宽度，并应在楼板处形成防火带；b.防火层应采取隔离措施，防火层的衬板应采用经防腐处理且厚度不小于1.5mm的钢板，不得采用铝板；c.防火层的密封材料应采用防火密封胶。

（6）主体结构与幕墙连接的各种预埋件，其数量、规格、位置和防腐处理必须符合设计要求和工程技术规范的规定。

（7）幕墙的金属构件与主体结构预埋件的连接、立柱与横梁的连接及幕墙面板的安装必须符合设计要求和工程技术规范的规定，安装必须牢固。

（8）金属幕墙的金属构架与主体结构应通过预埋件连接，预埋件应在主体结构混凝土施工时埋入，预埋件的位置应准确。当没有条件采用预埋件连接时，应采用其他可靠的连接措施，并应通过试验确定其承载力。

（9）立柱应采用螺栓与"角码"连接，螺栓直径应经过计算，并不应小于10mm。不同金属材料接触时应采用绝缘垫片分隔。

（10）金属幕墙的抗震缝、伸缩缝、沉降缝等部位的处理应保证缝的使用功能和饰面的完整性。

（11）金属幕墙工程的设计应满足维护和清洁的要求。

（二）构件、组件和面板的加工制作工程质量验收

构件、组件和面板的加工制作工程质量控制，适用于金属幕墙构件、组件和面板等加工

制作工程的质量验收。

在加工制作单位自检合格的基础上，同类金属幕墙构件、组件或面板每500~1000件应划分为一个检验批，不足500件也应划分为一个检验批。每个检验批应至少检查5%，并不得少于5件；不足5件时应全数检查。

1. 构件、组件和面板的加工制作工程主控项目

（1）金属幕墙构件、组件和面板的加工制作所使用的的各种材料和配件，应符合设计要求和现行的行业标准《金属与石材幕墙工程技术规范》（JGJ 133—2001）的规定。

检验方法：检查产品合格证书、性能检验报告、材料进场验收记录和复验报告。

（2）金属幕墙构件、组件和面板的品种、规格、颜色及加工制作应符合设计要求和现行的行业标准《金属与石材幕墙工程技术规范》（JGJ 133—2001）的规定。

检验方法：观察；尺量检查；检查加工制作记录。

（3）立柱、横梁截面主要受力部位的厚度应符合设计要求和现行的行业标准《金属与石材幕墙工程技术规范》（JGJ 133—2001）的规定。

检验方法：尺量检查。

（4）金属幕墙构件槽、豁、榫的加工应当符合设计要求和现行的行业标准《金属与石材幕墙工程技术规范》（JGJ 133—2001）中的规定。

检验方法：观察；尺量检查；检查施工记录。

（5）金属幕墙钢构件焊接、螺栓连接应符合设计要求和现行国家标准《钢结构设计标准》（GB 50017—2017）、《冷弯薄壁型钢结构技术规范》（GB 50018—2002）的有关规定。

检验方法：观察；尺量检查；检查施工记录。

（6）钢构件表面处理应符合设计要求和现行国家标准《钢结构工程施工质量验收标准》（GB 50205—2020）和行业标准《金属与石材幕墙工程技术规范》（JGJ 133—2001）的有关规定。

检验方法：观察；检查施工记录。

2. 构件、组件和面板的加工制作工程一般项目

（1）金属幕墙面板表面应平整、洁净、色泽一致。

检验方法：观察。

（2）金属幕墙构件表面应平整。

检验方法：观察。

（3）金属幕墙构件、组件和面板安装的允许偏差和检验方法应符合表9-16的规定。

表9-16 金属幕墙构件、组件和面板安装的允许偏差和检验方法

序号	项目		允许偏差/mm	检验方法
1	立柱长度		1.0	用钢卷尺检查
2	横梁长度		0.5	用钢卷尺检查
3	构件孔位		0.5	用钢尺检查
4	构件相邻孔距		0.5	用钢尺检查
5	构件多孔两端孔距		1.0	用钢尺检查
6	金属板边长	≤2000mm	2.0	用钢卷尺检查
		>2000mm	2.5	
7	金属板对边长度差	≤2000mm	2.5	用钢卷尺检查
		>2000mm	3.0	
8	金属板对角线长度差	≤2000mm	2.5	用钢卷尺检查
		>2000mm	3.0	

序号	项目	允许偏差/mm	检验方法
9	金属板平整度	2.0	用1m靠尺和塞尺检查
10	金属板折弯高度	+1.0,0	用卡尺检查
11	金属板边孔中心距	1.5	用钢卷尺检查

（三）构架安装工程质量验收

构架安装工程质量管理主要适用于金属幕墙立柱、横梁等安装工程的质量验收。

1. 构架安装工程质量控制的一般规定

（1）在构架安装施工单位自检合格的基础上，检验批应按下列规定划分。

① 相同设计、材料、工艺和施工条件的幕墙工程每500~1000m²应划分为一个检验批，不足500m²也应划分为一个检验批。

② 同一单位工程的不连续的幕墙工程应单独划分检验批。

③ 对于异型或有特殊要求的幕墙，检验批的划分应根据幕墙的结构、工艺特点及幕墙工程规模，由监理单位（或建设单位）和施工单位协商确定。

（2）检查数量应符合下列规定。

① 每个检验批每100m²应至少抽查一处，每处不得小于10m²。

② 对于异型或有特殊要求的幕墙工程，应根据幕墙的结构和工艺特点，由监理单位（或建设单位）和施工单位协商确定。

2. 构架安装工程质量控制的主控项目

（1）金属幕墙构架安装工程所使用的各种材料、构件和配件，应符合设计要求和现行的行业标准《金属与石材幕墙工程技术规范》（JGJ 133—2001）的规定。

检验方法：检查产品合格证书、性能检验报告、材料进场验收记录和复验报告。

（2）金属幕墙主体结构上的预埋件、"后置埋件"的位置、数量及"后置埋件"的拉拔力必须符合设计要求。

检验方法：观察；检验"后置埋件"的拉拔力。

（3）金属幕墙的金属构架立柱与主体结构预埋件的连接、立柱与横梁的连接必须符合设计要求，安装必须牢固。

检验方法：观察；手扳检查。

（4）金属幕墙的防火、保温、防潮材料的设置应符合设计要求，并应密实、均匀、厚度一致。

检验方法：观察；尺量检查。

（5）金属构架及连接件的防腐处理应符合设计和现行国家或行业标准的要求。

检验方法：观察；检查施工记录。

（6）金属幕墙的防雷装置必须与主体结构的防雷装置可靠进行连接。

检验方法：观察；手扳检查。

（7）各种变形缝、墙角的连接节点应符合设计要求和现行的行业标准《金属与石材幕墙工程技术规范》（JGJ 133—2001）的规定。

检验方法：观察；检查施工记录。

3. 构架安装工程质量控制的一般项目

（1）金属幕墙立柱和横梁表面应平整、洁净。

检验方法：观察。

（2）金属幕墙立柱和横梁连接接缝应严密。

检验方法：观察。

（3）金属幕墙立柱和横梁安装的允许偏差和检验方法应符合表9-17的规定。

表9-17　金属幕墙立柱和横梁安装的允许偏差和检验方法

序号	项目		允许偏差/mm	检验方法
1	立柱垂直度	幕墙高度≤30m	10	用经纬仪检查
		30m<幕墙高度≤60m	15	
		60m<幕墙高度≤90m	20	
		90m<幕墙高度≤150m	25	
2	相邻两立柱标高差		3.0	用水平仪和钢直尺检查
3	同层立柱标高差		5.0	用水平仪和钢直尺检查
4	相邻两立柱间距差		2.0	用钢卷尺检查
5	相邻两横梁标高差		1.0	用1m水平尺和钢直尺检查
6	同层横梁标高差	幕墙宽度≤35m	5.0	用水平仪检查
		幕墙宽度>35m	7.0	

（四）金属幕墙安装工程的质量验收

金属幕墙安装工程的质量控制适用于建筑高度不大于150m的金属幕墙安装工程的质量验收。

1. 金属幕墙安装工程的质量控制的一般规定

（1）检验批应按下列规定划分：a.相同设计、材料、工艺和施工条件的幕墙工程每500~1000m²应划分为一个检验批，不足500m²也应划分为一个检验批；b.同一单位工程的不连续的幕墙工程应单独划分检验批；c.对于异型或有特殊要求的幕墙，检验批的划分应根据幕墙的结构、工艺特点及幕墙工程规模，由监理单位（或建设单位）和施工单位协商确定。

（2）检查数量应符合下列规定：a.每个检验批每100m²应至少抽查一处，每处不得小于10m²；b.对于异型或有特殊要求的幕墙工程，应根据幕墙的结构和工艺特点，由监理单位（或建设单位）和施工单位协商确定。

2. 金属幕墙安装工程的质量控制的主控项目

（1）金属幕墙工程所使用的各种材料和配件，应符合设计要求和现行的行业标准《金属与石材幕墙工程技术规范》（JGJ 133—2001）的规定。

检验方法：检查产品合格证书、性能检验报告、材料进场验收记录和复验报告。

（2）金属幕墙的造型和立面分格应符合设计要求。

检验方法：观察；尺量检查。

（3）金属面板的品种、规格、颜色、光泽应符合设计要求。

检验方法：观察；检查进场验收记录。

（4）金属面板的安装必须符合设计要求和现行的行业标准《金属与石材幕墙工程技术规范》（JGJ 133—2001）的规定。安装必须牢固。

检验方法：手扳检查；检查隐蔽工程验收记录。

（5）金属幕墙的板缝注胶应饱满、密实、连续、均匀、无气泡，宽度和厚度应符合设计要求和现行的行业标准《金属与石材幕墙工程技术规范》（JGJ 133—2001）的规定。

检验方法：观察；尺量检查；检查施工记录。

（6）金属幕墙应无渗漏。

检验方法：在易渗漏部位进行淋水检查。

3. 金属幕墙安装工程的质量控制的一般项目

（1）金属板表面应平整、洁净、色泽一致。

检验方法：观察。

（2）金属幕墙的压条应平直、洁净、接口严密、安装牢固。

检验方法：观察；手扳检查。

（3）金属幕墙的密封胶缝应横平竖直、深浅一致、宽窄均匀、光滑顺直。

检验方法：观察。

（4）金属幕墙上的滴水线、流水坡向应正确、顺直。

检验方法：观察；用水平尺检查。

（5）每平方米金属板的表面质量和检验方法应符合表9-18的规定。

表9-18　每平方米金属板的表面质量和检验方法

项次	项目	质量要求	检验方法
1	宽度0.1~0.3mm的划伤	总长度小于100mm且不多于8条	用卡尺检查
2	擦伤总面积	≤500mm²	用钢尺检查

（6）金属幕墙安装的允许偏差和检验方法应符合表9-19的规定。

表9-19　金属幕墙安装的允许偏差和检验方法

项次	项目		允许偏差/mm	检验方法
1	幕墙垂直度	幕墙高度≤30m	10	用经纬仪检查
		30m<幕墙高度≤60m	15	
		60m<幕墙高度≤90m	20	
		90m<幕墙高度≤150m	25	
2	幕墙水平度	层高≤3m	3.0	用水平仪检查
		层高>3m	5.0	
3	幕墙表面平整度		2.0	用2m靠尺和塞尺检查
4	板材立面垂直度		3.0	用垂直检测尺检查
5	板材上沿水平度		2.0	用1m水平尺和钢直尺检查
6	相邻板材板角错位		1.0	用钢直尺检查
7	阳角方正		2.0	用直角检测尺检查
8	接缝直线度		3.0	拉5m线，不足5m拉通线，用钢直尺检查
9	接缝高低差		1.0	用钢直尺和塞尺检查
10	接缝宽度		1.0	用钢直尺检查

三、石材幕墙工程施工质量验收标准

石材幕墙质量管理主要适用于石材幕墙构件和面板的加工制作及构架安装、幕墙安装等分项工程的质量验收。

（一）石材幕墙质量控制的一般规定

（1）石材幕墙工程验收时应检查下列文件和记录：a.石材幕墙工程的施工图、计算书、设计说明及其他设计文件；b.建筑设计单位对石材幕墙工程设计的确认文件；c.石材与陶瓷板幕墙工程所用各种材料、五金配件、构件及面板的产品合格证书、性能检验报告、进场验收记录和复验报告；d.石材用密封胶的耐污染性检验报告；e."后置埋件"的现场拉拔强度检验报告；f.石材幕墙的气密性、水密性、耐风压性能及平面变形性能检验报告；g.防雷装置测试记录；h.隐蔽工程验收记录；i.石材幕墙构件和面板的加工制作记录，石材幕墙安装施工记录。

（2）石材幕墙工程应对下列材料及其性能指标进行复验：a.石材的弯曲强度；寒冷地区石材的耐冻融性，室内用花岗石的放射性；b.石材用结构胶的黏结强度；石材用密封胶的污染性；c.立柱和横梁截面主要受力部位的厚度。

（3）石材幕墙工程应对下列隐蔽工程项目进行验收：预埋件（或后置埋件）。构件的连接节点。变形缝及墙面转角处的构造节点。幕墙防雷装置。幕墙防火构造。

（4）主体结构与幕墙连接的各种预埋件，其数量、规格、位置和防腐处理必须符合设计要求和工程技术规范的规定。

（5）幕墙的金属构件与主体结构预埋件的连接、立柱与横梁的连接及幕墙面板的安装必须符合设计要求和工程技术规范的规定，安装必须牢固。

（6）石材幕墙及其连接件应具有足够的承载力、刚度和相对于主体结构的位移能力。幕墙构架立柱的连接金属"角码"与其他连接件应采用螺栓连接，并应有防松动措施。

（7）石材幕墙的防火除应符合现行国家标准《建筑设计防火规范》（GB 50016—2014）中的有关规定外，还应符合下列规定：a.应根据防火材料的耐火极限决定防火层的厚度和宽度，并应在楼板处形成防火带；b.防火层应采取隔离措施。防火层的衬板应采用经防腐处理且厚度不小于1.5mm的钢板，不得采用铝板；c.防火层的密封材料应采用防火密封胶。

（8）石材幕墙的金属构架与主体结构应通过预埋件连接，预埋件应在主体结构混凝土施工时埋入，预埋件的位置应准确。当没有条件采用预埋件连接时，应采用其他可靠的连接措施，并应通过试验确定其承载力。

（9）主要柱子应采用螺栓与"角码"连接，螺栓直径应经过计算，并不应小于10mm。不同金属材料接触时应采用绝缘垫片分隔。

（10）石材幕墙的抗震缝、伸缩缝、沉降缝等部位的处理应保证缝的使用功能和饰面的完整性。

（11）石材幕墙工程的设计应满足维护和清洁的要求。

（二）石材幕墙构件和面板的质量验收

1. 构件和面板的加工制作一般要求

石材幕墙构件和面板的质量管辖，主要适用于石材幕墙构件和面板等加工制作工程的质量验收。

在加工制作单位自检合格的基础上，同类石材幕墙构件或面板每500~1000件应划分为一个检验批，不足500件也应划分为一个检验批。每个检验批应至少检查5%，并不得少于5件；不足5件时应全数检查。

2. 构件和面板的加工制作主控项目

（1）石材幕墙构件和面板的加工制作所使用的各种材料和配件，应符合设计要求和工程技术规范的规定。

检验方法：检查产品合格证书、性能检验报告、材料进场验收记录和复验报告。

（2）石材构件和面板的品种、规格、颜色及加工制作应符合设计要求和工程技术规范的规定。

检验方法：观察；尺量检查；检查加工制作记录。

（3）立柱、横梁截面主要受力部位的厚度应符合设计要求和《金属与石材幕墙工程技术规范》（JGJ 133—2001）的规定。

检验方法：尺量检查。

（4）石材幕墙构件槽、豁、榫的加工应符合设计要求和现行的行业标准《金属与石材幕墙工程技术规范》（JGJ 133—2001）的规定。

检验方法：观察；尺量检查。

（5）石材幕墙钢构件焊接、螺栓连接应符合设计要求和现行国家标准《钢结构设计标准》（GB 50017—2017）、《冷弯薄壁型钢结构技术规范》（GB 50018—2002）的有关规定。

检验方法：观察；尺量检查；检查施工记录。

（6）钢构件表面处理应符合设计要求和现行国家标准《钢结构工程施工质量验收规范》（GB 50025—2020）和行业标准《金属与石材幕墙工程技术规范》（JGJ 133—2001）的有关规定。

检验方法：观察；检查施工记录。

（7）石板孔、槽的位置、尺寸、深度、数量、质量应符合设计要求和现行的行业标准《金属与石材幕墙工程技术规范》（JGJ 133—2001）的规定。

检验方法：观察；尺量检查。

（8）石板连接部位应无缺棱、缺角、裂纹、修补等缺陷；其他部位缺棱不大于5mm×20mm，或缺角不大于20mm 时可修补后使用，但每层修补的石板块数不应大于2%，且宜用于视觉不明显部位。

检验方法：观察；尺量检查。

3. 构件和面板的加工制作一般项目

（1）石材幕墙面板表面应平整、洁净、色泽一致。

检验方法：观察。

（2）石材幕墙构件表面应平整。

检验方法：观察。

（3）石材幕墙构件和面板的加工制作，其允许偏差和检验方法应符合表9-20的规定。

表9-20　石材幕墙构件和面板的加工制作允许偏差和检验方法

序号	项 目	允许偏差/mm	检验方法	序号	项 目	允许偏差/mm	检验方法
1	立柱长度	1.0	用钢卷尺检查	4	构件相邻孔距	0.5	用钢尺检查
2	横梁长度	0.5	用钢卷尺检查	5	构件多孔两端孔距	1.0	用钢尺检查
3	构件孔位	0.5	用钢尺检查	6	石材边长	0;-1	用钢卷尺检查

（三）构架安装工程质量验收

构架安装工程质量管理主要适用于石材幕墙立柱、横梁等构架安装工程的质量验收。

1.构架安装工程质量控制的一般规定

（1）在构架安装施工单位自检合格的基础上，检验批应按下列规定划分。

① 相同设计、材料、工艺和施工条件的石材幕墙工程每500~1000m²应划分为一个检验批，不足500m²也应划分为一个检验批。

② 同一单位工程的不连续的幕墙工程应单独划分检验批。

③ 对于异型或有特殊要求的幕墙，检验批的划分应根据幕墙的结构、工艺特点及幕墙工程规模，由监理单位（或建设单位）和施工单位协商确定。

（2）检查数量应符合下列规定。

① 每个检验批每100m²应至少抽查一处，每处不得小于10m²。

② 对于异型或有特殊要求的幕墙工程，应根据幕墙的结构和工艺特点，由监理单位（或建设单位）和施工单位协商确定。

2. 构架安装工程质量控制的主控项目

（1）石材幕墙构架安装工程所使用的各种材料、构件和配件，应符合设计要求及现行的行业标准《金属与石材幕墙工程技术规范》（JGJ 133—2001）的规定。

检验方法：检查产品合格证书、性能检验报告、材料进场验收记录和复验报告。

（2）石材幕墙主体结构上的预埋件、"后置埋件"的位置、数量及"后置埋件"的拉拔力必须符合设计要求。

检验方法：观察；检验"后置埋件"的拉拔力。

（3）石材幕墙的金属框架立柱与主体结构预埋件的连接、立柱与横梁的连接必须符合设计要求，安装必须牢固。

检验方法：观察；手扳检查。

（4）石材幕墙的防火、保温、防潮材料的设置应符合设计要求，并应密实、均匀、厚度一致。

检验方法：观察；尺量检查。

（5）石材幕墙的构架及连接件的防腐处理应符合设计要求。

检验方法：观察；检查施工记录。

（6）石材幕墙的防雷装置必须与主体结构的防雷装置可靠连接。

检验方法：观察；手扳检查。

（7）各种变形缝、墙角的连接节点应符合设计要求和现行的行业标准《金属与石材幕墙工程技术规范》（JGJ 133—2001）的规定。

检验方法：观察；检查施工记录。

3. 构架安装工程质量控制的一般项目

（1）石材幕墙立柱和横梁表面应平整、洁净。

检验方法：观察。

（2）石材幕墙立柱和横梁连接接缝应严密。

检验方法：观察。

（3）石材幕墙立柱和横梁安装的允许偏差和检验方法应符合表9-21的规定。

表9-21　石材幕墙立柱和横梁安装的允许偏差和检验方法

序号	项目		允许偏差/mm	检验方法
1	立柱垂直度	幕墙高度≤30m	10	用经纬仪检查
		30m<幕墙高度≤60m	15	
		60m<幕墙高度≤90m	20	
		幕墙高度>90m	25	
2	相邻两立柱标高差		3.0	用水平仪和钢直尺检查
3	同层立柱标高差		5.0	用水平仪和钢直尺检查

序号	项目		允许偏差/mm	检验方法
4	相邻两立柱间距差		2.0	用钢卷尺检查
5	相邻两横梁标高差		1.0	用1m水平尺和钢直尺检查
6	同层横梁标高差	幕墙宽度≤35m	5.0	用水平仪检查
		幕墙宽度>35m	7.0	

（四）石材幕墙安装工程质量管理

石材幕墙安装工程质量管理主要适用于建筑高度不大于150m、抗震设防烈度不大于8度的石材幕墙工程的质量验收。

1. 石材幕墙安装工程质量控制的一般规定

（1）检验批应按下列规定划分：a.相同设计、材料、工艺和施工条件的石材幕墙工程每500~1000m²应划分为一个检验批，不足500m²也应划分为一个检验批；b.同一单位工程的不连续的幕墙工程应单独划分检验批；c.对于异型或有特殊要求的幕墙，检验批的划分应根据幕墙的结构、工艺特点及幕墙工程规模，由监理单位（或建设单位）和施工单位协商确定。

（2）检查数量应符合下列规定：a.每个检验批每100m²应至少抽查一处，每处不得小于10m²；b.对于异型或有特殊要求的幕墙工程，应根据幕墙的结构和工艺特点，由监理单位（或建设单位）和施工单位协商确定。

2. 石材幕墙安装工程质量控制的主控项目

（1）石材幕墙工程所用材料的品种、规格、性能等级，应符合设计要求和现行的行业标准《金属与石材幕墙工程技术规范》（JGJ 133—2001）的规定。

检验方法：观察；尺量检查；检查产品合格证书、性能检验报告、材料进场验收记录和复验报告。

（2）石材幕墙的造型、立面分格、颜色、光泽、花纹和图案应符合设计要求。

检验方法：观察。

（3）石材安装必须符合设计要求和现行的行业标准《金属与石材幕墙工程技术规范》（JGJ 133—2001）的规定，安装必须牢固。

检验方法：手扳检查；检查隐蔽工程验收记录。

（4）石材表面和板缝的处理应符合设计要求。

检验方法：观察。

（5）石材幕墙的板缝注胶应饱满、密实、连续、均匀、无气泡，板缝宽度和厚度应符合设计要求和现行的行业标准《金属与石材幕墙工程技术规范》（JGJ 133—2001）的规定。

检验方法：观察；尺量检查；检查施工记录。

（6）石材幕墙应无渗漏。

检验方法：在易渗漏部位进行淋水检查。

3. 石材幕墙安装工程质量控制的一般项目

（1）石材幕墙表面应平整、洁净，无污染、缺损和裂痕。颜色和花纹应协调一致，无明显色差，无明显修痕。

检验方法：观察。

（2）石材幕墙的压条应平直、洁净、接口严密、安装牢固。

检验方法：观察；手扳检查。

（3）石材接缝应横平竖直、宽窄均匀；阴阳角石板压向应正确，板边拼缝应顺直；表面凸凹出墙的厚度应一致，上下口应平直；石材面板上洞口、槽边应切割吻合，边缘应整齐。

检验方法：观察；尺量检查。

（4）石材幕墙的密封胶缝应横平竖直、深浅一致、宽窄均匀、光滑顺直。

检验方法：观察。

（5）石材幕墙上的滴水线、流水坡向应正确、顺直。

检验方法：观察；用水平尺检查。

（6）每平方米石材的表面质量和检验方法应符合表9-22的规定。

表9-22　每平方米石材的表面质量和检验方法

项次	项目	质量要求	检验方法
1	宽度0.1～0.3mm的划伤	每条长度小于100mm且不多于2条	用卡尺检查
2	缺棱、缺角	缺损宽度小于5mm且不多于 2处	用钢尺检查

（7）石材幕墙安装的允许偏差和检验方法应符合表9-23的规定。

表9-23　石材幕墙安装的允许偏差和检验方法

项次	项目		允许偏差/mm		检验方法
			光面	麻面	
1	幕墙垂直度	幕墙高度≤30m	10		用经纬仪检查
		30m<幕墙高度≤60m	15		
		60m<幕墙高度≤90m	20		
		90m<幕墙高度≤150m	25		
2	幕墙水平度		3.0		用水平仪检查
3	板材立面垂直度		3.0		用垂直检测尺检查
4	板材上沿水平度		2.0		用1m水平尺和钢直尺检查
5	相邻板材板角错位		1.0		用钢直尺检查
6	幕墙表面平整度		2.0	3.0	用2m靠尺和塞尺检查
7	阳角方正		2.0	4.0	用直角检测尺检查
8	接缝直线度		3.0	4.0	拉5m线，不足5m拉通线，用钢直尺检查
9	接缝高低差		1.0	—	用钢直尺和塞尺检查
10	接缝的宽度		1.0	2.0	用钢直尺检查

四、人造板材幕墙工程施工质量验收标准

（一）人造板材幕墙工程的主控项目

（1）人造板材幕墙工程所使用的材料、构件和组件的质量，应符合设计要求及国家现行产品标准的规定。

检验方法：检查材料、构件、组件的产品合格证书、进场验收记录和本规范第10.1.2条中所规定的材料力学性能复验报告。

（2）人造板材幕墙工程的造型、立面分格、颜色、光泽、花纹和图案应符合设计要求。

检验方法：观察；尺量检查。

（3）主体结构的预埋件和"后置埋件"的位置、数量、规格尺寸及后置埋件、槽式预埋件的拉拔力应符合设计要求。

检验方法：检查进场验收记录、隐蔽工程验收记录；槽式预埋件、"后置埋件"的拉拔试验检测报告。

（4）幕墙构架与主体结构预埋件或"后置埋件"以及幕墙构件之间连接应牢固可靠，金属框架和连接件的防腐处理应符合设计要求。

检验方法：手扳检查；检查隐蔽工程验收记录。

（5）幕墙面板的挂件的位置、数量、规格和尺寸允许偏差应符合设计要求。

检验方法：检查进场验收记录或施工记录。

（6）幕墙面板连接用背栓、预置螺母、抽芯铆钉、连接螺钉的位置、数量、规格尺寸，以及拉拔力应符合设计要求。

检验方法：检查进场验收记录、施工记录以及连接点的拉拔力检测报告。

（7）空心陶板采用均布静态荷载弯曲试验确定其抗弯承载能力时，实测的抗弯承载力应符合设计要求。

检验方法：检查空心陶板均匀静态压力抗弯检测试验报告。

（8）幕墙的金属构架应与主体防雷装置可靠接通，并符合设计要求。

检验方法：观察；检查隐蔽工程验收记录。

（9）各种结构变形缝、墙角的连接节点应符合设计要求。

检验方法：检查隐蔽工程验收记录和施工记录。

（10）幕墙的防火、保温、防潮材料的设置应符合设计要求，填充应密实、均匀、厚度一致。

检验方法：观察；检查隐蔽工程验收记录。

（11）有水密性能要求的幕墙应无渗漏。

检验方法：检查现场淋水记录。

（二）人造板材幕墙工程的一般项目

（1）幕墙表面应平整、洁净，无污染，颜色基本一致。不得有缺角、裂纹、裂缝、斑痕等不允许的缺陷。瓷板、陶板的施釉表面不得有裂纹和龟裂。

检验方法：观察；尺量检查。

（2）板缝应平直，均匀。注胶封闭式板缝注胶应饱满、密实、连续、均匀、无气泡，深浅基本一致、缝隙宽度基本均匀、光滑顺直，胶缝的宽度和厚度应符合设计要求；胶条封闭式板缝的胶条应连续、均匀、安装牢固、无脱落，板缝宽度应符合设计要求。

检验方法：观察；尺量检查。

（3）幕墙的框架和面板接缝应横平竖直，缝隙宽度基本均匀。

检验方法：观察。

（4）转角部位面板边缘整齐、合缝顺直，压向符合设计要求。

检验方法：观察。

（5）"滴水线"宽窄均匀、光滑顺直，流水坡向符合设计要求。

检验方法：观察。

（6）幕墙隐蔽节点的遮挡封闭装修应整齐美观。

检验方法：观察。

（7）幕墙面板的表面质量和检验方法应符合表9-24～表9-27的规定。

表9-24 单块瓷板、陶板、微晶玻璃幕墙面板的表面质量和检验方法

项次	项目	质量要求			检查方法
		瓷板	陶板	微晶玻璃	
1	缺棱:长度×宽度不大于10mm×1mm (长度小于5mm的不计)周边允许/处	1	1	1	金属直尺测量
2	缺角:边长不大于5mm×2mm (边长小于2mm×2mm的不计)/处	1	2	1	金属直尺测量
3	裂纹(包括隐裂、釉面龟裂)	不允许	不允许	不允许	目测观察
4	窝坑(毛面除外)	不明显	不明显	不明显	目测观察
5	明显擦伤、划伤	不允许	不允许	不允许	目测观察
6	轻微划伤	不明显	不明显	不明显	目测观察

注:目测观察是指距板面3m处肉眼观察。

表9-25 每平方米石材蜂窝板幕墙面板的表面质量和检验方法

项次	项目	质量要求	检查方法
1	缺棱:最大长度≤8mm,最大宽度≤1mm,周边每米长 允许(长度小于5mm,宽度小于2mm不计)/处	1	金属直尺测量
2	缺角:最大长度≤4mm,最大宽度≤2mm,每块板 允许(长度、宽度小于2mm不计)/处	1	金属直尺测量
3	裂纹	不允许	目测观察
4	划伤	不明显	目测观察
5	擦伤	不明显	目测观察

注:目测观察是指距板面3m处肉眼观察。

表9-26 单块木纤维板幕墙面板的表面质量和检验方法

项次	项目	质量要求	检查方法
1	缺棱、缺角	不允许	目测观察
2	裂纹	不允许	目测观察
3	表面划痕:长度不大于10mm, 宽度不大于1mm每块板上允许/处	2	金属直尺测量
4	轻微擦痕:长度不大于5mm, 宽度不大于2mm每块板上允许/处	1	目测观察

注:目测观察是指距板面3m处肉眼观察。

表9-27 纤维水泥板幕墙面板的表面质量和检验方法

项次	项目		质量要求	检查方法
1	缺棱:长度×宽度不大于10mm×3mm (长度小于5mm的不计)周边允许/处		2	金属直尺测量
2	缺角:边长不大于6mm×3mm (边长小于2mm×2mm的不计)/处		2	金属直尺测量
3	裂纹、明显划伤、长度大于100mm的轻微划伤		不允许	目测观察
4	长度小于等于100mm的轻微划伤		每平方米≤8条	金属直尺测量
5	擦伤总面积		每平方米≤500mm²	金属直尺测量
6	窝坑 (背面除外)	光面板	不明显	目测观察
		有表面质感等特殊装饰效果板	符合设计要求	目测观察

注:目测观察是指距板面3m处肉眼观察。

（8）幕墙的安装质量检验应在风力小于4级时进行，幕墙的安装质量和检验方法应符合表9-28的规定。

表9-28　人造板材幕墙安装质量和检验方法

项次	项目	尺寸范围	允许偏差/mm	检验方法
1	相邻立柱间距尺寸(固定端)	—	±2.0	金属直尺测量
2	相邻两横梁间距尺寸	≤2000mm	±1.5	金属直尺测量
		>2000mm	±2.0	金属直尺测量
3	单个分格对角线长度差	长边边长≤2000mm	3.0	金属直尺或伸缩尺
		长边边长>2000mm	3.5	金属直尺或伸缩尺
4	立柱、竖向缝及墙面的垂直度	幕墙的总高度≤30m	10.0	激光仪或经纬仪
		幕墙的总高度≤60m	15.0	
		幕墙的总高度≤90m	20.0	
		幕墙的总高度≤150m	25.0	
		幕墙的总高度>150m	30.0	
5	立柱、竖向缝直线度	—	2.0	2.0m靠尺、塞尺
6	幕墙的总密度	相邻的两墙面	2.0	激光仪或经纬仪
		一幅幕墙的总宽度≤20m	5.0	
		一幅幕墙的总宽度≤40m	7.0	
		一幅幕墙的总宽度≤60m	9.0	
		一幅幕墙的总宽度>80m	10.0	
7	横梁水平度	横梁长度≤2000mm	1.0	水平仪或水平尺
		横梁长度>2000mm	2.0	
8	同一标高横梁、横缝的高度差	相邻两横梁、面板	1.0	金属直尺、塞尺或水平仪
		一幅幕墙的幅度≤35m	5.0	
		一幅幕墙的幅度>35m	7.0	
9	缝的宽度(与设计值比较)	—	±2.0	游标卡尺

注：一幅幕墙是指立面位置或平面位置不在一条直线或连续弧线上的幕墙。

第六节　幕墙工程施工质量问题与防治措施

随着我国国民经济的高速发展和人民生活水平的不断提高，以及建筑师设计理念"人性之于建筑"的提升，建筑物越来越向高层、高档、多功能方向发展。因此，建筑幕墙产品也必然向高新技术、多功能和高质量的方向发展，才能适应人们日渐增强的环保节能意识，满足市场对建筑幕墙功能的需求。

建筑幕墙作为建筑物外墙装饰围护结构，在我国建筑工程中得到了广泛的应用，并取得了较好的装饰效果和综合效益，受到设计者和使者的欢迎。但是，由于幕墙工程的质量管理工作相对滞后，致使幕墙在工程质量方面存在着许多问题，影响其使用功能、装饰效果和使用寿命，应当引起足够的重视。

一、玻璃幕墙工程质量问题与防治措施

玻璃幕墙是一种构造较复杂、施工难度大、质量要求高、易出现质量事故的工程。在玻璃幕墙的施工过程中，如果不按照现行国家规范和标准进行施工，容易出现的工程质量问题很多，如预埋件强度不足、预埋件漏放和偏位、连接件与预埋件锚固不合格、构件安装接合处漏放垫片、产生渗漏水现象、防火隔层不符合要求、玻璃发生爆裂、无防雷系统等。这些质量问题不仅直接影响幕墙的外观，而且还直接关系到其使用安全。

（一）幕墙预埋件强度不足

1. 质量问题

在进行幕墙工程的设计中，由于对预埋件的设计与计算重视不够，未有大样图或未按照设计图纸制作加工，从而造成预埋件强度和长度不足、总截面积偏小、焊缝不饱满，导致预埋件用料和制作不规范，不仅严重影响预埋件的承载力，而且存在着很大的安全隐患。

2. 原因分析

（1）幕墙工程的预埋件未进行认真设计和计算，预埋件的制作和采用材料达不到设计要求；当设计无具体要求时，没有经过结构力学计算随意确定用料的规格。

（2）选用的预埋件的材料质量不符合现行的行业标准《玻璃幕墙工程技术规范》（JGJ 102—2003）中的有关规定。

（3）外墙主体结构的混凝土强度等级偏低，预埋件不能牢固地嵌入混凝土中，间接地也会造成预埋件强度不足。

3. 预防措施

（1）建筑幕墙预埋件的数量、间距、螺栓直径、锚板厚度、锚固长度等，应按照设计规定进行制作和预埋。如果设计中无具体规定时，应按《玻璃幕墙工程技术规范》（JGJ 102—2003）中的有关规定进行承载力的计算。

（2）选用适宜、合格的材料。建筑幕墙预埋件所用的钢板应采用Q235钢钢板，钢筋应采用Ⅰ级钢筋或Ⅱ级钢筋，不得采用冷加工钢筋。

（3）直锚筋与锚板的连接，应采用T形焊接方式；当锚筋直径不大于20mm时，宜采用压力埋弧焊，以确保焊接的质量。

（4）为确保建筑幕墙预埋件的质量，在预埋件加工完毕后，应当逐个进行质量检查验收，对于不合格者不得用于工程。

（5）在进行外墙主体结构混凝土设计和施工时，必要考虑到预埋件的承载力，主体结构混凝土的强度必须满足幕墙工程的要求。

（6）对于先修建主体结构后改为玻璃幕墙的工程，当原有建筑主体结构混凝土的强度等级低于C30时，要经过计算后增加预埋件的数量。通过结构理论计算，确定螺栓的锚固长度、预埋方法，确保玻璃幕墙的安全度。

（二）幕墙预埋件漏放和偏位

1. 质量问题

由于各种原因造成建筑幕墙在安装施工的过程中，出现预埋件数量不足、预埋位置不准确，导致必须停止安装骨架和面板，采用再补埋预埋件的措施；或者在纠正预埋件位置后再进行安装。这样不仅严重影响幕墙的施工进度，有时甚至破坏混凝土主体结构，严重影响幕

墙的安装质量和施工进度。

2. 原因分析

（1）在建筑幕墙工程设计和施工中，对预埋件的设计和施工不重视，未经过认真计算和详细设计，没绘制正确可靠的施工图纸，导致操作人员不能严格照图施工。

（2）预埋件具体施工人员责任心不强、操作水平较低，在埋设中不能准确放线和及时检查，从而出现幕墙预埋件漏放和偏位。

（3）在进行混凝土主体结构施工时，建筑幕墙工程的安装单位尚未确定，很可能因无幕墙预埋件的设计图纸而无法进行预埋。

（4）建筑物原设计无考虑玻璃幕墙方案，而后来根据需要又采用玻璃幕墙外装饰，在结构件上没有预埋件。

（5）在建筑主体工程施工过程中，对预埋件没有采取可靠的固定措施，在混凝土浇筑和振捣中预埋件发生一定的移位。

3. 预防措施

（1）幕墙预埋件在幕墙工程中承担全部荷载，并将荷载分别传递给主体结构。因此，在幕墙工程的设计过程中，要高度重视、认真对待、仔细计算、精心设计，并绘制出准确的施工图纸。

（2）在进行预埋件施工之前，应按照设计图纸在安装墙面上进行放线，准确定出每个预埋件的具体位置；在预埋件正式施工时，要再次对照施工图纸进行校核，经检查确实无误后方可安装。

（3）建筑幕墙预埋件的安装操作人员，必须具有较高的责任心和质量意识，应具有一定的操作技术水平；在预埋件安装的过程中，应及时对每个预埋件的安装情况进行检查，以便发现问题及时纠正。

（4）在预埋件在正式埋设前，应向具体操作人员进行专项技术交底，以确保预埋件的安装质量。如交代预埋件的规格、型号、位置和埋置方法，以及确保预埋件与模板能结合牢固，防止振捣中不产生位移的措施等。

（5）凡是设计有玻璃幕墙的工程，最好在建筑外墙施工时就要落实安装单位，并提供详尽的预埋件位置设计图。预埋件的预埋安装要有专人负责，并随时按要求办理隐蔽工程验收手续。混凝土的浇筑既要仔细插捣密实，认真观察施工的状况，又不能碰撞到预埋件，以确保预埋件的位置准确。

（三）玻璃幕墙有渗漏水现象

1. 质量问题

幕墙在安装完毕后经试验发现在玻璃幕墙的接缝处及幕墙四周与主体结构之间有渗漏水现象，不仅影响幕墙的外观装饰效果，而且严重影响幕墙的使用功能。严重者还会损坏室内的装饰层，缩短建筑幕墙的使用寿命。一旦渗漏水处不及时进行修补时还存在着很大的危险性，其后果是非常严重的。

2. 原因分析

（1）在进行玻璃幕墙设计时，由于设计人员考虑不周全，细部处理欠妥或不认真，很容易造成渗漏水问题。

（2）玻璃与框架接缝密封材料，如果使用质量不合格橡胶条或过期的密封胶，很容易在短期内就会出现渗漏水现象。如橡胶条与金属槽口不匹配，特别是规格较小时，不能将玻璃与金属框的缝隙密封严密；玻璃密封胶液如超过规定的期限，其黏结力将会大大下降。

（3）在密封胶液进行注胶前，基层净化处理未到设计标准的要求，使得密封胶液与基层黏结不牢，从而使建筑幕墙出现渗漏水现象。

（4）所用的密封胶液规格或质量不符合设计要求，造成胶缝处的胶层厚薄不匀，从而形成水的渗透通道。

（5）幕墙内排水系统设计不当，或施工后出现排水不通畅或堵塞；或者幕墙的开启部位密封不良，橡胶条的弹性较差，五金配件缺失或损坏。

（6）建筑幕墙周边、压顶铝合金泛水板搭接长度不足，封口不严，密封胶液漏注，均可造成幕墙出现渗漏水现象。

（7）在建筑幕墙施工的过程中，未进行抗雨水渗漏方面的试验和检查，密封质量无保证，在使用时会出现渗漏水现象。

3. 预防措施

（1）建筑玻璃幕墙结构必须安装牢固，各种框架结构、连接件、玻璃和密封材料等，不得因风荷载、地震、温度和湿度等的变化而发生螺栓松动、密封材料损坏等现象。

（2）建筑玻璃幕墙所用的密封胶的牌号应符合设计的要求，并具有相容性试验报告。密封胶液应在保质期内使用。硅酮结构密封胶液应在封闭、清洁的专用车间内打胶，不得在现场注胶；硅酮结构密封胶在注胶前，应按照要求将基材上的尘土、污垢清除干净，注胶时速度不宜过快，以免出现针眼和堵塞等现象，底部应用无黏结胶带分开，以防止三面黏结，出现拉裂现象。

（3）建筑玻璃幕墙所用橡胶条，应当按照设计规定的材料和规格选用，镶嵌一定要达到平整、严密，接口处一定要用密封胶液填实封严；开启窗安装的玻璃应与建筑幕墙在同一水平面上，不得出现有凹进现象。

（4）在进行玻璃幕墙设计时，应设计合理的泄水通道，雨水的排水口应按照规定留置，并保持内排水系统畅通，以便集水后由管道将水排出，使大量的水及时排除远离幕墙，减少水向幕墙内渗透的机会。

（5）在填嵌密封胶之前，要将密封胶接触处擦拭干净，再用溶剂揩擦后方可嵌入密封胶，其厚度应大于3.5mm，宽度要大于厚度的2倍。

（6）建筑幕墙的周边、压顶及开启部位等处构造比较复杂，设计应绘制出节点大样图，以便操作人员按图进行施工；在施工过程中，要严格按图进行操作，并应及时检查施工质量，凡有密封不良、材质较差等情况应及时加以调整。

（7）在建筑幕墙工程的施工中，应分层进行抗雨水渗漏性能的喷射水试验，检验建筑幕墙的施工质量，发现问题及时调整解决。

（四）连接件与预埋件锚固不合格

1. 质量问题

在建筑幕墙面板安装的施工中，若发现连接件与预埋件锚固十分困难，有的勉强锚固在一起也不牢固，甚至个别在硬性锚固时出现损坏现象。这样不仅严重影响建筑幕墙的施工进度，而且也存在着不牢固的安全隐患，严重的甚至局部坠落伤人。

2. 原因分析

（1）在进行建筑幕墙工程设计时，只注意幕墙主体结构的设计，而忽视建筑幕墙连接件与预埋件的设计，特别没有注意到连接件与预埋件之间的衔接，从而造成连接件与预埋件锚固不合格。

（2）在连接件与预埋件连接处理时，没有认真按照设计大样图进行处理，有的甚至根本没有设计大样图，只凭以往的经验施工。

（3）幕墙连接件与预埋件锚固处的焊接质量不佳，达不到设计质量要求和《钢筋焊接及验收规程》（JGJ 18—2012）中的有关规定。

3. 预防措施

（1）在进行设计玻璃幕墙时，要对各连接部位画出节点大样图，以便工人按照图纸施工；图中对材料的规格、型号、焊缝等技术要求都应注明。

（2）在进行连接件与预埋件之间的锚固或焊接时，应严格按照现行的行业标准《玻璃幕墙工程技术规程》（JGJ 102—2003）中的要求进行安装；焊缝的高度、长度和宽度，应通过设计计算确定。

（3）电焊工应经过考核合格，坚持持证上岗。连接件与预埋件锚固处的焊接质量，必须符合现行的行业标准《钢筋焊接及验收规程》（JGJ 18—2012）中的有关规定。

（4）对焊接件的质量应进行检验，并应符合下列要求：a.焊缝受热影响时，其表面不得有裂纹、气孔、夹渣等缺陷；b.焊缝"咬边"深度不得超过0.5mm，焊缝两侧"咬边"的总长度不应超过焊缝长度的10%；c.焊缝几何尺寸应符合设计要求。

（五）幕墙玻璃发生自爆碎裂

1. 质量问题

幕墙玻璃在幕墙安装的过程中，或者在安装完成后的一段时间内，玻璃在未受到外力撞击的情况下，出现自爆碎裂现象，不仅影响幕墙的使用功能和装饰效果，而且还具有下落伤人的危险性，必须予以更换和修整。

2. 原因分析

（1）幕墙玻璃采用的原片质量不符合设计要求，在温度骤然变化的情况下，易发生自爆碎裂；或者玻璃的面积过大，不能适应热胀冷缩的变化。

（2）幕墙玻璃在安装时，其底部未按照规定设置弹性铺垫材料，而是将玻璃与构件槽底直接接触，受温差应力或振动力的作用而造成玻璃碎裂。

（3）玻璃材料试验证明，普通玻璃在切割后如果不进行边缘处理，在受热时因膨胀出现应力集中，很容易产生自爆碎裂。

（4）隔热保温材料直接与玻璃接触或镀膜出现破损，使玻璃的中部与边缘产生较大的温差，当温度应力超过玻璃的抗拉强度时，则会出现玻璃的自爆碎裂。

（5）全玻璃幕墙的底部如果使用硬化性密封材料，当玻璃受到较大挤压时，易使玻璃出现破损。

（6）建筑幕墙三维调节消化余量不足，或主体结构变动的影响超过了幕墙三维调节所能消化的余量，也会造成玻璃的破裂。

（7）隐框式玻璃幕墙的玻璃间隙比较小，特别是顶棚四周底边的间隙更小，如果玻璃受到侧向压应力影响时，则会造成玻璃的碎裂。

（8）在玻璃的交接处，由于弹性垫片漏放或太薄，或者"夹件"固定太紧会造成该处玻璃的碎裂。

（9）建筑幕墙采用的钢化玻璃，如果未进行钢化防爆处理，在一定的条件下也会发生玻璃自爆现象。

3. 预防措施

（1）玻璃原片的质量应符合现行国家或行业标准的要求，产品必须有出厂合格证。当设计必须采用大面积玻璃时应采取相应的技术措施，以减小玻璃中央与边缘的温差。

（2）在进行玻璃切割加工时，应按照规范规定留出每边与构件槽口的配合距离。玻璃切割后，边缘应磨边、倒角、抛光处理完毕再加工。

（3）在进行幕墙玻璃安装时，应按照设计规定设置弹性定位垫块，使玻璃与框之间有一定的间隙。

（4）在玻璃幕墙的设计和施工中，要特别注意避免保温材料与玻璃接触，在安装完玻璃后，要做好产品保护，防止镀膜层破损。

（5）要通过设计计算确定幕墙三维调节的能力。如果主体结构变动或构架刚度不足，应根据实际情况和设计要求进行加固处理。

（6）对于隐框式玻璃幕墙，在安装中应特别注意玻璃的间隙，玻璃的拼缝宽度一般不宜小于15mm。

（7）在"夹件"与玻璃接触处，必须设置一定厚度的弹性垫片，以免刚性"夹件"同脆性玻璃直接接触受外力影响时造成玻璃的碎裂。

（8）当玻璃幕墙采用钢化玻璃时，为了防止钢化玻璃发生自爆，必须对钢化玻璃进行钢化防爆处理。

（六）幕墙工程防火不符合要求

1. 质量问题

随着我国建筑事业的发展，越来越多的高层建筑采用玻璃幕墙作为外围护结构，其不但能达到使用效果，同时还具有一定的艺术性，但是在实际使用过程中发现，玻璃幕墙建筑很容易发生火灾，并且这类建筑物一旦发生火灾，火势会迅速出现蔓延，这就会产生很严重的危害，给人民的生命和财产带来严重的威胁，对于人民生命财产安全和其他公众利益也有着很大的影响。

所以出现以上问题，其主要原因是在玻璃幕墙的设计和施工中，由于层间防火设计不周全、不合理，施工过程中不认真、不精细，造成幕墙与主体结构间未设置层间防火；或未按要求选用防火材料，达不到防火性能要求，严重影响玻璃幕墙工程防火安全。

2. 原因分析

（1）有的玻璃幕墙在进行设计时，对防火设计未引起足够重视，没有考虑设置防火隔层，造成设计方面的漏项，使玻璃幕墙无法防火。

（2）有的楼层联系梁处没有设置幕墙的分格横梁，防火层的位置设置不正确，节点无设计大样图。

（3）采用的防火材料质量达不到规范的要求，玻璃幕墙的防火根本起不到作用。

3. 预防措施

（1）在进行玻璃幕墙设计时，千万不可遗漏防火隔层的设计。在初步设计对外立面分割时，应同步考虑防火安全的设计，并绘制出节点大样图，在图上要注明用料规格和锚固的具体要求。

（2）在进行玻璃幕墙设计时，横梁的布置与层高相协调，一般每一个楼层就是一个独立的防火分区，要在楼面处设置横梁和防火隔层。

（3）玻璃幕墙的防火设计，除应当符合《建筑设计防火规范》（GB 50016—2014）中的有关规定外，还应符合下列规定：a.应根据防火材料的耐火极限决定防火层的厚度和宽度，并应在楼板处形成防火带；b.防火层应采取可靠的隔离措施，防火层的衬板应采用经过防腐处理、厚度不小于1.5mm的钢板，不得采用铝板；c.防火层中所用的密封材料，应当采用防火密封胶；d.防火层与玻璃不得直接接触，同时一块玻璃不应跨两个防火区。

（4）玻璃幕墙的和楼层处、隔墙处的缝隙，应用防火或不燃烧材料填嵌密实，但防火层用的隔断材料等，其缝隙用防火保温材料填塞，表面缝隙用密封胶封闭严密。

（5）防火层施工应符合设计要求，幕墙窗间墙及窗槛墙的填充材料，应采用不燃烧材料，当外墙采用耐火极限不低于1h的不燃烧材料时，其墙内填充材料可采用难燃烧材料。防火隔层应铺设平整，锚固要可确实可靠。防火施工后要办理隐蔽工程验收手续，合格后方可进行面板施工。

（七）幕墙构件安装接合处漏放垫片

1. 质量问题

建筑幕墙的连接件与立柱之间，未按照规范要求设置垫片，或在施工中由于疏忽漏放垫片，这样金属构件在一定的条件下很容易产生电化学腐蚀，对整个建筑幕墙的使用年限和使用功能有一定影响。

2. 原因分析

出现漏放垫片的主要原因：a.在设计中不重视垫片的设置，忘记这个小部件；b.在节点设计大样图中未注明，施工人员未安装；c.施工人员责任心不强，在施工中漏放；d.施工管理人员检查不认真，没有及时检查和纠正。

3. 预防措施

（1）为防止不同金属材料相接触时产生电化学腐蚀，在现行的行业标准《玻璃幕墙工程技术规范》（JGJ 102—2003）中规定，在接触部位应设置相应的垫片。一般应采用1mm厚的绝缘耐热硬质有机材料垫片，在幕墙设计和施工中不可出现遗漏。

（2）在幕墙立柱与横梁两端之间，为适应和消除横向温度变形及噪声的要求，在现行的行业标准《玻璃幕墙工程技术规范》（JGJ 102—2003）中做出规定：在连接处要设置一面有胶一面无胶的弹性橡胶垫片或尼龙制作的垫片。弹性橡胶垫片应有20%~35%的压缩性，一般用邵尔A型75~80橡胶垫片，安装在立柱的预定位置，并应安装牢固，其接缝要严密。

（3）在幕墙施工的过程中，操作人员必须按照设计要求放置垫片，不可出现漏放；施工管理人员必须认真进行质量检查，以便及早发现漏放、及时进行纠正。

（八）幕墙安装无防雷系统

1. 质量问题

幕墙是悬挂在建筑主体结构外的建筑外围护系统，而当建筑幕墙对建筑物进行围护，建筑物的原防雷装置因为建筑幕墙的屏蔽，不能够直接对防雷起到作用，建筑物遭到雷击，通常是对建筑幕墙的直接雷击。所以，建筑幕墙安装防雷系统是十分重要的。

在进行建筑幕墙设计和施工中，由于设计不合理或没有按照设计要求施工，致使玻璃幕墙没有设置防雷均压环，或防雷均压环没有和主体结构的防雷系统相联通；或者接地电阻不符合规范要求，从而使幕墙存在着严重的安全隐患。

2. 原因分析

（1）在进行玻璃幕墙设计时，根本没考虑到防雷系统，使这样非常重要部分被遗漏，或者设计不合理，从而严重影响了玻璃幕墙的使用安全度。

（2）有些施工人员不熟悉防雷系统的安装规定，无法进行防雷系统的施工，从而造成防雷系统不安装或安装不合格。

（3）选用的防雷均匀环、避雷线、引下线、接地装置等的材料，不符合设计的防雷要求，导致防雷效果不能满足要求。

3. 预防措施

（1）在进行玻璃幕墙工程的设计时，要有详尽的防雷系统设计方案，施工中要有防雷系统的施工图纸，以便施工人员按图施工。

（2）玻璃幕墙应每隔3层设置扁钢或圆钢防雷均压环，防雷均压环应与主体结构防雷系统相连接，接地电阻应符合设计规范中的要求，使玻璃幕墙形成自身的防雷系统。

（3）对防雷均匀环、避雷线、引下线、接地装置等的用料、接头，都必须符合设计要求和《建筑防雷设计规范》（GB 50057—2010）中的规定。

（九）玻璃四周泛黄，密封胶变色和变质

1. 质量问题

玻璃幕墙安装完毕或使用一段时间后，在玻璃的四周出现泛黄现象，密封胶也出现变色和变质，这样不仅严重影响玻璃幕墙的外表美观，而且也使幕墙存在着极大的危险性，应当引起高度重视。

2. 原因分析

（1）当密封胶液用的是非中性胶或不合格胶时，呈酸碱性的胶与夹层玻璃中的PVB胶片、中空玻璃的密封胶和橡胶条接触，因为它们之间的相容性不良，使PVB胶片或密封胶泛黄变色，使橡胶条变硬发脆，影响幕墙的外观质量，甚至出现渗漏水现象。

（2）幕墙采用的夹丝玻璃边缘未进行处理，使低碳钢丝因生锈而造成玻璃四周泛黄，严重时会使锈蚀产生膨胀，玻璃在膨胀力的作用下而碎裂。

（3）采用的不合格密封胶在紫外线的照射下，发生老化、变色和变脆，致使其失去密封防水的作用，从而又引起玻璃泛黄。

（4）在玻璃幕墙使用的过程中，由于清洁剂品种选用不当，清洁剂对玻璃产生腐蚀而引起泛黄。

3. 预防措施

（1）在玻璃幕墙安装之前，首先应做好密封胶的选择和试验工作。

① 应选择中性和合格的密封胶，不得选用非中性胶或不合格的密封胶。

② 对所选用的密封胶要进行与其他材料的相容性试验，待确定完全合格后才能正式用于玻璃幕墙。

（2）当幕墙采用夹丝玻璃时，在玻璃切割后，其边缘应及时进行密封处理，并做防锈处理，防止钢丝生锈而造成玻璃四周泛黄。

（3）清洗幕墙玻璃和框架的清洁剂，应采用中性清洁剂，并应做对玻璃等材料的腐蚀性试验，合格后方可使用。同时要注意，玻璃和金属框架的清洁剂应分别采用，不得错用和混用。清洗时应采取相应的隔离保护措施，清洗后及时用清水冲洗干净。

（十）幕墙的拼缝不合格

1. 质量问题

明框式玻璃幕墙出现外露框或压条有横不平、竖不直缺陷，单元玻璃幕墙的单元拼缝或隐框式玻璃幕墙的分格玻璃拼缝存在缝隙不均匀、不平不直质量问题，以上质量缺陷不但影响胶条的填嵌密实性，而且影响幕墙的外观质量。

2. 原因分析

（1）在进行幕墙玻璃安装时，未对土建的标准标志进行复验，由于测量基准不准确，导致玻璃拼缝不合格；或者在进行复验时，风力大于4级造成测量误差较大。

（2）在进行幕墙玻璃安装时，未按规定要求每天对玻璃幕墙的垂直度及立柱的位置进行测量核对。

（3）玻璃幕墙的立柱与连接件在安装后未进行认真调整和固定，导致它们之间的安装偏差过大，超过设计和施工规范的要求。

（4）立柱与横梁安装完毕后，未按要求用经纬仪和水准仪进行校核检查、调整。

3. 预防措施

（1）在玻璃幕墙正式测量放线前，应对总包提供的土建标准标志进行复验，经监理工程师确认后，方可作为玻璃幕墙的测量基准。对于高层建筑的测量应在风力不大于4级的情况下进行，每天定时对玻璃幕墙的垂直度及立柱位置进行测量核对。

（2）玻璃幕墙的分格轴线的确定，应与主体结构施工测量轴线紧密配合，其误差应及时进行调整，不得产生积累。

（3）立柱与连接件安装后应进行调整和固定。它们安装后应达到如下标准：立柱安装标高差不大于3mm；轴线前后的偏差不大于2mm，左右偏差不大于3mm；相邻两根立柱安装标高差不应大于3mm，距离偏差不应大于2mm，同层立柱的最大标高偏差不应大于5mm。

（4）幕墙横梁安装应弹好水平线，并按线将横梁两端的连接件及垫片安装在立柱的预定位置，并应确实安装牢固。保证相邻两根横梁的水平高差不应大于1mm，同层标高的偏差：当一幅幕墙的宽度小于或等于35m时，不应大于5mm；当一幅幕墙的宽度大于35m时，不应大于7mm。

（5）立柱与横梁安装完毕后，应用经纬仪和水准仪对立柱和横梁进行校核检查、调整，使它们均符合设计要求。

（十一）玻璃幕墙出现结露现象

1. 质量问题

玻璃幕墙出现结露现象，不仅影响幕墙外观装饰效果，而且还会造成通视较差、浸湿室内装饰和损坏其他设施。常见幕墙结露的现象主要有以下几种。

① 中空玻璃的中空层如果出现结露现象，不仅使玻璃的通视性不好，而且也严重影响玻璃幕墙的美观。

② 在比较寒冷的地区，当冬季室内外的温差较大时，玻璃的内表面出现结露现象。

③ 幕墙内没有设置结露水排放系统，当结露水较多时也会浸湿室内的装饰或设施。

2. 原因分析

（1）采用的中空玻璃质量不合格，尤其是对中空层的密封不严密，很容易很中空玻璃在中空层出现结露。

（2）幕墙设计不合理，或者选择的材料不当，没有设置结露水凝结排放系统。

3. 预防措施

（1）对于中空玻璃的加工质量必须严格控制，加工制作中空玻璃要在洁净干燥的专用车间内进行，并对所用的中空玻璃进行严格的质量检验；所用的玻璃间隔的橡胶一定要干净、干燥，并安装正确，在间隔条内要装入适量的干燥剂。

（2）中空玻璃的密封要特别重视，一般要采用双道密封，密封胶要正确涂敷，达到胶液饱满、厚薄均匀，转角处不得有漏涂缺损现象。

（3）幕墙设计要根据当地气候条件和室内功能要求，科学合理确定幕墙的热阻，选用合适的幕墙材料，如在北方寒冷地区宜选用中空玻璃。

（4）幕墙设计允许出现结露的现象时，在幕墙结构设计中必须要设置水凝结排放系统。

二、金属幕墙工程质量问题与防治措施

金属板饰面幕墙施工涉及工种较多，工艺较复杂，施工难度大，加上金属板的厚度比较小，在加工和安装中很容易发生变形，因此比较容易出现质量问题，不仅严重影响装饰效果，而且影响幕墙使用功能。

工程实践充分证明，金属板饰面幕墙是一种高科技建筑装饰产品，其技术复杂程度较高，影响建筑幕墙施工质量的因素众多，施工质量问题较多，对金属幕墙出现的施工质量问题，应引起足够的重视，并采取措施积极进行防治。

（一）板面不平整、接缝不平齐

1. 质量问题

在金属幕墙工程完工检查验收时发现：板面之间有高低不平、板块中有凹凸不平、接缝不顺直、板缝有错牙等质量缺陷。这些质量问题严重影响金属幕墙的表面美观，同时对使用中的维修、清洗也会造成困难。

2. 原因分析

产生以上质量问题的原因很多，根据工程实践经验，主要原因包括以下方面。

（1）连接金属板面的连接件，未按施工规定要求进行固定，固定不够牢靠，在安装金属板时，由于施工和面板的作用，使连接件发生位移，自然会导致板面不平整、接缝不平齐。

（2）连接金属板面的连接件，未按施工规定要求进行固定，尤其是安装高度不一致，使得金属板安装也会产生板面不平整、接缝不平齐。

（3）在进行金属面板加工的过程中，未按照设计或现行规范的要求进行加工，使金属面板本身不平整，或尺寸不准确；在金属板运输、保管、堆放、吊装和安装中，不注意对金属板面进行有效保护，从而造成板面不平整、接缝不平齐。

3. 预防措施

针对以上出现板面不平整、接缝不平齐的原因，可以采取以下防治措施。

（1）确实按照设计和施工规范的要求，进行金属幕墙连接件的安装，确保连接件安装牢固平整、位置准确、数量满足。

（2）严格按要求对金属面板进行加工，确保金属面板表面平整、尺寸准确、符合要求。

（3）在金属面板的加工、运输、保管、吊装和安装中，要注意对金属面板成品的保护，不使其受到损伤。

（二）密封胶开裂，出现渗漏问题

1. 质量问题

金属幕墙在工程验收或使用过程中，发现密封胶开裂质量问题，产生气体渗透或雨水渗漏。不仅使金属幕墙的内外受到气体和雨水的侵蚀，而且会降低幕墙的使用寿命。

2. 原因分析

（1）注胶部位未认真进行清理擦洗，由于不洁净就注胶，所以胶与材料黏结不牢，它们之间有一定的缝隙，使得密封胶开裂，出现渗漏问题。

（2）由于胶缝的深度过大，结果造成三面黏结，从而导致密封胶开裂质量问题，产生气体渗透或雨水渗漏。

（3）在注入的密封胶后、尚未完全黏结前受到灰尘沾染或其他振动，使密封胶未能牢固

黏结，造成密封胶与材料脱离而开裂。

3. 预防措施

（1）在注密封胶之前，应对需黏结的金属板材缝隙进行认真清洁，尤其是对黏结面应特别重视，清洁后要加以干燥和保持。

（2）在较深的胶缝中，应根据实际情况充填聚氯乙烯发泡材料，一般宜采用小圆棒形状的填充料，这样可避免造成三面黏结。

（3）在注入密封胶后，要认真进行保护，并创造良好环境，使其至完全硬化。

（三）预埋件位置不准，横竖料难以固定

1. 质量问题

预埋件是幕墙安装的主要挂件，承担着幕墙的全部荷载和其他荷载，预埋件的位置是否准确，对幕墙的施工和安全关系重大。但是，在预埋件的施工中，由于未按设计要求进行设置，结果会造成预埋件位置不准备，必然会导致幕墙的横竖骨架很难与预埋件固定连接，甚至出现连接不牢、重新返工的情况。

2. 原因分析

（1）在预埋件在进行放置前，未在施工现场进行认真复测和放线；或在放置预埋件时，偏离安装基准线，导致预埋件位置不准确。

（2）预埋件的放置方法，一般是采用将其绑扎在钢筋上，或者固定在模板上。如果预埋件与模板、钢筋连接不牢，在浇筑混凝土时会使预埋件的位置变动。

（3）预埋件放置完毕后，未对其进行很好的保护，在其他工序施工中对其发生碰撞，使预埋件位置变化。

3. 预防措施

（1）在进行金属幕墙设计时，应根据规范设置相应的预埋件，并确定其数量、规格和位置；在进行放置之前，应根据施工现场实际，对照设计图进行复核和放线，并进行必要调整。

（2）在预埋件放置中，必须与模板、钢筋连接牢固；在浇筑混凝土时应随时进行观察和纠正，以保证其位置的准确性。

（3）在预埋件放置完成后，应时刻注意对其进行保护。在其他工序的施工中，不要碰撞到预埋件，以保证预埋件不发生位移。

（4）如果混凝土结构施工完毕后，发现预埋件的位置发生较大的偏差，则应及时采取补救措施。补救措施主要有下列几种：a.当预埋件的凹入度超过允许偏差范围时，可以采取加长铁件的补救措施，但加长的长度应当进行控制，采用焊接加长的焊接质量必须符合要求；b.当预埋件向外凸出超过允许偏差范围时，可以采用缩短铁件的方法，或采用剔去原预埋件改用膨胀螺栓，将铁件紧固在混凝土结构上；c.当预埋件向上或向下偏移超过允许偏差范围时，则应修改立柱连接孔或用膨胀螺栓调整连接位置；d.当预埋件发生漏放时，应采用膨胀螺栓连接或剔除混凝土后重新埋设。决不允许故意漏放而节省费用的错误做法。

（四）胶缝不平滑充实，胶线扭曲不顺直

1. 质量问题

金属幕墙的装饰效果如何，不只是表现在框架和饰面上，胶缝是否平滑、顺直和充实也是非常重要的方面。但是，在胶缝的施工中很容易出现胶缝注入不饱满、缝隙不平滑、线条不顺直等质量缺陷，严重影响金属幕墙的整体装饰效果。

2. 原因分析

（1）在进行注胶时，未能按施工要求进行操作，或注胶用力不均匀，或注胶枪的角度不正确，或刮涂胶时不连续，都会造成胶缝不平滑充实，胶线扭曲不顺直。

（2）注胶操作人员未经专门培训，技术不熟练，要领不明确，也会使胶缝出现不平滑充实、胶线扭曲不顺直等质量缺陷。

3. 预防措施

（1）在进行注胶的施工中，应严格按正确的方法进行操作，要连续均匀地注胶，要使注胶枪以正确的角度注胶，当密封胶注满后，要用专用工具将注胶刮密实和平整，胶缝的表面应达到光滑无皱纹的质量要求。

（2）注胶是一项技术要求较高的工作，操作人员应经过专门的培训，使其掌握注胶的基本技能和质量意识。

（五）成品产生污染，影响装饰效果

1. 质量问题

金属幕墙安装完毕后，由于未按规定进行保护，结果造成幕墙成品发生污染、变色、变形、排水管道堵塞等质量问题，既严重影响幕墙的装饰效果，也会使幕墙发生损坏。

2. 原因分析

（1）在金属幕墙安装施工的过程中，不注意对金属饰面的保护，尤其是在注胶中很容易产生污染，这是金属幕墙成品污染的主要原因。

（2）在金属幕墙安装施工完毕后，未按规定要求对幕墙成品进行保护，在其他工序的施工中污染了金属幕墙。

3. 预防措施

（1）在金属幕墙安装施工的过程中，要注意按操作规程施工和文明施工，并及时清除板面及构件表面上的黏附物，使金属幕墙安装时即成为清洁的饰面。

（2）在金属幕墙安装完毕后，立即进行从上向下的清扫工作，并在易受污染和损坏的部位贴上一层保护膜或覆盖塑料薄膜，对于易受磕碰的部位应设置防护栏。

（六）铝合金板材厚度不足

1. 质量问题

金属幕墙的面板选用铝合金板材时，其厚度不符合设计要求，不仅影响幕墙的使用功能，而且还严重影响幕墙的耐久性。

2. 原因分析

（1）承包商片面追求经济利益，选用的铝合金板材的厚度小于设计厚度，从而造成板材不合格，导致板材厚度不足而影响整个幕墙的质量。

（2）铝合金板材进场后，未进行认真复验，其厚度低于工程需要，而不符合设计要求。

（3）铝合金板材生产厂家未按照国家现行有关规范生产，从而造成出厂板材不符合生产标准的要求。

3. 预防措施

铝合金面板要选用专业生产厂家的产品，在幕墙面板订货前要考察其生产设备、生产能力，并应有可靠的质量控制措施，确认原材料产地、型号、规格，并封样备查；铝合金面板进场后，要检查其生产合格证和原材料产地证明，均应符合设计和购货合同的要求，同时查验其面板厚度应符合下列要求。

① 单层铝板的厚度不应小于2.5mm，并应符合现行国家标准《一般工业用铝及铝合金板、带材 第1部分：一般要求》（GB/T 3880.1—2012）中的有关规定。

② 铝塑复合板的上下两层铝合金板的厚度均应为0.5mm，其性能应符合现行国家标准《建筑幕墙用铝塑复合板》（GB/T 17748—2016）中规定的外墙板的技术要求；铝合金板与夹心板的剥离强度标准值应大于7N/mm²。

③ 蜂窝铝板的总厚度为10~25mm，其中厚度为10mm的蜂窝铝板，其正面铝合金板厚度应为1mm，背面铝合金板厚度为0.5~0.8mm；厚度在10mm以上的蜂窝铝板，其正面铝合金板的厚度均应为1mm。

（七）铝合金面板的加工质量不符合要求

1. 质量问题

铝合金面板是金属幕墙的主要装饰材料，对于幕墙的装饰效果起着决定性作用。如果铝合金面板的加工质量不符合要求，不仅会造成面板安装十分困难，接缝不均匀，而且还严重影响金属幕墙的外观质量和美观。

2. 原因分析

（1）在金属幕墙的设计中，没有对铝合金面板的加工质量提出详细的要求，致使生产厂家对质量要求不明确。

（2）生产厂家由于没有专用的生产设备，或者设备、测量器具没有定期进行检修，精度达不到加工精度要求，致使加工的铝合金面板质量不符合要求。

3. 预防措施

（1）铝合金面板的加工应符合设计要求，表面氟碳树脂涂层厚度应符合规定。铝合金面板加工的允许偏差应符合表9-29中的规定。

表9-29　铝合金面板加工允许偏差　　　　单位：mm

项目		允许偏差	项目		允许偏差
边长	≤2000	±2.0	对角线长度	2000	2.5
	>2000	±2.5		2000	3.0
对边尺寸	≤2000	≤2.5	折弯高度		≤1.0
	>2000	≤3.0	平面度		≤2/1000
			孔的中心距		±1.5

（2）单层铝板的加工应符合下列规定。

① 单层铝板在进行折弯加工时折弯外圆弧半径不应小于板厚的1.5倍。

② 单层铝板加劲肋的固定可用电栓钉，但应确保铝板表面不应变色、褪色，固定应牢固。

③ 单层铝板的固定耳子应符合设计要求，固定耳子可采用焊接、铆接或在铝板上直接冲压而成，应当做到位置正确、调整方便、固定牢固。

④ 单层铝板构件四周边应采用铆接、螺栓或胶黏与机械连接相结合的形式固定，并应做到刚性好，固定牢固。

（3）铝塑复合板的加工应符合下列规定：a.在切割铝塑复合板内层铝板与聚乙烯塑料时，应保留不小于0.3mm厚的聚乙烯塑料，并不得划伤外层铝板的内表面；b.蜂窝铝板的打孔、切割口等外露的聚乙烯塑料及角部缝隙处，应采用中性硅酮耐候密封胶进行密封；c.为确保铝塑复合板的质量，在加工过程中严禁将铝塑复合板与水接触。

（4）蜂窝铝板的加工应符合下列规定：a.应根据组装要求决定切口的尺寸和形状，在切割铝芯时不得划伤蜂窝板外层铝板的内表面，各部位外层铝板上应保留0.3~0.5mm的铝芯；b.对于直角构件的加工，折角处应弯成圆弧状，蜂窝铝板的角部的缝隙处，应采用硅酮耐候密封胶进行密封；c.大圆弧角构件的加工，圆弧部位应填充防火材料；d.蜂窝铝板边缘的加工，应将外层铝板折合180°，并将铝芯包封。

（八）铝塑复合板的外观质量不符合要求

1. 质量问题

铝塑复合板幕墙安装后，经质量验收检查发现板的表面有波纹、鼓泡、疵点、划伤、擦伤等质量缺陷，严重影响金属幕墙的外观质量。

2. 原因分析

（1）铝塑复合板在加工制作、运输、储存过程中，由于不认真细致或保管不善等，造成板的表面有波纹、鼓泡、疵点、划伤、擦伤等质量缺陷。

（2）铝塑复合板在安装操作过程中，安装工人没有认真按操作规程进行操作，致使铝塑复合板的表面有波纹、鼓泡、疵点、划伤、擦伤等质量缺陷。

3. 预防措施

（1）铝塑复合板的加工要在封闭、洁净的生产车间内进行，要有专用生产设备，设备要定期进行维修保养，并能满足加工精度的要求。

（2）铝塑复合板安装工人岗前进行技术培训，熟练掌握生产工艺，并严格按工艺要求进行操作。

（3）铝塑复合板的外观应非常整洁，涂层不得有漏涂或穿透涂层厚度的损伤。铝塑复合板正反面外得有塑料的外露。铝塑复合板装饰面不得有明显压痕、印痕和凹凸等残迹。铝塑复合板的外观缺陷允许范围应符合表9-30中的要求。

表9-30　铝塑复合板外观缺陷允许范围

缺陷名称	缺陷规定	允许范围	
		优等品	合格品
波纹	—	不允许	不明显
鼓泡	≤10mm	不允许	不超过1个/m²
疵点	≤300mm	不超过3个/m²	不超过10个/m²
划伤	总长度	不允许	≤100mm²/m²
擦伤	总面积	不允许	≤300mm²/m²
划伤、擦伤总数	—	不允许	≤4处
色差	色差不明显，若用仪器测量，$\Delta E \leqslant 2$		

三、石材幕墙工程质量问题与防治措施

石材是一种脆性硬质材料，其具有自重比较大、抗拉和抗弯强度低等缺陷，在加工和安装过程中容易出现各种各样的质量问题，对这些质量问题应当采取预防和治理的措施，积极、及时加以解决，以确保石材幕墙质量符合设计和规范的有关要求。

（一）石材板的加工制作不符合要求

1. 质量问题

石材幕墙所用的板材加工制作质量较差，出现板上用于安装的钻孔或开槽位置不准、数量不足、深度不够和槽壁太薄等质量缺陷，造成石材安装困难、接缝不均匀、不平整，不仅影响石材幕墙的装饰效果，而且还会造成石材板的破裂坠落。

2. 原因分析

（1）在石材板块加工前，没有认真领会设计图纸中的规定和标准，从而加工出的石材板块成品不符合设计要求。

（2）所用石材的加工人员技术水平比较差，在加工前既没有认真进行划线也没有按规程进行操作。

（3）石材幕墙在安装组合的过程中，没有按照设计和有关规范进行施工，也会使石材板块不符合设计要求。

3. 预防措施

（1）幕墙所用石材板的加工制作应符合下列规定：a.在石材板的连接部位应无崩边、暗裂等缺陷；其他部位的崩边不大于5mm×20mm或缺角不大于20mm时，可以修补合格后使用，但每层修补的石材板块数不应大于2%，且宜用于立面不明显部位；b.石材板的长度、宽度、厚度、直角、异形角、半圆弧形状、异形材及花纹图案造型、石材的外形尺寸等，均应符合设计要求；c.石材板外表面的色泽应符合设计要求，花纹图案应按预定的材料样板检查，石材板四周围不得有明显的色差；d.如果石材板块加工采用火烧石，应按材料样板检查火烧后的均匀程度，石材板块不得有暗裂、崩裂等质量缺陷；e.石材板块加工完毕后，应当进行编号存放，其编号应与设计图纸中的编号一致，以免出现混乱；f.石材板块的加工应按设计要求进行，既要结合其在安装中的组合形式又要结合工程使用中的基本形式；g.石材板块加工的尺寸允许偏差，应当符合现行国家标准《天然花岗石建筑板材》（GB/T 18601—2009）中的要求。

（2）钢销式安装的石材板的加工应符合下列规定：a.钢销的孔位应根据石材板的大小而定，孔位距离边缘不得小于石板厚度的3倍，也不得大于180mm；钢销间距一般不宜大于600mm；当边长不大于1.0m时，每边应设两个钢销，当边长大于1.0m时，应采用复合连接方式；b.石材板钢销的孔深度宜为22~33mm，孔的直径宜为7mm或8mm，钢销直径宜为5mm或6mm，钢销长度宜为20~30mm；c.石材板钢销的孔附近，不得有损坏或崩裂现象，孔径内应光滑洁净。

（3）通槽式安装的石材板的加工应符合下列规定：a.石材板的通槽宽度宜为6mm或7mm，不锈钢支撑板的厚度不宜小于3mm，铝合金支撑板的厚度不宜小于4mm；b.石材板在开槽后，不得有损坏或崩裂现象，槽口应打磨成45°的倒角；c.槽内应光滑、洁净。

（4）短槽式安装的石材板的加工应符合下列规定：a.每块石材板上下边应各开两个短平槽，短平槽的宽度不应小于100mm，在有效长度内槽深度不宜小于15mm；b.开槽宽度宜为6mm或7mm；c.不锈钢支撑板的厚度不宜小于3mm，铝合金支撑板的厚度不宜小于4mm；d.弧形槽有效长度不应小于80mm；e.两短槽边距离石材板两端部的距离，不应小于石材板厚度的3倍，且不应小于85mm，也不应大于180mm；f.石材板在开槽后，不得有损坏或崩裂现象，槽口应打磨成45°的倒角；槽内应光滑、洁净。

（5）单元石材幕墙的加工组装应符合下列规定：a.有防火要求的石材幕墙单元，应将石材板、防火板及防火材料按设计要求组装在铝合金框架上；b.有可视部分的混合幕墙单元，应将玻璃板、石材板、防火板及防火材料按设计要求组装在铝合金框架上；c.幕墙单元内石材板之间可采用铝合金T形连接件进行连接，T形连接件的厚度，应根据石材板的尺寸及重量经计算后确定，且最小厚度不应小于4mm。

（6）幕墙单元内，边部石材板与金属框架的连接，可采用铝合金L形连接件，其厚度应根据石材板尺寸及重量经计算后确定，且其最小厚度不应小于4mm。

（7）石材经切割或开槽等工序后，均应将加工产生的石屑用水冲洗干净，石材板与不锈钢挂件之间，应当用环氧树脂型石材专用结构胶黏剂进行黏结。

（8）已经加工好的石材板，应存放于通风良好的仓库内，其底部应用枕木垫起来，防止底端产生污染，石材板立放的角度不应小于85°。

（二）石材幕墙工程质量不符合要求

1. 质量问题

在石材幕墙质量检查中，其施工质量不符合设计和规范的要求，不仅其装饰效果比较差，而且其使用功能达不到规定，甚至有的还存在着安全隐患。由于石材存在着明显的缺点，所以对石材幕墙的质量问题应引起足够重视。

2. 原因分析

出现石材幕墙质量不合格的原因是多方面的，主要有材料不符合要求、施工未按规范操作、监理人员监督不力等。此处详细分析的是材料不符合要求，这是石材幕墙质量不合格的首要原因。

（1）石材幕墙所选用的骨架材料的型号、材质等方面，均不符合设计要求，特别是当用料断面偏小时，杆件会发生扭曲变形现象，使幕墙存在着安全隐患。

（2）石材幕墙所选用的锚栓无产品合格证，也无物理力学性能测试报告，用于幕墙工程后成为不放心部件，一旦锚栓出现断裂问题，后果不堪设想。

（3）石材加工尺寸与现场实际尺寸不符，会造成两个方面的问题：a.石材板块根本无法与预埋件进行连接，造成费工、费时、费资金；b.勉强进行连接，在施工现场必须对石材进行加工，必然严重影响幕墙的施工进度。

（4）石材幕墙所选用的石材板块，未经严格的挑选和质量验收，结果造成石材色差比较大，颜色不均匀，严重影响石材幕墙的装饰效果。

3. 预防措施

针对以上分析的材料不符合要求的原因，在一般情况下可以采取如下防治措施。

① 石材幕墙的骨架结构，必须经具有相应资质等级的设计单位进行设计，有关部门一定按设计要求选购合格的产品，这是确保石材幕墙质量的根本。

② 设计中要明确提出对锚栓物理力学性能的要求，要选择正规厂家生产的锚栓产品，施工单位严格采购进货的检测和验货手续，严把锚栓的质量关。

③ 加强施工现场的统一测量、复核和放线，提高测量放线的精度。石材板块在加工前要绘制放样加工图，并严格按石材板块放样加工图进行加工。

④ 要加强到产地现场选购石材的工作，不能单凭小块石材样板而确定所用石材品种。在石材板块加工后要进行试铺配色，不要选用含氧化铁较多的石材品种。

（三）骨架安装不合格

1. 质量问题

石材幕墙施工完毕后，经质量检查发现骨架安装不合格，主要表现在骨架竖料的垂直度、横料的水平度偏差较大。

2. 原因分析

（1）在进行骨架测量中，由于测量仪器的偏差较大，测量放线的精度不高，就会造成骨架竖料的垂直度、横料的水平度偏差不符合规范要求。

（2）在骨架安装的施工过程中，施工人员未认真执行自检和互检制度，安装精度不能保证，从而造成骨架竖料的垂直度、横料的水平度偏差较大。

3. 预防措施

（1）在进行骨架测量过程中，应当选用测量精度符合要求的仪器，以便提高骨架测量放线的精度。

（2）为了确保测量的精度要求，对使用的测量仪器要定期进行送检，保证测量的结果符合石材幕墙安装的要求。

（3）在骨架安装的施工过程中，施工人员一定要认真执行自检和互检制度，这是确保骨架安装质量的基础。

（四）构件锚固不牢靠

1. 质量问题

在安装石材饰面完毕后，经质量检查发现板块锚固不牢靠，用手搬动板块有摇晃的感觉，使人产生很不安全的心理。

2. 原因分析

（1）在进行锚栓钻孔时，未按照锚栓产品说明书要求进行施工，钻出的锚栓孔径过大，锚栓锚固牢靠比较困难。

（2）挂件尺寸与土建施工的误差不相适应，则会造成挂件受力不均匀，从而使个别构件锚固不牢靠。

（3）挂件与石材板块之间的垫片太厚，必然会降低锚栓的承载拉力，承载拉力较小时则使构件锚固不牢靠。

3. 预防措施

（1）在进行锚栓钻孔时，必须按锚栓产品说明书要求进行施工。钻孔的孔径、孔深均应符合所用锚栓的要求，不能随意扩孔，不能钻孔过深。

（2）挂件尺寸要能适应土建工程的误差，在进行挂件锚固前就应当测量土建工程的误差，并根据此误差进行挂件的布置。

（3）确定挂件与石材板块之间的垫片厚度，特别不应使垫片太厚。对于重要的石材幕墙工程，其垫片的厚度应通过试验确定。

（五）石材缺棱和掉角

1. 质量问题

石材幕墙施工完毕后，经检查发现有些板块出现缺棱掉角，这种质量缺陷不仅对装饰效果有严重影响，而且在缺棱掉角处往往会产生雨水渗漏和空气渗透，会对幕墙的内部产生腐蚀，使石材幕墙存在着安全隐患。

2. 原因分析

（1）石材是一种坚硬而质脆的建筑装饰材料，其抗压强度很高，一般为100~300MPa，但抗弯强度很低，一般为10~25MPa，仅为抗压强度的1/10~1/12。因此，在加工和安装中很容易因碰撞而缺棱掉角。

（2）由于石材抗压强度很低，如果在运输的过程中，石板的支点不当、道路不平、车速太快时，石板则会产生断裂、缺棱、掉角等。

3. 预防措施

（1）根据石材幕墙的实际情况，尽量选用脆性较低的石材，以避免因石材太脆而产生缺棱掉角。

（2）石材的加工和运输尽量采用机具和工具，以解决人工在加工和搬运中，因石板过重造成破损棱角的问题。

（3）在石材板块的运输过程中，要选用适宜的运输工具、行驶路线，掌握合适的车速和启停方式，防止因颠簸和振动而损伤石材棱角。

（六）幕墙表面不平整

1. 质量问题

石材幕墙安装完毕后，经质量检查发现板面不平整，表面平整度允许偏差超过现行国家标准《建筑装饰装修工程质量验收标准》（GB 50210—2018）中的规定，严重影响幕墙的装饰效果。

2. 原因分析

（1）在石材板块安装之前，对板材的"挂件"未进行认真的测量复核，结果造成挂件不在同一平面上，在安装石材板块后必然造成表面不平整。

（2）工程实践证明，幕墙表面不平整的主要原因，多数是由于测量误差、加工误差和安装误差积累所致。

3. 防治措施

（1）在石材板块正式安装前，一定要对板材挂件进行测量复核，按照控制线将板材挂件调至在同一平面上，然后再安装石材板块。

（2）在石材板块安装施工中，要特别注意随时将测量误差、加工误差和安装误差消除，不可使这3种误差形成积累。

（七）幕墙表面有油污

1. 质量问题

幕墙表面被油漆、密封胶污染，这是石材幕墙最常见的质量缺陷。这种质量问题虽然对幕墙的安全性无影响，但严重影响幕墙表面的美观，因此在幕墙施工中要加以注意，施工完毕后要加以清理。

2. 原因分析

（1）石材幕墙所选用的耐候胶质量不符合要求，使用寿命较短，耐候胶形成流淌而污染幕墙表面。

（2）在上部进行施工时，对下部的幕墙没有加以保护，下落的东西造成污染，施工完成后又未进行清理和擦拭。

（3）胶缝的宽度或深度不足，注胶施工时操作不仔细，或者胶液滴落在板材表面上，或者对密封胶封闭不严密而污染板面。

3. 防治措施

（1）石材幕墙中所选用的耐候胶，一般应用硅酮耐候胶。硅酮耐候胶应当柔软、弹性好、使用寿命长，其技术指标应符合现行国家标准《石材用建筑密封胶》（GB/T 23261—2009）中的规定。

（2）在进行石材幕墙上部施工时，对其下部已安装好的幕墙，必须采取措施（如覆盖）加以保护，尽量不产生对下部产生污染；一旦出现污染应及时进行清理。

（3）石材板块之间的胶缝宽度和深度不能太小，在注胶施工时要精心操作，既不要使溢出的胶污染板面也不要漏封。

（4）石材幕墙安装完毕后，要进行全面的检查，对于污染的板面，要用清洁剂将幕墙表面擦拭干净，以清洁的表面进行工程验收。

（八）石板安装不合格

1. 质量问题

在进行幕墙安装施工时，由于石材板块的安装不符合设计和现行施工规范的要求，造成石材板块破损严重质量缺陷，使幕墙存在极大的安全隐患。

2. 原因分析

（1）刚性的不锈钢连接件直接同脆性的石材板接触，当受到较大外力的影响时则会造成与不锈钢连接件接触部位的石板破损。

（2）在石材板块安装的过程中，为了控制水平缝隙，常在上下石板间用硬质垫板加以调整，当施工完毕后未将垫板及时撤除，造成上层石板的荷载通过垫板传递给下层石板，当超过石板固有的强度时则会造成石板的破损。

（3）如果安装石材板块的连接件出现较大松动，或钢销直接顶到下层石板上，将上层石板的重量传递给下层石材板块，当受到风荷载、温度应力或主体结构变动时也会造成石板的损坏。

3. 预防措施

（1）安装石板的不锈钢连接件与石板之间应用弹性材料进行隔离。石板槽孔间的孔隙应用弹性材料加以填充，不得使用硬性材料填充。

（2）安装石板的连接件应当能独自承受一层石板的荷载，避免采用既托上层石板又勾住下层石板的构造，以免上下层石板间荷载的传递。当采用上述构造时，安装连接件弯钩或销子的槽孔应比弯钩、销子略宽和深，以免上层石板的荷载通过弯钩、销子顶压在下层石板的槽、孔底上，而将荷载传递给下层石板。

（3）在幕墙的石板安装完毕后，应将调整接缝水平的硬质垫片撤除。同时应组织有关人员进行认真质量检查，不符合设计要求的及时纠正。

第十章

细部工程施工工艺

装饰细部工程是建筑装饰工程的重要组成部分，由于这类工程大多数都处于室内的显要位置，所以对于改善室内环境、美化空间起着非常重要的作用。工程实践充分证明，装饰细部工程不仅是一项技术性要求很高的工艺，而且还要求从业人员具有独特欣赏水平和较高的艺术水平。因此，装饰细部工程的施工要做到精心细致、位置准确、接缝严密、花纹清晰、颜色一致，每个环节和细部都要符合设计和规范的要求，这样才能起到衬托装饰效果的作用。

第一节 细木工程的基本知识

在传统的室内装饰工程的施工中，细木制品工程系指室内的木制窗帘盒、窗台板、筒子板、贴脸板、挂镜线、木楼梯、木护墙、木隔断、吊柜、壁柜、厨房的台柜、踢脚板、室内装饰线和墙面木饰等一些制品的制作与安装工程。

一、木构件制作加工原理

在建筑室内装饰工程中，细木制品往往处于室内比较醒目的位置，有的还是能够直接触摸到，其质量如何对整个装饰工程都有较大影响。为此，细木制品应选择适宜而优质的木材，并做到精心设计、精心制作、仔细安装，使细木工程的质量达到国家现行质量标准。

1. 选择木料

根据所制作细木构件的形式和作用以及木材的性能，正确选择木料是细木制作的一个基本要求。

① 首先确定选择硬木还是选择软木。硬木因为变形大不宜作为重要的承重构件，但其有美丽的花纹，因此是饰面的好材料。硬木可作小型构件的骨架，如家具骨架，但不宜作吊顶、龙骨架、门窗框等。软木变形小，强度较高，特别是顺纹强度，可以作为承重构件，也可作各类龙骨，但花纹平淡。

② 根据构件在结构中所在位置以及受力情况，来选择使用边材还是芯材（木材在树中横截面的位置不同其变形、强度均不一致）、是用树根部还是树中树头处。总之，认真正确选用木材对细木制品的制作是非常重要的。

2. 构件的位置和受力分析

细木构件在结构中位置不同其受力也不同，所以要分清细木构件的位置受力情况，是轴心受压受拉还是偏心受压受拉等。常见的木构件有龙骨类、板材类，龙骨有隐蔽的和非隐蔽的。板材多数是作面层或基层，其中受弯曲的比较多。通过受力分析可进一步正确选材和用材，从而与木材的变形情况相协调，充分利用其性能。

3. 材料配料和下料

根据选好的材料，进行合理的配料和下料。在进行配料和下料时应注意以下事项。

① 做到材料充分利用，实现配套和科学下料，不得大材小用，长材短用。

② 配料和下料要留有合理的余量。木制品的下料尺寸要大于设计尺寸，这是留有加工余量所致，但余量的多少，根据加工构件的种类以及连接形式的不同而不同。如单面刨光留3mm，双面刨光留5mm。

③ 方形框料纵向通长，横向截断，其他形状与图样要吻合，但要注意受力分析。

4. 连接形式

细木工程制品连接的关键是要注意搭接长度满足受力要求。连接的形式主要有钉接、榫接、胶接、专用配件连接。

5. 组装与就位

细木构件加工好后进行装配时，一般装配的顺序为：先内部、后外部，先分部、后整体进行；先临时固定调整准确后，再最终进行固定。

二、施工准备与材料选用

（一）施工准备

工程实践证明，细木制品的安装工序并不十分复杂，其主要安装工序一般是：窗台板在窗框安装后进行；无吊顶采用明窗帘盒的房间，明窗帘盒的安装应在安装好窗框、完成室内抹灰标筋后进行；有吊顶的暗窗帘盒的房间，窗帘盒安装与吊顶施工可同时进行；挂镜线、贴脸板的安装应在门窗框安装完、地面和墙面施工完毕后再进行；筒子板、木墙裙的龙骨安装，应在安装好门窗框与窗台板后进行。

细木制品在施工时，应当注意以下事项。

① 细木制品制成后，应当立即刷一遍底油（干性油），以防止细木制品受潮或干燥发生较大的变形。

② 细木制品及配件在包装、运输、堆放和安装时，一定要轻拿轻放，不得暴晒和受潮，防止变形和开裂。

③ 细木制品必须按照设计要求，预埋好防腐木砖及配件，并保证安装牢固。

④ 细木制品与砖石砌体、混凝土或抹灰层的接触处，埋入砌体或混凝土中的木砖应进行防腐处理。除木砖外，其他接触处应设置防潮层，金属配件应涂刷防锈漆。

⑤ 细木制品施工中所用的机具，应在使用前安装好进行认真检查，确认安装和机具完好后，接好电源并进行试运转。

（二）材料选用

1. 木制材料选用

（1）细木制品所用木材要进行认真挑选，保证所用木材的树种、材质、规格符合设计要求。在细木制品施工中应避免大材小用、长材短用、以次充优的现象。

（2）由木材加工厂制作的细木制品，在出厂时，应配套供应，并附有合格证明；进入现场后应验收，施工时要使用符合质量标准的成品或半成品。

（3）细木制品露明和显著的部位要选用优质材料，当作清漆油装饰显露木纹时应注意同一房间或同一部位选用颜色、木纹近似的相同树种。细木制品不得有腐朽、节疤、扭曲和劈裂等质量弊病。

（4）细木制品所用的木材必须干燥，含水率超过标准时应提前进行干燥处理。对于重要细部工程，应根据设计要求作含水率的检测。

2. 胶黏剂与配件

（1）细木制品的拼接、连接处，必须加胶进行处理。一般可采用动物胶（鱼鳔、猪皮胶等），也可采用聚醋酸乙烯（乳胶）、脲醛树脂等化学胶。

（2）细木制品施工中所用的金属配件、钉子、木螺丝的品种、规格、尺寸等均应符合设计的要求。

3. 防腐与防虫

采用马尾松、木麻黄、桦木、杨木等易腐朽、虫蛀的树种木材制作细木制品时，整个构件应用防腐、防虫药剂处理。木材防腐、防虫药剂的特性及适用范围如表10-1所列。

表10-1　木材防腐、防虫药剂的特性及适用范围

类别	编号	名称	特性	适用范围
水溶性	1	氟酚合剂	不腐蚀金属,不影响油漆,遇水较易流失	室内不受潮的木构件的防腐及防虫
	2	硼酚合剂	不腐蚀金属,不影响油漆,遇水较易流失	室内不受潮的木构件的防腐及防虫
	3	硼铬合剂	无臭味,不腐蚀金属,不影响油漆,遇水较易流失,对人畜无毒	室内不受潮的木构件的防腐及防虫
	4	氟砷铬合剂	无臭味,毒性较大,不腐蚀金属,不影响油漆,遇水较不易流失	防腐及防虫效果较好,但不应用于与人经常接触的木构件
	5	铜铬砷合剂	无臭味,毒性较大,不腐蚀金属,不影响油漆,遇水不易流失	防腐及防虫效果较好,但不应用于与人经常接触的木构件
	6	六六六乳剂（或粉剂）	有臭味,遇水流失	杀虫效果良好,用于毒杀有虫害的木构件
油溶性	7	五氯酚、林丹合剂	不腐蚀金属,不影响油漆,遇水较不流失,对防火不利	用于腐朽的木材、虫害严重地区的木构件
油类	8	混合防腐油（或蒽油）	有恶臭,木材处理后呈黑褐色,不能油漆,遇水不流失,对防火不利	用于经常受潮或与砌体接触的木构件的防腐和防白蚁
	9	强化防腐油	有恶臭,木材处理后呈黑褐色,不能油漆,遇水不流失,对防火不利	用于经常受潮或与砌体接触的木构件的防腐和防白蚁,效果较好
浆膏	10	氟砷沥青膏	有恶臭,木材处理后呈黑褐色,不能油漆,遇水不流失	用于经常受潮或处于通风不良情况下的木构件的防腐和防虫

注：1.油溶性药剂是指溶于柴油；2.沥青只能防水，不能防腐，用于构成浆膏。

第二节 细部构件制作与安装

细部构件的制作与安装是指木质构件的制作安装，主要包括基层板、面板、家具、建筑细部木作及其他装饰木作的配合。细木构件的制作与安装在我国有悠久的历史，具有独特的风格和技艺。根据现行国家标准《建筑装饰装修工程质量验收标准》（GB 50210—2018）中的规定，细部工程施工主要包括橱柜制作与安装、窗帘盒和窗台板制作与安装、门窗套制作与安装、护栏和扶手制作与安装、花饰制作与安装。

一、橱柜制作与安装工艺

现代家庭居室室内装饰更加注重适用、美观、高效、简捷，在住宅室内功能区域划分过程中，吊柜、壁柜优势就在于如何划分空间、利用空间，为住宅室内空间带来生机，也给主人带来方便。在现代家庭居室室内空间的规划布置中，对厨房空间的吊柜、壁柜、台柜，越来越强调要按照图纸设计施工，因此如何按厨房操作流程装饰厨房空间也是十分重要的。

（一）吊柜、壁柜的制作与安装

1. 吊柜、壁柜的一般尺寸

在一般情况下，吊柜与壁柜的尺寸，应根据实际和用户的要求而确定。如果用户无具体要求，其制作的一般尺寸为：吊柜的深度不宜大于450mm，壁柜的深度不宜大于620mm。

2. 吊柜、壁柜制作的质量要求

（1）吊柜、壁柜应采取榫连接，立梃、横档、中梃等在拼接时，榫槽应严密嵌合，应用胶料黏结，并用胶楔加紧，不得用钉子固定连接。

（2）吊柜、壁柜骨架拼装完毕后，应校正、规方，并用斜拉条及横拉条临时固定。

（3）面板在骨架上粘贴应用胶料黏结，位置要正确，并用钉子固定，钉子间距一般为80~100mm，钉长为面板厚度的2~2.5倍。钉帽应将其敲扁，并进入面板0.5~1mm。钉眼用与板材同色的油性腻子抹平。

（4）吊柜、壁柜柜体及柜门的线型应符合设计要求，棱角整齐光滑，拼缝严密平整。

（5）吊柜、壁柜制作允许偏差应符合表10-2的规定。

表10-2　吊柜、壁柜制作允许偏差

项目	构件名称	允许偏差/mm
翘曲	柜体	3
	柜门	2
对角线长度	柜体、柜门	2
高度、宽度	柜体	0、-2
	柜门	+2、0

3. 吊柜、壁柜的制作安装

（1）吊柜、壁柜制作安装规定　吊柜、壁柜的柜体与柜门安装的缝隙宽度应符合表10-3中的规定。

表10-3 柜体与柜门安装的缝隙宽度

项目	缝隙宽度/mm	项目	缝隙宽度/mm
柜门对口缝	≤0.8	柜门与柜体的下缝	≤1.0
柜门与柜体上缝	≤0.5	柜门与柜体铰接缝	≤0.8

（2）吊柜、壁柜制作安装方法 吊柜、壁柜由旁板、顶板、搁板、底板、面板、门、隔板、抽屉组合而成。其安装方法如下。

① 施工准备：吊柜、壁柜制作安装所用的材料、小五金、机具等工具应齐备；墙面、地面湿作业已完成。

② 施工工艺流程为：弹线→框架制作→粘贴胶合板→粘贴木压条→装配底板、顶板与侧板→安装隔板、搁板→框架就位并固定→安装背板、门、抽屉、五金件。

（3）吊柜、壁柜制作安装通病 根据工程实践证明，吊柜、壁柜制作安装的质量通病，主要包括：a.框板内横木的间距错误；b.罩面板、胶合板出现崩裂；c.门扇出现翘曲，关闭比较困难；d.吊柜、壁柜出现发霉腐烂质量问题；e.抽屉开启不灵活。

（4）吊柜、壁柜小五金安装 吊柜、壁柜小五金安装应符合下列要求：a.小五金应安装齐全、位置适宜、固定可靠；b.柜门与柜体连接宜采用弹性连接件安装，用木螺钉固定，亦可用合页连接；c.拉手应在柜门中点下安装；d.柜的门锁应安装于柜门的中点处，并位于拉手之上；e.吊柜宜用膨胀螺栓吊装，安装后应与墙及顶棚紧靠，无缝隙，安装牢固，无松动、安全可靠、位置正确，不变形；f.壁柜应用木螺钉对准木榫固定于墙面，接缝紧密，无缝隙；g.所有吊柜、壁柜安装后，必须符合垂直或水平的要求，所有外角都应当用砂纸磨钝；h.凡混凝土小型空心砌块墙、空心砖墙、多孔砖墙、轻质非承重墙，不允许用膨胀管木螺钉固定安装吊柜，应采取加固措施后，用膨胀螺栓安装吊柜。

（二）厨房"台柜"的制作与安装

1. 厨房间"台柜"的有关尺寸

厨房间"台柜"制作与安装，由于不同的厨房布置，"台柜"的要求具有很大的区别，因此一定要绘制制作图和施工图。

（1）"台柜"的台面宽度应不小于500mm，高度宜为800mm（包括台面粘贴材料厚度）。煤气灶台高度，不应大于700mm（包括台面粘贴材料厚度），宽度不应小于500mm。

（2）"台柜"底板距地面宜不小于100mm。

2. 厨房间"台柜"制作质量要求

（1）采用细木制作"台柜"及门扇或混合结构"台柜"的门框、门扇应以榫连接，并加胶结材料黏结，用胶楔加紧。

（2）砖砌支墩应平直，标高要准确，与混凝土板连接要牢固，支墩表面抹的水泥砂浆应平整、磨毛，等待砂浆硬化凝固后表面可铺贴饰面材料。

3. 厨房间"台柜"制作安装

（1）厨房间"台柜"门框与门扇或柜体与门扇装配的偏差应符合表10-2的要求。

（2）厨房间"台柜"门框与门扇或柜体与门扇装配的缝隙宽度应符合表10-3的要求。

二、窗帘盒制作与安装工艺

窗帘盒是窗帘固定和装饰的部位，制作窗帘盒的材料很多，根据其材料和形式不同，在实际工程中常用的有木窗帘盒、落地窗帘盒和塑料窗帘盒等。

木窗帘盒根据装饰形式不同可以分明窗帘盒和暗窗帘盒。在窗帘盒中悬挂窗帘，最简单的用木棍或钢筋棍，一般是采用窗帘轨道，轨道有单轨、两轨和三轨。

1. 木窗帘盒的制作要点

在木窗帘盒进行制作的过程中，为保证木窗帘盒的质量，应遵照以下制作要点。

① 在木窗帘盒进行制作之前，首先应根据施工图或标准图的要求进行选料和配料，并按设计要求加工成半成品，然后再细致加工成型。

② 在木窗帘盒的加工过程中，当采用胶合胶时，胶合板中的甲醛含量必须符合国家标准《民用建筑工程室内环境污染控制标准》（GB 50325—2020）中的规定，并应按设计施工图中的要求进行下料，将板的表面细致净面。

③ 当木窗帘盒需要起线时，多采用表面粘贴木线条的方法。木线条要光滑顺直、深浅一致，线形要清秀、流畅。

④ 木窗帘盒要根据施工图纸进行组装。在进行组装时，应先抹胶固定，再用钉子钉牢，并将粘贴中溢出的胶要及时将其擦干净。要特别注意的是：为确保木窗帘盒的美观，木窗帘盒的表面上不得有明榫，不得露出钉帽。

⑤ 如果采用金属管、木棍、钢筋作为窗帘杆时，应在窗帘盒的两端头板上进行钻孔，孔的直径大小应与金属管、木棍、钢筋棍的直径一致。

2. 木窗帘盒的施工要点

（1）木窗帘盒的施工准备。在木窗帘盒制作完毕后，应做好安装前的施工准备工作，主要包括以下几点。

① 为了将木窗帘盒快速、准确、牢固地固定在设置位置，在窗帘盒正式安装前，应当认真预先检查窗帘盒的预埋件情况。检查的内容主要包括预埋件的位置、数量、材质、规格和防腐处理等方面。

② 木窗帘盒与墙体的固定，多数采用预埋铁件，少数是在墙内砌入木砖，应当根据工程的实际情况而确定。预埋铁件和木砖的材质、尺寸、位置和数量等均应符合设计的要求。

③ 对于木窗帘盒正式安装前的某些工作如果出现差错，应及时查明原因，采取相应的补救措施。如预埋件不在同一标高时应进行调整，使其高度符合设计要求。

④ 如果在预制过梁中漏埋设预埋件，可采用射钉或膨胀螺栓将铁件固定，或者将铁件焊接在过梁的箍筋上。

（2）木窗帘盒的安装施工。木窗帘盒的安装施工，按照窗帘盒的结构形式不同，可分为明装窗帘盒安装施工和暗装窗帘盒安装施工两种。

1）明装窗帘盒安装施工。明装窗帘盒以木制作的占大多数，个别也有塑料和铝合金材料的。明装窗帘盒一般可用木楔、钢钉或膨胀螺栓固定于墙面上。具体的施工步骤如下。

① 定位画线。定位画线即将施工图中窗帘盒的具体位置画在墙面上，并用木螺钉将两个铁脚固定在窗帘盒顶面的两端，按窗帘盒的定位位置和两个铁脚的间距画出墙面固定铁脚的孔位。

② 进行打孔。即用冲击钻在画线位置上进行打孔。如果用M6膨胀螺栓固定窗帘盒，应当用直径8.5mm的冲击钻头，孔的深度应当大于40mm；如果用木楔木螺钉固定窗帘盒，孔径必须大于18mm，孔的深度应当大于50mm。

③ 固定窗帘盒。将连接窗帘盒的铁脚固定在墙面上，而铁脚用木螺钉固定在窗帘盒的木结构上，如图10-1所示。在一般情况下，塑料窗帘盒和铝合金窗帘盒自身具有固定耳，可以通过其自身的固定耳，将窗帘盒用膨胀螺栓或木螺钉固定于墙面。

2）暗装窗帘盒安装施工。暗装式的窗帘盒，如图10-2所示，其主要特点是与吊顶部分有机地结合在一起，常见的形式有内藏式和外接式两种。

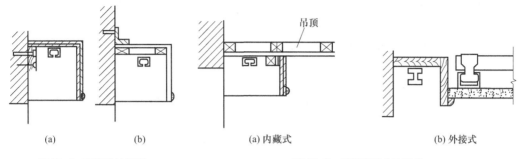

| (a) | (b) | (a) 内藏式 | (b) 外接式 |

图10-1　窗帘盒的固定　　　　　　　　图10-2　暗装窗帘盒的形式

① 暗装内藏式窗帘盒。窗帘盒需要在吊顶施工时一并做好，主要形式是在窗顶部分的吊顶处做出一条凹槽，以便在凹槽中安装窗帘的导轨。

② 暗装外接式窗帘盒。外接式是在吊顶平面上做出一道通贯墙面长度的遮挡板，窗帘轨就安装在吊顶平面上，由于施工质量难以控制，在实际工程中应用很少。

3. 木窗帘盒的安装要求

木窗帘盒在安装施工的过程中应当遵循以下要求。

（1）窗帘盒的尺寸包括其净宽度和净高度，在正式安装前必须根据施工图中对窗帘的要求检查这两个尺寸。

（2）如果宽度不足时会造成布窗帘过紧，不便于窗帘的拉动启闭；如果宽度过大时，窗帘与窗帘盒之间因空隙过大而破坏美观。

（3）如果净高度不足时，不能起到遮挡窗帘上部结构的作用；如果净高度过高时，会造成窗帘盒的下坠感。

（4）在进行下料时，单层窗帘的窗帘盒净宽度一般为100~120mm，双层窗帘的窗帘盒净宽度一般为140~160mm。

（5）窗帘盒的净高度要根据不同质地的窗帘进行确定。一般布料的窗帘，其窗帘的净高为120mm左右，垂直百叶窗帘和铝合金百叶窗帘的窗帘盒净高度一般为150mm左右。

（6）窗帘盒的长度由窗洞口的宽度来决定。一般窗帘盒的长度应比窗洞口的宽度大300mm或360mm。

（7）在窗帘轨道正式安装前，首先应检查一下是否平直，如果轨道有弯曲，应调整平直后再进行安装，使其在一条直线上，以便于使用。

（8）明装窗帘盒宜先安装轨道，暗装窗帘盒可后安装轨道。当窗子的宽度大于1.2m时，窗帘轨道中间应断开。

（9）在窗帘安装前，应当首先确定安装水平基准线。在一般情况下，根据室内500mm高的标准水平线往上量，确定窗帘盒安装的标高。

（10）如果在同一面墙上有几个窗帘盒，为使它们安装统一标准，安装时应当拉通线进行控制，以便使它们的高度一致。

（11）在进行窗帘盒安装时，应当将窗帘盒的中线对准窗洞口中线，使其两端伸出洞口的长度尺寸相同，使窗帘盒显示出其对称的装饰效果。

（12）在进行窗帘盒的安装过程中，要特别注意窗帘盒靠墙部分应与墙面紧贴，不要留有任何缝隙。

（13）如果窗帘的重量较大时，明装窗帘盒安装轨道应采用平头螺钉；暗装窗帘盒安装轨道时，其与墙体的连接件应适当加密，木螺钉的长度不应小于30mm。

（14）如果墙面有局部不平整，应采取刨削盖板来加以调整，即根据预埋铁件的位置，在盖板上钻孔，用平头螺栓加垫圈拧紧。

（15）如果窗帘是采用电动窗帘轨道进行启闭，应严格按产品说明书进行组装调试，待调试合格后才能验收。

4. 木窗帘盒的注意事项

（1）在进行窗帘盒设计时，窗帘宽度及窗帘轨的间距，要考虑到在悬挂几道窗帘而拉动其中的一道时，不致牵动其他的窗帘。

（2）对于窗帘杆的长度，应当考虑当窗帘拉开后，不应减少窗户的采光面积。

三、窗台板制作与安装工艺

窗台板是建筑装饰工程中一个非常重要的细部工程，常用水泥砂浆、混凝土、水磨石、大理石、磨光花岗石、木材、塑料板和金属板等材料制作，主要用来保护和美化窗台。

（一）木制窗台板的施工准备

在一般情况下，护栏和扶手安装的施工准备及前期要求，主要包括施工技术准备、材料准备和要求、作业条件准备。

（1）施工技术准备　木制窗台板的制作与安装施工技术准备工作，主要是为顺利施工和确保施工质量的一项工作，主要包括：木制窗台板的设计和施工图纸，对制作与安装重点、难点进行技术交底，将木制窗台板的制作与安装纳入工程的施工组设计，对施工图纸进行会审和修改，做好了施工的一切技术准备工作。

（2）材料准备和要求　a.窗台板制作与安装所使用的材料和规格、木材的燃烧性能等级和含水率等，必须符合设计和现行国家标准的要求；b.制作与安装窗台板时如果选用人造板材，其游离甲醛释放量不应大于0.12mg/m³，测定方法应符合国家标准《民用建筑工程室内环境污染控制标准》（GB 50325—2020）中附录A的规定；c.木方料是用于制作骨架的基本材料，应选用木质较好、无腐朽、无节疤、无扭曲变形的合格材料，木材的含水率不应大于12%；d.制作与安装窗台板所用的各种小五金已准备齐全，并且完全符合设计和现行国家标准的要求；e.当窗台板采用天然石材时，应当注意其放射性对人体健康的危害，天然石材的放射性检测值应符合国家标准《建筑材料放射性核素限量》（GB 6566—2010）中的规定；f.制作与安装窗台板所用的油漆和胶黏剂，其游离甲醛含量和总挥发性有机化合物（TVOCs）的含量，应符合国家现行标准的规定。

（3）作业条件准备　窗台板的安装施工，必须在一定的作业条件基础上进行，这是装饰施工工序的客观规律，也是确保施工质量的要求。在一般情况下应当满足如下作业基本条件：a.室内窗户两侧的墙面、地面和窗帘盒等工程的抹灰、铺装已经完成，并且已进行隐蔽工程验收，质量完全符合设计要求和规范规定；b.窗台板的安装所需的预埋件已安装，其规格、数量、材质、位置等均符合设计要求，安装质量符合安装的规定；c.安装窗台板的表面已按要求清理干净，窗台板底层砂浆强度已达到安装窗台板的要求。

（二）木制窗台板的制作与安装

在民用建筑路程中，最常用的窗台板是木制窗台板。木制窗台板的形状、尺寸，应按设计要求进行制作。

1. 木制窗台板的制作

按照图纸要求预先制作木窗台，木窗台的表面应平整、光洁，窗台板的净料尺寸厚度为20~30mm，一般应比要安装的窗长120mm，板的宽度应根据窗口的深度而定，一般要突出窗口60~80mm，台板外沿要进行棱角或起线处理。

当窗台板的宽度大于150mm，需要进行拼接时板的背后必须穿暗带防止板面翘曲，在窗台板的背面还要开卸力槽。

2. 木制窗台板的安装

（1）木制窗台板的工艺流程　由于木制窗台板的构造非常简单，所以其施工工艺流程也比较容易，主要包括：定位→钉木条→拼接→打槽→钉线条。

（2）木制窗台板的操作要点　根据工程实践经验，木制窗台板的施工操作要点，主要包括定位、拼接和固定，关键在于一定要将窗台板安放位置准确、固定牢靠。

① 木制窗台板的定位。木制窗台板的定位，就是在窗台墙上预先砌入间距为500mm左右的防腐木砖，每樘窗一般不少于2块，也可使用防腐木楔。在木砖处横向钉梯形断面的木条，用以找平窗台板底线。当窗宽大于1m时，中间应以间距500mm左右加钉横向木条。

② 木制窗台板的拼接。如果窗台板的宽度过大，窗台板需要进行拼接时，板的背后也可采取钉铺衬条的方法，以防止板面出现翘曲。

③ 木制窗台板的固定。木制窗台板的固定，就是在窗框的下框部位进行打槽，槽的宽度为10mm、深度为12mm；将已刨光处理后的窗台板放在窗台墙面上，并将窗台板居中，里边嵌入下框槽内。

窗台板的长度一般要比窗樘宽度长120mm左右，两端伸出的长度应当一致，同一室内的窗台板，在安装固定时应当拉通线找平找齐，安装后使其标高相同、伸出宽度相同、整体造型相同，做到位置正确、高程准确、美观大方。

在一般情况下，窗台板应向室内倾斜1%的坡度（即泛水）。用扁钉帽的铁钉将窗台板固定在木条上，钉帽要冲入板面下2mm；然后在窗台板下面与墙阴角处钉上阴角木线条。

（三）其他窗台板的制作与安装

其他窗台板的制作与安装，主要是指水磨石、大理石和花岗石窗台板。这些窗台板的厚度一般为35mm左右，采用1：3水泥砂浆进行固定。由于其制作与安装和地面工程基本相同，这里不再重复。

（四）窗台板安装中的注意事项

1. 窗台板安装中应注意的质量问题

（1）在正式安装窗台板前，应检查窗台板安装的条件，施工中应坚持预装的做法，符合要求后再进行固定。

（2）窗台板在安装之前，应认真做好安装处的找平、垫实等各道工序，并要安装牢靠；架空窗台板支架应安装平整，使支架受力均匀，然后再进行窗台板的安装固定。

（3）如果窗台板的长度和宽度超过偏差，或者板的厚度不一致，施工时应注意对窗台板的挑选和搭配，将同规格的窗台板在同一部位使用。

2. 窗台板安装中应注意的安全问题

（1）木窗台板安装施工中所用的电动机应有防护罩，并设专人负责管理和操作，具体操作人员应遵守有关机电设备安全规程。

（2）对于木窗台板安装加工中所产生的刨花和碎木料，应当及时进行清理，并存放在安全的地点，并不得在操作地点吸烟及用火。

四、门窗套制作与安装工艺

门窗套是指在门窗洞口的两个立边垂直面，可突出外墙形成边框，也可与外墙平齐，既要立边垂直平整又要满足与墙面平整，因此制作与安装的质量要求很高。实质上这好比在门窗外侧罩上一个正规的套子，人们习惯称之门窗套。

门窗套是门窗结构中重要的组成部分，在门窗中起着非常重要的作用。最重要的是门窗套本身还具有相当突出的装饰作用。门窗套是家庭室内装修的主要内容之一，它的造型、材质、色彩对整个家庭装修的风格有着非常重要的影响。在进行门窗装饰的施工中，绝大多数家庭都做门窗套，因此采用什么样的门窗套在某种程度上决定了家装的个性。

（一）门窗套的施工准备与要求

1. 门窗套的施工准备

在一般情况下，门窗套的施工准备及前期要求，主要包括施工技术准备、材料准备和要求、作业条件准备。

（1）施工技术准备 门窗套的制作与安装施工技术准备工作，主要是为顺利施工和确保施工质量的一项工作，主要包括：门窗套的设计和施工图纸，对制作与安装重点、难点进行技术交底，将门窗套的制作与安装纳入工程的施工组设计，对施工图纸进行会审和修改，做好了施工的一切技术准备工作。

（2）材料准备和要求 a.制作与安装门窗套时，所使用的材料和规格、木材的燃烧性能等级和含水率等，必须符合设计和现行国家标准的要求；b.制作与安装门窗套时如果选用人造板材，其游离甲醛释放量不应大于$0.12mg/m^3$，测定方法应符合国家标准《民用建筑工程室内环境污染控制标准》（GB 50325—2020）中附录A的规定；c.选用的胶合板应是符合国家标准要求的优质产品，不得有潮湿、脱胶、开裂和空鼓等质量缺陷；d.用于饰面的胶合板，应选择木纹美观、色泽一致、无疤痕、不潮湿、无脱胶、不空鼓的板材；e.门窗套在制作时所使用的其他木材，应采用干燥的材料，其含水率不应大于12%，腐朽、虫蛀、污染和节疤严重的木材不能使用。

（3）作业条件准备 a.在安装门窗套之前，应当检查门窗洞口的施工质量，如垂直度和水平度是否符合设计要求，如果有不符合要求的地方，应及时进行纠正；b.在安装门窗套之前，应当检查安装门窗套所用的预埋木砖（或铁连接件）是否齐全，位置是否正确，其间距一般为500mm；c.采用木筒子板的门窗洞口，在未安装门窗套之前其宽度应比门窗樘宽40mm，其高度应比樘高出25mm。

2. 门窗套的关键要求

（1）材料方面的要求 为防止木材干燥发生变形，木龙骨基层所用木材的含水率，必须控制在12%左右。但木材的含水率也不宜太小，如果太小在吸水后也会发生变形。在制作门窗套之前，应将木材提前运到施工现场，一般放置10d以上，使木材中的含水率尽量与现场湿度相吻合。

（2）质量方面的要求　在安装门窗套的贴面板前，应对龙骨架进行检查，主要检查其牢固、方正和偏角等，如发现问题应及时修正。木筒子板与窗台板的结合处，要确保其严密性。

（二）门窗套的工艺流程与操作

1. 门窗套的工艺流程

由于门窗套的组成比较简单，所以其施工工艺流程非常简单，主要包括：检查门窗洞口及预埋件→制作及安装木龙骨→铺贴饰面板。

2. 门窗套的操作工艺

（1）检查门窗洞口及预埋件　检查门窗洞口及预埋件，这是安装门窗套前一项非常重要的准备工作。主要检查：门窗洞口处的施工质量、尺寸、形状和强度等方面；预埋件的位置、数量、规格、质量、防腐处理情况等方面。

（2）制作木龙骨　制作木龙骨是门窗套的关键工序，应按照以下规定进行。

① 根据门窗洞口实际尺寸，先用木方制作木龙骨架。木龙骨架一般分为3片，两侧各1片。每片骨架两根立杆，当筒子板的宽度大于500mm需要拼缝时中间可以适当增加立杆。

② 横撑的间距大小，应根据筒子板的厚度决定。当面板厚度为10mm时，横撑的间距不大于400mm；当面板厚度为5mm时，横撑的间距不大于300mm。横撑的间距必须与预埋件的间距位置对应。

③ 门窗套的木龙骨可以直接用圆钉钉成，并将朝外的一面刨光，其他三面应涂刷防火剂与防腐剂。

（3）安装木龙骨　首先在安装木龙骨的墙面处做防潮层，防潮层可以铺贴一层油毡，也可以涂刷一层沥青；然后安装上端的木龙骨，并找出水平，当木龙骨面有不平整时，可用木楔垫实打牢；最后再安装两侧的木龙骨架，找出垂直并垫实打牢。

（4）铺贴饰面板　a.在同一房间、同一洞口中所用的面板，应当严格进行挑选，其面板的木纹和颜色尽量相同，不要存在明显的差异；b.在裁割面板时，尺寸要稍微大于木龙骨的实际尺寸，并且做到大面净光、小面刮直、木纹的根部朝下；c.面板在长度方向需要对接时，为达到较好的装饰效果，木纹应通顺，其接头位置应尽量避开视线范围；d.一般情况下，窗筒子板的拼缝应在室内地坪2m以上，门洞筒子板的拼缝应在地面1.2m以上，同时板的接头位置必须位于横撑上；e.当面板采用较厚的木板时，在板的背后应设置卸力槽，以免板面产生弯曲，卸力槽的间距一般为100mm，横宽为10mm，槽深为5~8mm；f.板面与木龙骨的粘贴要涂胶，固定板面所用钉子的长度为面板厚度的3倍，间距为100mm，钉帽砸扁后要进入木材面层1~2mm，钉眼用腻子进行填补；g.筒子板的里侧要装进门（窗）框预先做好的凹槽中，筒子板的外侧要与墙面保持齐平，角部要处理方正。

五、护栏和扶手制作与安装工艺

建筑室内的护栏，在建筑装饰工程中俗称栏河，在建筑装饰构造中既是装饰构件又是受力构件，具有能够承受推、挤、靠、压等外力作用的防护功能和装饰功能，护栏应能承受建筑设计规范要求的荷载；扶手是护栏的收口和稳固连接构件，起着将各段护栏连接成为一个整体的作用，同时也承受着各种外力的作用。

根据我国室内扶手的施工经验，一般所使用的玻璃栏板扶手材料，主要有不锈钢钢管、黄铜铜管及木质材料3种。黄铜铜管有镜面铜管和亚光铜管，由于其价格昂贵，一般用于高档的扶手安装。在扶手和护栏工程中主要采用不锈钢钢管和木质材料扶手。

（一）护栏和扶手所用材料

1. 金属材料

扶手和护栏所用的金属材料，一般工程为不锈钢管，高档装饰工程为黄铜管等，管的外径规格为50~100mm。一般可根据设计要求进行采购或订制，其管径和管壁尺寸应符合设计要求。在一般情况下，大立柱和扶手的管壁厚度应大于1.2mm，扶手的弯头配件尺寸和壁厚应符合设计要求。扶手和护栏所用的金属材料，一般采用镜面抛光制品或镜面电镀制品，以便满足扶手和护栏的装饰效果。

2. 木质材料

室内的扶手和护栏采用木质材料，具有古朴典雅、造型优美、手感温暖、易于制作、安装方便等优点，是一种古今中外都喜欢采用的材料。

木护栏、木扶手及木扶手的弯头配件，通常应当采用材质坚硬密实、花纹美丽的硬木制作，其含水率不得大于12%，其树种、规格、尺寸、花纹、颜色、形状等应符合设计要求。木材质量均应达到纹理顺直、颜色一致，不得有腐朽、虫蛀、裂纹、节疤、扭曲和污染等质量缺陷。木材的阻燃性能等级应符合设计和规范要求。弯头一般应与扶手采用相同的材料，断面特殊的木扶手要求应配备弯头。

3. 辅助材料

扶手和护栏安装所用的辅助材料，主要有白乳胶、玻璃胶、硅酮密封胶等化学胶黏剂，另外还有木螺钉和砂纸等，这些辅助材料要尽量采用"绿色环保"产品。无论用何种辅助材料，产品都必须有质量合格证书，不合格的材料不能用于工程。

（二）扶手和护栏的要求

为保证扶手和护栏的施工质量，在其整个操作的过程中，对其技术要求和质量要求应当作为工程施工的关键，要切实注意以下几个方面。

1. 扶手和护栏的技术要求

（1）在进行墙体和柱子的施工中，应特别注意锚固扶手预埋件的埋设，要做到位置准确、数量够用、规格正确、间距合理。

（2）在进行护栏底座土建工程施工时，要注意固定件的埋设应符合设计的要求，需要加立柱时应确定所加立柱的位置。

（3）安装护栏处的混凝土或砂浆等基础，应进行严格的质量检验，其强度必须达到设计的要求。

2. 扶手和护栏的质量要求

（1）在扶手安装完毕后，要对已完工扶手表面进行有效保护，千万不要产生碰撞、损伤和污染。当扶手的长度较长时，要考虑到扶手的侧向弯曲变形，应在适当的部位加设临时立柱，以缩短扶手长度，减少其弯曲变形。

（2）多层走廊部位的玻璃护栏，当人靠近玻璃护栏时，常常有一种不安全的感觉。所以该部位的扶手高度应比楼梯的扶手要高些，比较适宜的高度为1.10m左右。

（3）在安装玻璃护栏之前，应当检查玻璃板的周边有无缺口边；如果有缺口时，应当用磨角机械或砂轮对缺口进行打磨。

（4）在进行大面积玻璃安装时，玻璃与边框之间要留设一定的空隙，空隙的尺寸一般为5mm。

3. 扶手和护栏的安全要求

（1）对于木扶手和护栏安装加工中所产生的刨花和碎木料，应当及时进行清理，并存放在安全的地点。在木材加工的过程中，不准吸烟，不准用明火，不准随意对木材加热，以避免火灾的发生。

（2）操作人员在使用电钻等机具时，应当随时戴上绝缘手套，不使用时应及时切断电源，以防止出现触电事故。

（三）护栏和扶手的安装

护栏和扶手的安装是在其他主体工程完成后进行的，其施工条件和环境是较好的。但是，不同材料护栏和扶手的施工操作要点是不同的。

护栏和扶手的安装是在其他主体工程完成后进行的，其施工条件和环境是较好的。但是，不同材料的护栏和扶手，它们的施工操作要点是不同的。

1. 玻璃栏板的构造与施工

（1）玻璃栏板的基本构造　玻璃栏板又称为玻璃栏河、玻璃扶手，它是由安全玻璃板装配不锈钢管或黄铜管、木扶手共同组成的，可分为半玻璃式栏板和全玻璃式栏板两种。半玻璃式栏板其玻璃用卡槽安装于楼梯扶手的立柱之间，或者在立柱上开出槽位，将玻璃直接安装在立柱内，并用玻璃胶进行固定。全玻璃式栏板是在下部用角钢或槽钢与预埋件固定，上部与不锈钢管或铜管、木扶手连接。

（2）玻璃栏板的工艺流程　玻璃栏板的施工工艺流程比较简单，主要包括：放线、定位→检查预埋件→安装扶手、立柱、槽钢→清理槽口→安装玻璃→注玻璃胶。

（3）玻璃栏板的操作要点

① 放线定位。在装饰工程的施工过程中，对所安装施工的工程进行放线定位，是极其重要的一项技术工作。这种放线定位不仅要按照装饰施工图放线，而且还须将土建工程施工的误差消除，并将实际放线的精确尺寸作为构件加工和安装的标准。因此，对于玻璃栏板的放线定位一定做到准确无误。

② 检查预埋件。预埋件的位置关系到护栏和扶手的安装质量，也关系到护栏和扶手的使用功能。特别是当采用钢化玻璃时，加工好的钢化玻璃不能再裁切和钻孔，所以要求预埋件的安装位置必须十分准确。

③ 安装扶手、立柱、槽钢。扶手、立柱、槽钢（角钢）可采用焊接和螺栓连接安装。要求扶手、立柱、槽钢（角钢）的安装位置必须十分准确，开孔、槽口的尺寸和位置准确，特别是用螺栓固定的玻璃栏板更加注意。

④ 清理槽口。在安装玻璃的槽口内往往有灰浆、杂物等，这些东西不仅影响玻璃安装的速度和质量，而且还会引起玻璃的挤压破坏，尤其是钢化玻璃最容易产生整幅破碎。所以，在安装玻璃前应认真清理槽口中的杂物，在正式安装玻璃时还要进行一次检查。

⑤ 安装玻璃。在安装玻璃时，玻璃的下部槽口首先要安放上氯丁橡胶垫条，然后再安装玻璃。玻璃与边框之间要留有一定的空隙，玻璃要居中放置；玻璃与玻璃之间、用螺栓固定的玻璃留孔与固定螺栓之间，都要留有一定的空隙，以适应玻璃热胀冷缩的变化。玻璃的上部和左右两侧的空隙大小，要便于玻璃的安装和更换。

⑥ 注玻璃胶。在加注玻璃胶之前，玻璃接缝及接缝处的表面，应当达到清洁、干燥；密封材料的宽度、深度应符合设计要求；玻璃接缝处注入的玻璃密封胶，应当非常密实、表面应平整光洁，不得产生对玻璃污染。

（4）玻璃栏板的注意事项　在玻璃栏板的施工过程中应注意如下注意事项。

① 在玻璃栏板的施工中，特别强调的是必须严格按照国家有关建筑和结构设计规范中的规定，对玻璃栏板的每一个部件和连接点进行计算和设计。可根据实际情况补做锚固钢板，最好不要使用普通膨胀螺栓。

② 管材在进行煨热弯曲时，很容易因加热而发生变形，使管材的弯头圆度不符合设计要求；管材在焊接连接加工中，有时会因操作不当而发生凹陷，应当仔细小心地进行操作；对于焊接处的焊疤，在焊接完成后应磨平抛光。

③ 木扶手与立柱之间、木弯头与立柱之间、立柱与地面之间应当连接十分牢固可靠，木弯头的安装位置应准确，木弯头与木扶手之间应开榫连接紧密。

④ 玻璃栏板上预先钻孔的位置必须十分准确，固定螺栓与玻璃留孔间的空隙，应用胶垫圈或毡垫圈隔开，若发现玻璃留孔位置与螺栓配合之间，玻璃与槽口之间没有间隙时，或者是玻璃尺寸不符合时，应重新加工玻璃，千万不可硬性进行安装。

⑤ 栏板玻璃的周边加工一定要磨平，外露部分还应磨成倒角。这种做法不仅是为了施工操作的安全，而且也可减少玻璃的自爆。

⑥ 为使扶手和护栏装饰效果统一，在一般情况下多楼层的扶手斜度应一致，扶手应当居中安装在立柱上。

2. 金属扶手与护栏的施工

目前，室内扶手与护栏应用较多的金属材料，一般是不锈钢材料，比较高档的装饰可采用黄铜材料。

（1）金属扶手与护栏的工艺流程　以不锈钢扶手和护栏为例，其施工工艺流程为：测量放线→检查预埋件→检查成品构件→试安装→现场焊接安装→打磨抛光。

（2）金属扶手与护栏的操作要点

1）现场测量放线

① 在土建施工中会产生一定的偏差，装饰设计图纸有时深度不够，所以必须根据现场实测的数据和设计要求，绘制金属扶手与护栏施工放样详图。

② 在施工放线过程中，尤其要对楼梯的扶手与护栏的拐点位置和弧形护栏的立柱定位尺寸，要特别注意、格外细心，只有经过现场放线核实后的放样详图，才能作为扶手与护栏构配件的加工图。

③ 施工放线应做到准确无误，不仅要按照扶手与护栏安装施工图放线，而且还应将土建工程施工误差消除。

2）检查预埋件。因钢化玻璃加工好后就不能再进行裁切和钻孔，所以预埋件的安装位置必须十分准确。预埋件的检查，主要是检查是否齐全、准确和牢固。

① 如果在土建工程结构上未设置合适的预埋件，则应按照设计需要进行补做，钢板的尺寸和厚度及选用的锚栓都应经过计算。

② 如果采用尼龙胀管锚固立柱底板时，装饰面层下的水泥砂浆结合层应饱满，并具有足够的强度。

3）选择合格材料

① 一般大立柱和扶手的管壁厚度不宜小于1.2mm，如果扶手和立柱的管壁太薄，会使扶手与护栏的刚度削弱，使用时会有颤动感。

② 扶手的弯头配件应选用正规工厂的产品，并附有产品合格证书，安装施工前要进行抽检，不合格的弯头不能用于工程。

③ 壁厚太薄的管材在进行煨热弯曲时，很容易发生变形和凹陷，使弯头的圆度不圆，在与直管焊接时会发生凹陷，难以磨平和抛光。

4）检查成品构件

① 扶手与护栏应尽量采用正规工厂生产的成品配件和杆件，这些成品构件必须有产品合格证书，其质量应符合有关规范中的规定。

② 对于有造型曲线要求的扶手与护栏，应当先制作好统一的样板构件，以确保正式制作的质量。

③ 所有的成品构件要逐件对照检查，确保尺寸和形状的统一。并要做好各构件之间的搭配和组合，以便快速进行安装。

5）试安装后再镀钛

① 对于有镀钛要求的扶手和护栏，一定要根据镀钛加工所用的真空镀膜炉的加工尺寸能力，将扶手和护栏合理地分成若干单元，好工好后在现场试安装，检查调整合适后再拆下送去镀钛。

② 在现场采用氩弧焊接扶手和护栏会破坏镀钛膜层，最好采用有内衬的专用配件或套管连接。

③ 安装点焊接的位置，一般应设置在不明显处；如果不允许设置在不明显处时，也可采用其他的连接方法。

6）现场焊接和安装

① 一般应先安装直线段两端的立柱，检查立柱的就位是否正确，并校正其垂直度，然后再用拉通线的方法逐个安装中间立柱，按顺序焊接其他杆件。

② 在扶手和护栏安装施工时，要注意管材间的焊接要采用满焊，不能采用点焊的方式，以免磨平后会露出管材间的缝隙，同时对管材防腐不利。

③ 对于设有玻璃栏板的护栏，固定玻璃栏板的夹板或嵌条应对齐在同一平面上，如果不在同一平面上，当安装玻璃栏板时会发生嵌缝不均匀和不平直，甚至发生安装困难和玻璃破损等现象。

7）打磨和抛光

① 打磨和抛光的质量如何，完全取决于焊工的焊接质量和打磨抛光技工的手艺高低。立柱和扶手的连接焊缝处不容易打磨和抛光，最容易发生焊缝打磨不平。

② 对有花纹的不锈钢管和镀钛不锈钢管的接头不宜采用焊接，最好选用有内衬的专用配件或用套管进行连接。

③ 对镜面不锈钢管焊缝处的打磨和抛光，必须严格按照有关操作工艺，用粗砂轮片逐渐变换到超细砂轮片进行打磨，最后用抛光机抛光。

3. 石材楼梯和扶手的施工

（1）石材楼梯和扶手的工艺流程

石材楼梯和扶手的施工工艺流程为：施工放线定位→绘制放样详图→踏步板的铺砌→石材栏板安装→石材扶手安装。

（2）石材楼梯和扶手的操作要点

1）施工放线定位

① 施工前必须先按设计图对土建结构的实际尺寸进行核实，对直跑楼梯只需测定楼梯的中心线，并按设计要求从第一步开始标出每个踏步装饰面的位置和标高。

② 对于旋转曲线楼梯，则应先根据楼梯结构的若干个水平投影点，按土建结构设计图求出楼梯的轴心点位置，并在地面上做出固定标记。

③ 按照以上的放线和标记，分别将旋转内外圈的模板固定在地面上，为石材楼梯和扶手的下一步施工打下基础。

④ 用吊坠全面检查旋转楼梯土建结构的各个位置是否符合设计要求，直至内外圈模板完全能满足施工要求。

⑤ 按照设计图纸上的标注，将踏步的起始点和每一个踏步的内外圈平面控制点标记在

模板上。

⑥ 用吊坠、水平尺和钢卷尺等测量工具，将每一个踏步的平面控制点和标高引至各个踏步，以作为各踏步施工的依据。

⑦ 在石材楼梯和扶手正式施工前，再一次仔细检查每一个踏步的施工尺寸和位置是否正确，以便发现问题及时纠正。

⑧ 如果土建结构的局部尺寸偏差较大而影响装饰施工时，应根据现场实际情况进行必要的调整和处理。

2）绘制放样详图

① 直跑楼梯踏步的放样比较简单，只需要核实设计尺寸并按实际尺寸标注出踏步和休息平台各部位的石材尺寸和数量。

② 旋转曲线楼梯的踏步板面形状比较复杂，必须进行仔细放样，制成模板交加工厂进行加工。

③ 如果踏步板的长度较长或设计要求分块时，每块间的拼缝宜加工成圆弧线。

④ 当踏步板要求分块时，一般应当分成单数，这样可避免将拼缝设在中央，以影响踏步的装饰效果。

⑤ 当旋转曲线楼梯踏步的两端需要设置栏杆墩时，最好将栏杆墩也做成台阶形，以使栏杆与踏步有机配合。

3）踏步板的铺砌

① 石材踏步板应采用半硬性水泥砂浆进行铺砌，石板下铺筑的水泥砂浆一定要平整、饱满，不得有空隙。

② 对于白色和浅色的石材，容易受水泥砂浆的作用而发生变色或泛色，所以在这种石材的背面应涂刷有机硅防水涂料，以免影响石材的装饰效果。

4）石材栏板安装

① 根据装饰设计图和实测尺寸，绘制各个内外侧面展开图，并将石材栏板进行合理的分格，一般分格宽度不大于1000mm。

② 外侧的石材栏板最好先不切割成斜边，以便施工时方便地支撑在支撑木上，最后统一弹线进行切割。

③ 石材栏板多数采用水泥砂浆进行粘贴，设计要求或有可能时也可以采用干挂法施工。

5）石材扶手安装

① 室内楼梯用的石材扶手，多数选用雪花白大理石材料；加工线形以直线形和圆弧曲线形为多。

② 当采用圆弧曲线形扶手时，其分段尺寸不宜太大，否则安装时会出现明显的死弯和硬角，严重影响扶手的装饰效果。

4. 木扶手与木护栏的施工

木扶手与木护栏是传统楼梯的主要部件，由于在现代建筑工程中木结构的楼梯应用很少，所以木护栏已基本不用。但是，由于木扶手加工简单、安装方便、古朴典雅、手感良好、价格便宜，在很多工程中仍然采用。

（1）木扶手与木护栏的工艺流程

木扶手与木护栏的施工工艺流程比较简单，主要包括为：放线定位→下料制作→扁钢加工→弯头配置→连接并固定→检查修整→打磨上漆。

（2）木扶手与木护栏的操作要点

1）放线定位。对安装扶手的固定件位置、标高、坡度定位校正后，立即放出扶手纵向中心线，放出扶手折弯或转角线，放线确定扶手直线段与弯头、折弯断点的起点和位置，放线确定扶手的斜度、高度和护栏间的距离。为保证人身安全和护栏的稳固，木扶手的高度应当大于1050mm，木护栏的间距应当小于150mm。

2）下料制作。木扶手应当按各楼梯及护栏实际需要的长度略加余量进行下料。立柱根据实测高度进行下料，当扶手长度较长而需要拼接时，应采用手指式木榫进行连接，且每一楼梯段的接头不应超过一个。

螺旋楼梯的木扶手是螺旋曲线，而且内外圈的曲线半径和坡度都不相同，所以主要依靠手工现场加工，螺旋楼梯的木扶手其加工的主要步骤如下。

① 首先应按设计图纸要求将金属护栏就位并固定，先安装好木扶手固定用的扁钢，检查护栏构件安装的位置和高度。

② 按照螺旋楼梯内外不同的弧度和坡度，制作木扶手的分段木坯，为下一步精制木扶手打好基础。

③ 将制作木扶手木坯的底部刨平，按顺序进行编号和拼缝，并在护栏上试装和画出底部线。

④ 按画线铣刨出螺旋曲线和槽口，按照编号由下部开始逐段安装固定。修整拼缝，使接头拼缝紧密。

⑤ 用预制好的模板在扶手木坯上划出中线，依据设计断面形状和尺寸，由粗至细将扶手逐渐加工成型。

⑥ 用抛光机、细木锉和砂纸进行仔细打磨抛光，然后刮腻子和补色，最后喷刷设计要求的油漆。

3）扁钢加工。扁钢是木构件之间的连接件，所用扁钢应平顺，扁钢上要预先钻好木螺丝固定用的小孔，并涂刷防锈漆。

4）弯头配置。按护栏或护栏顶面的斜度，一定要配好起步的弯头，一般木扶手，可以用扶手料进行割配。采用割角对缝黏结，在木扶手的切割配合区段内，最少要考虑3个螺钉与支撑固定件连接固定。对于大于70mm断面的扶手接头配置时，除采用黏结连接外还应在下面做暗榫或铁件结合。

对拐点弯头应根据设计要求和现场的实际尺寸，在整料上进行划线，做出拐点弯头的毛坯，毛坯的尺寸应比实际尺寸大10mm左右。弯头加工成型后应进行抛光，弯曲应自然，表面应光滑，油漆应一致。

5）连接固定。预制木扶手应当经过预装。安装时由下往上依次进行，先安装起步弯头及连接第一段扶手的折弯弯头，再配上下折弯之间的直线扶手料，一般采用分段黏接的方法，黏接时应具有合适的操作环境，施工温度不得低于5℃。分段预装检查无误后，可以进行扶手与护栏的连接固定，木螺钉应当拧进扶手与护栏的内部，并确实拧紧，立柱与地面的安装应牢固可靠，立柱应垂直地面。

6）检查修整。木扶手安装完毕后，应对所有的构件连接质量进行仔细检查，以便发现质量问题、及时加以处理。对于其不平整之处，可以用小刨子进行清光；弯头连接不平顺之处，应用细木锉将其锉平。

7）打磨上漆。在将木扶手和护栏的表面锉平后，用砂纸打磨光滑，然后刮腻子补色，最后按设计要求刷漆。所选用的油漆应当符合现行国家标准《室内装饰装修材料　木家具中有害物质限量》（GB 18584—2001）中的规定。

六、花饰制作与安装工艺

建筑花饰工程分为表面花饰和花格，其种类很多，一般安装在建筑物的室内外，用以装饰墙、柱及顶棚等部位，起到活跃空间、美化环境、点缀结构、增进建筑艺术效果的功能，同时还兼有吸声、隔热的效果，花格还具有分隔空间的作用。工程实践经验证明，在某些情况下，花饰工程在建筑工程中能起到"画龙点睛"的作用。

在建筑工程中，建筑花饰有木质制品花饰、玻璃制品花饰、竹制品花饰、石膏制品花饰、预制混凝土花格制品花饰、水泥石碴制品花饰、金属制品花饰、塑料制品花饰等。室内一般采用木质制品花饰、玻璃制品花饰、竹制品花饰和石膏制品花饰等，其他制品花饰多用于室外。花饰工程的施工主要包括花饰的制作与安装两部分。

（一）建筑花饰制作

建筑花饰的制作方法很多，在建筑装饰工程上常见的有阳模制造法、阴模制造法和浇筑制造法等。

1. 阳模制造法

阳模制造法就是利用塑造的阳模制作花饰，这是花饰成型的关键。花饰的尺寸一般控制在50cm左右。花饰尺寸过大时应分块制作，当大于30cm时应在花饰内配置细钢筋或8号镀锌铁丝加强刚度。阳模制造法所用的材料和方法主要有塑泥、纸筋灰浆和石膏3种。

（1）塑泥　选用不含砂粒的纯黄土、细黏土等，根据土本身的干湿程度加入适量的水，经过反复锤打使其呈紧密状态，即制成塑泥。一般先在底板上抹1~2mm厚的衬底，塑泥稍微干燥后按图塑成模胎。

（2）纸筋灰浆　用一块表面平整洁净的木板做底板，在底板上抹一层1~2mm厚的石灰膏，待其稍干后，将花饰的足尺寸图样刻画在灰层面上，用拌制好的纸筋灰，按照花饰的轮廓一层层叠起，再用工具雕塑而成。纸筋灰浆稍干后将花纹实样表面压光，所用的纸筋灰浆应比一般的灰多加些纸筋，使灰的稠度大一些。由于纸筋灰浆的收缩性比较大，在花饰制作时应按照2%的比例放大尺寸。

（3）石膏　先按花饰的最大边缘尺寸浇筑一块石膏板，然后用复写纸将花饰图案画印在石膏板上，按层次雕塑成花饰图样。此种方法用于花饰纹理复杂或花饰厚度超过5cm，用纸筋灰浆难以堆叠的情况。

阳模制造法的材料配合比（体积比）为：纸筋灰（或石膏）：纸筋=100：6。

2. 阴模制造法

阴模包括水泥硬模和"明胶软模"两种，水泥硬模主要适用于水泥制品花饰。

（1）水泥硬模的制作　水泥硬模在进行浇筑时，先在阳模上涂上一层油脂，再分好小块、套模、配筋，模要比花饰高出20mm以上。一些形状复杂的阴模，可以先化整为零，浇筑分模，再浇筑整体。当阴模超过300mm见方时，模内应配置钢筋或8号铅丝；当阴模超过300mm见方时，要分成小块进行浇筑。

（2）"明胶软模"的制作　"明胶软模"的制作，先将阳模固定在木底板上，刷清漆3道，油脂一道，安装阻挡胶液边框后即可进行浇筑。明胶与水的比例为1：1，然后加入适量的甘油，加热至70℃，冷却后将胶水沿着花饰边缘倒入，中间不留接头，8~12h后即可翻模。

3. 浇筑制造法

浇筑制造主要适用于水泥砂浆花饰、水刷石花饰、斩假石花饰和石膏花饰。

（1）水泥砂浆花饰　先在硬模内铺设规定的钢筋，再倒入已搅拌好的1:2水泥砂浆或1:1水泥石碴浆，水泥砂浆应是干硬性的。等水泥砂浆干硬至用手按稍有指印但不向下陷入时就可将花饰翻倒在平整的垫板上；制作中注意花饰的底面要刮平，但不需要压光，这样可以留下粗糙面有利于安装时黏结牢固。脱模后如果发现花饰有缺陷，应及时进行修整，再用排笔轻轻地刷使其颜色均匀。

（2）水刷石花饰　水刷石花饰的制作，是用1:1.5的水泥石碴浆倒入硬模内进行捣实。脱模后如果发现花饰表面不实，应及时进行修整。将表面的素水泥浆刷去，再用压水机进行喷刷。喷刷前应将花饰底板支起一面，喷刷后用清水冲洗，使石粒分布均匀，颜色一致。

（3）斩假石花饰　斩假石花饰的制作方法，基本上与水泥砂浆花饰相同。待花饰倒出后清理表面，达到一定强度后便可在面层进行剁斧花饰。

（4）石膏花饰　石膏花饰的制作，是将软质模子放在一块较大的木板上，然后将板条、麻丝均匀分布放入，随即倒入搅拌均匀的石膏浆，刮平其表面，在灌后约15min即可脱模。脱模后的花饰应置放在木板上，如果有不平整现象，应当及时用与原浆配合比相同的石膏浆进行修补。

花饰制作完毕后，必须堆放在平整的地方，以防止产生变形，养护达到规定的强度后方可安装。在进行搬运时，花饰之间应用软质材料加以衬垫，以防止出现搬运损坏。

（二）花饰材料准备

花饰安装的材料准备比较简单，主要包括花饰制品和辅助材料的准备。

1. 花饰制品的准备

花饰制品材料，一般是由工厂生产成品或半成品，进场时应检查花饰制品的型号和质量，验证产品合格证书，认真阅读产品说明书，为花饰安装打下基础。花饰制品的种类很多，在工程中常见的有木花饰、水泥制品花饰、竹花饰、玻璃花饰、塑料花饰、金属花饰和石膏花饰等。

（1）木花饰　木花饰宜选用硬木或杉木制作，要求木材结疤少、无虫蛀、无腐朽、无扭曲、无污染现象，其含水率和防腐处理应符合设计要求和规范规定。

（2）水泥制品花饰　水泥制品花饰的表面应光滑、无裂纹，增加构件刚度的钢筋、铅丝等材料，应符合设计要求。

（3）竹花饰　竹花饰应选用质地坚硬、直径均匀、竹身光洁、颜色一致的竹子制作，一般应整枝使用，在竹花饰制作前应进行防腐和防蛀处理。

（4）玻璃花饰　玻璃花饰可选用磨砂玻璃、彩色玻璃、压花玻璃、有机玻璃和玻璃砖等制作，其透光率和其他性能应符合设计和规范的要求。

（5）塑料花饰　塑料花饰宜用硬质塑料制作而成，由于安装后其花饰表面不再进行装饰处理，所以要求表面图案和光洁度应符合设计要求。

（6）金属花饰　金属花饰宜采用型钢、扁钢、钢管、不锈钢型材等制作。花饰表面的烤漆、搪瓷和抛光处理等，均应符合设计和规范的要求。

（7）石膏花饰　石膏花饰主要有石膏线条、灯盘、罗马柱、花角、壁炉、石膏塑像等。如果需要增加石膏花饰强度的纤维用量和强度，应符合设计和规范规定。

2. 辅助材料的准备

花饰安装施工所用的辅助材料种类很多，主要有防腐剂、铁钉、竹销钉、木销钉、螺栓、胶黏剂等。为确保花饰的安装质量，这些辅助材料应有质量合格证，人造板材的甲醛含量应符合《国家环境标志产品技术要求人造板及其制品》（HJ 571—2010）中的规定，即人造板材中甲醛释放量应小于0.20mg/m³，木地板中甲醛释放量应小于0.12mg/m³；其阻燃性能等级应符合设计要求和规范规定。

3. 施工作业条件准备

（1）花饰工程安装的基层隐蔽工程，已经过检查验收，其质量完全符合花饰工程安装的要求。

（2）建筑结构工程已具备花饰工程的安装条件，在花饰安装之前，室内已弹出离地面100cm的水平基准线，为花饰安装打下了基础。

（3）花饰安装的施工方案已制定好，安装的顺序已预先排好；花饰半成品或成品及辅助材料已进行并经验收。

（4）安装花饰位置部位的基层已处理，并经检查验收合格，符合设计要求；在安装部位已预埋预埋件或木楔，预埋件数量、规格和位置符合设计要求。

（三）基层表面花饰安装

1. 基层表面花饰安装工艺流程

当表面花饰直接安装在墙面、柱面、顶棚等基层上时，其施工工艺流程为：基层处理→放线定位→花饰钻孔→安装花饰→修补缝隙→表面装饰。

2. 基层表面花饰安装操作要点

基层表面花饰安装操作比较简单，只要在基层处理、放线定位、花饰钻孔、安装花饰、修补缝隙和表面装饰等方面掌握一定的操作要点，其安装质量就会符合设计的要求。现以石膏花饰为例，其安装操作中的具体施工方法和要求如下。

（1）基层处理　基层处理是使花饰有一个良好的基础，主要是按设计要求将基层表面松软部分清除，对缺陷进行修补，将表面的灰尘等杂质扫除，使基层表面达到平整。

（2）放线定位　放线定位是使花饰安装的施工依据，对花饰工程的装饰效果和施工速度影响很大。因此，一定要按照设计的要求，放出花饰安装位置确定的安装位置线，并在基层已确定的安装位置打入木楔。

（3）花饰钻孔　将花饰按照设计要求进行钻孔，以便安装于规定的位置。对于花饰产品已有预先加工好安装孔的，或几何尺寸不大、质量轻的花饰，可以不再进行钻孔，而直接进行粘贴。孔洞应钻在不显眼的边角处，应尽可能不破坏花饰的表面图案。

石膏花饰的钻孔个数、钻孔直径和位置，应当根据花饰的几何尺寸、质量轻重和所处位置而确定。

（4）安装花饰　安装花饰是关键的施工工序，关系到安装位置是否正确、固定是否牢固。用新拌制好的胶黏剂均匀涂刷在与基层连接的石膏花饰背面，并将其粘贴在基层已确定的位置上，要求一次圆满完成。如果一次粘贴不成功，应刮掉花饰及基层上的胶黏剂，用新拌制的胶黏剂再进行涂刷和粘贴。

（5）修补缝隙　修补缝隙实际上是对已安装好的花饰表面缺陷进行处理，即用新拌制的腻子（石膏粉加水搅拌均匀）填补花饰与基层的连接缝，要求填充密实、均匀、圆滑。另外，用新拌制的腻子修补安装孔洞和花饰的表面缺陷，修补花饰与花饰之间的连接缝。修补要求尽可能地还原花饰的原貌，连接要求花饰图案对齐。

（6）表面装饰　花饰的表面装饰，既是对花饰的进一步装饰，也是对花饰的保护。在安装的花饰和修补的缝隙完全干燥后，在花饰表面涂刷2~3遍乳胶漆。

（四）花饰施工的注意事项

花饰工程虽然是建筑结构中的表面装饰，对建筑主体的安全没有大的影响，但对其装饰效果影响很大。因此，花饰的安装最好由制选厂家的专业队伍进行施工，也可由专业的装饰企业施工。在施工过程中应当注意如下事项。

① 在花饰安装之前，其基层必须进行处理，并达到平整、坚实的质量要求，花饰装饰线不应随着基层而起伏。

② 装饰线和装饰件的安装，应当根据不同的基层，按设计要求采用相应的连接方式。如质量较重的花饰，可采用预埋件（或后置埋件）连接固定、螺栓固定、焊接及螺钉固定和高强度胶黏剂进行固定等，均应按相应的施工技术进行安装，并确保其连接牢固。

③ 木、竹材质的装饰线、装饰件的接口应拼对花纹，转弯接口应整齐无缝，同一种房间的颜色应一致，封口压边条与装饰线、装饰件应连接紧密牢固。

④ 石膏装饰线、装饰件安装的基层应干燥，石膏装饰线与基层连接的水平线和定位的线的位置、距离应一致，接缝处应采用45°拼接。当使用螺钉固定花饰时，螺钉的钉头应沉入孔内，螺钉应进行防腐处理；当使用胶黏剂进行固定花饰时，应选用快速固化的黏结材料。

⑤ 金属类的装饰线和装饰件在安装前，应进行防腐处理，基层应干燥、坚实，采用铆接、焊接或紧固件连接应紧密。

（五）花饰安装的质量问题

（1）在进行花饰安装时，应对所有将要安装的花饰进行检查，对照设计图案进行预拼装和编号。如果花饰的局部位置有崩烂，应根据具体情况修补完整，个别损伤较多、变形较大或图案不符合要求的不得用于工程。

（2）进行花饰安装应当选择适当的固定方法和粘贴材料，使用的胶黏剂既要注意其品种、性能和质量符合设计要求，又要防止因黏结不牢而造成开胶脱落。

（3）在花饰安装前，应认真按设计图案要求弹出安装控制线，各种饰件安装的位置应准确吻合。各饰件之间拼缝应细致填抹，填塞完毕缝隙后，应及时清理缝隙外多余的灰浆。

（4）用螺栓和螺丝固定花饰时，对螺栓和螺丝不得硬拧，应使各固定点平均受力，防止花饰产生扭曲变形和开裂。

（5）花饰安装完毕后，应加强对成品的保护，保持花饰完好洁净。

第三节　细部工程施工质量验收标准

细部工程在建筑装饰装修工程中，虽然是主体结构的表面装饰或辅助工程，对于建筑主体结构的安全性影响不大，但对于装饰效果好坏却起着极其重要的作用。根据现代建筑工程的发展趋势，橱柜、窗帘盒、窗台板、门窗套、护栏、扶手、花饰等制作与安装，在建筑装饰装修工程中的比重越来越大，质量要求越来越高。因此，严格按照现行国家标准《建筑装饰装修工程质量验收标准》（GB 50210—2018）中的规定进行施工，使细部工程的施工质量达到设计和现行规范中的要求。

一、细部工程施工质量的一般规定

（1）细部工程质量管理适用于下列分项工程的质量验收：橱柜制作与安装、窗帘盒和窗台板制作与安装、门窗套的制作与安装、护栏和扶手制作与安装、花饰制作与安装。

（2）细部工程验收时应检查下列文件和记录：a.施工图、设计说明及其他设计文件；b.材料的产品合格证书、性能检验报告、进场验收记录和复验报告；c.隐蔽工程验收记录；d.施工记录。

（3）细部工程应对所采用的花岗石放射性和人造木板的甲醛释放量进行复验。

（4）细部工程应对下列部位进行隐蔽工程验收：a.预埋件（或后置埋件）；b.护栏与预埋件的连接节点。

（5）各分项工程的检验批应按下列规定划分：a.同类制品每50间（处）应划分为一个检验批，不足50间（处）也应划分为一个检验批；b.每部楼梯应划分为一个检验批。

（6）橱柜、窗帘盒、窗台板、门窗套和室内花饰每个检验批应至少抽查3间（处），不足3间（处）时应全数检查；护栏、扶手和室外花饰每个检验批应全数检查。

二、橱柜制作与安装工程验收标准

（一）橱柜制作与安装工程质量管理一般规定

（1）橱柜制作与安装工程质量控制适用于位置固定的壁柜、吊柜等橱柜制作、安装工程的质量验收。但不包括移动式橱柜和家具的质量验收。

（2）检查数量应符合下列规定：每个检验批应至少抽查3间（处），不足3间（处）时应全数检查。

（二）橱柜制作与安装工程质量主控项目

（1）橱柜制作与安装所用材料的材质、规格、性能、有害物质限量及木材的燃烧性能等级和含水率应符合设计要求及国家现行标准、规范的有关规定。

检验方法：观察；检查产品合格证书、进场验收记录、性能检验报告和复验报告。

（2）橱柜安装预埋件（或后置埋件）的数量、规格、位置应符合设计要求。

检验方法：检查隐蔽工程验收记录和施工记录。

（3）橱柜的造型、尺寸、安装位置、制作和固定方法应符合设计要求。橱柜安装必须牢固。

检验方法：观察；尺量检查；手扳检查。

（4）橱柜配件的品种、规格应符合设计要求。配件应齐全，安装应牢固。

检验方法：观察；手扳检查；检查进场验收记录。

（5）橱柜的抽屉和柜门开闭比较频繁，应开关灵活、回位正确。

检验方法：观察；开启和关闭检查。

（三）橱柜制作与安装工程质量一般项目

（1）橱柜的表面应平整、洁净、色泽一致，不得有裂缝、翘曲及损坏等质量缺陷。

检验方法：观察。

（2）橱柜的裁口处应顺直，拼缝应严密。

检验方法：观察。

（3）橱柜安装的允许偏差和检验方法应符合表10-4的规定。

表10-4 橱柜安装的允许偏差和检验方法

项次	项目	允许偏差/mm	检验方法
1	橱柜外型尺寸	3.0	用钢尺进行检查
2	立面垂直度	2.0	用1m垂直检测尺检查
3	门与框架的平等度	2.0	用钢尺进行检查

三、窗帘盒和窗台板制作与安装工程验收标准

（一）窗帘盒和窗台板制作与安装工程质量管理一般规定

（1）窗帘盒有木材、塑料、金属等多种材料做法，窗台板有天然石材、水磨石等多种材料做法。窗帘盒和窗台板制作与安装工程质量控制，适用于窗帘盒和窗台板制作、安装工程的质量验收。

（2）检查数量应符合下列规定：每个检验批应至少抽查3间（处），不足3间（处）时应全数检查。

（二）窗帘盒和窗台板制作与安装工程质量主控项目

（1）窗帘盒和窗台板制作与安装所使用材料的材质、规格、性能、有害物质限量及木材的燃烧性能等级和含水率应符合设计要求及国家现行标准、规范的有关规定。

检验方法：观察；检查产品合格证书、进场验收记录、性能检验报告和复验报告。

（2）窗帘盒和窗台板的造型、规格、尺寸、安装位置和固定方法必须符合设计要求。窗帘盒、窗台板和散热器罩的安装必须牢固。

检验方法：观察；尺量检查；手扳检查。

（3）窗帘盒配件的品种、规格应符合设计要求，安装应牢固。

检验方法：手扳检查；检查进场验收记录。

（三）窗帘盒和窗台板制作与安装工程质量一般项目

（1）窗帘盒和窗台板表面应平整、洁净、线条顺直、接缝严密、色泽一致，不得有裂缝、翘曲及损坏。

检验方法：观察。

（2）窗帘盒和窗台板与墙体、窗框的衔接应严密，密封胶缝应顺直、光滑。

检验方法：观察。

（3）窗帘盒和窗台板安装的允许偏差和检验方法应符合表10-5的规定。

表10-5 窗帘盒和窗台板安装的允许偏差和检验方法

项次	项目	允许偏差/mm	检验方法
1	窗帘盒和窗台板的水平度	2.0	用1m水平尺和塞尺检查
2	上口、下口直线度	3.0	拉5m线，不足5m拉通线，用钢直尺检查
3	两端距窗洞口长度差	2.0	用钢尺进行检查
4	两端出墙厚度差	3.0	用钢尺进行检查

四、门窗套制作与安装工程验收标准

（一）门窗套的制作与安装工程质量管理一般规定

（1）门窗套的制作与安装工程质量管理，主要适用于门窗套的制作与安装工程的质量检查和验收。

（2）检查数量应符合下列规定：每个检验批应至少抽查3间（处），不足3间（处）时应全数检查。

（二）门窗套的制作与安装工程质量主控项目

（1）门窗套的制作与安装所使用材料的材质、规格、花纹、颜色、性能、有害物质限量及木材的燃烧性能等级和含水率应符合设计要求及国家现行标准、规范的有关规定。

检验方法：观察；检查产品合格证书、进场验收记录、性能检验报告和复验报告。

（2）门窗套的造型、尺寸和固定方法应符合设计要求，安装应牢固。

检验方法：观察；尺量检查；手扳检查。

（三）门窗套的制作与安装工程质量一般项目

（1）门窗套的表面应平整、洁净、线条顺直、接缝严密、色泽一致，不得有裂缝、翘曲及损坏。

检验方法：观察。

（2）门窗套安装的允许偏差和检验方法应符合表10-6的规定。

表10-6　门窗套安装的允许偏差和检验方法

项次	项目	允许偏差/mm	检验方法
1	正、侧面垂直度	3.0	用1m垂直检测尺检查
2	门窗套上口水平度	1.0	用1m水平检测尺和塞尺检查
3	门窗套上口直线度	3.0	拉5m线,不足5m拉通线,用钢直尺检查

五、护栏和扶手制作与安装工程验收标准

（一）护栏和扶手制作与安装工程质量管理一般规定

（1）护栏和扶手制作与安装工程质量控制，主要适用于护栏和扶手制作与安装工程的质量验收。

（2）检查数量应符合下列规定：由于护栏和扶手安全性十分重要，所以每个检验批的护栏和扶手全部检查。

（二）护栏和扶手制作与安装工程质量主控项目

（1）护栏和扶手制作与安装所使用材料的材质、规格、数量和木材、塑料的燃烧性能等级应符合设计要求。

检验方法：观察；检查产品合格证书、进场验收记录和性能检验报告。

（2）护栏和扶手的造型、尺寸及安装位置应符合设计要求。

检验方法：观察；尺量检查；检查进场验收记录。

（3）护栏和扶手安装预埋件的数量、规格、位置以及护栏与预埋件的连接节点应符合设计要求。

检验方法：检查隐蔽工程验收记录和施工记录。

（4）护栏高度、护栏间距、安装位置必须符合设计要求。护栏安装必须牢固。

检验方法：观察；尺量检查；手扳检查。

（5）承受水平荷载的栏板玻璃应使用公称厚度不小于12mm的钢化玻璃或公称厚度不小于16.76mm的钢化夹层玻璃。当栏板玻璃最低点离一侧楼地面高度为3~5m时，应使用公称厚度不小于16.76mm的钢化夹层玻璃。

检验方法：观察；尺量检查；检查产品合格证书和进场验收记录。

（三）护栏和扶手制作与安装工程质量一般项目

（1）护栏和扶手转角弧度应符合设计要求，接缝应严密，表面应光滑，色泽应一致，不得有裂缝、翘曲及损坏。

检验方法：观察；手摸检查。

（2）护栏和扶手安装的允许偏差和检验方法应符合表10-7的规定。

表10-7　护栏和扶手安装的允许偏差和检验方法

项次	项目	允许偏差/mm	检验方法
1	护栏垂直度	3.0	用1m垂直检测尺检查
2	护栏间距	0，-6	用钢尺检查
3	扶手直线度	4.0	拉通线，用钢直尺检查
4	扶手高度	+6，0	用钢尺检查

六、花饰制作与安装工程验收标准

（一）花饰制作与安装工程质量管理一般要求

（1）花饰制作与安装工程质量控制适用于混凝土、石材、木材、塑料、金属、玻璃、石膏等花饰安装工程的质量验收。

（2）检查数量应符合下列规定：室外每个检验批全部检查。室内每个检验批应至少抽查3间（处）；不足3间（处）时应全数检查。

（二）花饰制作与安装工程质量主控项目

（1）花饰制作与安装所使用材料的材质、规格、性能、有害物质限量及木材的燃烧性能等级和含水率应符合设计要求及国家现行标准、规范的有关规定。

检验方法：观察；检查产品合格证书、进场验收记录、性能检测报告和复验报告。

（2）花饰的造型、尺寸应符合设计要求。

检验方法：观察；尺量检查。

（3）花饰的安装位置和固定方法必须符合设计要求，安装必须牢固。

检验方法：观察；尺量检查；手扳检查。

（三）花饰制作与安装工程质量一般项目

（1）花饰的表面应洁净，接缝应严密吻合，不得出现歪斜、裂缝、翘曲及损坏等质量缺陷。

检验方法：观察。

（2）花饰安装的允许偏差和检验方法应符合表10-8的规定。

表10-8　花饰安装的允许偏差和检验方法

项次	项　目		允许偏差/mm		检验方法
			室内	室外	
1	条型花饰的水平度或垂直度	每米	1.0	3.0	拉线和用1m垂直检测尺检查
		全长	3.0	6.0	
2	单独花饰中心位置偏移		10.0	15.0	拉线和用钢直尺检查

第四节　细部工程施工质量问题与防治措施

装饰细部工程是建筑装饰工程中的重要组成部分，其施工质量如何不仅直接影响着整体工程的装饰效果，而且有时也影响主体结构的使用寿命。但是，在细部工程制作与安装的过程中，由于材料不符合要求、制作水平不高、安装偏差较大等方面的原因，会出现或存在着这样那样的质量问题。因此，应当严格按照有关规定进行认真制作与安装，当出现质量问题后应采取有效措施加以解决。

一、橱柜工程质量问题与防治措施

橱柜是室内不可缺少体积较大的用具，在室内占有一定空间并摆放于比较显眼的部位，其施工质量如何，对室内整体的装饰效果有直接影响，对使用者也有直接的利益。因此，对橱柜在制作与安装中出现的质量问题应采取技术措施及时加以解决。

（一）橱柜的内夹板变形，甚至霉变腐朽

1. 质量问题

在橱窗安装完毕在使用一段时间后，经过质量检查发现有如下质量问题：a.内夹板出现过大变形，严重影响橱柜的美观；b.个别内夹板出现霉变腐朽。

2. 原因分析

（1）用于橱柜装修的木材含水量过高，木材中的水分向外蒸发，使内夹板吸收一定量的水分，从而造成由于内夹板受潮而产生变形。

（2）在室内装饰工程施工中，墙面和地面采用现场湿作业，当墙面和地面尚未完全干透时就开始安装橱柜，墙面和地面散发的水分被木装修材料吸收，由于木装修长期处于潮湿状态，则会引起内夹板变形，甚至发生霉变腐朽。

（3）在橱柜内设置有排水管道，由于管道封口不严或地面一直处于潮湿状态，使大量水分被落地橱柜的木质材料所吸收，时间长久则会出现变形和霉变腐朽。

（4）由于墙体中含有一定量的水分，所以要求靠近墙面的木质材料均要进行防水和防腐

处理。如果此处的木质材料未做防水和防腐处理，很容易使木材吸湿而产生较大变形和霉变腐朽。

（5）如果制作橱柜的木材含水比较高（木材含水率超过12%），再加上木质材料靠墙体部分的水分不易散发，则会使橱柜的局部出现霉变腐朽和变形。

3. 防治措施

（1）制作橱柜所用的木材含水率必须严格进行控制。一般在我国南方空气湿度比较高的地区，所用木材的含水率不应超过15%；在北方地区或供暖地区，所用木材的含水率不应超过12%。

（2）在需要安装橱柜的墙面和地面处，必须待墙面和地面基本干燥后进行。在安装橱柜之前，要认真检查测定安装部位的含水情况，当不符合要求时不得因为加快施工进度而勉强进行橱柜的安装。

（3）在安装橱柜之前，应根据橱柜的具体位置，确定橱柜与墙面和地面接触的部位。对这些易受潮湿变形和霉变腐朽之处，在木材的表面应当涂刷一层防腐剂。

（4）设置于橱柜内的排水管道接口应当非常严密，不得出现水分外溢现象。对于水斗、面盆的四周，要用密封胶进行密封，以防用水时溢出的水沿着缝隙渗入木质材料。

（5）橱柜安装于墙面和地面上后，如果水分渗入木质材料内，特别是橱柜内部不通风的地方，水分不易散发，很容易被木质材料吸收而变形。为防止木质材料吸水，对橱柜内的夹板等木质材料表面应涂刷油漆。

（二）壁橱门玻璃碎裂

1. 质量问题

在壁橱门的玻璃安装后，在开关的过程中稍微用力则出现玻璃碎裂，甚至有个别玻璃还会自行破碎。这些质量问题不仅影响壁橱的使用功能，而且还可能会伤人。

2. 原因分析

（1）在进行玻璃安装时，玻璃与门扇槽底、压条之间没有设置弹性材料隔离，而是将玻璃直接与槽口直接接触。由于缺少弹性减震的垫层，玻璃受到振动时容易出现破裂。

（2）安装的玻璃不符合施工规范的要求，玻璃没有安装牢靠或钉子固定太紧，当门扇开关振动时就容易造成玻璃的破裂。

（3）橱柜门上的玻璃裁割的尺寸过大，边部未留出一定的空隙，在安装玻璃时相对应的边直接顶到门扇的槽口，或者在安装时硬性将玻璃嵌入槽内，当环境温度发生变化，由于温差较大玻璃产生变形，玻璃受到挤压而破损。

（4）由于开关橱柜时用力过猛或其他原因，钢化玻璃产生自爆，从而出现粉碎性的破裂。

3. 防治措施

（1）在裁割壁橱门上的玻璃时，应根据测量的槽口实际尺寸每边缩小3mm，使玻璃与槽口之间有一定的空隙，以适应玻璃变形的需要。

（2）在进行安装玻璃时，应使用弹性材料（例如油灰、橡胶条、密封胶等）进行填充，使玻璃与门扇槽口、槽底之间隔离，并且处于弹性固定状态，以避免产生碰撞而造成玻璃的破裂。

（3）钢化玻璃在进行钢化处理之前，应预先进行磨边和倒角处理，因为钢化玻璃的端部和边缘部位抵抗外力的能力较差，经磨边、倒棱角处理的钢化玻璃安装到门扇上后，可以防止玻璃边缘的某一点受刚性挤压而破裂。

（三）橱柜的门产生较大变形

1. 质量问题

有些橱柜的门扇在使用一段时间后，产生门扇弯曲变形，启闭比较困难，甚至有的根本无法开关，严重影响使用性能。

2. 原因分析

（1）制作橱柜门扇所用的木材，其含水率过高或过低均会引起过大变形。如果木材的含水率过低，木材吸水后会发生较大的膨胀变形；如果木材的含水率过高，木材中的水分散发后会产生较大的收缩变形。

（2）橱柜的门扇正面涂刷油漆，但门扇的内侧却未涂刷油漆，未刷油漆一面的木质材料，会因单面吸潮而使橱柜门扇产生弯曲变形。此外，由于普通的橱柜门扇比较薄，薄木板经不起外界的环境影响，当环境出现温差和湿度变化时很容易产生变形。

（3）由于选用的制作橱柜门扇的木材不当，木材本身的材质所致，木门随着含水率的温度变化而产生变形。

3. 防治措施

（1）在制作橱柜时，要根据所在地区严格控制木材的含水率，这是防止橱柜的门产生较大变形的主要措施。一般在我国南方空气湿度比较高的地区，所用木材的含水率应控制在15%左右；在北方和比较干燥的地区，所用木材的含水率应控制在12%范围内，但一般不应低于8%，以避免木材吸潮后影响橱柜门的开关。

（2）橱柜门刷油漆的目的是为了保护木材免受外界环境对其的影响，因此橱柜门的内外侧乃至门的上下帽顶面均要涂刷均匀的油漆。如果橱柜门的表面粘贴塑料贴面，也应当全面进行粘贴。

（3）橱柜门扇的厚度不得太小，一般不宜小于20mm。制作橱柜门扇的材料宜采用细木工板、多层夹板；当采用木板制作橱柜门扇时，应选用优质变形小的木材，而避免使用易变形的木材（如水曲柳）和木材的边缘部位。

二、护栏和扶手质量问题与防治措施

护栏与扶手是现代多层和高层建筑中非常重要的组成部分，不仅代表着整个建筑的装修档次，而且关系到在使用过程中的安全。因此，在护栏与扶手的施工中，要特别注意按照现行国家标准《建筑装饰装修工程质量验收标准》（GB 50210—2018）中的要求去做，对于施工中容易出现的质量问题应加以预防。

（一）木扶手质量不符合设计要求

1. 质量问题

在木扶手安装完毕后，经质量检查发现如下问题：a.木材的纹理不顺直，同一楼中扶手的颜色不一致；b.个别木扶手有腐朽、节疤、裂缝和扭曲现象；c.弯头处的处理不美观；d.木扶手安装不平顺、不牢固。

2. 原因分析

（1）未认真挑选色泽一致、纹理顺直的木材，进行木扶手的制作；在安装木扶手时也没有仔细进行木扶手的搭配和预拼。结果造成木扶手安装完毕后，而形成纹理不顺直，颜色不一致。

（2）在进行木扶手制作时，对所用木材未严格进行质量把关，使得制作出的扶手表面有腐朽和节疤等质量缺陷。

（3）由于制作木扶手所用的木材含水率过高，尤其是大于12%时，木扶手安装后散发水分，很容易造成扶手出现裂缝和扭曲。

（4）对于木扶手的转弯处的木扶手弯头，未按照转弯的实际情况进行割配；在进行木扶手安装时，未按照先预装弯头、再安装直段的顺序进行操作，结果使弯头与直段衔接不自然、不美观。

（5）在扶手安装之前，未对护栏的顶部标高、位置、坡度进行认真校核，如果有不符合要求之处，安装扶手后必然造成扶手表面不平顺。

（6）木扶手安装不牢固的主要原因有：与支撑固定件的连接螺钉数量不足，连接螺钉的长度不够，大断面扶手缺少其他固定措施。

3. 防治措施

（1）在正式制作木扶手之前，应严格挑选制作木扶手所用的木材，不能用腐朽、节疤、斜纹的木材，应选用材质较硬、纹理顺直、色泽一致、花纹美丽的木材。如果购买木扶手成品，应当严格进行挑选，按照设计要求进行采购。

（2）严格控制制作木扶手所用木材的含水率，比较潮湿的南方地区不宜超过15%，北方及干燥地区不宜超过12%。

（3）要根据转弯处的实际情况配好起步弯头，弯头应用扶手料进行割配，即采用割角对缝黏结的方法。在进行木扶手预装时，先预装起步弯头及连接第一段扶手的折弯弯头，再配上折弯之间的直线扶手。

（4）在正式安装木扶手之前，应当对各护栏的顶部标高、位置、楼梯的坡度、护栏形成的坡度等进行复核，使护栏的安装质量必须完全符合设计要求，这样安装木扶手才能达到平顺、自然、美观。

（5）在护栏和扶手分段检查无误后，进行扶手与护栏上固定件安装，用木螺丝拧紧固定，固定间距应控制在400mm以内，操作时应在固定点处先将扶手钻孔，再将木螺丝拧入。对于大于70mm断面的扶手接头配置，除采用黏结外，还应在下面做暗榫或用铁件配合。

（二）护栏存在的质量问题

1. 质量问题

护栏是扶手的支撑，是影响室内装修效果和使用安全的最明显部件，护栏在施工中存在的主要质量问题有：a.护栏的高度不符合设计要求；b.护栏排列不整齐、不美观；c.护栏之间的间距不同；d.金属护栏的焊接表面不平整。

2. 原因分析

（1）在护栏设计或施工中，未严格遵守现行国家标准《民用建筑设计统一标准》（GB 50352—2019）中的有关规定，随意将护栏的高度降低。

（2）在进行土建工程施工时，未严格按设计图纸要求预埋固定护栏的铁件；在安装护栏时也未进行复核和调整，结果造成护栏排列不整齐、不美观，甚至出现护栏标高、坡度不符合设计要求，从而影响扶手的安装质量。

（3）在安装护栏时，未认真测量各护栏之间的间距，结果造成护栏分配不合理，间距不相等，严重影响护栏的美观。

（4）在进行金属护栏焊接时，未按照焊接施工规范操作，焊缝的高度和宽度不符合设计要求，造成表面有焊瘤、焊痕和高低不平，严重影响护栏的安装质量。

3. 防治措施

（1）护栏高度应从楼地面或屋面至护栏扶手顶面垂直高度计算，护栏的高度应超过人体重心高度，才能避免人体靠近护栏时因重心外移而坠落。在现行国家标准《民用建筑设计统一标准》（GB 50352—2019）中规定：当临空面的高度在24.0m以下时，护栏高度不应低于1.05m；当临空面的高度在24.0m及以上时，护栏高度不应低于1.10m；上人屋面和交通、商业、旅馆、医院、学校等建筑临开敞中庭的护栏高度不应小于1.20m。

（2）在进行土建工程施工中，对于楼梯部位的护栏预埋件，其位置、规格、数量、高程等，必须完全符合设计图纸中的规定；在正式安装护栏之前，必须对护栏预埋件进行全面检查，确认无误时才可开始安装，并且要做到安装一根核对一根。

（3）在进行金属护栏安装时，必须用计量精确的钢尺，按照设计图纸标注的尺寸，准确确定护栏之间的间距。

（4）在进行金属护栏焊接连接时，要严格按照现行国家标准《钢结构焊接规范》（GB 50661—2011）中的规定进行操作。

三、花饰工程质量问题与防治措施

花饰是装饰细部工程中的重要组成，起着点缀和美化的作用。花饰有石膏制品花饰、预制混凝土花饰、水泥石碴制品花饰、金属制品花饰、塑料制品花饰和木制品花饰等，花样繁多，规格齐全。在室内装饰工程中，一般多采用石膏制品花饰和木制品花饰，其他品种花饰可作为室外花饰。

石膏制品花饰属于脆性材料，在运输、储存、安装和使用中都要特别小心，做到安装牢固、接缝顺直、表面清洁、不显裂缝、色调一致、无缺棱掉角。如果发现有质量缺陷，应及时进行维修。

（一）花饰制品安装固定方法不当

1. 存在质量现象

花饰按照其材质不同，有石膏花饰、水泥砂浆花饰、混凝土花饰、塑料花饰、金属花饰和木制花饰等；花饰按照其重量和大小不同，有轻型花饰和重型花饰等。如果花饰安装不牢固，不仅影响其使用功能和寿命，而且若发生坠落还有很大的危险性。

2. 产生原因分析

（1）在进行花饰制品安装固定时，没有按照所选用的花饰制品的材质、形状和重量来选择相应的固定方法，这是使花饰制品安装不牢固的主要原因。

（2）在进行花饰正式安装固定前，未预先对需要安装固定的花饰进行弹线和预排列，造成在安装固定中施工不顺利、安装无次序、固定不牢靠。

（3）花饰制品安装固定操作的人员，对花饰安装技术不熟练、方法不得当，特别是采用不合适的固定方法，将更加无法保证花饰的安装质量。

3. 防治维修方法

（1）按照设计要求的花饰品种、规格、形状和重量确定适宜的安装固定方法，选择合适的安装固定材料。对于不符合要求的安装固定材料，必须加以更换。

（2）在花饰正式安装固定前应在拼装平台上按设计图案做好安装样板，经检查鉴定合格后进行编号，作为正式安装中的顺序号；并在墙面上按设计要求弹好花饰的位置中心线和分块的控制线。

（3）根据花饰制品的材质、品种、规格、形状和重量来选择相应的固定方法。在工程常见的安装固定方法有以下几种。

① 粘贴法安装。一般适用于轻型花饰制品，粘贴的材料根据花饰材料的品种而选用。如水泥砂浆花饰和水刷石花饰，可采用水泥砂浆或聚合物水泥砂浆粘贴；石膏花饰，可采用快粘粉粘贴；木制花饰和塑料花饰，可采用胶黏剂粘贴。必要时，再用钉子、钢销子、螺钉等与结构加强连接固定。

② 螺钉固定法安装。适用于较重的花饰制品安装，安装时将花饰预留孔对准结构预埋固定件，用镀锌螺钉适量拧紧固定，花饰的图案应对齐、精确、吻合，固定后用配合比为1：1的水泥砂浆将安装孔眼堵严，最后表面用同花饰颜色一样的材料进行修饰，使花饰表面不留痕迹。

③ 螺栓固定法安装。适用于重量大、大体形的花饰制品安装，安装时将花饰预留孔对准安装位置的预埋螺栓，用螺母和垫板固定并加临时支撑，花饰图案应清晰、对齐，接缝应吻合、齐整，基层与花饰表面留出缝，用1：2（水泥：砂）水泥砂浆分层进行灌缝，由下往上每次灌100mm高度，下层砂浆终凝后再灌上一层砂浆，灌缝砂浆达到设计强度后拆除临时支撑。

④ 焊接固定法安装。焊接固定法适用于重量大、大体形的金属花饰制品安装，安装时根据花饰块体的构造，采用临时悬挂固定的方法，按设计要求找准位置进行焊接，焊接点应应力均匀，焊接质量应满足设计及有关规范的要求。

（4）对于不符合设计要求和施工规范标准的，应根据实际情况采用不同的维修方法。如不符合质量要求的花饰，要进行更换；凡是影响花饰工程安全的，尤其是在室内外上部空间的，必须重新进行安装固定，直至完全符合有关规定为止。

（二）花饰安装不牢固并出现空鼓

1. 存在质量现象

花饰安装完毕后，经质量检查发现：不仅花饰安装不够牢固，而还存在空鼓等质量缺陷，存在着严重的安全隐患。

2. 产生原因分析

（1）由于在基层结构的施工中，对预埋件或预留孔洞不重视，导致其位置不正确、安装不牢固，必然会造成花饰与预埋件连接不牢固。

（2）在花饰进行安装前，未按照施工要求对基层进行认真清理和处理，结果使基层不清洁、不平整，抹灰砂浆不能与花饰牢固地黏结。

（3）花饰的安装方法未根据其材质和轻重等进行正确选择，造成花饰安装不牢固并出现空鼓现象。

3. 防治维修方法

（1）在基层结构施工的过程中，必须按设计要求设置预埋件或预留孔洞，并做到位置正确、尺寸准确、埋设牢固。在花饰安装前应对其进行测量复核，发现预埋件或预留孔洞位置不正确、埋设不牢、出现遗漏，应及时采取修整和补救措施。

（2）如果花饰采用水泥砂浆等材料进行粘贴，在粘贴前必须按要求认真处理基层，做到表面平整、清洁、粗糙，以利于花饰与基层接触紧密、粘贴牢固。

（3）花饰应与预埋在基层结构中的锚固件连接牢固，在安装中必须按施工规范进行认真操作，不允许有晃动和连接不牢等现象。

（4）在抹灰基层上安装花饰时，必须待抹灰层达到要求的强度后进行，不允许在砂浆未硬化时进行安装。

(5) 要根据花饰的材质和轻重选择适宜的安装固定方法，安装过程中和安装完毕后均应进行认真质量检查，发现问题及时解决。

(6) 对于少量花饰的不牢固和空鼓质量缺陷，可根据不同程度采取相应方法（如补浆、钉固等）进行处理。但对于重量大、体形大的花饰，如果有空鼓和不牢固现象，必须重新进行安装，以防止出现坠落而砸伤人。

（三）花饰安装的位置不符合要求

1. 存在质量现象

在花饰安装完毕后，经检查发现如下问题：花饰的安装位置不符合设计要求，导致花饰偏离、图案紊乱、花纹不顺，不仅严重影响花饰装饰的观感效果，有时甚至会造成大部返工，从而使工程造价大幅度提高。

2. 产生原因分析

(1) 在花饰安装固定前，未对需要进行安装花饰部位进行测量复核，结果造成实际工程与设计图纸有一定差别，必然会影响到花饰位置的准确性。

(2) 在主体结构施工的过程中，对安装花饰所应埋设的预埋件或预留孔洞未进行反复校核，结果造成基层预埋件或预留孔位置不正确，则造成花饰的位置不符合要求。

(3) 在花饰正式安装固定前，未按设计在基层上弹出花饰位置中心线和分块控制线，或复杂分块花饰未预先进行拼装和编号，导致花饰安装就位不正确，图案拼接不精确。

3. 防治维修方法

(1) 在结构施工的过程中，要重视安装花饰基层预埋件或预留孔工作，并且要做到：安装预设前应进行测量复核，施工中要随时进行检查和校核，发现预埋件或预留孔位置不正确或遗漏，应立即采取补救措施。一般可采用打膨胀螺栓的方法。

(2) 在花饰正式安装固定前，应认真按设计要求在基层上弹出花饰位置的中心线，分块安装花饰的还应弹出分块控制线。

(3) 对于比较复杂分块花饰的安装，应对花饰规格、色调等进行检验和挑选，并按照设计图案在平台上进行拼装，经预检验合格后进行编号，作为正式安装的顺序号，安装时花饰图案应精确吻合。

(4) 对于个别位置不符合设计要求的花饰，应将其拆除重新进行安装；对于位置差别较大影响装饰效果的花饰，应全部拆除后返工。

（四）花饰运输和储存不当而受损

1. 存在质量现象

室内花饰大多数是采用脆性材料制成，如石膏花饰、混凝土花饰和水泥石碴花饰等，在花饰制作、运输和储存的过程中，如果制作不精细、运输和储存不注意均会出现表面污染、缺棱掉角等质量问题，将严重影响花饰构件形状、图案完整、线条清晰，使花饰的整体观感不符合设计要求，安装后也会影响花饰的美观。

2. 产生原因分析

(1) 在水泥花饰制品的制作过程中，其浇筑、振捣和养护不符合施工要求，造成花饰制作比较粗糙，甚至形状不规则、尺寸不准确、表面不平整。

(2) 在花饰运输的过程中，选用的运输工具不当、道路路面不平整、花饰搁置方法不正确，结果造成花饰出现断裂、线条损坏、缺棱掉角。

（3）在花饰储存的过程中，由于堆放方法和地点不当，或储存中不注意保护，造成花饰出现污染、受潮和损伤。

3. 防治维修方法

（1）严格按设计要求选择花饰，进场后要仔细进行检查验收，其材质、规格、形状、图案等应符合设计要求，凡有缺棱掉角、线条不清晰、表面污染的花饰，应做退货处理。

（2）对于水泥、石膏类花饰的制作，一定要按照施工规范的要求进行操作，做到形状规则、尺寸准确、表面平整、振捣密实、养护充分。

（3）加强花饰装卸和运输过程中的管理，运输时要妥善包装，避免受到剧烈的振动；要选择适宜的运输工具和道路，防止出现悬臂和颠簸；花饰的搁置方法要正确；装饰时要轻拿轻放，选好受力的支撑点，防止晃动、碰撞损坏或磨损花饰。

（4）在花饰的储存时要垫放平稳，堆放方式要合理，悬臂的长度不宜过大，堆放的高度不宜过高，并要用适当的材料加以覆盖，防止日光暴晒、雨淋或受潮。

（5）在花饰的运输和储存过程中，尤其在未涂饰油漆之前，要保持花饰的表面清洁，以免造成涂饰时的困难，或无法清理干净而影响花饰的观感质量。

（6）对于不符合设计要求的花饰，不得用于工程中。对于已安装的花饰，缺陷不太明显并可修补者可进行修理，个别缺陷明显不合格者可采取更换的方法。

（五）水泥花饰安装操作不符合要求

1. 存在质量现象

水泥类花饰是重量较大的一种花饰，其安装是否牢固关系重大。由于在安装中未按施工规范操作，从而造成花饰安装不牢固，存在严重安全隐患，甚至关系到整个花饰面的稳定。

2. 产生原因分析

（1）水泥花饰在正式安装前对基层未按照有关规定进行认真清理，基层的表面未预先洒水湿润，致使花饰与基层不能牢固地黏结。

（2）在水泥花饰进行粘贴时，未将花饰背面的浮灰和隔离剂等污物彻底清理干净，也未进行洒水湿润处理，使花饰与基层的黏结力较差。

（3）在水泥花饰进行粘贴时，粘贴用的水泥砂浆抹的不均匀或有漏抹，或者砂浆填充不密实，或者采用的水泥砂浆黏结强度不足。

（4）在夏季施工时未遮阳防暴晒，冬季施工时未采取保温防冻措施，或者未按水泥砂浆和混凝土的特性操作，使花饰的黏结力减弱或破坏，从而存在严重安全隐患。

3. 防治维修方法

（1）在水泥花饰安装前，首先应按照有关规定对基层进行认真处理，使基层表面平整、粗糙、清洁，并用清水对基层进行湿润。

（2）在水泥花饰进行安装时，将水泥花饰背面的浮灰和隔离剂等污物彻底清理干净，并事先洒水进行湿润。

（3）严格控制水泥砂浆的配合比，确保水泥砂浆的配制质量，在粘贴花饰时要抹均匀，不得出现漏抹，并要做到随涂抹、随粘贴。

（4）水泥花饰粘贴后，要分层填塞砂浆，填塞的砂浆必须密实饱满。

（5）夏季施工要注意遮阴防暴晒，并按要求进行洒水养护；冬季施工要注意保温防冻，防止黏结砂浆在硬化前受冻。

（6）水泥类花饰是属于比较重的构件，如果不按施工规范要求操作，会存在很大的安全隐患，对人的安全有很大威胁，因此对于安装不牢固的水泥花饰，必须拆除后重新进行安装。

（六）石膏花饰安装中常见质量缺陷

1. 存在质量现象

石膏花饰制作后通常会存在着翘曲变形和厚薄不一等质量缺陷，安装后石膏花饰的拼装接缝处不平，不仅严重影响花饰的装饰效果，而且也影响黏结牢固性。

2. 产生原因分析

（1）石膏花饰在进场时未认真检查验收，在正式安装前也未经仔细挑选，使用的花饰有翘曲变形和厚薄不一等质量问题。

（2）在进行石膏花饰安装固定时，没有按照施工规范中的要求进行操作，造成石膏花饰没有找平、找直，安装质量不符合设计要求。

（3）石膏花饰的安装常采用快粘粉或胶黏剂进行粘贴，这些黏结材料均需要一定的凝固时间，如果在黏结材料未凝固前石膏花饰受到碰撞，则会出现位置变化和粘贴不牢。

（4）拼装接缝之间所用的腻子一般是施工单位自己配制，如果腻子的配比不准，或配好后存放时间过长，都会造成石膏花饰拼装接缝不平、缝隙不均、黏结不牢等，严重影响装饰观感效果和黏结牢固性。

3. 防治维修方法

（1）石膏花饰进场后应认真进行检查验收，其花饰规格、形状、颜色和图案等均应符合设计要求，对于翘曲变形大、线条不清晰、表面有污染、规格不符合和缺棱掉角者，必须做退货处理，不得用于工程。

（2）在石膏花饰安装前，应认真处理和清理基层，使基层表面平整、干净和干燥，并仔细检查基底是否符合安装花饰的要求。对于不符合花饰安装要求的基层，应重新进行清理和处理。

（3）在石膏花饰安装前，事先应认真对花饰进行挑选，达到规格、形状、颜色和图案统一，并在拼装台上试组装，对于翘曲变形大、厚薄不一致、缺陷较严重的花饰应剔除，把误差接近组合后进行编号。

（4）在石膏花饰安装时，应认真按照施工规范进行操作，必须做到线条顺直、接缝平整，饰面调整完毕后再进行固定。

（5）采用快粘粉或胶黏剂粘贴的石膏花饰，要加强对成品的保护工作，在未凝固前应避免碰撞和污染石膏花饰。

（6）配制石膏腻子应选用正确的配合比，计量要准确，拌制要均匀，填缝要密实，并要在规定的时间内用完。

（7）对于不符合设计要求的石膏花饰，应当进行更换；对于不平整和不顺直的接缝，要进行调整；对于碰撞位移的花饰，要重新进行粘贴。

四、窗帘盒、窗台板和散热器质量问题与防治措施

窗帘盒、窗台板和散热器罩，在建筑工程室内装饰中虽是比较细小装饰部件，但由于它们处于室内比较明显部位，如果施工中存在各种质量问题，不仅影响其装饰效果，而且也影响其使用功能。

（一）窗帘盒的位置不准确，产生形状变形

1. 质量问题

窗帘盒安装完毕后，经检查发现有如下质量问题：安装位置偏离，不符合施工图纸中的

规定，不仅严重影响其装饰性，而且对使用也有影响；另外，还存在着弯曲、变形和接缝不严密等质量缺陷，同样也影响窗帘盒的美观和使用。

2. 原因分析

（1）产生窗帘盒安装位置不准确的原因很多，主要有：a.在安装前没有认真审核施工图纸，找准窗帘盒的准确位置；b.在安装前没按有关规定进行放线定位，使安装没有水平基准线；c.在安装过程中没有认真复核，造成安装出现一定的偏差；d.具体施工人员的技术水平较低，不能确保安装质量。

（2）制作窗帘盒的木材不合格，尤其是木材的含水率过高，安装完毕在水分蒸发后，产生干缩变形。

（3）窗帘盒的尺寸较大，而所用的制作材料较小，结果造成在窗帘盒自重和窗帘的下垂作用下而出现弯曲变形。

3. 防治措施

（1）在进行窗帘盒安装前，应采取措施找准水平基准线，使安装有一个基本的依据。通长的窗帘盒应以其下口为准拉通线，将窗帘盒两端固定在端板上，并与墙面垂直。如果室内有多个窗帘盒安装，应按照相同标高通线进行找平，并各自保持水平，两侧伸出窗洞口以外的长度应一致。

（2）在制作木质窗帘盒时，应选用优质不易开裂变形的软性木材，尤其是木材的含水率必须低于12%。对于含水率较高的木材，必须经过烘烤将含水率降低至合格后才能使用。同时，木材在其他方面的指标应符合设计要求。

（3）窗帘盒的尺寸应当适宜，其长度和截面尺寸必须通过计算确定。窗帘盒顶盖板的厚度一般不小于15mm，以便安装窗帘轨道，并不使其产生弯曲变形。

（二）窗台板有翘曲，高低有偏差

1. 质量问题

窗台板安装后，经过质量检查发现主要存在以下质量问题：a.窗台板挑出墙面的尺寸不一致，两端伸出窗框的长度不相同；b.窗台板两端高低有偏差；c.窗台板的板面不平整，出现翘曲现象。

2. 原因分析

（1）窗框抹灰时未按规定进行操作，结果造成抹灰厚度不一致，表面不平整。在安装窗台板时，对所抹的灰层未进行找平，从而使窗台板高低有偏差。

（2）在安装窗台板时，未在窗台面上设置中心线，没有根据窗台和窗台板的尺寸对称安装，从而导致窗台板两端伸出窗框的长度不相同。

（3）在安装窗框时，由于粗心大意、控制不严，窗框与墙面之间就已经存在着偏差，这样则必然使窗台板挑出墙面的尺寸不一致。

（4）在制作窗台板时，所用的木材含水率过高，窗台板安装后，由于水分的蒸发导致干缩产生翘曲变形。

3. 防治措施

（1）在制作木质窗台板时，应当选择比较干燥的木材，其含水率不得大于12%，其厚度不小于20mm。当窗台板的宽度大于150mm时，一般应采用穿暗带拼合的方法，以防止板的宽度过大而产生翘曲。

（2）在进行窗框安装时，其位置必须十分准确，距离墙的尺寸完全一致，两侧抹灰应当相同，这样才能从根本上避免出现高低偏差。

（3）在安装窗台板时，应当用水平仪进行找平，不允许出现倒泛水问题。在正式安装之前，对窗台板的水平度还应再次复查，两端的高低差应控制在2mm范围内。

（4）在同一房间（尤其同一面墙上）内，应按相同的标高安装窗台板，并各自保持水平。两端伸出窗洞的长度应当一致。

（三）散热器罩的质量问题

1. 质量问题

散热器罩安装完毕后，经质量检查发现有如下质量问题：a.散热器罩安装不密实，缝隙过大，外表很不美观；b.散热器罩上的隔条间距不同，色泽有明显的差异，有些隔条出现翘曲现象，严重影响其装饰效果。

2. 原因分析

（1）在制作散热器罩之前，未认真仔细地测量散热器洞口的尺寸，使得制作后的散热器罩的尺寸不合适。尤其是当洞口的尺寸较小时，则会产生缝隙过大，散热器罩安装后既不美观，也不牢靠。

（2）散热器罩上的隔条，既是热量散发的通道，也是散热器罩上的装饰。在制作时，由于未合理安排各隔条的位置、未认真挑选制作用的木料，很容易造成色泽不同、间距不同的质量问题，对其使用和装饰均有影响。

（3）如果散热器罩中的隔条出现翘曲或活动现象，这是制作所用木材的含水率过大所致，在内部水分蒸发后，必然出现干缩变形。

3. 防治措施

（1）必须在散热器洞口抹灰完成，并经验收合格后再测量洞口的实际尺寸。在制作散热器罩之前，应再次复查一下洞口尺寸，确实无误后再下料制作。

（2）制作散热器罩时必须选用优质木材：a.木材的含水率不得超过12%；b.对含水率过大的木材必须进行干燥处理；c.同一个房间内的散热器罩，最好选用同一种木材；d.对木材一定要认真选择和对比。

（3）根据散热器洞口尺寸，科学设计散热器罩，尤其是对散热器罩的边框和隔条要合理分配，使其达到较好的装饰效果。

五、门窗套的质量问题与防治措施

门窗套的制作与安装，应做到安装牢固、平直光滑、棱角方正、线条顺直、花纹清晰、颜色一致、表面精细、整齐美观。在制作与安装的过程中，由于各种原因可能会出现这样那样的质量问题，应认真检查、及早发现、及时维修。

（一）木龙骨安装中的质量问题

1. 存在质量现象

木龙骨是墙体与门窗套的连接构件，如果木龙骨与墙体固定不牢，或者制作木龙骨的木材含水率过大，或者木龙骨受潮变形，或者面板不平、不牢，均会影响门窗套的装饰质量，给门窗套的施工带来很大困难。

2. 产生原因分析

（1）没有按照设计要求预埋木砖或木砖的间距过大，或者预埋的木砖不牢固，致使木龙骨与墙体无法固定或固定不牢。

（2）在混凝土墙体进行施工时，预留门窗洞口的位置不准确，或在浇筑中因模板变形，洞口尺寸有较大偏差，在配制木龙骨时又没有进行适当处理，给以后安装筒子板、贴脸板造成很大困难。

（3）制作木龙骨的木料含水率过大或龙骨内未设置防潮层，或木龙骨在安装后受到湿作业影响，木龙骨产生翘曲变形，使面板安装不平。

（4）由于木龙骨排列不均匀，使铺设的面层板材出现不平或松动现象，影响门窗套的装饰质量。

3. 防治维修方法

（1）在木龙骨安装前，应对安装门窗套洞口的尺寸、位置、垂直度和平整度进行认真复核，对于不符合要求的应采取措施进行纠正，以便木龙骨的正确安装。

（2）在复核和纠正门窗套洞口后，还应当检查预埋的木砖是否符合木龙骨安装的位置、尺寸、数量、间距等方面的要求。如果木砖的位置不符合要求应予以改正，当墙体为普通黏土砖墙时，可以在墙体上钻孔塞入木楔，然后用圆钉进行固定；当墙体为水泥混凝土时，可用射钉进行固定。

（3）制作木龙骨应选用合适的木材，其含水率一般不得大于12%，厚度不应小于20mm，并且不得有腐朽、节疤、劈裂和扭曲等弊病。

（4）在进行木龙骨安装时，要注意木龙骨必须与每块预埋的木砖固定牢固，每一块木砖上最少要钉两枚钉子，钉子应上下斜角错开。木龙骨的表面应进行刨光，其他三面要涂刷防腐剂。

（5）如果是因为门窗套洞口的质量问题，必须将木龙骨拆除纠正门窗套洞口的缺陷，然后重新安装木龙骨；如果木龙骨与墙体固定不牢，可根据实际补加钉子；如果木龙骨因含水率过大而变形，轻者可待变形完成后进行维修，重者应重新制作、安装。

（二）木门窗套的质量缺陷

1. 存在质量现象

木门窗套安装完毕后，经过质量检查很可能存在以下质量问题：木纹错乱、色差较大、板面污染、缝隙不严等缺陷，严重影响木门窗套的装饰效果。

2. 产生原因分析

（1）对于制作门窗套的材料未进行认真挑选，其颜色、花纹和厚薄不协调，或者挑选中操作粗心，导致木纹错乱、色差过大，致使木门窗套的颜色很难达到均匀，也不能体现木纹通顺的美观效果。

（2）当采用人造五层胶合板做面板时，胶合板的板面发生透胶，或安装时板缝剩余胶液未清理干净，在涂刷清油后即出现黑斑、黑纹等污染。

（3）门窗框没有按照设计要求裁割口或打槽，使门窗套板的正面直接粘贴在门窗框的背面，盖不住缝隙，从而造成结合不严密。

3. 防治维修方法

（1）木门窗套所用的木材含水率应不大于12%，胶合板的厚度一般应当不小于5mm。如果用原木板材作面板时，厚度不应小于15mm，背面应设置变形槽，企口板的宽度不宜大于100mm。

（2）在木门窗套粘贴固定前，应认真挑选制作的材料，尤其是面层板材要纹理顺直、颜色均匀、花纹相近、搭配适宜。木材不得有节疤、扭曲、裂缝和污染等弊病，在同一个房间内所用的木材，其树种、颜色和花纹应当一致。

（3）当使用切片板材时，尽量要将花纹木心对上，一般花纹大者安装在下面，花纹小者安装在上面，防止出现倒装现象。为了合理利用切片板材，颜色和花纹好的用在迎面，颜色稍差的用在较隐蔽的部位。

（4）要掌握门窗套的正确安装顺序，一般应先安装顶部，找平后再安装其两侧。为将门窗套粘贴牢固，门窗框要有裁割口或打槽。

（5）在安装门窗套的贴脸时，先量出横向所需要的长度，两端放出45°角，锯好刨平，紧贴在樘子上冒头钉牢，然后再配置两侧的贴脸。贴脸板最好盖上抹灰墙面20mm，最少也不得小于10mm。

（6）贴脸下部要设置贴脸墩，贴脸墩的厚度应稍微厚于踢脚板的厚度；当不设置贴脸墩时，贴脸板的厚度不能小于踢脚板，以避免踢脚板出现冒出。

（7）门筒子板的接缝一般在离地1.2m以下，窗筒子板的接缝在2.0m以上，接头应在龙骨上。接头处应采用抹胶并用钉子固定，固定木板的钉子长度为面板厚度的2.0~2.5倍，钉子的间距一般为100mm，钉子的帽要砸扁，顺着木纹冲入面层1~2mm。

（8）对于扭曲变形过大的门窗套，必须将其拆除重新进行安装；对于个别色差较大和木纹错乱的，可采取对不合格更换的办法；对于出现的不影响使用功能和整体美观的缺陷，可采取不拆除维修的方法解决。

（三）贴脸接头安装的质量问题

1. 存在质量现象

贴脸板一般是采用多块板材拼接而成，如果接头位置和处理不符合要求，会造成接缝明显而影响装饰质量；在固定贴脸板时，如果固定方法不符合设计要求，也会影响贴脸板的装饰效果和使用寿命。

2. 产生原因分析

（1）在进行贴脸板安装时，采用简单的齐头对接方式，这种方式很难保证接缝的严密，当门窗框发生变形或受温度影响时则会出现错槎或接缝明显的情况。

（2）在制作或采购贴脸板时，对其树种、材质、规格、质量和含水率等，未进行严格检查，安装后由于各种原因而出现接头处的缺陷。

（3）在进行贴脸板安装固定时，钉子不按照规定的质量要求砸扁处理，而是采用普通钉钉入固定的方式随意钉入，结果造成钉眼过大、端头劈裂或钉帽外露等，这样也会严重影响贴脸板的装饰效果。

3. 防治维修方法

（1）贴脸板进场后要按设计要求检查验收，其树种、材质、规格、质量和含水率等，必须满足设计要求，并且不能有死节、翘曲、变形、变色、开裂等缺陷。

（2）贴脸在水平及垂直方向应采用整条板，一般情况下不能有接缝，在转角处应按照角度的大小制成斜角相接，不准采用简单的齐头对接方式。

（3）固定贴脸板的钉帽应当砸扁，其宽度要略小于钉子的直径。钉子应顺着木纹深入板面，深度一般为1mm左右，钉子的长度应为板厚的2倍，钉子的间距为100~150mm。对于比较坚硬的木料，应先用木钻钻孔，然后再用钉子固定。

（4）在做好割角接头后，应当进行预拼装，对不合格之处修理找正，使接头严密、割角整齐、外观美观。

（5）对于影响装饰效果的齐头对接贴脸板，应当拆除重新安装；对于未处理好的钉帽，可起下后再进行砸扁处理。

参考文献

［1］ 李继业，胡琳琳，贾雍. 建筑装饰工程实用技术手册［M］. 北京：化学工业出版社，2014.

［2］ 万治华. 建筑装饰装修构造与施工技术［M］. 北京：化学工业出版社，2006.

［3］ 肖绪文，王玉岭. 建筑装饰装修工程施工操作工艺手册［M］. 北京：中国建筑工业出版社，2010.

［4］ 李继业，邱秀梅. 建筑装饰施工技术［M］. 2版. 北京：化学工业出版社，2011.

［5］ 李继业，初艳鲲，法炜. 建筑材料质量要求简明手册［M］. 北京：化学工业出版社，2013.

［6］ 李继业，周翠玲，胡琳琳. 建筑装饰装修工程施工技术手册.［M］ 北京：化学工业出版社，2017.

［7］ 杨天佑. 建筑装饰装修工程（新规范）技术手册［M］. 广州：广东科技出版社，2003.

［8］ 王军，马军辉. 建筑装饰施工技术［M］. 北京：北京大学出版社，2009.

［9］ 齐景华，宋晓慧. 建筑装饰施工技术［M］. 北京：北京理工大学出版社，2009.

［10］ 马有占. 建筑装饰施工技术［M］. 北京：机械工业出版社，2003.

［11］ 顾建平. 建筑装饰施工技术［M］. 天津：天津科学技术出版社，2001.

［12］ 陈世霖. 当代建筑装饰装修构造施工手册［M］. 北京：中国建筑工业出版社，1999.

［13］ 赵子夫. 建筑装饰工程施工工艺［M］. 沈阳：辽宁科学技术出版社，1998.

［14］ 李继业，赵恩西，刘闽楠. 建筑装饰装修工程质量管理手册［M］. 北京：化学工业出版社，2017.

［15］ GB 50210—2018.